2016 全国勘察设计注册工程师执业资格考试用书

注册电气工程师（发输变电）执业资格考试
基础考试历年真题详解

Zhuce Dianqi Gongchengshi (Fashubiandian) Zhiye Zige Kaoshi
Jichu Kaoshi Linian Zhenti Xiangjie

（2005～2014 · 上册）

谢 庆 | 主编

人民交通出版社股份有限公司
China Communications Press Co.,Ltd.

内 容 提 要

本书分上、下两册，上册为公共基础考试真题，下册为专业基础(发输变电)考试真题，每套真题后均附有参考答案和解析。部分套题还配有视频讲解，考生可扫描书中二维码观看、学习。

本书可供参加注册电气工程师(发输变电)执业资格考试基础考试的考生复习使用，也可供参加注册电气工程师(供配电)执业资格考试基础考试的考生模拟练习使用，还可作为高等院校学生相关课程的配套辅导书。

图书在版编目(CIP)数据

注册电气工程师(发输变电)执业资格考试基础考试历年真题详解：2005~2014 / 谢庆主编. — 北京：人民交通出版社股份有限公司，2016.5

ISBN 978-7-114-13022-9

Ⅰ.①注… Ⅱ.①谢… Ⅲ.①发电—电力工程—工程师—资格考试—题解 ②输电—电力工程—工程师—资格考试—题解 ③变电所—电力工程—工程师—资格考试—题解 Ⅳ.①TM-44

中国版本图书馆 CIP 数据核字(2016)第 103504 号

书　　名：注册电气工程师(发输变电)执业资格考试基础考试历年真题详解(2005~2014)
著 作 者：谢 庆
责任编辑：刘彩云　吴燕伶
出版发行：人民交通出版社股份有限公司
地　　址：(100011)北京市朝阳区安定门外外馆斜街 3 号
网　　址：http://www.ccpress.com.cn
销售电话：(010)59757973
总 经 销：人民交通出版社股份有限公司发行部
经　　销：各地新华书店
印　　刷：北京市密东印刷有限公司
开　　本：787×1092　1/16
印　　张：39.25
字　　数：938 千
版　　次：2016 年 5 月　第 1 版
印　　次：2016 年 5 月　第 1 次印刷
书　　号：ISBN 978-7-114-13022-9
定　　价：138.00 元(含上、下两册)

前　言

注册电气工程师，是指取得《中华人民共和国注册电气工程师执业资格证书》和《中华人民共和国注册电气工程师执业资格注册证书》，从事电气专业工程设计及相关业务的专业技术人员。我国自 2003 年 5 月 1 日起，对从事电气专业工程设计活动的专业技术人员实行执业资格注册管理制度，适用于从事发电、输变电、供配电、建筑电气、电气传动、电力系统等工程设计及相关业务的专业技术人员。

注册电气工程师执业资格考试实行全国统一大纲、统一命题的考试制度，为帮助考生在较短时间内掌握注册电气工程师（发输变电）执业资格基础考试大纲要求的考试内容，提高做题速度和熟练度，顺利通过基础考试，特邀请华北电力大学（全国“211”工程院校、教育部直属重点高校）的专家、教授共同编写此书。

本书共分为上、下两册。上册为公共基础考试真题及其解析，下册为专业基础考试真题（发输变电专业）及其解析。对每一道真题，书中不仅给出参考答案，还进行了十分详细的解析，便于考生了解往年考试的范围、难度、风格，通过解析过程熟悉考点，掌握解题思路、方法、步骤。

需要说明的是，部分考题因资料来源不清晰，编者做了更换。

为了更好地服务考生，助力大家顺利通过考试，本书部分真题配有视频讲解，考生可通过扫描书中二维码观看。“注考网”（www. zhukaowang. com. cn）上有全部科目的辅导视频，考生可刮开“学习卡”，登录注考网在线学习。

本书由谢庆担任主编。其他参编人员还有谢丽美、陶珺函、王兵、王菲、任洁、项佳宇、付可欣、刘丹、廖峰、纪巍、赵一畅、赵子龙、刘熊、孙辉、王川、王亚运、张恒、张泽、彭英杰、刘星、程述一、胡志亮、黄河、吉旺威、任正、王阳、詹祥灵、李通、张莹、朱雷、芦妍、白亮、白娅、白志娟、门丽宾、欧阳沙、史秀彩、王少飞、张皓。编者多为从事电气工程专业教学科研多年的一线教师和电力工程现场技术人员，有着丰富的教学经验和工程实践经验。

本书在编写过程中得到了华北电力大学电气电子学科领域众多老师、专家的指点以及研究生同学的帮助，不少题目解析思路均来源于此，还得到了人民交通出版社股份有限公司刘彩云编辑的大力支持与帮助，编者在此表示深深的感谢！

但限于考试内容涉及面广，加之编者水平有限，书中仍不免存在疏漏和不足，在此敬请读者提出宝贵意见，我们将及时改进。

最后，祝愿各位考生取得好的成绩，顺利通过考试！

编　者

2016 年 4 月

目录(上册)

2005 年度全国勘察设计注册工程师公共基础考试

试　题

单项选择题(共 120 题,每题 1 分。每题的备选项中只有一个最符合题意)

1. 设 $\boldsymbol{a}$、$\boldsymbol{b}$ 均为向量,下列等式中正确的是:

A. $(\boldsymbol{a}+\boldsymbol{b})\cdot(\boldsymbol{a}-\boldsymbol{b})=|\boldsymbol{a}|^2-|\boldsymbol{b}|^2$　　B. $\boldsymbol{a}(\boldsymbol{a}\cdot\boldsymbol{b})=|\boldsymbol{a}|^2\,\boldsymbol{b}$

C. $(\boldsymbol{a}\cdot\boldsymbol{b})^2=|\boldsymbol{a}|^2|\boldsymbol{b}|^2$　　D. $(\boldsymbol{a}+\boldsymbol{b})\times(\boldsymbol{a}-\boldsymbol{b})=\boldsymbol{a}\times\boldsymbol{a}-\boldsymbol{b}\times\boldsymbol{b}$

2. 过点 $M(3,-2,1)$且与直线 $L:\begin{cases}x-y-z+1=0\\2x+y-3z+4=0\end{cases}$平行的直线方程是:

A. $\dfrac{x-3}{1}=\dfrac{y+2}{-1}=\dfrac{z-1}{-1}$　　B. $\dfrac{x-3}{2}=\dfrac{y+2}{1}=\dfrac{z-1}{-3}$

C. $\dfrac{x-3}{4}=\dfrac{y+2}{-1}=\dfrac{z-1}{3}$　　D. $\dfrac{x-3}{4}=\dfrac{y+2}{1}=\dfrac{z-1}{3}$

3. 过 z 轴和点 $M(1,2,-1)$的平面方程是:

A. $x+2y-z-6=0$　　B. $2x-y=0$

C. $y+2z=0$　　D. $x+z=0$

4. 将椭圆$\begin{cases}\dfrac{x^2}{9}+\dfrac{z^2}{4}=1\\y=0\end{cases}$,绕 x 轴旋转一周所生成的旋转曲面的方程是:

A. $\dfrac{x^2}{9}+\dfrac{y^2}{9}+\dfrac{z^2}{4}=1$　　B. $\dfrac{x^2}{9}+\dfrac{z^2}{4}=1$

C. $\dfrac{x^2}{9}+\dfrac{y^2}{4}+\dfrac{z^2}{4}=1$　　D. $\dfrac{x^2}{9}+\dfrac{y^2}{4}+\dfrac{z^2}{9}=1$

5. 下列极限计算中,错误的是:

A. $\lim\limits_{x\to\infty}\dfrac{2^n}{x}\cdot\sin\dfrac{x}{2^n}=1$　　B. $\lim\limits_{x\to\infty}\dfrac{\sin x}{x}=1$

C. $\lim\limits_{x\to 0}(1-x)^{\frac{1}{x}}=\mathrm{e}^{-1}$　　D. $\lim\limits_{x\to\infty}\left(1+\dfrac{1}{x}\right)^{2x}=\mathrm{e}^2$

6. 设函数 $f(x)=\begin{cases}\mathrm{e}^{-2x}+a,x\leqslant 0\\\lambda\ln(1+x)+1,x>0\end{cases}$,要使 $f(x)$在 $x=0$ 处连续,则 a 的值是:

A. 0　　B. 1　　C. -1　　D. λ

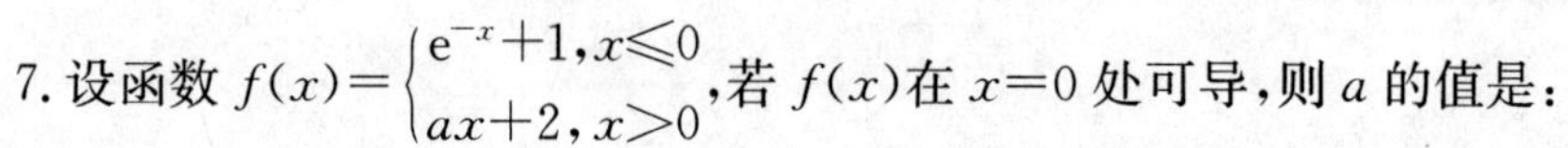

7. 设函数 $f(x)=\begin{cases} e^{-x}+1, x\leqslant 0 \\ ax+2, x>0 \end{cases}$，若 $f(x)$ 在 $x=0$ 处可导，则 a 的值是：

A. 1　　B. 2　　C. 0　　D. -1

8. 曲面 $z=x^2-y^2$ 在点 $(\sqrt{2},-1,1)$ 处的法线方程是：

A. $\dfrac{x-\sqrt{2}}{2\sqrt{2}}=\dfrac{y+1}{-2}=\dfrac{z-1}{-1}$　　B. $\dfrac{x-\sqrt{2}}{2\sqrt{2}}=\dfrac{y+1}{-2}=\dfrac{z-1}{1}$

C. $\dfrac{x-\sqrt{2}}{2\sqrt{2}}=\dfrac{y+1}{2}=\dfrac{z-1}{-1}$　　D. $\dfrac{x-\sqrt{2}}{2\sqrt{2}}=\dfrac{y+1}{2}=\dfrac{z-1}{1}$

9. 下列结论中，错误的是：

A. $\int_{-a}^{a} f(x^2)\mathrm{d}x = 2\int_{0}^{a} f(x^2)\mathrm{d}x$　　B. $\int_{0}^{2\pi}\sin^{10}x\mathrm{d}x = \int_{0}^{2\pi}\cos^{10}x\mathrm{d}x$

C. $\int_{-\pi}^{\pi}\cos5x\sin7x\mathrm{d}x = 0$　　D. $\int_{0}^{1}10^x\mathrm{d}x = 9$

10. 设平面闭区域 D 由 $x=0, y=0, x+y=\dfrac{1}{2}, x+y=1$ 所围成，$I_1=\iint\limits_D[\ln(x+y)]^3\mathrm{d}x\mathrm{d}y, I_2=\iint\limits_D(x+y)^3\mathrm{d}x\mathrm{d}y, I_3=\iint\limits_D[\sin(x+y)]^3\mathrm{d}x\mathrm{d}y$，则 I_1、I_2、I_3 之间的关系应是：

A. $I_1<I_2<I_3$　　B. $I_1<I_3<I_2$

C. $I_3<I_2<I_1$　　D. $I_3<I_1<I_2$

11. 由曲面 $z=\sqrt{x^2+y^2}$ 及 $z=x^2+y^2$ 所围成的立体体积的三次积分为：

A. $\int_0^{2\pi}\mathrm{d}\theta\int_0^1 r\mathrm{d}r\int_{r^2}^{r}\mathrm{d}z$　　B. $\int_0^{2\pi}\mathrm{d}\theta\int_0^1 r\mathrm{d}r\int_{r^2}^{1}\mathrm{d}z$

C. $\int_0^{2\pi}\mathrm{d}\theta\int_0^{\frac{\pi}{4}}\sin\varphi\mathrm{d}\varphi\int_0^1 r^2\mathrm{d}r$　　D. $\int_0^{2\pi}\mathrm{d}\theta\int_{\frac{\pi}{4}}^{\frac{\pi}{2}}\sin\varphi\mathrm{d}\varphi\int_0^1 r^2\mathrm{d}r$

12. 曲线 $y=\dfrac{2}{3}x^{\frac{3}{2}}$ 上相应于 x 从 0 到 1 的一段弧的长度是：

A. $\dfrac{2}{3}(\sqrt[3]{4}-1)$　　B. $\dfrac{4}{3}\sqrt{2}$

C. $\dfrac{2}{3}(2\sqrt{2}-1)$　　D. $\dfrac{4}{15}$

13. 级数 $\sum\limits_{n=1}^{\infty}\dfrac{\sin\frac{n\pi}{2}}{\sqrt{n^3}}$ 的收敛性是：

A. 绝对收敛　　B. 发散　　C. 条件收敛　　D. 无法判定

14. 级数$\sum_{n=1}^{\infty}(-1)^{n-1}x^n$的和函数是：

A. $\frac{1}{1+x}(-1<x<1)$　　B. $\frac{x}{1+x}(-1<x<1)$

C. $\frac{x}{1-x}(-1<x<1)$　　D. $\frac{1}{1-x}(-1<x<1)$

15. 设 $f(x)=\begin{cases}x, 0\leqslant x\leqslant\frac{\pi}{2}\\ \pi, \frac{\pi}{2}<x<\pi\end{cases}$，$S(x)=\sum_{n=1}^{\infty}b_n\sin nx$，其中 $b_n=\frac{2}{\pi}\int_0^{\pi}f(x)\sin nx\mathrm{d}x$，则 $S\left(-\frac{\pi}{2}\right)$的值是：

A. $\frac{\pi}{2}$　　B. $\frac{3\pi}{4}$　　C. $-\frac{3\pi}{4}$　　D. 0

16. 级数$\sum_{n=1}^{\infty}u_n$收敛的充要条件是：

A. $\lim_{n\to\infty}u_n=0$

B. $\lim_{n\to\infty}\frac{u_{n+1}}{u_n}=r<1$

C. $u_n\leqslant\frac{1}{n^2}$

D. $\lim_{n\to\infty}S_n$存在(其中$S_n=u_1+u_2+\cdots+u_n$)

17. 正项级数$\sum_{n=1}^{\infty}a_n$，判定$\lim_{n\to\infty}\frac{a_{n+1}}{a_n}=q<1$是此正项级数收敛的什么条件？

A. 充分条件，但非必要条件　　B. 必要条件，但非充分条件

C. 充分必要条件　　D. 既非充分条件，又非必要条件

18. 重复进行一项试验，事件 A 表示“第一次失败且第二次成功”，则事件 $\overline{A}$ 表示：

A. 两次均失败　　B. 第一次成功或第二次失败

C. 第一次成功且第二次失败　　D. 两次均成功

19. 设$(X_1,X_2,\cdots,X_{10})$是抽自正态总体$N(\mu,\sigma^2)$的一个容量为10的样本，其中$-\infty<\mu<+\infty,\sigma^2>0$，记$\overline{X}_9=\frac{1}{9}\sum_{i=1}^{9}X_i$，则$\overline{X}_9-X_{10}$所服从的分布是：

A. $N\left(0,\frac{10}{9}\sigma^2\right)$　　B. $N\left(0,\frac{8}{9}\sigma^2\right)$　　C. $N(0,\sigma^2)$　　D. $N\left(0,\frac{11}{9}\sigma^2\right)$

20. 设 $\varphi(x)$ 为连续型随机变量的概率密度，则下列结论中一定正确的是：

A. $0 \leqslant \varphi(x) \leqslant 1$
B. $\varphi(x)$ 在定义域内单调不减
C. $\int_{-\infty}^{+\infty} \varphi(x) \mathrm{d}x = 1$
D. $\lim\limits_{x \to +\infty} \varphi(x) = 1$

21. 设 $\boldsymbol{A}$ 和 $\boldsymbol{B}$ 都是 n 阶方阵，已知 $|\boldsymbol{A}|=2$，$|\boldsymbol{B}|=3$，则 $|\boldsymbol{B}\boldsymbol{A}^{-1}|$ 等于：

A. $\frac{2}{3}$
B. $\frac{3}{2}$
C. 6
D. 5

22. 设 $\boldsymbol{A}=\begin{bmatrix} a_1b_1 & a_1b_2 & \cdots & a_1b_n \\ a_2b_1 & a_2b_2 & \cdots & a_2b_n \\ \vdots & \vdots & & \vdots \\ a_nb_1 & a_nb_2 & \cdots & a_nb_n \end{bmatrix}$，其中 $a_i \neq 0, b_i \neq 0 (i=1,2,\cdots,n)$，则矩阵 $\boldsymbol{A}$ 的秩等于：

A. n
B. 0
C. 1
D. 2

23. 设 $\boldsymbol{A}$ 为矩阵，$\boldsymbol{\alpha}_1=\begin{bmatrix}1\\0\\2\end{bmatrix}$，$\boldsymbol{\alpha}_2=\begin{bmatrix}0\\1\\-1\end{bmatrix}$ 都是线性方程组 $\boldsymbol{A}\boldsymbol{x}=\boldsymbol{0}$ 的解，则矩阵$\boldsymbol{A}$ 为：

A. $\begin{bmatrix} 0 & 1 & -1 \\ 4 & -2 & -2 \\ 0 & 1 & 1 \end{bmatrix}$
B. $\begin{bmatrix} 2 & 0 & -1 \\ 0 & 1 & 1 \end{bmatrix}$
C. $\begin{bmatrix} -1 & 0 & 2 \\ 0 & 1 & -1 \end{bmatrix}$
D. $[-2,1,1]$

24. 设 $\varphi(x,y,z)=xy^2z$，$A=xz\boldsymbol{i}-xy^2\boldsymbol{j}+yz^2\boldsymbol{k}$，则 $\frac{\partial(\varphi A)}{\partial z}$ 在点 $(-1,-1,1)$ 处的值为：

A. $2\boldsymbol{i}-\boldsymbol{j}+3\boldsymbol{k}$
B. $4\boldsymbol{i}-4\boldsymbol{j}-2\boldsymbol{k}$
C. $\boldsymbol{i}-\boldsymbol{j}+\boldsymbol{k}$
D. $-\boldsymbol{i}+\boldsymbol{j}-\boldsymbol{k}$

25. 一定质量的理想气体，在温度不变的条件下，当压强降低时，分子的平均碰撞次数 $\overline{Z}$ 和平均自由程 $\overline{\lambda}$ 的变化情况是：

A. $\overline{Z}$ 和 $\overline{\lambda}$ 都增大
B. $\overline{Z}$ 和 $\overline{\lambda}$ 都减小
C. $\overline{\lambda}$ 减小而 $\overline{Z}$ 增大
D. $\overline{\lambda}$ 增大而 $\overline{Z}$ 减小

26. 1mol 刚性双原子分子理想气体，当温度为 T 时，其内能为：

A. $\frac{3}{2}RT$
B. $\frac{3}{2}kT$
C. $\frac{5}{2}RT$
D. $\frac{5}{2}kT$

27. 设高温热源的热力学温度是低温热源的热力学温度的 n 倍，则理想气体在一次卡诺循环中，传给低温热源的热量是从高温热源吸取的热量的：

A. n 倍　　B. $n-1$ 倍　　C. $\frac{1}{n}$倍　　D. $\frac{n+1}{n}$倍

28. 根据热力学第二定律判断下列说法正确的是：

A. 热量能从高温物体传到低温物体，但不能从低温物体传到高温物体
B. 功可以全部变为热，但热不能全部变为功
C. 气体能够自由膨胀，但不能自动收缩
D. 有规则运动的能量能够变为无规则运动的能量，但无规则运动的能量不能变为有规则运动的能量

29. 理想气体向真空做绝热膨胀，则：

A. 膨胀后，温度不变，压强减小　　B. 膨胀后，温度降低，压强减小
C. 膨胀后，温度升高，压强减小　　D. 膨胀后，温度不变，压强增大

30. 若一平面简谐波的波动方程为 $y=A\cos(Bt-Cx)$，式中 A、B、C 为正值恒量，则：

A. 波速为 C　　B. 周期为$\frac{1}{B}$
C. 波长为$\frac{2\pi}{C}$　　D. 圆频率为$\frac{2\pi}{B}$

31. 频率为 100Hz，传播速度为 300m/s 的平面简谐波，波线上两点振动的相位差为$\frac{\pi}{3}$，则此两点相距：

A. 2m　　B. 2.19m　　C. 0.5m　　D. 28.6m

32. 若用衍射光栅准确测定一单色可见光的波长，在下列各种光栅常数的光栅中选择哪一种最好？

A. 1.0×10^{-1}mm　　B. 5.0×10^{-1}mm
C. 1.0×10^{-2}mm　　D. 1.0×10^{-3}mm

33. 波长为 λ 的单色平行光垂直入射到一狭缝上，若第一级暗纹的位置对应的衍射角为 $\theta=\pm\frac{\pi}{6}$，则缝宽的大小为：

A. $\frac{\lambda}{2}$　　B. λ　　C. 2λ　　D. 3λ

34. 在双缝干涉实验中，两缝间距离为 d，双缝与屏幕之间的距离为 $D(D\gg d)$，波长为 λ

的平行单色光垂直照射到双缝上，屏幕上干涉条纹中相邻两暗纹之间的距离是：

A. $2\lambda D/d$　　B. $\lambda d/D$　　C. dD/λ　　D. $\lambda D/d$

35. 如果两个偏振片堆叠在一起，且偏振化方向之间夹角为 60°，假设两者对光无吸收，光强为 I_0 的自然光垂直入射到偏振片上，则出射光强为：

A. $\frac{I_0}{8}$　　B. $\frac{3}{8}I_0$

C. $\frac{I_0}{4}$　　D. $\frac{3}{4}I_0$

36. 有两种理想气体，第一种的压强记作 p_1，体积记作 V_1，温度记作 T_1，总质量记作 m_1，摩尔质量记作 M_1；第二种的压强记作 p_2，体积记作 V_2，温度记作 T_2，总质量记作 m_2，摩尔质量记作 M_2。当 $V_1 = V_2, T_1 = T_2, m_1 = m_2$ 时，则 $\frac{M_1}{M_2}$ 为：

A. $\frac{M_1}{M_2} = \sqrt{\frac{p_1}{p_2}}$　　B. $\frac{M_1}{M_2} = \frac{p_1}{p_2}$

C. $\frac{M_1}{M_2} = \sqrt{\frac{p_2}{p_1}}$　　D. $\frac{M_1}{M_2} = \frac{p_2}{p_1}$

37. P_z 波函数角度分布的形状是：

A. 双球形　　B. 球形　　C. 四瓣梅花形　　D. 橄榄形

38. 24 号元素 Cr 的基态原子价电子构形正确的是：

A. $3d^6 4s^0$　　B. $3d^5 4s^1$　　C. $3d^4 4s^2$　　D. $3d^3 4s^2 4p^1$

39. 用杂化轨道理论推测下列分子的空间构形，其中为平面三角形的是：

A. NF_3　　B. BF_3　　C. AsH_3　　D. SbH_3

40. 下列氧化物中，既可与稀 H_2SO_4 溶液作用，又可与稀 NaOH 溶液作用的是：

A. Al_2O_3　　B. Cu_2O　　C. SiO_2　　D. CO

41. 在某温度时，已知 0.100mol/dm³ 氢氰酸（HCN）的电离度为 0.010%，该温度时 HCN 的标准电离常数 $K_a^{\ominus}$ 是：

A. 1.0×10^{-5}　　B. 1.0×10^{-4}　　C. 1.0×10^{-9}　　D. 1.0×10^{-6}

42. 在某温度时，下列溶液体系中属缓冲溶液的是：

A. 0.100mol/dm³ 的 NH_4Cl 溶液

B. 0.100mol/dm^3 的 NaAc 溶液

C. 0.400mol/dm^3 的 HCl 与 0.200mol/dm^3 的 $NH_3 \cdot H_2O$ 等体积混合后的溶液

D. 0.400mol/dm^3 的 $NH_3 \cdot H_2O$ 与 0.200mol/dm^3 的 HCl 等体积混合后的溶液

43. 一般来说，某反应在其他条件一定时，温度升高其反应速率会明显增加，主要原因是：

A. 分子碰撞机会增加　　B. 反应物压力增加

C. 活化分子百分率增加　　D. 反应的活化能降低

44. 在一定条件下，已建立化学平衡的某可逆反应，当改变反应条件使化学平衡向正反应方向移动时，下列有关叙述正确的是：

A. 生成物的体积分数一定增加　　B. 生成物的产量一定增加

C. 反应物浓度一定降低　　D. 使用了合适的催化剂

45. 对于化学反应 $3Cl_2 + 6NaOH = NaClO_3 + 5NaCl + 3H_2O$，下列叙述正确的是：

A. Cl_2 既是氧化剂，又是还原剂　　B. Cl_2 是氧化剂，不是还原剂

C. Cl_2 是还原剂，不是氧化剂　　D. Cl_2 既不是氧化剂，又不是还原剂

46. 已知 $\varphi^{\ominus}_{Cu^{2+}/Cu} = 0.342V$，$\varphi^{\ominus}_{I_2/I^-} = 0.536V$，$\varphi^{\ominus}_{Fe^{3+}/Fe^{2+}} = 0.771V$，$\varphi^{\ominus}_{Sn^{4+}/Sn^{2+}} = 0.151V$，试判断下列还原剂的还原性由强到弱的是：

A. Cu、I^-、Fe^{2+}、Sn^{2+}　　B. I^-、Fe^{2+}、Sn^{2+}、Cu

C. Sn^{2+}、Cu、I^-、Fe^{2+}　　D. Fe^{2+}、Sn^{2+}、I^-、Cu

47. 已知柠檬醛的结构式为 $(CH_3)_2C{=}CHCH_2CH_2\overset{\displaystyle CH_3}{\overset{|}{C}}{=}CHCHO$，下列说法不正确的是：

A. 它可使 $KMnO_4$ 溶液褪色　　B. 它可以发生银镜反应

C. 它可使溴水褪色　　D. 它的催化加氢产物为 $C_{10}H_{20}O$

48. 已知乙酸与乙酸乙酯的混合物中氢(H)的质量分数为 7%，其中碳(C)的质量分数是：

A. 42.0%　　B. 44.0%　　C. 48.6%　　D. 91.9%

49. 平面汇交力系($\boldsymbol{F}_1$、$\boldsymbol{F}_2$、$\boldsymbol{F}_3$、$\boldsymbol{F}_4$、$\boldsymbol{F}_5$)的力多边形如图所示，该力系的合力 $\boldsymbol{R}$ 等于：

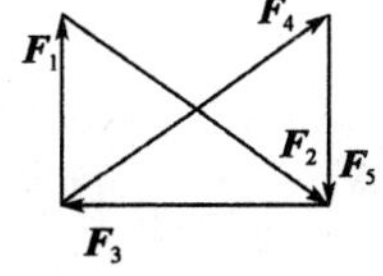

题 49 图

A. $\boldsymbol{F}_3$　　B. $-\boldsymbol{F}_3$

C. $\boldsymbol{F}_2$　　D. $\boldsymbol{F}_5$

50. 若将图示三铰钢架中 AC 杆上的力偶移至 BC 杆上，则 A、B、C 处的约束反力：

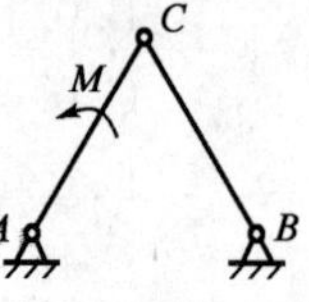

题 50 图

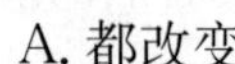

A. 都改变　　B. 都不改变

C. 仅 C 处改变　　D. 仅 C 处不变

51. 一空间平行力系如图所示，该力系的简化结果是：

A. 一合力　　B. 一合力偶

C. 一力螺旋　　D. 平衡

（注：此题考查内容 2009 年大纲已删除）

52. 重力 W 的物块置于倾角为 $\alpha=30°$ 的斜面上，如图所示。若物块与斜面间的静摩擦系数 $f_s=0.6$，则该物块：

A. 向下滑动　　B. 处于临界下滑状态

C. 静止　　D. 加速下滑

53. 图示力 F，已知 $F=2\text{kN}$。力 F 对 x 轴之矩为：

A. $3\sqrt{2}\text{kN}\cdot\text{m}$　　B. $\sqrt{2}\text{kN}\cdot\text{m}$

C. $8\text{kN}\cdot\text{m}$　　D. $4\sqrt{2}\text{kN}\cdot\text{m}$

（注：此题考查内容 2009 年大纲已删除）

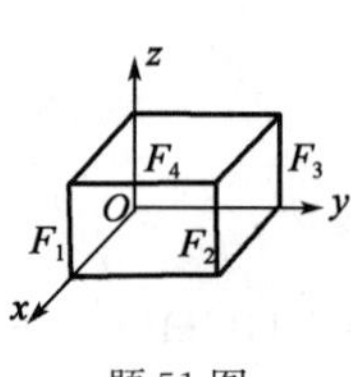

题 51 图

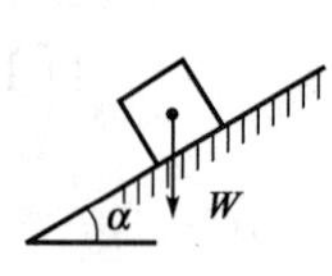

题 52 图

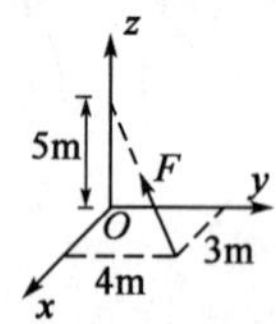

题 53 图

54. 已知点作直线运动，其运动方程为 $x=12-t^3$（x 以 cm 计，t 以 s 计）。则点在前 3s 内走过的路程为：

A. 27cm　　B. 15cm　　C. 12cm　　D. 30cm

55. 图示两个相啮合的齿轮，A、B 分别为齿轮 O_1、O_2 上的啮合点，则 A、B 两点的加速度关系为：

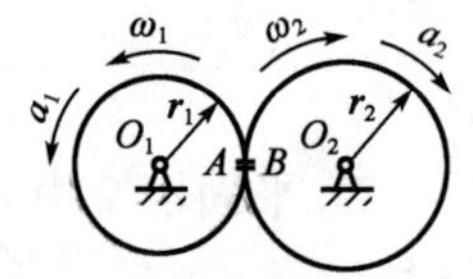

题 55 图

A. $a_{A\tau}=a_{B\tau}$，$a_{An}=a_{Bn}$　　B. $a_{A\tau}=a_{B\tau}$，$a_{An}\neq a_{Bn}$

C. $a_{A\tau}\neq a_{B\tau}$，$a_{An}=a_{Bn}$　　D. $a_{A\tau}\neq a_{B\tau}$，$a_{An}\neq a_{Bn}$

56. 四连杆机构运动到图示位置时，$AB//O_1O_2$，O_1A 杆的角速度为 ω_1，则 O_2B 杆的角速度 ω_2 为：

A. $\omega_2=0$ B. $\omega_2<\omega_1$

C. $\omega_2>\omega_1$ D. $\omega_2=\omega_1$

57. 自由质点受力作用而运动时，质点的运动方向是：

A. 作用力的方向 B. 加速度的方向

C. 速度的方向 D. 初速度的方向

58. 图示均质细直杆 AB 长为 l，质量为 m，图示瞬时点 A 处的速度为 v，则杆 AB 的动量大小为：

A. mv B. $2mv$

C. $\sqrt{2}mv$ D. $\dfrac{mv}{\sqrt{2}}$

59. 在题 58 图中，杆 AB 在该位置的动能为：

A. $\dfrac{1}{2}mv^2$ B. $\dfrac{1}{3}mv^2$

C. $\dfrac{2}{3}mv^2$ D. $\dfrac{4}{3}mv^2$

60. 均质细直杆 OA 长为 l，质量为 m，A 端固结一质量为 m 的小球(不计尺寸)，如图所示。当 OA 杆以匀角速度 ω 绕 O 轴转动时，该系统对 O 轴的动量矩为：

A. $\dfrac{1}{3}ml^2\omega$ B. $\dfrac{2}{3}ml^2\omega$

C. $ml^2\omega$ D. $\dfrac{4}{3}ml^2\omega$

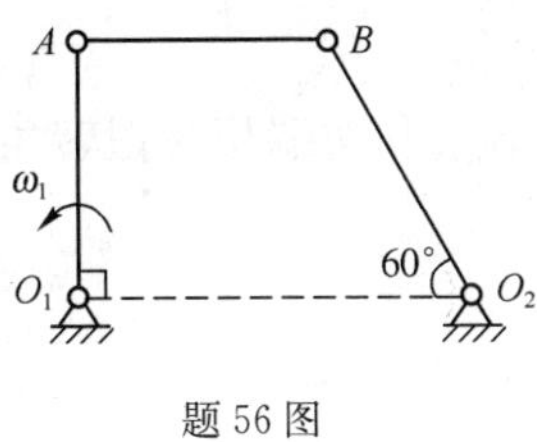

题 56 图

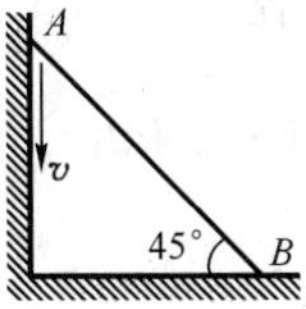

题 58 图

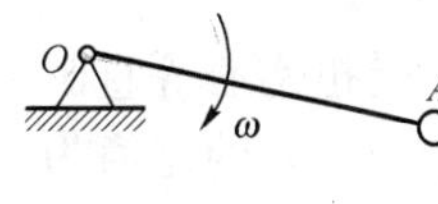

题 60 图

61. 在题 60 图中，将系统的惯性力系向 O 点简化，其主矢 $\boldsymbol{F}_{\mathrm{I}}$ 和主矩 $\boldsymbol{M}_{\mathrm{IO}}$ 的数值分别为：

A. $F_{\mathrm{I}}=\dfrac{1}{2}ml\omega^2, M_{\mathrm{IO}}=0$ B. $F_{\mathrm{I}}=\dfrac{3}{2}ml\omega^2, M_{\mathrm{IO}}=0$

C. $F_{\mathrm{I}}=\dfrac{1}{2}ml\omega^2, M_{\mathrm{IO}}\neq0$ D. $F_{\mathrm{I}}=\dfrac{3}{2}ml\omega^2, M_{\mathrm{IO}}\neq0$

62. 已知图示等直杆的轴力图(N 图)，则该杆相应的荷载图如哪个图所示？(图中集中荷载单位均为 kN，分布荷载单位均为 kN/m)

A. 图 a)　　B. 图 b)

C. 图 c)　　D. 图 d)

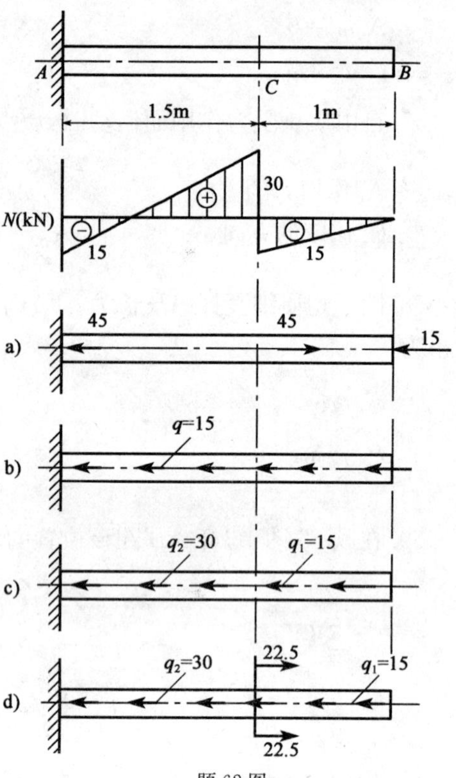

题 62 图

63. 有一横截面面积为 A 的圆截面杆件受轴向拉力作用，在其他条件不变时，若将其横截面改为面积仍为 A 的空心圆，则杆的：

A. 内力、应力、轴向变形均增大

B. 内力、应力、轴向变形均减小

C. 内力、应力、轴向变形均不变

D. 内力、应力不变，轴向变形增大

64. 图示桁架，在结点 C 处沿水平方向受力 P 作用。各杆的抗拉刚度相等。若结点 C 的铅垂位移以 V_C 表示，BC 杆的轴力以 N_{BC} 表示，则：

A. $N_{BC}=0, V_C=0$

B. $N_{BC}=0, V_C\neq 0$

C. $N_{BC}\neq 0, V_C=0$

D. $N_{BC}\neq 0, V_C\neq 0$

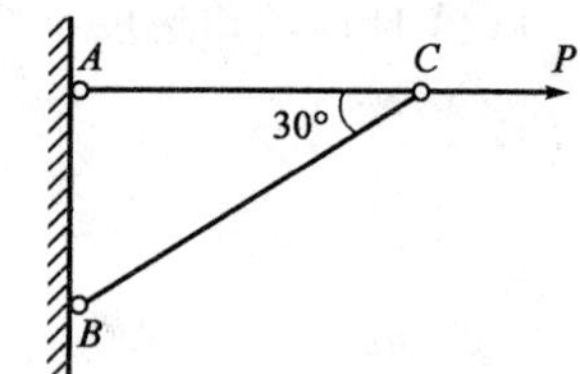

题 64 图

65. 要用冲床在厚度为 t 的钢板上冲出一个圆孔，则冲力大小：

A. 与圆孔直径的平方成正比

B. 与圆孔直径的平方根成正比

C. 与圆孔直径成正比

D. 与圆孔直径的三次方成正比

66. 受扭实心等直圆轴，当直径增大一倍时，其最大剪应力 $\tau_{2\max}$ 和两端相对扭转角 φ_2 与原来的 $\tau_{1\max}$ 和 φ_1 的比值为：

A. $\tau_{2\max}:\tau_{1\max}=1:2, \varphi_2:\varphi_1=1:4$

B. $\tau_{2\max}:\tau_{1\max}=1:4, \varphi_2:\varphi_1=1:8$

C. $\tau_{2\max}:\tau_{1\max}=1:8, \varphi_2:\varphi_1=1:16$

D. $\tau_{2\max}:\tau_{1\max}=1:4, \varphi_2:\varphi_1=1:16$

67. 空心圆轴和实心圆轴的外径相同时，截面的抗扭截面模量较大的是：

A. 空心轴　　B. 实心轴　　C. 一样大　　D. 不能确定

68. 梁的横截面形状如图所示，则截面对 Z 轴的抗弯截面模量 W_z 为：

A. $\frac{1}{12}(BH^3-bh^3)$　　B. $\frac{1}{6}(BH^2-bh^2)$

C. $\frac{1}{6H}(BH^3-bh^3)$　　　　D. $\frac{1}{6h}(BH^3-bh^3)$

69. 图示截面，其轴惯性矩的关系为：

A. $I_{Z_1}=I_{Z_2}$　　B. $I_{Z_1}>I_{Z_2}$　　C. $I_{Z_1}<I_{Z_2}$　　D. 不能确定

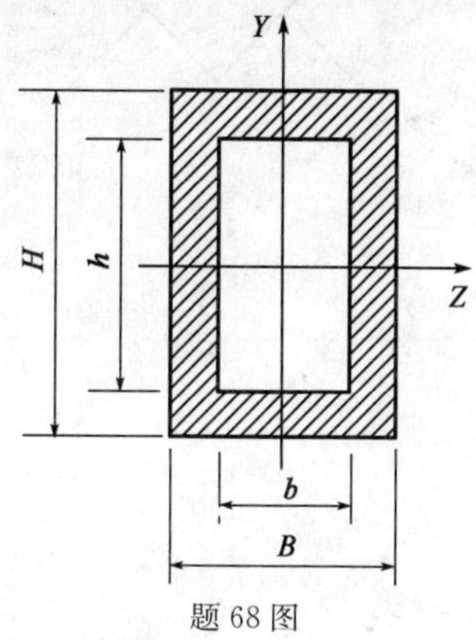

题 68 图

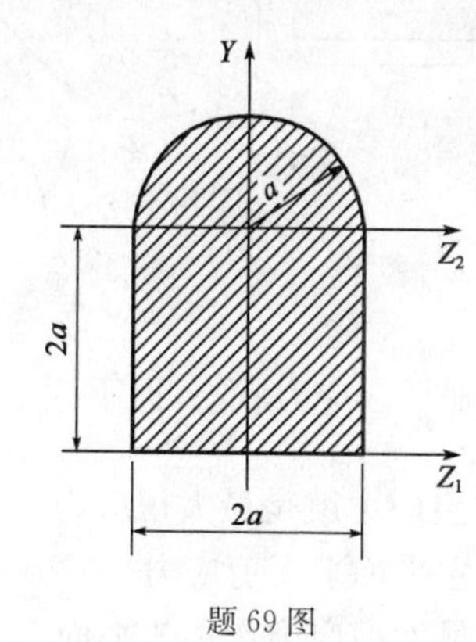

题 69 图

70. 图示梁，剪力等于零的截面位置 x 之值为：

A. $\frac{5a}{6}$　　B. $\frac{6a}{5}$

C. $\frac{6a}{7}$　　D. $\frac{7a}{6}$

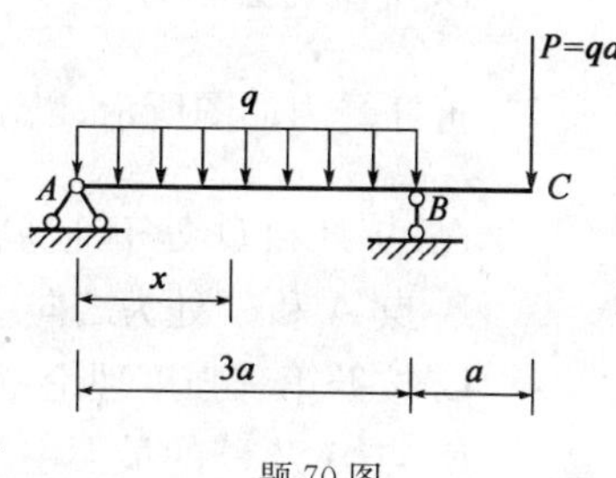

题 70 图

71. 就正应力强度而言，以下梁中，哪个图所示的加载方式最好？

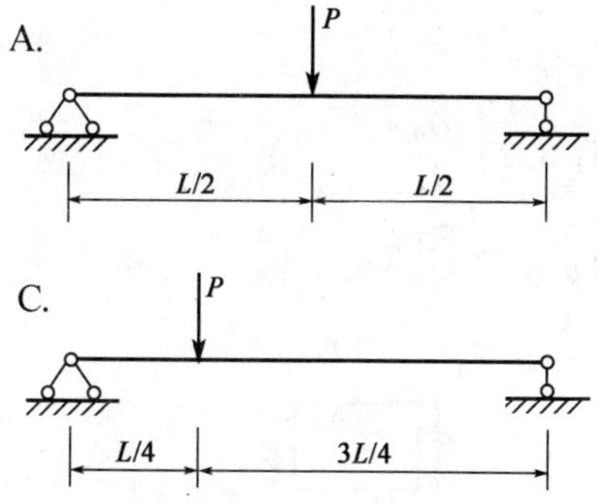

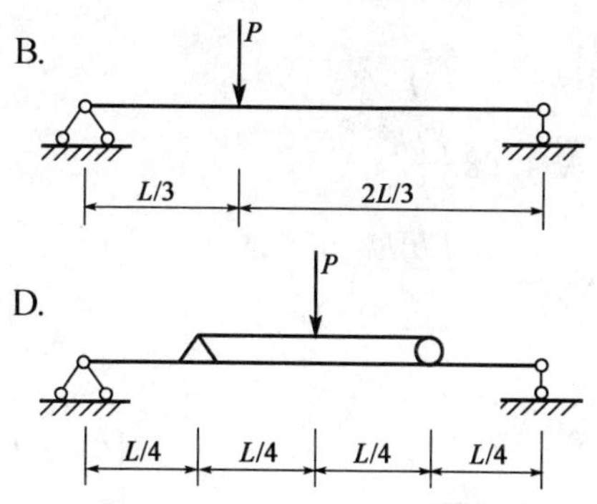

72. 在等直梁平面弯曲的挠曲线上，曲率最大值发生在下面哪项的截面上？

A. 挠度最大　　B. 转角最大　　C. 弯矩最大　　D. 剪力最大

73. 三种平面应力状态如图所示(图中用 n 和 s 分别表示正应力和剪应力)，它们之间的关系是：

A. 全部等价　　B. a)与 b)等价　　C. a)与 c)等价　　D. 都不等价

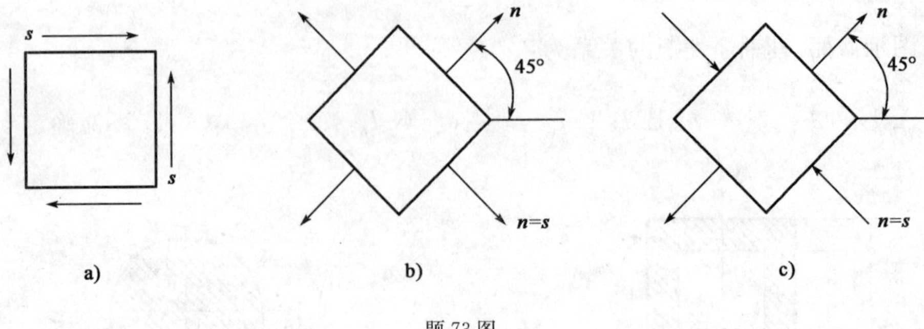

题 73 图

74. 对于平面应力状态，以下说法正确的是：

A. 主应力就是最大正应力

B. 主平面上无剪应力

C. 最大剪应力作用的平面上正应力必为零

D. 主应力必不为零

75. 折杆受力如图所示，以下结论中错误的为：

A. 点 B 和 D 处于纯剪状态

B. 点 A 和 C 处为二向应力状态，两点处 $\sigma_1>0,\sigma_2=0,\sigma_3<0$

C. 按照第三强度理论，点 A 及 C 比点 B 及 D 危险

D. 点 A 及 C 的最大主应力 σ_1 数值相同

76. 一端固定，一端为球形铰的大柔度压杆，横截面为矩形（如图所示），则该杆临界力 P_{cr} 为：

A. $1.68\frac{Ebh^3}{L^2}$

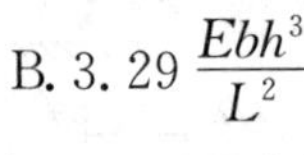
B. $3.29\frac{Ebh^3}{L^2}$

C. $1.68\frac{Eb^3h}{L^2}$

D. $0.82\frac{Eb^3h}{L^2}$

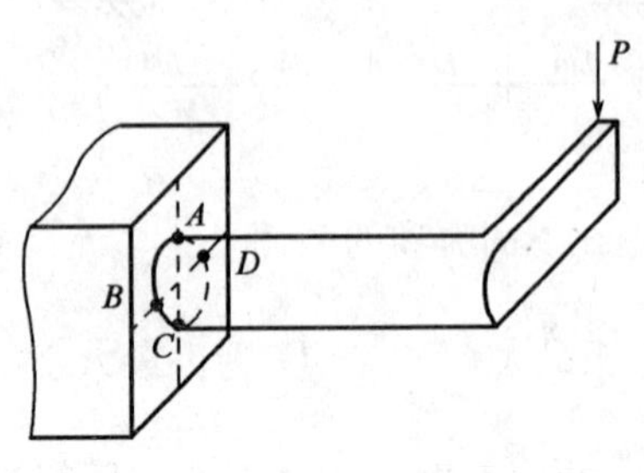

题 75 图

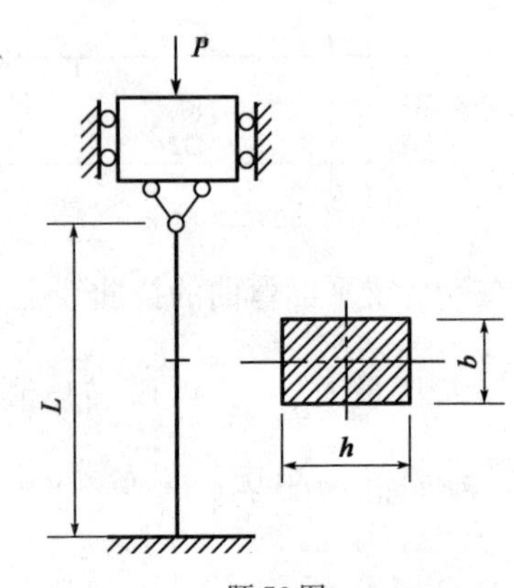

题 76 图

77. 已知空气的密度 ρ 为 1.205kg/m^3，动力黏度（动力黏滞系数）μ 为 1.83×10^{-5}Pa·s，那么它的运动黏度（运动黏滞系数）ν 为：

A. 2.2×10^{-5}s/m^2　　B. 2.2×10^{-6}m^2/s

C. 1.52×10^{-5}s/m^2　　D. 1.52×10^{-6}m^2/s

78. 金属压力表的读值是：

A. 相对压强　　B. 相对压强加当地大气压

C. 绝对压强　　D. 绝对压强加当地大气压

79. 已知油的密度 ρ 为 850kg/m^3，在露天油池油面下 5m 处相对压强为：

A. 4.25Pa　　B. 4.25kPa　　C. 41.68Pa　　D. 41.68kPa

80. 输水管道的直径为 200mm，输水量为 1177kN/h（重力流量），其断面平均流速为：

A. 1.06m/s　　B. 2.06m/s　　C. 3.06m/s　　D. 4.06m/s

81. 如图所示，有一垂直放置的渐缩管，内径由 d_1=300mm 渐缩至d_2=150mm，水从下而上自粗管流入细管。测得水在粗管 1-1 断面和细管 2-2 断面处的相对压强分别为 98kPa 和 60kPa，两断面间垂直距离为 1.5m，若忽略摩擦阻力，则通过渐缩管的流量为：

A. 0.125m^3/s　　B. 0.25m^3/s　　C. 0.50m^3/s　　D. 1.00m^3/s

82. 如图所示，一压力水管渐变段，水平放置，已知 d_1=1.5m，d_2=1m，渐变段开始断面相对压强 p_1=388kPa，管中通过流量 Q=2.2m^3/s，忽略水头损失，渐变段支座所受的轴心力为：

A. 320kN　　B. 340kN　　C. 360kN　　D. 380kN

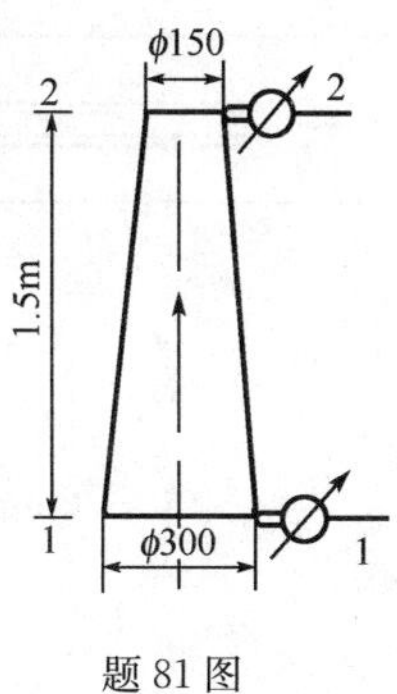

题 81 图

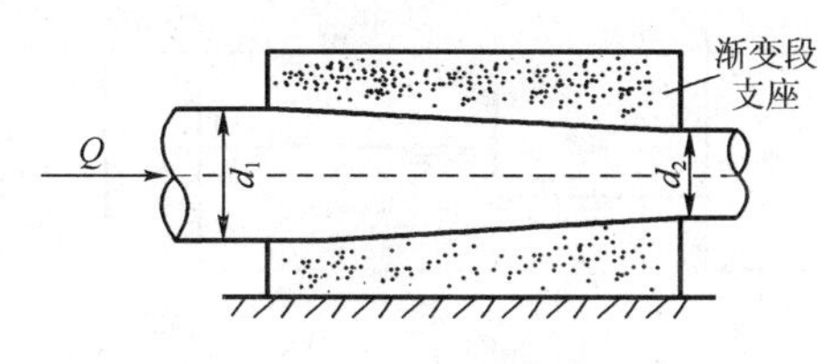

题 82 图

83. 圆管层流运动过流断面上速度分布为：（式中 r_0 为圆管半径）

A. $u=u_{\max}\left[1-\left(\frac{r}{r_0}\right)^2\right]$　　B. $u=u_{\max}\left[1-\left(\frac{r}{r_0}\right)\right]^n$

C. $u=v_0\left(5.75\lg\frac{yv_0}{v}+5.5\right)$　　D. $u=v_0\left(5.75\lg\frac{y}{k_s}+8.48\right)$

84. 一圆断面风道，直径为 250mm，输送 10℃ 的空气，其运动黏度为$14.7\times10^{-6}\mathrm{m^2/s}$，若临界雷诺数为 2300，则保持层流流态的最大流量为：

A. $12\mathrm{m^3/h}$　　B. $18\mathrm{m^3/h}$
C. $24\mathrm{m^3/h}$　　D. $30\mathrm{m^3/h}$

85. 圆管紊流粗糙区（阻力平方区）的沿程摩阻系数 λ 与：

A. 雷诺数 Re 有关　　B. 相对粗糙度$\frac{k_s}{d}$有关

C. 雷诺数 Re 和相对粗糙度$\frac{k_s}{d}$有关　　D. 雷诺数 Re 和管长 l 有关

86. A、B 两点之间并联了三根管道，则 AB 之间的水头损失 h_{fAB} 等于：

A. $h_{f1}+h_{f2}$　　B. $h_{f2}+h_{f3}$
C. $h_{f1}+h_{f2}+h_{f3}$　　D. $h_{f1}=h_{f2}=h_{f3}$

87. 如图所示，两水箱间用一简单管道相连接，在计算该管道的流量时，其作用水头 H_0 为：

A. h_1+h_2　　B. $h_1+\frac{p_1}{\gamma}$

C. $h_2+\frac{p_1}{\gamma}$　　D. $h_1+h_2+\frac{p_1}{\gamma}$

88. 如图所示，用一附有水压差计的毕托管测定某风道中空气流速。已知压差计的读数 $\Delta h=185\mathrm{mm}$，水的密度 $\rho=1000\mathrm{kg/m^3}$，空气的密度 $\rho_a=1.20\mathrm{kg/m^3}$，测得的气流速度 u 约为：

A. 50m/s　　B. 55m/s　　C. 60m/s　　D. 65m/s

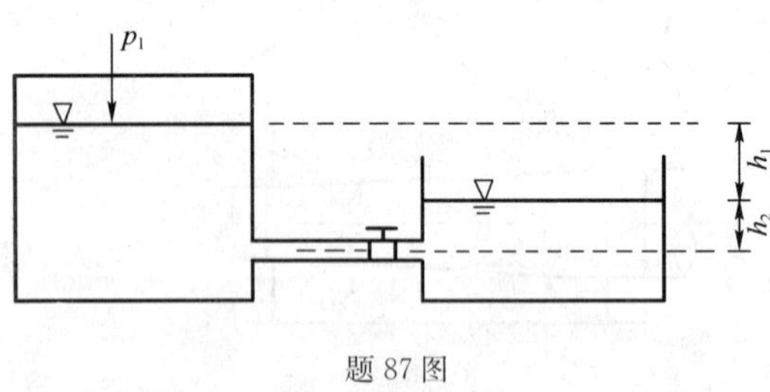

题 87 图

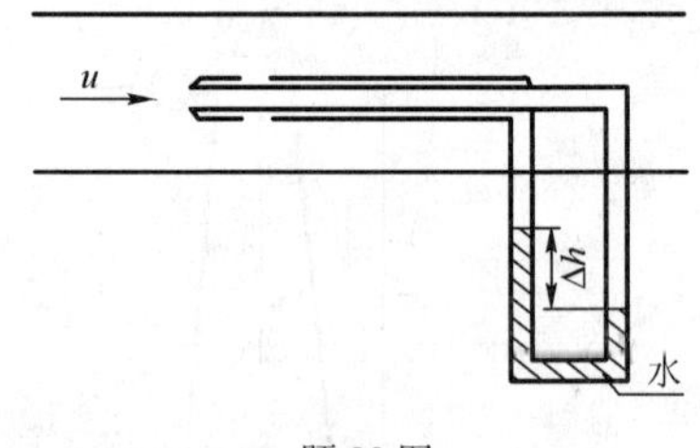

题 88 图

89. 计算机软件系统包括：

A. 系统软件和工具软件　　B. 系统软件和应用软件
C. 字处理和图形软件　　D. 多媒体和系统软件

90. 与十进制数 254 等值的二进制数是：

A. 11111110　　B. 11011111　　C. 11110111　　D. 11011101

91. 在 Windows 中，文件系统目录的组织形式属于：

A. 关系型结构　　B. 网络型结构
C. 树型结构　　D. 直线型结构

92. 在 Windows 中，有的对话框右上角有"?"按钮，它的功能是：

A. 关闭对话框　　B. 获取帮助信息
C. 便于用户输入问号(?)　　D. 将对话框最小化

93. 下述电子邮件地址正确的是：(其中□表示空格)

A. MALIN&NS. CNC. AC. CN　　B. MALIN@NS. CNC. AC. CN
C. LIN□MA&NS. CNC. AC. CN　　D. LIN□MANS. CNC. AC. CN

94. FORTRAN 程序中，可调数组可以出现在：

A. 主程序中　　B. 数据块子程序中
C. 任意子程序中　　D. 函数或子例行程序中

95. FORTRAN 赋值语句 M=5+3.0＊＊2/2 执行后，整型变量 M 的值是：

A. 9.5　　B. 10　　C. 9　　D. 8

96. 阅读以下 FORTRAN 程序

```
    READ(*,*)M,N
    K=MOD(M,N)
10  IF(K.GT.0)THEN
    M=N
    N=K
    K=MOD(M,N)
    GOTO  10
    ENDIF
    WRITE(*,*)N
    END
```

若运行以上程序时，由键盘输入 25.11，则程序输出为：

A. 3　　B. 2　　C. 1　　D. 0

97. 以下子例行程序用于实现向一维数组下标为 P 的数组元素处插入一个整数 X

```
    SUBROUTINE INSERT(B,N,P,X)
    INTEGER B(N),X,P
    DO 20 K=N-1,P,-1
    B(K+1)=______
```

```
20  CONTINUE
    B(P)=X
    END
```

为使程序完整,应在______处放入:

A. X　　B. K　　C. B(P)　　D. B(K)

98. 阅读下列 FORTRAN 程序

```
    INTEGER X(3,3),A
    DATA X/1,2,3,4,5,6,7,8,9/
    DO 10 I=1.3
    DO 10 J=1+1.3
    A=X(I,J)
    X(I,J)=X(J,I)
    X(J,I)=A
10  CONTINUE
    WRITE(*,20)((X(I,J),J=1,3)I=1,3)
20  PORMAT(IX,312)
    END
```

运行上述程序后,其输出是:

A. 1　4　7
　 2　5　8
　 3　6　9

B. 1　2　3
　 4　5　6
　 7　8　9

C. 9　6　1
　 8　5　2
　 7　4　3

D. 9　8　7
　 6　5　4
　 3　2　1

99. 以点电荷 q 所在点为球心,距点电荷 q 的距离为 r 处的电场强度 E 应为:

A. $\frac{q\varepsilon_0}{4\pi r^2}$　　B. $\frac{q}{4\pi r^2 \varepsilon_0}$

C. $\frac{4\pi r^2 \varepsilon}{q}$　　D. $\frac{4\pi q\varepsilon_0}{r^2}$

100. 如图所示电路,$U=12\text{V}$,$U_{\text{E}}=10\text{V}$,$R=0.4\text{k}\Omega$,则电流 I 等于:

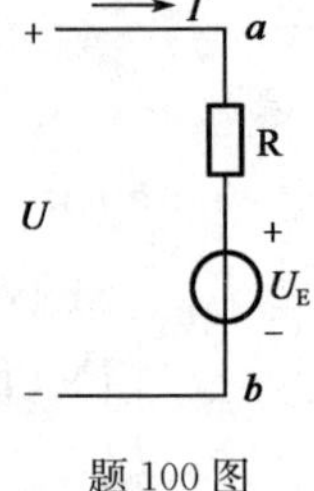

题 100 图

A. 0.055A　　B. 0.03A

C. 0.025A　　D. 0.005A

101. 叠加原理只适用于分析下列哪项的电压、电流问题?

A. 无源电路

B. 线性电路

C. 非线性电路

D. 不含电感、电容元件的电路

102. 图示电路，正弦电流 i_2 的有效值 $I_2=1\text{A}$，电流 i_3 的有效值 $I_3=2\text{A}$，因此电流 i_1 的有效值 I_1 等于：

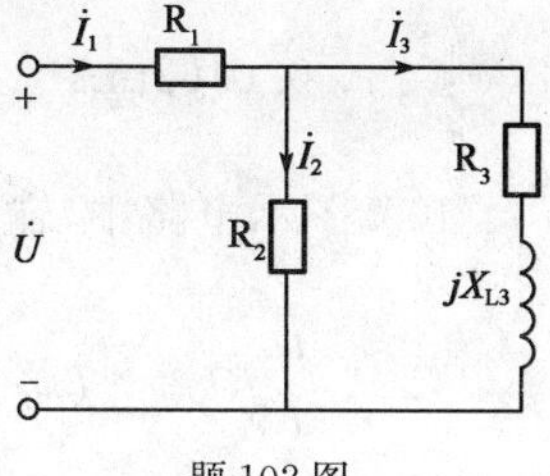

题 102 图

A. $\sqrt{1+2^2}\approx 2.24\text{A}$

B. $1+2=3\text{A}$

C. $2-1=1\text{A}$

D. 不能确定

103. 图示电路中，$u=141\sin(314t-30°)\text{V}$，$i=14.1\sin(314t-60°)\text{A}$，这个电路的有功功率 P 等于：

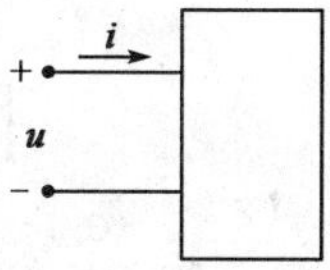

题 103 图

A. 500W　　B. 866W

C. 1000W　　D. 1988W

104. 图示电路中，换路前 $U_{C(0-)}=0.2U_i$，$U_{R(0-)}=0$，电路换路后 $U_{C(0+)}$ 和 $U_{R(0+)}$ 分别为：

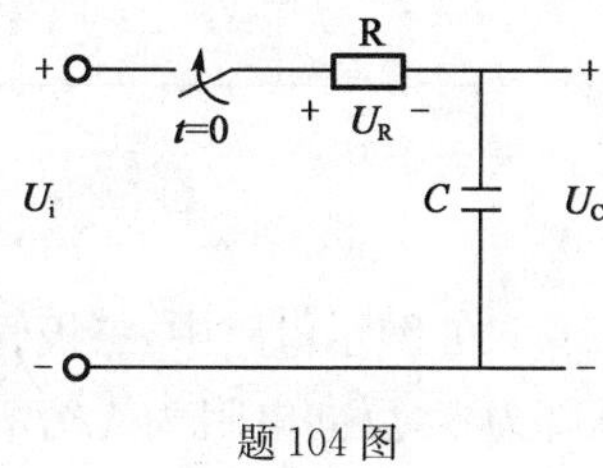

题 104 图

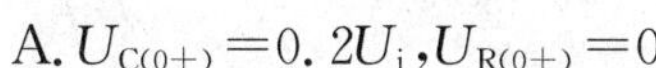

A. $U_{C(0+)}=0.2U_i$，$U_{R(0+)}=0$

B. $U_{C(0+)}=0.2U_i$，$U_{R(0+)}=0.2U_i$

C. $U_{C(0-)}=0.2U_i$，$U_{R(0+)}=0.8U_i$

D. $U_{C(0+)}=0.2U_1$，$U_{R(0+)}=U_i$

105. 图示变压器，一次额定电压 $U_{1N}=220\text{V}$，一次额定电流 $I_{1N}=11\text{A}$，二次额定电压 $U_{2N}=600\text{V}$。该变压器二次额定值 I_{2N} 约为：

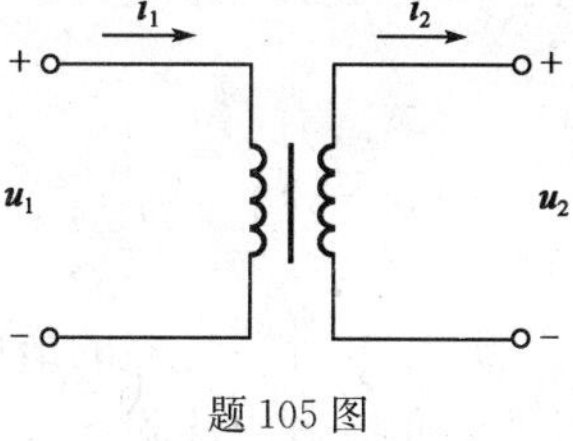

题 105 图

A. 1A　　B. 4A

C. 7A　　D. 11A

106. 三相交流异步电动机可带负载启动，也可空载启动，比较两种情况下，电动机的启动电流 I_{st} 的大小：

A. 有载＞空载　　B. 有载＜空载

C. 两种情况下启动电流值相同　　D. 不好确定

107. 半导体二极管的正向伏安（V—A）特性是一条：

A. 过坐标轴零点的直线

B. 过坐标轴零点，I 随 U 按指数规律变化的曲线

C. 正向电压超过某一数值后才有电流的直线

D. 正向电压超过某一数值后 I 随 U 按指数规律变化的曲线

108. 如图所示电路中，$R_1=50\text{k}\Omega$，$R_2=10\text{k}\Omega$，$R_E=1\text{k}\Omega$，$R_C=5\text{k}\Omega$，晶体管的 $\beta=60$，静态 $U_{BE}=0.7\text{V}$。静态基极电流 I_B 等于：

A. 0.0152mA　　B. 0.0213mA　　C. 0.0286mA　　D. 0.0328mA

109. 图示电路中，输出电压 U_o 与输入电压 U_{11}、U_{12}的关系式为：

A. $\frac{R_F}{R_f}(U_{11}+U_{12})$　　B. $\left(1+\frac{R_F}{R_f}\right)(U_{11}+U_{12})$

C. $\frac{R_F}{2R_f}(U_{11}+U_{12})$　　D. $\frac{1}{2}\left(1+\frac{R_F}{R_f}\right)(U_{11}+U_{12})$

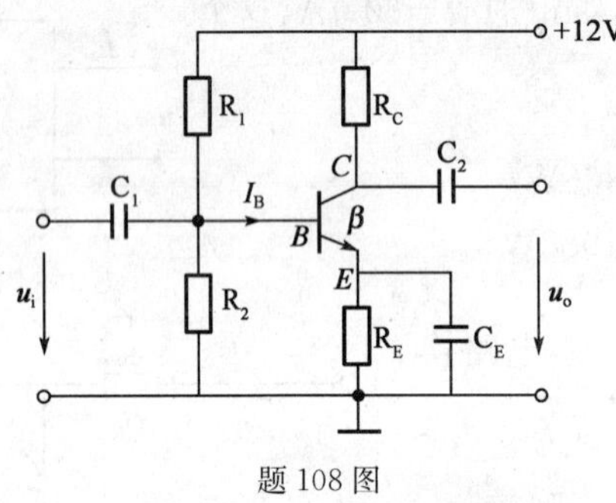

题 108 图

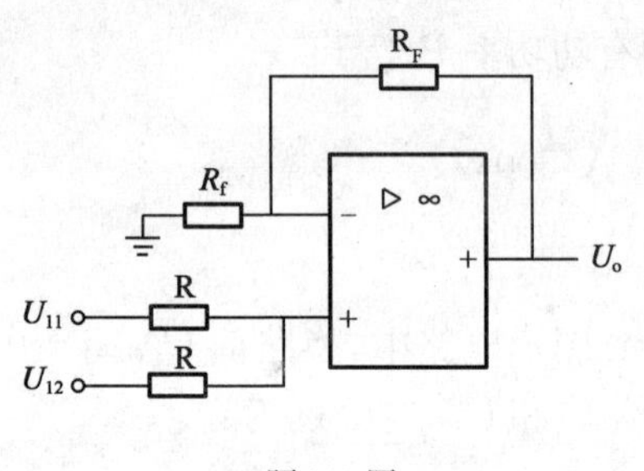

题 109 图

110. 图示电路中，二极管视为理想元件，即正向电压降为零，反向电阻为无穷大。三极管的 $\beta=100$。输入信号 U_A、U_B 的高电平是3.5V（逻辑 1），低电平是0.3V（逻辑 0），若该电路的输出电压 U_o 为电压平时定为逻辑 1，图示电路应为：

A. 与门　　B. 与非门

C. 或门　　D. 或非门

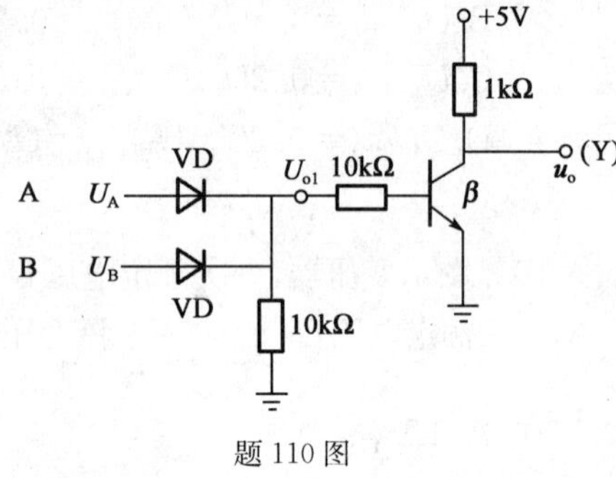

题 110 图

111. 可行性研究的最后成果是编制一份可行性研究报告作为正式文件，工业投资项目可行性研究报告应该附有：

A. 工厂平面布置图和原材料、能源供应协议书

B. 原材料供应单位的意向书和城市规划部门同意选址的证明文件

C. 工厂平面布置图和资金提供单位的意向书

D. 原材料、能源、资金供应单位的意向书，城市规划部门同意选址的证明文件和环境影响报告书

（注：此题考查内容 2009 年大纲已删除）

112. 固定成本是总成本费用的一部分，它是指其中的：

A. 不随产量变动而变动的费用

B. 不随生产规模变动而变动的费用

C. 不随人员变动而变动的费用

D. 在一定生产规模限度内不随产量变动而变动的费用

113. 某企业预计明年销售收入将达到6000万元，总成本费用将为5600万元，该企业明年应缴纳：

A. 销售税金　　B. 所得税

C. 固定资产投资方向调节税　　D. 所得税和销售税金

114. 价值工程的“价值(V)”对于产品来说，可以表示为$V=F/C$，F指产品的功能，而C则是指：

A. 产品的制造成本　　B. 产品的寿命周期成本

C. 产品的使用成本　　D. 产品的研发成本

115. 无形资产是企业资产的重要组成部分，它的特点是会遭受：

A. 有形磨损和无形磨损　　B. 有形磨损

C. 无形磨损　　D. 物理磨损

116. 在投资项目盈利能力分析中，若选取的基准年发生变动，则该项目的净现值(NPV)的内部收益率(IRR)的数值将是：

A. NPV变，IRR不变　　B. NPV和IRR均变

C. NPV不变，IRR变　　D. NPV和IRR均不变

117. 投资项目W的净现金流量如下表：

题117表

年份	0	1	2	3	4	5	6
净现金流量(万元)	−3000	900	1000	1100	1100	1100	1100

则项目W的静态投资回收期为：

A. 3.65年　　B. 3.87年　　C. 3年　　D. 3.55年

118. 某投资项目，当基准折现率取15%时，项目的净现值等于零，则该项目的内部收益率：

A. 等于15%　　B. 大于15%　　C. 等于0　　D. 大于0

119. 采用净现值(NPV)、内部收益率(IRR)和差额内部收益率(ΔIRR)进行互斥方案比选，它们的评价结论是：

A. NPV 和 ΔIRR 总是不一致的　　B. IRR 和 ΔIRR 总是一致的

C. NPV 和 ΔIRR 总是一致的　　D. NPV、IRR 和 ΔIRR 总是不一致的

120. 某投资项目全投资的净现金流量如下表：

题 120 表

年份	0	1～10
净现金流量(万元)	－5000	600

若该项目初始投资中借款比例为 50%，贷款年利率为 8%，初始投资中自有资金的筹资成本为 12%，则当计算该项目自有资金的净现值时，基准折现率至少应取：

A. 10%　　B. 12%　　C. 8%　　D. 20%

2005 年度全国勘察设计注册工程师公共基础考试

试题解析及参考答案

1.**解** 选项 A：由于$(\boldsymbol{a}+\boldsymbol{b})\cdot(\boldsymbol{a}-\boldsymbol{b})=\boldsymbol{a}\cdot\boldsymbol{a}+\boldsymbol{b}\cdot\boldsymbol{a}-\boldsymbol{a}\cdot\boldsymbol{b}-\boldsymbol{b}\cdot\boldsymbol{b}=|\boldsymbol{a}|^2-|\boldsymbol{b}|^2$，所以 A 正确。

选项 B：由于$\boldsymbol{a}\cdot(\boldsymbol{a}\cdot\boldsymbol{b})$的方向为$\boldsymbol{a}$向量的方向，而$|\boldsymbol{a}|^2\boldsymbol{b}$的方向为$\boldsymbol{b}$向量的方向，所以不相等，B 错。

选项 C：由于$(\boldsymbol{a}\cdot\boldsymbol{b})^2=[|\boldsymbol{a}|\cdot|\boldsymbol{b}|\cdot\cos(\boldsymbol{a},\boldsymbol{b})]^2=|\boldsymbol{a}|^2\cdot|\boldsymbol{b}|^2\cdot\cos^2(\boldsymbol{a},\boldsymbol{b})$，所以 C 错。

选项 D：由于$(\boldsymbol{a}+\boldsymbol{b})\cdot(\boldsymbol{a}-\boldsymbol{b})=\boldsymbol{a}\cdot\boldsymbol{a}+\boldsymbol{b}\cdot\boldsymbol{a}-\boldsymbol{a}\cdot\boldsymbol{b}-\boldsymbol{b}\cdot\boldsymbol{b}$，因为$\boldsymbol{a}\cdot\boldsymbol{b}\neq\boldsymbol{b}\cdot\boldsymbol{a}$，所以 D 错。

答案：A

2.**解** 由于两直线交线 L 与两平面的法线$\boldsymbol{n}_1=(1,-1,-1)$，$\boldsymbol{n}_2=(2,1,-3)$都垂直，所以可取直线方向向量$\boldsymbol{s}=\boldsymbol{n}_1\times\boldsymbol{n}_2=\begin{vmatrix}\boldsymbol{i}&\boldsymbol{j}&\boldsymbol{k}\\1&-1&-1\\2&1&-3\end{vmatrix}=4\boldsymbol{i}+\boldsymbol{j}+3\boldsymbol{k}$，因此，过点 $M(3,-2,1)$与直线 L 平行的对称式方程为$\dfrac{x-3}{4}=\dfrac{y+2}{1}=\dfrac{z-1}{3}$。

答案：D

3.**解** 设平面方程为 $Ax+By+Cz+D=0$，由于平面通过 z 轴，从而法线向量垂直于 z 轴，于是法线向量在 z 轴的投影为 0，即 $C=0$；又平面一定过原点，于是 $D=0$，因此，方程为 $Ax+By=0$，平面过点$(1,2,-1)$，所以有 $A+2B=0$。

代入平面方程并除以 $B(B\neq0)$，可得所求平面方程为 $2x-y=0$。

答案：B

4.**解** 因为将椭圆绕 x 轴旋转一周，所以 x 不变，将 z^2 变为 y^2+z^2 即可，所以旋转曲面为$\dfrac{x^2}{9}+\dfrac{y^2+z^2}{4}=1$。

答案：C

5.**解** 选项 A：由于 n 为极限变量，x 为函数自变量，因此$\lim\limits_{n\to\infty}\sin\dfrac{x}{2^n}=0$；

又因 $n\to\infty$时，$\sin\dfrac{x}{2^n}\sim\dfrac{x}{2^n}$，所以$\lim\limits_{n\to\infty}\dfrac{2^n}{x}\cdot\sin\dfrac{x}{2^n}=\lim\limits_{n\to\infty}\dfrac{2^n}{x}\cdot\dfrac{x}{2^n}=1$。

选项 B：当 $x\to\infty$时，$\dfrac{1}{x}$为无穷小量，$\sin x$ 为有界量，因为无穷小量与有界量的乘积为无穷小量，所以$\lim\limits_{x\to\infty}\dfrac{\sin x}{x}=0$，B 错。

选项 C：$\lim\limits_{x\to 0}(1-x)^{\frac{1}{x}}=e^{\lim\limits_{x\to 0}\frac{1}{x}\cdot(-x)}=e^{-1}$。

选项 D：$\lim\limits_{x\to\infty}(1+\frac{1}{x})^{2x}=e^{\lim\limits_{x\to\infty}\frac{1}{x}\cdot 2x}=e^{2}$。

答案：B

6. 解　因 $\lim\limits_{x\to 0^-}f(x)=f(0)=a+1$，又因 $\lim\limits_{x\to 0^+}f(x)=1$，要使 $f(x)$ 在 $x=0$ 处连续，必须使 $\lim\limits_{x\to 0^-}f(x)=\lim\limits_{x\to 0^+}f(x)=f(0)$，可得 $a=0$。

答案：A

7. 解　因为 $f'_+=a$，$f'_-(0)=-e^{-x}|_{x=0}=-1$，且 $f(x)$ 在 x 处可导，可得 $f'_+(0)=f'_-(0)$。

所以 $a=-1$。

答案：D

8. 解　由于 $F(x,y,z)=x^2-y^2-z=0$，在点 $(\sqrt{2},-1,1)$ 处的偏导数 $F_x=2\sqrt{2}$，又因为 $F_y=2$，$F_z=-1$，所以曲面在 $(\sqrt{2},-1,1)$ 处的法线方程为：

$$\frac{x-\sqrt{2}}{2\sqrt{2}}=\frac{y+1}{2}=\frac{z-1}{-1}$$

答案：C

9. 解　选项 A：$f(x^2)$ 在 $(-a,a)$ 为偶函数，所以 A 正确。

选项 B：$\sin^{10}x$ 和 $\cos^{10}x$ 在 $(0,2\pi)$ 的面积相同，所以根据定积分的定义可知 B 正确。

选项 C：$\cos 5x\cdot\sin 7x$ 在 $(-\pi,\pi)$ 为奇函数，所以 $\int_{-\pi}^{\pi}\cos 5x\cdot\sin 7x\cdot dx=0$。

选项 D：$\int_0^1 10^x dx=\frac{10^x}{\ln 10}\Big|_0^1=\frac{1}{\ln 10}\times(10-1)=\frac{9}{\ln 10}$，所以 D 错。

答案：D

10. 解　画出平面闭区域 D，要比较 I_1,I_2,I_3，只需比较 $\ln(x+y)$，$x+y$，$\sin(x+y)$ 的大小即可。因为 $x+y$ 取值为从 $\frac{1}{2}$ 到 1，所以 $\ln(x+y)<\sin(x+y)<x+y$，即 $I_1<I_3<I_2$。

答案：B

11. 解　此题采用柱坐标，先将闭区域 Ω 投影到 xOy 上，得半径为 1 的圆形闭区域。$D_{xy}=\{(r,\theta)\,|\,0\leqslant r\leqslant 2,0\leqslant\theta\leqslant 2\pi\}$。在 D_{xy} 内任取一点 (r,θ)，过此点作平行于 z 轴的直线，此直线通过曲面 $z=x^2+y^2$ 穿入 Ω 内，然后，通过曲面 $z=\sqrt{x^2+y^2}$ 穿出 Ω 外，因此，闭区域可用不等式 $r^2\leqslant z\leqslant r$，$0\leqslant r\leqslant 1$，$0\leqslant\theta\leqslant 2\pi$ 来表示，所以所围立体体积的三次积分为 $\int_0^{2\pi}d\theta\int_0^1 r dr\int_{r^2}^{r}dz$。

答案：A

12. **解**　此题考查定积分的应用，$L=\int_0^1\sqrt{1+\left(\frac{2}{3}x^{\frac{3}{2}}\right)'^2}=\int_0^1\sqrt{1+x}\mathrm{d}x$ 设 $t=\sqrt{1+x}$，则 $x=t^2-1$，所以 $L=\int_1^{\sqrt{2}}t\cdot 2t\mathrm{d}t=\frac{2}{3}(2\sqrt{2}-1)$。

答案：C

13. **解**　对于 $\left|\frac{\sin\frac{n\pi}{2}}{\sqrt{n^3}}\right|\leqslant\frac{1}{\sqrt{n^3}}$，因为 $\sum_{n=1}^{\infty}\frac{1}{\sqrt{n^3}}$ 收敛，根据比较审敛法，所以 $\sum_{n=1}^{\infty}\frac{\sin\frac{n\pi}{2}}{\sqrt{n^3}}$ 绝对收敛。

答案：A

14. **解**　$\sum_{n=1}^{\infty}(-1)^{n-1}x^n=\sum_{n=0}^{\infty}(-1)^n x^{n+1}=x\cdot\sum_{n=0}^{\infty}(-1)^n x^n=x\cdot\frac{1}{1+x}=\frac{x}{1+x}$

启示：此题需记忆常用的和函数公式。

答案：B

15. **解**　此题是傅里叶级数的知识，因为 $S(x)$ 为奇函数，　所以先作奇式延拓，即令 $F(x)=\begin{cases}S(x) & (0\leqslant x\leqslant\pi)\\ -S(-x) & (-\pi\leqslant x\leqslant 0)\end{cases}$，所以 $S\left(-\frac{\pi}{2}\right)=-S\left(\frac{\pi}{2}\right)$，根据傅里叶级数收敛定理可知：

$$S\left(\frac{\pi}{2}\right)=\frac{S\left(\frac{\pi}{2}+0\right)+S\left(\frac{\pi}{2}-0\right)}{2}=\frac{\pi+\frac{\pi}{2}}{2}=\frac{3}{4}\pi \text{ 则 } S\left(-\frac{\pi}{2}\right)=-\frac{3}{4}\pi\text{。}$$

答案：C

16. **解**　选项 A：由于级数 $\sum_{n=0}^{\infty}u_n$ 收敛，则 $\lim_{n\to\infty}u_n=0$，因此 A 为充分条件。

选项 B：举反例，由于 $u_n=\frac{1}{n^2}$，$\lim_{n\to\infty}\frac{\frac{1}{(n+1)^2}}{\frac{1}{n^2}}=\lim_{n\to\infty}\frac{n^2}{(n+1)^2}=1$，所以 B 错。

选项 C：举反例，由于 $u_n=\frac{1}{n^{1.5}}$，　$\sum_{n=1}^{\infty}\frac{1}{n^{1.5}}$ 收敛，但是 $\frac{1}{n^{1.5}}>\frac{1}{n^2}$，所以 C 错。

选项 D：根据级数收敛定义可知，D 正确。

答案：D

17. **解**　$\lim_{n\to\infty}\frac{a_{n+1}}{a_n}=q<1$ 是正项级数 $\sum_{n=1}^{\infty}a_n$ 收敛的充分非必要条件。

答案：A

18. **解**　此题简单，根据定义可知选 B。

答案：B

19. **解**　因为$\overline{X}\sim N\left(\mu,\frac{\delta^2}{n}\right)$，所以$E(\overline{X_9})=\mu$，$D(\overline{X_9})=\frac{1}{n}\delta^2=\frac{1}{9}\delta^2$，

则$E(\overline{X_9}-X_{10})=E(\overline{X_9})-E(X_{10})=\mu-\mu=0$。

因为$\overline{X_9}$和X_{10}相互独立，所以$D(\overline{X_9}-X_{10})=D(\overline{X_9})+D(X_{10})=\frac{10}{9}\delta^2$。

答案：A

20. **解**　根据定义可知，选项A、选项B、选项D都是分布函数的性质，不是概率密度的性质。

答案：C

21. **解**　$|\boldsymbol{B}\boldsymbol{A}^{-1}|=|\boldsymbol{B}|\cdot|\boldsymbol{A}^{-1}|=\frac{|\boldsymbol{B}|}{|\boldsymbol{A}|}=\frac{3}{2}$

答案：B

22. **解**　观察矩阵$\boldsymbol{A}$的每行可知，第2行加上第一行的$-\frac{a_2}{a_1}$倍为0，同理，第n行加上第一行的$-\frac{a_n}{a_1}$倍为0，所以$r(\boldsymbol{A})=1$　。

答案：C

23. **解**　可用代入法，将选项A、B、C、D代入$\boldsymbol{A}x=0$，看是否为0，可知D为正确选项。

答案：D

24. **解**　$\frac{\partial(\varphi A)}{\partial z}=\varphi\frac{\partial A}{\partial z}+\frac{\partial\varphi}{\partial z}A=xy^2z(x,0,2yz)+xy^2(xz,-xy^2,yz^2)=(2x^2y^2z,-x^2y^4,3xy^3z^2)$把$(-1,-1,1)$代入可得$(2,-1,3)$。

答案：A

25. **解**　由理想气体状态方程$p=nkT$和$\bar{v}=\sqrt{\frac{8RT}{\pi M}}$可得，当压强降低、温度不变时，$n$减小，$\bar{v}$不变。所以分子平均碰撞频率$\overline{Z}=\sqrt{2}\pi d^2n\bar{v}$减小，平均自由程$\bar{\lambda}=\frac{1}{\sqrt{2}\pi d^2n}$增大。

答案：D

26. **解**　理想气体内能$E=\frac{i}{2}vRT$，双原子分子自由度$i=5$。所以1mol双原子分子理想气体内能为$\frac{5}{2}RT$。

答案：C

27. **解**　卡诺循环效率$\eta=1-\frac{T_2}{T_1}=1-\frac{Q_2}{Q_1}$，所以$\frac{Q_1}{Q_2}=\frac{T_1}{T_2}=\frac{1}{n}$。

答案：C

28. **解**　选项 A 错误，外界对系统做功可以使得热量从低温物体传到高温物体，如空调制冷。但不可能把热量从低温物体传到高温物体，而不引起其他变化。

选项 B 错误，热可以全部转化为功，但要产生其他影响。如等温膨胀过程，系统吸收的热量全部转化为功，但体积膨胀对外界产生了影响。

选项 C 正确。

选项 D 错误，有规则运动的能量如机械能，无规则运动的能量如热能。与选项 B 类似，无规则运动的能量可以全部转化为有规则运动的能量，如等温膨胀过程。

答案：C

29. **解**　理想气体向真空膨胀，所以做功 A 为零。过程绝热，所以吸热 Q 为零，根据热力学第一定律 $Q=\Delta E+A$，得内能改变 $\Delta E=0$。又因为 $\Delta E=\upsilon C_V\Delta T$，所以 $\Delta T=0$，即温度不变。气体膨胀后体积 V 变大，由状态方程 $pV=\upsilon RT$，得压强 P 减小。

答案：A

30. **解**　波动方程 $y=A\cos(Bt-Cx)$ 与标准形式 $y=A\cos(\omega t-kx)$ 对比可得，圆频率 $\omega=B$，波数 $k=C$，周期 $T=\frac{2\pi}{\omega}=\frac{2\pi}{B}$，波长 $\lambda=\frac{2\pi}{k}=\frac{2\pi}{C}$，波速 $u=\frac{\omega}{k}=\frac{B}{C}$。

答案：C

31. **解**　由题可得波长 $\lambda=\frac{u}{\nu}=3\text{m}$。相位差为 $\Delta\varphi=\frac{2\pi}{\lambda}\Delta x$，所以 $\Delta x=\frac{\lambda}{2\pi}\Delta\varphi=0.5\text{m}$。

答案：C

32. **解**　可见光波长范围为 400～760nm。光栅常数越接近，测量越精确。

答案：D

33. **解**　单缝衍射第一级暗纹条件为 $a\sin\theta=\lambda$，所以缝宽 $a=\frac{\lambda}{\sin\theta}=2\lambda$。

答案：C

34. **解**　双缝干涉条纹间距为 $\Delta x=\frac{D}{d}\lambda$。

答案：D

35. **解**　光强为 I_0 的自然光入射到第一个偏振片后，透射光强 $I_1=\frac{1}{2}I_0$。

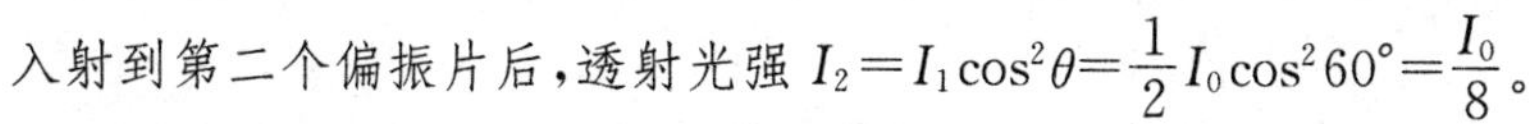

入射到第二个偏振片后，透射光强 $I_2=I_1\cos^2\theta=\frac{1}{2}I_0\cos^2 60°=\frac{I_0}{8}$。

答案：A

36. **解**　由理想气体状态方程 $pV=\frac{m}{M}RT$ 可知，当 V、m 和 T 相同时，p 和 M 成反比。

答案：D

37. **解**　由于 AgCl 的微量溶解，银离子会和氨分子形成二氨合银离子，而使 AgCl 缓慢溶解，增大了 AgCl 的溶解度；电解质 AgCl 在 NaCl 溶液中，由于 Cl^- 同离子效应，使得溶解的 Ag^- 浓度降低，从而使 AgCl 的溶解度减小；电解质 AgCl 在 $Na_2S_2O_3$ 溶液中，溶解的银离子会与 $Na_2S_2O_3$ 反应生成$[Ag(S_2O_3)]^-$配离子，而使 AgCl 缓慢溶解，增大了 AgCl 的溶解度；综上可知，应选 B。

答案：B

38. **解**　$1s^22s^22p^63s^23p^63d^54s^1$ 半充满状态，更稳定。价层电子分布为 $3d^54s^1$

答案：B

39. **解**　选项 B：sp^2 杂化空间构形为正三角形；选项 A、选项 C、选项 D 都是氮族元素最外层 5 个电子，3 个参与杂化，还有一对孤对电子，sp^3 不等性杂化，空间构形为三角锥。

答案：B

40. **解**　Al_2O_3 是两性氧化物，所以，既可以和碱反应，又可以和酸反应。

Cu_2O 可以和 H_2SO_4 反应歧化为二价铜，也可与浓氨水发生配位反应。

SiO_2 是酸性氧化物，所以可以和 NaOH 反应，不与一般的酸反应，但可与氢氟酸反应，生成四氟化硅。

CO 既不和酸反应，也不和碱反应。

答案：A

41. **解**　$[H^+]$ ＝电离度×浓度＝0.010%×0.1＝1.0×10^{-5}mol/L

标准电离常数＝$[H^+]\times[CN^-]/[HCN]=1.0\times10^{-5}\times1.0\times10^{-5}\div0.1=1.0\times10^{-9}$

答案：C

42. **解**　缓冲溶液，如弱酸与弱酸盐、弱碱与弱碱盐等混合液；选项 D 中反应过后产生 0.200mol/dm^3 的 NH_4Cl 和 0.200mol/dm^3 $NH_3\cdot H_2O$ 组成缓冲溶液，既可和酸反应，也可和碱反应；其他各项都只是酸性或碱性的溶液。

答案：D

43. **解**　温度升高会使分子吸收能量成为活化分子，增加了活化分子的百分率，从而增加了有效碰撞的次数，反应速率提高；另外，温度升高，分子热运动剧烈，这是次要原因。

答案：C

44. **解**　选项 B：是化学反应正向移动的必然结果。

选项 A：若增加反应物或减少生成物，使化学平衡正向移动，生成物的体积分数都有可能减少。

选项 C：若增加反应物使化学平衡正向移动，反应物的浓度可能增大 。

选项 D：只是同等程度地改变正逆反应速率，不发生移动。

答案：B

45. **解**　Cl_2 中 Cl 是 0 价，NaCl 中 Cl 是－1 价，$NaClO_3$ 中 Cl 是＋5 价。可见反应前后 Cl 的化合价有升有降，所以，Cl_2 既是氧化剂，又是还原剂。

答案：A

46.**解** 标准电极电势越高，还原剂的还原性越弱。

答案:C

47.**解** 含有碳碳双键可使溴水和高锰酸钾褪色，含有醛基可发生银镜反应，催化加氢可得到饱和醇，因此分子式应为 $C_{10}H_{20}O$。

答案:D

48.**解** 由乙酸 $C_2H_4O_2$，乙酸乙酯 $C_4H_8O_2$ 可知，其中碳氢个数比均为 1∶2。可得其质量比为(1×12)∶(2×1)＝6∶1；所以，碳的质量分数为 42.0%。

答案:A

49.**解** $\boldsymbol{F}_1+\boldsymbol{F}_2+\boldsymbol{F}_3=0$

$\boldsymbol{F}_4+\boldsymbol{F}_5=-\boldsymbol{F}_3$

答案:B

50.**解** 力矩 M 移到 BC 杆上，各点约束反力方向均发生改变。

答案:A

51.**解** 将各力均向 O 点简化，可以得到一个力和一个力偶，且力和力偶的方向垂直，于是可以进一步简化为一个合力。

答案:A （注：此题考查内容 2009 年的考试大纲已删除）

52.**解** W 作用在摩擦角($\varphi=\arctan f_s=\arctan 0.6\approx 30.96°$)内，所以物块处于静止状态。

答案:C

53.**解** 力 F 对任一 z 轴的矩定义为：力 F 在垂直 z 轴的平面上的投影对该平面与 z 轴交点 O 的矩。

即 $M_z(F)=M_O(F_{xy})=\pm F_{xy}a$

答案:D （注：此题考查内容 2009 年的考试大纲已删除）

54.**解** 对 $x=12-t^3$ 求导，可得 $v=-3t^2$；对 v 从 0 到 3 积分 $s=\int_0^3 -3t^2\,dt$，可得前 3s 的路程为 27cm。

答案:A

55.**解** 法向加速度 $a_n=\dfrac{v^2}{r}$，切向加速度 $a_r=\dfrac{d^2s}{dt^2}$，$v_A=v_B$，$r_A\neq r_B$，$S_A=S_B$，所以 A、B 点的法向加速度不等，切向加速度相等。

答案:B

56.**解** $v_A=\omega_1 O_1A$

$O_2B=\dfrac{\sqrt{3}}{2}O_1A$

则 v_A、v_B 按投影法可得：$v_B=\frac{\sqrt{3}}{2}v_A$

$\omega_2=\frac{v_B}{O_2B}=\omega_1$。

答案:D

57.**解**　质点的运动方向是速度的方向。

答案:C

58.**解**　质点系动量：$K=\Sigma m_iv_i=Mv_c$，为各质点动量的矢量和，图示杆的质心在杆中端，利用速度瞬心法得 $v_c=v/\sqrt{2}$。

答案:D

59.**解**　由题 59 可知，杆绕瞬心转动，$w=v/\left(\frac{\sqrt{2}}{2}l\right)$，$J=1/3ml^2$。

质点系动能：$T=\frac{1}{2}J_pw^2=\frac{1}{2}\times\frac{1}{3}ml^2\times(\sqrt{2}\ \frac{v}{l})^2=\frac{1}{3}mv^2$

或者是 $T=\frac{1}{2}J_Cw^2+\frac{1}{2}mv_C^2$，其中 $J_C=\frac{1}{12}ml^2$ 。

答案:B

60.**解**　定轴转动 OA 杆对 O 点的动量矩为 $L_1=J\omega,J=\frac{1}{3}ml^2$。小球对 O 点的动量矩为 $L_2=J\omega,J=ml^2$。则 $L_1+L_2=\frac{4}{3}ml^2\omega$。

答案:D

61.**解**　惯性力系向 O 点简化时，$\boldsymbol{F}_1=m\boldsymbol{a}_c$，$\boldsymbol{M}_{IO}=\boldsymbol{J}_\alpha$

答案:B

62.**解**　图左侧，会有一个向左的 15 的力，应力逐渐增大，说明加了均布荷载。在 0m、5m 处，$q=15\text{kN/m}$，$q=30\text{kN/m}$。在 1m、5m 处突变，说明有一个集中荷载，大小为 45kN，只有选项 D 正确。

答案:D

63.**解**　拉力、受力面积、弹性模量均不变。

答案:C

64.**解**　$N=0$，BC 杆不受力，但 C 在竖直方向有位移 。

答案:B

65.**解**　冲力 $F=\tau A=\tau\pi dt$ 与直径呈正比。

答案:C

66. **解** 由最大剪切应力的公式可得答案为选项C。

答案:C

67. **解** 抗扭主要是看它的惯性矩的变化,实心轴的惯性矩要比空心的大。

答案:B

68. **解** 根据题意作图如下:

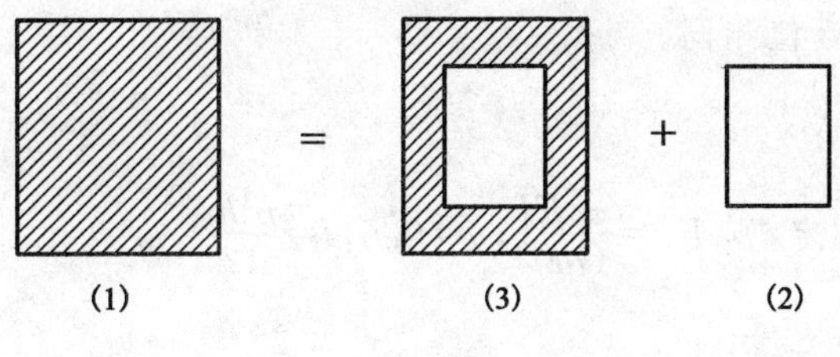

题68解图

I_z:截面对形心轴子的惯性矩;

Y_{max}:截面上距离中心轴最远点的距离。

$$W_z = \frac{I_z}{Y_{max}}$$

$$I_z^{(1)} = I_z^{(2)} + I_z^{(3)}$$

$$I_z^{(3)} = I_z^{(1)} - I_z^{(2)} = \frac{BH^3}{12} - \frac{bh^3}{12} = \frac{1}{12}(BH^3 - bh^3)$$

$$W_z^{(3)} = \frac{I_z^{(3)}}{\frac{H}{2}} = \frac{1}{6H}(BH^3 - bh^3)$$

答案:C

69. **解** 依据惯心矩的公式可知选项B正确。

答案:B

70. **解** $R_B = \frac{4qa^2 + 0.5 \times 9qa^2}{3a} = \frac{17}{6}qa$

$$R_A = 4qa - R_B = \frac{7}{6}qa$$

$$x = \frac{\frac{7}{6}qa}{q} = \frac{7}{6}a$$

答案:D

71. **解** 把力首先分成两个 $P/2$ 的力,再对称加载,应力较小。

答案:D

72. **解** 由于曲率半径 $r = M(x)/EI_z$,E、I_z 为定值,$M(x)$ 越大,曲率越大。

答案:C

73.**解**　此题考查主应力的求解。

答案:C

74. **解**　此题为概念题。

答案:B

75.**解**　把 P 向前移,得到一个力和一个弯矩,那么该杆就受一个荷载和弯矩的作用,所以 AC 处的最大主应力数值相同。

答案:D

76.**解**　由于两端固定,则 $F_{cr}=\frac{\pi^2 EI}{(\mu l)^2}$,$\mu=0.5$,$I=\frac{b^3 h}{12}$

答案:C

77.**解**　流体的动力黏度 μ 与运动黏度 ν 的关系为:$\nu=\frac{\mu}{\rho}$

故 $\nu=\frac{\mu}{\rho}=\frac{1.83\times10^{-5}\text{Pa}\cdot\text{s}}{1.205\text{kg/m}^3}=1.52\times10^{-6}\text{m}^2/\text{s}$

答案:D

78.**解**　金属压力表内部有一个多半圆形的管,一头接要测的系统,一头封闭连接表针。当与系统连接时,表内管中就有了与系统一样的压力,由于管是圆形的,那么它的外壁要比内壁受到的压力大,那么这个圆形管就会发生形变,牵引指针摆动,于是就有了表盘上的度数。由于各管的外表面是大气压,所以测得的是系统的压力与大气压的差,即相对压力。

答案:A

79.**解**　流体液面下的静压强计算式为:$p=p_0+\rho gh$

故其相对压强为:$p'=\rho gh=850\times9.80665\times5=41.68\text{kPa}$

答案:D

80.**解**　断面面积为:

$A=\frac{\pi d^2}{4}=\frac{3.14\times0.2^2}{4}=0.0314\text{m}^2$

重量流量化为体积流量为:

$q_V=\frac{q_G}{\rho_g}=\frac{1177\times10^3}{1000\times9.80665}=120.02\text{m}^3/\text{h}$

故其流速为:$v=\frac{q_V}{A}=\frac{120.02}{3600\times0.0314}=1.06\text{m/s}$

答案:A

81.**解**　对断面1-1、2-2建立伯努利方程,且取断面1-1的高度为0,则:

$$\frac{p_1}{\rho g}+\frac{v_1^2}{2g}=z+\frac{p_2}{\rho g}+\frac{v_2^2}{2g} \tag{1}$$

又有:

$$q_V=v_1A_1=v_2A_2 \tag{2}$$

式(1)、式(2)联立可得：

$$q_V = A_1 A_2 \sqrt{2\frac{\rho g z + (p_2 - p_1)}{\rho(A_2^2 - A_1^2)}} \tag{3}$$

又有：

$A_1 = \frac{\pi d_1^2}{4} = \frac{3.14 \times 0.3^2}{4} = 0.0706\text{m}^2$

$A_2 = \frac{\pi d_2^2}{4} = \frac{3.14 \times 0.15^2}{4} = 0.0177\text{m}^2$

代入数据可得：

$$q_V = 0.0706 \times 0.0177 \times \sqrt{2 \times \frac{1000 \times 9.80665 \times 1.5 + (60-98) \times 10^3}{1000 \times (0.0177^2 - 0.0706^2)}} = 0.125\text{m}^3/\text{s}。$$

答案：A

82.**解** 如图所示，由于管子水平放置，由伯努利方程有：

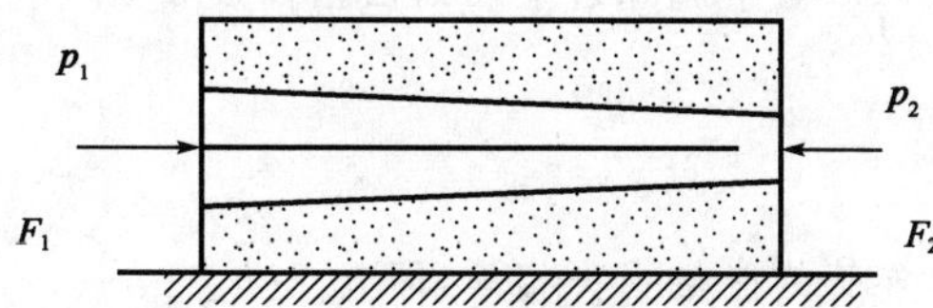

题 82 解图

$$\frac{p_1}{\rho g} + \frac{v_1^2}{2g} = \frac{p_2}{\rho g} + \frac{v_2^2}{2g} \tag{1}$$

又有：

$$q_V = v_1 A_1 = v_2 A_2 \tag{2}$$

可得：$v_1 = \frac{q_V}{A_1}$

$v_2 = \frac{q_V}{A_2}$

又：$A_1 = \frac{\pi d_1^2}{4} = \frac{3.14 \times 1.5^2}{4} = 1.76\text{m}^2$

$A_2 = \frac{\pi d_2^2}{4} = \frac{3.14 \times 1^2}{4} = 0.785\text{m}^2$

所以：

$v_1 = \frac{q_V}{A_1} = \frac{2.2}{1.76625} = 1.2456\text{m/s}$

$v_2 = \frac{q_V}{A_2} = \frac{2.2}{0.785} = 2.8025\text{m/s}$

代入式(1)，可得：

$p_2 = p_1 + \frac{\rho}{2}(v_1^2 - v_2^2) = 388 \times 1000 + \frac{1000}{2} \times (1.2456^2 - 2.8025^2) = 385\text{kPa}$

由于：$F_1 = p_1 A_1 = 388 \times 1.76 = 682\text{kN}$

$F_2 = p_2 A_2 = 385 \times 0.79 = 302\text{kN}$

故轴心力为：$F = F_1 - F_2 = 682 - 302 = 380\text{kN}$

答案:D

83. **解** 由于 $u=\dfrac{\rho g h_{f}}{4\eta l}[r_0^2-r^2]$，取 $u_{\max}=\dfrac{\rho g h_{f}}{4\eta l}r_0^2$，则 $u=u_{\max}\left[1-\left(\dfrac{r}{r_0}\right)^2\right]$。

答案:A

84. **解** 由雷诺数的定义有：$Re_{cr}=\dfrac{v_{cr}d}{\nu}$

故：$v_{cr}=\dfrac{Re_{cr}\nu}{d}=\dfrac{2300\times14.7\times10^{-6}}{0.25}=0.13524\text{m/s}$

从而：$q_V=v_{cr}A=v_{cr}\dfrac{\pi d^2}{4}=0.13524\times\dfrac{3.14\times0.25^2}{4}\times3600=24\text{m}^3/\text{h}$

答案:C

85. **解** 圆管紊流粗糙区内，$\delta_0\ll k_j$，黏性底层的作用可以忽略不计，即壁面阻力的大 小主要由管壁的粗糙度决定。因为，当紊流绕过壁面的凸出高度 k_j 时，形成许多小漩涡。沿程损失主要由这些小漩涡造成。

答案:B

86. **解** 并联管路中各支管的能量损失相等，即 $h_{f1}=h_{f2}=h_{f3}$。

答案:D

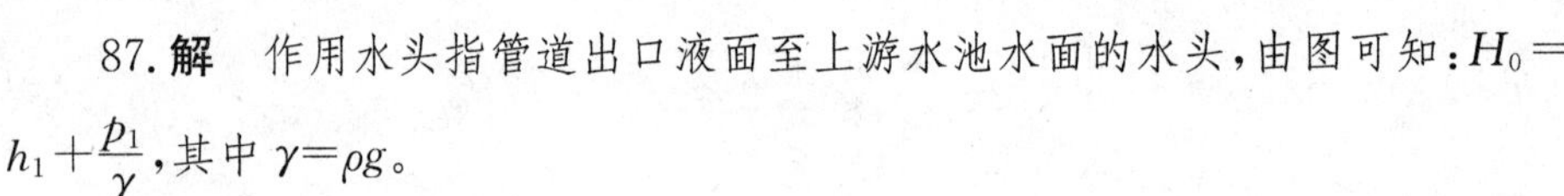

87. **解** 作用水头指管道出口液面至上游水池水面的水头，由图可知：$H_0=h_1+\dfrac{p_1}{\gamma}$，其中 $\gamma=\rho g$。

答案:B

88. **解** 沿着风向，由伯努利方程可得 $p_1+\dfrac{1}{2}\rho_a u^2=p_0$。参数如图所示，对于水柱有：

$p_1+\rho_w g\Delta h=p_0+\rho_a g\Delta h$

故：$u=\sqrt{\dfrac{2g\Delta h(\rho_w-\rho_a)}{\rho_a}}=\sqrt{\dfrac{2\times9.8\times0.185\times(1000-1.2)}{1.2}}=55\text{m/s}$。

答案:B

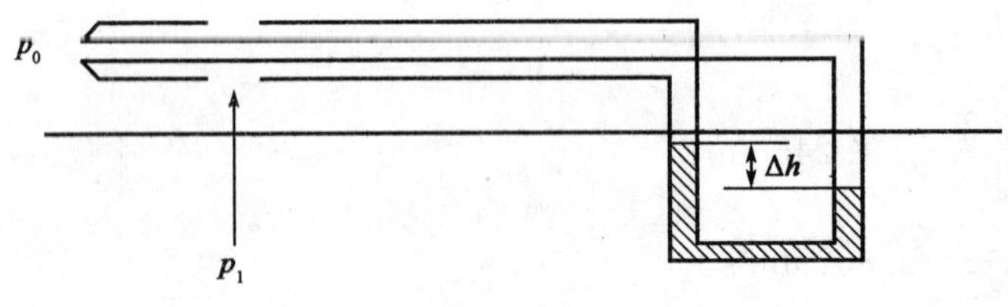

题 88 解图

89. **解** 计算机软件系统由系统软件与应用软件组成。

系统软件的作用是负责管理计算机系统中各种独立的硬件，使得他们可以协调工作。

应用软件是为了某种特定的用途而被开发的软件。

答案:B

90. **解** 十进制转化为二进制的办法是用十进制数除以 2,得到的商再除以 2,指导除到商为零为止,再将所得的余数倒过来排序。即为最终转化为的二进制数。

具体求解步骤如右图。

所以将余数从下至上写出得到:11111110。

答案:A

2|254

2|127 0

2|63 1

2|31 1

2|15 1

2|7 1

2|3 1

2|1 1

2|0 1

题 90 解图

91. **解** Windows 的文件系统目录的组织形式是树形结构。

答案:C

92. **解** Windows 有强大的帮助系统,可通过命令条的帮助菜单、开始菜单的帮助命令、点击 Windows 对话框的右上角的"?"和按 F1 键都可获取帮助信息。

答案:B

93. **解** 电子邮件的格式通常为:username@domain. com。其中 username 为用户名,"@"后为域名。

答案:B

94. **解** 可调数组的大小不定,无法分配固定的存储单元,因此可调数组名也不能出现在公用语句中。但是可调数组的维的上、下界变量可以通过 COMMON 语句传送,当然这些变量就不再允许出现在虚参表中。例如:SUBROUTINE SUB(A,B) COMMON NA,NB DIMENSION A(NA),B(NB)等。因此可调数组既可以在函数中定义,也可以在子例行程序中定义。

答案:D

95. **解** 在计算机程序中:$\frac{3^2}{2}=\frac{9}{2}=4$,若想得到 4.5,应改写成 $\frac{3.0^2}{2.0}=\frac{9.0}{2.0}=4.5$,3.0 与 2.0 至少有一个带小数点。所以:$M=5+\frac{3^2}{2}=5+4=9$。

答案:C

96. **解** 对程序的功能的分析:被除数除以除数后,将除数作为下一次运算的被除数,所得的余数作为下一次运算的除数,继续进行除法运算,指导 K 值小于等于零时,停止运算,并输出停止运算时的除数。

程序执行情况如下:

M=25;N=11

$K=\frac{M}{N}=\frac{25}{11}=2\cdots3$

∴M=N=11;N=K=3

由于 K=3>0,所以程序继续运行。

$K=\frac{M}{N}=\frac{11}{3}=3\cdots2$

∴M=N=3;N=K=2

由于 K=2>0,所以程序继续执行

$K=\frac{3}{2}=1\cdots1$

$\therefore M=N=2; N=K=1$

由于 $K=1>0$,所以程序继续执行

$K=\frac{2}{1}=2\cdots0$

$M=N=1; N=K=0$

由于 $K=0$,条件不满足,退出程序

此时,输出 $N=1$

答案:C

97. **解** 按题意,应将该一维数组中,下标为P以后的元素,全部往后推一个,空出下标为P的数组元素,然后赋予整数x,所以应在空白处填入B(K)。

举例说明:当N=10,P=5

则循环语句为:
```
DO 20 K = 9,5,-1
B(K+1)=B(K)
20 CONTINUE(E)
B(P)=(X)
END
```

这样,就实现了:

循环体内
$$\begin{cases}B(10)=B(9)\\B(9)=B(8)\\B(8)=B(7)\\B(7)=B(6)\\B(6)=B(5)\\B(5)=x\end{cases}$$

答案:D

98. **解** 按照程序运行顺序:开始时 X = (3,3) 数组存放的顺序是:

$$X=(3,3)=\begin{bmatrix}1&4&7\\2&5&8\\3&6&9\end{bmatrix}$$

经过两重循环后,数组存放顺序改变为:

$$X=(3,3)=\begin{bmatrix}1&2&3\\4&5&6\\7&8&9\end{bmatrix}$$

最后,将数组按行顺序输出,其结果为选项B。

答案:A

99. **解** 由点电荷产生的电场强度公式可得:

$$E=\frac{q}{4\pi\varepsilon_0 r^2}$$

答案:B

100. **解** 由 KVL 可得:$U=IR+U_E$

即:$I=\frac{U-U_E}{R}=\frac{12-10}{0.4\times10^3}=0.005\text{A}$

答案:D

101. **解** 叠加原理:在线性电路中,如果有多个电源共同作用,电路中各电流(电压)等于各个电源单独作用时产生电流(电压)的代数和。因此,叠加原理用来计算线性电路中的电流和电压。

答案:B

102. **解** 设 R_2 两端电压为 $\dot{U}_L$,见图 a),由 KCL 可知:$\dot{I}_1=\dot{I}_2+\dot{I}_3$,如图所示。

根据上述,作向量图[图 b)],由相量关系可得:

阻抗角 $\varphi=\arctan\frac{X_{L3}}{R_3}$,由于 X_{L3}和 R_3 未知,故无法判断 $\dot{I}_1$ 的值。

答案:D

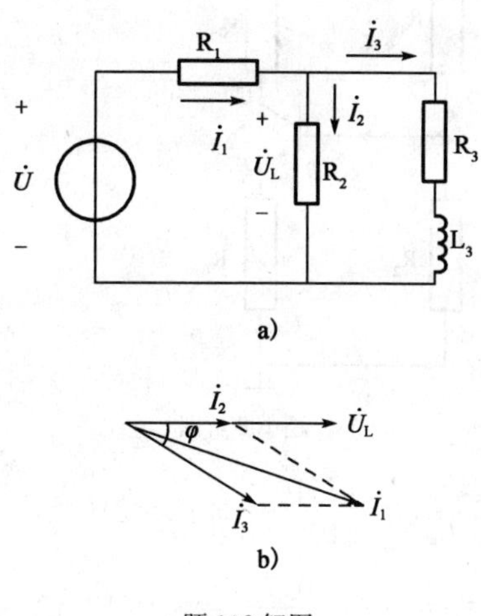

题 102 解图

103. **解** 设 $\dot{U}$、$\dot{I}$ 的功率因数角为 φ,且 $\varphi=(-30^\circ)-(-60^\circ)=30^\circ$,由右图相量关系可得:$P=UI\cos\varphi=\frac{141}{\sqrt{2}}\times\frac{14.1}{\sqrt{2}}\times\cos30^\circ=866\text{W}$

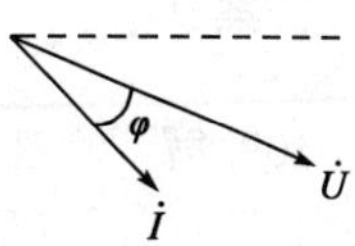

题 103 解图

答案:B

104. **解** 由于电容电压不突变,故 $U_C(0_+)=U_C(0_-)=0.2U_1$。

换路后电路如下:

由 KVL 可得：$U_1(0_+)=U_R(0_+)+U_C(0_+)$

故：$U_R(0_+)=U_1(0_+)-U_C(0_+)=0.8U_1$

答案：C

题 104 解图

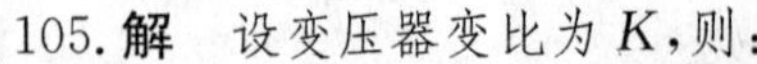

105. **解** 设变压器变比为 K，则：

$$K=\frac{U_{1N}}{U_{2N}}=\frac{I_{2N}}{I_{1N}}$$

故：$I_{2N}=11\times\frac{220}{600}\approx 4\text{A}$

答案：B

106. **解** 启动电流 $I_{st}=\frac{U}{Z_K}\propto\frac{1}{Z_K}$，$Z_K$ 为短路阻抗，所以有载时启动电流较大。

答案：C

107. **解** 由二极管的伏安特性可知，加正向电压时，二极管导通，电流很快上升，二极管正向电压降硅管为 0.7V，锗管为 0.3V，呈现正向电阻很小。

答案：D

108. **解** 电路的直流通路如下：

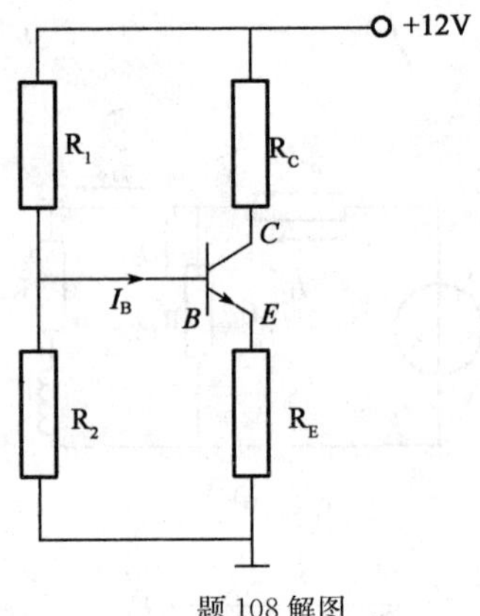

题 108 解图

由分压原理可得：$U_B=\frac{R_2}{R_1+R_2}U_o=\frac{10}{10+50}\times 12=2\text{V}$

$$I_B=\frac{U_B-U_{BE}}{(1+\beta)R_E}=\frac{2-0.7}{(1+60)\times 1}=0.0213\text{mA}$$

答案：B

109. **解** 由理想运放的"虚短虚断"特性可得：

$$\frac{U_-}{R_f}-\frac{U_0-U_-}{R_F}=0$$

$$U_-=U_+=\frac{U_{11}+U_{12}}{2}$$

故：$U_0=\frac{1}{2}(1+\frac{R_F}{R_f})(U_{11}+U_{12})$

答案：D

110. **解**　只有当 V_A、V_B 均为低电平（逻辑 0）时，输出电压 V_o 才为高电平（逻辑 1），故为或非门。

答案：D

111. **解**　选项 A、选项 B、选项 C 均是可行性研究报告应该附有的文件，选项 D 不是。可行性研究的主要内容：可行性研究就是对拟建项目在技术上、经济上及其他方面的可行性进行认证。其目的是给投资决策者提供决策依据。同时为银行贷款、合作者签约、工程设计提供依据和基础资料。可行性研究是决策科学化的必要步骤和手段。其主要内容如下：

①总论，包括项目的背景概况，建设项目的目的，自然资源情况，国内和本地区同行业的历史和现状，国家和地区产业政策，研究工作的主要依据，本项目的特点、优势和劣势等。

②市场需求预测和拟建规模，包括国内外市场供求情况，本项目产品预计市场占有份额，进入国际市场前景、产品方案和工厂规模制订。

③资源、原材料、燃料及协作条件，包括资源储量、品位、勘察及审批情况，原材料、辅助材料、燃料、动力、外协件供应情况及价格。

④建厂条件及厂址选择方案，包括厂区地理位置，地质条件，交通运输条件，水、电、气供应情况，移民搬迁情况，对不同厂址的比较。

⑤环境保护，包括"三废"排放浓度、排放量及对环境的影响程度，治理方案。

⑥技术方案，包括项目的构成，工艺、设备选择，公用、辅助设施方案选择，工厂布置方案。

⑦企业组织和定员，包括组织机构设置，劳动定员，人员培训。

⑧项目实施计划及进度。

⑨投资估算与资金筹措。

⑩项目的财务评价。

⑪项目的国民经济评价。国民经济评价是从国家整体角度考察项目的效益和费用，用影子价格、影子工资、影子汇率和社会折现率计算分析项目给国民经济带来的净收益，评价项目经济上的合理性，它是考虑项目取舍的主要依据。

⑫项目的综合评价（结论）与建议，包括论述建设项目的可行性，对项目的非经济性效果，如就业、技术扩散等进行定量或定性描述，综合各方面效果提出决策建议。

答案：D　（注：此题考查内容 2009 年版考试大纲已删除）

112. **解**　选项 A 是错误的，要限制在"一定规模限度以内"。

（1）固定成本

固定成本是指在一定生产规模限度内不随产品产量增减而变化的费用，如固定资产折旧费，修理费，管理人员工资及福利费、办公费、差旅费等。但就单位产品成本而言，其中固定成本部分与产量的增减成反比，即产量增加时，单位产品的固定成本减少。

（2）变动成本

变动成本是指随产量增减而变化的费用，如直接材料费、直接染料和动力费等。但就单位产品成本而言，变动成本部分是不变的。

答案:D

113.**解**　因为该企业明年盈利,所以需求缴纳所得税。不管是否盈利,销售税金是必须缴纳的。

答案:D

114.**解**　解价值工程的定义是:着重于功能分析力求用最低的寿命周期成本可靠地实现必要功能的有组织的创造性活动。这里的F指的是功能,C指的是寿命周期成本。

答案:B

115.**解**　无形资产显然不会遭受有形磨损和物理磨损。

答案:C

116.**解**　因为NPV是由某年向基准年折算的,因此,基准年发生变化时NPV会随之变化。IRR是项目内在的盈利水平决定的,与选取的基准年没有关系。

答案:A

117.**解**　静态投资回收期$=\dfrac{\text{累计净现金流量}}{\text{为正的一年}}-1+\dfrac{\text{上年累计净现金流量的绝对值}}{\text{当年净现金流量}}$

本题的净现金流量如下

题117解表

时间	0	1	2	3	4	5	6
净现金流量(万元)	−3000	900	1000	1100	1100	1100	1100
累计净现金流量(万元)	−3000	−2100	−1100	0	1100	2200	3300

从表中可以看出,第四年累计净现金流量开始出现正值。所以,根据公式,求得静态投资回收期=4−1+0/1100=3。

答案:C

118.**解**　内部收益率就是指的当项目的净现值为0时的折现率。在本题中可以清楚地看到净现值为0时,折现率为15%,因此可知内部收益率为15%。

答案:A

119.**解**　无论采用净现值还是内部收益率进行方案比选,比选的实质是判断投资大的方案和投资小的方案相比的追加投资能否被其增量收益相抵消或抵消有余,即对增量现金流量的经济性作出判断。因此,不论采用何种方法,NPV与?IRR结论总是一致的。

答案:C

120.**解**　基准折现率应至少为自有资金的筹资成本率。

答案:B

2006年度全国勘察设计注册工程师公共基础考试

试　题

单项选择题(共120题,每题1分。每题的备选项中只有一个最符合题意)

1. 已知$\boldsymbol{\alpha}=\boldsymbol{i}+a\boldsymbol{j}-3\boldsymbol{k}$,$\boldsymbol{\beta}=a\boldsymbol{i}-3\boldsymbol{j}+6\boldsymbol{k}$,$\boldsymbol{\gamma}=-2\boldsymbol{i}+2\boldsymbol{j}+6\boldsymbol{k}$,若$\boldsymbol{\alpha}$,$\boldsymbol{\beta}$,$\boldsymbol{\gamma}$共面,则$a=$

A. 1或2　　B. -1或2

C. -1或-2　　D. 1或-2

2. 设平面π的方程为$3x-4y-5z-2=0$,以下选项中错误的是:

A. 平面π过点$(-1,0,-1)$

B. 平面π的法向量为$-3\boldsymbol{i}+4\boldsymbol{j}+5\boldsymbol{k}$

C. 平面π在z轴的截距是$-\frac{2}{5}$

D. 平面π与平面$-2x-y-2z+2=0$垂直

3. 球面$x^2+y^2+z^2=9$与平面$x+z=1$的交线在xOy坐标面上投影的方程是:

A. $x^2+y^2+(1-x)^2=9$　　B. $\begin{cases}x^2+y^2+(1-x)^2=9\\z=0\end{cases}$

C. $(1-z)^2+y^2+z^2=9$　　D. $\begin{cases}(1-z)^2+y^2+z^2=9\\x=0\end{cases}$

4. 若$\lim\limits_{x\to\infty}\left(\frac{ax^2-3}{x^2+1}+bx+2\right)=\infty$,则$a$与$b$的值是:

A. $b\neq0$,a为任意实数　　B. $a\neq0$,$b=0$

C. $a=1$,$b=0$　　D. $a=0$,$b=0$

5. 函数$y=x\sqrt{a^2-x^2}$在x点的导数是:

A. $\frac{a^2-2x^2}{\sqrt{a^2-x^2}}$　　B. $\frac{1}{2\sqrt{a^2-x^2}}$

C. $\frac{-x}{2\sqrt{a^2-x^2}}$　　D. $\sqrt{a^2-x^2}$

6. 已知函数$f\left(xy,\frac{x}{y}\right)=x^2$,则$\frac{\partial f(x,y)}{\partial x}+\frac{\partial f(x,y)}{\partial y}$等于:

A. $2x+2y$　　B. $x+y$

C. $2x-2y$　　D. $x-y$

7. 设 $f(x)$ 在 $(-\infty,+\infty)$ 上是奇函数，在 $(0,+\infty)$ 上 $f'(x)<0, f''(x)>0$，则在 $(-\infty,0)$ 上必有：

A. $f'>0, f''>0$　　B. $f'<0, f''<0$

C. $f'<0, f''>0$　　D. $f'>0, f''<0$

8. 曲面 $z=1-x^2-y^2$ 在点 $\left(\frac{1}{2},\frac{1}{2},\frac{1}{2}\right)$ 处的切平面方程是：

A. $x+y+z-\frac{3}{2}=0$　　B. $x-y-z+\frac{3}{2}=0$

C. $x-y+z-\frac{3}{2}=0$　　D. $x-y+z+\frac{3}{2}=0$

9. $\int x\sqrt{3-x^2}\,\mathrm{d}x$ 等于：

A. $\frac{1}{\sqrt{3-x^2}}+C$　　B. $-\frac{1}{3}(3-x^2)^{\frac{3}{2}}+C$

C. $3-x^2+C$　　D. $(3-x^2)^2+C$

10. 若 $\int_0^k(3x^2+2x)\,\mathrm{d}x=0\ (k\neq 0)$，则 $k=$

A. 1　　B. -1　　C. $\frac{3}{2}$　　D. $\frac{1}{2}$

11. 设 $\int_0^x f(t)\,\mathrm{d}t=2f(x)-4$，且 $f(0)=2$，则 $f(x)$ 是：

A. $\mathrm{e}^{\frac{x}{2}}$　　B. $\mathrm{e}^{\frac{x}{2}+1}$　　C. $2\mathrm{e}^{\frac{x}{2}}$　　D. $\frac{1}{2}\mathrm{e}^{2x}$

12. 设 $f(x,y)$ 是连续函数，则 $\int_0^1\mathrm{d}x\int_0^x f(x,y)\,\mathrm{d}y=$

A. $\int_0^x\mathrm{d}y\int_0^1 f(x,y)\,\mathrm{d}x$　　B. $\int_0^1\mathrm{d}y\int_0^x f(x,y)\,\mathrm{d}x$

C. $\int_0^1\mathrm{d}y\int_0^1 f(x,y)\,\mathrm{d}x$　　D. $\int_0^1\mathrm{d}y\int_y^1 f(x,y)\,\mathrm{d}x$

13. 设 L 为连接 $(0,0)$ 点与 $(1,1)$ 点的抛物线 $y=x^2$，则对弧长的曲线积分 $\int_L x\,\mathrm{d}s=$

A. $\frac{1}{12}(5\sqrt{5}-1)$　　B. $\frac{5\sqrt{5}}{12}$　　C. $\frac{2}{3}(5\sqrt{5}-1)$　　D. $\frac{10\sqrt{5}}{3}$

14. 已知函数$\sum_{n=1}^{\infty}(u_{2n-1}-u_{2n})$是收敛的，则下列结果成立的是：

A. $\sum_{n=1}^{\infty}u_n$ 必收敛　　B. $\sum_{n=1}^{\infty}u_n$ 未必收敛

C. $\lim_{n\to\infty}u_n=0$　　D. $\sum_{n=1}^{\infty}u_n$ 发散

15. 级数$\sum_{n=0}^{\infty}(-1)^n x^n$ 在$|x|<1$ 内收敛于函数：

A. $\frac{1}{1-x}$　　B. $\frac{1}{1+x}$　　C. $\frac{x}{1-x}$　　D. $\frac{x}{1+x}$

16. 微分方程$(1+y)\mathrm{d}x-(1-x)\mathrm{d}y=0$ 的通解是：（C 为任意常数）

A. $\frac{1+y}{1-x}=C$　　B. $1+y=C(1-x)^2$

C. $(1-x)(1+y)=C$　　D. $\frac{1+y}{1+x}=C$

17. 微分方程 $y'+\frac{1}{x}y=2$ 满足初始条件 $y|_{x=1}=0$ 的特解是：

A. $x-\frac{1}{x}$　　B. $x+\frac{1}{x}$

C. $x+\frac{C}{x}$，C 为任意常数　　D. $x+\frac{2}{x}$

18. 微分方程 $y''+2y=0$ 的通解是：

A. $y=A\sin\sqrt{2}x$　　B. $y=A\cos\sqrt{2}x$

C. $y=\sin\sqrt{2}x+B\cos\sqrt{2}x$　　D. $y=A\sin\sqrt{2}x+B\cos\sqrt{2}x$

（A,B 为任意常数）

19. 当下列哪项成立时，事件 A 与 B 为对立事件？

A. $AB=\varnothing$　　B. $A+B=\Omega$

C. $\overline{A}+\overline{B}=\Omega$　　D. $AB=\varnothing$ 且 $A+B=\Omega$

20. 袋中有 5 个大小相同的球，其中 3 个是白球，2 个是红球，一次随机地取出 3 个球，其中恰有 2 个是白球的概率是：

A. $\left(\frac{3}{5}\right)^2\frac{2}{5}$　　B. $C_5^3\left(\frac{3}{5}\right)^2\frac{1}{5}$　　C. $\left(\frac{3}{5}\right)^2$　　D. $\frac{C_3^2C_2^1}{C_5^3}$

21. X 的分布函数 $F(x)$，而 $F(x)=\begin{cases}0 & x<0\\ x^3 & 0\leqslant x<1\\ 1 & x\geqslant 1\end{cases}$，则 $E(X)=$

A. 0.7　　B. 0.75　　C. 0.6　　D. 0.8

22. 设 $\boldsymbol{A}$,$\boldsymbol{B}$ 是 n 阶矩阵,且 $\boldsymbol{B}\neq\boldsymbol{0}$,满足 $\boldsymbol{AB}=0$,则以下选项中错误的是:

A. $r(\boldsymbol{A})+r(\boldsymbol{B})\leqslant n$　　B. $|\boldsymbol{A}|=0$ 或 $|\boldsymbol{B}|=0$

C. $0\leqslant r(\boldsymbol{A})<n$　　D. $\boldsymbol{A}=\boldsymbol{0}$

23. 设 $\boldsymbol{B}$ 是三阶非零矩阵,已知 $\boldsymbol{B}$ 的每一列都是方程组 $\begin{cases}x_1+2x_2-2x_3=0\\2x_1-x_2+tx_3=0\\3x_1+x_2-x_3=0\end{cases}$ 的解,则 $t=$

A. 0　　B. 2　　C. -1　　D. 1

24. 设 $\boldsymbol{A}$ 是三阶矩阵,$\boldsymbol{\alpha}_1=(1,0,1)^{\mathrm{T}}$,$\boldsymbol{\alpha}_2=(1,1,0)^{\mathrm{T}}$ 是 $\boldsymbol{A}$ 的属于特征值 1 的特征向量,$\boldsymbol{\alpha}_3=(0,1,2)^{\mathrm{T}}$ 是 $\boldsymbol{A}$ 的属于特征值 -1 的特征向量,则:

A. $\boldsymbol{\alpha}_1-\boldsymbol{\alpha}_2$ 是 $\boldsymbol{A}$ 的属于特征值 1 的特征向量

B. $\boldsymbol{\alpha}_1-\boldsymbol{\alpha}_3$ 是 $\boldsymbol{A}$ 的属于特征值 1 的特征向量

C. $\boldsymbol{\alpha}_1-\boldsymbol{\alpha}_3$ 是 $\boldsymbol{A}$ 的属于特征值 2 的特征向量

D. $\boldsymbol{\alpha}_1+\boldsymbol{\alpha}_2+\boldsymbol{\alpha}_3$ 是 $\boldsymbol{A}$ 的属于特征值 1 的特征向量

25. 两瓶不同种类的理想气体,其分子平均平动动能相等,但它们单位体积内的分子数不相同,则这两种气体的温度和压强关系为:

A. 温度相同,但压强不相同　　B. 温度不相同,但压强相同

C. 温度和压强都相同　　D. 温度和压强都不相同

26. 设某种理想气体的麦克斯韦分子速率分布函数为 $f(v)$,则速率在 $v_1\to v_2$ 区间内分子的平均速率 $\overline{v}$ 表达式为:

A. $\int_{v_1}^{v_2} vf(v)\mathrm{d}v$　　B. $\int_{v_1}^{v_2} f(v)\mathrm{d}v$

C. $\dfrac{\int_{v_1}^{v_2} vf(v)\mathrm{d}v}{\int_{v_1}^{v_2} f(v)\mathrm{d}v}$　　D. $\dfrac{\int_{v_1}^{v_2} f(v)\mathrm{d}v}{\int_{0}^{\infty} f(v)\mathrm{d}v}$

27. 已知某理想气体的体积为 V,压强为 p,温度为 T,k 为玻耳兹曼常量,R 为摩尔气体常量,则该理想气体单位体积内的分子数为:

A. $pV/(kT)$　　B. $p/(kT)$　　C. $pV/(RT)$　　D. $p/(RT)$

28. 一定量的理想气体,从同一状态开始,分别经历等压、等体和等温过程。若气体在各过程中吸收的热量相同,则气体对外做功为最大的过程是:

A. 等压过程　　B. 等体过程　　C. 等温过程　　D. 三个过程相同

29. 某单原子分子理想气体进行卡诺循环时，高温热源的温度为 227℃，低温热源的温度为 127℃。则该循环的效率为：

A. 56%　　B. 34%　　C. 80%　　D. 20%

30. 如果一定量理想气体的体积 V 和压强 p 依照 $V=\frac{a}{\sqrt{p}}$ 的规律变化，式中 a 为常量，当气体从 V_1 膨胀到 V_2 时，温度 T_1 和 T_2 的关系为：

A. $T_1 > T_2$　　B. $T_1 = T_2$　　C. $T_1 < T_2$　　D. 无法确定

31. 一列火车驶过车站时，站台边上观察者测得火车鸣笛声频率的变化情况（与火车固有的鸣笛声频率相比）为：

A. 始终变高　　B. 始终变低

C. 先升高，后降低　　D. 先降低，后升高

32. 一平面简谐波的表达式为 $y=0.03\cos(8t+3x+\pi/4)$(SI)，则该波的频率 ν(Hz)、波长 λ(m)和波速 u(m/s)依次为：

A. $\frac{4}{\pi},\frac{2\pi}{3},\frac{8}{3}$　　B. $\frac{2\pi}{3},\frac{4}{\pi},\frac{8}{3}$　　C. $\frac{\pi}{4},\frac{2\pi}{3},\frac{8}{3}$　　D. $\frac{\pi}{4},\frac{3}{2\pi},\frac{3}{8}$

33. 在双缝干涉实验中，对于给定的入射单色光，当双缝间距增大时，则屏幕上干涉条纹的变化情况是：

A. 条纹变密并远离屏幕中心　　B. 条纹变密并靠近屏幕中心

C. 条纹变宽并远离屏幕中心　　D. 条纹变宽并靠近屏幕中心

34. 在单缝夫琅禾费衍射实验中，屏上第三级暗纹对应的缝间的波阵面，可划分为半波带的数目为：

A. 3 个　　B. 6 个　　C. 9 个　　D. 2 个

35. 如果两个偏振片堆叠在一起，且偏振化方向之间夹角呈 60°，假设两者对光无吸收，光强为 I_0 的自然光垂直入射在偏振片上，则出射光强为：

A. $\frac{I_0}{2}$　　B. $\frac{I_0}{4}$　　C. $\frac{3I_0}{4}$　　D. $\frac{I_0}{8}$

36. 为了提高光学仪器的分辨本领，通常可以采用的措施有：

A. 减小望远镜的孔径，或者减小光的波长

B. 减小望远镜的孔径，或者加大光的波长

C. 加大望远镜的孔径，或者加大光的波长

D. 加大望远镜的孔径，或者减小光的波长

37. 难溶电解质 AgCl 在浓度为 0.01mol·dm^{-3}的下列溶液中，溶解度最小的是：

A. NH_3

B. NaCl

C. H_2O

D. $Na_2S_2O_3$

38. 为保护轮船不被海水腐蚀，可作阳极牺牲的金属是：

A. Zn　　B. Na　　C. Cu　　D. Pb

39. 用杂化轨道理论推测下列分子的空间构型，其中为平面三角形的是：

A. NF_3　　B. AsH_3　　C. BF_3　　D. SbH_3

40. 下列各种化合物中，分子间有氢键的是：

A. CH_3Br　　B. NH_3　　C. CH_4　　D. CH_3Cl

41. 石墨能够导电的原因，是由于石墨晶体：

A. 层内存在自由电子

B. 层内有杂化轨道

C. 属金属晶体

D. 层内存在着离域大 π 键

42. 标准电极电势是：

A. 电极相对于标准氢电极的电极电势

B. 在标准状态下，电极相对于标准氢电极的电极电势

C. 在任何条件下，可以直接使用的电极电势

D. 与物质的性质无关的电极电势

43. 在一定的条件下，已建立化学平衡的某可逆反应，当改变反应条件使化学平衡向正反应方向移动时，下列有关叙述肯定不正确的是：

A. 生成物的体积分数可能增加

B. 生成物的产量一定增加

C. 反应物浓度可能降低

D. 使用了合适催化剂

44. 为了减少汽车尾气中 NO 和 CO 污染大气，拟按下列反应进行催化转化 NO(g)＋CO(g)$=\!=\!=\frac{1}{2}$$N_2$(g)＋$CO_2$(g)，$\Delta_r H_m^\ominus$(298.15K)＝－374kJ/mol。为提高转化率，应采取的措施是：

A. 低温高压　　B. 高温高压　　C. 低温低压　　D. 高温低压

45. 25℃时，在$[Cu(NH_3)_4]SO_4$水溶液中，滴加$BaCl_2$时有白色沉淀产生，滴加NaOH时无变化，而滴加Na_2S时则有黑色沉淀生成，以上实验现象说明该溶液中K_S为溶度积常数：

A. 已无SO_4^{2+}离子

B. 已无游离NH_3

C. 已无Cu^{2+}离子

D. $c(Ba^{2+})\cdot c(SO_4^{2-})\geqslant K\ S(BaSO_4)$，$c(Cu^{2+})\cdot c(OH^-)^2<K_S[Cu(OH)_2]$和$c(Cu^{2+})\cdot c(S^{2-})>K\ S(CuS)$

46. 下列物质中，分子的空间构型为"V"字形的是：

A. CO_2　　B. BF_3　　C. $BaCl_2$　　D. H_2S

47. 已知柠檬醛的结构式为 $(CH_3)_2C{=}CHCH_2CH_2\overset{\overset{\displaystyle CH_3}{|}}{C}{=}CHCHO$，下列说法不正确的是：

A. 它可使$KMnO_4$溶液褪色　　B. 它可以发生银镜反应

C. 它可使溴水褪色　　D. 它的催化加氢产物为$C_{10}H_{20}O$

48. 下列各组物质中，只用水就能鉴别的一组物质是：

A. 苯　乙酸　四氯化碳　　B. 乙醇　乙醛　乙酸

C. 乙醛　乙二醇　硝基苯　　D. 甲醇　乙醇　甘油

49. 平面平行力系处于平衡状态时，应有独立的平衡方程个数为：

A. 1　　B. 2　　C. 3　　D. 4

50. 若平面力系不平衡，则其最后简化结果为：

A. 一定是一合力　　B. 一定是一合力偶

C. 或一合力，或一合力偶　　D. 一定是一合力与一合力偶

51. 如图所示，桁架结构中只作用悬挂重块的重力W，此桁架中杆件内力为零的杆数为：

A. 2　　B. 3　　C. 4　　D. 5

52. 已知图示斜面的倾角为θ，若要保持物块A静止，则物块与斜面之间的摩擦因数f所应满足的条件为：

A. $\tan f\leqslant\theta$　　B. $\tan f>\theta$　　C. $\tan\theta\leqslant f$　　D. $\tan\theta>f$

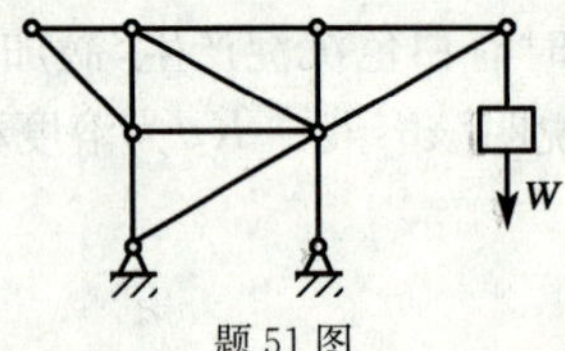

题 51 图

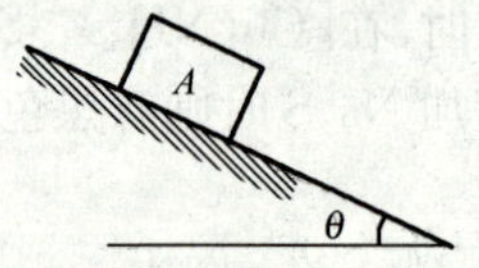

题 52 图

53. 图示结构的载荷与尺寸均已知。B 处约束的全部约束力为：

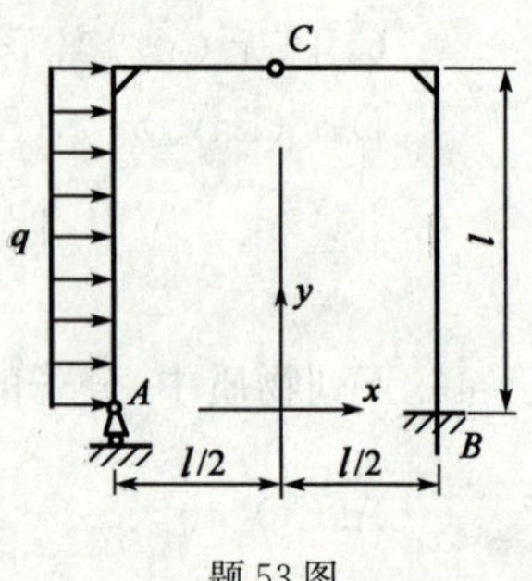

题 53 图

A. 力 $F_{Bx}=ql(\leftarrow)$，$F_{By}=ql(\downarrow)$，力偶 $M_B=\frac{3}{2}ql^2(\curvearrowleft)$

B. 力 $F_{Bx}=ql(\leftarrow)$，$F_{By}=ql(\downarrow)$，力偶 $M_B=0$

C. 力 $F_{Bx}=ql(\leftarrow)$，$F_{By}=0$，力偶 $M_B=\frac{3}{2}ql^2(\curvearrowleft)$

D. 力 $F_{Bx}=ql(\leftarrow)$，$F_{By}=ql(\uparrow)$，力偶 $M_B=\frac{3}{2}ql^2(\curvearrowleft)$

（注：小括号内的箭头指向约束力方向）

54. 已知点 P 在 xOy 平面内的运动方程 $\begin{cases} x=4\sin\frac{\pi}{3}t \\ y=4\cos\frac{\pi}{3}t \end{cases}$，则点的运动为：

A. 直线运动　　B. 圆周运动　　C. 椭圆运动　　D. 不能确定

55. 半径 r 的圆盘以其圆心 O 为轴转动，角速度 ω，角加速度为 α。盘缘上点 P 的速度 v_P，切向加速度 a_{Pt} 与法向加速度 a_{Pn} 的方向如图所示，它们的大小分别为：

A. $v_P=r\omega, a_{Pt}=r\alpha, a_{Pn}=r\omega^2$　　B. $v_P=r\omega, a_{Pt}=r\alpha^2, a_{Pn}=r^2\omega$

C. $v_P=r/\omega, a_{Pt}=r\alpha^2, a_{Pn}=r\omega^2$　　D. $v_P=r/\omega, a_{Pt}=r\alpha, a_{Pn}=r\omega^2$

56. 细直杆 AB 由另两细杆 O_1A 与 O_2B 铰接悬挂。O_1ABO_2 并组成平等四边形，如图所示。杆 AB 的运动形式为：

A. 平移（或称平动）

B. 绕点 O_1 的定轴转动

C. 绕点 D 的定轴转动（$O_1D=DO_2=BC=\frac{l}{2}$，$AB=l$）

D. 圆周运动

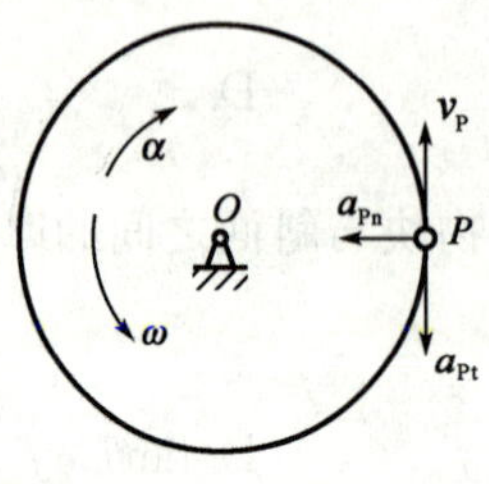

题 55 图

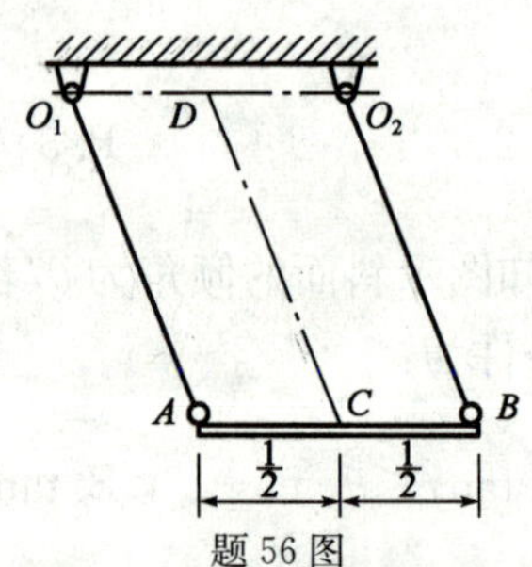

题 56 图

57. 铅垂振动台的运动规律 $y=a\sin\omega t$。图上点 0，1，2 各为台的平衡位置、振动最高点与最低点。台上颗粒重 W。设颗粒与台面永不脱离，则振动台在这三个位置作用于颗粒的约束力 F_N 大小的关系为：

A. $F_{N1}<F_{N0}=W<F_{N2}$　　B. $F_{N1}>F_{N0}=W>F_{N2}$

C. $F_{N1}=F_{N0}=F_{N2}=W$　　D. $F_{N1}=F_{N2}<F_{N0}=W$

58. 匀质杆 OA 质量为 m，长为 l，角速度为 ω，如图所示。则其动量大小为：

A. $\frac{1}{2}ml\omega$　　B. $ml\omega$　　C. $\frac{1}{3}ml\omega$　　D. $\frac{1}{4}ml\omega$

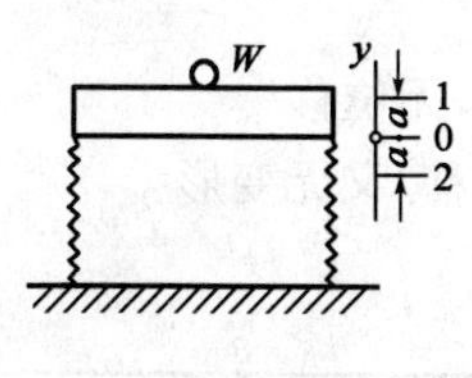

题 57 图

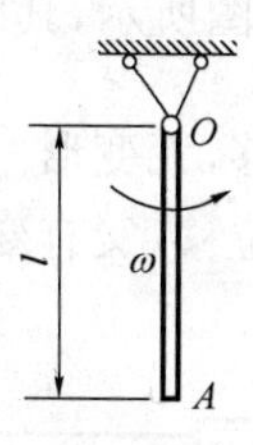

题 58 图

59. 匀质杆质量为 m，长 $OA=l$，在铅垂面内绕定轴 O 转动。杆质心 C 处连接刚度系数 k 较大的弹簧，弹簧另端固定。图示位置为弹簧原长，当杆由此位置逆时针方向转动时，杆上 A 点的速度为 v_A，若杆落至水平位置的角速度为零，则 v_A 的大小应为：

A. $\sqrt{\frac{1}{2}(2-\sqrt{2})^2\frac{k}{m}l^2-2gl}$　　B. $\sqrt{\frac{1}{4}(2-\sqrt{2})^2\frac{k}{m}l^2-gl}$

C. $\sqrt{\frac{1}{2}(2-\sqrt{2})^2\frac{k}{m}l^2-8gl}$　　D. $\sqrt{\frac{3}{4}(2-\sqrt{2})^2\frac{k}{m}l^2-3gl}$

60. 质点质量 m，悬挂质点的弹簧刚度系数 k（如图所示），系统作直线自由振动的固有频率 ω_0 与周期 T 的正确表达式为：

A. $\omega_0=\frac{k}{m}, T=\frac{1}{\omega_0}$　　B. $\omega_0=\frac{m}{k}, T=\frac{2\pi}{\omega_0}$

C. $\omega_0=\sqrt{\frac{m}{k}}, T=\frac{1}{\omega_0}$　　D. $\omega_0=\sqrt{\frac{k}{m}}, T=\frac{2\pi}{\omega_0}$

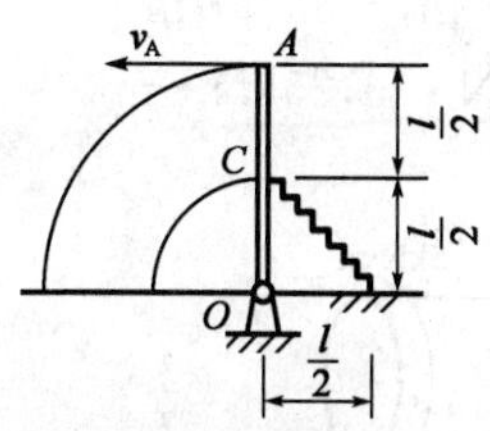

题 59 图

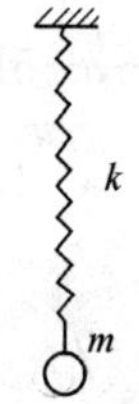

题 60 图

61.《理论力学》讲授虚位移原理的数学表达式$\sum_{i=1}^{n}F_i \cdot \delta r_i=0$中，$F_i(i=1,\cdots,n)$的物理意义是：

A. 所作用的全部外力　　　　B. 所作用的全部内力

C. 所作用的全部主动力　　　　D. 所作用的全部约束力

（注：此题考查内容 2009 年版考试大纲已删除）

62. 如图所示变截面杆中，AB 段、BC 段的轴力为：

A. $N_{AB}=-10\text{kN}, N_{BC}=4\text{kN}$　　　　B. $N_{AB}=6\text{kN}, N_{BC}=4\text{kN}$

C. $N_{AB}=-6\text{kN}, N_{BC}=4\text{kN}$　　　　D. $N_{AB}=10\text{kN}, N_{BC}=4\text{kN}$

63. 变形杆如图所示，其中在 BC 段内：

A. 有位移，无变形　　　　B. 有变形，无位移

C. 既有位移，又有变形　　　　D. 既无位移，又无变形

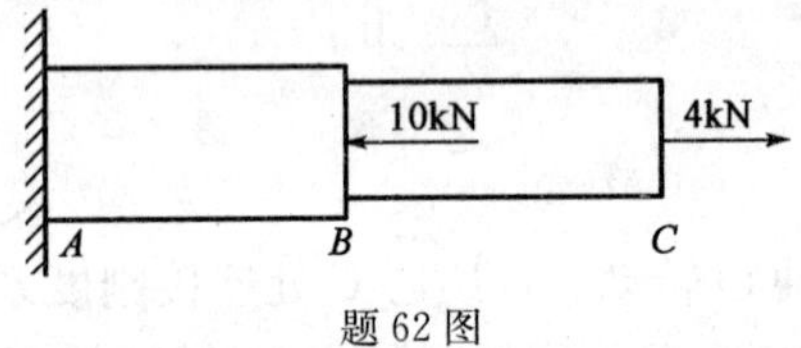

题 62 图

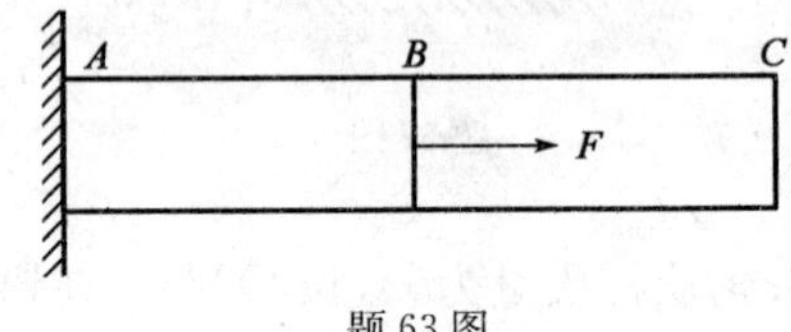

题 63 图

64. 如图所示，插销穿过水平放置平板上的圆孔，在其下端受有一拉力 P，该插销的剪切面积和挤压面积分别为：

A. $\pi dh, \frac{1}{4}\pi D^2$　　　　B. $\pi dh, \frac{1}{4}\pi(D^2-d^2)$

C. $\pi Dh, \frac{1}{4}\pi D^2$　　　　D. $\pi Dh, \frac{1}{4}\pi(D^2-d^2)$

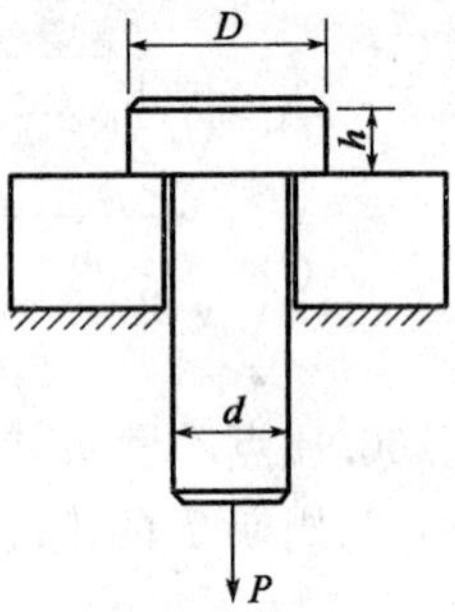

题 64 图

65. 两端受扭转力偶矩作用的实心圆轴，不发生屈服的最大许可荷载为 M_0，若将其横截面面积增加 1 倍，则最大许可荷载为：

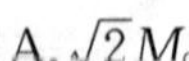

A. $\sqrt{2}M_0$　　　　B. $2M_0$　　　　C. $2\sqrt{2}M_0$　　　　D. $4M_0$

66. 如图所示，直杆受扭转力偶作用，在截面 1-1 和 2-2 处的扭矩为：

A. 5kN・m，5kN・m　　　　B. 25kN・m，−5kN・m

C. 35kN・m，−5kN・m　　　　D. −25kN・m，25kN・m

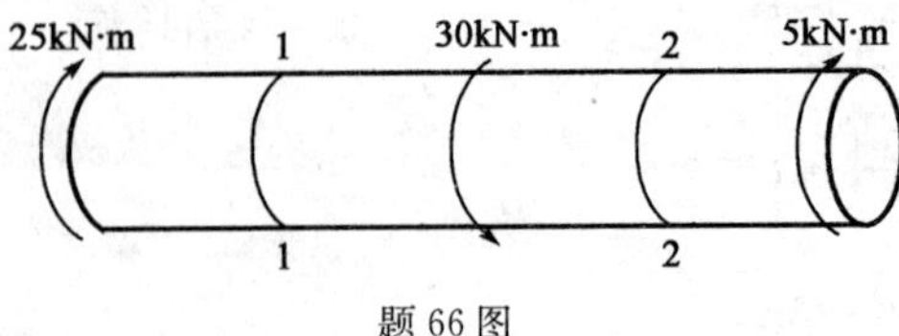

题 66 图

67. 图示的矩形截面和正方形截面具有相同的面积。设它们对对称轴 y 的惯性矩分别为 I_y^a、I_y^b，对对称轴 z 的惯性矩分别为 I_z^a、I_z^b，则：

A. $I_z^a > I_z^b, I_y^a < I_y^b$　　B. $I_z^a > I_z^b, I_y^a > I_y^b$

C. $I_z^a < I_z^b, I_y^a > I_y^b$　　D. $I_z^a < I_z^b, I_y^a < I_y^b$

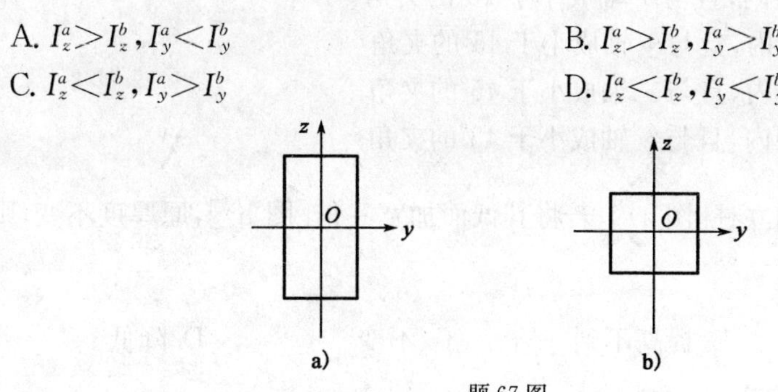

题 67 图

68. 在图形对通过某点的所有轴的惯性矩中，图形对主惯性轴的惯性矩一定：

A. 最大　　B. 最小　　C. 最大或最小　　D. 为零

69. 一跨度为 l 的简支架，若仅承受一个集中力 P，当 P 在梁上任意移动时，梁内产生的最大剪力 Q_{max} 和最大弯矩 M_{max} 分别满足：

A. $Q_{max} \leqslant P, M_{max} = Pl/4$　　B. $Q_{max} \leqslant P/2, M_{max} = Pl/4$

C. $Q_{max} \leqslant P, M_{max} = Pl/4$　　D. $Q_{max} \leqslant P/2, M_{max} = Pl/2$

70. 矩形截面梁横力弯曲时，在横截面的中性轴处：

A. 正应力最大，剪应力为零　　B. 正应力为零，剪应力最大

C. 正应力和剪应力均最大　　D. 正应力和剪应力均为零

（注：剪应力又称为切应力）

71. 题图 a）所示悬臂梁，给出了 1、2、3、4 点处的应力状态，如题图 b）所示，其中应力状态错误的位置点是：

A. 1 点　　B. 2 点　　C. 3 点　　D. 4 点

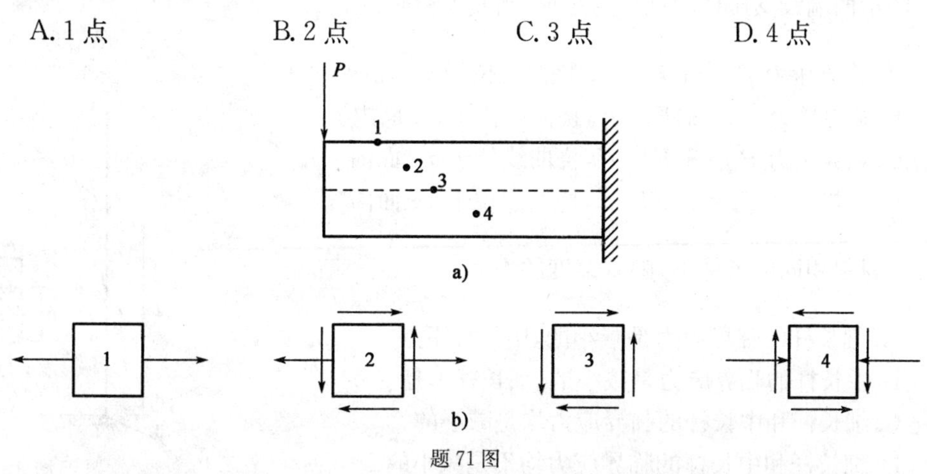

题 71 图

72. 单元体的应力状态如图所示，其 σ_1 的方向：

A. 在第一、三象限内，且与 x 轴成小于 45°的夹角

B. 在第一、三象限内，且与 y 轴成小于 45°的夹角

C. 在第二、四象限内，且与 x 轴成小于 45°的夹角

D. 在第二、四象限内，且与 y 轴成小于 45°的夹角

73. 一正方形截面短粗立柱[图 a)]，若将其低面加宽一倍[图 b)]，原厚度不变，则该立柱的强度：

A. 提高一倍　　B. 提高不到一倍　　C. 不变　　D. 降低

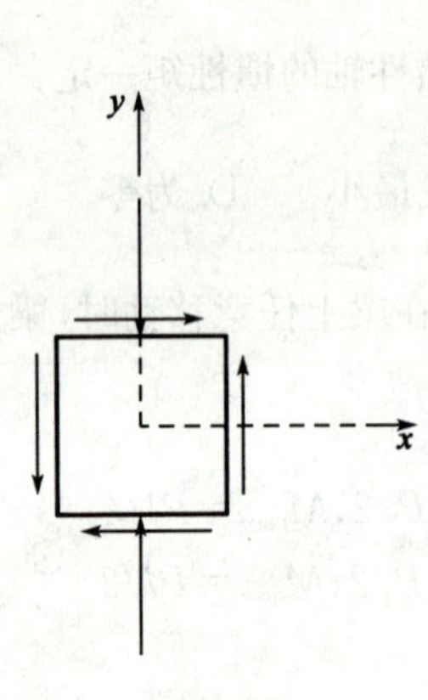

题 72 图

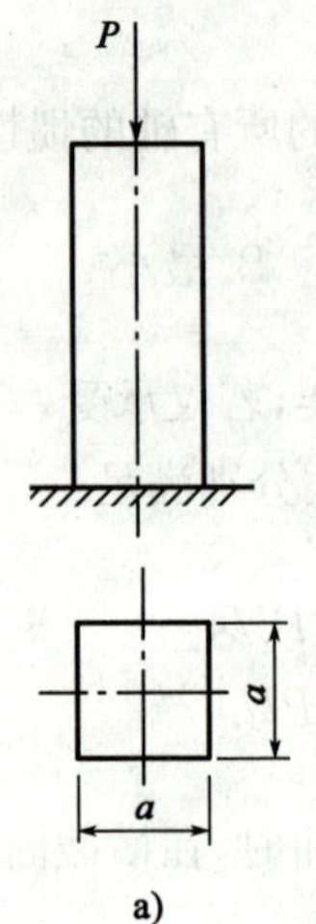

题 73 图

74. 图示应力状态为其危险点的应力状态，则杆件为：

A. 斜弯曲变形　　B. 偏心拉弯变形

C. 拉弯组合变形　　D. 弯扭组合变形

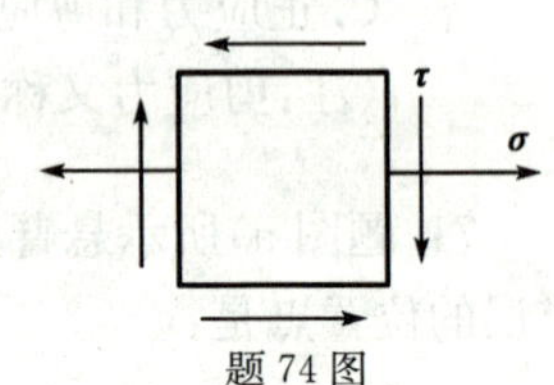

题 74 图

75. 图示两端铰支压杆的截面为矩形，当其失稳时：

A. 临界压力 $P_{cr}=\pi^2 EI_y/l^2$，挠曲线位于 xy 面内

B. 临界压力 $P_{cr}=\pi^2 EI_z/l^2$，挠曲线位于 xz 面内

C. 临界压力 $P_{cr}=\pi^2 EI_z/l^2$，挠曲线位于 xy 面内

D. 临界压力 $P_{cr}=\pi^2 EI_z/l^2$，挠曲线位于 xz 面内

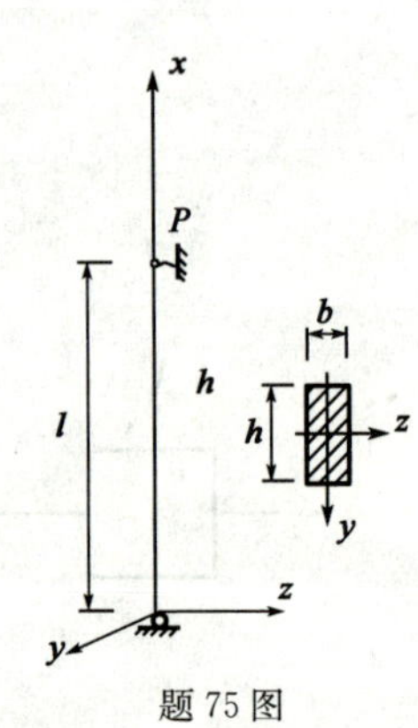

题 75 图

76. 在材料相同的条件下，随着柔度的增大：

A. 细长杆的临界应力是减小的，中长杆不是

B. 中长杆的临界应力是减小的，细长杆不是

C. 细长杆和中长杆的临界应力均是减小的

D. 细长杆和中长杆的临界应力均不是减小的

77. 理想液体与实际液体的主要差别在于：

A. 密度　　B. 黏性　　C. 压缩性　　D. 表面张力

78. 液体中某点的绝对压强为 100kN/m²，则该点的相对压强为：(注：当地大气压强为 1 个工程大气压)

A. 1kN/m²　　B. 2kN/m²　　C. 5kN/m²　　D. 10kN/m²

79. 图示圆弧形闸门 AB(1/4 圆)，闸门宽 4m，圆弧半径 $R=1$m，A 点以上的水深 $H=1.4$m，水面为大气压强。该闸门 AB 上作用静水总压力的铅垂分力 P_y 为：

A. 54.88kN　　B. 94.08kN　　C. 85.65kN　　D. 74.48kN

(注：此题考查内容 2009 年版考试大纲已删除)

80. 非恒定均匀流是：

A. 当地加速度为零，迁移加速度不为零
B. 当地加速度不为零，迁移加速度为零
C. 当地加速度与迁移加速度均不为零
D. 当地加速度与迁移加速度均不为零，但合加速度为零

81. 有一引水虹吸管，出口通大气(如图所示)。已知 $h_1=1.5$m，$h_2=3$m，不计水头损失，取动能修正系数 $\alpha=1$。则断面 c-c 中心处的压强 p_c 为：

A. 14.7kPa　　B. −14.7kPa　　C. 44.1kPa　　D. −44.1kPa

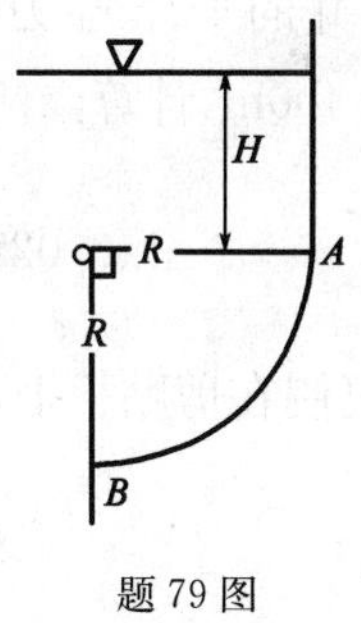

题 79 图

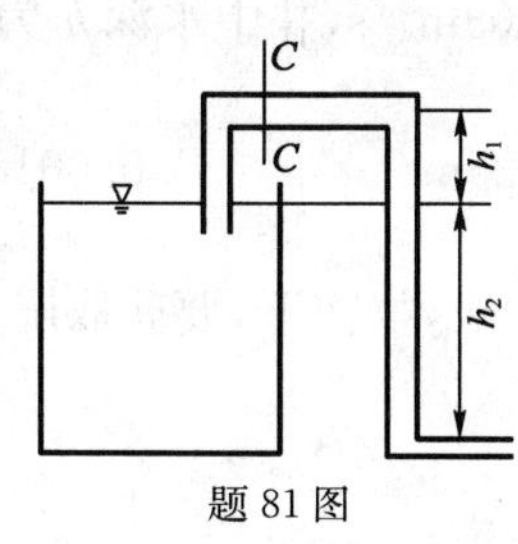

题 81 图

82. 温度为 10℃时水的运动黏性系数为 1.31×10^{-6} m²/s，要保持直径 25mm 的水管管中水流为层流，允许的最大流速为：

A. 1.00m/s　　B. 0.02m/s　　C. 2.00m/s　　D. 0.12m/s

83. 在附壁紊流中，黏性底层厚度 δ 比绝对粗糙高度 Δ 大得多的壁面称为：

A. 水力光滑面　　B. 水力过渡粗糙面
C. 水力粗糙面　　D. 以上答案均不对

84. 图示两水箱水位恒定，水面高差 $H=10\text{m}$，已知管道沿程水头损失 $h_f=6.8\text{m}$，局部阻力系数：转弯 0.8、阀门 0.26、进口 0.5、出口 0.8，则通过管道的平均流速为：

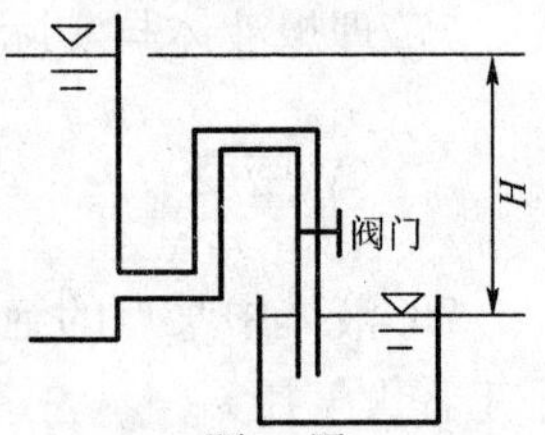

题 84 图

A. 3.98m/s　　B. 5.16m/s

C. 7.04m/s　　D. 5.80m/s

85. 边界层分离不会：

A. 产生旋涡　　B. 减小摩擦阻力

C. 产生压强阻力　　D. 增加能量损失

86. 图示长管并联管段 1、2，两管段直径相等（$d_1=d_2$），沿程阻力系数相等，长度 $l_1=2l_2$。两管段的流量比 Q_1/Q_2 为：

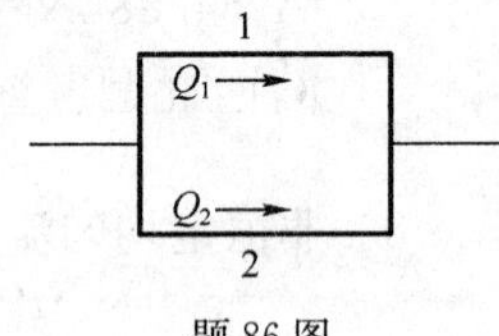

题 86 图

A. 0.71　　B. 0.50

C. 1.41　　D. 2.00

87. 对明渠恒定均匀流，在已知通过流量 Q、渠道底坡 i、边坡系数 m 及粗糙系数 n 的条件下，计算梯形断面渠道尺寸的补充条件及设问不能是：

A. 给定水深 h，求底宽 b

B. 给定宽深比 β，求水深 h 与底宽 b

C. 给定最大允许流速 $[v]_{max}$，求水深 h 与底宽 b

D. 给定水力坡度 J，求水深 h 与底宽 b

88. 对一维渐变渗流，完全潜水井的含水层厚度 H 为 8m，井的半径 r_0 为 0.2m，抽水时井的涌水量 Q 为 $0.03\text{m}^3/\text{s}$，井中水深 h 为 5m，若取影响半径 $R=400\text{m}$，计算渗流系数 k 为：

A. 0.0025m/s　　B. 0.0018m/s　　C. 0.018m/s　　D. 0.025m/s

89. 在 Windows 操作下，要获取屏幕上的显示内容，把它复制在剪贴板上可以通过下列哪个按键来实现？

A. Home　　B. Ctrl+C

C. Shift+C　　D. Print　Screen

90. 与二进制数 11110100 等值的八进制数是：

A. 364　　B. 750　　C. 3310　　D. 154

91. Windows 系统下可执行的文件名是：

A. *. DOC　　B. *. bmp　　C. *. EXP　　D. *. EXE

92. 当个人计算机以拨号方式接入因特网时，使用的专门接入设备是：

A. 网卡　　B. 调制解调器　　C. 浏览器软件　　D. 传真卡

93. FORTRAN 语句 M＝1.5＋1/3＋1/5＋1.2 执行后，M 的值是：

A. 2.7　　B. 3.7　　C. 2　　D. 3.2

94. 阅读以下 FORTRAN 程序：

```
      READ(*,*)M
      IF(M.LT.100.AND.M.GT.999)STOP
      K=M/100
      L=(M-K*100)/10
      N=M-K*100-L*10
      MM=K+N
      WRITE(*,(2X,I3))MM
      END
```

键盘输入 600，则程序的输出结果是：

A. 8　　B. 3　　C. 7　　D. 6

95. 函数子程序 FJ 求一组数的和。

```
      FUNCTION FJ(X,N)
      DIMENSIONX(N)
      S=0
      DO 10 K=1,N
      S=S+X(K)
10    CONTINUE
      FJ=______
      END
```

为了完整程序，在______处应填入：

A. 0.0　　B. S　　C. X(N)　　D. N

96. 阅读以下 FORTRAN 程序：

```
      INTEGER X(7)
      DATA X/10,20,45,70,80,15,14/
      M/X(1)
      DO 10 I=2,7
      IF(X(I).GIM)THEN
      M=X(I)
      K=1
      END IF
```

```
10  CONTINUE
    N=X(K)
    X(K)=X(I)
    X(I)=N
    WRITE(*,100)(X(I),I=1,7)
100  FORMAT(2X,7I3)
    END
```

程序运行的结果是：

A. 10 20 45 70 80 15 14
B. 14 20 45 70 80 15 10
C. 80 20 45 70 10 15 14
D. 20 45 70 80 15 14 10

97. 已知顺序数据文件 FILEI. DAT 的内容如下：

```
    1,2,3
    4,5,6
    7,8,9
```

程序：

```
    OPEN(9,FILE=FILE1.DAT)
    READ(9,*)A,B,C
    READ(9,*)X,Y
    BACKSPACE(9)
    READ(9,*)D,E,F
    WRITE(*,100)D,E,F
100  FOEMAT(2X,3F4.1)
    END
```

程序运行后的输出结果是：

A. 4.0　5.0　6.0
B. 5.0　6.0　7.0
C. 7.0　8.0　9.0
D. 1.0　2.0　3.0

98. 阅读 FORTRAN 程序：

```
    READ(*,*)I,J,K
    DO 10 N=1,2
    I=I+J+K
    J=I+K+J
    K=I+J+K
10  CONTINUE
    WRITE(*,20)I,J,K
20  FORMAT(2X,3I5)
    END
```

键盘输入 1,0,0 则程序运行后的输出结果是：

A. 4　7　13　　B. 2　3　4　　C. 1　1　2　　D. 6　9　15

99. 两个电量都是$+q$的点电荷，在真空中相距a，如果在这两个点电荷连线的中点放上另一个点电荷$+q'$，则点电荷$+q'$受力为：

A. 0　　B. $\frac{qq'}{4\pi\varepsilon_0 a^2}$　　C. $\frac{qq'}{\pi\varepsilon_0 a^2}$　　D. $\frac{2qq'}{4\pi\varepsilon_0 a^2}$

100. 观察图示的直流电路，可知在该电路中：

A. I_S 和 R_1 形成一个电流源模型，U_S 和 R_2 形成一个电压源模型
B. 理想电流源 I_S 的端电压为 0
C. 理想电流源 I_S 的端电压由 U_1 和 U_S 共同决定
D. 流过理想电压源的电流与 I_S 无关

101. 图示电路中，电压源 U_{S_2} 单独作用时，电流源端电压分量 U'_{I_S} 为：

A. $U_{S_2}-I_SR_2$　　B. U_{S_2}　　C. 0　　D. I_SR_2

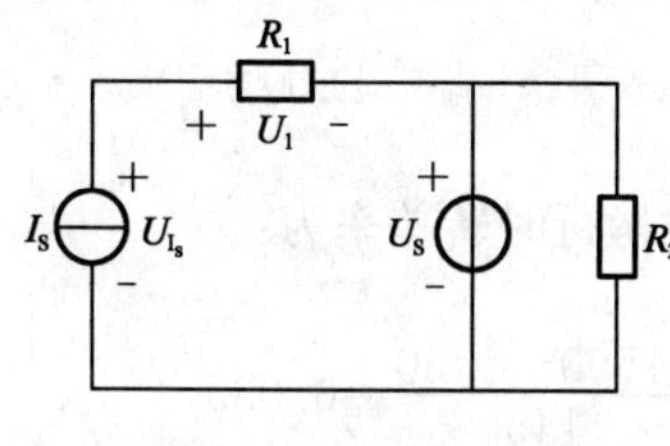

题 100 图

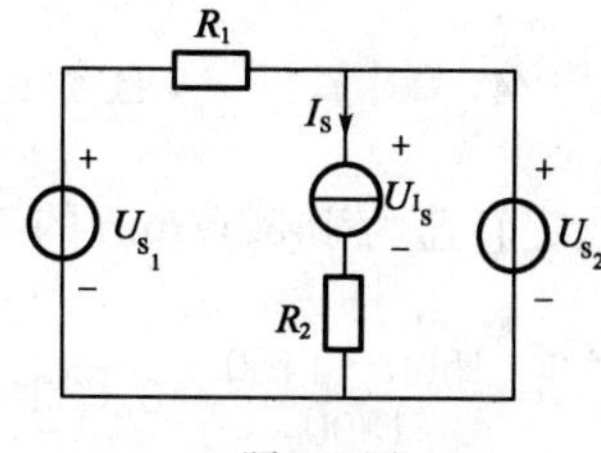

题 101 图

102. 图中给出了某正弦电压的波形图，由图可知，该正弦量的：

A. 有效值为 10V　　B. 角频率为 314rad/s
C. 初相位为 60°　　D. 周期为(20−5)ms

103. 当图示电路的激励电压 $u_i=\sqrt{2}U_i\sin(\omega t+\varphi)$时，电感元件上的响应电压 U_L 为：

A. $\frac{L}{R+L}U_i$　　B. $\frac{\omega L}{R+\omega L}U_i$　　C. $\frac{\omega L}{|R+j\omega L|}U_i$　　D. $\frac{j\omega L}{R+j\omega L}U_i$

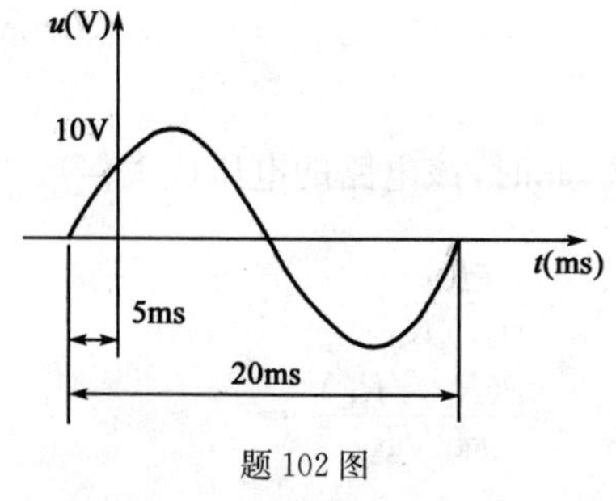

题 102 图

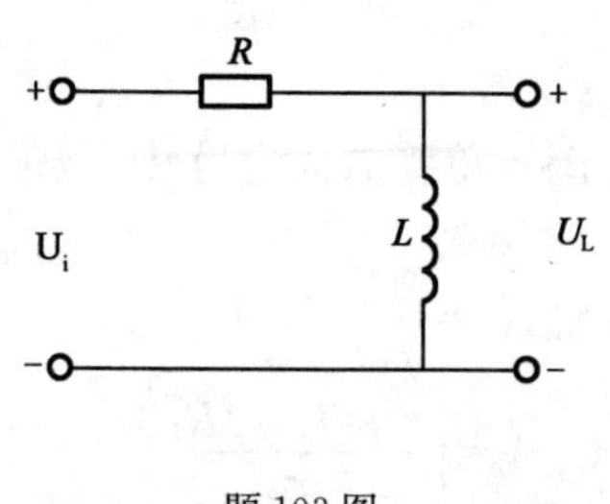

题 103 图

104. 图 a)所示电路中，$R_1=500\Omega$，$R_2=500\Omega$，$L=1\text{H}$，电路激励 u_i 如图 b)所示，如果用三要素法求解电压 u_o，$t\geqslant0$，则：

A. $u_{o(1+)}=u_{o(1-)}$　　B. $u_{o(1+)}=0.5\text{V}$　　C. $u_{o(1+)}=0\text{V}$　　D. $u_{o(1+)}=i_{L(1-)}R_2$

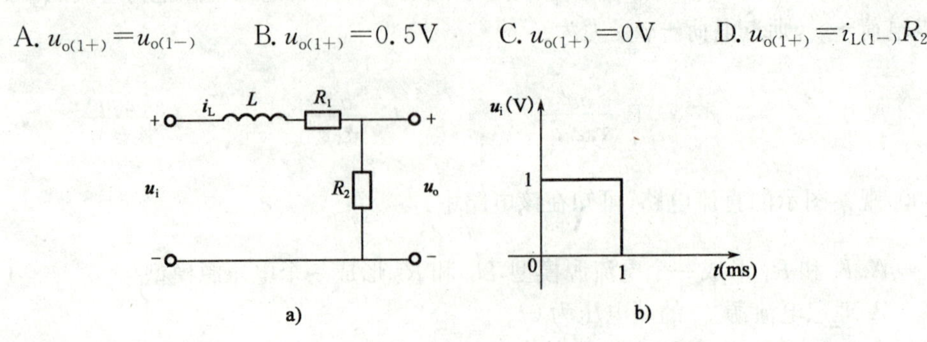

题 104 图

105. 图示电路中，$u_i=220\sqrt{2}\sin ax$，变压器视为理想的，$\frac{N_1}{N_2}=2$，$R_2=R_1$，则输出电压与输入电压的有效值之比$\frac{U_L}{U_1}$为：

A. 1/4　　B. 1　　C. 4　　D. 1/2

106. 额定转速为 1450r/min 的三相异步电动机，空载运行时转差率为：

A. $s=\frac{1500-1450}{1500}=0.033$　　B. $s=\frac{1500-1450}{1450}=0.035$

C. $0.033<s<0.035$　　D. $s<0.033$

107. 图示电路中，设 VD 为理想二极管，输入电压 u_i 按正弦规律变化，则在输入电压的负半周，输出电压为：

A. $u_o=u_i$　　B. $u_o=0$　　C. $u_o=-u_i$　　D. $u_o=\frac{1}{2}u_i$

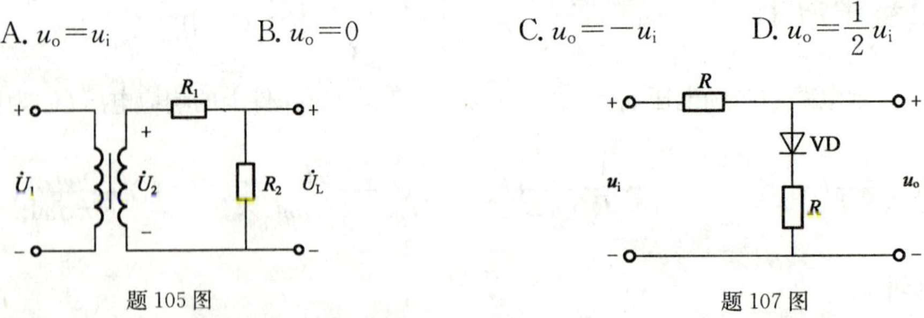

题 105 图　　题 107 图

108. 图示单管放大电路中，设晶体管工作于线性区，此时，该电路的电压放大倍数为：

A. $A_u=\frac{\beta R_C}{r_{be}}$　　B. $A_u=\frac{\beta R_C}{r_{be}//R_B}$

C. $A_u=\frac{-\beta(R_C//R_L)}{r_{be}}$　　D. $A_u=\frac{\beta(R_C//R_L)}{r_{be}//R_B}$

109. 运算放大器应用电路如图所示，在运算放大器线性工作区，输出电压与输入电压之间的运算关系是：

A. $u_o=-10u_i$　　B. $u_o=10u_i$　　C. $u_o=11u_i$　　D. $u_o=5.5u_i$

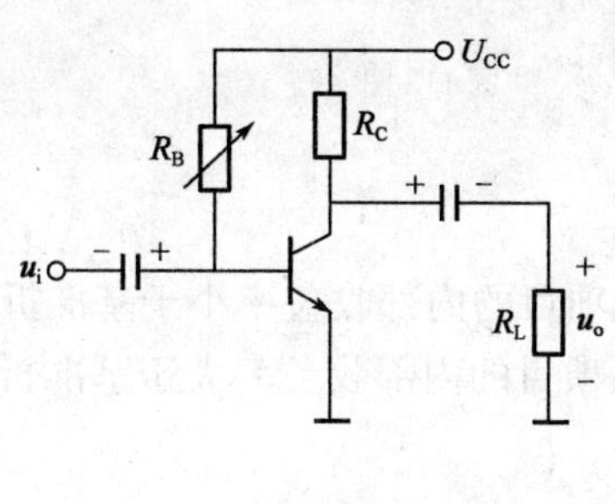

题 108 图

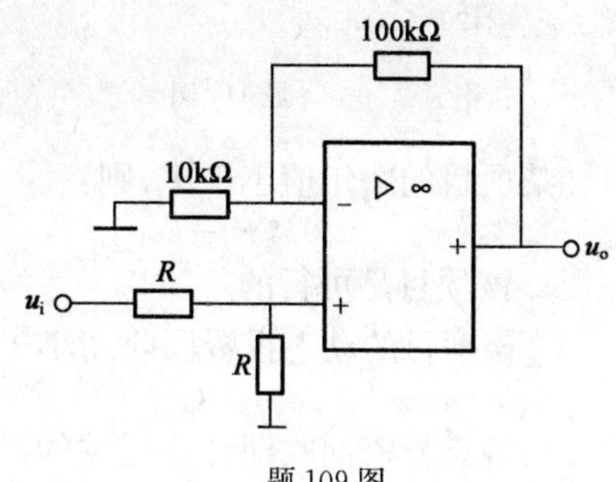

题 109 图

110. 逻辑图和输入 A、B 的波形如图所示，分析当输出 F 为“1”时刻应是：

A. t_1　　B. t_2　　C. t_3　　D. t_4

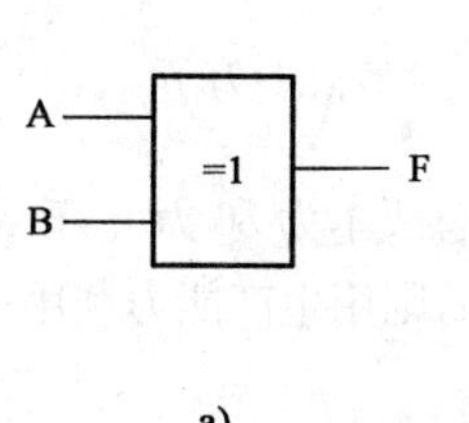

a)

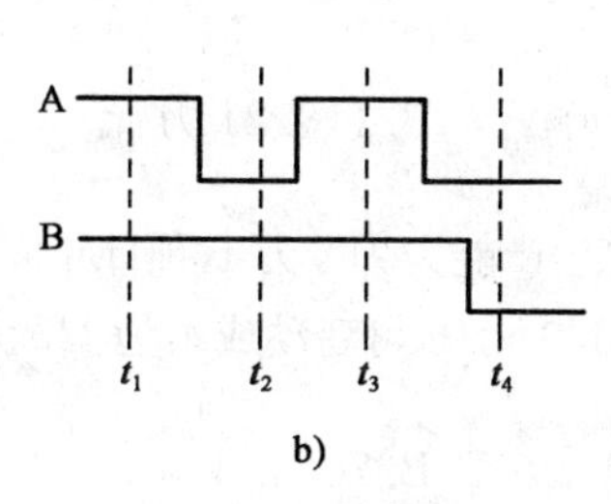

b)

题 110 图

111. 在下面的现金流量图中，若横轴的时间单位为年，则大小为 40 的现金流量的发生时点为：

A. 第 2 年年末　　B. 第 3 年年初

C. 第 3 年年中　　D. 第 3 年年末

112. 经营成本中包括：

A. 工资及福利费　　B. 固定资产折旧费

C. 贷款利息支出　　D. 无形资产摊销费

113. 某现金流量如图所示，如果利率为 i，则下面的 4 个表达式中，正确的是：

A. $P(P/F,i,l)=A(P/A,i,n-m)(P/F,i,m)$

B. $P(F/P,i,m-l)=A(P/A,i,n-m)$

C. $P=A(P/A,i,n-m)(P/F,i,m-l)$

D. $P(F/P,i,n-l)=A(F/A,i,n-m+1)$

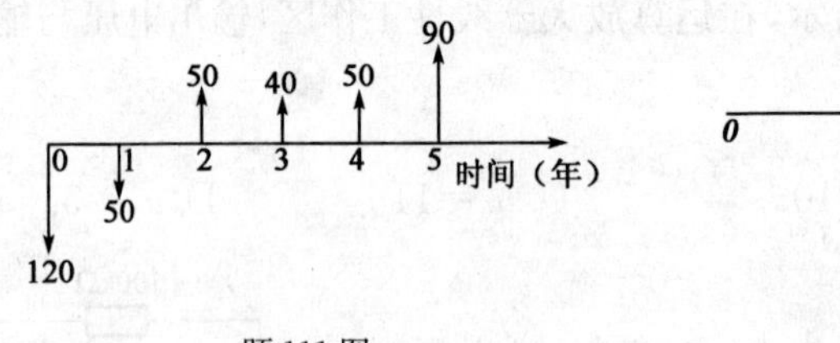

题 111 图

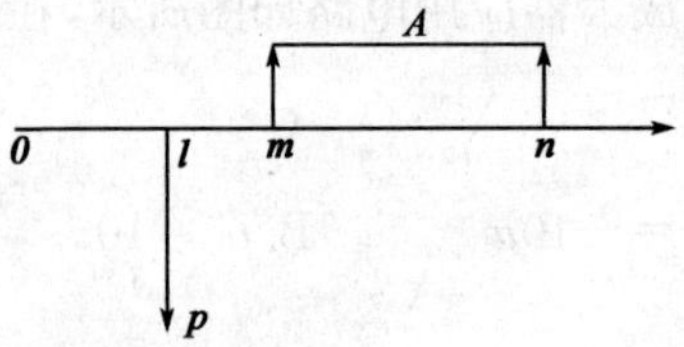

题 113 图

114. 某项目的净年值小于零，则：

A. 该项目是可行的　　B. 该项目的内部收益率小于基准折现率
C. 该项目的动态投资回收期小于寿命期　　D. 该项目的内部收益率大于基准折现率

115. 与静态投资回收期计算无关的量是：

A. 现金流入　　B. 现金流出　　C. 净现金流量　　D. 基准收益率

116. 某公司从银行贷款 600 万元，期限 6 年，年利率 5%，若按照等额本息的方式进行偿还，其每年应还金额为：

A. 115.21 万元　　B. 116.21 万元　　C. 117.21 万元　　D. 118.21 万元

117. 某企业预计年生产能力为 5 万 t，预计年固定总成本为 80 万元，产品销售税金及附加为销售的 10%，销售价格为 150 元/t，可变动成本为 115 元/t，则用生产能力利用率表示盈亏平衡点为：

A. 80%　　B. 70%　　C. 60%　　D. 50%

118. 关于净现值法，下列说法不正确的是：

A. 净现值法是评价投资方案的一种方法
B. 净现值并没有包括项目的现金流量
C. 净现值法中资本成本率的确定较为困难
D. 净现值法并不能说明单位投资的效益情况

119. 有关折现率下列说法正确的是：

A. 等于贴现率
B. 等于银行利率
C. 折现率主要用于票据承兑贴现之中
D. 企业选择投资项目，通畅以加权平均资本成本为折现率计算项目的净现值

120. 某企业在经过技术改造后，使产品生产的质量提升，并且成本得到有效控制，成本与技改前持平，根据价值工程原理，该企业提高产品价值的途径是：

A. 功能不变，成本降低　　B. 功能和成本都降低，但成本降幅较大
C. 功能提高，成本降低　　D. 功能提高，成本不变

2006年度全国勘察设计注册工程师公共基础考试

试题解析及参考答案

1.解 因$\vec{\alpha},\vec{\beta},\vec{\gamma}$共面，所以混合积$(\vec{\alpha}\times\vec{\beta})\cdot\vec{\gamma}=0$。即$\begin{vmatrix}1 & a & -3\\ a & -3 & 6\\ -2 & 2 & 6\end{vmatrix}=0$，可得$a=-1$或$a=-2$

答案:C

2.解 选项A:把点$(-1,0,-1)$代入平面π方程,可知左右相等,A正确。

选项B:法向量为$(-3,4,5)$,所以B也正确。

选项C:方程可化简为截距式$\frac{x}{\frac{2}{3}}+\frac{y}{-\frac{1}{2}}+\frac{z}{-\frac{2}{5}}=1$，可知平面在$z$轴上的截距为$-\frac{2}{5}$，C正确。

选项D:平面π的法向量为$\vec{n_1}=(-3,4,5)$，平面$-2x-y-2z+2=0$的法向量为$\vec{n_2}=(-2,-1,-2)$，因为$\vec{n_1}\cdot\vec{n_2}=6-4-10\neq0$，两法向量不垂直,可知两平面不垂直。即D错。

答案:D

3.解 由方程$\begin{cases}x^2+y^2+z^2=9\\ x+z=1\end{cases}$消去$z$,可得$x^2+y^2+(1-x)^2=9$,所以交线在$xOy$坐标平面上的投影方程为$\begin{cases}x^2+y^2+(1-x)^2=9\\ z=0\end{cases}$。

答案:B

4.解 因$\lim\limits_{x\to\infty}\frac{ax^2-3}{x^2+1}=a$，根据条件$\lim\limits_{x\to\infty}\frac{ax^2-3}{x^2+1}+bx+2=\infty$，可得$b\neq0$，$a$为任意实数。

答案:A

5.解 由$y=x\sqrt{a^2-x^2}$，对x求导,可得$y'=\frac{a^2-2x^2}{\sqrt{a^2-x^2}}$。

答案:A

6.解 设$u=xy,v=\frac{x}{y}$，可得$f(xy,\frac{x}{y})=f(u,v)=uv$。将$u$，$v$换成$x$，$y$，可得$f(x,y)=xy$。

所以:$\frac{\partial f(x,y)}{\partial x}=y$

$$\frac{\partial f(x,y)}{\partial y}=x$$

$$\frac{\partial f(x,y)}{\partial x}+\frac{\partial f(x,y)}{\partial y}=x+y$$

答案:B

7.解　$f(x)$在$(-\infty,+\infty)$上为奇函数,在$(0,+\infty)$上,$f'(x)<0$,$f''(x)>0$，画图可知,在$(-\infty,0)$上$f'<0$,$f''<0$。

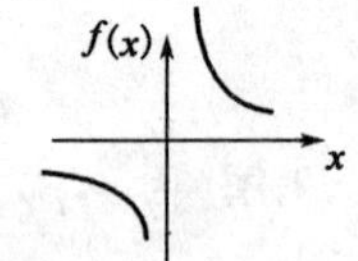

题7解图

答案:B

8.解　曲面$z=1-x^2-y^2$的法向量为$(2x,2y,1)$,在$\left(\frac{1}{2},\frac{1}{2},\frac{1}{2}\right)$处的法向量为$(1,1,1)$,所以切平面为$\left(x-\frac{1}{2}\right)+\left(y-\frac{1}{2}\right)+\left(z-\frac{1}{2}\right)=0$,即$x+y+z-\frac{3}{2}=0$。

答案:A

9.解　$\int x\sqrt{3-x^2}\,dx=-\frac{1}{2}\int\sqrt{3-x^2}\,d(3-x^2)=-\frac{1}{2}\times\frac{2}{3}(3-x^2)^{\frac{3}{2}}+C=-\frac{1}{3}(3-x^2)^{\frac{3}{2}}+C$

答案:B

10.解　由$\int_0^k(3x^2+2x)\mathrm{d}x=x^3+x^2\big|_0^k=k^3+k^2=0$,可以得出$k^2(k+1)=0$。因为$k\neq0$,所以$k=-1$。

答案:B

11.解　由等式两边求导可得$f(x)=2f'(x)$,所以$f(x)=2\frac{\mathrm{d}f(x)}{\mathrm{d}x}$,可得$\frac{1}{2}\mathrm{d}x=\frac{\mathrm{d}f(x)}{f(x)}$。

两边积分,可得:$\ln f(x)=\frac{1}{2}x+C$,所以$f(x)=\mathrm{e}^{\frac{1}{2}x+C}=c\cdot\mathrm{e}^{\frac{1}{2}x}$。

又因为$f(0)=2$,可得$c=2$,所以$f(x)=2\mathrm{e}^{\frac{1}{2}x}$。

答案:C

12.解　画出积分区域,可知:

$$\int_0^1\mathrm{d}x\int_0^x f(x,y)\mathrm{d}y=\int_0^1\mathrm{d}y\int_y^1 f(x,y)\mathrm{d}x$$

答案:D

13.解　$\int_L x\,\mathrm{d}s=\int_0^1 x\sqrt{1+(2x)^2}\,\mathrm{d}x$

$$=\int_0^1 x\sqrt{1+4x^2}\,\mathrm{d}x$$

$$= \frac{1}{8}\int_0^1 x\sqrt{1+4x^2}\,\mathrm{d}(1+4x^2)$$

$$= \frac{1}{8}\times\frac{2}{3}(1+4x^2)^{\frac{3}{2}}\Big|_0^1$$

$$= \frac{1}{12}(5\sqrt{5}-1)$$

答案:A

14. **解** 举反例即可,当 $u_n=1$ 时,$\sum_{n=1}^{\infty}(u_{2n-1}-u_{2n})=0$ 收敛,但是 $\sum_{n=1}^{\infty}u_n$ 不收敛,可知选项A、C 错。

当 $u_n=0$ 时,$\sum_{n=1}^{\infty}(u_{2n-1}-u_{2n})=0$ 收敛,$\sum_{n=1}^{\infty}u_n$ 也收敛,可知选项 D 错。

答案:B

15. **解** $f(x)=\sum_{n=0}^{\infty}(-1)^n x^n=\frac{1}{1+x}$,此题需记忆公式。

答案:B

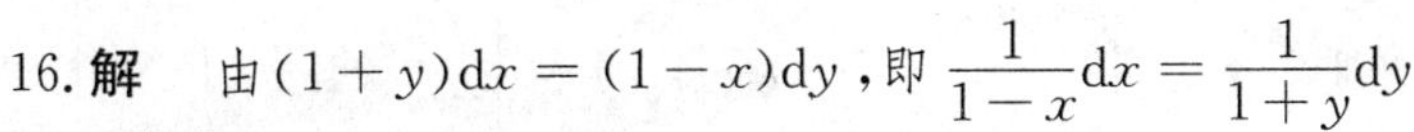

16. **解** 由 $(1+y)\mathrm{d}x=(1-x)\mathrm{d}y$,即 $\frac{1}{1-x}\mathrm{d}x=\frac{1}{1+y}\mathrm{d}y$

两边积分可得: $-\ln(1-x)=\ln(1+y)+C$

因 $\ln(1+y)(1-x)=-C=C_1$

所以 $(1+y)(1-x)=\mathrm{e}^{C_1}=C_2$

答案:C

17. **解** 一阶线性微分方程 $y'+P(x)y=Q(x)$ 的通解公式为:

$y=\mathrm{e}^{-\int P(x)\mathrm{d}x}\left(\int Q(x)\mathrm{e}^{\int P(x)\mathrm{d}x}\mathrm{d}x+C\right)$

所以 $y'+\frac{1}{x}y=2$ 的通解为:$y=\mathrm{e}^{-\int\frac{1}{x}\mathrm{d}x}\left(\int 2\mathrm{e}^{\int\frac{1}{x}\mathrm{d}x}dx+C\right)=\frac{1}{x}(x^2+C)$

当 $x=1$ 时,$y=0$,可得 $C=-1$。

特解为:$y=x-\frac{1}{x}$

答案:A

18. **解** 二阶常系数微分方程的特征方程为 $r^2+2=0$,可得特征根为 $r=\pm j\sqrt{2}$,所以通解为 $y=C_1\cos\sqrt{2}x+C_2\sin\sqrt{2}x$。

答案:D

19. **解** 由定义知,若 A 交 B 为不可靠事件,A 并 B 为必然事件,那么称 A 事件与 B 事件互为对立事件。

答案:D

20. 解　$P=\frac{C_3^2C_2^1}{C_5^3}$

答案:D

21. 解　概率密度函数为：

$$F(x)=\begin{cases}3x^2 & (0\leqslant x<1)\\ 0 & (\text{其他})\end{cases}$$

所以:$E(X)=\int_{-\infty}^{+\infty}xF(x)\,\mathrm{d}x=\int_0^1 x\cdot 3x^2\,\mathrm{d}x=0.75$

答案:B

22. 解　由于 $\boldsymbol{AB}=0$,可得:①$\boldsymbol{A},\boldsymbol{B}$ 为同阶方阵时,有 $|\boldsymbol{A}|=0$ 或 $|\boldsymbol{B}|=0$。

②$\boldsymbol{B}$ 的列向量均为 $\mathbf{A}\mathrm{X}=0$ 的解。

③$r(\mathbf{A})+r(\mathbf{B})\leqslant n$。

所以可知选项 D 错。

答案:D

23. 解　矩阵 $\boldsymbol{A}=\begin{pmatrix}1 & 2 & -2\\ 2 & -1 & t\\ 3 & 1 & -1\end{pmatrix}\sim\begin{pmatrix}1 & 2 & -2\\ 0 & -5 & t+4\\ 0 & -5 & 5\end{pmatrix}\sim\begin{pmatrix}1 & 2 & -2\\ & -1 & 1\\ & & \mathrm{t}-1\end{pmatrix}$

非零矩阵 $\boldsymbol{B}$ 是 $\mathbf{A}X=0$ 的解。

因为 $r(\mathbf{A})<3$,

所以 $t=1$。

答案:D

24. 解　因为:$\boldsymbol{A\alpha}_1=\boldsymbol{\alpha}_1$

$\boldsymbol{A\alpha}_2=\boldsymbol{\alpha}_2$

$\boldsymbol{A\alpha}_3=-\boldsymbol{\alpha}_3$

可知 $\mathbf{A}(\boldsymbol{\alpha}_1-\boldsymbol{\alpha}_2)=\boldsymbol{\alpha}_1-\boldsymbol{\alpha}_2$,所以 $\boldsymbol{\alpha}_1-\boldsymbol{\alpha}_2$ 是 $\mathbf{A}$ 的属于特征值 1 的特征向量。

答案:A

25. 解　分子平均平动动能 $\bar{\varepsilon}_t=\frac{3}{2}kT$,所以 $\bar{\varepsilon}_t$ 相等,则温度 T 相等。由题可知分子数密度(单位体积的分子数)不同,根据状态方程 $p=nkT$,可得压强 p 不同。

答案:A

26. 解　由速率分布函数 $f(v)=\frac{\mathrm{d}N}{N\mathrm{d}v}$ 可知,速率 v 附近的分子数为 $\mathrm{d}N=f(v)N\mathrm{d}v$。所以速率 $v_1\sim v_2$ 区间的平均速率为 $\bar{v}=\frac{\int_{v_1}^{v_2}v\mathrm{d}N}{\int_{v_1}^{v_2}\mathrm{d}N}=\frac{\int_{v_1}^{v_2}vf(v)N\mathrm{d}v}{\int_{v_1}^{v_2}f(v)N\mathrm{d}v}=\frac{\int_{v_1}^{v_2}vf(v)\mathrm{d}v}{\int_{v_1}^{v_2}f(v)\mathrm{d}v}$。

答案:C

27. **解** 由理想气体状态方程 $p = nkT$，得分子数密度 $n = \frac{p}{kT}$。

答案:B

28. **解** 气体对外做功 $A = \int_{V_1}^{V_2} p\mathrm{d}v$，所以等体过程，气体不做功，只需要比较等压和等温过程。由题可知，吸热 Q 相等，根据热力学第一定律 $Q = A + \Delta E$，可求各过程做功。等温过程温度不变，$\Delta E = 0$，所以做功 $A = Q$。等压过程，有 $Q = \upsilon C_p \Delta T$，吸热则温度升高，$\Delta E > 0$，所以做功 $A' = Q - \Delta E$。所以做功大小顺序为等温>等压>等体。

答案:C

29. **解** 卡诺循环效率 $\eta = 1 - \frac{T_2}{T_1} = 1 - \frac{127 + 273}{227 + 273} = 20\%$。

答案:D

30. **解** 由题得压强和体积关系 $p = \frac{a}{V^2}$，代入理想气体状态方程 $pV = \frac{a}{V} = \upsilon RT$。所以 V 和 T 成反比关系，体积膨胀时，温度减小，则 $T_1 > T_2$。

答案:A

31. **解** 根据多普勒效应，观察者和波源靠近时，观测频率高于波源频率。观察者和波源远离时，观测频率低于波源频率。火车先靠近，后远离，所以频率先升高，后降低。

答案:C

32. **解** 波动方程 $y = 0.03\cos(8t + 3x + \frac{\pi}{4})$ 与标准形式 $y = A\cos(\omega t + kx + \varphi)$ 对比得圆频率 $\omega = 8$，波数 $k = 8$，可得频率 $\upsilon = \frac{\omega}{2\pi} = \frac{4}{\pi}$，波长 $\lambda = \frac{2\pi}{k} = \frac{2\pi}{3}$，波速 $u = \frac{\omega}{k} = \frac{8}{3}$。

答案:A

33. **解** 双缝干涉条纹间距为 $\Delta x = \frac{D}{d}\lambda$，双缝间距 d 变大时，条纹间距 Δx 变密。条纹位置 $x_{明} = k\frac{D}{d}\lambda$ 和 $x_{暗} = (2k + 1)\frac{D}{d}\lambda$，$d$ 变大时，条纹位置 x 变小，更靠近屏幕中心。

答案:B

34. **解** 单缝衍射第三极暗纹条件为 $a\sin\theta = 3\lambda = 6\frac{\lambda}{2}$，所以可分为 6 个半波带。

答案:B

35. **解** 光强为 I_0 的自然光入射到第一个偏振片后，透射光强 $I_1 = \frac{1}{2}I_0$。入射到第二个偏振片后，透射光强 $I_2 = I_1\cos^2\theta = \frac{1}{2}I_0\cos^2 60° = \frac{I_0}{8}$。

答案:D

36. **解** 光学仪器最小分辨角$\theta_0 = 1.22\dfrac{\lambda}{d}$。所以要提高分辨本领,应使最小分辨角$\theta_0$减小,可增大透镜孔径$d$,或者减小入射光波长$\lambda$。

答案:D

37. **解** 知识点考查的是同离子效应。AgCl是难溶电解质,存在着沉淀溶解平衡:$AgCl \Leftrightarrow Ag^+ + Cl^-$,B选项中有$Cl^-$(即同离子效应),使得平衡向左移动,大大降低了AgCl的溶解度。

答案:B

38. **解** 作为阳极牺牲的金属要求有足够的负电位,而且够稳定;保护轮船即保护铁,按照金属活动性,选项A、选项B均可,但Na太过活泼,可与水反应,不能作为电极使用。

答案:A

39. **解** N、As、Sb均为氮族元素,成键时sp^3不等性杂化,空间构型为三角锥形;BF_3中B是sp^2杂化,空间构型为三角形。

答案:C

40. **解** NH_3中N有孤对电子,而H有部分正电荷,分子相互接近时相互吸引发生轨道重叠,形成氢键。

答案:B

41. **解** C原子发生sp^2杂化与邻近的3个碳原子成$sp^2-sp^2-\sigma$键,每个碳原子剩余的一个垂直于层平面的未杂化轨道(即一个未成键的电子),轨道与轨道之间重叠,未成键电子离域,形成离域大π键。

答案:D

42. **解** 标准电极电势是由电极的性质决定的,标准电极电势是在标准状态下测定的。如果条件改变,则电对的电极电势也随之发生改变。

答案:B

43. **解** 催化剂同等程度地改变正逆反应速率,不能改变化学反应进行方向;若增加反应物,则生成物体积分数可能降低;正向移动,生成物产量必然增加;若减少生成物,反应正向移动,反应物浓度降低。

答案:B

44. **解** 正向反应为吸热反应,所以升高温度有利于正向进行;增大压强使反应向气体分子减少的方向进行,即正向进行。

答案:A

45. **解** 滴加 $BaCl_2$ 时有白色沉淀产生，说明有 SO_4^{2-} 离子；滴加 Na_2S 时有黑色沉淀产生，说明有 Cu^{2+} 离子；滴加 NaOH 时无变化，说明此时 $NH_3 \cdot H_2O$ 过量，有游离的 NH_3；$c(Ba^{2+}) \cdot c(SO_4^{2-}) \geqslant K_S(BaSO_4)$ 则向生成沉淀的方向进行，由此推之 D 正确。

答案：D

46. **解** 选项 A：CO_2 是 sp 杂化，直线型分子。

选项 B：BF_3 是 sp^2 杂化空间构型为正三角形。

选项 C：$BaCl_2$ 是 sp 杂化，直线型分子。

选项 D：H_2S 是 sp^3 不等性杂化，有两个孤对电子，空间构型为 V 字形。

答案：D

47. **解** 含有碳碳双键可使溴水和高锰酸钾褪色，含有醛基可发生银镜反应，催化加氢可得到饱和醇。

答案：D

48. **解** 选项 A：苯密度比水小，四氯化碳密度比水大，且都不溶于水，而乙酸溶于水，分别加少量水之后，分层上层溶液多的是苯，下层溶液多的是四氯化碳，不分层的是乙酸。

选项 B：乙醇、乙酸均溶于水无法鉴别。

选项 C：乙醛、乙二醇均溶于水无法鉴别。

选项 D：甲醇、乙醇、甘油均溶于水无法鉴别。

答案：A

49. **解** 力系的平衡方程个数：

空间一般力系：6。

空间平行力系：3。

平面一般力系：3。

平面平行力系：2。

平面汇交力系：2。

答案：B

50. **解** 由平面力系的简化结果可知，若平面力系不平衡，则其最后简化结果有两种可能：

有可能是一合力，也有可能是一合力偶。

平面力系可以简化为主矢和主矩。①主矢不等于零力系可以简化为一合力；②主矢等于零，主矩不等于零时力系可以简化为一合力偶；③主矢和主矩都等于零时则力系平衡。

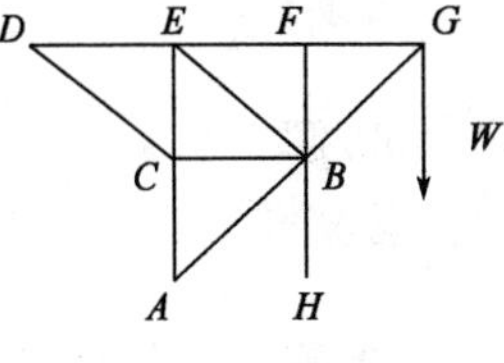

题 50 解图

答案：C

51. **解** 首先根据 D 处平衡得 CD、DE 为零力杆；由 C 处平衡知 BC 为零力杆；由 F 处平衡得 BF 为零力杆；由整体受力分析可知杆 AH 相当于一个链杆支座，只有一个垂直反力 W，因而铰链 A 处的支反力也必定只有一个垂直反力

AF。由节点 A 的平衡可知杆 AB 是零杆，因此共 5 根零力杆

答案:D

52. **解** 对物体作受力分析，重力沿斜面向下的分力为 $G\sin\theta$，压力为 $G\cos\theta$，摩擦力为 $fG\cos\theta$，$G\sin\theta \leqslant fG\cos\theta$，则 $f \geqslant \tan\theta$。

答案:C

53. **解** 设支座 B 所受的约束力为：$F_{Bx}(\rightarrow)$ $F_{By}(\uparrow)$力偶 M_{Bx} 为逆时针方向。

以 C 节点为界，将结构分为左右两部分。

对于 CB 系统，则节点 C 所受的力为：$F_{Cx}=-F_{Bx}(\leftarrow)$，$F_{Cy}=-F_{By}(\downarrow)$。

对应 AC 系统，则节点 C 所受的力为：$F'_{Cx}=-F_{Cx}(\rightarrow)$，$F'_{Cy}=-F_{Cy}(\uparrow)$。对于整个构件列力平衡方程为：$\Sigma X=0$，即 $ql+F_{Bx}=0$。可得 $F_{Bx}=-ql$。对于整个构件列力矩平衡方程为：$\Sigma M_A=0$，即 $F_{By}\times l+M_B-ql\times\dfrac{l}{2}=0$。

对于 AC 列力矩平衡方程为：$F'_{Cy}\times\dfrac{l}{2}+F'_{Cx}\times l-ql\times\dfrac{l}{2}=0$。

联立两式可得：$F_{By}=ql(\downarrow)$，$M_B=\dfrac{3}{2}ql^2$(逆时针)。

答案:A

54. **解** 化简得 $x^2+y^2=16$，轨迹为一圆。

答案:B

55. **解** 根据各运动量的定义即可得答案。

答案:A

56. **解** 由平动的定义可知应选 A。

答案:A

57. **解** 在平衡位置 0 处所受合外力为 0，此时，$F_{N0}=W$。在位置 1 和位置 3 处所受合外力最大，此时 $F_{N1}+G=F_{N2}-G>F_{N0}=W$。所以，$F_{N2}>F_{N0}=W>F_{N1}$。

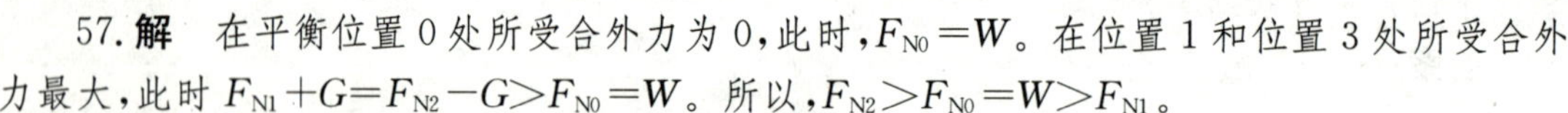

答案:A

58. **解** 动量 $K=mv$，质心在杆的中点，且动量为矢量，应选 B。

答案:B

59. **解** 由能量守恒定律易得答案为选项 D。

答案:D

60. **解** 周期 $T=2\pi/\omega$，则角频率 $\omega=\sqrt{\dfrac{k}{m}}$。

答案:D

61. **解** 此题为概念题。

答案:B （注:此题考查内容 2009 年版考试大纲已删除）

62.**解** 由于 $F_A=-6\text{kN}$，所以 AB 段为 -6kN，BC 段主要看 BC 部分，为拉应力，大小为 4kN。

答案:C

63.**解** 由截面法分析轴力可知，BC 段轴力为 0，根据轴向拉伸和压缩时的胡克定律，BC 段无变形，在 AB 段有轴力 P，将有位移量，故 BC 段，无变形，有位移。

答案:A

64.**解** 剪切的特点:作用于构件某一截面两侧的力，大小相等，方向相反，相互平行，使构件的两部分沿着一截面(剪切面)产生相对错动的情形。

挤压面的规定:①当连接件和被连接的构件的接触面为平面时，接触面就是挤压面。②当接触面为圆柱面时，以圆孔或圆钉的直径平面作为挤压面。

答案:B

65.**解** M 与半径的 3 次方成正比，所以半径变为原来的 $\sqrt{2}$。

答案:C

66.**解** 根据右手法则，大拇指指向截面外侧就是正，反之为负。1-1 截面为 25，2-2 截面为 -5。

答案:B

67.**解** 矩形截面和正方形截面具有相同的面积，故 $bh=a^2$，可得 $I=\dfrac{b^3h}{12}$。

答案:C

68.**解** 当坐标轴绕 O 点旋转到某一位置 y_0 和 z_0 时，图形对这一对坐标轴的惯性矩等于零，这样的一对轴称为主惯性轴或称主轴对主轴的惯性矩(称为主惯性矩)。对通过 O 点的所有轴来说，对主轴有两个主惯性矩，一个是最大值，另一个是最小值。

答案:C

69.**解** 简支梁仅承受一个集中力 P 时，最大剪力为 P，最大弯矩为 $Pl/4$。

答案:A

70 **解** 根据正应力分布规律，受弯矩截面，中性轴处正应力为 0，向两侧递增；切应力最大，向两侧递减。

答案:B

71.**解** 4 点的切应力方向错误。

答案:D

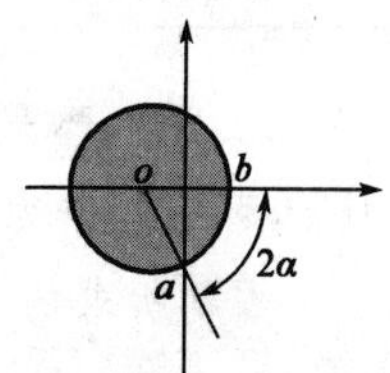

题 72 解图

72.**解** 作应力圆可知，应力圆与 x 轴正向的交点为主应力点，微体上 x 轴所在截面与主应力所在截面夹角为 α(逆时针)，即 $0°<2\alpha<90°$，所以在第一、

三象限内，且与轴成小于45°的夹角。

答案：A

73. **解** $\sigma = \dfrac{P}{A}$，对于 $P' = P + P_0$ 才可以产生同样的应力 σ，同时产生一个弯矩 $P_0 a$，而原来的 $P' = P$，无弯矩 $P_0 a$，因此强度降低，如图所示。

答案：D

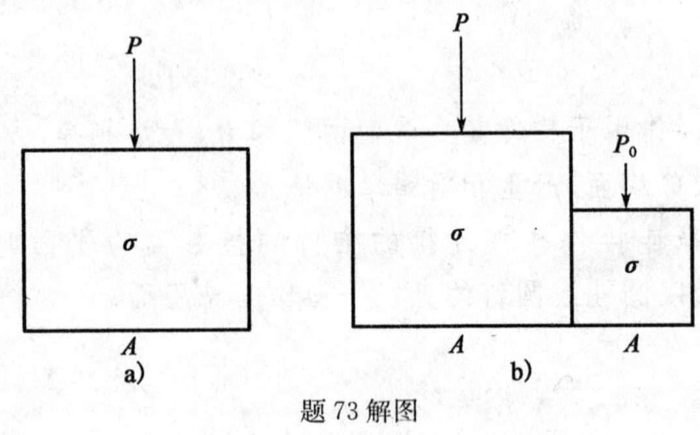

题73解图

74. **解** 组合变形，拉弯压产生正应力，扭转产生切应力。

答案：D

75. **解** 对 y 轴的惯性矩小于对 z 轴的惯性矩，需按照 y 轴计算临界压应力。

$$F_{cr} = \frac{\pi^2 EI}{(\mu l)^2}$$

$$I = \frac{b^3 h}{12}$$

答案：B

76. **解** 柔度增加，即细长比增加，应力与柔度平方呈反比。

答案：C

77. **解** 不具有黏性的流体称为理想流体，这是世界中并不存在的一种假想流体。实际流体都是有黏性的。

答案：B

78. **解** 本题考查绝对压强与相对压强的关系，实际上，绝对压强减去大气压即为相对压强：$p_r = p - p_a$。代入数据易得相对压强为：$p_r = p - p_a = 100 - 98 = 2\text{kN/m}^2$。

答案：B

79. **解** 本题属于静止液体作用在曲面上的压力计算。对于作用在曲面上的静压力 dF_p，可以分解为水平分力 dF_{px} 与竖直分力 dF_{py}，如图所示。

本题所求的 dF_{py} 与 dF_p 之间的关系如下：

$dF_{py} = dF_p \sin\theta = p\sin\theta dA$

故：$dF_{py} = \rho g h \sin\theta dA$

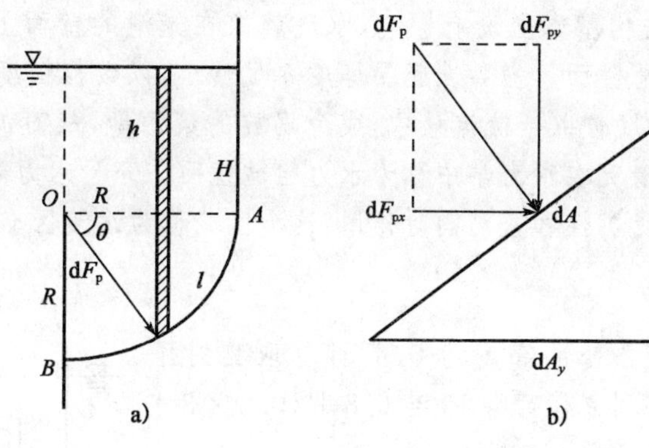

题 79 解图

其竖直分力 $F_{py}=\rho g\int h\sin\theta\mathrm{d}A$，本题中 $\mathrm{d}A=wR\mathrm{d}\theta$，$w$ 为宽度，h 与 θ 之间的函数关系为：$h=H+R\sin\theta$。从而水平分力的公式最终为：

$$F_{py}=\rho gwR\int_0^{\frac{\pi}{2}}(H+R\sin\theta)\sin\theta\mathrm{d}\theta=\rho gwR(H+\frac{\pi R}{4})$$

代入数据可得：

$$P_y=F_{py}=1000\times 9.8\times 4\times 1\times\left(1.4+\frac{\pi}{4}\right)=85.652\mathrm{kN}$$

答案:C （注:此题考查内容 2009 年版考试大纲已删除）

80. **解** 本题考查恒定流与均匀流的定义。恒定流是指运动要素不随时间变化的流动，当地加速度为 0。均匀流是指运动要素不随空间变化的流动，没有迁移加速度，即迁移加速度为 0。对于非恒定均匀流，当地加速度不为 0，迁移加速度为 0。

答案:B

81. **解** 如图所示，取 B 处的高度为 0，认为 A 液面稳定，在 B、C 之间建立伯努利方程：

$$\frac{p_C}{\rho g}+h_2+h_1+\frac{v^2}{2g}=\frac{p_B}{\rho g}+\frac{v^2}{2g}$$

取相对压强，则 $p_B=0$，故：

$$p_C=-\rho g(h_2+h_2)=-44.1\mathrm{kPa}$$

答案:D

题 81 解图

82. **解** 此题考查雷诺数，雷诺数 Re<2300(2300 左右，近似取 2300)时为层流流动，最大流速时达到临界雷诺数，即 $\mathrm{Re}_{cr}=\frac{v_{cr}d}{\upsilon}$。故 $v_{cr}=\frac{\mathrm{Re}_{cr}\nu}{d}$，代入数据得：

$$v_{cr}=\frac{\mathrm{Re}_{cr}\upsilon}{d}=\frac{2300\times 1.31\times 10^{-6}}{0.025}=0.12\mathrm{m/s}$$

答案:D

83. **解**　当管内流动雷诺数较小时，黏性底层厚度δ较大，以致黏性底层足以覆盖全部粗糙，管壁的粗糙度Δ对紊流结构基本上没有影响，水流就像在光滑的壁面上流动一样。这种情况在水力学中称为水力光滑壁面。当黏性底层厚度δ足够小，以致粗糙度Δ对紊流切应力起决定性作用，其粗糙突出高度伸入紊流流核中，成为涡旋的策源地，从而加剧了紊流的脉动作用，水头损失也较大，这种情况在水力学中称为水力粗糙壁面。介于水力光滑管区与水力粗糙管区之间区域的紊流阻力受黏性和紊动同时作用，这个区域称为过渡区。

答案:A

84. **解**　两水面静止，取2处的高度为0，且计算取相对压强，在两个水面之间建立伯努利方程可得$10=6.8+(0.8\times3+0.26+0.5+0.8)\times\frac{V_m^2}{2g}$，得出$V_m=3.98\text{m/s}$。

答案:A

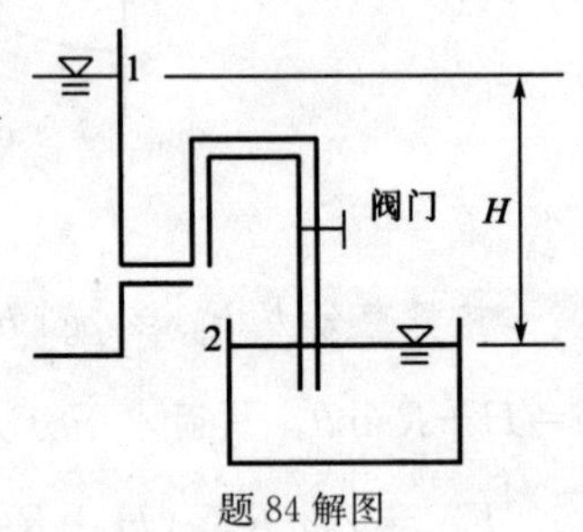

题84解图

85. **解**　此处考查边界层分离的相关概念：边界层是一个薄层，它紧靠物面，沿壁面法线方向存在着很大的速度梯度和旋度的流动区域。黏性应力对边界层的流体来说是阻力，所以随着流体沿物面向后流动，边界层内的流体会逐渐减速，增压。由于流体流动的连续性，边界层会变厚，以在同一时间内流过更多的低速流体。因此边界层内存在正压梯度，流体在正压梯度作用下，会进一步减速，最后整个边界层内的流体的动能都不足以长久地维持流动一直向下游进行，以致在物体表面某处，其速度会与势流的速度方向相反，即产生逆流。该逆流会把边界层向势流中排挤，造成边界层突然变厚或分离。边界层分离之后，它将从紧靠物面的地方抬起进入主流，与主流发生参混。结果是整个参混区域的压力趋于一致。边界层分离后，流动特征发生了变化。如：①从分离点不断脱离出旋涡，在分离点下游形成不稳定的旋涡区，从而使得主流区由原来的无涡区变成有涡区。②物面上压力分布由原来的几乎对称分布变成不对称分布，在分离点后出现低压区(或负压区)，从而大大增加了绕流物体的阻力。由此可知，选项B显然是错误的。

答案:B

86. **解**　并联管道的沿程损失是相等的，故有：

$$h_{f1}=\lambda\frac{l_1}{d_1}\frac{v_1^2}{2g}=h_{f2}=\lambda\frac{l_2}{d_2}\frac{v_2^2}{2g}$$

而速度与流量的关系如下：

$$v_1=\frac{Q_1}{\frac{\pi}{4}d_1^2},v_2=\frac{Q_2}{\frac{\pi}{4}d_2^2}$$

综合上述可得：

$$\frac{Q_1^2l_1}{d_1^5}=\frac{Q_2^2l_2}{d_2^5}$$

代入数据可得：

$$\frac{Q_1}{Q_2}=0.71$$

答案:A

87. **解** 本题考查明渠均匀流公式，明渠均匀流的计算公式为：

$$Q = AC\sqrt{Ri} = \frac{1}{n}Ai^{\frac{1}{2}}R^{\frac{2}{3}}$$

由于 Q, A, i 均已知，可以求出水力半径 R，从而由 $\chi = \frac{A}{R}$ 求出湿周。

选项A：给定水渠 h，由公式 $\chi = b + 2h\sqrt{1+m^2}$ 可求出底宽 b。

选项B与选项A相同，也可求出。

选项C：由于已经有一个关于 b 与 h 的关系式 $\chi = b + 2h\sqrt{1+m^2}$，而最大速度 $[v]_{max} = c\sqrt{Ri} = f(b,h)$ 已知，现在有两个方程两个未知数，可解，选项C也可行。

选项D：在恒定均匀流中 $i = J$，所以给出的 J 没有意义，选项D不可行。

答案：D

88. **解** 潜水完全井产水量公式为：

$$Q = \pi k \frac{H^2 - h^2}{\ln\frac{R}{r_0}}$$

则：$k = \dfrac{Q}{\pi\dfrac{H^2-h^2}{\ln\dfrac{R}{r_0}}} = \dfrac{0.03}{3.14 \times \dfrac{8^2-5^2}{\ln\dfrac{400}{0.2}}} = 0.0019\text{m/s}$

答案：B

89. **解** 将屏幕上显示的内容复制到剪贴板上简称截屏。应用的快捷键是：Print Screen

答案：D

90. **解** 二进制数与八进制数的转化：三位二进制数转化为一位八进制数。

具体做法：从末位开始每三位二进制数化为一位八进制数，首位不够的在前边补0。

二进制数11110100转化为八进制为：

$$\frac{011\ \ 110\ \ 100(B)}{3\ \ \ \ 6\ \ \ \ \ 4\ (O)}$$

答案：A

91. **解** Windows系统下可执行的文件名有：*EXE、*BAT

答案：D

92. **解** 一台计算机、一个Modem和可通话的电话是用于拨号上网的设备，将电话线从电话机上拔下来，插在Modem的接口就可以拨号上网了。

答案：B

93. **解** 在计算机程序中：整数除以整数得到的应该是整数，所以：$\frac{1}{3} = 0$，$\frac{1}{5} = 0$，若想 0.333… 和 0.2，应该是 $\frac{1.0}{3.0}$ 和 $\frac{1.0}{5.0}$，或者被除数与除数至少有一个带小数点。所以 M＝1.5＋

$0+0+1.2=2.7$。

答案:A

94.**解**

读入 600, M=600

99<600<1000

K=600/100 ,K=6

L=(600−6 * 100)/10 ,L=0

N=600−6 * 100−0 * 10 ,N=0

MM=6+0 ,MM=6

输出 MM 6

答案:D

95.**解**　程序的功能是:输入一个数组,然后将数组中的各项求和,依次累加,并保存在 S 变量中,最后输出 S 作为结果,故应该在程序最后将 S 的值赋给 FJ。

答案:B

96.**解**　程序实现的功能是:定义一个数组,然后遍历数组中的每一个元素,找出最大的元素,并和第一项交换,然后打印数组。

答案:C

97.**解**　程序实现的功能是:读取一个文件,第一次读三个数字,即读出数字 1,2,3;第二次再读两个,即 4,5;然后回退一个,即指针指向 5,接着再读 3 个,即 5,6,7;最后输出这三个数字。

答案:B

98.**解**　I=1,J=0,K=0

第一次执行结果:I=1,J=1,K=2

第二次执行结果:I=4,J=4+2+1=7,K=4+7+2=13

输出 I,J,K。

答案:A

99.**解**　由于两个电量相等的点电荷在中间位置的电场强度大小相等,方向相反。因此,$+q'$ 在该点分别受电场力 $F=Eq'$,大小相等,方向相反,即合力为 0。

答案:A

100.**解**　设电流源两端电压为 U,由 KVL 可知 $U=U_1+U_S$,故理想电流源 I_S 的端电压由 U_1 和 U_S 共同决定。

答案:C

101.**解**　电压源 U_{S_2} 单独作用时,电路图如下:

由于 R_2 所在支路为断路，无电流通过，因此 $U_{S_1}{}' = U_{S_2}$。

答案：B

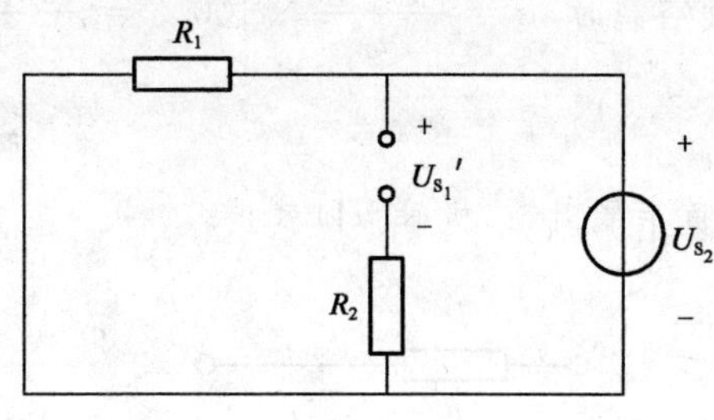

题 101 解图

102. **解** 有效值：$U = \frac{10}{\sqrt{2}}$V

周期：$T = 20$ms

角频率：$\omega = \frac{2\pi}{T} = \frac{2\pi}{20} \times 10^3 = 314$rad/s

初相位：$\varphi = \frac{5}{20} \times 2\pi = \frac{\pi}{2}$

答案：B

103. **解** 由分压定理可得：

$$\dot{U}_L = \frac{j\omega L}{R + j\omega L}\dot{U}_i$$

所以有效值：$U_L = \frac{\omega L}{|R + j\omega L|}U_i$

答案：C

104. **解** 由于电感电流不能突变，因此有：

$$i_L(1+) = i_L(1+) = \frac{u_i(1+)}{R_1 + R_2} = \frac{1}{500 + 500} = 1\text{mA}$$

$$u_0(1+) = i_L(1+)R_2$$

因为 $t>1$s 时，电流有一个暂态过程，故选项 A、D 正确。

答案：A、D

105. **解** 设变压器变比为 K。

由 $K = \frac{U_1}{U_2} = \frac{N_1}{N_2} = 2$，可得 $U_1 = 2U_2$。

由分压原理可得：$U_L = \frac{R_2}{R_1 + R_2}U_2 = \frac{1}{2}U_2$

故：$\frac{U_L}{U_1} = \frac{\frac{1}{2}U_2}{2U_2} = \frac{1}{4}$

答案：A

106. **解**　同步速：$n_0=\frac{60f_0}{p}=1500\text{r/min}$

转差率是表征异步电机运行状态的一个基本变量，当异步电机的负载发生变化时，转子的转速和转差率将随之变化，故空载时，$s=\frac{n_0-n_N}{n_0}\times 100\%=\frac{1500-1450}{1500}=0.033$。

答案：A

107. **解**　在输入电压的负半周时，二极管 VD 截止。

等效电路图为：

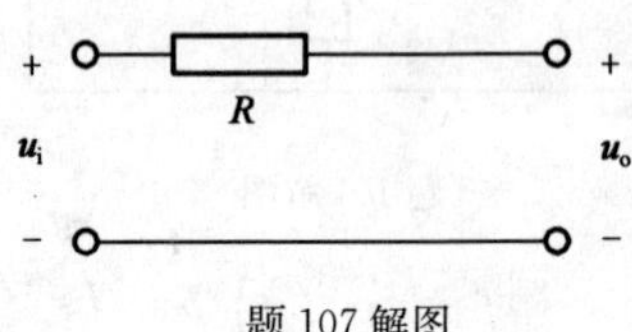

题 107 解图

故有 $u_i=u_o$。

答案：A

108. **解**　在动态电路中，等效电路如下图：

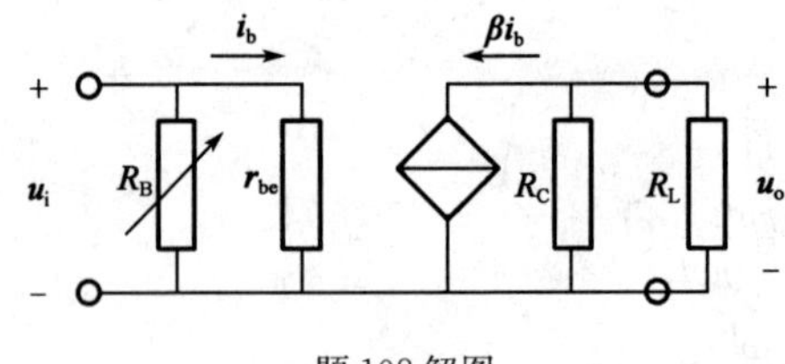

题 108 解图

$$A_u=\frac{u_o}{u_i}=\frac{-\beta i_b(R_C//R_L)}{i_b\cdot r_{be}}=-\frac{\beta(R_C//R_L)}{r_{be}}$$

答案：C

109. **解**　由理想运放“虚短虚断”特性有：

$$u_+=\frac{R}{R+R}u_i=\frac{1}{2}u_i$$

$$u_-=u_+=\frac{1}{2}u_i$$

又：$\frac{u_-}{10}-\frac{u_o-u_-}{100}=0$

将 $u_-=\frac{1}{2}u_i$ 代入，可得 $u_o=5.5u_i$ 。

答案：D

110. **解**　由逻辑图可知，$F=A\oplus B=A\overline{B}+\overline{A}B$

即只有当 A，B 不同时，输出为高电平（逻辑 1），由图可知，只有 t_2 时刻 A，B 不同。

答案：B

111. **解**　现金流量图中，假定现金的支付都发生在每期期末，即横轴上的每个时间点 t 代表的是 t 期期末，同时也代表着 $t-1$ 期的期初。由此可以得出，现金流量 40 对应的时间点为第 3 年年末，第 4 年年初，可得出答案为 D。

答案：D

112. **解**　经营成本的定义是从总成本费用中扣除折旧费、摊销费和利息支出后的成本。由此可排除选项 B、C、D。

答案：A

113. **解**　根据资金等值公式，可知选项 D 的等式两边都是将资金折到第 n 年年末，因而 D 选项正确。

答案：D

114. **解**　题目中的净年值是指通过资金等值计算将项目计算期内各年净现金流量分摊到每一年年末的等额年值，其计算公式为 $\mathrm{NAV}=\mathrm{NPV}(A/P,\ i_c,n)$。由计算公式可知，当净年值小于零时，项目的净现值小于零。因此可得出该项目不可行以及内部收益率小于基准折现率的结论，选项 B 正确。本题的选项 C 无法通过给定条件推断出。

答案：B

115. **解**　静态投资回收期是指在不考虑资金时间价值的条件下，以项目的净收益回收全部投入资金所需要的时间。由定义可知静态投资回收期的计算不用考虑资金时间价值，因而与基准收益率无关。

答案：D

116. **解**　等额本息是指在还款期内，每月偿还同等数额的贷款(包括本金和利息)。本题还贷款采用等额本息的方法，每年还款金额计算公式为 $a\times i\times(1+i)^n/[(1+i)^{n-1}]$，其中 a 为贷款本金，i 为贷款利率，n 为贷款年度，经计算可得结果为 118.21 万元，因此选 D。

答案：D

117. **解**　盈亏平衡点通常是指全部销售收入等于全部成本时(销售收入线与总成本线的交点)的产量。所以可知平衡点产量为：产量$=c_f/(p-c_u-t_u)$，c_f 为固定成本，p 为单位产品销售价格，c_u 为单位产品变动成本，t_u 为单位产品营业税金及附加，经计算可知本题盈亏平衡点产量为 4 万 t，故生产能力利用率为 $4/5\times100\%=80\%$，应选 A。

答案：A

118. **解**　净现值法是利用净现金效益量的总现值与净现金投资量算出净现值，然后根据净现值的大小来评价投资方案。净现值法包括了项目的全部现金流量，但是净现值法中，在经济不稳定情况下，资本市场的利率经常变化会导致资金成本率的确定很困难，净现值法说明投资项目的盈亏总额，但没能说明单位投资的效益情况，即投资项目本身的实际投资报酬率。由此可得本题答案为 B。

答案：B

119. **解**　折现率并不是利率，是因为利率是资金的报酬，折现率是管理的报酬。利率只表示资产(资金)本身的获利能力,而与使用条件、占用者和使用途径没有直接联系,折现率则与资产以及所有者使用效果相关。另外,折现率是外加率,是到期后支付利息的比率;而贴现率是内扣率,是预先扣除贴现息后的比率。贴现率主要用于票据承兑贴现之中,而折现率则广泛应用于企业财务管理的各个方面。由此可得本题答案为D。

答案:D

120.**解** 根据价值工程法,提高价值的基本途径有5种:①提高功能,降低成本,大幅度提高价值;②功能不变,降低成本,提高价值;③功能有所提高,成本不变,提高价值;④功能略有下降,成本大幅度降低,提高价值;⑤提高功能,适当提高成本,大幅度提高功能,从而提高价值。本题中,技改后质量提升,成本不变,则应属于第三种,故选D。

答案:D

2007 年度全国勘察设计注册工程师公共基础考试

试　题

单项选择题(共 120 题,每题 1 分。每题的备选项中只有一个最符合题意)

1. 设直线的方程为$\frac{x-1}{-2}=\frac{y+1}{-1}=\frac{z}{1}$,则直线:

A. 过点(1,−1,0),方向向量为$2\vec{i}+\vec{j}-\vec{k}$

B. 过点(1,−1,0),方向向量为$2\vec{i}-\vec{j}+\vec{k}$

C. 过点(−1,1,0),方向向量为$-2\vec{i}-\vec{j}+\vec{k}$

D. 过点(−1,1,0),方向向量为$2\vec{i}+\vec{j}-\vec{k}$

2. 设平面 π 的方程为 $2x-2y+3=0$,以下选项中错误的是:

A. 平面 π 的法向量为$\vec{i}-\vec{j}$

B. 平面 π 垂直于 z 轴

C. 平面 π 平行于 z 轴

D. 平面 π 与 xOy 面的交线为$\frac{x}{1}=\frac{y-\frac{3}{2}}{1}=\frac{z}{0}$

3. 下列方程中代表单叶双曲面的是:

A. $\frac{x^2}{2}+\frac{y^2}{3}-z^2=1$

B. $\frac{x^2}{2}+\frac{y^2}{3}+z^2=1$

C. $\frac{x^2}{2}-\frac{y^2}{3}-z^2=1$

D. $\frac{x^2}{2}+\frac{y^2}{3}+z^2=0$

4. 若有$\lim\limits_{x\to a}\frac{f(x)}{x-a}=0$,则当 $x\to a$ 时,$f(x)$是:

A. 有极限的函数

B. 有界函数

C. 无穷小量

D. 比$(x-a)$高阶的无穷小

5. 函数 $y=\frac{x}{\sqrt{1-x^2}}$在 x 处的微分是:

A. $\frac{1}{(1-x^2)^{\frac{3}{2}}}\mathrm{d}x$

B. $2\sqrt{1-x^2}\,\mathrm{d}x$

C. $x\mathrm{d}x$

D. $\frac{1}{1-x^2}\mathrm{d}x$

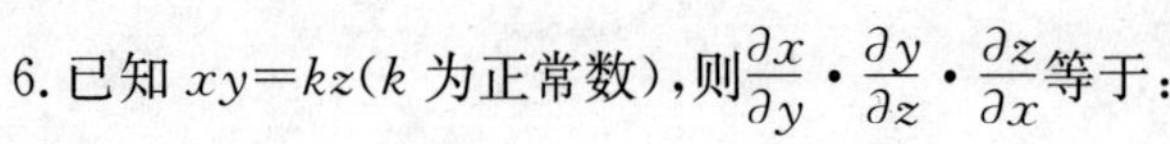

6. 已知 $xy=kz$(k 为正常数),则$\frac{\partial x}{\partial y}\cdot\frac{\partial y}{\partial z}\cdot\frac{\partial z}{\partial x}$等于:

A. 1　　B. -1　　C. k　　D. $\frac{1}{k}$

7. 函数 $y=f(x)$在点 $x=x_0$ 处取得极小值,则必有:

A. $f'(x_0)=0$　　B. $f''(x_0)>0$

C. $f'(x_0)=0$ 且 $f''(x_0)>0$　　D. $f'(x_0)=0$ 或导数不存在

8. 对于曲线 $y=\frac{1}{5}x^5-\frac{1}{3}x^3$,下列说法不正确的是:

A. 有 3 个极值点　　B. 有 3 个拐点

C. 有 2 个极值点　　D. 对称原点

9. 若$\int f(x)\mathrm{d}x = x^3 + C$, 则$\int f(\cos x)\sin x\mathrm{d}x$ 等于:(式中 C 为任意常数)

A. $-\cos^3 x+C$　　B. $\sin^3 x+C$

C. $\cos^3 x+C$　　D. $\frac{1}{3}\cos^3 x+C$

10. $\int_{-3}^{3} x\sqrt{9-x^2}\,\mathrm{d}x$ 等于:

A. 0　　B. 9π　　C. 3π　　D. $\frac{9}{2}\pi$

11. $\int_{0}^{+\infty} xe^{-2x}\mathrm{d}x$ 等于:

A. $-\frac{1}{4}$　　B. $\frac{1}{2}$　　C. $\frac{1}{4}$　　D. 4

12. 设 D 是曲线 $y = x^2$ 与 $y = 1$ 所围闭区域,$\iint\limits_D 2x\mathrm{d}\sigma =$

A. 1　　B. $\frac{1}{2}$　　C. 0　　D. 2

13. 直线 $y=\frac{H}{R}x\,(x\geqslant 0)$与 $y=H$ 及 y 轴所围图形绕 y 轴旋转一周所得旋转体的体积为:(H,R 为任意常数)

A. $\frac{1}{3}\pi R^2 H$　　B. $\pi R^2 H$

C. $\frac{1}{6}\pi R^2 H$　　D. $\frac{1}{4}\pi R^2 H$

14. 下列各级数发散的是：

A. $\sum\limits_{n=1}^{\infty}\sin\frac{1}{n}$　　B. $\sum\limits_{n=1}^{\infty}(-1)^{n-1}\frac{1}{\ln(n+1)}$

C. $\sum\limits_{n=1}^{\infty}\frac{n+1}{3^{\frac{n}{2}}}$　　D. $\sum\limits_{n=1}^{\infty}(-1)^{n-1}\left(\frac{2}{3}\right)^n$

15. 函数$\frac{1}{x}$展开成$(x-2)$的幂级数是：

A. $\sum\limits_{n=0}^{\infty}(-1)^n\frac{(x-2)^n}{2^{n+1}}$　　B. $\sum\limits_{n=0}^{\infty}\frac{(x-2)^n}{2^{n+1}}$

C. $\sum\limits_{n=0}^{\infty}\frac{(x-2)^n}{2^n}$　　D. $\sum\limits_{n=0}^{\infty}(x-2)^n$

16. 微分方程 $\cos y\mathrm{d}x+(1+e^{-x})\sin y\mathrm{d}y=0$ 满足初始条件 $y|_{x=0}=\frac{\pi}{3}$的特解是：

A. $\cos y=\frac{1}{4}(1+\mathrm{e}^x)$　　B. $\cos y=1+\mathrm{e}^x$

C. $\cos y=4(1+\mathrm{e}^x)$　　D. $\cos^2 y=1+\mathrm{e}^x$

17. 微分方程 $y''=x+\sin x$ 的通解是(C_1,C_2 为任意常数)：

A. $\frac{1}{3}x^2+\sin x+C_1x+C_2$　　B. $\frac{1}{6}x^3-\sin x+C_1x+C_2$

C. $\frac{1}{2}x^2-\cos x+C_1x-C_2$　　D. $\frac{1}{2}x^2+\sin x-C_1x+C_2$

18. 微分方程 $y''-4y=4$ 的通解是(C_1,C_2 为任意常数)：

A. $C_1\mathrm{e}^{2x}-C_2\mathrm{e}^{-2x}+1$　　B. $C_1\mathrm{e}^{2x}+C_2\mathrm{e}^{-2x}-1$

C. $\mathrm{e}^{2x}-\mathrm{e}^{-2x}+1$　　D. $C_1\mathrm{e}^{2x}+C_2\mathrm{e}^{-2x}-2$

19. 若 $\mathrm{P(A)}=0.8$,$\mathrm{P(A\overline{B})}=0.2$,则 $\mathrm{P(\overline{A}\cup\overline{B})}$等于：

A. 0.4　　B. 0.6　　C. 0.5　　D. 0.3

20. 离散型随机变量 X 的分布为 $P(X=k)=C\lambda^k(k=0,1,2,\cdots)$,则不成立的是：

A. $C>0$　　B. $0<\lambda<1$　　C. $C=1-\lambda$　　D. $C=\frac{1}{1-\lambda}$

21. 设总体 X 的概率密度为 $f(x)=\begin{cases}(\theta+1)x^{\theta}, & 0<x<1\\ 0, & \text{其他}\end{cases}$,其中 $\theta>-1$ 是未知参数,X_1,X_2,…,X_n 是来自总体 X 的样本,则 θ 的矩估计量是：

A. $\overline{X}$　　B. $\frac{2\overline{X}-1}{1-\overline{X}}$　　C. $2\overline{X}$　　D. $\overline{X}-1$

22. 设行列式 $\begin{vmatrix} 2 & 1 & 3 & 4 \\ 1 & 0 & 2 & 0 \\ 1 & 5 & 2 & 1 \\ -1 & 1 & 5 & 2 \end{vmatrix}$，$A_{ij}$ 表示行列式元素 a_{ij} 的代数余子式，则 $A_{13}+4A_{33}+A_{43}$ 等于：

A. -2　　B. 2　　C. -1　　D. 1

23. 设 $\boldsymbol{A}=\begin{bmatrix} 1 & -1 & 2 \\ 2 & 1 & 1 \\ -1 & 1 & -2 \end{bmatrix}$，$\boldsymbol{B}=\begin{bmatrix} 2 & a & 1 \\ 0 & 3 & a \\ 0 & 0 & -1 \end{bmatrix}$，则秩 $r(\boldsymbol{AB}-\boldsymbol{A})=$

A. 1　　B. 2
C. 3　　D. 与 a 的取值有关

24. 设 β_1，β_2 是线性方程组 $Ax=b$ 的两个不同的解，α_1、α_2 是导出组 $Ax=0$ 的基础解系，k_1、k_2 是任意常数，则 $Ax=b$ 的通解是：

A. $\frac{\beta_1-\beta_2}{2}+k_1\alpha_1+k_2(\alpha_1-\alpha_2)$　　B. $\alpha_1+k_1(\beta_1-\beta_2)+k_2(\alpha_1-\alpha_2)$
C. $\frac{\beta_1+\beta_2}{2}+k_1\alpha_1+k_2(\alpha_1-\alpha_2)$　　D. $\frac{\beta_1+\beta_2}{2}+k_1\alpha_1+k_2(\beta_1-\beta_2)$

25. 一容器内储有某种理想气体，如果容器漏气，则容器内气体分子的平均平动动能和气体内能变化的情况是：

A. 分子的平均平动动能和气体的内能都减少
B. 分子的平均平动动能不变，但气体的内能减少
C. 分子的平均平动动能减少，但气体的内能不变
D. 分子的平均平动动能和气体的内能都不变

26. 容器内储有一定量的理想气体，若保持容积不变，使气体的温度升高，则分子的平均碰撞次数 $\overline{Z}$ 和平均自由程 $\overline{\lambda}$ 的变化情况：

A. $\overline{Z}$ 增大，但 $\overline{\lambda}$ 不变　　B. $\overline{Z}$ 不变，但 $\overline{\lambda}$ 增大
C. $\overline{Z}$ 和 $\overline{\lambda}$ 都增大　　D. $\overline{Z}$ 和 $\overline{\lambda}$ 都不变

27. 已知某理想气体的压强为 p，体积为 V，温度为 T，气体的摩尔质量为 M，k 为玻兹曼常量，R 为摩尔气体常量，则该理想气体的密度为：

A. $\frac{M}{V}$　　B. $\frac{pM}{RT}$　　C. $\frac{pM}{kT}$　　D. $\frac{p}{RT}$

28. 在麦克斯韦速率分布律中，速率分布函数 $f(v)$ 的意义可理解为：

A. 速率大小等于 v 的分子数
B. 速率大小在 v 附近的单位速率区间内的分子数
C. 速率大小等于 v 的分子数占总分子数的百分比
D. 速率大小在 v 附近的单位速率区间内的分子数占总分子数的百分比

29. 某理想气体在进行卡诺循环时，低温热源的温度为 T，高温热源的温度为 nT，则该理想气体在一次卡诺循环中，从高温热源吸取的热量与向低温热源放出的热量之比为：

A. $\frac{n+1}{n}$　　B. $\frac{n-1}{n}$　　C. n　　D. $n-1$

30. 摩尔数相同的氧气(O_2)和氦气(He)(均视为理想气体)，分别从同一状态开始作等温膨胀，终态体积相同，则此两种气体在这一膨胀过程中：

A. 对外做功和吸热都相同　　B. 对外做功和吸热均不相同
C. 对外做功相同，但吸热不同　　D. 对外做功不同，但吸热相同

31. 频率 4Hz 沿 X 轴正向传播的简谐波，波线上有两点 a 和 b，若它们开始振动的时间差为 0.25s，则它们的相位差为：

A. $\frac{\pi}{2}$　　B. π　　C. $\frac{3\pi}{2}$　　D. 2π

32. 一平面谐波的表达式为 $y=0.002\cos(400\pi t-20\pi x)$(SI)，取 $k=0,\pm1,\pm2,\cdots$，则 $t=$ 1s 时各波谷所在的位置为：(单位：m)

A. $\frac{400-2k}{20}$　　B. $\frac{400+k}{20}$
C. $\frac{399-2k}{20}$　　D. $\frac{399+k}{20}$

33. 在双缝干涉实验中，当入射单色光的波长减小时，屏幕上干涉条纹的变化情况是：

A. 条纹变密并远离屏幕中心　　B. 条纹变密并靠近屏幕中心
C. 条纹变宽并远离屏幕中心　　D. 条纹变宽并靠近屏幕中心

34. 在单缝夫琅禾费衍射实验中，若单缝两端处的光线到达屏幕上某点的光程差为 $\delta=2.5\lambda$(λ 为入射单色光的波长)，则此衍射方向上的波阵面可划分的半波带数目和屏上该点的衍射条纹情况是：

A. 4 个半波带，明纹　　B. 4 个半波带，暗纹
C. 5 个半波带，明纹　　D. 5 个半波带，暗纹

35. 如果两个偏振片堆叠在一起，且偏振化方向之间夹角为 30°，假设两者对光无吸收，光

强为 I_0 的自然光垂直入射在偏振片上，则出射光强为：

A. $\frac{I_0}{2}$　　B. $\frac{3I_0}{2}$　　C. $\frac{3I_0}{4}$　　D. $\frac{3I_0}{8}$

36. 波长为 λ 的 X 射线，投射到晶体常数为 d 的晶体上，取 $k=0,2,3,\cdots$，出现 X 射线衍射加强的衍射角 θ（衍射的 X 射线与晶面的夹角）满足的公式为：

A. $2d\sin\theta=k\lambda$　　B. $d\sin\theta=k\lambda$
C. $2d\cos\theta=k\lambda$　　D. $d\cos\theta=k\lambda$

37. 下列物质与 H_2O_2 水溶液相遇时，能使 H_2O_2 显还原性的是：（已知：$\varphi^{\ominus}_{MnO_4^-/Mn^{2+}}=1.507V$，$\varphi^{\ominus}_{Sn^{4+}/Sn^{2+}}=0.151V$，$\varphi^{\ominus}_{Fe^{3+}/Fe^{2+}}=0.771V$，$\varphi^{\ominus}_{O_2/H_2O_2}=0.695V$，$\varphi^{\ominus}_{H_2O/H_2O_2}=1.776V$，$\varphi^{0}_{O_2/OH^-}=0.401V$）

A. $KMnO_4$（酸性）　　B. $SnCl_2$
C. Fe^{2+}　　D. NaOH

38. 难溶电解质 $BaCO_3$ 在下列溶液中溶解度最大的是：

A. 0.1 mol/dm^3 HAc 溶液　　B. 纯水
C. 0.1 mol/dm^3 $BaCl_2$ 溶液　　D. 0.1 mol/dm^3 Na_2CO_3 溶液

39. 下列分子中，键角最大的是：

A. NH_3　　B. H_2S　　C. $BeCl_2$　　D. CCl_4

40. 下列物质中，酸性最强的是：

A. H_3BO_3　　B. HVO_3　　C. HNO_3　　D. H_2SiO_3

41. 已知 $K_b^{\ominus}(NH_3)=1.77\times10^{-5}$，用广泛 pH 试纸测定 0.10mol/dm^3 氨水溶液的pH 约是：

A. 13　　B. 12　　C. 14　　D. 11

42. 能同时溶解 $Zn(OH)_2$、AgI 和 $Fe(OH)_3$ 三种沉淀的试剂是：

A. 氨水　　B. 草酸
C. KCN 溶液　　D. 盐酸

43. 47 号元素 Ag 的基态价层电子结构为 $4d^{10}5s^1$，它在周期表中的位置是：

A. ds 区　　B. s 区
C. d 区　　D. p 区

44. 下列关于化学反应速率常数 k 的说法正确的是：

A. k 值较大的反应，其反应速率在任何情况下都大

B. 通常一个反应的温度越高，其 k 值越大

C. 一个反应的 k 值大小与反应物的性质无关

D. 通常一个反应的浓度越大，其 k 值越大

45. 3d 轨道的磁量子数 m 的合理值是：

A. 1、2、3　　B. 0、1、2　　C. 3　　D. 0、±1、±2

46. 下列各物质的化学键中，只存在 σ 键的是：

A. PH_3　　B. $H_2C=CH_2$　　C. CO_2　　D. C_2H_2

47. 各物质浓度均为 0.10mol/dm³ 的下列水溶液中，其 pH 最小的是：
[已知 $K_b^{\ominus}(NH_3)=1.77\times10^{-5}$，$K_b^{\ominus}(CH_3COOH)=1.76\times10^{-5}$]

A. NH_4Cl　　B. NH_3

C. CH_3COOH　　D. $CH_3COOH+CH_3COONa$

48. ABS 树脂是下列哪几种物质的共聚物？

A. 丙烯腈、乙烯　　B. 丙烯腈、1，3-丁二烯、苯乙烯

C. 丙烯腈、1，3-丁二烯　　D. 乙烯腈、苯

49. 图示三力矢 F_1，F_2，F_3 的关系是：

A. $F_1+F_2+F_3=0$　　B. $F_3=F_1+F_2$　　C. $F_2=F_1+F_3$　　D. $F_1=F_2+F_3$

50. 重 W 的圆球置于光滑的斜槽内（如题图所示）。右侧斜面对球的约束力 F_{NB} 的大小为：

A. $F_{NB}=\dfrac{W}{2\cos\theta}$　　B. $F_{NB}=\dfrac{W}{\cos\theta}$

C. $F_{NB}=W\cos\theta$　　D. $F_{NB}=\dfrac{W}{2}\cos\theta$

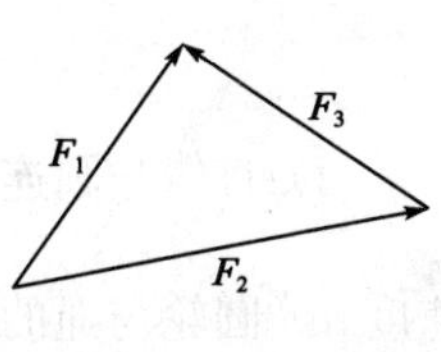

题 49 图

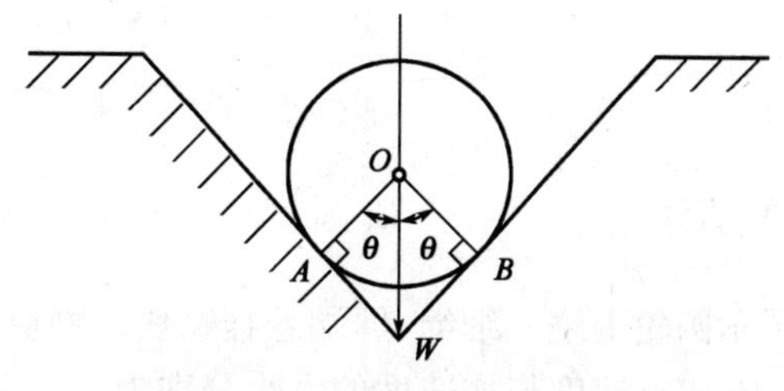

题 50 图

51. 物块 A 重 $W=10\text{N}$，被用水平力 $F_P=50\text{N}$ 挤压在粗糙的铅垂墙面 B 上，且处于平衡，如图所示。物块与墙间的摩擦系数 $f=0.3$。A 与 B 间的摩擦力大小为：

A. $F=15\text{N}$　　B. $F=10\text{N}$

C. $F=3\text{N}$　　D. 只依据所给条件则无法确定

52. 桁架结构形式与荷载 F_P 均已知，如图所示。结构中杆件内力为零的杆件数为：

A. 0 根　　B. 2 根　　C. 4 根　　D. 6 根

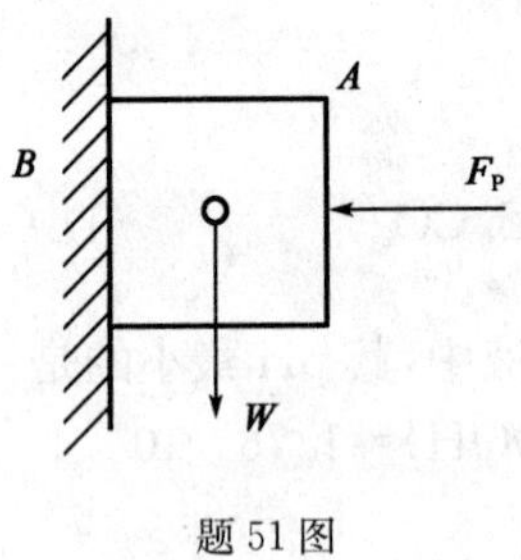

题 51 图

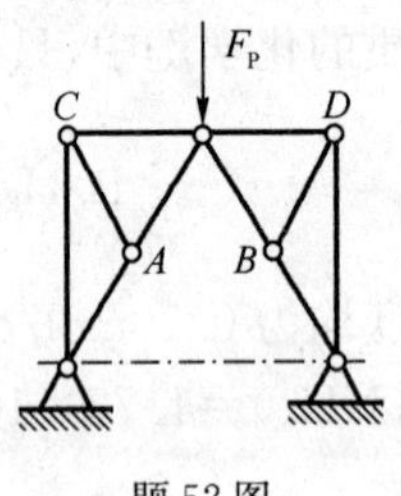

题 52 图

53. 图示水平梁 AB 由铰 A 与杆 BD 支撑。在梁上 O 处用小轴安装滑轮。轮上跨过软绳。绳一端水平地系于墙上，另端悬持重 W 的物块。构件均不计重。铰 A 的约束力大小为：

A. $F_{Ax}=\frac{5}{4}W, F_{Ay}=\frac{3}{4}W$　　B. $F_{Ax}=W, F_{Ay}=\frac{1}{2}W$

C. $F_{Ax}=\frac{3}{4}W, F_{Ay}=\frac{1}{4}W$　　D. $F_{Ax}=\frac{1}{2}W, F_{Ay}=W$

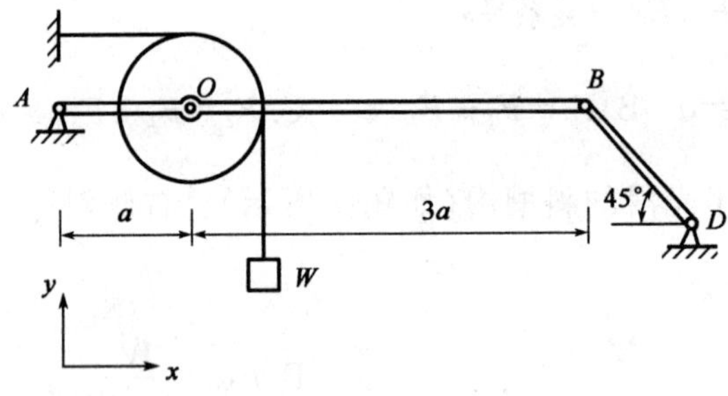

题 53 图

54. 点在铅垂平面 xOy 内的运动方程 $\begin{cases} x=v_0 t \\ y=\frac{1}{2}gt^2 \end{cases}$，其中 t 为时间，v_0、g 为常数。点的运动轨迹应为：

A. 直线　　B. 圆　　C. 抛物线　　D. 直线与圆连接

55. 图示圆轮上绕一细绳，绳端悬挂物块。物块的速度 v、加速度 a。圆轮与绳的直线段相切之点为 P，该点速度与加速度的大小分别为：

A. $v_P=v, a_P>a$　　B. $v_P>v, a_P<a$　　C. $v_P=v, a_P<a$　　D. $v_P>v, a_P>a$

56. 图示单摆由长 l 的摆杆与摆锤 A 组成，其运动规律 $\varphi=\varphi_0\sin\omega t$。锤 A 在 $t=\frac{\pi}{4\omega}$s 时的速度、切向加速度与法向加速度分别为：

A. $v=\frac{1}{2}l\varphi_0\omega, a_\tau=-\frac{1}{2}l\varphi_0\omega^2, a_n=\frac{\sqrt{2}}{2}l\varphi_0{}^2\omega^2$

B. $v=\frac{1}{2}l\varphi_0\omega, a_\tau=\frac{1}{2}l\varphi_0\omega^2, a_n=-\frac{\sqrt{2}}{2}l\varphi_0{}^2\omega^2$

C. $v=\frac{\sqrt{2}}{2}l\varphi_0\omega, a_\tau=\frac{\sqrt{2}}{2}l\varphi_0\omega^2, a_n=\frac{1}{2}l\varphi_0{}^2\omega^2$

D. $v=\frac{\sqrt{2}}{2}l\varphi_0\omega, a_\tau=\frac{\sqrt{2}}{2}l\varphi_0\omega^2, a_n=-\frac{1}{2}l\varphi_0{}^2\omega^2$

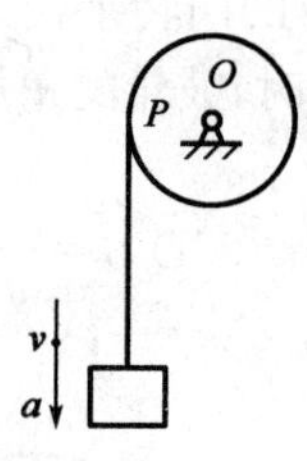

题 55 图

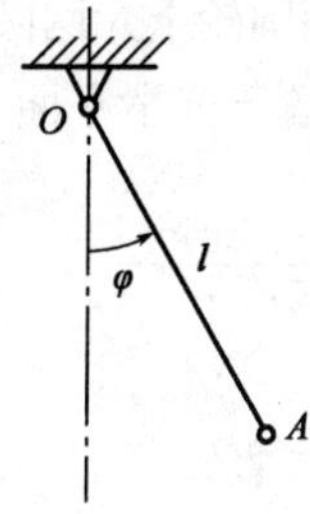

题 56 图

57. 三角形物块沿水平地面运动的加速度为 a，方向如图。物块倾斜角为 α。重 W 的小球在斜面上用细绳拉住，绳另端固定在斜面上。设物块运动中绳不松软，则小球对斜面的压力 F_N 的大小为：

A. $F_N<W\cos\alpha$　　B. $F_N>W\cos\alpha$

C. $F_N=W\cos\alpha$　　D. 只根据所给条件则不能确定

58. 忽略质量的细杆 $OC=l$，其端部固结匀质圆盘。杆上点 C 为圆盘圆心。盘质量为 m，半径为 r。系统以角速度 ω 绕轴 O 转动，如图所示。系统的动能是：

A. $T=\frac{1}{2}m(l\omega)^2$　　B. $T=\frac{1}{2}m[(l+r)\omega]^2$

C. $T=\frac{1}{2}(\frac{1}{2}mr^2)\omega^2$　　D. $T=\frac{1}{2}(\frac{1}{2}mr^2+ml^2)\omega^2$

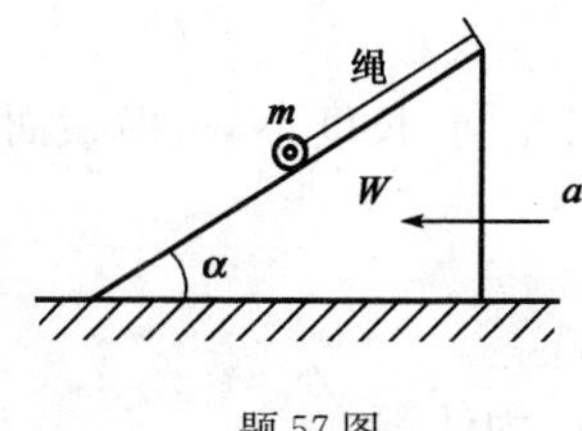

题 57 图

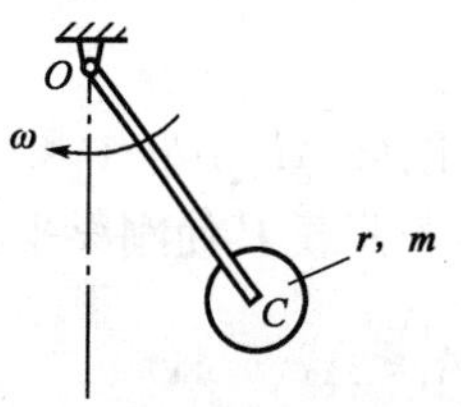

题 58 图

59. 弹簧—物块直线振动系统位于铅垂面内，如图所示。弹簧刚度系数为 k，物块质量为 m。若已知物块的运动微分方程为 $m\ddot{x}+kx=0$，则描述运动的坐标 Ox 的坐标原点应为：

A. 弹簧悬挂处点 O_1

B. 弹簧原长 l_0 处之点 O_2

C. 弹簧由物块重力引起静伸长 δ_{st} 之点 O_3

D. 任意点皆可

60. 在图示的固定坐标系 $xOyz$ 中，长方体作平移(或称平动)。长方体的自由度数为：

A. 1 个　　B. 2 个　　C. 3 个　　D. 4 个

(注：此题考查内容 2009 年大纲已删除)

61. 图示两重物的质量均为 m，分别系在两软绳上。此两绳又分别绕在半径各为 r 与 $2r$，并固结在一起的两圆轮上。两圆轮构成的鼓轮的质量亦为 m，对轴 O 的回转半径为 ρ_O。两重物中一铅垂悬挂，一置于光滑平面上。当系统在左重物重力作用下运动时，鼓轮的角加速度 α 为：

A. $\alpha=\frac{2gr}{5r^2+\rho_O{}^2}$　　B. $\alpha=\frac{2gr}{3r^2+\rho_O{}^2}$　　C. $\alpha=\frac{2gr}{\rho_O{}^2}$　　D. $\alpha=\frac{gr}{5r^2+\rho_O{}^2}$

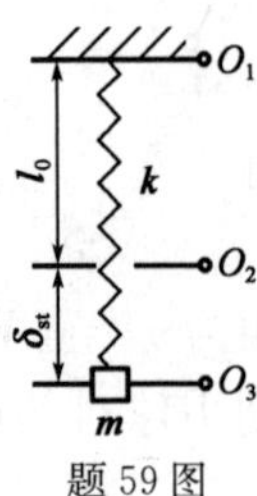

题 59 图

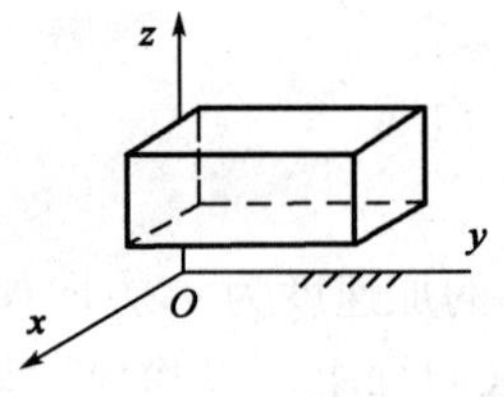

题 60 图

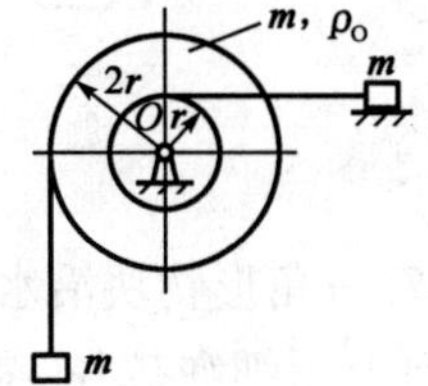

题 61 图

62. 等直杆的受力情况如图所示，则杆内最大轴力 N_{max} 和最小轴力 N_{min} 分别为：

A. $N_{max}=60\text{kN}, N_{min}=15\text{kN}$

B. $N_{max}=60\text{kN}, N_{min}=-15\text{kN}$

C. $N_{max}=30\text{kN}, N_{min}=-30\text{kN}$

D. $N_{max}=90\text{kN}, N_{min}=-60\text{kN}$

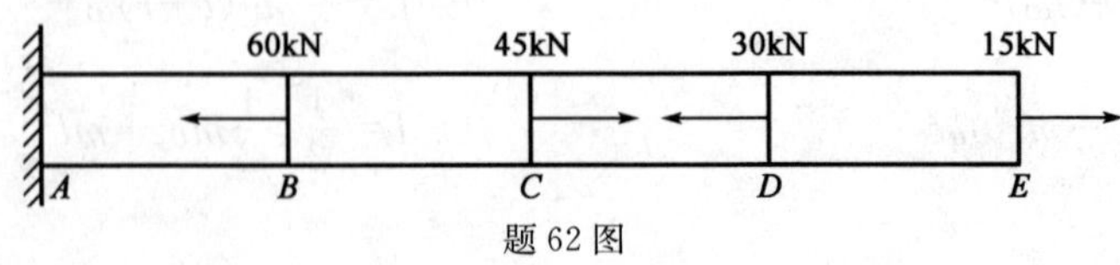

题 62 图

63. 图示刚梁 AB 由杆 1 和杆 2 支撑。已知两杆的材料相同，长度不等，横截面面积分别为 A_1 和 A_2，若荷载 P 使刚梁平行下移，则其横截面面积：

A. $A_1<A_2$　　B. $A_1=A_2$

C. $A_1>A_2$　　D. A_1、A_2 为任意

64. 图示铆接件，设钢板和铝铆钉的挤压应力分别为 $\sigma_{jy,1}$、$\sigma_{jy,2}$，则两者的大小关系是：

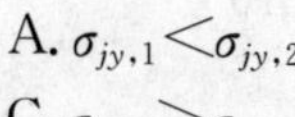

A. $\sigma_{jy,1}<\sigma_{jy,2}$　　　　B. $\sigma_{jy,1}=\sigma_{jy,2}$

C. $\sigma_{jy,1}>\sigma_{jy,2}$　　　　D. 不确定

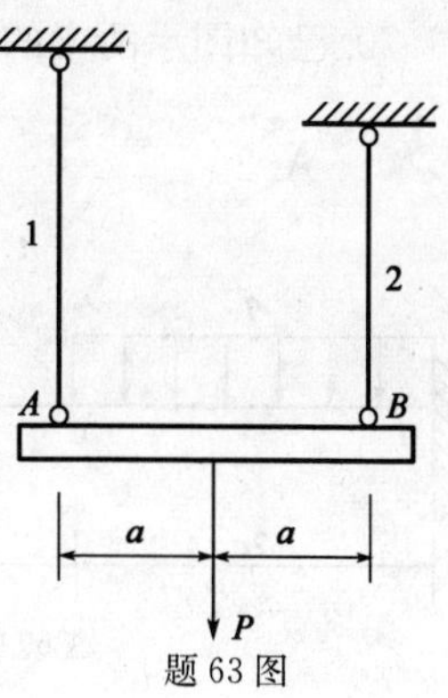

题 63 图

65. 直径为 D 的实心圆轴，两端受扭转力矩作用，轴内最大剪应力为 τ。若轴的直径改为 $D/2$，则轴内的最大剪应力应为：

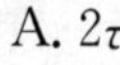

A. 2τ　　　　B. 4τ

C. 8τ　　　　D. 16τ

66. 如图所示，圆轴的扭矩图为：

A.

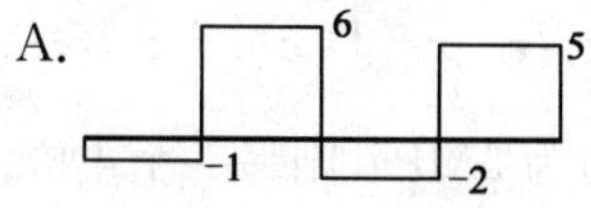

B.

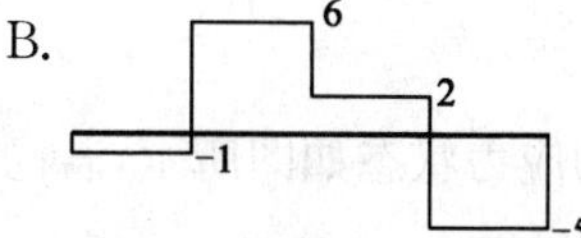

C.

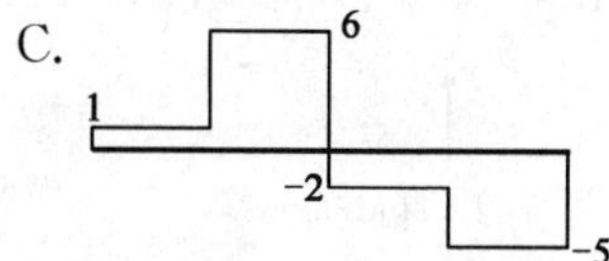

D.

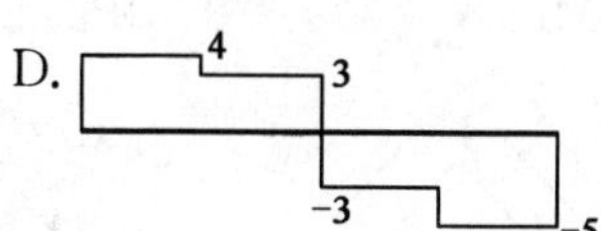

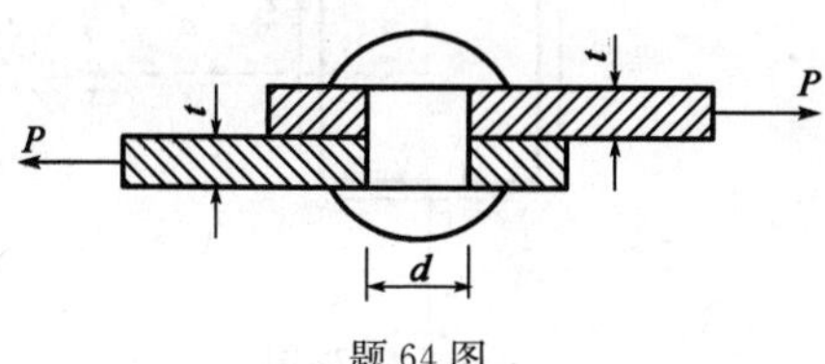

题 64 图

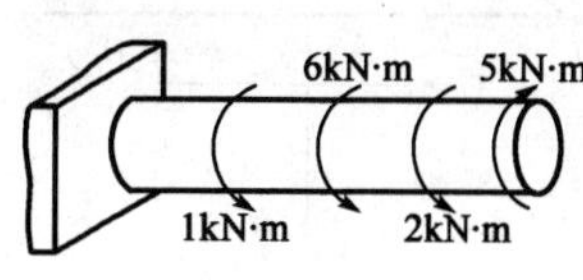

题 66 图

67. 图示矩形截面，m-m 线以上部分和以下部分对形心轴 z 的两个静矩：

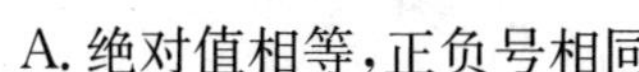

A. 绝对值相等，正负号相同

B. 绝对值相等，正负号不同

C. 绝对值不等，正负号相同

D. 绝对值不等，正负号不同

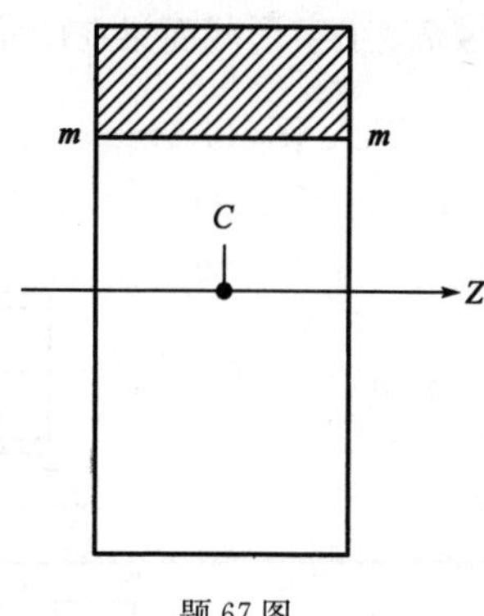

题 67 图

68. 直径为 d 的圆形对其形心轴的惯性半径 i 等于：

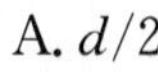

A. $d/2$　　B. $d/4$　　C. $d/6$　　D. $d/8$

69. 悬臂梁受载情况如图所示，在截面 C 上：

A. 剪力为零，弯矩不为零　　　　B. 剪力不为零，弯矩为零

C. 剪力和弯矩均为零　　　　D. 剪力和弯矩均不为零

70. 已知图示两梁的抗弯截面刚度 EI 相同，若两者自由端的挠度相等，则 P_1/P_2 为：

A. 2　　B. 4　　C. 8　　D. 16

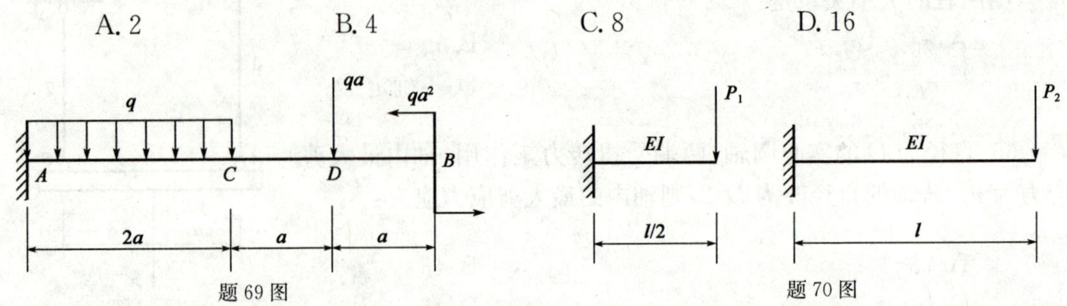

题 69 图　　题 70 图

71. 图示等腰直角三角形单元体，已知两直角边表示的截面上只有剪应力，且等于 τ_0，则底边表示的截面上的正应力 σ 和剪应力 τ 分别为：

A. $\sigma=\tau_0, \tau=\tau_0$　　B. $\sigma=\tau_0, \tau=0$　　C. $\sigma=-\tau_0, \tau=\tau_0$　　D. $\sigma=-\tau_0, \tau=0$

72. 单元体的应力状态如图所示，若已知其中一个主应力为 5MPa，则另一个主应力为：

A. −85MPa　　B. 85MPa　　C. −75MPa　　D. 75MPa

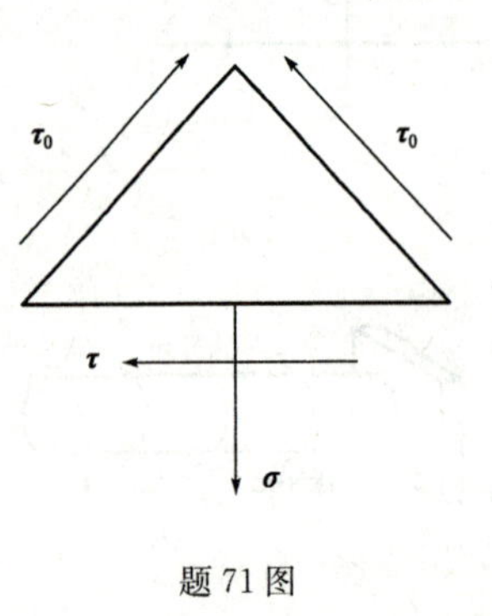

题 71 图

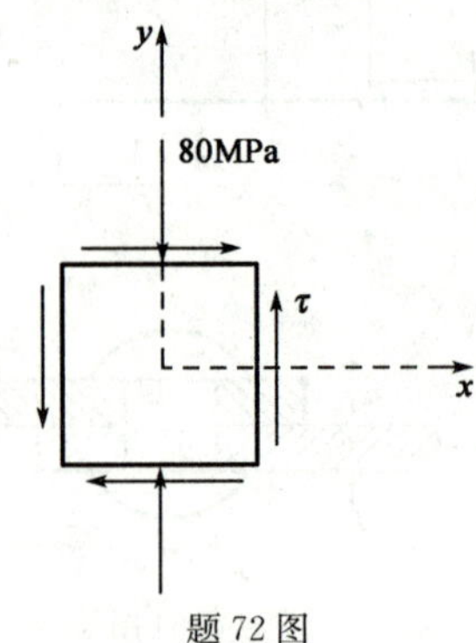

题 72 图

73. 工字形截面梁在图示荷载作用上，截面 m-m 上的正应力分布为：

A. 图(1)　　B. 图(2)　　C. 图(3)　　D. 图(4)

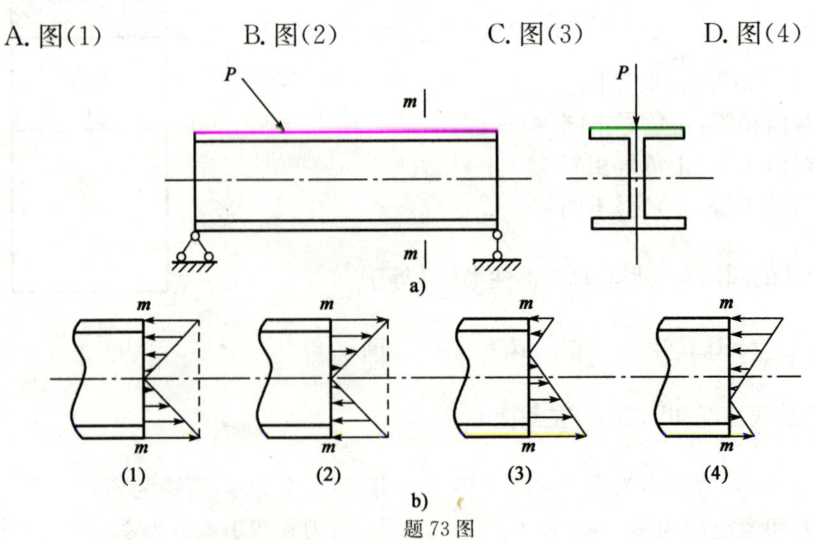

题 73 图

74. 矩形截面杆的截面宽度沿杆长不变，杆的中段高度为 $2a$，左、右段高度为 $3a$，在图示三角形分布荷载作用下，杆的截面 m-m 和截面 n-n 分别发生：

A. 单向拉伸、拉弯组合变形　　B. 单向拉伸、单向拉伸变形

C. 拉弯组合、单向拉伸变形　　D. 拉弯组合、拉弯组合变形

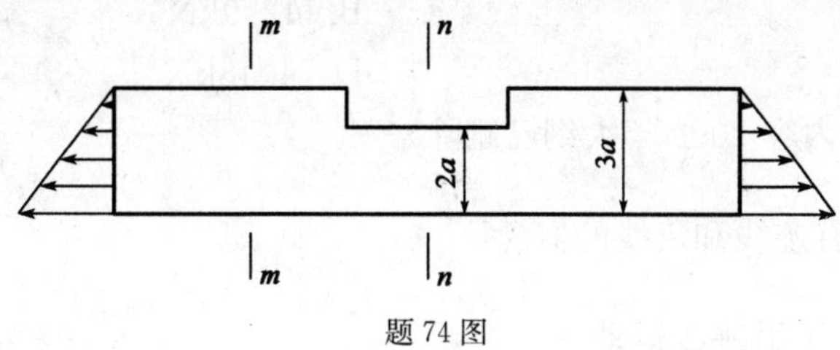

题 74 图

75. 压杆失衡是指压杆在轴向压力的作用下：

A. 局部横截面的面积迅速变化　　B. 危险截面发生屈服或断裂

C. 不能维持平衡状态而突然发生运动　　D. 不能维持直线平衡状态而突然变弯

76. 假设图示三个受压结构失稳时临界压力分别为 P_{cr}^{a}、P_{cr}^{b}、P_{cr}^{c}，比较三者的大小，则：

A. P_{cr}^{a} 最小　　B. P_{cr}^{b} 最小

C. P_{cr}^{c} 最小　　D. $P_{cr}^{a}=P_{cr}^{b}=P_{cr}^{c}$

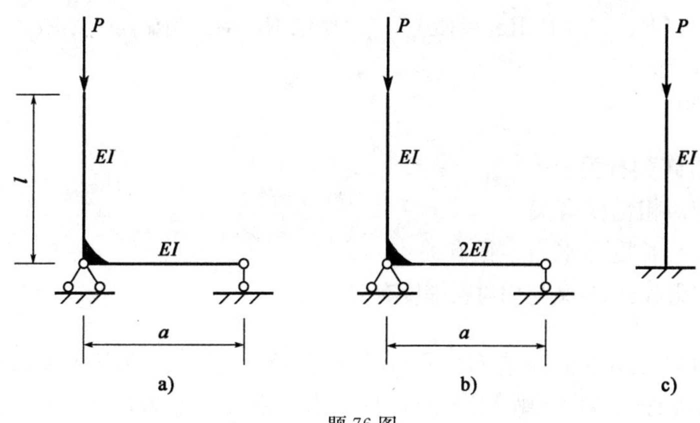

题 76 图

77. 理想流体的基本特征是：

A. 黏性系数是常数　　B. 不可压缩

C. 无黏性　　D. 符合牛顿内摩擦定律

78. 根据静水压强的特性，静止液体中同一点各方向的压强：

A. 数值相等　　B. 数值不等

C. 仅水平方向数值相等　　　　　　　　　　D. 铅直方向数值最大

79. 图示弧形闸门 AB(1/4 圆)，闸门宽 4m，圆弧半径 $R=1\text{m}$，A 点以上的水深 $H=1.4\text{m}$，水面为大气压强。该闸门 AB 上静水总压力的水平分力 P_x 为：

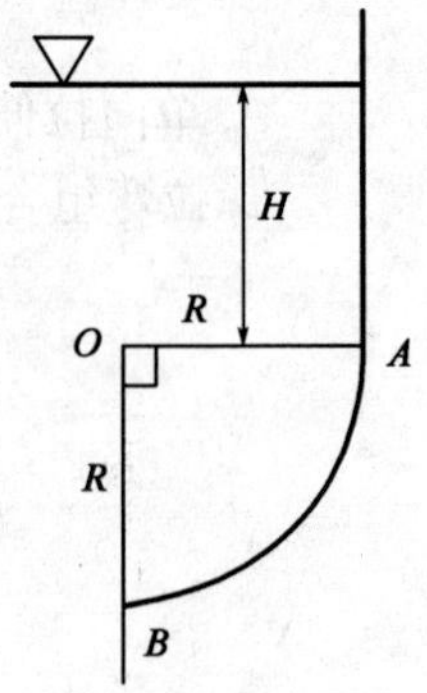

A. 54.88kN　　　　　　　　　　B. 112.9kN

C. 94.08kN　　　　　　　　　　D. 74.48kN

(注：此题考查内容 2009 年大纲已删除)

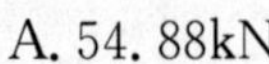

题 79 图

80. 描述液体运动有迹线和流线的概念：

A. 流线上质点不沿迹线运动

B. 质点运动的轨迹称为流线

C. 流线上质点的流速矢量与流线相切

D. 质点的迹线和流线都重合

81. 黏性流体总水头线沿程的变化是：

A. 沿程下降　　　　　　　　　　B. 沿程上升

C. 保持水平　　　　　　　　　　D. 前三种情况都有可能

82. 变直径圆管流，细断面直径 d_1，粗断面直径 $d_2=2d_1$，粗细断面雷诺数的关系是：

A. $\text{Re}_1=0.5\text{Re}_2$　　B. $\text{Re}_1=\text{Re}_2$　　C. $\text{Re}_1=1.5\text{Re}_2$　　D. $\text{Re}_1=2\text{Re}_2$

83. 层流沿程阻力系数 λ：

A. 只与雷诺数有关

B. 只与相对粗糙度有关

C. 只与流程长度和水力半径有关

D. 既与雷诺数有关，又与相对粗糙度有关

84. 两水箱水位恒定，水面高差 $H=10\text{m}$，管道直径 $d=10\text{cm}$，总长度 $l=20\text{m}$，沿程阻力系数 $\lambda=0.042$，已知所有的转弯、阀门、进、出口局部水头损失合计为 $h_i=3.2\text{m}$，如图所示。则通过管道的平均流速为：

A. 3.98m/s　　B. 4.83m/s　　C. 2.73m/s　　D. 15.8m/s

85. 图示长管并联管段 1、2，两管段长度 l 相等，直径 $d_1=2d_2$，沿程阻力系数相等，则两管段的流量比 Q_1/Q_2 为：

A. 8.00　　　　　　　　　　B. 5.66

C. 2.83　　　　　　　　　　D. 2.00

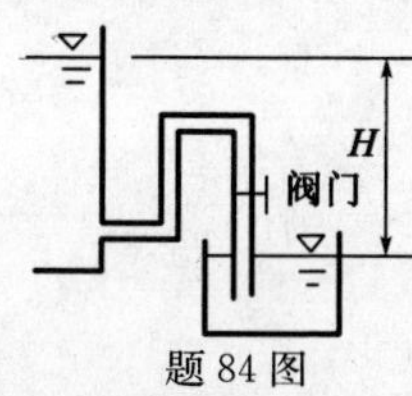

题 84 图

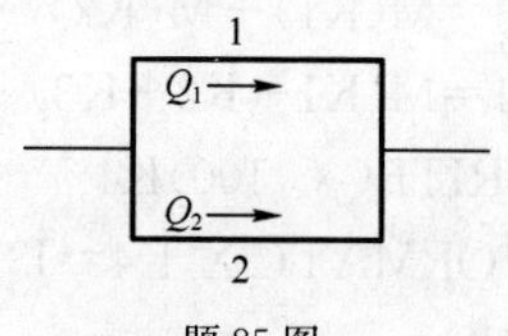

题 85 图

86. 梯形断面水渠按均匀流设计，已知过水断面 $A=5.04\text{m}^2$，湿周 $\chi=6.73\text{m}$，粗糙系数 $n=0.025$，按曼宁公式计算谢才系数 C 为：

A. $30.80\text{m}^{\frac{1}{2}}/\text{s}$　　B. $30.13\text{m}^{\frac{1}{2}}/\text{s}$　　C. $38.80\text{m}^{\frac{1}{2}}/\text{s}$　　D. $38.13\text{m}^{\frac{1}{2}}/\text{s}$

87. 用完全潜水井进行抽水试验计算渗透系数 k，两位工程师各按一种经验公式选取影响半径 R，分别为 $R_1=3000r_0$，$R_2=2000r_0$，其他条件相同，则计算结果 k_1/k_2 为：

A. 1.50　　B. 0.95　　C. 0.67　　D. 1.05

88. 速度 u、长度 l、运动黏度 ν 的无量纲组合是：

A. $\frac{ul^2}{\nu}$　　B. $\frac{u^2l}{\nu}$　　C. $\frac{u^2l^2}{\nu}$　　D. $\frac{ul}{\nu}$

89. 一个完整的计算机系统应该指的是：

A. 硬件系统和软件系统　　B. 主机与外部设备
C. 运算器、控制器和寄存器　　D. 操作系统与应用程序系统

90. Windows 98 或 Windows 2000 系统中的“剪贴板”是：

A. 硬盘中的一块区域　　B. 光盘中的一块区域
C. 内存中的一块区域　　D. U 盘中的一块区域

91. 在不同进制的数中，下列最小的数是：

A. $(125)_{10}$　　B. $(1101011)_2$　　C. $(347)_8$　　D. $(\text{FF})_{16}$

92. 按照网络分布和覆盖的地理范围，可以将计算机网络划分为：

A. Internet 网　　B. 广域网、互联网和城域网
C. 局域网、互联网和 Internet 网　　D. 广域网、局域网和城域网

93. 在 FORTAN 程序中，正确调用 $\sin(x)$ 的表达式是：

A. SIN(20)　　B. SIN(π/6)　　C. SIN(0.523)　　D. SIN(π+30°)

94. 阅读以下 FORTAN 程序：

```
K1=M(5)
K2=M(K1)
```

```
      K3=M(K1)+M(K2)
      K4=M(K1+K2+K3)
      WRITE(*,100)K4
100   FORMAT(2X,K4=I3)
      END
      FUNCTION M(N)
      M=N+1
      RETURN
      END
```

程序的输出结果是：

A. K4=28　　B. K4=27　　C. K4=30　　D. K4=29

95. 阅读下列FORTAN程序：

```
      INTEGER X(7)
      DATA X/4,5,7,8,10,12,11/
      DO 10 K=1,7
      IF(MOD(X(K),2)NE.0)THEN
      S=S+X(K)
      N=N+1
      END IF
10    CONTINUE
      T=S/N
      WRITE(*,20)S,T
20    FORMAT(2X,3F6.1)
      END
```

程序运行后的输出结果是：

A. 23.0　7.7　　B. 47.0　6.7　　C. 34.0　8.5　　D. 57.0　11.4

96. 下面的子程序求一方阵的次对角线上的元素之和。

```
      SUBROUTINE CDJX(M,N,K)
      DIMENSION M(N,50)
      DO 10 J=1,N
      K=______
10    CONTINUE
      RETURN
      END
```

为了使程序完整，应在______处填入的是：

A. K+M(J,J)　　B. K+M(J,N+1-J)

C. K+M(N+J,J)　　D. K+M(N+J,N-J)

97. 阅读 FORTAN 程序：

```
      OPEN(8,FILE=FILE2.DAT,STATUS=NEW)
      DO 10 I=1,3
      WRITE(8,(4I4))(J+I,J=1,4)
10    CONTINUE
      CLOSE(8)
      END
```

程序运行后，数据文件 FIFE2. DAT 的内容是：

A. 2　3　4　5
　 3　4　5　6
　 4　5　6　7

B. 1　2　3　4
　 5　6　7　8
　 9　10　11　12

C. 1　2　3　4
　 2　3　4　5
　 3　4　5　6

D. 1　1　1　1
　 2　2　2　2
　 3　3　3　3

98. 阅读 FORTAN 程序：

```
      READ(*,*)N
      DO 10 K=1,N
      S=S+K**2
10    CONTINUE
      WRITE(*,100)S
100   FORMAT(2X,F8.0)
      END
```

键盘输入 5 则程序运行后的输出结果是：

A. 35　　B. 45　　C. 65　　D. 55

99. 设真空中点电荷 $+q_1$ 和点电荷 $+q_2$ 相距 $2a$，且 $q_2=2q_1$ 以 $+q_1$ 为中心、a 为半径形成封闭球面，则通过该球面的电通量为：

A. $3q_1$　　B. $2q_1$　　C. q_1　　D. 0

100. RLC 串联电路如图所示，其中，$R=1\text{k}\Omega$，$L=1\text{mH}$，$C=1\mu\text{F}$。如果用一个 100V 的直流电压加在该电路的 A-B 端口，则电路电流 I 为：

A. 0A　　B. 0.1A　　C. −0.1A　　D. 100A

101. 图 b）所示电源与图 a）所示电路等效，则计算 U_S 和 R_0 的正确算式为：

A. $U'_S=U_S+I_SR_1$，$R_0=R_1//R_2+R_3$

B. $U'_S=U_S-I_SR_1$，$R_0=R_1//R_2+R_3$

C. $U'_S=U_S-I_SR_1, R_0=R_1+R_3$

D. $U'_S=U_S+I_SR_1, R_0=R_1+R_3$

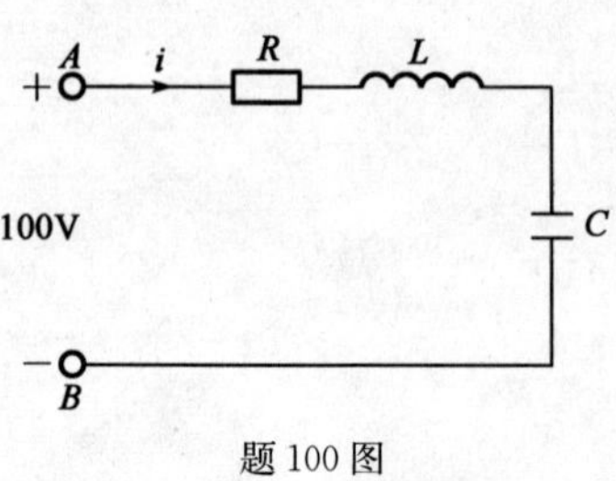

题 100 图

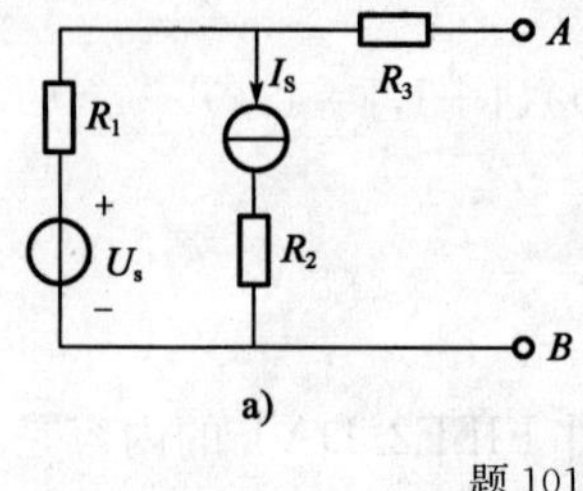

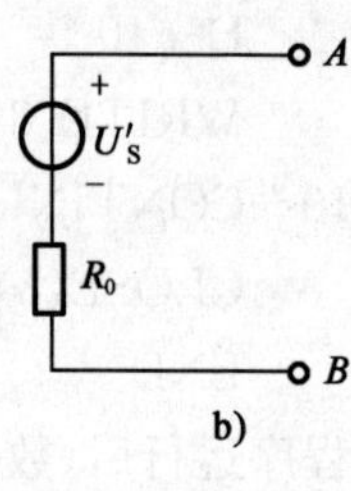

题 101 图

102. 当 RLC 串联电路发生谐振时，一定有：

A. $L=C$　　　　B. $\omega L=\omega C$

C. $\omega L=\dfrac{1}{\omega C}$　　　　D. $U_L+U_C=0$

103. 当图示电路的激励电压 $u_i=\sqrt{2}U_i\sin(\omega t+\varphi)$ 时，电感元件上的响应电压 u_L 的初相位为：

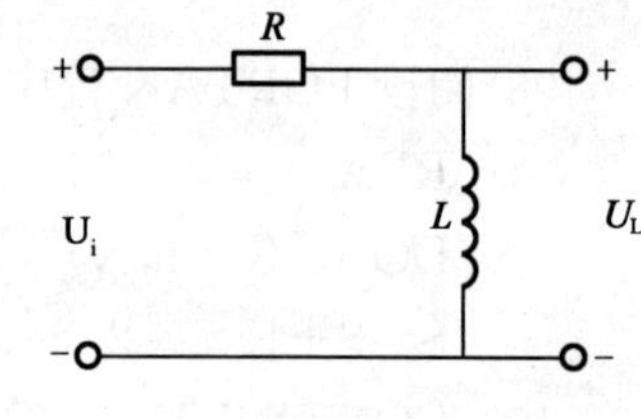

题 103 图

A. $90°-\arctan\dfrac{\omega L}{R}$　　　　B. $90°-\arctan\dfrac{\omega L}{R}+\varphi$

C. $\arctan\dfrac{\omega L}{R}$　　　　D. $\varphi-\arctan\dfrac{\omega L}{R}$

104. 题图所示电路中，$R=1\text{k}\Omega$，$C=1\mu\text{F}$，$U_1=1\text{V}$，电容无初始储能，如果开关 S 在 $t=0$ 时刻闭合，则给出输出电压波形的是：

A.
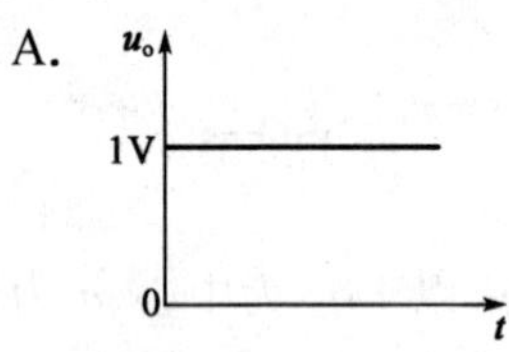

B.
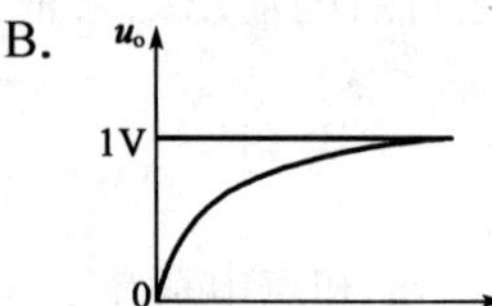

C.
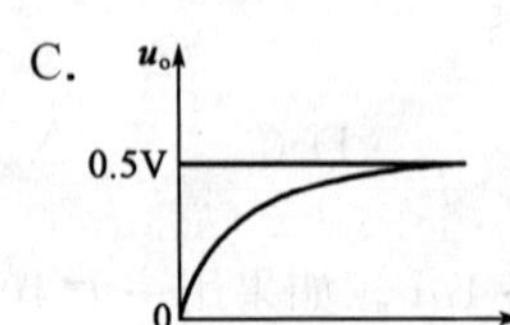

D.
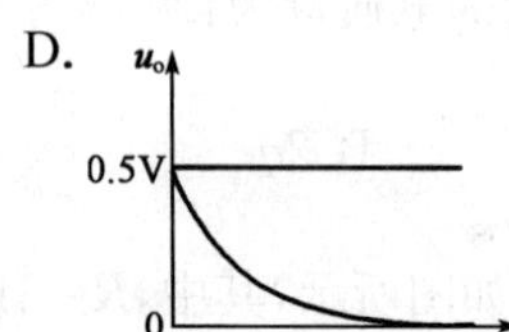

105. 如果把图示电路中的变压器视为理想器件，则当 $U_1=110\sqrt{2}\sin\omega t\text{V}$ 时，有：

A. $U_2=\dfrac{N_1}{N_2}U_1$　　　　B. $I_2=\dfrac{N_1}{N_2}I_1$

C. $P_2=\dfrac{N_1}{N_2}P_1$　　　　D. 以上均不成立

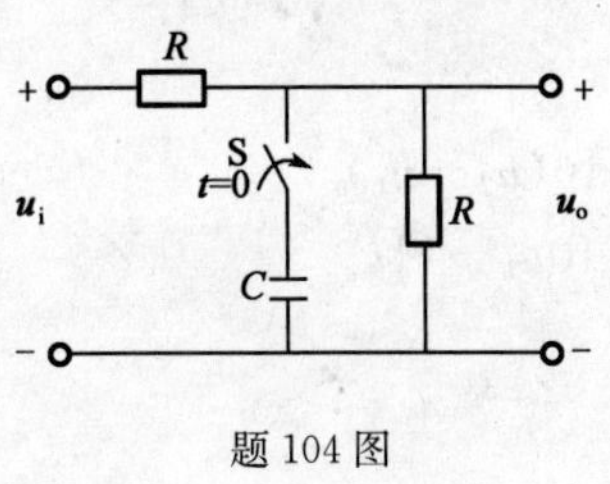

题 104 图

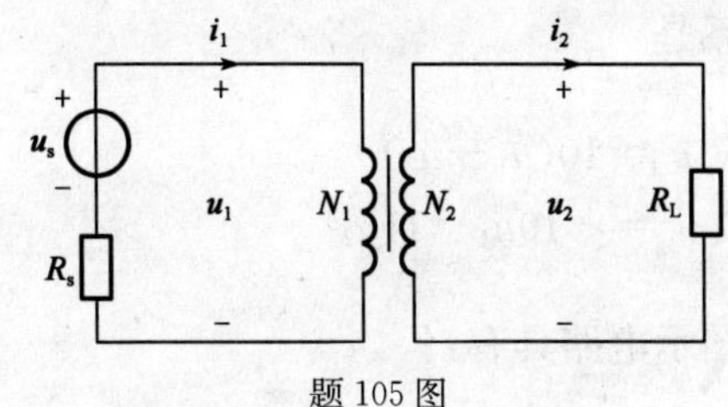

题 105 图

106. 有一台 6kW 的三相异步电动机，其额定运行转速为 1480r/min，额定电压为 380V，全压启动转矩是额定运行转矩的 1.2 倍，现采用△-Y 启动以降低其启动电流，此时的启动转矩为：

A. 15.49N·m　　B. 26.82N·m

C. 38.7N·m　　D. 46.44N·m

107. 全波整流、滤波电路如图所示，如果输入信号 $u_i=10\sin(\omega t+30°)$V，则开关 S 闭合前，输出电压 u_o 为：

A. 0V　　B. 7.64V

C. 10V　　D. 12V

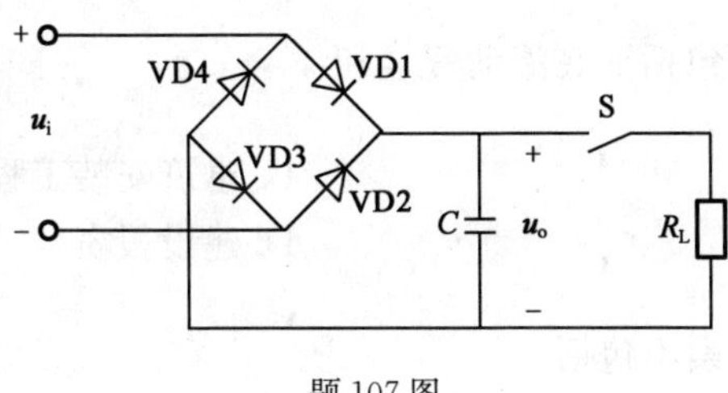

题 107 图

108. 晶体管单管放大电路如图 a）所示，其中电阻 R_B 可调，当输入 u_i、输出 u_o 的波形如图 b）所示，输出波形：

A. 出现了饱和失真，应调大 R_B　　B. 出现了饱和失真，应调小 R_B

C. 出现了截止失真，应调大 R_B　　D. 出现了截止失真，应调小 R_B

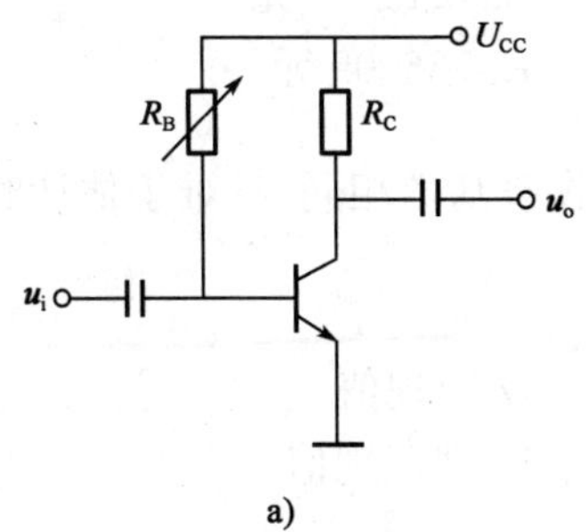

a)

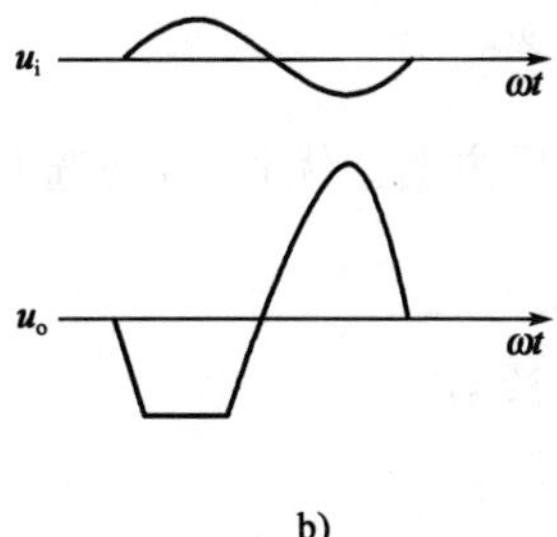

b)

题 108 图

109. 运算放大器应用电路如图所示，在运算放大器线性工作区，输出电压与输入电压之间的运算关系是：

A. $u_o=10(u_1-u_2)$　　B. $u_o=10(u_2-u_1)$

C. $u_o=-10u_1+11u_2$　　D. $u_o=10u_1-11u_2$

110. 图示电路具有：

A. 保持功能　　B. 置“0”功能

C. 置“1”功能　　D. 计数功能

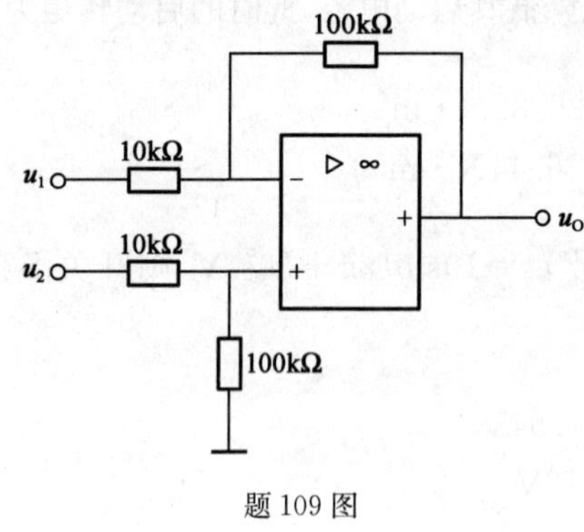

题 109 图

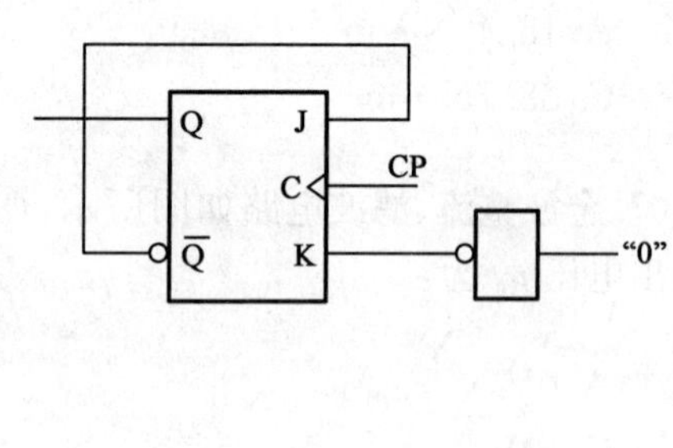

题 110 图

111. 生产性项目总投资包括铺底流动资金和：

A. 设备工器具投资　　B. 建筑安装工程投资

C. 流动资金　　D. 建设投资

112. 销售收入的决定因素不包括：

A. 生产负荷　　B. 销售价格　　C. 销售量　　D. 所得税

113. 某公司准备建立一项为期 10 年的奖励基金，用于奖励有突出贡献的员工，每年计划颁发 100000 元奖金，从第 1 年开始至第 10 年正好用完账户中的所有款项，若利率为 6%，则第 1 年初存入的奖励基金应为：

A. 1318079 元　　B. 1243471 元

C. 780169 元　　D. 736009 元

114. 在进行互斥方案选优时，若备选方案的收益基本相同，且难于估计时，比选计算应考虑采用：

A. 内部收益率　　B. 净现值

C. 投资回收期　　D. 费用现值

115. 某项目财务现金流量见下表，则该项目的静态投资回收期为：

A. 5.4 年　　B. 5.6 年　　C. 7.4 年　　D. 7.6 年

题 115 表

时间(年)	1	2	3	4	5	6	7	8	9	10
净现金流量(万元)	−1200	−1000	200	300	500	500	500	500	500	500

116. 盈亏平衡分析是一种特殊形式的临界点分析，它适用于财务评价，其计算应按项目投产后以下哪项计算？

A. 正常年份的销售收入和成本费用数据利润总额
B. 计算期内的平均值
C. 年产量
D. 单位产品销售价格

117. 可行性研究的内容不包括：

A. 市场调查与市场预测
B. 设计概算
C. 建设规模与产品方案
D. 劳动安全卫生与消防
(注：此题考查内容 2009 年大纲已删除)

118. 现代主要的权益投资方式不包括：

A. 股权式合资结构
B. 契约式合资结构
C. 合资式结构
D. 合伙制结构

119. 以下有关现金流量表的描述中，说法不正确的是：

A. 财务现金流量表主要用于财务评价
B. 自有资金现金流量表反映投资者各方权益投资的获利能力
C. 通过全投资财务现金流量表可计算项目财务内部收益率、财务净现值和投资回收期等评价指标
D. 全投资财务现金流量表是以项目为一独立系统，从融资前的角度进行设置的

120. 开展价值工程活动的目的是：

A. 思想方法的更新和技术管理
B. 对功能和成本进行系统分析和不断创新
C. 提高功能对成本的比值
D. 多领域协作降低产品成本

2007 年度全国勘察设计注册工程师公共基础考试

试题解析及参考答案

1.**解** 由题意可知，该直线过点 (1，−1,0)，该直线的方向向量为 (−2，−1,1) 或 (2,1，−1)，即 $-2\boldsymbol{i}-\boldsymbol{j}+\boldsymbol{k}$ 或 $2\boldsymbol{i}+\boldsymbol{j}-\boldsymbol{k}$。

答案:A

2.**解** 由题意可知，该平面的法向量为 (2，−2,0)，故选项 A 正确；z 轴的方向向量为 (0,0,1)，所以该平面与 z 轴平行，选项 B 错误，选项 C 正确。

答案:B

3.**解** 单叶双曲面方程为：

$$\frac{x^2}{a^2}+\frac{y^2}{b^2}-\frac{z^2}{c^2}=1$$

答案:A

4.**解** $\lim\limits_{x\to a}f(x)=\lim\limits_{x\to a}(x-a)=0$

而又有：$\lim\limits_{x\to a}\dfrac{f(x)}{x-a}=0$

由高阶无穷小的定义可知：在 $x\to a$ 时，$f(x)$ 是$(x-a)$ 的高阶无穷小。

答案:D

5.**解** $$\frac{dy}{dx}=\frac{\sqrt{1-x^2}-x\cdot\frac{1}{2}\cdot\frac{-2x}{\sqrt{1-x^2}}}{1-x^2}=\frac{\sqrt{1-x^2}+\frac{x^2}{\sqrt{1-x^2}}}{1-x^2}=\frac{1-x^2+x^2}{(1-x^2)^{\frac{3}{2}}}=\frac{1}{(1-x^2)^{\frac{3}{2}}}$$

答案:A

6.**解** 由 $xy=kz$ 可得 $x=\dfrac{kz}{y}$，$y=\dfrac{kz}{x}$，$z=\dfrac{xy}{k}$，所以 $\dfrac{\partial x}{\partial y}=kz\cdot\left(-\dfrac{1}{y^2}\right)=-\dfrac{kz}{y^2}$，$\dfrac{\partial y}{\partial z}=\dfrac{k}{x}$，$\dfrac{\partial z}{\partial x}=\dfrac{y}{k}$ 则 $\dfrac{\partial x}{\partial y}\cdot\dfrac{\partial y}{\partial z}\cdot\dfrac{\partial z}{\partial x}=-\dfrac{kz}{y^2}\cdot\dfrac{k}{x}\cdot\dfrac{y}{k}=-\dfrac{kz}{xy}=-\dfrac{kz}{kz}=-1$。

答案:B

7.**解** $y=f(x)$ 在点 $x=x_0$ 处取得极小值，则必有 $f'(x_0)=0$ 或 $f'(x)$ 在 $x=x_0$ 处不存在。

答案:D

8.**解** $y'=x^4-x^2=x^2(x^2-1)=x^2(x+1)(x-1)=0$ 则 $x=0,-1,1$，见表。

题 8 解表

y	$(-\infty,-1)$	-1	$(-1,0)$	0	$(0,1)$	1	$(1,+\infty)$
y'	+	0	−	0	−	0	+
y	↑	极大值	↓	非极值	↓	极小值	↑

可知有 2 个极值点，故选项 A 错误。

答案：A

9. **解** 已知 $\int f(x)\,\mathrm{d}x = x^3 + C$，可得：

$$\int f(\cos x)\,\sin x\mathrm{d}x = -\int f(\cos x)\mathrm{d}\cos x = -\cos^3 x + C$$

答案：A

10. **解** $(-3,3)$ 为对称区间，被积函数 $f(x) = x\sqrt{9-x^2}$ 为奇函数，所以 $\int_{-3}^{3} x\sqrt{9-x^2}\,\mathrm{d}x = 0$。

答案：A

11. **解**

$$\int_0^{\infty} x\mathrm{e}^{-2x}\mathrm{d}x$$

$$= -\frac{1}{2}\int_0^{\infty} x\mathrm{d}\mathrm{e}^{-2x}$$

$$= -\frac{1}{2}x\cdot\mathrm{e}^{-2x}\Big|_0^{\infty} + \frac{1}{2}\int_0^{\infty}\mathrm{e}^{-2x}\mathrm{d}x$$

$$= \lim_{x\to+\infty}\left(-\frac{1}{2}\cdot\frac{x}{\mathrm{e}^{2x}}\right) - 0 - \frac{1}{4}\mathrm{e}^{-2x}\Big|_0^{+\infty}$$

$$= -\frac{1}{2}\lim_{x\to+\infty}\frac{x}{\mathrm{e}^{2x}} - \frac{1}{4}(0-1)$$

$$= -\frac{1}{2}\lim_{x\to+\infty}\frac{1}{2\mathrm{e}^{2x}} + \frac{1}{4}$$

$$= \frac{1}{4}$$

答案：C

12. **解** 区域 D 如图所示：

$$\iint_D 2x\mathrm{d}\sigma = \int_{-1}^{1}\mathrm{d}x\int_{x^2}^{1} 2x\mathrm{d}y = \int_{-1}^{1} 2x(1-x^2)\mathrm{d}x = 0$$

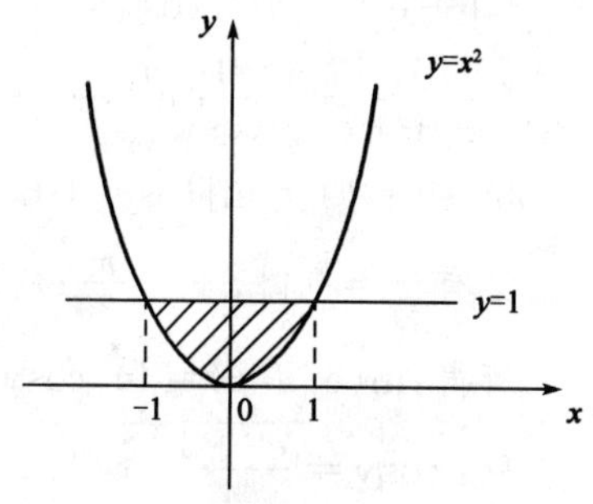

题 12 解图

答案：C

13. **解** 由图可知，所围图形绕 y 轴旋转一周所得旋转体的体积为 $\frac{1}{3}\pi R^2 H$。

答案：A

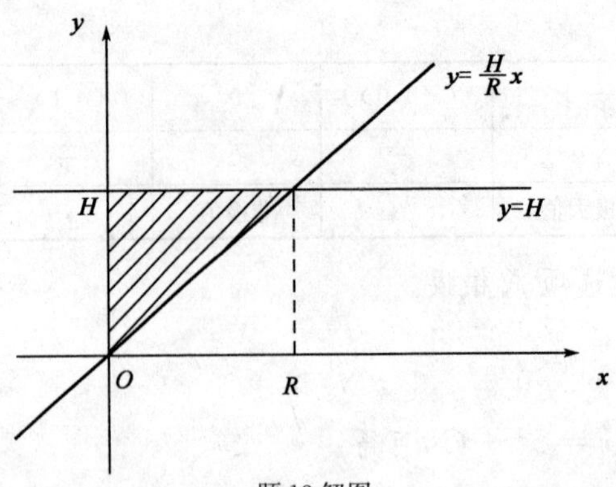

题13解图

14.解　由于级数 $\sum_{n=1}^{\infty}\sin\frac{1}{n}$ 为正项级数，又因为 $\lim_{n\to\infty}\frac{\sin\frac{1}{n}}{\frac{1}{n}}=1$，而级数 $\sum_{n=1}^{\infty}\frac{1}{n}$ 发散，根据比较审敛法的极限形式，可知 $\sum_{n=1}^{\infty}\sin\frac{1}{n}$ 发散。

答案:A

15.解　$\frac{1}{x}=\frac{1}{x-2+2}=\frac{1}{2}\times\frac{1}{1+\frac{x-2}{2}}=\frac{1}{2}\cdot\sum_{n=0}^{\infty}(-1)^n\cdot\left(\frac{x-2}{2}\right)^n$

$$=\sum_{n=0}^{\infty}(-1)^n\cdot\frac{(x-2)^n}{2^{n+1}}\left(-1<\frac{x-2}{2}<1\right)$$

答案:A

16.解　由已知可得：

$\frac{\mathrm{d}x}{\mathrm{d}y}=\frac{(1+\mathrm{e}^{-x})\cdot\sin y}{-\cos y}$

$\frac{\mathrm{d}x}{1+\mathrm{e}^{-x}}=-\frac{\sin y}{\cos y}\mathrm{d}y$

$\int\frac{\mathrm{d}x}{1+\mathrm{e}^{-x}}=\int-\frac{\sin y}{\cos y}\mathrm{d}y$

$\int\frac{\mathrm{e}^x\mathrm{d}x}{\mathrm{e}^x+1}=\int\frac{1}{\cos y}\mathrm{d}\cos y$

$\ln(\mathrm{e}^x+1)=\ln|\cos y|+C$

又有 $x=0$ 时，$y=\frac{\pi}{3}$；所以 $\ln2=\ln\frac{1}{2}+C$，即 $C=2\ln2$。

可得：$\ln(\mathrm{e}^x+1)=\ln|\cos y|+\ln4$

则：$\cos y=\frac{\mathrm{e}^x+1}{4}$

答案:A

17.解　$y''=x+\sin x$，$y'=\frac{1}{2}x^2-\cos x+C_1$，$y=\frac{1}{6}x^3-\sin x+C_1x+C_2$。

答案:B

18. **解** 由 $r^2-4=0$，可得 $r=\pm2$。所以对应的齐次方程的通解为 $y=C_1\mathrm{e}^{2x}+C_2\mathrm{e}^{-2x}$，特解为 $y^*=C$，将特解代入 $y''-4y=4$，可得 $C=-1$，所以微分方程的通解为 $y=C_1\mathrm{e}^{2x}+C_2\mathrm{e}^{-2x}-1$。

答案:B

19. **解** $\mathrm{P}(\mathrm{A}\overline{\mathrm{B}})=\mathrm{P}(\mathrm{A})-\mathrm{P}(\mathrm{AB})$

$\mathrm{P}(\mathrm{AB})=\mathrm{P}(\mathrm{A})-\mathrm{P}(\mathrm{A}\overline{\mathrm{B}})=0.8-0.2=0.6$

$\mathrm{P}(\overline{\mathrm{A}}\cup\overline{\mathrm{B}})=\mathrm{P}(\overline{\mathrm{AB}})=1-\mathrm{P}(\mathrm{AB})=1-0.6=0.4$

答案:A

20. **解** 由概率的非负性可知选项 A 正确。设 $P(X=k)=p_k=C\lambda^k(k=1,2,\cdots)$，它们必定满足 $\sum\limits_k p_k=C\cdot\dfrac{1-\lambda^{k+1}}{1-\lambda}=1$，故 $0<\lambda<1$，所以选项 B 正确。由概率的性质可知 $\sum\limits_{k=0}^{\infty}C\cdot\lambda^k=\lim\limits_{N\to\infty}C\cdot\sum\limits_{k=0}^{N}\lambda^k=\dfrac{C}{1-\lambda}=1$，从而有 $C=1-\lambda$，所以选项 C 正确。

答案:D

21. **解** $E(X)=\overline{x}$ 且 $E(X)=\int_{-\infty}^{+\infty}xf(x)\mathrm{d}x=\int_0^1(\theta+1)x^{\theta+1}\mathrm{d}x=\dfrac{\theta+1}{\theta+2}x^{\theta+2}\Big|_0^1=\dfrac{\theta+1}{\theta+2}=1-\dfrac{1}{\theta+2}$，从而 $\hat{\theta}=\dfrac{2\overline{X}-1}{1-\overline{X}}$，即 θ 的矩估计量为 $\dfrac{2\overline{X}-1}{1-\overline{X}}$。

答案:B

22. **解** $A_{13}+4A_{33}+A_{43}=A_{13}+0\cdot A_{23}+4A_{33}+A_{43}$

$$=\begin{vmatrix}2&1&1&4\\1&0&0&0\\1&5&4&1\\-1&1&1&2\end{vmatrix}=-\begin{vmatrix}1&1&4\\5&4&1\\1&1&2\end{vmatrix}=-\begin{vmatrix}1&1&4\\5&4&1\\0&0&-2\end{vmatrix}$$

$$=2\begin{vmatrix}1&1\\5&4\end{vmatrix}=-2$$

答案:A

23. **解** $|\boldsymbol{B}-\boldsymbol{E}|=\begin{vmatrix}1&\mathrm{a}&1\\0&2&\mathrm{a}\\0&0&-2\end{vmatrix}=-4\neq0$

因为 $\boldsymbol{B}-\boldsymbol{E}$ 可逆，且 $\boldsymbol{AB}-\boldsymbol{A}=\boldsymbol{A}(\boldsymbol{B}-\boldsymbol{E})$，则 $r(\boldsymbol{AB}-\boldsymbol{A})=r[\boldsymbol{A}(\boldsymbol{B}-\boldsymbol{E})]=r(\boldsymbol{A})$ 对 A 进行初等变换，可得 $r(\boldsymbol{A})=2$。所以 $r(\boldsymbol{AB}-\boldsymbol{A})=2$。

答案:B

24. **解**　$Ax=b$ 的通解为齐次方程 $Ax=0$ 的通解与 $Ax=b$ 的特解之和。α_1 与 α_2 线性无关，所以 α_1 与 $\alpha_1-\alpha_2$ 线性无关，则 $Ax=0$ 的通解为 $k_1\alpha_1+k_2(\alpha_1-\alpha_2)$。由于 β_1,β_2 是 $Ax=b$ 的两个不同的解，则 $\frac{\beta_1+\beta_2}{2}$ 是 $Ax=b$ 的特解，则通解为 $k_1\alpha_1+k_2(\alpha_1-\alpha_2)+\frac{\beta_1+\beta_2}{2}$。

答案:C

25. **解**　分子的平均平动动能 $\bar{\omega}=\frac{3}{2}kT$，只与温度有关，所以不变。理想气体内能 $E=\frac{i}{2}\upsilon RT$，容器漏气，所以气体物质的量 υ 减少，内能也减少。

答案:B

26. **解**　分子平均碰撞频率 $\bar{z}=\sqrt{2}\pi d^2 n\bar{v}$，平均自由程 $\bar{\lambda}=\frac{\bar{v}}{\bar{z}}=\frac{1}{\sqrt{2}\pi d^2 n}$。

容积不变，所以粒子数密度 $n=\frac{N}{V}$ 不变，所以平均自由程 $\bar{\lambda}$ 不变。

温度升高，平均速率 $\bar{v}=\sqrt{\frac{8RT}{\pi M}}$ 增大，所以平均碰撞频率 $\bar{z}$ 增大。

答案:A

27. **解**　$pV=\frac{m}{M}RT$

$\rho=\frac{m}{V}=\frac{PM}{RT}$

答案:B

28. **解**　速率分布函数 $f(v)=\frac{\mathrm{d}N_v}{N\mathrm{d}v}$，其意义为：①速率 v 附近单位速率区间分子数占分子总数的百分比；②分子速率出现在 v 附近的概率密度。

答案:D

29. **解**　卡诺循环效率 $\eta=1-\frac{T_2}{T_1}=1-\frac{Q_2}{Q_1}$，所以 $\frac{Q_2}{Q_1}=\frac{T_2}{T_1}=n$。

答案:C

30. **解**　等温过程对外做功 $A=\int_{V_1}^{V_2}p\mathrm{d}V=\int_{V_1}^{V_2}\frac{\upsilon RT}{V}\mathrm{d}V=\upsilon RT\ln\frac{V_2}{V_1}$，两气体初末态体积相同，摩尔数 υ 相同，温度 T 也相同，所以做功相同。由热力学第一定律 $Q=A+\Delta E$ 可知，等温过程 $\Delta E=0$，所以 $Q=A$，吸热相同。

答案:A

31. **解**　一个周期对应相差 2π，所以相差 $\Delta\varphi=2\pi\frac{\Delta t}{T}=\Delta\varphi=2\pi v\cdot\Delta t=2\pi$。

答案:D

32. **解** $t=0$ 时波谷位置满足 $y=0.002\cos(400\pi-20\pi x)=-0.002$，可得：
$\cos(400\pi-20\pi x)=-1$
$400\pi-20\pi x=(2k+1)\pi$，其中 $k=0,\pm1,\pm2,\cdots$
$400-20x=2k+1$
$$=\frac{399-2k}{20}$$

答案:C

33. **解** 双缝干涉条纹间距为 $\Delta x=\frac{D}{d}\lambda$，波长 λ 变小，条纹间距 Δx 变密。

条纹位置为 $x_{明}=k\frac{D}{d}\lambda$ 和 $x_{暗}=(2k+1)\frac{D}{d}\lambda$，$\lambda$ 变小，条纹位置 x 变小，更靠近屏幕中心。

答案:B

34. **解** $\delta=2.5\lambda=5\cdot\frac{\lambda}{2}$，所以可分为 5 个半波带。奇数个半波带形成明纹，偶数个半波带形成暗纹。

答案:C

35. **解** 光强为 I_0 的自然光入射到第一个偏振片后，透射光强 $I_1=\frac{1}{2}I_0$。

入射到第二个偏振片后，透射光强 $I_2=I_1\cos^2\theta=\frac{1}{2}I_0\cos^2 30°=\frac{3}{8}I_0$。

答案:D

36. **解** X射线衍射布拉格方程为
$2d\sin\theta=k\lambda$。

答案:A

37. **解** 能使 H_2O_2 显还原性，要氧化性强于 H_2O_2，所以要电极电势要大于 H_2O_2，答案选 $KMnO_4$。

答案:A

38. **解** $BaCO_3$ 的溶解方程为 $BaCO_3=Ba^{2+}+CO_3^{2+}$，由于同离子效应，$BaCl_2$ 和 Na_2CO_3 会使平衡向左移动，降低 $BaCO_3$ 的溶解度，而 HAC 中的 H^+ 和 CO_3^{2+} 反应，使平衡向右移动，从而增大溶解度。

答案:A

39. **解** NH_3 的分子几何构型为三角锥形，键角为 $107°18'$；H_2O 的分子几何构型为折线形，键角为 $104°45'$；$BeCl_2$ 的分子几何构型为直线形，键角为 $180°$；CCl_4 的分子几何构型为正四面体，键角为 $109°28'$。

答案:C

40. **解** H_3BO_3,HVO_3,H_2SiO_3 都为弱酸,而 HNO_3 为强酸。

答案:C

41. **解** 设达平衡时 $c(OH^-)=x$,则 $NH_3 \cdot H_2O = NH_4^+ + OH^-$

$$0.1-x \qquad x \qquad x$$

即 $c(NH_4^+) \cdot c(OH^-)/c(NH_3 \cdot H_2O)=K_b(NH_3 \cdot H_2O)=1.77\times10^{-5}$,$x^2/(0.1-x)=1.77\times10^{-5}$;解得 $x=1.33\times10^{-3}$。

所以 $c(H^+)=0.75\times10^{-11}$,$pH=-\lg c(H^+)=10.87$。

答案:D

42. **解** KCN 与 $Zn(OH)_2$、AgI、$Fe(OH)_3$ 三者都会生成更稳定的配合物。

答案:C

43. **解** ds 区原子的价层电子构型为 $(n-1)d^{10}ns^{1\to2}$。

答案:A

44. **解** 选项 A:k 值较大的反应,其反应速率应在给定条件下都大。

选项 C:一个反应的 k 值大小与反应物的性质应有关。

选项 D:k 值与反应物浓度无关。

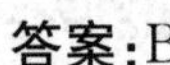

答案:B

45. **解** 磁量子数(m)的取值取决于副量子数(L),可取($2L+1$)从 $-L$ 到 $+L$ 个包括零在内的整数,d 轨道的 L 为 2,所以为 0、±1、±2。

答案:D

46. **解** $H_2C=CH_2$ 中的 C 为 sp^2 杂化,有一个 p 轨道形成键;CO_2 中的 O 为 sp 杂化,也存在 p 轨道形成键。C_2H_2 中的 C 为 sp 杂化,所以也有 p 轨道形成键,所以只有 PH_3 中以 sp^3 存在 σ 键。

答案:A

47. **解** 要 pH 值最小,则酸性要最强,则溶液中 $c(H^+)$ 要大,$K_b^{\ominus}(NH_3)=1.77\times10^{-5}$,所以 $K_h=K_w/K_b=5.6\times10^{-10}$。

选项 A:NH_4Cl 水解,设平衡时 $c(H^+)=x$。则:

平衡方程式为 $NH_4^+ + H_2O = NH_3 \cdot H_2O + H^+$

$$0.1-x \qquad x \qquad x$$

$c(NH_3 \cdot H_2O) \cdot c(H+)/c(NH_4^+)=K_h$

$x^2/(0.10-x)=5.6\times10^{-10}$

解得 $x=7.5\times10^{-6}$,$c(H^+)=7.5\times10^{-6}$,$pH=5.12$。

选项 B:NH_3 溶于水,显碱性,pH 大于 7。

选项 C:由于 $K_a^{\ominus}(CH_3COOH)=1.76\times10^{-5}$,设 $c(H^+)=x$,则:

$CH_3COOH = CH_3COO^- + H^+$

$0.10 - x \qquad x \qquad\qquad x$

$c(CH_3COO^-) \cdot c(H^+)/c(CH_3COOH) = 1.76 \times 10^{-5}$

$x^2/(0.10 - x) = 1.76 \times 10^{-5}$

解得 $x = 4.18 \times 10^{-3}$，$pH = 2.4$。

选项 D：由于同离子效应，抑制 CH_3COOH 的电离，所以 $c(H^+)$ 小于选项 C 中值。

答案：C

48. **解**　ABS 树脂是丙烯腈、1，3—丁二烯、苯乙烯三种单体的接枝共聚物。

答案：B

49. **解**　此题需要运用矢量相加法则。

答案：D

50. **解**　对物体做受力分析，画图如右：

因为垂直方程受力平衡，则 $F_{NA}\cos\theta + F_{NB}\cos\theta = W$，又 $F_{NA} = F_{NB}$，得 $F_{NA} = \dfrac{W}{2\cos\theta}$。

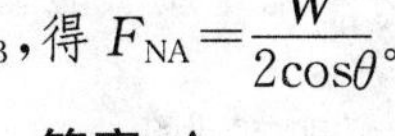

答案：A

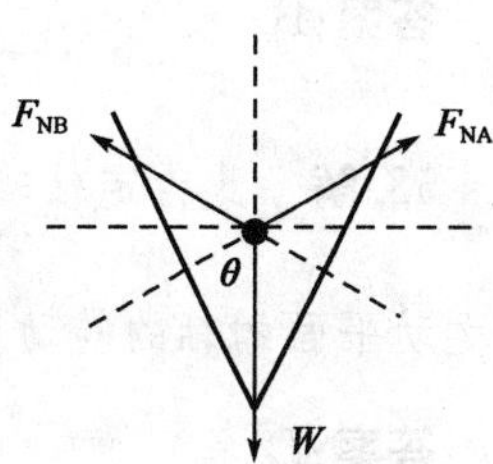

题 50 解图

51. **解**　物块垂直方向上只受到重力和摩擦力，保持平衡，则摩擦力等于重力，为 10N。

答案：B

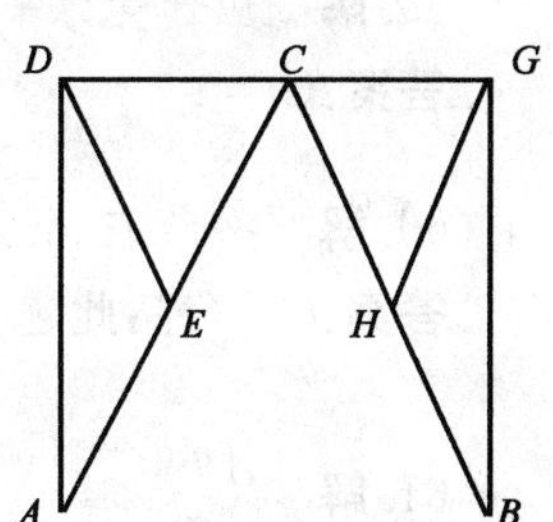

题 52 解图

52. **解**　10 个杆，7 个铰点，由节点 E、H 的平衡可知杆 DE 和杆 GH 为零杆，把零杆 DE 和 GH 去掉后，再由节点 D、G 的平衡可知，杆 DC、杆 DA 和杆 GC、GB 也都为零。

答案：D

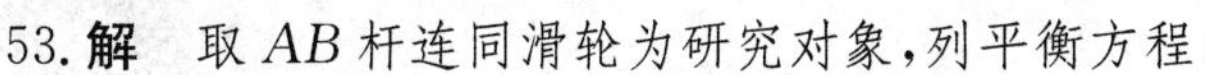

53. **解**　取 AB 杆连同滑轮为研究对象，列平衡方程：

$\sum M_A = 0$

$F_B\cos45° \cdot 4a + Tr - W(a + r) = 0$

$T = W$（T 为绳子的拉力）

$\sum F_x = 0$：$F_{Ax} - T - F_B\sin45° = 0$

$\sum F_y = 0$：$F_{Ay} - W + F_B\cos45° = 0$

解得：$F_{Ax} = 5/4W$

$F_{Ay} = 3/4W$

答案：A

54. **解**　由题意可知 $y = \dfrac{g}{2v_0^2}x^2$，运动轨迹为抛物线。

答案：C

55.**解**　P 点速度和物块速度保持一致，加速度的大小是切向和法向加速度的和，大于物块的加速度（等于切向加速度）。

答案：A

56.**解**　速度：$v=\frac{\sqrt{2}}{2}l\varphi_b\omega$

法向加速度大小 $a_n=\frac{v^2}{\rho}$，方向指向圆心。

切向加速度：$\alpha_\tau=\frac{dv}{dt}=0$

答案：C

57.**解**　绳不松软，即小球的运动与三角形物块一致，也具有向左的加速度，因此 $F_N>W\cos\alpha$。

答案：B

58.**解**　此为定轴转动刚体，动能表达式为 $T=\frac{1}{2}J_O\omega^2$，其中 J_O 为刚体通过质心且垂直于运动平面的轴的转动惯量。此题中，$J_O=\frac{1}{2}mr^2+ml^2$，代入动能表达式即可求得。

答案：D

59.**解**　应选受力平衡点，即加速度为 0 时的点为坐标原点。

答案：C

60.**解**　平动，三个方向能动，则自由度为 3。

答案：C　（注：此题考查内容 2009 年版考试大纲删除）

61.**解**　$\begin{cases} mg-T_1=m\alpha\cdot 2r \\ T_2=m\alpha\cdot r \end{cases}$

$T_1\cdot 2r-T_2\cdot r=J\alpha$，其中 $J=m\rho_0^2$。

作受力分析，下降的重物：$mg-T_1=m\alpha_1$，水平方向上的重物：$T_2=m\alpha_2$；又 $\alpha_1=2\alpha_r$，$\alpha_2=\alpha_r$，再根据动量矩定理，联立以上方程即得。

答案：A

62.**解**　要想使力平衡，左边需要一个 30kN 的应力向右，压应力为负，在前一段全是压应力，大小 30kN；在 60kN 后面，应力为拉应力，大小也是 30kN。

答案：C

63.**解**　杆伸长公式为 $Fl/(EA)$，因杆 1 比杆 2 长，而 F 相同，且两个杆的伸长值相同，那么 $A_1>A_2$。

答案：C

64.**解**　挤压应力与材料的种类无关，只与力的大小和接触面积有关，钢板和铝铆钉的大小和接触面积相同，则挤压应力相同。

答案:B

65. **解**　剪切应力与直径的立方成反比，因此答案为选项C。

答案:C

66. **解**　根据右手法则，大拇指指向截面外侧就是正，反之为负。由外到内分别为－5、－3、3、4。

答案:D

67. **解**　$I_c = \int_A x^2 \mathrm{d}A$

$$i = \sqrt{\frac{I_c}{A}} = \sqrt{\frac{\frac{\pi d^4}{64}}{\frac{\pi d^2}{4}}} = \frac{d}{4}$$

矩形惯性矩：$I_c = \frac{bh^3}{12}$

圆形惯性矩：$I_c = \frac{\pi d^4}{32}$

答案:B

68. **解**　此题为概念题。

答案:B

69. **解**　A处有一个大小为$3qa$的力和一个$2qa^2$的弯矩，故C处的剪力为qa，弯矩为0。

答案:B

70. **解**　自由端的挠度$W = \frac{Fl^3}{3EI}$，W相同，则$P_1/P_2 = 8$。

答案:C

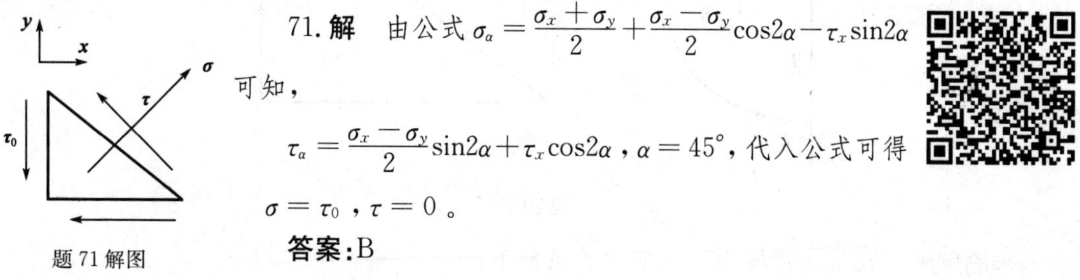

题71解图

71. **解**　由公式$\sigma_\alpha = \frac{\sigma_x + \sigma_y}{2} + \frac{\sigma_x - \sigma_y}{2}\cos 2\alpha - \tau_x \sin 2\alpha$可知，

$\tau_\alpha = \frac{\sigma_x - \sigma_y}{2}\sin 2\alpha + \tau_x \cos 2\alpha$，$\alpha = 45°$，代入公式可得

$\sigma = \tau_0$，$\tau = 0$。

答案:B

72. **解**　根据应力圆可以直接求出。

答案:A

73. **解**　正应力分布为对称分布，上部受压，下部受拉。

答案:A

74. **解** 三角形力的作用点是距离底边 2/3 处，离开底边距离为 a 对 $n-n$ 截面进行分析，此力的作用线正好通过轴中心线，所以受到单向拉伸；对 $m-m$ 截面进行分析，此力作用线作用在距离底边 a 处的力，偏心距离 0、$5a$，将力平移 0、$5a$，作用在距离底边 1、$5a$ 处，此时会产生一个附加力矩，力矩产生弯曲，所以 $m-m$ 截面为弯曲和拉伸的组合。

答案:C

75. **解** 此题为概念题。

答案:D

76. **解** 根据压杆临界压力的公式 $P_{cr}=\frac{\pi^2 EI}{(\mu l)^2}$ 可知，当 EI 相同时，杆端约束越强，μ 值越小，压杆的临界压力越大。图 a) 中压杆下边杆端约束最弱（刚度为 EI），图 c) 中杆端约束最强（刚度为无穷大），故 P_{cr}^{a} 最小。

答案:A

77. **解** 不具有黏性的流体称为理想流体，这是世界中并不存在的一种假想流体。

答案:C

78. **解** 静止流体中任一点流体静压强的大小与其作用面的空间方位无关，只是该点坐标的函数，即同一点上各方向的静压强均相等。

答案:A

79. **解** 本题属于静止液体作用在曲面上的压力计算。对于作用在曲面上的静压力 dF_P，可以分解为水平分力 dF_{Px} 与竖直分力 dF_{Py}，如图所示。

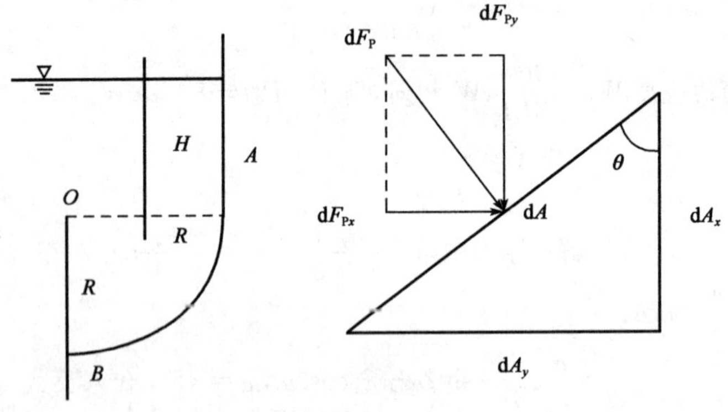

题 79 解图

本题所求为 dF_{Px}，它与 dF_P 之间的关系如下：

$dF_{Px}=dF_P\cos\theta=P\cos\theta dA=\rho gh\,dA_x$，故 $dF_{Px}=\rho gh\,dA_x$

其水平分力 $F_{Px}=\rho g\int h dA_x$，本题中 $dA_x=wdh$，w 为宽度，从而水平分力的公式最终为：

$$F_{Px}=\rho gw\int_H^{H+R}h\,dh=\frac{1}{2}\rho gwR(2H+R)$$

代入数据得：$P_x = F_{Px} = \frac{1}{2} \times 1000 \times 9.8 \times 4 \times 1 \times (2 \times 1.4 + 1) = 74.48\text{kN}$

答案:D （注：此题考查内容2009年版考试大纲已删除）

80. **解** 迹线是流场中某一流体质点在一段时间内运动的轨迹。它表示同一流体质点在不同时刻的运动位置的连线。流线是流场中的一条空间曲线，在每一瞬时，该曲线上各流体质点的速度总是在该点与曲线相切。对于选项A，任何质点都应有迹线，且沿着迹线运动，流线上的质点也不例外，该说法显然错误。选项B应为迹线的定义。选项D仅在定常流动时才成立。

答案:C

81. **解** 当理想不可压缩流体在重力场中作定常流动时，沿微元流束单位重力流体的位势能、压强势能和动能之和保持不变。而对于实际的黏性流体，为了克服黏性造成的阻力，流体在流动过程中将消耗掉部分机械能，所以沿流体方向的总机械能是逐渐减少的，总水头线呈下降趋势。

答案:A

82. **解** 本题考查雷诺数的定义。雷诺数的定义如下：

$$\text{Re} = \frac{vd}{\upsilon}$$

而 $\upsilon = \frac{q}{A} \propto \frac{1}{d^2}$，故 $\text{Re} \propto \frac{1}{d}$，有 $\text{Re}_1 = 2\text{Re}_2$。

答案:D

83. **解** 在雷诺数Re较小时（Re＜2320），为层流流动，此时根据流体力学方程可以推导出沿程损失系数 λ 的值，$\lambda = \frac{64}{\text{Re}}$。可见，$\lambda$ 的值与相对粗糙度 $\frac{\Delta}{d}$ 无关，仅是雷诺数Re的函数。实验也证明了这一点。

答案:A

84. **解** 如图所示，建立1-2截面的伯努利方程，由于液面稳定进出口动能为0则，

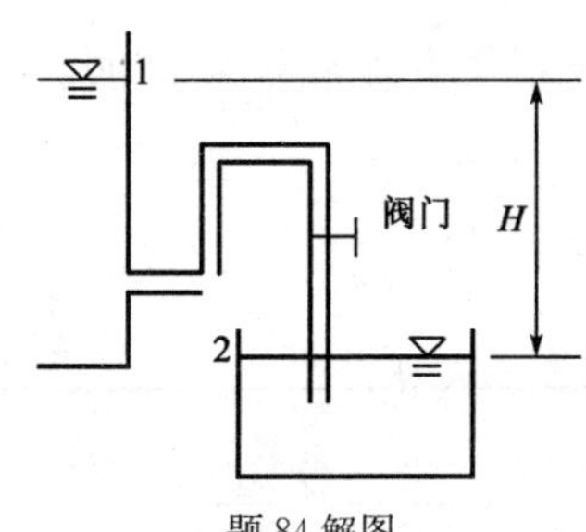

题84解图

$H = h_{f1-2} + h_1 = \lambda \frac{l}{d} \frac{v^2}{2g} + h_1$，

式中 h_{f1-2} 为沿程损失，$h_{f1-2} = \lambda \frac{l}{d} \frac{v^2}{2g}$。化简得：

$$v=\sqrt{\frac{2g(H-h_1)}{\lambda\frac{l}{d}}}=\sqrt{\frac{2\times 9.8\times(10-3.2)}{0.042\times\frac{20}{0.1}}}=3.98\text{m/s}$$

答案:A

85.**解**　并联管道的沿程损失是相等的,故有:

$$h_{f1}=\lambda\frac{l_1}{d_1}\frac{v_1^2}{2g}=h_{f2}=\lambda\frac{l_2}{d_2}\frac{v_2^2}{2g}$$

而速度与流量的关系如下:

$$v_1=\frac{Q_1}{\frac{\pi}{4}d_1^2},v_2=\frac{Q_2}{\frac{\pi}{4}d_2^2}$$

综合可得:$\frac{Q_1^2l_1}{d_1^5}=\frac{Q_2^2l_2}{d_2^5}$

代入数据得:$\frac{Q_1}{Q_2}=5.66$

答案:B

86.**解**　根据谢才系数的定义:

$$C=\frac{R^{\frac{1}{6}}}{n}$$

式中:C——谢才系数;

R——水力半径;

n——糙率。

R 的计算式为:

$$R=\frac{A}{\chi}$$

式中:A——截面积;

χ——湿周(湿周是指过水断面所有与水交界面的周长,不包括与空气交界面)。

代入数据可得:$C=38.13\text{m}^{\frac{1}{2}}/\text{s}$

答案:D

87.**解**　根据完全潜水井产水量公式可得:

$$k=\frac{Q}{\pi(H^2-h^2)}\ln\frac{R}{r_0}$$

式中:r_0——水井半径。

显然可得:$k_1/k_2=\ln3000/\ln2000=1.05$

答案:D

88. **解** 各物理量的单位速度为 m/s,长度 m,运动黏度为 m^2/s,显然选项 D 正确,刚好是雷诺数的定义式。

答案:D

89. **解** 一个完整的计算机系统是由硬件系统和软件系统组成。

答案:A

90. **解** 剪贴板是缓存在内存中的,关机后会清空。

答案:C

91. **解** (A)(125)10、(B)(1101011)2、(C)(347)8、(D)(FF)16

均转化为十进制数进行比较:

(A) 125

(B) $1\cdot 2^6+1\cdot 2^5+0\cdot 2^4+1\cdot 2^3+0\cdot 2^2+1\cdot 2^1+1\cdot 2^0=64+32+8+2+1=107$

(C) $3\cdot 8^2+4\cdot 8^1+7\cdot 8^0=192+32+7=231$

(D) $F\cdot 16^1+F\cdot 16^0=15\cdot 16+16=256$

$107<125<231<256$

所以最小的数为 107。

答案:B

92. **解** 按照网络分布和覆盖的地理范围,可将计算机网络分为局域网(Local Area Network,LAN)、广域网(Wide Area Network,WAN)和城域网(Metropolitan Area Network,MAN)。

答案:D

93. **解** 计算的是弧度。

答案:C

94. **解** 程序所实现的功能是:定义一个子函数 M,将输入值加 1,返回然后依次调用,

K1=6

K2=6+1=7

K3=M(6)+M(7)=(6+1)+(7+1)=15

K4=M(6+7+15)=M(28)=28+1=29

输出 K4。

答案:D

95. **解** 程序的功能是:找出定义的数组中所有的奇数,并求和,求平均数,并输出这两个值。

答案:A

96. **解** 一个方阵的次对角线如[/]示意。次对角线上的元素的坐标为:M(J,N+1−J),将新的次对角线的元素累加到 K 上,即:K+M(J,N+1−J)。

答案:B

97.**解** 程序的功能是:新建一个文件,然后打印一个三行四列的矩阵,矩阵的每个元素为其行列和。

答案:A

98.**解** M**n代表M的n次方。程序实现的功能是:输入循环次数N=5,然后求1到N的平方和,所以S=1^2+2^2+3^2+4^2+5^2=55,故选D。

答案:D

99.**解** 静电场对任意封闭曲面的电通量只和被包围在该曲面内的电量有关。

即电通量:

$$\oint E\mathrm{d}A = \frac{1}{\varepsilon_0}\sum q$$

式中:$\sum q$——曲面内的电量。

由题意可得:$\sum q = +q_1$

答案:C

100.**解** 由电容"隔直通交"特性,在A-B端口加直流电压时,电容为断路状态,即电路没有电流流过,故$I = 0\mathrm{A}$。

答案:A

101.**解** 与电流源串联的电阻无效,将电压源等效为电流源,电路图为:

与图b)对比可知:$U_S' = U_S - I_S R_1$,$R_0 = R_1 + R_3$

答案:C

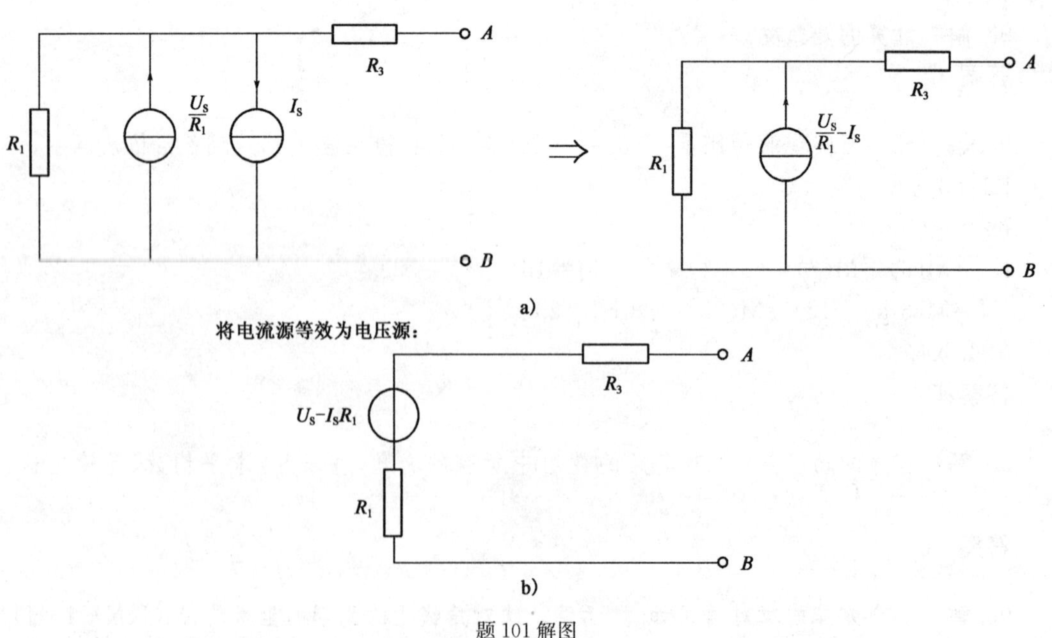

题101解图

102. **解**　当 RLC 发生串联谐振时，LC 相当于短路，故电感、电容阻抗之和为零。

即：$\omega L - \dfrac{1}{\omega C} = 0$

$\omega L = \dfrac{1}{\omega C}$

答案：C

103. **解**　当 $t = 0$ 时，$u_i = \sqrt{2}U_i\sin\varphi$，电路中电流为 i，向量图如右图所示。

由相量关系可得：

$$\theta = \arctan\frac{\omega L}{R}$$

因此，U_L 的初相位为：$90° - \theta + \varphi = 90° - \arctan^{-1}\dfrac{\omega L}{R} + \varphi$

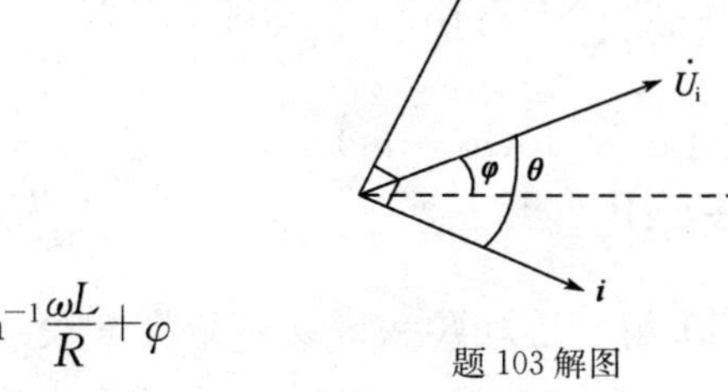

题 103 解图

答案：B

104. **解**　输出电压波形为电容充电的过程，由于电容无初始储能，又电容电压不能突变，故 $u_c(0_-) = u_c(0_+) = 0$ V，电容电压最大为 $\dfrac{R}{R+R}U_i = 0.5$V。

答案：C

105. **解**　因为 $\dfrac{U_1}{U_2} = \dfrac{N_1}{N_2}$，有 $U_2 = \dfrac{N_2}{N_1}U_1$，选项 A 错。

$\dfrac{U_1}{U_2} = \dfrac{I_2}{I_1} = \dfrac{N_1}{N_2}$，故 $I_2 = \dfrac{N_1}{N_2}I_1$，选项 B 对。

由于理想变压器不消耗功率，故 $P_1 = P_2$。

答案：B

106. **解**　额定转矩：$T_N = 9550\dfrac{P_N}{n_N} = 9550 \times \dfrac{6}{1480} = 38.72\text{N}\cdot\text{m}$

全压启动转矩：$T_{st\Delta} = 1.2T_N = 1.2 \times 38.72 = 46.46\text{N}\cdot\text{m}$

Δ-Y 启动时：$T_{stY} = \dfrac{1}{3}T_{st\Delta} = 15.49\text{N}\cdot\text{m}$

答案：A

107. **解**　开关 S 闭合前，输出电压 $u_o = u_i$。

答案：C

108. **解**　由图 b）可知，负半周出现失真，故为饱和失真。

饱和失真是由于静态工作点 Q 偏高而产生的，即应减小 I_{BQ}，因 $I_{BQ} = \dfrac{U_{CC} - U_{BEQ}}{R_B}$，故增大 R_B 即可。

答案:A

109. **解**　由理想运放"虚短虚断"特性可得:

$$u_{+}=\frac{100}{100+10}u_2=\frac{10}{11}u_2$$

$$u_{+}=u_{-}=\frac{10}{11}u_2$$

$$又:\frac{u_1-u_{-}}{10}-\frac{u_{-}-u_{o}}{100}=0$$

故:$u_{o}=10(u_2-u_1)$

答案:B

110. **解**　已知 $K=1$,设初始状态 $Q_0=0$。因 $J=\overline{Q_0}=1$,此时 JK 触发器在计数状态,$Q_1=1$,$J=\overline{Q_1}=0$,置 0,故 $Q_2=0$。重复上述变化,所以 JK 触发器实现计数功能。

答案:D

111. **解**　生产性项目总投资由建设投资、建设期利息和铺底流动资金构成,在进行粗略计算时可将建设期利息计入建设投资,因此本题选择 D。

答案:D

112. **解**　销售收入=销售价格×销售量,而销售量又由生产负荷确定,因此销售收入与生产负荷、销售价格和销售量有关,而与所得税无关。

答案:D

113. **解**　根据等额现值支付公式 $P=A(P/A,i,n)=A\left[\frac{(1+i)^n-1}{i(1+i)^n}\right]$,将题中数值带入可求得 $P=736009$。

答案:D

114. **解**　在进行互斥方案优选时,若备选方案收益基本相同,可通过计算方案的费用现值进行比选。另外由于收益难以估计,无法计算选项 A、B、C。

答案:D

115. **解**　静态投资回收期计算公式为:

$T_p=T-1+\dfrac{\text{第}(T-1)\text{年的累计净现金流量的绝对值}}{\text{第}T\text{年的净现金流量}}$ T—— 累计净现金流量出现正值的年份

因此,在本题中需要根据现金流量表计算对应的累计净现金流量表,如下:

累计净现金流量表　　　　题 115 解表

年份	1	2	3	4	5	6	7	8	9	10
净现金流量	－1200	－1000	200	300	500	500	500	500	500	500
累计净现金流量	－1200	－2200	－2000	－1700	－1200	－700	－200	300	800	1300

根据公式，得出静态投资回收期＝8－1＋200/500＝7.4，选 C。

答案：C

116. **解**　盈亏平衡分析是研究建设项目投产后正常生产年份的产量、成本与利润三者之间的平衡关系，以盈亏平衡时的状况为基础，测算项目的生产负荷以及承受风险的能力。因此，盈亏平衡计算的数据为正常年份的数据，选 A。

答案：A

117. **解**　可行性研究主要包括：①项目建设的必要性；②市场分析；③项目建设方案研究；④投资估算；⑤融资方案；⑥财务分析；⑦经济分析；⑧经济影响分析；⑨资源利用分析；⑩土地利用及移民搬迁安置方案分析；⑪社会评价；⑫不确定性分析；⑬风险分析；⑭结论与建议。不包括选项 D。

答案：D

118. **解**　现代主要的权益投资方式有股权式合资结构、契约式合资结构和合伙制结构。

答案：C

119. **解**　自有资金流量表反映自有资金的获利能力，而不是各个投资方权益投资的获利能力，因此选项 B 错误。

答案：B

120. **解**　开展价值工程活动的目的是提高产品或作业的价值，价值＝功能/成本，因此其目的也就是提高功能对成本的比值，选 C。

答案：C

2008年度全国勘察设计注册工程师公共基础考试

试　题

单项选择题(共120题,每题1分。每题的备选项中只有一个最符合题意)

1. 设 $\boldsymbol{\alpha}=\boldsymbol{i}+2\boldsymbol{j}+3\boldsymbol{k}$,$\boldsymbol{\beta}=\boldsymbol{i}-3\boldsymbol{j}-2\boldsymbol{k}$,则与 $\boldsymbol{\alpha}$、$\boldsymbol{\beta}$ 都垂直的单位向量为:

A. $\pm(\boldsymbol{i}+\boldsymbol{j}-\boldsymbol{k})$

B. $\pm\frac{1}{\sqrt{3}}(\boldsymbol{i}-\boldsymbol{j}+\boldsymbol{k})$

C. $\pm\frac{1}{\sqrt{3}}(-\boldsymbol{i}+\boldsymbol{j}+\boldsymbol{k})$

D. $\pm\frac{1}{\sqrt{3}}(\boldsymbol{i}+\boldsymbol{j}-\boldsymbol{k})$

2. 已知平面 π 过点 $M_1(1,1,0)$,$M_2(0,0,1)$,$M_3(0,1,1)$,则与平面 π 垂直且过点(1,1,1)的直线的对称方程为:

A. $\frac{x-1}{1}=\frac{y-1}{0}=\frac{z-1}{1}$

B. $\frac{x-1}{1}=\frac{z-1}{1}, y=1$

C. $\frac{x-1}{1}=\frac{z-1}{1}$

D. $\frac{x-1}{1}=\frac{y-1}{0}=\frac{z-1}{-1}$

3. 下列方程中代表锥面的是:

A. $\frac{x^2}{3}+\frac{y^2}{2}-z^2=0$

B. $\frac{x^2}{3}+\frac{y^2}{2}-z^2=1$

C. $\frac{x^2}{3}-\frac{y^2}{2}-z^2=1$

D. $\frac{x^2}{3}+\frac{y^2}{2}+z^2=1$

4. 函数 $f(x)=\begin{cases}2x, & 0\leqslant x<1\\ 4-x, & 1\leqslant x\leqslant 3\end{cases}$,在 $x\to1$ 时,$f(x)$的极限是:

A. 2　　B. 3　　C. 0　　D. 不存在

5. 函数 $y=\sin^2\frac{1}{x}$ 在 x 处的导数 $\frac{\mathrm{d}y}{\mathrm{d}x}$ 是:

A. $\sin\frac{2}{x}$　　B. $\cos\frac{1}{x}$　　C. $-\frac{1}{x^2}\sin\frac{2}{x}$　　D. $\frac{1}{x^2}$

6. 已知 $f(x)$是二阶可导的函数,$y=\mathrm{e}^{2f(x)}$,则 $\frac{\mathrm{d}^2y}{\mathrm{d}x^2}$ 为:

A. $\mathrm{e}^{2f(x)}$

B. $\mathrm{e}^{2f(x)}f''(x)$

C. $e^{2f(x)}[2f'(x)]$ D. $2e^{2f(x)}\{2[f'(x)]^2+f''(x)\}$

7. 曲线 $y=x^3-6x$ 上切线平行于 x 轴的点是：

A. $(0,0)$ B. $(\sqrt{2},1)$

C. $(-\sqrt{2},4\sqrt{2})$和$(\sqrt{2},-4\sqrt{2})$ D. $(1,2)$和$(-1,2)$

8. 设函数 $f(x)$在$(-\infty,+\infty)$上是偶函数，且在$(0,+\infty)$内有 $f'(x)>0,f''(x)>0$，则在$(-\infty,0)$内必有：

A. $f'>0,f''>0$ B. $f'<0,f''>0$

C. $f'>0,f''<0$ D. $f'<0,f''<0$

9. 若在区间(a,b)内，$f'(x)=g'(x)$，则下列等式中错误的是：

A. $f(x)=Cg(x)$ B. $f(x)=g(x)+C$

C. $\int df(x)=\int dg(x)$ D. $df(x)=dg(x)$

10. 设 $f(x)$函数在$[0,+\infty)$上连续，且满足 $f(x)=xe^{-x}+e^x\int_0^1 f(x)dx$，则$f(x)$是：

A. xe^{-x} B. $xe^{-x}-e^{x-1}$

C. e^{x-2} D. $(x-1)e^{-x}$

11. 广义积分$\int_0^{+\infty}\frac{C}{2+x^2}dx=1$，则 $C=$

A. π B. $\frac{\pi}{\sqrt{2}}$ C. $\frac{2\sqrt{2}}{\pi}$ D. $-\frac{2}{\pi}$

12. D 域由 x 轴、$x^2+y^2-2x=0(y\geqslant 0)$及 $x+y=2$ 所围成，$f(x,y)$是连续函数，化$\iint_D f(x,y)dxdy$ 为二次积分是：

A. $\int_0^{\frac{\pi}{4}}d\varphi\int_0^{2\cos\varphi}f(\rho\cos\varphi,\rho\sin\varphi)\rho d\rho$ B. $\int_0^1 dy\int_{1-\sqrt{1-y^2}}^{2-y}f(x,y)dx$

C. $\int_0^{\frac{\pi}{3}}d\varphi\int_0^1 f(\rho\cos\varphi,\rho\sin\varphi)\rho d\rho$ D. $\int_0^1 dx\int_0^{\sqrt{2x-x^2}}f(x,y)dy$

13. 在区间$[0,2\pi]$上，曲线 $y=\sin x$ 与 $y=\cos x$ 之间所围图形的面积是：

A. $\int_{\frac{\pi}{4}}^{\pi}(\sin x-\cos x)dx$ B. $\int_{\frac{\pi}{4}}^{\frac{5}{4}\pi}(\sin x-\cos x)dx$

C. $\int_0^{2\pi}(\sin x-\cos x)dx$ D. $\int_0^{\frac{5}{4}\pi}(\sin x-\cos x)dx$

14. 级数$\sum_{n=1}^{\infty}\frac{(-1)^{n-1}}{n}$的收敛性是：

A. 绝对收敛　　B. 条件收敛

C. 等比级数收敛　　D. 发散

15. 函数 e^x 展开成为 $x-1$ 的幂函数是：

A. $\sum_{n=0}^{\infty}\frac{(x-1)^n}{n!}$　　B. $e\sum_{n=0}^{\infty}\frac{(x-1)^n}{n!}$

C. $\sum_{n=0}^{\infty}\frac{(x-1)^n}{n}$　　D. $\sum_{n=0}^{\infty}\frac{(x-1)^n}{ne}$

16. 微分方程$(1+2y)x\mathrm{d}x+(1+x^2)\mathrm{d}y$ 的通解为：

A. $\frac{1+x^2}{1+2y}=C$　　B. $(1+x^2)(1+2y)=C$

C. $(1+2y)^2=\frac{C}{1+x^2}$　　D. $(1+x^2)^2(1+2y)=C$

(以上各式中,C 为任意常数)

17. 微分方程 $y''=(y')^2$ 的通解是：

A. $\ln x+C$　　B. $\ln(x+C)$

C. $C_2+\ln|x+C_1|$　　D. $C_2-\ln|x+C_1|$

(以上各式中,C_1、C_2 为任意常数)

18. 下列函数中不是方程 $y''-2y'+y=0$ 的解的函数是：

A. x^2e^x　　B. e^x

C. xe^x　　D. $(x+2)e^x$

19. 若 $P(A)>0$,$P(B)>0$,$P(A|B)=P(A)$,则下列各式不成立的是：

A. $P(B|A)=P(B)$　　B. $P(A|\overline{B})=P(A)$

C. $P(AB)=P(A)P(B)$　　D. A,B 互斥

20. 10 张奖券含有 2 张中奖的奖券,每人购买 1 张,则前四个购买者恰有 1 人中奖的概率是：

A. 0.8^4　　B. 0.1　　C. $C_{10}^{6}0.2\ 0.8^3$　　D. $0.8^3 0.2$

21. 总体 X 的概率分布见题表,其中$\theta\left(0<\theta<\frac{1}{2}\right)$是未知参数,利用样本值 3、1、3、0、3、1、2、3,所得 θ 的矩估计值是：

A. $\frac{1}{4}$　　B. $\frac{1}{2}$　　C. 2　　D. 0

题21表

X	0	1	2	3
P	θ^2	$2\theta(1-\theta)$	θ^2	$1-2\theta$

22. 已知矩阵 $\mathbf{A}=\begin{bmatrix}1&0&0\\0&1&2\\0&2&4\end{bmatrix}$，则 $\mathbf{A}$ 的秩 $r(\mathbf{A})=$

A. 0　　B. 1　　C. 2　　D. 3

23. 设 $\vec{\alpha},\vec{\beta},\vec{\gamma},\vec{\delta}$ 是 n 维向量，已知 $\vec{\alpha},\vec{\beta}$ 线性无关，$\vec{\gamma}$ 可以由 $\vec{\alpha},\vec{\beta}$ 线性表示，$\vec{\delta}$ 不能由 $\vec{\alpha},\vec{\beta}$ 线性表示，则以下选项中正确的是：

A. $\vec{\alpha},\vec{\beta},\vec{\gamma},\vec{\delta}$ 线性无关　　B. $\vec{\alpha},\vec{\beta},\vec{\gamma}$ 线性无关

C. $\vec{\alpha},\vec{\beta},\vec{\delta}$ 线性相关　　D. $\vec{\alpha},\vec{\beta},\vec{\delta}$ 线性无关

24. 设 λ_1,λ_2 是矩阵 $\mathbf{A}$ 的 2 个不同的特征值，$\boldsymbol{\xi},\boldsymbol{\eta}$ 是 $\mathbf{A}$ 的分别属于 λ_1,λ_2 的特征向量，则以下选项中正确的是：

A. 对任意的 $k_1\neq0$ 和 $k_2\neq0$，$k_1\boldsymbol{\xi}+k_2\boldsymbol{\eta}$ 都是 $\mathbf{A}$ 的特征向量

B. 存在常数 $k_1\neq0$ 和 $k_2\neq0$，使得 $k_1\boldsymbol{\xi}+k_2\boldsymbol{\eta}$ 是 $\mathbf{A}$ 的特征向量

C. 存在任意的 $k_1\neq0$ 和 $k_2\neq0$，$k_1\boldsymbol{\xi}+k_2\boldsymbol{\eta}$ 都不是 $\mathbf{A}$ 的特征向量

D. 仅当 $k_1=k_2=0$ 时，$k_1\boldsymbol{\xi}+k_2\boldsymbol{\eta}$ 是 $\mathbf{A}$ 的特征向量

25. 质量相同的氢气(H_2)和氧气(O_2)，处在相同的室温下，则它们的分子平均平动动能和内能的关系是：

A. 分子平均平动动能相同，氢气的内能大于氧气的内能

B. 分子平均平动动能相同，氧气的内能大于氢气的内能

C. 内能相同，氢气的分子平均平动动能大于氧气的分子平均平动动能

D. 内能相同，氧气的分子平均平动动能大于氢气的分子平均平动动能

26. 某种理想气体的总分子数为 N，分子速率分布函数为 $f(v)$，则速率在 $v_1\to v_2$ 区间内的分子数是：

A. $\int_{v_1}^{v_2}f(v)\mathrm{d}v$　　B. $N\int_{v_1}^{v_2}f(v)\mathrm{d}v$

C. $\int_0^{\infty}f(v)\mathrm{d}v$　　D. $N\int_0^{\infty}f(v)\mathrm{d}v$

27. 已知某理想气体的摩尔数为 ν，气体分子的自由度为 i，k 为玻尔兹曼常量，R 为摩尔气

体常量。当该气体从状态 1(p_1,V_1,T_1)到状态 2(p_2,V_2,T_2)的变化过程中,其内能的变化为:

A. $\nu\frac{i}{2}k(T_2-T_1)$

B. $\frac{i}{2}(p_2V_2-p_1V_1)$

C. $\frac{i}{2}R(T_2-T_1)$

D. $\nu\frac{i}{2}(p_2V_2-p_1V_2)$

28. 两种摩尔质量不同的理想气体,它们压强相同,温度相同,体积不同。则它们的:

A. 单位体积内的分子数不同
B. 单位体积内气体的质量相同
C. 单位体积内气体分子的总平均平动动能相同
D. 单位体积内气体的内能相同

29. 一定量的理想气体在进行卡诺循环时,高温热源的温度为 500K,低温热源的温度为 400K,则该循环的效率为:

A. 56%　　B. 34%　　C. 80%　　D. 20%

30. 根据热力学第二定律可知:

A. 功可以完全转换为热量,但热量不能全部转换为功
B. 热量可以从高温物体传到低温物体,但不能从低温物体传到高温物体
C. 不可逆过程就是不能向相反方向进行的过程
D. 一切自发过程都是不可逆的

31. 有两列频率不同的声波在空气中传播,已知频率 $\nu_1=500\text{Hz}$ 的声波在其传播方向相距为 l 的两点的振动相位差为 π,那么频率 $\nu_2=1000\text{Hz}$ 的声波在其传播方向相距为$\frac{l}{2}$的两点的相位差为:

A. $\pi/2$　　B. π　　C. $3\pi/4$　　D. $3\pi/2$

32. 一平面谐波的表达式为 $y=0.05\cos(20\pi t+4\pi x)$ (SI),取 $k=0,\pm1,\pm2,\cdots$,则 $t=0.5\text{s}$时各波峰所处的位置为:(单位:m)

A. $\frac{2k-10}{4}$

B. $\frac{k+10}{4}$

C. $\frac{2k-9}{4}$

D. $\frac{k+9}{4}$

33. 在双缝干涉实验中,在给定入射单色光的情况下,用一片能透过光的薄介质片(不吸收光线)遮住下面的一条缝,则屏幕上干涉条纹的变化情况是:

A. 零级明纹仍在中心,其他条纹上移

B. 零级明纹仍在中心，其他条纹下移

C. 零级明纹和其他条纹一起上移

D. 零级明纹和其他条纹一起下移

34. 在单缝夫琅禾费衍射实验中，屏上第三级明纹对应的缝间的波阵面，可划分的半波带的数目为：

A. 5 个　　B. 6 个　　C. 7 个　　D. 8 个

35. 如果两个偏振片堆叠在一起，且偏振化方向之间夹角为 45°，假设两者对光无吸收，光强为 I_0 的自然光垂直射在偏振片上，则出射光强为：

A. $I_0/4$　　B. $3I_0/8$　　C. $I_0/2$　　D. $3I_0/4$

36. 一束波长为 λ 的单色光分别在空气中和在玻璃中传播，则在相同的传播时间内：

A. 传播的路程相等，走过的光程相等

B. 传播的路程相等，走过的光程不相等

C. 传播的路程不相等，走过的光程相等

D. 传播的路程不相等，走过的光程不相等

37. 关于盐桥叙述错误的是：

A. 分子通过盐桥流动

B. 盐桥中的电解质可以中和两个半电池中的过剩电荷

C. 可维持氧化还原反应进行

D. 盐桥中的电解质不参加电池反应

38. 在一定温度下，下列反应 $2CO(g)+O_2(g)=2CO_2(g)$ 的 K_p 与 K_c 之间的关系正确的是：

A. $K_p=K_c$　　B. $K_p=K_c\times(RT)$

C. $K_p=K_c/(RT)$　　D. $K_p=1/K_c$

39. 将 pH=2.00 的 HCl 溶液与 pH=13.00 的 NaOH 溶液等体积混合后，溶液的 pH 是：

A. 7.00　　B. 12.65　　C. 3.00　　D. 11.00

40. 下列各组元素中，其性质的相似是由镧系收缩引起的是：

A. Zr 与 Hf　　B. Fe 与 Co、Ni　　C. Li 与 Mg　　D. 锕系

41. 暴露在常温空气中的碳并不燃烧，这是由于反应 $C(s)+O_2(g)=\!=\!=CO_2(g)$ 的：[已知：$CO_2(g)$ 的 $\Delta_f G_m^{\ominus}(298.15K)=-394.36kJ/mol$]

A. $\Delta_f G_m^{\ominus}>0$，不能自发进行　　B. $\Delta_f G_m^{\ominus}<0$，但反应速率缓慢

C. 逆反应速率大于正反应速率　　D. 上述原因均不正确

42. 下列分子中，属于极性分子的是：

A. O_2　　B. CO_2　　C. BF_3　　D. C_2H_3F

43. 下列各系列中，按电离能增加的顺序排列的是：

A. Li，Na，K　　B. B，Be，Li　　C. O，F，Ne　　D. C，B，As

44. 分别在四杯 $100cm^3$ 水中加入 5g 乙二酸、甘油、季戊四醇、蔗糖形成四种溶液，则这四种溶液的凝固点：

A. 都相同　　B. 加蔗糖的低
C. 加乙二酸的低　　D. 无法判断

45. 一定温度下，某反应的标准平衡常数 $K^{\ominus}$ 的数值：

A. 恒为常数，并与反应方程式的写法有关
B. 由反应方程式的写法而定
C. 由平衡浓度及平衡分压而定
D. 由加入反应物的量而定

46. 按近代量子力学的观点，核外电子运动的特征：

A. 具有波粒二象性
B. 可用 ψ^2 表示电子在核外出现的概率
C. 原子轨道的能量呈连续变化
D. 电子运动的轨道可用 ψ 的图像表示

47. 下列各物质的化学键中，只存在 σ 键的是：

A. C_2H_2　　B. H_2O　　C. CO_2　　D. CH_3COOH

48. 在热力学标准条件下，0.100mol 的某不饱和烃在一定条件下能和 0.200gH_2 发生加成反应生成饱和烃，完全燃烧时生成 0.300molCO_2 气体，该不饱和烃是：

A. $CH_2=CH_2$　　B. $CH_3CH_2CH=CH_2$
C. $CH_3CH=CH_2$　　D. $CH_3CH_2C\equiv CH$

49. 作用在平面上的三力 $\boldsymbol{F}_1$、$\boldsymbol{F}_2$、$\boldsymbol{F}_3$，组成图示等边三角形，此力系的最后简化结果为：

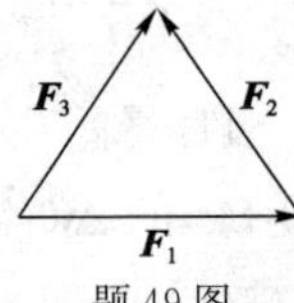

题 49 图

A. 平衡力系　　B. 一合力
C. 一合力偶　　D. 一合力与一合力偶

50. 图示水平梁 CD 的支承力与荷载均已知，其中 $F_P=aq$，$M=a^2q$，支座 A、B 的约束力分别为：

A. $F_{Ax}=0, F_{Ay}=aq(\uparrow), F_{By}=\frac{3}{2}aq(\uparrow)$

B. $F_{Ax}=0, F_{Ay}=\frac{3}{4}aq(\uparrow), F_{By}=\frac{5}{4}aq(\uparrow)$

C. $F_{Ax}=0, F_{Ay}=\frac{1}{2}aq(\uparrow), F_{By}=\frac{5}{2}aq(\uparrow)$

D. $F_{Ax}=0, F_{Ay}=\frac{1}{4}aq(\uparrow), F_{By}=\frac{7}{4}aq(\uparrow)$

51. 重力大小为 W 的物块能在倾斜角为 α 的粗糙斜面上往下滑，为了维持物块在斜面上平衡，在物块上作用向左的水平力 F_Q（如图所示）。在求解力 F_Q 的大小时，物块与斜面间的摩擦力 F 的方向为：

A. F 只能沿斜面向上

B. F 只能沿斜面向下

C. F 既可能沿斜面向上，也可能向下

D. $F=0$

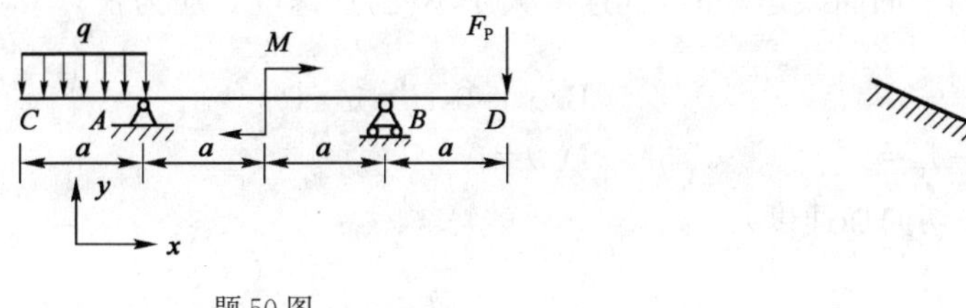

题 50 图

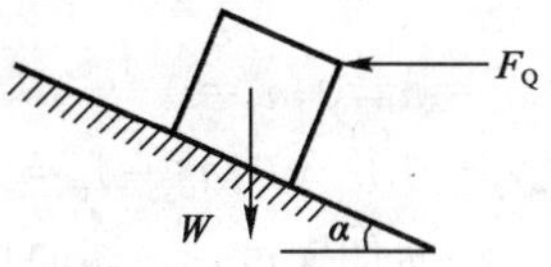

题 51 图

52. 图示平面桁架的尺寸与荷载均已知。其中，杆 1 的内力 F_{S1} 为：

A. $F_{S1}=\frac{5}{3}F_P$（压）

B. $F_{S1}=\frac{5}{3}F_P$（拉）

C. $F_{S1}=\frac{3}{4}F_P$（压）

D. $F_{S1}=\frac{3}{4}F_P$（拉）

53. 图示平面刚性直角曲杆的支撑力、尺寸与荷载均已知，且 $F_Pa>m$，B 处插入端约束的全部约束力各为：

A. $F_{Bx}=0, F_{By}=F_P(\uparrow)$，力偶 $m_B=F_Pa$（↶）

B. $F_{Bx}=0, F_{By}=F_P(\uparrow)$，力偶 $m_B=0$

C. $F_{Bx}=0, F_{By}=F_P(\uparrow)$，力偶 $m_B=F_Pa-m$（↶）

D. $F_{Bx}=0, F_{By}=F_P(\uparrow)$，力偶 $m_B=F_Pb-m$（↶）

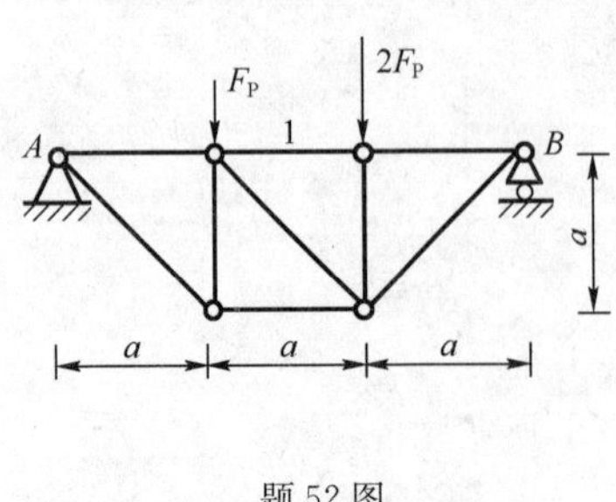

题 52 图

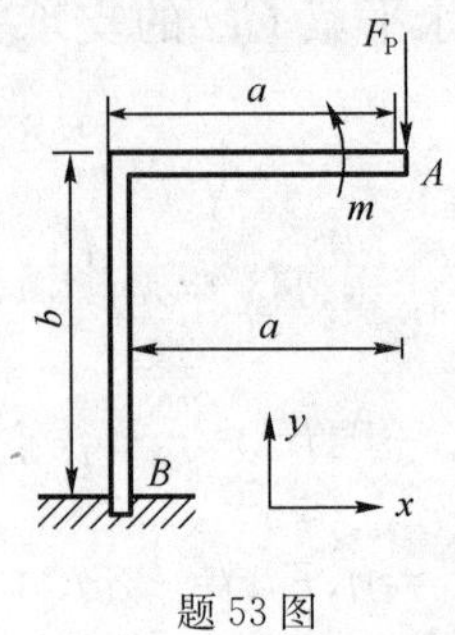

题 53 图

54. 点在平面 xOy 内的运动方程为 $\begin{cases} x=3\cos t \\ y=3-5\sin t \end{cases}$（式中，$t$ 为时间）。点的运动轨迹应为：

A. 直线　　B. 圆　　C. 正弦曲线　　D. 椭圆

55. 图示杆 $OA=l$，绕定轴 O 以角速度 ω 转动，同时通过 A 端推动滑块 B 沿轴 x 运动，设分析运动的时间内杆与滑块并不脱离，则滑块的速度 v_B 的大小用杆的转角 φ 与角速度 ω 表示为：

A. $v_B=l\omega\sin\varphi$　　B. $v_B=l\omega\cos\varphi$

C. $v_B=l\omega\cos^2\varphi$　　D. $v_B=l\omega\sin^2\varphi$

56. 图示点沿轨迹已知的平面曲线运动时，其速度大小不变，加速度 a 应为：

A. $a_n=a\neq0, a_\tau=0$　　B. $a_n=0, a_\tau=a\neq0$

C. $a_n\neq0, a_\tau\neq0, a_n+a_\tau=a$　　D. $a=0$

（a_n：法向加速度，a_τ：切向加速度）

57. 图示匀质杆 AB 长 l，质量为 m，质心为 C。点 D 距点 A 为 $\frac{1}{4}l$。杆对通过点 D 且垂直于 AB 的轴 y 的转动惯量为：

A. $J_{Dy}=\frac{1}{12}ml^2+m\left(\frac{1}{4}l\right)^2$　　B. $J_{Dy}=\frac{1}{3}ml^2+m\left(\frac{1}{4}l\right)^2$

C. $J_{Dy}=\frac{1}{12}ml^2+m\left(\frac{3}{4}l\right)^2$　　D. $J_{Dy}=m\left(\frac{1}{4}l\right)^2$

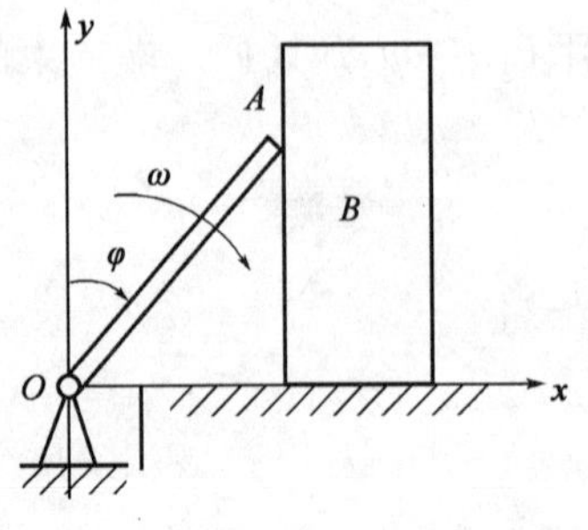

题 55 图

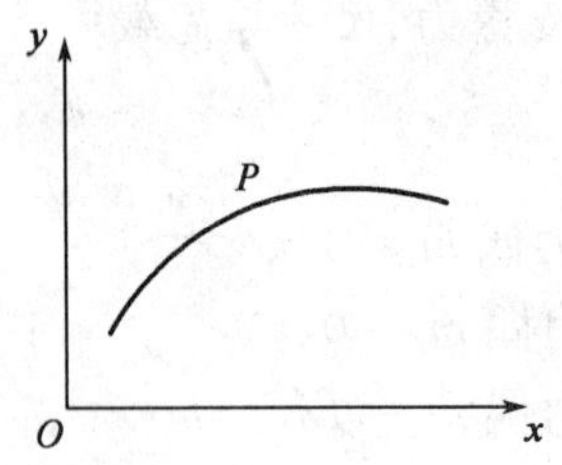

题 56 图

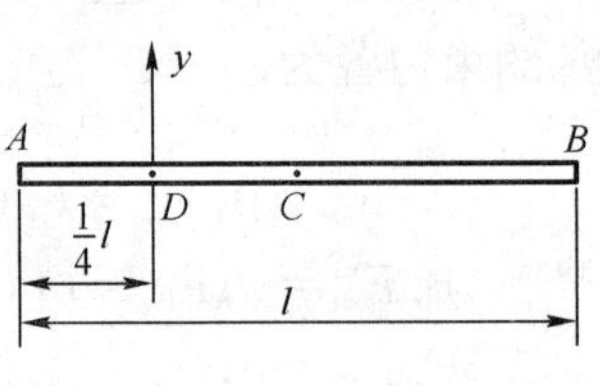

题 57 图

58. 图示质量为 m 的三角形物块，其倾斜角为 θ，可在光滑的水平地面上运动。质量为 m 的矩形物块又沿斜面运动。两块间也是光滑的。该系统的动力学特征（动量、动量矩、机械能）有守恒情形的数量为：

A. 0 个　　B. 1 个　　C. 2 个　　D. 3 个

59. 图示质量为 m，半径为 r 的定滑轮 O 上绕有细绳，依靠摩擦使绳在轮上不打滑，并带动滑轮转动。绳之两端均系质量 m 的物块 A 与 B。块 B 放置的光滑斜面倾角为 α，$0<\alpha<\frac{\pi}{2}$。假设定滑轮 O 的轴承光滑，当系统在两物块的重力作用下运动时，B 与 O 间，A 与 O 间的绳力 F_{T1} 和 F_{T2} 的大小有关系：

A. $F_{T1}=F_{T2}$　　B. $F_{T1}<F_{T2}$

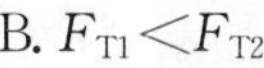

C. $F_{T1}>F_{T2}$　　D. 只依据已知条件不能确定

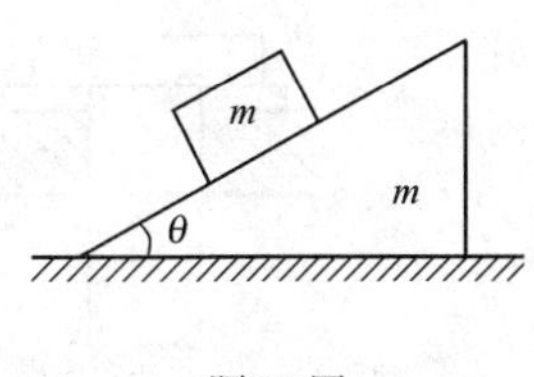

题 58 图

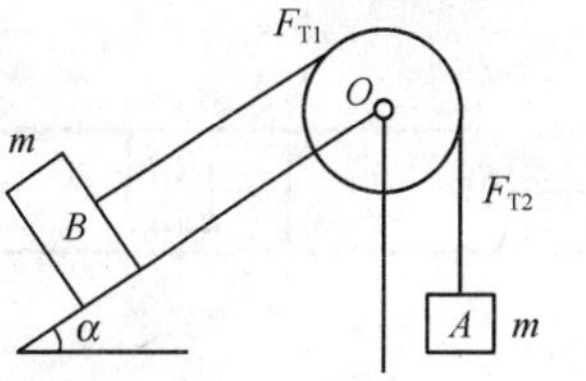

F_{T1} O m B F_{T2} A m α

题 59 图

60. 图示弹簧—物块直线振动系统中，物块质量 m，两根弹簧的刚度系数各为 k_1 和 k_2。若用一根等效弹簧代替这两根弹簧，则其刚度系数 k 为：

A. $k=\frac{k_1k_2}{k_1+k_2}$　　B. $k=\frac{2k_1k_2}{k_1+k_2}$　　C. $k=\frac{k_1+k_2}{2}$　　D. $k=k_1+k_2$

61. 在图示定平面 xOy 内，杆 OA 可绕轴 O 转动，杆 AB 在点 A 与杆 OA 铰接，即杆 AB 可绕点 A 转动。该系统称为双摆，其自由度数为：

A. 1 个　　B. 2 个　　C. 3 个　　D. 4 个

62. 图示拉杆承受轴向拉力 P 的作用，设斜截面 m-m 的面积为 A，则 $\sigma=P/A$ 为：

A. 横截面上的正应力　　B. 斜截面上的正应力

C. 斜截面上的应力　　D. 斜截面上的剪应力

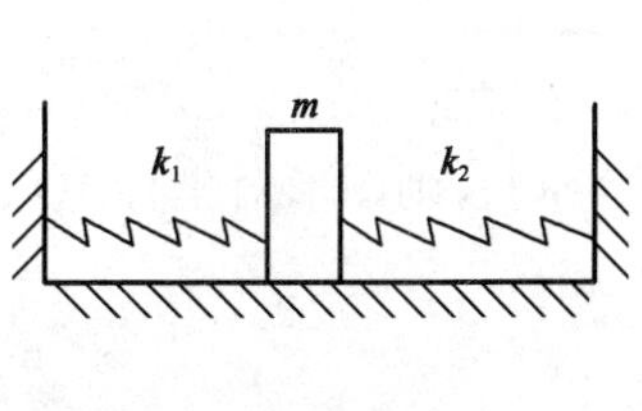

题 60 图

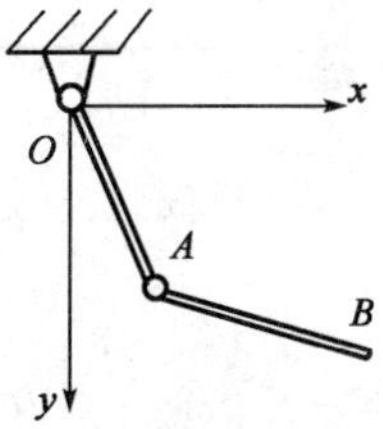

O x A B y

题 61 图

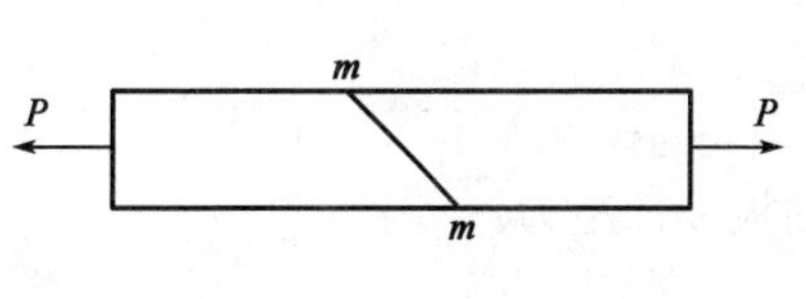

题 62 图

63. 两拉杆的材料和所受拉力都相同，且均处在弹性范围内，若两杆长度相等，横截面面积 $A_1 > A_2$，则：

A. $\Delta l_1 < \Delta l_2$，$\varepsilon_1 = \varepsilon_2$　　B. $\Delta l_1 = \Delta l_2$，$\varepsilon_1 < \varepsilon_2$

C. $\Delta l_1 < \Delta l_2$，$\varepsilon_1 < \varepsilon_2$　　D. $\Delta l_1 = \Delta l_2$，$\varepsilon_1 = \varepsilon_2$

64. 图示连接件，两端受拉力 **P** 作用，接头的挤压面积为：

A. ab　　B. cb　　C. lb　　D. lc

65. 如图所示，在平板和受拉螺栓之间垫上一个垫圈，可以提高：

A. 螺栓的拉伸强度　　B. 螺栓的剪切强度

C. 螺栓的挤压强度　　D. 平板的挤压强度

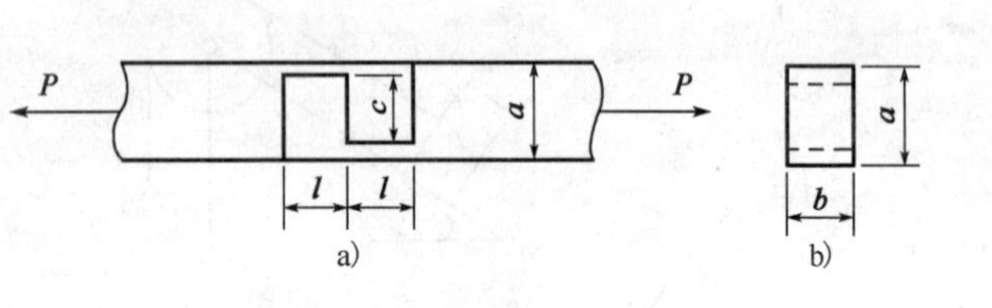

题 64 图

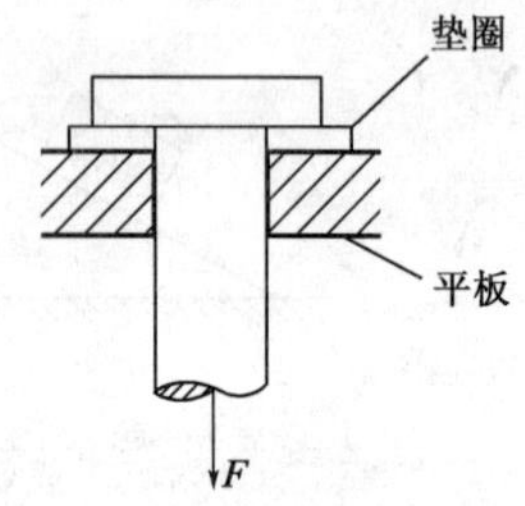

题 65 图

66. 设受扭圆轴中的最大剪应力为 τ，则最大正应力：

A. 出现在横截面上，其值为 τ　　B. 出现在 45°斜截面上，其值为 2τ

C. 出现在横截面上，其值为 2τ　　D. 出现在 45°斜截面上，其值为 τ

67. 如图所示，左端固定的直杆受扭转力偶作用，在截面 1-1 和 2-2 处的扭矩为：

A. 12.5kN·m，−3kN·m　　B. −2.5kN·m，−3kN·m

C. −2.5kN·m，3kN·m　　D. 2.5kN·m，−3kN·m

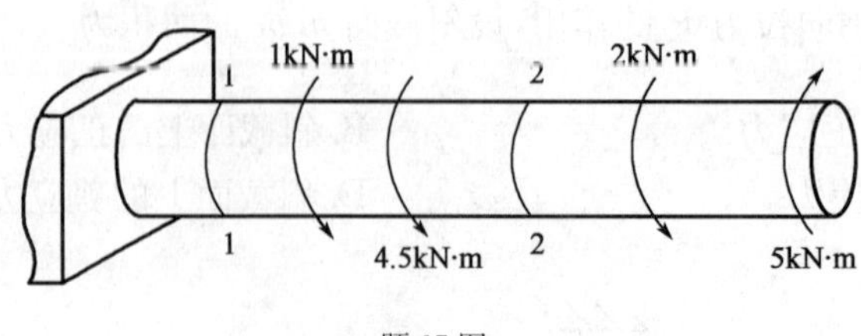

题 67 图

68. 在 yOz 正交坐标系中，设图形对 y、z 轴的惯性矩分别为 I_y 和 I_z，则图形对坐标原点的极惯性矩为：

A. $I_P = 0$　　B. $I_P = I_z + I_y$

C. $I_P = \sqrt{I_z^2 + I_y^2}$　　D. $I_P = I_z^2 + I_y^2$

69. 面积相等的两个图形分别如图 a)和图 b)所示。它们对对称轴 y、z 轴的惯性矩之间的关系为：

A. $I_z^a < I_z^b, I_y^a = I_y^b$　　B. $I_z^a > I_z^b, I_y^a = I_y^b$

C. $I_z^a = I_z^b, I_y^a = I_y^b$　　D. $I_z^a = I_z^b, I_y^a > I_y^b$

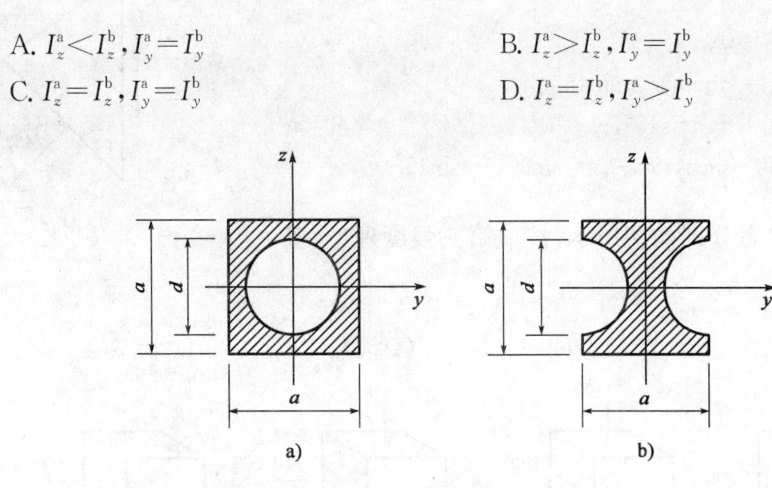

题 69 图

70. 带有中间铰的静定梁受载情况如图所示，则：

A. a 越大，则 M_A 越大　　B. l 越大，则 M_A 越大

C. a 越大，则 R_A 越大　　D. l 越大，则 R_A 越大

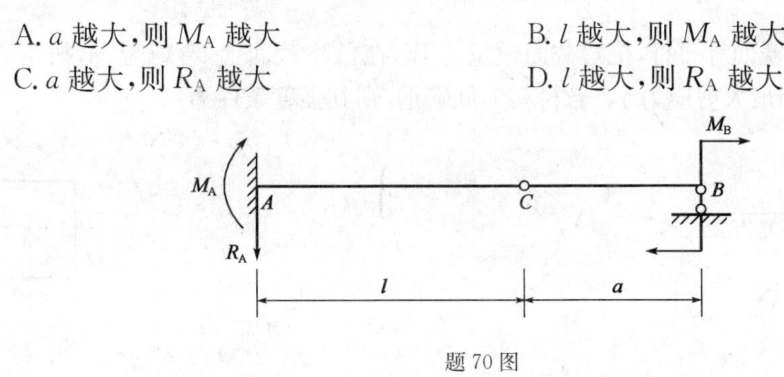

题 70 图

71. 设图示两根圆截面梁的直径分别为 d 和 $2d$，许可荷载分别为$[P_1]$和$[P_2]$。若两梁的材料相同，则$[P_2]/[P_1]=$

A. 2　　B. 4

C. 8　　D. 16

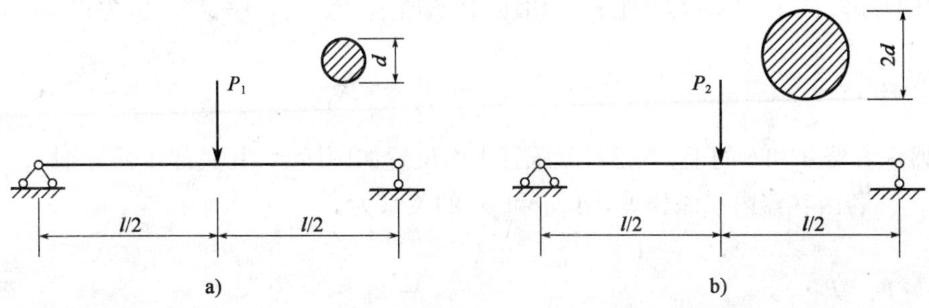

题 71 图

72. 图示为三角形单元体，已知 ab、ca 两斜面上的正应力为 σ，剪应力为零。在竖正面 bc 上有：

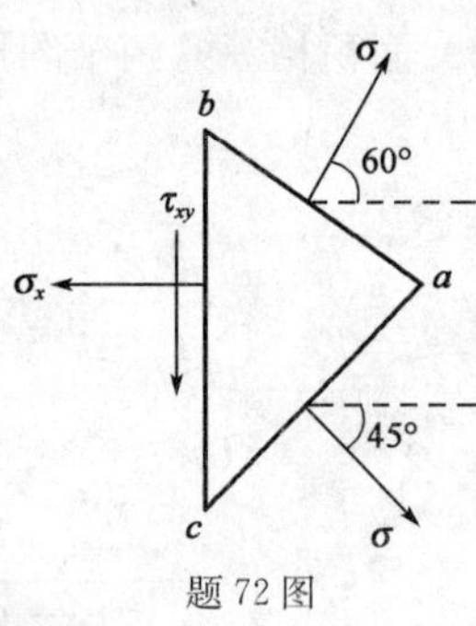

题 72 图

A. $\sigma_x=\sigma, \tau_{xy}=0$

B. $\sigma_x=\sigma, \tau_{xy}=\sin60°-\sigma\sin45°$

C. $\sigma_x=\sigma\cos60°+\sigma\cos45°, \tau_{xy}=0$

D. $\sigma_x=\sigma\cos60°+\sigma\cos45°, \tau_{xy}=\sigma\sin60°-\sigma\sin45°$

73. 四种应力状态分别如图所示，按照第三强度理论，其相当应力最大的是：

A. 状态(1)　　B. 状态(2)　　C. 状态(3)　　D. 状态(4)

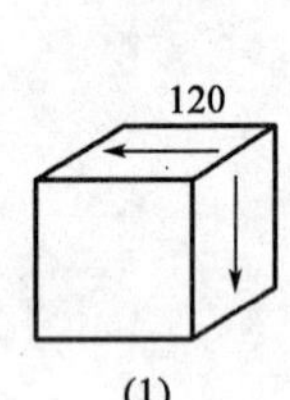

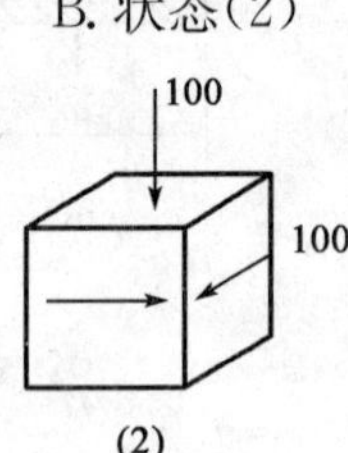

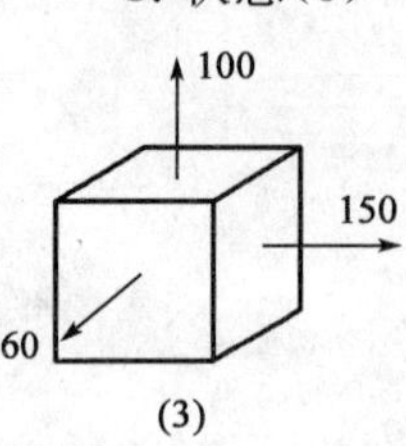

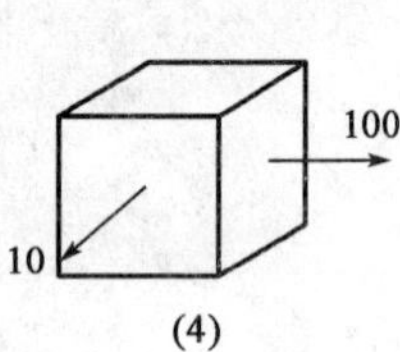

题 73 图

74. 图示为正方形截面等直杆，抗弯截面模量为 W，在危险截面上，弯矩为 M，扭矩为 M_n，A 点处有最大正应力 σ 和最大剪应力 γ。若材料为低碳钢，则其强度条件为：

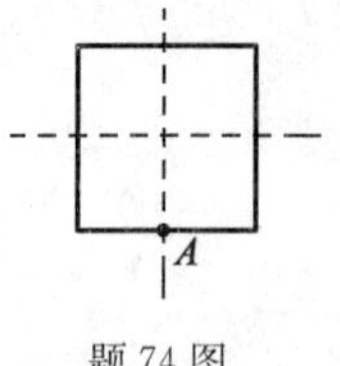

题 74 图

A. $\sigma\leqslant[\sigma], \tau<[\tau]$

B. $\frac{1}{W}\sqrt{M^2+0.75M_n^2}\leqslant[\sigma]$

C. $\frac{1}{W}\sqrt{M^2+M_n^2}\leqslant[\sigma]$

D. $\sqrt{\sigma+4\tau^2}\leqslant[\sigma]$

75. 圆截面细长压杆的材料和杆端约束保持不变，若将其直径缩小一半，则压杆的临界压力为原压杆的：

A. 1/2　　B. 1/4　　C. 1/8　　D. 1/16

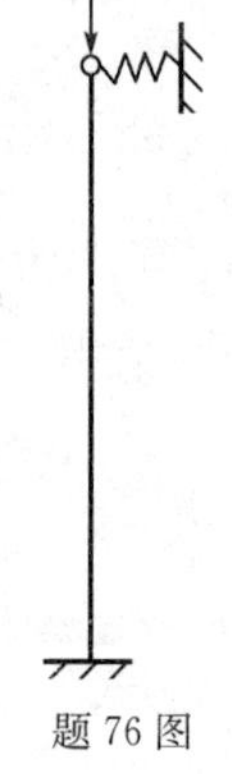

题 76 图

76. 压杆下端固定，上端与水平弹簧相连，如图所示，该杆长度系数 μ 值为：

A. $\mu<0.5$　　B. $0.5<\mu<0.7$　　C. $0.7<\mu<2$　　D. $\mu>2$

77. 盛水容器 a 和 b 的上方密封，测压管水面位置如图所示，其底部压强分别为 p_a 和 p_b。若两容器内水深相等，则 p_a 和 p_b 的关系为：

A. $p_a>p_b$　　B. $p_a<p_b$

C. $p_a=p_b$　　D. 无法确定

78. 欧拉法描述液体运动时，表示同一时刻因位置变化而形成的加速度称为：

A. 当地加速度　　B. 迁移加速度
C. 液体质点加速度　　D. 加速度

79. 图中相互之间可以列总流伯努利方程的断面是：

A. 1-1 断面和 2-2 断面　　B. 2-2 断面和 3-3 断面
C. 1-1 断面和 3-3 断面　　D. 3-3 断面和 4-4 断面

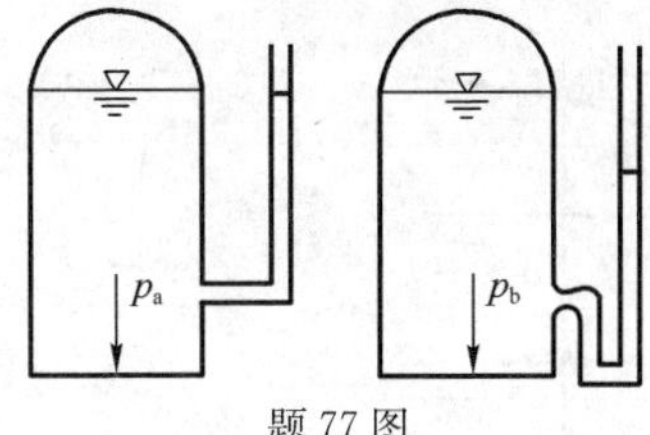

题 77 图

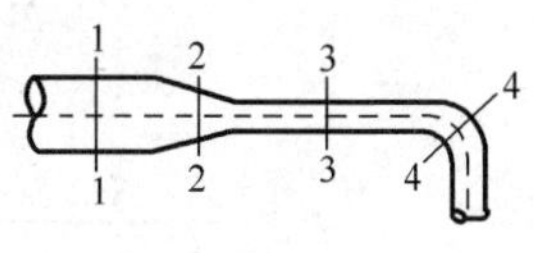

题 79 图

80. A、B 两根圆形输水管，管径相同，雷诺数相同，A 管为热水，B 管为冷水，则两管流量 q_{V_A}、q_{V_B} 的关系为：

A. $q_{V_A}>q_{V_B}$　　B. $q_{V_A}=q_{V_B}$　　C. $q_{V_A}<q_{V_B}$　　D. 不能确定大小

81. 紊流附加切应力 $\bar{\tau}_2$ 等于：

A. 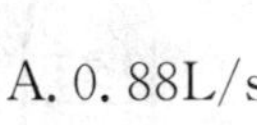 $\rho\overline{u_x'u_y'}$　　B. $-\rho\overline{u_x'u_y'}$　　C. 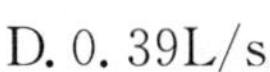 $\overline{u_x'u_y'}$　　D. $-\overline{u_x'u_y'}$

82. 图示直径为 20mm、长 5m 的管道自水池取水并泄入大气中，出口比水池水面低 2m，已知沿程水头损失系数 $\lambda=0.02$，进口局部水头损失系数 $\zeta=0.5$，则泄流量 Q 为：

A. 0.88L/s　　B. 1.90L/s
C. 0.77L/s　　D. 0.39L/s

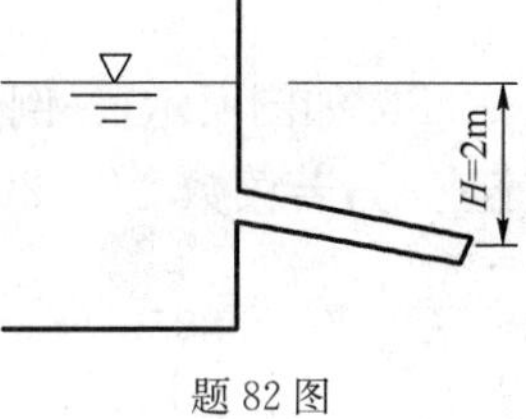

题 82 图

83. 边界层分离的必要条件是：

A. 来流流速分布均匀　　B. 有逆压梯度和物面黏性阻滞作用
C. 物面形状不规则　　D. 物面粗糙

84. 作用水头相同时，孔口的过流量要比相同直径的管嘴过流量：

A. 大　　B. 小　　C. 相同　　D. 无法确定

85. 明渠均匀流的流量一定，当渠道断面形状、尺寸和壁面粗糙程度一定时，正常水深随底坡增大而：

A. 增大　　　　　　B. 减小　　　　　　C. 不变　　　　　　D. 不确定

86. 图示承压含水层的厚度 $t=7.5\text{m}$，用完全井进行抽水试验，在半径 $r_1=6\text{m}$、$r_2=24\text{m}$ 处，测得相应的水头降落 $s_1=0.76\text{m}$、$s_2=0.44\text{m}$，井的出流量 $Q=0.01\text{m}^3/\text{s}$，则承压含水层的渗流系数 k 为：[注：$s=\dfrac{Q}{2\pi kt}(\ln R-\ln r)$，$R$ 为影响半径]

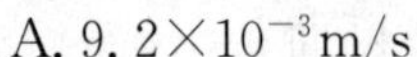

A. $9.2\times10^{-3}\text{m/s}$　　B. $8.2\times10^{-4}\text{m/s}$　　C. $9.2\times10^{-4}\text{m/s}$　　D. $8.2\times10^{-3}\text{m/s}$

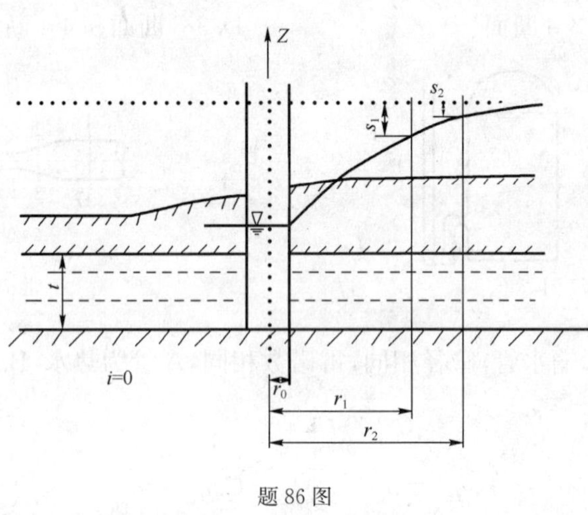

题 86 图

87. 模型与原形采用相同介质，为满足黏性阻力相似，若几何比尺为 10，设计模型应使流速比尺为：

A. 10　　　　　　B. 1　　　　　　C. 0.1　　　　　　D. 5

88. 如图所示，一倒置 U 形管，上部为油，其密度 $\rho_{油}=800\text{kg/m}^3$，用来测定水管中的 A 点流速 u_A，若读数 $\Delta h=200\text{mm}$，则该点流速 u_A 为：

A. 0.885m/s　　　　　　B. 1.980m/s

C. 1.770m/s　　　　　　D. 2.000m/s

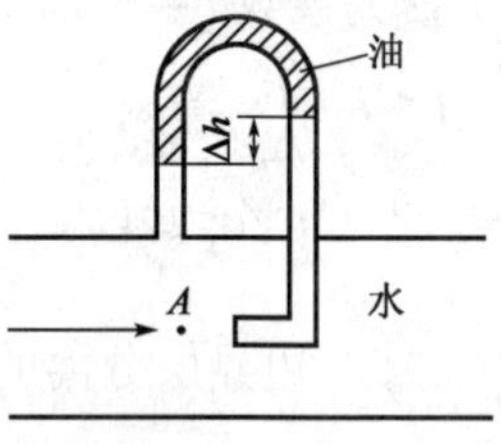

油
Δh
A
水

题 88 图

89. 在微机组成系统中用于传输信息的总线指的是：

A. 数据总线，连接硬盘的总线，连接软盘的总线

B. 地址线，与网络连接的总线，与打印机连接的总线

C. 数据总线，地址总线，控制总线

D. 控制总线，光盘的连接总线，U 盘的连接总线

90. Windows 98 操作系统是：

A. 单用户多任务系统　　　　　　B. 单用户单任务系统

C. 多用户单任务系统　　　　　　D. 多用户多任务系统

91. 与二进制数 11011101.1101 等值的八进制数是：

A. 135.61　　B. 335.64　　C. 235.61　　D. 235.64

92. Internet 网使用的协议是：

A. Token　　B. x.25/x.75
C. CSMA/CD　　D. TCP/IP

93. 判断 A、B 变量不同时为零(至少 1 个为零)的逻辑表达式是：

A. AE.0.AND.B.NE.0　　B. A＊B EQ.0.AND.A+B.NE.0
C. A+B.NE.0　　D. A＊B EQ.0

94. 以下程序求两个整数 M,N 的最大公约数：

```
      SUBROUTINE ZDGUS(M,N)
      K=______
      DO 10 J=2,K
      IF(MOD(N,J).EQ.0.AND.MOD(M,J).EQ.0)L=J
10    CONTINUE
      WRITE(*,'(2X,15)')L
      RETURN
      END
```

为了使程序完整,在______处应填入的是：

A. M　　B. N　　C. MIN(M,N)　　D. M/N

95. 阅读下列 FORTRAN 程序：

```
      DIMENSION M(6)
      READ(*,*)M
      DO 10 J=1,6
      DO 10 K=J,6
      IF(M(K)LTM(J))THEN
      N=M(K)
      M(K)=M(J)
      M(J)=N
      END IF
10    CONTINUE
      WRITE(*,100)(M(I),I=1,6)
100    FORMAT(2X,614)
      END
```

键盘输入 10,7,9,2,1,3;程序运行后的输出结果是：

A. 1 2 3 7 9 10　　B. 10 9 7 3 2 1　　C. 7 9 2 1 3 10　　D. 3 1 2 9 7 10

96. 阅读下列 FORTRAN 程序：

```
      MOIUH=N(5)+N(10)
      WRITE(*,'(2X,15)')MQIUH
      END
      FUNCTION N(K)
      N=0
      DO 10 J=1,K
      N=N+J
10    CONTINUE
      RETURN
      END
```

程序运行后的结果是：

A. 65　　B. 85　　C. 90　　D. 70

97. 已知顺序数据文件 FILE3. DAT 有如下数据：

```
50,54,64,65
65,70,85,90
46,73,60,72
```

阅读 FORTRAN 程序

```
      DIMENSION M(12)
      OPEN(10,FILE=:FILE3. DAT,)
      READ(10,*)(M(I),I=1,12)
      DO 10J=1,12
      IF (M(J). GE. 60)N=N+1
10    CONTINUE
      WRITE(*,20)N
20    FORMAT(2X,'N=',12)
      END
```

程序输出后的结果是：

A. N=7　　B. N=8　　C. N=4　　D. N=9

98. 阅读 FORTRAN 程序：

```
      DIMENSION M(4,3)
      DATE M/-10,12,24,11,20,-15,61,78,93,30,44,-45/
      N(M(1,1)
      DO 10I=1,4
      DO 10J=1,3
      IF (M(I,J)LT. N) THEN
```

```
        N=M(I,J)
        K1=1
        K2=J
        ENDIF
10      CONTINUE
        WRITE( *,'(2X,314)')N,K1,K2
```

程序运行后的输出结果是：

A. 93,3,1　　B. −10,1,1　　C. −45,4,3　　D. 78,3,2

99. 图示电路中，磁性材料上绕有两个导电线圈，若上方线圈加的是 100V 的直流电压，则：

A. 下方线圈两端不会产生磁感应电动势
B. 下方线圈两端产生方向为左"−"右"+"的磁感应电动势
C. 下方线圈两端产生方向为左"+"右"−"的磁感应电动势
D. 磁性材料内部的磁通取逆时针方向

100. 图示电路中，I_{S1}、I_{S2}、U_S 均为已知的恒定直流量，设流过电阻上的电流 I_R 如图所示，则以下说法正确的是：

A. 按照基尔霍夫定律可求得 $I_R = I_{S1} + I_{S2}$
B. $I_R = I_{S1} - I_{S2}$
C. 因为电感元件的直流电路模型是短接线，所以 $I_R = \dfrac{U_S}{R}$
D. 因为电感元件的直流电路模型是断路，所以 $I_R = I_{S2}$

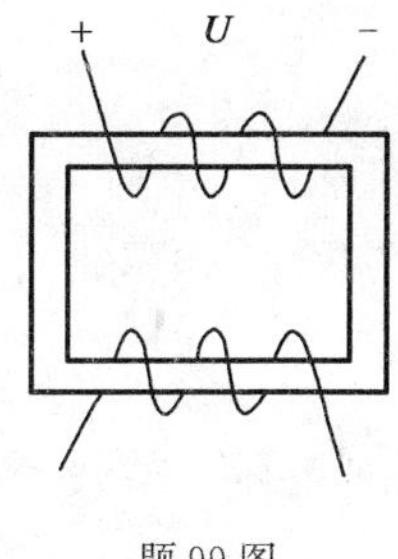

题 99 图

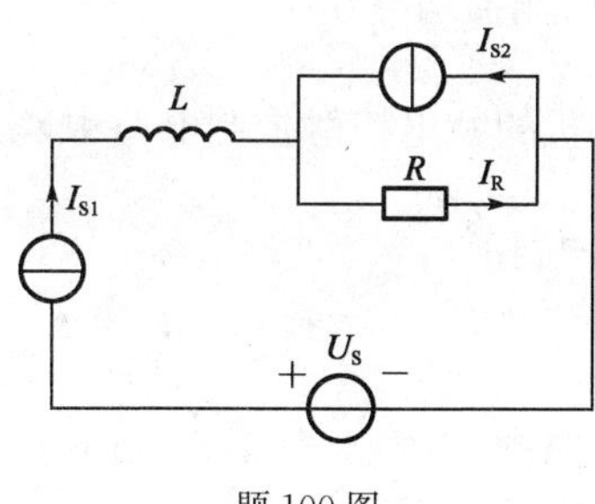

题 100 图

101. 图 a)电路按戴维南定理等效成图 b)所示电压源时，计算 R_0 的正确算式为：

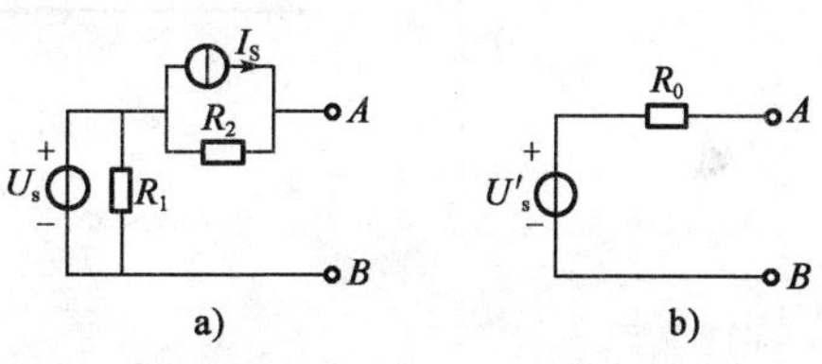

题 101 图

A. $R_0=R_1//R_2$　　B. $R_0=R_1+R_2$

C. $R_0=R_1$　　D. $R_0=R_2$

102. 有三个 100Ω 的线性电阻接成△三相对称负载，然后挂接在电压为 220V 的三相对称电源上，这时供电线路上的电流为：

A. 6. 6A　　B. 3. 8A

C. 2. 2A　　D. 1. 3A

103. 图示电路中，电容的初始能量为 0，设开关 S 在 $t=0$ 时刻闭合，此后电路将发生过渡过程，那么，决定该过渡过程的时间常数 τ 为：

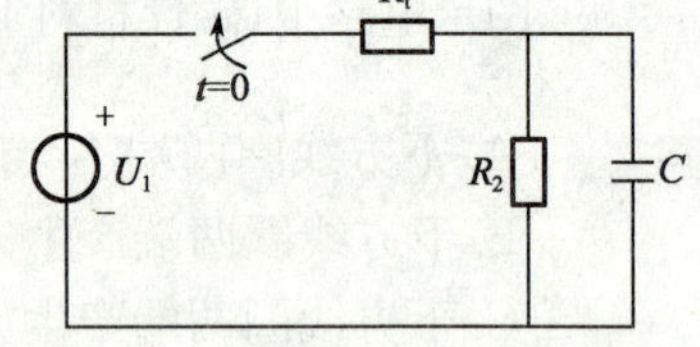

题 103 图

A. $\tau=(R_1+R_2)C$

B. $\tau=(R_1//R_2)C$

C. $\tau=R_2C$

D. 与电路的外加激励 U_i 有关

104. 某 $\cos\varphi$ 为 0. 4 的感性负载，外加 100V 的直流电压时，消耗功率 100W，则该感性负载的感抗为：

A. 100Ω　　B. 229Ω

C. 0. 73Ω　　D. 329Ω

105. 实际变压器工作时：

A. 存在铁损，不存在铜损　　B. 存在铜损，不存在铁损

C. 铁损、铜损均存在　　D. 铁损、铜损均不存在

106. 在电动机的断电接触控制电路中，实现零压保护的电器是：

A. 停止按钮　　B. 热继电器

C. 时间继电器　　D. 交流接触器

107. 图示电路中，若输入电压 $u_i=10\sin(\omega t+30°)$V，则输出直电压数值 U_L 为：

A. 3. 18V　　B. 5V　　C. 6. 36V　　D. 10V

108. 晶体管单管放大电路如图所示，当晶体管工作于线性区时，晶体管的输入电阻为 R_{be}，那么，该放大电路的输入电阻为：

A. R_{be}

B. $R_{B1}//R_{B2}//R_{be}$

C. $R_{B1}//R_{B2}//(R_E+R_{be})$

D. $R_{B1}//R_{B2}//[R_E+(1+\beta)R_{be}]$

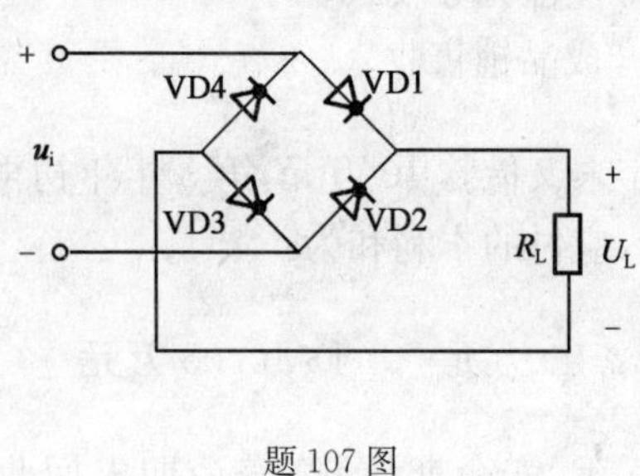

题 107 图

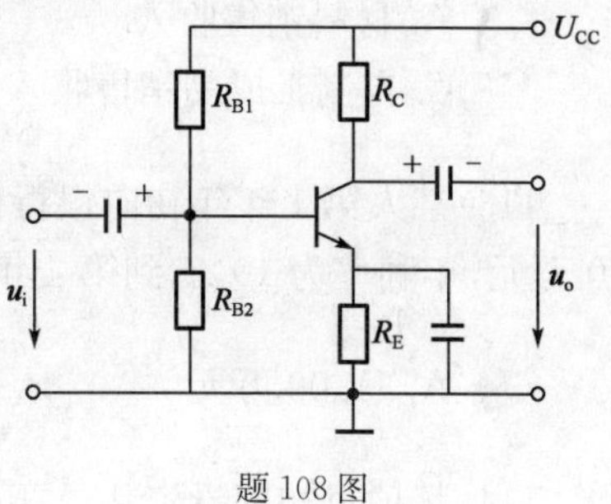

题 108 图

109. 运算放大器应用电路如图所示，在运算放大器线性工作区，输出电压与输入电压之间的运算关系是：

A. $u_0=-\frac{1}{R_1C}\int u_i\mathrm{d}t$　　B. $u_0=\frac{1}{R_1C}\int u_i\mathrm{d}t$

C. $u_0=-\frac{1}{(R_1+R_2)C}\int u_i\mathrm{d}t$　　D. $u_0=\frac{1}{(R_1+R_2)C}\int u_i\mathrm{d}t$

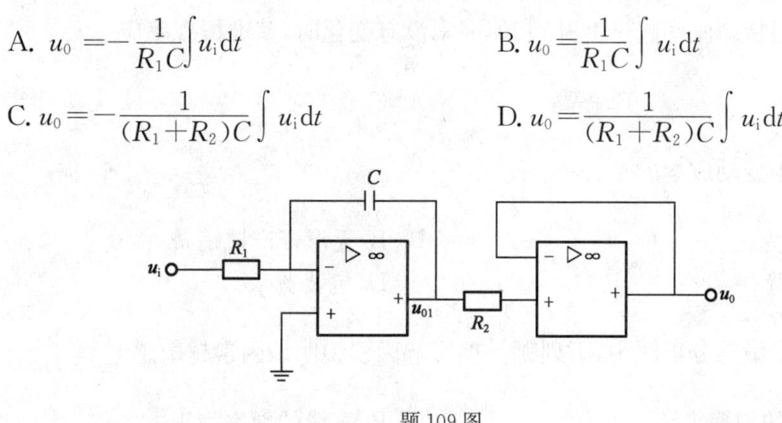

题 109 图

110. 如图所示电路中，Q_1、Q_0 的原始状态为“1 1”，当送入两个脉冲后的新状态为：

A. “0 0”　　B. “0 1”

C. “1 1”　　D. “1 0”

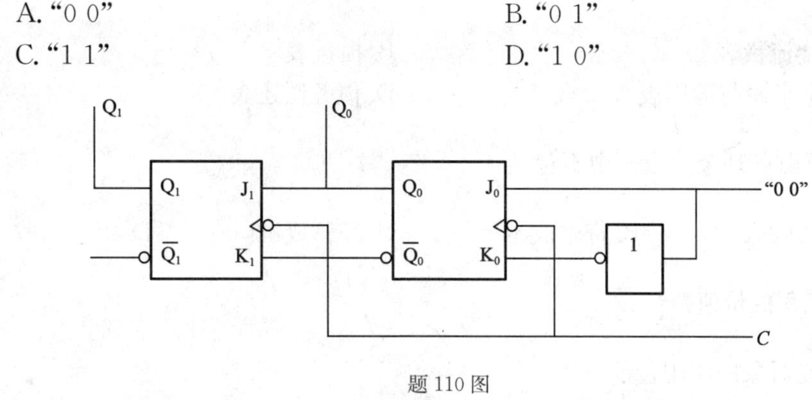

题 110 图

111. 下面不属于工程建设其他投资的是：

A. 土地使用费　　B. 与项目建设有关的其他费用

C. 预备费　　D. 联合试运转费

112. 下面不属于产品销售收入的是：

A. 材料销售收入　　B. 工业性劳务收入
C. 自制半成品销售收入　　D. 产成品销售收入

113. 某人第1年年初向银行借款10万元，第1年年末又借款10万元，第3年年初再次借10万元，年利率为10％，到第4年末连本带利一次还清，应付的本利和为：

A. 31.00万元　B. 76.20万元　C. 52.00万元　D. 40.05万元

114. 某项目初期投资150万元，年运营成本90万元，寿命期5年，寿命期末回收残值20万元，企业基准折现率10％，则该项目的费用现值为：

A. 478.75万元　B. 503.59万元　C. 511.63万元　D. 538.95万元

115. 当社会通货膨胀率趋于上升，其他因素没有变化时，基准折现率应：

A. 降低　B. 提高　C. 保持不变　D. 无法确定

116. 下面属于变动成本的是：

A. 折旧费　　B. 无形资产摊销费
C. 管理费　　D. 包装费

117. 在单因素敏感分析图中，下列哪一项影响因素说明该因素越敏感？

A. 直线的斜率为负　　B. 直线的斜率为正
C. 直线的斜率绝对值越大　　D. 直线的斜率绝对值越小

118. 财务评价主要财务报表不包括：

A. 现金流量表　　B. 损益表
C. 资金来源与运用表　　D. 债务偿还表

119. 全投资财务现金流量表中不包括：

A. 销售收入　B. 贷款成本　C. 经营成本　D. 资产回收

120. 价值工程的价值是：

A. 研究对象的使用价值
B. 研究对象的交换价值
C. 研究对象的使用和交换价值
D. 研究对象所具有的功能与获得该功能的全部费用的比值

2008 年度全国勘察设计注册工程师公共基础考试

试题解析及参考答案

1. **解** 与 $\boldsymbol{\alpha}$，$\boldsymbol{\beta}$ 都垂直的向量为 $\boldsymbol{r}=\pm\begin{vmatrix}\boldsymbol{i} & \boldsymbol{j} & \boldsymbol{k}\\ 1 & 2 & 3\\ 1 & -3 & -2\end{vmatrix}=\pm(5\boldsymbol{i},5\boldsymbol{j},-5\boldsymbol{k})$ 将 $\boldsymbol{r}$ 单位化得 $\boldsymbol{\beta}=\frac{\boldsymbol{r}}{|\boldsymbol{r}|}=\pm\frac{1}{\sqrt{3}}(1,1,-1)$。

答案:D

2. **解** 平面 π 过点 $(1,1,0)$，$(0,0,1)$，$(0,1,1)$，可取平面上两直线方向向量为 $(-1,-1,1)$ 和 $(-1,0,1)$，则平面的法向量 $\boldsymbol{n}=\begin{vmatrix}\boldsymbol{i} & \boldsymbol{j} & \boldsymbol{k}\\ -1 & -1 & 1\\ -1 & 0 & 1\end{vmatrix}=(-\boldsymbol{i},0,-\boldsymbol{k})$。因为直线与平面 π 垂直，即直线的方向向量与平面 π 的法向量平行，故直线方向向量为 $(-1,0,-1)$，且过点 $(1,1,1)$，从而直线的对称方程为 $\frac{x-1}{1}=\frac{y-1}{0}=\frac{z-1}{1}$。

答案:A

3. **解** 椭圆锥面：$\frac{x^2}{a^2}+\frac{y^2}{b^2}=z^2$

单叶双曲面：$\frac{x^2}{a^2}+\frac{y^2}{b^2}-\frac{z^2}{c^2}=1$

双叶双曲面：$\frac{x^2}{a^2}-\frac{y^2}{b^2}-\frac{z^2}{c^2}=1$

椭球面：$\frac{x^2}{a^2}+\frac{y^2}{b^2}+\frac{z^2}{c^2}=1$

答案:A

4. **解** 左极限 $\lim\limits_{x\to1^-}f(x)=\lim\limits_{x\to1^-}2x=2$；右极限 $\lim\limits_{x\to1^+}f(x)=\lim\limits_{x\to1^+}(4-x)=3$。
因为 $\lim\limits_{x\to1^-}f(x)\neq\lim\limits_{x\to1^+}f(x)$，故极限不存在。

答案:D

5. **解** $y'=\frac{\mathrm{d}y}{\mathrm{d}x}=2\sin\frac{1}{x}\cos\frac{1}{x}\cdot\left(-\frac{1}{x^2}\right)=-\frac{1}{x^2}\sin\frac{2}{x}$

答案:C

6. **解** $y'=\mathrm{e}^{2f(x)}\cdot 2f'(x)$
$y''=\mathrm{e}^{2f(x)}\cdot 4[f'(x)]^2+\mathrm{e}^{2f(x)}[2f''(x)]=2\mathrm{e}^{2f(x)}[2(f'(x))^2+f''(x)]$

答案:D

7.解　曲线上任意一点的切线斜率为 $k=y'|_{x=x_0}=3x_0^2-6$，由于切线平行于 x 轴，则 $k=3x_0^2-6=0$，即 $x_0=\pm\sqrt{2}$，故该点为 $(\pm\sqrt{2},\mp4\sqrt{2})$。

答案:C

8.解　由于 $f(x)$ 为偶函数，$f'(x)$ 为奇函数，所以在 $(-\infty,0)$ 内必有 $f'(x)<0$；由于 $f''(x)$ 为偶函数，所以在 $(-\infty,0)$ 内必有 $f''(x)>0$。

答案:B

9.解　设 $f(x)=2x$，$g(x)=2x+1$，则满足 $f'(x)=g'(x)$，但 $f(x)\neq C\cdot g(x)$。

答案:A

10.解　设 $\int_0^1 f(x)\mathrm{d}x=C$ 则 $f(x)=x\mathrm{e}^{-x}+C\cdot\mathrm{e}^x$

$$\int_0^1 f(x)\mathrm{d}x=\int_0^1[x\mathrm{e}^{-x}+C\cdot\mathrm{e}^x]\mathrm{d}x=\int_0^1 x\mathrm{e}^{-x}\mathrm{d}x+C\int_0^1\mathrm{e}^x\mathrm{d}x$$

$$=-\int_0^1 x\mathrm{d}\mathrm{e}^{-x}+C\int_0^1\mathrm{e}^x\mathrm{d}x=-x\cdot\mathrm{e}^{-x}|_0^1+\int_0^1\mathrm{e}^{-x}\mathrm{d}x+C\cdot\mathrm{e}^x|_0^1$$

$$=-\mathrm{e}^{-1}+(-\mathrm{e}^{-x})|_0^1+C\cdot(\mathrm{e}-1)=-\frac{1}{\mathrm{e}}-\mathrm{e}^{-1}+1+C\cdot\mathrm{e}-C$$

$$=C$$

$$1-\frac{2}{e}=2C-C\mathrm{e}=(2-\mathrm{e})C$$

故
$$C=\frac{1-\frac{2}{\mathrm{e}}}{2-\mathrm{e}}=\frac{\mathrm{e}-2}{\mathrm{e}(2-\mathrm{e})}$$

$$=-\frac{1}{\mathrm{e}}\ f(x)=x\cdot\mathrm{e}^{-x}+\mathrm{e}^x\cdot(-\mathrm{e}^{-1})=x\mathrm{e}^{-x}-\mathrm{e}^{x-1}$$

答案:B

11.解　$\int_0^{+\infty}\frac{C}{2+x^2}\mathrm{d}x=1$，则 $\frac{1}{C}=\int_0^{+\infty}\frac{1}{2+x^2}\mathrm{d}x$

$$\frac{1}{C}=\frac{\sqrt{2}}{2}\arctan\frac{x}{\sqrt{2}}\bigg|_0^{+\infty}$$

$$\frac{1}{C}=\frac{\sqrt{2}}{2}\left(\frac{\pi}{2}-0\right)$$

$$C=\frac{2\sqrt{2}}{\pi}$$

答案:C

12.解　区域 D 如图所示：

$$\iint_D f(x\cdot y)\mathrm{d}x\mathrm{d}y=\int_0^1\mathrm{d}y\int_{1-\sqrt{1-y^2}}^{2-y}f(x\cdot y)\mathrm{d}x$$

答案:B

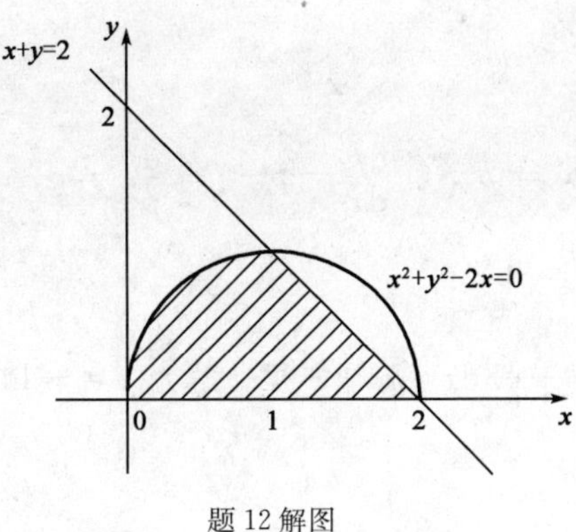

题 12 解图

13. **解** 由图可得所围图形的面积为 $\int_{\frac{\pi}{4}}^{\pi+\frac{\pi}{4}}(\sin x-\cos x)\mathrm{d}x$ 。

答案:B

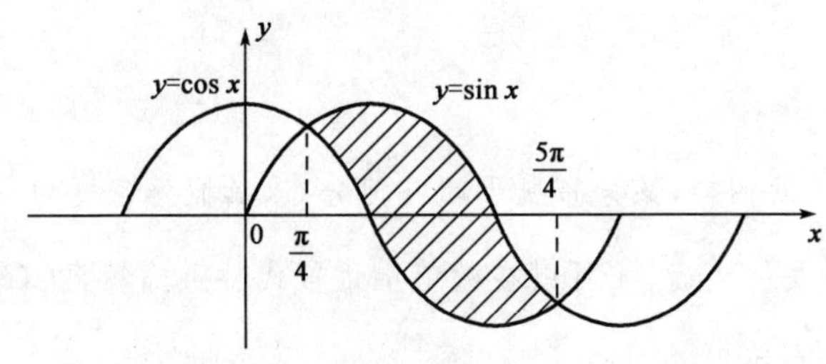

题 13 解图

14. **解** 显然 $\sum\limits_{n=1}^{\infty}\frac{(-1)^{n-1}}{n}$ 是收敛的交错级数，而 $\left|\sum\limits_{n=1}^{\infty}\frac{(-1)^{n-1}}{n}\right|=\sum\limits_{n=1}^{\infty}\frac{1}{n}$，且 $\sum\limits_{n=1}^{\infty}\frac{1}{n}$ 发散，则 $\sum\limits_{n=1}^{\infty}\frac{(-1)^{n-1}}{n}$ 条件收敛。

答案:B

15. **解** 由于 $\mathrm{e}^x=\mathrm{e}\cdot\mathrm{e}^{x-1}$，而 $\mathrm{e}^{x-1}=\sum\limits_{n=0}^{\infty}\frac{(x-1)^n}{n!}$，所以 $\mathrm{e}^x=\mathrm{e}\cdot\sum\limits_{n=0}^{\infty}\frac{(x-1)^n}{n!}$。

答案:B

16. **解** $(1+2y)x\mathrm{d}x+(1+x^2)\mathrm{d}y=0$

$(1+2y)x\mathrm{d}x=-(1+x^2)\mathrm{d}y$

$(1+2y)\mathrm{d}x=-\frac{1+x^2}{x}\mathrm{d}y$

$\int\frac{x\mathrm{d}x}{1+x^2}=\int\frac{-\mathrm{d}y}{1+2y}$

$\frac{1}{2}\int\frac{\mathrm{d}(x^2+1)}{1+x^2}=-\frac{1}{2}\int\frac{\mathrm{d}(2y)}{1+2y}$

$\frac{1}{2}\ln(1+x^2)=-\frac{1}{2}\ln|1+2y|+C$

$\ln[(1+x^2)\cdot|1+2y|]=2C$

答案:B

17. **解** 令 $y'=p$,则 $p'=p^2$,解 $\frac{dp}{dx}=p^2$ 可得 $\frac{dp}{p^2}=dx$,所以 $-\frac{1}{p}=x+C_1$,则 $\frac{dy}{dx}=\frac{1}{-x-C_1}$。

分离变量可得 $dy=-\frac{1}{x+C_1}dx$,则原方程通解为 $y=-\ln|x+C_1|+C_2$。

答案:D

18. **解** 特征方程为 $r^2-2r+1=0$,$(r-1)^2=0$,因为 $r_1=r_2=1$,所以 $y=(c_1+c_2x)e^x$。

答案:A

19. **解** 由于 P(A|B)=P(A),所以 P(AB)=P(A)P(B)≠0。故 A、B 相互独立,从而选项 D 不成立。

答案:D

20. **解** 由于是不放回抽样,该分布属于超几何分布,其概率密度为 $\frac{C_8^3C_2^1}{C_{10}^4}$,没有答案。

选项 C 在样本数量足够大时,才可以在数值上近似代替正确答案($C_{10}^6=C_{10}^4$)。

答案:没有答案

21. **解** 由于 $\mu_1=E(X)=0\times\theta^2+1\times2\theta\times(1-\theta)+2\times\theta^2+3\times(1-2\theta)=3-4\theta=\overline{X}$,又由于 $\overline{X}=\frac{1}{8}\times(3+1+3+0+3+1+2+3)=2$,所以 $3-4\theta=2$,则 θ 的矩估计值 $\hat{\theta}=\frac{1}{4}$。

答案:A

22. **解** 由于 $|\boldsymbol{A}|=\begin{vmatrix}1&0&0\\0&1&2\\0&2&4\end{vmatrix}=\begin{vmatrix}1&2\\2&4\end{vmatrix}=4-4=0$,所以 $r(\boldsymbol{A})<3$。

又因为 $\boldsymbol{A}$ 的一个一阶子式为 1,不等于 0。所以 $r(\boldsymbol{A})>1$,$r(\boldsymbol{A})=2$。

答案:C

23. **解** $\vec{\gamma}$ 可用 $\vec{\alpha}$、$\vec{\beta}$ 线性表示,即 $\vec{\gamma}=k_1\vec{\alpha}+k_2\vec{\beta}$,所以 $\vec{\alpha}$、$\vec{\beta}$、$\vec{\gamma}$ 线性相关,$\vec{\alpha}$、$\vec{\beta}$、$\vec{\gamma}$、$\vec{\delta}$ 也线性相关,所以选项 A,选项 B 错误;假设 $\vec{\alpha}$、$\vec{\beta}$、$\vec{\delta}$ 线性相关,则 $\lambda_1\vec{\alpha}+\lambda_2\vec{\beta}+\lambda_3\vec{\delta}=0$。其中 λ_1、λ_2、λ_3 不全为 0。已知 $\vec{\delta}$ 不能由 $\vec{\alpha}$、$\vec{\beta}$ 线性表示,所以 $\lambda_3=0$,即 $\lambda_1\vec{\alpha}+\lambda_2\vec{\beta}=0$。又有 $\vec{\alpha}$、$\vec{\beta}$ 线性无关,可得 $\lambda_1=\lambda_2=0$。与假设相矛盾,所以假设不成立,选项 C 错误。

答案:D

24. **解**　由题意可知 $\boldsymbol{A}\boldsymbol{\xi}=\lambda_1\boldsymbol{\xi}$，$\boldsymbol{A}\boldsymbol{\eta}=\lambda_2\boldsymbol{\eta}$，$\boldsymbol{A}(k_1\boldsymbol{\xi}+k_2\boldsymbol{\eta})=k_1\boldsymbol{A}\boldsymbol{\xi}+k_2\boldsymbol{A}\boldsymbol{\eta}=k_1\lambda_1\boldsymbol{\xi}+k_2\lambda_2\boldsymbol{\eta}$。

当且仅当 $\lambda_1=\lambda_2=\lambda$ 时，$\boldsymbol{A}(k_1\boldsymbol{\xi}+k_2\boldsymbol{\eta})=\lambda(k_1\boldsymbol{\xi}+k_2\boldsymbol{\eta})$ 即 $k_1\boldsymbol{\xi}+k_2\boldsymbol{\eta}$ 是 $\boldsymbol{A}$ 的特征向量。已知 $\lambda_1\neq\lambda_2$，所以存在任意的 $k_1\neq 0$ 和 $k_2\neq 0$，$k_1\boldsymbol{\xi}+k_2\boldsymbol{\eta}$ 都不是 $\boldsymbol{A}$ 的特征向量，故正确选项为C。

答案:C

25. **解**　分子的平均平动动能 $\bar{\omega}=\frac{3}{2}kT$，只与温度有关，所以平均平动动能相同。

理想气体内能 $E=\frac{i}{2}\upsilon RT=\frac{i}{2}\frac{m}{M}RT$，氢气和氧气都是双原子分子，所以自由度 i 都为5，质量相同时，摩尔质量 M 越大，内能越小。所以氧气内能小于氢气内能。

答案:A

26. **解**　速率分布函数 $f(v)=\frac{\mathrm{d}N}{N\mathrm{d}v}$，表示 v 附近单位速率区间的分子数占总分子数的百分比。则 v 附近单位速率区间的分子数为 $\mathrm{d}N=N\mathrm{d}vf(v)$，所以 $v_1\sim v_2$ 区间分子数 $\Delta N=\int_{v_1}^{v_2}\mathrm{d}N=N\int_{v_1}^{v_2}\mathrm{d}vf(v)$。

答案:B

27. **解**　$E=\frac{i}{2}\upsilon RT=\frac{i}{2}pV$，所以内能变化为 $\Delta E=\frac{i}{2}\upsilon R(T_2-T_1)=\frac{i}{2}(p_2V_2-p_1V_1)$。

答案:B

28. **解**　选项A:由理想气体状态方程 $p=nkT$，当压强 p 和温度 T 相同时，分子数密度 n，即单位体积内分子数相同。故A错。

选项B:单位体积内气体质量 $m=nM$，分子数密度 n 相同，但摩尔质量 M 不同，单位体积的气体质量不同，故B错。

选项C:单位体积内气体分子的总平均平动动能为 $n\bar{\omega}=n\frac{3}{2}kT$，因为分子数密度 n 和温度 T 相同，所以单位体积内气体分子的总平均平动动能相同，故C正确。

选项D:单位体积内气体内能为 $n\bar{\varepsilon}=n\frac{i}{2}kT$，由于自由度 i 未知。所以无法判断，故D错。

答案:C

29. **解**　卡诺循环效率为：$\eta=1-\frac{T_2}{T_1}=1-\frac{400}{500}=20\%$

答案:D

30. **解**　选项A错误，热可以全部转化为功，但要产生其他影响。如等温膨胀过程，系统吸收的热量全部转化为功，但体积膨胀对外界产生了影响。

选项B错误，外界对系统做功可以使得热量从低温物体传到高温物体，如空调制冷。但不可能把热量从低温物体传到高温物体，而不引起其他变化。

选项C错误，不可逆过程并非不能反向进行，而是指反向进行时系统和外界不能完全恢复原状。

选项D正确，一切自发过程都是从较有序状态到更无序状态，熵是增大的，所以是不可逆过程。

答案：D

31. 解　不同频率的声波在空气中的波速一样，即 $u_1 = u_2$ 。波长不同，$\lambda_1 = \frac{u_1}{\nu_1}$，$\lambda_2 = \frac{u_2}{\nu_2}$ 。

由题可知 $\lambda_1 = 2\lambda_2$ 。频率为 ν_1 声波在相距 l 两点的相位差为 $\Delta\varphi_1 = \frac{2\pi}{\lambda_1}l = \pi$，则频率为 ν_2 声波在相距 $\frac{l}{2}$ 两点的相位差为 $\Delta\varphi_2 = \frac{2\pi}{\lambda_2}\frac{l}{2} = \frac{2\pi}{\frac{\lambda_1}{2}}\frac{l}{2} = \frac{2\pi}{\lambda_1}l = \Delta\varphi_1 = \pi$ 。

答案：B

32. 解　把 $t = 0.5$ s 代入波动表达式，可得 $y = 0.05\cos(4\pi x + 10\pi)$，波峰位置即正的最大位移处，令 $y = 0.05\cos(4\pi x + 10\pi) = 0.05$，则 $4\pi x + 10\pi = 2k\pi$，其中 $k = 0, \pm1, \pm2, \cdots$，所以 $x = \frac{2k - 10}{4}$ 。

答案：A

33. 解　将下面一个缝盖住后，通过下面这个缝的光程增大，导致零级明纹和其他条纹向下移动。

答案：D

34. 解　衍射明纹条件为 $a\sin\theta = (2k+1)\frac{\lambda}{2}$，可分为 $2k+1$ 个半波带，所以第三级明纹可分为7个半波带。

答案：C

35. 解　光强为 I_0 的自然光入射到第一个偏振片后，透射光强 $I_1 = \frac{1}{2}I_0$ 。入射到第二个偏振片后，透射光强 $I_2 = I_1\cos^2\theta = \frac{1}{2}I_0\cos^2 45^\circ = \frac{I_0}{4}$ 。

答案：A

36. 解　光在不同介质中的速度是不一样的，在真空中光速为 c，在折射率为 n 的玻璃中速度为 $v = \frac{c}{n}$，所以相同时间传播的路程不相等。在空气中光程为 $L_1 = ct$，在玻璃中光程为 $L_2 = n \cdot vt = ct = L_1$，所以相同时间走过的光程相等。

答案：C

37. 解　盐桥中不能通过分子。

答案:A

38.**解**　因为 $K_p = K_c(RT)^{\Delta n}$。Δn(表示生成物的化学计量数减去反应物的化学计量数) = $2-3=-1$, $K_p = K_c/(RT)$ 。

答案:C

39.**解**　pH=2.00 的 HCl 溶液,$c(H^+)=0.01mol/L$。pH=13.00 的 NaOH 溶液,$c(OH^-)=0.1mol/L$。因 $H^+ + OH^- = H_2O$,又两者等体积混合,所以反应的物质的量 $n=0.01V$,溶液中还剩过量的 NaOH 和 NaCl,且 $c(OH^-)=(0.1-0.01)/2=0.045$。可得 $c(H^+)=K_w/c(OH^-)=2.2\times10^{-13}$,$pH=-\lg[c(H^+)]=12.65$。

答案:B

40.**解**　镧系收缩使第三过渡系与第二过渡系的同族元素在原子半径(或离子半径)上相近,所以性质相似,Zr 和 Hf 为 IVB 族元素,所以受影响。

答案:A

41.**解**　$\Delta_r G_m^\ominus = \Delta_f G_m^\ominus(CO_2) + \Delta_f G_m^\ominus(O_2) = -394.36kJ/mol < 0$

能自发进行,但温度没达到 CO_2 燃烧时的着火点,故不能燃烧。

答案:B

42.**解**　O_2 中的键是非极性键,故为非极性分子,CO_2 和 BF_3 中键为极性键,但由于分子结构对称,机型相互抵消,所以为非极性分子。C_2H_3F 中有 H-F 极性键,且没有对称结构,所以为极性分子。

答案:D

43.**解**　同一主族元素,从上至下,随着原子半径的增大,电离能逐渐降低;同一周期元素,从左至右,随着原子半径的减小,电离能逐渐增大。

答案:C

44.**解**　乙二酸、甘油、季戊四醇、蔗糖都为分子晶体,且分子之间无氢键,所以熔点随着分子量的增大而增大,乙二醇的分子量最小,故凝固点最低。

答案:C

45.**解**　标准平衡常数 $\lg K^\ominus = -\Delta_r G_m/2.303RT$,故与反应方程式和温度有关。

答案:A

46.**解**　电子具有波粒二象性,选项 A 正确;可用 ψ^2 表示电子在核外某处出现的概率密度;用 ψ 的空间图像可以表示电子运动的空间范围,而不是轨迹;原子轨道能量不是连续的,是量子化的。

答案:A

47. **解**　σ 键是杂化轨道所成的键，C_2H_2 中的 C 以 sp 杂化，有 p 轨道未参与杂化，所以还有 π 键；CO_2 中 C 以 sp 杂化，也存在 π 键；CH_3COOH 中羰基 C 以 sp^2 杂化，存在 π 键；H_2O 是 sp^3 杂化，所以只有 σ 键。

答案：B

48. **解**　据计算，$n(H_2)=0.200g/2g\cdot mol^{-1}=0.100mol$，所以有一个不饱和度。根据 C 守恒，原分子中应有 3 分子的 C 。

答案：C

49. **解**　因为是在同一平面上，所以最后的化简结果是一合力。

答案：B

50. **解**　①由图可知，水平梁 CD 水平方向无受力，则 $F_{Ax}=F_{Ay}=0$。

②设 B 点竖直方向受力为 $F_{By}(\uparrow)$，以 A 点为原点，列力矩平衡方程 $aq\times\frac{q}{2}-M+F_{By}\times 2a-F_P\times 3a=0$，解这个方程，可得 $F_{By}=\frac{7}{4}aq(\uparrow)$。

③设 A 点竖直方向受力为 $F_{Ay}(\uparrow)$，列竖直方向受力方程 $F_{Ay}+F_{By}-aq-F_P=0$，解得$F_P=\frac{1}{4}aq(\uparrow)$。

答案：D

51. **解**　①如果物块在倾斜角为 α 的粗糙斜面向下滑动时，物块的摩擦力方向与相对滑动方向相反，即动摩擦力沿斜面向上。

②物块上作用向左的水平力 F_Q 维持物块在斜面上平衡时，物块受静摩擦力作用，摩擦力方向与相对滑动趋势方向相反，因为无法判定物块的滑动趋势，所以此时无法判定静摩擦力方向，既可能沿斜面向上，也可能向下。实际计算可先假定一个方向，如果计算结果为正，则实际方向与假定的方向相同，否则相反。

答案：C

52. **解**　对于 A 点，列力矩平衡方程：$\Sigma M_A=0, F_P\times a+2F_P\times 2a=F_B\times 3a$

对于 B 点，列力矩平衡方程：$\Sigma M_B=0, 2F_P\times a+F_P\times 2a=F_A\times 3a$

可解得 $F_A=\frac{4F_Pa}{3}(\uparrow), F_B=\frac{5F_Pa}{3}(\uparrow)$

以 B 节点为对象列力平衡方程，B 点所受水平力为 $\frac{5F_Pa}{3}(\rightarrow)$，则可知与 B 相连的横杆为压杆，受力为 $\frac{5F_Pa}{3}$，则由 $2F_P$ 作用的点分析可知，杆 1 压杆，受力为 $\frac{5F_Pa}{3}$ 。

答案：A

53. **解**　对 B 点进行力系简化，x 方向没有外在力，因此为 0，y 方向即所加外部载荷 F_P，方向向上，方向与外在载荷相反，对 B 取矩，为 F_P 和 m 共同作用下的力矩，因此选 C。

答案：C

54. **解** 由运动方程可得$\frac{x^2}{3}+\frac{(y-3)^2}{5}$，运动轨迹为椭圆。

答案:D

55. **解** A点的速度为$l\omega$，方向垂直于杆OA指向下方，将其往x方向投影，得$vB = l\omega\cos\varphi$。

答案:B

56. **解** 法向加速度大小$a_n = \frac{v^2}{\rho}$，方向指向圆心，因为此题中点的速度大小不变，所以法向加速度大小不变，方向时刻在变化，可得切向加速度$a_n = \frac{dv}{dt}$。

答案:A

57. **解** 转动惯量，又称惯性矩(俗称惯性力距，易与力矩混淆)，通常以I表示，SI单位为$kg \cdot m^2$，可以说是一个物体对于旋转运动的惯性。对于一个质点，$I=mr^2$，其中m是其质量，r是质点和转轴的垂直距离。

答案:A

58. **解** B机械能与x轴方向动量守恒，总动量与动量矩不守恒。由于此系统所受外力均为重力，均与水平x轴垂直，在x轴上投影的代数和为零，所以在x轴方向动量守恒。又由于在该系统运动过程中，做功之力均为有势力(重力)，故机械能也守恒。但是若在地面上任取一定点O为定轴，在运动过程中外力(重力)对O轴之矩是变动的，其代数和一般不为零，故动量矩不守恒。

地面对物块有支撑力作用，所以动量是不守恒的，从而动量矩也不守恒，因为无摩擦力作用，动能和势能相互转换，所以机械能是守恒的。

答案:B

59. **解** 绳在滑轮上是有摩擦的，因此$F_{T1}=F_{T2}$。

因为在重力作用下，物块A向下运动，列受力表达式(两物块加速度大小和速度大小均相同)可得，$F_{T1}<F_{T2}$。

答案:B

60. **解** 并联弹簧的当量刚性系数为：$k = k_1 + k_2 + \cdots + k_n$

串联弹簧的当量刚性系数为：$\frac{1}{k} = \frac{1}{k_1} + \frac{1}{k_2} + \cdots + \frac{1}{k_n}$

答案:D

61. **解** 自由度定义：完全、确定地描述受完整约束系统位置的独立坐标的数目。

自由度公式：$F = 3n - 2P_5 - P_4$

答案:B

62. **解** 此题考查轴向拉压杆斜截面上的应力，斜截面上的应力应均匀分布。

总应力：$P_a = \frac{N}{A_S}\sigma_0\cos\alpha$

正应力：$\sigma_a = P_a\cos\alpha = P_a\cos2\alpha$

剪应力：$\tau_a = P_a\sin\alpha$

答案:C

63. **解**　杆件在轴向拉伸时，轴向变长，横向缩短。

轴向变形：$\Delta l = l' - l$

轴向线应变：$\varepsilon = \frac{\Delta l}{l}$

答案:C

64. **解**　此题为概念题，挤压面积为 c_b。

答案:B

65. **解**　此题为概念题。

答案:D

66. **解**　横截面的最大剪应力发生在横截面周边各点处，其值为 $\tau = \frac{M_T}{W_t}$，数值上与正应力大小相同，根据应力圆可得正应力分布出现在45°斜截面上。

答案:D

67. **解**　根据右手法则，大拇指指向截面外侧就是正，反之为负。由外到内分别为－3、2.5。

答案:D

68. **解**　极惯性矩的值恒等于以该点为原点的任意一对坐标轴惯性矩之和。

答案:B

69. **解**　组合图形对坐标轴的惯性矩等于各个图形对坐标轴惯性矩的和。因此，题目中对 y 轴的惯性矩相等，对 z 轴时，a）图中间空白距离 z 轴较近，因此减去的值较小，故 a）图中对 z 轴惯性矩较大 。

答案:B

70. **解**　从中间铰链断开，可得$\begin{cases} R_A = F_C = \frac{M_0}{a} \\ M_A = F_C l = \frac{M_0}{a} l \end{cases}$

答案:B

71. **解**　许可荷载与直径的三次方成正比。

答案:C

72. **解** 选定坐标轴，作应力分析，可知$\sum F_x=0$，因此$\sigma\cos60^\circ \mathrm{d}A_1+\sigma\cos45^\circ \mathrm{d}A_2+\sigma\cos90^\circ \mathrm{d}A_3=0$。因为$\mathrm{d}A_3=\mathrm{d}A_1\cos60^\circ+\mathrm{d}A_2\cos45^\circ$，所以$\sigma_x=\sigma$。且$\sum F_y=0$，因此$\sigma\sin60^\circ \mathrm{d}A_1=\sigma\sin45^\circ \mathrm{d}A_2+\sigma\sin90^\circ \mathrm{d}A_3$。因为$\mathrm{d}A_1\sin60^\circ=\mathrm{d}A_2\sin45^\circ$，所以$\tau_{xy}=0$。

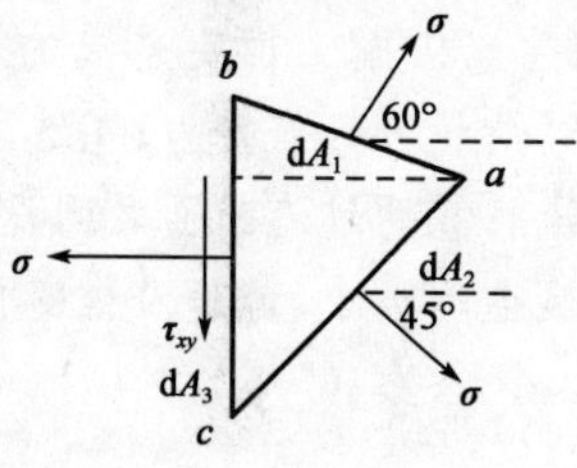

题 72 解图

答案:A

73. **解** 根据第三强度理论，$\sigma=\sigma_1-\sigma_3$。

状态 1：$\sigma_1=120,\sigma_2=0,\sigma_3=-120$，则$\sigma=\sigma_1-\sigma_3=240$。

状态 2：$\sigma_x=0,\sigma_y=-100,\tau=100$由公式$\frac{\delta_1}{\delta_2}=\frac{\delta_x+\delta_y}{2}\pm\sqrt{\left(\frac{\delta_x+\delta_y}{2}\right)^2+\tau_x^2}$，可得$\sigma_1=62,\sigma_2=0,\sigma_3=-162$，则$\sigma=\sigma_1-\sigma_3=224$。

状态 3：$\sigma_1=150,\sigma_2=120,\sigma_3=60$，则$\sigma=\sigma_1-\sigma_3=90$。

状态 4：$\sigma_1=100,\sigma_2=10,\sigma_3=0$，则$\sigma=\sigma_1-\sigma_3=100$。

综上所述，相当应力最大的是状态 1。

答案:A

74. **解** 参考低碳钢的力学性能。

答案:D

75. **解** 细长压杆的临界力公式为：$P_{cr}=\frac{\pi EI}{(UL)^2}$

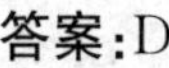
答案:D

76. **解** 此题考查细长压杆的临界力公式。

答案:C

77. **解** 设p_0为当地大气压，则$p_A=p_0,p_0=p_B+\rho gh$，$p_B<p_0=p_A$，$p_a=p_A+\rho gH,p_b=p_B+\rho gH$，得$p_a>p_b$。

答案:A

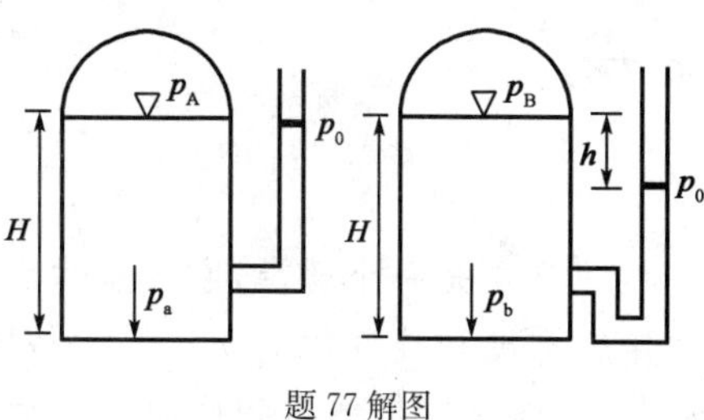

题 77 解图

78. **解** 此题考查当地加速度与迁移加速度的定义，当地加速度是同一位置因时间变化产生的加速度，又称时变加速度。迁移加速度是指同一时刻因位置变化而形成的加速度，又称位变加速度。

答案:B

79. **解**　恒定总流的能量方程的应用条件:①流动必须是恒定流;②流体是不可压缩的;③质量力只有重力;④选取的过流断面必须符合渐变流条件(两过流断面之间可以不是渐变流);⑤两过流断面之间没有能量的输入输出。2-2 断面和 4-4 断面均不符合渐变流的条件(流线曲率很小、流速沿程变化平缓,且流线间近似平行地流动)。

答案:C

80. **解**　雷诺数的定义为:$\mathrm{Re}=\dfrac{vd}{\upsilon}$,由于两者的雷诺数相等,管径相等,速度与运动黏度成正比,水的运动黏度随温度的升高而降低,故 A 管水温高,流速小,管径相同,流量与流速成正比,则有 $q_{v_A}<q_{v_B}$。

答案:C

81. **解**　本题主要考查紊流切应力的相关概念。紊流的切应力 T 由黏性引起的切应力 T_1 和由紊动产生的附加切应力 T_2 两部分组成,即 $T=T_1+T_2$。$T_1=\mu\dfrac{\mathrm{d}u}{\mathrm{d}y}$,经分析 $T_2=-\rho u'_x u'_y$。普朗特设想流体质点的紊流运动与气体分子运动相似,提出半经验的混合长度理论,提出 $\tau_2=\rho l^2(\dfrac{\mathrm{d}u}{\mathrm{d}y})^2$。这里 l 为混合长度,没有直接的物理意义。

答案:B

82. **解**　如图所示,计算中取相对压强,取 2 处的高度为 0,且 1 液面静止,在 1、2 面之间建立伯努利方程如下:

$H=\left(1+\zeta+\lambda\dfrac{l}{d}\right)\dfrac{v^2}{2g}$,流量 $Q=vA=v\dfrac{\pi d^2}{4}$。综合可得:

$H=Q^2\dfrac{8\left(1+\zeta+\lambda\dfrac{l}{d}\right)}{\pi^2 d^4 g}$,从而,$Q=\pi \mathrm{d}^2\sqrt{\dfrac{gH}{8\left(1+\zeta+\lambda\dfrac{l}{d}\right)}}$,代入数据可得:

$$Q=\pi\times0.02^2\times\sqrt{\frac{9.8\times2}{8\left(1+0.5+0.02\times\dfrac{5}{0.02}\right)}}$$

$$=0.77\times10^{-3}\mathrm{m^3/s}=0.77\mathrm{L/s}$$

答案:C

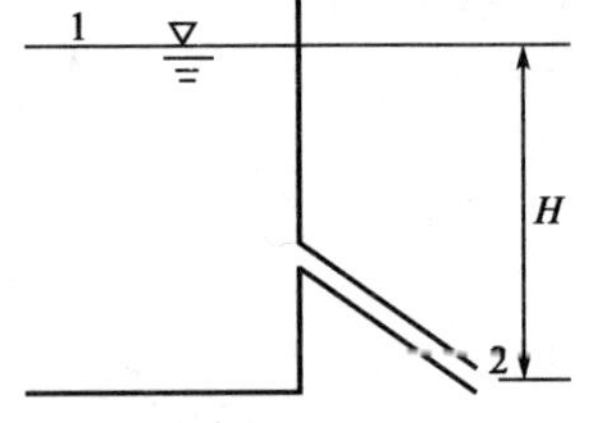

题 82 解图

83. **解**　边界层分离过程为:边界层是一个薄层,它紧靠物面,沿壁面法线方向存在着很大的速度梯度和旋度的流动区域。黏性应力对边界层的流体来说是阻力,所以随着流体沿物面向后流动,边界层内的流体会逐渐减速,增压。由于流体流动的连续性,边界层会变厚,以在同一时间内流过更多的低速流体。因此边界层内存在着正压梯度,流动在正压梯度作用下,会进一步减速,最后,整个边界层内的流体的动能都不足以长久地维持流动一直向下游进行,以致在物体表面某处,其速度会与势流的速度方向相反,即产生逆流。该逆流会把边界层向势流中排挤,造成边界层突然变厚或分离。可见,逆压梯度和物面黏性阻滞是边界层分离的必要条件,但需要注意的是,不是充分条件。

答案:B

84. **解** 管嘴的过流量为 $Q_2 \approx 0.82\omega\sqrt{2gH_0}$，孔口的过流量为 $Q_1 \approx 0.61\omega\sqrt{2gH_0}$，可见管嘴的过流量是孔口的 1.34 倍。

答案:B

85. **解** 底坡越大，重力的作用越大，水流速越大，但流量不变，显然深度要降低。

答案:B

86. **解** 由公式 $s=\frac{Q}{2\pi kt}(\ln R-\ln r)$，可得 $s_1=\frac{Q}{2\pi kt}(\ln R-\ln r_1)$，$s_2=\frac{Q}{2\pi kt}(\ln R-\ln r_2)$。两式相减可得 $s_1-s_2=\frac{Q}{2\pi kt}(\ln r_2-\ln r_1)$。

故 $k=\frac{Q\ln\frac{r_2}{r_1}}{2\pi t(s_1-s_2)}=\frac{0.01\times\ln 4}{2\times 3.14\times 7.5\times 0.32}=0.00092\text{m/s}$。

答案:C

87. **解** 考查相似原理，根据雷诺数的定义 $Re=\frac{vd}{\nu}$，l 增大 10 倍，则流速比尺变为 0.1倍。

答案:C

88. **解** 如图所示，在同一水平面处建立总流的伯努利方程，可以得到：

$$p-\rho_0 g\Delta h=p-\rho_w g\Delta h+\frac{1}{2}\rho_w\mu_A^2$$

故：$\mu_A=\sqrt{\frac{2g\Delta h(\rho_w-\rho_o)}{\rho_w}}=\sqrt{\frac{2\times 9.8\times 0.2\times(1000-800)}{800}}$

$=0.885\text{m/s}$

题 88 解图

答案:A

89. **解** 总线是计算机各部件之间传输信息的公共通道。总线分为内部总线和系统总线。内部总线用于在 CPU 内部，连接运算器、控制器和寄存器。系统总线用于连接 CPU 与内存、外存、I/O 外部设备。

系统总线上有三类信号：数据信号、地址信号和控制信号。系统总线也分为数据总线、地址总线和控制总线三类。

答案:C

90. **解** 单用户单任务系统：DOS 系统

单用户多任务系统：Windows95 系统、Windows98 系统。

多用户多任务系统：Unix 系统、Windows2000 操作系统以上。

答案:A

91.**解** 二进制数转化为八进制数的方法:整数部分是从小数点依次向左每三位二进制数转化为一位八进制数,首位不够三位的补零;小数部分是从小数点依次向右,每三位二进制数转化为一位八进制数,末位不够三位的补零。

所以:$\dfrac{011\ 011\ 101\ .\ 110\ 100\ (B)}{3\quad 3\quad 5\ .\ 6\quad 4\ (O)}$

答案:B

92.**解** 选项A:Token,即计算机术语。令牌是一种能够控制站点占有媒体的特殊帧,以区别数据帧及其他控制帧。Token其实说的更通俗点可以叫暗号,在一些数据传输之前,要先进行暗号的核对,不同的暗号被授权不同的数据操作。

选项B:x.75与x.25类似,x.75协议与x.25协议兼容,能实现x.25协议的全部功能。x.75分组格式是x.25分组格式的扩充,主要是增加了网络控制字段,从而用户可使用更多的特别业务。

选项C:CSMA/CD(Carrier Sense Multiple Access with Collision Detection)即带冲突检测的载波监听多路访问技术。在传统的共享以太网中,所有的节点共享传输介质。如何保证传输介质有序、高效地为许多节点提供传输服务,就是以太网的介质访问控制协议要解决的问题。

选项D:TCP/IP是Transmission Control Protocol/Internet Protocol的简写,中译名为传输控制协议/因特网互联协议,又名网络通信协议,是Internet最基本的协议、Internet国际互联网络的基础。

答案:D

93.**解** 两个数A、B不同时为零的条件是:A、B相乘得零且A、B相加不为零。

答案:B

94.**解** 程序实现的功能是:求出最大循环次数K,也就是求出了两个数的最大公约数。从2开始到K,查找能被两个数整除的一个数,并输出。(完整的程序应该会将J的值默认赋1,题中没有给出)。

答案:C

95.**解** 程序的功能是实现一个由大到小排序数组的算法,内层循环确保每次能找到一个当前外层循环序号到最后元素之间最小的一个元素,并将其置于当前外层循环序号的位置处。其实现的方法是,遇到比外层序号小的元素就与其交换。

答案:A

96.**解** 子函数计算1到K的和,故MQIUH=(1+2+…+5)+(1+…+10)=70。

答案:D

97.**解** 程序实现的功能是:计数数组中大于60的元素的个数(不包括60)共8个。

答案:B

98.**解** 程序的大意是查找矩阵中的最小元素和行列号，将数据按行列依次写入矩阵，即可知最后一个最小。

答案：C

99.**解** 线圈在时变磁场中才能感应电势，由于直流电压产生的是稳定的磁场，故下方线圈无法感应电势。

答案：A

100.**解** 由于 I_{S1}、I_{S2}、U_S 均为恒定直流量，故电感相当于短路，再由 KCL 可得 $I_R = I_{S1} + I_{S2}$。

答案：A

101.**解** 与电压源并联的电阻无效，将图 a)中电流源等效为电压源可得：

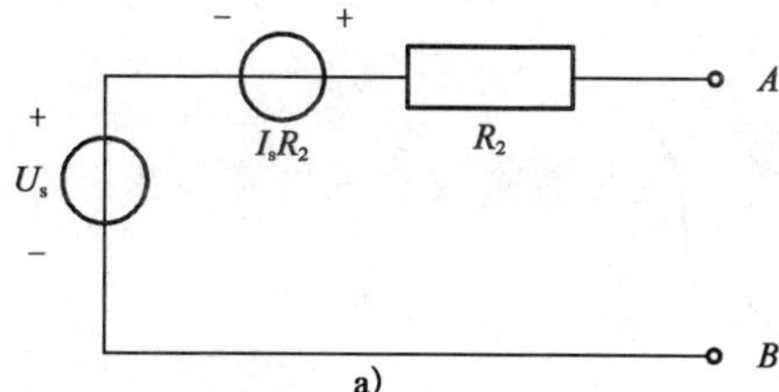

进一步等效、可得：

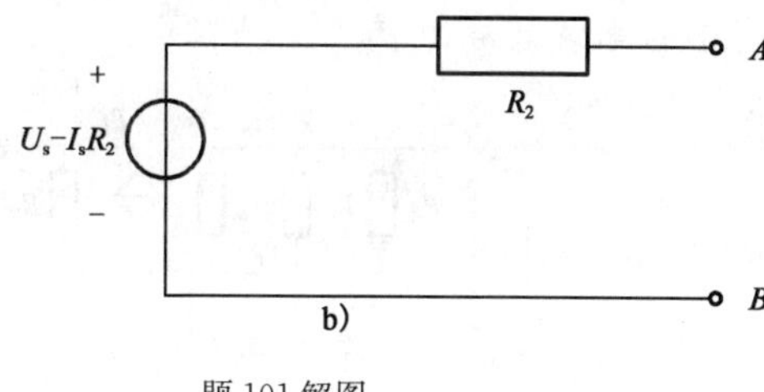

题 101 解图

与图 b)对比可得 $R_0 = R_2$ 。

答案：D

102.**解** 设 U、I 分别为线电压、线电流，U_P 为相电压，则：

$$I = \frac{U}{R} = \frac{\sqrt{3}U_P}{R} = \frac{\sqrt{3} \times 220}{100} = 3.8\text{A}$$

答案：B

103.**解** 计算输入电阻时的等效电路如图所示：

$\tau = R_{in}C$，由电路图可得，$R_{in} = R_1 // R_2$ 。

所以 $\tau = (R_1 // R_2)C$。

答案：B

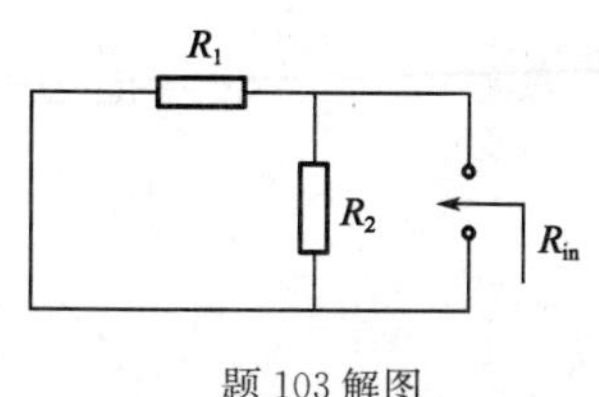

题 103 解图

104.**解** 设负载阻抗 $Z = R + jX_L$，画电路图如右图：

由 $P=\dfrac{U^2}{R}$ 可得 $R=\dfrac{100^2}{100}=100\Omega$。

由阻抗三角形可得，$\cos\varpi=\dfrac{R}{\sqrt{R^2+X_L^2}}=0.4$，所以 $X_{\mathrm{L}}=\dfrac{\sqrt{21}}{2}R=229\Omega$。

题 104 解图

答案:B

105.**解** 变压器在实际工作中会产生电流，流过线圈时产生直流电阻损耗(即铜耗)和铁芯中的磁滞、涡流损耗(即铁耗)。

答案:C

106.**解** 欠压(零压)保护：交流接触器电源电压降到一定值时，接触器线圈掉电，主触点断开，电动机停车。

答案:D

107.**解** 由题图可知，该电路为全波整流电路。在全波整流电路中，输出电压的平均值 $U_{\mathrm{L}}=0.9U_{\mathrm{i}}=0.9\times\dfrac{10}{\sqrt{2}}=6.36\mathrm{V}$。

答案:C

108.**解** 动态分析中的等效电路如下。

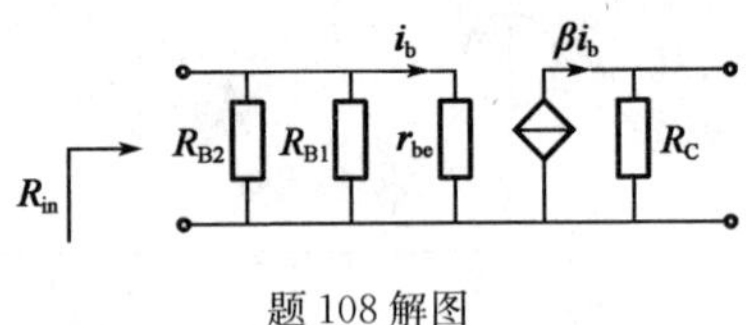

题 108 解图

所以：$R_{\mathrm{in}}=R_{\mathrm{B2}}//R_{\mathrm{B1}}//r_{\mathrm{be}}$

答案:B

109.**解** 由理想运放“虚短虚断”特性可得：$u_{\mathrm{a}}=u_{\mathrm{b}}=0$，$u_{\mathrm{d}}=u_{\mathrm{o}}=u_{\mathrm{c}}$

由 KCL 可得：$i+i_{\mathrm{f}}=0$

即 $\dfrac{u_{\mathrm{i}}}{R_1}+C\dfrac{\mathrm{d}u_{\mathrm{c}}}{\mathrm{d}t}=0$

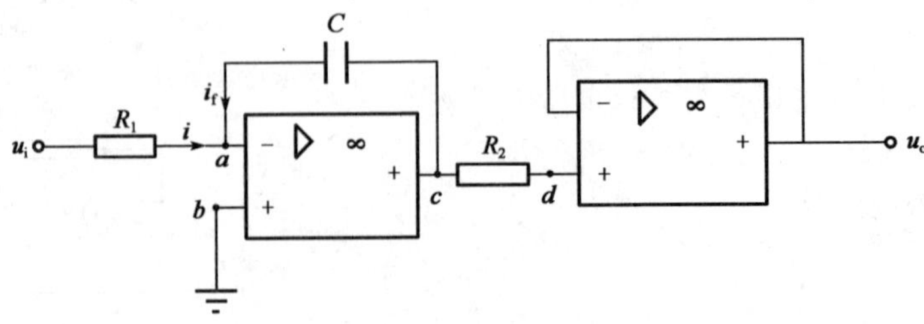

题 109 解图

$$\frac{du_c}{dt}=-\frac{u_i}{CR_1}$$

所以：$u_c=\int -\frac{u_i}{R_1C}dt=u_o$

答案:A

110.**解** 当送入一个脉冲后，$J_0=0,K_0=1$，故置0，因此$Q_0=0$。又$J_1=Q_0=0,K_1=\overline{Q_0}=1$，故置0，因此$Q_1=0$。

当送入第二个脉冲后，$J_0=0,K_0=1$，故置0，因此$Q_0=0$，又$J_1=Q_0=0,K_1=\overline{Q_0}=1$，故置0，因此$Q_1=0$。

答案:A

111.**解** 工程建设投资由工程费用、工程其他费用和预备费构成。工程其他费用包括土地使用费、与项目建设有关的其他费用和与未来契约生产经营有关的费用(如联合试运转费、生产准备费、办公和生活家具购置费)。由此可知预备费不属于工程其他费用，因此选C。

答案:C

112.**解** 产品销售收入指企业销售产品的销售收入和提供劳务等主要经营业务取得的业务总额。本题中工业性劳务收入、自制半成品销售收入和产成品销售收入都属于产品销售收入，材料销售收入不属于产品销售收入。

答案:A

113.**解** 按照复利公式$F=10\times(1+10\%)^4+10\times(1+10\%)^3+10\times(1+10\%)^2=40.05$。

答案:D

114.**解** 将每年的费用均折算到第一年年初。费用现值$=150+\frac{90}{1.1}+\frac{90}{1.1^2}+\frac{90}{1.1^3}+\frac{90}{1.1^4}+\frac{90-20}{1.1^5}=478.75$

答案:A

115.**解** 基准收益率是项目经济评价和比较的前提条件，基准收益率取决于资金来源的构成、投资的机会成本、项目风险以及通货膨胀等。当通货膨胀率上升时，基准收益率应该随之提高。

答案:B

116.**解** 固定成本包括计时工资及福利、修理费、其他费用、折旧费、摊销费、利息支出，变动成本包括外购原材料、外购燃料动力以及计件工资和福利等随着产量而变化的成本。由此可知在本题中折旧费、无形资产摊销费和管理费都属于固定成本，而包装费是随着产量的变化而变化的，属于变动成本。

答案:D

117.**解**　单因素敏感分析中斜率的正负代表因素正负相关，直线斜率的绝对值大小代表着因素的敏感性，且斜率绝对值越大越敏感。

答案:C

118.**解**　财务评价的主要财务报表包括现金流量表、利润表（损益表）、资金来源与运用表。不包括债务偿还表。

答案:D

119.**解**　在全投资财务现金流量表中将所有资金均视为自有资金，不考虑资金的借贷与利息，因此全投资财务现金流量表中不包括贷款成本。

答案:B

120.**解**　价值工程中价值＝功能/费用。

答案:D

2009 年度全国勘察设计注册工程师公共基础考试

试　题

单项选择题(共 120 分,每题 1 分。每题的备选项中只有一个最符合题意)

1. 设$\boldsymbol{\alpha}=-\boldsymbol{i}+3\boldsymbol{j}+\boldsymbol{k}$,$\boldsymbol{\beta}=\boldsymbol{i}+\boldsymbol{j}+t\boldsymbol{k}$,已知$\boldsymbol{\alpha}\times\boldsymbol{\beta}=-4\boldsymbol{i}-4\boldsymbol{k}$,则 $t=$

A. -2　　B. 0　　C. -1　　D. 1

2. 设平面方程为 $x+y+z+1=0$,直线方程为 $1-x=y+1=z$,则直线与平面:

A. 平行　　B. 垂直　　C. 重合　　D. 相交但不垂直

3. 设函数 $f(x)=\begin{cases}1+x & x\geqslant 0\\ 1-x^2 & x<0\end{cases}$,在$(-\infty,+\infty)$内:

A. 单调减少　　B. 单调增加　　C. 有界　　D. 偶函数

4. 若函数 $f(x)$在点 x_0 间断,$g(x)$在点 x_0 连续,则 $f(x)g(x)$在点 x_0:

A. 间断　　B. 连续　　C. 第一类间断　　D. 可能间断可能连续

5. 函数 $y=\cos^2\dfrac{1}{x}$在 x 处的导数是:

A. $\dfrac{1}{x^2}\sin\dfrac{2}{x}$　　B. $-\sin\dfrac{2}{x}$　　C. $-\dfrac{2}{x^2}\cos\dfrac{1}{x}$　　D. $-\dfrac{1}{x^2}\sin\dfrac{2}{x}$

6. 设 $y=f(x)$是(a,b)内的可导函数,x,$x+\Delta x$ 是(a,b)内的任意两点,则:

A. $\Delta y=f'(x)\Delta x$

B. 在 x,$x+\Delta x$ 之间恰好有一点 ξ,使 $\Delta y=f'(\xi)\Delta x$

C. 在 x,$x+\Delta x$ 之间至少存在一点 ξ,使 $\Delta y=f'(\xi)\Delta x$

D. 在 x,$x+\Delta x$ 之间的任意一点 ξ,使 $\Delta y=f'(\xi)\Delta x$

7. 设 $z=f(x^2-y^2)$,则 $\mathrm{d}z=$

A. $2x-2y$　　B. $2x\mathrm{d}x-2y\mathrm{d}y$

C. $f'(x^2-y^2)\mathrm{d}x$　　D. $2f'(x^2-y^2)(x\mathrm{d}x-y\mathrm{d}y)$

8. 若$\int f(x)\mathrm{d}x=F(x)+C$,则$\int\dfrac{1}{\sqrt{x}}f(\sqrt{x})\mathrm{d}x=$

A. $\frac{1}{2}F(\sqrt{x})+C$　　B. $2F(\sqrt{x})+C$　　C. $F(x)+C$　　D. $\frac{F(\sqrt{x})}{\sqrt{x}}$

9. $\int \frac{\cos 2x}{\sin^2 x\cos^2 x}\mathrm{d}x=$

A. $\cot x-\tan x+C$　　B. $\cot x+\tan x+C$

C. $-\cot x-\tan x+C$　　D. $-\cot x+\tan x+C$

10. $\frac{\mathrm{d}}{\mathrm{d}x}\int_0^{\cos x}\sqrt{1-t^2}\,\mathrm{d}t$ 等于：

A. $\sin x$　　B. $|\sin x|$　　C. $-\sin^2 x$　　D. $-\sin x|\sin x|$

11. 下列结论中正确的是：

A. $\int_{-1}^{1}\frac{1}{x^2}\mathrm{d}x$ 收敛　　B. $\frac{\mathrm{d}}{\mathrm{d}x}\int_0^{x^2} f(t)\mathrm{d}t=f(x^2)$

C. $\int_1^{+\infty}\frac{1}{\sqrt{x}}\mathrm{d}x$ 发散　　D. $\int_{-\infty}^{0} \mathrm{e}^{-\frac{x^2}{2}}\mathrm{d}x$ 发散

12. 曲面 $x^2+y^2+z^2=2z$ 之内及曲面 $z=x^2+y^2$ 之外所围成的立体的体积 $V=$

A. $\int_0^{2\pi}\mathrm{d}\theta\int_0^1 r\mathrm{d}r\int_r^{\sqrt{1-r^2}}\mathrm{d}z$　　B. $\int_0^{2\pi}\mathrm{d}\theta\int_0^r r\mathrm{d}r\int_{r^2}^{1-\sqrt{1-r^2}}\mathrm{d}z$

C. $\int_0^{2\pi}\mathrm{d}\theta\int_0^r r\mathrm{d}r\int_r^{1-r}\mathrm{d}z$　　D. $\int_0^{2\pi}\mathrm{d}\theta\int_0^1 r\mathrm{d}r\int_{1-\sqrt{1-r^2}}^{r^2}\mathrm{d}z$

13. 已知级数 $\sum_{n=1}^{\infty}(u_{2n}-u_{2n+1})$ 是收敛的，则下列结论成立的是：

A. $\sum_{n=1}^{\infty}u_n$ 必收敛　　B. $\sum_{n=1}^{\infty}u_n$ 未必收敛

C. $\lim_{n\to\infty}u_n=0$　　D. $\sum_{n=1}^{\infty}u_n$ 发散

14. 函数 $\frac{1}{3-x}$ 展开成 $(x-1)$ 的幂级数是：

A. $\sum_{n=0}^{\infty}\frac{x^n}{2^n}$　　B. $\sum_{n=0}^{\infty}\left(\frac{1-x}{2}\right)^n$　　C. $\sum_{n=0}^{\infty}\frac{(x-1)^n}{2^{n+1}}$　　D. $\sum_{n=0}^{\infty}(-1)^n\frac{x^n}{4^{n+1}}$

15. 微分方程 $(3+2y)x\mathrm{d}x+(1+x^2)\mathrm{d}y=0$ 的通解为：

A. $1+x^2=Cy$　　B. $(1+x^2)(3+2y)=C$

C. $(3+2y)^2=\frac{C}{1+x^2}$　　D. $(1+x^2)^2(3+2y)=C$

16. 微分方程 $y''+ay'^2=0$ 满足条件 $y|_{x=0}=0, y'|_{x=0}=-1$ 的特解是：

A. $\frac{1}{a}\ln|1-ax|$　　B. $\frac{1}{a}\ln|ax|+1$　　C. $ax-1$　　D. $\frac{1}{a}x+1$

17. 设 $\alpha_1, \alpha_2, \alpha_3$ 是三维列向量，$|A|=|\alpha_1, \alpha_2, \alpha_3|$，则与 $|A|$ 相等的是：

A. $|\alpha_2, \alpha_1, \alpha_3|$　　B. $|-\alpha_2, -\alpha_3, -\alpha_1|$

C. $|\alpha_1+\alpha_2, \alpha_2+\alpha_3, \alpha_3+\alpha_1|$　　D. $|\alpha_1, \alpha_1+\alpha_2, \alpha_1+\alpha_2+\alpha_3|$

18. 设 $\boldsymbol{A}$ 是 $m\times n$ 非零矩阵，$\boldsymbol{B}$ 是 $n\times l$ 非零矩阵，满足 $\boldsymbol{AB}=0$，以下选项中不一定成立的是：

A. $\boldsymbol{A}$ 的行向量组线性相关　　B. $\boldsymbol{A}$ 的列向量组线性相关

C. $\boldsymbol{B}$ 的行向量组线性相关　　D. $r(\boldsymbol{A})+r(\boldsymbol{B})\leqslant n$

19. 设 $\boldsymbol{A}$ 是 3 阶实对称矩阵，$\boldsymbol{P}$ 是 3 阶可逆矩阵，$\boldsymbol{B}=\boldsymbol{P}^{-1}\boldsymbol{AP}$，已知 $\boldsymbol{\alpha}$ 是 $\boldsymbol{A}$ 的属于特征值 λ 的特征向量，则 $\boldsymbol{B}$ 的属于特征值 λ 的特征向量是：

A. $\boldsymbol{P\alpha}$　　B. $\boldsymbol{P}^{-1}\boldsymbol{\alpha}$　　C. $\boldsymbol{P}^{\mathrm{T}}\boldsymbol{\alpha}$　　D. $(\boldsymbol{P}^{-1})^{\mathrm{T}}\boldsymbol{\alpha}$

20. 设 $\boldsymbol{A}=\begin{bmatrix}1 & 1\\ 1 & 2\end{bmatrix}$，与 $\boldsymbol{A}$ 合同的矩阵是：

A. $\begin{bmatrix}1 & -1\\ -1 & 2\end{bmatrix}$　　B. $\begin{bmatrix}-1 & 1\\ 1 & -2\end{bmatrix}$　　C. $\begin{bmatrix}1 & 1\\ -1 & 2\end{bmatrix}$　　D. $\begin{bmatrix}1 & -1\\ 1 & 2\end{bmatrix}$

21. 若 $\mathrm{P(A)}=0.5, \mathrm{P(B)}=0.4, \mathrm{P}(\overline{\mathrm{A}}-\mathrm{B})=0.3$，则 $\mathrm{P(A\cup B)}=$

A. 0.6　　B. 0.7　　C. 0.8　　D. 0.9

22. 设随机变量 $X\sim N(0,\sigma^2)$，则对任何实数 λ，都有：

A. $P(X\leqslant\lambda)=P(X\geqslant\lambda)$　　B. $P(X\geqslant\lambda)=P(X\leqslant-\lambda)$

C. $X-\lambda\sim N(\lambda, \sigma^2-\lambda^2)$　　D. $\lambda X\sim N(0, \lambda\sigma^2)$

23. 设随机变量 X 的概率密度为 $f(x)=\begin{cases}\frac{3}{8}x^2, & 0<x<2\\ 0, & \text{其他}\end{cases}$，则 $Y=\frac{1}{X}$ 的数学期望是：

A. $\frac{3}{4}$　　B. $\frac{1}{2}$　　C. $\frac{2}{3}$　　D. $\frac{1}{4}$

24. 设总体 X 的概率密度为 $f(x,\theta)=\begin{cases}\mathrm{e}^{-(x-\theta)}, & x\geqslant\theta\\ 0, & x<\theta\end{cases}$，而 $X_1, X_2, \cdots, X_n$ 是来自该总体的样本，则未知参数 θ 的最大似然估计是：

A. $\overline{X}-1$　　B. $n\overline{X}$

C. $\min(X_1,X_2,\cdots,X_n)$　　D. $\max(X_1,X_2,\cdots,X_n)$

25. 1mol 刚性双原子理想气体，当温度为 T 时，每个分子的平均平动动能为：

A. $\frac{3}{2}RT$　　B. $\frac{5}{2}RT$　　C. $\frac{3}{2}kT$　　D. $\frac{5}{2}kT$

26. 在恒定不变的压强下，气体分子的平均碰撞频率 $\overline{Z}$ 与温度 T 的关系为：

A. $\overline{Z}$ 与 T 无关　　B. $\overline{Z}$ 与$\sqrt{T}$成正比

C. $\overline{Z}$ 与$\sqrt{T}$成反比　　D. $\overline{Z}$ 与 T 成正比

27. 汽缸内有一定量的理想气体，先使气体做等压膨胀，直至体积加倍，然后做绝热膨胀，直至降到初始温度，在整个过程中，气体的内能变化 ΔE 和对外做功 W 为：

A. $\Delta E=0, W>0$　　B. $\Delta E=0, W<0$

C. $\Delta E>0, W>0$　　D. $\Delta E<0, W<0$

28. 一个汽缸内储有一定量的单原子分子理想气体，在压缩过程中对外界做功 209J，此过程中气体内能增加 120J，则外界传给气体的热量为：

A. －89J　　B. 89J　　C. 329J　　D. 0

29. 已知平面简谐波的方程为 $y=A\cos(Bt-Cx)$，式中 A、B、C 为正常数，此波的波长和波速分别为：

A. $\frac{B}{C}, \frac{2\pi}{C}$　　B. $\frac{2\pi}{C}, \frac{B}{C}$　　C. $\frac{\pi}{C}, \frac{2B}{C}$　　D. $\frac{2\pi}{C}, \frac{C}{B}$

30. 一平面简谐波在弹性媒质中传播，在某一瞬间，某质元正处于其平衡位置，此时它的：

A. 动能为零，势能最大　　B. 动能为零，热能为零

C. 动能最大，势能最大　　D. 动能最大，势能为零

31. 通常声波的频率范围是：

A. 20～200Hz　　B. 20～2000Hz

C. 20～20000Hz　　D. 20～200000Hz

32. 在空气中用波长为 λ 的单色光进行双缝干涉实验，观测到相邻明条纹的间距为 1.33mm，当把实验装置放入水中（水的折射率 $n=1.33$）时，则相邻明条纹的间距变为：

A. 1.33mm　　B. 2.66mm　　C. 1mm　　D. 2mm

33. 波长为 λ 的单色光垂直照射到置于空气中的玻璃劈尖上，玻璃的折射率为 n，则第三

级暗条纹处的玻璃厚度为：

A. $\frac{3\lambda}{2n}$　　B. $\frac{\lambda}{2n}$　　C. $\frac{3\lambda}{2}$　　D. $\frac{2n}{3\lambda}$

34. 若在迈克尔逊干涉仪的可动反射镜 M 移动 0.620mm 过程中，观察到干涉条纹移动了 2300 条，则所用光波的波长为：

A. 269nm　　B. 539nm　　C. 2690nm　　D. 5390nm

35. 波长分别为 $\lambda_1=450\text{nm}$ 和 $\lambda_2=750\text{nm}$ 的单色平行光，垂直入射到光栅上，在光栅光谱中，这两种波长的谱线有重叠现象，重叠处波长为 λ_2 谱线的级数为：

A. 2,3,4,5,…　　B. 5,10,15,20,…　　C. 2,4,6,8,…　　D. 3,6,9,12,…

36. 一束自然光从空气投射到玻璃板表面上，当折射角为 30°时，反射光为完全偏振光，则此玻璃的折射率为：

A. $\frac{\sqrt{3}}{2}$　　B. $\frac{1}{2}$　　C. $\frac{\sqrt{3}}{3}$　　D. $\sqrt{3}$

37. 化学反应低温自发，高温非自发，该反应的：

A. $\Delta H<0,\Delta S<0$　　B. $\Delta H>0,\Delta S<0$

C. $\Delta H<0,\Delta S>0$　　D. $\Delta H>0,\Delta S>0$

38. 已知氯电极的标准电势为 1.358V，当氯离子浓度为 $0.1\text{mol}\cdot\text{L}^{-1}$，氯气分压为 $0.1\times100\text{kPa}$时，该电极的电极电势为：

A. 1.358V　　B. 1.328V　　C. 1.388V　　D. 1.417V

39. 已知下列电对电极电势的大小顺序为：$E(F_2/F)>E(Fe^{3+}/Fe^{2+})>E(Mg^{2+}/Mg)>E(Na^+/Na)$，则下列离子中最强的还原剂是：

A. F　　B. Fe^{2+}　　C. Na^+　　D. Mg^{2+}

40. 升高温度，反应速率常数最大的主要原因是：

A. 活化分子百分数增加　　B. 混乱度增加

C. 活化能增加　　D. 压力增大

41. 下列各波函数不合理的是：

A. $\psi(1,1,0)$　　B. $\psi(2,1,0)$　　C. $\psi(3,2,0)$　　D. $\psi(5,3,0)$

42. 将反应 $MnO_2+HCl\rightarrow MnCl_2+Cl_2+H_2O$ 配平后，方程式中 $MnCl_2$ 的系数是：

A. 1　　B. 2　　C. 3　　D. 4

43. 某一弱酸 HA 的标准解离常数为 1.0×10^{-5}，则相应弱酸强碱盐 MA 的标准水解常数为：

A. 1.0×10^{-9}　　B. 1.0×10^{-2}

C. 1.0×10^{-19}　　D. 1.0×10^{-5}

44. 某化合物的结构式为（苯环邻位连有 —CHO 和 —CH_2OH），该有机化合物不能发生的化学反应类型是：

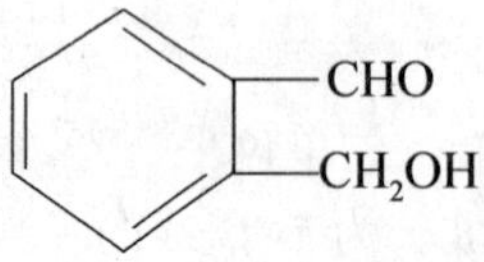

A. 加成反应　　B. 还原反应　　C. 消除反应　　D. 氧化反应

45. 聚丙烯酸酯的结构式为 $\left[CH_2-\underset{\underset{CO_2R}{|}}{CH} \right]_n$，它属于：

①无机化合物；②有机化合物；③高分子化合物；④离子化合物；⑤共价化合物

A. ①③④　　B. ①③⑤　　C. ②③⑤　　D. ②③④

46. 下列物质中不能使酸性高锰酸钾溶液褪色的是：

A. 苯甲醛　　B. 乙苯　　C. 苯　　D. 苯乙烯

47. 设力 F 在 x 轴上的投影为 F，则该力在与 x 轴共面的任一轴上的投影：

A. 一定不等于零　　B. 不一定不等于零

C. 一定等于零　　D. 等于 F

48. 等边三角形 ABC，边长为 a，沿其边缘作用大小均为 F 的力 F_1、F_2、F_3，方向如图所示，力系向 A 点简化的主矢及主矩的大小分别为：

A. $F_R=2F$，$M_A=\frac{\sqrt{3}}{2}Fa$　　B. $F_R=0$，$M_A=\frac{\sqrt{3}}{2}Fa$

C. $F_R=2F$，$M_A=\sqrt{3}Fa$　　D. $F_R=2F$，$M_A=Fa$

49. 已知杆 AB 和杆 CD 的自重不计，且在 C 处光滑接触，若作用在杆 AB 上力偶矩为 M_1，若欲使系统保持平衡，作用在 CD 杆上力偶矩 M_2 的，转向如图所示，则其矩值为：

A. $M_2=M_1$　　B. $M_2=\frac{4M_1}{3}$

C. $M_2=2M_1$　　D. $M_2=3M_1$

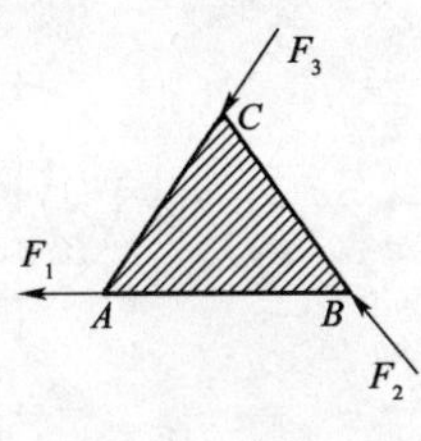

题 48 图

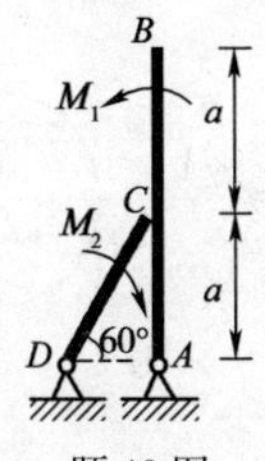

题 49 图

50. 物块重力的大小 $W = 100\text{kN}$，置于 $\alpha = 60°$ 的斜面上，与斜面平行力的大小 $F_P = 80\text{kN}$（如图所示），若物块与斜面间的静摩擦系数 $f = 0.2$，则物块所受的摩擦力 F 为：

A. $F = 10$ kN，方向为沿斜面向上
B. $F = 10$ kN，方向为沿斜面向下
C. $F = 6.6$ kN，方向为沿斜面向上
D. $F = 6.6$ kN，方向为沿斜面向下

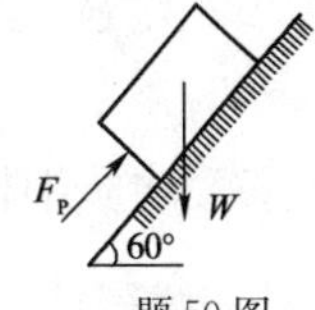

题 50 图

51. 若某点按 $s = 8 - 2t^2$（s 以 m 计，t 以 s 计）的规律运动，则 $t = 3\text{s}$ 时点经过的路程为：

A. 10m
B. 8m
C. 18m
D. 8m 至 18m 以外的一个数值

52. 杆 $OA = l$，绕固定轴 O 转动，某瞬时杆端 A 点的加速度 a 如图所示，则该瞬时杆 OA 的角速度及角加速度分别为：

A. 0；$\dfrac{a}{l}$
B. $\sqrt{\dfrac{a\cos\alpha}{l}}$；$\dfrac{a\sin\alpha}{l}$
C. $\sqrt{\dfrac{a}{l}}$；0
D. 0；$\sqrt{\dfrac{a}{l}}$

53. 图示绳子的一端绕在滑轮上，另一端与置于水平面上的物块 B 相连，若物块 B 的运动方程为 $x = kt^2$，其中 k 为常数，轮子半径为 R。则轮缘上 A 点的加速度大小为：

A. $2k$
B. $\sqrt{\dfrac{4k^2t^2}{R}}$
C. $\dfrac{2k + 4k^2t^2}{R}$
D. $\sqrt{4k^2 + \dfrac{16k^4t^4}{R^2}}$

54. 质量为 m 的质点 M，受有两个力 F 和 R 的作用，产生水平向左的加速度 a，如图所示，它在 x 轴方向的动力学方程为：

A. $ma = R - F$
B. $-ma = F - R$
C. $ma = R + F$
D. $-ma = R - F$

55. 均质圆盘质量为 m，半径为 R，在铅垂平面内绕 O 轴转动，图示瞬时角速度为 ω，则其对 O 轴的动量矩和动能大小分别为：

A. $mR\omega$，$\dfrac{1}{4}mR\omega$
B. $\dfrac{1}{2}mR\omega$，$\dfrac{1}{2}mR\omega$
C. $\dfrac{1}{2}mR^2\omega$，$\dfrac{1}{2}mR^2\omega^2$
D. $\dfrac{3}{2}mR^2\omega$，$\dfrac{3}{4}mR^2\omega^2$

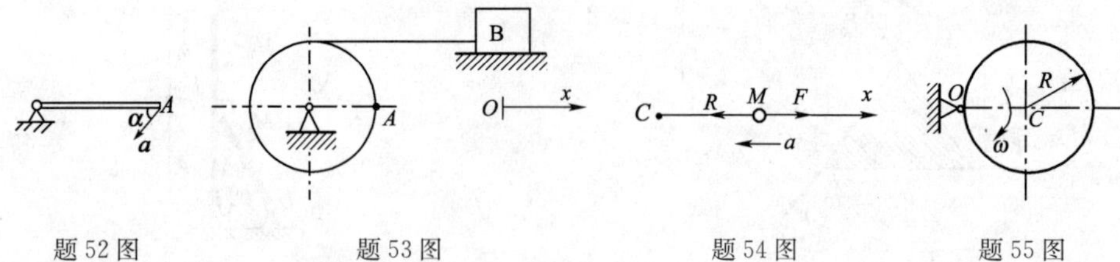

题 52 图　　题 53 图　　题 54 图　　题 55 图

56. 质量为 m，长为 $2l$ 的均质细杆初始位于水平位置，如图所示。A 端脱落后，杆绕轴 B 转动，当杆转到铅垂位置时，AB 杆角加速度的大小为：

A. 0　　B. $\frac{3g}{4l}$　　C. $\frac{3g}{2l}$　　D. $\frac{6g}{l}$

57. 均质细杆 AB 重力为 p，长为 $2l$，A 端铰支，B 端用绳系住，处于水平位置，如图所示。当 B 端绳突然剪断瞬时，AB 杆的角加速度大小为 $\frac{3g}{4l}$，则 A 处约束力大小为：

A. $F_{Ax}=0, F_{Ay}=0$　　B. $F_{Ax}=0$, $F_{Ay}=\frac{P}{4}$

C. $F_{Ax}=P$, $F_{Ay}=\frac{P}{2}$　　D. $F_{Ax}=0, F_{Ay}=P$

58. 图示弹簧质量系统，置于光滑的斜面上，斜面的倾角 α 可以在 0°～90°间改变，则随 α 的增大，系统振动的固有频率：

A. 增大　　B. 减小　　C. 不变　　D. 不能确定

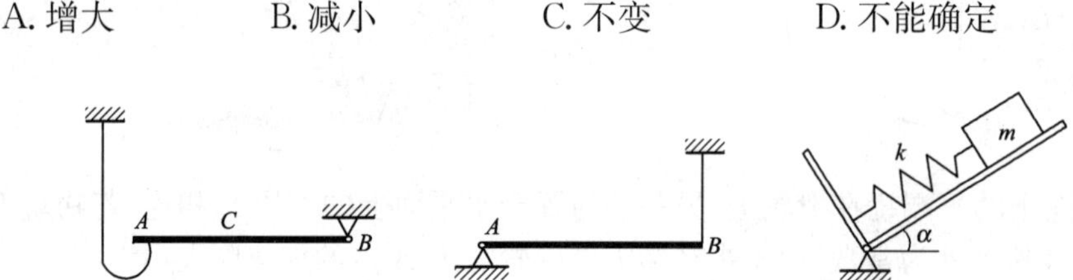

题 56 图　　题 57 图　　题 58 图

59. 在低碳钢拉伸实验中，冷作硬化现象发生在：

A. 弹性阶段　　B. 屈服阶段　　C. 强化阶段　　D. 局部变形阶段

60. 螺钉受力如图所示，已知螺钉和钢板的材料相同，拉伸许用应力[σ]是剪切许用应力[τ]的 2 倍，即[σ]=2[τ]，钢板厚度 t 是螺钉头高度 h 的 1.5 倍，则螺钉直径 d 的合理值为：

A. $d=2h$　　B. $d=0.5h$

C. $d^2=2Dt$　　D. $d^2=Dt$

61. 直径为 d 的实心圆轴受扭，若使扭转角减小一半，圆轴的直径需变为：

A. $\sqrt[4]{2}d$　　B. $\sqrt[3]{\sqrt{2}}d$

C. 0.5d　　D. 2d

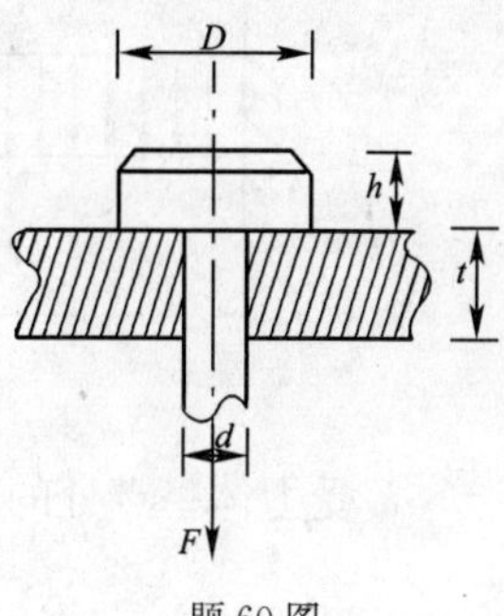

题 60 图

62. 图示圆轴抗扭截面模量为 W_t，剪切模量为 G，扭转变形后，圆轴表面 A 点处截取的单元体互相垂直的相邻边线改变了 γ 角，如图所示。圆轴承受的扭矩 T 为：

A. $T=G\gamma W_t$　　B. $T=\frac{G\gamma}{W_t}$

C. $T=\frac{\gamma}{G}W_t$　　D. $T=\frac{W_t}{G\gamma}$

63. 矩形截面挖去一个边长为 a 的正方形，如图所示，该截面对 z 轴的惯性矩 I_z 为：

A. $I_z=\frac{bh^3}{12}-\frac{a^4}{12}$　　B. $I_z=\frac{bh^3}{12}-\frac{13a^4}{12}$

C. $I_z=\frac{bh^3}{12}-\frac{a^4}{3}$　　D. $I_z=\frac{bh^3}{12}-\frac{7a^4}{12}$

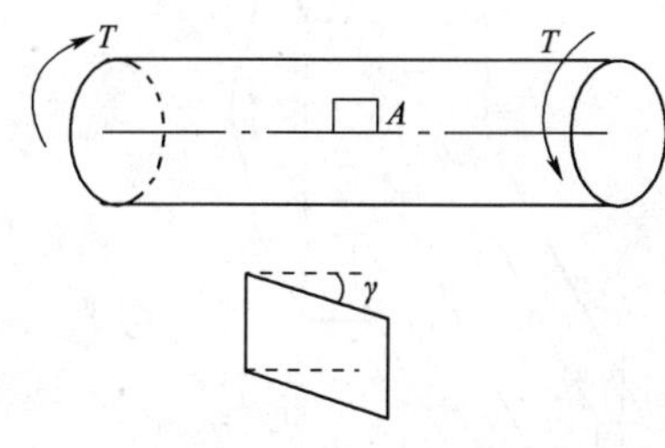

题 62 图

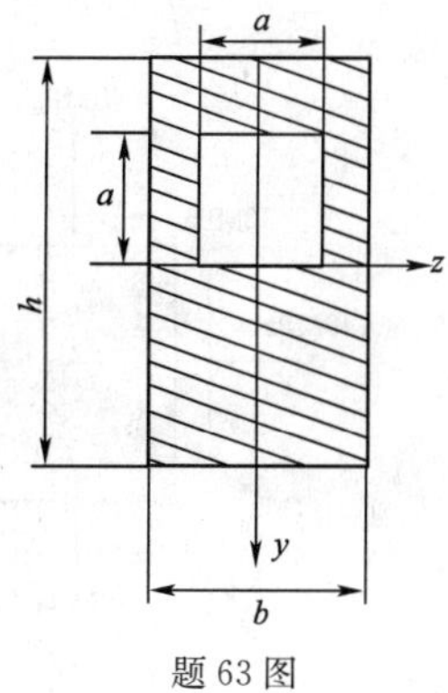

题 63 图

64. 图示外伸梁，A 截面的剪力为：

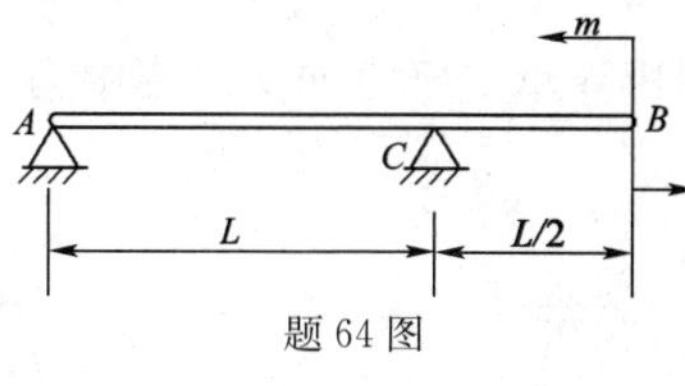

题 64 图

A. 0　　B. $\frac{3m}{2L}$　　C. $\frac{m}{L}$　　D. $-\frac{m}{L}$

65. 两根梁长度、截面形状和约束条件完全相同，一根材料为钢，另一根材料为铝。在相同的外力作用下发生弯曲变形，两者不同之处为：

A. 弯曲内力　　B. 弯曲正应力　　C. 弯曲切应力　　D. 挠曲线

66. 图示四个悬臂梁中挠曲线是圆弧的为：

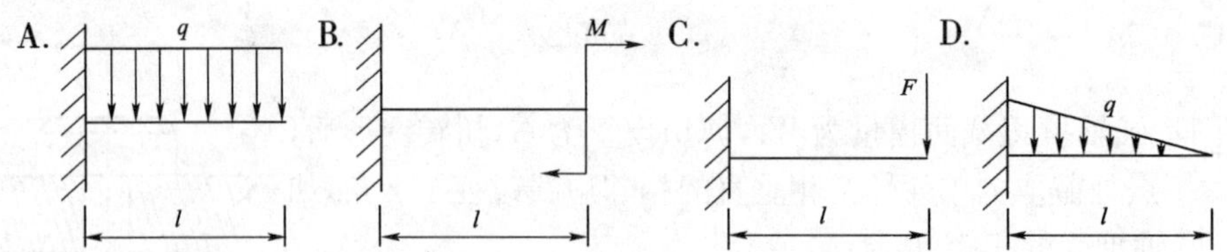

67. 受力体一点处的应力状态如图所示，该点的最大主应力 σ_1 为：

A. 70MPa　　B. 10MPa　　C. 40MPa　　D. 50MPa

68. 图示 T 形截面杆，一端固定一端自由，自由端的集中力 F 作用在截面的左下角点，并与杆件的轴线平行。该杆发生的变形为：

A. 绕 y 和 z 轴的双向弯曲　　B. 轴向拉伸和绕 y、z 轴的双向弯曲

C. 轴向拉伸和绕 z 轴弯曲　　D. 轴向拉伸和绕 y 轴弯曲

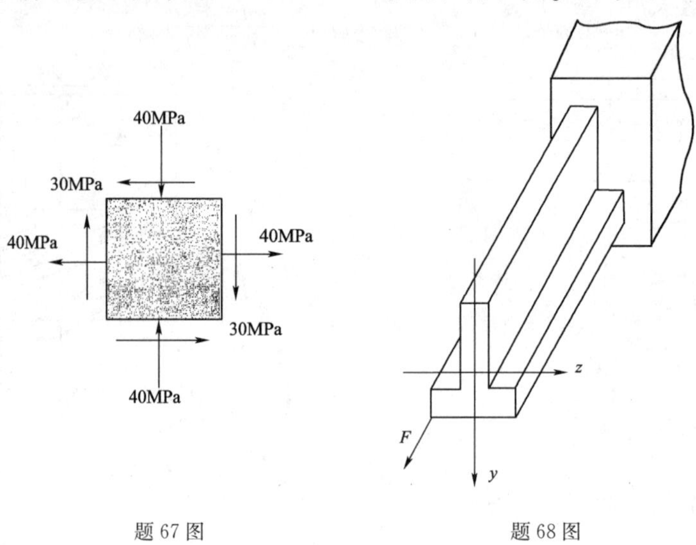

题 67 图　　题 68 图

69. 图示圆轴，在自由端圆周边界承受竖直向下的集中力 F，按第三强度理论，危险截面的相当应力 σ_{eq3} 为：

A. $\sigma_{eq3}=\frac{16}{\pi d^3}\sqrt{(FL)^2+4\left(\frac{Fd}{2}\right)^2}$　　B. $\sigma_{eq3}=\frac{16}{\pi d^3}\sqrt{(FL)^2+\left(\frac{Fd}{2}\right)^2}$

C. $\sigma_{eq3}=\frac{32}{\pi d^3}\sqrt{(FL)^2+4\left(\frac{Fd}{2}\right)^2}$　　D. $\sigma_{eq3}=\frac{32}{\pi d^3}\sqrt{(FL)^2+\left(\frac{Fd}{2}\right)^2}$

70. 两根完全相同的细长（大柔度）压杆 AB 和 CD 如图所示，杆的下端为固定铰链约束，上端与刚性水平杆固结。两杆的弯曲刚度均为 EI，其临界载荷 F_a 为：

A. $2.04\times\frac{\pi^2 EI}{L^2}$　　B. $4.08\times\frac{\pi^2 EI}{L^2}$　　C. $8\times\frac{\pi^2 EI}{L^2}$　　D. $2\times\frac{\pi^2 EI}{L^2}$

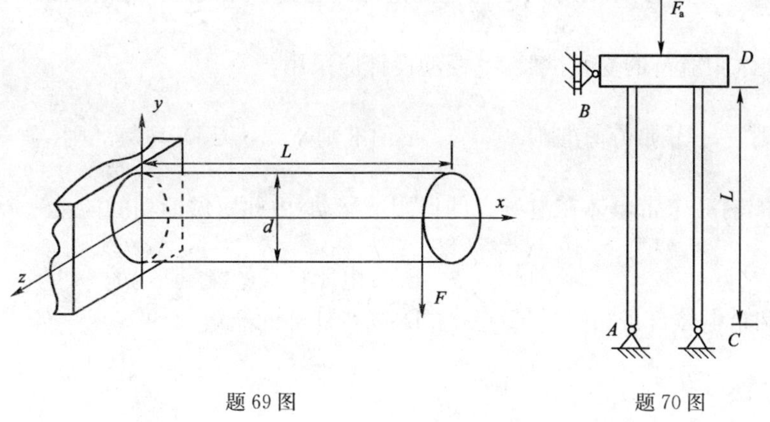

题 69 图　　　　题 70 图

71. 静止的流体中，任一点的压强的大小与下列哪一项无关？

A. 当地重力加速度　B. 受压面的方向　C. 该点的位置　D. 流体的种类

72. 静止油面（油面上为大气）下 3m 深度处的绝对压强为下列哪一项？（油的密度为 800kg/m^3，当地大气压为 100kPa）

A. 3kPa　B. 23.5kPa　C. 102.4kPa　D. 123.5kPa

73. 根据恒定流的定义，下列说法中正确的是：

A. 各断面流速分布相同
B. 各空间点上所有运动要素均不随时间变化
C. 流线是相互平行的直线
D. 流动随时间按一定规律变化

74. 正常工作条件下的薄壁小孔口与圆柱形外管嘴，直径 d 相等，作用水头 H 相等，则孔口流量 Q_1 和孔口收缩断面流速 v_1 与管嘴流量 Q_2 和管嘴出口流速 v_2 的关系是：

A. $v_1<v_2$，$Q_1<Q_2$　B. $v_1<v_2$，$Q_1>Q_2$　C. $v_1>v_2$，$Q_1<Q_2$　D. $v_1>v_2$，$Q_1>Q_2$

75. 明渠均匀流只能发生在：

A. 顺坡棱柱形渠道　B. 平坡棱柱形渠道
C. 逆坡棱柱形渠道　D. 变坡棱柱形渠道

76. 在流量、渠道断面形状和尺寸、壁面粗糙系数一定时，随底坡的增大，正常水深将会：

A. 减小　B. 不变　C. 增大　D. 随机变化

77. 有一个普通完全井，其直径为 1m，含水层厚度 $H=11\text{m}$，土壤渗透系数 $k=2\text{m/h}$。抽水稳定后的井中水深 $h_0=8\text{m}$，试估算井的出水量：

A. $0.084m^3/s$　B. $0.017m^3/s$　C. $0.17m^3/s$　D. $0.84m^3/s$

78. 研究船体在水中航行的受力试验，其模型设计应采用：

A. 雷诺准则　B. 弗劳德准则　C. 韦伯准则　D. 马赫准则

79. 在静电场中，有一个带电体在电场力的作用下移动，由此所做的功的能量来源是：

A. 电场能　B. 带电体自身的能量

C. 电场能和带电体自身的能量　D. 电场外部的能量

80. 图示电路中，$u_C=10V$，$i_1=1mA$，则：

A. 因为 $i_2=0$，使电流 $i_1=1mA$

B. 因为参数 C 未知，无法求出电流 i

C. 虽然电流 i_2 未知，但是 $i>i_1$ 成立

D. 电容储存的能量为 0

81. 图示电路中，电流 I_1 和电流 I_2 分别为：

A. 2.5A 和 1.5A　B. 1A 和 0A　C. 2.5A 和 0A　D. 1A 和 1.5A

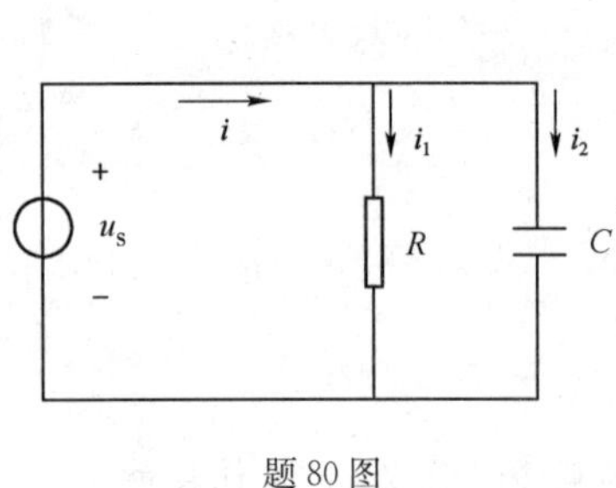

题 80 图

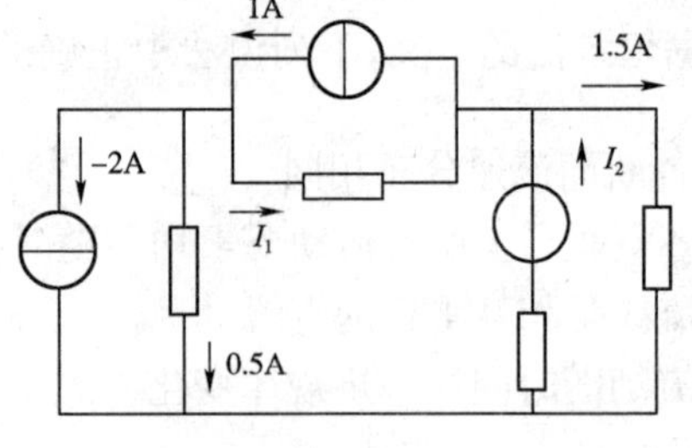

题 81 图

82. 正弦交流电压的波形图如图所示，该电压的时域解析表达式为：

A. $u(t)=155.56\sin(\omega t-5^\circ)V$　B. $u(t)=110\sqrt{2}\sin(314t-90^\circ)V$

C. $u(t)=110\sqrt{2}\sin(50t+60^\circ)V$　D. $u(t)=155.56\sin(314t-60^\circ)V$

83. 图示电路中，若 $u=U_M\sin(\omega t+\psi_u)$，则下列表达式中一定成立的是：

式 1：$u=u_R+u_L+u_C$

式 2：$u_X=u_L-u_C$

式 3：$U_X<U_L$ 及 $U_X<U_C$

式 4：$U^2=U_R^2+(U_L+U_C)^2$

A. 式 1 和式 3　B. 式 2 和式 4

C. 式 1，式 3 和式 4　D. 式 2 和式 3

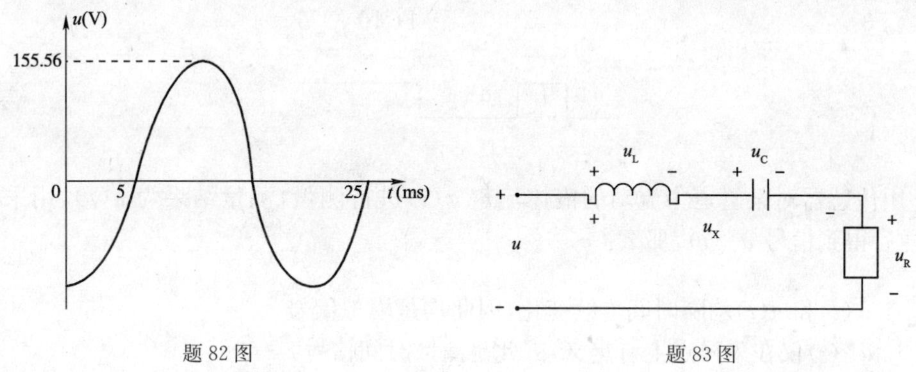

题 82 图　　　　　　　　　　题 83 图

84. 图 a)所示电路的激励电压如图 b)所示，那么，从 $t=0$ 时刻开始，电路出现暂态过程的次数和在换路时刻发生突变的量分别是：

A. 3 次，电感电压　　　　　　B. 4 次，电感电压和电容电流

C. 3 次，电容电流　　　　　　D. 4 次，电阻电压和电感电压

85. 在信号源(u_S,R_S)和电阻 R_L 之间插入一个理想变压器，如图所示，若电压表和电流表的读数分别为 100V 和 2A，则信号源供出电流的有效值为：

A. 0.4A　　B. 10A　　C. 0.28A　　D. 7.07A

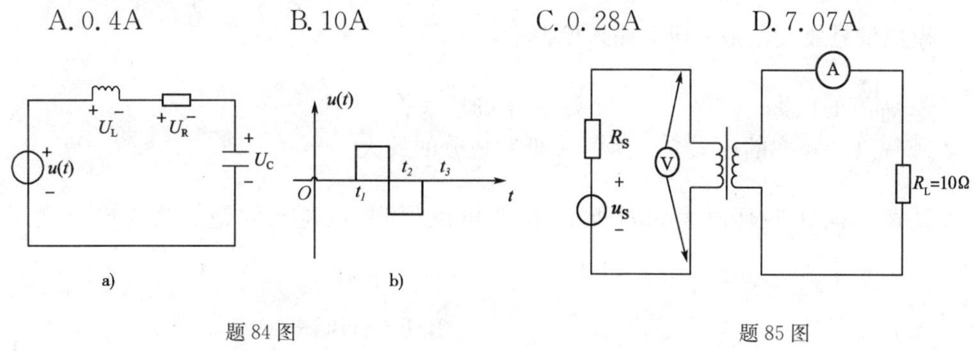

题 84 图　　　　　　　　　　题 85 图

86. 三相异步电动机的工作效率与功率因数随负载的变化规律是：

A. 空载时，工作效率为 0，负载越大功率越高

B. 空载时，功率因数较小，接近满负荷时达到最大值

C. 功率因数与电动机的结构和参数有关，与负载无关

D. 负载越大，功率因数越大

87. 在如下关于信号与信息的说法中，正确的是：

A. 信息含于信号之中　　　　　B. 信号含于信息之中

C. 信息是一种特殊的信号　　　D. 同一信息只能承载于一种信号之中

88. 数字信号如图所示，如果用其表示数值，那么，该数字信号表示的数量是：

A. 3 个 0 和 3 个 1　　　　　B. 一万零一十一

C. 3　　　　　　D. 19

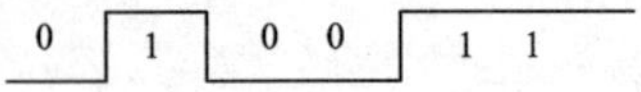

题 88 图

89. 用传感器对某管道中流动的液体流量 $x(t)$ 进行测量，测量结果为 $u(t)$，用采样器对 $u(t)$ 采样后得到信号 $u^*(t)$，那么：

A. $x(t)$ 和 $u(t)$ 均随时间连续变化，因此均是模拟信号

B. $u^*(t)$ 仅在采样点上有定义，因此是离散时间信号

C. $u^*(t)$ 仅在采样点上有定义，因此是数字信号

D. $u^*(t)$ 是 $x(t)$ 的模拟信号

90. 模拟信号 $u(t)$ 的波形图如图所示，它的时间域描述形式是：

A. $u(t)=2(1-e^{-10t})\cdot 1(t)$

B. $u(t)=2(1-e^{-0.1t})\cdot 1(t)$

C. $u(t)=[2(1-e^{-10t})-2]\cdot 1(t)$

D. $u(t)=2(1-e^{-10t})\cdot 1(t)-2\cdot 1(t-2)$

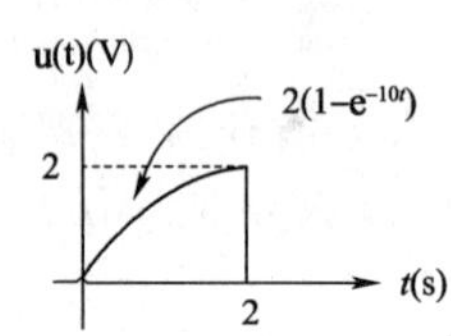

题 90 图

91. 模拟信号放大器是完成对输入模拟量：

A. 幅度的放大　　　　B. 频率的放大

C. 幅度和频率的放大　　　　D. 低频成分的放大

92. 某逻辑问题的真值表如表所示，由此可以得到，该逻辑问题的输入输出之间的关系为：

A. $F=0+1=1$　　　　B. $F=\overline{A}\overline{B}C+ABC$

C. $F=A\overline{B}C+A\overline{B}C$　　　　D. $F=\overline{A}\overline{B}+AB$

93. 电路如图所示，D 为理想二极管，$u_i=6\sin\omega t$(V)，则输出电压的最大值 U_{oM} 为：

A. 6V　　　　B. 3V

C. −3V　　　　D. −6V

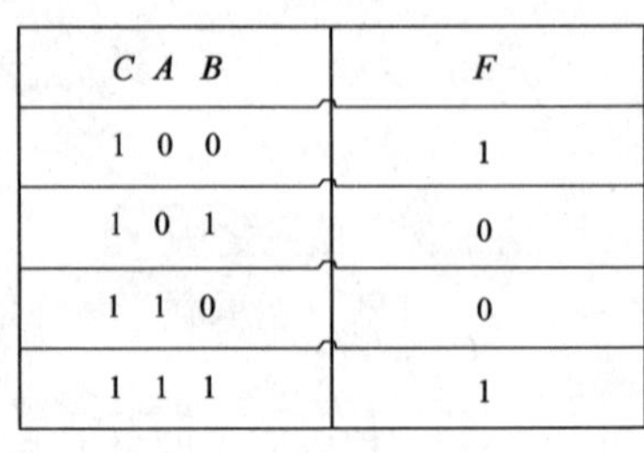

C A B	F
1 0 0	1
1 0 1	0
1 1 0	0
1 1 1	1

题 92 图

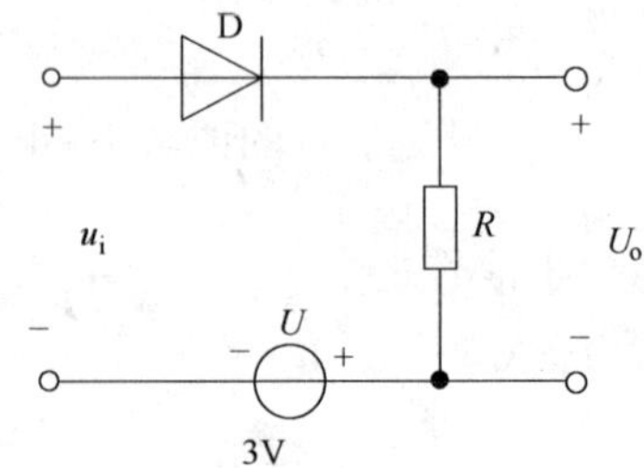

题 93 图

94. 将放大倍数为 1、输入电阻为 100Ω、输出电阻为 50Ω 的射极输出器插接在信号源(U_S，R_S)与负载(R_L)之间，形成图 b)电路，与图 a)电路相比，负载电压的有效值：

A. $U_{L2}>U_{L1}$　　　　B. $U_{L2}=U_{L1}$

C. $U_{L2}<U_{L1}$　　　　D. 因为 U_S 未知，不能确定 U_{L1} 和 U_{L2} 之间的关系

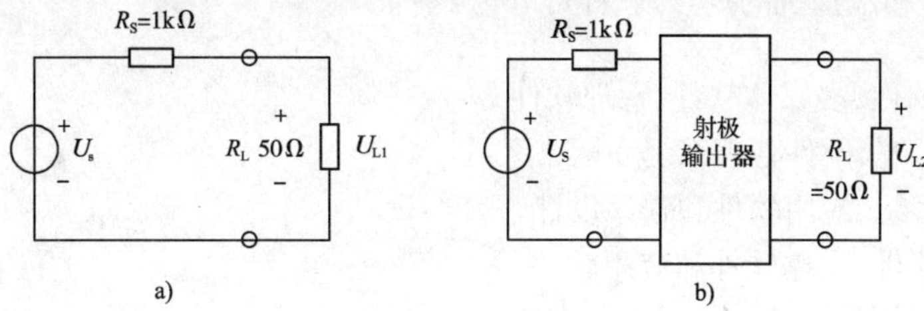

题 94 图

95. 数字信号 B=1 时，图示两种基本门的输出分别为：

A. $F_1=A$，$F_2=1$　　　　B. $F_1=1$，$F_2=A$

C. $F_1=1$，$F_2=0$　　　　D. $F_1=0$，$F_2=A$

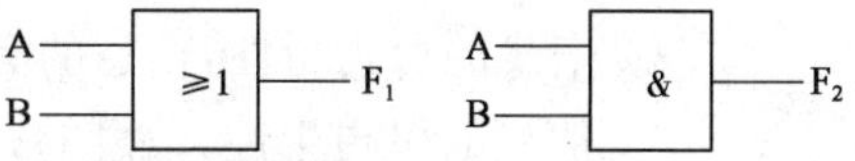

题 95 图

96. JK 触发器及其输入信号波形如图所示，该触发器的初值为 0，则它的输出 Q 为：

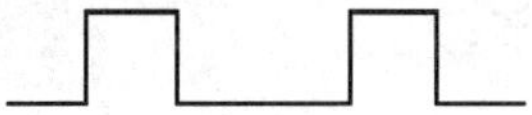

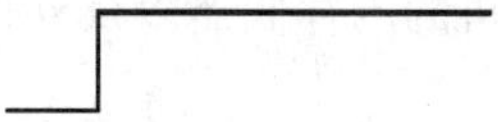

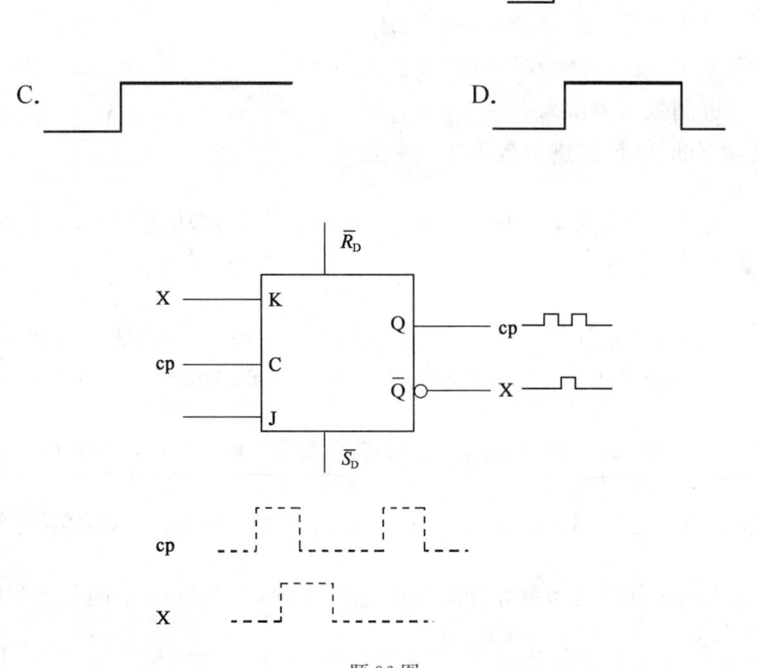

题 96 图

97. 存储器的主要功能是：

A. 自动计算　　B. 进行输入/输出
C. 存放程序和数据　　D. 进行数值计算

98. 按照应用和虚拟机的观点，软件可分为：

A. 系统软件、多媒体软件、管理软件
B. 操作系统、硬件管理系统和网络系统
C. 网络系统、应用软件和程序设计语言
D. 系统软件、支撑软件和应用软件

99. 信息具有多个特征，下列四条关于信息特征的叙述中，有错误的一条是：

A. 信息的可识别性，信息的可变性，信息的可流动性
B. 信息的可处理性，信息的可存储性，信息的属性
C. 信息的可再生性，信息的有效性和无效性，信息的使用性
D. 信息的可再生性，信息的独立存在性，信息的不可失性

100. 将八进制数 763 转换成相应的二进制数，其正确的结果是：

A. 110101110　　B. 110111100　　C. 100110101　　D. 111110011

101. 计算机的内存储器以及外存储器的容量通常：

A. 以字节即 8 位二进制数为单位来表示
B. 以字即 16 位二进制数为单位来表示
C. 以二进制数为单位来表示
D. 以双字即 32 位二进制数为单位来表示

102. 操作系统是一个庞大的管理控制程序，它由五大管理功能组成，在下面四个选项中，不属于这五大管理功能的是：

A. 作业管理，存储管理　　B. 设备管理，文件管理
C. 进程与处理器调度管理，存储管理　　D. 中断管理，电源管理

103. 在 Windows 中，对存储器采用分页存储管理技术时，规定一个页的大小为：

A. 4G 字节　　B. 4K 字节　　C. 128M 字节　　D. 16K 字节

104. 为解决主机与外围设备操作速度不匹配的问题，Windows 采用了下列哪项技术来解决这个矛盾：

A. 缓冲技术　　B. 流水线技术　　C. 中断技术　　D. 分段、分页技术

105. 计算机网络技术涉及：

A. 通信技术和半导体工艺技术
B. 网络技术和计算机技术
C. 通信技术和计算机技术
D. 航天技术和计算机技术

106. 计算机网络是一个复合系统，共同遵守的规则称为网络协议，网络协议主要由：

A. 语句、语义和同步三个要素构成
B. 语法、语句和同步三个要素构成
C. 语法、语义和同步三个要素构成
D. 语句、语义和异步三个要素构成

107. 关于现金流量的下列说法中，正确的是：

A. 同一时间点上现金流入和现金流出之和，称为净现金流量
B. 现金流量图表示现金流入、现金流出及其与时间的对应关系
C. 现金流量图的零点表示时间序列的起点，同时也是第一个现金流量的时间点
D. 垂直线的箭头表示现金流动的方向，箭头向上表示现金流出，即表示费用

108. 项目前期研究阶段的划分，下列正确的是：

A. 规划，研究机会和项目建议书
B. 机会研究，项目建议书和可行性研究
C. 规划，机会研究，项目建议书和可行性研究
D. 规划，机会研究，项目建议书，可行性研究，后评价

109. 某项目建设期 3 年，共贷款 1000 万元，第一年贷款 200 万元，第二年贷款 500 万元，第三年贷款 300 万元，贷款在各年内均衡发生，贷款年利率为 7%，建设期内不支付利息，建设期利息为：

A. 98.00 万元　　B. 101.22 万元　　C. 138.46 万元　　D. 62.33 万元

110. 下列不属于股票融资特点的是：

A. 股票融资所筹备的资金是项目的股本资金，可作为其他方式筹资的基础
B. 股票融资所筹资金没有到期偿还问题
C. 普通股票的股利支付，可视融资主体的经营好坏和经营需要而定
D. 股票融资的资金成本较低

111. 融资前分析和融资后分析的关系，下列说法中正确的是：

A. 融资前分析是考虑债务融资条件下进行的财务分析

B. 融资后分析应广泛应用于各阶段的财务分析

C. 在规划和机会研究阶段,可以只进行融资前分析

D. 一个项目财务分析中融资前分析和融资后分析两者必不可少

112. 经济效益计算的原则是:

A. 增量分析的原则

B. 考虑关联效果的原则

C. 以全国居民作为分析对象的原则

D. 支付意愿原则

113. 某建设项目年设计生产能力为 8 万台,年固定成本为 1200 万元,产品单台售价为 1000元,单台产品可变成本为 600 元,单台产品销售税金及附加为 150 元,则该项目的盈亏平衡点的产销量为:

A. 48000 台　　B. 12000 台　　C. 30000 台　　D. 21819 台

114. 下列可以提高产品价值的是:

A. 功能不变,提高成本

B. 成本不变,降低功能

C. 成本增加一些,功能有很大提高

D. 功能很大降低,成本降低一些

115. 按照《中华人民共和国建筑法》规定,建设单位申领施工许可证,应该具备的条件之一是:

A. 拆迁工作已经完成

B. 已经确定监理企业

C. 有保证工程质量和安全的具体措施

D. 建设资金全部到位

116. 根据《中华人民共和国招标投标法》的规定,下列包括在招标公告中的是:

A. 招标项目的性质、数量　　B. 招标项目的技术要求

C. 对投标人员资格的审查标准　　D. 拟签订合同的主要条款

117. 按照《中华人民共和国合同法》的规定,招标人在招标时,招标公告属于合同订立过程中的:

A. 邀约　　B. 承诺　　C. 要约邀请　　D. 以上都不是

118. 根据《中华人民共和国节约能源法》的规定,为了引导用能单位和个人使用先进的节能技术、节能产品,国务院管理节能工作的部门会同国务院有关部门:

A. 发布节能技术政策大纲
B. 公布节能技术、节能产品的推广目录
C. 支持科研单位和企业开展节能技术的应用研究
D. 开展节能共性和关键技术，促进节能技术创新和成果转化

119. 根据《中华人民共和国环境保护法》的规定，有关环境质量标准的下列说法中，正确的是：

A. 对国家污染物排放标准中已经作出规定的项目，不得再制定地方污染物排放标准
B. 地方人民政府对国家环境质量标准中未作出规定的项目，不得制定地方标准
C. 地方污染物排放标准必须经过国务院环境主管部门的审批
D. 向已有地方污染物排放标准的区域排放污染物的，应当执行地方排放标准

120. 根据《建设工程勘察设计管理条例》的规定，编制初步设计文件应当：

A. 满足编制方案设计文件和控制概算的需要
B. 满足编制施工招标文件、主要设备材料订货和编制施工图设计文件的需要
C. 满足非标准设备制作，并注明建筑工程合理使用年限
D. 满足设备材料采购和施工的需要

2009 年度全国勘察设计注册工程师公共基础考试

试题解析及参考答案

1. **解** 由题意知 $\boldsymbol{\alpha}=(-1,3,1)$，$\boldsymbol{\beta}=(1,1,t)$

因此：$\boldsymbol{\alpha}\times\boldsymbol{\beta}=\begin{vmatrix}\vec{i} & \vec{j} & \vec{k}\\ -1 & 3 & 1\\ 1 & 1 & t\end{vmatrix}=((3t-1)\boldsymbol{i},(1+t)\boldsymbol{j},-4\boldsymbol{k})=-4\boldsymbol{i}-4\boldsymbol{k}$

所以$\begin{cases}3t-1=-4\\ 1+t=0\end{cases}$，可得 $t=-1$。

答案：C

2. **解** 平面法向量为 $\boldsymbol{n}=(1,1,1)$，直线的方向向量为 $\boldsymbol{s}=(-1,1,1)$，由于 $\boldsymbol{n}\cdot\boldsymbol{s}=-1+1+1=1\neq0$，所以直线与平面不平行也不重合；而 $\boldsymbol{s}\neq k\boldsymbol{n}$，所以直线与平面也不垂直。

答案：D

3. **解** 由题意可知 $f(x)$ 在 $(-\infty,+\infty)$ 上连续。当 $x\geqslant0$ 时，$f'(x)=1>0$，故 $f(x)$ 单调递增；当 $x<0$ 时，$f'(x)=-2x>0$，故 $f(x)$ 单调递增。所以在 $(-\infty,+\infty)$ 上 $f(x)$ 单调递增。

答案：B

4. **解** 举例法，若 $f(x)=\dfrac{1}{1-x}$，$g(x)=1-x$，则 $f(x)$ 在 $x=1$ 间断，$g(x)$ 在 $x=1$ 连续，但 $f(x)\cdot g(x)$ 在 $x=1$ 处连续；若 $f(x)=\dfrac{1}{1-x}$，$g(x)=x$ 则 $f(x)\cdot g(x)$ 在 $x=1$ 处间断。

答案：D

5. **解** $y'=2\cos\dfrac{1}{x}\cdot\left(-\sin\dfrac{1}{x}\right)\cdot\left(-\dfrac{1}{x^2}\right)=\dfrac{1}{x^2}\sin\dfrac{2}{x}$

答案：A

6. **解** 由于 $y=f(x)$ 是 (a,b) 内的可导函数，故 $y=f(x)$ 在 $[x,x+\Delta x]$ 上可导，由拉格朗日中值定理可知，在 $(x,x+\Delta x)$ 内，至少存在一点 ξ 使得 $\Delta y=f'(\xi)\Delta x$。

答案：C

7. **解**

$$\begin{aligned}\mathrm{d}z&=\frac{\partial z}{\partial x}\mathrm{d}x+\frac{\partial z}{\partial y}\mathrm{d}y\\&=f'(x^2-y^2)\cdot2x\mathrm{d}x-f'(x^2-y^2)\cdot2y\mathrm{d}y\\&=2f'(x^2-y^2)(x\mathrm{d}x-y\mathrm{d}y)\end{aligned}$$

答案：D

8. 解　令 $\sqrt{x}=t$，则 $x=t^2$，可知 $\mathrm{d}x=2t\mathrm{d}t$。

$$\int\frac{1}{\sqrt{x}}f(\sqrt{x})\mathrm{d}x=\int\frac{1}{t}f(t)\cdot 2t\mathrm{d}t=2\int f(t)\ \mathrm{d}t=2F(t)+C=2F(\sqrt{x})+C$$

答案:B

9. 解　$$\int\frac{\cos 2x}{\sin^2 x\cos^2 x}\ \mathrm{d}x=\int\frac{\cos 2x}{\frac{1}{4}\sin^2 2x}\ \mathrm{d}x=2\int\frac{1}{\sin^2 2x}\ \mathrm{dsin}2x=-2\ \frac{1}{\sin 2x}+C$$

$$=-\cot x-\tan x+C$$

答案:C

10. 解　$$\frac{\mathrm{d}}{\mathrm{d}x}\int_0^{\cos x}\sqrt{1-t^2}\ \mathrm{d}t=\sqrt{1-\cos^2 x}\cdot(-\sin x)=-\sin x\cdot|\sin x|$$

答案:D

11. 解　$\int_{-1}^{1}\frac{1}{x^2}\mathrm{d}x=\int_{-1}^{0}\frac{1}{x^2}\mathrm{d}x+\int_0^1\frac{1}{x^2}\mathrm{d}x$，由于 $\int_{-1}^{0}\frac{1}{x^2}\mathrm{d}x$ 与 $\int_0^1\frac{1}{x^2}\mathrm{d}x$ 均发散，故选项 A 错误。$\frac{\mathrm{d}}{\mathrm{d}x}\int_0^{x^2}f(t)\mathrm{d}t=f(x^2)\cdot 2x$，故选项 B 错误。$\int_{-\infty}^{0}\mathrm{e}^{-\frac{x^2}{2}}dx$ 发散，故选项 D 错误。

$\int_1^{+\infty}\frac{1}{\sqrt{x}}dx=2\sqrt{x}\Big|_1^{+\infty}$ 发散。

答案:C

12. 解　由 $x^2+y^2+z^2=2z$，可得 $x^2+y^2+(z-1)^2=1$，则 $z=1-\sqrt{1-x^2-y^2}$。所以 $1-\sqrt{1-x^2-y^2}<z<x^2+y^2$，则 $1-\sqrt{1-r^2}<z<r^2$ 故

$$V=\int_0^{2\pi}\mathrm{d}\theta\int_0^1 r\mathrm{d}r\int_{1-\sqrt{1-r^2}}^{r^2}\mathrm{d}z。$$

答案:D

13. 解　假设 $u_n=1$，则 $u_{2n}=1, u_{2n+1}=1$，$\sum\limits_{n=1}^{\infty}(u_{2n}-u_{2n+1})=0$ 收敛，而 $\sum\limits_{n=1}^{\infty}u_n$ 发散，故选项 A 错误。$\lim\limits_{n\to\infty}u_n=1$，故选项 C 错误。设 $u_n=0$，则 $\sum\limits_{n=1}^{\infty}u_n$ 收敛，故选项 D 错误。故正确选项为 B。

答案:B

14. 解　$$\frac{1}{3-x}=\frac{1}{2-(x-1)}=\frac{1}{2}\cdot\frac{1}{1-\frac{x-1}{2}}=\frac{1}{2}\sum_{n=0}^{\infty}\left(\frac{x-1}{2}\right)^n=\sum_{n=0}^{\infty}\frac{(x-1)^n}{2^{n+1}}$$

答案:C

15. 解　由 $(3+2y)x\mathrm{d}x+(1+x^2)\mathrm{d}y=0$，可得 $\int\frac{x}{1+x^2}\mathrm{d}x=-\int\frac{1}{3+2y}\mathrm{d}y$。所以 $\frac{1}{2}\int\frac{1}{1+x^2}\ \mathrm{d}x^2=-\frac{1}{2}\int\frac{1}{3+2y}\ \mathrm{d}2y$

$\frac{1}{2}\ln(1+x^2)=-\frac{1}{2}\ln|3+2y|+C'$

即 $(1+x^2)(3+2y)=C$

答案:B

16. **解** 由于 $y''+ay'^2=0$，令 $y'=p$，则 $y''=\frac{dp}{dx}$。

所以：$\frac{dp}{dx}+ap^2=0$

$$\int\left(-\frac{1}{p^2}\right)dp=\int a dx$$

$$\frac{1}{p}=ax+C_1$$

又因为：$y'|_{x=0}=-1$，所以：$-1=0+C_1$

$$C_1=-1$$

$$\frac{1}{p}=ax-1$$

$$\int\frac{1}{ax-1}dx=\int dy$$

$$y=\frac{1}{a}\ln|ax-1|+C_2$$

且因为 $y|_{x=0}=0$

所以：$C_2=0$

$$y=\frac{1}{a}\ln|ax-1|=\frac{1}{a}\ln|1-ax|$$

答案:A

17. **解** 行列式交换两行(列)，行列式要变号，故选项A错误。

$|-\alpha_2,-\alpha_3,-\alpha_1|=(-1)^3\cdot|\alpha_2,\alpha_3,\alpha_1|=-|\alpha_1,\alpha_2,\alpha_3|$，故选项B错误。

$|\alpha_1+\alpha_2,\alpha_2+\alpha_3,\alpha_3+\alpha_1|=|\alpha_1,\alpha_2+\alpha_3,\alpha_3+\alpha_1|+|\alpha_2,\alpha_2+\alpha_3,\alpha_3+\alpha_1|=2|A|$，故选项C错误。

$|\alpha_1,\alpha_2,\alpha_3+\alpha_2+\alpha_1|=|\alpha_1,\alpha_2,\alpha_3|+|\alpha_1,\alpha_2,\alpha_2|+|\alpha_1,\alpha_2,\alpha_1|=|\alpha_1,\alpha_2,\alpha_3|=|A|$

答案:D

18. **解** 由于 $\boldsymbol{AB}=0$ 所以 $R(\boldsymbol{A})+R(\boldsymbol{B})\leqslant n$。

又因为 $\boldsymbol{A},\boldsymbol{B}$ 均为非零矩阵，所以 $R(\boldsymbol{A})\geqslant 1,R(\boldsymbol{B})\geqslant 1$，则 $r(\boldsymbol{A})<n,r(\boldsymbol{B})<n$，故 $\boldsymbol{A}$ 的列向量组线性相关，$\boldsymbol{B}$ 的行向量组线性相关。

答案:A

19. **解** 因为 $\boldsymbol{B}=\boldsymbol{P}^{-1}\boldsymbol{AP}$

$\boldsymbol{PBP}^{-1}=\boldsymbol{A}$

所以可得：$\boldsymbol{A\alpha}=\lambda\boldsymbol{\alpha}$

$\boldsymbol{A\alpha}=\boldsymbol{PBP}^{-1}\boldsymbol{\alpha}=\lambda\boldsymbol{\alpha}$

$BP^{-1}\alpha = \lambda P^{-1}\alpha$

答案:B

20. **解** $A = \begin{pmatrix} 1 & 1 \\ 1 & 2 \end{pmatrix}$ 为实对称阵,合同矩阵特征值相同。

答案:A

21. **解** 由 $P(\overline{A}-B)=P(\overline{AB})=P(\overline{A\cup B})=1-P(A\cup B)$

可以得出 $P(A\cup B)=1-P(\overline{A}-B)=0.7$。

答案:B

22. **解** 选项A:当 $\lambda \neq 0$ 时,$P\{X \leqslant \lambda\} = P\{X \geqslant \lambda\}$ 不成立,故选项A错误。

选项B:由正态分布的性质可知,$P\{X \geqslant \lambda\} = P\{X \leqslant -\lambda\}$。

选项C:$X \sim N(0,\sigma^2)$ 则 $X-\lambda \sim N(-\lambda,\sigma^2)$,故选项C错误。

选项D:$X \sim N(0,\sigma^2)$ 则 $\lambda X \sim N(0,\lambda^2\sigma^2)$,故选项D错误。

答案:B

23. **解** $E(Y)=\int_{-\infty}^{+\infty}\frac{1}{x}f(x)\mathrm{d}x=\int_0^2\frac{1}{x}\cdot\frac{3}{8}x^2\mathrm{d}x=\int_0^2\frac{3}{8}x\mathrm{d}x=\frac{3}{16}x^2\Big|_0^2=\frac{3}{4}$

答案:A

24. **解** 设最大似然函数为:

$$L = \prod_{i=1}^{n} \mathrm{e}^{-(X_i-\theta}$$

$$\ln L = -\sum_{i=1}^{n}(X_i-\theta$$

由于$\frac{\partial \ln L}{\partial \theta} = n > 0$,所以 $\ln L$ 关于θ单增。

由定义可知,要是 X 有意义,θ 必须小于 X_i 中的任何一个,

故 $\theta = \min(X_1, X_2, \cdots, X_n)$。

答案:C

25. **解** 分子平均平动动能为:$\bar{\varepsilon} = \frac{3}{2}kT$

答案:C

26. **解** 分子的平均碰撞频率为 $\overline{Z} = \sqrt{2}\pi d^2 n\bar{v}$,其中 $\bar{v} = \sqrt{\frac{8RT}{\pi M}}$,$n = \frac{p}{kT}$。代入可得 $\overline{Z} = \sqrt{2}\pi d^2\frac{p}{kT}\sqrt{\frac{8RT}{\pi M}} = \frac{4pd^2}{k}\sqrt{\frac{R\pi}{MT}}$。所以压强恒定时,$\overline{Z}$ 与 $\sqrt{T}$ 成反比。

答案:C

27. **解** 因为气体温度不变,所以内能也不变,即 $\Delta E = 0$。整个过程体积一直膨胀,所以气体一直对外做正功,即 $W > 0$。

答案:A

28. **解** 根据热力学第一定律，$Q=\Delta E+A$。由题意可知 $\Delta E=120\text{J}$，因为气体压缩，对外做负功，则 $A=-209\text{J}$，可得 $Q=-89\text{J}$。

答案:A

29. **解** 通过波动方程 $y=A\cos(Bt-Cx)$ 与标准形式 $y=A\cos(\omega t-kx)$ 对比可得：圆频率 $\omega=B$，波数 $k=C$，周期 $T=\frac{2\pi}{\omega}=\frac{2\pi}{B}$，波长 $\lambda=\frac{2\pi}{k}=\frac{2\pi}{C}$，波速 $u=\frac{\omega}{k}=\frac{B}{C}$。

答案:B

30. **解** 质元处于平衡位置时，速度最大，动能最大，形变也最大，所以势能也最大。

答案:C

31. **解** 可闻声波频率范围为 $20\sim20000\text{Hz}$。

答案:C

32. **解** 空气中，双缝干涉的条纹间距为 $\Delta x=\frac{D}{d}\lambda$，放入水中，条纹间距为 $\Delta x'=\frac{D}{d}\lambda'$，其中 $\lambda'=\frac{\lambda}{n}$，所以 $\Delta x'=\frac{D}{d}\lambda'=\frac{D}{d}\frac{\lambda}{n}=\frac{\Delta x}{n}=1\text{mm}$。

答案:C

33. **解** 劈尖干涉的暗纹条件为 $\delta=2ne+\frac{\lambda}{2}=(2k+1)\frac{\lambda}{2}$，第三级暗纹有 $2ne+\frac{\lambda}{2}=\frac{7\lambda}{2}$，所以 $e=\frac{3\lambda}{2n}$。

答案:A

34. **解** 迈克尔逊干涉实验中，有 $\Delta d=N\frac{\lambda}{2}$，所以 $\lambda=\frac{2\Delta d}{N}=539\text{nm}$。

答案:B

35. **解** 光栅衍射中，两种波长的谱线满足 $d\sin\theta_1=k_1\lambda_1$ 和 $d\sin\theta_2=k_2\lambda_2$，当衍射角相同即 $\theta_1=\theta_2$ 时，谱线重合。$k_1\lambda_1=k_2\lambda_2$，即 $\frac{k_1}{k_2}=\frac{\lambda_2}{\lambda_1}=\frac{750}{450}=\frac{5}{3}$。重合的级数分别为：

λ_1 谱线的级数 k_1 为 5,10,15,20,…；λ_2 谱线的级数 k_2 为 3,6,9,12,…

答案:D

36. **解** 由布鲁斯特定律可知，入射角与折射角之和为 $90°$，所以入射角为 $i_0=60°$。而 $\tan i_0=\frac{n_2}{n_1}$，所以玻璃折射率为 $n_2=n_1\tan i_0=1\cdot\tan60°=\sqrt{3}$。

答案:D

37. **解** 由吉布斯自由能变可知，因为 $\Delta G<0$，反应为自发进行过程。

由 Gibbs 公式，$\Delta G=\Delta H-T\Delta S$ 要使 T 值小时 $\Delta G<0$，T 值大时 $\Delta G>0$，则需 $\Delta H<0$，$\Delta S<0$。

答案:A

38.解　$E^{\ominus}(Cl_2/Cl^-)=1.358V$

$$E(Cl_2/Cl^-)=E^{\ominus}(Cl_2/Cl^-)+\frac{0.0592}{2}\lg\frac{p(Cl_2)/p^{\ominus}}{\{c(Cl)/c^{\ominus}\}^2}$$

$$=1.358+\frac{0.0592}{2}\lg\frac{0.1}{0.1^2}$$

$$=1.388V$$

答案:C

39.解　因为 $E(F_2+F)>E(Fe^{3+}/Fe^{2+})$,所以氧化性 $F_2>Fe^{3+}$,还原性 $F<Fe^{2+}$。

答案:B

40.解　反应温度升高可以使反应物分子的运动速率增大,从而使单位时间内反应物分子间的碰撞次数增加,并且使较多的具有平均能量的普通分子获得能量而变成活化分子,使单位体积内活化分子的百分数增大,结果使单位时间有效碰撞次数增大,反应速率也就相应增大。

答案:A

41.解　波函数 $\psi(n,l,m)$ 可表示一个原子轨道的运动状态。n,l,m 的取值范围:主量子数 n 可取的数值为 1,2,3,4,…;角量子数 l 可取的数值为 0,1,2,…,$(n-1)$;磁量子数 m 可取的数值为 $0,\pm1,\pm2,\pm3,\cdots,\pm l$。选项 A 中,n 取 1 时,l 最大取 $n-1=0$。

答案:A

42.解　$\overset{+4}{Mn}O_2\rightarrow\overset{+2}{Mn}Cl_2$

$H\underset{-1}{Cl}\rightarrow\underset{0}{Cl_2}$

$MnO_2+2HCl=MnCl_2+H_2O$

答案:A

43.解　$K_a^{\ominus}=\dfrac{c(H^+)c(A^-)}{c(HA)}$

$$K_h^{\ominus}=\frac{c(HA)c(OH^-)}{c(A^-)}=\frac{K_w^{\ominus}}{K_a^{\ominus}}=\frac{1.0\times10^{-14}}{1.0\times10^{-5}}=1.0\times10^{-9}$$

答案:A

44.解　该化合物中有苯环、醛基和羟基。苯环上可以发生加成反应,羟基可以被氧化,醛基既可以被氧化,也可以被还原,而羟基没有β氢原子,故不可以发生消除反应。

答案:C

45.解　聚丙烯酸酯是只有碳、氢、氧三种元素组成的长链状化合物,故为有机化合物,又因为它是高聚物,是高分子化合物;且分子中只有共价键,故为共价化合物。

答案:C

46.解　苯甲醛中有醛基,苯乙烯中有碳碳双键,都具有还原性,能将高锰酸钾还原;乙苯侧链上的乙基能被高锰酸钾氧化，也能使高锰酸钾褪色，只有苯不能使高锰酸钾褪色。

答案：C

47.**解** 由于不确定，很容易排除除选项B外其他三个选项都错误。

答案：B

48.**解** 以A为参考点，通过力的合成和对A点取矩可得$F_R = 2F, M_A = \frac{\sqrt{3}}{2}Fa$。

答案：A

49.**解** 在力矩相等的情况下，只有力平移时，才考虑平衡法则。

答案：A

50.**解** 斜面对物体的正压力为$F_N = W\cos 60^\circ = 50\text{N}, F_f = \mu F_N = 10\text{N}$，此时，摩擦力与水平力之和大于物块沿斜面向下的力。W的沿斜面的分力为86.6N，大于80N物体有向下运动趋势。最大可提供摩擦力为10N，因此物体不会运动而是保持静止。摩擦力按保持受力平衡条件提供，为$W\sin 60^\circ - 80 = 6.6\text{N}$。

答案：C

51.**解** 由于$t = 0, s = 8; t = 3, s = -10$。所以路程为$8 - (-10) = 18$。

答案：C

52.**解** 角速度$\omega = \sqrt{\frac{a_n}{l}}, a_n = a\cos\alpha$，所以$\omega = \sqrt{\frac{a\cos\alpha}{l}}$，则角加速度$\beta = \frac{a\sin\alpha}{l}$。

答案：B

53.**解** 速度$v = \frac{\mathrm{d}x}{\mathrm{d}t} = 2kt$，切向加速度$a_\tau = \frac{\mathrm{d}v}{\mathrm{d}t} = 2k$，法向加速度$a_n = \frac{v^2}{R}$，则总加速度$a = \sqrt{a_\tau^2 + a_n^2}$。

答案：D

54.**解** $-ma = F - R$（依据图上规定的正方向列写）。

答案：B

55.**解** 动量矩：$\vec{L}_o = \vec{r}_c \times (m\vec{v}_c) + \vec{L}_c$

则$L_o = R \times m\omega R + \frac{1}{2}mR^2 w = \frac{3}{2}mR^2 w$

动能：$T = \frac{1}{2}J_z w^2 = \frac{1}{2}(\frac{1}{2}mR^2 + mR^2)w^2 = \frac{3}{4}mR^2 w^2$

答案：D

56.**解** 重力无法给予加速度。

答案：A

57. **解** 由质心 C 计算式 $a_C = l\beta = \frac{3g}{4}$,可得 $mg - F_{Ay} = ma_C$,则 $F_{Ay} = \frac{1}{4}mg = \frac{1}{4}P$。

答案:B

58. **解** 固有频率:$T=2\pi\sqrt{\frac{m}{k}}$

答案:C

59. **解** 冷作硬化发生在强化阶段,要识记低碳拉伸实验整个过程

答案:C

60. **解** 拉伸应力:$\sigma = \frac{4F}{\pi d^2} \leqslant [\sigma]$

挤压应力:$\sigma_p = \frac{4F}{\pi(D^2 - d^2)} \leqslant [\sigma]$

切应力:$\tau = \frac{F}{\pi dh} \leqslant [\tau]$

$[\sigma] = 2[\tau]$

答案:A

61. **解** $\theta = \frac{Tl}{GI_p} = \frac{32Tl}{G\pi d^2}$,角度减少一半,其他不变,即 d^4 增大到原来的两倍,因此直径变为原来的$\sqrt[4]{2}d$ 。

答案:A

62. **解** 由于切应力 $\tau = G\gamma = T/W_t$,则有 $T = G\gamma W_t$。

答案:A

63. **解** 用长方形的极惯性矩减去正方形的极惯性矩,所以:$I_z = \frac{1}{12}bh^3 - \left[\frac{1}{12}a^4 + a^2 \times \left(\frac{a}{2}\right)^2\right] = \frac{1}{12}bh^3 - \frac{1}{3}a^4$

答案:C

64. **解** 对 C 取矩得 $F_A = \frac{m}{L}$,注意剪力正负号。

答案:C

65. **解** 因为钢和铝的弹性模量不同,而只有挠度涉及弹性模量,所以选挠曲线。

答案:D

66. **解** 由挠曲线方程 $w = \frac{Mx^2}{EI}$ 可知答案。

答案:B

67. 解 $\sigma_1=\frac{\sigma_x+\sigma_y}{2}+\sqrt{\left(\frac{\sigma_x-\sigma_y}{2}\right)^2+\tau_x^2}$

答案:D

68. 解 将力 F 移动至形心处,同时受到两个方向上的弯矩和轴向拉伸作用。

答案:B

69. 解 $\sigma_{eq3}=\frac{\sqrt{M^2+T^2}}{W_z}(M=FL,T=F\frac{d}{2},W_z=\frac{1}{32}\pi d^3)$

答案:D

70. 解 计算如下:

$$F=2\times\frac{\pi^2EI}{(\mu L)^2}$$

式中,$\mu=0.7$(说明:前边的系数 2 是因为有 AB、CD 两个杆)。

所以:$F=4.08\times\frac{\pi^2E\cdot I}{L^2}$

答案:B

71. 解 静止流体的压力,此处仅考虑只有重力作用且有自由液面的不可压缩流体,其压强计算式为:

$$p=p_0+\rho gh$$

式中,ρ 由流体种类决定;g 为重力加速度,h 用于确定它的位置。流体静压强具有以下特性:静止流体中任一点流体静压强的大小与其作用面的空间方位无关。

答案:B

72. 解 该题可用 71 题中提及的公式计算:

$p=p_0+\rho gh=100+800\times9.8\times3\div1000=123.5\text{kPa}$

答案:D

73. 解 恒定流体是流动达到平衡的流体,这种流体中各点的速度的大小与方向保持不变,与之相关的压强等参数亦不变,如图所示,如果各点参数不变,则可以认为是恒定流体。但显然各断面的参数不相同,流线也不平行。

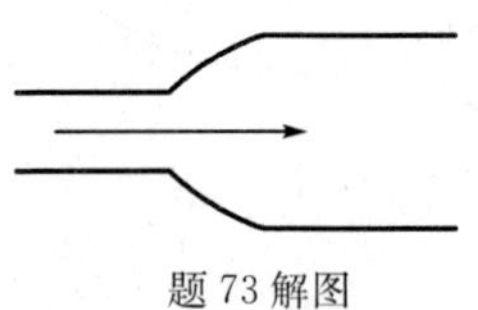

题 73 解图

答案:B

74. 解 对于管嘴出口的速度公式为:

$$v_2\approx0.82\sqrt{2gH_0}$$

对于管嘴出口的流量公式为:

$$Q_2\approx0.82\omega\sqrt{2gH_0}$$

式中:ω——孔口断面面积;

H_0——作用水头。

薄壁小孔口的收缩面速度公式为：

$$v_1 \approx 0.97\sqrt{2gH_0}$$

薄壁小孔口的收缩面出口流量公式为：

$$Q_1 \approx 0.61\omega\sqrt{2gH_0}$$

显然 $v_1 > v_2$，$Q_1 < Q_2$。

答案：C

75. **解** 明渠均匀流是指水深、断面平均流速沿程都不变的流动，它的形成条件是：①渠底必须沿程降低（是重力流，依靠重力分力驱使水流运动），显然平坡、逆坡中不可能产生均匀流。②必须是长而直的棱柱形渠道。（避免像弯管、阀门、滚水坝、桥孔等局部阻力对水流产生影响，而导致非均匀流）。③渠道表面的粗糙系数应沿程不变。这是因为粗糙系数决定了阻力的大小，粗糙系数变化，阻力变化，有可能成为非均匀流。④渠道中水流应是恒定流。

答案：A

76. **解** 当坡度增大时，显然水流速度会增加，整条渠道流量是不变的，由于 $Q = vA$，速度增大只能让截面积减小，也就是使水深减小。

答案：A

77. **解** 潜水完全井产水量公式为：

$$Q = \pi k \frac{H^2 - h^2}{\ln \frac{R}{r_0}}$$

$$R = 3000S\sqrt{k};$$

$$S = H - h$$

代入数据可得：

$$R = 3000 \times 3 \times \sqrt{\frac{2}{3600}} = 212.1\text{m}$$

$$Q = 3.14 \times \frac{2}{3600} \times \frac{11^2 - 8^2}{\ln \frac{212.1}{0.5}} = 0.01643\text{m}^3/\text{s}$$

答案：B

78. **解** 见《量纲分析和相似理论》相关内容。

答案：B

79. **解** 电场力：$\vec{F} = E \cdot \vec{q}$

电场力所做功：$W = F \cdot S$

所以，所做功的能量源自电场能和带电体自身的能量。

答案：C

80. **解** 由于电容“隔直通交”的特性，当 $u_s = 10\text{V}$ 时，电容 C 相当于断路，无电流流过，即 $i_2 = 0$。由 KCL 可得 $i = i_1 + i_2$，故 $i_1 = i = 1\text{mA}$。

答案:A

81.**解** 由 KCL 可得:$-2+0.5+I_1=1$,即 $I_1=2.5\text{A}$; $I_1+I_2=1+1.5$,所以 $I_2=0\text{A}$。

答案:C

82.**解** 由波形图可得,电压峰值 $U_m=155.56V=110\sqrt{2}\text{V}$,周期 $T=20\text{ms}$,$f=\dfrac{1}{T}=\dfrac{1}{20}\times 10^3=50\text{Hz}$,所以 $\omega=2\pi f=314\text{rad/s}$,初相位 $\varphi=-90°$。

则电压时域解析表达式为:

$u(t)=U_m\sin(\omega t+\varphi)=110\sqrt{2}\sin(314t-90°)\text{V}$

答案:B

83.**解** 根据 KVL 有:$u=u_R+u_L+u_C$。$\dot{U}_X=\dot{U}_L+\dot{U}_C=\dot{I}\left(j\omega L-j\dfrac{1}{\omega C}\right)$,所以有 $U_X<U_L$ 以及 $U_X<U_C$。

答案:A

84.**解** 由图 b)可知,电压发生了 3 次突变,所以出现 3 次暂态过程。由于电感电流不突变,电感与电容串联,故电容电流也不突变。

答案:A

85.**解** 设变压器原副边电压电流分别为 U_1、U_2,I_1、I_2。

由题意可知,$U_1=100\text{V}$,$I_2=2A$,故 $U_2=I_2R_L=2\times 10=20\text{V}$

又由于 $\dfrac{N_1}{N_2}=\dfrac{U_1}{U_2}=\dfrac{100}{20}=\dfrac{I_2}{I_1}$,可得 $I_1=0.4\text{A}$。

答案:A

86.**解** 随着负载的增加,定子电流的有功分量增加,功率因数逐渐上升,在额定负载附近,功率因数最高。

答案:B

87.**解** 信号是运载信息的工具,是信息的载体。

答案:B

88.**解** 由题图知,数字信号为$(010011)_B=(19)_D$。

答案:D

89.**解** 离散信号是在规定的离散点上给出信号的幅值,而在离散点外没有定义;模拟信号是幅值连续的连续信号;数字信号是幅值离散的连续时间信号。

由题意可知,$x(t)$ 为原始信号,$u(t)$ 为模拟信号,$u^*(t)$ 为离散信号。

答案:B

90. **解** 由波形图可知：模拟信号 $u(t)$，在 $0 < t < 2$ 时，为指数信号；在 $t = 2$ 时，为单位冲激信号。

答案：D

91. **解** 模拟信号放大器是对输入模拟量幅度的放大。

答案：A

92. **解** 由表可知，当 C=1，且 A，B 同 0 或同 1 时，输出 F=1，故 $F=\overline{A}\overline{B}C+ABC$。

答案：B

93. **解** 分析二极管电路的方法，是先将二极管视为断路，判断二极管的端部电压。如果二极管处于正向偏置状态，可将二极管视为短路；如果二极管处于反向偏置状态，可将二极管视为断路。简化后含有二极管的电路已经成为线性电路，用线性电路理论分析可得结果。

答案：B

94. **解** $U_{L1} = \dfrac{R_L}{R_S + R_L} \cdot U_S = \dfrac{50}{1000+50} \times U_S$

$$U_{L2} = \frac{R_i}{R_S + R_i} \cdot U_S \cdot \frac{R_L}{R_o + R_L} = \frac{100}{1000+100} \times \frac{50}{50+50} \times U_S$$

$$= \frac{50}{1000+100} \times U_S$$，显然 $\times U_{L2} < U_{L1}$，故选 C。

答案：C

95. **解** 由图示得，$F_1 = A+B$，$F_2 = AB$

当 B=1 时，$F_1 = A+1=1$，$F_2 = A \cdot 1 = A$

答案：B

96. **解** JK 触发器特性方程为 $Q_{n+1} = J\overline{Q}_n + \overline{K}Q_n$，由于 J = "1"，因此 $Q_{n+1} = 1$，从而 cp 的第一个上升沿之后 Q 一直输出高

答案：B

97. **解** 储存器具有记忆功能，用来保存信息，如数据、指令和运算结果等。

它可以分为外储存器和内储存器两种。下面进行详细说明。

1）内储存器（内存）

内储存器直接与 CPU 相连接，储存容量较小，但速度快，用来存放当前运行程序的指令和数据，并直接与 CPU 交换信息。内储存器由许多储存单元组成，每个单元能存放一个二进制数或一条由二进制编码表示的指令。内储存器是由随机储存器和只读储存器构成的。

2）外储存器（外存）

外储存器是内储存器的扩充。它储存容量大，价格低，但储存速度慢，一般用来存放大量暂时不用的程序、数据和中间结果，需要时，可成批地与内存进行信息交换。外存只能与内存交换信息，不能被计算机系统的其他部件直接访问。常用的外存有磁盘、磁带、光盘等。

答案：C

98.**解** 软件是计算机系统中的程序和有关的文件的集合。按照应用和虚拟机的观点，软件可以分为：系统软件、支撑软件和应用软件。

系统软件：是计算机系统中最靠近硬件的一层，如操作系统和编译程序等，它与具体的应用领域无关。

支撑软件：支援其他软件的编写制作和维护的软件。

应用软件：特定应用领域专用的软件。

答案：D

99.**解** 信息有十个基本特征。

可量度。信息可采用某种度量单位进行度量，并进行信息编码。如现代计算机使用的二进制。

可识别。信息可采用直观识别、比较识别和间接识别等多种方式来把握。

可转换。信息可以从一种形态转换为另一种形态。如自然信息可转换为语言、文字和图像等形态，也可转换为电磁波信号和计算机代码。转化后，原本的信息仍然存在，所以信息也是不可失的。

可存储。信息可以存储。大脑就是一个天然信息存储器。人类发明的文字、摄影、录音、录像以及计算机存储器等都可以进行信息存储。

可处理。人脑就是最佳的信息处理器。人脑的思维功能可以进行决策、设计、研究、写作、改进、发明、创造等多种信息处理活动。计算机也具有信息处理功能。

可传递。信息的传递是与物质和能量的传递同时进行的。语言、表情、动作、报刊、书籍、广播、电视、电话等是人类常用的信息传递方式。

可再生。信息经过处理后，可以以其他形式再生。如自然信息经过人工处理后，可用语言或图形等方式生成信息。输入计算机的各种数据文字等信息，可用显示、打印、绘图等方式在生成信息。

可压缩。信息可以进行压缩，可以用不同信息量来描述同一事物。人们常常用尽可能少的信息量描述一件事物的主要特征。

可利用。信息具有一定的实效性和可利用性。

可共享。信息具有扩散性，因此可共享。

答案：D

100.**解** 将八进制数转化为二进制数的方法是：八进制数的每一位对应三位二进制数，所以：

$$\frac{7\quad 6\quad 3}{111\ 110\ 011}$$

答案：D

101.**解** 存储器中所包含存储单元的数量称为存储容量，其计量基本单位是字节(Byte。简称 B)，8 个二进制位称为 1 个字节。

答案：A

102.**解** 操作系统通常应包括下列五大功能模块：

(1)处理器管理：当多个程序同时运行时，解决 CPU 时间的分配问题。

(2)作业管理：完成某个独立任务的程序及其所需的数据组成一个作业。作业管理的主要任务是为用户提供一个使用计算机界面使其方便的运行自己的作业，并对所有进入系统的作业进行调度和控制，尽可能高效地利用整个系统的资源。

(3)存储器管理：为各个程序及其使用的数据分配存储空间，并保证他们互不干扰。

(4)设备管理：根据用户提出使用设备的请求进行设备分配，同时还能随时接收设备的请求。

(5)文件管理：主要负责文件的存储、检索、共享和保护，为用户提供文件操作的方便。

答案:D

103. **解**　Windows 中，对存储器的管理采取分段存储、分页存储管理技术。一个存储段可以小至 1 个字节，大至 4G 字节。而一个页的大小规定为 4K 字节。

答案:B

104. **解**　中断技术可以解决快速 CPU 与慢速外设之间的矛盾，使 CPU 可以与外设同时工作，甚至可以与几个外设同时工作。

答案:C

105. **解**　计算机网络是计算机技术和通信技术的结合产物。

答案:C

106. **解**　一个网络协议的三要素分别是：

(1)语法。用来规定信息格式、数据及控制信息的格式、编码及信号电平等。

(2)语义。用来说明通信双方应当怎么做；用于协调与差错处理的控制信息。

(3)时序。(同步)定义了何时进行通信，先讲什么，后讲什么，讲话的速度等。比如是采用同步传输还是异步传输。

答案:C

107. **解**　对于选项 A，净现金流量是同一时间点上的现金流入和流出之差，因而 A 错误；选项 B 正确；对于选项 C，现金流量图中第一个现金流量点不一定发生在起点，因而 C 错误；对于选项 D，流量图中箭头向上表示现金流入是收入，因而 D 错误。

答案:B

108. **解**　投资项目前期研究分为机会研究(规划)阶段、项目建议书(初步可行性研究)阶段和可行性研究阶段。

答案:C

109. **解**　建设期利息在计算的时候假设借款在年中支用，因此当年借款半年计息，上年借款全年计息。由此计算得：

第一年利息 $=200/2\times7\%=7$；

第二年利息 $=(200+7+500/2)\times7\%=31.99$；

第三年利息 $=(200+7+500+31.99+300/2)\times7\%=62.23$；

因此建设期利息 $=7+31.99+62.23=101.22$。

答案:B

110. **解**　股票融资的资金成本一般要比债券融资高，因此说股票融资的资金成本低不正确。

答案:D

111. **解**　融资前分析不考虑融资方案，即不考虑资金是自有还是贷款；在项目规划和机会研究阶段一般只进行融资前分析。

答案：C

112. **解**　经济效益的计算遵循支付意愿和接受补偿原则。

答案：D

113. **解**　盈亏平衡点产销量 $Q^* = \frac{F}{P-T-V} = \frac{12000000}{1000-150-600} = 48000$。

答案：A

114. **解**　价值＝功能/成本，由此公式可推出选项C在提高价值，其余选项的价值均降低。

答案：C

115. **解**　我国《建筑法》第八条明确规定了建设单位申请领取施工许可证应具备的条件，包括："(一)已经办理该建筑工程用地批准手续；(二)在城市规划区的建筑工程，已经取得规划许可证；(三)需要拆迁的，其拆迁进度符合施工要求；(四)已经确定建筑施工企业；(五)有满足施工需要的施工图纸及技术资料；(六)有保证工程质量和安全的具体措施；(七)建设资金已经落实；(八)法律、行政法规规定的其他条件。"

选项A是错误的，申请领取施工许可证仅要求"需要拆迁的，其拆迁进度符合施工要求"，不需要全部完成拆迁工作。

选项B是错误的，在施工许可证申领阶段无"确定监理企业"的要求。

选项D是错误的，申请领取施工许可证要求"建设资金已经落实"，这与该选项中的"资金全部到位"不是相同概念。落实是资金可以投入到相关项目，不会出现缺口；到位则已经下放相关项目组，可以使用了。

答案：C

116. **解**　我国《招标投标法》第十六条规定："招标人采用公开招标方式的，应当发布招标公告。依法必须进行招标的项目的招标公告，应当通过国家指定的报刊、信息网络或者其他媒介发布。招标公告应当载明招标人的名称和地址、招标项目的性质、数量、实施地点和时间以及获取招标文件的办法等事项。"

选项A招标项目的性质、数量有明确的要求。

选项B、C、D中的事项《招标投标法》中没作明确要求。

答案：A

117. **解**　按照《合同法》第14、15、21条的规定：要约是希望和他人订立合同的意思表示；要约邀请是希望他人向自己发出要约的意思表示；承诺是受要约人同意要约的意思表示。本题的关键是要能够区分邀约和要约邀请，要约是以订立合同为目的具有法律意义的意思表示行为，一经发出就产生一定的法律效果。而要约邀请，是一方当事人邀请另一方当事人向自己发出要约。可见，要约邀请本身不具有法律意义。在实际生活中，寄送的价目表、拍卖公告、招标公告、招股说明书、商业广告等为要约邀请。因此，招标公告属于合同订立中的要约邀请。

答案:C

118. **解**　我国《节约能源法》(1997 年 11 月 1 日通过,2007 年 10 月 28 日修订通过)制定的目的是为了推动全社会节约能源,提高能源利用效率,保护和改善环境,促进经济社会全面协调可持续发展。

《节约能源法》第五十八条规定:“国务院管理节能工作的部门会同国务院有关部门制定并公布节能技术、节能产品的推广目录,引导用能单位和个人使用先进的节能技术、节能产品。国务院管理节能工作的部门会同国务院有关部门组织实施重大节能科研项目、节能示范项目、重点节能工程。”按此规定,题干中“为了引导用能单位和个人使用先进的节能技术,节能产品,国务院管理节能工作的部门会同国务院有关部门”就应当是“制定并公布节能技术、节能产品的推广目录”,因此选项 B 正确。

答案:B

119. **解**　我国《环境保护法》是 1989 年 12 月 26 日第七届全国人民代表大会常务委员会第十一次会议通过的,2014 年 4 月 24 日进行了修订。本题为 2009 年真题,解答本题暂适用 2014 年修改之前的《环境保护法》。

选项 A 是错误的,根据《环境保护法》第十条规定,对国家污染物排放标准中已作规定的项目,可以制定严于国家污染物排放标准的地方污染物排放标准。

选项 B 是错误的,根据《环境保护法》第九条规定,省、自治区、直辖市人民政府对国家环境质量标准中未作规定的项目,可以制定地方环境质量标准,并报国务院环境保护行政主管部门备案。

选项 C 是错误的,地方污染物排放标准须报国务院环境保护行政主管部门备案,而不是审批。

选项 D 是正确的,根据《环境保护法》第十条规定,向已有地方污染物排放标准的区域排放污染物的,应当执行地方排放标准。

答案:D

120. **解**　解答本题依据的是《建设工程勘测设计管理条例》第 26 条之规定。

选项 A 是错误的,此项是编制方案设计文件的要求。

选项 B 是正确的,“编制初步设计文件,应当满足编制施工招标文件、主要设备材料订货和编制施工图设计文件的需要”是第 26 条的明确规定。

选项 C 和 D 是错误的,这两项都是编制施工图设计文件的要求。

答案:B

2010年度全国勘察设计注册工程师公共基础考试

试　题

单项选择题(共120题,每题1分。每题的备选项中只有一个最符合题意)

1. 设直线方程为$\begin{cases}x=t+1\\y=2t-2\\z=-3t+3\end{cases}$,则直线:

A. 过点$(-1,2,-3)$,方向向量为$\boldsymbol{i}+2\boldsymbol{j}-3\boldsymbol{k}$
B. 过点$(-1,2,-3)$,方向向量为$-\boldsymbol{i}-2\boldsymbol{j}+3\boldsymbol{k}$
C. 过点$(1,2,-3)$,方向向量为$\boldsymbol{i}-2\boldsymbol{j}+3\boldsymbol{k}$
D. 过点$(1,-2,3)$,方向向量为$-\boldsymbol{i}-2\boldsymbol{j}+3\boldsymbol{k}$

2. 设$\boldsymbol{\alpha},\boldsymbol{\beta},\boldsymbol{\gamma}$都是非零向量,若$\boldsymbol{\alpha}\times\boldsymbol{\beta}=\boldsymbol{\alpha}\times\boldsymbol{\gamma}$,则:

A. $\boldsymbol{\beta}=\boldsymbol{\gamma}$
B. $\boldsymbol{\alpha}/\!/\boldsymbol{\beta}$且$\boldsymbol{\alpha}/\!/\boldsymbol{\gamma}$
C. $\boldsymbol{\alpha}/\!/(\boldsymbol{\beta}-\boldsymbol{\gamma})$
D. $\boldsymbol{\alpha}\perp(\boldsymbol{\beta}-\boldsymbol{\gamma})$

3. 设$f(x)=\dfrac{e^{3x}-1}{e^{3x}+1}$,则:

A. $f(x)$为偶函数,值域为$(-1,1)$
B. $f(x)$为奇函数,值域为$(-\infty,0)$
C. $f(x)$为奇函数,值域为$(-1,1)$
D. $f(x)$为奇函数,值域为$(0,+\infty)$

4. 下列命题正确的是:

A. 分段函数必存在间断点
B. 单调有界函数无第二类间断点
C. 在开区间内连续,则在该区间必取得最大值和最小值
D. 在闭区间上有间断点的函数一定有界

5. 设函数$f(x)=\begin{cases}\dfrac{2}{x^2+1},x\leqslant 1\\ax+b,x>1\end{cases}$可导,则必有:

A. $a=1,b=2$　　　　B. $a=-1,b=2$

C. $a=1,b=0$　　　　D. $a=-1,b=0$

6. 求极限 $\lim\limits_{x\to 0}\dfrac{x^2\sin\dfrac{1}{x}}{\sin x}$时，下列各种解法中正确的是：

A. 用洛必达法则后，求得极限为 0

B. 因为 $\lim\limits_{x\to 0}\sin\dfrac{1}{x}$不存在，所以上述极限不存在

C. 原式$=\lim\limits_{x\to 0}\dfrac{x}{\sin x}x\sin\dfrac{1}{x}=0$

D. 因为不能用洛必达法则，故极限不存

7. 下列各点中为二元函数 $z=x^3-y^3-3x^2+3y-9x$ 的极值点的是：

A. $(3,-1)$　　B. $(3,1)$　　C. $(1,1)$　　D. $(-1,-1)$

8. 若函数 $f(x)$的一个原函数是 e^{-2x}，则$\int f''(x)dx$ 等于：

A. $e^{-2x}+C$　　B. $-2e^{-2x}$　　C. $-2e^{-2x}+C$　　D. $4e^{-2x}+C$

9. $\int xe^{-2x}dx$ 等于：

A. $-\dfrac{1}{4}e^{-2x}(2x+1)+C$　　B. $\dfrac{1}{4}e^{-2x}(2x-1)+C$

C. $-\dfrac{1}{4}e^{-2x}(2x-1)+C$　　D. $-\dfrac{1}{2}e^{-2x}(x+1)+C$

10. 下列广义积分中收敛的是：

A. $\int_0^1\dfrac{1}{x^2}dx$　　B. $\int_0^2\dfrac{1}{\sqrt{2-x}}dx$

C. $\int_{-\infty}^0 e^{-x}dx$　　D. $\int_1^{+\infty}\ln x dx$

11. 圆周 $\rho=\cos\theta,\rho=2\cos\theta$ 及射线 $\theta=0,\theta=\dfrac{\pi}{4}$所围的图形的面积 $S=$

A. $\dfrac{3}{8}(\pi+2)$　　B. $\dfrac{1}{16}(\pi+2)$

C. $\dfrac{3}{16}(\pi+2)$　　D. $\dfrac{7}{8}\pi$

12. 计算 $I=\iiint\limits_{\Omega}z dv$，其中 Ω 为 $z^2=x^2+y^2,z=1$ 围成的立体，则正确的解法是：

A. $I=\int_0^{2\pi}\mathrm{d}\theta\int_0^1 r\mathrm{d}r\int_0^1 z\mathrm{d}z$

B. $I=\int_0^{2\pi}\mathrm{d}\theta\int_0^1 r\mathrm{d}r\int_r^1 z\mathrm{d}z$

C. $I=\int_0^{2\pi}\mathrm{d}\theta\int_0^1 \mathrm{d}z\int_r^1 r\mathrm{d}r$

D. $I=\int_0^1\mathrm{d}z\int_0^{\pi}\mathrm{d}\theta\int_0^z zr\mathrm{d}r$

13. 下列各级数中发散的是：

A. $\sum\limits_{n=1}^{\infty}\frac{1}{\sqrt{n+1}}$

B. $\sum\limits_{n=1}^{\infty}(-1)^{n-1}\frac{1}{\ln(n+1)}$

C. $\sum\limits_{n=1}^{\infty}\frac{n+1}{3^n}$

D. $\sum\limits_{n=1}^{\infty}(-1)^{n-1}\left(\frac{2}{3}\right)^n$

14. 幂级数$\sum\limits_{n=1}^{\infty}\frac{(x-1)^n}{3^n n}$的收敛域是：

A. $[-2,4)$　　B. $(-2,4)$　　C. $(-1,1)$　　D. $\left[-\frac{1}{3},\frac{4}{3}\right)$

15. 微分方程 $y''+2y=0$ 的通解是：

A. $y=A\sin 2x$

B. $y=A\cos x$

C. $y=\sin\sqrt{2}x+B\cos\sqrt{2}x$

D. $y=A\sin\sqrt{2}x+B\cos\sqrt{2}x$

16. 微分方程 $y\mathrm{d}x+(x-y)\mathrm{d}y=0$ 的通解是：

A. $\left(x-\frac{y}{2}\right)y=C$

B. $xy=C\left(x-\frac{y}{2}\right)$

C. $xy=C$

D. $y=\frac{C}{\ln\left(x-\frac{y}{2}\right)}$

17. 设 $\boldsymbol{A}$ 是 m 阶矩阵，$\boldsymbol{B}$ 是 n 阶矩阵，行列式$\begin{vmatrix}0 & \boldsymbol{A}\\ \boldsymbol{B} & 0\end{vmatrix}=$

A. $-|\boldsymbol{A}||\boldsymbol{B}|$

B. $|\boldsymbol{A}||\boldsymbol{B}|$

C. $(-1)^{m+n}|\boldsymbol{A}||\boldsymbol{B}|$

D. $(-1)^{mn}|\boldsymbol{A}||\boldsymbol{B}|$

18. 设 $\boldsymbol{A}$ 是 3 阶矩阵，矩阵 $\boldsymbol{A}$ 的第 1 行的 2 倍加到第 2 行，得矩阵 $\boldsymbol{B}$，则下列选项中成立的是：

A. $\boldsymbol{B}$ 的第 1 行的 -2 倍加到第 2 行得 $\boldsymbol{A}$

B. $\boldsymbol{B}$ 的第 1 列的 -2 倍加到第 2 列得 $\boldsymbol{A}$

C. $\boldsymbol{B}$ 的第 2 行的 -2 倍加到第 1 行得 $\boldsymbol{A}$

D. $\boldsymbol{B}$ 的第 2 列的 -2 倍加到第 1 列得 $\boldsymbol{A}$

19. 已知三维列向量 $\boldsymbol{\alpha}, \boldsymbol{\beta}$ 满足 $\boldsymbol{\alpha}^{\mathrm{T}}\boldsymbol{\beta}=3$，设 3 阶矩阵 $\boldsymbol{A}=\boldsymbol{\beta}\boldsymbol{\alpha}^{\mathrm{T}}$，则：

A. $\boldsymbol{\beta}$ 是 $\boldsymbol{A}$ 的属于特征值 0 的特征向量
B. $\boldsymbol{\alpha}$ 是 $\boldsymbol{A}$ 的属于特征值 0 的特征向量
C. $\boldsymbol{\beta}$ 是 $\boldsymbol{A}$ 的属于特征值 3 的特征向量
D. $\boldsymbol{\alpha}$ 是 $\boldsymbol{A}$ 的属于特征值 3 的特征向量

20. 设齐次线性方程组 $\begin{cases} x_1-kx_2=0 \\ kx_1-5x_2+x_3=0 \\ x_1+x_2+x_3=0 \end{cases}$，当方程组有非零解时，$k$ 值为：

A. −2 或 3　　B. 2 或 3　　C. 2 或 −3　　D. −2 或 −3

21. 设事件 A，B 相互独立，且 $P(A)=\frac{1}{2}$，$P(B)=\frac{1}{3}$，则 $P(B|A\cup\overline{B})$ 等于：

A. $\frac{5}{6}$　　B. $\frac{1}{6}$　　C. $\frac{1}{3}$　　D. $\frac{1}{5}$

22. 将 3 个球随机地放入 4 个杯子中，则杯中球的最大个数为 2 的概率为：

A. $\frac{1}{16}$　　B. $\frac{3}{16}$　　C. $\frac{9}{16}$　　D. $\frac{4}{27}$

23. 设随机变量 X 的概率密度为 $f(x)=\begin{cases} \frac{1}{x^2} & x\geqslant 1 \\ 0 & \text{其他} \end{cases}$，则 $P(0\leqslant X\leqslant 3)=$

A. $\frac{1}{3}$　　B. $\frac{2}{3}$　　C. $\frac{1}{2}$　　D. $\frac{1}{4}$

24. 设随机变量 (X,Y) 服从二维正态分布，其概率密度为 $f(x,y)=\frac{1}{2\pi}\mathrm{e}^{-\frac{1}{2}(x^2+y^2)}$，则 $E(X^2+Y^2)=$

A. 2　　B. 1　　C. $\frac{1}{2}$　　D. $\frac{1}{4}$

25. 一定量的刚性双原子分子理想气体储于一容器中，容器的容积为 V，气体压强为 p，则气体的内能为：

A. $\frac{3}{2}pV$　　B. $\frac{5}{2}pV$　　C. $\frac{1}{2}pV$　　D. pV

26. 理想气体的压强公式是：

A. $p=\frac{1}{3}nmv^2$

B. $p=\frac{1}{3}nm\bar{v}$

C. $p=\frac{1}{3}nm\overline{v^2}$

D. $p=\frac{1}{3}n\overline{v^2}$

27. “理想气体和单一热源接触做等温膨胀时，吸收的热量全部用来对外做功。”对此说法，有如下几种讨论，哪种是正确的：

A. 不违反热力学第一定律，但违反热力学第二定律
B. 不违反热力学第二定律，但违反热力学第一定律
C. 不违反热力学第一定律，也不违反热力学第二定律
D. 违反热力学第一定律，也违反热力学第二定律

28. 一定量的理想气体，由一平衡态 p_1, V_1, T_1 变化到另一平衡态 p_2, V_2, T_2，若 $V_2>V_1$，但 $T_2=T_1$，无论气体经历什么样的过程：

A. 气体对外做的功一定为正值
B. 气体对外做的功一定为负值
C. 气体的内能一定增加
D. 气体的内能保持不变

29. 在波长为 λ 的驻波中，两个相邻的波腹之间的距离为：

A. $\frac{\lambda}{2}$　　B. $\frac{\lambda}{4}$　　C. $\frac{3\lambda}{4}$　　D. λ

30. 一平面简谐波在弹性媒质中传播时，某一时刻在传播方向上一质元恰好处在负的最大位移处，则它的：

A. 动能为零，势能最大
B. 动能为零，势能为零
C. 动能最大，势能最大
D. 动能最大，势能为零

31. 一声波波源相对媒质不动，发出的声波频率是 ν_0。设一观察者的运动速度为波速的 $\frac{1}{2}$，当观察者迎着波源运动时，他接收到的声波频率是：

A. $2\nu_0$　　B. $\frac{1}{2}\nu_0$　　C. ν_0　　D. $\frac{3}{2}\nu_0$

32. 在双缝干涉实验中，光的波长 600nm，双缝间距 2mm，双缝与屏的间距为 300cm，则屏上形成的干涉图样的相邻明条纹间距为：

A. 0.45mm

B. 0.9mm

C. 9mm

D. 4.5mm

33. 在双缝干涉实验中，若在两缝后（靠近屏一侧）各覆盖一块厚度均为 d，但折射率分别为 n_1 和 n_2（$n_2>n_1$）的透明薄片，从两缝发出的光在原来中央明纹处相遇时，光程差为：

A. $d(n_2-n_1)$　　B. $2d(n_2-n_1)$　　C. $d(n_2-1)$　　D. $d(n_1-1)$

34. 在空气中做牛顿环实验，如图所示，当平凸透镜垂直向上缓慢平移而远离平面玻璃时，可以观察到这些环状干涉条纹：

A. 向右平移　　B. 静止不动

C. 向外扩张　　D. 向中心收缩

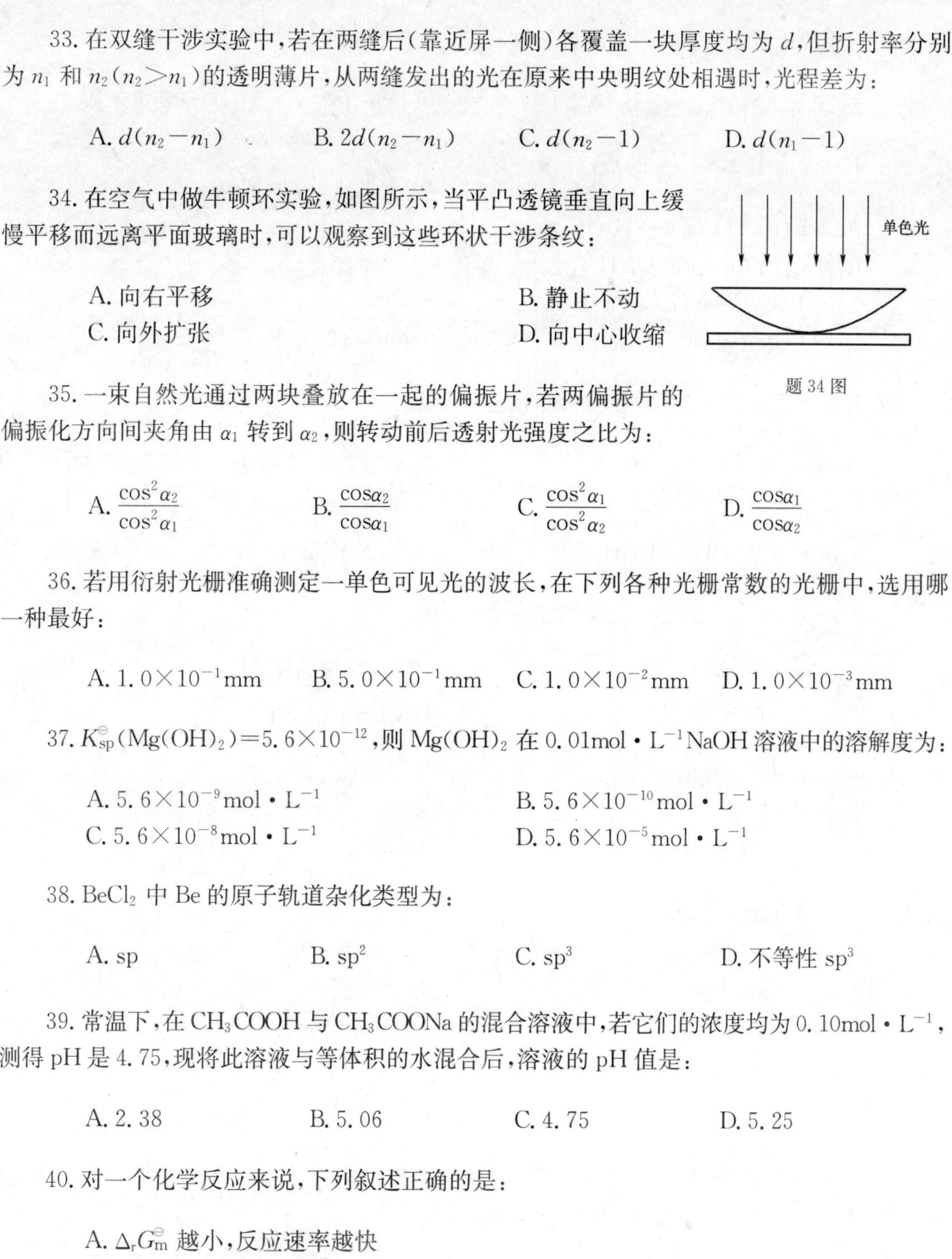

题 34 图

35. 一束自然光通过两块叠放在一起的偏振片，若两偏振片的偏振化方向间夹角由 α_1 转到 α_2，则转动前后透射光强度之比为：

A. $\dfrac{\cos^2\alpha_2}{\cos^2\alpha_1}$　　B. $\dfrac{\cos\alpha_2}{\cos\alpha_1}$　　C. $\dfrac{\cos^2\alpha_1}{\cos^2\alpha_2}$　　D. $\dfrac{\cos\alpha_1}{\cos\alpha_2}$

36. 若用衍射光栅准确测定一单色可见光的波长，在下列各种光栅常数的光栅中，选用哪一种最好：

A. 1.0×10^{-1}mm　　B. 5.0×10^{-1}mm　　C. 1.0×10^{-2}mm　　D. 1.0×10^{-3}mm

37. $K_{sp}^{\ominus}(Mg(OH)_2)=5.6\times10^{-12}$，则 $Mg(OH)_2$ 在 $0.01mol\cdot L^{-1}$ NaOH 溶液中的溶解度为：

A. $5.6\times10^{-9}mol\cdot L^{-1}$　　B. $5.6\times10^{-10}mol\cdot L^{-1}$

C. $5.6\times10^{-8}mol\cdot L^{-1}$　　D. $5.6\times10^{-5}mol\cdot L^{-1}$

38. $BeCl_2$ 中 Be 的原子轨道杂化类型为：

A. sp　　B. sp^2　　C. sp^3　　D. 不等性 sp^3

39. 常温下，在 CH_3COOH 与 CH_3COONa 的混合溶液中，若它们的浓度均为 $0.10mol\cdot L^{-1}$，测得 pH 是 4.75，现将此溶液与等体积的水混合后，溶液的 pH 值是：

A. 2.38　　B. 5.06　　C. 4.75　　D. 5.25

40. 对一个化学反应来说，下列叙述正确的是：

A. $\Delta_r G_m^{\ominus}$ 越小，反应速率越快

B. $\Delta_r H_m^{\ominus}$ 越小，反应速率越快

C. 活化能越小，反应速率越快

D. 活化能越大，反应速率越快

41. 26 号元素原子的价层电子构型为：

A. $3d^5 4s^2$　　B. $3d^6 4s^2$　　C. $3d^6$　　D. $4s^2$

42. 确定原子轨道函数 ψ 形状的量子数是：

A. 主量子数　　B. 角量子数　　C. 磁量子数　　D. 自旋量子数

43. 下列反应中 $\Delta_r S_m^{\ominus} > 0$ 的是：

A. $2H_2(g) + O_2(g) \rightarrow 2H_2O(g)$

B. $N_2(g) + 3H_2(g) \rightarrow 2NH_3(g)$

C. $NH_4Cl(s) \rightarrow NH_3(g) + HCl(g)$

D. $CO_2(g) + 2NaOH(aq) \rightarrow Na_2CO_3(aq) + H_2O(l)$

44. 下称各化合物的结构式，不正确的是：

A. 聚乙烯：$\left[CH_2-CH_2 \right]_n$

B. 聚氯乙烯：$\left[CH_2-\underset{\displaystyle Cl}{\underset{|}{CH}} \right]_n$

C. 聚丙烯：$\left[CH_2CH_2CH_2 \right]_n$

D. 聚 1-丁烯：$\left[CH_2CH(C_2H_5) \right]_n$

45. 下列化合物中，没有顺、反异构体的是：

A. $CHCl=CHCl$

B. $CH_3CH=CHCH_2Cl$

C. $CH_2=CHCH_2CH_3$

D. $CHF=CClBr$

46. 六氯苯的结构式正确的是：

A.

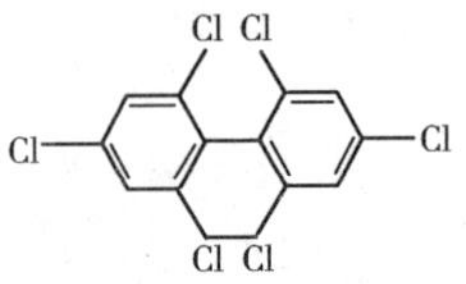

B.

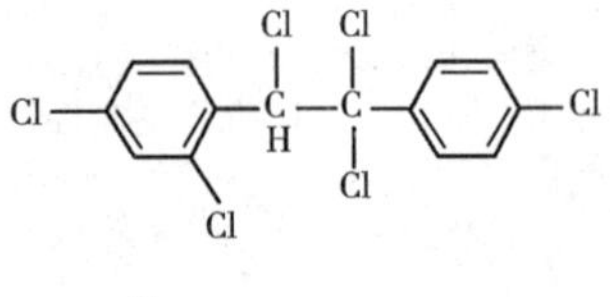

C.

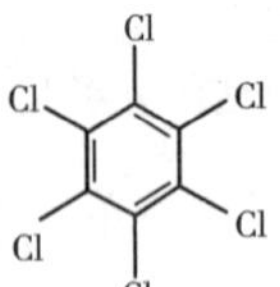

D.

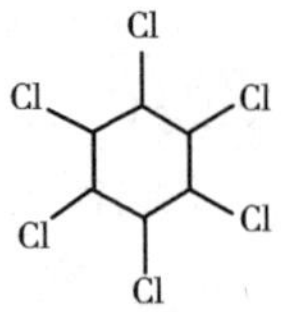

47. 将大小为 100N 的力 F 沿 x、y 方向分解，如图所示，若 F 在 x 轴上的投影为 50N，而沿 x 方向的分力的大小为 200N，则 F 在 y 轴上的投影为：

A. 0　　B. 50N　　C. 200N　　D. 100N

48. 图示等边三角形 ABC，边长 a，沿其边缘作用大小均为 F 的力，方向如图所示。则此力系简化为：

A. $F_R=0; M_A=\frac{\sqrt{3}}{2}Fa$

B. $F_R=0; M_A=Fa$

C. $F_R=2F;M_A=\frac{\sqrt{3}}{2}Fa$　　D. $F_R=2F;M_A=\sqrt{3}Fa$

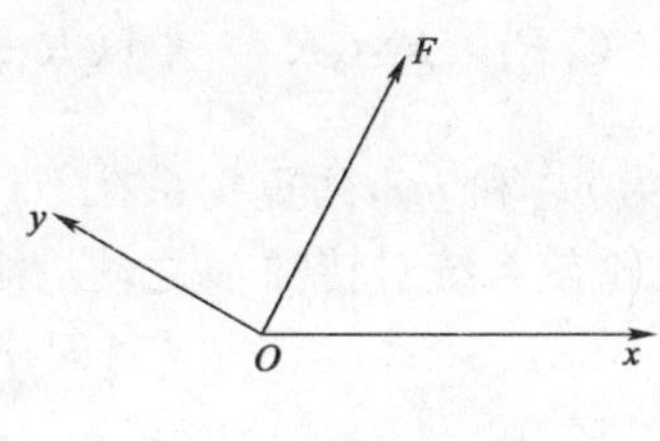

题 47 图

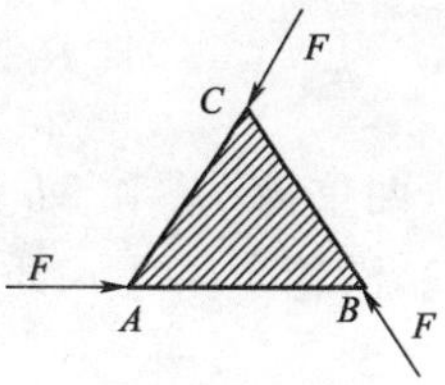

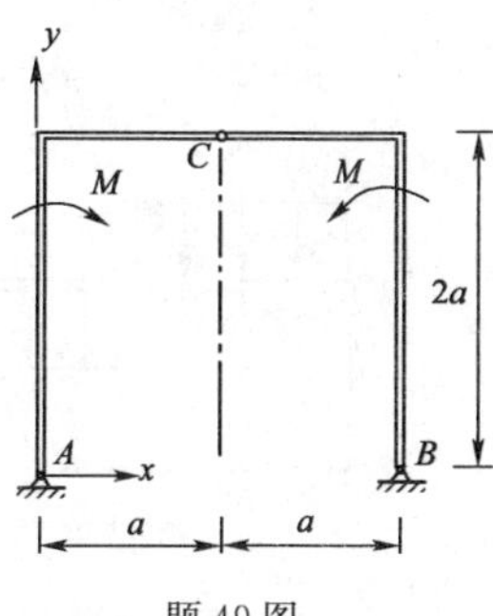

题 48 图

49. 三铰拱上作用有大小相等，转向相反的二力偶，其力偶矩大小为 M，如图所示。略去自重，则支座 A 的约束力大小为：

A. $F_{Ax}=0;F_{Ay}=\frac{M}{2a}$

B. $F_{Ax}=\frac{M}{2a};F_{Ay}=0$

C. $F_{Ax}=\frac{M}{a};F_{Ay}=0$

D. $F_{Ax}=\frac{M}{2a};F_{Ay}=M$

题 49 图

50. 简支梁受分布荷载作用如图所示。支座 A、B 的约束力为：

A. $F_A=0,F_B=0$　　B. $F_A=\frac{1}{2}qa\uparrow,F_B=\frac{1}{2}qa\uparrow$

C. $F_A=\frac{1}{2}qa\uparrow,F_B=\frac{1}{2}qa\downarrow$　　D. $F_A=\frac{1}{2}qa\downarrow,F_B=\frac{1}{2}qa\uparrow$

51. 已知质点沿半径为 40cm 的圆周运动，其运动规律为 $s=20t$（s 以 cm 计，t 以 s 计）。若 $t=1$s，则点的速度与加速度的大小为：

A. 20cm/s；$10\sqrt{2}$cm/s^2　　B. 20cm/s；10cm/s^2

C. 40cm/s；20cm/s^2　　D. 40cm/s；10cm/s^2

52. 已知点的运动方程为 $x=2t,y=t^2-t$，则其轨迹方程为：

A. $y=t^2-t$　　B. $x=2t$

C. $x^2-2x-4y=0$　　D. $x^2+2x+4y=0$

53. 直角刚杆 OAB 在图示瞬间角速度 $\omega=2$rad/s，角加速度 $\varepsilon=5$rad/s^2，若 $OA=40$cm，$AB=30$cm，则 B 点的速度大小、法向加速度的大小和切向加速度的大小为：

A. 100cm/s；200cm/s^2；250cm/s^2　　B. 80cm/s^2；160cm/s^2；200cm/s^2

C. 60cm/s^2；120cm/s^2；150cm/s^2　　D. 100cm/s^2；200cm/s^2；200cm/s^2

54. 重为 W 的货物由电梯载运下降，当电梯加速下降、匀速下降及减速下降时，货物对地板的压力分别为 R_1、R_2、R_3，它们之间的关系为：

A. $R_1=R_2=R_3$　　B. $R_1>R_2>R_3$　　C. $R_1<R_2<R_3$　　D. $R_1<R_2>R_3$

55. 如图所示，两重物 M_1 和 M_2 的质量分别为 m_1 和 m_2，两重物系在不计质量的软绳上，绳绕过匀质定滑轮，滑轮半径为 r，质量为 m，则此滑轮系统对转轴 O 之动量矩为：

A. $L_O=\left(m_1+m_2-\frac{1}{2}m\right)rv \downarrow$　　B. $L_O=\left(m_1-m_2-\frac{1}{2}m\right)rv \downarrow$

C. $L_O=\left(m_1+m_2+\frac{1}{2}m\right)rv \downarrow$　　D. $L_O=\left(m_1+m_2+\frac{1}{2}m\right)rv \uparrow$

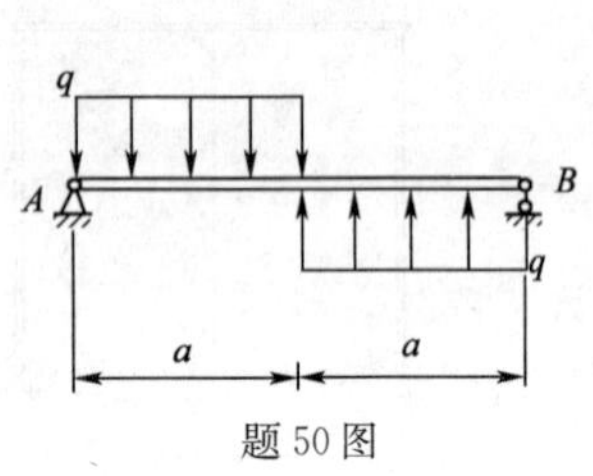

题 50 图

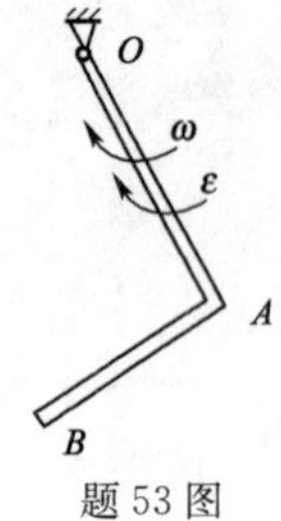

题 53 图

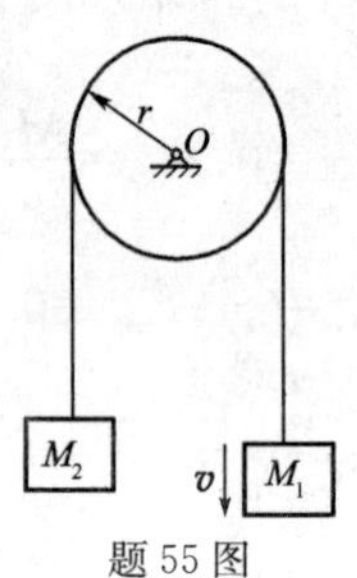

题 55 图

56. 质量为 m，长为 $2l$ 的均质杆初始位于水平位置，如图所示。A 端脱落后，杆绕轴 B 转动，当杆转到铅垂位置时，AB 杆 B 处的约束力大小为：

A. $F_{Bx}=0, F_{By}=0$　　B. $F_{Bx}=0, F_{By}=\frac{mg}{4}$

C. $F_{Bx}=l, F_{By}=mg$　　D. $F_{Bx}=0, F_{By}=\frac{5mg}{2}$

57. 图示均质圆轮，质量为 m，半径为 r，在铅垂图面内绕通过圆盘中心 O 的水平轴转动，角速度为 ω，角加速度为 ε，此时将圆轮的惯性力系向 O 点简化，其惯性力主矢和惯性力主矩的大小分别为：

A. $0;0$　　B. $mr\varepsilon;\frac{1}{2}mr^2\varepsilon$

C. $0;\frac{1}{2}mr^2\varepsilon$　　D. $0;\frac{1}{4}mr^2\omega^2$

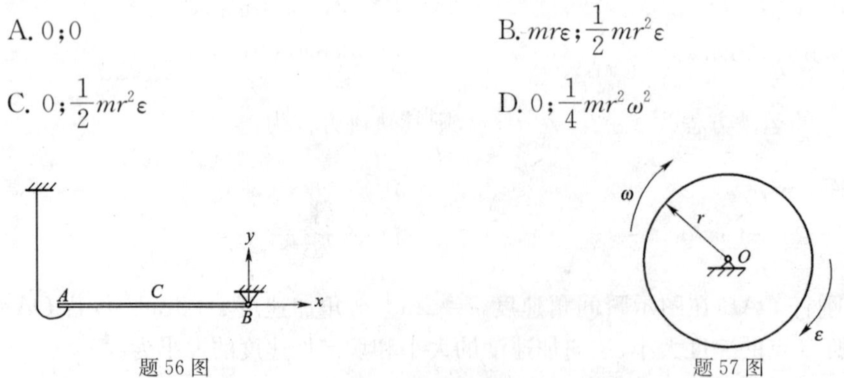

题 56 图　　题 57 图

58. 5 根弹簧系数均为 k 的弹簧，串联与并联时的等效弹簧刚度系数分别为：

A. $5k;\frac{k}{5}$　　B. $\frac{5}{k};5k$　　C. $\frac{k}{5};5k$　　D. $\frac{1}{5k};5k$

59. 等截面杆，轴向受力如图所示。杆的最大轴力是：

A. 8kN　　B. 5kN　　C. 3kN　　D. 13kN

60. 钢板用两个铆钉固定在支座上，铆钉直径为 d，在图示荷载下，铆钉的最大切应力是：

A. $\tau_{max}=\frac{4F}{\pi d^2}$　　B. $\tau_{max}=\frac{8F}{\pi d^2}$

C. $\tau_{max}=\frac{12F}{\pi d^2}$　　D. $\tau_{max}=\frac{2F}{\pi d^2}$

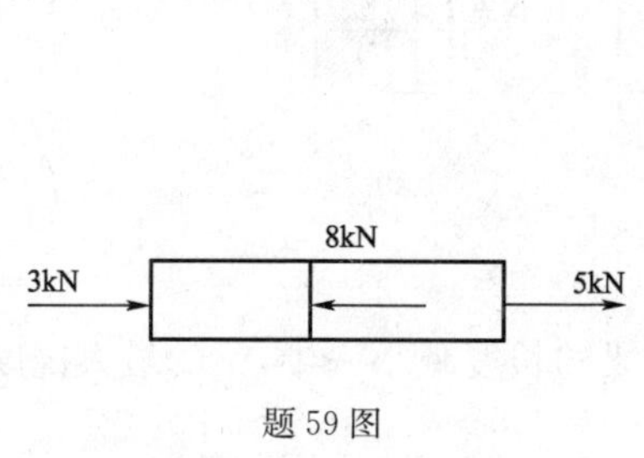

题 59 图

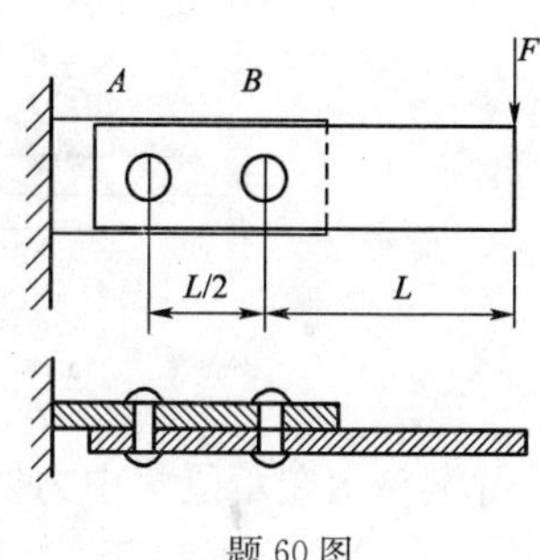

题 60 图

61. 圆轴直径为 d，剪切弹性模量为 G，在外力作用下发生扭转变形，现测得单位长度扭转角为 θ，圆轴的最大切应力是：

A. $\tau=\frac{16\theta G}{\pi d^3}$　　B. $\tau=\theta G\frac{\pi d^3}{16}$

C. $\tau=\theta Gd$　　D. $\tau=\frac{\theta Gd}{2}$

62. 直径为 d 的实心圆轴受扭，为使扭转最大切应力减小一半，圆轴的直径应改为：

A. $2d$　　B. $0.5d$　　C. $\sqrt{2}d$　　D. $\sqrt[3]{2}d$

63. 图示矩形截面对 z_1 轴的惯性矩 I_{z1} 为：

A. $I_{z1}=\frac{bh^3}{12}$　　B. $I_{z1}=\frac{bh^3}{3}$　　C. $I_{z1}=\frac{7bh^3}{6}$　　D. $I_{z1}=\frac{13bh^3}{12}$

64. 图示外伸梁，在 C、D 处作用相同的集中力 F，截面 A 的剪力和截面 C 的弯矩分别是：

A. $F_{SA}=0, M_C=0$　　B. $F_{SA}=F, M_C=FL$

C. $F_{SA}=F/2, M_C=FL/2$　　D. $F_{SA}=0, M_C=2FL$

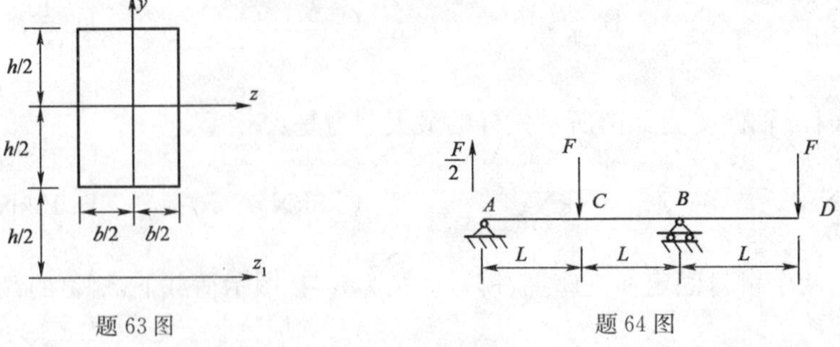

题 63 图　　　　题 64 图

65. 悬臂梁 AB 由两根相同的矩形截面梁胶合而成。若胶合面全部开裂，假设开裂后两杆的弯曲变形相同，接触面之间无摩擦力，则开裂后梁的最大挠度是原来的：

A. 两者相同　　B. 2 倍　　C. 4 倍　　D. 8 倍

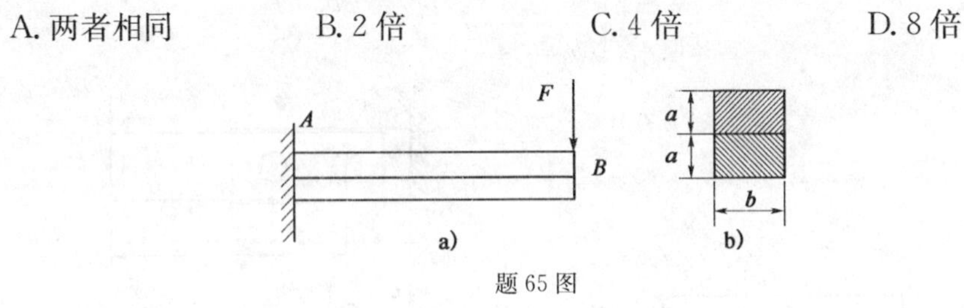

题 65 图

66. 图示悬臂梁自由端承受集中力偶 M。若梁的长度减小一半，梁的最大挠度是原来的：

A. 1/2　　B. 1/4

C. 1/8　　D. 1/16

67. 在图示 4 种应力状态中，切应力值最大的应力状态是：

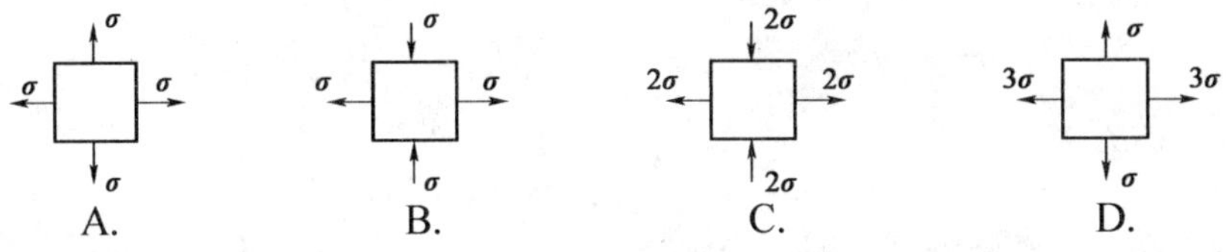

68. 图示矩形截面杆 AB，A 端固定，B 端自由。B 端右下角处承受与轴线平行的集中力 F，杆的最大正应力是：

A. $\sigma=\dfrac{3F}{bh}$

B. $\sigma=\dfrac{4F}{bh}$

C. $\sigma=\dfrac{7F}{bh}$

D. $\sigma=\dfrac{13F}{bh}$

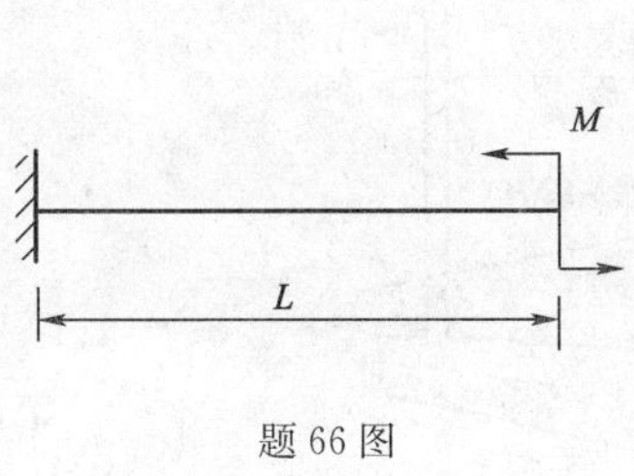

题 66 图

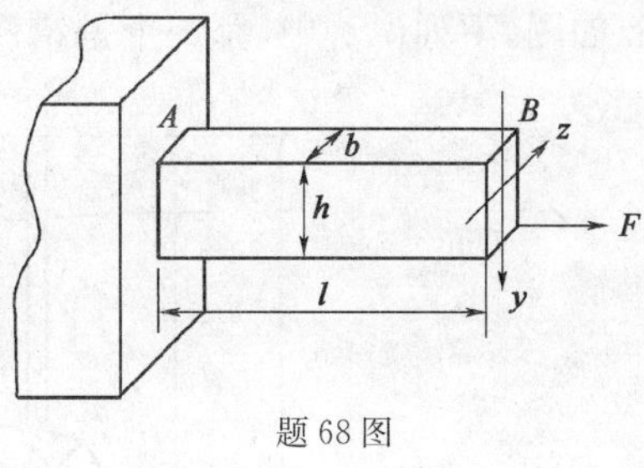

题 68 图

69. 图示圆轴固定端最上缘 A 点的单元体的应力状态是：

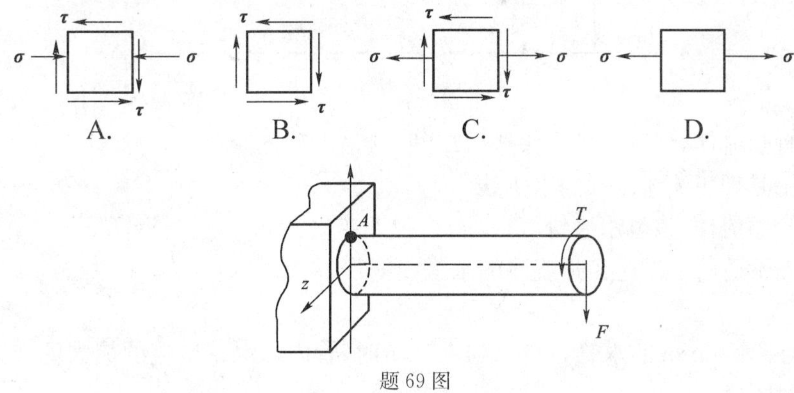

题 69 图

70. 图示三根压杆均为细长（大柔度）压杆，且弯曲刚度均为 EI。三根压杆的临界荷载 F_{cr} 的关系为：

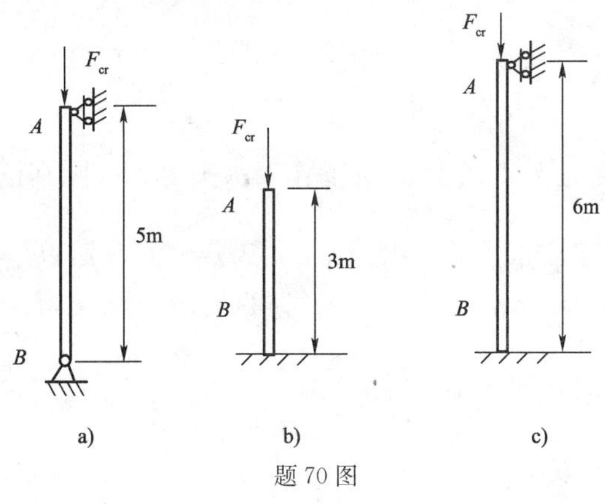

题 70 图

A. $F_{cra}>F_{crb}>F_{crc}$　　B. $F_{crb}>F_{cra}>F_{crc}$

C. $F_{crc}>F_{cra}>F_{crb}$　　D. $F_{crb}>F_{crc}>F_{cra}$

71. 如图，上部为气体下部为水的封闭容器装有 U 形水银测压计，其中 1、2、3 点位于同一平面上，其压强的关系为：

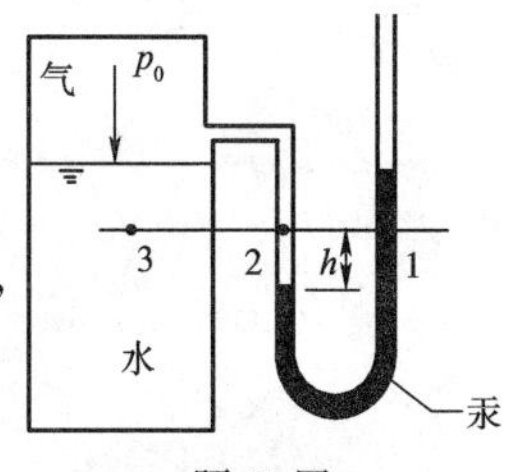

题 71 图

A. $p_1<p_2<p_3$　　B. $p_1>p_2>p_3$

C. $p_2<p_1<p_3$　　D. $p_2=p_1=p_3$

72. 如图，下列说法中，哪一个是错误的：

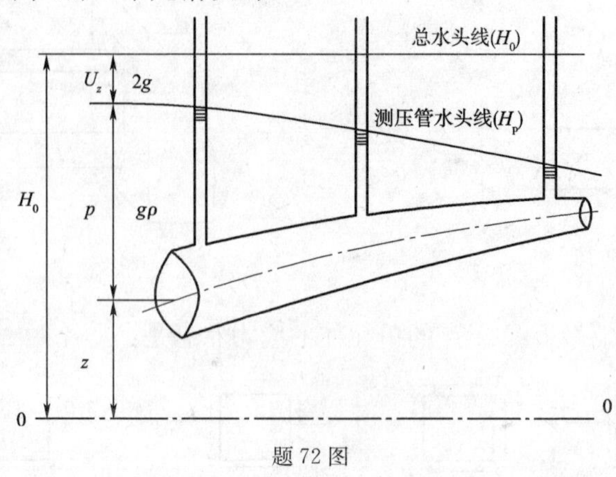

题 72 图

A. 对理想流体，该测压管水头线(H_p 线)应该沿程无变化

B. 该图是理想流体流动的水头线

C. 对理想流体，该总水头线(H_0 线)沿程无变化

D. 该图不适用于描述实际流体的水头线

73. 一管径 $d=50$mm 的水管，在水温 $t=10$℃时，管内要保持层流的最大流速是：(10℃时水的运动黏滞系数 $\nu=1.31\times10^{-6}\text{m}^2/\text{s}$)

A. 0.21m/s　　B. 0.115m/s　　C. 0.105m/s　　D. 0.0524m/s

74. 管道长度不变，管中流动为层流，允许的水头损失不变，当直径变为原来 2 倍时，若不计局部损失，流量将变为原来的多少倍？

A. 2　　B. 4　　C. 8　　D. 16

75. 圆柱形管嘴的长度为 l，直径为 d，管嘴作用水头为 H_0，则其正常工作条件为：

A. $l=(3\sim4)d, H_0>9$m　　B. $l=(3\sim4)d, H_0<6$m

C. $l>(7\sim8)d, H_0>9$m　　D. $l>(7\sim8)d, H_0<6$m

76. 如图所示，当阀门的开度变小时，流量将：

A. 增大　　B. 减小

C. 不变　　D. 条件不足，无法确定

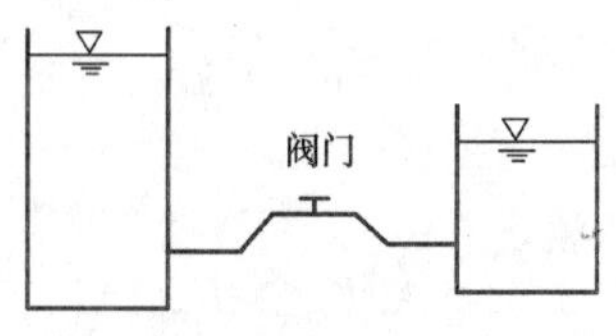

题 76 图

77. 在实验室中，根据达西定律测定某种土壤的渗透系数，将土样装在直径 $d=30$cm 的圆筒中，在 90cm 水头差作用下，8h 的渗透水量为 100L，两测压管的距离为 40cm，该土壤的渗透系数为：

A. 0.9m/d　　B. 1.9m/d　　C. 2.9m/d　　D. 3.9m/d

78. 流体的压强 p、速度 v、密度 ρ，正确的无量纲数组合是：

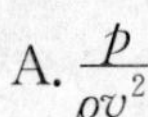

A. $\dfrac{p}{\rho v^2}$　　B. $\dfrac{\rho p}{v^2}$　　C. $\dfrac{\rho}{p v^2}$　　D. $\dfrac{p}{\rho v}$

79. 在图中，线圈 a 的电阻为 R_a，线圈 b 的电阻为 R_b，两者彼此靠近如图所示，若外加激励 $u=U_M\sin\omega t$，则：

A. $i_a=\dfrac{u}{R_a}$，$i_b=0$　　B. $i_a\neq\dfrac{u}{R_a}$，$i_b\neq 0$

C. $i_a=\dfrac{u}{R_a}$，$i_b\neq 0$　　D. $i_a\neq\dfrac{u}{R_a}$，$i_b=0$

80. 图示电路中，电流源的端电压 U 等于：

A. 20V　　B. 10V　　C. 5V　　D. 0V

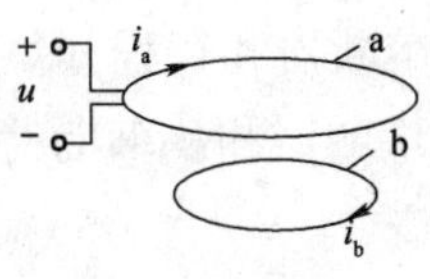

题 79 图

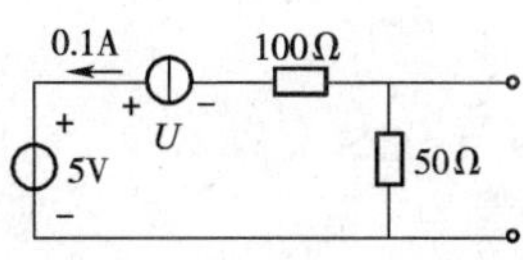

题 80 图

81. 已知电路如图所示，若使用叠加原理求解图中电流源的端电压 U，正确的方法是：

A. $U'=(R_2/\!/R_3+R_1)I_S$，$U''=0$，$U=U'$

B. $U'=(R_1+R_2)I_S$，$U''=0$，$U=U'$

C. $U'=(R_2/\!/R_3+R_1)I_S$，$U''=\dfrac{R_2}{R_2+R_3}U_S$，$U=U'-U''$

D. $U'=(R_2/\!/R_3+R_1)I_S$，$U''=\dfrac{R_2}{R_2+R_3}U_S$，$U=U'+U''$

82. 图示电路中，A_1、A_2、V_1、V_2 均为交流表，用于测量电压或电流的有效值 I_1、I_2、U_1、U_2，若 $I_1=4A$，$I_2=2A$，$U_1=10V$，则电压表 V_2 的读数应为：

A. 40V　　B. 14.14V　　C. 31.62V　　D. 20V

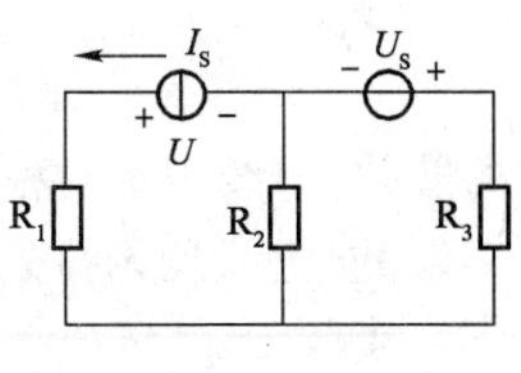

题 81 图

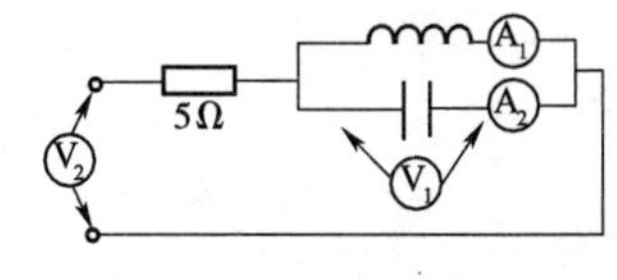

题 82 图

83. 三相五线供电机制下，单相负载 A 的外壳引出线应：

A. 保护接地　　B. 保护接种　　C. 悬空　　D. 保护接 PE 线

84. 某滤波器的幅频特性波特图如图所示，该电路的传递函数为：

A. $\frac{j\omega/10}{1+j\omega/10}$　　B. $\frac{j\omega/20\pi}{1+j\omega/20\pi}$

C. $\frac{j\omega/2\pi}{1+j\omega/2\pi}$　　D. $\frac{1}{1+j\omega/20\pi}$

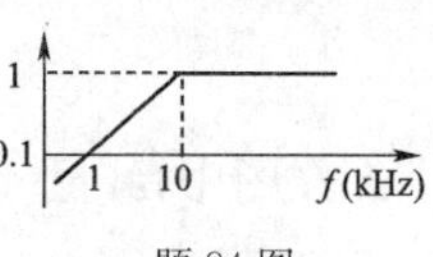

题 84 图

85. 若希望实现三相异步电动机的向上向下平滑调速，则应采用：

A. 串转子电阻调速方案　　B. 串定子电阻调速方案

C. 调频调速方案　　D. 变磁极对数调速方案

86. 在电动机的继电接触控制电路中，具有短路保护、过载保护、欠压保护和行程保护，其中，需要同时接在主电路和控制电路中的保护电器是：

A. 热继电器和行程开关　　B. 熔断器和行程开关

C. 接触器和行程开关　　D. 接触器和热继电器

87. 信息可以以编码的方式载入：

A. 数字信号之中　　B. 模拟信号之中　　C. 离散信号之中　　D. 采样保持信号之中

88. 七段显示器的各段符号如图所示，那么，字母"E"的共阴极七段显示器的显示码 abcdefg 应该是：

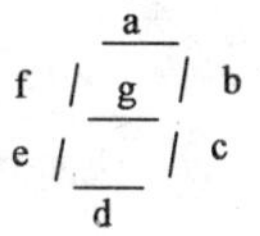

A. 1001111　　B. 0110000

C. 10110111　　D. 10001001

a
f / g / b
e / / c
d

题 88 图

89. 某电压信号随时间变化的波形图如图所示，该信号应归类于：

A. 周期信号　　B. 数字信号　　C. 离散信号　　D. 连续时间信号

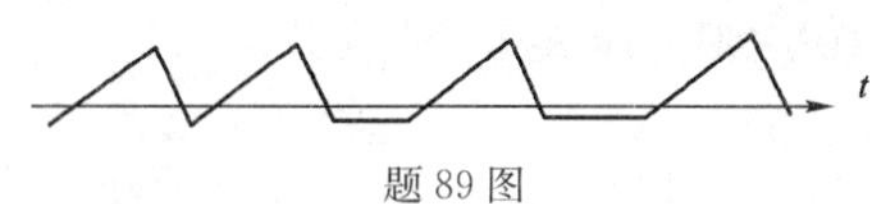

题 89 图

90. 非周期信号的幅度频谱是：

A. 连续的　　B. 离散的，谱线正负对称排列

C. 跳变的　　D. 离散的，谱线均匀排列

91. 图 a)所示电压信号波形经电路 A 变换成图 b)波形，再经电路 B 变换成图 c)波形，那么，电路 A 和电路 B 应依次选用：

A. 低通滤波器和高通滤波器

B. 高通滤波器和低通滤波器

C. 低通滤波器和带通滤波器

D. 高通滤波器和带通滤波器

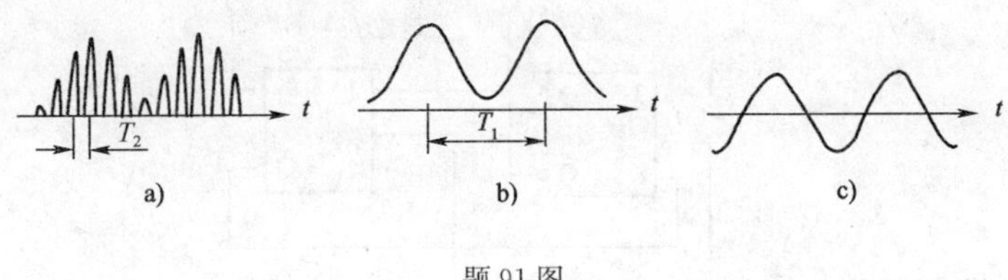

题 91 图

92. 由图示数字逻辑信号的波形可知，三者的函数关系是：

A. $F=\overline{AB}$　　B. $F=\overline{A+B}$　　C. $F=AB+\overline{A}\,\overline{B}$　　D. $F=\overline{A}B+A\overline{B}$

93. 某晶体管放大电路的空载放大倍数 $A_k=-80$、输入电阻 $r_i=1\text{k}\Omega$ 和输出电阻 $r_o=3\text{k}\Omega$，将信号源（$u_S=10\sin\omega t\text{mV}$，$R_S=1\text{k}\Omega$）和负载（$R_L=5\text{k}\Omega$）接于该放大电路之后（见图），负载电压 u_o 将为：

A. $-0.8\sin\omega t\text{V}$　　B. $-0.5\sin\omega t\text{V}$　　C. $-0.4\sin\omega t\text{V}$　　D. $-0.25\sin\omega t\text{V}$

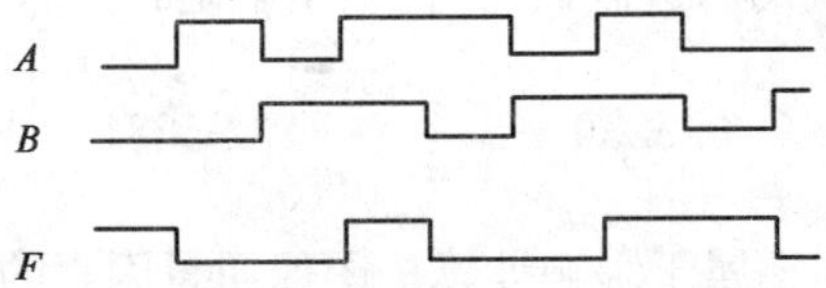

题 92 图

题 93 图

94. 将运算放大器直接用于两信号的比较，如图 a）所示，其中，$u_a=-1\text{V}$，u_a 的波形由图 b）给出，则输出电压 u_o 等于：

A. u_a　　B. $-u_a$　　C. 正的饱和值　　D. 负的饱和值

95. D 触发器的应用电路如图所示，设输出 Q 的初值为 0，那么，在时钟脉冲 cp 的作用下，输出 Q 为：

A. 1　　B. cp

C. 脉冲信号，频率为时钟脉冲频率的 1/2　　D. 0

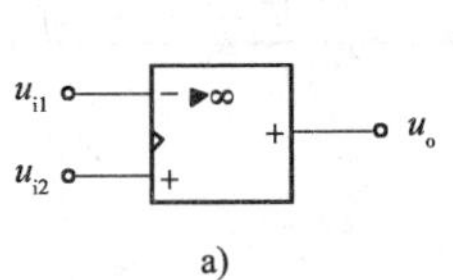

题 94 图

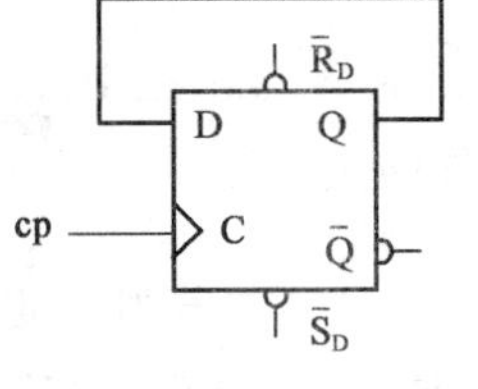

题 95 图

96. 由 JK 触发器组成的应用电器如图所示，设触发器的初值都为 0，经分析可知是一个：

A. 同步二进制加法计算器　　B. 同步四进制加法计算器

C. 同步三进制加法计算器　　D. 同步三进制减法计算器

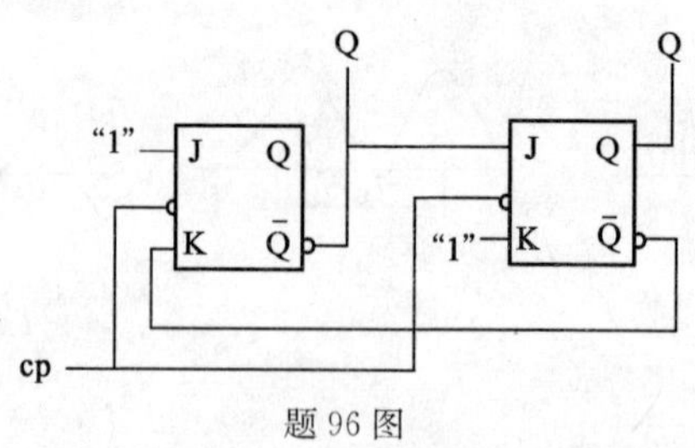

题 96 图

97. 总线能为多个部件服务，它可分时地发送与接收各部件的信息，所以，下列不属于总线范围的是：

A. 地址总线　　B. 数据总线　　C. 控制总线　　D. 信息总线

98. 计算机中所采用的数制是：

A. 八进制数　　B. 二进制数　　C. 十进制数　　D. 十六进制数

99. 将二进制小数 0.101 010 0111 转换成相应的八进制数，其正确结果是：

A. 0.5234　　B. 0.5274　　C. 0.5236　　D. 0.5281

100. 影响计算机图像质量的因素有很多，下列不属于影响计算机图像质量因素的是：

A. 分辨率　　B. 颜色深度　　C. 图像加工处理工艺　　D. 图像文件的尺寸

101. 数字签名是最普遍、技术最成熟、可操作性最强的一种电子签名技术，当前已得到实际应用的是：

A. 保密技术　　B. 票务管理　　C. 股票交易　　D. 电子商务

102. 在 Windows 中，对存储器采用分段存储管理时，每一个存储器段的大小范围是：

A. 1 字节～16K 字节　　B. 1 字节～4G 字节

C. 1 字节～4K 字节　　D. 1 字节～128K 字节

103. 在 Windows 中，设备管理功能部分支持即插即用功能，下面四个关于即插即用功能说明正确的是：

A. 这意味着当将某个设备连接到计算机上后即可立刻使用

B. Windows 手动安装有即插即用设备及其设备驱动程序

C. 无须在系统中安装相应软件，但需要重新配置该设备

D. 无须在系统中重新配置该设备，但需要安装相应软件才可立刻使用

104. 信息化社会是脱离工业化社会以后，信息将起主要作用的社会。在信息化社会建设中的主要技术支柱是：

A. 计算机技术、半导体工艺技术、网络技术
B. 存储器技术、信息加工处理技术、网络技术
C. 计算机技术、通信技术、网络技术
D. 半导体工艺技术、网络技术、航空航天技术

105. 网络软件主要包括哪两大类：

A. 网络互连设备和网络协议
B. 网络协议和网络操作系统
C. 网络操作系统和计算机系统
D. 网络操作系统和传输介质

106. 因特网是网络与网络之间所串连成的庞大网络，所以因特网属于下列哪个网络：

A. 城域网　　B. 广域网　　C. 局域网　　D. 网际网

107. 某公司拟向银行贷款 100 万元，贷款期为 3 年，甲银行的贷款利率为 6%（按季计息），乙银行的贷款利率为 7%，该公司向哪家银行贷款付出的利息较少：

A. 甲银行
B. 乙银行
C. 两家银行的利息相等
D. 不能确定

108. 关于总成本费用的计算公式，下列正确的是：

A. 总成本费用＝生产成本＋期间费用
B. 总成本费用＝外购原材料、燃料和动力费＋工资及福利费＋折旧费
C. 总成本费用＝外购原材料、燃料和动力费＋工资及福利费＋折旧费＋摊销费
D. 总成本费用＝外购原材料、燃料和动力费＋工资及福利费＋折旧费＋摊销费＋修理费

109. 关于准股本资金的下列说法中，正确的是：

A. 准股本资金具有资本金性质，不具有债务资金性质
B. 准股本资金主要包括优先股股票和可转换债券
C. 优先股股票在项目评价中应视为项目债务资金
D. 可转换债券在项目评价中应视为项目资本金

110. 某项目建设工期为两年，第一年投资 200 万元，第二年投资 300 万元，投产后每年净现金流量为 150 万元，项目计算期为 10 年，基准收益率 10%，则此项目的财务净现值为：

A. 331.97 万元　　B. 188.63 万元　　C. 171.18 万元　　D. 231.60 万元

111. 可外贸货物的投入或产出的影子价格应根据口岸价格计算，下列公式正确的是：

A. 出口产出的影子价格（出厂价）＝离岸价（FOB）×影子汇率＋出口费用
B. 出口产出的影子价格（出厂价）＝到岸价（CIF）×影子汇率－出口费用
C. 进口投入的影子价格（到厂价）＝到岸价（CIF）×影子汇率＋进口费用
D. 进口投入的影子价格（到厂价）＝离岸价（FOB）×影子汇率－进口费用

112. 关于盈亏平衡点的下列说法中，错误的是：

A. 盈亏平衡点是项目的盈利与亏损的转折点
B. 盈亏平衡点上，销售（营业、服务）收入等于总成本费用
C. 盈亏平衡点越低，表明项目抗风险能力越弱
D. 盈亏平衡分析只用于财务分析

113. 属于改扩建项目经济评价中使用的五种数据之一的是：

A. 资产　　B. 资源　　C. 效益　　D. 增量

114. ABC 分类法中，部件数量占 60%～80%、成本占 5%～10%的为：

A. A 类　　B. B 类　　C. C 类　　D. 以上都不对

115. 根据《安全生产法》的规定，下列有关从业人员权利的说法中错误的是：

A. 生产经营单位的从业人员有权了解其作业场所和工作岗位存在的危险因素、防范措施及事故应急措施
B. 从业人员有权对本单位安全生产工作中存在的问题提出批评、检举、控告
C. 从业人员无权拒绝违章指挥和强令冒险作业
D. 从业人员发现直接危及人身安全的紧急情况时，有权停止作业或者在采取可能的应急措施后撤离作业场所

116. 根据《招标投标法》的规定，招标人和中标人按照招标文件和中标人的投标文件，订立书面合同的时间要求是：

A. 自中标通知书发出之日起 60 日内
B. 自中标通知书发出之日起 30 日内
C. 自中标单位收到中标通知书之日起 60 日内
D. 自中标单位收到中标通知书之日起 30 日内

117. 根据《行政许可法》的规定，下列可以不设行政许可事项的是：

A. 直接涉及国家安全、公共安全等特定活动，需要予以批准的事项
B. 提供公共服务等需要确定资质的事项

C. 企业或者其他组织的设立等，需要确定主体资格的事项

D. 行业组织或者中介机构能够自律管理的

118. 根据《节约能源法》的规定，省、自治区、直辖市人民政府建设主管部门可以根据本地实际情况，制定______国家标准或者行业标准的地方建筑节能标准，并报国务院标准化主管部门和国务院建设主管部门备案。

A. 严于

B. 低于

C. 相当于

D. 符合

119. 按照《建设工程质量管理条例》规定，县级以上人民政府建设行政主管部门和其他有关部门履行监督检查职责时，无权采取下列措施：

A. 要求被检查的单位提供有关工程质量的文件和资料

B. 进入被检查单位的施工现场进行检查

C. 要求施工单位提供工程预算

D. 发现有影响工程质量的问题时，责令改正

120. 按照《建设工程安全生产管理条例》规定，工程监理单位在实施监理过程中，发现存在安全事故隐患的，应当要求施工单位整改；情况严重的，应当要求施工单位暂时停止施工，并及时报告：

A. 设计单位

B. 监理单位

C. 国务院建设行政主管部门

D. 建设单位

2010 年度全国勘察设计注册工程师公共基础考试

试题解析及参考答案

1. 解 当 $t=0$ 时，可知直线过点(1，-2，3)。又因为方向直线向量为(1，2，-3)或(-1，-2，3)，即 $\boldsymbol{i}+2\boldsymbol{j}-3\boldsymbol{k}$ 或 $-\boldsymbol{i}-2\boldsymbol{j}+3\boldsymbol{k}$，所以选 D。

答案：D

2. 解 因为：$\boldsymbol{\alpha}\times\boldsymbol{\beta}=\boldsymbol{\alpha}\times\boldsymbol{\gamma}$

所以：$\boldsymbol{\alpha}\times\boldsymbol{\beta}-\boldsymbol{\alpha}\times\boldsymbol{\gamma}=\boldsymbol{\alpha}\times(\boldsymbol{\beta}-\boldsymbol{\gamma})=0$

$\boldsymbol{\alpha}\,/\!/\,(\boldsymbol{\beta}-\boldsymbol{\gamma})$

答案：C

3. 解 因为 $f(x)$ 定义域为 $(-\infty,+\infty)$，$f(-x)=\dfrac{e^{-2x}-1}{e^{-2x}+1}=-f(x)$，所以 $f(x)$ 为奇函数。

又因为 $f(x)=1-\dfrac{2}{e^{2x}+1}$ 且 $e^{2x}\in(0,+\infty)$，

所以 $f(x)\in(-1,1)$

答案：C

4. 解 选项 A：分段函数也可为连续函数。

选项 B：第二类间断点包括无穷间断点和振荡间断点。

选项 C：开区间连续的函数不一定有最大值和最小值，比如 $y=\tan x$。

选项 D：无穷间断点处无界。

答案：B

5. 解 由函数可导必连续可知：

$\lim\limits_{x\to1+}f(x)=a+b=f(1)=1$

当 $x\to1-$ 时，$f'(x)=\dfrac{-4x}{(x^2+1)^2}=-1$；当 $x\to1+$ 时，$f'(x)=a=-1$，则 $b=2$。

答案：B

6. 解 不能使用洛必达法则，但是，当 $x\to0$ 时，$\sin x\to x$。

原式 $=\lim\limits_{x\to0}\dfrac{x}{\sin x}x\sin\dfrac{1}{x}=\lim\limits_{x\to0}x\sin\dfrac{1}{x}=0$

答案：C

7. 解 求在各个点处 $AC-B^2$ 的大小。

$A=\dfrac{\partial^2 z}{\partial x^2}=6x-6$

$B=\dfrac{\partial^2 z}{\partial x\partial y}=0$

$C=\dfrac{\partial^2 z}{\partial y^2}=-6y$

在(3,-1)处:$AC-B^2=72>0$

在(3,1)处:$AC-B^2=-72<0$

在(1,1)处:$AC-B^2=0$

在(-1,-1)处:$AC-B^2=-72<0$

答案:A

8.**解** 因为 $f(x)$ 的一个原函数是 e^{-2x},且 $f(x)=-2\mathrm{e}^{-2x}$,所以 $f'(x)=4\mathrm{e}^{-2x}$,$f''(x)=-8\mathrm{e}^{-2x}$。则 $\int f''(x)\mathrm{d}x=\int -8\mathrm{e}^{-2x}\mathrm{d}x=4\mathrm{e}^{-2x}+C$。

答案:D

9.**解** 由分部积分法可知:

$$\int x\mathrm{e}^{-2x}\mathrm{d}x=\int\left(\frac{\mathrm{e}^{-2x}}{-2}\right)'x\mathrm{d}x$$

$$=\frac{\mathrm{e}^{-2x}}{-2}x-\int\frac{\mathrm{e}^{-2x}}{-2}\mathrm{d}x$$

$$=\frac{\mathrm{e}^{-2x}}{-2}x-\frac{1}{4}\mathrm{e}^{-2x}+C$$

答案:A

10.**解** 选项A:$\int_0^1\frac{1}{x^2}\mathrm{d}x=-x^{-1}|_0^1=\infty$,发散。

选项B:$\int_0^2\frac{1}{\sqrt{2-x}}\mathrm{d}x=-2\sqrt{2-x}\,|_0^2=2\sqrt{2}$,收敛。

选项C:$\int_{-\infty}^0\mathrm{e}^{-x}\mathrm{d}x=-\mathrm{e}^{-x}|_{-\infty}^0=+\infty$,发散。

选项D:$\int_1^{+\infty}\ln x\mathrm{d}x=x(\ln x-1)|_{-\infty}^0=+\infty$,发散。

答案:B

11.**解** $\mathrm{d}s=\frac{1}{2}\rho^2\mathrm{d}\theta$

$$S=\frac{1}{2}\int_0^{\frac{\pi}{4}}(\rho_1^2-\rho_2^2)\mathrm{d}\theta=\frac{1}{2}\int_0^{\frac{\pi}{4}}3\cos^2\theta\mathrm{d}\theta=\frac{3}{4}\int_0^{\frac{\pi}{4}}(\cos2\theta+1)\mathrm{d}\theta=\frac{3}{16}\pi+\frac{3}{8}$$

答案:C

12.**解** 此题考查柱坐标转换。

$$\begin{cases}z=z\\x=r\cos\theta\\v=r\sin\theta\\\mathrm{d}v=r\mathrm{d}z\mathrm{d}r\mathrm{d}\theta\end{cases}$$

由题可得：由于 $z^2=x^2+y^2=r^2=1$，则 $r^2=1,0<\mathrm{r}<1,z^2=x^2+y^2=r^2$。所以 $z=r$，z 的积分上下限为 $0\sim r$。

由于 x,y 的方程为 $z^2=x^2+y^2=1$，所以 $0<\theta<2\pi$。

采用的积分方式是：先对 z 积分，再对 r、θ 积分。

故：$I=\iiint\limits_{\Omega}z\mathrm{d}v=\int_0^{2\pi}\mathrm{d}\theta\int_0^1 r\mathrm{d}r\int_r^1 z\mathrm{d}z$

答案：B

13. **解** 对于选项 A：由于 $\sum\limits_{n=1}^{\infty}\frac{1}{n}$ 发散，又因为 $\frac{1}{\sqrt{n}}\geqslant\frac{1}{n}$，所以级数 $\sum\limits_{n=1}^{\infty}\frac{1}{\sqrt{n+1}}$ 也发散。

由莱布尼茨定理可知：交错级数 $\sum\limits_{n=1}^{\infty}(-1)^{n-1}u_n$ 满足 $u_n\geqslant u_{n+1}(n=1,2,3,\cdots)$ 且 $\lim\limits_{x\to\infty}u_n=0$，级数收敛，则 B、C、D 均收敛。

答案：A

14. **解** 由 $\lim\limits_{n\to\infty}\left|\frac{a_{n+1}}{a_n}\right|=\lim\limits_{n\to\infty}\left|\frac{x-1}{3}.\frac{n}{n+1}\right|=\left|\frac{x-1}{3}\right|<1$，可知 $-2<x<4$。当 $x=-2$ 时，$\sum\limits_{n=1}^{\infty}(-1)^n\frac{1}{n}$ 收敛；当 $x=4$ 时，$\sum\limits_{n=1}^{\infty}\frac{1}{n}$ 发散。

故收敛域为 $[-2,4)$。

答案：A

15. **解** 微分方程的特征方程为：$r^2+2=0$

则：$r=\pm\sqrt{2}i$

通解为：$y=A\sin\sqrt{2}x+B\cos\sqrt{2}x$

答案：D

16. **解** 由微分方程 $y\mathrm{d}x=(y-x)\mathrm{d}y$ 可得：

$\frac{\mathrm{d}x}{\mathrm{d}y}=1-\frac{x}{y}$

令：$u=\frac{x}{y}$ 则：

$x=yu$

$\frac{\mathrm{d}x}{\mathrm{d}y}=u+y\frac{\mathrm{d}u}{\mathrm{d}y}$

$y\frac{\mathrm{d}u}{\mathrm{d}y}=1-2u$

$\frac{1}{y}\mathrm{d}y=\frac{1}{1-2u}\mathrm{d}u$

$\ln y+C_1=-\frac{1}{2}\ln(1-2u)$

$C_2y^{-2}=1-2\frac{x}{y}\Rightarrow\left(x-\frac{y}{2}\right)y=-\frac{C_2}{2}=C$

答案：A

17. **解**　由公式 $\begin{vmatrix} 0 & \boldsymbol{A} \\ \boldsymbol{B} & 0 \end{vmatrix} = (-1)^{mn}\ |\boldsymbol{A}|\,|\boldsymbol{B}|$

答案:D

18. **解**　设 A 为 $\begin{bmatrix} r_1 \\ r_2 \\ r_3 \end{bmatrix}$,$\boldsymbol{B}$ 为 $\begin{bmatrix} r_1 \\ 2r_1 + r_2 \\ r_3 \end{bmatrix}$

所以 $\boldsymbol{B}$ 的第一行的 -2 倍加到第二行得 $\boldsymbol{A}$。

答案:A

19. **解**　因为 $\boldsymbol{\alpha}^{\mathrm{T}}\boldsymbol{\beta} = 3, \boldsymbol{A} = \boldsymbol{\beta}\boldsymbol{\alpha}^{\mathrm{T}}$,所以 $\boldsymbol{A}\boldsymbol{\beta} = \boldsymbol{\beta}\boldsymbol{\alpha}^{\mathrm{T}}\boldsymbol{\beta} = \boldsymbol{\beta} \times 3 = 3\boldsymbol{\beta}$,则 $\boldsymbol{\beta}$ 是 $\boldsymbol{A}$ 属于特征值 3 的特征向量。

答案:C

20. **解**　因为齐次方程组有非零解,所以系数矩阵的秩小于 3。

由于:$\begin{pmatrix} 1 & -k & 0 \\ k & -5 & 1 \\ 1 & 1 & 1 \end{pmatrix}$

可得:$\begin{pmatrix} 1 & -k & 0 \\ 0 & k^2-5 & 1 \\ 0 & k+1 & 1 \end{pmatrix}$

$k^2 - 5 = k + 1$

则 $k=-2$ 或 $k=3$。

答案:A

21. **解**　因为:$P(A \cup \overline{B}) = P(A \cap \overline{B}) + P(A \cap \overline{B}) + P(\overline{A} \cap \overline{B})$

$$P(A \cap B) = \frac{1}{6}$$

$$P(A \cap \overline{B}) = \frac{1}{2} \times \frac{2}{3} = \frac{2}{6}$$

$$P(\overline{A} \cap \overline{B}) = \frac{1}{2} \times \frac{2}{3} = \frac{2}{6}$$

所以:$P(B/(A \cup \overline{B})) = P(A \cap B)/P(A \cup \overline{B}) = \dfrac{\frac{1}{6}}{\frac{1}{6} + \frac{2}{6} + \frac{2}{6}} = \dfrac{1}{5}$

答案:D

22. **解**　将三个球随机放入 4 个杯子中,总共有 4^3 种放法。杯中球的最大个数为 2,表示将 3 个球分为 2 个和 1 个两堆,再随机放入 4 个杯子中,共有 $C_3^2 A_4^2$ 种放法。最大个数为 2 的概率为 $\dfrac{C_3^2 A_4^2}{4^3} = 9/16$。

答案:C

23. **解** $P(0 \leqslant X \leqslant 3) = \int_1^3 \frac{1}{x^2}\mathrm{d}x = -x^{-1}\Big|_1^3 = \frac{2}{3}$

答案:B

24. **解** 由题可知:X、Y 事件相互独立且满足标准正态分布,则 $D=1,E=0$。

$$\begin{aligned} E(X^2+Y^2) &= E(X^2)+E(Y^2) \\ &= D(X)+E^2(X)+D(Y)+E^2(Y) \\ &= 1+0+1+0=2 \end{aligned}$$

答案:A

25. **解** 理想气体动能就是内能 $E=\frac{i}{2}\upsilon RT$,状态方程 $pV=\upsilon RT$,刚性双原子分子自由度 i 为 5,联立可得 $E=\frac{5}{2}pV$ 。

答案:B

26. **解** 理想气体压强公式为 $p=\frac{1}{3}nm\overline{v^2}$ 。

答案:C

27. **解** 理想气体等温膨胀过程,吸收热量全部用来做功,有 $\Delta E=0$, $Q=A$ 。满足热力学第一定律 $Q=\Delta E+A$ 。

理想气体等温膨胀过程,吸收的热量全部转化为功,但体积膨胀对外界产生了影响。而热力学第二定律认为,不可能从单一热源吸收热量全部转化为功,而不产生影响。所以也不违反热力学第二定律。

答案:C

28. **解** 内能 $E=\frac{i}{2}\upsilon RT$,只与温度有关,所以无论什么过程,内能保持不变。对外做功无法判断,如气体绝热自由膨胀过程,体积虽然增大,但对外做功为零。

答案:D

29. **解** 驻波相邻波腹之间距离为 $\frac{\lambda}{2}$ 。

答案:A

30. **解** 质元在负的最大位移处,速度为零,所以动能为零,形变为零,所以势能也为零。

答案:B

31. **解** 观察者迎着波源运动时,接收到的频率为 $\upsilon=\upsilon_0\left(1+\frac{\upsilon_{观}}{\upsilon}\right)=\frac{3}{2}\upsilon_0$ 。

答案:D

32. **解** 双缝干涉条纹间距为 $\Delta x=\frac{D}{d}\lambda=0.9\text{mm}$。

答案:B

33. **解** 未覆盖时,中央明纹处满足 $\delta = r_2 - r_1 = 0$ 。覆盖后,两缝到原先中央明纹处的光程分别为 $L_2 = r_2 - d + n_2 d = r_2 + (n_2 - 1)d$ 和 $L_1 = r_1 + (n_1 - 1)d$,则光程差为 $\delta = L_2 - L_1 = r_2 + (n_2 - 1)d - r_1 + (n_1 - 1)d = (n_2 - n_1)d$ 。

答案:A

34. **解** 如图所示,当平凸透镜向上移动时,由于同一级条纹对应同一厚度,所以条纹向中心移动。

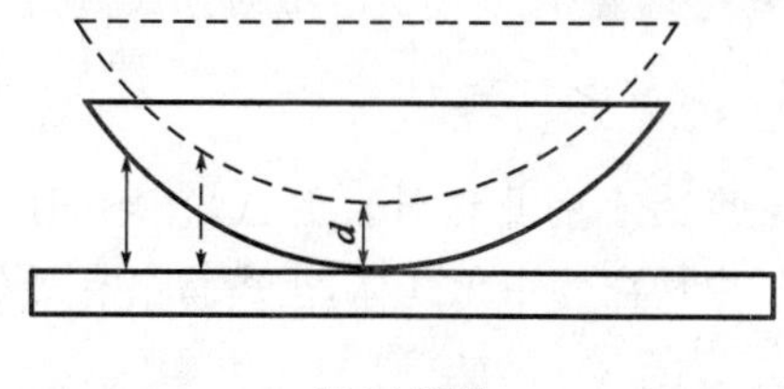

题 34 解图

答案:D

35. **解** 光强为 I_0 的自然光入射到第一个偏振片后,透射光强 $I_1 = \frac{1}{2}I_0$ 。入射到第二个偏振片后,透射光强 $I_2 = I_1 \cos^2\alpha = \frac{1}{2}I_0\cos^2\alpha$ 。所以当两偏振片的偏振化方向夹角由 α_1 转到 α_2 时,透视光强度之比为 $\frac{\cos^2\alpha_1}{\cos^2\alpha_2}$ 。

答案:C

36. **解** 可见光波长范围为 400～760nm。光栅常数越接近,测量越精确。

答案:D

37. **解** 因为:$K_{sp}^{\ominus}(Mg(OH)_2) = c(Mg^{2+})c^2(OH^-)$

溶液中:$c(OH^-) = 0.01mol/L$

故:$c(Mg^{2+}) = \frac{5.6 \times 10^{-12}}{0.01^2} = 5.6 \times 10^{-8} mol/L$

$s(Mg(OH)_2) = 5.6 \times 10^{-8} mol/L$

答案:C

38. **解** 因 $BeCL_2$ 的分子为直线型构型,故 Be 为 sp 杂化。

答案:A

39. **解** 因 pH=4.75,$H^+ = 10^{-4.75} = 1.78 \times 10^{-5}$,与水等体积混合$[H^+] = 0.89 \times 10^{-5}$,$CH_3COO^-$(0.1mol)会抑制 CH_3COOH 的水解(可忽略不计),则

$pH = -\lg[0.89 \times 10^{-5}] = 5.06$。

答案:B

40. **解** 化学反应速率是由有效碰撞决定的，单位时间内有效碰撞次数越多，反应速率越大。故化学反应的活化能小，活化分子百分数大，有效碰撞次数增加，反应速率越快。因此选项C正确。而温度一定时，反应速率与反应焓变和熵变无关，故选项A、B是错误的

答案:C

41. **解** 26号元素是F_e，其价电子层电子分布为$3d^6 4s^2$。

答案:B

42. **解** 原子轨道函数中，确定轨道形状的是角量子数t，其值决定了轨道的种类，也就是确定了轨道的形状，而磁量子数标记整个形状里的不同分支。

答案:B

43. **解** 熵是描述物质混乱度大小的物理量。由$\Delta_r S_m^{\ominus}>0$可知，生成物中气体体积数应大于反应物中气体体积数，选项C中反应物中无气体，生成物中有两分子气体，故其$\Delta_r S_m^{\ominus}>0$。

答案:C

44. **解** 丙烯结构式为：

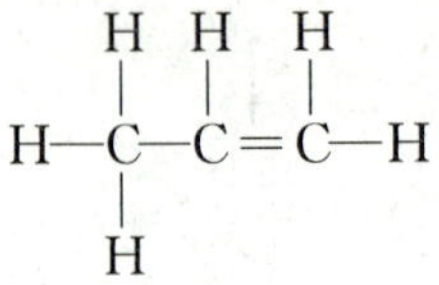

```
     H   H   H
     |   |   |
  H—C—C＝C—H
     |
     H
```

聚丙烯结构式应为：

```
      CH3
      |
  —[ C—CH2 ]—n
```

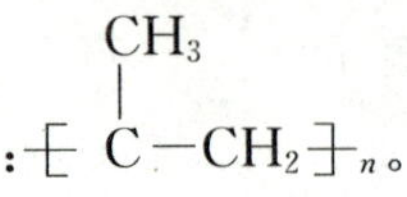

可知：选项A、B、D都正确。

答案:C

45. **解** 并不是所有含双键的烯烃都有顺反异构体，只要有一个双键碳原子所连接的两个取代基是相同的，就不会产生顺反异构现象。选项C中第一个碳上连有两个氢原子，故没有顺反异构体。

答案:C

46. **解** 选项A、B都是联苯，选项D是六氯代环已烷，选项C是六氯苯。

答案:C

47. **解** 因F在x轴上的投影为50N，所以F和x轴夹角成60°，力F与x，y（y平移过来）组成的三角形，一个边长是100，一个是200，夹角60°，所以F和y轴夹角为90°。

答案:A

48. **解** 以A为参考点，根据力的合成原理，$F_R=0$，对A取矩得$M_A=\frac{\sqrt{3}}{2}Fa$。

答案:A

49. **解** 用整体法和分离构件进行受力分析。

答案:B

50. **解**　对 A 取矩，由于 $F_B \times 2a - \int_0^a qx\mathrm{d}x + \int_a^{2a} qx\mathrm{d}x = 0$，可得出 F_B。根据 y 轴上力的平衡可知 F_A。

答案：C

51. **解**　$\frac{\mathrm{d}s}{\mathrm{d}t} = v = 20$

$\frac{\mathrm{d}v_t}{\mathrm{d}t} = a_t = 0$

$a_n = \frac{v_t^2}{r} = \frac{20^2}{40} = 10$

答案：B

52. **解**　根据方程解出 $x = \frac{t}{2}$，代入 $y = t^2 - t$，整理可得 $x^2 - 2x - 4y = 0$。

答案：C

53. **解**　$v = R\omega = OB \times \omega = \sqrt{30^2 + 40^2} \times 2 = 50 \times 2 = 100$

$a_{法} = \omega^2 OB = 2^2 \times 50 = 200$

$a_{切} = \varepsilon OB = 5 \times 50 = 250$

答案：A

54. **解**　加速下降时，$mg - R_1 = ma$，a 向下为正。

匀速下降时，$mg = R_2$。减速下降时 $mg - R_3 = ma$，a 为负，所以 $R_1 < R_2 < R_3$。

答案：C

55. **解**　根据题意作图如右图：

假设运动方向如图所示，则：M_1 对 O 的动量矩为 m_1vr，M_2 对 O 的动量矩为 m_2vr，M 对 O 的动量矩为 $J_O\omega = \frac{1}{2}Mr^2\frac{v}{r} = \frac{1}{2}Mvr$。由于三个动量矩同方向，可知 $L_O = \left(m_1 + m_2 + \frac{1}{2}M\right)vr$

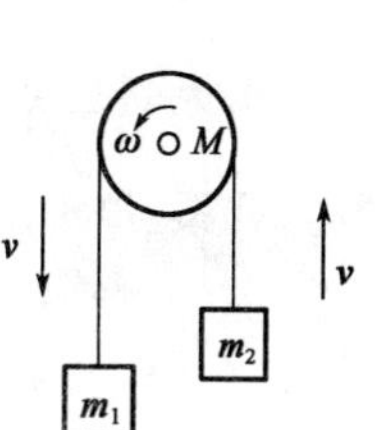

题 55 解图

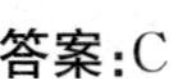
答案：C

56. **解**　A 端脱落后，杆绕 B 端旋转到铅垂位置，由动能定理：

$\frac{1}{2}J\omega^2 - 0 = mgl$

$J = \frac{1}{3}m(2l)^2$

所以：$\omega = \sqrt{\frac{3g}{2l}}$

由动量矩定理：$\frac{1}{3}m(2l)^2\alpha = 0$

所以 $\alpha = 0$

由杆受力可得：$\begin{cases} ma_{Cx}=F_{Bx} \\ ma_{Cy}=-mg+F_{By} \end{cases}$

$a_{Cx}=0$

$a_{Cy}=l\omega^2=\frac{3g}{2}$

所以 $F_{Bx}=0$

$F_{By}=\frac{5}{2}mg$

答案:D

57.**解**　由于力相互抵消，所以 $F=0, M_I=-J\alpha=-\frac{1}{2}mr^2\varepsilon$。

答案:C

58.**解**　串联时，$\frac{1}{k_{串}}=\frac{1}{k_1}+\frac{1}{k_2}+\frac{1}{k_3}+\frac{1}{k_4}+\frac{1}{k_5}=\frac{5}{k}$，所以 $k_{串}=\frac{k}{5}$。并联时，$k_{并}=5k$。

答案:C

59.**解**　用截面法可知最大轴向力 $F_N=5\text{kN}$。

答案:B

60.**解**　对 A 取矩，可得 $F_B=3F$。对 B 取矩可得 $F_A=2F$，则 $\tau_{max}=\frac{F_B}{\frac{1}{4}\pi d^2}=\frac{12F}{\pi d^2}$。

答案:C

61.**解**　由于 $\frac{Tl}{GI_p}=\theta, l=1\text{m}$，所以 $T=GI_p\theta$。

最大切应力 $\tau=\frac{T\frac{d}{2}}{I_p}$，可知 $I_p=\frac{\pi d^4}{32}$，得出 $\tau=\frac{\theta Gd}{2}$。

答案:D

62.**解**　由 $\tau=\frac{T}{W_p}=\frac{16T}{\pi d^3}$ 可知，当最大切应力减少一半时，直径为 $\sqrt[3]{2}d$。

答案:D

63.**解**　$I_{z1}=I_z+Ad^2=\frac{bh^3}{12}+bh\times h^2=\frac{13bh^3}{12}$

答案:D

64.**解**　对 A 取矩得 $F_{By}=2F$，由 $F_{Ay}=0$ 可知 $F_{SA}=0, M_C=0$。

答案:A

65.**解**　B 处挠度最大 $f_B=-\frac{F_Bl^3}{3EI_B}$。

开裂前 $F_B=F, I_B=\frac{1}{12}b(2a)^3, f_{B前}=\frac{Fl^3}{2ba^3}$；

开裂后 $F_B=\frac{F}{2}$，$I_B=\frac{1}{12}ba^3$，$f_{B后}=\frac{2Fl^3}{ba^3}$。即 $f_{B后}=4f_{B前}$。

答案：C

66. **解**　$\omega=\frac{M_e l^2}{2EI}$，当 l 变为 1/2 时，挠度变为原来的 1/4。

答案：B

67. **解**　$\tau_{max}=\sqrt{\left(\frac{\sigma_x-\sigma_y}{2}\right)+\tau_x^2}$，拉为正值，压为负值，选项C结果为 $\tau_{max}=\sqrt{\frac{[2\sigma(-2\sigma)]}{2}}=\sqrt{2\sigma}$，以此类推，A：0；B：$\sqrt{\sigma}$；D：$\sqrt{\sigma}$，因此选 C。

答案：C

68. **解**　$\sigma_{max}=\sigma_N+\frac{M_y Z}{I_y}+\frac{M_z y}{I_z}=\frac{F}{bh}+\frac{F\left(\frac{b}{2}\right)^2}{\frac{hb^3}{12}}+\frac{F\left(\frac{h}{2}\right)^2}{\frac{bh^3}{12}}=\frac{7F}{bh}$

答案：C

69. **解**　A 点受到 F 的弯曲拉应力和 T 的扭转切应力，与选项 A 所示应力状态相同。

答案：A

70. **解**　由于压杆稳定，分三种情况：

(1)两个铰点：$F_{cr}=\frac{\pi^2 EI}{l^2}=\frac{\pi^2 EI}{(5)^2}$

(2)一固定一自由：$F_{cr}=\frac{\pi^2 EI}{(2l)^2}=\frac{\pi^2 EI}{(2\times 3)^2}$

(3)一固一铰：$F_{cr}=\frac{\pi^2 EI}{(0.7l)^2}=\frac{\pi^2 EI}{(0.7\times 6)^2}$

答案：C

71. **解**　如图所示，在平面 A 上，3 点与 2 点的上方的压强 p_{3A} 与 p_{2A} 是相同的，由于水的密度大于空气的密度，显然 $p_3>p_2$，在平面 B 上，2 点与 3 点的下方的压强 p_{2B} 与 p_{1B} 是相同的，由于汞的密度大于空气的密度，故 $p_2>p_1$，需要注意的是只有同种连通的液体在相同的高度压力是相同的。综上可知，选项 A 正确。

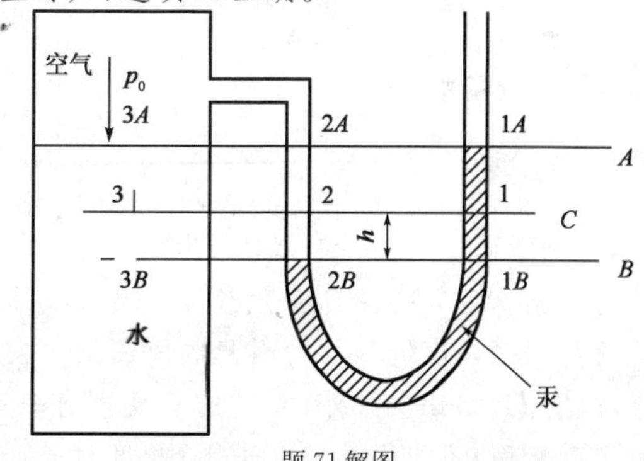

题 71 解图

答案：A

72.**解** 该题考查流体的水头线的相关知识，根据伯努利方程，可得：

$$H = z + \frac{p}{\rho g} + \frac{v^2}{2g} + h_w$$

$$H_0 = z + \frac{p}{\rho g} + \frac{v^2}{2g}$$

$$H_p = z + \frac{p}{\rho g}$$

式中：H——常数；

z——位置水头；

H_p——测压管水头；

H_0——总水头；

$\frac{v^2}{2g}$——流动水头。

对于理想流体，由于 $h_w = 0$，故 $H = z + \frac{p}{\rho g} + \frac{v^2}{2g} = H_0$，说明沿程总水头为不变的常数，对于 $H_p = z + \frac{p}{\rho g}$ 测压管水头，沿程流速 v 若变化，$\frac{v^2}{2g}$ 流动水头变化，故 H_p 也变化，选项 A 错误。图中总水头 $H_0 = H$ 为常数，沿程损失为 0，为理想流动，选项 B 正确，显然，选项 C 也正确。实际流动总水头不是定值，故不适用，选项 D 也正确。

答案：A

73.**解** 此处考查雷诺数，雷诺数 Re<2000 时为层流流动，最大流速时达到临界雷诺数，即 $Re_{cr} = \frac{v_{cr}d}{\nu}$，故 $v_{cr} = \frac{Re_{cr}\nu}{d}$。

代入数据得：

$$v_{cr} = \frac{Re_{cr}\nu}{d} = \frac{2000 \times 1.31 \times 10^{-6}}{0.05} = 0.0525\ m/s$$

答案：D

74.**解** 本过程中不考虑局部损失，仅考虑沿程损失，沿程损失 $h_f = \lambda \frac{l}{d}\frac{v^2}{2g}$ 不变，且层流流动时 $\lambda = \frac{64}{Re}$，$Re = \frac{vd}{\nu}$，故 $h_f = \frac{32\nu}{d^2}\frac{v}{g}$，管道长度 i 不变，则 $v \propto d^2$，而流量 $Q = vA = v\frac{\pi d^2}{4} \propto d^4$，直径增大了 2 倍，则流量增加了 $2^4 = 16$ 倍。

答案：D

75.**解** 对于管嘴出流，收缩断面的真空是有限的，当真空度达到 7m 以上水柱时，由于液体在低于饱和蒸汽压时会发生气化，空气将会自管嘴出口处吸入，从而收缩断面处的真空被破坏，管嘴不能保持满管出流而如同孔口出流一样。因此收缩断面真空度的限制决定了管嘴的作用水头 H 有一个极限值，规定 H=9m。另外，管嘴的长度也有一定的限制。长度过短，水流收缩后，来不及扩大到整个管断面，不能阻止空气进入；长度过长，沿程损失增大，管嘴出流变为短管出流。所以,管嘴正常工作条件是:①作用水头 $H_0<9\text{m}$。②管嘴长度 $L=(3-4)d$。

答案:B

76.**解** 由伯努利方程可知:

$$H=h_{f1-2}+h_1=\lambda\cdot\frac{l}{d}\cdot\frac{v^2}{2g}+h_1$$

式中:H——两液面高度差,设两液面保持静止;

h_{f1-2}——沿程损失;

h_1——局部损失。

开度减小,局部损失 h_1 增大,H 不变则流速 v 将减小。

答案:B

77.**解** 本题考查达西定律,达西定律的公式如下:

$$Q=kAi=kA\frac{\Delta h}{l}$$

式中:k——渗透率;

Δh——水头差;

l——测压点距离;

Q——流量。

$$Q=\frac{0.1\times24}{8}=0.3\ \text{m}^3/\text{d}$$

过水断面:$A=\frac{\pi d^2}{4}=\frac{3.14\times0.3^2}{4}=0.0707\text{m}^2$。

代入所有数据可得:

$$k=\frac{Ql}{A\Delta h}=\frac{0.3\times0.4}{0.0707\times0.9}=1.8859\ \text{m/d}$$

答案:B

78.**解** 压强 p 的单位为 Pa 或 $\text{kg}/(\text{ms}^2)$;速度 v 的单位为 m/s;密度 ρ 的单位为 kg/m^3。容易观察出 ρ 和 v^2 的单位的乘积刚好是 p 的单位,故选 A。其实上,根据伯努利方程可知,$\frac{v^2}{2g}$ 与 $\frac{p}{\rho g}$ 均具有高度的单位,易得答案 A。

答案:A

79.**解** 外加激励 $u=U_{\text{M}}\sin\omega t$ 会产生时变磁场,线圈 b 会产生感应电动势,故 $i_b\neq0$;线圈 a 与 b 相互作用,所以 $i_a\neq\frac{u}{R_a}$。

答案:B

80.**解** 由 KVL 可得:$5+(-U)+0.1\times(100+50)=0$

解得:$U=20\text{V}$

答案:A

81. **解** 使用叠加定理求解自流源端电压 U 时：

①当电流源独立作用时

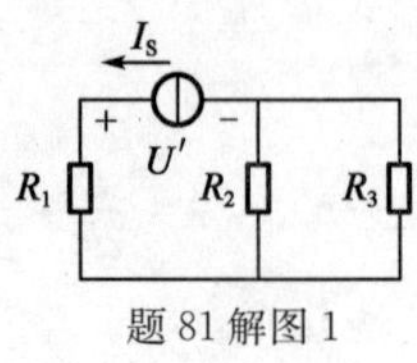

题 81 解图 1

则 $U'=(R_2/\!/R_3+R_1)I_s$

②当电压源独立作用时

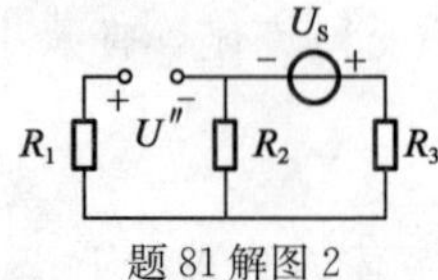

题 81 解图 2

则 $U''=\dfrac{R_2}{R_2+R_3}U_s$

③叠加 $U=U'+U''$

故选择 D。

答案:D

82. **解** 设电阻流过的电流为 I，由相量关系可得，$\dot{I}=\dot{I}_1+\dot{I}_2$，$\dot{U}=5\dot{I}$。画相量图如右：

则 $U_2=\sqrt{10^2+10^2}=14.14\text{V}$。

答案:B

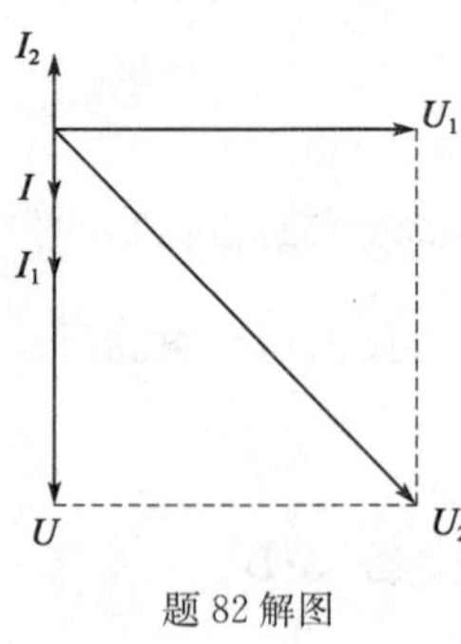

题 82 解图

83. **解** 如果三相四线系统中的中性线(N)与保护线(PE)完全分开，则此系统称为 TN-S 系统，也就是俗称的三相五线制。在三相五线制中，中性线(N)只流过工作电流，保护线(PE)只流过保护电流。所以在三相五线供电机制下接地保护应该接 PE 线。因此选择 D。

答案:D

84. **解** 传递函数：$H(jw)=\dfrac{j\dfrac{w}{w_0}}{1+j\dfrac{w}{w_0}}$

因为 $w_0=2\pi f_0=2\times 10\pi=20\pi$，带入上式得

$$H(jw)=\frac{j\dfrac{w}{20\pi}}{1+j\dfrac{w}{20\pi}}$$

答案:B

85. **解** 改变电源频率可以平滑地调节异步电机的转速。

答案:C

86. **解**　热继电器发热元件串入主回路，常闭触点串入控制电路；接触器主触点接入主电路，辅助触点接入控制电路。

答案:D

87. **解**　编码对应的是数字信号。

答案:A

88. **解**　数码管是共阴极的，则信号从阳极输入时二极管导通，所以只有bc对应为0。

答案:A

89. **解**　由波形图可知，该信号在时间上连续。

答案:D

90. **解**　非周期信号的幅度频谱是连续的。

答案:A

91. **解**　对比题目中图a)与图b)，发现图b)保留了图a)波形的包络线，即保留了低频信号，因此电路A为低通滤波器。对比图b)与图c)，发现图c)去掉了图b)中的直流分量，即滤掉了低频，因此电路B为高通滤波器。故选A。

答案:A

92. **解**　选项中A为与非，B为或非，C为同或，D为异或。从而根据时序图可知选择A、B相同时为1，不同时为0，故为同或。选择C。

答案:C

93. **解**　$u_i=\dfrac{R_i}{R_i+R_s}u_s=5\sin\omega t\,(\text{mV})$

$u_o=\dfrac{A_k\cdot u_i}{R_o}\times\dfrac{5}{3+5}=50u_i=250\sin\omega t\,(\text{mV})=0.25\sin\omega t\,\text{V}$

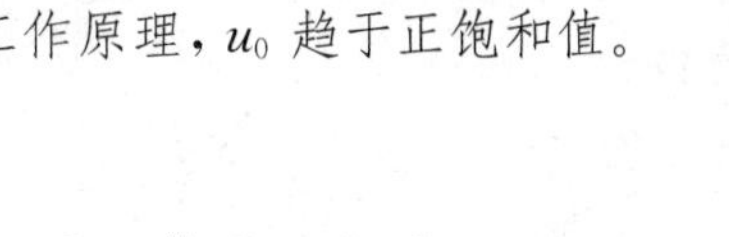

题93解图

答案:D

94. **解**　因为 $u_{i2}-u_{i1}=u_{i2}+1\geqslant 0$，根据理想运放的工作原理，$u_0$ 趋于正饱和值。

答案:C

95. **解**　D触发器的状态方程为 $Q_{n+1}=D_n$，又因为 $D_n=Q_n$，故 $Q_{n+1}=Q_n=0$。

答案:D

96. **解**　状态方程：$Q_0^{n+1}=J_0\overline{Q_0^n}+\overline{K_0}Q_0^n=Q_1^n\overline{Q_0^n}+0\cdot Q_0^n=Q_1^n\overline{Q_0^n}$

$$Q_1^{n+1}=J_1\overline{Q_1^n}+\overline{K_1}Q_1^n=\overline{Q_1^n}+Q_0^nQ_1^n$$

可知触发器的初始值为0，即 $Q_0^0=0$，$Q_1^0=0$。

代入状态方程可得，$Q_0^1=0$，$Q_1^1=1$，$Q_0^2=1$，$Q_1^2=1$，$Q_0^3=0$，$Q_1^3=1$。重复上述过程，故为四进制加法计数器。

答案:B

97. **解**　总线是计算机各种功能部件之间传送信息的公共通信干线，它是由导线组成的传输线束，按照计算机所传输的信息种类，计算机的总线可以划分为数据总线、地址总线和控制总线，分别用来传输数据、数据地址和控制信号。

答案：D

98. **解**　计算机能极快地进行运算，但其内部并不像人类在实际生活中使用的十进制，而是使用只包含0和1两个数值的二进制。当然，人们输入计算机的十进制被转换成二进制进行计算，计算后的结果又由二进制转换成十进制。

答案：B

99. **解**　二进制数与八进制数转化的方法是，小数部分从小数点开始向后每三个数作为一位八进制数转化，位数不够时，在后边补零。即：

$$\frac{0.101\ 010\ 011\ 100}{0.5\quad 2\quad 3\quad 4}$$

答案：A

100. **解**　对于选项A，分辨率越高，像素点越多。对于选项B，颜色深度就是可以表示颜色的种类。种类越多，越能反映真实的色彩。对于选项D，图像尺寸，决定比例尺。因此C与计算机图像质量无关。

答案：C

101. **解**　数字签名是目前电子商务、电子政务中应用最普遍、技术最成熟的、可操作性最强的一种电子签名方法。

答案：D

102. **解**　在Windows中，对存储器的管理采用分段存储管理，一个存储器段可以小至一个字节，可以大至4G字节。

答案：B

103. **解**　对即插即用功能的支持。Windows自动安装有即插即用设备及其设备驱动程序。这意味着当某个设备连接到计算机上后即可立刻使用，而无需配置该设备或安装其他软件。

答案：A

104. **解**　计算机技术、通信技术和网络技术是构成信息化社会的主要技术支柱。

答案：C

105. **解**　网络软件是为每个计算机网络都制订一套全网共同遵守的网络协议，并要求网中每个主机系统配置相应的协议软件，以确保网中不同系统之间能够可靠、有效地相互通信和合作，即为网络操作系统。

答案：B

106. **解**　互联网是网络与网络之间所串连成的庞大网络，这些网络以一组通用的协议相连，形成逻辑上的单一巨大国际网络。因此是网际网路。

答案:D

107.**解** 比较两家银行的年实际利率,其中较低者利息较少。

甲银行的年实际利率:$i_{甲}=(1+\frac{r}{m})^m-1=\left(1+\frac{6\%}{4}\right)^4-1=6.14\%$

乙银行的年实际利率为7%,故向甲银行贷款付出的利息较少。

答案:A

108.**解** 生产成本加期间费用计算公式为:

总成本费用=生产成本+期间费用

答案:A

109.**解** 准股本资金是一种既具有资本金性质又具有债务资金性质的资金,主要包括优先股票和可转换债券。

答案:B

110.**解** FNPV=-200-300(P/F,10%,1)+150(P/A,10%,8)(P/F,10%,2)=-200-300×0.90909+150×5.33493×0.82645=188.63万元。

答案:B

111.**解** 可外贸货物影子价格计算式为:直接进口投入物的影子价格(到厂价)=到岸价(CIF)×影子汇率+进口费用。

答案:C

112.**解** 盈亏平衡点越低,说明项目盈利的可能性越大,项目抵抗风险的能力越强。

答案:C

113.**解** 改扩建项目盈利能力分析可能涉及的五种数据包括:①"现状"数据;②"无项目"数据;③"有项目"数据;④新增数据;⑤增量数据。

答案:D

114.**解** 在ABC分类法中,A类部件占部件总数的比重较少,但占总成本的比重较大;C类部件占部件总数的比重较大,占总数的60%~80%,但占总成本的比重较小,占5%~10%。

答案:C

115.**解** 我国《安全生产法》第三章规定了从业人员的权利与义务。其中,第四十五条规定:"生产经营单位的从业人员有权了解其作业场所和工作岗位存在的危险因素、防范措施及事故应急措施,有权对本单位的安全生产工作提出建议。"因此,选项A表述正确。

第四十六条规定:"从业人员有权对本单位安全生产工作中存在的问题提出批评、检举、控告;有权拒绝违章指挥和强令冒险作业。生产经营单位不得因从业人员对本单位安全生产工作提出批评、检举、控告或者拒绝违章指挥、强令冒险作业而降低其工资、福利等待遇或者解除与其订立的劳动合同。"即从业人员有权拒绝违章指挥和强令冒险作业。因此,选项B表述正确,选项C表述错误。

第四十七条规定:"从业人员发现直接危及人身安全的紧急情况时,有权停止作业或者在采取可能的应急措施后撤离作业场所。”因此，选项D表述正确。

答案：C

116. **解** 根据我国《招标投标法》的第四十五条、四十六条规定，“中标人确定后，招标人应当向中标人发出中标通知书，并同时将中标结果通知所有未中标的投标人”；“招标人和中标人应当自中标通知书发出之日起三十日内，按照招标文件和中标人的投标文件订立书面合同。招标人和中标人不得再行订立背离合同实质性内容的其他协议。”本题的难点是30日期限的起止时间，B为“中标通知书发出之日起”，而D为“中标单位收到中标通知书之日起”，依据《招标投标法》第四十六条之规定，应为“中标通知书发出之日起”，即B正确。

答案：B

117. **解** 行政许可是一项具体行政行为，是指在法律一般禁止的情况下，行政主体根据行政相对方的申请，经依法审查，通过颁发许可证、执照等形式，赋予或确认行政相对方从事某种活动的法律资格或法律权利的一种行政行为。我国于2004年制定了《行政许可法》，用以规范行政许可行为。《行政许可法》第十三条规定了可以不设行政许可的事项，包括：“（一）公民、法人或者其他组织能够自主决定的；（二）市场竞争机制能够有效调节的；（三）行业组织或者中介机构能够自律管理的；（四）行政机关采用事后监督等其他行政管理方式能够解决的。”因此，选项D是正确的。而依据该法第十二条之规定，选项A、B、C中的事项都属于应当设定行政许可的事项。

答案：D

118. **解** 我国《节约能源法》第十四条规定：“建筑节能的国家标准、行业标准由国务院建设主管部门组织制定，并依照法定程序发布。省、自治区、直辖市人民政府建设主管部门可以根据本地实际情况，制定严于国家标准或者行业标准的地方建筑节能标准，并报国务院标准化主管部门和国务院建设主管部门备案。”因此，选项A正确。

答案：A

119. **解** 《建设工程质量管理条例》县级以上人民政府建设行政主管部门和其他有关部门履行监督检查职责时，有权采取下列措施：（一）要求被检查的单位提供有关工程质量的文件和资料；（二）进入被检查单位的施工现场进行检查；（三）发现有影响工程质量的问题时，责令改正。因此，无权责令施工单位提供工程预算，选项C正确。

答案：C

120. **解** 《建设工程安全生产管理条例》是国务院制定的行政法规，其制定的目的是为了加强建设工程安全生产监督管理，保障人民群众生命和财产安全，制定根据是《中华人民共和国建筑法》、《中华人民共和国安全生产法》。《建设工程安全生产管理条例》的第三章规定了勘察、设计、工程监理及其他有关单位的安全责任，其中，第十四条规定：“工程监理单位在实施监理过程中，发现存在安全事故隐患的，应当要求施工单位整改；情况严重的，应当要求施工单位暂时停止施工，并及时报告建设单位。施工单位拒不整改或者不停止施工的，工程监理单位应当及时向有关主管部门报告。”因此，选项D正确。

答案：D

2011 年度全国勘察设计注册工程师公共基础考试

试　题

单项选择题(共 120 题,每题 1 分。每题的备选项中只有一个最符合题意)

1. 设直线方程为 $x=y-1=z$,平面方程为 $x-2y+z=0$,则直线与平面:

A. 重合　　B. 平行不重合　　C. 垂直相交　　D. 相交不垂直

2. 在三维空间中,方程 $y^2-z^2=1$ 所代表的图形是:

A. 母线平行 x 轴的双曲柱面　　B. 母线平行 y 轴的双曲柱面
C. 母线平行 z 轴的双曲柱面　　D. 双曲线

3. 当 $x\to 0$ 时,3^x-1 是 x 的:

A. 高阶无穷小　　B. 低阶无穷小
C. 等价无穷小　　D. 同阶但非等价无穷小

4. 函数 $f(x)=\dfrac{x-x^2}{\sin\pi x}$ 的可去间断点的个数为:

A. 1 个　　B. 2 个　　C. 3 个　　D. 无穷多个

5. 如果 $f(x)$ 在 x_0 点可导,$g(x)$ 在 x_0 点不可导,则 $f(x)g(x)$ 在 x_0 点:

A. 可能可导也可能不可导　　B. 不可导
C. 可导　　D. 连续

6. 当 $x>0$ 时,下列不等式中正确的是:

A. $e^x<1+x$　　B. $\ln(1+x)>x$　　C. $e^x<ex$　　D. $x>\sin x$

7. 若函数 $f(x,y)$ 在闭区域 D 上连续,下列关于极值点的陈述中正确的是:

A. $f(x,y)$ 的极值点一定是 $f(x,y)$ 的驻点

B. 如果 P_0 是 $f(x,y)$ 的极值点,则 P_0 点处 $B^2-AC<0$ $\left(\text{其中},A=\dfrac{\partial^2 f}{\partial x^2},B=\dfrac{\partial^2 f}{\partial x\partial y},C=\dfrac{\partial^2 f}{\partial y^2}\right)$

C. 如果 P_0 是可微函数 $f(x,y)$ 的极值点,则在 P_0 点处 $df=0$

D. $f(x,y)$ 的最大值点一定是 $f(x,y)$ 的极大值点

8. $\int \frac{\mathrm{d}x}{\sqrt{x}(1+x)}=$

A. $\arctan\sqrt{x}+C$　　B. $2\arctan\sqrt{x}+C$

C. $\tan(1+x)$　　D. $\frac{1}{2}\arctan x+C$

9. 设 $f(x)$ 是连续函数，且 $f(x)=x^2+2\int_0^2 f(t)\mathrm{d}t$，则 $f(x)=$

A. x^2　　B. x^2-2　　C. $2x$　　D. $x^2-\frac{16}{9}$

10. $\int_{-2}^{2}\sqrt{4-x^2}\,\mathrm{d}x=$

A. π　　B. 2π　　C. 3π　　D. $\frac{\pi}{2}$

11. 设 L 为连接(0,2)和(1,0)的直线段，则对弧长的曲线积分 $\int_L (x^2+y^2)\mathrm{d}S=$

A. $\frac{\sqrt{5}}{2}$　　B. 2　　C. $\frac{3\sqrt{5}}{2}$　　D. $\frac{5\sqrt{5}}{3}$

12. 曲线 $y=\mathrm{e}^{-x}(x\geqslant 0)$ 与直线 $x=0, y=0$ 所围图形，绕 Ox 轴旋转所得旋转体的体积为：

A. $\frac{\pi}{2}$　　B. π　　C. $\frac{\pi}{3}$　　D. $\frac{\pi}{4}$

13. 若级数 $\sum_{n=1}^{\infty} u_n$ 收敛，则下列级数中不收敛的是：

A. $\sum_{n=1}^{\infty} ku_n(k\neq 0)$　　B. $\sum_{n=1}^{\infty} u_{n+100}$　　C. $\sum_{n=1}^{\infty}\left(u_{2n}+\frac{1}{2^n}\right)$　　D. $\sum_{n=1}^{\infty}\frac{50}{u_n}$

14. 设幂级数 $\sum_{n=0}^{\infty} a_n x^n$ 的收敛半径为 2，则幂级数 $\sum_{n=1}^{\infty} na_n(x-2)^{n+1}$ 的收敛区间是：

A. $(-2,2)$　　B. $(-2,4)$　　C. $(0,4)$　　D. $(-4,0)$

15. 微分方程 $xy\mathrm{d}x=\sqrt{2-x^2}\,\mathrm{d}y$ 的通解是：

A. $y=\mathrm{e}^{-C\sqrt{2-x^2}}$　　B. $y=\mathrm{e}^{-\sqrt{2-x^2}}+C$

C. $y=C\mathrm{e}^{-\sqrt{2-x^2}}$　　D. $y=C-\sqrt{2-x^2}$

16. 微分方程 $\frac{\mathrm{d}y}{\mathrm{d}x}-\frac{y}{x}=\tan\frac{y}{x}$ 的通解是：

A. $\sin\frac{y}{x}=Cx$　　B. $\cos\frac{y}{x}=Cx$

C. $\sin\frac{y}{x}=x+C$　　D. $Cx\sin\frac{y}{x}=1$

17. 设 $\boldsymbol{A}=\begin{bmatrix}1 & 0 & 1\\ 0 & 1 & 2\\ -2 & 0 & -3\end{bmatrix}$，则 $\boldsymbol{A}^{-1}=$

A. $\begin{bmatrix}3 & 0 & 1\\ 4 & 1 & 2\\ 2 & 0 & 1\end{bmatrix}$　　B. $\begin{bmatrix}3 & 0 & 1\\ 4 & 1 & 2\\ -2 & 0 & -1\end{bmatrix}$

C. $\begin{bmatrix}-3 & 0 & -1\\ 4 & 1 & 2\\ -2 & 0 & -1\end{bmatrix}$　　D. $\begin{bmatrix}3 & 0 & 1\\ -4 & -1 & -2\\ 2 & 0 & 1\end{bmatrix}$

18. 设 3 阶矩阵 $\boldsymbol{A}=\begin{bmatrix}1 & 1 & a\\ 1 & a & 1\\ a & 1 & 1\end{bmatrix}$，已知 $\boldsymbol{A}$ 的伴随矩阵的秩为 1，则 $a=$

A. -2　　B. -1　　C. 1　　D. 2

19. 设 $\boldsymbol{A}$ 是 3 阶矩阵，$\boldsymbol{P}=(\alpha_1,\alpha_2,\alpha_3)$ 是 3 阶可逆矩阵，且 $\boldsymbol{P}^{-1}\boldsymbol{A}\boldsymbol{P}=\begin{bmatrix}1 & 0 & 0\\ 0 & 2 & 0\\ 0 & 0 & 0\end{bmatrix}$。若矩阵 $\boldsymbol{Q}=(\alpha_2,\alpha_1,\alpha_3)$，则 $\boldsymbol{Q}^{-1}\boldsymbol{A}\boldsymbol{Q}=$

A. $\begin{bmatrix}1 & 0 & 0\\ 0 & 2 & 0\\ 0 & 0 & 0\end{bmatrix}$　　B. $\begin{bmatrix}2 & 0 & 0\\ 0 & 1 & 0\\ 0 & 0 & 0\end{bmatrix}$

C. $\begin{bmatrix}0 & 1 & 0\\ 2 & 0 & 0\\ 0 & 0 & 0\end{bmatrix}$　　D. $\begin{bmatrix}0 & 2 & 0\\ 1 & 0 & 0\\ 0 & 0 & 0\end{bmatrix}$

20. 齐次线性方程组 $\begin{cases}x_1-x_2+x_4=0\\ x_1-x_3+x_4=0\end{cases}$ 的基础解系为：

A. $\alpha_1=(1,1,1,0)^{\mathrm{T}},\alpha_2=(-1,-1,1,0)^{\mathrm{T}}$
B. $\alpha_1=(2,1,0,1)^{\mathrm{T}},\alpha_2=(-1,-1,1,0)^{\mathrm{T}}$
C. $\alpha_1=(1,1,1,0)^{\mathrm{T}},\alpha_2=(-1,0,0,1)^{\mathrm{T}}$
D. $\alpha_1=(2,1,0,1)^{\mathrm{T}},\alpha_2=(-2,-1,0,1)^{\mathrm{T}}$

21. 设 A,B 是两个事件，$P(A)=0.3$，$P(B)=0.8$，则当 $P(A\cup B)$ 为最小值时，$P(AB)=$

A. 0.1　　B. 0.2　　C. 0.3　　D. 0.4

22. 三个人独立地破译一份密码，每人能独立译出这份密码的概率分别为$\frac{1}{5}$、$\frac{1}{3}$、$\frac{1}{4}$，则这份密码被译出的概率为：

A. $\frac{1}{3}$　　B. $\frac{1}{2}$　　C. $\frac{2}{5}$　　D. $\frac{3}{5}$

23. 设随机变量 X 的概率密度为 $f(x)=\begin{cases}2x, & 0<x<1\\ 0, & 其他\end{cases}$，则 Y 表示对 X 的 3 次独立重复观察中事件 $\{X\leqslant\frac{1}{2}\}$ 出现的次数，则 $P\{Y=2\}$ 等于：

A. $\frac{3}{64}$　　B. $\frac{9}{64}$　　C. $\frac{3}{16}$　　D. $\frac{9}{16}$

24. 设随机变量 X 和 Y 都服从 $N(0,1)$ 分布，则下列叙述中正确的是：

A. $X+Y\sim$ 正态分布　　B. $X^2+Y^2\sim\chi^2$ 分布

C. X^2 和 Y^2 都 $\sim\chi^2$ 分布　　D. $\frac{X^2}{Y^2}\sim F$ 分布

25. 一瓶氦气和一瓶氮气，它们每个分子的平均平动动能相同，而且都处于平衡态，则它们：

A. 温度相同，氦分子和氮分子的平均动能相同
B. 温度相同，氦分子和氮分子的平均动能不同
C. 温度不同，氦分子和氮分子的平均动能相同
D. 温度不同，氦分子和氮分子的平均动能不同

26. 最概然速率 v_p 的物理意义是：

A. v_p 是速率分布中的最大速率
B. v_p 是大多数分子的速率
C. 在一定的温度下，速率与 v_p 相近的气体分子所占的百分率最大
D. v_p 是所有分子速率的平均值

27. 1mol 理想气体从平衡态 $2p_1$、V_1 沿直线变化到另一平衡态 p_1、$2V_1$，则此过程中系统的功和内能的变化是：

A. $W>0, \Delta E>0$　　B. $W<0, \Delta E<0$

C. $W>0, \Delta E=0$　　D. $W<0, \Delta E>0$

28. 在保持高温热源温度 T_1 和低温热源温度 T_2 不变的情况下，使卡诺热机的循环曲线所包围的面积增大，则会：

A. 净功增大，效率提高　　B. 净功增大，效率降低

C. 净功和功率都不变　　D. 净功增大，效率不变

29. 一平面简谐波的波动方程为 $y=0.01\cos 10\pi(25t-x)$(SI)，则在 $t=0.1$s 时刻，$x=2$m 处质元的振动位移是：

A. 0.01cm　　B. 0.01m　　C. −0.01m　　D. 0.01mm

30. 对于机械横波而言，下面说法正确的是：

A. 质元处于平衡位置时，其动能最大，势能为零

B. 质元处于平衡位置时，其动能为零，势能最大

C. 质元处于波谷处时，动能为零，势能最大

D. 质元处于波峰处时，动能与势能均为零

31. 在波的传播方向上，有相距为 3m 的两质元，两者的相位差为 $\frac{\pi}{6}$，若波的周期为 4s，则此波的波长和波速分别为：

A. 36m 和 6m/s　　B. 36m 和 9m/s　　C. 12m 和 6m/s　　D. 12m 和 9m/s

32. 在双缝干涉实验中，入射光的波长为 λ，用透明玻璃纸遮住双缝中的一条缝(靠近屏一侧)，若玻璃纸中光程比相同厚度的空气的光程大 2.5λ，则屏上原来的明纹处：

A. 仍为明条纹　　B. 变为暗条纹

C. 既非明纹也非暗纹　　D. 无法确定是明纹还是暗纹

33. 在真空中，可见光的波长范围为：

A. 400～760nm　　B. 400～760mm　　C. 400～760cm　　D. 400～760m

34. 有一玻璃劈尖，置于空气中，劈尖角为 θ，用波长为 λ 的单色光垂直照射时，测得相邻明纹间距为 l，若玻璃的折射率为 n，则 θ、λ、l 与 n 之间的关系为：

A. $\theta=\frac{\lambda n}{2l}$　　B. $\theta=\frac{l}{2n\lambda}$　　C. $\theta=\frac{l\lambda}{2n}$　　D. $\theta=\frac{\lambda}{2nl}$

35. 一束自然光垂直穿过两个偏振片，两个偏振片的偏振化方向成 45°角。已知通过此两偏振片后的光强为 I，则入射至第二个偏振片的线偏振光强度为：

A. I　　B. $2I$　　C. $3I$　　D. $\frac{I}{2}$

36. 一单缝宽度 $a=1\times10^{-4}$m，透镜焦距 $f=0.5$m，若用 $\lambda=400$nm 的单色平行光垂直入射，中央明纹的宽度为：

A. 2×10^{-3}m　　B. 2×10^{-4}m　　C. 4×10^{-4}m　　D. 4×10^{-3}m

37. 29号元素的核外电子分布式为：

A. $1s^2 2s^2 2p^6 3s^2 3p^6 3d^9 4s^2$　　B. $1s^2 2s^2 2p^6 3s^2 3p^6 3d^{10} 4s^1$

C. $1s^2 2s^2 2p^6 3s^2 3p^6 4s^1 3d^{10}$　　D. $1s^2 2s^2 2p^6 3s^2 3p^6 4s^2 3d^9$

38. 下列各组元素的原子半径从小到大排序错误的是：

A. Li<Na<K　　B. Al<Mg<Na

C. C<Si<Al　　D. P<As<Se

39. 下列溶液混合，属于缓冲溶液的是：

A. 50mL0.2mol·L^{-1} CH_3COOH 与 50mL0.1mol·L^{-1} NaOH

B. 50mL0.1mol·L^{-1} CH_3COOH 与 50mL0.1mol·L^{-1} NaOH

C. 50mL0.1mol·L^{-1} CH_3COOH 与 50mL0.2mol·L^{-1} NaOH

D. 50mL0.2mol·L^{-1} HCl 与 50mL0.1mol·L^{-1} NH_3H_2O

40. 在一容器中，反应 $2NO_2(g) \rightleftharpoons 2NO(g)+O_2(g)$，恒温条件下达到平衡后，加一定量Ar气体保持总压力不变，平衡将会：

A. 向正方向移动　　B. 向逆方向移动

C. 没有变化　　D. 不能判断

41. 某第4周期的元素，当该元素原子失去一个电子成为正1价离子时，该离子的价层电子排布式为 $3d^{10}$，则该元素的原子序数是：

A. 19　　B. 24　　C. 29　　D. 36

42. 对于一个化学反应，下列各组中关系正确的是：

A. $\Delta_r G_m^{\ominus}>0, K^{\ominus}<1$　　B. $\Delta_r G_m^{\ominus}>0, K^{\ominus}>1$

C. $\Delta_r G_m^{\ominus}<0, K^{\ominus}=1$　　D. $\Delta_r G_m^{\ominus}<0, K^{\ominus}<1$

43. 价层电子构型为 $4d^{10}5s^1$ 的元素在周期表中属于：

A. 第四周期 VIIB 族　　B. 第五周期 IB 族

C. 第六周期 VIIB 族　　D. 镧系元素

44. 下列物质中，属于酚类的是：

A. C_3H_7OH　　B. $C_6H_5CH_2OH$

C. C_6H_5OH　　D. $\underset{\displaystyle OH}{\underset{|}{CH_2}}-\underset{\displaystyle OH}{\underset{|}{CH}}-\underset{\displaystyle OH}{\underset{|}{CH_2}}$

45. 有机化合物 $H_3C—CH—CH—CH_2—CH_3$ 的名称是：

$$\begin{array}{l}H_3C—CH—CH—CH_2—CH_3\\ \qquad\quad\ |\qquad\ \ |\\ \qquad\ \ CH_3\quad CH_3\end{array}$$

A. 2-甲基-3-乙基丁烷　　B. 3,4-二甲基戊烷

C. 2-乙基-3-甲基丁烷　　D. 2,3-二甲基戊烷

46. 下列物质中，两个氢原子的化学性质不同的是：

A. 乙炔　　B. 甲酸

C. 甲醛　　D. 乙二酸

47. 两直角刚杆 AC、CB 支承如图所示，在铰 C 处受力 F 作用，则 A、B 两处约束力的作用线与 x 轴正向所成的夹角分别为：

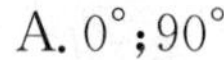

A. 0°;90°　　B. 90°;0°

C. 45°;60°　　D. 45°;135°

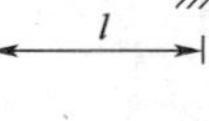

题 47 图

48. 在图示四个力三角形中，表示 $F_R = F_1 + F_2$ 的图是：

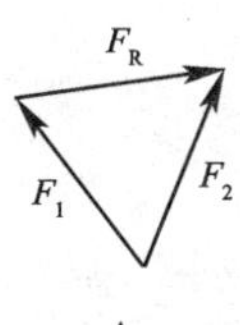

A.

B.

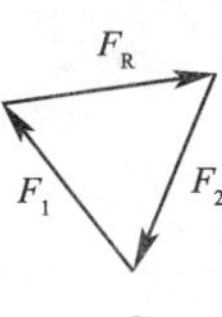

C.

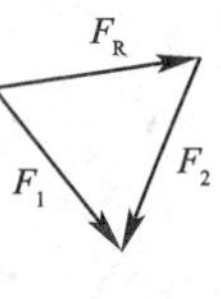

D.

49. 均质杆 AB 长为 l，重为 W，受到如图所示的约束，绳索 ED 处于铅垂位置，A、B 两处为光滑接触，杆的倾角为 α，又 $CD = l/4$，则 A、B 两处对杆作用的约束力大小关系为：

A. $F_{NA} = F_{NB} = 0$　　B. $F_{NA} = F_{NB} \neq 0$

C. $F_{NA} \leqslant F_{NB}$　　D. $F_{NA} \geqslant F_{NB}$

50. 一重力大小为 $W = 60\text{kN}$ 的物块自由放置在倾角为 $\alpha = 30°$ 的斜面上，如图所示，若物块与斜面间的静摩擦系数为 $f = 0.4$，则该物块的状态为：

A. 静止状态　　B. 临界平衡状态

C. 滑动状态　　D. 条件不足，不能确定

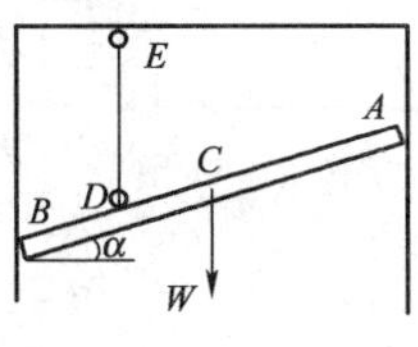

题 49 图

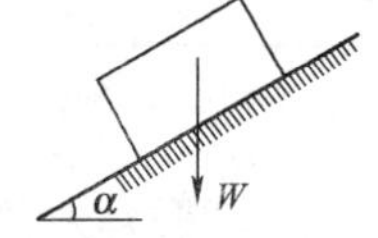

题 50 图

51. 当点运动时，若位置矢大小保持不变，方向可变，则其运动轨迹为：

A. 直线　　B. 圆周　　C. 任意曲线　　D. 不能确定

52. 刚体做平动时，某瞬时体内各点的速度和加速度为：

A. 体内各点速度不相同，加速度相同
B. 体内各点速度相同，加速度不相同
C. 体内各点速度相同，加速度也相同
D. 体内各点速度不相同，加速度也不相同

53. 在图示机构中，杆 $O_1A = O_2B$，$O_1A // O_2B$，杆 $O_2C =$ 杆 O_3D，$O_2C // O_3D$，且 $O_1A = 20\text{cm}$，$O_2C = 40\text{cm}$，若杆 O_1A 以角速度 $\omega = 3\text{rad/s}$ 匀速转动，则杆 CD 上任意点 M 速度及加速度的大小分别为：

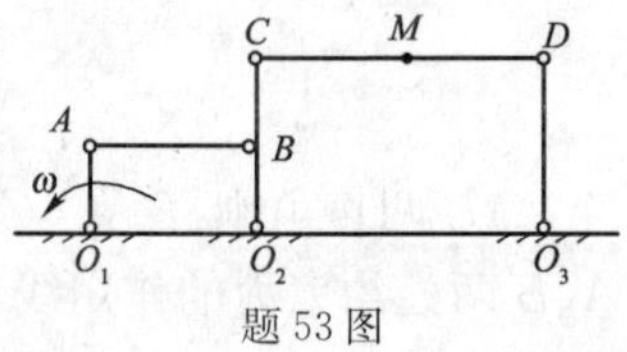

题 53 图

A. 60cm/s；180cm/s^2　　B. 120cm/s；360cm/s^2
C. 90cm/s；270cm/s^2　　D. 120cm/s；150cm/s^2

54. 图示均质圆轮，质量为 m，半径为 r，在铅垂图面内绕通过圆轮中心 O 的水平轴以匀角速度 ω 转动。则系统动量、对中心 O 的动量矩、动能的大小分别为：

A. 0；$\frac{1}{2}mr^2\omega$；$\frac{1}{4}mr^2\omega^2$　　B. $mr\omega$；$\frac{1}{2}mr^2\omega$；$\frac{1}{4}mr^2\omega^2$

C. 0；$\frac{1}{2}mr^2\omega$；$\frac{1}{2}mr^2\omega^2$　　D. 0；$\frac{1}{4}mr^2\omega$；$\frac{1}{4}mr^2\omega^2$

55. 如图所示，两重物 M_1 和 M_2 的质量分别为 m_1 和 m_2，两重物系在不计质量的软绳上，绳绕过均质定滑轮，滑轮半径 r，质量为 m，则此滑轮系统的动量为：

A. $(m_1 - m_2 + \frac{1}{2}m)v\downarrow$　　B. $(m_1 - m_2)v\downarrow$

C. $(m_1 + m_2 + \frac{1}{2}m)v\uparrow$　　D. $(m_1 - m_2)v\uparrow$

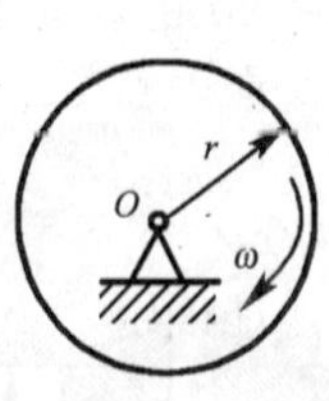

题 54 图

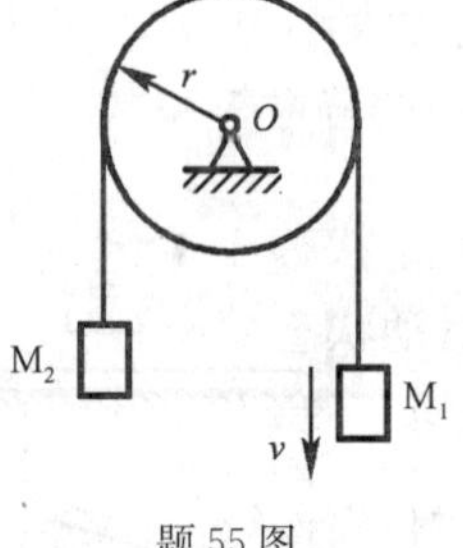

题 55 图

56. 均质细杆 AB 重力为 P、长 $2L$，A 端铰支，B 端用绳系住，处于水平位置，如图所示，当 B 端绳突然剪断瞬时，AB 杆的角加速度大小为：

A. 0　　B. $\frac{3g}{4L}$　　C. $\frac{3g}{2L}$　　D. $\frac{6g}{L}$

57. 质量为m，半径为R的均质圆盘，绕垂直于图面的水平轴O转动，其角速度为ω。在图示瞬间，角加速度为0，盘心C在其最低位置，此时将圆盘的惯性力系向O点简化，其惯性力主矢和惯性力主矩的大小分别为：

A. $m\dfrac{R}{2}\omega^2$；0　　B. $mR\omega^2$；0　　C. 0；0　　D. 0；$\dfrac{1}{2}m\dfrac{R}{2}\omega^2$

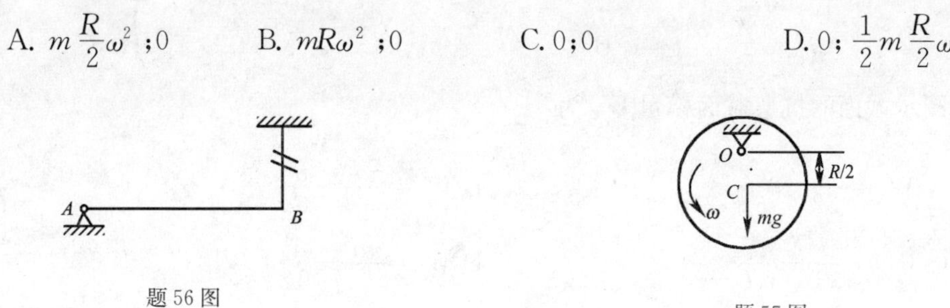

题 56 图　　题 57 图

58. 图示装置中，已知质量$m=200$kg，弹簧刚度$k=100$N/cm，则图中各装置的振动周期为：

A. 图 a)装置振动周期最大　　B. 图 b)装置振动周期最大

C. 图 c)装置振动周期最大　　D. 三种装置振动周期相等

59. 圆截面杆ABC轴向受力如图，已知BC杆的直径$d=100$mm，AB杆的直径为$2d$。杆的最大的拉应力为：

A. 40MPa　　B. 30MPa　　C. 80MPa　　D. 120MPa

60. 已知铆钉的许可切应力为$[\tau]$，许可挤压应力为$[\sigma_{bs}]$，钢板的厚度为t，则图示铆钉直径d与钢板厚度t的关系是：

A. $d=\dfrac{8t[\sigma_{bs}]}{\pi[\tau]}$　　B. $d=\dfrac{4t[\sigma_{bs}]}{\pi[\tau]}$

C. $d=\dfrac{\pi[\tau]}{8t[\sigma_{bs}]}$　　D. $d=\dfrac{\pi[\tau]}{4t[\sigma_{bs}]}$

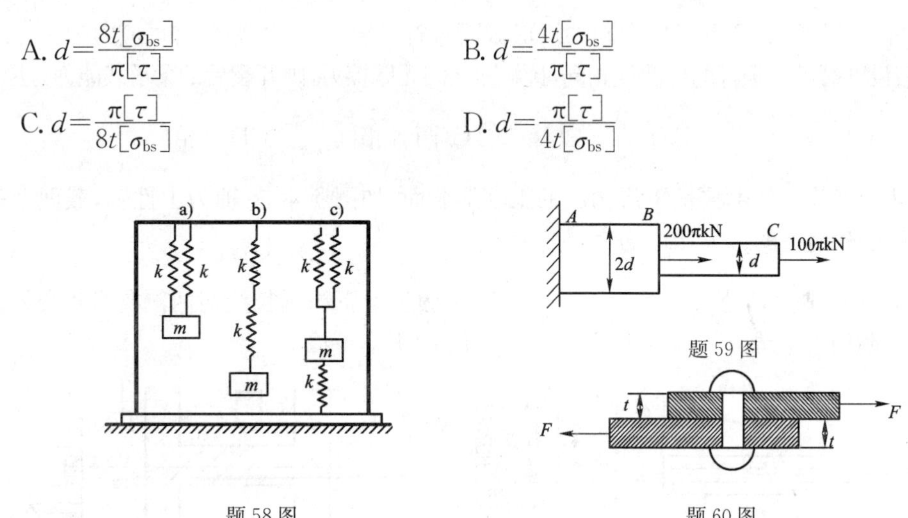

题 59 图

题 58 图　　题 60 图

61. 图示受扭空心圆轴横截面上的切应力分布图中，正确的是：

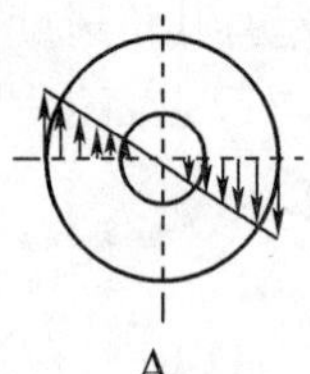

A.

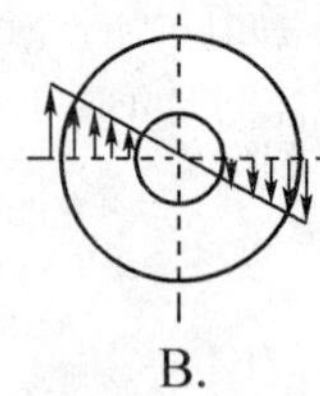

B.

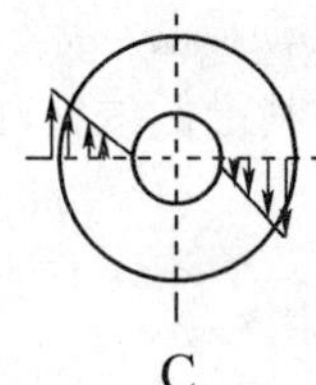

C.

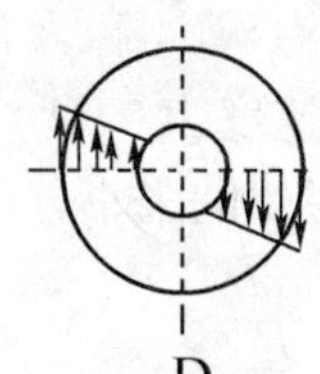

D.

62. 图示截面的抗弯截面模量 W_z 为：

A. $W_z=\frac{\pi d^3}{32}-\frac{a^3}{6}$　　B. $W_z=\frac{\pi d^3}{32}-\frac{a^4}{6d}$

C. $W_z=\frac{\pi d^3}{32}-\frac{a^3}{6d}$　　D. $W_z=\frac{\pi d^4}{64}-\frac{a^4}{12}$

63. 梁的弯矩图如图所示，最大值在 B 截面。在梁的 A、B、C、D 四个截面中，剪力为 0 的截面是：

A. A 截面　　B. B 截面　　C. C 截面　　D. D 截面

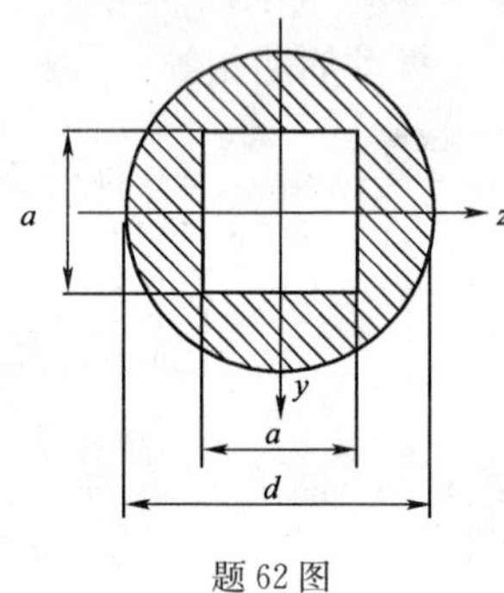

题 62 图

题 63 图

64. 图示悬臂梁 AB 由三根相同的矩形截面直杆胶合而成，材料的许可应力为$[\sigma]$。若胶合面开裂，假设开裂后三根杆的挠曲线相同，接触面之间无摩擦力，则开裂后的梁承载能力是原来的：

A. 1/9　　B. 1/3　　C. 两者相同　　D. 3 倍

65. 梁的横截面是由狭长矩形构成的工字形截面，如图所示，z 轴为中性轴，截面上的剪力竖直向下，该截面上的最大切应力在：

A. 腹板中性轴处　　B. 腹板上下缘延长线与两侧翼缘相交处

C. 截面上下缘　　D. 腹板上下缘

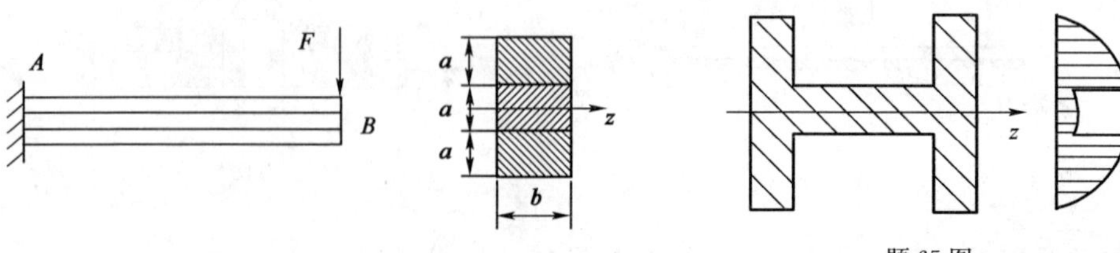

题 64 图　　题 65 图

66. 矩形截面简支梁中点承受集中力 F。若 $h=2b$，分别采用图 a)、图 b) 两种方式放置，图 a)梁的最大挠度是图 b)梁的：

A. 1/2　　B. 2 倍　　C. 4 倍　　D. 8 倍

67. 在图示 xy 坐标系下，单元体的最大主应力 σ_1 大致指向：

A. 第一象限，靠近 x 轴　　B. 第一象限，靠近 y 轴

C. 第二象限，靠近 x 轴　　D. 第二象限，靠近 y 轴

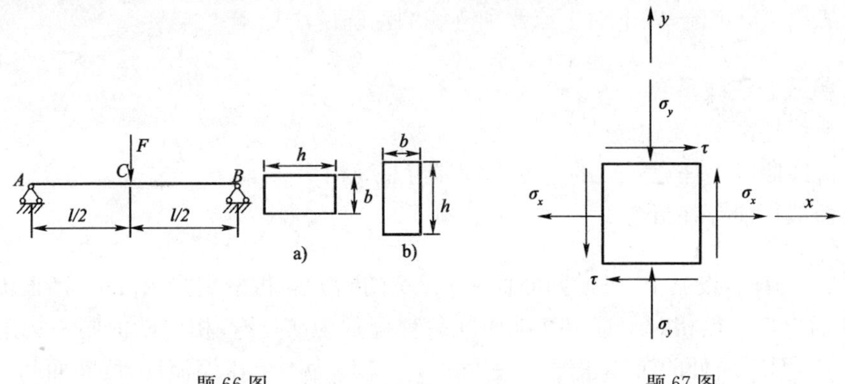

题 66 图　　题 67 图

68. 图示变截面短杆，AB 段压应力 σ_{AB} 与 BC 段压应力 σ_{BC} 的关系是：

A. σ_{AB} 比 σ_{BC} 大 1/4　　B. σ_{AB} 比 σ_{BC} 小 1/4

C. σ_{AB} 是 σ_{BC} 的 2 倍　　D. σ_{AB} 是 σ_{BC} 的 1/2

69. 图示圆轴，固定端外圆上 $y=0$ 点(图中 A 点)的单元体的应力状态是：

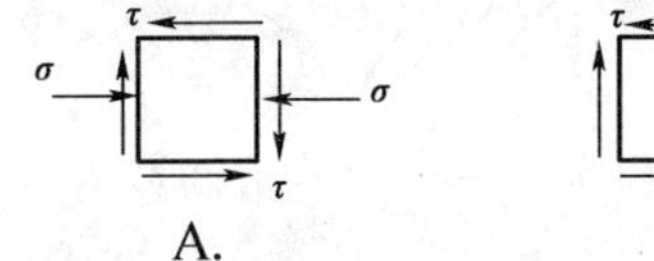

A.

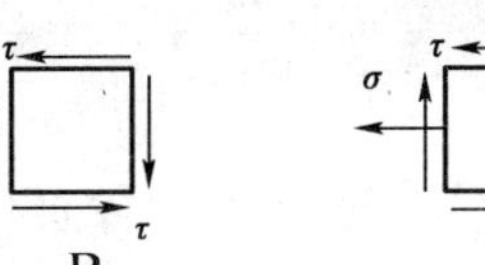

B.

C.

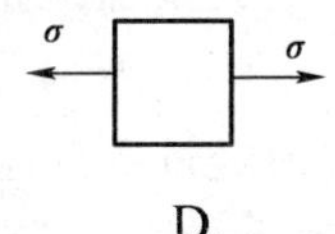

D.

70. 一端固定一端自由的细长(大柔度)压杆，长为 L(图 a)，当杆的长度减小一半时(图 b)，其临界荷载 F_{cr} 比原来增加：

A. 4 倍　　B. 3 倍　　C. 2 倍　　D. 1 倍

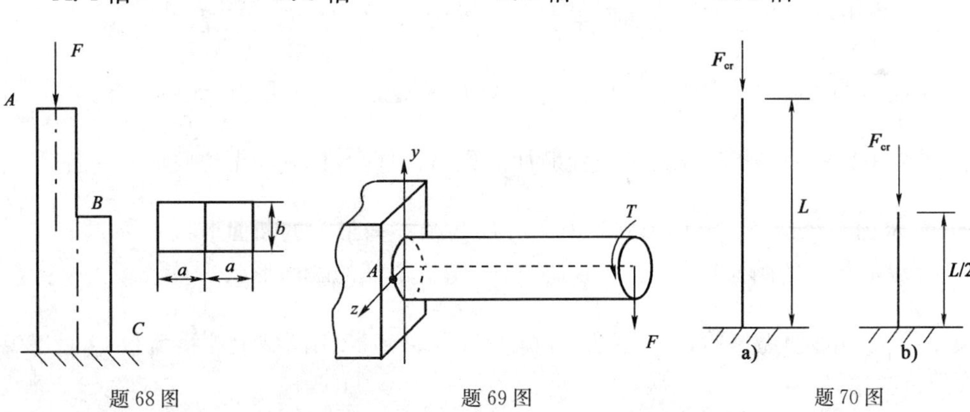

题 68 图　　题 69 图　　题 70 图

71. 空气的黏滞系数与水的黏滞系数 μ 分别随温度的降低而：

A. 降低，升高　　B. 降低，降低　　C. 升高，降低　　D. 升高，升高

72. 重力和黏滞力分别属于：

A. 表面力、质量力　　B. 表面力、表面力
C. 质量力、表面力　　D. 质量力、质量力

73. 对某一非恒定流，以下对于流线和迹线的正确说法是：

A. 流线和迹线重合
B. 流线越密集，流速越小
C. 流线曲线上任意一点的速度矢量都与曲线相切
D. 流线可能存在折弯

74. 对某一流段，设其上、下游两断面 1-1、2-2 的断面面积分别为 A_1、A_2，断面流速分别为 v_1、v_2，两断面上任一点相对于选定基准面的高程分别为 Z_1、Z_2，相应断面同一选定点的压强分别为 p_1、p_2，两断面处的流体密度分别为 ρ_1、ρ_2，流体为不可压缩流体，两断面间的水头损失为 $h_{l1\text{-}2}$。下列方程表述一定错误的是：

A. 连续性方程：$v_1A_1=v_2A_2$
B. 连续性方程：$\rho_1 v_1 A_1=\rho_2 v_2 A_2$
C. 恒定总流能量方程：$\dfrac{p_1}{\rho_1 g}+Z_1+\dfrac{v_1^2}{2g}=\dfrac{p_2}{\rho_2 g}+Z_2+\dfrac{v_2^2}{2g}$
D. 恒定总流能量方程：$\dfrac{p_1}{\rho_1 g}+Z_1+\dfrac{v_1^2}{2g}=\dfrac{p_2}{\rho_2 g}+Z_2+\dfrac{v_2^2}{2g}+h_{l1\text{-}2}$

75. 水流经过变直径圆管，管中流量不变，已知前段直径 $d_1=30$mm，雷诺数为 5000，后段直径变为 $d_2=60$mm，则后段圆管中的雷诺数为：

A. 5000　　B. 4000　　C. 2500　　D. 1250

76. 两孔口形状、尺寸相同，一个是自由出流，出流流量为 Q_1；另一个是淹没出流，出流流量为 Q_2。若自由出流和淹没出流的作用水头相等，则 Q_1 与 Q_2 的关系是：

A. $Q_1>Q_2$　　B. $Q_1=Q_2$　　C. $Q_1<Q_2$　　D. 不确定

77. 水力最优断面是指当渠道的过流断面面积 A、粗糙系数 n 和渠道底坡 i 一定时，其：

A. 水力半径最小的断面形状　　B. 过流能力最大的断面形状
C. 湿周最大的断面形状　　D. 造价最低的断面形状

78. 图示溢水堰模型试验，实际流量为 $Q_n=537\text{m}^3/\text{s}$，若在模型上测得流量 $Q_n=300\text{L/s}$，则该模型长度比尺为：

A. 4.5　　B. 6　　C. 10　　D. 20

79. 点电荷$+q$和点电荷$-q$相距 30cm，那么，在由它们构成的静电场中：

A. 电场强度处处相等

B. 在两个点电荷连线的中点位置，电场力为 0

C. 电场方向总是从$+q$指向$-q$

D. 位于两个点电荷连线的中点位置上，带负电的可移动体将向$-q$处移动

80. 设流经图示电感元件的电流 $i=2\sin 1000t$ A，若 $L=1$mH，则电感电压：

A. $u_L=2\sin 1000t$V　　B. $u_L=-2\cos 1000t$V

C. u_L 的有效值 $U_L=2$V　　D. u_L 的有效值 $U_L=1.414$V

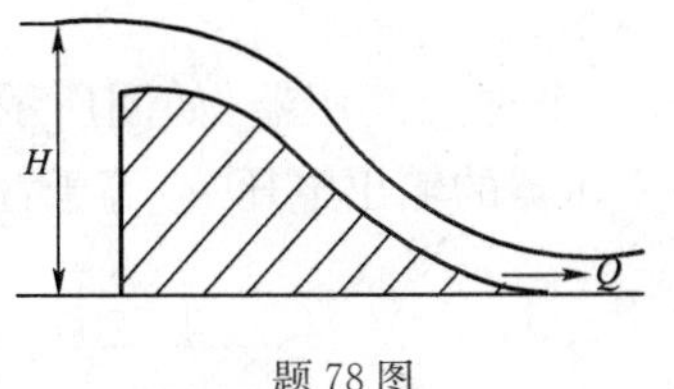

题 78 图

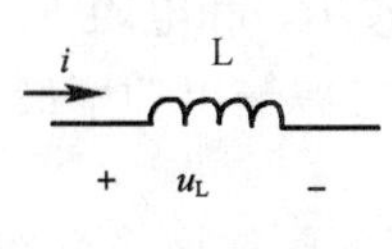

题 80 图

81. 图示两电路相互等效，由图 b）可知，流经 10Ω 电阻的电流 $I_R=1$A，由此可求得流经图 a）电路中 10Ω 电阻的电流 I 等于：

A. 1A　　B. -1A　　C. -3A　　D. 3A

82. RLC 串联电路如图所示，在工频电压 $u(t)$的激励下，电路的阻抗等于：

A. $R+314L+314C$

B. $R+314L+1/314C$

C. $\sqrt{R^2+(314L-1/314C)^2}$

D. $\sqrt{R^2+(314L+1/314C)^2}$

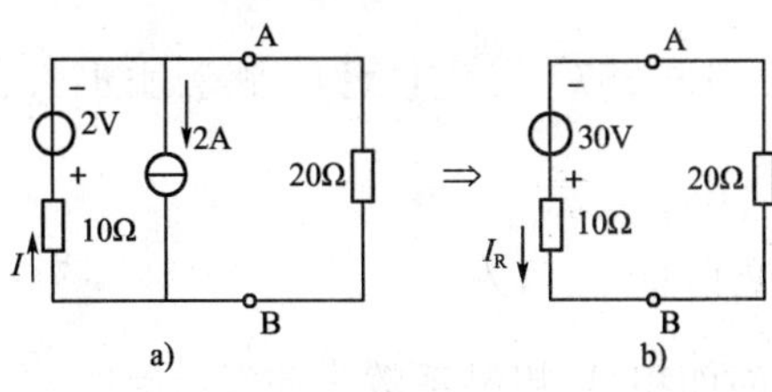

题 81 图

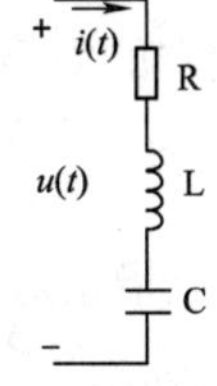

题 82 图

83. 图示电路中，$u=10\sin(1000t+30°)$V，如果使用相量法求解图示电路中的电流 i，那么，如下步骤中存在错误的是：

步骤 1：$\dot{I}_1=\dfrac{10}{R+j1000L}$；　　步骤 2：$\dot{I}_2=10\cdot j1000C$；

步骤 3：$\dot{I}=\dot{I}_1+\dot{I}_2=I\angle\Psi_i$；步骤 4：$\dot{I}=I\sqrt{2}\sin\Psi_i$。

A. 仅步骤 1 和步骤 2 错

B. 仅步骤 2 错

C. 步骤 1、步骤 2 和步骤 4 错

D. 仅步骤 4 错

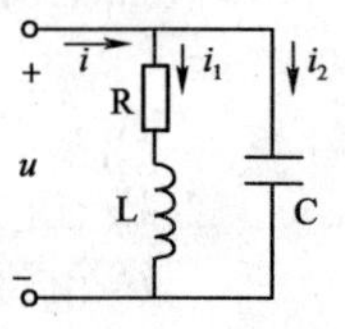

题 83 图

84. 图示电路中，开关 k 在 $t=0$ 时刻打开，此后，电流 i 的初始值和稳态值分别为：

A. $\dfrac{U_s}{R_2}$和 0　　B. $\dfrac{U_s}{R_1+R_2}$和 0

C. $\dfrac{U_s}{R_1}$和$\dfrac{U_s}{R_1+R_2}$　　D. $\dfrac{U_s}{R_1+R_2}$和$\dfrac{U_s}{R_1+R_2}$

85. 在信号源(u_S,R_S)和电阻 R_L 之间接入一个理想变压器，如图所示，若 $u_S=80\sin\omega t$V，$R_L=10\Omega$，且此时信号源输出功率最大，那么，变压器的输出电压 u_2 等于：

A. $40\sin\omega t$V　　B. $20\sin\omega t$V　　C. $80\sin\omega t$V　　D. 20V

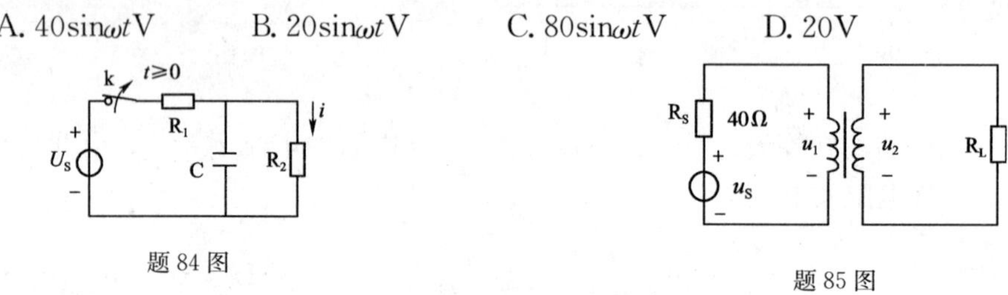

题 84 图　　题 85 图

86. 接触器的控制线圈如图 a)所示，动合触点如图 b)所示，动断触点如图 c)所示，当有额定电压接入线圈后：

A. 触点 KM 1 和 KM 2 因未接入电路均处于断开状态

B. KM1 闭合，KM2 不变

C. KM1 闭合，KM2 断开

D. KM1 不变，KM2 断开

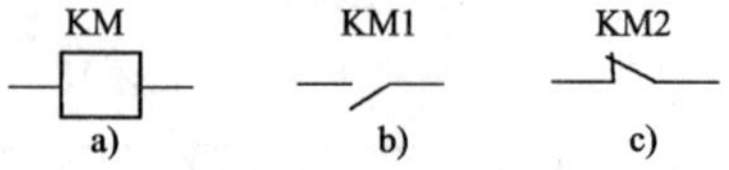

KM　　KM1　　KM2

a)　　b)　　c)

题 86 图

87. 某空调器的温度设置为 25℃，当室温超过 25℃后，它便开始制冷，此时红色指示灯亮，并在显示屏上显示“正在制冷”字样，那么：

A.“红色指示灯亮”和“正在制冷”均是信息

B.“红色指示灯亮”和“正在制冷”均是信号

C.“红色指示灯亮”是信号，“正在制冷”是信息

D.“红色指示灯亮”是信息，“正在制冷”是信号

88. 如果一个十六进制数和一个八进制数的数字信号相同，那么：

A. 这个十六进制数和八进制数实际反映的数量相等

B. 这个十六进制数 2 倍于八进制数

C. 这个十六进制数比八进制数少 8

D. 这个十六进制数与八进制数的大小关系不定

89. 在以下关于信号的说法中，正确的是：

A. 代码信号是一串电压信号，故代码信号是一种模拟信号
B. 采样信号是时间上离散、数值上连续的信号
C. 采样保持信号是时间上连续、数值上离散的信号
D. 数字信号是直接反映数值大小的信号

90. 设周期信号 $u(t)=\sqrt{2}U_1\sin(\omega t+\psi_1)+\sqrt{2}U_3\sin(3\omega t+\psi_3)+\cdots$

$$u_1(t)=\sqrt{2}U_1\sin(\omega t+\psi_1)+\sqrt{2}U_3\sin(3\omega t+\psi_3)$$

$$u_2(t)=\sqrt{2}U_1\sin(\omega t+\psi_1)+\sqrt{2}U_5\sin(5\omega t+\psi_5)$$

则：

A. $u_1(t)$较 $u_2(t)$更接近 $u(t)$
B. $u_2(t)$较 $u_1(t)$更接近 $u(t)$
C. $u_1(t)$与 $u_2(t)$接近 $u(t)$的程度相同
D. 无法做出三个电压之间的比较

91. 某模拟信号放大器输入与输出之间的关系如图所示，那么，能够经该放大器得到 5 倍放大的输入信号 $u_i(t)$最大值一定：

A. 小于 2V
B. 小于 10V 或大于－10V
C. 等于 2V 或等于－2V
D. 小于等于 2V 且大于等于－2V

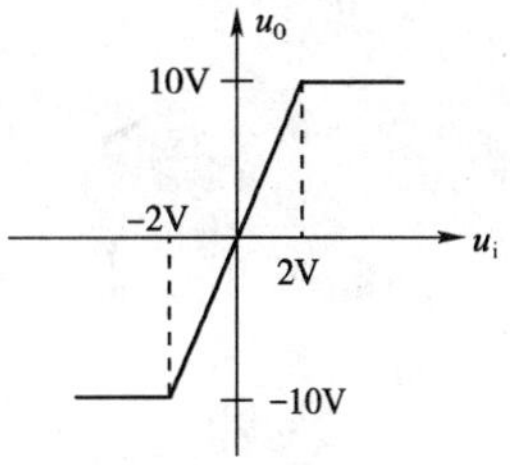

题 91 图

92. 逻辑函数 $F=\overline{\overline{AB}+\overline{BC}}$的化简结果是：

A. F＝AB＋BC　　B. $F=\overline{A}+\overline{B}+\overline{C}$
C. F＝A＋B＋C　　D. F＝ABC

93. 图示电路中，$u_i=10\sin\omega t$，二极管 D_2 因损坏而断开，这时输出电压的波形和输出电压的平均值为：

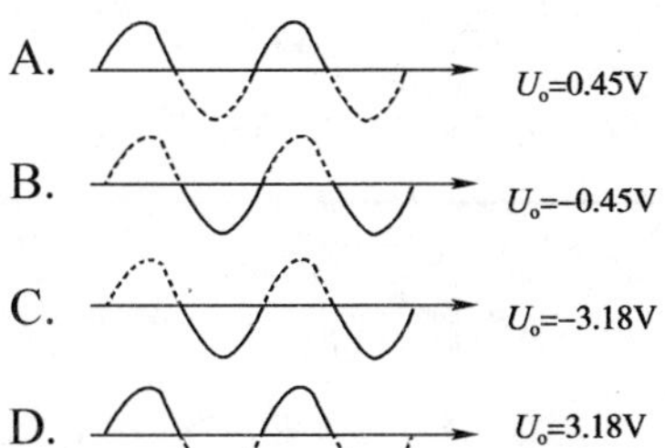

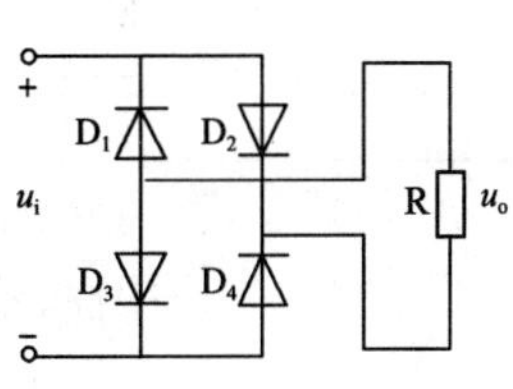

题 93 图

94. 图 a)所示运算放大器的输出与输入之间的关系如图 b)所示，若 $u_i = 2\sin\omega t$ mV，则 u_o 为：

A.

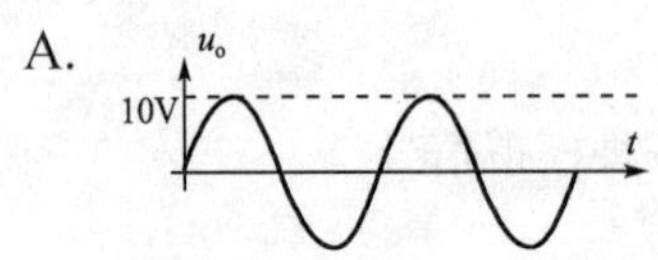

B.

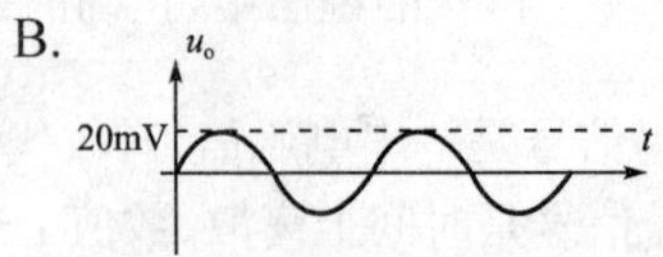

C.

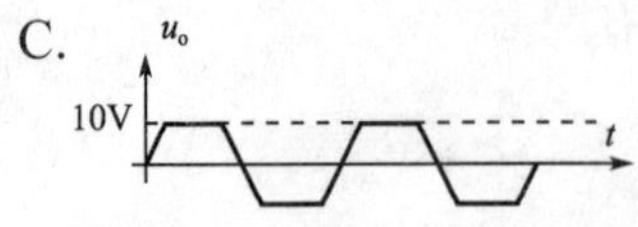

D.

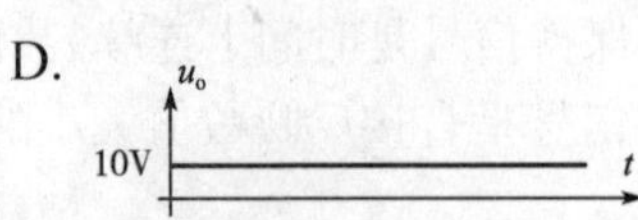

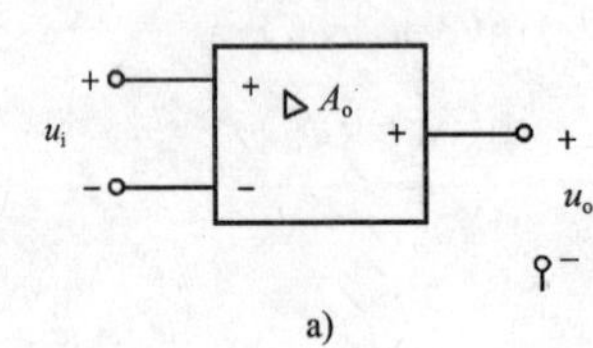

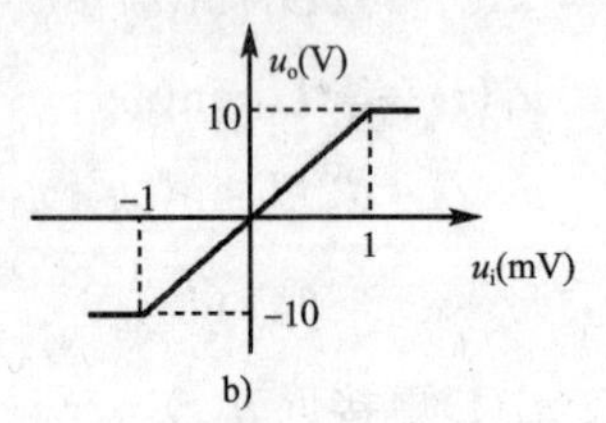

题 94 图

95. 基本门如图 a)所示，其中，数字信号 A 由图 b)给出，那么，输出 F 为：

A. 1　　B. 0　　C.

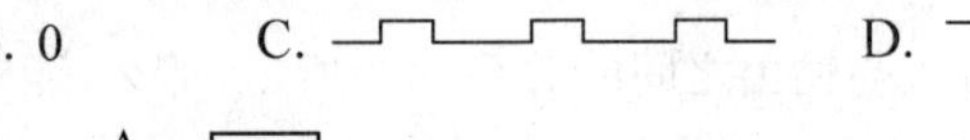

D.

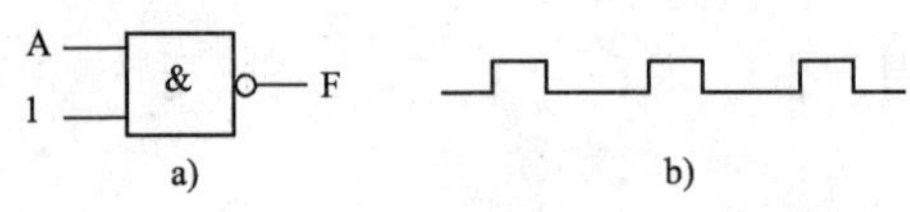

题 95 图

96. JK 触发器及其输入信号波形如图所示，那么，在 $t=t_0$ 和 $t=t_1$ 时刻，输出 Q 分别为：

A. $Q(t_0)=1, Q(t_1)=0$

B. $Q(t_0)=0, Q(t_1)=1$

C. $Q(t_0)=0, Q(t_1)=0$

D. $Q(t_0)=1, Q(t_1)=1$

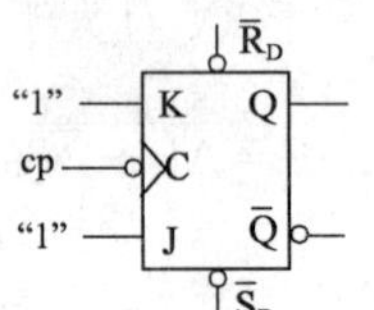

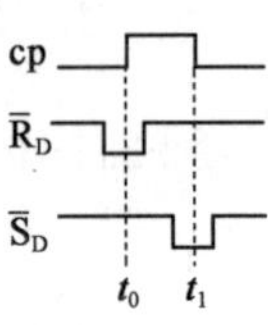

题 96 图

97. 计算机存储器中的每一个存储单元都配置一个唯一的编号，这个编号就是：

A. 一种寄存标志　　B. 寄存器地址

C. 存储器的地址　　D. 输入/输出地址

98. 操作系统作为一种系统软件，存在着与其他软件明显不同的三个特征是：

A. 可操作性、可视性、公用性　　B. 并发性、共享性、随机性

C. 随机性、公用性、不可预测性　　D. 并发性、可操作性、脆弱性

99. 将二进制数 11001 转换成相应的十进制数，其正确结果是：

A. 25　　B. 32　　C. 24　　D. 22

100. 图像中的像素实际上就是图像中的一个个光点，这光点：

A. 只能是彩色的，不能是黑白的
B. 只能是黑白的，不能是彩色的
C. 既不能是彩色的，也不能是黑白的
D. 可以是黑白的，也可以是彩色的

101. 计算机病毒以多种手段入侵和攻击计算机信息系统，下面有一种不被使用的手段是：

A. 分布式攻击、恶意代码攻击
B. 恶意代码攻击、消息收集攻击
C. 删除操作系统文件、关闭计算机系统
D. 代码漏洞攻击、欺骗和会话劫持攻击

102. 计算机系统中，存储器系统包括：

A. 寄存器组、外存储器和主存储器
B. 寄存器组、高速缓冲存储器(Cache)和外存储器
C. 主存储器、高速缓冲存储器(Cache)和外存储器
D. 主存储器、寄存器组和光盘存储器

103. 在计算机系统中，设备管理是指对：

A. 除 CPU 和内存储器以外的所有输入/输出设备的管理
B. 包括 CPU 和内存储器及所有输入/输出设备的管理
C. 除 CPU 外，包括内存储器及所有输入/输出设备的管理
D. 除内存储器外，包括 CPU 及所有输入/输出设备的管理

104. Windows 提供了两种十分有效的文件管理工具，它们是：

A. 集合和记录　　　　B. 批处理文件和目标文件
C. 我的电脑和资源管理器　　　　D. 我的文档、文件夹

105. 一个典型的计算机网络主要由两大部分组成，即：

A. 网络硬件系统和网络软件系统
B. 资源子网和网络硬件系统
C. 网络协议和网络软件系统
D. 网络硬件系统和通信子网

106. 局域网是指将各种计算机网络设备互联在一起的通信网络，但其覆盖的地理范围有限，通常在：

A. 几十米之内　　　　B. 几百公里之内

C. 几公里之内　　　　　　　　　　D. 几十公里之内

107. 某企业年初投资 5000 万元，拟 10 年内等额回收本利，若基准收益率为 8%，则每年年末应回收的资金是：

A. 540.00 万元　B. 1079.46 万元　C. 745.15 万元　D. 345.15 万元

108. 建设项目评价中的总投资包括：

A. 建设投资和流动资金
B. 建设投资和建设期利息
C. 建设投资、建设期利息和流动资金
D. 固定资产投资和流动资产投资

109. 新设法人融资方式，建设项目所需资金来源于：

A. 资本金和权益资金　　　　　　B. 资本金和注册资本
C. 资本金和债务资金　　　　　　D. 建设资金和债务资金

110. 财务生存能力分析中，财务生存的必要条件是：

A. 拥有足够的经营净现金流量
B. 各年累计盈余资金不出现负值
C. 适度的资产负债率
D. 项目资本金净利润率高于同行业的净利润率参考值

111. 交通运输部门拟修建一条公路，预计建设期为一年，建设期初投资为 100 万元，建成后即投入使用，预计使用寿命为 10 年，每年将产生的效益为 20 万元，每年需投入保养费 8000 元。若社会折现率为 10%，则该项目的效益费用比为：

A. 1.07　　B. 1.17　　C. 1.85　　D. 1.92

112. 建设项目经济评价有一整套指标体系，敏感性分析可选定其中一个或几个主要指标进行分析，最基本的分析指标是：

A. 财务净现值　　　　　　　　　B. 内部收益率
C. 投资回收期　　　　　　　　　D. 偿债备付率

113. 在项目无资金约束、寿命不同、产出不同的条件下，方案经济比选只能采用：

A. 净现值比较法　　　　　　　　B. 差额投资内部收益率法
C. 净年值法　　　　　　　　　　D. 费用年值法

114. 在对象选择中，通过对每个部件与其他各部件的功能重要程度进行逐一对比打分，相对重要的得 1 分，不重要的得 0 分，此方法称为：

A. 经验分析法　　　　B. 百分比法
C. ABC 分析法　　　　D. 强制确定法

115. 按照《中华人民共和国建筑法》的规定，下列叙述中正确的是：

A. 设计文件选用的建筑材料、建筑构配件和设备，不得注明其规格、型号
B. 设计文件选用的建筑材料、建筑构配件和设备，不得指定生产厂、供应商
C. 设计单位应按照建设单位提出的质量要求进行设计
D. 设计单位对施工过程中发现的质量问题应当按照监理单位的要求进行改正

116. 根据《中华人民共和国招标投标法》的规定，招标人对已发出的招标文件进行必要的澄清或修改的，应该以书面形式通知所有招标文件收受人，通知的时间应当在招标文件要求提交投标文件截止时间至少：

A. 20 日前　　B. 15 日前　　C. 7 日前　　D. 5 日前

117. 按照《中华人民共和国合同法》的规定，下列情形中，要约不失效的是：

A. 拒绝要约的通知到达要约人
B. 要约人依法撤销要约
C. 承诺期限届满，受要约人未作出承诺
D. 受要约人对要约的内容作出非实质性变更

118. 根据《中华人民共和国节约能源法》的规定，国家实施的能源发展战略是：

A. 限制发展高耗能、高污染行业，发展节能环保型产业
B. 节约与开发并举，把节约放在首位
C. 合理调整产业结构、企业结构、产品结构和能源消费结构
D. 开发和利用新能源、可再生能源

119. 根据《中华人民共和国环境保护法》的规定，下列关于企业事业单位排放污染物的规定中，正确的是：(注：《环境保护法》2014 年进行了修订，此题已过时)

A. 排放污染物的企业事业单位，必须申报登记
B. 排放污染物超过标准的企业事业单位，或者缴纳超标准排污费，或者负责治理
C. 征收的超标准排污费必须用于该单位污染的治理，不得挪作他用
D. 对造成环境严重污染的企业事业单位，限期关闭

120. 根据《建设工程勘察设计管理条例》的规定，建设工程勘察、设计方案的评标一般不考虑：

A. 投标人资质　　　　B. 勘察、设计方案的优劣
C. 设计人员的能力　　　　D. 投标人的业绩

2011年度全国勘察设计注册工程师公共基础考试

试题解析及参考答案

1. **解** 直线的方向向量为 $\boldsymbol{\alpha}=(1,1,1,)$，平面的法向量为 $\boldsymbol{\beta}=(1,-2,1)$，由 $\boldsymbol{\alpha\beta}=0$ 得直线与平面平行。又因为$(-1,0,1)$为直线上的一点，代入平面方程 $x-2y+z=-2\neq0$，所以直线与平面不重合。

答案：B

2. **解** 用 $x=a$（a 为任意常数）平面截得的图形均为双曲线，且以$(a,0,0)$为中心。所以图形为母线平行于 x 轴的双曲柱面。

答案：A

3. **解** $\lim\limits_{x\to0}\dfrac{3^x-1}{x}\overset{\text{洛必达法则}}{=\!=\!=}\lim\limits_{x\to0}\dfrac{3^x\ln3}{1}=\ln3$，故 3^x-1 是 x 的同阶但非无穷小。

答案：D

4. **解** $f(x)$ 的定义域为 $x\neq n$（n 为整数），令 $x-x^2=0\Rightarrow x=0$ 或 $x=1$。

当 $x=0$ 时，$\lim\limits_{x\to0+}f(x)=\dfrac{1}{\pi}=\lim\limits_{x\to0-}f(x)$，所以 $x=0$ 处为可去间断点。

当 $x=1$ 时，$\lim\limits_{x\to1+}f(x)=\dfrac{1}{\pi}=\lim\limits_{x\to1-}f(x)$，所以 $x=1$ 处为可去间断点。

答案：B

5. **解** 当 $f(x)=x$ 在 $x=0$ 处可导，$g(x)=1/x$ 在 $x=0$ 处不可导，则 $f(x)g(x)=1$ 在 $x=0$ 处可导。

当 $f(x)=\mathrm{e}^x$ 在 $x=0$ 处可导，$g(x)=1/x$ 在 $x=0$ 处不可导，则 $f(x)g(x)=\dfrac{\mathrm{e}^x}{x}$ 在 $x=0$ 处不可导。

答案：A

6. **解** 由题可知：

选项A：令 $f(x)=\mathrm{e}^x-(x+1)$，则 $f'(x)=\mathrm{e}^x-1>0$。

所以 $f(x)$ 单调递增，在 $x>0$ 时，$f(x)>f(0)=0$，

故 $\mathrm{e}^x>x+1$

选项B：由构造函数 $f(x)=\ln(1+x)-x$ 可得，当 $x>0$ 时，$\ln(1+x)<x$。

选项C：当 $x=1$ 时，不成立。

选项D：令 $f(x)=x-\sin x$，则 $f'(x)=1-\cos x\geqslant0$，所以 $x>0$ 时，$f(x)$ 单增，则 $x>\sin x$。

答案：D

7. **解**　选项 A：对函数 $f(x,y)$，驻点不一定是极值点，极值点也不一定是驻点。

选项 B：由极值点的定义可知，取得极值点处不一定存在一阶及二阶偏导数。

选项 D：在区域 D 的边界处取得的最大值点不一定为极大值点。

答案：C

8. **解**　令 $t=\sqrt{x}$，则 $x=t^2$，$dx=2tdt$

原式 $=\int \frac{2tdt}{t(1+t^2)}=2\int \frac{dt}{1+t^2}=2\arctan t+C=2\arctan\sqrt{x}+C$

答案：B

9. **解**　令 $\int_0^2 f(t)dt=C$，则 $f(x)=x^2+2C$。

$$\int_0^2 f(t)dt=\int_0^2 (t^2+2C)dt=\frac{8}{3}+4C=C$$

所以 $C=-\frac{8}{9}$

$$f(x)=x^2+2C=x^2-\frac{16}{9}$$

答案：D

10. **解**　令 $x=2\sin t$ 则 $dx=2\cos t dt$ 。

$$\int_{-2}^{2}\sqrt{4-x^2}\,dx=\int_{-\frac{\pi}{2}}^{\frac{\pi}{2}}\sqrt{4-4\sin^2 t}\,2\cos t dt$$

$$=\int_{-\frac{\pi}{2}}^{\frac{\pi}{2}}4\cos^2 t dt=2\pi$$

答案：B

11. **解**　直线 L 的方程为：　$\begin{cases}x=x\\ y=-2x+2\end{cases}(0\leqslant x\leqslant 1)$

$$\text{则}\int_L (x^2+y^2)ds=\int_0^1[x^2+(-2x+2)^2]\sqrt{1+(-2)^2}\,dx$$

$$=\int_0^1\sqrt{5}(5x^2-8x+4)dx=\frac{5}{3}\sqrt{5}$$

答案：D

12. **解**　$V=\int_0^{+\infty}\pi(e^{-x})^2dx=\frac{\pi}{2}$

答案：A

13. **解**　若级数 $\sum_{n=1}^{\infty}u_n$ 收敛，则由级数中的有限项所组成的级数均收敛，因此选项 A、选项 B 收敛。

又因为 级数 $\sum_{n=1}^{\infty}u_{2n}$ 与级数 $\sum_{n=1}^{\infty}\frac{1}{2^n}$ 均收敛，所以级数 $\sum_{n=1}^{\infty}(u_{2n}+\frac{1}{2^n})$ 收敛。

答案:D

14.**解**　因为级数$\sum_{n=1}^{\infty}a_nx^n$的收敛半径是2，所以$\lim_{x\to\infty}\left|\frac{a_{n+1}}{a_n}\right|=\frac{1}{2}$

则$\lim_{x\to\infty}\left|\frac{(n+1)a_{n+1}}{na_n}\right|=\lim_{x\to\infty}\left|\frac{a_{n+1}}{a_n}\right|=\frac{1}{2}$

即级数$\sum_{n=1}^{\infty}na_n(x-2)^{n+1}$收敛半径也为2,则$|x-2|<2,0<x<4$。

答案:C

15.**解**　微分方程可以化为：$\frac{x}{\sqrt{2-x^2}}\mathrm{d}x=\frac{1}{y}\mathrm{d}y$

两边分别积分得：$-\sqrt{2-x^2}=\ln y+C_1$

则：$\mathrm{e}^{-\sqrt{2-x^2}}=\mathrm{e}^{C_1}y$

所以$y=C\mathrm{e}^{-\sqrt{2-x^2}}$

答案:C

16.**解**　令$\frac{y}{x}=u$,则$y=ux$

可得$\frac{\mathrm{d}y}{\mathrm{d}x}=\frac{\mathrm{d}u}{\mathrm{d}x}x+u$

$$\frac{\mathrm{d}u}{\mathrm{d}x}x+u-u=\frac{\mathrm{d}u}{\mathrm{d}x}x=\tan u$$

$$\frac{\cos u}{\sin u}\mathrm{d}u=\frac{1}{x}\mathrm{d}x$$

$$\ln\sin u=\ln x+C_1$$

$$\sin u=\sin\frac{y}{x}=\mathrm{e}^{C_1}x=Cx$$

答案:A

17.**解**　由增广矩阵变换可得：

$$\begin{bmatrix}1&0&1&1&0&0\\0&1&2&0&1&0\\-2&0&-3&0&0&1\end{bmatrix}$$

即：$\begin{bmatrix}1&0&0&3&0&1\\0&1&0&4&1&2\\0&0&1&-2&0&-1\end{bmatrix}$

$$\boldsymbol{A}^{-1}=\begin{bmatrix}3&0&1\\4&1&2\\-2&0&-1\end{bmatrix}$$

答案:B

18. **解**　因为 $r(A^*)=1$，所以 $r(A)=2$。

将 $\boldsymbol{A}$ 变换得 $\begin{bmatrix}1 & 1 & a\\0 & a-1 & 1-a\\0 & 1-a & 1-a^2\end{bmatrix}$，即 $\begin{bmatrix}1 & 1 & a\\0 & a-1 & 1-a\\0 & 0 & a^2+a-2\end{bmatrix}$

则 $a^2+a-2=0$，得 $a=1$ 或 $a=-2$。

当 $a=1$ 时，$\boldsymbol{A}$ 的秩为 1，舍去。故 $a=-2$。

答案：A

19. **解**　由题意可知：1、2、0 为 $\boldsymbol{A}$ 的三个特征值。则 $\boldsymbol{A}\alpha_1=\alpha_1$，$\boldsymbol{A}\alpha_2=2\alpha_2$，$\boldsymbol{A}\alpha_3=0\cdot\alpha_3$。

所以当 $\boldsymbol{Q}=(\alpha_2,\alpha_1,\alpha_3)$ 时，$\boldsymbol{Q}^{-1}\boldsymbol{AQ}$ 计算式为：

$$\boldsymbol{Q}^{-1}\boldsymbol{AQ}=\begin{bmatrix}2 & & \\ & 1 & \\ & & 0\end{bmatrix}$$

答案：B

20. **解**　分别将选项 A、选项 B、选项 C、选项 D 中的 α_1、α_2 代入方程可得答案为 C。

答案：C

21. **解**　因为 $P(A\cup B)\geqslant P(A)$ 且 $P(A\cup B)\geqslant P(B)$，

所以 $P(A\cup B)$ 最小等于 $P(B)=0.8$。此时，$P(A\cup B)=P(A)+P(B)-P(AB)=0.3+0.8-P(AB)=0.8$，所以 $P(AB)=0.3$。

答案：C

22. **解**　三个人均译不出的概率为：$\left(1-\frac{1}{5}\right)\left(1-\frac{1}{3}\right)\left(1-\frac{1}{4}\right)=\frac{2}{5}$

所以，译出的概率为：$1-\frac{2}{5}=\frac{3}{5}$

答案：D

23. **解**　$P(X)=\int_0^{\frac{1}{2}}2x\mathrm{d}x=\frac{1}{4}$

即 X 发生的概率为 $\frac{1}{4}$。

则三次独立事件中，重复 2 次的概率：$P\{Y=2\}=C_3^2\left(\frac{1}{4}\right)^2\left(1-\frac{1}{4}\right)=\frac{9}{64}$

答案：B

24. **解**　选项 C 与 X、Y 明显已经标准正态分布了，那它们的平方肯定分别符合 χ^2 分布；如果题中已知 X 与 Y 相互独立，则选项 A、选项 B、选项 D 也正确。

答案：C

25. **解**　分子的平均平动动能为 $\bar{\omega}_t=\frac{3}{2}kT$，平动动能为 $\bar{\omega}=\frac{i}{2}kT$，$i$ 为分子自由度。

He 和 O_2 的平动动能 $\overline{\omega_t}$ 相同，所以温度 T 相同。由于自由度不同，平动动能 $\bar{\omega}$ 也不同。

则：$\bar{\omega}_{He}=\frac{3}{2}kT$, $\bar{\omega}_{O_2}=\frac{5}{2}kT$

答案:B

26.**解** 最概然速度 v_p 意义为:速率在 v_p 附近的分子数百分比最大,或者分子速率处于 v_p 附近的概率最大。

答案:C

27.**解** 体积变大做正功,所以 $W>0$ 。由 $pV=\nu RT$ 可知,温度不变,所以内能不变,$\Delta E=0$。

答案:C

28.**解** 卡诺循环的效率只与两个热源的温度差有关,如果两个热源的温度差不变,则卡诺循环的效率就不变;卡诺循环对曲线所包围的面积就是净功,所以包围的面积增大时,净功就会增大。

答案:D

29.**解** 将 $t=0.1\text{s}$ 和 $x=2\text{m}$ 代入波动方程,可得 $y=0.01\cos 10\pi(2.5-2)=-0.01$ 。

答案:C

30.**解** 机械横波的质元,平衡位置时,动能和势能同时到达最大。最大位移处,动能和势能都为零。

答案:D

31.**解** 由波动方程 $y=A\cos\left\{2\pi\left(\frac{t}{T}-\frac{x}{\lambda}\right)+\phi\right\}$ 可得,两位置相差 $\Delta\phi=\frac{2\pi}{\lambda}\Delta x$ 。

所以 $\lambda=\frac{2\pi}{\Delta\phi}\Delta x=\frac{2\pi}{\frac{\pi}{6}}\times 3=36\text{m}$, $u=\frac{\lambda}{T}=9\text{m/s}$ 。

答案:B

32.**解** 未遮住时,明纹位置 $\delta=r_2-r_1=k\lambda$,其中 $k=0,\pm 1,\pm 2,\cdots$ 。遮住后,光程 r_1 增大 2.5λ ,所以原先明纹位置 r_2-r_1 处的光程差为 $\delta'=r_2-r_1+2.5\lambda=(2k+5)\frac{\lambda}{2}$,满足暗纹条件。

答案:B

33.**解** 可见光从紫到红,波长范围为 400~760nm。

答案:A

34.**解** 劈尖干涉条纹间距为 $l=\frac{\lambda}{2n\theta}$,所以 $\theta=\frac{\lambda}{2nl}$ 。

答案:D

35.**解** 设所求光强为 I' ,由马吕斯定律可得,$I=I'\cos^2 45^\circ$,所以 $I'=2I$ 。

答案:B

36.**解** 单缝衍射中央明纹宽度为：$\Delta x_0 = 2\frac{f}{a}\lambda = 4\times 10^{-3}$ m

答案:D

37.**解** 29 号元素为 Cu，其核外电子分布式为 $1s^2 2s^2 2p^6 3s^2 3p^6 3d^{10} 4s^1$，所以选 B。

拓展：经常考试的还有：24 号元素 Cr，其核外电子分布式为 $1s^2 2s^2 2p^6 3s^2 3p^6 3d^5 4s^1$。

答案:B

38.**解** 主族元素从上往下过渡，原子半径显著增大，Li、Na 、K 为同一主族从上到下元素，故选项 A 正确，AI、Mg、Na 为同一周期从右向左元素，主族元素从左向右过渡，原子半径逐渐减小，故选项 B 正确，同理 C<Si，Si<AI。

答案:D

39.**解** 一般只有弱酸和弱酸盐，弱碱和弱碱盐，多元弱酸所组成的不同酸度的盐才可组成缓冲溶液。

选项 A：相当于等物质的量浓度的乙酸和乙酸钠的混合溶液，具有缓冲作用。

选项 B：相当于乙酸钠溶液。

选项 C：相当于等物质的量浓度的乙酸钠和氢氧化钠强碱的混合液，只有碱性。

选项 D：是乙酸铵和氨的混合液，只有碱性，不具有缓冲作用。

答案:A

40.**解** 反应体系恒压条件下，无关气体的引入，使反应体系体积增大，造成各组分气体分压减小，化学平衡向气体分子数增加的方向移动，故本题中平衡向正方向移动。

答案:A

41.**解** 由题可得该元素的价层电子分布为 $3d^{10}4s^1$，该元素为 Cu，原子序数为 29。

答案:C

42.**解** $\Delta_r G_m^{\ominus} < 0$ 代表自发向正反应进行，所以 $K^{\ominus} < 1$。

答案:D

43.**解** 由题得该元素的电子层一共 5 层，所以该元素在第五周期，而价层电子构型为 4d10s1 的元素为 47 号元素 Ag，所以该元素在第五周期 IB 族。

答案:B

44.**解** 羟基直接连在苯环上的化合物称为酚，选项 A、选项 D 中没有苯环，选项 B 中羟基没有和苯环直接相连。

答案:C

45.**解** 由系统命名法可知，应选择最长的碳链作为母链，选项 A、选项 C 不正确；应从距支链最近的一端开始编号，选项 B 不正确。

答案:D

46.**解**　乙炔结构式 H—C≡C—H，两个氢原子连到两个完全相同的碳原子上，性质完全相同。甲醛结构式中两个氢原子在同一个碳上，结构完全相同；乙二酸。中两个羟基的位置相同，性质完全相同；甲酸中两个氢原子一个连在碳上，一个和氧原子相连构成羟基，故其化学性质不同。

答案:B

47.**解**　采用整体法对 A 取矩，可得 $F_{Bx}=\dfrac{F}{2}$（方向向左），$F_{Ax}=\dfrac{F}{2}$（方向向左）；将杆 AC 分离进行受力分析，对 C 点取矩。

答案:D

48.**解**　此题考查力的合成，向量合成。

答案:B

49.**解**　由于 A、B 点力的方向垂直于接触面 所以 $F_{NA}=F_{NB}$，对 B 取矩可知：$F_{NB}\neq 0$。

答案:B

50.**解**　$F_f=\mu N=\mu mg\cos\alpha=12\sqrt{3}\,\text{kN}=20.1\text{kN}$，$mg\sin\alpha=30\text{kN}$，所以可以动。

答案:C

51.**解**　点轨迹问题，位置矢量大小不变，方向变化，即以大小为半径的圆轨迹。

答案:B

52.**解**　概念题，刚体平面运动时，各点瞬时速度与加速度大小相等，方向相同。

答案:C

53.**解**　$v_A=v_B$，$w_{O_2B}=w_{O_2C}=3$，M 点在 CD 上，CD 平移运动，则 $v_M=v_C=3\times40=120$，$a_M=a_C=w^2\times O_2B=360$。

答案:B

54.**解**　系统动量：$P=mv_c=0$

对中心 O 的动量矩：$M=J\omega=\dfrac{1}{2}mr^2\omega$

动能：$T=\dfrac{1}{2}J\omega^2=\dfrac{1}{4}mr^2\omega^2$

答案:A

55.**解**　系统动量 $P=\sum m_iv_i$，取 M_1 速度方向为正，则 $P=(m_1-m_2)v$。

答案:B

56.**解**　$J\alpha=M$

$\dfrac{1}{3}m(2l)^2\alpha=mgl$

答案:B

57. **解** 因为无加速度，所以惯性力矩 $M=0$，则惯性力 $F_{Io}=-m\omega^2 r=-m\omega^2\times OC=-m\omega^2\times\frac{R}{2}$。

答案:A

58. **解** $T=2\pi\sqrt{\frac{m}{k}}$

$k_a=2k$

$k_b=\frac{k}{2}$

$k_c=k$

答案:B

59. **解** 用截面法可得：$\sigma_{BC}=\frac{4F}{\pi d^2}=\frac{100\pi\times1000}{\pi\times100^2}=40\text{MPa}$

同理：$\sigma_{AB}=30\text{MPa}$

答案:A

60. **解** 因为 $\tau=\frac{4F}{\pi d^2}\leqslant[\tau]$

$\sigma_{bs}=\frac{F}{td}\leqslant[\sigma_{bs}]$

所以：$d=\frac{4t[\sigma_{bs}]}{\pi[\tau]}$

答案:B

61. **解** 空心钢管受扭转作用下的切应力分布，空心处为0，沿半径方向正比例增大。

答案:B

62. **解** $I_z=\frac{1}{64}\pi d^4-\frac{1}{12}a^4$，$W_z=\frac{I_z}{\frac{d}{2}}$

答案:B

63. **解** $\frac{\mathrm{d}M}{\mathrm{d}x}=F_s$，$F_s=0$。$M$ 值最大，所以在截面 B 处。

答案:B

64. **解** 未开裂前：$\sigma_{前}=\frac{M}{W_z}=\frac{FL}{\frac{b(3a)^2}{6}}=\frac{3FL}{2ba^3}$

开裂后：$\sigma_{后}=\frac{M}{W_z}=\frac{\frac{FL}{3}}{\frac{ba^3}{6}}=\frac{FL}{2ba^3}$

答案:B

65. **解** $\tau=\dfrac{QS_z}{bI_z}$，腹板上下缘延长线与两侧翼缘相交处 b 突然变大，因此在此处切应力最大。

答案:B

66. **解** $I_a=\dfrac{1}{12}hb^3=\dfrac{1}{6}b^4$

$I_b=\dfrac{1}{12}bh^3=\dfrac{4}{6}b^4$

$w=\iint\dfrac{M(x)}{EI}\mathrm{d}x\mathrm{d}x$

答案:C

67. **解** 用应力圆解，最大主应力为沿 x 轴方向应力与第一象限 45°方向的剪切应力引起的最大拉应力的合力，所以靠近 x 轴，第一象限。

答案:A

68. **解** 由于 $\sigma_{AB}=\dfrac{F}{ab}$

BC 受弯扭组合：$\sigma_{BC}=\dfrac{F}{2ab}+\dfrac{M}{W_z}=\dfrac{F}{2ab}+\dfrac{F\times\dfrac{a}{2}}{\dfrac{1}{6}b\times(2a)^2}=\dfrac{3F}{4ab}$

答案:B

69. **解** A 在中性层上，因为 $\sigma=0$，只受切应力 τ。

答案:B

70. **解** 由于一端固定一端自由，计算式为 $F_{cr}=\dfrac{\pi^2EI}{(2l)^2}$，所以当 l 变为原来的一半时，力变为原来的 4 倍。

答案:A

71. **解** 空气分子间距较大，其黏滞力主要是由于分子间的碰撞造成的，温度升高分子活动增强，碰撞加剧，从而使黏滞系数增加；水分子间距较小，黏滞力主要由分子间的引力造成，升温增大了分子间距从而使其引力降低，造成黏滞系数的降低。

答案:A

72. **解** 此处考查基本概念。质量力是某种力场作用在全部流体质点上的力，其大小和流体的质量或体积成正比，故称为质量力或体积力。在运动的流体中取一团流体作为研究对象，称为分离体。在分离体的表面上必然存在分离体以外的其他物体对分离体内的流体的作用力，这个力就称为表面力。显然，重力是质量力，黏滞力是表面力。

答案:C

73. **解** 本题考查流线的特点。流线的特点为：①流线簇的疏密程度反映了该时刻流场中各点速度的变化。不是反映其大小，而是变化的快慢，选项B错。②当为非恒定流时，流线的形状随时间改变；对于恒定流，流线的形状和位置不随时间而变化。③恒定流时，流线和迹线重合。非恒定流时则不一定重合，选项A错误。④一般情况下，流线不能相交，不能折转，只能是一条光滑曲线，选项D不正确。对于选项C，这是流线定义中的内容，显然正确。

答案：C

74. **解** 由于流动过程中质量流量是不变的，根据连续性方程，显然有 $\rho_1 v_1 A_1 = \rho_2 v_2 A_2$，选项B一定正确。两点的密度不一定相同，但也可能相同，所以选项A可能正确。在两点间列总流方程，由于两截面间一定存在水头损失，故总流方程为：

$$\frac{p_1}{\rho_1 g} + Z_1 + \frac{v_1^2}{2g} = \frac{p_2}{\rho_2 g} + Z_2 + \frac{v_2^2}{2g} + h_{l1-2}$$

故选项D一定正确，选项C一定错误。

答案：C

75. **解** 此处考查雷诺数的定义。雷诺数的定义为：$\mathrm{Re} = \frac{vd}{\upsilon}$，流量不变，流量与速度的关系为：$Q = vA = v\frac{\pi d^2}{4}$，故 $v \propto \frac{1}{d^2}$，从而 $\mathrm{Re} \propto \frac{1}{d}$。故当直径变为原来的2倍时，雷诺数变为原来的一半，即2500。

答案：C

76. **解** 孔口淹没出流与自由出流计算式形式相同，均为 $Q = \mu A\sqrt{2gH_0}$，各项系数也一般相等，所不同处就在于 H_0 的取值。若此处作用水头 H_0 相同，则显然流量也相同，故选B。

答案：B

77. **解** 水力最优断面的概念：在 i 和 n 已定的前提下，流量 Q 一定时，在过水断面面积最小，可使工程量最小，称这种情况下的渠断面为水力最优断面。

答案：B

78. **解** 本题考查相似原理和水力模型试验。根据重力相似准则和黏滞力相似准则，可得流量比尺 $\lambda_Q = \lambda_L^{2.5}$。故 $\lambda_L = \lambda_Q^{\frac{1}{2.5}} = \left(\frac{537}{0.3}\right)^{\frac{1}{2.5}} = 20$。

答案：D

79. **解** 选项A：$E = \frac{q}{4\pi\varepsilon_0 r^2} \propto \frac{1}{r^2}$，故A错。

选项B：两点电荷连线的中点位置会受到两个大小相等、方向相同的电场力，故B错。

选项D：由于同号相斥，异号相吸，故带负电的可移动体将向 $+q$ 处移动，故D错。

答案：C

80. **解** $u_L = L\frac{\mathrm{d}i}{\mathrm{d}t} = L \times 2 \times 1000\cos 1000t = 2\cos 1000t$

有效值：$U_L = \frac{2}{\sqrt{2}} = 1.414\mathrm{V}$

答案:D

81.**解**　由图b)可得:$I_{AB}=-I_R=-1A$

$U_{AB}+30-I_R\times10=0$

所以:$U_{AB}=-20V$

由于两电路相互等效,故AB端口的电压电流相等,对A点,由KCL可得$I=2+I_{AB}=1A$。

答案:A

82.**解**　$Z=R+j\omega L-j\dfrac{1}{\omega C}$

$|Z|=\sqrt{R^2+(\omega L-\dfrac{1}{\omega C})^2}$

$\omega=2\pi f=100\pi=314rad/s$

所以:$|Z|=\sqrt{R^2+(314L-\dfrac{1}{314C})^2}$

答案:C

83.**解**　步骤1:$\dot{I}_1=\dfrac{10\angle30°}{R+j1000L}=\dfrac{10\times(\cos30°+j\sin30°)}{R+j1000L}$,错误。

步骤2:$\dot{I}_2=10\angle30°\cdot j1000C$,错误。

步骤3:由KCL可得,$\dot{I}=\dot{I}_1+\dot{I}_2=I\angle\psi_i$,正确。

步骤4:$i=I\sin(\omega t+\psi_i)$,错误。

答案:C

84.**解**　$U_C(0_-)=\dfrac{R_2}{R_1+R_2}U_S=U_C(0_+)$,

故开关打开初始:$i(0_+)=\dfrac{U_C(0_+)}{R_2}=\dfrac{U_S}{R_1+R_2}$

稳态时:$i(\infty)=0$

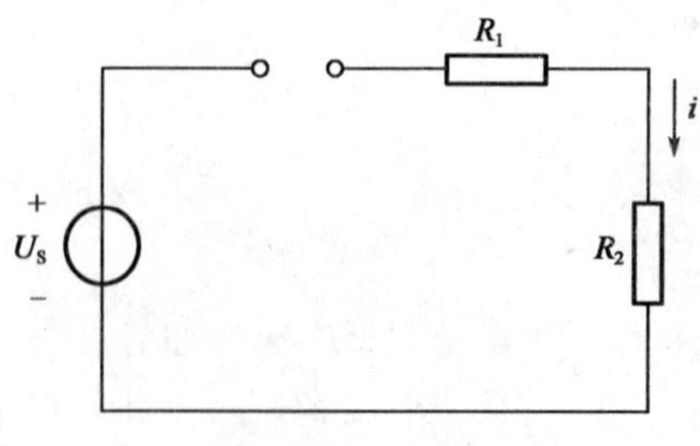

题84解图

答案:B

85.**解**　设R_L归算到一次侧的电阻为R'_L,变比为K。

当输出功率最大时,$R_S=R'_L=40\Omega$,$R'_L=K^2R_L$,所以$K=\sqrt{\dfrac{40}{10}}=2$。

由分压原理得：$u_1 = \frac{u_s}{2} = 40\sin\omega t$

$\frac{u_1}{u_2} = K = 2$

故：$u_2 = 20\sin\omega t$

答案:B

86.**解**　由于 KM 通电后,KM1 与 KM2 都要动作,故 KM1 闭合,KM2 断开。

答案:C

87.**解**　信号包括光信号、声信号和电信号,故“红色指示灯亮”是信号;信号是信息的载体,灯亮是为了说明“正在制冷”,故“制冷”为信息。

答案:C

88.**解**　虽然十六进制与八进制有一定的转化关系,但具体数值上并没有一定的关系,需要具体计算。

答案:D

89.**解**　A:代码信号是一串电压信号,数字信号也可以是一串电压信号。电压信号和电流信号只是为了匹配阻抗,减少信号的衰减,降低损耗,而从优选择的,不是电压信号就是模拟信号。所以 A 不正确。B:采样信号,在时间上和数值上都是离散的。采样信号,就是在相同的时间间隔,对模拟信号进行采样,取其瞬间的值,就是采样那时的值,这样,在时间上和数值上,就不会连续。所以 B 不正确。C:采样保持信号,跟采样信号不同。采样保持信号是不间断的采样,但是在相同的时间间隔内,只取头一次的瞬间的数值,后面的都是这个数值,就是说,在相同的时间间隔内,保持了采样的数值不变。这样,在数值上,就和采样信号的一样,但在时间上,采样保持信号却没有间断,所以是连续的。所以这句话是正确的。D:数字信号不是直接反映数值大小的信号,直接反映数值大小的信号是模拟信号。所以 D 不正确。

答案:C

90.**解**　周期信号可以借助傅里叶级数或傅里叶变化将其分解成一系列不同频率的正弦信号的线性组合来表示。

答案:A

91.**解**　由图可知:当 $u_i > 2\text{V}$ 时,$u_o = 10\text{V}$。

当 $u_i < -2\text{V}$ 时,$u_o = -10\text{V}$,无放大作用。

当 $-2 \leqslant u_i \leqslant 2\text{V}$ 时,$u_o = 5u_i$。

答案:D

92.**解**　$F = \overline{\overline{AB} + \overline{BC}} = AB \cdot BC = ABC$

答案:D

93.**解**　由于 D_2 损坏而断开,当 $u_i > 0\text{V}$ 时,无输出电压,故选项 A、选项 D 错误。

此时电路为半波整流,故输出电压的平均值为:

$U_o = -0.45U_i = -0.45 \times \frac{10}{\sqrt{2}} = -3.18\text{V}$

答案:C

94.**解** 由图 b)可知,当 $-1 \leqslant u_i \leqslant 1\text{V}$ 时,$u_o = 10 \times 10^3 u_i = 20\sin\omega t$ 。

当 $u_i > 1\text{V}$ 时,$u_o = 10\text{V}$。

当 $u_i < -1\text{V}$ 时,$u_o = -10\text{V}$。

答案:C

95.**解** 由图 a)可得,$\text{F}=\overline{\text{A} \cdot 1}=\overline{\text{A}}$,故输出 F 是数字信号 A 的翻转。

答案:D

96.**解** 由 JK 触发器的功能表可知,cp 脉冲下降沿有效,且 J=K=1 为计数功能。

当 $t=t_0$ 时,cp 为上升沿,无效,$\overline{\text{R}_\text{D}} = 0$,故置 0,$\text{Q}(t_0) = 0$。

当 $t=t_1$ 时,cp 为下降沿,有效,$\overline{\text{S}_\text{D}} = 0$,故置 1,$\text{Q}(t_1) = 1$。

答案:B

97.**解** 存储单元一般应具有存储数据和读写数据的功能,一般以 8 位二进制作为一个存储单元,也就是一个字节。每个单元有一个地址,是一个整数编码,可以表示为二进制整数。程序中的变量和主存储器的存储单元相对应。变量的名字对应着存储单元的地址,变量内容对应着单元所存储的数据。

答案:C

98.**解** 操作系统有四个基本特征:①并发(Concurrence);②共享(Sharing);③虚拟(Virtual);④异步(Asynchronism)。

答案:B

99.**解** 11001 转化为十进制为:1×16+1×8+0×4+0×2+1=25。

答案:A

100.**解** 像素是构成数码影像的基本单元,通常以像素每英寸 PPI(Pixels Per Inch)为单位来表示影像分辨率的大小。我们若把影像放大数倍,会发现这些连续色调其实是由许多色彩相近的小方点所组成,这些小方点就是构成影像的最小单元——像素。这种最小的图形单元在屏幕上显示通常是单个的染色点。越高位的像素,其拥有的色板也就越丰富,也就越能表达颜色的真实感。

答案:D

101.**解** 计算机病毒的目的是破坏计算机功能或者数据的代码,如果病毒一来就删除计算机系统文件,那么会导致计算机不能正常执行一些操作和命令,病毒的目的达不到完不成,所以这个方法不可靠。如果病毒一来就直接关闭计算机,这就直接暴露了计算机中病毒的事实。并且计算机在关机状态下病毒的其他目的无法实现。该行为指令不可取。

答案:C

102.**解** 整体而言,存储器系统主要有两个层次,即Cache——主存层次和主存-外存层次。存储器是计算机系统中的记忆设备,用来存放程序和数据。按用途存储器可分为:主存储器(内存)和辅助存储器(外存)。为了解决CPU与内存储器之间速度不匹配的问题,引进了高速缓冲存储器(Cache)。

答案:C

103.**解** 设备管理是对除CPU和内存储器之外的所有输入/输出设备的管理。

答案:A

104.**解** Windows提供的两个十分有效的文件管理工具是我的电脑和资源管理器。资源管理器可以以分层的方式显示计算机内所有文件的详细图表。使用资源管理器可以更方便地实现浏览、查看、移动和复制文件或文件夹等操作,用户可以不必打开多个窗口,而只在一个窗口中就可以浏览所有的磁盘和文件夹。我的电脑对文件的日常管理也十分有效。

答案:C

105.**解** 典型的计算机网络由计算机系统、数据通信系统、网络软件及协议三大部分组成。其中计算机系统、数据通信系统为网络硬件系统。计算机网络主要是由网络硬件系统和网络软件系统两大部分组成。

答案:A

106.**解** 局域网是指在某一区域内由多台计算机互联成的计算机组。一般是方圆几千米以内。

答案:C

107.**解** 根据等额现值公式 $A = P \times (A/P,i,n)$,代入本题可得 $A = 5000 \times \frac{8\% \times (1+8\%)^{10}}{(1+8\%)^{10}-1} = 745.15$

答案:C

108.**解** 建设项目经济评价中的总投资包括建设投资、建设期利息和流动资金三部分。

答案:C

109.**解** 新设法人的融资,按融资的性质可以分为权益融资和债务融资。权益融资形成项目资本金,债务融资形成项目债务资金。

答案:C

110.**解** 通过两个方面具体判断项目的财务生产能力:①拥有足够的经营净现金流量是财务可持续性的基本条件;②各年累计盈余资金不出现负值是财务生存的必要条件。

答案:B

111.**解** 效益流量现值 $A = 20 \times (P/A,10\%,10) = 20 \times \frac{(1+10\%)^{10}-1}{10\% \times (1+10\%)^{10}} = 122.89$

费用流量现值 $B=100+0.8\times(P/A,10\%,10)=104.92$

则该项目的效益费用比=122.89/104.92=1.17

答案:B

112. **解** 敏感性分析最基本的分析指标是内部收益率。

答案:B

113. **解** 净现值法和差额投资内部收益率法适用于寿命期相同的方案比选,费用年值法适用与产出相同的方案比选,而净年值法即可适用于寿命期相同,又可适用于寿命期不同的方案比选,且对资金和产出无约束。因此本题选C。

答案:C

114. **解** 强制确定法是以功能重要程度作为选择价值工程对象的一种分析方法,包括01评分法。

答案:D

115. **解** 选项A是错误的,根据《建筑法》第五十六条之规定:"设计文件选用的建筑材料、建筑构配件和设备,应当注明其规格、型号、性能等技术指标,其质量要求必须符合国家规定的标准。"

选项B是正确的,根据《建筑法》第五十七条之规定:"建筑设计单位对设计文件选用的建筑材料、建筑构配件和设备,不得指定生产厂、供应商。"

选项C是错误的,根据《建筑法》第五十四条之规定:"建设单位不得以任何理由,要求建筑设计单位或者建筑施工企业在工程设计或者施工作业中,违反法律、行政法规和建筑工程质量、安全标准,降低工程质量。建筑设计单位和建筑施工企业对建设单位违反前款规定提出的降低工程质量的要求,应当予以拒绝。"因此,设计单位应按照建设单位提出的质量要求进行设计是错误的。

选项D是错误的,根据《建筑法》第三十三条之规定,"工程监理人员发现工程设计不符合建筑工程质量标准或者合同约定的质量要求的,应当报告建设单位要求设计单位改正。"因此,工程监理人员发现设计方面的问题仅向建设单位报告,设计单位按照建筑单位要求修改。

答案:B

116. **解** 根据我国《招标投标法》第二十三条之规定:"招标人对已发出的招标文件进行必要的澄清或者修改的,应当在招标文件要求提交投标文件截止时间至少十五日前,以书面形式通知所有招标文件收受人。该澄清或者修改的内容为招标文件的组成部分。"因此,通知的时间应当在招标文件要求提交投标文件截止时间至少15日之前,选项B正确。

答案:B

117. **解** 我国《合同法》第二十条对于邀约失效的情形进行了列举,主要包括以下四种情形:"(一)拒绝要约的通知到达要约人;(二)要约人依法撤销要约;(三)承诺期限届满,受要约人未作出承诺;(四)受要约人对要约的内容作出实质性变更。"选项A、选项B、选项C属于以上情形,而选项D"受要约人对要约的内容作出非实质性变更"不在此范围。

答案:D

118.**解** 我国《节约能源法》第四条规定:"节约资源是我国的基本国策。国家实施节约与开发并举、把节约放在首位的能源发展战略。"这条规定即明确了我国的能源发展战略为:节约与开发并举、把节约放在首位,因此,选项B正确。其余三个选项均为产业政策。

答案:B

119.**解** 我国《环境保护法》是1989年12月26日第七届全国人民代表大会常务委员会第十一次会议通过的,2014年4月24日进行了修订。本题为2009年真题,解答本题暂适用2014年修改之前的《环境保护法》。

选项A是正确的,《环境保护法》第二十七条规定:"排放污染物的企业事业单位,必须依照国务院环境保护行政主管部门的规定申报登记。"

选项B是错误的,根据《环境保护法》第二十八条规定,"排放污染物超过国家或者地方规定的污染物排放标准的企业事业单位,依照国家规定缴纳超标准排污费,并负责治理。"

选项C是错误的,《环境保护法》第二十八条第二款规定,"征收的超标准排污费必须用于污染的防治,不得挪作他用,具体使用办法由国务院规定。"

选项D是错误的,《环境保护法》第二十九条第一款规定,"对造成环境严重污染的企业事业单位,限期治理。"

答案:A

120.**解** 《建设工程勘察设计管理条例》第十四条规定:"建设工程勘察、设计方案评标,应当以投标人的业绩、信誉和勘察、设计人员的能力以及勘察、设计方案的优劣为依据,进行综合评定。"包含了B、C、D三个选项的内容,而选项A没有提及。

答案:A

2012年度全国勘察设计注册工程师公共基础考试

试　题

单项选择题(共120题,每题1分。每题的备选项中只有一个最符合题意)

1. 设 $f(x)=\begin{cases}\cos x+x\sin\frac{1}{x}, & x<0\\ x^2+1, & x\geqslant 0\end{cases}$,则 $x=0$ 是 $f(x)$ 的下面哪一种情况:

A. 跳跃间断点　　B. 可去间断点　　C. 第二类间断点　　D. 连续点

2. 设 $\alpha(x)=1-\cos x$,$\beta(x)=2x^2$,则当 $x\to 0$ 时,下列结论中正确的是:

A. $\alpha(x)$ 与 $\beta(x)$ 是等价无穷小
B. $\alpha(x)$ 是 $\beta(x)$ 的高阶无穷小
C. $\alpha(x)$ 是 $\beta(x)$ 的低阶无穷小
D. $\alpha(x)$ 与 $\beta(x)$ 是同阶无穷小但不是等价无穷小

3. 设 $y=\ln(\cos x)$,则微分 dy 等于:

A. $\frac{1}{\cos x}dx$　　B. $\cot x dx$
C. $-\tan x dx$　　D. $-\frac{1}{\cos x\sin x}dx$

4. $f(x)$ 的一个原函数为 e^{-x^2},则 $f'(x)=$

A. $2(-1+2x^2)e^{-x^2}$　　B. $-2xe^{-x^2}$
C. $2(1+2x^2)e^{-x^2}$　　D. $(1-2x)e^{-x^2}$

5. $f'(x)$ 连续,则 $\int f'(2x+1)dx$ 等于C为任意常数:

A. $f(2x+1)+C$　　B. $\frac{1}{2}f(2x+1)+C$
C. $2f(2x+1)+C$　　D. $f(x)+C$

6. 定积分 $\int_0^{\frac{1}{2}}\frac{1+x}{\sqrt{1-x^2}}dx=$

A. $\frac{\pi}{3}+\frac{\sqrt{3}}{2}$　　B. $\frac{\pi}{6}-\frac{\sqrt{3}}{2}$

C. $\frac{\pi}{6}-\frac{\sqrt{3}}{2}+1$　　　　D. $\frac{\pi}{6}+\frac{\sqrt{3}}{2}+1$

7. 若 D 是由 $y=x, x=1, y=0$ 所围成的三角形区域，则二重积分 $\iint_D f(x,y)\mathrm{d}x\mathrm{d}y$ 在极坐标系下的二次积分是：

A. $\int_0^{\frac{\pi}{4}}\mathrm{d}\theta\int_0^{\cos\theta}f(r\cos\theta, r\sin\theta)r\mathrm{d}r$　　　　B. $\int_0^{\frac{\pi}{4}}\mathrm{d}\theta\int_0^{\frac{1}{\cos\theta}}f(r\cos\theta, r\sin\theta)r\mathrm{d}r$

C. $\int_0^{\frac{\pi}{4}}\mathrm{d}\theta\int_0^{\frac{1}{\cos\theta}}r\mathrm{d}r$　　　　D. $\int_0^{\frac{\pi}{4}}\mathrm{d}\theta\int_0^{\frac{1}{\cos\theta}}f(x,y)\mathrm{d}r$

8. 当 $a<x<b$ 时，有 $f'(x)>0, f''(x)<0$，则在区间 (a,b) 内，函数 $y=f(x)$ 图形沿 x 轴正向是：

A. 单调减且凸的　　　　B. 单调减且凹的

C. 单调增且凸的　　　　D. 单调增且凹的

9. 函数在给定区间上不满足拉格朗日定理条件的是：

A. $f(x)=\frac{x}{1+x^2}, [-1,2]$　　　　B. $f(x)=x^{\frac{2}{3}}, [-1,1]$

C. $f(x)=e^{\frac{1}{x}}, [1,2]$　　　　D. $f(x)=\frac{x+1}{x}, [1,2]$

10. 下列级数中，条件收敛的是：

A. $\sum_{n=1}^{\infty}\frac{(-1)^n}{n}$　　　　B. $\sum_{n=1}^{\infty}\frac{(-1)^n}{n^3}$

C. $\sum_{n=1}^{\infty}\frac{(-1)^n}{n(n+1)}$　　　　D. $\sum_{n=1}^{\infty}(-1)^n\frac{n+1}{n+2}$

11. 当 $|x|<\frac{1}{2}$ 时，函数 $f(x)=\frac{1}{1+2x}$ 的麦克劳林展开式正确的是：

A. $\sum_{n=0}^{\infty}(-1)^{n+1}(2x)^n$　　　　B. $\sum_{n=0}^{\infty}(-2)^n x^n$

C. $\sum_{n=1}^{\infty}(-1)^n 2^n x^n$　　　　D. $\sum_{n=1}^{\infty}2^n x^n$

12. 已知微分方程 $y'+p(x)y=q(x)[q(x)\neq 0]$ 有两个不同的特解 $y_1(x), y_2(x)$，C 为任意常数，则该微分方程的通解是：

A. $y=C(y_1-y_2)$　　　　B. $y=C(y_1+y_2)$

C. $y=y_1+C(y_1+y_2)$　　　　D. $y=y_1+C(y_1-y_2)$

13. 以 $y_1=e^x, y_2=e^{-3x}$ 为特解的二阶线性常系数齐次微分方程是：

A. $y''-2y'-3y=0$　　B. $y''+2y'-3y=0$

C. $y''-3y'+2y=0$　　D. $y''+3y'+2y=0$

14. 微分方程$\frac{\mathrm{d}y}{\mathrm{d}x}+\frac{x}{y}=0$的通解是：

A. $x^2+y^2=C(C\in R)$　　B. $x^2-y^2=C(C\in R)$

C. $x^2+y^2=C^2(C\in R)$　　D. $x^2-y^2=C^2(C\in R)$

15. 曲线 $y=(\sin x)^{\frac{3}{2}}(0\leqslant x\leqslant\pi)$与 x 轴围成的平面图形绕 x 轴旋转一周而成的旋转体体积等于：

A. $\frac{4}{3}$　　B. $\frac{4}{3}\pi$　　C. $\frac{2}{3}\pi$　　D. $\frac{2}{3}\pi^2$

16. 曲线 $x^2+4y^2+z^2=4$ 与平面 $x+z=a$ 的交线在 yOz 平面上的投影方程是：

A. $\begin{cases}(a-z)^2+4y^2+z^2=4\\x=0\end{cases}$　　B. $\begin{cases}x^2+4y^2+(a-x)^2=4\\z=0\end{cases}$

C. $\begin{cases}x^2+4y^2+(a-x)^2=4\\x=0\end{cases}$　　D. $(a-z)^2+4y^2+z^2=4$

17. 方程 $x^2-\frac{y^2}{4}+z^2=1$，表示：

A. 旋转双曲面　　B. 双叶双曲面

C. 双曲柱面　　D. 锥面

18. 设直线 L 为$\begin{cases}x+3y+2z+1=0\\2x-y-10z+3=0\end{cases}$，平面 π 为 $4x-2y+z-2=0$，则直线和平面的关系是：

A. L 平行于π　　B. L 在π 上

C. L 垂直于π　　D. L 与π 斜交

19. 已知 n 阶可逆矩阵$\mathbf{A}$ 的特征值为λ_0，则矩阵$(2\mathbf{A})^{-1}$的特征值是：

A. $\frac{2}{\lambda_0}$　　B. $\frac{\lambda_0}{2}$　　C. $\frac{1}{2\lambda_0}$　　D. $2\lambda_0$

20. 设$\vec{\alpha}_1,\vec{\alpha}_2,\vec{\alpha}_3,\vec{\beta}$为 n 维向量组，已知$\vec{\alpha}_1,\vec{\alpha}_2,\vec{\beta}$线性相关，$\vec{\alpha}_2,\vec{\alpha}_3,\vec{\beta}$线性无关，则下列结论中正确的是：

A. $\vec{\beta}$必可用$\vec{\alpha}_1,\vec{\alpha}_2$线性表示　　B. $\vec{\alpha}_1$必可用$\vec{\alpha}_2,\vec{\alpha}_3,\vec{\beta}$线性表示

C. $\vec{\alpha}_1,\vec{\alpha}_2,\vec{\alpha}_3$必线性无关　　D. $\vec{\alpha}_1,\vec{\alpha}_2,\vec{\alpha}_3$必线性相关

21. 要使得二次型 $f(x_1,x_2,x_3)=x_1^2+2tx_1x_2+x_2^2-2x_1x_3+2x_2x_3+2x_3^2$ 为正定的，则 t 的取值条件是：

A. $-1<t<1$　　　　B. $-1<t<0$

C. $t>0$　　　　D. $t<-1$

22. 若事件 A、B 互不相容，且 $P(A)=p$，$P(B)=q$，则 $P(\overline{AB})$ 等于：

A. $1-p$　　　　B. $1-q$　　　　C. $1-(p+q)$　　　　D. $1+p+q$

23. 若随机变量 X 与 Y 相互独立，且 X 在区间 $[0,2]$ 上服从均匀分布，Y 服从参数为 3 的指数分布，则数学期望 $E(XY)=$

A. $\frac{4}{3}$　　　　B. 1　　　　C. $\frac{2}{3}$　　　　D. $\frac{1}{3}$

24. 设 $x_1,x_2,\cdots,x_n$ 是来自总体 $N(\mu,\sigma^2)$ 的样本，μ、σ^2 未知，$\overline{x}=\frac{1}{n}\sum_{i=1}^{n}x_i$，$Q^2=\sum_{i=1}^{n}(x_i-\overline{x})^2$，$Q>0$。则检验假设 $H_0:\mu=0$ 时应选取的统计量是：

A. $\sqrt{n(n-1)}\frac{\overline{x}}{Q}$　　　　B. $\sqrt{n}\frac{\overline{x}}{Q}$　　　　C. $\sqrt{n-1}\frac{\overline{x}}{Q}$　　　　D. $\sqrt{n}\frac{\overline{x}}{Q^2}$

25. 一瓶氦气和一瓶氮气，它们每个分子的平均平动动能相同，而且都处于平衡态。则它们：

A. 温度相同，氦分子和氮分子平均动能相同

B. 温度相同，氦分子和氮分子平均动能不同

C. 温度不同，氦分子和氮分子平均动能相同

D. 温度不同，氦分子和氮分子平均动能不同

26. 最概然速率 v_p 的物理意义是：

A. v_p 是速率分布中的最大速率

B. v_p 是最大多数分子的速率

C. 在一定的温度下，速率与 v_p 相近的气体分子所占的百分率最大

D. v_p 是所有分子速率的平均值

27. 一定量的理想气体由 a 状态经过一过程到达 b 状态，吸热为 335J，系统对外做功 126J；若系统经过另一过程由 a 状态到达 b 状态，系统对外做功 42J，则过程中传入系统的热量为：

A. 530J　　　　B. 167J　　　　C. 251J　　　　D. 335J

28. 一定量的理想气体，经过等体过程，温度增量 ΔT，内能变化 ΔE_1，吸收热量 Q_1；若经过

等压过程，温度增量也为 ΔT，内能变化 ΔE_2，吸收热量 Q_2，则一定是：

A. $\Delta E_2=\Delta E_1, Q_2>Q_1$　　B. $\Delta E_2=\Delta E_1, Q_2<Q_1$

C. $\Delta E_2>\Delta E_1, Q_2>Q_1$　　D. $\Delta E_2<\Delta E_1, Q_2<Q_1$

29. 一平面简谐波的波动方程为 $y=2\times10^{-2}\cos2\pi\left(10t-\frac{x}{5}\right)$(SI)。$t=0.25\text{s}$ 时，处于平衡位置，且与坐标原点 $x=0$ 最近的质元的位置是：

A. $\pm5\text{m}$　　B. 5m

C. $\pm1.25\text{m}$　　D. 1.25m

30. 一平面简谐波沿 x 轴正方向传播，振幅 $A=0.02\text{m}$，周期 $T=0.5\text{s}$，波长 $\lambda=100\text{m}$，原点处质元的初相位 $\phi=0$，则波动方程的表达式为：

A. $y=0.02\cos2\pi\left(\frac{t}{2}-0.01x\right)$(SI)　　B. $y=0.02\cos2\pi(2t-0.01x)$(SI)

C. $y=0.02\cos2\pi\left(\frac{t}{2}-100x\right)$(SI)　　D. $y=0.02\cos2\pi(2t-100x)$(SI)

31. 两人轻声谈话的声强级为 40dB，热闹市场上噪声的声强级为 80dB。市场上噪声的声强与轻声谈话的声强之比为：

A. 2　　B. 20　　C. 10^2　　D. 10^4

32. P_1 和 P_2 为偏振化方向相互垂直的两个平行放置的偏振片，光强为 I_0 的自然光垂直入射在第一个偏振片 P_1 上，则透过 P_1 和 P_2 的光强分别为：

A. $\frac{I_0}{2}$和 0　　B. 0 和$\frac{I_0}{2}$　　C. I_0 和 I_0　　D. $\frac{I_0}{2}$和$\frac{I_0}{2}$

33. 一束自然光自空气射向一块平板玻璃，设入射角等于布儒斯特角，则反射光为：

A. 自然光　　B. 部分偏振光

C. 完全偏振光　　D. 圆偏振光

34. 波长 $\lambda=550\text{nm}(1\text{nm}=10^{-9}\text{m})$的单色光垂直入射于光栅常数为 $2\times10^{-4}\text{cm}$ 的平面衍射光栅上，可能观察到光谱线的最大级次为：

A. 2　　B. 3　　C. 4　　D. 5

35. 在单缝夫琅禾费衍射实验中，波长为 λ 的单色光垂直入射到单缝上，对应于衍射角为 30°的方向上，若单缝处波阵面可分成 3 个半波带。则缝宽 a 为：

A. λ　　B. 1.5λ　　C. 2λ　　D. 3λ

36. 以双缝干涉实验中，波长为 λ 的单色平行光垂直入射到缝间距为 a 的双缝上，屏到双

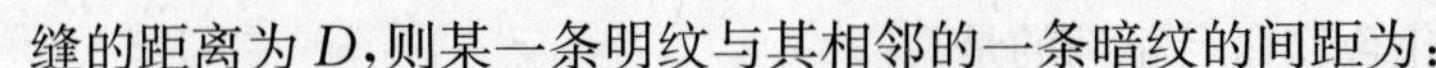

缝的距离为 D,则某一条明纹与其相邻的一条暗纹的间距为：

A. $\dfrac{D\lambda}{a}$　　B. $\dfrac{D\lambda}{2a}$　　C. $\dfrac{2D\lambda}{a}$　　D. $\dfrac{D\lambda}{4a}$

37. 钴的价层电子构型是 $3d^7 4s^2$,钴原子外层轨道中未成对电子数为：

A. 1　　B. 2　　C. 3　　D. 4

38. 在 HF、HCl、HBr、HI 中,按熔、沸点由高到低顺序排列正确的是：

A. HF、HCl、HBr、HI　　B. HI、HBr、HCl、HF

C. HCl、HBr、HI、HF　　D. HF、HI、HBr、HCl

39. 对于 HCl 气体溶解于水的过程,下列说法正确的是：

A. 这仅是一个物理变化过程

B. 这仅是一个化学变化过程

C. 此过程既有物理变化又有化学变化

D. 此过程中溶质的性质发生了变化,而溶剂的性质未变

40. 体系与环境之间只有能量交换而没有物质交换,这种体系在热力学上称为：

A. 绝热体系　　B. 循环体系　　C. 孤立体系　　D. 封闭体系

41. 反应 $PCl_3(g)+Cl_2(g) \rightleftharpoons PCl_5(g)$,298K 时 $K^{\ominus}=0.767$,此温度下平衡时,如 $p(PCl_5)=p(PCl_3)$,则 $p(Cl_2)=$

A. 130.38kPa　　B. 0.767kPa

C. 7607kPa　　D. 7.67×10^{-3}kPa

42. 在铜锌原电池中,将铜电极的 $c(H^+)$ 由 1mol/L 增加到 2mol/L,则铜电极的电极电势：

A. 变大　　B. 变小　　C. 无变化　　D. 无法确定

43. 元素的标准电极电势如下：

$$Cu^{2+} \xrightarrow{0.159} Cu^{+} \xrightarrow{0.52} Cu$$

$$Au^{3+} \xrightarrow{1.36} Au^{+} \xrightarrow{1.83} Au$$

$$Fe^{3+} \xrightarrow{0.771} Fe^{2+} \xrightarrow{-0.44} Fe$$

$$MnO_4^{-} \xrightarrow{1.51} Mn^{2+} \xrightarrow{-1.18} Mn$$

在空气存在的条件下,下列离子在水溶液中最稳定的是：

A. Cu^{2+}　　B. Au^{+}　　C. Fe^{2+}　　D. Mn^{2+}

44. 按系统命名法，下列有机化合物命名正确的是：

A. 2-乙基丁烷　　B. 2，2-二甲基丁烷
C. 3，3-二甲基丁烷　　D. 2，3，3-三甲基丁烷

45. 下列物质使溴水褪色的是：

A. 乙醇　　B. 硬脂酸甘油酯　　C. 溴乙烷　　D. 乙烯

46. 昆虫能分泌信息素。下列是一种信息素的结构简式：

$$CH_3(CH_2)_5CH=CH(CH_2)_9CHO$$

下列说法正确的是：

A. 这种信息素不可以与溴发生加成反应
B. 它可以发生银镜反应
C. 它只能与 1mol H_2 发生加成反应
D. 它是乙烯的同系物

47. 图示钢架中，若将作用于 B 处的水平力 P 沿其作用线移至 C 处，则 A、D 处的约束力：

A. 都不变　　B. 都改变
C. 只有 A 处改变　　D. 只有 D 处改变

48. 图示绞盘有三个等长为 l 的柄，三个柄均在水平面内，其间夹角都是 120°。如在水平面内，每个柄端分别作用一垂直于柄的力 F_1、F_2、F_3，且有 $F_1=F_2=F_3=F$，该力系向 O 点简化后的主矢及主矩应为：

A. $F_R=0$，$M_O=3Fl$(↻)
B. $F_R=0$，$M_O=3Fl$(↺)
C. $F_R=2F$(水平向右)，$M_O=3Fl$(↻)
D. $F_R=2F$(水平向左)，$M_O=3Fl$(↺)

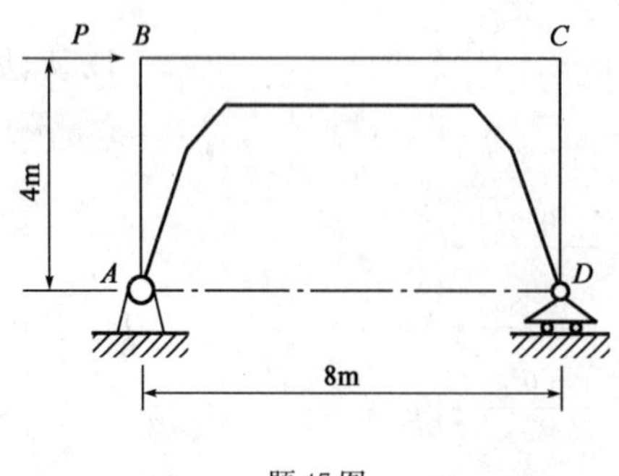

题 47 图

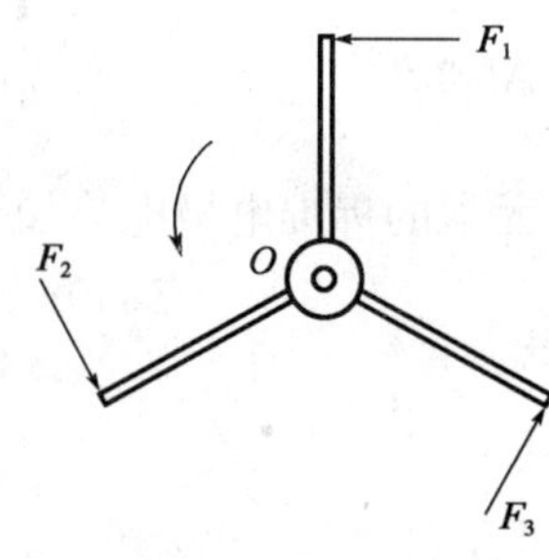

题 48 图

49. 图示起重机的平面构架，自重不计，且不计滑轮质量，已知：$F=100$kN，$L=70$cm，B、D、E 为铰链连接。则支座 A 的约束力为：

A. $F_{Ax}=100\text{kN}(\leftarrow)$　　$F_{Ay}=150\text{kN}(\downarrow)$

B. $F_{Ax}=100\text{kN}(\rightarrow)$　　$F_{Ay}=50\text{kN}(\uparrow)$

C. $F_{Ax}=100\text{kN}(\leftarrow)$　　$F_{Ay}=50\text{kN}(\downarrow)$

D. $F_{Ax}=100\text{kN}(\leftarrow)$　　$F_{Ay}=100\text{kN}(\downarrow)$

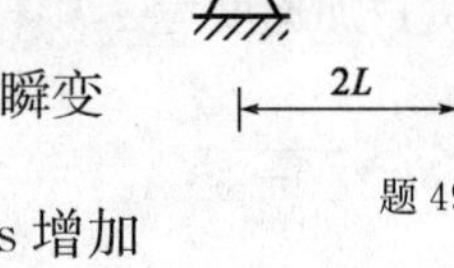

题 49 图

50. 两个钢片,用三根链杆连接而成的体系是:

A. 几何常变　　B. 几何不变

C. 几何瞬变　　D. 几何不变、几何常变或几何瞬变

51. 动点以常加速度 2m/s^2 作直线运动。当速度由 5m/s 增加到 8m/s 时,则点运动的路程为:

A. 7.5m　　B. 12m　　C. 2.25m　　D. 9.75m

52. 物体作定轴转动的运动方程为 $\varphi=4t-3t^2$(φ 以 rad 计,t 以 s 计)。此物体内,转动半径 $r=0.5\text{m}$ 的一点,在 $t_0=0$ 时的速度和法向加速度的大小分别为:

A. $2\text{m/s}, 8\text{m/s}^2$　　B. $3\text{m/s}, 3\text{m/s}^2$

C. $2\text{m/s}, 8.54\text{m/s}^2$　　D. $0, 8\text{m/s}^2$

53. 一木板放在两个半径 $r=0.25\text{m}$ 的传输鼓轮上面。在图示瞬时,木板具有不变的加速度 $a=0.5\text{m/s}^2$,方向向右;同时,鼓动边缘上的点具有一大小为 3m/s^2 的全加速度。如果木板在鼓轮上无滑动,则此木板的速度为:

A. 0.86m/s　　B. 3m/s　　C. 0.5m/s　　D. 1.67m/s

54. 重为 W 的人乘电梯铅垂上升,当电梯加速上升、匀速上升及减速上升时,人对地板的压力分别为 p_1、p_2、p_3,它们之间的关系为:

A. $p_1=p_2=p_3$　　B. $p_1>p_2>p_3$

C. $p_1<p_2<p_3$　　D. $p_1<p_2>p_3$

55. 均质细杆 AB 重力为 W,A 端置于光滑水平面上,B 端用绳悬挂,如图所示。当绳断后,杆在倒地的过程中,质心 C 的运动轨迹为:

A. 圆弧线　　B. 曲线

C. 铅垂直线　　D. 抛物线

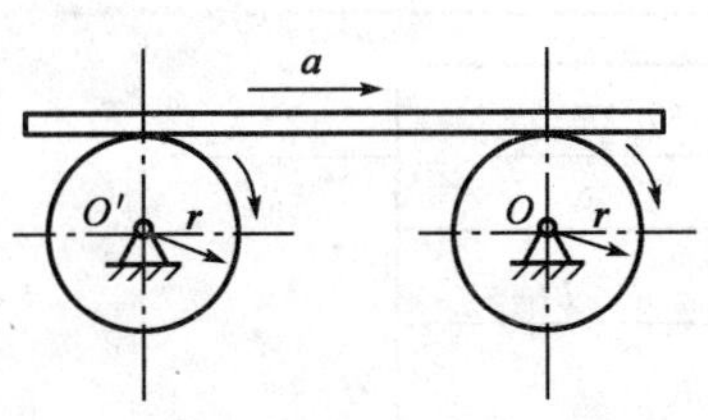

题 53 图

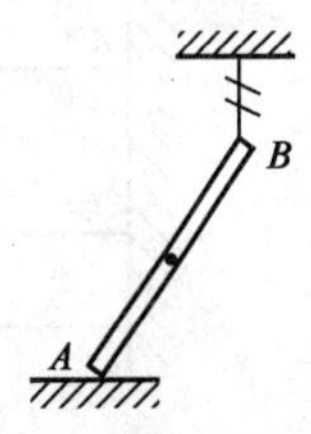

题 55 图

56. 杆 OA 与均质圆轮的质心用光滑铰链 A 连接，如图所示，初始时它们静止于铅垂面内，现将其释放，则圆轮 A 所作的运动为：

A. 平面运动　　　　B. 绕轴 O 的定轴转动

C. 平行移动　　　　D. 无法判断

57. 图示质量为 m、长为 l 的均质杆 OA 绕 O 轴在铅垂平面内作定轴转动。已知某瞬时杆的角速度为 ω，角加速度为 α，则杆惯性力系合力的大小为：

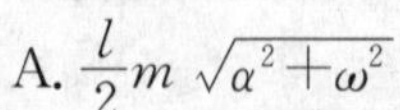

A. $\frac{l}{2}m\sqrt{\alpha^2+\omega^2}$　　　　B. $\frac{l}{2}m\sqrt{\alpha^2+\omega^4}$

C. $\frac{l}{2}m\alpha$　　　　D. $\frac{l}{2}m\omega^2$

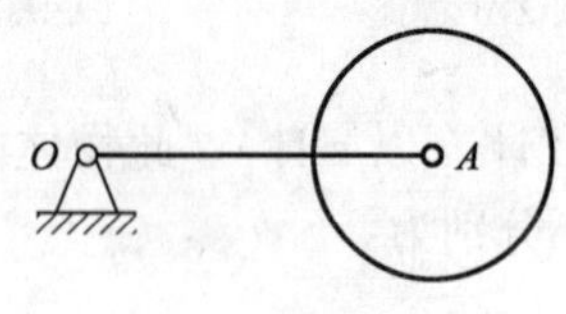

题 56 图

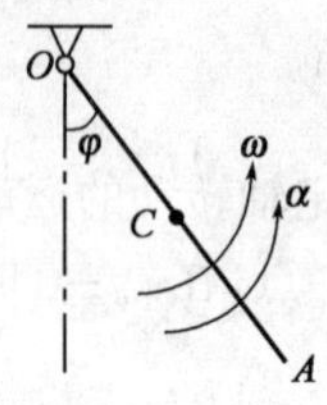

题 57 图

58. 已知单自由度系统的振动固有频率 $\omega_n = 2\text{rad/s}$，若在其上分别作用幅值相同而频率为 $\omega_1 = 1\text{rad/s}$；$\omega_2 = 2\text{rad/s}$，$\omega_3 = 3\text{rad/s}$ 的简谐干扰力，则此系统强迫振动的振幅为：

A. $\omega_1 = 1\text{rad/s}$ 时振幅最大　　　　B. $\omega_2 = 2\text{rad/s}$ 时振幅最大

C. $\omega_3 = 3\text{rad/s}$ 时振幅最大　　　　D. 不能确定

59. 截面面积为 A 的等截面直杆，受轴向拉力作用。杆件的原始材料为低碳钢，若将材料改为木材，其他条件不变，下列结论中正确的是：

A. 正应力增大，轴向变形增大　　　　B. 正应力减小，轴向变形减小

C. 正应力不变，轴向变形增大　　　　D. 正应力减小，轴向变形不变

60. 图示等截面直杆，材料的拉压刚度为 EA，杆中距离 A 端 1.5L 处横截面的轴向位移是：

A. $\frac{4FL}{EA}$　　　　B. $\frac{3FL}{EA}$　　　　C. $\frac{2FL}{EA}$　　　　D. $\frac{FL}{EA}$

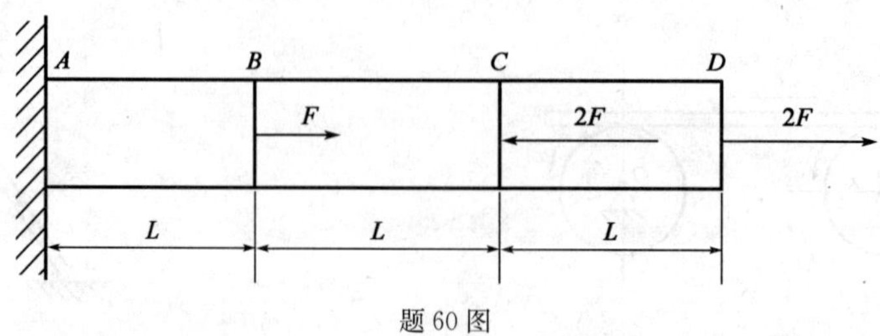

题 60 图

61. 图示冲床的冲压力 $F=300\pi$kN，钢板的厚度 $t=10$mm，钢板的剪切强度极限 $\tau_b=300$MPa。冲床在钢板上可冲圆孔的最大直径 d 是：

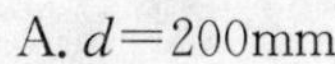

A. $d=200$mm　　B. $d=100$mm

C. $d=4000$mm　　D. $d=1000$mm

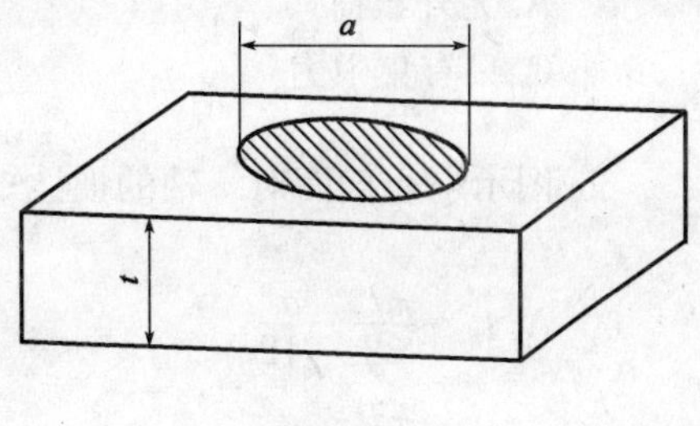

题 61 图

62. 图示两根木杆连接结构，已知木材的许用切应力为 $[\tau]$，许用挤压应力为 $[\sigma_{bs}]$，则 a 与 h 的合理比值是：

A. $\frac{h}{a}=\frac{[\tau]}{[\sigma_{bs}]}$　　B. $\frac{h}{a}=\frac{[\sigma_{bs}]}{[\tau]}$

C. $\frac{h}{a}=\frac{[\tau]a}{[\sigma_{bs}]}$　　D. $\frac{h}{a}=\frac{[\sigma_{bs}]a}{[\tau]}$

63. 圆轴受力如图，下面 4 个扭矩图中正确的是：

A.

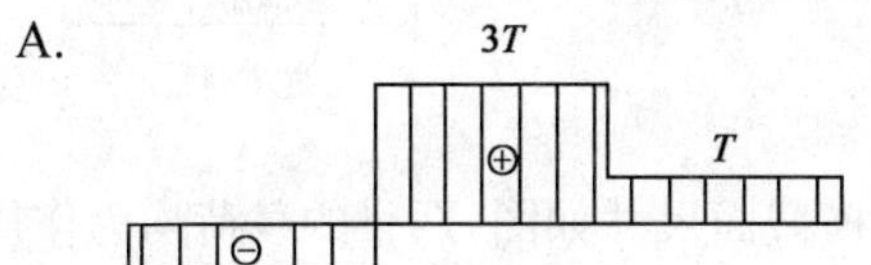

B.

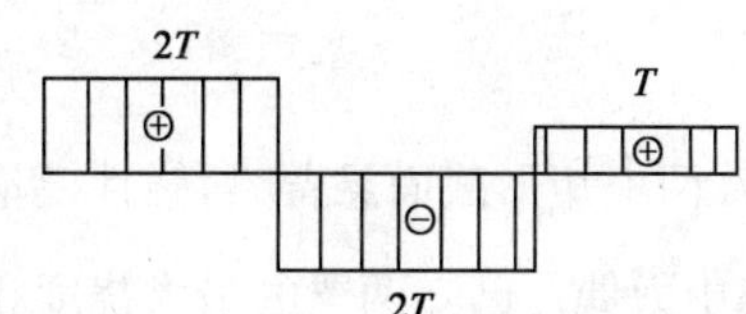

C.

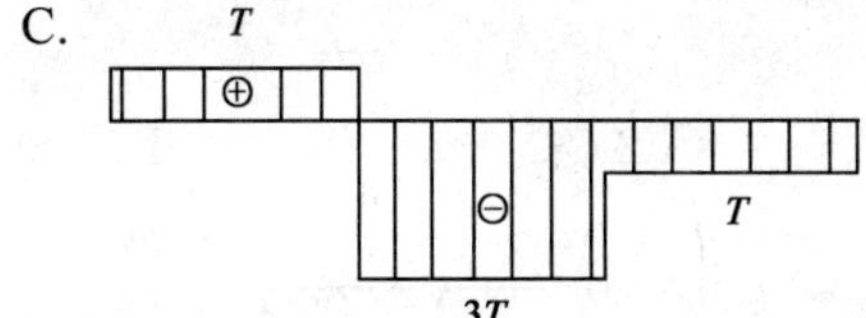

D.

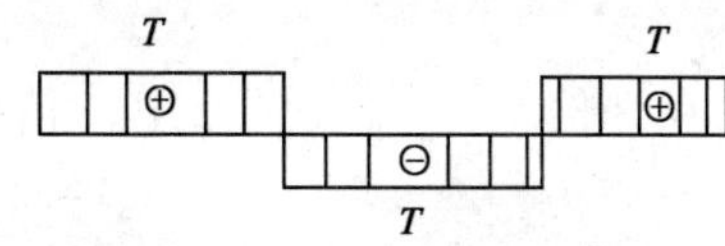

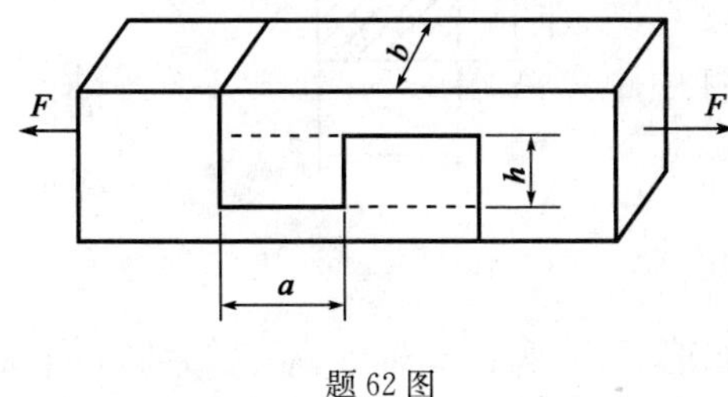

题 62 图

题 63 图

64. 直径为 d 的实心圆轴受扭，若使扭转角减小一半，圆轴的直径需变为：

A. $\sqrt[4]{2}d$　　B. $\sqrt[3]{2}d$　　C. $0.5d$　　D. $\frac{8}{3}d$

65. 梁 ABC 的弯矩如图所示，根据梁的弯矩图，可以断定该梁 B 点处：

A. 无外载荷　　B. 只有集中力偶

C. 只有集中力　　D. 有集中力和集中力偶

66. 图示空心截面对 z 轴的惯性矩 I_z 为：

A. $I_z=\frac{\pi d^4}{32}-\frac{a^4}{12}$　　B. $I_z=\frac{\pi d^4}{64}-\frac{a^4}{12}$

C. $I_z=\frac{\pi d^4}{32}+\frac{a^4}{12}$　　D. $I_z=\frac{\pi d^4}{64}+\frac{a^4}{12}$

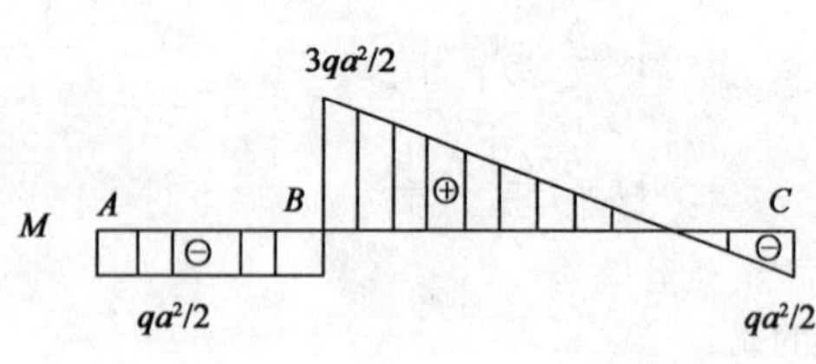

题 65 图

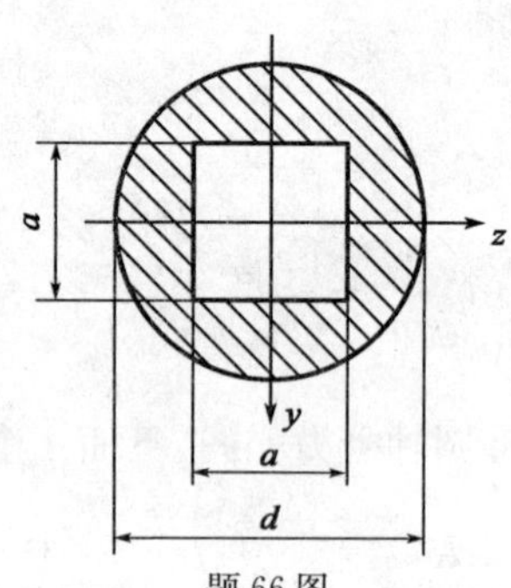

题 66 图

67. 两根矩形截面悬臂梁，弹性模量均为 E，横截面尺寸如图，两梁的载荷均为作用在自由端的集中力偶。已知两梁的最大挠度相同，则集中力偶 M_{e2} 是 M_{e1} 的：$\left(\text{悬臂梁受自由端集中力偶}M\text{作用，自由端挠度为}\frac{ML^2}{2EI}\right)$

A. 8 倍　　B. 4 倍　　C. 2 倍　　D. 1 倍

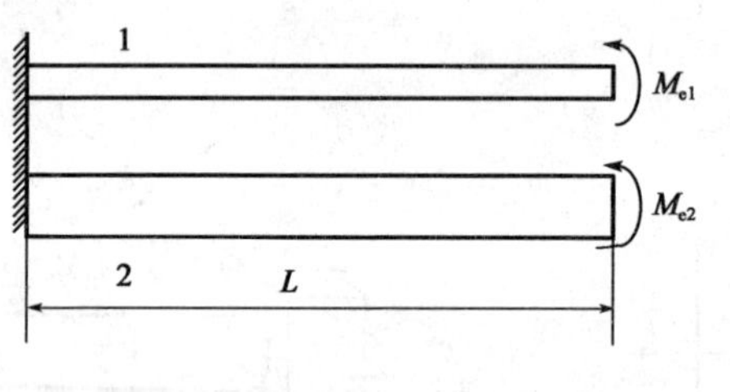

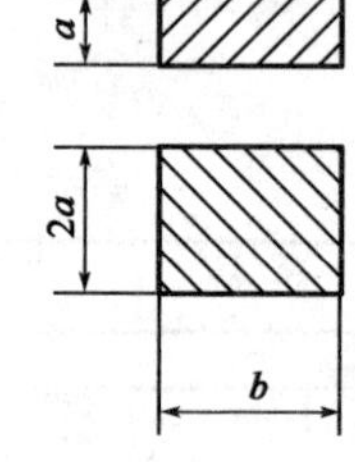

题 67 图

68. 图示等边角钢制成的悬臂梁 AB，c 点为截面形心，x' 为该梁轴线，y'、z' 为形心主轴。集中力 F 竖直向下，作用线过角钢两个狭长矩形边中线的交点，梁将发生以下变形：

A. $x'z'$ 平面内的平面弯曲

B. 扭转和 $x'z'$ 平面内的平面弯曲

C. $x'y'$ 平面和 $x'z'$ 平面内的双向弯曲

D. 扭转和 $x'y'$ 平面、$x'z'$ 平面内的双向弯曲

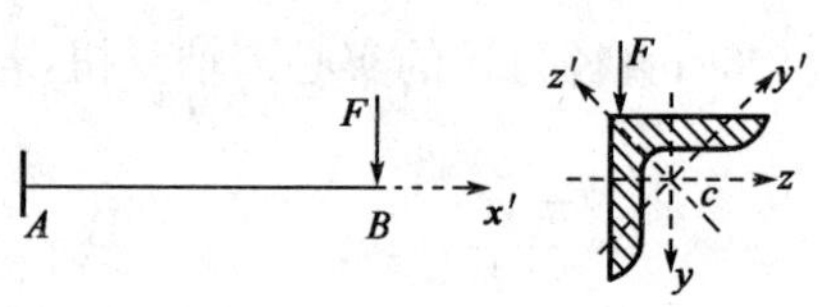

题 68 图

69. 图示单元体，法线与 x 轴夹角 $\alpha=45°$ 的斜截面上切应力 τ_α 是：

A. $\tau_\alpha=10\sqrt{2}\,\text{MPa}$　　B. $\tau_\alpha=50\text{MPa}$

C. $\tau_\alpha=60\text{MPa}$　　D. $\tau_\alpha=0$

70. 图示矩形截面细长（大柔度）压杆，弹性模量为 E。该压杆的临界荷载 F_{cr} 为：

A. $F_{cr}=\dfrac{\pi^2 E}{(L)^2}\left(\dfrac{bh^3}{12}\right)$　　B. $F_{cr}=\dfrac{\pi^2 E}{(L)^2}\left(\dfrac{hb^3}{12}\right)$

C. $F_{cr}=\dfrac{\pi^2 E}{(2L)^2}\left(\dfrac{bh^3}{12}\right)$　　D. $F_{cr}=\dfrac{\pi^2 E}{(2L)^2}\left(\dfrac{hb^3}{12}\right)$

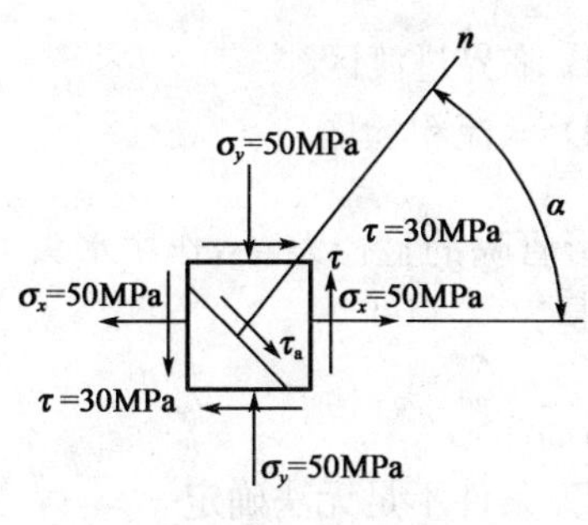

题 69 图

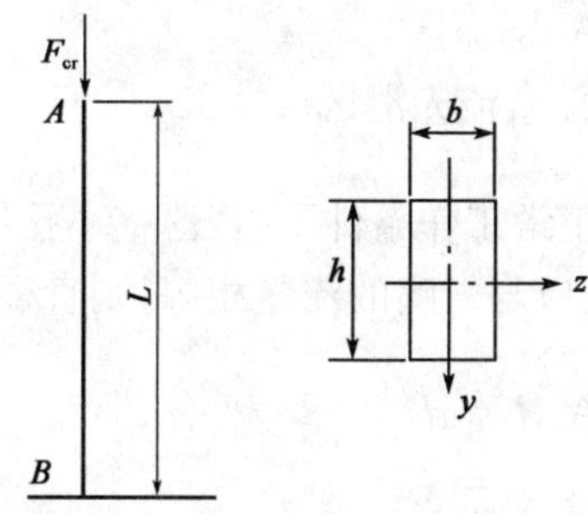

题 70 图

71. 按连续介质概念，流体质点是：

A. 几何的点

B. 流体的分子

C. 流体内的固体颗粒

D. 几何尺寸在宏观上同流动特征尺度相比是微小量，又含有大量分子的微元体

72. 设 A、B 两处液体的密度分别为 ρ_A 与 ρ_B，由 U 形管连接，如图所示，已知水银密度为 ρ_m，1、2 面的高度差为 Δh，它们与 A、B 中心点的高度差分别是 h_1 与 h_2，则 AB 两中心点的压强差 P_A-P_B 为：

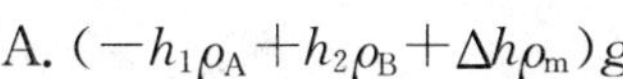

A. $(-h_1\rho_A+h_2\rho_B+\Delta h\rho_m)g$

B. $(h_1\rho_A-h_2\rho_B-\Delta h\rho_m)g$

C. $[-h_1\rho_A+h_2\rho_B+\Delta h(\rho_m-\rho_A)]g$

D. $[h_1\rho_A-h_2\rho_B-\Delta h(\rho_m-\rho_A)]g$

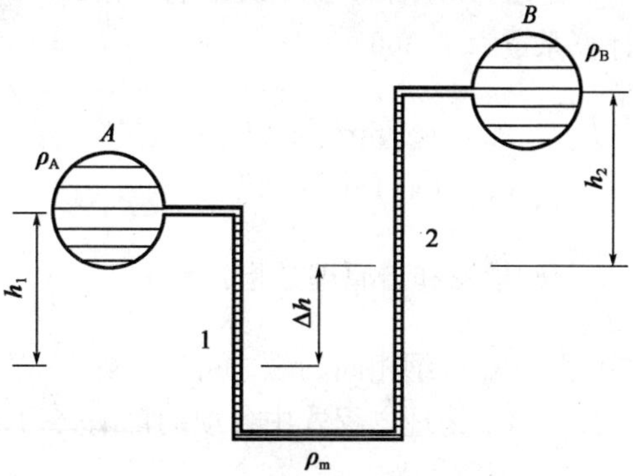

题 72 图

73. 汇流水管如图所示，已知三部分水管的横截面积分别为 $A_1=0.01\text{m}^2$，$A_2=0.005\text{m}^2$，$A_3=0.01\text{m}^2$，入流速度 $v_1=4\text{m/s}$，$v_2=6\text{m/s}$，求出流的流速 v_3 为：

A. 8m/s　　B. 6m/s　　C. 7m/s　　D. 5m/s

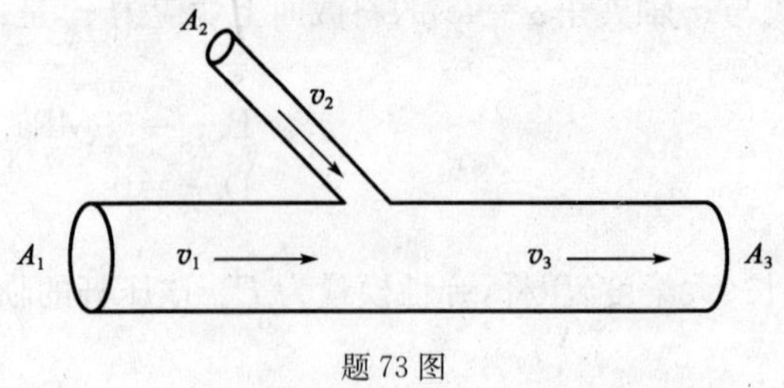

题 73 图

74. 尼古拉斯实验的曲线图中，在以下哪个区域里，不同相对粗糙度的试验点，分别落在一些与横轴平行的直线上，阻力系数 λ 与雷诺数无关：

A. 层流区　　　　B. 临界过渡区

C. 紊流光滑区　　　　D. 紊流粗糙区

75. 正常工作条件下，若薄壁小孔口直径为 d，圆柱形管嘴的直径为 d_2，作用水头 H 相等，要使得孔口与管嘴的流量相等，则直径 d_1 与 d_2 的关系是：

A. $d_1 > d_2$　　　　B. $d_1 < d_2$

C. $d_1 = d_2$　　　　D. 条件不足无法确定

76. 下面对明渠均匀流的描述哪项是正确的：

A. 明渠均匀流必须是非恒定流

B. 明渠均匀流的粗糙系数可以沿程变化

C. 明渠均匀流可以有支流汇入或流出

D. 明渠均匀流必须是顺坡

77. 有一完全井，半径 $r_0 = 0.3\text{m}$，含水层厚度 $H = 15\text{m}$，土壤渗透系数 $k = 0.0005\text{m/s}$，抽水稳定后，井水深 $h = 10\text{m}$，影响半径 $R = 375\text{m}$，则由达西定律得出的井的抽水量 Q 为：(其中计算系数为 1.366)

A. $0.0276\text{m}^3/\text{s}$　　　　B. $0.0138\text{m}^3/\text{s}$

C. $0.0414\text{m}^3/\text{s}$　　　　D. $0.0207\text{m}^3/\text{s}$

78. 量纲和谐原理是指：

A. 量纲相同的量才可以乘除　　　　B. 基本量纲不能与导出量纲相运算

C. 物理方程式中各项的量纲必须相同　　　　D. 量纲不同的量才可以加减

79. 关于电场和磁场，下述说法中正确的是：

A. 静止的电荷周围有电场，运动的电荷周围有磁场

B. 静止的电荷周围有磁场，运动的电荷周围有电场

C. 静止的电荷和运动的电荷周围都只有电场

D. 静止的电荷和运动的电荷周围都只有磁场

80. 如图所示，两长直导线的电流 $I_1 = I_2$，L 是包围 I_1、I_2 的闭合曲线，以下说法中正确的是：

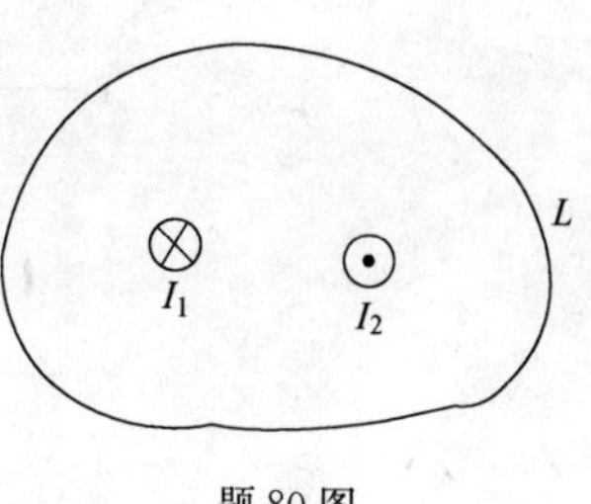

题 80 图

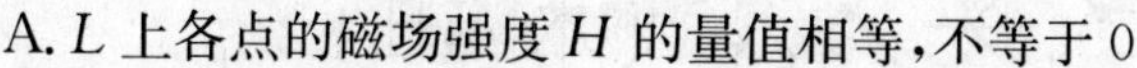
A. L 上各点的磁场强度 H 的量值相等，不等于 0

B. L 上各点的 H 等于 0

C. L 上任一点的 H 等于 I_1、I_2 在该点的磁场强度的叠加

D. L 上各点的 H 无法确定

81. 某节点 B 为二条支路的连接点，其电流分别为 $I_1 = 2\text{A}$，$I_2 = 4\text{A}$，则 I_3 为(　　)(设电路参考方向都指两点节 B)。

A. −2A　　B. −4A

C. −6A　　D. 无法确定

82. 电路如图所示，已知 $U_1 = 40\text{V}$，$U_2 = 20\text{V}$，$R_1 = R_2 = 4\Omega$，$R_2 = 13\Omega$，求电流 I_3。

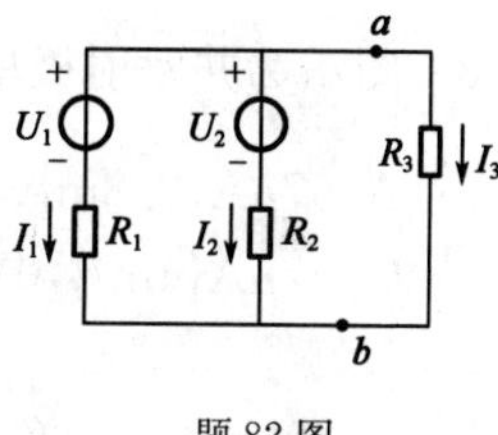

题 82 图

A. 5A　　B. 5A

C. 1A　　D. 3A

83. 某三相电路中，三个线电流分别为：

$$i_A = 18\sin(314t + 23°)(\text{A})$$

$$i_B = 18\sin(314t - 97°)(\text{A})$$

$$i_C = 18\sin(314t + 143°)(\text{A})$$

当 $t = 10\text{s}$ 时，三个电流之和为：

A. 18A　　B. 0A　　C. $18\sqrt{2}$ A　　D. $18\sqrt{3}$ A

84. 电路如图所示，电容初始电压为零，开关在 $t = 0$ 时闭合，则 $t \geqslant 0$ 时，$u(t)$ 为：

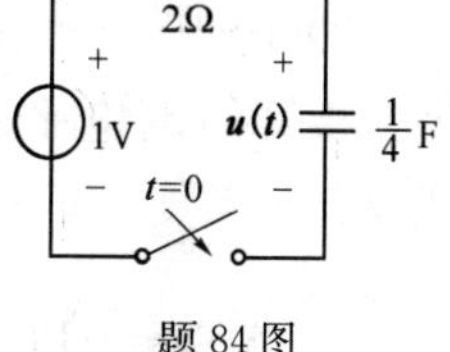

题 84 图

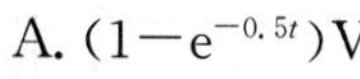
A. $(1 - e^{-0.5t})$V　　B. $(1 + e^{-0.5t})$V

C. $(1 - e^{-2t})$V　　D. $(1 + e^{-2t})$V

85. 有一容量为10kVA 的单相变压器，电压为 3300/220V，变压器在额定状态下运行。在理想的情况下副边可接 40W、220V、功率因数 $\cos\phi = 0.44$ 的日光灯多少盏？

A. 110　　B. 200　　C. 250　　D. 125

86. 整流滤波电路如图所示，已知 $U_1 = 30\text{V}$，$U_o = 12\text{V}$，$R = 2\text{k}\Omega$，$R_L = 4\text{k}\Omega$，稳压管的稳定电流 $I_{Zmin} = 5\text{mA}$ 与 $I_{Zmax} = 18\text{mA}$。通过稳压管的电流和通过二极管的平均电流分别是：

A. 5mA,2.5mA　　B. 8mA,8mA　　C. 6mA,2.5mA　　D. 6mA,4.5mA

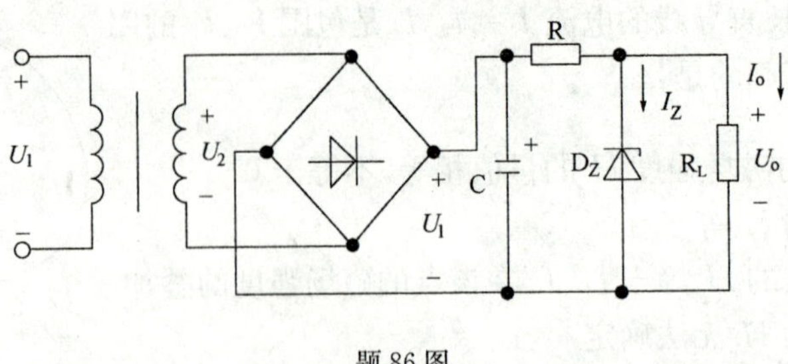

题 86 图

87. 晶体管非门电路如图所示，已知 $U_{CC}=15V$，$U_B=-9V$，$R_C=3k\Omega$，$R_B=20k\Omega$，$\beta=40$，当输入电压 $U_1=5V$ 时，要使晶体管饱和导通，R_X 的值不得大于：（设 $U_{BE}=0.7V$，集电极和发射极之间的饱和电压 $U_{CES}=0.3V$）

A. 7.1kΩ　　B. 35kΩ　　C. 3.55kΩ　　D. 17.5kΩ

88. 图示为共发射极单管电压放大电路，估算静态点 I_B、I_C、V_{CE} 分别为：

A. 57μA,2.8mA,3.5V　　B. 57μA,2.8mA,8V

C. 57μA,4mA,0V　　D. 30μA,2.8mA,3.5V

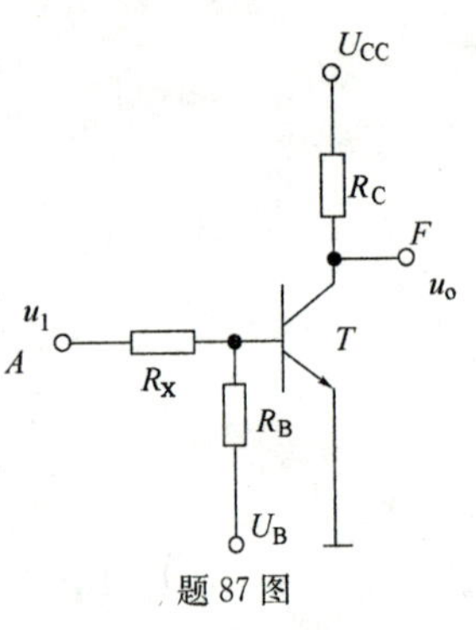

题 87 图

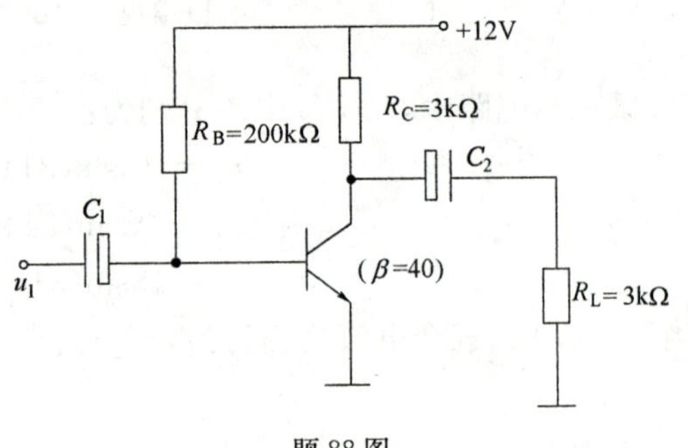

题 88 图

89. 图为三个二极管和电阻 R 组成的一个基本逻辑门电路，输入二极管的高电平和低电平分别是 3V 和 0V，电路的逻辑关系式是：

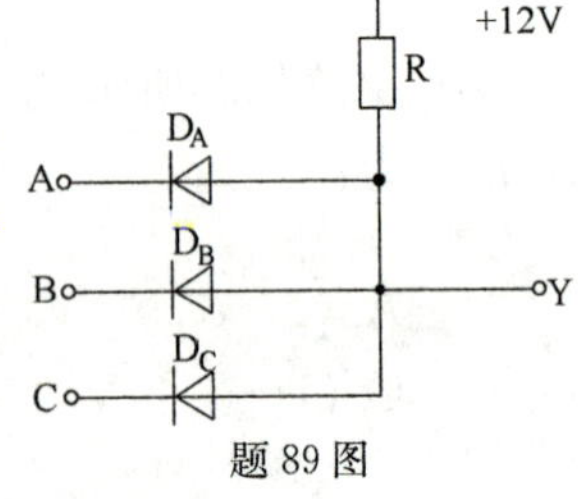

题 89 图

A. Y=ABC　　B. Y=A+B+C

C. Y=AB+C　　D. Y=(A+B)C

90. 由两个主从型 JK 触发器组成的逻辑电路如图 a)所示，设 Q_1、Q_2 的初始态是 0、0，已知输入信号 A 和脉冲信号 cp 的波形，如图 b)所示，当第二个 cp 脉冲作用后，Q_1、Q_2 将变为：

A. 1、1　　B. 1、0

C. 0、1　　D. 保持 0、0 不变

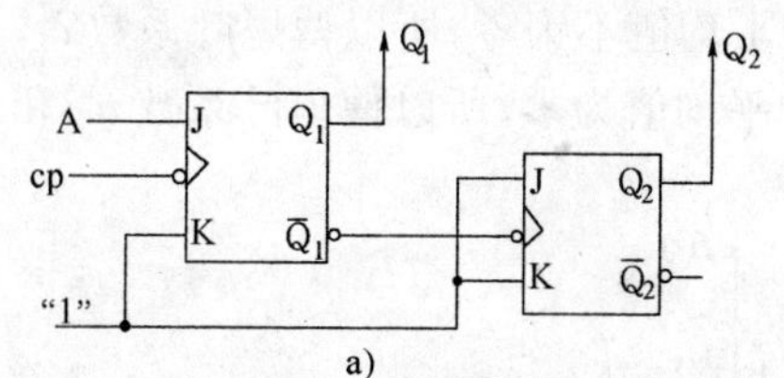

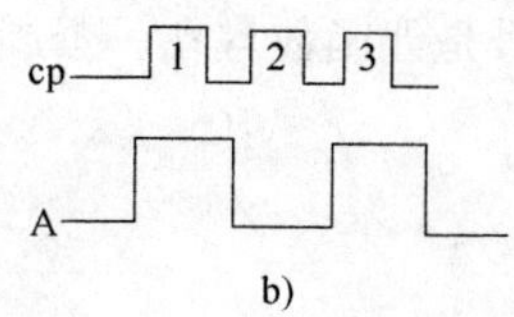

题 90 图

91. 图示为电报信号、温度信号、触发脉冲信号和高频脉冲信号的波形，其中是连续信号的是：

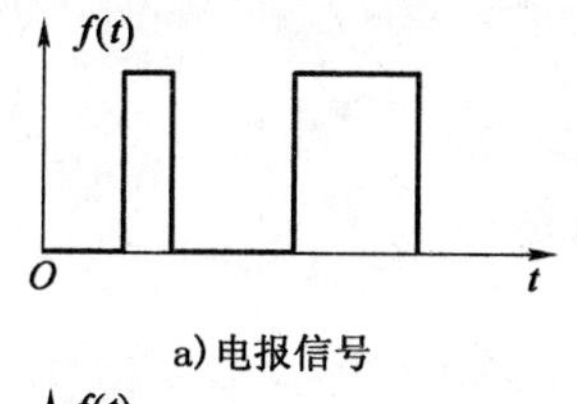

a) 电报信号

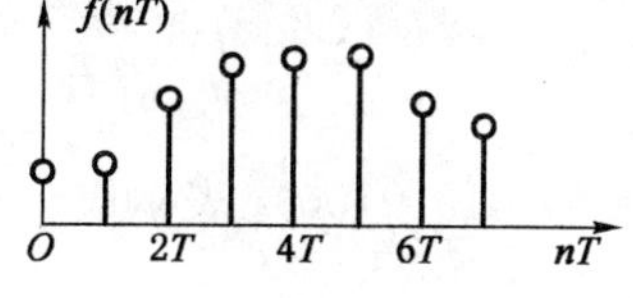

b) 温度信号

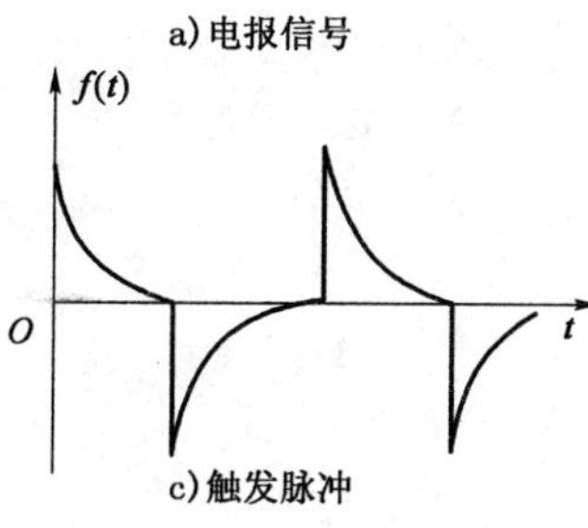

c) 触发脉冲

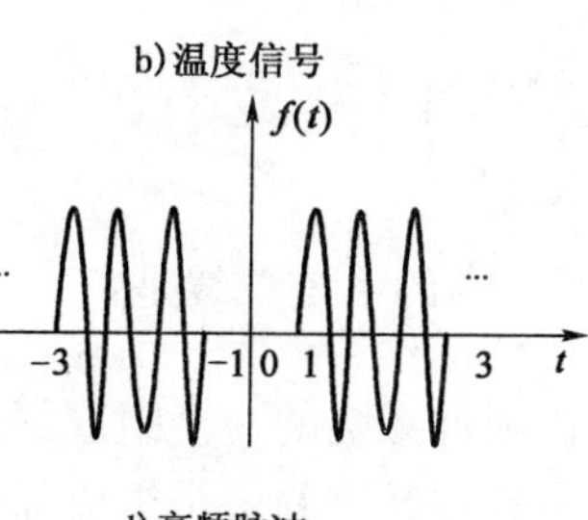

d) 高频脉冲

题 91 图

A. a)、c)、d) B. b)、c)、d) C. a)、b)、c) D. a)、b)、d)

92. 连续时间信号与通常所说的模拟信号的关系是：

A. 完全不同
B. 是同一个概念
C. 不完全相同
D. 无法回答

93. 单位冲激信号 $\delta(t)$ 是：

A. 奇函数
B. 偶函数
C. 非奇非偶函数
D. 奇异函数，无奇偶性

94. 单位阶跃信号 $\varepsilon(t)$ 是物理量单位跃变现象，而单位冲激信号 $\delta(t)$ 是物理量产生单位跃变什么的现象：

A. 速度 B. 幅度 C. 加速度 D. 高度

95. 如图所示的周期为 T 的三角波信号，在用傅氏级数分析周期信号时，系数 a_0、a_n 和 b_n 判断正确的是：

A. 该信号是奇函数且在一个周期的平均值为零，所以傅里叶系数 a_0 和 b_n 是零
B. 该信号是偶函数且在一个周期的平均值不为零，所以傅里叶系数 a_0 和 a_n 不是零

C. 该信号是奇函数且在一个周期的平均值不为零，所以傅里叶系数 a_0 和 b_n 不是零

D. 该信号是偶函数且在一个周期的平均值为零，所以傅里叶系数 a_0 和 b_n 是零

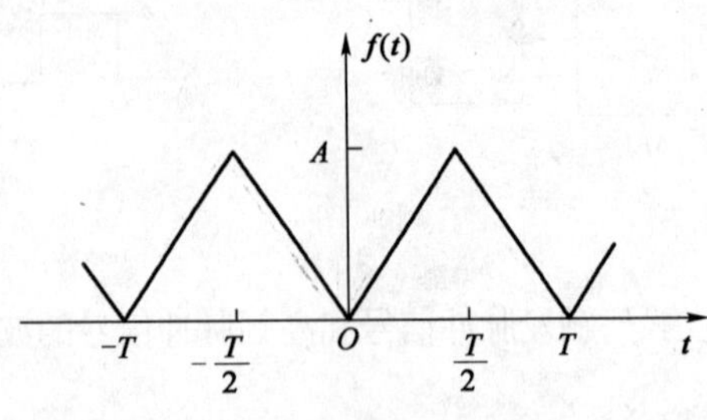

题 95 图

96. 将$(11010010.01010100)_2$ 表示成十六进制数是：

A. $(D2.54)_H$

B. D2.54

C. $(D2.A8)_H$

D. $(D2.54)_B$

97. 计算机系统内的系统总线是：

A. 计算机硬件系统的一个组成部分

B. 计算机软件系统的一个组成部分

C. 计算机应用软件系统的一个组成部分

D. 计算机系统软件的一个组成部分

98. 目前，人们常用的文字处理软件有：

A. Microsoft Word 和国产字处理软件 WPS

B. Microsoft Excel 和 Auto CAD

C. Microsoft Access 和 Visual Foxpro

D. Visual BASIC 和 Visual C＋＋

99. 下面所列各种软件中，最靠近硬件一层的是：

A. 高级语言程序

B. 操作系统

C. 用户低级语言程序

D. 服务性程序

100. 操作系统中采用虚拟存储技术，实际上是为实现：

A. 在一个较小内存储空间上，运行一个较小的程序

B. 在一个较小内存储空间上，运行一个较大的程序

C. 在一个较大内存储空间上，运行一个较小的程序

D. 在一个较大内存储空间上，运行一个较大的程序

101. 用二进制数表示的计算机语言称为：

A. 高级语言　　B. 汇编语言　　C. 机器语言　　D. 程序语言

102. 下面四个二进制数中，与十六进制数 AE 等值的一个是：

A. 10100111　　B. 10101110
C. 10010111　　D. 11101010

103. 常用的信息加密技术有多种，下面所述四条不正确的一条是：

A. 传统加密技术、数字签名技术　　B. 对称加密技术
C. 密钥加密技术　　D. 专用 ASCII 码加密技术

104. 广域网，又称为远程网，它所覆盖的地理范围一般：

A. 从几十米到几百米　　B. 从几百米到几公里
C. 从几公里到几百公里　　D. 从几十公里到几千公里

105. 我国专家把计算机网络定义为：

A. 通过计算机将一个用户的信息传送给另一个用户的系统
B. 由多台计算机、数据传输设备以及若干终端连接起来的多计算机系统
C. 将经过计算机储存、再生，加工处理的信息传输和发送的系统
D. 利用各种通信手段，把地理上分散的计算机连在一起，达到相互通信、共享软/硬件和数据等资源的系统

106. 在计算机网络中，常将实现通信功能的设备和软件称为：

A. 资源子网　　B. 通信子网　　C. 广域网　　D. 局域网

107. 某项目拟发行 1 年期债券。在年名义利率相同的情况下，使年实际利率较高的复利计息期是：

A. 1 年　　B. 半年　　C. 1 季度　　D. 1 个月

108. 某建设工程建设期为 2 年。其中第一年向银行贷款总额为 1000 万元，第二年无贷款，贷款年利率为 6%，则该项目建设期利息为：

A. 30 万元　　B. 60 万元　　C. 61.8 万元　　D. 91.8 万元

109. 某公司向银行借款 5000 万元，期限为 5 年，年利率为 10%，每年年末付息一次，到期一次还本，企业所得税率为 25%。若不考虑筹资费用，该项借款的资金成本率是：

A. 7.5%　　B. 10%　　C. 12.5%　　D. 37.5%

110. 对于某常规项目(IRR 唯一)，当设定折现率为 12%时，求得的净现值为 130 万元；当设定折现率为 14%时，求得的净现值为－50 万元，则该项目的内部收益率应是：

A. 11.56%　　B. 12.77%　　C. 13%　　D. 13.44%

111. 下列财务评价指标中，反映项目偿债能力的指标是：

A. 投资回收期　　B. 利息备付率
C. 财务净现值　　D. 总投资收益率

112. 某企业生产一种产品，年固定成本为1000万元，单位产品的可变成本为300元、售价为500元，则其盈亏平衡点的销售收入为：

A. 5万元　　B. 600万元　　C. 1500万元　　D. 2500万元

113. 下列项目方案类型中，适于采用净现值法直接进行方案选优的是：

A. 寿命期相同的独立方案
B. 寿命期不同的独立方案
C. 寿命期相同的互斥方案
D. 寿命期不同的互斥方案

114. 某项目由A、B、C、D四个部分组成，当采用强制确定法进行价值工程对象选择时，它们的价值指数分别如下所示。其中不应作为价值工程分析对象的是：

A. 0.7559　　B. 1.0000　　C. 1.2245　　D. 1.5071

115. 建筑工程开工前，建设单位应当按照国家有关规定申请领取施工许可证，颁发施工许可证的单位应该是：

A. 县级以上人民政府建设行政主管部门
B. 工程所在地县级以上人民政府建设工程监督部门
C. 工程所在地省级以上人民政府建设行政主管部门
D. 工程所在地县级以上人民政府建设行政主管部门

116. 根据《安全生产法》的规定，生产经营单位主要负责人对本单位的安全生产负总责，某生产经营单位的主要负责人对本单位安全生产工作的职责是：

A. 建立、健全本单位安全生产责任制
B. 保证本单位安全生产投入的有效使用
C. 及时报告生产安全事故
D. 组织落实本单位安全生产规章制度和操作规程

117. 根据《招标投标法》的规定，某建设工程依法必须进行招标，招标人委托了招标代理机构办理招标事宜，招标代理机构的行为合法的是：

A. 编制投标文件和组织评标
B. 在招标人委托的范围内办理招标事宜

C. 遵守《招标投标法》关于投标人的规定

D. 可以作为评标委员会成员参与评标

118.《合同法》规定的合同形式中不包括：

A. 书面形式 B. 口头形式 C. 特定形式 D. 其他形式

119. 根据《行政许可法》规定，下列可以设定行政许可的事项是：

A. 企业或者其他组织的设立等，需要确定主体资格的事项

B. 市场竞争机制能够有效调节的事项

C. 行业组织或者中介机构能够自律管理的事项

D. 公民、法人或者其他组织能够自主决定的事项

120. 根据《建设工程质量管理条例》的规定，施工图必须经过审查批准，否则不得使用，某建设单位投资的大型工程项目施工图设计已经完成，该施工图应该报审的管理部门是：

A. 县级以上人民政府建设行政主管部门

B. 县级以上人民政府工程设计主管部门

C. 县级以上政府规划部门

D. 工程监理单位

2012年度全国勘察设计注册工程师公共基础考试

试题解析及参考答案

1. **解** $\lim\limits_{x\to0^+}f(x)=\lim\limits_{x\to0^+}(x^2+1)=1$

$\lim\limits_{x\to0^-}f(x)=\lim\limits_{x\to0^-}\left(\cos x+x\sin\dfrac{1}{x}\right)=1$

$\lim\limits_{x\to0^+}f(x)=\lim\limits_{x\to0^-}f(x)=f(0)$

所以 $x=0$ 是 $f(x)$ 的连续点。

答案:D

2. **解** $\lim\limits_{x\to0}\dfrac{\alpha(x)}{\beta(x)}=\lim\limits_{x\to0}\dfrac{1-\cos x}{2x^2}=\lim\limits_{x\to0}\dfrac{\frac{1}{2}x^2}{2x^2}=\dfrac{1}{4}$

答案:D

3. **解** $\dfrac{dy}{dx}=\dfrac{1}{\cos x}\cdot(-\sin x)=-\tan x$

$dy=-\tan x dx$

答案:C

4. **解** 由题意可得:$f(x)=e^{-x^2}\times(-2x)$

$f'(x)=-2e^{-x^2}-2x\times e^{-x^2}\times(-2x)=2(-1+2x^2)e^{-x^2}$

答案:A

5. **解** 由已知可得:$\int f'(2x+1)dx=\dfrac{1}{2}f(2x+1)+C$

答案:B

6. **解** 令 $x=\sin t$

则:$\int_0^{\frac{1}{2}}\dfrac{1+x}{\sqrt{1-x^2}}dx=\int_0^{\frac{\pi}{6}}\dfrac{1+\sin t}{|\cos t|}\cos t dt=\int_0^{\frac{\pi}{6}}(1+\sin t)dt=(t-\cos t)\big|_0^{\frac{\pi}{6}}=\dfrac{\pi}{6}-\dfrac{\sqrt{3}}{2}+1$

答案:C

7. **解** $\iint\limits_D f(x,y)dxdy=\int_0^{\frac{\pi}{4}}d\theta\int_0^{\frac{1}{\cos\theta}}f(r\cos\theta,r\sin\theta)r dr$

答案:B

8. **解** 因 $f'(x)>0$,则函数 $y=f(x)$ 单调递增。

因 $f''(x) < 0$，则函数 $y = f(x)$ 是凸的。

答案:C

9.**解** 函数 $f(x) = x^{\frac{2}{3}}$ 在 $[-1,1]$ 上连续，但 $f'(0) = \lim\limits_{x \to 0} \dfrac{f(x) - f(0)}{x - 0} = \lim\limits_{x \to 0} \dfrac{x^{\frac{2}{3}}}{x} = \infty$，即函数 $f(x) = x^{\frac{2}{3}}$ 在 $(-1,1)$ 内不可导。函数 $f(x) = x^{\frac{2}{3}}$ 不满足拉格朗日定理条件。

答案:B

10.**解** 由于级数 $\sum\limits_{n=1}^{\infty} \dfrac{(-1)^n}{n}$ 满足 $u_n = \dfrac{1}{n} > \dfrac{1}{n+1} = u_{n+1}(n = 1,2,\cdots)$，$\lim\limits_{n \to \infty} u_n = \lim\limits_{n \to \infty} \dfrac{1}{n} = 0$，所以 $\sum\limits_{n=1}^{\infty} \dfrac{(-1)^n}{n}$ 收敛；而级数 $\sum\limits_{n=1}^{\infty} \left| \dfrac{(-1)^n}{n} \right| = \sum\limits_{n=1}^{\infty} \dfrac{1}{n}$ 发散，所以 $\sum\limits_{n=1}^{\infty} \dfrac{(-1)^n}{n}$ 条件收敛。

答案:A

11.**解** $f(x) = f(0) + f'(0)x + \dfrac{f''(0)}{2!}x^2 + \cdots + \dfrac{f^{(n)}(0)}{n!}x^n + \cdots$

$f(x) = 1 + (-2)x + (-2)^2x^2 + \cdots + (-2)^nx^n + \cdots = \sum\limits_{n=0}^{\infty} (-2)^nx^n$

答案:B

12.**解** $y' + p(x)y = q(x)[q(x) \neq 0]$ 有两个不同的特解 $y_1(x)$，$y_2(x)$，则 $y_1(x) - y_2(x)$ 为 $y' + p(x) \cdot y = 0$ 的解。所以该微分方程的通解为 $C[y_1(x) - y_2(x)] + y_1(x)$。

答案:D

13.**解** 由题意可知 $r_1 = 1$，$r_2 = -3$ 为微分方程的特征方程的解，可得特征方程为 $(r-1)(r+3) = 0$，从而 $r^2 + 2r - 3 = 0$，所以微分方程为 $y'' + 2y' - 3y = 0$。

答案:B

14.**解** 因为：$\dfrac{dy}{dx} + \dfrac{x}{y} = 0$

$\dfrac{dy}{dx} = -\dfrac{x}{y}$

$2ydy = -2xdx$

所以：$y^2 = -x^2 + C'(C' \geqslant 0)$

$x^2 + y^2 = C^2(C \in R)$

答案:C

15.**解** 由题意可知：$V = \int_0^{\pi} \pi y^2 dx = \int_0^{\pi} \pi \sin^3 x dx = \pi \int_0^{\pi} \sin^3 x dx = \dfrac{4}{3}\pi$

答案:B

16.**解** 对坐标面的投影的解题方法是：消除与该坐标无关的未知量，并令无关坐标量为 0。由 $\begin{cases} x^2 + 4y^2 + z^2 = 4 \\ x + z = a \end{cases}$，消除无关量 x 后得 $x^2 + 4y^2 + (a-x)^2 = 4$，并令 $x = 0$ 即可。

答案:C

17. **解**　解此题首先确定一个坐标量,然后看由另外两个坐标量构成什么曲面。

令 $x=0$,则 $z^2-\frac{y^2}{4}=1$,为双曲线,排除选项D。

令 $y=0$,则 $x^2+z^2=1$,为圆,排除选项C。

令 $z=0$,则 $x^2-\frac{y^2}{4}=1$ 为双曲线,综合第二条,方程为单叶双曲面,是旋转双曲面的一种。

选项A的方程通式:$\frac{x^2}{a^2}-\frac{y^2}{b^2}+\frac{z^2}{c^2}=1$(单叶)

$\frac{x^2}{a^2}-\frac{y^2}{b^2}-\frac{z^2}{c^2}=1$(双叶)

选项B的方程通式:$x^2-\frac{y^2}{4}-z^2=C(C>0)$

选项C的方程通式:$\frac{x^2}{a^2}-\frac{y^2}{b^2}=1$

选项D的方程通式:$\frac{x^2}{a^2}-\frac{y^2}{b^2}+\frac{z^2}{c^2}=0$

答案:A

18. **解**　直线的方向向量 $\boldsymbol{s}=\begin{vmatrix} i & j & k \\ 1 & 3 & 2 \\ 2 & -1 & -10 \end{vmatrix}=(-28,14,-7)$,平面的法向量 $\boldsymbol{n}=(4,-2,1)$,

又由 $\frac{-28}{4}=\frac{14}{-2}=\frac{-7}{1}$ 可得直线与平面垂直,故正确选项为C。

答案:C

19. **解**　$(2\boldsymbol{A})^{-1}=\frac{1}{2}\boldsymbol{A}^{-1}$ 由题意 $\boldsymbol{A}x=\lambda_0 x\Rightarrow\frac{1}{2}\boldsymbol{A}^{-1}\boldsymbol{A}x=\frac{1}{2}\boldsymbol{A}^{-1}\lambda_0 x\Rightarrow\frac{1}{2}\boldsymbol{A}^{-1}x=\frac{1}{2\lambda_0}x$ 所以矩阵 $(2A)^{-1}$ 的特征值为 $\frac{1}{2\lambda_0}$。

答案:C

20. **解**　由 $\vec{\alpha}_1,\vec{\alpha}_2,\vec{\beta}$ 线性相关可知 $\vec{\alpha}_1,\vec{\alpha}_2,\vec{\alpha}_3,\vec{\beta}$ 线性相关,而 α_2,α_3,β 线性无关,则 α_1 必可用 $\vec{\alpha}_2,\vec{\alpha}_3,\vec{\beta}$ 线性表示。

答案:B

21. **解**　二次型 f 对应的3阶对称阵 $\boldsymbol{A}=\begin{pmatrix} 1 & t & -1 \\ t & 1 & 1 \\ -1 & 1 & 2 \end{pmatrix}$,由二次型 f 正定可得 $\begin{vmatrix} 1 & t \\ t & 1 \end{vmatrix}>0$,$\begin{vmatrix} 1 & t & -1 \\ t & 1 & 1 \\ -1 & 1 & 2 \end{vmatrix}>0$,解得 $-1<t<0$。

答案:B

22. **解** 由事件A,B互不相容可知:P(AB)=0

则:$P(\overline{AB})=P(\overline{A\cup B})=1-P(A)-P(B)+P(AB)=1-(p+q)$

答案:C

23. **解** 数学期望:$E(XY)=E(X)E(Y)$

其中:$E(X)=\int_0^2 \frac{1}{2}x\mathrm{d}x=\frac{1}{4}x^2\Big|_0^2=1$

$$E(Y)=\int_0^{+\infty} x\cdot 3\mathrm{e}^{-3x}\mathrm{d}x=-\int_0^{+\infty} x\mathrm{d}\mathrm{e}^{-3x}=-x\mathrm{e}^{-3x}\Big|_0^{+\infty}+\int_0^{+\infty}\mathrm{e}^{-3x}\mathrm{d}x=0-\frac{1}{3}\mathrm{e}^{-3x}\Big|_0^{+\infty}=\frac{1}{3}$$

所以 $E(XY)=1\times\frac{1}{3}=\frac{1}{3}$

答案:D

24. **解** $\frac{\overline{X}-\mu}{S/\sqrt{n}}=\frac{\overline{X}-\mu}{Q/\sqrt{n-1}/\sqrt{n}}=\sqrt{n(n-1)}\,\frac{\overline{X}-\mu}{Q}\sim t(n-1)$

答案:A

25. **解** 分子的平均平动动能为 $\overline{\omega_t}=\frac{3}{2}kT$,平动动能为 $\overline{\omega}=\frac{i}{2}kT$,$i$ 为分子自由度。

He 和 O_2 的平动动能 $\overline{\omega_t}$ 相同,所以温度 T 相同。由于自由度不同,平动动能 $\overline{\omega}$ 不同。$\overline{\omega}_{He}=\frac{3}{2}kT$,$\overline{\omega}_{O_2}=\frac{5}{2}kT$。

答案:B

26. **解** 最概然速率 v_p 是指在一定的温度下,速率与 v_p 相近的气体分子所占的百分率最大。或者单个分子,速率处于 v_p 附近的概率最大。

答案:C

27. **解** 由 a 状态到达 b 状态的第一个过程,根据热力学第一定律,$Q=\Delta E+A$,可得 $\Delta E=Q-A=335-126=209\mathrm{J}$。第二个过程中,$\Delta E$ 相同,所以吸热 $Q'=\Delta E+A'=209+42=251J$。

答案:C

28. **解** 根据公式 $\Delta E=\frac{i}{2}\nu R\Delta T$ 可知,温度增量相同,则内能变化相同,所以 $\Delta E_1=\Delta E_2$。

等体过程,不对外做功,则 $A_1=0$,吸热 $Q_1=\Delta E_1+A_1=\Delta E_1$。等压过程,对外做正功,则 $A_1>0$,吸热 $Q_2=\Delta E_2+A_2>Q_1$。

答案:A

29. **解** 将 $t=0.25\mathrm{s}$,$y=0$ 代入波动方程可得,$y=2\times10^{-2}\cos2\pi(10\times0.25-\frac{x}{5})=0$。

整理得 $\cos(5\pi-\frac{2\pi x}{5})=\cos(\pi-\frac{2\pi x}{5})=0$，所以 $\pi-\frac{2\pi x}{5}=(2k+1)\frac{\pi}{2}$，当 $k=0$ 时，x 最小，为 $x=1.25\text{m}$。

答案:D

30.**解**　当初相位 $\phi=0$ 时，波动方程的表达式为 $y=A\cos\omega\left(t-\frac{x}{u}\right)$，利用 $\omega=2\pi\upsilon$，$\nu=\frac{1}{T}$，$\mu=\lambda\upsilon$，波动方程的表达式也可以写为 $y=A\cos2\pi\left(\frac{t}{T}-\frac{x}{\lambda}\right)$。代入数值可得，$y=A\cos2\pi\left(\frac{t}{T}-\frac{x}{\lambda}\right)=0.02\cos2\pi(2t-0.01x)$。

答案:B

31.**解**　声强级 $L=10\lg\frac{I}{I_0}\text{dB}$，由题意 $40=10\lg\frac{I}{I_0}$，即 $\frac{I}{I_0}=10^4$，同理 $\frac{I'}{I_0}=10^8$，所以 $\frac{I'}{I}$。

答案:D

32.**解**　光强为 I_0 的自然光入射到第一个偏振片后，透射光强 $I_1=\frac{1}{2}I_0$。入射到第二个偏振片后，透射光强 $I_2=I_1\cos^2\alpha=\frac{1}{2}I_0\cos^2\frac{\pi}{2}=0$。

答案:A

33.**解**　根据布儒斯特定律，反射光为完全偏振光。

答案:C

34.**解**　由 $d\sin\theta=k\lambda$，得 $k=\frac{d\sin\theta}{\lambda}>\frac{d}{\lambda}=\frac{2\times10^{-6}}{550\times10^{-9}}\approx3.6$，所以最大级次为3。

答案:B

35.**解**　波阵面可分成3个半波带，则 $a\sin\theta=3\frac{\lambda}{2}$，所以 $a\sin\theta=\frac{3\lambda}{2\sin\theta}=3\lambda$。

答案:D

36.**解**　双缝干涉，$x_{明}=\pm k\frac{D\lambda}{a}$，$x_{暗}=(2k+1)\frac{D\lambda}{2a}$，间距 $\Delta x=x_{暗}-x_{明}=\frac{D\lambda}{2a}$。

答案:B

37.**解**　钴的价层电子构型是 $3d^74s^2$，有7个电子在3d轨道中，有3个未成对电子。

答案:C

38.**解**　卤化氢为共价型化合物，分子间力决定其熔沸点的高低，故 HI>HBr>HCI，唯HF分子间存在氢键，故其熔沸点反常偏高，大于HI。

答案:D

39. **解**　溶解过程是一个复杂的物理、化学过程，溶解过程包含扩散过程和水合过程，扩散过程是物理过程，水合过程是化学过程，所以 HCl 气体溶解于水既有物理变化又有化学变化。

答案：C

40. **解**　体系与环境之间，既有物质交换又有能量交换，为敞开体系；没有物质交换而有能量交换为封闭体系；既没有物质交换又没有能量交换，为孤立体系。

答案：D

41. **解**　$k^{\ominus}=\dfrac{\{p(PCL_5)/p^{\ominus}\}}{\{p(PCL_3)/p^{\ominus}\}\{p(CL_2)/p^{\ominus}\}}=\dfrac{1}{\{p(CL_2)/p^{\ominus}\}}=0.767$

故 $p(Cl_2)=130.38kPa$

答案：A

42. **解**　铜锌原电池中，只有 $Cu-2e \rightarrow Cu^{2+}$，$H^+$ 不参与反应，所以不影响铜的电极电势。

答案：C

43. **解**　在空气存在条件下，水里主要倾向于发生氧化反应，升价标准电极电势越高，则氧化越困难，所以 Au^+ 最稳定。

答案：B

44. **解**　选项 A 中主链选择错误，没选择碳原子数量最多的那条；选项 C 中，没有从距主链最近的一端开始编号；选项 D 中不满足使支链号之和最小的原则，应换方向命名为 2,2,3-三甲基丁烷，选项 B 正确。

答案：B

45. **解**　乙烯中有碳碳双键，能使溴水褪色。

答案：D

46. **解**　由其结构简式可得，该信息素有醛基，故能发生银镜反应；既有醛基又有碳碳双键，故能和 2molH_2 发生加成反应；有碳碳双键，故可以和溴发生加成反应；有醛基，不是乙烯的同系物。

答案：B

47. **解**　由 $\sum M_A=0$，可得 $P\cdot AB=F_{Dvy}\cdot AD$，$F_{Dy}=P\cdot\dfrac{AB}{AD}=\dfrac{4}{8}P=0.5P(\uparrow)$。

由 $\sum X=0$，可得 $F_{Ar}=0$；由 $\sum Y=0$，可得 $F_{Ay}=0.5P(\downarrow)$。

答案：A

48. **解**　力系向 O 点简化后的主矢：$F_R=F_1+F_2+F_3=0$

力系向 O 点简化后的主矩：$F_1l+F_2l+F_3l=3Fl(\leftarrow)$

答案：B

49. **解**　对 A 取矩，由 $\sum M_A = 0$，可得 $F \cdot 4L + F \cdot 2L = F_{Cy} \cdot 4L$，$F_{Cy} = \frac{3F}{2} = 150\text{kN}(\uparrow)$；

由 $\sum X = 0$，可得 $F_{By} = 150 - 100 = 50\text{kN}(\downarrow)$，$F_{Br} = 100\ \text{kN}(\leftarrow)$。

答案:C

50. **解**　需视三链杆是否共点(含无穷远点)。

答案:D

51. **解**　$t=1.5\text{s}$, $v_0 = 5\text{m/s}$, $a = 2\text{m/s}^2$。

答案:D

52. **解**　角速度：$\omega = \varphi' = 4 - 6t$

当 $t_0 = 0$ 时，速度：$v = r \cdot \omega = 0.5 \times (4-6t)_{t=0} = 2 - 3t = 2\text{m/s}$

法向加速度：$a_n = r \cdot \omega^2 = 0.5 \times [(4-6t)_{t=0}]^2 = 8\text{m/s}^2$

答案:A

53. **解**　$a_\tau = a = 0.5\text{m/s}^2$，$R = r = 0.25\text{m}$，$a = 3\text{m/s}^2$

由 $a = \sqrt{a_\tau^2 + a_n^2}$，$a_n = 2.958\text{m/s}^2$

即 $a_n = R\omega^2 = 2.958\text{m/s}^2$

即 $\omega = 3.44\text{m/s}^2$，则 $v = R\omega = 0.86\text{m/s}$

答案:A

54. **解**　$F = W - p = \frac{W}{g}a$

当 $a > 0$ 时，$F_1 = p_1 - W = \frac{W}{g}a > 0$，$p_1 > W$。

当 $a = 0$ 时，$F_2 = p_2 - W = \frac{W}{g}a = 0$，$p_2 = W$。

当 $a < 0$ 时，$F_3 = p_3 - W = \frac{W}{g}a < 0$，$p_3 < W$。

答案:B

55. **解**　因为都是光滑的，所以质心的点动轨迹为铅垂直线。

答案:C

56. **解**　若此图如图所示，则轮 A 相当于自由落体，即作平行移动；OA 杆绕 A 转动且同时向下移动，即作平面运动。

答案:C

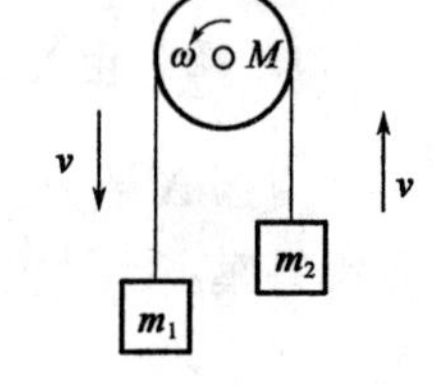

题56解图

57. **解**　加速度方向指向速度瞬心，$\omega \neq 0$，$a = 0$。

答案:B

58. **解**　当与系统的振动固有频率相同时处于共振状态，振幅最大，即 $\omega_2 = 2\text{rad/s}$ 时振幅最大。

答案:B

59.**解**　正应力公式为$\sigma=\dfrac{F}{A}$，正应力的大小与材料无关，则正应力不变；

变形公式为$\Delta l=\dfrac{\sigma}{E}l$，在其他条件不变的前提下，变形$\Delta l$与弹性模量$E$成反比。木材$E$小于低碳钢，变形增大。

答案:C

60.**解**　BC段内无轴力。AB段内轴向拉力F，B点的位移为$\Delta l=\dfrac{FL}{EA}$，杆中距离A端1.5L处横截面的轴向位移等同B点的位移。

答案:D

61.**解**　$\tau_b=\dfrac{F}{\pi dt}$

$$d=\frac{F}{\pi t\tau_b}=\frac{300\times10^3\times\pi}{\pi\times0.01\times300\times10^6}=100\text{mm}$$

答案:B

62.**解**　许用切应力：$[\tau]=\dfrac{F}{ab}$

许用挤压应力：$[\sigma_{bs}]=\dfrac{F}{bh}$

联立可得：$\dfrac{[\tau]}{[\sigma_{bs}]}=\dfrac{\dfrac{F}{ab}}{\dfrac{F}{bh}}=\dfrac{bh}{ab}=\dfrac{h}{a}$

答案:A

63.**解**　从右至左各段扭矩可直接求出，分别为T，$-T$，T。

答案:D

64.**解**　由于$\dfrac{Tl}{GI_{P1}}=\dfrac{1}{2}\dfrac{Tl}{GI_P}$，$I_{P1}=2I_P$，则$\dfrac{\pi}{64}d_1^4=2\cdot\dfrac{\pi}{64}d^4$，得到$d_1=\sqrt[4]{2}d$。

答案:A

65.**解**　C处是集中力和集中力偶，A处是集中力偶。集中力偶处弯矩突变，C处有弯矩下降和突变有集中力和力偶作用。

答案:D

66.**解**　$I_z=I_{z圆}-I_{z正方形}=\dfrac{\pi d^4}{64}-\dfrac{a^4}{12}$

答案:B

67. **解** 自由端挠度为：$\frac{ML^2}{2EI}$，$I=\frac{ba^3}{12}$

$I_2=\frac{b(2a)^3}{12}=8\times\frac{ba^3}{12}=8I_1$

因为最大挠度相同，那么：$\frac{M_2}{M_1}=\frac{I_2}{I_1}=8$

答案：A

68. **解** 横向力不通过弯曲中心，将引起扭转变形；当横向力方向和横截面形心主轴不平行时，产生斜弯曲，即双向弯曲。

答案：D

69. **解** $\tau_\alpha=\frac{\sigma_x-\sigma_y}{2}\sin 2\alpha+\tau_x\cos 2\alpha=\frac{50-(-50)}{2}\times\sin(2\times 45^\circ)+(-30)\times\cos(2\times 45^\circ)=50\text{MPa}$

答案：B

70. **解** $P_{cr}=\frac{\pi^2 EI}{(\mu L)^2}$，$\mu=2$，$h>b$，而计算临界荷载应取惯性矩较小值所对应的值，则惯性矩应为 $I=\frac{hb^3}{12}$。

答案：D

71. **解** 本题考查连续介质的概念。在研究流体在静止和流动状态下的规律性时，常将流体视为由无数质点组成的连续介质。所谓流体质点是指含有大量分子的极小单元或微团。选项 A 与选项 C 显然错误，选项 B 指的是单个分子，显然也错误，只能选 D。

答案：D

72. **解** 根据静止压强的求取方法，可以得到 1,2 两点的压强分别为：

1 点：

$$p_1=p_A+\rho_A g h_1 \tag{1}$$

2 点：

$$p_2=p_B+\rho_B g h_2 \tag{2}$$

由于 1,2 点是在同种液体中，可以得到 1,2 点压强的关系如下：

$$p_1=\rho_m g\Delta h+p_2 \tag{3}$$

将式(1)、式(2)代入式(3)可以得到：

$$p_A+\rho_A g h_1=\rho_m g\Delta h+P_B+\rho_B g h_2$$

故而：

$$p_A-P_B=\rho_m g\Delta h-\rho_A g h_1+\rho_B g h_2$$

答案：A

73. **解** 考虑到进出口的流量相等，有：

$A_1 v_1+A_2 v_2=A_3 v_3$

从而有：

$$v_3=\frac{A_1v_1+A_2v_2}{A_3}=\frac{0.01\times4+0.005\times6}{0.01}=7\text{m/s}$$

答案：C

74. **解** 本题考查对尼古拉斯试验曲线的了解。随着雷诺数 Re 逐渐增大，进入到紊流粗糙区，黏性底层的作用可以忽略不计，即壁面阻力的大小主要由管壁的粗糙度决定。因为，此时层流边界层的厚度变得很小，使得粗糙度完全影响到紊流核心区，成为影响流动阻力的主要因素，而雷诺数 Re 对它的影响就变得很小了。

答案：D

75. **解** 本题考查孔口出流和管嘴出流的比较。管嘴出流的过流能力比孔口出流的要大，管嘴出流的过流能力是孔口出流的 1.32 倍左右。在这里，孔口和管嘴的流量相同，即 $A_1v_1=A_2v_2$。

管嘴的过流能力较大，有 $v_1<v_2$，故 $A_1>A_2$，从而可知 $d_1>d_2$。

答案：A

76. **解** 明渠均匀流是指水深、断面平均流速沿程都不变的流动，它的形成条件是：①渠底必须沿程降低（是重力流，依靠重力分力驱使水流运动），显然平坡、逆坡中不可能产生均匀流。②必须是长而直的棱柱形渠道。（避免像弯管、阀门、滚水坝、桥孔等局部阻力对水流产生影响，而导致非均匀流）。③渠道表面的粗糙系数应沿程不变。这是因为粗糙系数决定了阻力的大小，粗糙系数变化，阻力变化，有可能成为非均匀流。④渠道中水流应是恒定流。

答案：D

77. **解** 本题主要考查对达西定律的应用。

$$Q=\pi k\frac{H^2-h^2}{\ln\frac{R}{r_0}}=3.14\times\frac{15^2-10^2}{\ln\frac{375}{0.3}}=0.0276\text{m}^3/\text{s}$$

答案：A

78. **解** 本题考查量纲和谐原理的概念。量纲和谐原理是指凡是正确反映客观规律的物理方程，其各项的量纲必须是一致的。因为只有相同的量纲的量才可以加减，否则是没有意义的。所以一个方程中各项的量纲必须是一致的。

答案：C

79. **解** 静止的电荷在其周围空间产生静电场，运动的电荷产生磁场和涡旋电场。

答案：A

80. **解** L 上任一点的 H 等于 I_1、I_2 在该点的磁场强度的叠加，根据右手定则，可以确定 L 上任一点处磁场的方向，由于 I_1、I_2 在 L 上各处产生的磁场并不总是方向相反，数值相等，所以 A、B 选项错。选择 C。

答案：C

81. **解** 根据 KCL，$I_1+I_2+I_3=0$，得 $I_3=-6\text{A}$。

答案：C

82. **解** (1)求 U_{oc}[图 a)]。$I=\frac{U_1-U_2}{R_1+R_2}=\frac{40-20}{4+4}=2.5\text{A}$

(2)求 R_{eq}[图 b)]。故 $U_{oc}=U_2+IR_2=20+2.5\times4=30\text{V}$

(3)画等效电路[图 c)]。$I_3=\frac{U_{oc}}{R_3+R_{eq}}=\frac{30}{13+2}=2\text{A}$

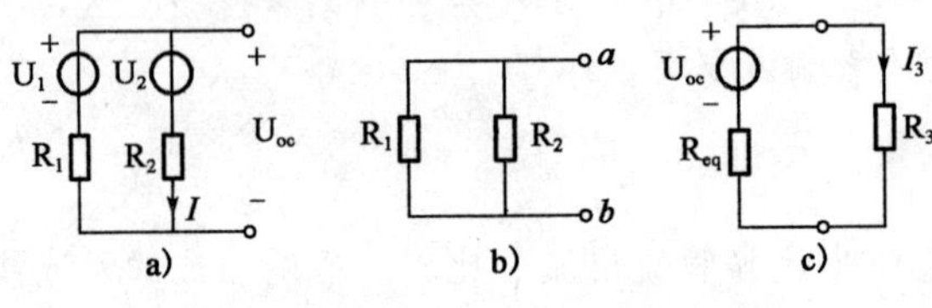

题 82 解图

答案：B

83. **解** 三个线电流频率相同，相位互差，所以三个电流之和为 0。

答案：B

84. **解** $U_{C(0+)}=U_{C(0-)}=0, U_{C(\infty)}=1\text{V}, \tau=RC=2\times\frac{1}{4}=0.5$

所示：$u(t)=U_{C(\infty)}+(U_{C(0+)}-U_{C(\infty)})e^{\frac{t}{\tau}}=1-e^{-2t}\text{V}$

答案：C

85. **解** 变压器的额定功率用视在功率表示，它等于变压器初级绕组或次级绕组中电压额定值与宇电流额定值的乘积，此外，次级绕组的电压是变压器空载时的电压，可以认为变压器初级端的功率因数与次级端的功率因数相同。

$$P_{\sum}=S\cdot\cos\varphi=10000\cdot0.44=4400$$

$$N=\frac{P_{\sum}}{P}=\frac{4400}{40}=110$$

答案：A

86. **解** 答案解析：该电路为直流稳压电源电路。对于输入的直流信号，电容在电路中可视为断路，桥式整流电路中二极管通过的电流平均值是电阻 R 中通过电流的一半。

答案：D

87. **解** 当晶体管处于饱和状态时，满足：$I_B>I_{BS}=\frac{I_{CS}}{\beta}=\frac{1}{\beta}\left(\frac{U_{CC}-U_{CES}}{R_C}\right)=0.1225$，$I_B=\frac{U_1-U_{BE}}{R_X}+\frac{U_{B-}U_{BE}}{R_B}$，联立上面两式得 $R_X<7.1$。

答案：A

88. **解** $I_B=\frac{12-V_{BE}}{R_B}=\frac{12-0.7}{200}=57\mu\text{A}$

$I_C = \beta I_B = 2.8\text{mA}$

$V_{CE} = 12 - I_C R_C = 12 - 2.8 \times 3 = 3.6\text{V}$

答案:A

89. **解** 只有三个二极管都不导通时,Y 才为高电平,否则为低电平,满足这种逻辑关系的是选项 A。

答案:A

90. **解** 两触发器为下降沿触发,第一个下降沿作用在触发器 1 时,$J_1 = 1$,$K_1 = 1$,所以 Q_1 翻转为1,此时第二个触发器得到一个下降沿脉冲,$J_2 = 1$,$K_2 = 1$,Q_2 翻转为1;第二个下降沿作用在触发器 1 时,$J_1 = 0$,$K_1 = 1$,所以 Q_1 为 0,此时第二个触发器得到一个上升沿脉冲,Q_2 不变。

答案:C

91. **解** 连续信号:信号具有连续性,如正弦信号。离散信号:信号不具有连续性,只是一些离散的散点。根据定义可知,只有图 b)为离散信号。

答案:A

92. **解** 连续信号是指定义在实数域的信号,自变量(一般是时间)的取值连续。若信号的幅值和自变量均连续,则称为模拟信号,任何模拟信号都是连续信号。

答案:C

93. **解** 此题考查冲击函数的基本特征。

答案:D

94. **解** 因为 $\delta(t) = \frac{du(t)}{dt}$,所以是速度现象。

答案:A

95. **解** 由图可知,该信号为偶函数,所以 a_n 和 a_0 不为零。

答案:B

96. **解** 1101 在十进制中相当于 13,用十六进制表示为 D。0010 在十进制中相当于 2,用十六进制表示为 2。0101 在十进制中相当于 5,用十六进制表示为 5。0100 在十进制中相当于 4,用十六进制表示为 4。所以$(11010010.01010100)_2$ 表示成十六进制为$(D2.54)_H$。

答案:A

97. **解** 系统总线又称内总线或板级总线。因为该总线是用来连接微机各功能部件而构成一个完整微机系统的,所以称之为系统总线。总线就是用来传送信息的通信线,属于硬件系统。

答案:A

98. **解** Microsoft Word 和国产字处理软件 WPS 是文字处理软件。Microsoft Excel 是

表格数据处理软件,Auto CAD是辅助设计软件,Microsoft Access和Visual Foxpro是数据库管理软件,Visual BASIC和Visual C++是编程软件。

答案:A

99.**解** 操作系统通常是最靠近硬件的一层系统软件,它把硬件裸机改造成为功能完善的一台虚拟机,使得计算机系统的使用和管理更加方便,计算机资源的利用效率更高,上层的应用程序可以获得比硬件提供的功能更多的支持。

答案:B

100.**解** 所谓虚拟存储,就是把内存与外存有机地结合起来使用,从而得到一个容量很大的"内存",这就称之为虚拟存储。从而实现在一个较小内存储空间上,运行一个较大的程序。

答案:B

101.**解** 计算机语言的种类非常多,总的来说可以分成机器语言、汇编语言、高级语言三大类。机器语言是用二进制代码表示的计算机能直接识别和执行的一种机器指令的集合。

答案:C

102.**解** A在十进制中相当于10,用二进制表示为1010。E在十进制中相当于14,用二进制表示为1110。所以AE用二进制表示为10101110。

答案:B

103.**解** 信息加密技术是为提高信息系统及数据的安全性和保密性,防止数据信息被外界破译而采用的主要技术手段之一,也是网络安全的重要技术。常用的加密技术有传统加密技术、对称加密技术、密钥加密技术和数字签名技术等。选项D是专用加密技术,一般来讲,用的很少。

答案:D

104.**解** 广域网也称远程网。通常跨接很大的物理范围,所覆盖的范围从几十公里到几千公里,它能连接多个城市或国家,或横跨几个洲并能提供远距离通信,形成国际性的远程网络。

答案:D

105.**解** 计算机网络,是指将地理位置不同的具有独立功能的多台计算机及其外部设备,通过通信线路连接起来,在网络操作系统、网络管理软件及网络通信协议的管理和协调下,实现资源共享和信息传递的计算机系统。

答案:D

106.**解** 通信子网是指网络中实现网络通信功能的设备及其软件的集合。通信设备、网络通信协议、通信控制软件等属于通信子网,是网络的内层,负责信息的传输,主要为用户提供数据的传输、转接、加工、变换等。通信子网的任务是在端结点之间传送报文,主要由转结点和通信链路组成。

答案:B

107. **解** 对于相同的名义利率，计息周期越多，实际利率越高。

答案：D

108. **解** 建设期利息在计算的时候假设借款在年中支用，因此当年借款半年计息，上年借款全年计息。由此计算得：

第一年建设期利息＝1000/2×6%＝30；

第二年建设期利息＝(1000＋30)×6%＝61.8；

建设期利息＝30＋61.8＝91.8。

答案：D

109. **解** 资金成本率＝年利率×(1－所得税率)＝6%×(1－25%)＝7.5%

答案：A

110. **解** $\mathrm{IRR}=i_1+\frac{\mathrm{NPV}_1}{\mathrm{NPV}_1+|\mathrm{NPV}_2|}(i_2-i_1)$，本题中 $i_1=12\%$，$i_2=14\%$，则计算得IRR＝13.44%。

答案：D

111. **解** 项目偿债能力分析的主要指标包括利息备付率、偿债备付率和资产负债率等指标。

答案：B

112. **解** 盈亏平衡点产量的计算公式为：$Q^*=\frac{F}{P-V}=\frac{1000}{500-300}=5$ 万元，则此时销售收入＝500×5＝2500 万元。

答案：D

113. **解** 寿命期相同的互斥方案可采用净现值法进行比选。

答案：C

114. **解** 一般情况下，零件成本比重应与其功能水平相协调，即价值系数应该等于1或者接近1。

若价值系数小于1，即功能评价系数低于成本系数，说明该零件功能重要性小，而所占成本较高，存在降低成本的潜力。

若价值系数大于1，说明功能过高或成本过低，应剔除过程功能或在重要功能上适当增加成本。

答案：B

115. **解** 我国《建筑法》第七条规定："建筑工程开工前，建设单位应当按照国家有关规定向工程所在地县级以上人民政府建设行政主管部门申请领取施工许可证；但是，国务院建设行政主管部门确定的限额以下的小型工程除外。"因此，选项D正确。

答案：D

116. **解** 依据我国《安全生产法》第十七条规定:“生产经营单位的主要负责人对本单位安全生产工作负有下列职责:(一)建立、健全本单位安全生产责任制;(二)组织制定本单位安全生产规章制度和操作规程;(三)保证本单位安全生产投入的有效实施;(四)督促、检查本单位的安全生产工作,及时消除生产安全事故隐患;(五)组织制定并实施本单位的生产安全事故应急救援预案;(六)及时、如实报告生产安全事故。”

选项B是错误的,不应是有效使用,而是有效实施。

选项C是错误的,应该是及时并且如实报告安全生产事故。

选项D是错误的,不应是组织落实,而是组织制定。

答案:A

117. **解** 我国《招标投标法》规定,招标人有权自行选择招标代理机构,委托其办理招标事宜。招标代理机构应当在招标人委托的范围内办理招标事宜,并遵守本法关于招标人的规定。本题中,选项A和C属于投标人需要遵守的规定,因此这两项错误;《招标投标法》规定,“与投标人有利害关系的人不得进入相关项目的评标委员会”,而题目中的招标代理机构属于利害关系人,不得参与评标,因此选项D错误。

答案:B

118. **解** 我国《合同法》第十条规定,“当事人订立合同,有书面形式、口头形式和其他形式。法律、行政法规规定采用书面形式的,应当采用书面形式。当事人约定采用书面形式的,应当采用书面形式。”没有“特定形式”这一合同形式,即不包含选项C。

答案:C

119. **解** 我国《行政许可法》第十二条、十三条分别列举了可以设定行政许可的事项及可以不设定行政许可的事项。选项A企业或者其他组织的设立等,需要确定主体资格的事项属于列举的可以设定行政许可的事项,选项B、C、D属于可以不设定行政许可的事项。

答案:A

120. **解** 《建设工程质量管理条例》第三十七条规定:“工程监理单位应当选派具备相应资格的总监理工程师和监理工程师进驻施工现场。未经监理工程师签字,建筑材料、建筑构配件和设备不得在工程上使用或者安装,施工单位不得进行下一道工序的施工。未经总监理工程师签字,建设单位不拨付工程款,不进行竣工验收。”由此可见,建设单位拨付工程款必须经总监理工程师签字,即选项D正确。

答案:D

2013年度全国勘察设计注册工程师公共基础考试

试　题

单项选择题(共120题,每题1分。每题的备选项中只有一个最符合题意)

1. 已知向量$\boldsymbol{\alpha}=(-3,-2,1)$,$\boldsymbol{\beta}=(1,-4,-5)$,则$|\boldsymbol{\alpha}\times\boldsymbol{\beta}|$等于:

A. 0　　B. 6　　C. $14\sqrt{3}$　　D. $14\boldsymbol{i}+16\boldsymbol{j}-10\boldsymbol{k}$

2. 若$\lim\limits_{x\to 1}\dfrac{2x^2+ax+b}{x^2+x-2}=1$. 则必有:

A. $a=-1,b=2$　　B. $a=-1,b=-2$

C. $a=-1,b=-1$　　D. $a=1,b=1$

3. 若$\begin{cases}x=\sin t\\ y=\cos t\end{cases}$,则$\dfrac{dy}{dx}$等于:

A. $-\tan t$　　B. $\tan t$　　C. $-\sin t$　　D. $\cot t$

4. 设$f(x)$有连续导数,则下列关系式中正确的是:

A. $\int f(x)dx = f(x)$　　B. $[\int f(x)dx]' = f(x)$

C. $\int f'(x)dx = f(x)dx$　　D. $[\int f(x)dx]' = f(x)+C$

5. 已知$f(x)$为连续的偶函数,则$f(x)$的原函数中:

A. 有奇函数　　B. 都是奇函数

C. 都是偶函数　　D. 没有奇函数也没有偶函数

6. 设$f(x)=\begin{cases}3x^2, & x\leqslant 1\\ 4x-1, & x>1\end{cases}$,则$f(x)$在点$x=1$处:

A. 不连续　　B. 连续但左、右导数不存在

C. 连续但不可导　　D. 可导

7. 函数$y=(5-x)x^{\frac{2}{3}}$的极值可疑点的个数是:

A. 0　　B. 1　　C. 2　　D. 3

8. 下列广义积分中发散的是：

A. $\int_0^{+\infty} e^{-x}\mathrm{d}x$　　B. $\int_0^{+\infty}\frac{1}{1+x^2}\mathrm{d}x$　　C. $\int_0^{+\infty}\frac{\ln x}{x}\mathrm{d}x$　　D. $\int_0^1\frac{1}{\sqrt{1-x^2}}\mathrm{d}x$

9. 二次积分 $\int_0^1\mathrm{d}x\int_{x^2}^{x}f(x,y)\mathrm{d}y$ 交换积分次序后的二次积分是：

A. $\int_{x^2}^{x}\mathrm{d}y\int_0^1 f(x,y)\mathrm{d}x$　　B. $\int_0^1\mathrm{d}y\int_{y^2}^{y}f(x,y)\mathrm{d}x$

C. $\int_y^{\sqrt{y}}\mathrm{d}y\int_0^1 f(x,y)\mathrm{d}x$　　D. $\int_0^1\mathrm{d}y\int_y^{\sqrt{y}}f(x,y)\mathrm{d}x$

10. 微分方程 $xy'-y\ln y=0$ 满足 $y(1)=e$ 的特解是：

A. $y=\mathrm{e}x$　　B. $y=\mathrm{e}^x$　　C. $y=\mathrm{e}^{2x}$　　D. $y=\ln x$

11. 设 $z=z(x,y)$ 是由方程 $xz-xy+\ln(xyz)=0$ 所确定的可微函数，则 $\frac{\partial z}{\partial y}=$

A. $\frac{-xz}{xz+1}$　　B. $-x+\frac{1}{2}$　　C. $\frac{z(-xz+y)}{x(xz+1)}$　　D. $\frac{z(xy-1)}{y(xz+1)}$

12. 正项级数 $\sum_{n=1}^{\infty}a_n$ 的部分和数列 $\{S_n\}$ $(S_n=\sum_{i=1}^{n}a_i)$ 有上界是该级数收敛的：

A. 充分必要条件　　B. 充分条件而非必要条件

C. 必要条件而非充分条件　　D. 既非充分又非必要条件

13. 若 $f(-x)=-f(x)(-\infty<x<+\infty)$，且在 $(-\infty,0)$ 内 $f'(x)>0, f''(x)<0$，则 $f(x)$ 在 $(0,+\infty)$ 内是：

A. $f'(x)>0, f''(x)<0$　　B. $f'(x)<0, f''(x)>0$

C. $f'(x)>0, f''(x)>0$　　D. $f'(x)<0, f''(x)<0$

14. 微分方程 $y''-3y'+2y=x\mathrm{e}^x$ 的待定特解的形式是：

A. $y=(Ax^2+Bx)\mathrm{e}^x$　　B. $y=(Ax+B)\mathrm{e}^x$

C. $y=Ax^2\mathrm{e}^x$　　D. $y=Ax\mathrm{e}^x$

15. 已知直线 L：$\frac{x}{3}=\frac{y+1}{-1}=\frac{z-3}{2}$，平面 π：$-2x+2y+z-1=0$，则：

A. L 与 π 垂直相交　　B. L 平行于 π，但 L 不在 π 上

C. L 与 π 非垂直相交　　D. L 在 π 上

16. 设 L 是连接点 $A(1,0)$ 及点 $B(0,-1)$ 的直线段，则对弧长的曲线积分 $\int_L(y-x)\mathrm{d}s=$

A. -1　　B. 1　　C. $\sqrt{2}$　　D. $-\sqrt{2}$

17. 下列幂级数中，收敛半径 $R=3$ 的幂级数是：

A. $\sum\limits_{n=0}^{\infty}3x^n$　　B. $\sum\limits_{n=0}^{\infty}3^n x^n$　　C. $\sum\limits_{n=0}^{\infty}\frac{1}{3^{\frac{n}{2}}}x^n$　　D. $\sum\limits_{n=0}^{\infty}\frac{1}{3^{n+1}}x^n$

18. 若 $z=f(x,y)$ 和 $y=\varphi(x)$ 均可微，则 $\frac{dz}{dx}=$

A. $\frac{\partial f}{\partial x}+\frac{\partial f}{\partial y}$　　B. $\frac{\partial f}{\partial x}+\frac{\partial f}{\partial y}\frac{d\varphi}{dx}$　　C. $\frac{\partial f}{\partial y}\frac{d\varphi}{dx}$　　D. $\frac{\partial f}{\partial x}-\frac{\partial f}{\partial y}\frac{d\varphi}{dx}$

19. 已知向量组 $\boldsymbol{\alpha}_1=(3,2,-5)^T$，$\boldsymbol{\alpha}_2=(3,-1,3)^T$，$\boldsymbol{\alpha}_3=\left(1,-\frac{1}{3},1\right)^T$，$\boldsymbol{\alpha}_4=(6,-2,6)^T$，则该向量组的一个极大线性无关组是：

A. $\boldsymbol{\alpha}_2,\boldsymbol{\alpha}_4$　　B. $\boldsymbol{\alpha}_3,\boldsymbol{\alpha}_4$　　C. $\boldsymbol{\alpha}_1,\boldsymbol{\alpha}_2$　　D. $\boldsymbol{\alpha}_2,\boldsymbol{\alpha}_3$

20. 若非齐次线性方程组 $AX=b$ 中，方程的个数少于未知量的个数，则下列结论中正确的是：

A. $AX=0$ 仅有零解　　B. $AX=0$ 必有非零解

C. $AX=0$ 一定无解　　D. $AX=b$ 必有无穷多解

21. 已知矩阵 $\boldsymbol{A}=\begin{bmatrix}1 & -1 & 1\\ 2 & 4 & -2\\ -3 & -3 & 5\end{bmatrix}$ 与 $\boldsymbol{B}=\begin{bmatrix}\lambda & 0 & 0\\ 0 & 2 & 0\\ 0 & 0 & 2\end{bmatrix}$ 相似，则 $\lambda=$

A. 6　　B. 5　　C. 4　　D. 14

22. 设 A 和 B 为两个相互独立的事件，且 $P(A)=0.4$，$P(B)=0.5$，则 $P(A\cup B)$ 等于：

A. 0.9　　B. 0.8　　C. 0.7　　D. 0.6

23. 下列函数中，可以作为连续型随机变量的分布函数的是：

A. $\Phi(x)=\begin{cases}0, & x<0\\ 1-e^x, & x\geqslant 0\end{cases}$　　B. $F(x)=\begin{cases}e^x, & x<0\\ 1, & x\geqslant 0\end{cases}$

C. $G(x)=\begin{cases}e^{-x}, & x<0\\ 1, & x\geqslant 0\end{cases}$　　D. $H(x)=\begin{cases}0, & x<0\\ 1+e^{-x}, & x\geqslant 0\end{cases}$

24. 设总体 $X\sim N(0,\sigma^2)$，$X_1,X_2,\cdots,X_n$ 是来自总体的样本，则 σ^2 的矩估计是：

A. $\frac{1}{n}\sum\limits_{i=1}^{n}X_i$　　B. $n\sum\limits_{i=1}^{n}X_i$　　C. $\frac{1}{n^2}\sum\limits_{i=1}^{n}X_i^2$　　D. $\frac{1}{n}\sum\limits_{i=1}^{n}X_i^2$

25. 一瓶氦气和一瓶氮气，它们每个分子的平均平动动能相同，而且都处于平衡态。则它们：

A. 温度相同，氦分子和氮分子的平均动能相同
B. 温度相同，氦分子和氮分子的平均动能不同
C. 温度不同，氦分子和氮分子的平均动能相同
D. 温度不同，氦分子和氮分子的平均动能不同

26. 最概然速率 v_P 的物理意义是：

A. v_P 是速率分布中的最大速率
B. v_P 是大多数分子的速率
C. 在一定的温度下，速率与 v_P 相近的气体分子所占的百分率最大
D. v_P 是所有分子速率的平均值

27. 气体做等压膨胀，则：

A. 温度升高，气体对外做正功
B. 温度升高，气体对外做负功
C. 温度降低，气体对外做正功
D. 温度降低，气体对外做负功

28. 一定量理想气体由初态 (p_1, V_1, T_1) 经等温膨胀到达终态 (p_2, V_2, T_1)，则气体吸收的热量 Q 为：

A. $Q = p_1 V_1 \ln \frac{V_2}{V_1}$
B. $Q = p_1 V_2 \ln \frac{V_2}{V_1}$
C. $Q = p_1 V_1 \ln \frac{V_1}{V_2}$
D. $Q = p_2 V_1 \ln \frac{P_2}{P_1}$

29. 一横波沿一根弦线传播，其方程为 $y = -0.02\cos\pi(4x - 50t)$（SI），该波的振幅与波长分别为：

A. 0.02cm，0.5cm
B. −0.02m，−0.5m
C. −0.02m，0.5m
D. 0.02m，0.5m

30. 一列机械横波在 t 时刻的波形曲线如图所示，则该时刻能量处于最大值的媒质质元的位置是：

A. a
B. b
C. c
D. d

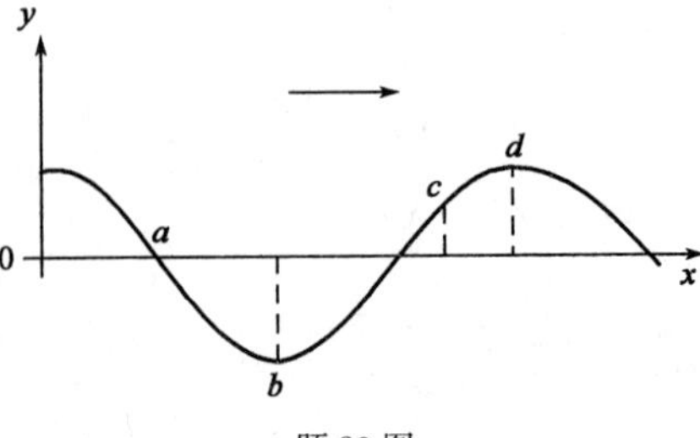

题 30 图

31. 在波长为 λ 的驻波中，两个相邻波腹之间的距离为：

A. $\lambda/2$
B. $\lambda/4$
C. $3\lambda/4$
D. λ

32. 两偏振片叠放在一起，欲使一束垂直入射的线偏振光经过两个偏振片后振动方向转过 90°，且使出射光强尽可能大，则入射光的振动方向与前后两偏振片的偏振化方向夹角分别为：

A. 45°和 90°　　B. 0°和 90°　　C. 30°和 90°　　D. 60°和 90°

33. 光的干涉和衍射现象反映了光的：

A. 偏振性质　　B. 波动性质　　C. 横波性质　　D. 纵波性质

34. 若在迈克耳逊干涉仪的可动反射镜 M 移动了 0.620mm 的过程中，观察到干涉条纹移动了 2 300 条，则所用光波的波长为：

A. 269nm　　B. 539nm　　C. 2690nm　　D. 5390nm

35. 在单缝夫琅禾费衍射实验中，屏上第三级暗纹对应的单缝处波面可分成的半波带的数目为：

A. 3　　B. 4　　C. 5　　D. 6

36. 波长为 λ 的单色光垂直照射在折射率为 n 的劈尖薄膜上，在由反射光形成的干涉条纹中，第五级明条纹与第三级明条纹所对应的薄膜厚度差为：

A. $\frac{\lambda}{2n}$　　B. $\frac{\lambda}{n}$

C. $\frac{\lambda}{5n}$　　D. $\frac{\lambda}{3n}$

37. 量子数 $n=4$，$l=2$，$m=0$ 的原子轨道数目是：

A. 1　　B. 2　　C. 3　　D. 4

38. PCl_3 分子空间几何构型及中心原子杂化类型分别为：

A. 正四面体，sp^3 杂化　　B. 三角锥形，不等性 sp^3 杂化

C. 正方形，dsp^2 杂化　　D. 正三角形，sp^2 杂化

39. 已知 $Fe^{3+} \xrightarrow{0.771} Fe^{2+} \xrightarrow{-0.44} Fe$，则 $E^{\ominus}(Fe^{3+}/Fe)$ 等于：

A. 0.331V　　B. 1.211V　　C. −0.036V　　D. 0.110V

40. 在 $BaSO_4$ 饱和溶液中，加入 $BaCl_2$，利用同离子效应使 $BaSO_4$ 的溶解度降低，体系中 $c(SO_4^{2-})$ 的变化是：

A. 增大　　B. 减小　　C. 不变　　D. 不能确定

41. 催化剂可加快反应速率的原因。下列叙述正确的是：

A. 降低了反应的 $\Delta_r H_m^{\ominus}$　　B. 降低了反应的 $\Delta_r G_m^{\ominus}$

C. 降低了反应的活化能　　D. 使反应的平衡常数 $K^{\ominus}$ 减小

42. 已知反应 $C_2H_2(g)+2H_2(g) \rightleftharpoons C_2H_6(g)$ 的 $\Delta_r H_m<0$，当反应达平衡后，欲使反应向右进行，可采取的方法是：

A. 升温，升压　　B. 升温，减压

C. 降温，升压　　D. 降温，减压

43. 向原电池(－)Ag，AgCl|Cl^- ‖ Ag^+|Ag(＋)的负极中加入 NaCl，则原电池电动势的变化是：

A. 变大　　B. 变小　　C. 不变　　D. 不能确定

44. 下列各组物质在一定条件下反应，可以制得比较纯净的 1,2-二氯乙烷的是：

A. 乙烯通入浓盐酸中　　B. 乙烷与氯气混合

C. 乙烯与氯气混合　　D. 乙烯与卤化氢气体混合

45. 下列物质中，不属于醇类的是：

A. C_4H_9OH　　B. 甘油　　C. $C_6H_5CH_2OH$　　D. C_6H_5OH

46. 人造象牙的主要成分是 $\text{⁅}CH_2-O\text{⁆}_n$，它是经加聚反应制得的。合成此高聚物的单体是：

A. $(CH_3)_2O$　　B. CH_3CHO　　C. HCHO　　D. HCOOH

47. 图示构架由 AC、BD、CE 三杆组成，A、B、C、D 处为铰接，E 处光滑接触。已知：$F_P=2kN$，$\theta=45°$，杆及轮重均不计，则 E 处约束力的方向与 x 轴正向所成的夹角为：

A. 0°　　B. 45°

C. 90°　　D. 225°

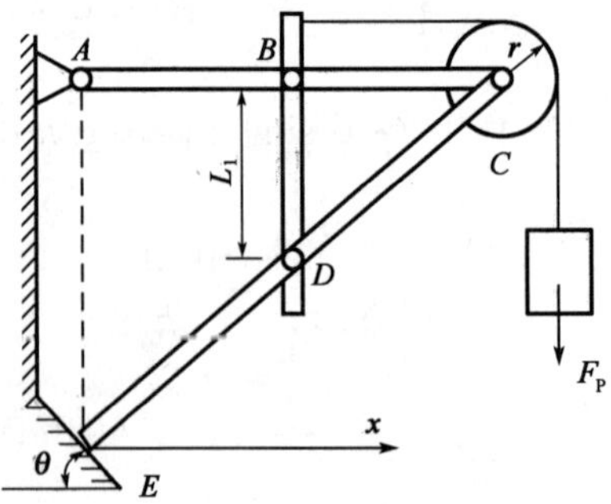

题 47 图

48. 图示结构直杆 BC，受载荷 F，q 作用，$BC=L$，$F=qL$，其中 q 为载荷集度，单位为 N/m，集中力以 N 计，长度以 m 计。则该主动力系数对 O 点的合力矩为：

A. $M_O=0$　　B. $M_O=\frac{qL^2}{2}N\cdot m$(↶)

C. $M_O=\frac{3qL^2}{2}N\cdot m$(↶)　　D. $M_O=qL^2 kN\cdot m$(↷)

49. 图示平面构架，不计各杆自重。已知：物块 M 重 F_P，悬挂如图示，不计小滑轮 D 的尺寸与质量，A、E、C 均为光滑铰链，$L_1=1.5\text{m}$，$L_2=2\text{m}$。则支座 B 的约束力为：

A. $F_B=3F_P/4(\rightarrow)$　　B. $F_B=3F_P/4(\leftarrow)$

C. $F_B=F_P(\leftarrow)$　　D. $F_B=0$

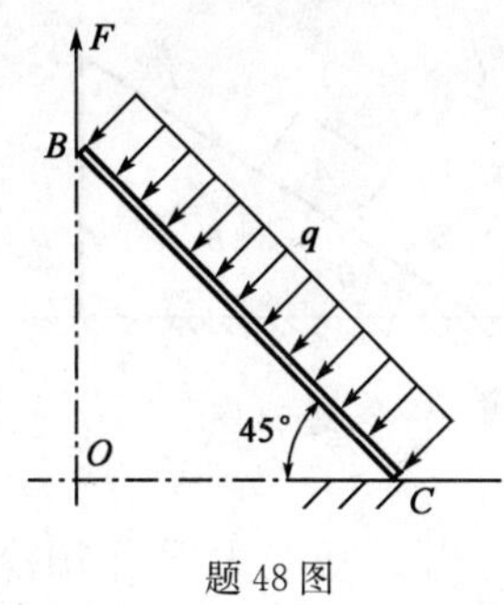

题 48 图

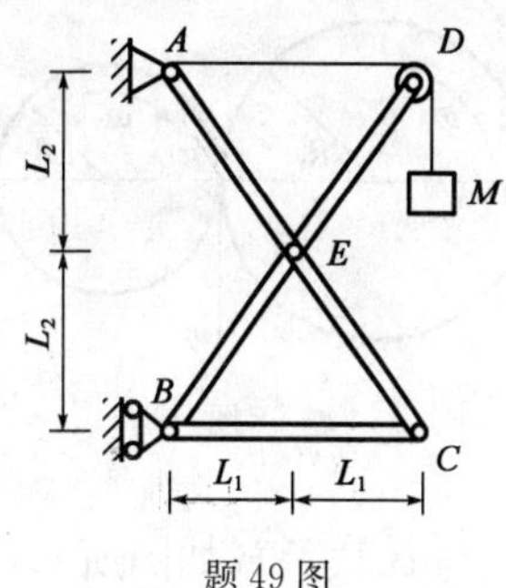

题 49 图

50. 物体重为 W，置于倾角为 α 的斜面上，如图所示。已知摩擦角 $\varphi_m>\alpha$，则物块处于的状态为：

A. 静止状态　　B. 临界平衡状态　　C. 滑动状态　　D. 条件不足，不能确定

51. 已知动点的运动方程为 $x=t, y=2t^2$。则其轨迹方程为：

A. $x=t^2-t$　　B. $y=2t$　　C. $y-2x^2=0$　　D. $y+2x^2=0$

52. 一炮弹以初速度和仰角 α 射出。对于图所示直角坐标的运动方程为 $x=v_0\cos\alpha t$，$y=v_0\sin\alpha t-\frac{1}{2}gt^2$，则当 $t=0$ 时，炮弹的速度和加速度的大小分别为：

A. $v=v_0\cos\alpha, a=g$　　B. $v=v_0, a=g$

C. $v=v_0\sin\alpha, a=-g$　　D. $v=v_0, a=-g$

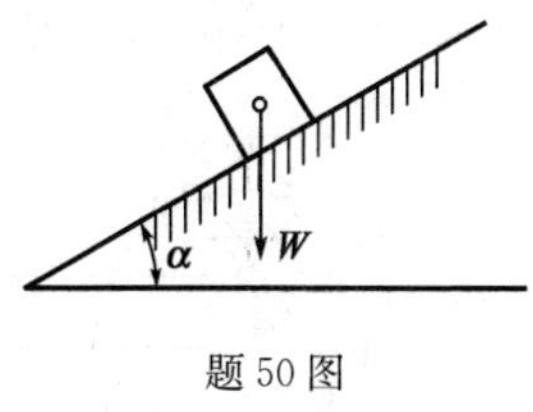

题 50 图

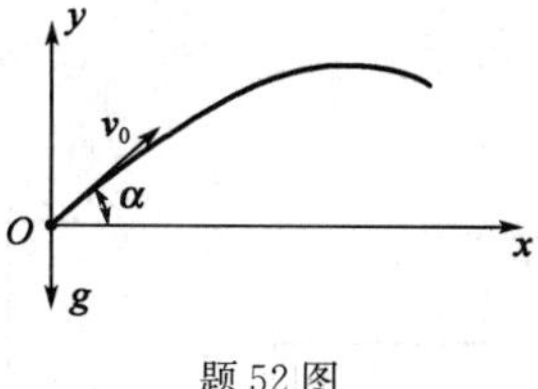

题 52 图

53. 两摩擦轮如图所示。则两轮的角速度与半径关系的表达式为：

A. $\frac{\omega_1}{\omega_2}=\frac{R_1}{R_2}$　　B. $\frac{\omega_1}{\omega_2}=\frac{R_2}{R_1^2}$　　C. $\frac{\omega_1}{\omega_2}=\frac{R_1}{R_2^2}$　　D. $\frac{\omega_1}{\omega_2}=\frac{R_2}{R_1}$

54. 质量为 m 的物块 A，置于与水平面成 θ 角的斜面 B 上，如图所示。A 与 B 间的摩擦系

数为 f，为保持 A 与 B 一起以加速度 a 水平向右运动，则所需的加速度 a 至少是：

A. $a=\dfrac{g(f\cos\theta+\sin\theta)}{\cos\theta+f\sin\theta}$　　B. $a=\dfrac{gf\cos\theta}{\cos\theta+f\sin\theta}$

C. $a=\dfrac{g(f\cos\theta-\sin\theta)}{\cos\theta+f\sin\theta}$　　D. $a=\dfrac{gf\sin\theta}{\cos\theta+f\sin\theta}$

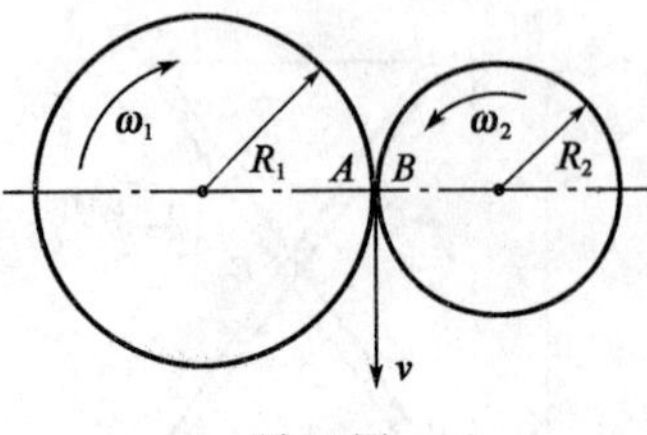

题 53 图

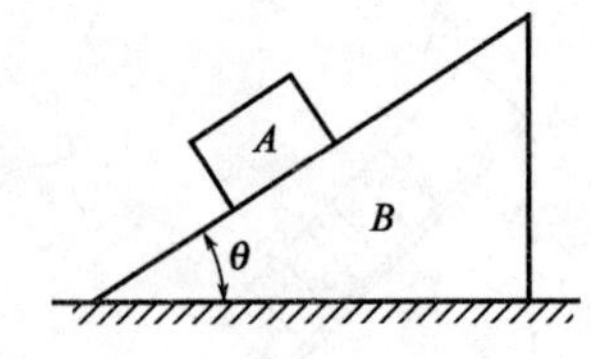

题 54 图

55. A 块与 B 块叠放如图所示，各接触面处均考虑摩擦。当 B 块受力 F 作用沿水平面运动时，A 块仍静止于 B 块上，于是：

A. 各接触面处的摩擦力都做负功　　B. 各接触面处的摩擦力都做正功

C. A 块上的摩擦力做正功　　D. B 块上的摩擦力做正功

56. 质量为 m，长为 $2l$ 的均质杆初始位于水平位置，如图所示。A 端脱落后，杆绕轴 B 转动，当杆转到铅垂位置时，AB 杆 B 处的约束力大小为：

A. $F_{Br}=0, F_{By}=0$　　B. $F_{Br}=0, F_{By}=\dfrac{mg}{4}$

C. $F_{Br}=l, F_{By}=mg$　　D. $F_{Br}=0, F_{By}=\dfrac{5mg}{2}$

57. 质量为 m，半径为 R 的均质圆轮，绕垂直于图面的水平轴 O 转动，其角速度为 ω。在图示瞬时，角加速度为 0，轮心 C 在其最低位置，此时将圆轮的惯性力系向 O 点简化，其惯性力主矢和惯性力主矩的大小分别为：

A. $m\dfrac{R}{2}\omega^2, 0$　　B. $mR\omega^2, 0$　　C. $0, 0$　　D. $0, \dfrac{1}{2}mR^2\omega^2$

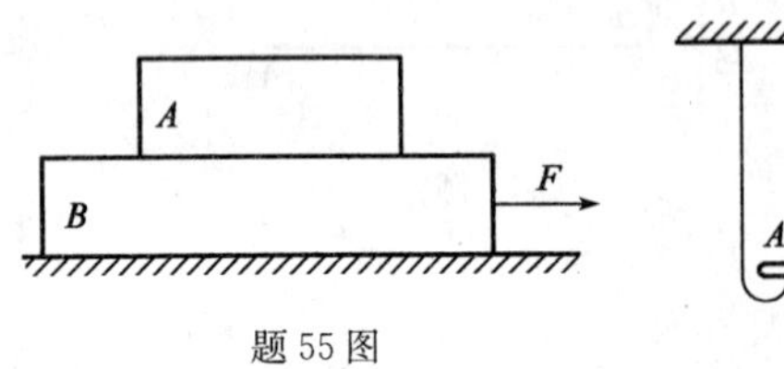

题 55 图

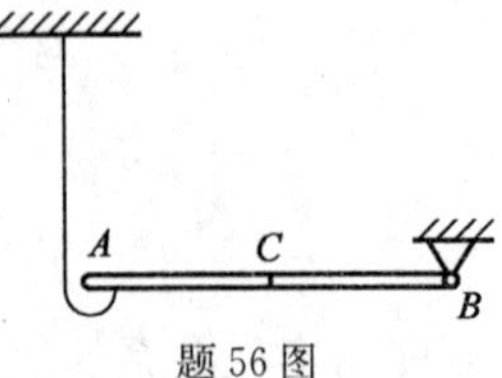

题 56 图

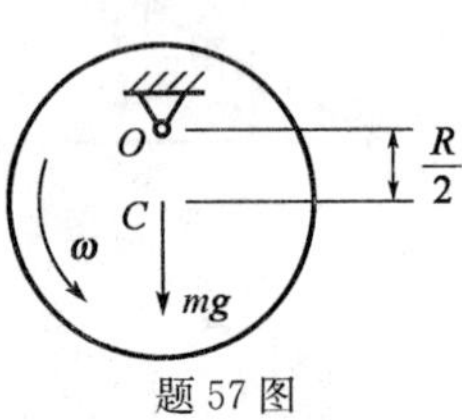

题 57 图

58. 质量为 110kg 的机器固定在刚度为 2×10^6 N/m 的弹性基础上，当系统发生共振时，机器的工作频率为：

A. 66.7rad/s　　B. 95.3rad/s　　C. 42.6rad/s　　D. 134.8rad/s

59. 图示结构的两杆面积和材料相同，在铅直力 F 作用下，拉伸正应力最先达到许用应力的杆是：

A. 杆 1　　B. 杆 2　　C. 同时达到　　D. 不能确定

60. 图示结构的两杆许用应力均为 $[\sigma]$，杆 1 的面积为 A，杆 2 的面积为 $2A$，则该结构的许用载荷是：

A. $[F]=A[\sigma]$　　B. $[F]=2A[\sigma]$

C. $[F]=3A[\sigma]$　　D. $[F]=4A[\sigma]$

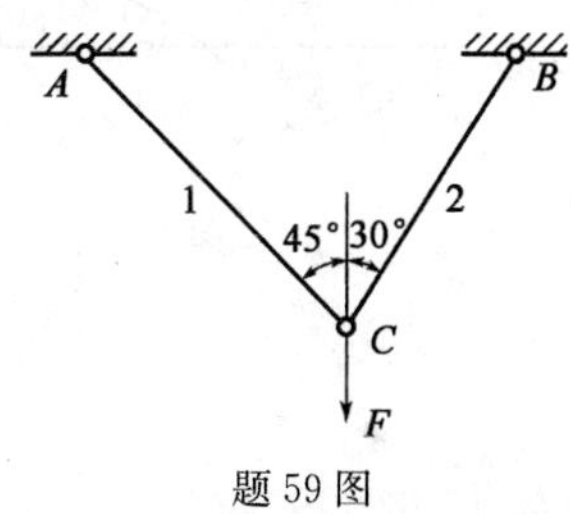

题 59 图

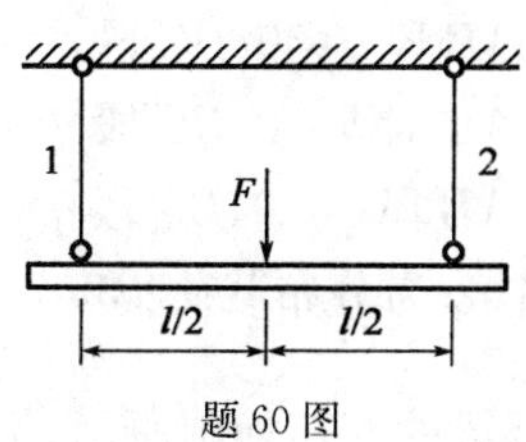

题 60 图

61. 钢板用两个铆钉固定在支座上，铆钉直径为 d，在图示载荷作用下，铆钉的最大切应力是：

A. $\tau_{\max}=\dfrac{4F}{\pi d^2}$　　B. $\tau_{\max}=\dfrac{8F}{\pi d^2}$　　C. $\tau_{\max}=\dfrac{12F}{\pi d^2}$　　D. $\tau_{\max}=\dfrac{2F}{\pi d^2}$

62. 螺钉承受轴向拉力 F，螺钉头与钢板之间的挤压应力是：

A. $\sigma_{bs}=\dfrac{4F}{\pi(D^2-d^2)}$　　B. $\sigma_{bs}=\dfrac{F}{\pi dt}$　　C. $\sigma_{bs}=\dfrac{4F}{\pi d^2}$　　D. $\sigma_{bs}=\dfrac{4F}{\pi D^2}$

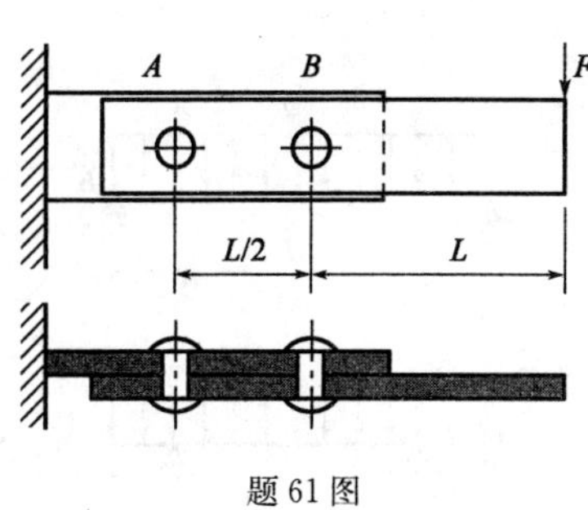

题 61 图

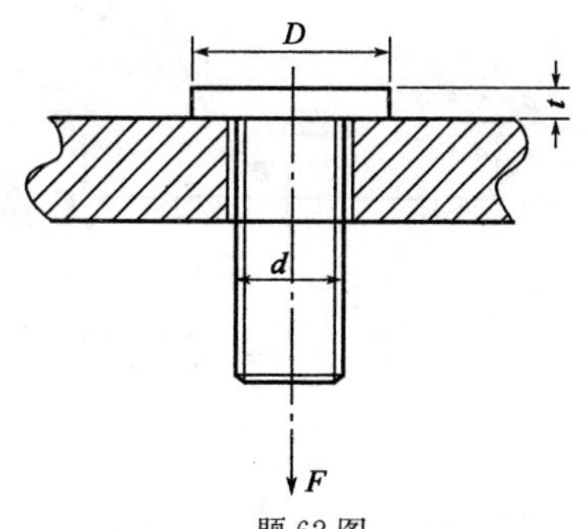

题 62 图

63. 圆轴直径为 d，切变模量为 G，在外力作用下发生扭转变形，现测得单位长度扭转角为 θ，圆轴的最大切应力是：

A. $\tau_{\max}=\dfrac{16\theta G}{\pi d^3}$　　B. $\tau_{\max}=\theta G\dfrac{\pi d^3}{16}$　　C. $\tau_{\max}=\theta Gd$　　D. $\tau_{\max}=\dfrac{\theta Gd}{2}$

64. 图示两根圆轴，横载面面积相同，但分别为实心圆和空心圆。在相同的扭矩 T 作用下，两轴最大切应力的关系是：

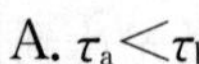

A. $\tau_a < \tau_b$　　B. $\tau_a = \tau_b$　　C. $\tau_a > \tau_b$　　D. 不能确定

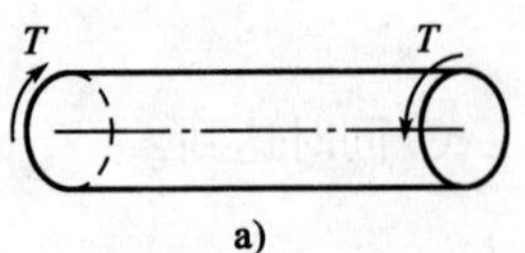

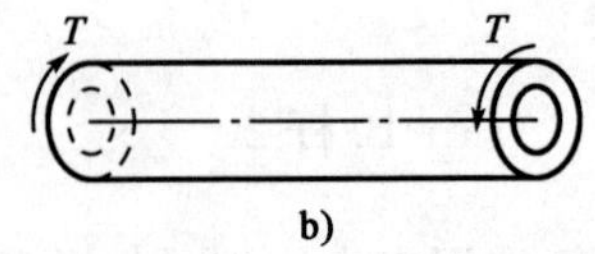

题 64 图

65. 简支梁 AC 的 A、C 截面为铰支端。已知的弯矩图如图所示，其中 AB 段为斜直线，BC 段为抛物线。以下关于梁上载荷的正确判断是：

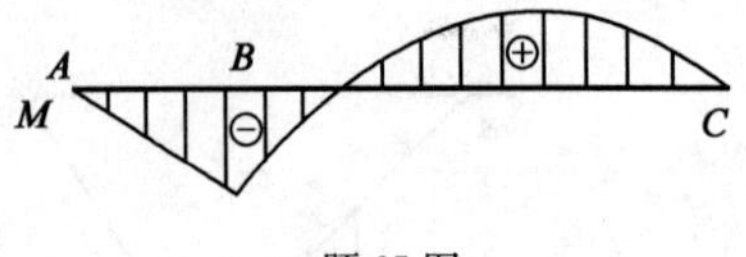

题 65 图

A. AB 段 $q=0$，BC 段 $q\neq0$，B 截面处有集中力

B. AB 段 $q\neq0$，BC 段 $q=0$，B 截面处有集中力

C. AB 段 $q=0$，BC 段 $q\neq0$，B 截面处有集中力偶

D. AB 段 $q\neq0$，BC 段 $q=0$，B 截面处有集中力偶

（注：q 为分布载荷集度）

66. 悬臂梁的弯矩如图所示，根据梁的弯矩图，梁上的载荷 F、m 的值应是：

A. $F=6\text{kN}$，$m=10\text{kN}\cdot\text{m}$　　B. $F=6\text{kN}$，$m=6\text{kN}\cdot\text{m}$

C. $F=4\text{kN}$，$m=4\text{kN}\cdot\text{m}$　　D. $F=4\text{kN}$，$m=6\text{kN}\cdot\text{m}$

67. 承受均布荷载的简支梁如图 a）所示，现将两端的支座同时向梁中间移动 $l/8$，如图 b）所示，两根梁的中点 $\left(\frac{l}{2}\text{处}\right)$ 弯矩之比 $\frac{M_a}{M_b}$ 为：

A. 16　　B. 4　　C. 2　　D. 1

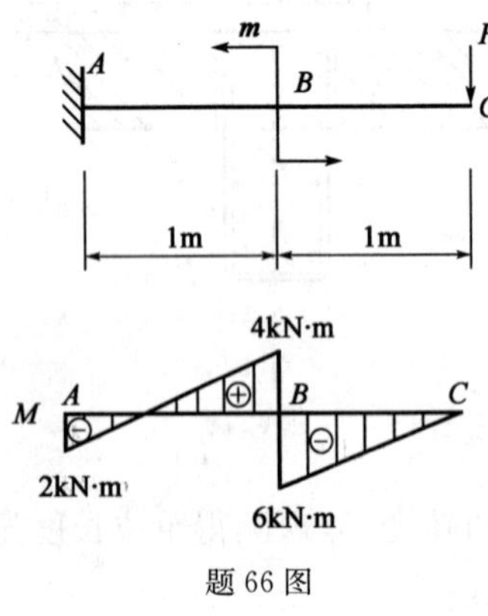

题 66 图

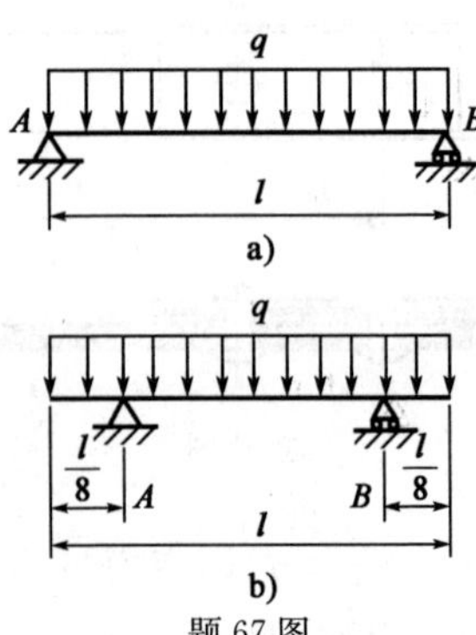

题 67 图

68. 按照第三强度理论，图示两种应力状态的危险程度是：

A. a）更危险　　B. b）更危险

C. 两者相同　　D. 无法判断

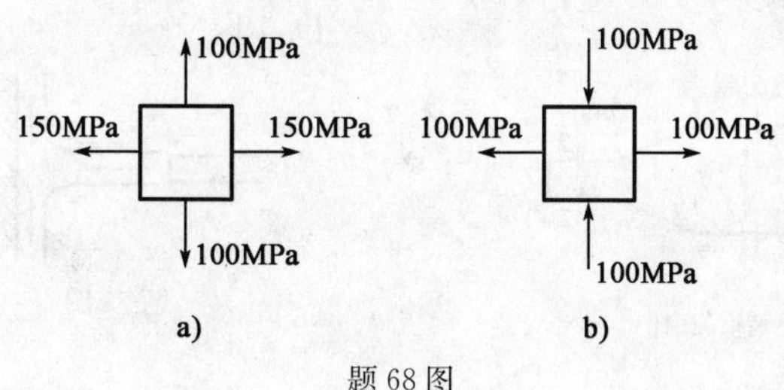

题 68 图

69. 两根杆粘合在一起，截面尺寸如图。杆 1 的弹性模量为 E_1，杆 2 的弹性模量为 E_2，且 $E_1=2E_2$。若轴向力 F 作用在截面形心，则杆件发生的变形是：

A. 拉伸和向上弯曲变形　　B. 拉伸和向下弯曲变形

C. 弯曲变形　　D. 拉伸变形

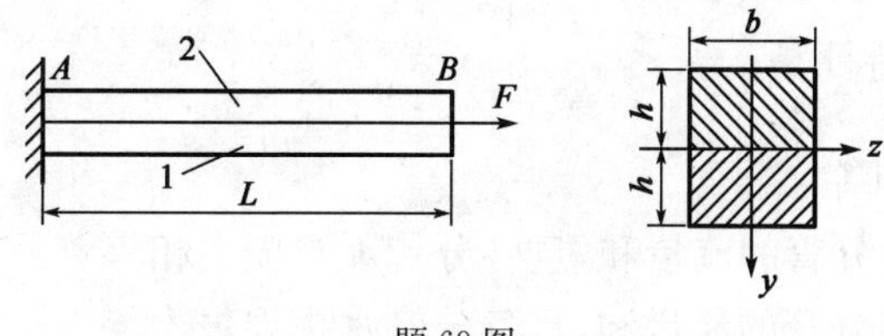

题 69 图

70. 图示细长压杆 AB 的 A 端自由，B 端固定在简支梁上。该压杆的长度系数 μ 是：

A. $\mu>2$　　B. $2>\mu>1$

C. $1>\mu>0.7$　　D. $0.7>\mu>0.5$

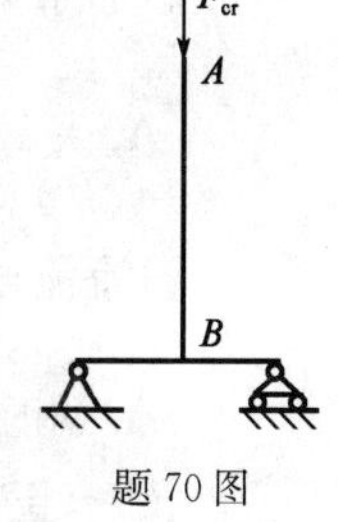

题 70 图

71. 半径为 R 的圆管中，横截面上流速分布为 $u=2\left(1-\frac{r^2}{R^2}\right)$，其中 r 表示到圆管轴线的距离，则在 $r_1=0.2R$ 处的黏性切应力与 $r_2=R$ 处的黏性切应力大小之比为：

A. 5　　B. 25　　C. 1/5　　D. 1/25

72. 一水平放置的恒定变直径圆管流，不计水头损失，取两个截面标记为 1 和 2，当 $d_1>d_2$ 时，则两截面形心压强关系是：

A. $p_1<p_2$　　B. $p_1>p_2$

C. $p_1=p_2$　　D. 不能确定

73. 水由喷嘴水平喷出，冲击在光滑平板上，如图所示，已知出口流速为 50m/s，喷射流量为 0.2m^3/s，不计阻力，则平板受到的冲击力为：

A. 5kN　　B. 10kN

C. 20kN　　　　　　　　　　　　D. 40kN

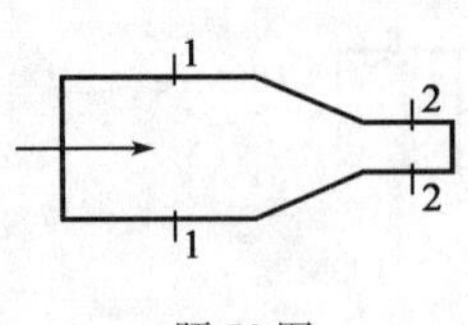

题 72 图

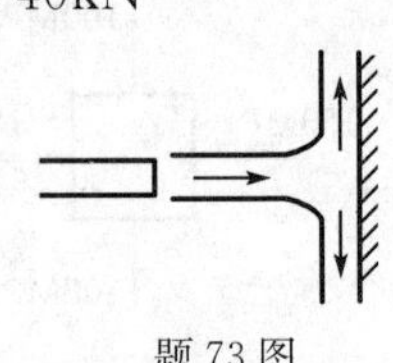
题 73 图

74. 沿程水头损失 h_f：

A. 与流程长度成正比，与壁面切应力和水力半径成反比
B. 与流程长度和壁面切应力成正比，与水力半径成反比
C. 与水力半径成正比，与流程长度和壁面切应力成反比
D. 与壁面切应力成正比，与流程长度和水力半径成反比

75. 并联比管的流动特征是：

A. 各分管流量相等
B. 总流量等于各分管的流量和，且各分管水头损失相等
C. 总流量等于各分管的流量和，且各分管水头损失不等
D. 各分管测压管水头差不等于各分管的总能头差

76. 矩形水力最优断面的底宽是水深的：

A. 0.5 倍　　B. 1 倍　　C. 1.5 倍　　D. 2 倍

77. 渗流流速 v 与水力坡度 J 的关系是：

A. v 正比于 J　　B. v 反比于 J
C. v 正比于 J 的平方　　D. v 反比于 J 的平方

78. 烟气在加热炉回热装置中流动，拟用空气介质进行实验。已知空气黏度 $\nu_{空气}=15\times10^{-6}\text{m}^2/\text{s}$，烟气运动黏度 $\nu_{烟气}=60\times10^{-6}\text{m}^2/\text{s}$，烟气流速 $v_{烟气}=3\text{m/s}$，如若实际与模型长度的比尺 $\lambda_L=5$，则模型空气的流速应为：

A. 3.75m/s　　B. 0.15m/s　　C. 2.4m/s　　D. 60m/s

79. 在一个孤立静止的点电荷周围：

A. 存在磁场，它围绕电荷呈球面状分布
B. 存在磁场，它分布在从电荷所在处到无穷远处的整个空间中
C. 存在电场，它围绕电荷呈球面状分布
D. 存在电场，它分布在从电荷所在处到无穷远处的整个空间中

80. 图示电路消耗电功率 2W，则下列表达式中正确的是：

A. $(8+R)I^2=2,(8+R)I=10$

B. $(8+R)I^2=2,-(8+R)I=10$

C. $-(8+R)I^2=2,-(8+R)I=10$

D. $-(8+R)I=10,(8+R)I=10$

81. 图示电路中，*a*-*b* 端的开路电压 U_{abk} 为：

A. 0　　B. $\frac{R_1}{R_1+R_2}U_s$

C. $\frac{R_2}{R_1+R_2}U_s$　　D. $\frac{R_2 /\!/ R_L}{R_1+R_2 /\!/ R_L}U_s$

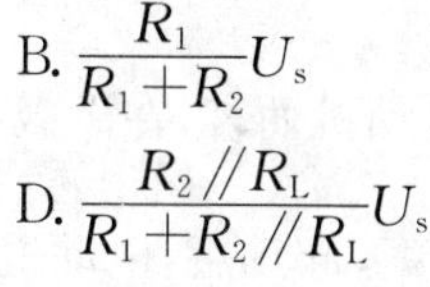

(注：$R_2 /\!/ R_L=\frac{R_2 \cdot R_L}{R_2+R_L}$)

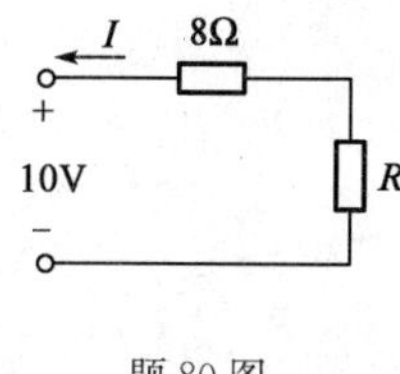

题 80 图

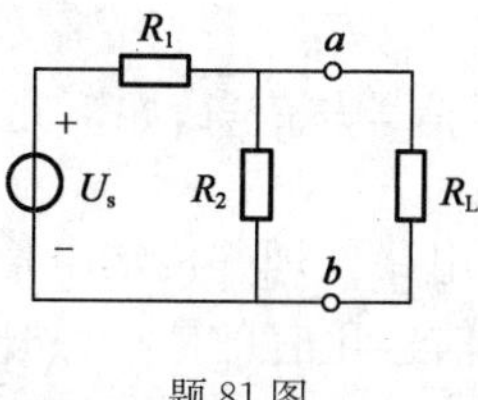

题 81 图

82. 在直流稳态电路中，电阻、电感、电容元件上的电压与电流大小的比值分别为：

A. $R,0,0$　　B. $0,0,\infty$

C. $R,\infty,0$　　D. $R,0,\infty$

83. 图示电路中，若 $u(t)=\sqrt{2}U\sin(\omega t+\varphi_u)$ 时，电阻元件上的电压为 0，则：

A. 电感元件断开了　　B. 一定有 $I_L=I_C$

C. 一定有 $i_L=i_C$　　D. 电感元件被短路了

84. 已知图示三相电路中三相电源对称，$Z_1=z_1\angle\varphi_1$，$Z_2=z_2\angle\varphi_2$，$Z_3=z_3\angle\varphi_3$，若 $U_{NN'}=0$，则 $z_1=z_2=z_3$，且：

A. $\varphi_1=\varphi_2=\varphi_3$

B. $\varphi_1-\varphi_2=\varphi_2-\varphi_3=\varphi_3-\varphi_1=120°$

C. $\varphi_1-\varphi_2=\varphi_2-\varphi_3=\varphi_3-\varphi_1=-120°$

D. N'必须被接地

85. 图示电路中，设变压器为理想器件，若 $u=10\sqrt{2}\sin\omega t\text{V}$，则：

A. $U_1=\frac{1}{2}U,U_2=\frac{1}{4}U$　　B. $I_1=0.01U,I_2=0$

C. $I_1=0.002U,I_2=0.004U$　　D. $U_1=0,U_2=0$

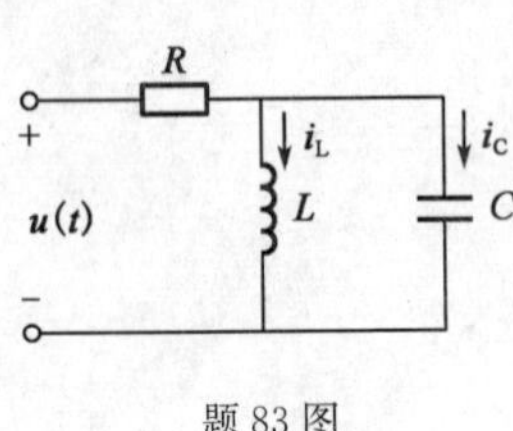

题 83 图

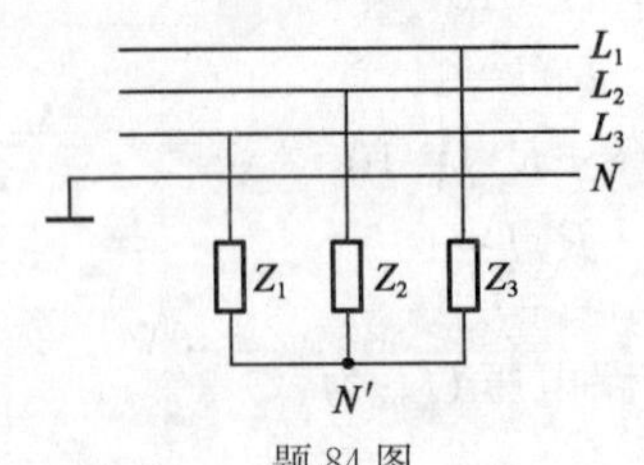

题 84 图

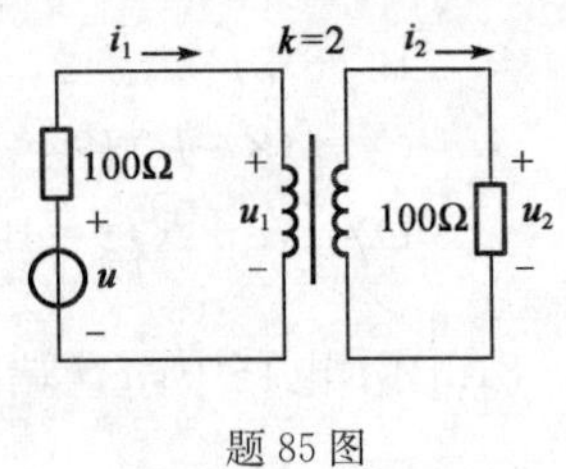

题 85 图

86. 对于三相异步电动机而言，在满载起动情况下的最佳起动方案是：

A. Y-Δ 起动方案，起动后，电动机以 Y 接方式运行
B. Y-Δ 起动方案，起动后，电动机以 Δ 接方式运行
C. 自耦调压器降压起动
D. 绕线式电动机串转子电阻起动

87. 关于信号与信息，如下几种说法中正确的是：

A. 电路处理并传输电信号
B. 信号和信息是同一概念的两种表述形式
C. 用“1”和“0”组成的信息代码“1001”只能表示数量“5”
D. 信息是看得到的，信号是看不到的

88. 图示非周期信号 $u(t)$ 的时域描述形式是：[注：$l(t)$ 是单位阶跃函数]

A. $u(t)=\begin{cases}1\text{V}, & t\leqslant 2\\ -1\text{V}, & t>2\end{cases}$
B. $u(t)=-l(t-1)+2\cdot l(t-2)-l(t-3)\text{V}$
C. $u(t)=l(t-1)-l(t-2)\text{V}$
D. $u(t)=-l(t+1)+l(t+2)-l(t+3)\text{V}$

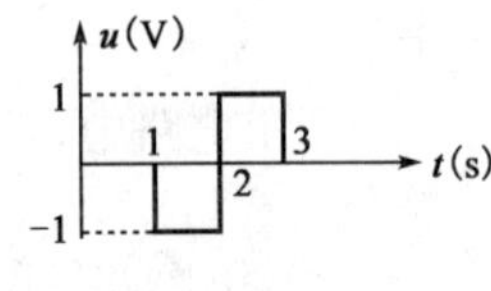

题 88 图

89. 某放大器的输入信号 $u_1(t)$ 和输出信号 $u_2(t)$ 如图所示，则：

A. 该放大器是线性放大器
B. 该放大器放大倍数为 2
C. 该放大器出现了非线性失真
D. 该放大器出现了频率失真

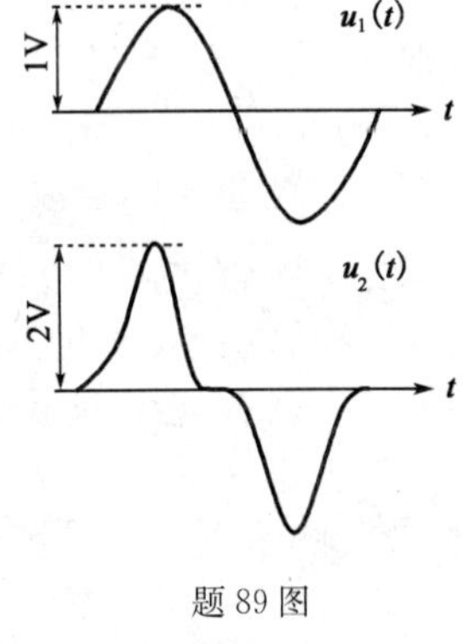

题 89 图

90. 对逻辑表达式 $\text{ABC}+\text{A}\,\overline{\text{BC}}+\text{B}$ 的化简结果是：

A. AB　　B. A+B
C. ABC　　D. $\text{A}\,\overline{\text{BC}}$

91. 已知数字信号 X 和数字信号 Y 的波形如图所示，则数字信号 $\text{F}=\overline{\text{XY}}$ 的波形为：

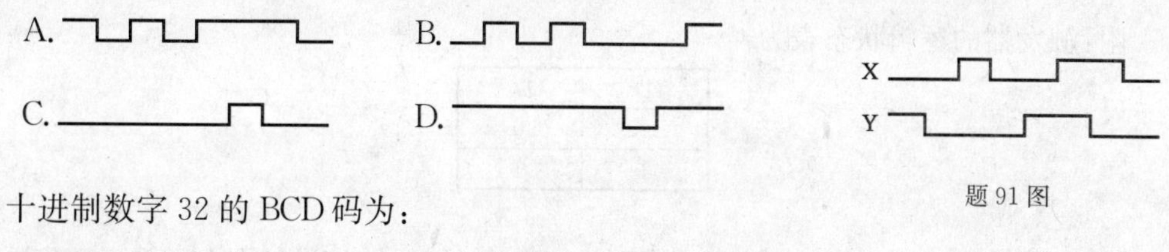

92. 十进制数字 32 的 BCD 码为：

A. 00110010　　B. 00100000　　C. 100000　　D. 00100011

93. 二级管应用电路如图所示，设二极管 D 为理想器件，$u_i = 10\sin\omega t$V，则输出电压 u_o 的波形为：

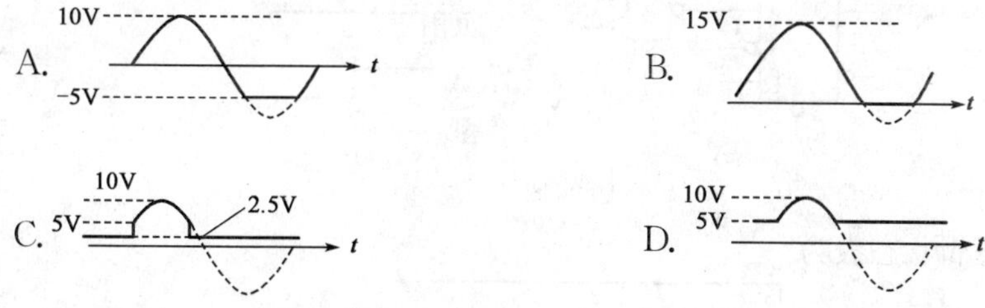

94. 晶体三极管放大电路如图所示，在进入电容 C_E 之后：

A. 放大倍数变小

B. 输入电阻变大

C. 输入电阻变小，放大倍数变大

D. 输入电阻变大，输出电阻变小，放大倍数变大

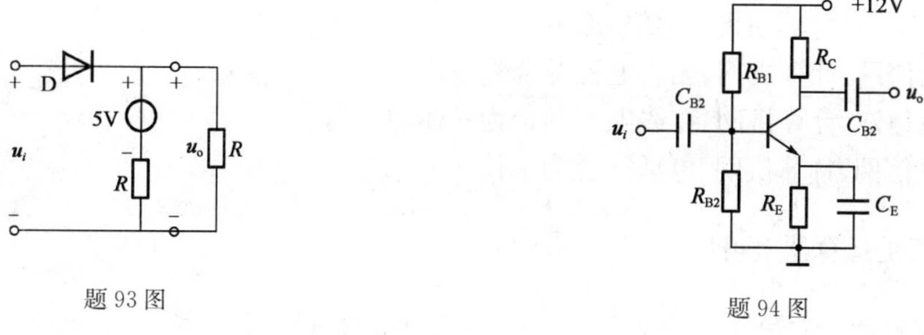

题 93 图　　题 94 图

95. 图 a)所示电路中，复位信号 $\overline{R}_D$，信号 A 及时钟脉冲信号 cp 如图 b)所示，经分析可知，在第一个和第二个时钟脉冲的下降沿时刻，输出 Q 分别等于：

A. 0　0　　B. 0　1　　C. 1　0　　D. 1　1

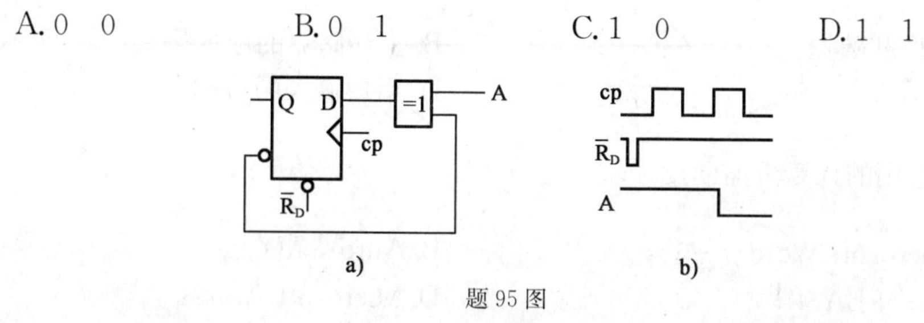

题 95 图

附：触发器的逻辑状态表为

D	Q_{n+1}
0	0
1	1

96. 图 a)所示电路中，复位信号、数据输入及时时钟脉冲信号如图 b)所示，经分析可知，在第一下和第二个时钟脉冲的下降沿过后，输出 Q 分别等于：

A. 0　0　　　B. 0　1　　　C. 1　0　　　D. 1　1

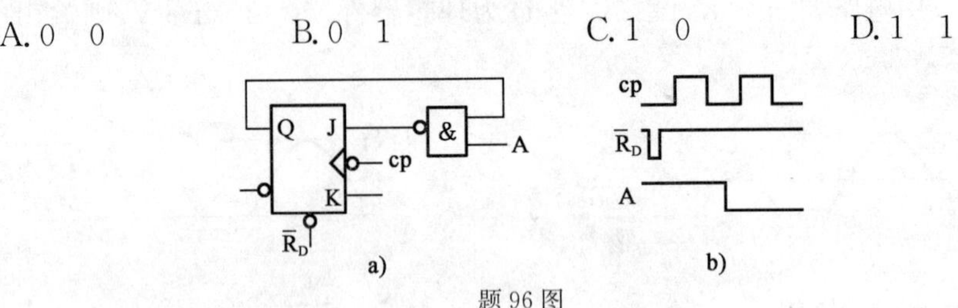

题 96 图

附：触发器的逻辑状态表为

J	K	Q_{n+1}
0	0	Q_n
0	1	0
1	0	1
1	1	$\overline{Q}_n$

97. 现在全国都在开发三网合一的系统工程，即：

A. 将电信网、计算机网、通信网合为一体
B. 将电信网、计算机网、无线电视网合为一体
C. 将电信网、计算机网、有线电视网合为一体
D. 将电信网、计算机网、电话网合为一体

98. 在计算机的运算器上可以：

A. 直接解微分方程　　　B. 直接进行微分运算
C. 直接进行积分运算　　　D. 进行算数运算和逻辑运算

99. 总线中的控制总线传输的是：

A. 程序和数据　　　B. 主存储器的地址码
C. 控制信息　　　D. 用户输入的数据

100. 目前常用的计算机辅助设计软件是：

A. Microsoft Word　　　B. Auto CAD
C. Visual BASIC　　　D. Microsoft Access

101. 计算机中度量数据的最小单位是：

A. 数 0　　B. 位　　C. 字节　　D. 字

102. 在下面列出的四种码中，不能用于表示机器数的一种是：

A. 原码　　B. ASCII 码　　C. 反码　　D. 补码

103. 一幅图像的分辨率为 640×480 像素，这表示该图像中：

A. 至少由 480 个像素组成　　B. 总共由 480 个像素组成

C. 每行由 640×480 个像素组成　　D. 每列由 480 个像素组成

104. 在下面四条有关进程特征的叙述中，其中正确的一条是：

A. 静态性、并发性、共享性、同步性

B. 动态性、并发性、共享性、异步性

C. 静态性、并发性、独立性、同步性

D. 动态性、并发性、独立性、异步性

105. 操作系统的设备管理功能是对系统中的外围设备：

A. 提供相应的设备驱动程序，初始化程序和设备控制程序等

B. 直接进行操作

C. 通过人和计算机的操作系统对外围设备直接进行操作

D. 既可以由用户干预，也可以直接执行操作

106. 联网中的每台计算机：

A. 在联网之前有自己独立的操作系统，联网以后是网络中的某一个结点

B. 在联网之前有自己独立的操作系统，联网以后它自己的操作系统屏蔽

C. 在联网之前没有自己独立的操作系统，联网以后使用网络操作系统

D. 联网中的每台计算机有可以同时使用的多套操作系统

107. 某企业向银行借款，按季度计息，年名义利率为 8%，则年实际利率为：

A. 8%　　B. 8.16%

C. 8.24%　　D. 8.3%

108. 在下列选项中，应列入项目投资现金流量分析中的经营成本的是：

A. 外购原材料、燃料和动力费　　B. 设备折旧

C. 流动资金投资　　D. 利息支出

109. 某项目第 6 年累计净现金流量开始出现正值，第五年末累计净现金流量为－60 万

元，第 6 年当年净现金流量为 240 万元，则该项目的静态投资回收期为：

A. 4.25 年　　B. 4.75 年
C. 5.25 年　　D. 6.25 年

110. 某项目初期（第 0 年年初）投资额为 5000 万元，此后从第二年年末开始每年有相同的净收益，收益期为 10 年。寿命期结束时的净残值为零，若基准收益率为 15%，则要使该投资方案的净现值为零，其年净收益应为：[已知：$(P/A,15\%,10)=5.0188$，$(P/F,15\%,1)=0.8696$]

A. 574.98 万元　　B. 866.31 万元
C. 996.25 万元　　D. 1145.65 万元

111. 以下关于项目经济费用效益分析的说法中正确的是：

A. 经济费用效益分析应考虑沉没成本
B. 经济费用和效益的识别不适用“有无对比”原则
C. 识别经济费用效益时应剔出项目的转移支付
D. 为了反映投入物和产出物真实经济价值，经济费用效益分析不能使用市场价格

112. 已知甲、乙为两个寿命期相同的互斥项目，其中乙项目投资大于甲项目。通过测算得出甲、乙两项目的内部收益率分别为 17% 和 14%，增量内部收益 ΔIRR（乙－甲）＝13%，基准收益率为 14%，以下说法中正确的是：

A. 应选择甲项目　　B. 应选择乙项目
C. 应同时选择甲、乙两个项目　　D. 甲、乙两项目均不应选择

113. 以下关于改扩建项目财务分析的说法中正确的是：

A. 应以财务生存能力分析为主
B. 应以项目清偿能力分析为主
C. 应以企业层次为主进行财务分析
D. 应遵循“有无对比”原刚

114. 下面关于价值工程的论述中正确的是：

A. 价值工程中的价值是指成本与功能的比值
B. 价值工程中的价值是指产品消耗的必要劳动时间
C. 价值工程中的成本是指寿命周期成本，包括产品在寿命期内发生的全部费用
D. 价值工程中的成本就是产品的生产成本，它随着产品功能的增加而提高

115. 根据《建筑法》规定，某建设单位领取了施工许可证，下列情节中，可能不导致施工许可证废止的是：

A. 领取施工许可证之日起三个月内因故不能按期开工，也未申请延期

B. 领取施工许可证之日起按期开工后又中止施工

C. 向发证机关申请延期开工一次，延期之日起三个月内，因故仍不能按期开工，也未申请延期

D. 向发证机关申请延期开工两次，超过6个月因故不能按期开工，继续申请延期

116. 某施工单位一个有职工185人的三级施工资质的企业，根据《安全生产法》规定，该企业下列行为中合法的是：

A. 只配备兼职的安全生产管理人员

B. 委托具有国家规定相关专业技术资格的工程技术人员提供安全生产管理服务，由其负责承担保证安全生产的责任

C. 安全生产管理人员经企业考核后即任职

D. 设置安全生产管理机构

117. 下列属于《招标投标法》规定的招标方式是：

A. 公开招标和直接招标　　B. 公开招标和邀请招标

C. 公开招标和协议招标　　D. 公开招标和公开招标

118. 根据《合同法》规定，下列行为不属于要约邀请的是：

A. 某建设单位发布招标公告　　B. 某招标单位发出中标通知书

C. 某上市公司发出招标说明书　　D. 某商场寄送的价目表

119. 根据《行政许可法》的规定，除可以当场作出行政许可决定的外，行政机关应当自受理行政可之日起作出行政许可决定的时限是：

A. 5日之内　　B. 7日之内　　C. 15日之内　　D. 20日之内

120. 某建设项目甲建设单位与乙施工单位签订施工总承包合同后，乙施工单位经甲建设单位认可，将打桩工程分包给丙专业承包单位，丙专业承包单位又将劳务作业分包给丁劳务单位，由于丙专业承包单位从业人员责任心不强，导致该打桩工程部分出现了质量缺陷，对于该质量缺陷的责任承担，以下说明正确的是：

A. 乙单位和丙单位承担连带责任　　B. 丙单位和丁单位承担连带责任

C. 丙单位向甲单位承担全部责任　　D. 乙、丙、丁三单位共同承担责任

2013年度全国勘察设计注册工程师公共基础考试

试题解析及参考答案

1.**解** 由题目得$\boldsymbol{\alpha}\times\boldsymbol{\beta}=\begin{vmatrix} i & j & k \\ -3 & -2 & 1 \\ 1 & -4 & -5 \end{vmatrix}=14i-14j+14k$

则：$|\boldsymbol{\alpha}\times\boldsymbol{\beta}|=\sqrt{14^2+(-14)^2+14^2}=14\sqrt{3}$

答案:C

2.**解** 因为$\lim\limits_{x\to1}(x^2+x-2)=0$;$\lim\limits_{x\to1}(2x^2+ax+b)=0\Rightarrow2+a+b=0$，由洛必达法则可得$\lim\limits_{x\to1}\dfrac{4x+a}{2x+1}=1$则$\dfrac{4+a}{3}=1,a=-1,b=-1$。

答案:C

3.**解** $\dfrac{dy}{dx}=\dfrac{\frac{dy}{dt}}{\frac{dx}{dt}}=\dfrac{-\sin t}{\cos t}=-\tan t$

答案:A

4.**解** 因为$\int f(x)dx=F(x)+C$故选项A错误；因为$\int f'(x)dx=f(x)+C$，故选项C错误。

因为$\left(\int f(x)dx\right)'=f(x)$，故选项D错误；所以正确选项为B。

答案:B

5.**解** $f(x)$为连续的偶函数，设$f(x)=3x^2$则$f(x)$的原函数$\int f(x)dx=x^3+C$中，当且仅当$C=0$时，$f(x)$为奇函数。

答案:A

6.**解** $\lim\limits_{x\to1^+}f(x)=\lim\limits_{x\to1^+}(4x-1)=3$

$\lim\limits_{x\to1^-}f(x)=\lim\limits_{x\to1^-}3x^2=3$

$\lim\limits_{x\to1^+}f(x)=\lim\limits_{x\to1^-}f(x)=\lim\limits_{x\to1}f(x)=3=f(1)$

所以$f(x)$在点$x=1$处连续。

$f'(1)=\lim\limits_{x\to1}\dfrac{f(x)-f(1)}{x-1}$

$f'_+(1)=\lim\limits_{x\to1^+}\dfrac{4x-4}{x-1}=4$

$f'_-(1)=\lim\limits_{x\to 1^-}\dfrac{3x^2-3}{x-1}=6$

因为 $f'_+(1)\neq f'_-(1)$，所以 $f(x)$ 在 $x=1$ 处不可导。

答案:C

7.解 $y'=-x^{\frac{2}{3}}+(5-x)\cdot\dfrac{2}{3}x^{-\frac{1}{3}}=\dfrac{-x+\dfrac{2}{3}(5-x)}{x^{\frac{1}{3}}}=\dfrac{5}{3}\cdot\dfrac{2-x}{x^{\frac{1}{3}}}$

令 $y'=0$，可得 $x=2$，又有 y 在 $x=0$ 处不可导，所以函数 y 的极值可疑点的个数是2个。

答案:C

8.解 $\int_0^{+\infty}e^{-x}dx=-e^{-x}\big|_0^{+\infty}=1$ 收敛；$\int_0^{+\infty}\dfrac{1}{1+x^2}dx=\arctan x\big|_0^{+\infty}=\dfrac{\pi}{2}$ 收敛；

$\int_0^{+\infty}\dfrac{\ln x}{x}dx=\int_0^{+\infty}\ln x d\ln x=\dfrac{1}{2}(\ln x)^2\Big|_0^{+\infty}$ 发散；$\int_0^1\dfrac{1}{\sqrt{1-x^2}}dx=\arcsin x\big|_0^1=\dfrac{\pi}{2}$ 收敛。

答案:C

9.解 由图可知，$\int_0^1 dx\int_{x^2}^{x}f(x,y)dy=\int_0^1 dy\int_y^{\sqrt{y}}f(x,y)dx$

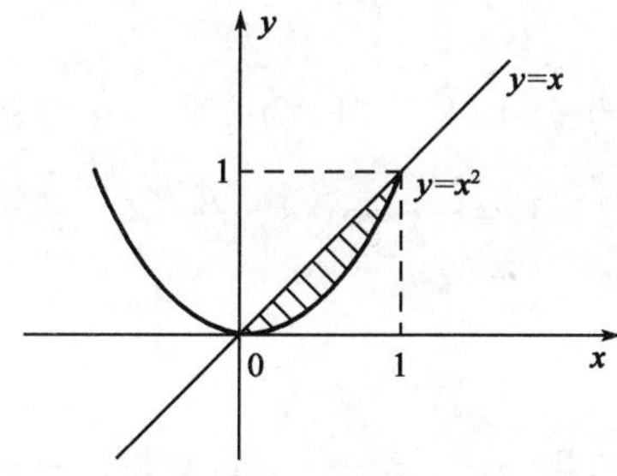

题9解图

答案:D

10.解 因为 $x\cdot\dfrac{dy}{dx}=y\ln y,\dfrac{dy}{y\ln y}=\dfrac{dx}{x},\dfrac{d\ln y}{\ln y}=\dfrac{dx}{x}$

则 $\ln|\ln y|=\ln|x|+C_1$，即 $\ln\left|\dfrac{\ln y}{x}\right|=\ln e^{C_1}$，$\dfrac{\ln y}{x}=\pm e^{C_1}=C$，又有 $y(1)=e$，$C=1$，故微分方程的特解为 $\ln y=x$，即 $y=e^x$。

答案:B

11.解 由已知可得：$x\dfrac{\partial z}{\partial y}-x+\dfrac{xz+xy\dfrac{\partial z}{\partial y}}{xyz}=0$

$x\dfrac{\partial z}{\partial y}-x+\dfrac{1}{y}+\dfrac{1}{z}\dfrac{\partial z}{\partial y}=0$

$$\frac{\partial z}{\partial y}=\frac{x-\frac{1}{y}}{x+\frac{1}{z}}=\frac{xyz-z}{xyz+y}=\frac{z(xy-1)}{y(xz+1)}$$

答案:D

12. **解** 正项级数收敛的充分必要条件是其部分和有界,即其部分和有上界。

答案:A

13. **解** $f(-x)=-f(x)(-\infty<x<+\infty)$

$f'(x)=f'(-x)(-\infty<x<+\infty)$

因为在 $(-\infty,0)$ 内 $f'(x)>0$,则在 $(0,+\infty)$ 内有 $f'(x)>0$ 。

$f'(x)=f'(-x)(-\infty<x<+\infty)$。

$f''(-x)=-f''(x)(-\infty<x<+\infty)$

因为在 $(-\infty,0)$ 内 $f''(x)<0$,则在 $(0,+\infty)$ 内有 $f''(x)>0$ 。

答案:C

14. **解** 对应的齐次方程的特征方程为 $r^2-3r+2=0$,则 $r_1=1,r_2=2$。

又 $\lambda=1$ 是特征方程的单根,所以特解设为 $y^*=x(Ax+B)e^x=(Ax^2+Bx)e^x$ 。

答案:A

15. **解** 直线 L 的方向向量为 $\boldsymbol{s}=(3,-1,2)$,平面 π 的法向量为 $\boldsymbol{n}=(-2,2,1)$,又有 $\boldsymbol{s}\cdot\boldsymbol{n}=3\times(-2)+(-1)\times2+2\times1=-6\neq0$ 且 $\frac{3}{-2}\neq\frac{-1}{2}\neq\frac{2}{1}$,所以 L 与 π 非垂直相交。

答案:C

16. **解** 该曲线为 $y=x-1$,则 $y-x=-1$,所以 $\int_L(y-x)ds=\int_L(-1)ds=-L=-\sqrt{2}$

答案:D

17. **解** 选项 A: $\rho=\lim\limits_{n\to\infty}\left|\frac{a_{n+1}}{a_n}\right|=1$,收敛半径 $R=\frac{1}{\rho}=1$ 。

选项 B: $\rho=\lim\limits_{n\to\infty}\left|\frac{3^{n+1}}{3^n}\right|=3$,收敛半径 $R=\frac{1}{\rho}=\frac{1}{3}$ 。

选项 C: $\rho=\lim\limits_{n\to\infty}\left|\frac{3^{\frac{n}{2}}}{3^{\frac{n+1}{2}}}\right|=\frac{1}{\sqrt{3}}$,收敛半径 $R=\frac{1}{\rho}=\sqrt{3}$ 。

选项 D: $\rho=\lim\limits_{n\to\infty}\left|\frac{3^{n+1}}{3^{n+2}}\right|=\frac{1}{3}$,收敛半径 $R=\frac{1}{\rho}=3$ 。

答案:D

18. **解** $\frac{dz}{dx}=\frac{\partial f}{\partial x}+\frac{\partial f}{\partial y}\cdot\frac{d\varphi}{dx}$

答案:B

19. **解** $(\boldsymbol{\alpha}_1,\boldsymbol{\alpha}_2,\boldsymbol{\alpha}_3,\boldsymbol{\alpha}_4)=\begin{bmatrix}3&3&1&6\\2&-1&-\frac{1}{3}&-2\\-5&3&1&6\end{bmatrix}\sim\begin{bmatrix}2&-1&-\frac{1}{3}&-2\\1&0&0&0\\0&0&0&0\end{bmatrix}\sim$

$$\begin{bmatrix}1&0&0&0\\0&1&\frac{1}{3}&2\\0&0&0&0\end{bmatrix}$$

则 $R(\boldsymbol{\alpha}_1,\boldsymbol{\alpha}_2,\boldsymbol{\alpha}_3,\boldsymbol{\alpha}_4)=2$，故该向量组的一个极大线性无关组为 $\boldsymbol{\alpha}_1,\boldsymbol{\alpha}_2$ 。

答案:C

20. **解** 设方程个数为 m，未知量个数为 n，则有 $m<n$，$Ax=0$ 的基础解系的个数为 $n-R(A)$，因为 $R(A)\leqslant m$，则 $n-R(A)\geqslant n-m>0$，故 $Ax=0$ 必有非零解。

答案:B

21. **解** 已知矩阵 $\boldsymbol{A}$ 与矩阵 $\boldsymbol{B}$ 相似，则 $|\boldsymbol{A}|=|\boldsymbol{B}|$ 。

$$|\boldsymbol{A}|=\begin{vmatrix}1&-1&1\\2&4&-2\\-3&-3&5\end{vmatrix}=\begin{vmatrix}1&-1&1\\0&6&-4\\0&-6&8\end{vmatrix}=\begin{vmatrix}1&-1&1\\0&6&-4\\0&0&4\end{vmatrix}=24$$

所以 $|\boldsymbol{B}|=\lambda\cdot 2\cdot 2=4\lambda=24,\lambda=6$ 。

答案:A

22. **解** A 与 B 为两个相互独立事件，所以 P(AB)=P(A)·P(B)=0.4×0.5=0.2，则 P(A∪B)=P(A)+P(B)−P(AB)=0.4+0.5−0.2=0.7。

答案:C

23. **解** 选项 A:不满足有界性，即不满足 $0\leqslant\Phi(x)\leqslant 1,-\infty<x<+\infty$，故选项 A 错误。
选项 C: $\lim\limits_{x\to-\infty}G(x)=+\infty\neq 0$，故选项 C 错误。
选项 D:不满足单调性，故选项 D 错误。故正确选项为 B。

答案:B

24. **解** $E(X)=\mu=\bar{X},D(X)=\sigma^2=\frac{1}{n}\sum\limits_{i=1}^{n}(X_i-\bar{X})^2$

由已知 $\mu=0$，故 σ^2 的矩估计为 $\frac{1}{n}\sum\limits_{i=1}^{n}X_i^{\ 2}$ 。

答案:D

25 **解** 分子的平均平动动能 $\bar{\varepsilon_t}=\frac{3}{2}kT$ 。平均平动动能相同，则温度相同。

分子的平均动能 $\bar{\varepsilon}=\frac{i}{2}kT$，温度相同，自由度 i 不同，所以平均动能不同。

答案:B

26. **解** 最概然速率物理意义是：在一定温度下，在相同速率区间内，分子速度在 v_P 附近的概率最大，也就是说，分子速率在 $v_P \sim v_p + \Delta v$ 区间的分子所占百分比最大。

由于分子速率是连续分布的，所以具有确定速率的分子数趋于零，只能讨论处于某个速率区间的分子数。

答案：C

27. **解** 气体正功为：$A = \int_{V_1}^{V_2} p\mathrm{d}V$，所以气体膨胀对外做正功。根据状态方程 $pV = nkT$，p 不变，V 增大，所以 T 增大。

答案：A

28. **解** 等温膨胀过程内能不变，根据热力学第一定律 $Q = A + \Delta E = A$，所以 $Q = A = \int_{V_1}^{V_2} p\mathrm{d}V = \int_{V_1}^{V_2} \frac{nkT}{V}\mathrm{d}V = nkT\ln\frac{V_2}{V_1}$。等温过程有 $p_1V_1 = p_2V_2 = nkT$，则 $Q = p_1V_1\ln\frac{V_2}{V_1}$。

答案：A

29. **解** $y = -0.02\cos\pi(4x - 50t) = 0.02\cos\{2\pi(2x - 25t) + \pi\}$，与波动方程标准形式对比，$y = A\cos\left\{2\pi(\frac{t}{T} - \frac{x}{\lambda}) + \varphi\right\}$。可得振幅 $A = 0.02\text{m}$，波长 $\lambda = 0.04\text{m}$。

答案：D

30. **解** 平衡位置处的质元速度最大，形变最大，所以能量最大。

答案：A

31. **解** 驻波相邻波腹，相邻波节之间距离为 $\frac{\lambda}{2}$。

答案：A

32. **解** 要使振动方向转过 90°，后面偏振片的偏振化方向与入射光的振动方向夹角应为过 90°。根据马吕斯定律出射光强为：

$$I_2 = I_1\cos^2\left(\frac{\pi}{2} - \theta\right) = I\cos^2(\theta)\cos^2\left(\frac{\pi}{2} - \theta\right) = \frac{I}{4}\sin^2(2\theta)$$

所以，当 $\theta = \frac{\pi}{4}$ 时，出射光强最大。

入射偏振方向

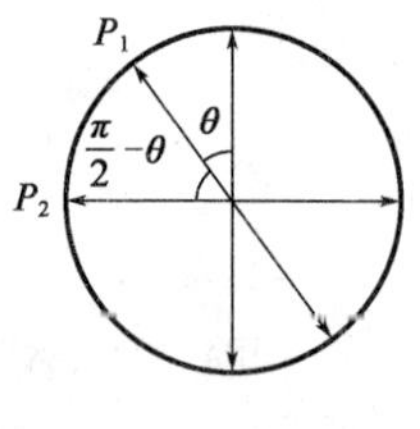

P_1 θ $\frac{\pi}{2}-\theta$ P_2

题 32 解图

答案：A

33. **解** 光的干涉和衍射现象反映了光的波动性质，光的偏振现象反映了光的横波性质。

答案：B

34. **解** 迈克尔逊干涉中，反射镜 M 移动距离和条纹移动个数关系为 $\Delta d = N\frac{\lambda}{2}$，所以 $\lambda = \frac{2\Delta d}{N} = 539\text{nm}$

答案：B

35. **解**　第三级暗纹满足 $a\sin\varphi = 3\lambda = 6 \times \frac{\lambda}{2}$，所以可分为 6 个半波带。

答案：D

36. **解**　第三级明纹：$\delta = 2ne_3 + \frac{\lambda}{2} = 3\lambda$

第五级明纹：$\delta = 2ne_5 + \frac{\lambda}{2} = 5\lambda$

相减可得：$\Delta e = e_5 - e_3 = \frac{\lambda}{n}$

答案：B

37. **解**　$n = 4, l = 2, m = 0$ 就确定一条轨道。

答案：A

38. **解**　P 原子的价层电子构型为 $3s^2 3p^3$，成键时这 4 个价电子轨道发生 sp^3 杂化，为不等性杂化，形成 4 个 sp^3 杂化轨道；一个轨道为一对电子所占据，三个各有一个未成对电子。PCl_3 分子为三角锥形构型。

答案：B

39. **解**　由 $E^{\ominus}(A/D) = \frac{z_1 E_1^{\ominus} + z_2 E_2^{\ominus} + z_3 E_3^{\ominus}}{z}$ 可得：

$3E^{\ominus}(Fe^{3+}/Fe) = 1 \times 0.771 + 2 \times (-0.44)$

$E^{\ominus}(Fe^{3+}/Fe) = -0.036V$

答案：C

40. **解**　加入 $BaCl_2$ 后，Ba^{+} 浓度增加，$K_{sp}(BaSO_4)$ 不变，所以 SO_4^{2-} 浓度降低，故 $BaSO_4$ 降低。

答案：B

41. **解**　催化剂能使反应速率加快，是因为改变了反应历程，降低了反应活化能，因此反应物分子中活化分子百分数增大。

答案：C

42. **解**　由题可知：反应物总系数为 3，生成物系数为 1，故压强增大，反应向着总体积减小的方向进行，平衡正向移动；由于原反应的 $\Delta_f H_m < 0$，反应为放热反应，故温度降低，平衡正向移动。

答案：C

43. **解**　该原电池的电池反应为：$AgCl \rightarrow Ag^{+} + Cl^{-}$

故其电动势为：$E = E^{\ominus} - \frac{RT}{F} \ln[a(Ag^{+})a(Cl^{-})]$

若加入 NaCl，$a(Cl^{-})$ 增大，则 E 值减小。

答案：B

44. **解**　选项A:会得到一氯乙烷。

选项B:会得到不同种类的氯代烷。

选项D:会得到一氯乙烷。

只有选项C中氯化氢加成,得1,2-二氯乙烷。

答案:C

45. **解**　选项A为丁醇分子式;选项B为1,2,3-三羟基丙三醇;选项C为羟基连到亚甲基上,也为醇类;选项D中,羟基直接连到苯环上,为酚类化合物。

答案:D

46. **解**　由聚合物的分子式和聚合反应的特点可知,该高聚物的单体中有一个碳氧双键,并且碳上连有两个氢原子,故答案为C。

答案:C

47. **解**　E处受力方向垂直于斜面向上,所以与x轴夹角为45°。

答案:B

48. **解**　力的分布关于O点对称,所以力矩为0。

答案:A

49. **解**　对A点取矩。

答案:A

50. **解**　自锁状态,静止。

答案:A

51. **解**　消掉t即可。

答案:C

52. **解**　由斜抛公式可得,速度$v^2 = v_x^2 + v_y^2$,$v_x = v_0\cos\alpha$,$v_y = v_0\sin\alpha - gt$,加速度$a = -g$。

答案:D

53. **解**　啮合处速度相等,角速度之比等于半径的反比。

答案:D

54. **解**　$ma\cos\theta + mg\sin\theta = fF_N$

$ma\sin\theta + F_N = mg\cos\theta$

答案:C

55. **解**　摩擦力对A做正功,使得A速度增加,动能增加。

答案:C

56. **解**　铅垂位置时水平受力为0,竖直方向上。则:

$mgl=\frac{1}{2}J\omega^2+\frac{1}{2}mV_C{}^2$

$J=\frac{1}{3}ml^2$

$V_C=\omega l$

$F_y-mg=ma$

$a=\omega^2 l$

答案:D

57. **解** $a=\frac{R}{2}\omega^2$,竖直向下,通过O点,力矩为0。

答案:A

58. **解** $\omega_n=\sqrt{\frac{k}{m}}$

答案:D

59. **解** 根据平面力系受力分析,夹角小的杆受力大,面积材料相同,许用应力相同,所以杆2先达到许用应力。

答案:B

60. **解** $\frac{F}{2}=A_{min}\sigma$

答案:B

61. **解** 按照机械原理计算剪切强度,B受力最大为$3F$,则$3F=\frac{\pi d^2}{4}\tau_{max}$。

答案:C

62. **解** 力除以圆环面积。

答案:A

63. **解** $\theta=\frac{T}{GI_p}$

$\tau_{max}=\frac{T}{W_p}$

$W_p=\frac{I_p}{d/2}$

答案:D

64. **解** $\tau_a=\frac{16T}{\pi d^3}$,$\tau_b=\frac{16TD}{\pi(D^4-d_1{}^4)}$,两者面积相等,运用比值法可得答案。

答案:C

65. **解** 弯矩图为二次曲线,荷载为均布荷载;弯矩图为倾斜直线,荷载为集中荷载。

答案:A

66. **解** 弯矩作用处，突变值等于弯矩值。

答案:A

67. **解** 通过截面法可得：$M_a = \frac{ql^2}{8}$

$M_b = \frac{ql^2}{16}$

答案:C

68. **解** 第三强度理论：$\sigma_{r3} = \sigma_1 - \sigma_3$。图 a)：$\sigma_1 = 150\text{MPa}$，$\sigma_3 = 100\text{MPa}$。图 b)：$\sigma_1 = 100\text{MPa}$，$\sigma_3 = -100\text{MPa}$。

答案:B

69. **解** 杆 2 的 E 小，变形量大，因此向下弯曲。

答案:B

70. **解** 一端固结，一端自由时，$\mu = 2$；压杆约束越多，μ 越小，反之，则越大。

答案:A

71. **解** $u = 2\left(1-\frac{r^2}{R^2}\right)$ $\tau = \frac{\mu du}{dr} = \mu \times 2(-\frac{2r}{R^2}) = \mu \times -\frac{4r}{R^2}$

$\tau_1 = \mu \times \frac{-4 \times 0.2R}{R^2} = \frac{\mu}{R}(-0.8)$

$\tau_2 = \mu \times \frac{-4 \times R}{R^2} = \frac{\mu}{R}(-4)$

$\frac{\tau_1}{\tau_2} = \frac{1}{5}$

答案:C

72. **解** 取 1,2 截面为研究对象，根据伯努利方程有：$\frac{v_1{}^2}{2g} + \frac{p_1}{\rho g} = \frac{v_2{}^2}{2g} + \frac{p_2}{\rho g}$。根据连续流体的性质：$v_1 A_1 = v_2 A_2$，有 $d_1 > d_2$ 故 $A_1 > A_2$，从而 $v_1 < v_2$，代入伯努利方程可知：$p_1 > p_2$。

答案:B

73. **解** 由图可知，流体被打散成了两股，两股流量近似相等，取 $Q_1 = Q_2 = 0.1\text{m}^3/\text{s}$。此处仅取上部的流体进行研究，根动量守恒定律可得：x 方向，$F_x t = mv$，$F_x = q_m v = \rho Q_1 v = 10^3 \times 0.1 \times 50 = 5\text{kN}$；$y$ 方向，$F_y t = mv$，$F_y = F_x = 5\text{kN}$。又考虑到下半部分流体的受力情况可知，y 方向的合力为 0，x 方向的合力为两者 x 方向分力的合力；故合力大小为 5+5=10kN。

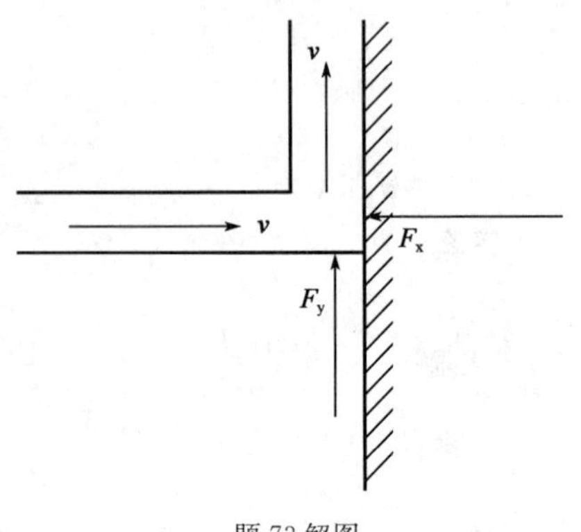

题 73 解图

答案:B

74. **解**　考虑等直径管道的定常流动，沿程损失系数 $h_f = \frac{2\tau l}{\rho g r}$，由此可知沿程损失系数与流程长度和壁面切应力成正比，与水力半径成反比。

答案：B

75. **解**　显然在并联管路中各支路流量之和为总流量。并联管路还有一个特点，就是并联各管路的能量损失相等都等于总能头损失。故选项 B 正确、选项 C 错误、选项 D 错误。分管的流量不一定相等，故选项 A 错。

答案：B

76. **解**　水力最优断面是指断面面积 S 一定时，水力半径 R 最大，也就是湿周 χ 最短的断面。设水深为 h，底宽为 $a = \beta h$（β 为宽深比），$S = ha = \beta h^2$ 为定值，故水力半径 $R = \frac{S}{\chi} = \frac{ha}{2h + a} = \frac{1}{\frac{2}{\sqrt{\beta}} + \sqrt{\beta}}\sqrt{S}$，根据均值不等式 $\frac{2}{\sqrt{\beta}} + \sqrt{\beta} \geqslant 2\sqrt{2}$，当且仅当 $\frac{2}{\sqrt{\beta}} = \sqrt{\beta}$，$\beta = 2$ 时等号成立，此时水力半径最大，是水力最优断面。故宽深比 β 为 2 时为矩形水力最优断面。也可参考梯形水力最优断面的宽深比公式 $\beta_0 = 2(1 + m^2 - m)$，其中 m 为边坡系数。矩形时取 0，也可得到同样的结果。

答案：D

77. **解**　根据达西渗流定律 $Q = KAJ$，即 $v = KJ$，式中，K 为渗流系数，Q 为渗流量，A 为渗流断面面积。显然渗流速度与水力坡度成正比，故选 A。

答案：A

78. **解**　两者的无量纲参数雷诺数 Re 应该相等，有 $\mathrm{Re}_{空} = \frac{v_{空} d_{空}}{\nu_{空}} = \mathrm{Re}_{烟} = \frac{v_{烟} d_{烟}}{\nu_{烟}}$，也就可以得到：$v_{空} = \frac{d_{烟}}{d_{空}} \cdot \frac{\nu_{空}}{\nu_{烟}} \cdot v_{烟} = 5 \times \frac{15}{60} \times 3 = 3.75\mathrm{m/s}$。

答案：A

79. **解**　点电荷的电场线是从点电荷出发指向无穷远。孤立静止的点电荷周围没有磁场，只有运动的电荷或者电流才能产生磁场。

答案：D

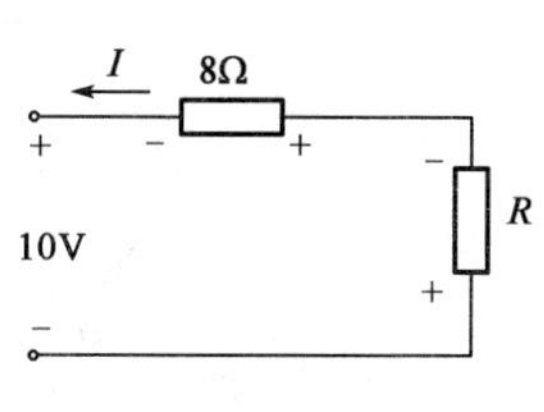

题 80 解图

80. **解**　由 $P = I^2 R$ 可知，$P = I^2(8 + R) = 2$

由 KVL 可知，$-(8 + R)I = 10$，故正确选项为 B。

答案：B

81. **解**　由分压公式可得：

$U_{abk} = \frac{R_2}{R_1 + R_2} U_s$（电路图如右）

答案：C

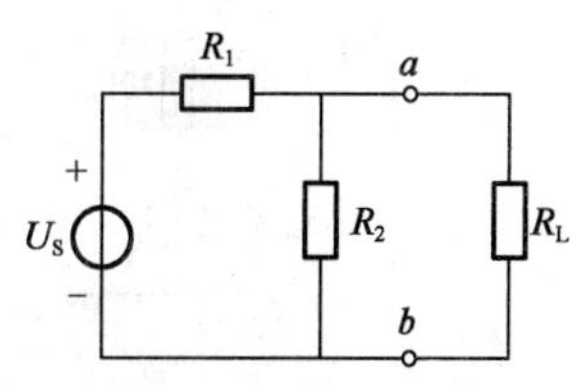

题 81 解图

82. **解**　直流稳态中,电阻端电压与电流之比为其阻值 R,而电感在直流稳态中,相当于短路,电容相当于开路,其比值分别为 0 和 ∞。

答案:D

83. **解**　当电阻中电压为 0,则说明电路中发生了并联谐振,则有 $i_L = -i_C$,即 $I_L = I_C$(I_L 与 I_C 为电流模值)。

答案:B

84. **解**　由 $U_{NN'}=0$,则 $z_1=z_2=z_3$,且还满足以下条件:

$$\frac{\dot{U}_A}{z_1\angle\varphi_1}+\frac{\dot{U}_B}{z_2\angle\varphi_2}+\frac{\dot{U}_C}{z_3\angle\varphi_3}=0$$

令 $\dot{U}_A=U\angle 0°$,$\dot{U}_B=U\angle -120°$,$\dot{U}_C=U\angle 120°$,又由于 $z_1=z_2=z_3$,则有 $\frac{U}{z_1}\angle -\varphi_1+\frac{U}{z_2}\angle -120°-\varphi_2+\frac{U}{z_3}\angle 120°-\varphi_3=0$。

令 $\dot{I}_A=I\angle -\varphi_1$,$\dot{I}_B=I\angle -120°-\varphi_2$,$\dot{I}_C=I\angle 120°-\varphi_3$,则应满足 $\varphi_1=\varphi_2=\varphi_3$,故正确选项为 A(向量图如下)

答案:A

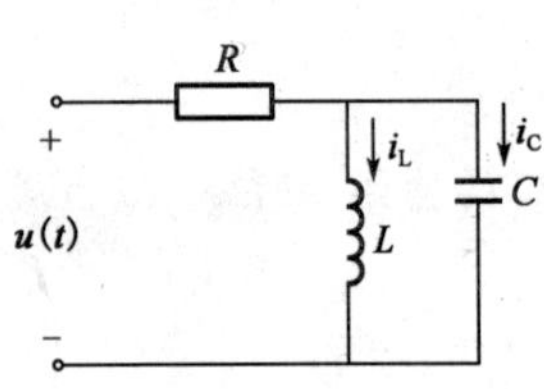

题 83 解图

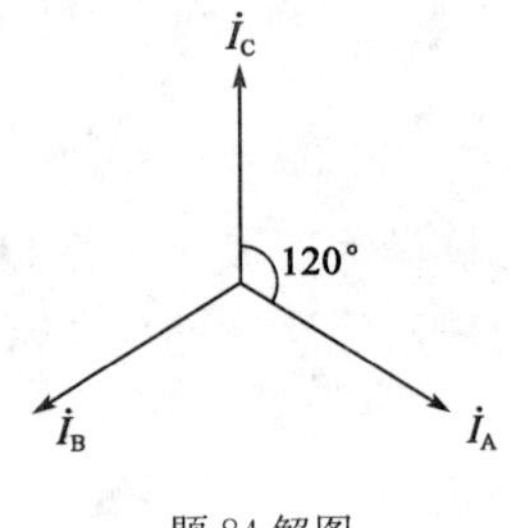

题 84 解图

85. **解**　$k=\frac{u_1}{u_2}=2$

将二次侧转换到一次侧等效电路:

$i_1=\frac{u}{100+400}=\frac{10\angle 0°}{500}=0.02\angle 0°\text{A}$

$i_2=-2i_1=-0.04\angle 0°\text{A}$

$I_2=0.04=0.004U$

$I_1=0.002\text{U}$

答案:C

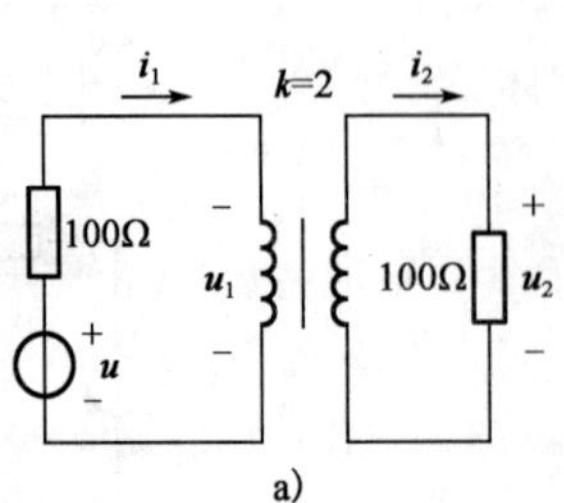

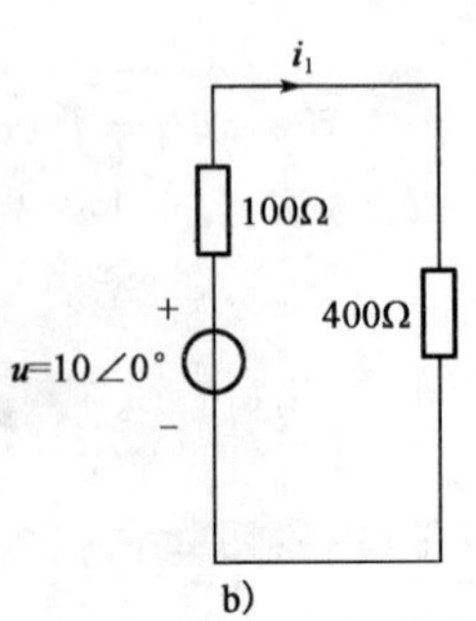

题 85 解图

86. **解**　Y-△起动方案只适用于正常运行方式，启动时Y接方式运行，转速稳定后△接方式运行。

答案:B

87. **解**　信息与信号的关系:信号是运载消息的工具，是信息的载体。从广义上讲，它包含光信号、声信号和电信号等。信息是客观事物状态和运动特征的一种普遍形式，客观世界中大量地存在、产生和传递着以这些方式表示出来的各种各样的信息。所以A正确，B、D错误。1001表示的信息代码可以有多种含义，C错误。

答案:A

88. **解**　图形在 $2\leqslant t\leqslant 3$ 时，可表示为 $u(t-2)-u(t-3)$；

而图形在 $1\leqslant t\leqslant 2$ 时可表示为 $-u(t-1)-[-u(t-2)]=u(t-2)-u(t-1)$；

故总体可表示成：$2u(t-2)-u(t-1)-u(t-3)=2\times 1(t-2)-1(t-1)-1(t-3)$。

故正确选项为B。

答案:B

89. **解**　该放大器对输入信号进行放大时，输入信号与输出信号不再保持线性的关系，为非线性失真。因此，该放大器不是线性放大器，放大倍数不唯一，出现的不是频率失真(即线性失真)。

答案:C

90. **解**　$ABC+A\overline{BC}+B$

$=ABC+B+A\overline{BC}$

$=(AC+1)\cdot B+A\overline{BC}$

$=B+A\overline{BC}=\overline{\overline{B+A\overline{BC}}}=\overline{\overline{B}\cdot(\overline{A}+BC)}$

$=\overline{\overline{B}\cdot\overline{A}}=B+A=A+B$

答案:B

91. **解**　$F=\overline{XY}$实现与非功能(即X和Y只要有一个为0，就有F=1;只有X和Y同时为1时，F=0)故F的波形为D。

答案:D

92. **解**　将32看成由数字3和2组成的十进制数，各由四位8421BCD二进制码组成，BCD码权位各是8421，并且每位码是0或1，3写成0011，2写成0010，故32可写成00110010。

答案:A

93. **解**　由二极管的单向导电性可知:当 $U_i\geqslant 5$ 时，V_D 导通(假设 V_D 断开，当 $V_{D+}>V_{D-}$ 时，二极管才能导通;又由于 $V_{D-}=5V$ 故 $V_i\geqslant 5V$ 时 V_D 才能导通)，故刚开如 U_0 的电压被钳位在5V上，当 $V_i\geqslant 5V$ 时，$u_o=u_i$，当 Q_i 下降到5V以下时，二极管截止断开，故又被钳位到5V上，故正确选项为D。

答案:D

94. **解** 由于电容器有“隔直通交”的作用，当直流通路时，三极管射极通过 R_E 接地，当求放大倍数和输入电阻、输出电阻时，得看交流等值电路（学名：微变等效电路）。

并入后放大倍数：$N'=\frac{U'_o}{U'_i}=\frac{\beta i_b R_C}{i_b \cdot r_{be}}=\frac{\beta R_C}{r_{be}}$

并入前放大倍数：$N=\frac{U_o}{U_i}=\frac{\beta i_b R_C}{i_b \cdot r_{be}+(1+\beta)i_b \cdot R_e}=\frac{\beta R_C}{r_{be}+(1+\beta)R_e}$，故放大倍数变大。

输入电阻并入后：$R'_{in}=r_{be} // R_{B1} // R_{B2}$

并入前：$R_{in}=[r_{be}+(1+\beta)R_e] // R_{B1} // R_{B2}$

故并入后 $R'_{in}<R_{in}$，即输入电阻变小，故排除选项 A、选项 B、选项 D 正确选项为 C。

答案：C

95. **解** $\overline{RD}$表示当$\overline{RD}=0$时有效。若$\overline{RD}$为有效，则输出 Q 复位为 0，则 $\overline{Q}=1$，电路图如右图：

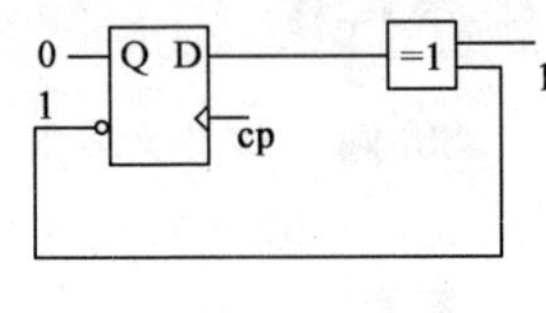

题 95 解图

在第一个下降沿时：

A 异或 $\overline{Q}$，则 $D=0$，$Q_{n+1}=0$。

若 $Q_{n+1}=0$，则$\overline{Q_{n+1}}$仍等于 0。

所以下一次输出 D 仍为 0，Q_{n+1}为 0。

故正确选项为 A。

答案：A

96. **解** 由于 JK 触发器的特性方程为 $Q_{n+1}=J\overline{Q_n}+\overline{K}Q_n$，又由于此时 $J=\overline{Q_n \cdot A}$，代入特性方程可得 $Q^{n+1}=\overline{Q_n \cdot A}\cdot\overline{Q_n}+\overline{1}\cdot Q_n=\overline{Q_n \cdot A}\cdot\overline{Q_n}=(\overline{Q_n}+\overline{A})\overline{Q_n}=\overline{Q_n}+\overline{A}\,\overline{Q_n}$，故正确选项为 C。

答案：C

97. **解** 三网合一，也叫三网融合，是指电信网、广播电视网、互联网在向宽带通信网、数字电视网、下一代互联网演进过程中，三大网络通过技术改造，其技术功能趋于一致，业务范围趋于相同，网络互联互通、资源共享，能为用户提供语音、数据和广播电视等多种服务。

答案：C

98. **解** 运算器的基本操作包括加、减、乘、除四则算数运算，与、或、非、异或等逻辑操作，以及移位、比较和传送等操作，亦称算术逻辑部件（ALU）。

答案：D

99. **解** 控制总线主要用来传送控制信号和时序信号。

答案：C

100. **解** 常用计算机辅助设计软件有：Auto CAD、winBuilder、better wmf。

答案：B

101. **解**　计算机中使用的二进制数共有3个单位：位、字节、字。其中最小的单位是位。

答案：B

102. **解**　机器数是把符号"数字化"的数，是数字在计算机中的二进制表示形式。机器数具有原码、补码、反码三种形式。

答案：B

103. **解**　分辨率是单位英寸中所包含的像素点数。例如分辨率位 $X \times Y$，其中 X 为长度像素数；Y 为宽度像素数。

答案：D

104. **解**　进程特征包括以下几种：

动态性：进程的实质是程序在多道程序系统中的一次执行过程，进程是动态产生、动态消亡的。

并发性：任何进程都可以同其他进程一起并发执行。

独立性：进程是一个能独立运行的基本单位，同时也是系统分配资源和调度的独立单位。

异步性：由于进程间的相互制约，使进程具有执行的间断性，即进程按各自独立的、不可预知的速度向前推进。

答案：D

105. **解**　操作系统中设备管理的功能：由设备独立性和虚拟设备可知，用户向系统申请和使用的设备与实际操作的设备无关。故B、C、D均不正确。

答案：A

106. **解**　互连的计算机是分布在不同的地理位置的多台独立的"自治计算机"。联网的计算机既可以为本地用户提供服务，也可以为远程用户提供网络服务。故B、C错误。互联的计算机不能同时使用多套操作系统。故D是错误。

答案：A

107. **解**　实际利率计算公式为：$i = \left(1 + \frac{i_c}{n}\right)^n = \left(1 + \frac{8\%}{4}\right)^4 = 8.24\%$。

答案：C

108. **解**　经营成本是从总成本费用中扣除折旧费、摊销费和利息支出后的成本。由定义可知选项B、D不属于经营成本，选项C中流动资金投资属于投资，也不是经营成本，而选项A属于经营成本。

答案：A

109. **解**　静态投资回收期计算公式为：

$$T_p = T - 1 + \frac{\text{第}(T-1)\text{年的累计净现金流量的绝对值}}{\text{第}T\text{年的净现金流量}}$$

式中：T—— 累计净现金流量出现正值的年份。

则本题的静态投资回收期＝6－1＋60/240＝5.25。

答案:C

110.**解** NPV=0,则 $5000=A(P/A,15\%,10)(P/F,15\%,1)$,则求得 $A=1145.65$。

答案:D

111.**解** 效益和费用的识别遵循以下原则:

(1)增量分析的原则。项目经济费用效益分析应建立在增量效益、增量费用识别和计算的基础上,不应考虑沉没成本和已实现的效益。按照"有无对比"增量分析的原则,通过项目的实施效果与无项目情况下可能发生的情况进行对比分析,作为计算机会成本或增量效益的依据。

(2)考虑关联效果原则。考虑项目投资可能产生的其他关联效应。

(3)以本国居民作为分析对象的原则。对于跨越国界,对本国之外的其他社会成员产生影响的项目,重点分析对本国公民新增的效益和费用。项目对本国以外的社会群体所产生的效果,应进行单独陈述。

(4)剔除转移支付原则。

由此可知选项 A、B、D 错误。

答案:C

112.**解** 根据增量内部收益率含义可知,当增量内部收益率大于基准收益率时,投资大的项目优,而当增量内部收益率小于基准收益率时,投资小的项目优。在本题中增量内部收益率小于基准收益率,则投资小的甲项目优于乙项目。同时,甲项目的内部收益率也大于乙项目,同样说明甲项目优,则应该选择甲项目。

答案:A

113.**解** 改扩建项目应该分析财务生存能力、项目清偿能力以及从企业层次进行财务分析,选项 A、B、C 的说法都片面。改扩建项目财务分析应该遵循有无对比原则,因而选项 D 正确。

答案:D

114.**解** 价值＝功能/成本,由此可知选项 A、B 错误。公式中的成本指的是总成本,也就是全生命周期成本,因而 C 正确,D 错误。

答案:C

115.**解** 《建筑法》第九条规定:"建设单位应当自领取施工许可证之日起三个月内开工。因故不能按期开工的,应当向发证机关申请延期;延期以两次为限,每次不超过三个月。既不开工又不申请延期或者超过延期时限的,施工许可证自行废止。"依此规定,选项 A、C、D 的情形都属于施工许可证自行废止的情形。选项 B 的情形属于按期开工后又中止的情形,依据《建筑法》第十条之规定,"在建的建筑工程因故中止施工的,建设单位应当自中止施工之日起一个月内,向发证机关报告,并按照规定做好建筑工程的维护管理工作",可以不导致施工许可证废止。

答案:B

116.**解** 《安全生产法》第十九条规定:"矿山、建筑施工单位和危险物品的生产、经营、储存单位，应当设置安全生产管理机构或者配备专职安全生产管理人员。前款规定以外的其他生产经营单位，从业人员超过三百人的，应当设置安全生产管理机构或者配备专职安全生产管理人员；从业人员在三百人以下的，应当配备专职或者兼职的安全生产管理人员，或者委托具有国家规定的相关专业技术资格的工程技术人员提供安全生产管理服务。生产经营单位依照前款规定委托工程技术人员提供安全生产管理服务的，保证安全生产的责任仍由本单位负责。"依此规定，题目中有职工 185 人的三级施工资质的企业属于 300 人以下的单位，应当配备专职或者兼职的安全生产管理人员，或者委托具有国家规定的相关专业技术资格的工程技术人员提供安全生产管理服务，因此，选项 A 正确。委托具有国家规定的相关专业技术资格的工程技术人员提供安全生产管理服务。生产经营单位依照前款规定委托工程技术人员提供安全生产管理服务的，保证安全生产的责任仍由本单位负责，因此选项 B 错误。安全生产管理人员应当由有关主管部门对其安全生产知识和管理能力考核合格后方可任职，而不是企业考核，因此选项 C 错误。该企业从业人员在 300 人以下，无需设置安全生产管理机构，选项 D 错误。

答案:A

117. **解** 《招标投标法》第十条规定："招标分为公开招标和邀请招标。"因此，选项 B 正确。

答案:B

118. **解** 按照《合同法》第 14、15、21 条的规定：要约是希望和他人订立合同的意思表示；要约邀请是希望他人向自己发出要约的意思表示；承诺是受要约人同意要约的意思表示。本题的关键是要能够区分邀约和要约邀请，要约是以订立合同为目的具有法律意义的意思表示行为，一经发出就产生一定的法律效果。而要约邀请，是一方当事人邀请另一方当事人向自己发出要约。可见，要约邀请本身不具有法律意义。在实际生活中，寄送的价目表、拍卖公告、招标公告、招股说明书、商业广告等为要约邀请。因此，选项 B 不属于邀约邀请。

答案:B

119. **解** 我国《行政许可法》第四十二条："除可以当场作出行政许可决定的，行政机关应当自受理行政许可申请之日起二十日内作出行政许可决定。二十日内不能作出决定的，经本行政机关负责人批准，可以延长十日，并应当将延长期限的理由告知申请人。但是，法律、法规另有规定的，依照其规定。"因此，时限为 20 日内，即选项 D 正确。

答案:D

120. **解** 《合同法》第二百七十二条第二款规定："总承包人或者勘察、设计、施工承包人经发包人同意，可以将自己承包的部分工作交由第三人完成。第三人就其完成的工作成果与总承包人或者勘察、设计、施工承包人向发包人承担连带责任。承包人不得将其承包的全部建设工程转包给第三人或者将其承包的全部建设工程肢解以后以分包的名义分别转包给第三人。"因此，本题中乙单位和丙单位承担连带责任，即选项 A 正确。

答案:A

2014年度全国勘察设计注册工程师公共基础考试

试　题

单项选择题(共120题,每题1分。每题的备选项中只有一个最符合题意)

1. 若$\lim\limits_{x\to 0}(1-x)^{\frac{k}{x}}$,则常数$k$等于:

A. $-\ln 2$　　B. $\ln 2$　　C. 1　　D. 2

2. 在空间直角坐标系中,方程$x^2+y^2-z=0$所表示的图形是:

A. 圆锥面　　B. 圆柱面　　C. 球面　　D. 旋转抛物面

3. 点$x=0$是$y=\arctan\dfrac{1}{x}$的:

A. 可去间断点　　B. 跳跃间断点　　C. 连续点　　D. 第二类间断点

4. $\dfrac{\mathrm{d}}{\mathrm{d}x}\displaystyle\int_{2x}^{0}\mathrm{e}^{-t^2}\mathrm{d}t$等于:

A. e^{-4x^2}　　B. $2\mathrm{e}^{-4x^2}$　　C. $-2\mathrm{e}^{-4x^2}$　　D. e^{-x^2}

5. $\dfrac{\mathrm{d}\ln x}{\mathrm{d}\sqrt{x}}$等于:

A. $\dfrac{1}{2x^{3/2}}$　　B. $\dfrac{2}{\sqrt{x}}$　　C. $\dfrac{1}{\sqrt{x}}$　　D. $\dfrac{2}{x}$

6. 不定积分$\displaystyle\int\frac{x^2}{\sqrt[3]{1+x^3}}\mathrm{d}x$等于:

A. $\dfrac{1}{4}(1+x^3)^{\frac{4}{3}}+C$　　B. $(1+x^3)^{\frac{1}{3}}+C$

C. $\dfrac{3}{2}(1+x^3)^{\frac{2}{3}}+C$　　D. $\dfrac{1}{2}(1+x^3)^{\frac{2}{3}}+C$

7. 设$a_n=(1+\dfrac{1}{n})^n$,则数列a_n是:

A. 单调增而无上界　　B. 单调增而有上界

C. 单调减而无下界　　D. 单调减而有上界

8. 下列说法中正确的是：

A. 若 $f'(x_0)=0$，则 $f(x_0)$ 必是 $f(x)$ 的极值
B. 若 $f(x_0)$ 是 $f(x)$ 的极值，则 $f(x)$ 在 x_0 处可导，且 $f'(x_0)=0$
C. 若 $f(x)$ 在 x_0 处可导，则 $f'(x_0)=0$ 是 $f(x)$ 在 x_0 取得极值的必要条件
D. 若 $f(x)$ 在 x_0 处可导，则 $f'(x_0)=0$ 是 $f(x)$ 在 x_0 取得极值的充分条件

9. 设有直线 L_1：$\dfrac{x-1}{1}=\dfrac{y-3}{-2}=\dfrac{z+5}{1}$ 与 L_2：$\begin{cases}x=3-t\\y=1-t\\z=1+2t\end{cases}$，则 L_1 与 L_2 的夹角 θ 等于：

A. $\dfrac{\pi}{2}$　　B. $\dfrac{\pi}{3}$　　C. $\dfrac{\pi}{4}$　　D. $\dfrac{\pi}{6}$

10. 微分方程 $xy'-y=x^2e^{2x}$ 通解 y 等于：

A. $x(\frac{1}{2}e^{2x}+C)$　　B. $x(e^{2x}+C)$

C. $x(\frac{1}{2}x^2e^{2x}+C)$　　D. $x^2e^{2x}+C$

11. 抛物线 $y^2=4x$ 与直线 $x=3$ 所围成的平面图形绕 x 轴旋转一周形成的旋转体体积是：

A. $\int_0^3 4x\mathrm{d}x$　　B. $\pi\int_0^3(4x)^2\mathrm{d}x$　　C. $\pi\int_0^3 4x\mathrm{d}x$　　D. $\pi\int_0^3\sqrt{4x}\,\mathrm{d}x$

12. 级数 $\sum\limits_{n=1}^{\infty}(-1)^n\dfrac{1}{n^{p-1}}$：

A. 当 $1<p\leqslant 2$ 时条件收敛　　B. 当 $p>2$ 时条件收敛
C. 当 $p<1$ 时条件收敛　　D. 当 $p>1$ 时条件收敛

13. 函数 $y=C_1e^{-x+c_2}$（C_1，C_2 为任意常数）是微分方程 $y''-y'-2y=0$ 的：

A. 通解　　B. 特解
C. 不是解　　D. 解，既不是通解又不是特解

14. 设 L 为从点 $A(0,-2)$ 到点 $B(2,0)$ 的有向直线段，则对坐标的曲线积分 $\int_L\dfrac{1}{x-y}\mathrm{d}x+y\mathrm{d}y$ 等于：

A. 1　　B. -1　　C. 3　　D. -3

15. 设方程 $x^2+y^2+z^2=4z$ 确定可微函数 $z=z(x,y)$，则全微分 $\mathrm{d}z$ 等于：

A. $\frac{1}{2-z}(y\mathrm{d}x+x\mathrm{d}y)$

B. $\frac{1}{2-z}(x\mathrm{d}x+y\mathrm{d}y)$

C. $\frac{1}{2+z}(\mathrm{d}x+\mathrm{d}y)$

D. $\frac{1}{2-z}(\mathrm{d}x-\mathrm{d}y)$

16. 设 D 是由 $y=x,y=0$ 及 $y=\sqrt{a^2-x^2}\ (x\geqslant 0)$ 所围成的第一象限区域，则二重积分 $\iint_D \mathrm{d}x\mathrm{d}y$ 等于：

A. $\frac{1}{8}\pi a^2$　　B. $\frac{1}{4}\pi a^2$　　C. $\frac{3}{8}\pi a^2$　　D. $\frac{1}{2}\pi a^2$

17. 级数 $\sum_{n=1}^{\infty}\frac{(2x+1)^n}{n}$ 的收敛域是：

A. $(-1,1)$　　B. $[-1,1]$　　C. $[-1,0)$　　D. $(-1,0)$

18. 设 $z=\mathrm{e}^{x\mathrm{e}^y}$，则 $\frac{\partial^2 z}{\partial x^2}$ 等于：

A. $\mathrm{e}^{x\mathrm{e}^y+2y}$

B. $\mathrm{e}^{x\mathrm{e}^y+y}(x\mathrm{e}^y+1)$

C. $\mathrm{e}^{x\mathrm{e}^y}$

D. $\mathrm{e}^{x\mathrm{e}^y+y}$

19. 设 $\boldsymbol{A},\boldsymbol{B}$ 为三阶方阵，且行列式 $|\boldsymbol{A}|=-\frac{1}{2}$，$|\boldsymbol{B}|=2$，$\boldsymbol{A}^*$ 是 $\boldsymbol{A}$ 的伴随矩阵，则行列式 $|2\boldsymbol{A}^*\boldsymbol{B}^{-1}|$ 等于：

A. 1　　B. -1　　C. 2　　D. -2

20. 下列结论中正确的是：

A. 如果矩形 $\boldsymbol{A}$ 中所有顺序主子式都小于零，则 $\boldsymbol{A}$ 一定为负定矩形

B. 设 $\boldsymbol{A}=(a_{ij})_{m\times n}$，若 $a_{ij}=a_{ji}$，且 $a_{y}>0(i,j=1,2,\cdots,n)$，则 $\boldsymbol{A}$ 一定为正定矩形

C. 如果二次型 $f(x_1,x_2,\cdots,x_n)$ 中缺少平方项，则它一定不是正定二次型

D. 二次型 $f(x_1,x_2,x_3)=x_1^2+x_2^2+x_3^2+x_1x_2+x_1x_3+x_2x_3$ 所对应的矩阵是 $\begin{bmatrix}1&1&1\\1&1&1\\1&1&1\end{bmatrix}$

21. 已知 n 元非齐次线性方程组 $\boldsymbol{A}x=\boldsymbol{B}$，秩 $r(\boldsymbol{A})=n-2$，$\boldsymbol{\alpha}_1,\boldsymbol{\alpha}_2,\boldsymbol{\alpha}_3$ 为其线性无关的解向量，k_1,k_2 为任意常数，则 $\boldsymbol{A}\mathbf{x}=\boldsymbol{B}$ 通解为：

A. $\boldsymbol{x}=k_1(\boldsymbol{\alpha}_1-\boldsymbol{\alpha}_2)+k_2(\boldsymbol{\alpha}_1+\boldsymbol{\alpha}_3)+\boldsymbol{\alpha}_1$

B. $\boldsymbol{x}=k_1(\boldsymbol{\alpha}_1-\boldsymbol{\alpha}_3)+k_2(\boldsymbol{\alpha}_2+\boldsymbol{\alpha}_3)+\boldsymbol{\alpha}_1$

C. $\boldsymbol{x}=k_1(\boldsymbol{\alpha}_2-\boldsymbol{\alpha}_1)+k_2(\boldsymbol{\alpha}_2-\boldsymbol{\alpha}_3)+\boldsymbol{\alpha}_1$

D. $\boldsymbol{x}=k_1(\boldsymbol{\alpha}_2-\boldsymbol{\alpha}_3)+k_2(\boldsymbol{\alpha}_1+\boldsymbol{\alpha}_2)+\boldsymbol{\alpha}_1$

22. 设 A 与 B 是互不相容的事件，$P(A)>0$，$P(B)>0$，则下列式子一定成立的是：

A. $P(A)=1-P(B)$　　B. $P(A|B)=0$

C. $P(A|\overline{B})=1$　　D. $P(\overline{AB})=0$

23. 设(X,Y)的联合概率密度为 $f(x,y)=\begin{cases}k,0<x<1,0<y<x\\0,\text{其他}\end{cases}$，则数学期望 $E(XY)$ 等于：

A. $\frac{1}{4}$　　B. $\frac{1}{3}$　　C. $\frac{1}{6}$　　D. $\frac{1}{2}$

24. 设 $X_1,X_2,\cdots,X_n$ 与 $Y_1,Y_2,\cdots,Y_n$ 是来自正态总体 $X\sim N(\mu,\sigma^2)$ 的样本，并且相互独立，$\overline{X}$ 与 $\overline{Y}$ 分别是其样本均值，则 $\frac{\sum\limits_{i=1}^{n}(X_i-\overline{X})^2}{\sum\limits_{i=1}^{n}(Y_i-\overline{Y})^2}$ 服从的分布是：

A. $t(n-1)$　　B. $F(n-1,n-1)$

C. $x^2(n-1)$　　D. $N(\mu,\sigma^2)$

25. 在标准状态下，当氢气和氦气的压强与体积都相等时，氢气和氦气的内能之比为：

A. 5/3　　B. 3/5　　C. 1/2　　D. 3/2

26. 速率分布函数 $f(v)$ 的物理意义是：

A. 具有速率 v 的分子数占总分子数的百分比

B. 速率分布在 v 附近的单位速率间隔中百分数占总分子数的百分比

C. 具有速率 v 的分子数

D. 速率分布在 v 附近的单位速率间隔中的分子数

27. 有 1mol 刚性双原子分子理想气体，在等压过程中对外做功 W，则其温度变化 ΔT 为：

A. R/W　　B. W/R　　C. $2R/W$　　D. $2W/R$

28. 理想气体在等温膨胀过程中：

A. 气体做负功，向外界放出热量　　B. 气体做负功，从外界吸收热量

C. 气体做正功，向外界放出热量　　D. 气体做正功，从外界吸收热量

29. 一横波的波动方程是 $y=2\times10^{-2}\cos2\pi(10t-\frac{x}{5})$(SI)，$t=0.25$s 时，距离原点($x=0$)处最近的波峰位置为：

A. ±2.5m　　B. ±7.5m　　C. ±4.5m　　D. ±5m

30. 一平面简谐波在弹性媒质中传播，在某一瞬时，某质元正处于其平衡位置，此时它的：

A. 动能为零，势能最大　　B. 动能为零，势能为零
C. 动能最大，势能最大　　D. 动能最大，势能为零

31. 通常人耳可听到的声波的频率范围是：

A. 20～200Hz　　B. 20～2000Hz
C. 20～20000Hz　　D. 20～200000Hz

32. 在空气中用波长为 λ 的单色光进行双缝干涉验时，观测到相邻明条纹的间距为 1.33mm，当把实验装置放入水中（水的折射率为 $n=1.33$）时，则相邻明条纹的间距变为：

A. 1.33mm　　B. 2.66mm　　C. 1mm　　D. 2mm

33. 在真空中可见的波长范围是：

A. 400～760nm　　B. 400～760mm　　C. 400～760cm　　D. 400～760m

34. 一束自然光垂直穿过两个偏振片，两个偏振片的偏振化方向成 45°。已知通过此两偏振片后光强为 l，则入射至第二个偏振片的线偏振光强度为：

A. I　　B. $2I$　　C. $3I$　　D. $I/2$

35. 在单缝夫琅禾费衍射实验中，单缝宽度 $a=1\times10^{-4}$m，透镜焦距 $f=0.5$m。若用 $\lambda=$ 400nm 的单色平行光垂直入射，中央明纹的宽度为：

A. 2×10^{-3}m　　B. 2×10^{-4}m　　C. 4×10^{-4}m　　D. 4×10^{-3}m

36. 一单色平行光垂直入射到光栅上，衍射光谱中出现了五条明纹，若已知此光栅的缝宽 a 与不透光部分 b 相等，那么在中央明纹一侧的两条明纹级次分别是：

A. 1 和 3　　B. 1 和 2　　C. 2 和 3　　D. 2 和 4

37. 下列元素，电负性最大的是：

A. F　　B. Cl　　C. Br　　D. I

38. 在 NaCl、$MgCl_2$、$AlCl_2$、$SiCl_4$ 四种物质中，离子极化作用最强的是：

A. NaCl　　B. $MgCl_2$　　C. $AlCl_2$　　D. $SiCl_4$

39. 现有 100mL 浓硫酸，测得其质量分数为 98%，密度为 $1.84g\cdot mL^{-1}$，其物质的量浓度为：

A. $18.4mol\cdot L^{-1}$　　B. $18.8mol\cdot L^{-1}$
C. $18.0mol\cdot L^{-1}$　　D. $1.84mol\cdot L^{-1}$

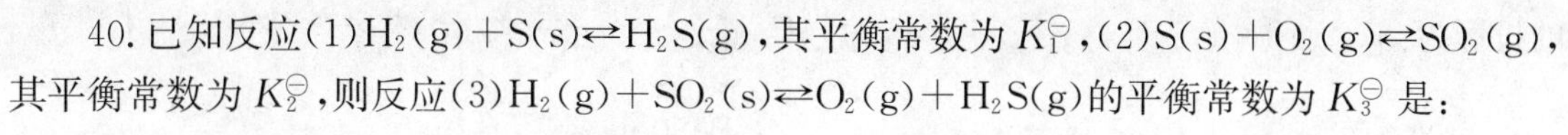
40. 已知反应(1)$H_2(g)+S(s)\rightleftarrows H_2S(g)$，其平衡常数为 $K_1^{\ominus}$，(2)$S(s)+O_2(g)\rightleftarrows SO_2(g)$，其平衡常数为 $K_2^{\ominus}$，则反应(3)$H_2(g)+SO_2(s)\rightleftarrows O_2(g)+H_2S(g)$的平衡常数为 $K_3^{\ominus}$ 是：

A. $K_1^{\ominus}+K_2^{\ominus}$　　B. $K_1^{\ominus}\cdot K_2^{\ominus}$　　C. $K_1^{\ominus}-K_2^{\ominus}$　　D. $K_1^{\ominus}/K_2^{\ominus}$

41. 有原电池(－)$Zn|ZnSO_4(c_1)||CuSO_4(c_2)|Cu$(＋)，如向铜半电池中通入硫化氢，则原电池电动势变化趋势是：

A. 变大　　B. 变小　　C. 不变　　D. 无法判断

42. 电解 NaCl 水溶液时，阴极上放电的离子是：

A. H^+　　B. OH^-　　C. Na^+　　D. Cl^-

43. 已知反应 $N_2(g)+3H_2(g)\rightarrow 2NH_3(g)$的 $\Delta_r H_m<0$，$\Delta_r S_m<0$，则该反应为：

A. 低温易自发，高温不易自发　　B. 高温易自发，低温不易自发
C. 任何温度都易自发　　D. 任何温度都不易自发

44. 下列有机物中，对于可能处在同一平面上的最多原子数目的判断，正确的是：

A. 丙烷最多有 6 个原子处于同一平面上
B. 丙烯最多有 9 个原子处于同一平面上
C. 苯乙烯（$C_6H_5-CH=CH_2$）最多有 16 个原子处于同一平面上
D. $CH_3CH=CH-C\equiv C-CH_3$ 最多有 12 个原子处于同一平面上

45. 下列有机物中，既能发生加成反应和酯化反应，又能发生氧化反应的化合物是：

A. $CH_3CH=CHCOOH$　　B. $CH_3CH=CHCOOC_2H_5$
C. $CH_3CH_2CH_2CH_2OH$　　D. $HOCH_2CH_2CH_2CH_2OH$

46. 人造羊毛的结构简式为：$\left[CH_2-\underset{\displaystyle CN}{\underset{|}{CH}}\right]_n$，它属于：

①共价化合物；②无机化合物；③有机化合物；④高分子化合物；⑤离子化合物

A. ②④⑤　　B. ①④⑤
C. ①③④　　D. ③④⑤

47. 将大小为 100N 的力 F 沿 x、y 方向分解，若 F 在 x 轴上的投影为 50N，而沿 x 方向的分力的大小为 200N，则 F 在 y 轴上

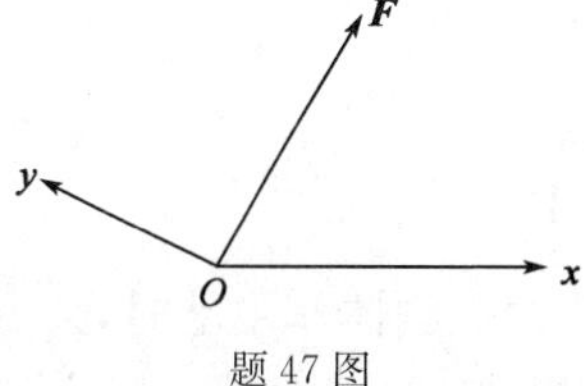

题 47 图

的投影为：

A. 0　　B. 50N

C. 200N　　D. 100N

48. 图示边长为 a 的正方形物块 $OABC$，已知：力 $F_1=F_2=F_3=F_4=F$，力偶矩 $M_1=M_2=Fa$。该力系向 O 点简化后的主矢及主矩应为：

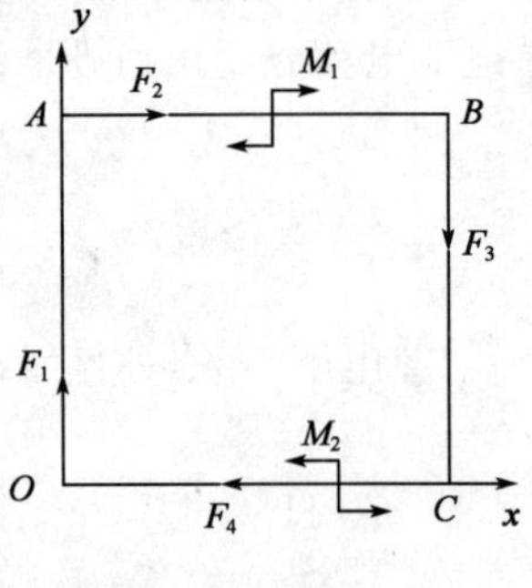

题 48 图

A. $F_R=0N, M_O=4Fa$(↻)

B. $F_R=0N, M_O=3Fa$(↺)

C. $F_R=0N, M_O=2Fa$(↺)

D. $F_R=0N, M_O=2Fa$(↻)

49. 在图示机构中，已知 F_p，$L=2m$，$r=0.5m$，$\theta=30°$，$BE=EG$，$CE=EH$，则支座 A 的约束力为：

A. $F_{Ax}=F_p(\leftarrow)$，$F_{Ay}=1.75F_p(\downarrow)$　　B. $F_{Ax}=0$，$F_{Ay}=0.75F_p(\downarrow)$

C. $F_{Ax}=0$，$F_{Ay}=0.75F_p(\uparrow)$　　D. $F_{Ax}=F_p(\rightarrow)$，$F_{Ay}=1.75F_p(\uparrow)$

50. 图示不计自重的水平梁与桁架在 B 点铰接。已知：荷载 F_1、F 均与 BH 垂直，$F_1=8kN$，$F=4kN$，$M=6kN\cdot m$，$q=1kN/m$，$L=2m$。则杆件 1 的内力为：

A. $F_1=0$

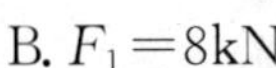

B. $F_1=8kN$

C. $F_1=-8kN$　　D. $F_1=-4kN$

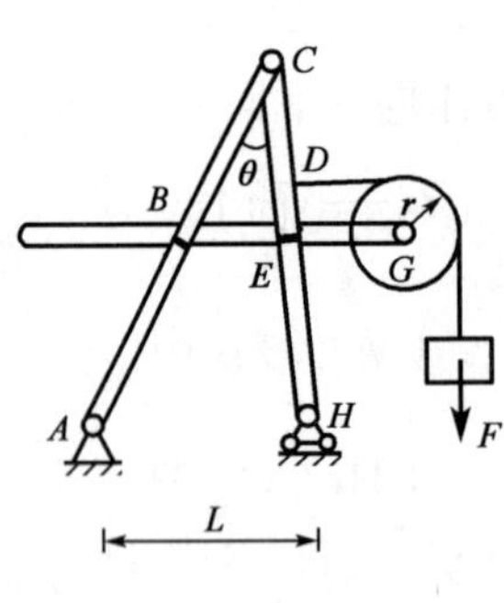

题 49 图

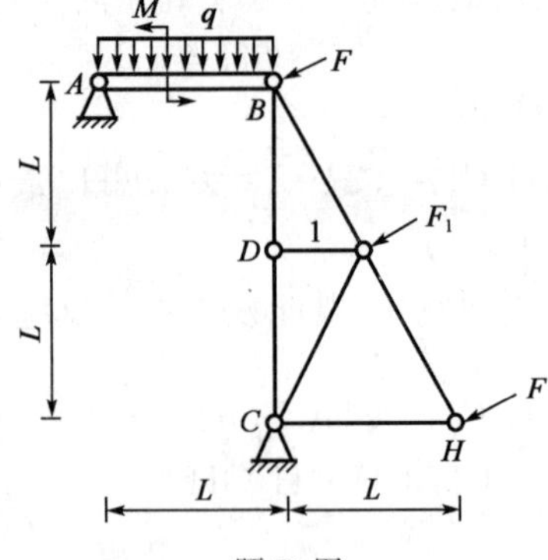

题 50 图

51. 动点 A 和 B 在同一坐标系中的运动方程分别为 $\begin{cases}x_A=t\\ y_A=2t^2\end{cases}$，$\begin{cases}x_B=t^2\\ y_B=2t^4\end{cases}$，其中 x、y 以 cm 计，t 以 s 计，则两点相遇的时刻为：

A. $t=1s$　　B. $t=0.5s$

C. $t=2s$　　D. $t=1.5s$

52. 刚体作平动时，某瞬时体内各点的速度与加速度为：

A. 体内各点速度不相同，加速度相同

B. 体内各点速度相同，加速度不相同

C. 体内各点速度相同，加速度也相同

D. 体内各点速度不相同，加速度也不相同

53. 杆 OA 绕固定轴 O 转动，长为 l，某瞬时杆端 A 点的加速度 a 如图所示。则该瞬时 OA 的角速度及角加速度为：

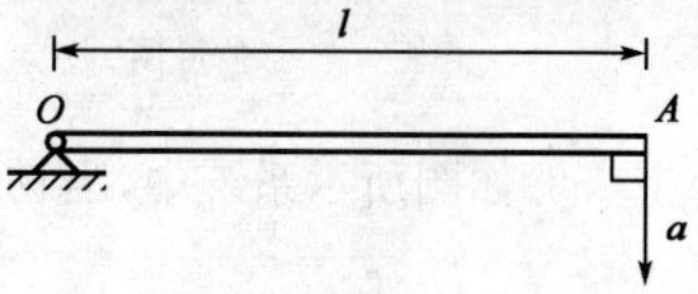

A. $0,\frac{a}{l}$

B. $\sqrt{\frac{a\cos\alpha}{l}},\frac{a\sin\alpha}{l}$

C. $\sqrt{\frac{a}{l}},0$

D. $0,\sqrt{\frac{a}{l}}$

题 53 图

54. 在图示圆锥摆中，球 M 的质量为 m，绳长 l，若 α 角保持不变，则小球的法向加速度为：

A. $g\sin\alpha$

B. $g\cos\alpha$

C. $g\tan\alpha$

D. $g\cot\alpha$

55. 图示均质链条传动机构的大齿轮以角速度 ω 转动，已知大齿轮半径为 R，质量为 m_1，小齿轮半径为 r，质量为 m_2，链条质量不计，则此系统的动量为：

A. $(m_1+2m_2)v\rightarrow$

B. $(m_1+m_2)v\rightarrow$

C. $(2m_1-m_2)v\rightarrow$

D. 0

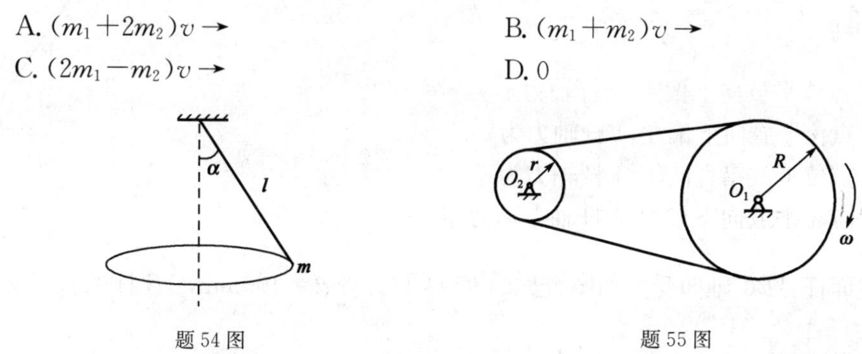

题 54 图　　题 55 图

56. 均质圆柱体半径为 R，质量为 m，绕关于对纸面垂直的固定水平轴自由转动，初瞬时静止（G 在 O 轴的沿垂线上），如图所示，则圆柱体在位置 $\theta=90^\circ$ 时的角速度是：

A. $\sqrt{\frac{g}{3R}}$

B. $\sqrt{\frac{2g}{3R}}$

C. $\sqrt{\frac{4g}{3R}}$

D. $\sqrt{\frac{g}{2R}}$

57. 质量不计的水平细杆 AB 长为 L，在沿垂图面内绕 A 轴转动，其另一端固连质量为 m 的质点 B，在图示水平位置静止释放。则此瞬时质点 B 的惯性力为：

A. $F_g=mg$

B. $F_g=\sqrt{2}mg$

C. 0

D. $F_g=\frac{\sqrt{2}}{2}mg$

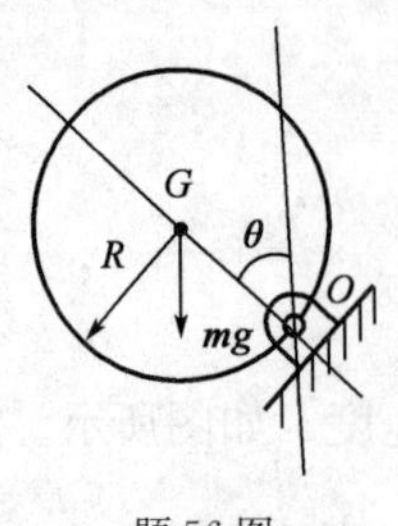

题 56 图

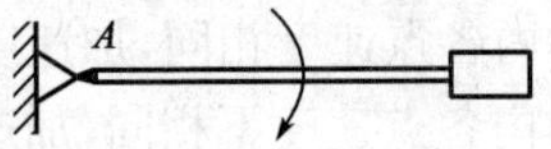

A
B

题 57 图

58. 如图所示系统中，当物块振动的频率比为 1.27 时，k 的值是：

A. 1×10^{5}N/m　　　　B. 2×10^{5}N/m

C. 1×10^{4}N/m　　　　D. 1.5×10^{5}N/m

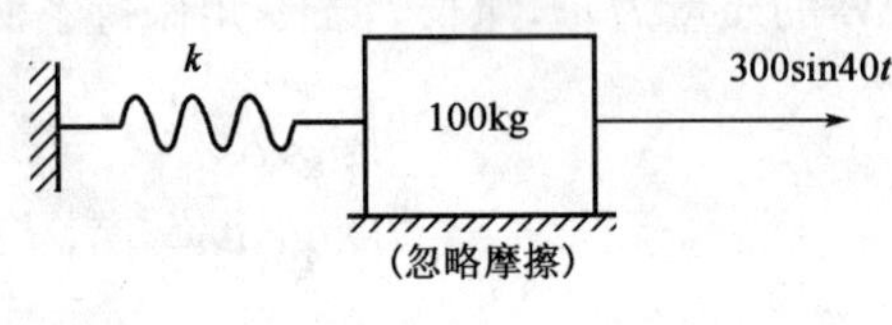

题 58 图

59. 图示结构的两杆面积和材料相同，在沿直向下的力 F 作用下，下面正确的结论是：

A. C 点位平放向下偏左，1 杆轴力不为零

B. C 点位平放向下偏左，1 杆轴力为零

C. C 点位平放铅直向下，1 杆轴力为零

D. C 点位平放向下偏右，1 杆轴力不为零

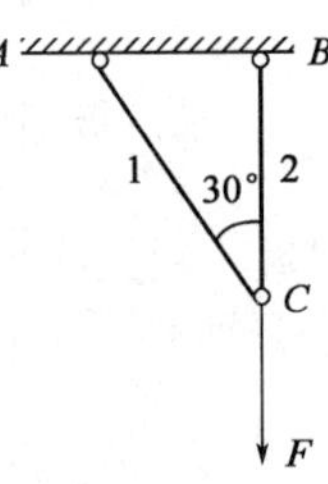

题 59 图

60. 图截面杆 ABC 轴向受力如图，已知 BC 杆的直径 $d=100$mm，AB 杆的直径为 $2d$，杆的最大拉应力是：

A. 40MPa　　　　B. 30MPa

C. 80MPa　　　　D. 120MPa

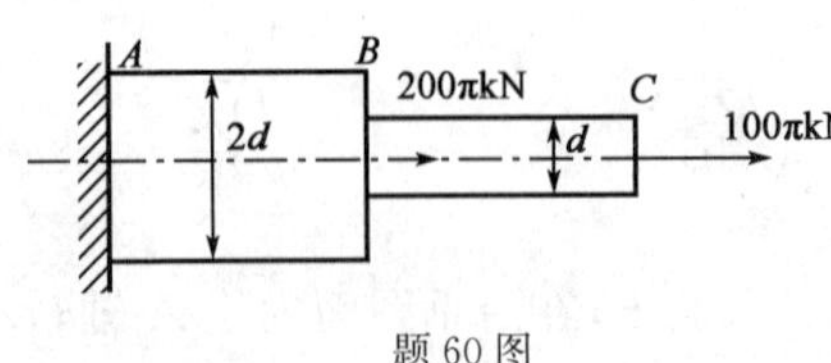

题 60 图

61. 桁架由 2 根细长直杆组成，杆的截面尺寸相同，材料分别是结构钢和普通铸铁，在下列桁架中，布局比较合理的是：

A.

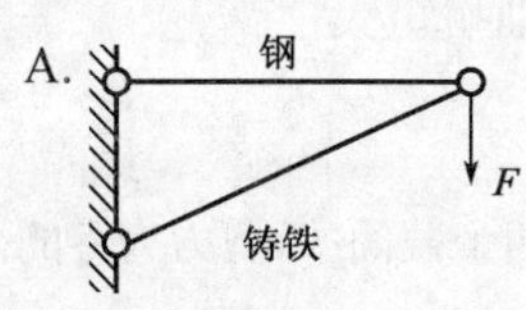

B.

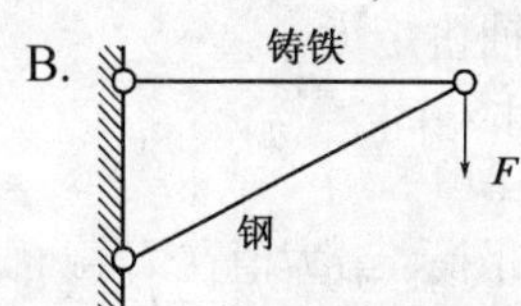

C.

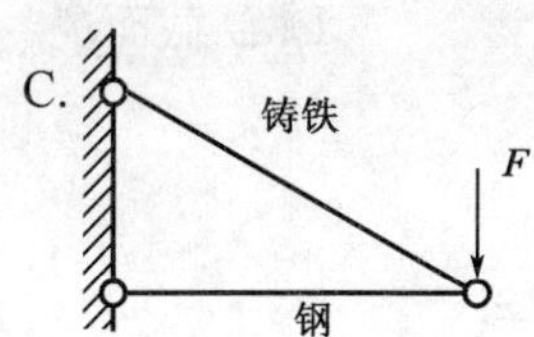

D.

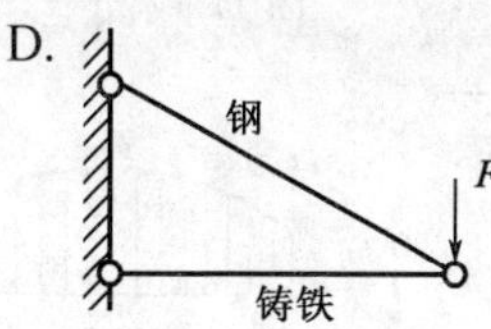

62. 冲床在钢板上冲一圆孔，圆孔直径 $d=100\text{mm}$，钢板的厚度 $\tau=10\text{mm}$，钢板的剪切强度极限 $\tau_b=300\text{MPa}$，需要的冲压力 F 是：

A. $F=300\pi\text{kN}$　　B. $F=3000\pi\text{kN}$

C. $F=2500\pi\text{kN}$　　D. $F=7500\pi\text{kN}$

63. 螺钉受力如图。已知螺钉和钢板的材料相同，拉伸许用应力$[\sigma]$是剪切许用应力$[\tau]$的 2 倍，即$[\sigma]=2[\tau]$，钢板厚度 t 是螺钉头高度 h 的 1.5 倍，则螺钉直径 d 的合理值是：

A. $d=2h$　　B. $d=0.5h$　　C. $d^2=2Dt$　　D. $d^2=0.5Dt$

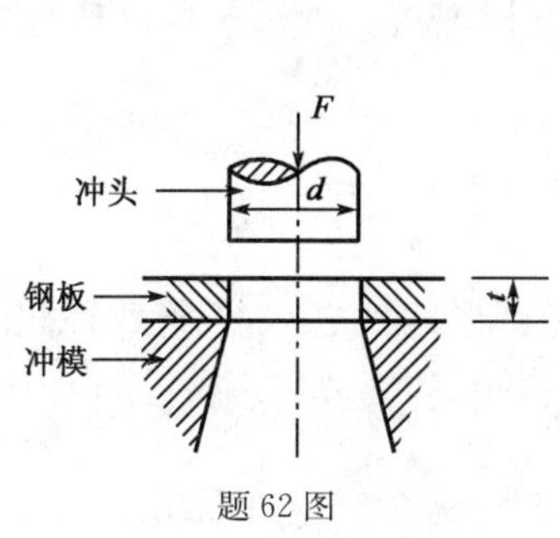

题 62 图

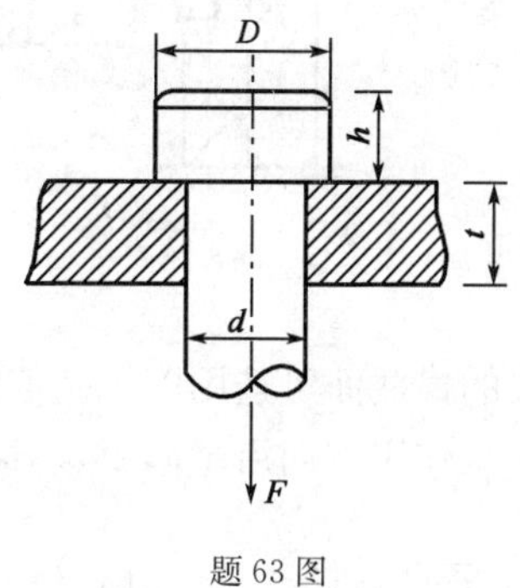

题 63 图

64. 图示受扭空心圆轴横截面上的切应力分布图，其中正确的是：

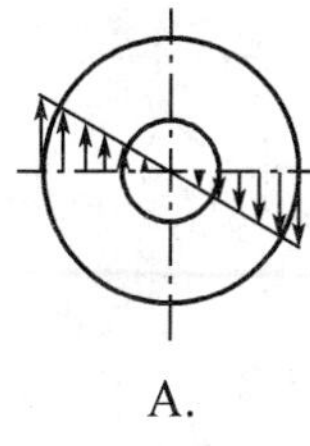

A.

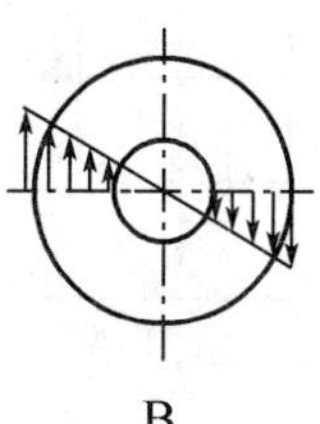

B.

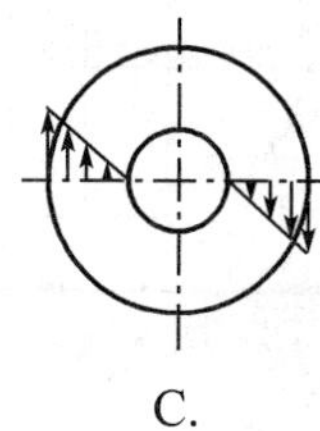

C.

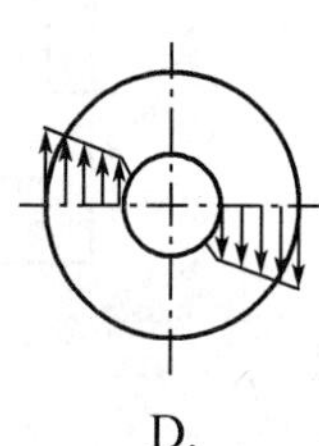

D.

65. 在一套传动系统中，有多根圆轴，假设所有圆轴传递的功率相同，但转速不同，各轴所承受的扭矩与其转速的关系是：

A. 转速快的轴扭矩大　　B. 转速慢的轴扭矩大

C. 各轴的扭矩相同　　D. 无法确定

66. 梁的弯矩图如图示，最大值在 B 截面。在梁的 A、B、C、D 四个截面中，剪力为零的截面是：

A. A 截面　　B. B 截面　　C. C 截面　　D. D 截面

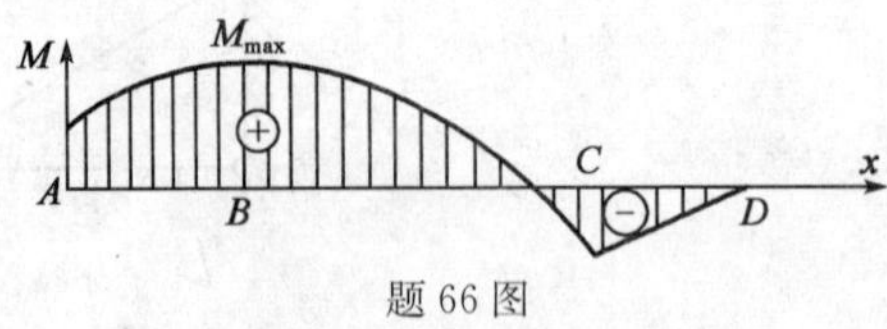

题 66 图

67. 图示矩形截面受压杆，杆的中间段右侧有一槽，如图 a）所示，若在杆的左侧，即槽的对称位置也挖出同样的槽［见图 b）］，则图 b）杆的最大压应力是图 a）最大压应力的：

A. 3/4　　B. 4/3　　C. 3/2　　D. 2/3

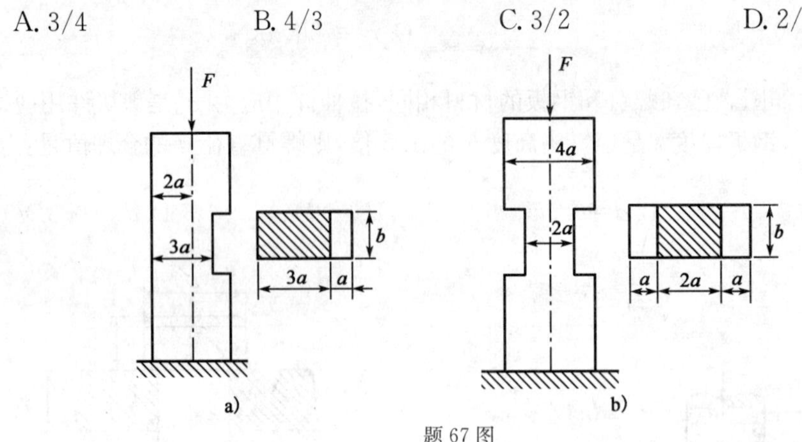

题 67 图

68. 梁的横截面可选用图示空心矩形、矩形、正方形和圆形四种之一，假设四种截面的面积均相等，荷载作用方向沿垂向下，承载能力最大的截面是：

A. 空心矩形　　B. 实心矩形　　C. 正方形　　D. 圆形

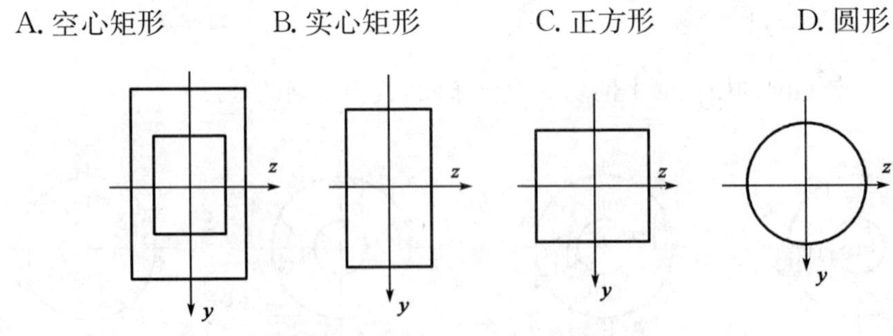

题 68 图

69. 按照第三强度理论，图示两种应力状态的危险程度是：

A. 无法判断　　B. 两者相同

C. a）更危险　　D. b）更危险

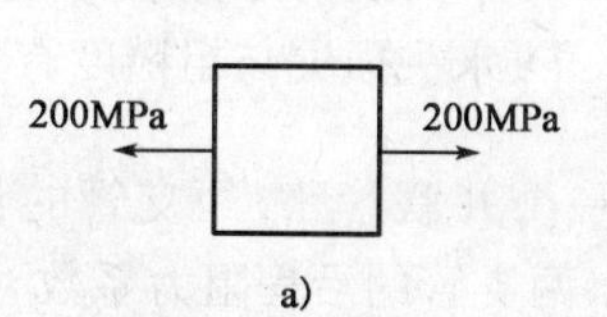

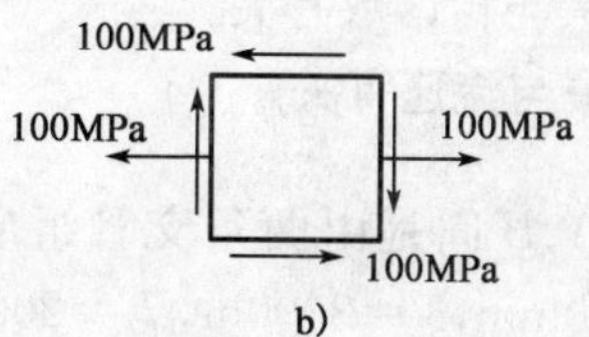

题 69 图

70. 正方形截面杆 AB，力 F 作用在 xOy 平面内，与 x 轴夹角 α，杆距离 B 端为 a 的横截面上最大正应力在 $\alpha=45°$ 时的值是 $\alpha=0$ 时值的：

A. $\frac{7\sqrt{2}}{2}$倍　　　　B. $3\sqrt{2}$倍

C. $\frac{5\sqrt{2}}{2}$倍　　　　D. $\sqrt{2}$倍

71. 如图水下有一半径为 $R=0.1$m 的半球形侧盖，球心至水面距离 $H=5$m，作用于半球盖上水平方向的静水压力是：

A. 0.98kN　　　　B. 1.96kN

C. 0.77kN　　　　D. 1.54kN

72. 密闭水箱如图所示，已知水深 $h=2$m，自由面上的压强 $p_0=88\text{kN/m}^2$，当地大气压强 $p_a=101\text{kN/m}^2$，则水箱底部 A 点的绝对压强与相对压强分别为：

A. 107.6kN/m^2 和 -6.6kN/m^2　　　　B. 107.6kN/m^2 和 6.6kN/m^2

C. 120.6kN/m^2 和 -6.6kN/m^2　　　　D. 120.6kN/m^2 和 6.6kN/m^2

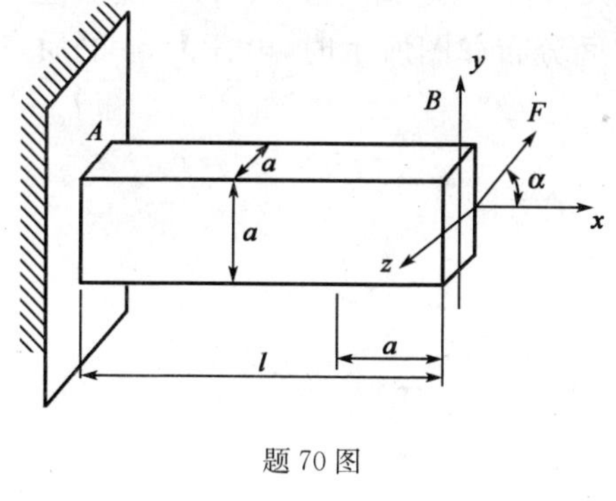

题 70 图

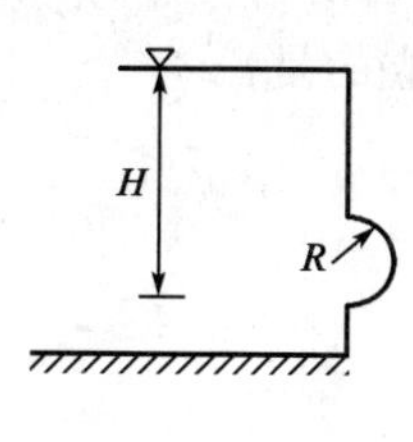

题 71 图

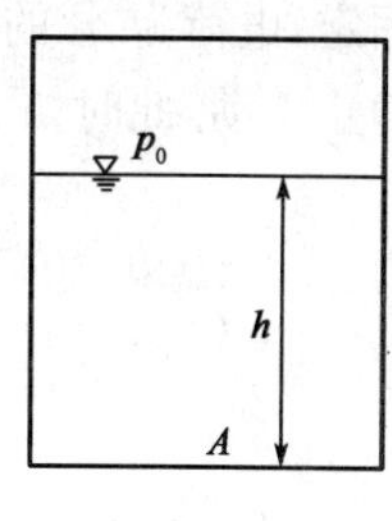

题 72 图

73. 下列不可压缩二维流动中，哪个满足连续方程：

A. $u_x=2x, u_y=2y$　　　　B. $u_x=0, u_y=2xy$

C. $u_x=5x, u_y=-5y$　　　　D. $u_x=2xy, u_y=-2xy$

74. 圆管层流中，下述错误的是：

A. 水头损失与雷诺数有关

B. 水头损失与管长度有关

C. 水头损失与流速有关

D. 水头损失与粗糙度有关

75. 主干管在 A、B 间是由两条支管组成的一个并联管路，两支管的长度和管径分别为 $l_1=1800\text{m}$，$d_1=150\text{mm}$，$l_2=3000\text{m}$，$d_2=200\text{mm}$，两支管的沿程阻力系数 λ 均为 0.01，若主干管流量 $Q=39\text{L/s}$，则两支管流量分别为：

A. $Q_1=12\text{L/s}$，$Q_2=27\text{L/s}$

B. $Q_1=15\text{L/s}$，$Q_2=24\text{L/s}$

C. $Q_1=24\text{L/s}$，$Q_2=15\text{L/s}$

D. $Q_1=27\text{L/s}$，$Q_2=12\text{L/s}$

76. 一梯形断面明渠，水力半径 $R=0.8\text{m}$，底坡 $i=0.0006$，粗糙系数 $n=0.05$，则输水流速为：

A. 0.42m/s

B. 0.48m/s

C. 0.6m/s

D. 0.75m/s

77. 地下水的浸润线是指：

A. 地下水的流线

B. 地下水运动的迹线

C. 无压地下水的自由水面线

D. 土壤中干土与湿土的界限

78. 用同种流体，同一温度进行管道模型实验，按黏性力相似准则，已知模型管径 0.1m，模型流速 4m/s，若原型管径为 2m，则原型流速为：

A. 0.2m/s

B. 2m/s

C. 80m/s

D. 8m/s

79. 真空中有三个带电质点，其电荷分别为 q_1、q_2 和 q_3，其中，电荷为 q_1 和 q_3 的质点位置固定，电荷为 q_2 的质点可以自由移动，当三个质点的空间分布如图所示时，电荷为 q_2 的质点静止不动，此时如下关系成立的是：

A. $q_1=q_2=2q_3$

B. $q_1=q_3=|q_2|$

C. $q_1=q_2=-q_3$

D. $q_2=q_3=-q_1$

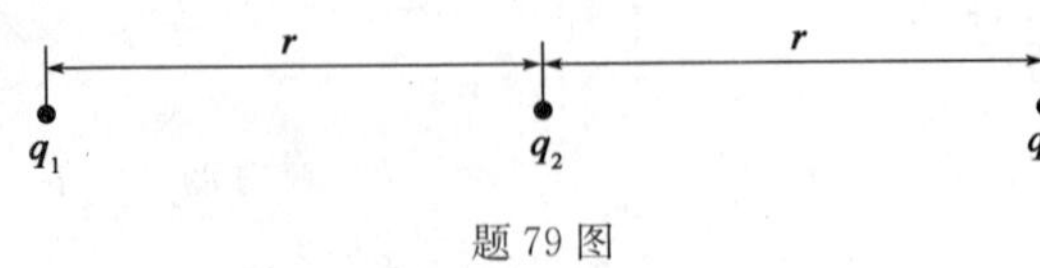

题 79 图

80. 在图示电路中，$I_1=-4\text{A}$，$I_2=-3\text{A}$，则 $I_3=$

A. -1A

B. 7A

C. -7A

D. 1A

81. 已知电路如图所示，其中，响应电流 I 在电压源单独作用时的分量为：

A. 0.375A　　B. 0.25A

C. 0.125A　　D. 0.1875A

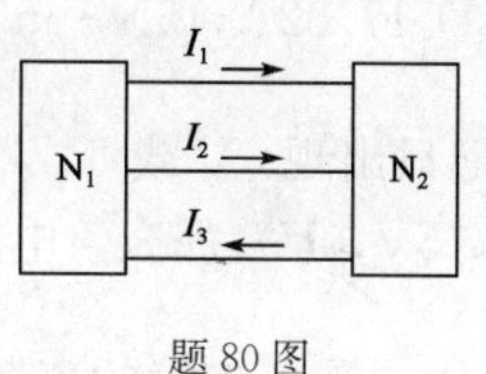

题 80 图

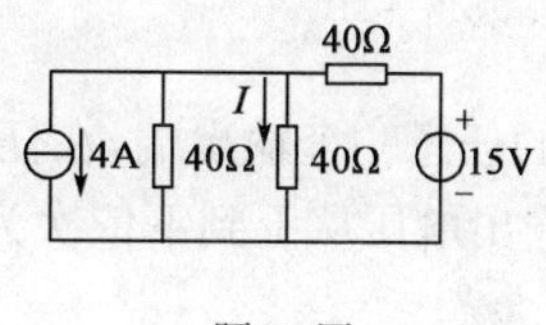

题 81 图

82. 已知电流 $\dot{i}(t)=0.1\sin(\omega t+10°)$ A，电压 $u(t)=10\sin(\omega t-10°)$ V，则如下表述中正确的是：

A. 电流 $i(t)$ 与电压 $u(t)$ 呈反相关系

B. $i=0.1\angle 10°$ A，$\dot{U}=10\angle -10°$ V

C. $i=70.7\angle 10°$ mA，$\dot{U}=-7.07\angle 10°$ V

D. $i=70.7\angle 10°$ mA，$\dot{U}=7.07\angle -10°$ V

83. 一交流电路由 R、L、C 串联而成，其中，$R=10\Omega$，$X_L=8\Omega$，$X_C=6\Omega$。通过该电路的电流为 10A，则该电路的有功功率、无功功率和视在功率分别为：

A. 1kW，1.6kvar，2.6kVA　　B. 1kW，200var，1.2kVA

C. 100W，200var，223.6VA　　D. 1kW，200var，1.02kVA

84. 已知电路如图所示，设开关在 $t=0$ 时刻断开，那么如下表述中正确的是：

A. 电路的左右两侧均进入暂态过程　　B. 电路 i_1 立即等于 i_s，电流 i_2 立即等于 0

C. 电路 i_2 由 $\frac{1}{2}i_s$ 逐步衰减到 0　　D. 在 $t=0$ 时刻，电流 i_2 发生了突变

85. 图示变压器空载运行电路中，设变压器为理想器件，若 $u=\sqrt{2}U\sin\omega t$，则此时：

A. $U_1=\frac{\omega L\cdot U}{\sqrt{R^2+(\omega L)^2}}$，$U_2=0$　　B. $U_1=U$，$U_2=\frac{1}{2}U_1$

C. $U_1\neq U$，$U_2=\frac{1}{2}U_1$　　D. $U_1=U$，$U_2=2U_1$

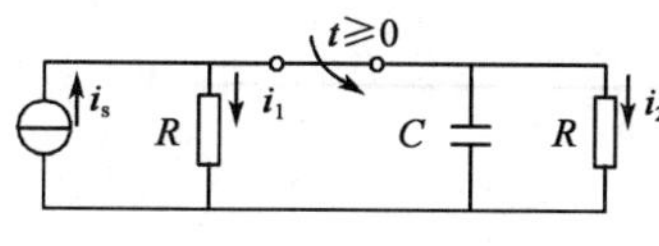

题 84 图

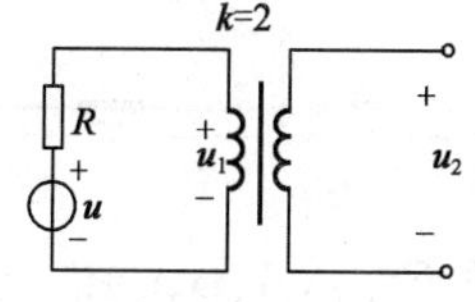

题 85 图

86. 设某 Δ 接异步电动机全压起动时的起动电流 $I_u=30$A，起动转矩 $T_u=45$N·m，若对

此台电动机采用 Y-Δ 降压起动方案，则起电流和起动转矩分别为：

A. 17.32A，25.98N·m　　　　B. 10A，15N·m

C. 10A，25.98N·m　　　　D. 17.32A，15N·m

87. 图示电路的任意一个输出端，在任意时刻都只出现 0V 或 5V 这两个电压值（例如，在 $t=t_0$ 时刻获得的输出电压从上到下依次为 5V，0V，5V，0V），那么该电路的输出电压：

A. 是取值离散的连续时间信号　　　　B. 是取值连续的离散时间信号

C. 是取值连续的连续时间信号　　　　D. 是取值离散的离散时间信号

88. 图示非周期信号 $u(t)$ 如图所示，若利用单位阶跃函数 $\varepsilon(t)$ 将其写成时间函数表达式，则 $u(t)$ 等于：

A. $5-1=4$V　　　　B. $5\varepsilon(t)+\varepsilon(t-t_0)$V

C. $5\varepsilon(t)-4\varepsilon(t-t_0)$V　　　　D. $5\varepsilon(t)-4\varepsilon(t+t_0)$V

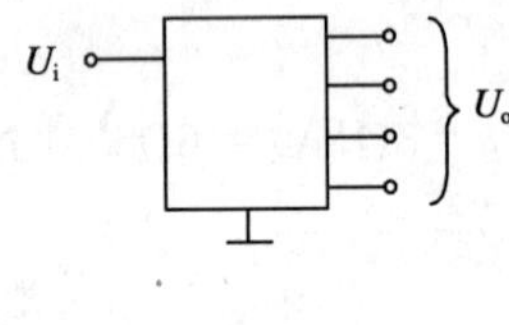

题 87 图

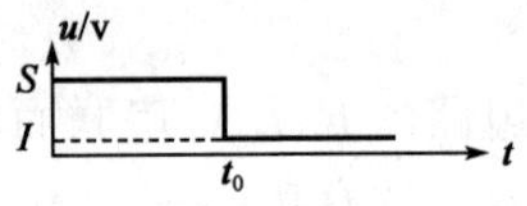

题 88 图

89. 模拟信号经线性放大器放大后，信号中被改变的量是：

A. 信号的频率　　　　B. 信号的幅值频谱

C. 信号的相位频谱　　　　D. 信号的幅值

90. 对逻辑表达式(A+B)(A+C)的化简结果是：

A. A　　　　B. $A^2+AB+AC+BC$

C. A+BC　　　　D. (A+B)(A+C)

91. 已知数字信号 A 和数字信号 B 的波形如图所示，则数字信号 $F=\overline{AB}$ 的波形为：

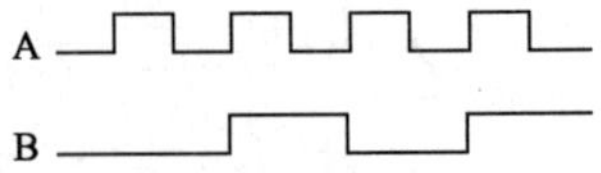

题 91 图

A.

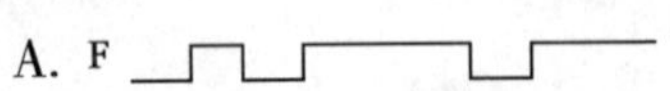

B.

C.

D.

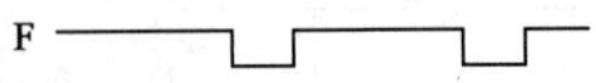

92. 逻辑函数 $F=f(A、B、C)$ 的真值表如图所示，由此可知：

A. $F=\overline{A}(\overline{B}C+B\overline{C})+A(\overline{B}\overline{C}+BC)$

B. $F=\overline{B}C+B\overline{C}$

C. $F=\overline{BC}+BC$

D. $F=\overline{A}+\overline{B}+\overline{BC}$

93. 二极管应用电路如图 a)所示，电路的激励 u_i 如图 b)所示，设二极管为理想器件，则电路的输出电压 u_o 的平均值 U_o =

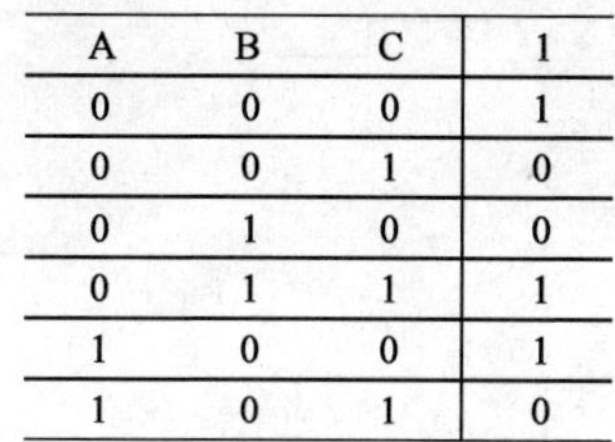

A	B	C	1
0	0	0	1
0	0	1	0
0	1	0	0
0	1	1	1
1	0	0	1
1	0	1	0

题 92 图

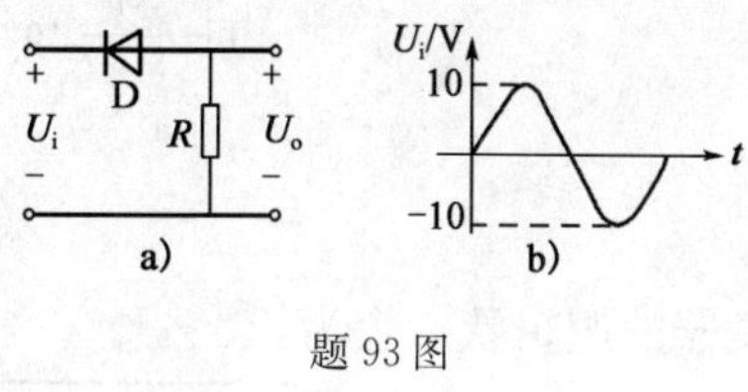

题 93 图

A. $\frac{10}{\sqrt{2}}\times 0.45=3.18$V　　B. $10\times 0.45=4.5$V

C. $-\frac{10}{\sqrt{2}}\times 0.45=-3.18$V　　D. $-10\times 0.45=-4.5$V

94. 运算放大器应用电路如图所示，设运算放大器输出电压的极限值为±11V，如果将 2V 电压接入电路的"A"端，电路的"B"端接地后，测得输出电压为−8V，那么，如果将 2V 电压接入电路的"B"端，而电路的"A"端接地，则该电路的输出电压 u_o 等于：

A. 8V　　B. −8V

C. 10V　　D. −10V

95. 图 a)所示电路中，复位信号 $\overline{R}_D$、信号 A 及时钟脉冲信号 cp 如图 b)所示，经分析可知，在第一个和第二个时钟脉冲的下降沿时刻，输出 Q 先后等于：

A. 0,0　　B. 0,1

C. 1,0　　D. 1,1

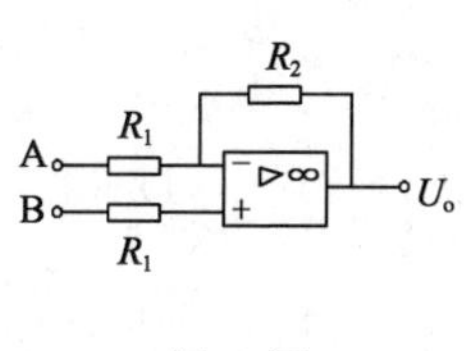

题 94 图

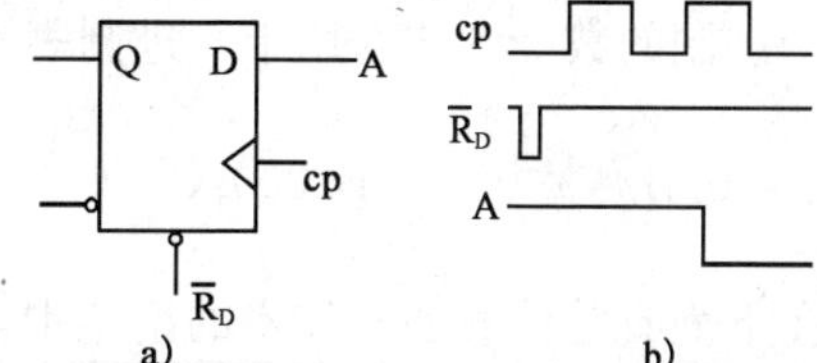

题 95 图

附：触发器的逻辑状态表为：

D	Q_{n+1}
0	0
1	1

96. 图 a)所示电路中，复位信号、数据输入及时钟脉冲信号如图 b)所示，经分析可知，在第一个和第二个时钟脉冲的下降沿过后，输出 Q 先后等于：

A. 0,0　　B. 0,1　　C. 1,0　　D. 1,1

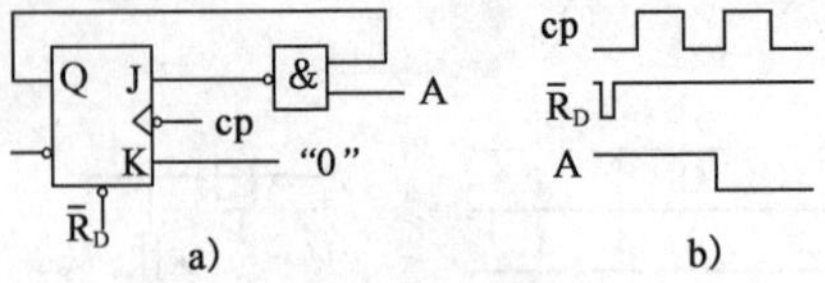

题 96 图

附：触发器的逻辑状态表为：

J	K	Q_{n+1}
0	0	Q_D
0	1	0
1	0	1
1	1	$\bar{Q}_D$

97. 总线中的地址总线传输的是：

A. 程序和数据
B. 主储存器的地址码或外围设备码
C. 控制信息
D. 计算机的系统命令

98. 软件系统中，能够管理和控制计算机系统全部资源的软件是：

A. 应用软件　　B. 用户程序　　C. 支撑软件　　D. 操作系统

99. 用高级语言编写的源程序，将其转换成能在计算机上运行的程序过程是：

A. 翻译、连接、执行
B. 编辑、编译、连接
C. 连接、翻译、执行
D. 编程、编辑、执行

100. 十进制的数 256.625 用十六进制表示则是：

A. 110.B　　B. 200.C　　C. 100.A　　D. 96.D

101. 在下面有关信息加密技术的论述中，不正确的是：

A. 信息加密技术是为提高信息系统及数据的安全性和保密性的技术
B. 信息加密技术是为防止数据信息被别人破译而采用的技术
C. 信息加密技术是网络安全的重要技术之一
D. 信息加密技术是为清除计算机病毒而采用的技术

102. 可以这样来认识进程，进程是：

A. 一段执行中的程序
B. 一个名义上的软件系统
C. 与程序等效的一个概念
D. 一个存放在 ROM 中的程序

103. 操作系统中的文件管理是：

A. 对计算机的系统软件资源进行管理
B. 对计算机的硬件资源进行管理
C. 对计算机用户进行管理
D. 对计算机网络进行管理

104. 在计算机网络中，常将负责全网络信息处理的设备和软件称为：

A. 资源子网
B. 通信子网
C. 局域网
D. 广域网

105. 若按采用的传输介质的不同，可将网络分为：

A. 双绞线网、同轴电缆网、光纤网、无线网
B. 基带网和宽带网
C. 电路交换类、报文交换类、分组交换类
D. 广播式网络、点到点式网络

106. 一个典型的计算机网络系统主要是由：

A. 网络硬件系统和网络软件系统组成
B. 主机和网络软件系统组成
C. 网络操作系统和若干计算机组成
D. 网络协议和网络操作系统组成

107. 如现在投资 100 万元，预计年利率为 10%，分 5 年等额回收，每年可回收：[已知：$(A/P, 10\%, 5)=0.2638$，$(A/F, 10\%, 5)=0.1638$]

A. 16.38 万元
B. 26.38 万元
C. 62.09 万元
D. 75.82 万元

108. 某项目投资中有部分资金源于银行贷款，该贷款在整个项目期间将等额偿还本息。项目预计年经营成本为 5000 万元，年折旧费和摊销为 2000 万元，则该项目的年总成本费用应：

A. 等于 5000 万元
B. 等于 7000 万元
C. 大于 7000 万元
D. 在 5000 万元与 7000 万元之间

109. 下列财务评价指标中，反映项目盈利能力的指标是：

A. 流动比率
B. 利息备付率
C. 投资回收期
D. 资产负债率

110. 某项目第一年年初投资 5000 万元，此后从第一年年末开始每年年末有相同的净收

益，收益期为10年。寿命期结束时的净残值为100万元，若基准收益率为12%，则要使该投资方案的净现值为零，其年净收益应为：[已知：$(P/A,12\%,10)=5.6500$；$(P/F,12\%,10)=0.3220$]

A. 879.26万元　　B. 884.96万元
C. 890.65万元　　D. 1610万元

111. 某企业设计生产能力为年产某产品40000t，在满负荷生产状态下，总成本为30000万元，其中固定成本为10000万元，若产品价格为1万元/t，则以生产能力利用率表示的盈亏平衡点为：

A. 25%　　B. 35%　　C. 40%　　D. 50%

112. 已知甲、乙为两个寿命期相同的互斥项目，通过测算得出：甲、乙两项目的内部收益率分别为18%和14%，甲、乙两项目的净现值分别为240万元和320万元。假如基准收益率为12%，则以下说法中正确的是：

A. 应选择甲项目　　B. 应选择乙项目
C. 应同时选择甲、乙两个项目　　D. 甲、乙项目均不应选择

113. 下列项目方案类型中，适于采用最小公倍数法进行方案比选的是：

A. 寿命期相同的互斥方案　　B. 寿命期不同的互斥方案
C. 寿命期相同的独立方案　　D. 寿命期不同的独立方案

114. 某项目整体功能的目标成本为100万元，在进行功能评价时，得出某一功能F^*的功能评价系数为0.3，若其成本改进期望值为−5000元（即降低5000元），则F^*的现实成本为：

A. 2.5万元　　B. 3万元　　C. 3.5万元　　D. 4万元

115. 根据《建筑法》规定，对从事建筑业的单位实行资质管理制度，将从事建活动的工程监理单位，划分为不同的资质等级。监理单位资质等级的划分条件可以不考虑：

A. 注册资本　　B. 法定代表人
C. 已完成的建筑工程业绩　　D. 专业技术人员

116. 某生产经营单位使用危险性较大的特种设备，根据《安全生产法》规定，该设备投入使用的条件不包括：

A. 该设备应由专业生产单位生产
B. 该设备应进行安全条件论证和安全评价
C. 该设备须经取得专业资质的检测、检验机构检测、检验合格
D. 该设备须取得安全使用证或者安全标志

117. 根据《招标投标法》规定，某工程项目委托监理服务的招投标活动，应当遵循的原

则是：

A. 公开、公平、公正、诚实信用
B. 公开、平等、自愿、公平、诚实信用
C. 公正、科学、独立、诚实信用
D. 全面、有效、合理、诚实信用

118. 根据《合同法》规定，要约可以撤回和撤销。下列要约，不得撤销的是：

A. 要约到达受要约人
B. 要约人确定了承诺期限
C. 受要约人未发出承诺通知
D. 受要约人即将发出承诺通知

119. 下列情形中，作出行政许可决定的行政机关或者其上级行政机关，应当依法办理有关行政许可的注销手续的是：

A. 取得市场准入许可的被许可人擅自停业、歇业
B. 行政机关工作人员对直接关系生命财产安全的设施监督检查时，发现存在安全隐患的
C. 行政许可证件依法被吊销的
D. 被许可人未依法履行开发利用自然资源义务的

120. 某建设工程项目完成施工后，施工单位提出工程竣工验收申请，根据《建设工程质量管理条例》规定，该建设工程竣工验收应当具备的条件不包括：

A. 有施工单位提交的工程质量保证保证金
B. 有工程使用的主要建筑材料、建筑构配件和设备的进场试验报告
C. 有勘察、设计、施工、工程监理等单位分别签署的质量合格文件
D. 有完整的技术档案和施工管理资料

2014 年度全国勘察设计注册工程师公共基础考试

试题解析及参考答案

1.**解**　$\lim\limits_{x\to 0}(1-x)^{\frac{k}{x}}=\lim\limits_{x\to 0}(1-x)^{\frac{1}{-x}\cdot(-k)}=\mathrm{e}^{-k}=2$

所以 $k=-\ln 2$。

答案:A

2.**解**　因为 $z=x^2$ 为抛物线,$z=x^2+y^2$ 可以看成抛物线 $z=x^2$ 以 z 为轴旋转而成。所以 $x^2+y^2-z=0$ 表示图形为旋转抛物面。

答案:D

3.**解**　$\lim\limits_{x\to 0^+}y=\lim\limits_{x\to 0^+}\arctan\dfrac{1}{x}=\dfrac{2}{\pi}$　$\lim\limits_{x\to 0^+}y=\lim\limits_{x\to 0^+}\arctan\dfrac{1}{x}=-\dfrac{2}{\pi}$ 左右极限均存在,但不相符,为跳跃间断点。

答案:B

4.**解**　因为 $\left[\int_{\psi(x)}^{\varphi(x)}f(x)\mathrm{d}x\right]'=f[\varphi(x)]\cdot\varphi'(x)-f[\psi(x)]\cdot\psi'(x)$

故 $\dfrac{\mathrm{d}}{\mathrm{d}x}\int_{2x}^{0}\mathrm{e}^{-t^2}\mathrm{d}t=0-\mathrm{e}^{-4x^2}\cdot(2x)'=-2\mathrm{e}^{-4x^2}$

答案:C

5.**解**　设 $\sqrt{x}=t$,原式$=\dfrac{\mathrm{d}(\ln t^2)}{\mathrm{d}t}=\dfrac{2}{t}$,即 $\dfrac{\mathrm{d}(\ln x)}{\mathrm{d}\sqrt{x}}=\dfrac{2}{\sqrt{x}}$

答案:B

6.**解**　$\int\dfrac{x^2}{\sqrt[3]{1+x^2}}\mathrm{d}x=\dfrac{1}{3}\int\dfrac{x^2}{\sqrt[3]{1+x^2}}\mathrm{d}(x^2+1)=\dfrac{1}{2}(1+x^3)^{\frac{2}{3}}+C$

答案:D

7.**解**　$a_n=(1+\dfrac{1}{n})^n$ 与函数 $f(x)=(1+\dfrac{1}{x})^x(x>0)$ 具有相同的单调性。

$\ln f(x)=x\ln(1+\dfrac{1}{x})=x[\ln(x+1)-\ln x]$

$[\ln f(x)]'=\ln(x+1)-\ln(x)-x\left[\dfrac{1}{x+1}-\ln x\right]$

故 a_n 单调递增。

显然 $a_n<\mathrm{e}$。

因为 $\ln a_n=n\ln(1+\dfrac{1}{n})$ 且 $\ln(1+\dfrac{1}{n})<\dfrac{1}{n}$

故 $\ln a_n < 1$

故 $\ln a_n < e$

因此,$\{a_n\}$单调递增有上界。

答案:B

8. **解** 根据极值定义以及极值与可导之间关系,易确定。

答案:C

9. **解** 直线 L_1 的方向向量 $\boldsymbol{n}_1=(1,-2,1)$,直线 L_2 的方向向量 $\boldsymbol{n}_2=(-1,-1,2)$。

根据夹角公式,$\cos\theta=\dfrac{\langle\boldsymbol{n}_1\boldsymbol{n}_2\rangle}{|\boldsymbol{n}_1||\boldsymbol{n}_2|}=\dfrac{3}{r_6\cdot r_6}=\dfrac{1}{2}$,

故 $\theta=\dfrac{\pi}{3}$

答案:B

10. **解** 对于 $\dfrac{dy}{dx}+p(x)y=Q(x)$,

有通解 $y=Ce^{-\int p(x)dx}+e^{-\int p(x)dx}\int Q(x)e^{\int p(x)dx}$

故 $xy'-y=x^2e^{2x}$,$\Rightarrow y'-\dfrac{1}{x}y=xe^{2x}$

由公式可得,

$y=Ce^{-\int-\frac{1}{x}dx}+e^{-\int-\frac{1}{x}dx}\int xe^{2x}e^{-\int-\frac{1}{x}dx}dx=Cx+\dfrac{1}{2}xe^{2x}=x(C+\dfrac{1}{2}e^{2x})$

答案:A

11. **解** $\int_0^3\pi y^2dx=\int_0^3\pi\cdot4xdx=\pi\int_0^3 4xdx$

答案:C

12. **解** $\sum\limits_{n=1}^{\infty}\dfrac{1}{n^p}$ 为 p 级数,当 $p>1$ 时,收敛;当 $p\leqslant1$ 时,发散。

故$\sum\limits_{n=1}^{\infty}(-1)^n\dfrac{1}{n^{p-1}}$,当 $1<p\leqslant2$ 时,条件收敛;$p>2$ 时,绝对收敛。

答案:A

13. **解** 微分方程 $y''-y'-2y=0$ 的通解为 $y=C_1e^{-x}+C_2e^{2x}$

将 $y=C_1e^{-x+C_2}$ 代入方程成立,所以正解。但不是通解,也不是特解。

答案:D

14. **解** 如右图所示,直线 AB 方程为 $y=x-2$。

故$\int_L\dfrac{1}{x-y}dx+ydy=\int_0^2\dfrac{1}{2}dx+(x-2)dx=\int_0^2(x-\dfrac{3}{2})dx=-1$

答案:B

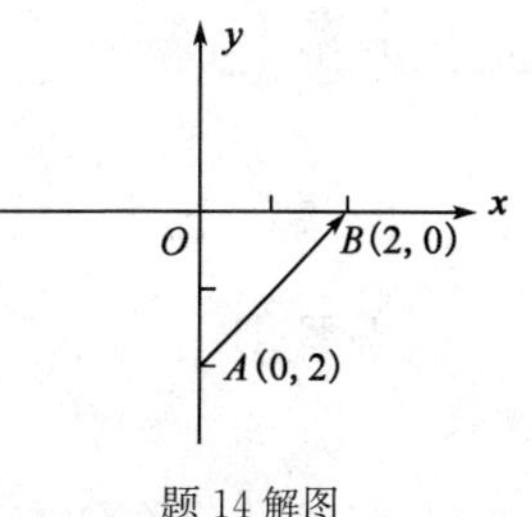

题 14 解图

15. **解**　因为 $x^2+y^2+z^2=4z$，由全微分公式可得：$2x\mathrm{d}x+2y\mathrm{d}y+2z\mathrm{d}z=4\mathrm{d}z$

故 $\mathrm{d}z=\frac{1}{2-z}(x\mathrm{d}x+y\mathrm{d}y)$

答案：A

16. **解**　$\iint_D \mathrm{d}x\mathrm{d}y$ 为阴影部分面积，即 1/8 圆的面积，故 $\iint_D \mathrm{d}x\mathrm{d}y=\frac{1}{8}\pi a^2$。

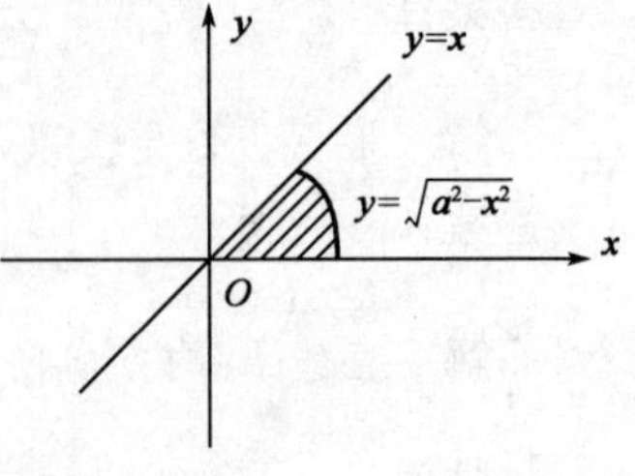

题 16 解图

答案：A

17. **解**　级数 $\sum_{n=1}^{x}\frac{(2x+1)^n}{n}$，半数 $a_n=\frac{1}{n}$，所以 $a_{n+1}=\frac{1}{n+1}$，$\rho=\frac{a_{n+1}}{a_n}=1$，所以收敛半径为 1，$-1<2x+1<1$，$-1<x<0$。

又因为当 $x=-1$ 时 $\sum_{n=1}^{x}\frac{(-1)^n}{n}$ 收敛，所以收敛域为 $[-1,0)$。

答案：C

18. **解**　由 $z=\mathrm{e}^{x\mathrm{e}^y}$，得 $\frac{\partial z}{\partial x}=\mathrm{e}^{x\mathrm{e}^y}\cdot\mathrm{e}^y$，所以 $\frac{\partial^2 z}{\partial x^2}=\mathrm{e}^y\cdot\mathrm{e}^{x\mathrm{e}^y}\cdot\mathrm{e}^y=\mathrm{e}^{x\mathrm{e}^y+2y}$

答案：A

19. **解**　因为 $\boldsymbol{A}$、$\boldsymbol{B}$ 为三阶矩阵，所以 $|\boldsymbol{A}^*|=|\boldsymbol{A}|^{n-1}=|\boldsymbol{A}|^2=\frac{1}{4}$，$|\boldsymbol{B}^{-1}|=\frac{1}{|\boldsymbol{B}|}=\frac{1}{2}$，所以 $|2\boldsymbol{A}^*\boldsymbol{B}_{-1}|=2^n|\boldsymbol{A}^*|\cdot|\boldsymbol{B}^{-1}|=8\times\frac{1}{4}\times\frac{1}{2}=1$

答案：A

20. **解**　正定要求所有顺序主子式全大于 0，正惯性指数 $p=n$。

答案：C

21. **解**　因为 $\boldsymbol{A\alpha}_1=\boldsymbol{B}$，$\boldsymbol{A\alpha}_2=\boldsymbol{B}$，$\boldsymbol{A\alpha}_3=\boldsymbol{B}$。所以 $\boldsymbol{A}(\boldsymbol{\alpha}_2-\boldsymbol{\alpha}_1)=0$，$\boldsymbol{A}(\boldsymbol{\alpha}_2-\boldsymbol{\alpha}_3)=0$ 且 $\boldsymbol{\alpha}_2-\boldsymbol{\alpha}_1$ 与 $\boldsymbol{\alpha}_2-\boldsymbol{\alpha}_3$ 线性无关，所以 $k_1(\boldsymbol{\alpha}_2-\boldsymbol{\alpha}_1)+k_2(\boldsymbol{\alpha}_2-\boldsymbol{\alpha}_3)$ $\boldsymbol{Ax}=0$ 通解，$\boldsymbol{Ax}=\boldsymbol{B}$ 的通解为齐次通解加非齐次特解，只有 C 合适。

答案：C

22. **解**　因为 A、B 互不相容，故 $\mathrm{A}\cap\mathrm{B}=\Phi$，即 $\mathrm{P(AB)}=0$，$\mathrm{P(A|B)}=\frac{\mathrm{P(AB)}}{\mathrm{P(B)}}=0$。

答案：B

23. **解**　$E(XY)=\int_0^1\int_0^x xyf(x,y)\mathrm{d}y\mathrm{d}x$

$$=\int_0^1\int_0^x kxy\mathrm{d}y\mathrm{d}x=\int_0^1\frac{1}{2}kx^3\mathrm{d}x=\frac{1}{8}k$$

因为$\int_{-\infty}^{\infty}\int_{-\infty}^{\infty}f(xy)\mathrm{d}x\mathrm{d}y=1$，故$\int_0^1\int_0^x k\mathrm{d}y\mathrm{d}x=1$，$k=2$，$E(XY)=\frac{1}{4}$

答案:A

24. **解**　因为$\sum_{i=1}^{n}(X_i-\bar{X})^2=(n-1)S^2$，$\frac{(n-1)\sigma^2}{\sigma^2}\sim\chi^2(n-1)$

故$\frac{\sum_{i=1}^{n}(X_i-\bar{X})^2}{\sum_{i=1}^{n}(Y_i-\bar{Y})^2}=\frac{\frac{(n-1)S^2}{\sigma^2}}{\frac{(n-1)S^2}{\sigma^2}}\sim F(n-1,n-1)$

答案:B

25. **解**　理想气体内能公式和状态方程为：$E=\frac{i}{2}\nu RT=\frac{i}{2}pV$。当氢气和氦气压强和体积相等时，内能之比等于自由度之比，所以$\frac{E_{H_2}}{E_{He}}=\frac{i_{H_2}}{i_{He}}=\frac{5}{3}$。

答案:A

26. **解**　速率分布函数为$f(v)=\frac{\mathrm{d}N}{N\mathrm{d}v}$。其物理意义为：速率在$v$附近的单位区间的分子数占总分子数的百分比。

答案:B

27. **解**　等压过程做功表达式为$W=p(V_2-V_1)=\nu R(T_2-T_1)$，其中用到状态方程$pV=\nu RT$，所以$\Delta T=T_2-T_1=\frac{W}{\nu R}$。代入$\nu=1$，得$\Delta T=\frac{W}{R}$。

答案:B

28. **解**　气体做功$W=\int_{V_1}^{V_2}p\mathrm{d}V$，气体膨胀，$W>0$，做正功；内能变化$\Delta E=\frac{i}{2}\nu R\Delta T$，等温过程，内能不变；由热力学第一定律，可得气体吸热$Q=W+\Delta E>0$，气体吸热。

答案:D

29. **解**　$t=0.25\mathrm{s}$时，各点振动方程为$y=2\times10^{-2}\cos\left[2\pi\left(2.5-\frac{x}{5}\right)\right]$，波峰位置条件为$2\pi\left(2.5-\frac{x}{5}\right)=\pm2k\pi$，化简可得$x=5(2.5\pm k)$，所以最接近原点的位置为$x=\pm2.5\mathrm{m}$。

答案:A

30. **解**　简谐波中，质元在平衡位置，速度最大，所以动能最大；形变程度最大，所以势能也最大。

答案:C

31. **解**　可闻声波频率范围为 $20 \sim 20000\text{Hz}$ 。

答案:C

32. **解**　空气双缝干涉条纹间距为:

$$\Delta x = \frac{D}{d}\lambda = 1.33\text{mm}$$

水中条纹间距为

$$\Delta x' = \frac{D}{d}\frac{\lambda}{n} = \frac{\Delta x}{n} = \frac{1.33}{n} = 1\text{mm}$$

答案:C

33. **解**　可见光波长范围为 $400 \sim 760\text{nm}$ 。

答案:A

34. **解**　设入射自然光的光强为 I_0 ,通过第一个偏振片的光强 I_1 ,通过第二个偏振片的光强 $I = I_1 \cos^2 45° = \frac{I_1}{2}$ 。所求的光强为 $I_1 = 2I$ 。

答案:B

35. **解**　单缝夫琅禾费衍射的中央明纹宽度为 $\Delta l = 2\frac{f}{a}\lambda = 4 \times 10^{-3}\text{m}$ 。

答案:D

36. **解**　光栅常数 $d = a + b = 2a$,缺级为 $k = \frac{d}{a}k' = 2k'$,$k' = 1,2,\cdots$ 。所以偶数级次缺级,两边明纹级次为 1 和 3。

答案:A

37. **解**　电负性标志着周期表中各元素的原子吸引电子的能力。元素的电负性越大,吸引电子的倾向越大,非金属性也越强。第七主族的元素,从上到下原子半径一次增大,吸引周围电子的能力逐渐减弱,故电负性依次降低。F 元素的电负性最强。

答案:A

38. **解**　四种物质的阴离子相同。而且离子壳层的电子构型相同,半径相近,电荷高的阳离子有较强的极化作用。题中四种离子中,Si^{4+} 的电荷最高,因此 $SiCl_4$ 的离子极化作用最强。

答案:D

39. **解**　浓硫酸中硫酸的物质的量为:

$$n(H_2SO_4) = \frac{100 \times 1.84 \times 98\%}{98} = 1.84\ \text{mol}$$

$$c(H_2SO_4) = \frac{1.84\text{mol}}{0.1\text{L}} = 18.4\ \text{mol/L}$$

答案:A

40. **解**　对反应①　$$K^{\ominus}=\frac{p(H_2S)}{p(H_2)} \tag{1}$$

对反应②　$$K_2^{\ominus}=\frac{p(SO_2)}{p(O_2)} \tag{2}$$

对反应③　$$K_3^{\ominus}=\frac{p(O_2)\times p(H_2S)}{p(H_2)\times p(SO_2)} \tag{3}$$

将式(1)、式(2)代入式(3)中得 $K_3^{\ominus}=\frac{K_1^{\ominus}}{K_2^{\ominus}}$。

答案:D

41. **解**　该原电池的电池反应为　$Zn^{2+}+Cu \rightarrow Cu^{2+}+Zn$

故其电动势为 $E=K^{\ominus}-\frac{RT}{2F}\ln\frac{a_{Zn^{2+}}}{a_{Cu^{2+}}}$

若向铜半电池侧通入硫化氢,会结合 Cu^{2+} 生成硫化铜沉淀,使得 $a(_{Cu^{2+}})$ 降低,代入式中可得 E 值降低。

答案:B

42. **解**　电解池中阴极上发生还原反应,离子得电子,而 Na 容易失电子,故 Na^+ 不易得电子,得电子能力小于 H^+,电解池中,放电的是 H^+。

答案:A

43. **解**　标准态时,吉布斯公式为

$$\Delta_r G_m^{\ominus}=\Delta_r H_m^{\ominus}-T\Delta_r S_m^{\ominus}$$

$$\Delta_r G_m=\Delta_r G_m^{\ominus}+RT\ln j$$

已知 $\Delta_r H_m<0$, $\Delta_r S_m<0$,因此高温时 $\Delta_r G_m^{\ominus}>0$, $\Delta_r G_m$ 很可能大于 0,反应不容易发生。反之,低温时反应容易发生。

答案:A

44. **解**　选项 A 中丙烷中每个碳原子只能最多和两个原子在一个平面上,因此最多有 5 个原子处于同一面上;选项 B 中因乙烯最多有 6 个原子在一个平面上,一个碳原子取代了一个氢原子,外侧还连有一个氢原子,因此丙烯中最多有 7 个原子在一个平面上;选项 D 中最多有 10 个原子在一个平面上,因此答案选 C。

答案:C

45. **解**　四个选项物质都能发生氧化反应,而只有选项 A、B 物质有双键,能发生加成反应,选项 B 物质含有酯键,但没有羟基或羧基,不能发生酯化反应,因此答案选 A。

答案:A

46. **解**　该题中物质为一高聚物,因此是一个高分子化合物;因为式中只有 C—H 和C—N 共价键,不含有离子键,因此该物质为共价化合物;由于该物质是含有碳氢的化合物,因此是有机物。综上可知,答案为 C。

答案:C

47. **解**　F 为 100N，在 x 轴投影为 50N，所以，$\angle FOx=60°$。因为 F 在 x 轴的分力是 200N，所以，根据力的合成与分解原理可知，$\angle FOy=90°$，所以，F 在 y 轴投影为 0。

答案:A

48. **解**　空间力系的简化，注意力偶的方向即可。

答案:D

49. **解**　整体法:A、H 两处的约束用约束力来代替，如图所示。

$\sum F_x = 0, F_{Ax} = 0$

$\sum M_O(F) = 0, F_{Ay} = 0.75F_p$（竖直向下）

答案:B

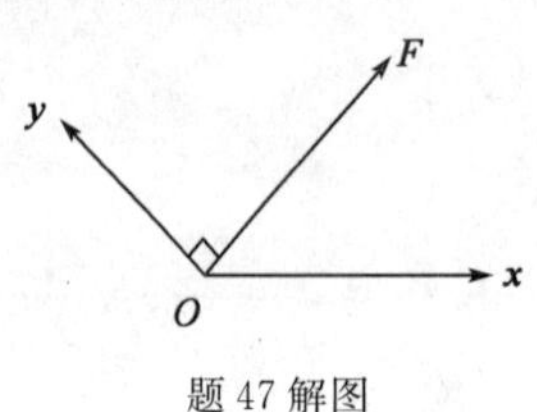

题 47 解图

题 49 解图

50. **解**　节点法:对节点 B 进行受力分析。因为以 B 为节点的杆都是二力杆。
由受力平衡可知水平受力为 0。
因此杆件 1 的内力为 0。

答案:A

51. **解**　易知，在 $t=1$ 时 $X_A = X_B, Y_A = Y_B$，即点 A、B 重合。

答案:A

52. **解**　刚体平动的特征。各点加速度和速度相同。

答案:C

53. **解**　A 点的加速度为切向加速度和法向加速度的矢量和。

$a_n = \omega^2 l = 0$，则 $\omega = 0$。

$a_\tau = \alpha l = a$，则 $\alpha = \dfrac{a}{l}$。

答案:A

54. **解**　对球进行受力分析，如右图所示。

$F = ma_n = G\tan\alpha = mg\tan\alpha$，则 $a_n = g\tan\alpha$ 。

答案:C

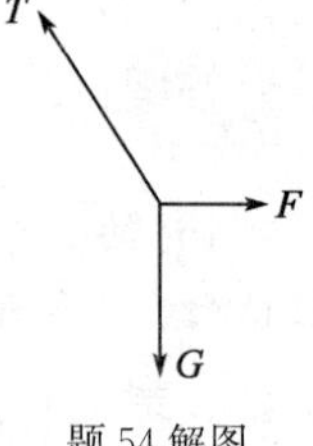

题 54 解图

55. **解**　系统的动量 $P = \sum m \cdot v, V_{O1} = V_{O2} = 0$，则 $P = 0$ 。

答案:D

56. **解**　动能定理。

整个过程中$\frac{1}{2}J\omega^2 - 0 = mgR - 0$；$J = \frac{1}{2}mR^2 + mR^2$，则$\omega = \sqrt{\frac{4g}{3R}}$。

答案:C

57. **解**　$J_\alpha = mgl, J = ml^2$，则$\alpha = \frac{g}{l}$。

$a_n = \omega^2 l = 0, a_\tau = \alpha l = g$，则$a = a_\tau = g$。

惯性力$F = ma = mg$。

答案:A

58. **解**　$\omega = \sqrt{\frac{m}{k}} = \frac{1.27}{40}, m = 100$，则$k = 1 \times 10^5 \mathrm{N/m}$。

答案:A

59. **解**　1、2 杆均为二力杆，易知 1 杆受力为 0，1 杆长度不变，2 杆受拉伸长，由于相交于共同节点 C，因此 C 点位移向下偏左。

答案:B

60. **解**　BC段拉应力为$\sigma = \frac{100\pi}{\frac{\pi}{4}d^2}$，$AB$段拉应力为$\sigma = \frac{300\pi}{\frac{\pi}{4}(2d)^2}$，得 A。

答案:A

61. **解**　铸铁抗压不抗拉，钢抗拉不抗压，因此选 A。

答案:A

62. **解**　$\tau_b = \frac{F}{\pi Dt}$，得$F$等于选项 A。

答案:A

63. **解**　选取危险截面进行计算，$\tau = \frac{F}{\pi \mathrm{d}h}$，$\sigma = \frac{F}{\frac{\pi}{4}d^2}$，$[\sigma] = 2[\tau]$，可求得 A。

答案:A

64. **解**　切应力分布经过圆心，对称分布，中间空心处不存在，故选 B。

答案:B

65. **解**　$W = T\omega = 2\pi nT$

$T = \frac{W}{2\pi n}$

答案:B

66. **解**　由剪力和弯矩的微分关系可知，A 处应有一个力偶，大小等于起始值，剪力为 0。

答案:A

67. 解　$\sigma_a = \frac{F}{A} + \frac{M}{W_Z} = \frac{2F}{3ab}$

$\sigma_b = \frac{F}{A} = \frac{F}{2ab}$

答案:A

68. 解　$\sigma = \frac{M}{W_Z}$,正方形截面 W_Z 较大,应力较小,所以承载力大。

答案:D

69. 解　第三强度理论为:$\sigma_{r3} = \sigma_1 - \sigma_3 \leqslant [\sigma]$,$\sigma_1, \sigma_3 = \frac{1}{2}[\sigma \pm \sqrt{\sigma^2 + 4\tau^2}]$,求解可得。

答案:D

70. 解　$\sigma_{45^\circ} = \frac{M}{W_Z} + \frac{F}{A} = \frac{7\sqrt{2}}{2a^2}F$,$\sigma_{0^\circ} = \frac{F}{A} = \frac{F}{a^2}$,因此选 A。

答案:A

71. 解　如右图所示,在半球左面构造一个辅助平面使其构成一个封闭的图形,由于水平方向受力平衡,封闭图形左面所受的水平力的大小与图形右面所受的水平力平衡,即:

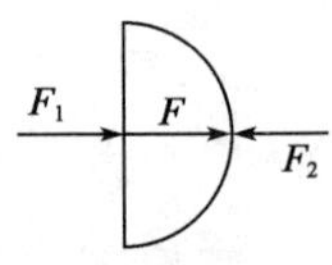

题 71 解图

$F_1 = F_2$

由于半球内外表面受力平衡,所以有:

$F = F_2 = F_1$

所以只需计算竖直放置的圆面的受力就可以得到半球盖的受力大小,该力的大小可以通过下式计算:

$$F = \int_{-R}^{R} \rho g (H - x) 2\sqrt{R^2 - x^2}\,dx$$

$$= \int_{-\frac{\pi}{2}}^{\frac{\pi}{2}} \rho g (H - R\sin\theta) 2R\cos\theta R\cos\theta d\theta$$

$$= \rho g H \pi R^2$$

$$= 1000 \times 9.8 \times 5 \times 3.14 \times 0.1^2 \div 1000$$

$$= 1.54\text{kN}$$

另外,由于该图形上下对称,所受的压力可以取圆心处的平均值。即:

$F = \rho g H \pi R^2 = 1000 \times 9.8 \times 5 \times 3.14 \times 0.1^2 \div 1000 = 1.54\text{kN}$

答案:D

72. 解　显然,有下式:

$$p_A = p_0 + \rho g h$$

$$= 88 + 1000 \times 9.8 \times 2 \div 1000$$

$$= 107.6\text{kN/m}^2$$

故，绝对压强为 107.6 kN/m^2

根据相对压强的定义：

$p_{A,r} = p_A - p_a = 107.6 - 101 = 6.6kN/m^2$

答案:B

73. **解** 不可压缩二维流动连续方程如下：

$$\frac{\partial(u_x)}{\partial x} + \frac{\partial(u_y)}{\partial y} = 0$$

将四个选项代入，可知满足条件的为 C。

答案:C

74. **解** 圆管层流的沿程水头损失可以通过达西公式来进行求取，其表达式如下：

$h_f = \frac{64}{Re}\frac{l}{d}\frac{v^2}{2g}$

由此可知，圆管层流的水头损失与粗糙度没有关系，故选 D。

答案:D

75. **解** 根据并联管路沿程损失相等的特点以及层流时沿程水头损失的计算公式，可以得到：

$\lambda\frac{l_1}{d_1}\frac{{v_1}^2}{2g} = \lambda\frac{l_2}{d_2}\frac{{v_2}^2}{2g}$，

即：$\sqrt{\frac{l_1}{d_1}}v_1 = \sqrt{\frac{l_2}{d_2}}v_2$

转换为流量：

$\sqrt{\frac{l_1}{d_1}}\frac{1}{{d_1}^2}Q_1 = \sqrt{\frac{l_2}{d_2}}\frac{1}{{d_2}^2}Q_2$

而 $Q_1 + Q_2 = Q$

可得：$Q_1 = 15.06L/s, Q_2 = 23.94L/s$，故选 B。

答案:B

76. **解** 根据谢才公式可得输水流速为 $v = C\sqrt{Ri}$，而根据曼宁公式 $C = \frac{\sqrt[6]{R}}{n}$，代入数据可得 $v = 0.422m/s$，故选 A。

答案:A

77. **解** 根据浸润线的定义，即土体中渗流水的自由表面的位置，在横断面上为一条曲线。显然 A、B 是错误的，选项 D 可以确定地下水位的高低，故选 C。

答案:C

78. **解** 黏性力相似则原型与实验模型的雷诺数相等，即：

$\frac{v_1 d_1}{\upsilon} = \frac{v_2 d_2}{\upsilon}$

故速度与管径成反比，则原型流速为 $v_2 = \frac{v_1 d_1}{d_2} = 0.2m/s$，故选 A。

答案:A

79.**解** 对电荷为 q_2 的质点做受力分析，质点 q_2 分别受质点 q_1 与质点 q_3 的库仑力，质点 q_2 静止不动，说明质点 q_1 与质点 q_3 所带电荷电性相同，且：

$$k\frac{q_1q_2}{r_1}=k\frac{q_2q_3}{r^2}$$

所以 $q_1=q_3$。

答案:B

80.**解** 由 KCL 可知：$I_1+I_2-I_3=0$ 所以 $I_3=I_1+I_2=-7\text{A}$，故选 C。

答案:C

81.**解** 电压单独作用时，如下图所示。

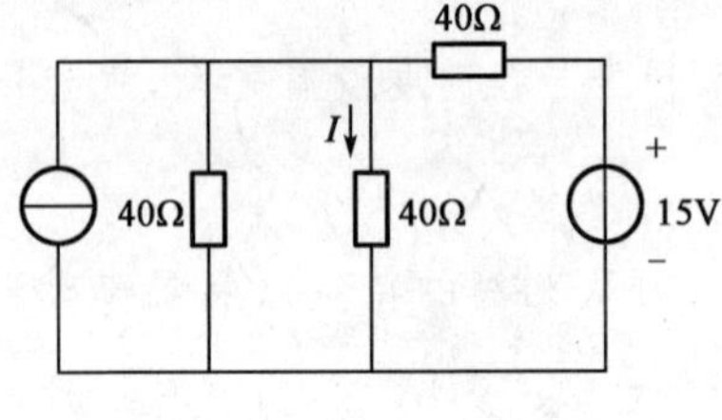

题 81 解图

所以 $I=\frac{15}{40+40\parallel 40}\times\frac{1}{2}=\frac{15}{40+20}=0.125\text{A}$，故选 C。

答案:C

82.**解** 因为 $\varphi_{u-i}=-10°-10°=-20°$，所 $i(t)$、$u(t)$ 不是反相关系，A 错误，由相量的定义可知 $\dot{I}=\frac{0.1}{\sqrt{2}}\angle 10°\text{A}=70.7\angle 10°\text{mA}$，$\dot{U}=\frac{10}{\sqrt{2}}\angle -10°\text{V}=7.07\angle -10°\text{V}$，故选 D。

答案:D

83.**解** $P=I_2R=10^2\times 10=1\text{kW}$，$Q=I^2X_L-I^2X_C=10^2\times(8-6)=200\text{var}$，$S=\sqrt{P^2+Q^2}=\sqrt{1000^2+200^2}=1.02\text{kVA}$，故选 D。

答案:D

84.**解** 电容电压不能突变，对于选项 A，开关断开后，左侧电路未进入暂态，右侧电路进入暂态。对于选项 B，$i_2\neq 0$，因为电容电压不能突变，仍等于断开前的电压大小，所以 i_2 等于 $i_s/2$。对于选项 D，i_2 在开关断开前后瞬间一直保持 $i_s/2$，在开关断开后衰减，故选 C。

答案:C

85.**解** $U_1=\frac{U}{\sqrt{R^2+(\omega L)^2}}\cdot\omega L$，$u_1=\frac{\sqrt{2}U\cdot\omega L}{\sqrt{R^2+(\omega L)^2}}\cdot\sin\omega t$，所以 $U_1\neq U_2$。由于 $K=2$。所以，$U_2=\frac{1}{2}U_1$。

答案:C

86. **解** 降压启动方法主要有以下几种,其最起初起动电流、最初起动转矩与全起动时的关系如表所示:

题 86 解表

起动方法	电机端电压	最初起动电流	最初起动转矩全压起动
V_N	I_{st}	T_{st}	
电抗器起动	kV_N	kI_{st}	k^2T_{st}
自耦变压器起动	$k'V_N$	k'^2I_{st}	k'^2T_{st}
"星——三角"起动	$\frac{1}{\sqrt{3}}V_N$	$\frac{1}{3}I_{st}$	$\frac{1}{3}T_{st}$

答案:B

87. **解** 输出电压在某一时刻输出 5V、0V 的离散时间信号,所以输出信号是连续的。

答案:A

88. **解**

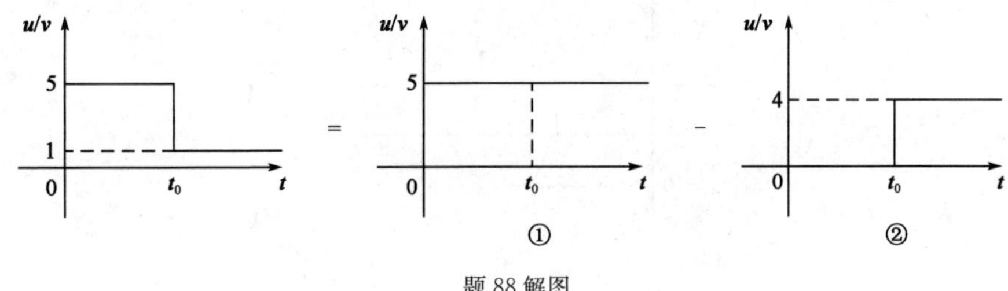

题 88 解图

①的表达式为 $u_1(t)=5\varepsilon(t)$

②的表达式为 $u_2(t)=4\varepsilon(t-t_0)$

所以 $u(t)=u_1(t)-u_2(t)=5\varepsilon(t)-4\varepsilon(t-t_0)$

答案:C

89. **解** 理想线性放大器只放大信号的幅值,对信号的相位、频谱均无影响,故选 D。

答案:D

90. **解** $L=(A+B)(A+C)$

$=A\cdot A+A\cdot B+A\cdot C+BC$

$=A+AB+AC+BC$

$=A(1+B+C)+BC$

$=A+BC$

答案:C

91. **解** $F=\overline{AB}$的真值表如下表。

由真值表可知，选 D。

题 91 解表

A	B	F
0	0	1
0	1	1
1	0	1
1	1	0

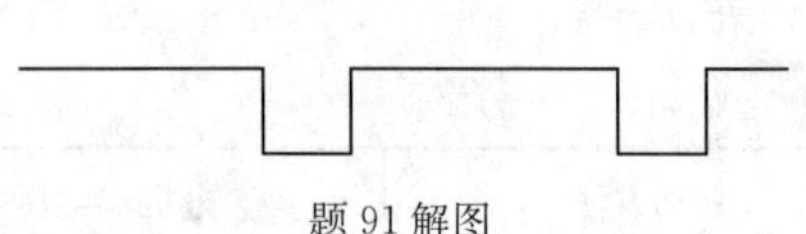

题 91 解图

答案：D

92. **解** 利用卡诺图法进行化简，可知 $F=\overline{BC}+BC$，故选 C。

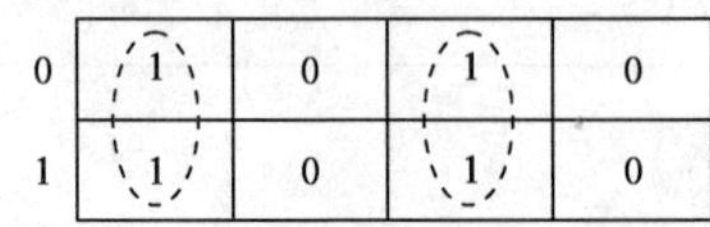

题 92 解图

答案：C

93. **解** 根据二极管的单项导电性，可得输出波形如下图：

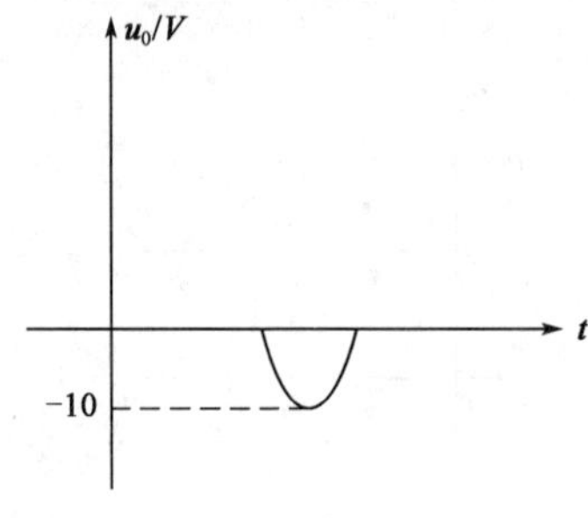

题 93 解图

输出电压 u_o 的平均值 $U_o=-\frac{10}{\sqrt{2}}\times 0.45=-3.18V$

答案：C

94. **解** 利用"虚短虚断"原理：

当 B 端接地时，$\frac{U_A}{R_1}=-\frac{U_o}{R_2}$，即 $U_o=-\frac{R_2}{R_1}\cdot U_A$，$U_o=-8V$，$U_A=2V$，则 $R_2=4R_1$。

当 A 端接地时，$\frac{U_B}{R_1}=\frac{U_o-U_B}{R_2}$，即 $U_o=\left(1+\frac{R_2}{R_1}\right)U_B$，$U_B=2V$，则 $U_o=10V$，故选 C。

答案：C

95. **解** 图示为上升沿触发的 D 触发器在第一个时钟脉冲的上升沿时刻信号 A=1，则 Q=1，第一个时钟脉冲的下降沿时刻，Q 不变即 Q=1，在第二个时钟脉冲的上升沿时刻信号 A=1，则 Q=1，第二个时钟脉冲的下降沿时刻，Q 仍不变即 Q=1，故选 D。

答案：D

96. **解** 图示为下降沿触发的 JK 触发器，经复位信号 $\overline{R}_D$ 复位后，Q=0，在第一个时钟脉冲的下降沿时信号 A=1,则 A 与 Q 经与非门后 J=1,则 $Q_{n+1}=1$,在第二个时钟脉冲的下降沿时,信号 A=0,则 A 与 Q 经与非门后 J=1,则 $Q_{n+1}=1$,故选 D。

答案:D

97. **解** 地址总线(Address Bus;又称:位址总线)属于一种电脑总线(一部分),是由 CPU 或有 DMA 能力的单元,用来沟通这些单元想要存取(读取/写入)电脑内存元件/地方的实体位址。地址总线 AB 是专门用来传送地址的。

答案:B

98. **解** 选项 A:应用软件是独立存在的,不能管理计算机全部资源。

选项 B:用户程序只是利用计算机解决某类问题而设计的程序的集合供用户使用。

选项 C:支撑软件是支撑各种软件开发与维护的软件,是软件开发的环境。

选项 D:操作系统能够管理和控制计算机的硬、软件资源。

答案:D

99. **解** 源程序经编译(或翻译)后将各模块转化为机器语言的对象文件,连接是把对象文件再组合,将模块与模块之间的入口与出口衔接。运行是把程序调入计算机完成整定的逻辑步骤。

答案:B

100. **解** $256.625=16^2+10\cdot16^{-1}$ $\therefore 256.625(D)=100.A(H)$

答案:C

101. **解** 加密技术是利用数据或物理手段,对电子信号在传输过程中和存储体内进行保护,以防泄露的技术,而计算机病毒是在计算机程序中插入具有破坏性的数据或程序,影响计算机的使用,显然加密技术与清除计算机病毒无关。

答案:D

102. **解** 程序是静态的,进程是动态的,进程是程序在计算机上的一次执行活动,是一段执行中的程序。

答案:A

103. **解** 文件管理是操作系统中统一管理信息资源的一种软件,管理文件的存储、检索、更新,提供安全可靠地共享和保护手段,以方便用户使用。

答案:A

104. **解** "资源子网"主要负责全网的信息处理,为网络用户提供网络服务和资源共享的功能。

答案:A

105. **解** 题干中明确指出按传输介质分类,而题目选项中只有双绞线、同轴电缆、光纤、无线传输介质是传输介质。可通过排除法作出选择。

答案:A

106. **解** 计算机网络系统由硬件系统和软件系统组成,也可以由通信子网和资源子网组成。网络操作系统和网络协议是网络系统软件的组成部分。

答案:A

107. 解 $A=100\left(\frac{A}{P},10\%,5\right)=26.38$ 万元。

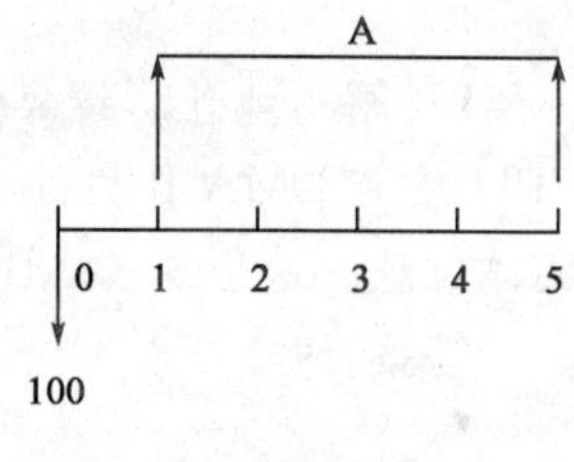

题 107 解图

答案:B

108. 解 年总成本费用=年经营成本+年折旧费+年摊销费+利息支出=5000+2000+利息支出

其中利息支出>0,故年总成本费用>7000 万元。

答案:C

109. 解 投资回收期,是指用项目净收益抵偿项目全部投资所需时间,是项目盈利能力分析的指标。A、B、D 反映项目偿债能力分析指标。

答案:C

110. 解 $\text{NPV}=-5000+A\left(\frac{P}{A},12\%,10\right)+100\left(\frac{P}{F},12\%,10\right)$

$$=-5000+5.6500A+100\times 6.3220=0$$

解得 $A=879.26$ 万元。

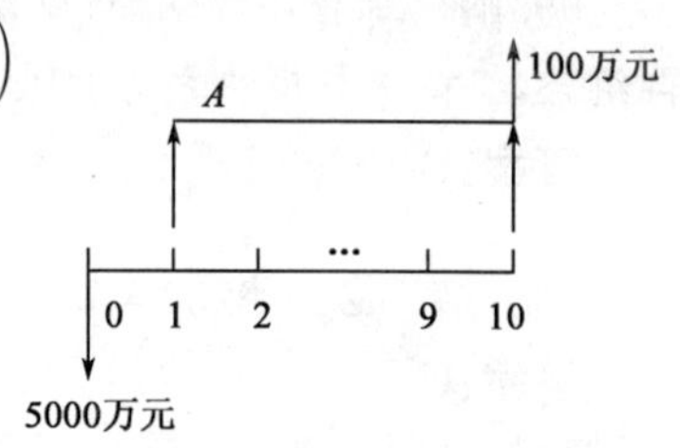

题 110 解图

答案:A

111. 解 单位可变成本 $=\frac{30000-10000}{40000}=0.5$ 万元/t。

盈亏平衡产量 $Q^*=\frac{固定成本}{单价-单位可变成本}=\frac{10000}{1-0.5}=20000\text{t}$

生产能力利用率 $E^*=\frac{Q^*}{Q_d}=\frac{20000}{40000}=50\%$。

答案:D

112. 解 互斥方案用净值法,即净现值最大者为最优方案。

$\text{NPV}_{乙}>\text{NPV}_{甲}$ 且 $\text{IPR}_{乙}$、$\text{TPR}_{甲}>12\%$。

故甲、乙均可行,但乙方案为更优方案,选 B。

答案:B

113. 解 寿命期相同的不用最小公倍数法调整寿命期。A、C 排除,寿命期不同的独立方案,不需要调整计算期,只要各自可行即可,故 D 排除。

答案:B

114. 解 按内能评价系数分配得目标成本为 10×0.3=3 万元,则 F' 的现实成本=3+0.5 万元=3.5 万元。

答案:C

115. 解 我国《建筑法》第十三条规定:"从事建筑活动的建筑施工企业、勘察单位、设计单位和工程监理单位，按照其拥有的注册资本、专业技术人员、技术装备和已完成的建筑工程业绩等资质条件，划分为不同的资质等级，经资质审查合格，取得相应等级的资质证书后，方可在其资质等级许可的范围内从事建筑活动。”依此规定，监理单位资质等级划分需考虑的条件因素包括其拥有的注册资本、专业技术人员、技术装备和已完成的建筑工程业绩等资质条件，不包括法定代表人这一条件。因此，选项B正确。

答案：B

116. **解** 我国《安全生产法》第三十条规定："生产经营单位使用的涉及生命安全、危险性较大的特种设备，以及危险物品的容器、运输工具，必须按照国家有关规定，由专业生产单位生产，并经取得专业资质的检测、检验机构检测、检验合格，取得安全使用证或者安全标志，方可投入使用。检测、检验机构对检测、检验结果负责。涉及生命安全、危险性较大的特种设备的目录由国务院负责特种设备安全监督管理的部门制定，报国务院批准后执行。"选项A、C、D均属于设备投入使用的前提条件，而选项B不属于。

答案：B

117. **解** 我国《招标投标法》第五条规定："招标投标活动应当遵循公开、公平、公正和诚实信用的原则。"题目中委托监理服务的招投标活动也应遵循此项原则，因此，选项A正确。

答案：A

118. **解** 我国《合同法》第十九条规定："有下列情形之一的，要约不得撤销：(一)要约人确定了承诺期限或者以其他形式明示要约不可撤销；(二)受要约人有理由认为要约是不可撤销的，并已经为履行合同作了准备工作。"选项B"要约人确定了承诺期限"属于第一种情形，因此属于要约不得撤销的情形。

答案：B

119. **解** 行政许可的注销是指基于特定事实的出现，而由行政机关依据法定程序收回行政许可证件或者公告行政许可失去效力。我国《行政许可法》第七十条规定："有下列情形之一的，行政机关应当依法办理有关行政许可的注销手续：(一)行政许可有效期届满未延续的；(二)赋予公民特定资格的行政许可，该公民死亡或者丧失行为能力的；(三)法人或者其他组织依法终止的；(四)行政许可依法被撤销、撤回，或者行政许可证件依法被吊销的；(五)因不可抗力导致行政许可事项无法实施的；(六)法律、法规规定的应当注销行政许可的其他情形。"依此规定，选项C行政许可证件被吊销的属于注销的情形之一。选项A、B、D的情形均不属于以上所列法定注销情形。

答案：C

120. **解** 我国《建设工程质量管理条例》第十六条规定："建设单位收到建设工程竣工报告后，应当组织设计、施工、工程监理等有关单位进行竣工验收。建设工程竣工验收应当具备下列条件：(一)完成建设工程设计和合同约定的各项内容；(二)有完整的技术档案和施工管理资料；(三)有工程使用的主要建筑材料、建筑构配件和设备的进场试验报告；(四)有勘察、设计、施工、工程监理等单位分别签署的质量合格文件；(五)有施工单位签署的工程保修书。建设工程经验收合格的，方可交付使用。"依此规定，选项B、C、D均属于建设工程竣工验收应当具备的法定条件，而选项A没有规定。因此，选项A正确。

答案：A

2016 全国勘察设计注册工程师执业资格考试用书

注册电气工程师（发输变电）执业资格考试
基础考试历年真题详解

Zhuce Dianqi Gongchengshi (Fashubiandian) Zhiye Zige Kaoshi
Jichu Kaoshi Linian Zhenti Xiangjie

（2005～2014 · 下册）

谢　庆 | 主编

人民交通出版社股份有限公司
China Communications Press Co.,Ltd.

内 容 提 要

本书分上、下两册，上册为公共基础考试真题，下册为专业基础（发输变电）考试真题，每套真题后均附有参考答案和解析。部分套题还配有视频讲解，考生可扫描书中二维码观看、学习。

本书可供参加注册电气工程师（发输变电）执业资格考试基础考试的考生复习使用，也可供参加注册电气工程师（供配电）执业资格考试基础考试的考生模拟练习使用，还可作为高等院校学生相关课程的配套辅导书。

图书在版编目(CIP)数据

注册电气工程师（发输变电）执业资格考试基础考试历年真题详解：2005～2014 / 谢庆主编. —北京：人民交通出版社股份有限公司，2016.5

ISBN 978-7-114-13022-9

Ⅰ.①注… Ⅱ.①谢… Ⅲ.①发电—电力工程—工程师—资格考试—题解 ②输电—电力工程—工程师—资格考试—题解 ③变电所—电力工程—工程师—资格考试—题解 Ⅳ.①TM-44

中国版本图书馆 CIP 数据核字(2016)第 103504 号

书　　名：注册电气工程师（发输变电）执业资格考试基础考试历年真题详解（2005～2014）
著 作 者：谢　庆
责任编辑：刘彩云　吴燕伶
出版发行：人民交通出版社股份有限公司
地　　址：(100011)北京市朝阳区安定门外外馆斜街 3 号
网　　址：http://www.ccpress.com.cn
销售电话：(010)59757973
总 经 销：人民交通出版社股份有限公司发行部
经　　销：各地新华书店
印　　刷：北京市密东印刷有限公司
开　　本：787×1092　1/16
印　　张：39.25
字　　数：938 千
版　　次：2016 年 5 月　第 1 版
印　　次：2016 年 5 月　第 1 次印刷
书　　号：ISBN 978-7-114-13022-9
定　　价：138.00 元（含上、下两册）

前　言

注册电气工程师，是指取得《中华人民共和国注册电气工程师执业资格证书》和《中华人民共和国注册电气工程师执业资格注册证书》，从事电气专业工程设计及相关业务的专业技术人员。我国自 2003 年 5 月 1 日起，对从事电气专业工程设计活动的专业技术人员实行执业资格注册管理制度，适用于从事发电、输变电、供配电、建筑电气、电气传动、电力系统等工程设计及相关业务的专业技术人员。

注册电气工程师执业资格考试实行全国统一大纲、统一命题的考试制度，为帮助考生在较短时间内掌握注册电气工程师（发输变电）执业资格基础考试大纲要求的考试内容，提高做题速度和熟练度，顺利通过基础考试，特邀请华北电力大学（全国"211"工程院校、教育部直属重点高校）的专家、教授共同编写此书。

本书共分为上、下两册。上册为公共基础考试真题及其解析，下册为专业基础考试真题（发输变电专业）及其解析。对每一道真题，书中不仅给出参考答案，还进行了十分详细的解析，便于考生了解往年考试的范围、难度、风格，通过解析过程熟悉考点，掌握解题思路、方法、步骤。

需要说明的是，部分考题因资料来源不清晰，编者做了更换。

为了更好地服务考生，助力大家顺利通过考试，本书部分真题配有视频讲解，考生可通过扫描书中二维码观看。"注考网"（www. zhukaowang. com. cn）上有全部科目的辅导视频，考生可刮开"学习卡"，登录注考网在线学习。

本书由谢庆担任主编。其他参编人员还有谢丽美、陶珺函、王兵、王菲、任洁、项佳宇、付可欣、刘丹、廖峰、纪巍、赵一畅、赵子龙、刘熊、孙辉、王川、王亚运、张恒、张泽、彭英杰、刘星、程述一、胡志亮、黄河、吉旺威、任正、王阳、詹祥灵、李通、张莹、朱雷、芦妍、白亮、白娅、白志娟、门丽宾、欧阳沙、史秀彩、王少飞、张皓。编者多为从事电气工程专业教学科研多年的一线教师和电力工程现场技术人员，有着丰富的教学经验和工程实践经验。

本书在编写过程中得到了华北电力大学电气电子学科领域众多老师、专家的指点以及研究生同学的帮助，不少题目解析思路均来源于此，还得到了人民交通出版社股份有限公司刘彩云编辑的大力支持与帮助，编者在此表示深深的感谢！

但限于考试内容涉及面广，加之编者水平有限，书中仍不免存在疏漏和不足，在此敬请读者提出宝贵意见，我们将及时改进。

最后，祝愿各位考生取得好的成绩，顺利通过考试！

编　者

2016 年 4 月

目录(下册)

2005 年度全国注册电气工程师(发输变电)执业资格考试专业基础考试

试　　题

单选题(共 60 题,每题 2 分。每题的备选项中,只有 1 个符合题意)

1. 如图所示电路中 $u=-10\text{V}$,则 6V 电压源发出的功率为:

A. 9.6W　　B. −9.6W　　C. 2.4W　　D. −2.4W

2. 如图所示电路 A 点的电压 u_{A} 为:

A. 5V　　B. 5.21V　　C. −5V　　D. 38.3V

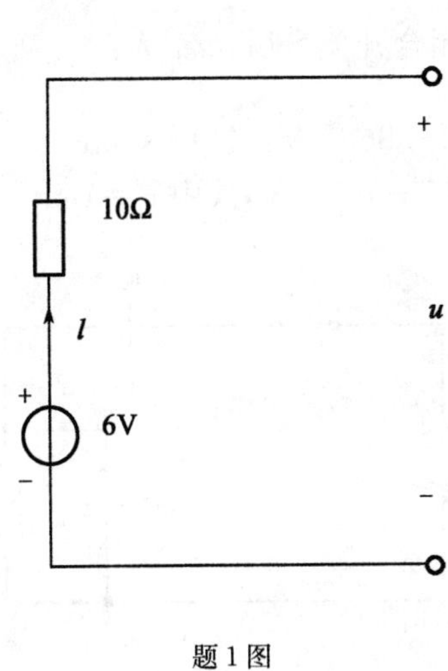

题 1 图

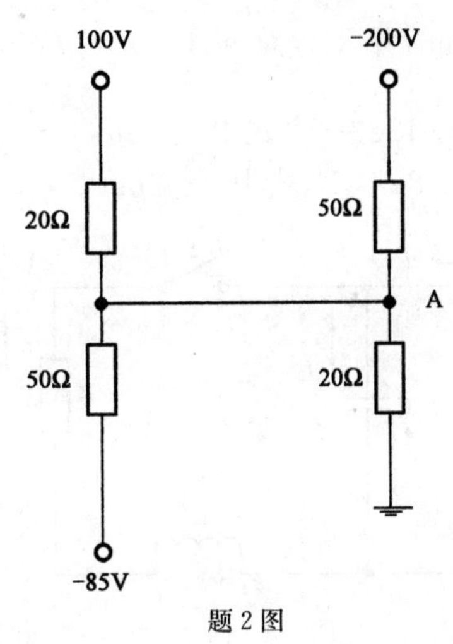

题 2 图

3. 正弦电流流过电容元件时,下列哪项关系是正确的?

A. $I_{\text{m}}=j\omega CU_{\text{m}}$　　B. $u_{\text{c}}=X_{\text{x}}i_{\text{c}}$　　C. $\dot{I}=j\dot{U}/X_{\text{c}}$　　D. $\dot{I}=C\dfrac{\text{d}\dot{U}}{\text{d}t}$

4. 如图所示,一个由 $R=3\text{k}\Omega$、$L=4\text{H}$ 和 $C=1\mu\text{F}$ 三个元件相串联的电路。若电路振荡,则振荡角频率为:

A. 375rad/s　　B. 500rad/s　　C. 331rad/s　　D. 不振荡

5. 无限长无损耗传输线上任意处的电压在相位上超前电流的角度为:

A. 90°　　B. −90°　　C. 0°　　D. 某一固定角度

6. 如图所示空心变压器 AB 间的输入阻抗为：

A. $j15\Omega$　　B. $j5\Omega$　　C. $j1.25\Omega$　　D. $j11.25\Omega$

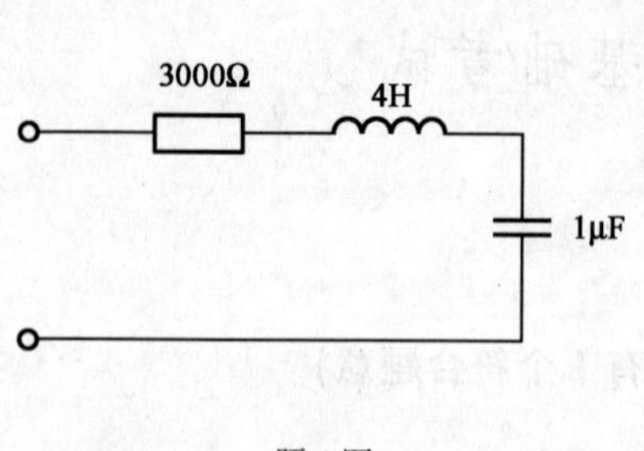

题 4 图

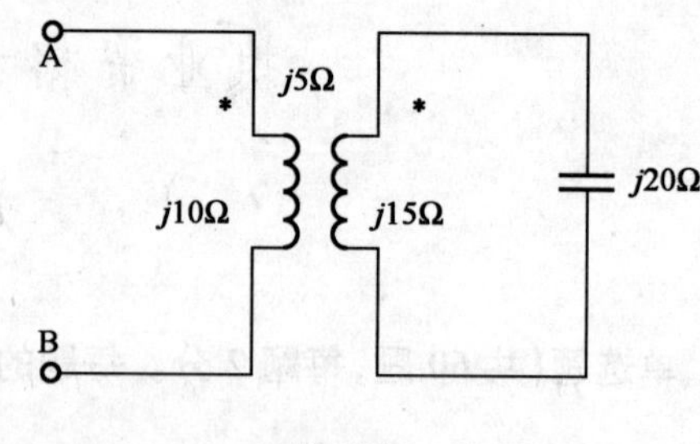

题 6 图

7. 如图所示电路中 $U=220\text{V}$，$f=50\text{Hz}$，S 断开及闭合时电流 I 的有效值均为 0.5A，则感抗 X_L 为：

A. 440Ω　　B. 220Ω　　C. 380Ω　　D. 不能确定

8. 如图所示，电路 $u_{C1}(0_-)=u_{C2}(0_-)=0$，$t=0$ 时闭合开关 S 后，u_{C1} 为：

A. $12e^{-t/\tau}$ V，式中 $\tau=3\mu s$　　B. $12-8e^{-t/\tau}$ V，式中 $\tau=3\mu s$

C. $8e^{-t/\tau}$ V，式中 $\tau=3\mu s$　　D. $8(1-e^{-t/\tau})$ V，式中 $\tau=1\mu s$

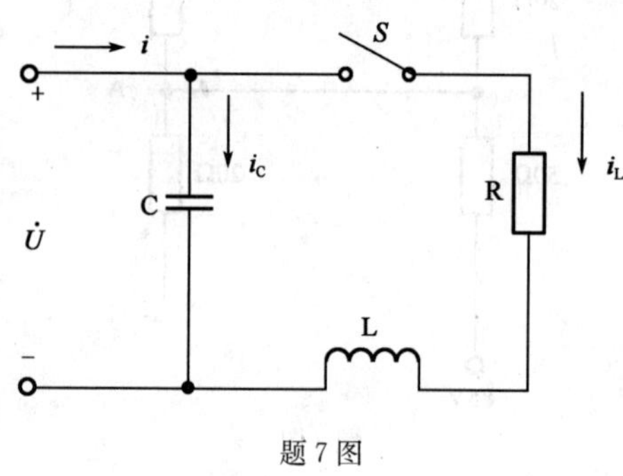

题 7 图

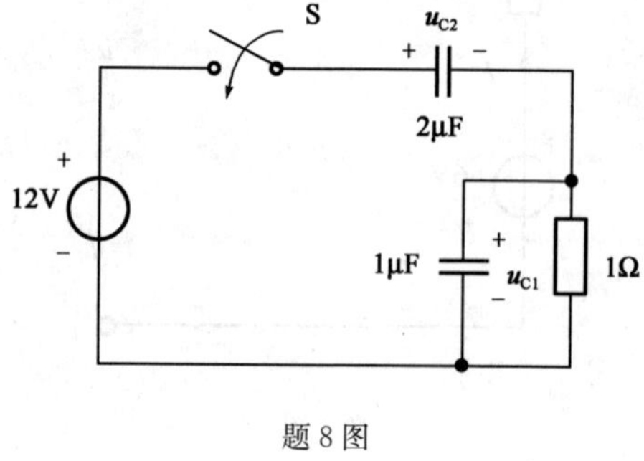

题 8 图

9. 如图所示电路原已稳定，$t=0$ 时断开开关 S，则 $u_{C1}(0_+)$ 为：

A. 78V　　B. 117V　　C. 135V　　D. 39V

10. 如图所示电路中电压 u 含有基波和三次谐波，基波角频率为 10^4 rad/s。若要求 u_1 中不含基波分量而将 u 中的三次谐波分量全部取出，则 C_1 应为：

A. $2.5\mu F$　　B. $1.25\mu F$　　C. $5\mu F$　　D. $10\mu F$

11. 三相对称三线制电路线电压为 380V，功率表接线如图所示，且各负载 $Z=R=22\Omega$。此时功率表读数为：

A. 3800W　　B. 2200W　　C. 0　　D. 6600W

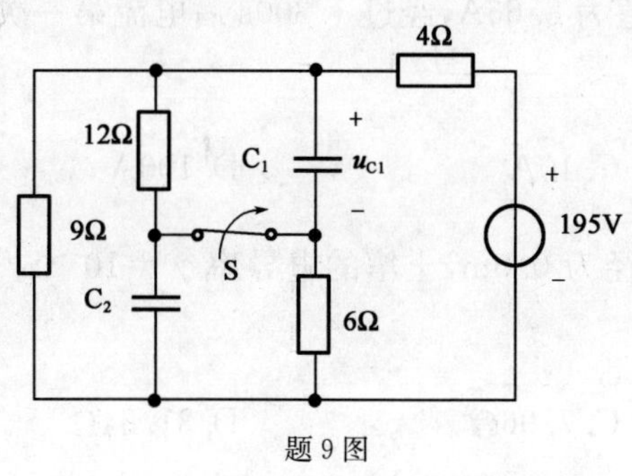

题 9 图

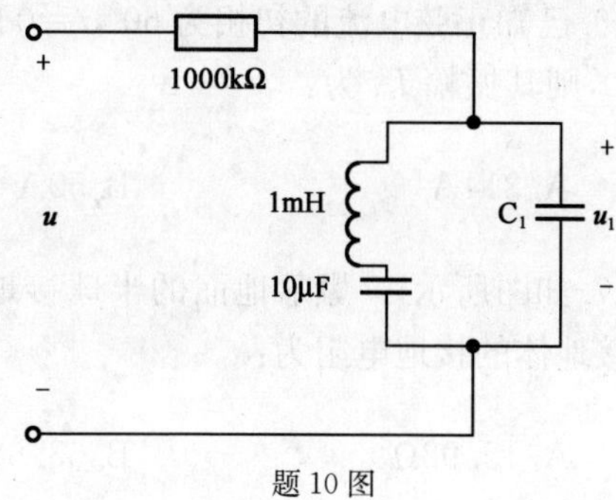

题 10 图

12. 已知如图所示正弦电流电路发生谐振时，电流表 A_1、A_2 的读数分别为 4A 和 3A，则电流表 A_3 的读数为：

A. 1A　　B. 7A　　C. 5A　　D 不能确定

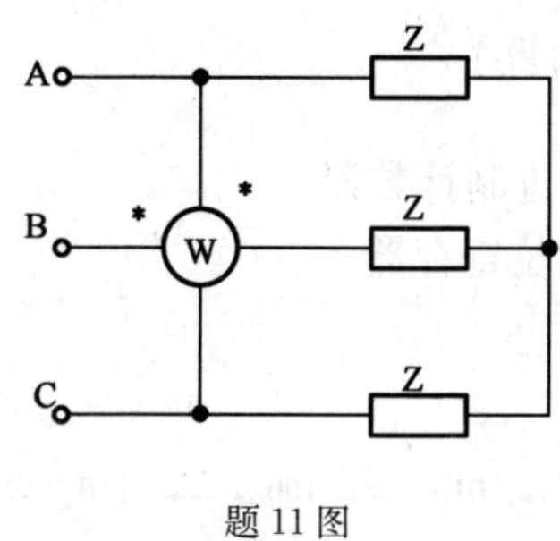

题 11 图

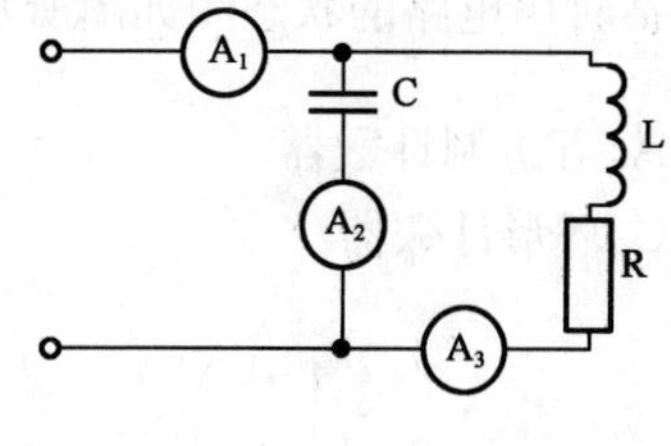

题 12 图

13. 在 RLC 串联电路中，$X_L=20\Omega$；若总电压维持不变而将 L 短路，总电流的有效值与原来相同；则 X_C 应为：

A. 40Ω　　B. 30Ω　　C. 10Ω　　D. 5Ω

14. 如图所示，电路的戴维南等效电路参数 U_S 和 R_S 为：

A. 9V，2Ω　　B. 3V，4Ω　　C. 3V，6Ω　　D. 9V，6Ω

15. 如图所示电路中 ab 间的等效电阻与电阻 R_L 相等，则 R_L 为：

A. 10Ω　　B. 15Ω　　C. 20Ω　　D. $5\sqrt{10}\Omega$

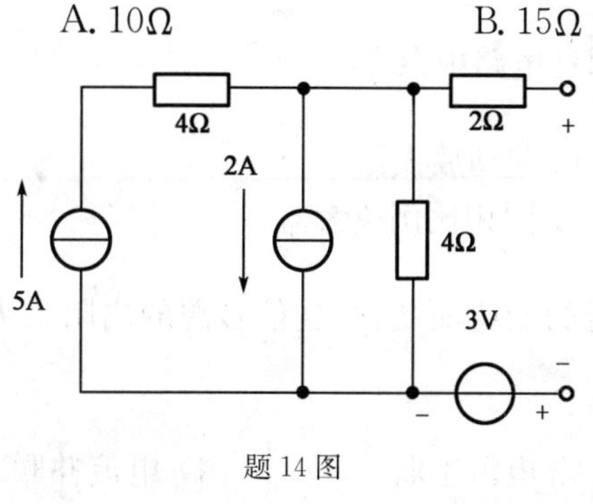

题 14 图

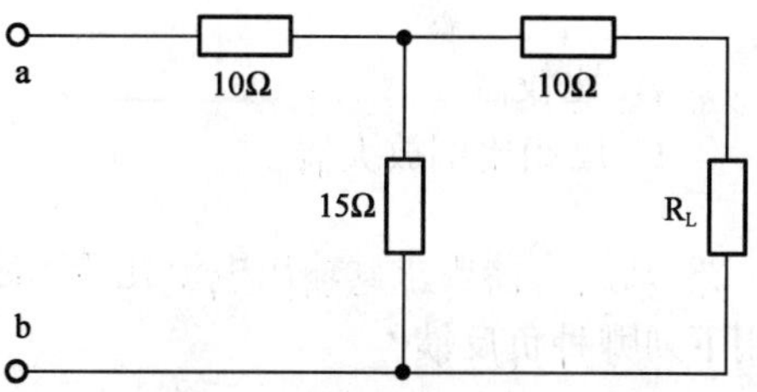

题 15 图

16. 已知正弦电流的初相为 60°，$t=0$ 时的瞬时值为 8.66A，经过 1/300s 后电流第一次下降为 0，则其振幅 I_m 为：

A. 314A　　B. 50A　　C. 10A　　D. 100A

17. 如图所示，一紧靠地面的半球接地体，其半径为 0.5m，土壤的电导率 $\gamma=10^{-2}$S/m。此时接地体的接地电阻为：

A. 15.92Ω　　B. 63.68Ω　　C. 7.96Ω　　D. 31.84Ω

18. 两半径为 a 和 $b(a<b)$ 的同心导体球面间电位差为 V_0。问：若 b 固定，要使半径为 a 的球面上场强最小，a 与 b 的比值应为：

A. $\frac{1}{3}$　　B. $\frac{1}{e}$　　C. $\frac{1}{2}$　　D. $\frac{1}{4}$

19. 某时序电路的状态图如图所示，则其为下列哪种电路？

A. 五进制计数器　　B. 六进制计数器

C. 环形计数器　　D. 移位寄存器

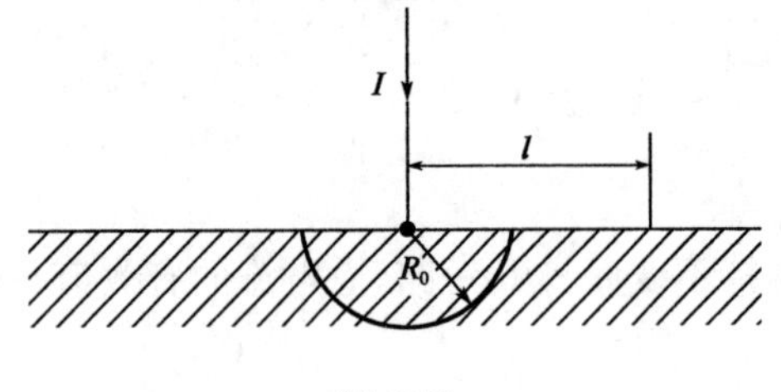

题 17 图

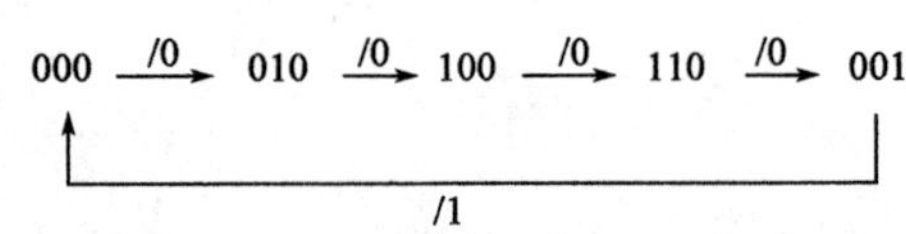

题 19 图

20. 为了稳定输出电压，提高输入电阻，放大电路应该引入下列哪种负反馈？

A. 电压串联　　B. 电压并联　　C. 电流串联　　D. 电流并联

21. 同一差动放大电路中，采用下列哪种方式可使共模抑制比 K_{CMR} 最大？

A. 单端输入　　B. 双端输入　　C. 单端输出　　D. 双端输出

22. 基本运算放大器中的"虚地"概念只在下列哪种电路中存在？

A. 比较器　　B. 差动放大器

C. 反相比例放大器　　D. 同相比例放大器

23. 某放大器要求其输出电流几乎不随负载电阻的变化而变化，且信号源的内阻很大，应选用下列哪种负反馈？

A. 电压串联　　B. 电压并联　　C. 电流串联　　D. 电流并联

24. 与逐次渐近 A/D 比较，双积分 A/D 有下列哪种特点？

A. 转换速度快，抗干扰能力强　　B. 转换速度慢，抗干扰能力强
C. 转换速度高，抗干扰能力差　　D. 转换速度低，抗干扰能力差

25. 数字系统中，有三种最基本的逻辑关系，不是这些逻辑关系的常用表达方式为：

A. 真值表　　B. 逻辑式　　C. 符号图　　D. A、B 和 C

26. 在如图所示电路中，已知 $u_i=1V$，硅稳压管 D_Z 的稳定电压为 6V，正向导通压降为 0.6V，运放为理想运放，则输出电压 u_o 为：

A. 6V　　B. −6V　　C. −0.6V　　D. 0.6V

27. 一基本共射放大电路如图所示，已知 $V_{CC}=12V$，$R_B=1.2M\Omega$，$R_C=2.7k\Omega$，晶体管的 $\beta=100$，且已测得 $r_{be}=2.7k\Omega$。若输入正弦电压有效值为 27mV，则用示波器观察到的输出电压波形是：

A. 正弦波　　B. 顶部削平的失真了的正弦波
C. 底部削平的失真了的正弦波　　D. 底部和顶部都削平的梯形波

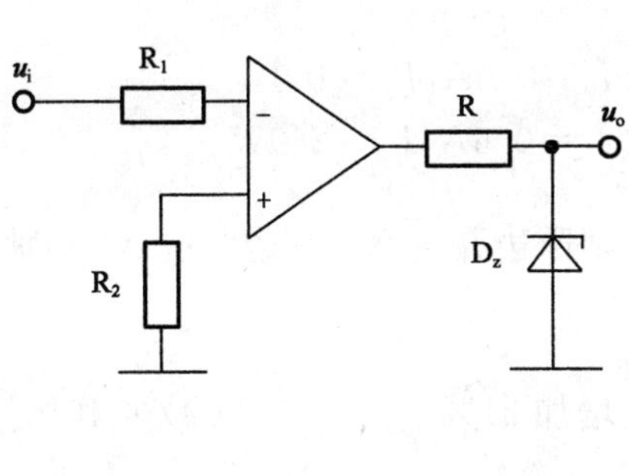

题 26 图

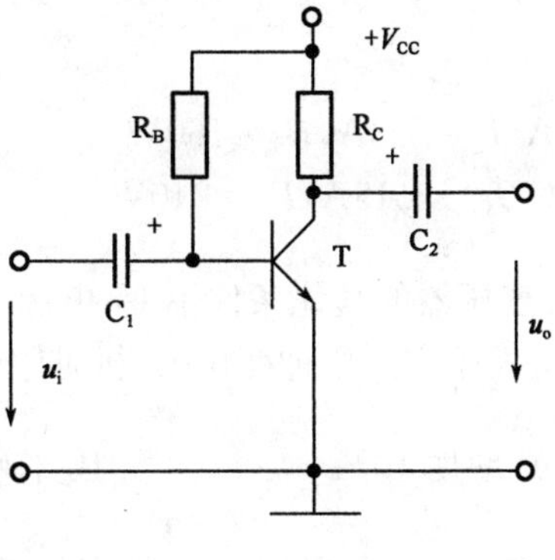

题 27 图

28. 将十进制数 24 转换为二进制数，结果为：

A. 10100　　B. 10010　　C. 11000　　D. 100100

29. 一个具有 13 位地址输入和 8 位 I/O 端的存储器，其存储容量为：

A. 8K×8　　B. 13×8K　　C. 13K×8　　D. 64000 位

30. 逻辑电路如图所示，其逻辑功能的正确描述为：

A. 裁判功能，且 A 为主裁
B. 三变量表决功能

C. 当 A=1 时，B 或 C 为 1，输出为 1

D. C 为 1 时，A 或 B 为 1，输出为 1

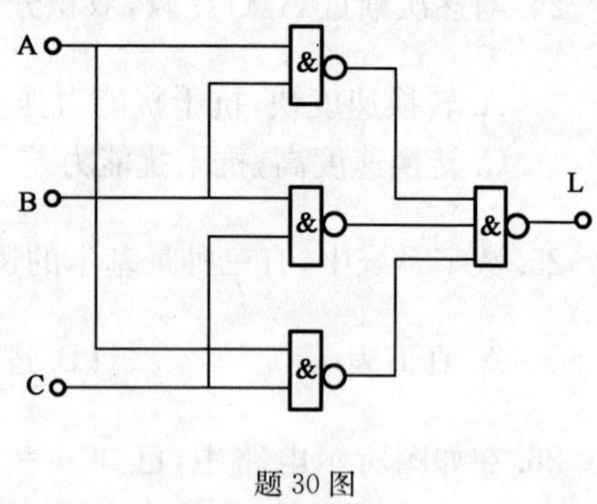

题 30 图

31. 已知并励直流发电机的数据为：$U_N=230V$，$I_{aN}=15.7A$，$n_N=2000r/min$，$R_a=1\Omega$（包括电刷接触电阻），$R_f=610\Omega$，已知电刷在几何中性线上，不考虑电枢反应的影响，今将其改为电动机运行，并联于 220V 电网，当电枢电流与发电机在额定状态下的电枢电流相同时，电动机的转速为：

A. 2000r/min　　B. 1831r/min　　C. 1739r/min　　D. 1663r/min

32. 同步发电机单机运行供给纯电容性负载，当电枢电流达额定时，电枢反应的作用使其端电压比空载时：

A. 不变　　B. 降低　　C. 增高　　D. 不能确定

33. 一台变压器的高压绕组由两个完全相同可以串联也可以并联的绕组组成。当它们同绕向串联并施以 2200V，50Hz 的电压时，空载电流为 0.3A，空载损耗为 160W，如果它们改为并联施以 1100V，50Hz 电压时，此时的空载电流和空载损耗为下列哪组数值（电阻损耗忽略不计）？

A. $I_0=0.3A$，$P_0=160W$　　B. $I_0=0.6A$，$P_0=160W$

C. $I_0=0.15A$，$P_0=240W$　　D. $I_0=0.6A$，$P_0=240W$

34. 变压器的其他条件不变，电源频率增加 10%，则原边漏抗 X_1，副边漏抗 X_2 和励磁电抗 X_m 会发生下列哪种变化（分析时假设磁路不饱和）？

A. 增加 10%　　B. 不变　　C. 增加 21%　　D. 减少 10%

35. 若外加电压随时间正弦变化，当磁路饱和时，单相变压器的励磁磁势随时间变化的波形：

A. 尖顶波　　B. 平顶波　　C. 正弦波　　D. 矩形波

36. 三相同步发电机在与电网并联时，必须满足一些条件，在下列条件中，必须先绝对满足的条件是：

A. 电压相等　　B. 频率相等　　C. 相序相同　　D. 相位相同

37. 一台三相绕线式异步电动机若定子绕组为四级，转子绕组为六级。定子绕组接到频率为 50Hz 的三相额定电压时，此时转子的转速应为：

A. 接近于 1500r/min　　B. 接近于 1000r/min

C. 转速为零　　D. 接近于 2500r/min

38. 一台积复励直流发电机与直流电网连接向电网供电。欲将它改为积复励直流电动机运行，若保持电机原转向不变(设电网电压极性不变)，需要采取下列哪项措施?

A. 反接并励绕组　　B. 反接串励绕组
C. 反接电枢绕组　　D. 所有绕组接法不变

39. 如图所示，此台三相变压器的联结组应属下列哪项?

A. D，y11　　B. D，y5　　C. D，y1　　D. D，y7

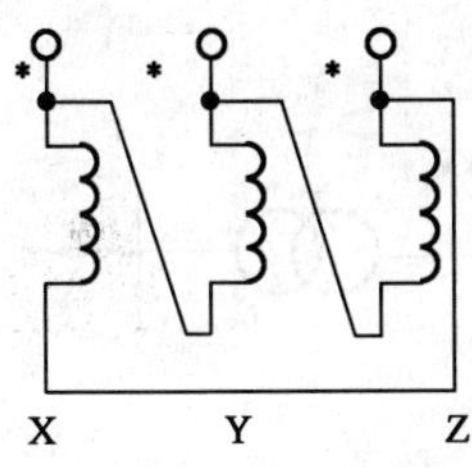

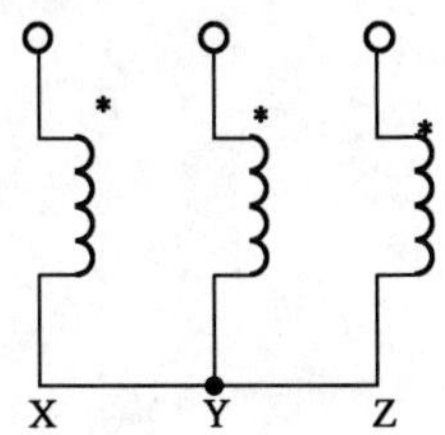

题 39 图

40. 目前我国电能的主要输送方式是:

A. 直流　　B. 单相交流　　C. 三相交流　　D. 多相交流

41. 在电力系统分析和计算中，功率和阻抗一般分别是指:

A. 一相功率，一相阻抗　　B. 三相功率，一相阻抗
C. 三相功率，三相阻抗　　D. 三相功率，一相等值阻抗

42. 变压器的 S_{TN}(kVA)、U_{TN}(kV)及试验数据 $U_K\%$已知，求变压器 X_T 的公式为:

A. $X_T=\frac{U_k\%}{100}\cdot\frac{U_{TN}^2}{S_{TN}^2}\times10^{-3}\Omega$　　B. $X_T=\frac{U_k\%}{100}\cdot\frac{U_{TN}^2}{S_{TN}}\times10^{3}\Omega$

C. $X_T=\frac{U_k\%}{100}\cdot\frac{S_{TN}^2}{U_{TN}^2}\times10^{-3}\Omega$　　D. $X_T=\frac{U_k\%}{100}\cdot\frac{S_{TN}}{U_{TN}^2}\times10^{3}\Omega$

43. 电力系统接线及各级电网的额定电压如图所示(其中负荷处电压为 6kV)，发电机 G 和变压器 T_1、T_2、T_3的额定电压分别为:

A. G:10.5kV　T_1:10.5/121kV　T_2:10/38.5kV　T_3:35/6.3kV
B. G:10kV　T_1:10/121kV　T_2:121/35kV　T_3:35/6kV
C. G:11kV　T_1:11/110kV　T_2:110/38.5kV　T_3:35/6.6kV
D. G:10.5kV　T_1:10.5/110kV　T_2:121/35kV　T_3:35/6kV

44. 某网络中的参数如图所示:

用近似计算法计算得到的各元件标幺值为下列哪组（取 $S_B=100$MVA）？

A. $x''_{d*}=0.048, x_{T_1*}=0.333, x_{l*}=0.302, x_{T_2*}=0.333, x_{R*}=0.698$

B. $x''_{d*}=0.5, x_{T_1*}=0.333, x_{l*}=0.302, x_{T_2*}=0.333, x_{R*}=0.698$

C. $x''_{d*}=0.15, x_{T_1*}=3.33, x_{l*}=0.302, x_{T_2*}=3.33, x_{R*}=0.769$

D. $x''_{d*}=0.5, x_{T_1*}=0.33, x_{l*}=0.364, x_{T_2*}=0.33, x_{R*}=0.769$

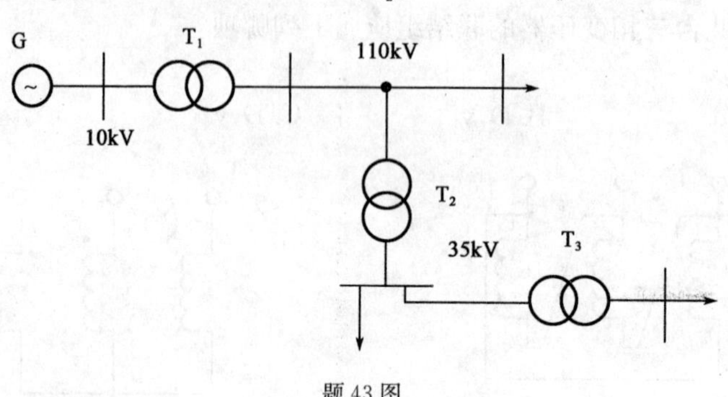

题 43 图

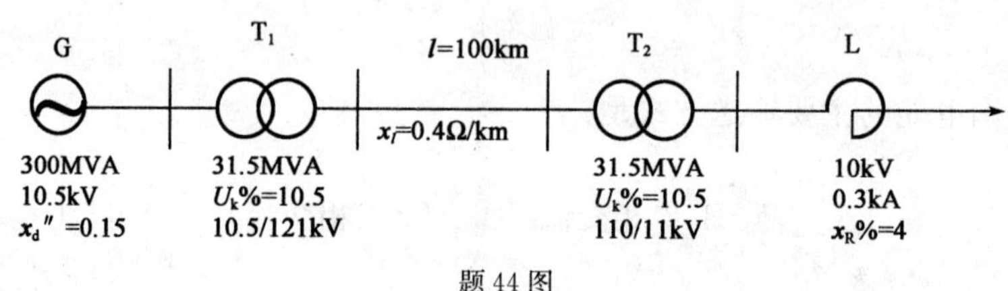

题 44 图

45. 输电线路的等值电路如图所示，已知末端功率及电压，$\dot{S}_2=11.77+j5.45$MVA，$\dot{U}_2=110\angle 0$kV，图中所示的始端功率 $\dot{S}_1$ 和始端电压 $\dot{U}_1$ 为：

A. $112.24\angle 0.58°, 11.95+j5.45$MVA

B. $112.14\angle 0.62°, 11.95+j4.30$MVA

C. $112.14\angle 0.62°, 11.95+j5.45$MVA

D. $112.24\angle 0.58°, 11.77+j4.30$MVA

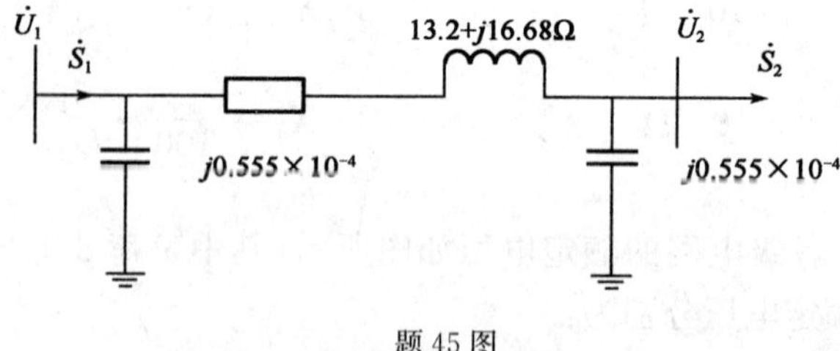

题 45 图

46. 在如图所示系统中，已知 220kV 线路的参数为 $R=16.9\Omega, X=83.1\Omega, B=5.79\times 10^{-4}$S，当线路(220kV)两端开关都断开时，两端母线电压分别为 242kV 和 220kV，开关 A 合上时，开关 B 断口两端的电压差为：

A. 22kV　　B. 34.20kV　　C. 27.3kV　　D. 5.40kV

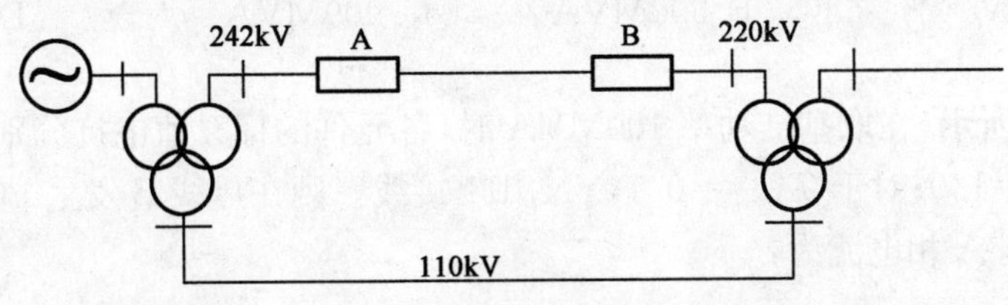

题 46 图

47. 如图所示输电系统，在满足送端电压固定为 112kV，变压器低压侧母线要求逆调压的条件时，应安装的静电电容器的容量为（忽略功率损耗及电压降横分量）：

A. 10.928MVar　　B. 1.323MVar　　C. 1.0928MVar　　D. 13.23MVar

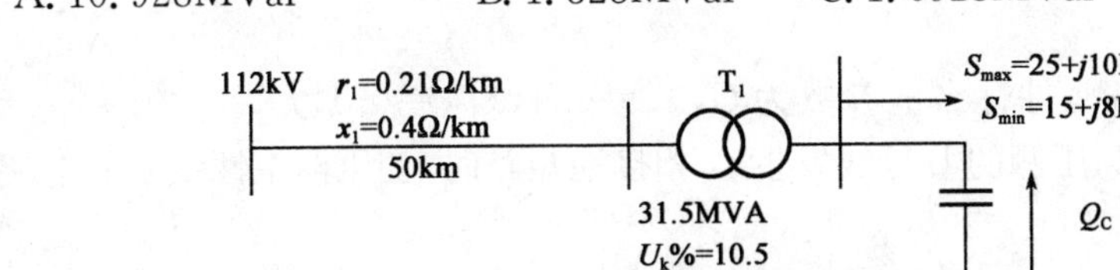

题 47 图

48. 网络结线和元件参数如图所示，当 f 处发生三相短路时，其短路电流是：

A. 32.9925kA　　B. 34.6400kA　　C. 57.1425kA　　D. 60.0000kA

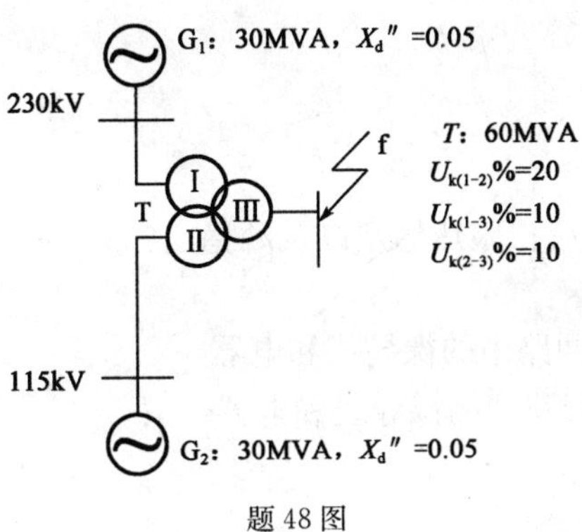

题 48 图

49. 系统如图所示。

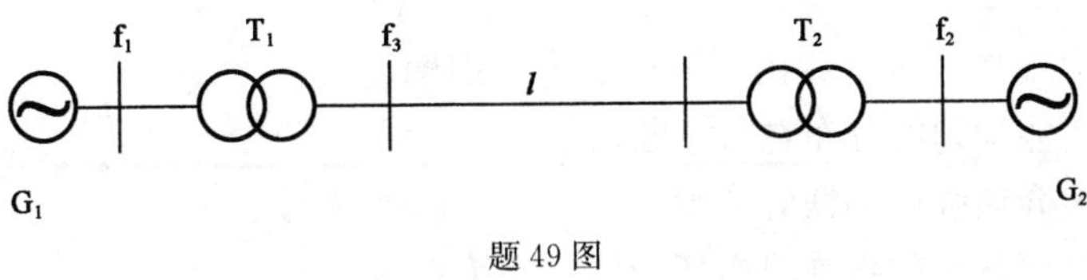

题 49 图

已知：T_1，T_2：100MVA，$U_k\%=10$。l：$S_B=100$MVA 时的标幺值电抗为 0.03。当 f_1 点三相短路时，短路容量为 1000MVA，当 f_2 点三相短路时，短路容量为 833MVA，则当 f_3 点三相短路时的短路容量为：

A. 222MVA　　B. 500MVA　　C. 909MVA　　D. 1000MVA

50. 系统如图所示，在取基准功率 100MVA 时，各元件的标幺值电抗分别是：对于 $G, x''_d = x_{(2)} = 0.1, E''_{|0|} = 1.0$；对于 $T, x_T = 0.1$，YN，d11 接线。则在母线 B 发生 BC 两相短路时，变压器三角形接线侧 A 相电流为：

A. 0kA　　B. 1.25kA　　C. $\sqrt{3} \times 1.25$kA　　D. 2.5kA

51. 中性点绝缘的 35kV 系统发生单相接地短路时，其故障处的非故障相电压是：

A. 35kV　　B. 38.5kV　　C. 110kV　　D. 115kV

52. 系统如图所示，各元件标幺值参数为 $G, x''_d = 0.1, x_{(2)} = 0.1, E'' = 1.0$；$T, x_T = 0.2, x_p = 0.2/3$。当在变压器高压侧的 B 母线发生 A 相接地短路时，变压器中性线中的电流为：

A. 1　　B. $\sqrt{3}$　　C. 2　　D. 3

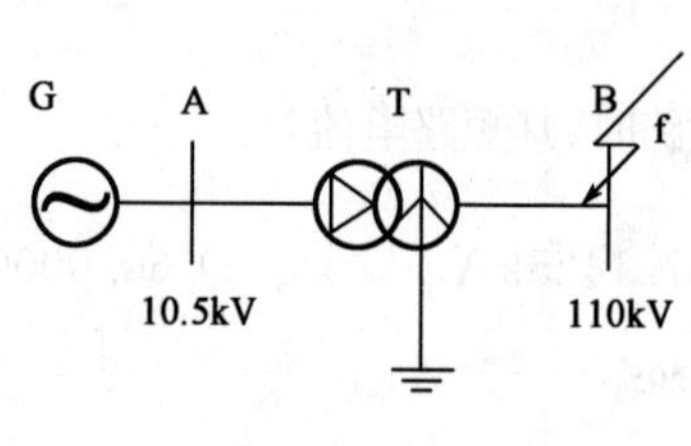

题 50 图

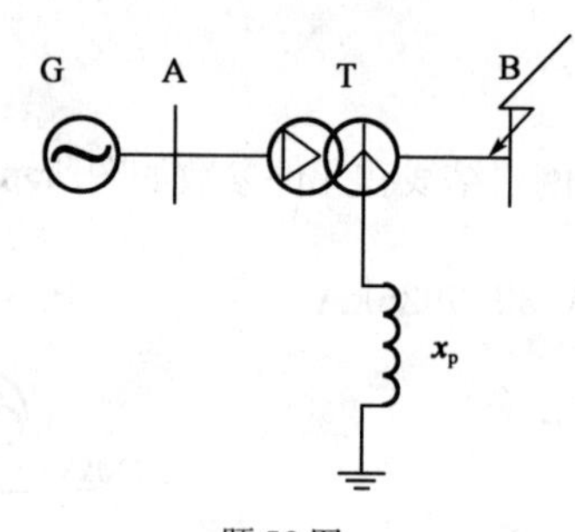

题 52 图

53. 下列哪种情况或设备应校验热稳定以及动稳定？

A. 装设在电流互感器回路中的裸导线和电器
B. 装设在电压互感器回路中的裸导线和电器
C. 用熔断器保护的电器
D. 电缆

54. 高压断路器一般采用多断口结构，通常在每个断口并联电容 C。并联电容的作用是：

A. 使弧隙电压的恢复过程由周期性变为非周期性
B. 使得电压能均匀的分布在每个断口上
C. 可以增大介质强度的恢复速度
D. 可以限制系统中的操作过电压

55. 下列叙述哪项是正确的？

A. 发电厂和变电站接地网的接地电阻主要根据工作接地的要求决定

B. 保护接地就是根据电力系统的正常运行方式的需要而将网络的某一点接地

C. 中性点不接地系统发生单相接地故障时，非故障相电压不变，所以可以继续运行 2 小时左右

D. 在工作接地和保护接地中，接地体材料一般采用铜或铝

56. 断路器开断空载变压器发生过电压的主要原因是：

A. 断路器的开断能力不够

B. 断路器对小电感电流的截流

C. 断路器弧隙恢复电压高于介质强度

D. 三相断路器动作不同期

57. 中性点不接地系统中，三相电压互感器作绝缘监视用的附加副绕组的额定电压应选择：

A. $\frac{100}{\sqrt{3}}$V　　B. 100V　　C. $\frac{100}{3}$V　　D. $100\sqrt{3}$V

58. 电流互感器的误差（电流误差 f_i 和相位差 δ_i）与二次负荷阻抗（z_{2f}）的关系式为：

A. $f_i \propto z_{2f}^2, \delta_i \propto z_{2f}^2$　　B. $f_i \propto \frac{1}{z_{2f}^2}, \delta_i \propto \frac{1}{z_{2f}^2}$

C. $f_i \propto z_{2f}, \delta_i \propto z_{2f}$　　D. $f_i \propto \frac{1}{z_{2f}}, \delta_i \propto \frac{1}{z_{2f}}$

59. 下列哪项叙述是正确的？

A. 为了限制短路电流，通常在架空线上装设电抗器

B. 母线电抗器一般装设在主变压器回路和发电机回路中

C. 采用分裂低压绕组变压器主要是为了组成扩大单元接线

D. 分裂电抗器两个分支负荷变化过大将造成电压波动，甚至可能出现过电压

60. 断路器开断交流电路的短路故障时，弧隙电压恢复过程与电路参数等有关，为了把具有周期性振荡特性的恢复过程转变为非周期性的恢复过程，可在断路器触头两端并联一只电阻 r，其值一般取下列哪项（C、L 为电路中的电容值、电感值）？

A. $r \leqslant \frac{1}{2}\sqrt{\frac{C}{L}}$　　B. $r \geqslant \frac{1}{2}\sqrt{\frac{C}{L}}$　　C. $r \leqslant \frac{1}{2}\sqrt{\frac{L}{C}}$　　D. $r \geqslant \frac{1}{2}\sqrt{\frac{L}{C}}$

2005 年度全国注册电气工程师(发输变电)执业资格考试专业基础考试

试题解析及参考答案

1. 解　设电流 I 方向向上,根据 KVL,$U_R=16V$,故 $I_R=U_R/10=1.6A$,$P=UI=6\times1.6=9.6W$。

答案:A

2. 解　设 A 点电压为 u_A,则 $(100-u_A)/20+(-200-u_A)/50=(u_A+85)/50+u_A/20$,故 $u_A=-5V$。

答案:C

3. 解　选项 A 的正确形式应为 $I_m=\omega CU_m$,选项 B 中 u_c 与 i_c 是瞬时值量,选项 D 的正确形式应力 $i=C\dfrac{du}{dt}$。选项 C 是由 $\dot{U}_c=-j\dfrac{1}{\omega C}\dot{I}_c$,推出 $\dot{I}=\dfrac{j\dot{U}_c}{X_c}$。

答案:C

4. 解　由谐振条件知,$\omega=\dfrac{1}{\sqrt{LC}}=\dfrac{1}{\sqrt{4\times1\times10^{-6}}}=\dfrac{1}{2\times10^{-3}}=500rad/s$。

答案:B

5. 解　无损耗线波阻抗为一实数,电压、电流同相位,故相位差为 0。

答案:C

6. 解　去耦等效电路如图所示,$Z=j(5+\sqrt{3^2+4^2})=j15\Omega$。

答案:A

7. 解　当 S 断开时,220V/0.5A=440Ω。

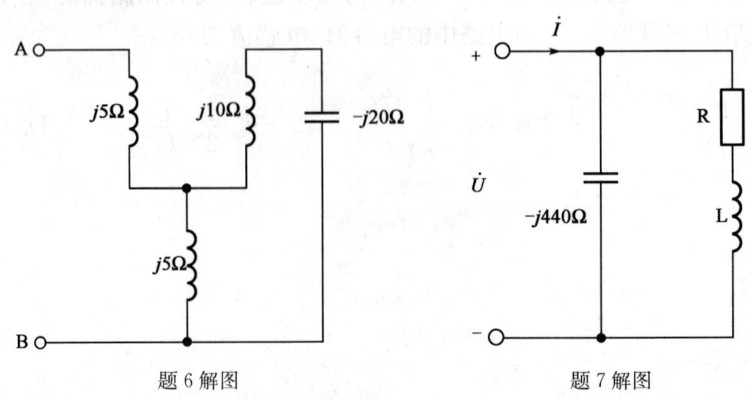

题 6 解图　　题 7 解图

当 S 闭合时，如图所示，$Z=-j440\Omega//(R+jX_{\mathrm{L}})=\dfrac{440(X_{\mathrm{L}}-jR)}{R+j(X_{\mathrm{L}}-440)}$，$|Z|=440\sqrt{\dfrac{X_{\mathrm{L}}^2+R^2}{R^2+(X_{\mathrm{L}}-440)^2}}=440\Omega$，化简得 $X_{\mathrm{L}}=220\Omega$。

答案：B

8.**解**　(1)换路后，由基尔霍夫电流定律，得

$$C_2=\frac{\mathrm{d}u_{\mathrm{C2}}}{\mathrm{d}t}=C_1\frac{\mathrm{d}u_{\mathrm{C1}}}{\mathrm{d}t}+\frac{u_{\mathrm{C1}}}{1}$$

方程两边同时从 0_- 到 0_+ 积分：

$$\int_{0-}^{0+}C_2\frac{\mathrm{d}u_{\mathrm{C2}}}{\mathrm{d}t}\mathrm{d}t=\int_{0-}^{0+}C_1\frac{\mathrm{d}u_{\mathrm{C1}}}{\mathrm{d}t}\mathrm{d}t+\int_{0-}^{0+}\frac{u_{\mathrm{C1}}}{1}\mathrm{d}t$$

由 u_{C1} 为有限值，因此等号右端第二项积分结果为 0，有

$C_2[u_{\mathrm{C2}}(0_+)-u_{\mathrm{C2}}(0_-)]=C_1[u_{\mathrm{C1}}(0_+)-u_{\mathrm{C1}}(0_-)]$

因为 $u_{\mathrm{C1}}(0_-)=u_{\mathrm{C2}}(0_-)=0$

所以 $C_2u_{\mathrm{C2}}(0_+)=C_1u_{\mathrm{C1}}(0_+)$　①

由基尔霍夫电压定律，有 $u_{\mathrm{C1}}(0_+)+u_{\mathrm{C2}}(0_+)=12$　②

联立①、②，得 $u_{\mathrm{C1}}(0_+)=8\mathrm{V}$

(2)∞时刻电路为 $u_{\mathrm{C1}}(\infty)$　因为 $u_{\mathrm{C1}}(\infty)=0\mathrm{V}$

(3)$\tau=(C_1+C_2)R=3\mu\mathrm{s}$

(4)$u_{\mathrm{C1}}(t)=u_{\mathrm{C1}}(\infty)+[u_{\mathrm{C1}}(0_+)-u_{\mathrm{C1}}(\infty)]e^{-\frac{t}{\tau}}=8e^{-\frac{t}{\tau}}$

答案：C

9.**解**　求 $u_{\mathrm{C1}}(0_-)$，$t=0_-$ 时的电路如图所示。

$$I=\frac{195}{4+\dfrac{9\times18}{9+18}}=\frac{195}{4+6}=\frac{195}{10}=19.5\mathrm{A}$$

$I_1=\dfrac{1}{3}\times19.5=6.5\mathrm{A}$，所以 $u_{\mathrm{C1}}(0_-)=12\times6.5=78\mathrm{V}$

由换路定则，$u_{\mathrm{C1}}(0_+)=u_{\mathrm{C1}}(0_-)=78\mathrm{V}$

答案：A

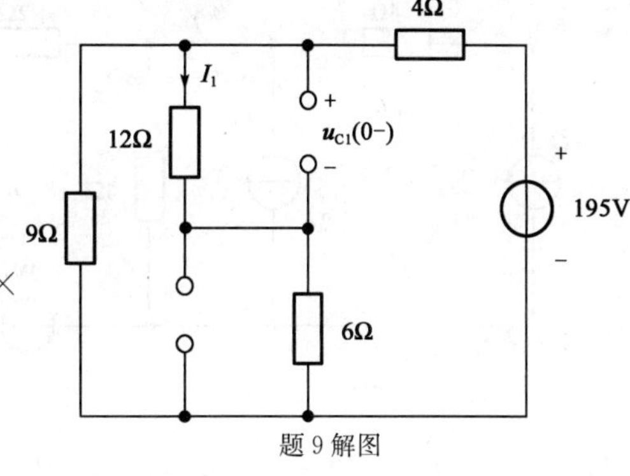

题 9 解图

10.**解**　基波单独作用时，$Z=j\left(\omega L-\dfrac{1}{\omega C}\right)=j\left(10^4\times10^{-3}-\dfrac{1}{10^4\times10\times10^{-6}}\right)=0$，此时 1mH 电感和 $10\mu\mathrm{F}$ 电容发生串联谐振，相当于"短路"。

三次谐波单独作用时，令 $Z_{并}=j\left(3\omega L-\dfrac{1}{3\omega C}\right)//\left(-j\dfrac{1}{3\omega C_1}\right)=j\dfrac{80}{3}//\left(-j\dfrac{1}{3\times10^4C_1}\right)=0$，此时并联支路发生谐振，相当于"断路"，得 $C_1=1.25\mu\mathrm{F}$。

答案：B

11.**解**　取 $\dot{U}_{\mathrm{A}}$ 作为参考相量 $\dot{U}_{\mathrm{A}}=U_{\mathrm{A}}\angle0^{\circ}$

由线电压为 380V，得 $U_A=220V$，所以 $\dot{U}_A=220\angle 0°$，$\dot{U}_B=220\angle -120°$，$\dot{U}_C=220\angle 120°$。

$$\dot{I}_B=\frac{\dot{U}_B}{Z}=10\angle -120°$$

$$\dot{U}_{AC}=380\angle -30°$$

$$P=\mathrm{Re}[\dot{U}_{AC}\overset{*}{I}_B]=380\times 10\cos(-30°+120°)=0$$

答案:C

12.**解**　取总的电源电压作为参考相量 $\dot{U}\angle 0°$，则 $\dot{I}_2$ 超前于 $\dot{U}_1$ 90°，$\dot{I}_3$ 落后于 $\dot{U}$ 一个锐角，当电路发生谐振时 $\dot{U}$ 与 $\dot{I}$ 同相位，画相量图如图所示。

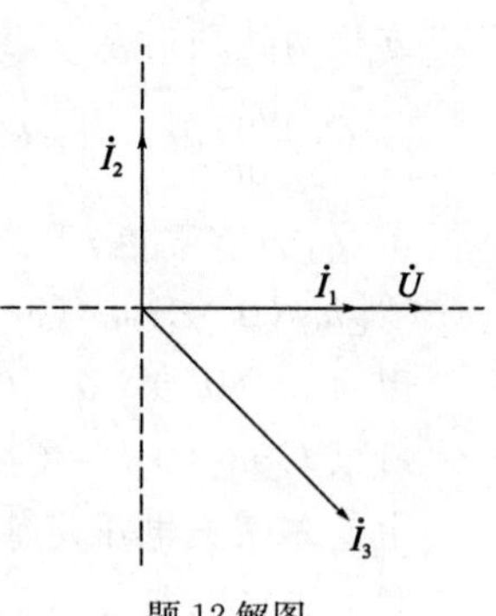

题 12 解图

$I_3=\sqrt{I_1^2+I_2^2}=\sqrt{3^2+4^2}=5A$

答案:C

13.**解**　由题目中总电流有效值不变，可得总阻抗的模值不变，得：

$\sqrt{R^2+(X_L-X_C)^2}=\sqrt{R^2+X_C^2}\Rightarrow(X_L-X_C)^2=X_C^2\Rightarrow X_C=10\Omega$

答案:C

14.**解**　(1)先求等效电源 U_S，如图 a)所示。

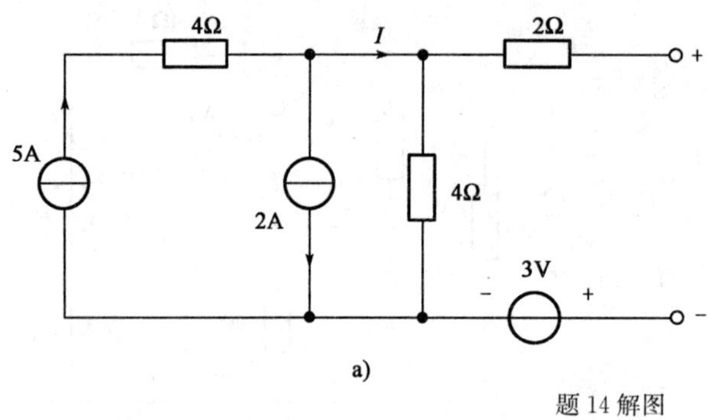

a)

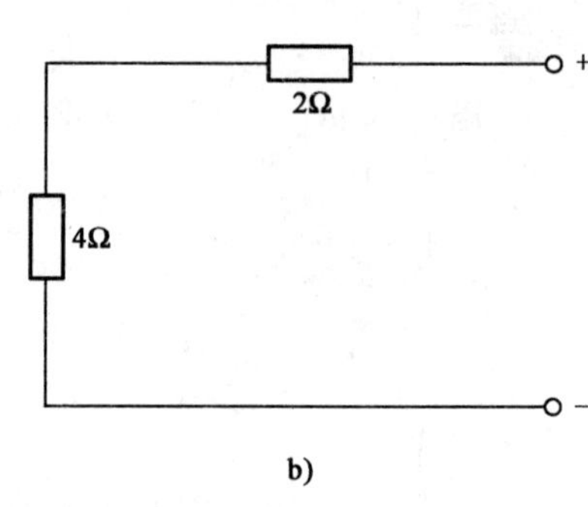

b)

题 14 解图

由图得：$I=5-2=3A$，$U_S=I\times 4-3=12-3=9V$

(2)再求等效电阻 R_S，将电流源开路，电压源短路的等效电路图如图 b)所示。

从图中可看出：$R_S=6\Omega$

答案:D

15.**解**　ab 间的等效电阻为 $10+15//(10+R_L)$，由 $10+15//(10+R_L)=R_L$，得 $R_L=20\Omega$。

答案:C

16.**解**　设正弦电流为 $i=I_m\sin(\omega t+60°)$。当 $t=0$ 时，$i=I_m\sin 60°=0.866I_m=8.66A$，则 $I_m=10A$。

答案:C

17. **解**　如图所示，由镜像法可知：$J=\frac{I}{S}=\frac{I}{2\pi r^2}$，$E=\frac{J}{\gamma}=\frac{I}{2\pi r^2\cdot\gamma}$

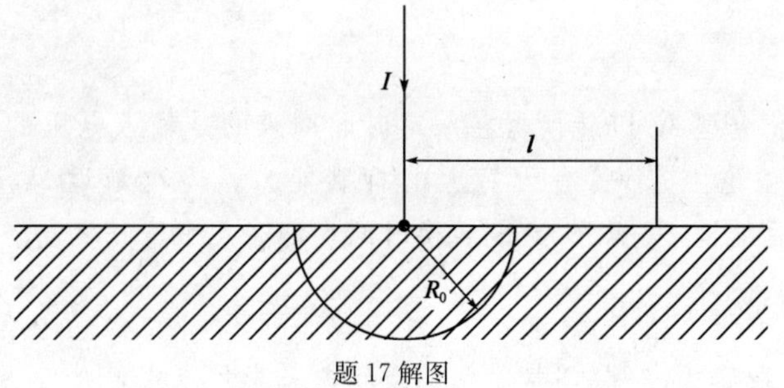

题17解图

半球到无穷远处的电压：

$$U=\int_{R_0}^{\infty}E\mathrm{d}r=\int_{R_0}^{\infty}\frac{I}{2\pi r^2\cdot\gamma}\mathrm{d}r=\frac{I}{2\pi\gamma R_0}$$

接地体的电阻：

$$R=\frac{U}{I}=\frac{1}{2\pi\gamma R_0}=\frac{1}{2\times3.14\times10^{-2}\times0.5}=31.84\Omega$$

答案：D

18. **解**　由高斯定理，$D\times2\pi r\times1=\tau\times1$，则 $D=\frac{\tau}{2\pi r}$，$E=\frac{D}{\varepsilon_0}=\frac{\tau}{2\pi\varepsilon_0 r}$。

两柱面间的电压 $U=\int_a^b E\mathrm{d}r=\int_a^b\frac{\tau}{2\pi\varepsilon_0 r}\mathrm{d}r=\frac{\tau}{2\pi\varepsilon_0}\ln\left(\frac{b}{a}\right)$。

答案：D

19. **解**　五种不重复状态完成一次循环，为五进制计数器。而环形计数器的状态为000、001、010、011、100、101、110。移位寄存器有移位功能，也就是每来一个脉冲，状态向右或向左移一位，题目中从000到010的状态可排除是移位计数器。

答案：A

20. **解**　负反馈对放大电路性能的影响为电压负反馈稳定输出电压，输出电阻减小；电流负反馈稳定输出电流，输出电阻增加。串联负反馈提高输入电阻，并联负反馈减小输入电阻。

答案：A

21. **解**　共模抑制比 $K_{\mathrm{CMR}}=\frac{A_{\mathrm{vd}}}{A_{\mathrm{vc}}}$，当双端输出时 $A_{\mathrm{vc}}=0$，K_{CMR} 为无穷大。

答案：D

22. **解**　运算放大器在深度负反馈情况下存在“虚短”的概念，也就是两输入端电压相等。如其中一输入端接地，则另一输入端称为“虚地”。所有选项中只有在反相比例放大电路中存在虚地。

答案：C

23. **解**　输出电流几乎不随负载电阻的变化而变化，即输出电流稳定，应选电流负反馈。

并联负反馈中的反馈网络输出端与放大电路的输入端并联，这样信号源内阻 R_S 越大，输出电流就越大，有用信号就越多。

答案:D

24. **解** 由于双积分型 A/D 转换器在一定时间内采的是输入电压的平均值，因此具有很强的抗干扰能力，从理论上来说，有无穷大的抑制能力。逐次渐近 A/D 转换时间在 10～50μs，也有的达到几百纳秒，双积分 A/D 转换时间大都在几十毫秒之间。

答案:B

25. **解** 真值表、逻辑式、符号图是常用的逻辑关系表示方式。

答案:D

26. **解** 本题的模型实际上是一个简单的单门限电压比较器，其具有这样的特性：当输入电压大于零时，运算放大器输出为负的饱和电压，即 −11V；当输入电压小于零时，运算放大器输出为正的饱和电压，即 +11V。本题中输出端的电压应该为负电压，因此稳压管 D_Z 处于正向导通状态，输出电压为 −0.6V。

答案:C

27. **解** 该电路为共射极放大电路，输出与输入波形反相。根据题目中的参数静态工作点 $I_B=\frac{V_{CC}-U_{BE}}{R_B}=\frac{12-0.7}{1.2\times10^6}\approx10^{-5}\text{A}=10\times10^{-3}\text{mA}$ 很小，进入管子的截止区，且输入信号有效值 27mV，这个信号很小，不会进入饱和区，只会出现截止失真，即顶部削平的正弦波。

答案:B

28. **解** 十进制数转换为二进制数时，采用除基取余法（即短除法）。

24÷2=12............余 0
12÷2=6..............余 0
6÷2=3...............余 0
3÷2=1...............余 1
1÷2=0...............余 1

将这五个数从下到上排列是 11000。

答案:C

29. **解** 13 位地址存储器能够存储的容量是 $2^{13}=8192=8\times1024=8\text{K}$，每个 I/O 端口采集的数据为 8bit，故总容量为 8K×8。

答案:A

30. **解** $L=\overline{AB\cdot BC\cdot AC}=AB+BC+AC$，列真值表。

A	B	C	L
0	0	0	0
0	0	1	0
0	1	0	0

0	1	1	1
1	0	0	0
1	0	1	1
1	1	0	1
1	1	1	1

功能:当2人及以上投赞成票时输出为1,为三变量的多数表决器。

答案:B

31.**解** 发电机的电动势方程:$E_G = U_N + I_{aN}R_A = 230 + 15.7 \times 1 = 245.7\text{V}$

由$E_G = C_e\varphi n_N$,推出:$C_e\varphi = \frac{245.7}{2000}$

电动机的电动势方程为(电枢电流不变):$E_M = U_N - I_a R_a = 220 - 15.7 \times 1 = 204.3\text{V}$

而$E_M = C_e\varphi n'$,则$n' = \frac{E_M}{C_e\varphi} = 1663\text{r/min}$

答案:D

32.**解** 图为$\varphi = -90°$时(即纯电容性负载)的电枢反应相量图。

电枢电流$\dot{I}$相量处在d轴上,所以电枢磁动势$\dot{F}_a$也处在d轴上,但方向与励磁磁动势方向相同,则合成磁动势为$\dot{F}_\delta = \dot{F}_f + \dot{F}_a$,可见合成磁动势$\dot{F}_\delta$增大,从而使端电压增大。

答案:C

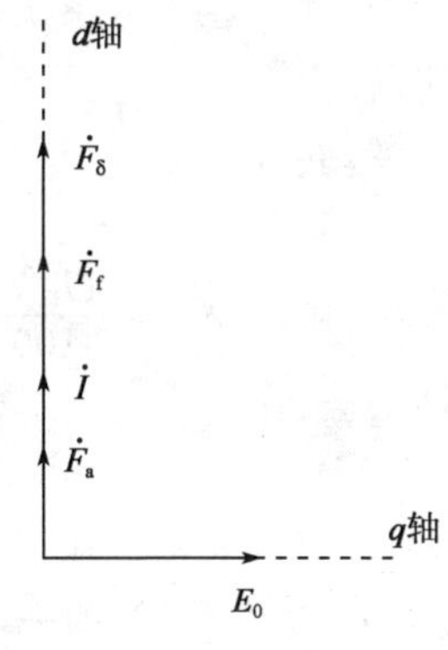

题32解图

33.**解** 串联时施加2200V电压,并联时施加1100V电压,由于串联时电导和电纳为原值的1/2,并联时为原来值的2倍,又因为空载电流与电纳和电压的乘积成正比,所以空载电流不变;空载损耗与电压的平方和电导的乘积成正比,所以空载损耗也不变。

答案:A

34.**解** 电源频率ω增加10%,由$X = \omega L$可得,X增加10%。

答案:A

35.**解** 当外加电压为正弦波时,主磁通也为正弦波,当磁路饱和时,空载电流为尖顶波,而且饱和度越高,电流波形越尖,励磁磁势等于空载电流乘以匝数,所以励磁磁势为尖顶波。

答案:A

36.**解** 三相同步发电机与电网并联时,若电压相序不同,则在发电机和电网之间存在巨大的电位差而产生无法消除的环流。

答案:C

37.**解** 同步速为$n = \frac{60f}{P} = \frac{60 \times 50}{2} = 1500\text{r/min}$,异步电机中转子转速与同步速只是相差一个转差率$s$,所以转子转速接近于1500r/min。

转子额定转速：$n=\dfrac{60f}{p(\text{定子绕组极对数})}=\dfrac{3000}{2}=1500\text{r/min}$。

答案:A

38.**解**　对于积复励发电机，在原电机转向和磁场极性不变下改作电动机运行时，只需将串励绕组的两端对调一下连接，其他接线端无需变动。反之，电动机改作发电机运行，同理也只需对调串励绕组两线端。

答案:B

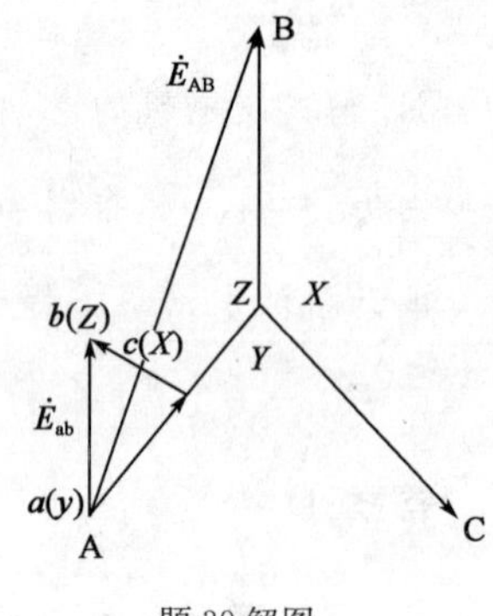

题 39 解图

39.**解**　画出变压器的连接组，如图所示，可见 $\dot{E}_{AB}$ 超前 $\dot{E}_{ab}30°$，如果将 $\dot{E}_{AB}$ 放在 12 上，则 $\dot{E}_{ab}$ 在 11 上，可见变压器为 Y/△-11 反过来为△/Y-1。

答案:C

40.**解**　我国电能的主要输电方式是三相交流输电。

答案:C

41.**解**　在电力系统分析中，功率是指三相功率之和，因为三相阻抗相等，所以阻抗是指一相阻抗。

答案:B

42.**解**　$X_T=\dfrac{U_k\%}{100}\cdot\dfrac{U_{TN}^2}{S_{TN}}\times10^3\Omega$

答案:B

43.**解**　发电机通常运行在比网络额定电压高 5% 的状态下，所以发电机的额定电压为 10.5kV，变压器 T_1 的一次侧也为 10.5kV，二次侧相当于供电设备，考虑到变压器内部的电压损耗降落 5%，输电线路电压降落 5%，所以二次侧为 110×(1+10%)=121kV；变压器 T_2 的一次侧相当于用电设备其额定电压就等于网络的额定电压，为 110kV，二次侧同变压器 T_1 也要抬高 10%，为 35×(1+10%)=38.5kV，变压器 T_3 一次侧为 35kV，二次侧电压低，一般不再长距离送电，直接接负载，只考虑变压器内部电压降落 5%，所以 T_3 的二次侧只需抬高 5%，即为 6×(1+5%)=6.3kV。

答案:A

44.**解**　采用近似法计算各元件标幺值，取 $S_B=100\text{MVA}$，$U_B=U_{av}$

$$x''_{d*}=x''_d\cdot\frac{S_B}{S_{GN}}=0.15\times\frac{100}{30}=0.5$$

$$x_{l*}=x_l\cdot\frac{S_B}{U_B^2}=100\times0.4\times\frac{100}{115^2}=0.302$$

$$x_{T_1*}=\frac{U_k\%}{100}\cdot\frac{S_B}{S_{T_1N}}=\frac{10.5}{100}\times\frac{100}{31.5}=0.333$$

$$x_{T_2*}=\frac{U_k\%}{100}\cdot\frac{S_B}{S_{T_2N}}=\frac{10.5}{100}\times\frac{100}{31.5}=0.333$$

$$x_{R*}=\frac{x_R\%}{100}\cdot\frac{S_B}{\sqrt{3}I_N}\cdot\frac{S_B}{U_B^2}=\frac{4}{100}\times\frac{10}{\sqrt{3}\times0.3}\times\frac{100}{115^2}=0.7$$

答案:B

45.**解**　如图所示。

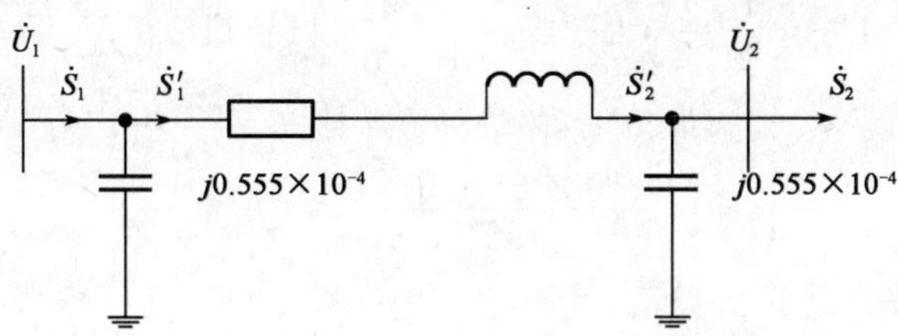

题 45 解图

$$\dot{S}'_2=\dot{S}_2-j0.555\times10^{-4}\times110^2=11.77+j5.45-j0.6716=11.77+j4.7784\text{MVA}$$

$$\dot{S}'_1=11.77+j4.7784+\frac{11.77^2+4.778^2}{110^2}\times(13.2+j16.68)$$

$$=11.77+j4.7784+0.0133\times(13.2+j16.68)=11.95+j4.998\text{MVA}$$

$$\dot{U}_1=110+\frac{11.77\times13.2+4.778\times16.68}{110}=112.14\text{kV}$$

$$\dot{S}_1=\dot{S}'_1-j0.555\times10^{-4}\times112^2=11.95+j(4.998-0.6962)=11.95+j4.3$$

答案:B

46.**解**　开关 A 合上时线路空载,末端电压会升高,其等值电路如图所示。

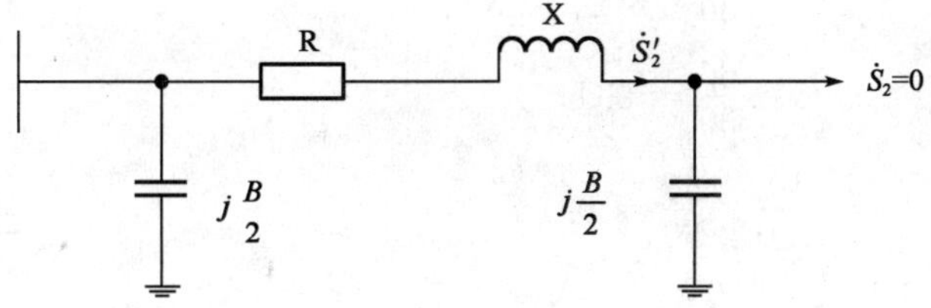

题 46 解图

$$\Delta U=\frac{P'_2R+Q'_2X}{U_N}=\frac{-14\times83.1}{220}=-5.3\text{kV}$$

$$\delta U=\frac{P'_2X-Q'_2R}{U_N}=\frac{14\times16.9}{220}=1.08\text{kV}$$

$$U_2=\sqrt{(U_1-\Delta U)^2-(\delta U)^2}=\sqrt{(242+5.3)^2-1.08^2}=247.3\text{kV}$$

B 断口两端的电压差为 247.3−220=27.3kV。

答案:C

47.**解**　(1)各元件参数

$$R_L+jX_L=50\times0.21+j50\times0.4=10.5+j20\Omega$$

$$X_T=\frac{U_k\%}{100}\cdot\frac{U_N^2}{S_N}=\frac{10.5}{100}\times\frac{110^2}{31.5}=40.33\Omega$$

总的等值阻抗 $Z_\Sigma=R_\Sigma+jX_\Sigma=10.5+j60.33\Omega$

(2)按最小负荷时选择变压器分接头

$$U_{1min}=112-\frac{15\times0.5+8\times60.33}{112}=106.28kV$$

因为变压器低压侧母线要求逆调压，在最小负荷时 U_{2min} 应保持 $1.0U_N=1.0\times10=10kV$

$$U_T=\frac{U_{1min}}{U_{2min}}\cdot U_N=\frac{106.28}{10}\times11=116.9kV$$

此电压与 $110\times(1+5\%)$ 抽头最接近，故选择5%抽头。

变比 $$K=\frac{110\times(1+5\%)}{11}=10.5$$

(3)按最大负荷的要求计算出 Q_C

$$Q_C=\frac{U_{2cmax}}{X_\Sigma}=\left(U_{2cmax}-\frac{U_{1max}}{k}\right)K^2$$

式中：U_{1max}——设置补偿设备前归算至高压侧的变电所低压母线电压，$U_{1max}=112-\frac{25\times10.5+10\times60.33}{112}=104.27kV$；

U_{2cmax}——补偿后低压侧要保持的电压，因为低压侧要求逆调节，在最大负荷时应保持 $1.05U_N=1.05\times10=10.5kV$。

则 $Q_C=\frac{10.5}{60.33}\times(10.5-\frac{104.27}{10.5})\times10.5^2=10.928MVar$

答案:A

48.**解** 选取 $S_B=60MVA, U_B=U_{av}$

$$x''_{d1*}=x''_{d1}\cdot\frac{S_B}{S_{GN1}}=0.05\times\frac{60}{30}=0.1$$

$$x''_{d2*}=x''_{d2}\cdot\frac{S_B}{S_{GN2}}=0.05\times\frac{60}{30}=0.1$$

$$x_{TI*}=\frac{U_{k1}\%}{100}\cdot\frac{S_B}{S_{TN}}=\frac{10}{100}\times\frac{60}{60}=0.1$$

$$x_{TII*}=\frac{U_{k2}\%}{100}\cdot\frac{S_B}{S_{TN}}=\frac{10}{100}\times\frac{60}{60}=0.1$$

$$x_{TIII*}=\frac{U_{k3}\%}{100}\cdot\frac{S_B}{S_{TN}}=0$$

作出等值电路图如图所示。

$$x_\Sigma=(x_{d1*}+x_{TI*})//(x_{d2*}+x_{TII*})=0.1$$

$$I_f=I_{f*}\cdot I_B=\frac{1}{x_{\Sigma*}}\cdot\frac{S_B}{\sqrt{3}U_B}=\frac{1}{0.1}\times\frac{60}{\sqrt{3}\times10.5}=32.9925kA$$

答案:A

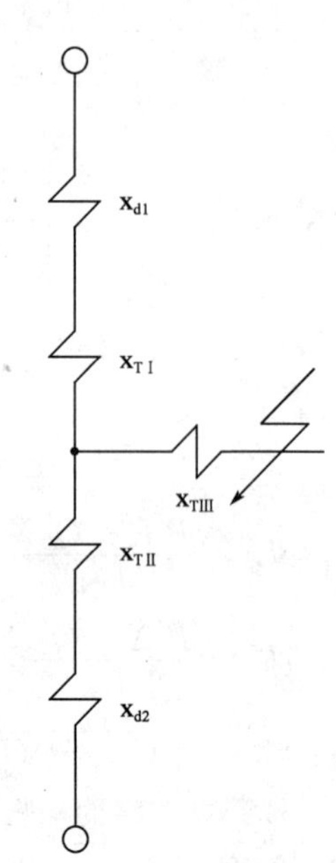

题48解图

49.**解** 设短路容量标幺值为 S_{d*}，由 $S_{d*}=\frac{\sqrt{3}U_{av}I_f}{\sqrt{3}U_{av}I_B}=I_{f*}=\frac{1}{x_*}$

可得当 f_1 点短路时，忽略后边支路，$x''_{d1*}=\dfrac{1}{S_{d1*}}=\dfrac{1}{\dfrac{S_{d1}}{S_B}}=\dfrac{1}{\dfrac{1000}{100}}=0.1$

同理：f_2 点短路时，忽略前面支路，$x''_{d2*}=\dfrac{1}{S_{d2*}}=\dfrac{1}{\dfrac{833}{100}}=0.12$

$$x_{T1*}=\frac{U_k\%}{100}\cdot\frac{S_B}{S_{TN}}=\frac{10}{100}\times\frac{100}{100}=0.1$$

$$x_{l*}=0.03, x_{T2*}=\frac{U_k\%}{100}\cdot\frac{S_B}{S_{TN}}=\frac{10}{100}\times\frac{100}{100}=0.1$$

当 f_3 点短路时等值电路如图所示。

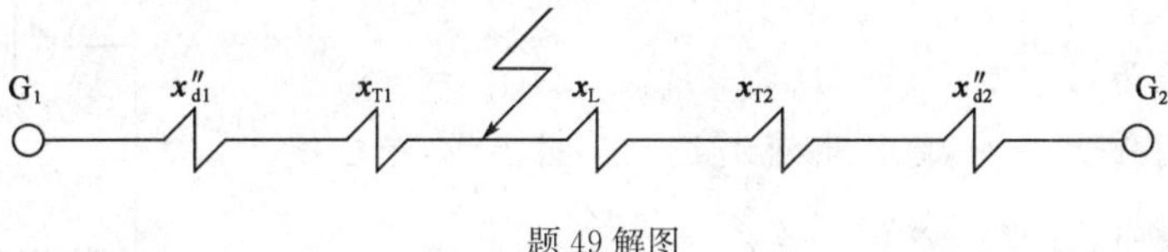

题 49 解图

$$x_{\Sigma *}=(x''_{d1*}+x_{T1*})\ //\ (x_{l*}+x_{T2*}+x''_{d2*})=(0.1+0.1)\ //\ (0.03+0.1+0.12)=0.11$$

$$S_{d3}=\frac{1}{x_{\Sigma *}}\cdot S_B=\frac{1}{0.11}\times 100=909\text{ MVA}$$

答案:C

50.**解**　正序总阻抗 $x_{\Sigma(1)}=x''_d+x_T=0.1+0.1=0.2$

负序总阻抗 $x_{\Sigma(2)}=x_{(2)}+x_T=0.1+0.1=0.2$

两相短路的复合序网图如图所示。

Y 侧各序电流为：

$$\dot{I}_{fY(1)}=\frac{E''_{|0|}}{j(x_{\Sigma(1)}+x_{\Sigma(2)})}=\frac{1}{j(0.2+0.2)}=-j2.5$$

$$\dot{I}_{fY(2)}=-\dot{I}_{f(1)}=j2.5$$

△侧各序电流：

$$\dot{I}_{f\triangle(1)}=\dot{I}_{fY(1)}e^{j30^\circ}=-j2.5\times\left(\frac{\sqrt{3}}{2}+j\frac{1}{2}\right)=\frac{2.5}{2}-j\frac{2.5\times\sqrt{3}}{2}=1.25-j2.165$$

$$\dot{I}_{f\triangle(2)}=\dot{I}_{fY(2)}e^{-j30^\circ}=j2.5\times\left(\frac{\sqrt{3}}{2}-j\frac{1}{2}\right)=1.25+j2.165$$

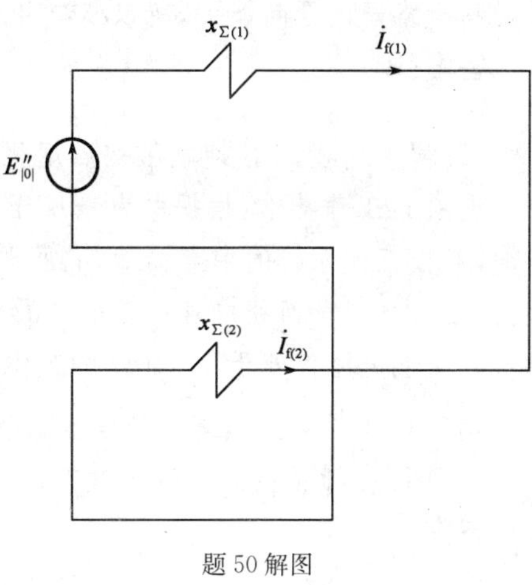

题 50 解图

$$\dot{I}_{fa}=\dot{I}_{f\triangle(1)}+\dot{I}_{f\triangle(2)}=2.5\text{ kA}$$

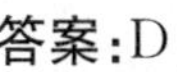

答案:D

51.**解**　当中性点绝缘系统发生单相接地短路时，三相对称关系并不破坏，仅中性点及各相对地电压发生变化，中性点的电压上升到相电压，非故障相对地电压升高到 $\sqrt{3}$ 倍相电压，即线电压。

答案:A

52.**解** 先计算各序电抗:

$x_{\Sigma(1)}=x''_{d}+x_{T}=0.1+0.2=0.3$

$x_{\Sigma(2)}=x_{(2)}+x_{T}=0.1+0.2=0.3$

$x_{\Sigma(0)}=x_{T}+3x_{p}=0.2+0.2=0.4$

形成复合序网图如图所示。

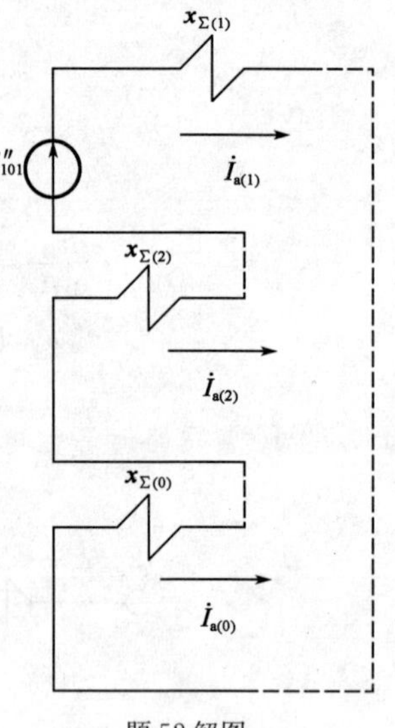

题 52 解图

$$\dot{I}_{a(1)}=\dot{I}_{a(2)}=\dot{I}_{a(0)}=\frac{E''}{x_{\Sigma(1)}+x_{\Sigma(2)}+x_{\Sigma(0)}}=\frac{1\angle 0^{\circ}}{j(0.3+0.3+0.4)}$$

$$=-j1$$

短路点的电流为:$\dot{I}_{f(1)}=\dot{I}_{a(1)}+\dot{I}_{a(2)}+\dot{I}_{a(0)}=3\dot{I}_{a(1)}=-j3$

有中线引出的Y形绕组,零序电流通过及其引出线,中性线上有3倍零序电流流过,即 $\dot{I}_{0}=3\dot{I}_{a(1)}\Rightarrow\dot{I}_{0}=3$。

答案:D

53.**解** 装设在电压互感器回路中的设备不用校验动稳定及热稳定,因为系统发生短路时,短路电流并不通过这些设备,只有串联设备才需要校验动稳定及热稳定性。熔断器不需要校验热稳定性,电缆不需要校验动稳定性。

答案:A

54.**解** 在各断口上并联一个比散杂电容大得多的电容器,使各断口上的电压分配均匀,以提高断路器的开断能力,所以断口并联电容器叫均匀电容器。

答案:B

55.**解** 选项A接地电阻按照规程规定,对其大小也是有要求的。

选项B工作接地:根据电力系统正常运行的需要而设置的接地,例如三相系统的中性点接地,双极直流系统的中点接地,它所要求的接地电阻值大约在0.5~10Ω的范围内。保护接地:为了人身安全而将电气设备的金属外壳等加以接地,它是在故障条件下才发挥作用的,所要求的接地电阻值处于1~10Ω的范围内。

选项C中性点不接地系统发生单相接地故障时,非故障相电压增大为$\sqrt{3}$倍的相电压。

选项D接地材料一般为铜和钢。

答案:A

56.**解** 断路器为感性负载,由于有电感的存在,电流不会在瞬间变为0,有个短暂的时间过程,因为时间很短,就会在线圈中感应一个很高的电压。

答案:B

57.**解** 中性点接地系统中,每相为100V,合成正常0V,单相对地短路100V。中性点不接地系统中,二次侧57.7V,剩余绕组单相33.333V。

答案:C

58. **解** 电流互感器的误差：

$$f_{\mathrm{i}}=\frac{(Z_2+Z_{2L})L_{av}}{222N_2^2\delta\mu}\sin(\psi+\alpha)\times 100\%$$

$$\delta_{\mathrm{i}}=\frac{(Z_2+Z_{2L})L_{av}}{222N_2^2\delta\mu}\sin(\psi+\alpha)3440'$$

Z_{2L}为二次负荷阻抗,可见电流互感器的误差与 Z_{2L}成正比例。

答案:C

59. **解** 选项 A 架空线一般自身阻抗较大,不需要安装电抗器,电缆线路经常为了限制短路电流,而加装电抗器。选项 B 母线电抗器一般加装在母线分段处,为的是限制短路电流。选项 C 采用分裂低压绕组变压器主要是为了限制短路电流。

答案:D

60. **解** 当触头间并联电阻 $r<r_{cr}$,电压恢复过程为非周期性;当并联电阻 $r>r_{cr}$时,电压恢复过程为周期性;当并联电阻 $r<r_{cr}$时,将把具有周期性振荡特性的恢复电压过程转变为非周期性恢复过程,从而大大降低恢复电压的幅值和恢复速度,相应的可增加断路器的开断能力。

答案:C

2006 年度全国注册电气工程师(发输变电)执业资格考试专业基础考试

试　题

单选题(共 60 题,每题 2 分。每题的备选项中,只有 1 个符合题意)

1. 如图所示电路,I=:

A. 1A　　B. 2A　　C. −2A　　D. 3A

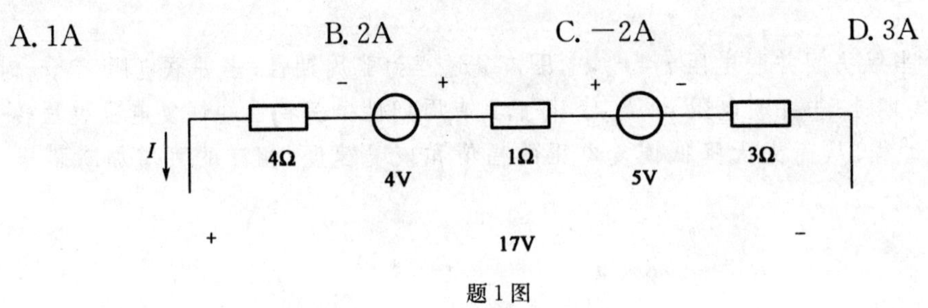

题 1 图

2. 列写节点方程,如图所示电路 BC 间互导为:

A. 2S　　B. −14S　　C. 3S　　D. −3S

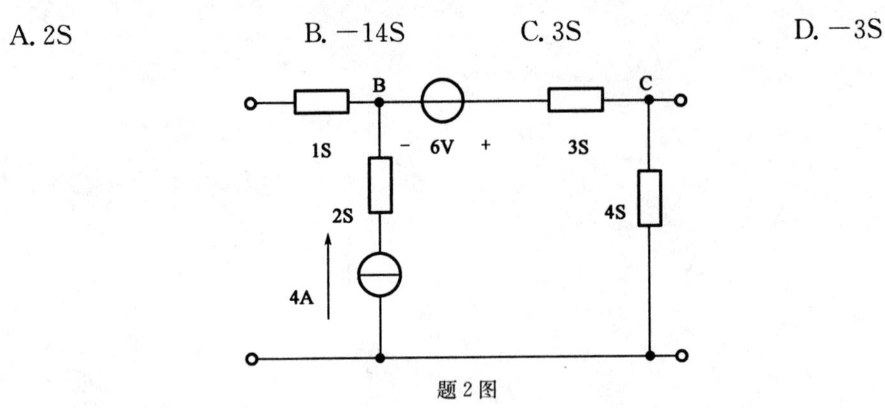

题 2 图

3. 若电路中 $L=1\text{H}$,$C=100\text{pF}$ 时,恰好有 $X_L=X_C$。则此时频率 f 为:

A. 17kHz　　B. 15.92kHz　　C. 20kHz　　D. 21kHz

4. 若电路中 $L=4\text{H}$,$C=25\text{pF}$ 时,恰好有 $X_L=X_C$,则此时频率 f 为:

A. 15.92kHz　　B. 16kHz　　C. 24kHz　　D. 36kHz

5. 在 $R=4\text{k}\Omega$,$L=4\text{H}$,$C=1\mu\text{F}$ 三个组件串联电路中,电路的暂态属于:

A. 振荡　　B. 非振荡　　C. 临界振荡　　D. 不能确定

6. 电阻为 300Ω 的信号源通过特性阻抗为 300Ω 传输线向 75Ω 的电阻性负载供电，为达到匹配目的，在传输线与负载间插入一段长度为 λ/4 的无损耗传输线，该线的特性阻抗应为：

A. 187.5Ω　　B. 150Ω　　C. 600Ω　　D. 75Ω

7. 如图所示，$L_1=L_2=10\text{H}$，$C=1000\mu\text{F}$，当 M 从 0 变到 6H 时，谐振角频率的变化范围是：

A. $10\sim\frac{10}{\sqrt{14}}$rad/s　　B. 0～∞rad/s　　C. 10～12.5rad/s　　D. 不能确定

8. 如图所示电路中当 $u=36+100\sin(\omega t)$V 时，电流 $i=4+4\sin(\omega t)$A，其中 $\omega=400$rad/s，则 R 为：

A. 4Ω　　B. 9Ω　　C. 20Ω　　D. 250Ω

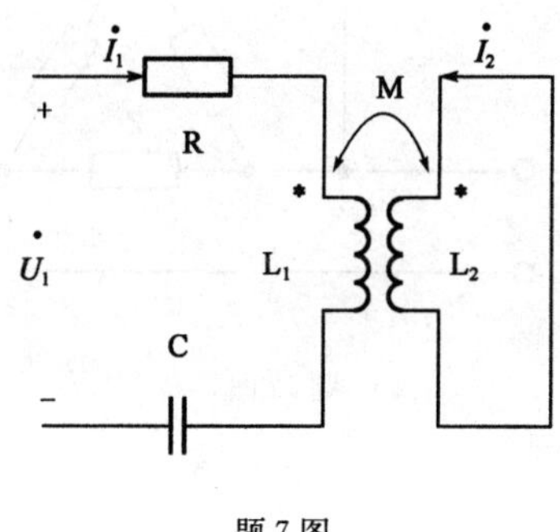

题 7 图

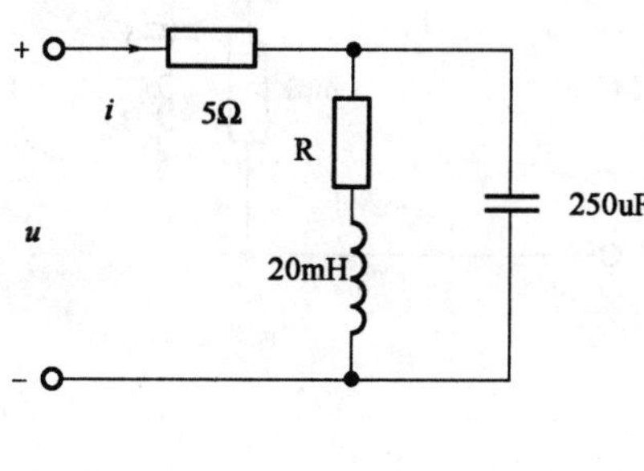

题 8 图

9. 如图所示电路中 $u_{C1}(0_-)=10\text{V}$，$u_{C2}(0_-)=0$，当 $t=0$ 时闭合开关 S 后，u_{C1} 应为（$\tau=2\mu\text{s}$）：

A. $6.67(1-e^{-t/\tau})$V　　B. $10e^{-t/\tau}$V

C. $10(1-e^{-t/\tau})$V　　D. $(6.67+3.33e^{-t/\tau})$V

10. 如图所示电路中 $i_L(0_-)=0$，在 $t=0$ 时闭合开关 S 后，$t=0_+$ 时 $\frac{di_L}{dt}$ 应为：

A. 0　　B. U_s/R　　C. U_s/L　　D. U_s

11. 如图所示电路中电压 $u=60\left[1+\sqrt{2}\cos(\omega t)+\sqrt{2}\cos(2\omega t)\right]$V，$\omega L_1=100\Omega$，$\omega L_2=100\Omega$，$\frac{1}{\omega C_1}=400\Omega$，$\frac{1}{\omega C_2}=100\Omega$，则有效值 I_1 应为：

A. 1.204A　　B. 0.45A　　C. 1.3A　　D. 1.9A

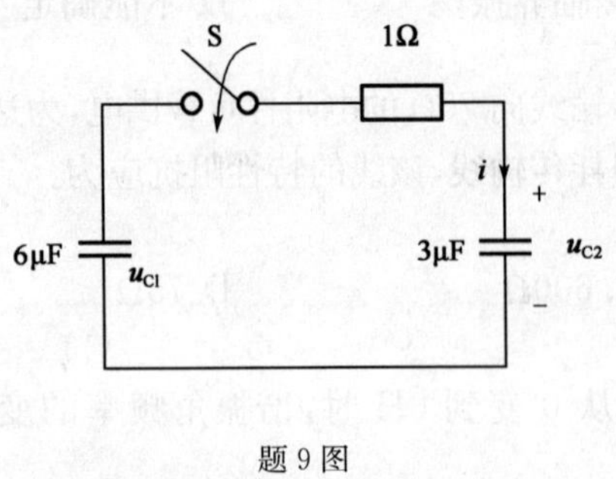

题 9 图

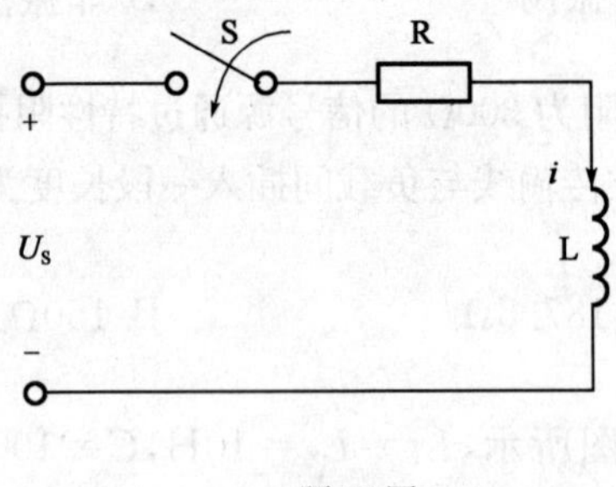

题 10 图

12. 如图所示对称三相电路，线电压 380V，每相阻抗 $Z=(18+j24)\Omega$，则图中功率表读数为：

A. 5134W　　B. 997W　　C. 1772W　　D. 7667W

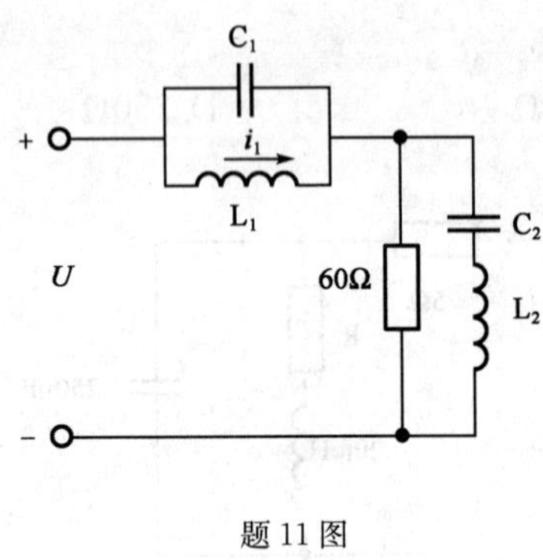

题 11 图

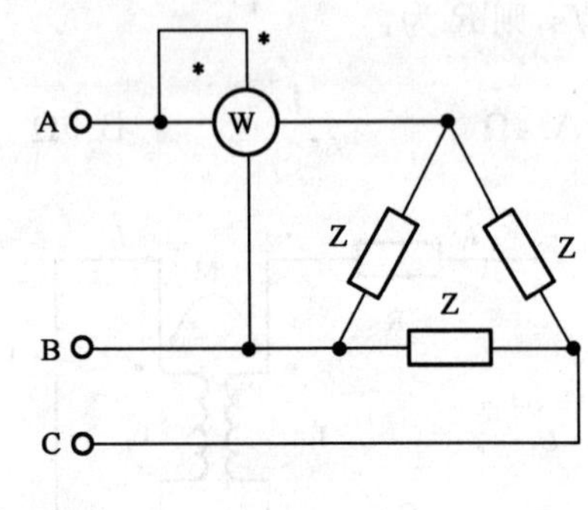

题 12 图

13. 如图所示电路的谐振频率应为：

A. $1/\sqrt{LC}$　　B. $0.5/\sqrt{LC}$　　C. $2/\sqrt{LC}$　　D. $4/\sqrt{LC}$

14. 如图所示，在 R、L、C 串联电路中，若总电压 U，电容电压 U_C 及 RL 两端的电压 U_{RL} 均为 100V，且 $R=10\Omega$，则电流 I 应为：

A. 10A　　B. 8.66A　　C. 5A　　D. 5.77A

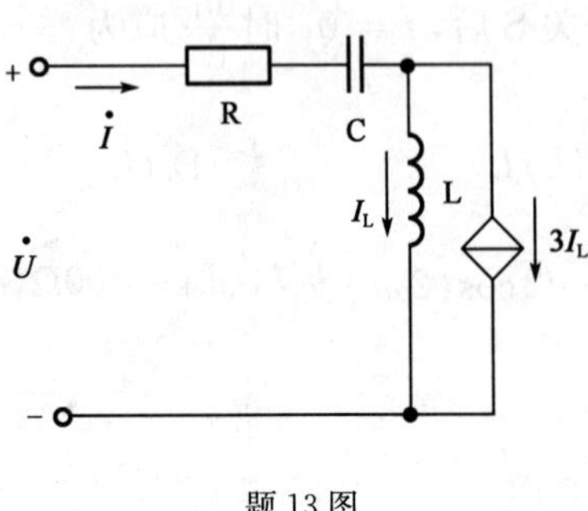

题 13 图

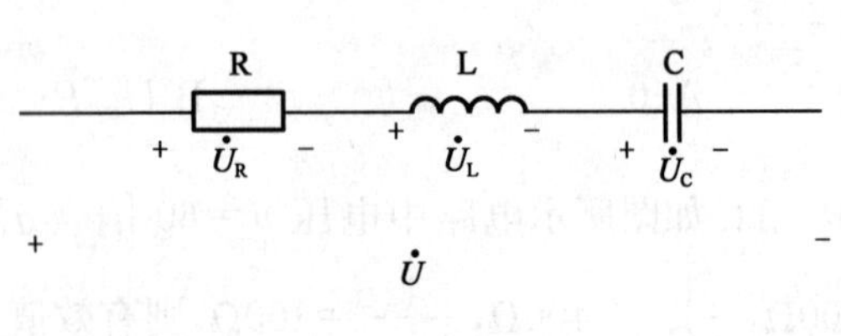

题 14 图

15. 如图所示电路的戴维南等效电路参数 U_S 和 R_S 应为：

A. 3V，1.2Ω　　B. 3V，1Ω　　C. 4V，14Ω　　D. 3.6，1.2Ω

16. 如图所示电路的等效电阻 R_{ab} 应为：

A. 5Ω　　B. 5.33Ω　　C. 5.87Ω　　D. 3.2Ω

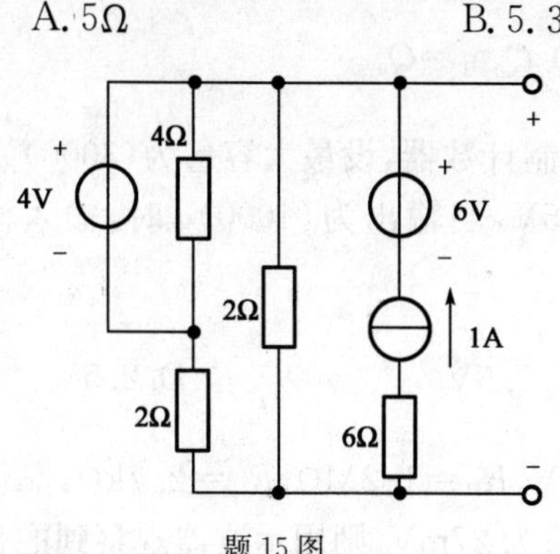

题 15 图

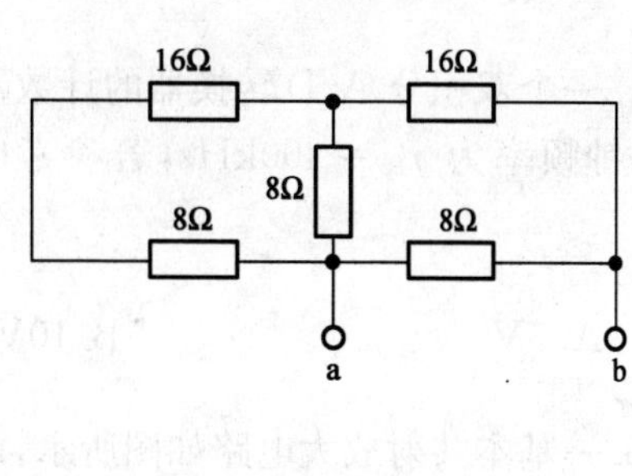

题 16 图

17. 已知正弦电流的初相为 60°，在 $t=0$ 时瞬时值为 8.66A，经过$(\frac{1}{300})$ms 后第一次下降为 0，其频率应该为：

A. 50kHz　　B. 100kHz　　C. 314kHz　　D. 628kHz

18. 如图所示电路中，电阻 R_L 应为：

A. 18Ω　　B. 13.5Ω
C. 9Ω　　D. 6Ω

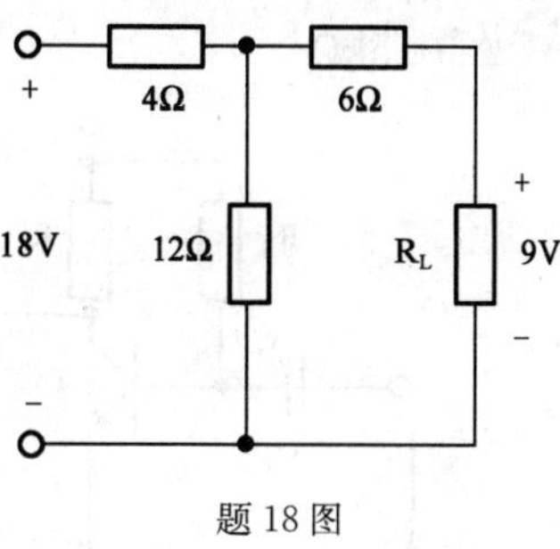

题 18 图

19. 一半径为 0.5m 的导体球作接地极，深埋于地下，土壤的导电率 $\gamma=10^{-2}$ s/m，则此接地体的接地电阻应为：

A. 31.84Ω　　B. 7.96Ω　　C. 63.68Ω　　D. 15.92Ω

20. 集成运算放大器输入级采用差动放大电路的主要目的应为：

A. 稳定放大倍数　　B. 克服温漂
C. 提高输入阻抗　　D. 扩展频带

21. 文氏桥振荡电路的固有频率为：

A. $\frac{1}{2\pi RC}$　　B. $\frac{1}{2\pi\sqrt{RC}}$　　C. $\frac{1}{2\pi\sqrt{6}RC}$　　D. $\frac{RC}{2\pi}$

22. 下列哪个元件能提高计时精度？

A. 施密特　　B. 双稳态　　C. 单稳态　　D. 多谐振荡器

23. 关于 JK 触发器的特性方程为：

A. $Q_{n+1}=JQ_n$　　B. $Q_{n+1}=J+KQ_n$

C. $Q_{n+1}=J\bar{Q}_n+\bar{K}Q_n$　　D. $Q_{n+1}=Q_n$

24. 一个双积分 A/D 转换器的计数器为四位十进制计数器，设最大容量为$(3000)_{10}$，计数器的时钟频率为 $f_{cp}=400\text{kHz}$，若参考电压 $U_{REF}=15\text{V}$，当输出为$(1000)_{10}$时，输入模拟电压是：

A. 5V　　B. 10V　　C. 7.5V　　D. 2.5V

25. 一基本共射放大电路如图所示，已知 $V_{CC}=12\text{V}$，$R_B=1.2\text{M}\Omega$，$R_C=2.7\text{k}\Omega$，晶体管的 $\beta=100$，且已测得 $r_{be}=2.7\text{k}\Omega$。若输入正弦电压有效值为 27mV，则用示波器观察到的输出电压波形是：

A. 正弦波　　B. 顶部削平的失真了的正弦波

C. 底部削平的失真了的正弦波　　D. 底部和顶部都削平的梯形波

26. 如图所示电路输出电压是 5V，接上 2kΩ 的电阻后输出电压降到 4V，则内阻是：

A. 0.5kΩ　　B. 2kΩ　　C. 10kΩ　　D. 8kΩ

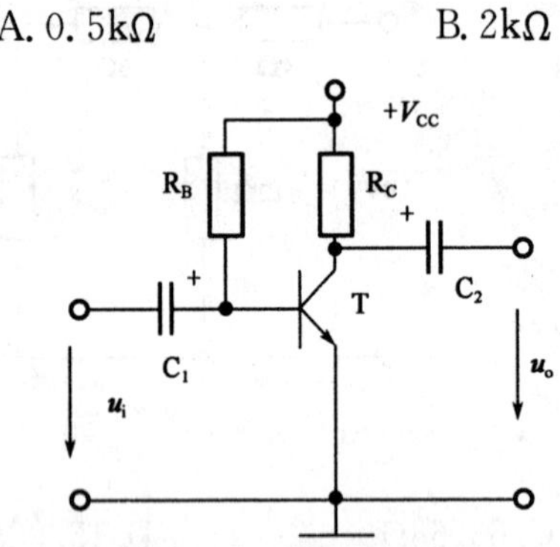

题 25 图

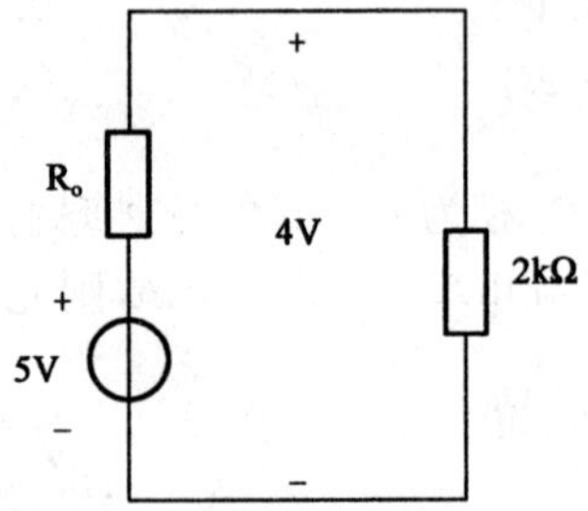

题 26 图

27. 一片四位 ADC 电路，最小分辨电压是 1.2mV，若输入电压为 4.387V，则显示的数字量为：

A. E47H　　B. E48H　　C. E49H　　D. E50H

28. 用 50 个与非门组成的环形多谐振荡器如图所示，设每个门的平均传输时间 $t_{pd}=20\text{ns}$，试求振荡周期 T 为：

A. 20ms　　B. 2ms　　C. 4.0ms　　D. 4ms

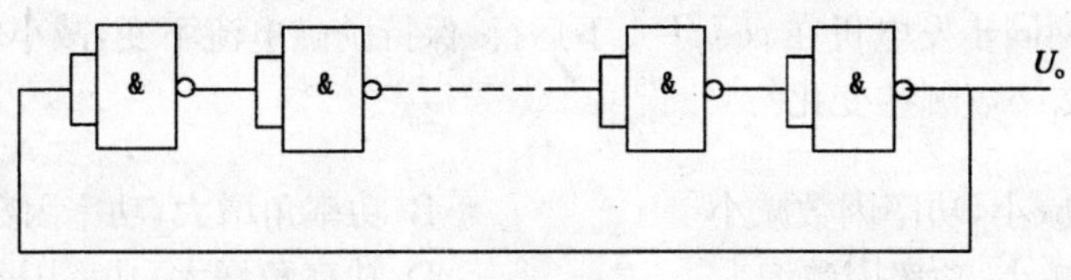

题 28 图

29. 如图所示电路中，A 为理想运算放大器，三端集成稳压器的 2、3 端之间的电压用 U_{REF} 表示，则电路的输出电压可表示为：

A. $U_o=(U_i+U_{REF})\dfrac{R_2}{R_1}$　　B. $U_o=U_i\dfrac{R_2}{R_1}$

C. $U_o=U_{REF}\left(1+\dfrac{R_2}{R_1}\right)$　　D. $U_o=U_{REF}\left(1+\dfrac{R_1}{R_2}\right)$

30. 如图所示电路中，设 D_{Z1} 的稳定电压为 7V，D_{Z2} 的稳定电压为 13V。则电压 U_{AB} 等于：

A. 0.7V　　B. 7V　　C. 13V　　D. 20V

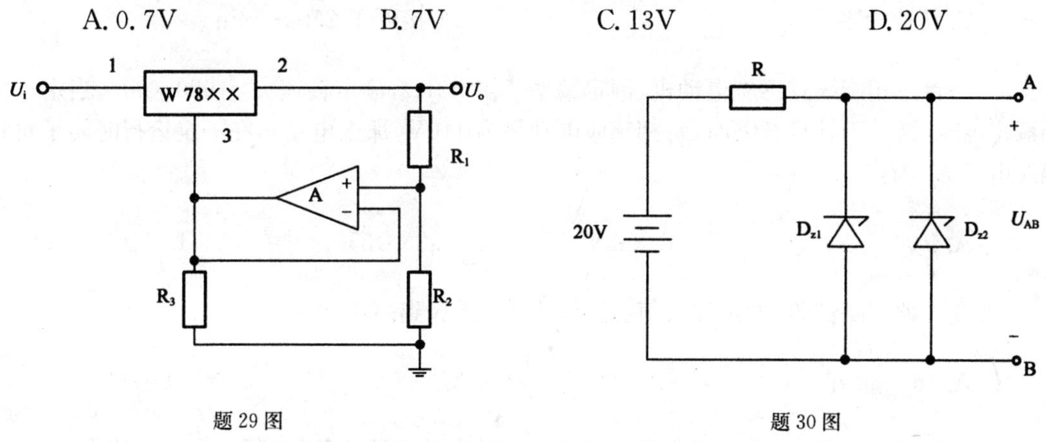

题 29 图　　题 30 图

31. 一台并励直流电动机，$U_N=110V$，$n_N=1500r/min$，$I_N=28A$，$R_a=0.15\Omega$（含电刷的接触压降），$R_f=110\Omega$。当电动机在额定状态下运行，突然在电枢回路串入一 0.5Ω 的电阻，若负载转矩不变，则电动机稳定后的转速为：

A. 1220r/min　　B. 1255r/min　　C. 1309r/min　　D. 1500r/min

32. 一台变压器的高压绕组由两个完全相同可以串联也可以并联的绕组组成。当它们同绕向串联并施以 2200V，50Hz 的电压时，空载电流为 0.3A，空载损耗为 160W，如果它们改为并联施以 1100V，50Hz 电压时，此时的空载电流和空载损耗为（电阻损耗忽略不计）：

A. $I_0=0.3A$，$P_0=160W$　　B. $I_0=0.6A$，$P_0=160W$

C. $I_0=0.15A$，$P_0=240W$　　D. $I_0=0.6A$，$P_0=240W$

33. 无穷大电网同步发电机在 $\cos\varphi=1$ 下运行，保持励磁电流不变，减小输出有功，将引起功率角 θ、功率因数 $\cos\theta$ 哪些变化？

A. 功率角减小，功率因数减小　　B. 功率角增大，功率因数减小
C. 功率角减小，功率因数增大　　D. 功率角增大，功率因数增大

34. 同步电动机处于过励磁状态，它从电网吸收：

A. 感性功率　　B. 容性功率　　C. 纯有功功率　　D. 纯电阻电流

35. 三绕组变压器数学模型中的电抗反应变压器绕组的：

A. 铜耗　　B. 铁耗　　C. 等值漏磁通　　D. 漏磁通

36. 一台三相绕线式异步电动机若定子绕组为四级，转子绕组为六级。当定子绕组接到频率为 50Hz 的三相额定电压时，此时转子的转速应为：

A. 接近于 1500r/min　　B. 接近于 1000r/min
C. 转速为零　　D. 接近于 2500r/min

37. 一台三相绕线式感应电动机，额定频率 $f_N=50$Hz，额定转速 $n_N=980$r/min，当定子接到额定电压、转子不转且开路时，每相感应电动势为 110V，那么电动机在额定运行时转子每相感应电势 E_2 为：

A. 0　　B. 2. 2V　　C. 38. 13V　　D. 110V

38. 变压器短路试验，电抗标幺值低压侧为 16，折算到高压侧为：

A. 16　　B. 1600　　C. 0. 16　　D. 1. 6

39. 直流电动机启动电流，半载启动电流与空载启动电流相比较，哪个启动电流大？

A. 空>半　　B. 空=半　　C. 空<半　　D. 不确定

40. 110kV 中性点常采用的运行方式为：

A. 中性点直接接地　　B. 中性点不接地
C. 中性点经阻抗接地　　D. 中性点绝缘

41. 衡量电能质量的指标是：

A. 电压、频率　　B. 电压、频率、网损率
C. 电压、波形、频率　　D. 电压、频率、不平衡度

42. 一额定电压为 10kV 的静电电容器，其容抗值为 10. 5Ω，接在 6kV 母线上，电容器在额定电压下供给母线的无功功率为：

A. 0.719MVar　　B. 0.324MVar　　C. 7.19MVar　　D. 3.429MVar

43. 计算功率损耗的公式为：

A. $\Delta\dot{S}=\frac{P^2+Q^2}{U}(B+jX)$　　B. $\Delta\dot{S}=\frac{P^2+Q^2}{U}(R+jX)$

C. $\Delta\dot{S}=\frac{P^2+Q^2}{U^2}(R+jX)$　　D. $\Delta\dot{S}=\frac{P^2+Q^2}{U^2}(B+jX)$

44. 对高压线末端电压升高的现象，常用的办法是在末端加：

A. 并联电抗器　　B. 串联电抗器　　C. 并联电容器　　D. 串联电容器

45. 已知某变压器变比为110(1±2×2.5%)/11kV，容量为20MVA，低压母线最大负荷为18MVA，$\cos\varphi=0.6$，最小负荷为7MVA，$\cos\varphi=0.7$，归算到高压侧的变压器参数为$5+j60\Omega$，变电所高压母线在任何情况下均维持电压为107kV，为了使低压侧母线保持顺调压，该变压器的分接头为：

A. 主接头档，$U_t=110$kV　　B. 110(1−5%)档，$U_t=104.5$kV

C. 110(1+2.5%)档，$U_t=112.75$kV　　D. 110(1−2.5%)档，$U_t=107.25$kV

46. 变压器等值电路及参数如图所示，已知末端电压$\dot{U}_2=112\angle0^\circ$kV，末端负荷功率$\tilde{S}_2=(50+j20)$MVA，变压器始端电压$\dot{U}_1$为：

A. $116.3\angle4.32^\circ$kV

B. $122.24\angle4.5^\circ$kV

C. $114.14\angle4.62^\circ$kV

D. $116.3\angle1.32^\circ$kV

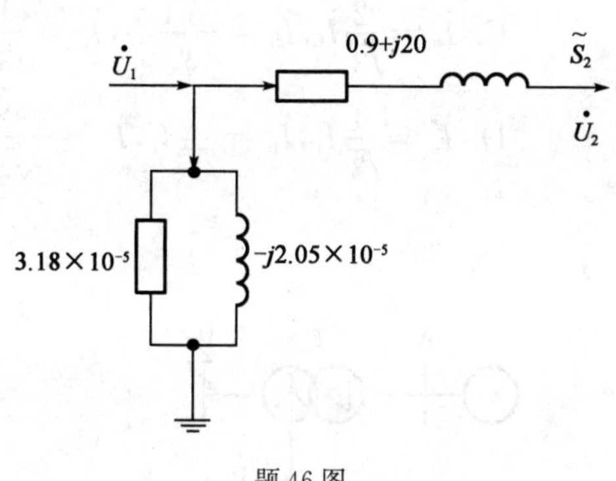

题46图

47. 短路电流冲击值在什么情况下最大？

A. 短路前负载，电压初相相位为0　　B. 短路前负载，电压初相相位为90°

C. 短路前空载，电压初相相位为0　　D. 短路前空载，电压初相相位为90°

48. 在电力系统分析和计算中，功率和阻抗一般分别是指下列哪组？

A. 一相功率，一相阻抗　　B. 三相功率，一相阻抗

C. 三相功率，三相阻抗　　D. 三相功率，一相等值阻抗

49. 系统如图所示。

已知：T_1，T_2：100MVA，$U_k\%=10$。l：$S_B=100$MVA时的标幺值电抗为0.03。当f_1点三相短路时，短路容量为1000MVA，当f_2点三相短路时，短路容量为833MVA，则当f_3点三相短路时的短路容量为：

A. 222MVA　　B. 500MVA　　C. 909MVA　　D. 1000MVA

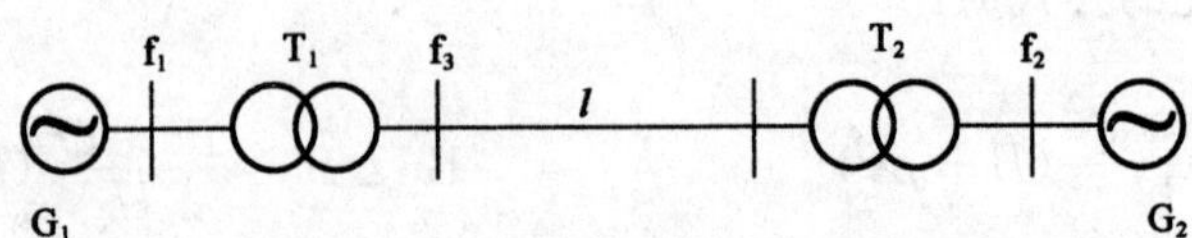

题 49 图

50. 系统如图所示，各元件标幺值参数为 G: $x''_d=0.1, x_{(2)}=0.1, E''=1.0$; T: $x_T=0.2$, $x_p=0.2/3$. 当在变压器高压侧的 B 母线发生 A 相接地短路时，变压器中性线的电流为：

A. 1　　B. $\sqrt{3}$　　C. 2　　D. 3

51. 如图所示，Y 侧 BC 两相短路时，短路电流为 $\dot{I}_f$，则△侧三相电路上电流为：

A. $\dot{I}_a=-\frac{1}{\sqrt{3}}\dot{I}_f, \dot{I}_b=-\frac{1}{\sqrt{3}}\dot{I}_f, \dot{I}_c=\frac{1}{\sqrt{3}}\dot{I}_f$

B. $\dot{I}_a=-\frac{1}{\sqrt{3}}\dot{I}_f, \dot{I}_b=\frac{2}{\sqrt{3}}\dot{I}_f, \dot{I}_c=-\frac{1}{\sqrt{3}}\dot{I}_f$

C. $\dot{I}_a=\frac{2}{\sqrt{3}}\dot{I}_f, \dot{I}_b=-\frac{1}{\sqrt{3}}\dot{I}_f, \dot{I}_c=\frac{1}{\sqrt{3}}\dot{I}_f$

D. $\dot{I}_a=\frac{1}{\sqrt{3}}\dot{I}_f, \dot{I}_b=\frac{1}{\sqrt{3}}\dot{I}_f, \dot{I}_c=-\frac{2}{\sqrt{3}}\dot{I}_f$

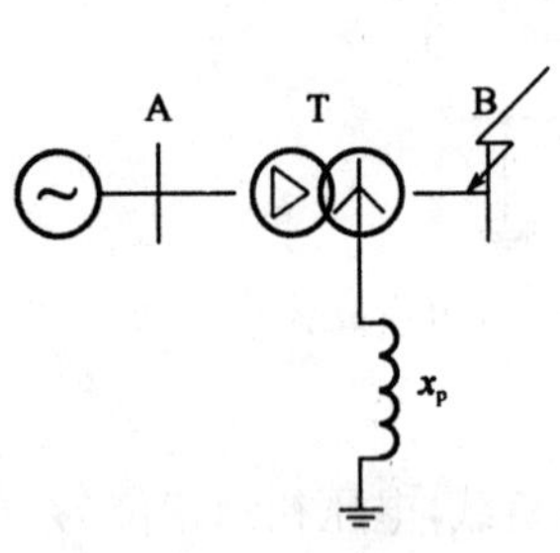

题 50 图

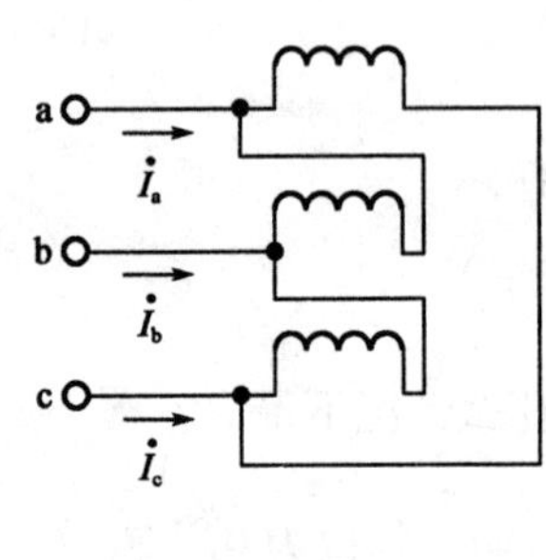

题 51 图

52. 如图所示，G_1, G_2: 30MVA, $x''_d=x_{(2)}=0.1$, $E''=1.1$, T_1, T_2: 30MVA, $U_k\%=10$, 10.5/121kV, 当 f 处发生 A 相接地短路，其短路电流值为：

A. 1.658kA　　B. 0.5523kA

C. 0.6628kA　　D. 1.1479kA

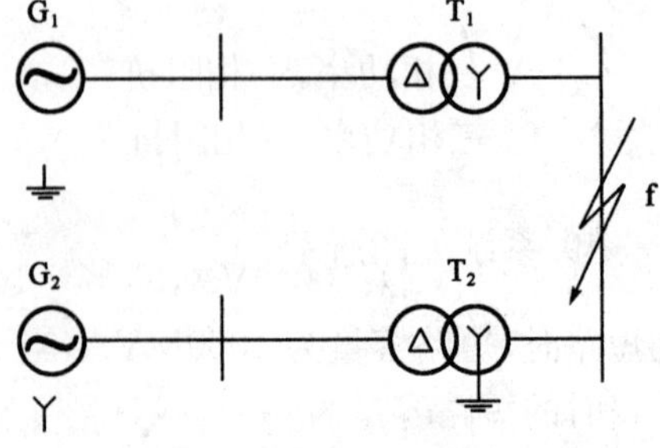

题 52 图

53. 电流互感器二次绕组在运行时：

A. 允许短路不允许开路
B. 允许开路不允许短路
C. 不允许开路不允许短路
D. 允许开路也允许短路

54. 充填石英砂有限流作用的高压熔断器，只能用在：

A. 电网的额定电压小于或等于其额定电压的电网中
B. 电网的额定电压大于或等于其额定电压的电网中
C. 电网的额定电压等于其额定电压的电网中
D. 其所在电路的最大长期工作电流大于其额定电流

55. 下列说法正确的是：

A. 电网中性点接地方式对架空线过电压没有影响
B. 内部过电压就是操作过电压
C. 雷电过电压可分为感应雷击过电压和直接雷击过电压
D. 间歇电弧接地过电压是谐振过电压中的一种

56. 选择 10kV 馈线上的电流互感器时，电流互感器的接线方式为不完全星形接线，若电流互感器与测量仪表相距 40m，则其连接线长度 L_{js}应为：

A. 40m　　B. 69.3m　　C. 80m　　D. 23.1m

57. 内桥形式主接线适用于：

A. 出线多，变压器操作少　　B. 出线多，变压器操作多
C. 出线少，变压器操作多　　D. 出线少，变压器操作少

58. 主接线中，旁路母线的作用是：

A. 作备用母线
B. 不停电检修出线断路器
C. 不停电检修母线隔离开关
D. 母线或母线隔离开关故障时，可以减少停电范围

59. 为了保证断路器在关合短路电流时的安全性，其关合电流满足下列哪种条件？

A. 不应小于短路冲击电流　　B. 不应大于短路冲击电流
C. 只需大于长期工作电流　　D. 只需大于通过断路器的短路稳态电流

60. 如图所示，分裂电抗器中间抽头 3 接电源，两个分支 1 和 2 接相等的两组负荷，两个分支的自感电抗相同，均为 X_k，耦合系数 K 取 0.5，下列表达哪项正确？

A. 正常运行时，电抗器的电抗值为 $0.25X_k$

B. 当分支 1 出现短路时，电抗器的电抗值为 $2X_k$

C. 当分支 1 出现短路时，电抗器的电抗值为 $1.5X_k$

D. 正常运行时，电抗器的电抗值为 X_k；当分支 1 出现短路时，电抗器的电抗值为 $3X_k$

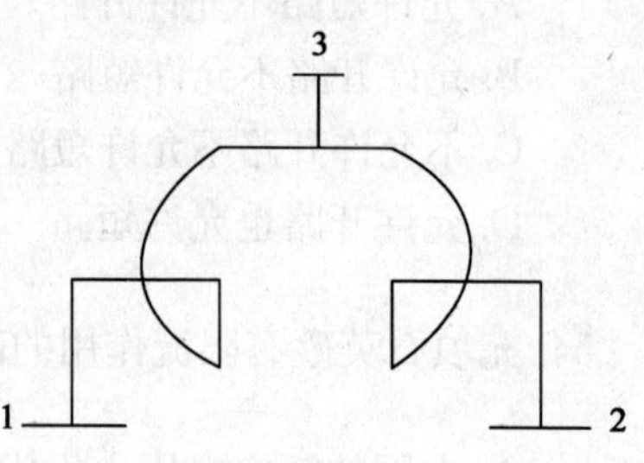

题 60 图

2006年度全国注册电气工程师(发输变电)执业资格考试专业基础考试

试题解析及参考答案

1.**解** 由KVL定律得:$(4+1+3)I+4-5=-17$,$8I=-16$,可以求出$I=-2A$。

答案:C

2.**解** 列出节点电压方程:

$$\begin{cases}(1+2+3)U_{n1}-3U_{n2}=4-3\times 6\\ -3U_{n1}+(3+4)U_{n2}=3\times 6\end{cases}$$

显然,BC间的互导为$-3S$。

答案:D

3.**解** 因为$X_L=X_C$,所以$\omega L=\dfrac{1}{\omega C}$,可得$\omega=\dfrac{1}{\sqrt{LC}}=\dfrac{1}{\sqrt{1\times 100\times 10^{-12}}}=10^5\,\text{rad/s}$

又因为$\omega=2\pi f$,所以$f=\dfrac{\omega}{2\pi}=\dfrac{10^5}{2\times 3.14}=15.92\text{kHz}$

答案:B

4.**解** 因为$X_L=X_C$,所以$\omega L=\dfrac{1}{\omega C}$,可得$\omega=\dfrac{1}{\sqrt{LC}}=\dfrac{1}{\sqrt{1\times 100\times 10^{-12}}}=10^5\,\text{rad/s}$

又因为$\omega=2\pi f$,所以$f=\dfrac{\omega}{2\pi}=\dfrac{10^5}{2\times 3.14}=15.92\text{kHz}$

答案:A

5.**解** 已知:当$R>2\sqrt{\dfrac{L}{C}}$时,过阻尼,为非振荡过程;当$R<2\sqrt{\dfrac{L}{C}}$时,欠阻尼,为振荡过程;当$R=2\sqrt{\dfrac{L}{C}}$时,临界阻尼,为临界过程。

本题,$2\sqrt{\dfrac{L}{C}}=2\sqrt{\dfrac{4}{1\times 10^{-6}}}=4\times 10^3=R$,所以此电路的瞬时属于临界过程。

答案:C

6.**解** 为达到匹配,该传输线特性阻抗$Z_c=\sqrt{Z_{c1}Z_2}=\sqrt{300\times 75}=150\Omega$。

答案:B

7.**解** 如图所示。

$\dot{U}_1=R\dot{I}_1+j\omega L_1\dot{I}_1+j\omega M\dot{I}_2-j\dfrac{1}{\omega C}\dot{I}_1$

$\dot{U}_2 = j\omega L_2 \dot{I}_2 + j\omega M \dot{I}_1 = 0$

所以，$L_1 \dot{I}_1 = -M \dot{I}_1, \dot{I}_2 = -\frac{M}{L_2}\dot{I}_1 = -\frac{M}{L_1}\dot{I}_1$

发生谐振时，$\dot{U}_1$ 只有实部，虚部为零。

$\omega L_1 \dot{I}_1 + \omega M \dot{I}_2 = \frac{1}{\omega C}\dot{I}_1$

$\omega L_1 \dot{I}_1 + \omega M\left(-\frac{M}{L_1}\right)\dot{I}_1 = \frac{1}{\omega C}\dot{I}_1$

$\omega L_1 \dot{I}_1 - \omega \frac{M^2}{L_1}\dot{I}_1 = \frac{1}{\omega C}\dot{I}_1$

$\omega L_1 - \omega \frac{M^2}{L_1} = \frac{1}{\omega C}$

$\omega L_1^2 - \omega M^2 = \frac{L_1}{\omega C}$

$\omega \times 100 - \omega M^2 = \frac{1}{\omega} \times \frac{10}{1000 \times 10^{-6}}$

当 $M=0$ 时，$\omega=10$；当 $M=6$ 时，$\omega=12.5$。

所以，谐振角频率变化范围为 10～12.5rad/s。

答案：C

8. **解** 当电压直流分量单独作用时，电路如图所示。

$$R = \frac{u}{i} - 5 = 4\Omega$$

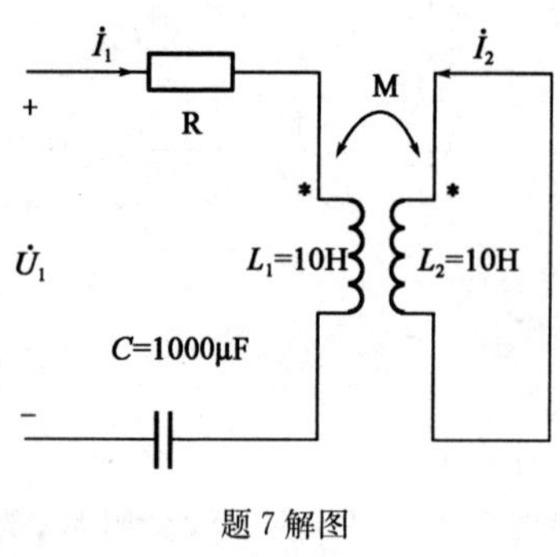

题 7 解图

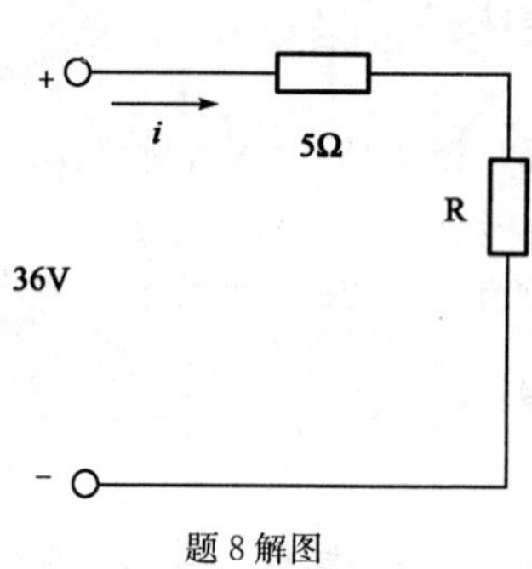

题 8 解图

答案：A

9. **解** (1)根据换路定律有：$u_{C1}(0_+) = u_{C1}(0_-) = 10V$

(2)当电路达到稳态时电路中有电阻消耗能量，所以 $u_{C1}(\infty)=0$

(3)时间常数：$\tau = R(C_1 /\!/ C_2) = 1 \times (6 /\!/ 3) = 2\mu s$

由要素法，得 $u_{C1}(t) = u_{C1}(\infty) + [u_{C2}(0_+) - u_{C1}(\infty)]e^{-t/\tau} = 10e^{-t/\tau}V$。

答案：B

10. **解** 开关闭合瞬间，电感磁链和电流不能跃变。

$i_L(0_+) = 0, i = i_L = 0, Ri = 0, U_L = U_S = L\frac{di_L}{dt}, \frac{di_L}{dt} = \frac{U_S}{L}$

答案：C

11. **解**　(1)直流分量单独作用时,电路如图 a)所示。

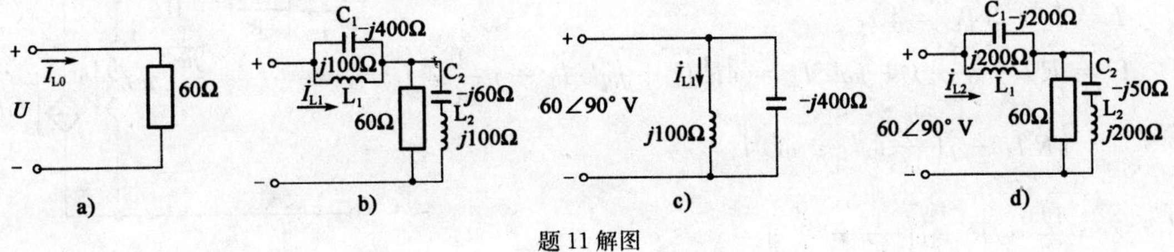

题 11 解图

$$I_{L0}=\frac{u_0}{R}=\frac{60}{60}=1\text{A}$$

(2)基波分量 $u_1=60\sqrt{2}\cos(\omega t)$ V 单独作用时,电路如图 b)所示。

因为 $X_{C2}+X_{L2}=0$,所以 C_2、L_2 发生串联谐振,相当于短路,如图 c)所示。

$$\dot{I}_{L1}=\frac{60\angle 90^\circ}{j100}=0.6\angle 0^\circ\text{A},\dot{I}_{L1}=0.6\sqrt{2}\sin\omega t\,\text{A}$$

(3)二次谐波 $u_2=60\sqrt{2}\cos(2\omega t)$ V 单独作用时,电路如图 d)所示。

因为 $X_{C1}+X_{L1}=0$,所以 C_1 与 L_1 发生并联谐振,相当于开路,R、L_2、C_2 无电流流过,二次谐波电压全部加在 C_1 和 L_1 上。

$$\dot{I}_{L2}=\frac{60\angle 90^\circ}{j200}=0.3\angle 0^\circ\text{A},\dot{I}_{L2}=0.3\sqrt{2}\sin 2\omega t\,\text{A}$$

则 $I_L=\sqrt{I_{L0}^2+I_{L1}^2+I_{L2}^2}=\sqrt{1^2+0.6^2+0.3^2}=1.204\text{A}$

答案:A

12. **解**　把三角形连接转换成星形连接,如图 a)所示。

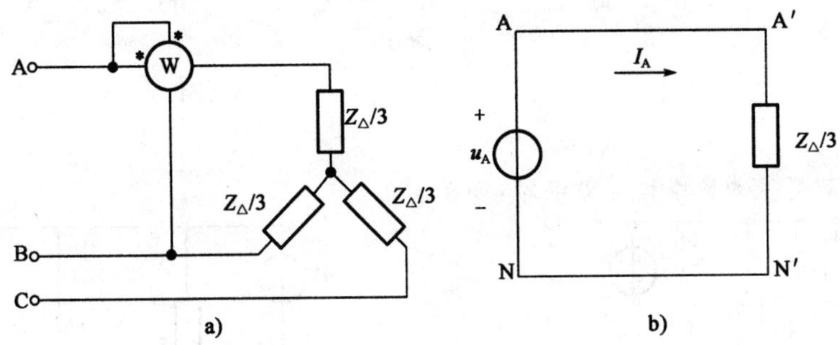

题 12 解图

A 相等值电路如图 b)所示。

以 $\dot{U}_A=\dfrac{380}{\sqrt{3}}\angle 0^\circ=220\angle 0^\circ\text{V}$ 为参考相量:

$$\dot{U}_{AB}=380\angle 30^\circ\text{V}$$

$$\dot{I}_A=\frac{\dot{U}_A}{Z_\triangle/3}=\frac{220\angle 0^\circ}{6+j8}=22\angle -53.1^\circ\text{A}$$

$$P=U_{AB}I_A\cos\theta=380\times 22\times\cos(30^\circ+53.1^\circ)=999\text{W}$$

答案:B

13. **解** 如图所示。

$$\dot{I}=\dot{I}_{\mathrm{L}}+3\dot{I}_{\mathrm{L}}=4\dot{I}_{\mathrm{L}}$$

$$\dot{U}=R\dot{I}+\frac{1}{j\omega C}\dot{I}+j\omega L\dot{I}_{\mathrm{L}}=4R\dot{I}_{\mathrm{L}}+j\omega L\dot{I}_{\mathrm{L}}-j\frac{1}{\omega C}4\dot{I}_{\mathrm{L}}$$

$$=4R\dot{I}_{\mathrm{L}}-j\left(\frac{1}{\omega C}4\dot{I}_{\mathrm{L}}-\omega L\dot{I}_{\mathrm{L}}\right)$$

$$Z=\frac{\dot{U}}{\dot{I}}=R-j\left(\frac{1}{\omega C}-\frac{\omega L}{4}\right)$$

题 13 解图

当发生谐振时：$\frac{1}{\omega C}=\frac{\omega L}{4}$，$\omega^2=\frac{4}{LC}$，$\omega=\frac{2}{\sqrt{LC}}$

答案:C

14. **解** 如图 a)所示。

画相量图,如图 b)所示。可知 $\dot{U}_{\mathrm{RL}}$、$\dot{U}_{\mathrm{C}}$、$\dot{U}$ 组成等边三角形。所以,$U_{\mathrm{R}}=100\cos30°=50\sqrt{3}\mathrm{V}$,又 $R=10\Omega$,则 $I=\frac{U_{\mathrm{R}}}{R}=\frac{50\sqrt{3}}{10}=5\sqrt{3}=8.66\mathrm{A}$。

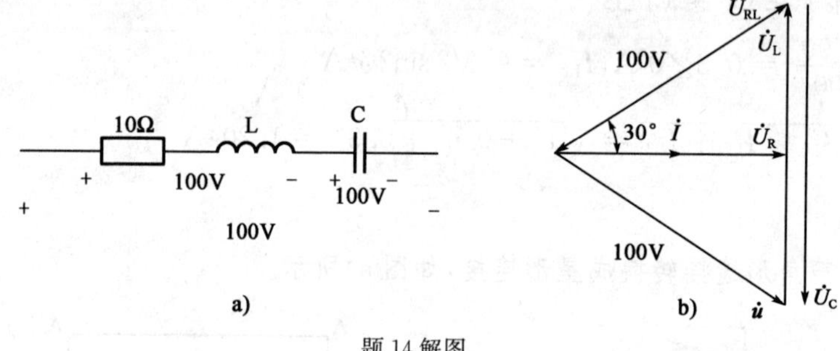

题 14 解图

答案:B

15. **解** 等效变换为戴维南等效电路,如图所示。

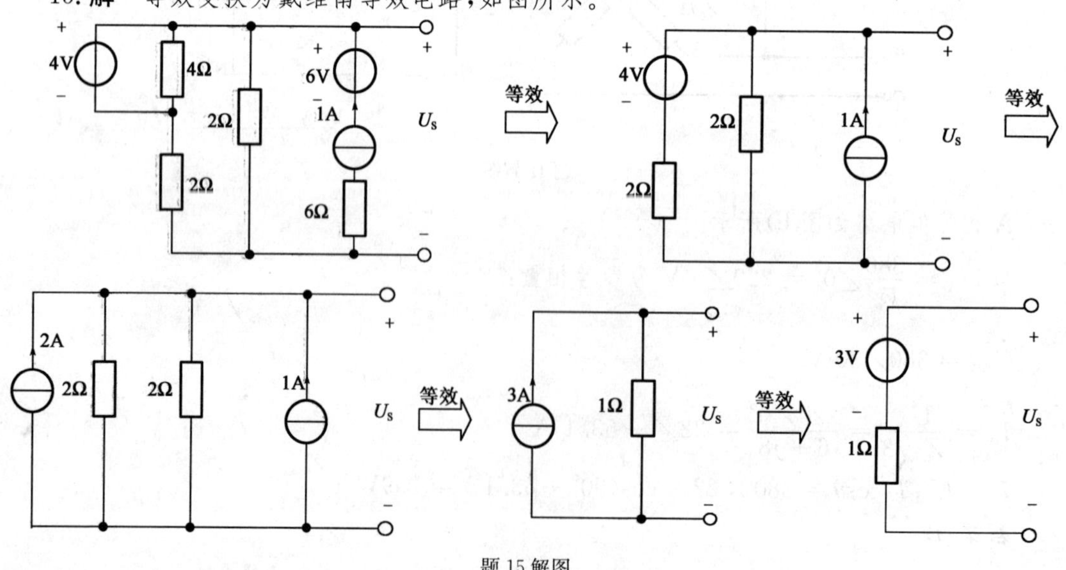

题 15 解图

所以，$U_S=3V, R_S=1\Omega$

答案:B

16.**解** 如图所示。

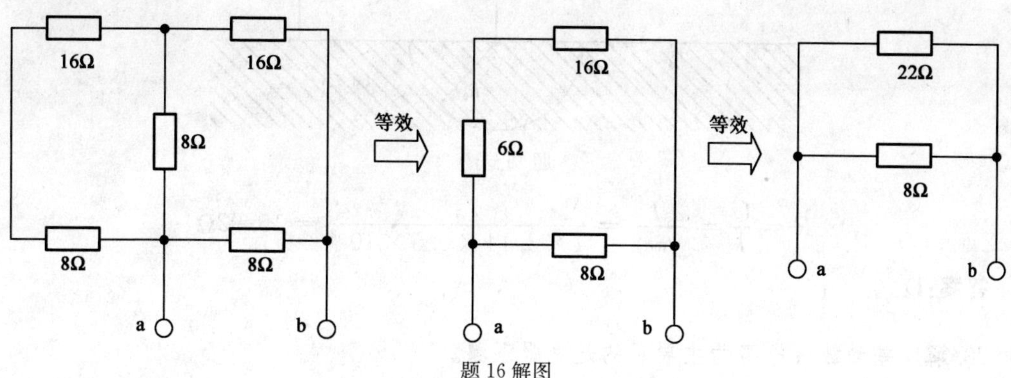

题 16 解图

所以，$R_{ab}=\dfrac{22\times 8}{22+8}\approx 5.87\Omega$

答案:C

17.**解** 由初相为 60°，经过$\dfrac{1}{300}$ms 后电流第一次下降为 0，可知 $t=0$ 到$\dfrac{1}{300}$ms 经过了$\dfrac{1}{3}$个周期，则有：$\dfrac{1}{3}T=\dfrac{1}{300}\times 10^{-3}$，$T=10^{-5}$s，$f=\dfrac{1}{T}=100$kHz。

答案:B

18.**解** 如图所示。

KVL：$18=4\times I_1+12\times I_2\Rightarrow 18=4I_1+6I_3+9$

KCL：$I_1=I_2+I_3$

解得：$\begin{cases} I_1=1.5\text{A} \\ I_2=1\text{A} \\ I_3=0.5\text{A} \end{cases}$

则 $R_L=\dfrac{9}{I_3}=\dfrac{9}{0.5}=18\Omega$

答案:A

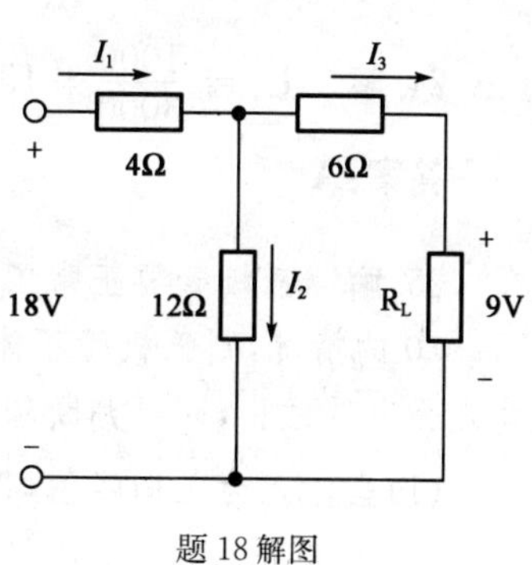

题 18 解图

19.**解** 如图所示，由镜像法可知，该半球电流 I 流出的电流是对称的，且 $J=\dfrac{I}{S}=\dfrac{I}{4\pi r^2}$，$E=\dfrac{J}{\gamma}=\dfrac{I}{4\pi r^2\cdot\gamma}$

半球到无穷远处的电压：

$$U=\int_{R_0}^{\infty}E\mathrm{d}r=\int_{R_0}^{\infty}\frac{I}{4\pi r^2\cdot\gamma}\mathrm{d}r=\frac{I}{4\pi r\gamma}$$

接地体的电阻：

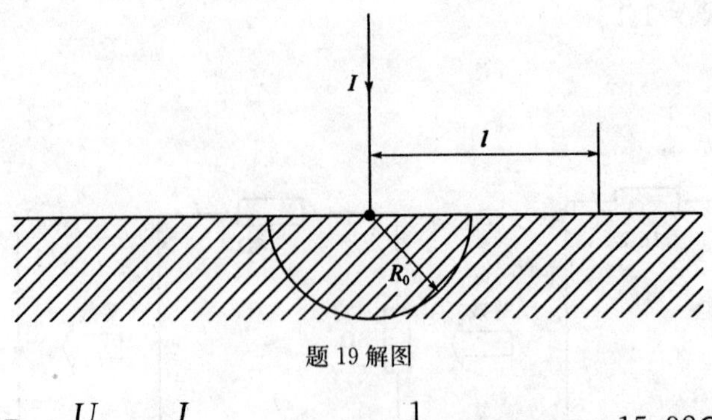

题19解图

$$R=\frac{U}{I}=\frac{I}{4\pi r\gamma}=\frac{1}{4\times 3.14\times 0.5\times 10^{-2}}=15.92\Omega$$

答案:D

20.**解** 差动放大电路的主要目的是克服温漂。

答案:B

21.**解** 应熟记公式。

答案:A

22.**解** 概念题。

答案:C

23.**解** 应熟记公式。

答案:C

24.**解** $U_i=\frac{1000}{3000}\times 15=5V$ 。

答案:A

25.**解** 三极管要正常工作应该满足的条件是 $U_C>U_B>U_E$ 。如果出现 $U_{BE}<0$ 或者 $U_{CE}<0$ 的情况,则三极管不能正常工作,即出现了截止。所以只要判断输入波形的正负峰值处是否出现截止,即可判断输出波形是否完整。

(1)当输入为正向峰值,即输入为 $27\sqrt{2}$mV 的情况下:

$$I_B=\frac{V_{CC}-U_{BE}}{R_B}=\frac{12-0.7}{1.2\times 10^6}\approx 10^{-5}A=10\times 10^{-3}mA$$

$$i_b=\frac{U_{+imax}}{r_{be}}=\frac{27\sqrt{2}}{2.7\times 10^3}=10\sqrt{2}\times 10^{-3}mA$$

$$i_B=I_B+i_b=10\times 10^{-3}+10\sqrt{2}\times 10^{-3}\approx 24\times 10^{-3}mA$$

则 $i_C=\beta\times i_B=2.4mA$,所以 $U_{CE}=V_{CC}-i_C\times R_C=12-2.4mA\times 2.7k\Omega=5.52V$

说明三极管正常工作,没有发生截止,输入为正向最大,则输出可以同时达到负向峰值,即说明输出波形没有发生底部被削平的情况。

(2)当输入为负向峰值,即输入为 $-27\sqrt{2}$mV 的情况下:

$$U_B=\frac{V_{CC}}{R_B+r_{be}}\times r_{be}=\frac{12}{1.2\times 10^6+2.7\times 10^3}\times 2.7\times 10^3\approx 2.7\times 10^{-2}V$$

故 $U_{be}=U_B+U_{-imax}=27\text{mV}-27\sqrt{2}\text{mV}<0$

显然，说明输入为负向幅值的时候，三极管截止无法正常工作，所以输出无法达到正向最大值，即相当于顶部被削平，发生了失真。

答案：B

26. **解** $\frac{4}{2\times10^3}=\frac{5-4}{R_0}, R_0=0.5\text{k}\Omega$。

答案：A

27. **解** $\frac{4.387\text{V}}{1.2\text{mV}}=3655.8\approx3656$，将3656转化为16进制数为E48H。

答案：B

28. **解** 每级门的传输时间为 t_{pd}，50个门的传输时间为 nt_{pd}，振荡周期为 $T=2nt_{pd}=2\times50\times20\times10^{-6}=2\text{ms}$。

答案：B

29. **解** 设流过电阻 R_1 的电流为 i_1，流过电阻 R_2 的电流为 i_2，流进运放A的同相输入端的电流为 i_i，由于A是理想运算放大器，则由虚断的特点可得：

$$i_i=0\ ,\ i_1=i_2$$

$$\frac{U_o}{R_1+R_2}=\frac{U_{REF}}{R_1}\ ,\ U_o=U_{REF}\left(1+\frac{R_2}{R_1}\right)$$

答案：C

30. **解** 由于稳压管 D_{Z1} 的稳定电压小于 D_{Z2} 的稳定电压，因此 D_{Z1} 先反向击穿，D_{Z2} 截止，因此 $U_{AB}=7\text{V}$。

答案：B

31. **解** 并励直流电动机电势方程为：

$$U_N=E_a+I_aR_a \quad ①$$

$$I_a=I_N-I_f \quad ②$$

$$I_f=\frac{U_N}{R_f}=\frac{110}{110}=1\text{A}$$

则 $$I_a=28-1=27\text{A}\ ,\ E_a=C_e\varphi n_N \quad ③$$

将式②、式③代入式①得：$U_N=C_e\varphi n_N+(I_N-I_f)R_a$

则 $C_e\varphi=\frac{U_N-(I_N-I_f)R_a}{n_N}=\frac{110-27\times0.15}{1500}=0.071$

当串入 0.5Ω 电阻后，若负载转矩不变，则 I_N 不变。

设电动机稳定后的转速 n'，则 $U_N=C_e\varphi n'+I_a(R_a+0.5)$

$n'=\frac{U_N-I_a(R_a+0.5)}{C_e\varphi}=\frac{110-27\times(0.15+0.5)}{0.071}=1309\text{r/min}$

答案：C

32. **解** 串联时施加2200V电压，并联时施加1100V电压，由于串联时电导和电纳为原值的1/2，并联时为原来值的2倍，又因为空载电流与电纳和电压的乘积成正比，所以空载电流不变；空载损耗与电压的平方和电导的乘积成正比，所以空载损耗也不变。

答案：A

33. **解** 同步发电机的功角特性：$P=\frac{mE_0U}{x_S}\sin\theta$，励磁电流不变，则空载电势 E_0 不变，输出功率 P 减小，则 $\sin\theta$ 减小，功率角将减小。由 $\dot{E}_0=\dot{U}+j\dot{I}x_S$ 相量图可知，I 只有顺时针转动，才能保持 E_0 不变。电压 U 不变(并网运行)，功率角减小，φ 增大，则功率因数增加。

答案：C

34. **解** 同步电动机的V形曲线如图所示。从图中可以看出三相同步电动机运行在过励磁状态时，功率因数处于超前状态，电动机从电网吸收容性无功功率，电流也为容性。

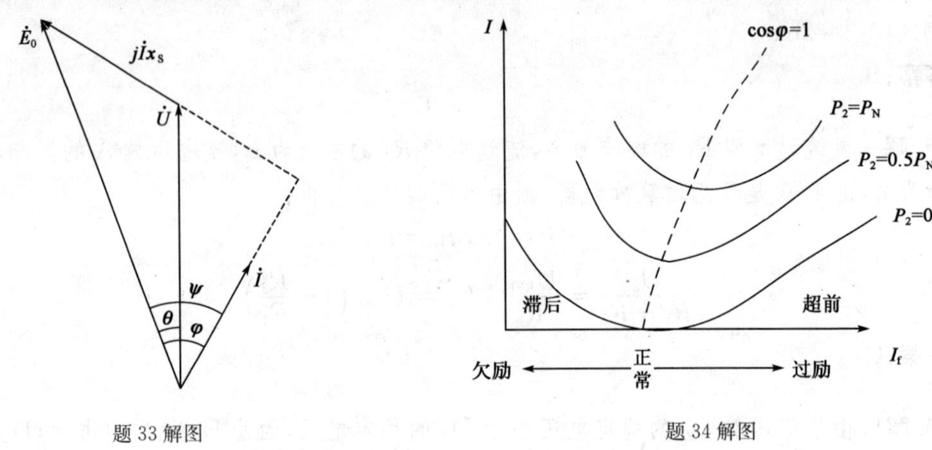

题33解图　　题34解图

答案：B

35. **解** 漏磁电动势用漏抗压降表示，漏磁通对电路的影响可以用电路的参数(电抗)来表示。

答案：C

36. **解** 同步速为 $n=\frac{60f}{P}=\frac{60\times 50}{2}=1500\text{r/min}$。异步电机中转子转速与同步速只是相差一个转差率 s，所以转子转速接近于1500r/min。

转子额定转速 $n=\frac{60f}{p(\text{定子绕组极对数})}=\frac{3000}{2}=1500\text{r/min}$。

答案：A

37. **解** 电动机的同步速：$n_1=1000\text{r/min}$

额定转差率：$S_N=\frac{n_1-n_N}{n_1}=0.02$

旋转时：$E_{2S}=SE_2=2.2\text{V}$

答案：B

38. **解**　标幺值无论在高压侧还是低压侧，都是不变的。

答案：A

39. **解**　直流电动机启动电流与负载无关，只与启动时间有关系。

答案：B

40. **解**　110kV 中性点，接地方式是直接接地。

答案：A

41. **解**　衡量电能质量的指标为电压、波形、频率。

答案：C

42. **解**　静电电容器只能向系统供给感性无功功率，而不能吸收无功功率，它所供给的感性无功功率和所在节点的电压 U 的平方成正比，$Q_C=\dfrac{U^2}{X_C}=\dfrac{6^2}{10.5}=3.429\text{MVar}$。

答案：D

43. **解**　应熟记公式。

答案：C

44. **解**　并联电抗器可以吸收轻载或空载线路过剩的感性无功功率，对于高压远距离输电线路，可以提高输送能力，降低过电压的作用。

答案：A

45. **解**　$\widetilde{S}_{\max}=18\times0.6+j18\times0.8=10.8+j14.4\text{MVA}$

$\widetilde{S}_{\min}=7\times0.7+j7\times0.71=4.9+j5\text{MVA}$

$$\Delta U_{\max}=\frac{P_{\max}R+Q_{\max}X}{U_{\max}}=\frac{10.8\times5+14.4\times60}{107}=8.58\text{kV}$$

$$\Delta U_{\min}=\frac{P_{\min}R+Q_{\min}X}{U_{\min}}=\frac{4.9\times5+5\times60}{107}=3.03\text{kV}$$

$$U_{\text{t1max}}=\frac{U_{\max}-\Delta U_{\max}}{U_{2\max}}\cdot U_{2N}=\frac{107-8.58}{1.025\times10}\times11=105.62\text{kV}$$

$$U_{\text{t1max}}=\frac{U_{\min}-\Delta U_{\min}}{U_{2\min}}\cdot U_{2N}=\frac{107-3.03}{1.075\times10}\times11=106.39\text{kV}$$

$$U_{\text{t}}=\frac{1}{2}(U_{\text{t1max}}+U_{\text{t1max}})=\frac{1}{2}(105.62+106.39)=106\text{kV}$$

应选择 110(1−2.5%)档，$U_t=107.25\text{kV}$。

答案：D

46. **解**　阻抗支路电压降落的纵分量 $\Delta U=\dfrac{P_2R+Q_2X}{U_2}=\dfrac{50\times0.9+20\times20}{112}=3.97\text{kV}$

电压降落的横分量 $\delta=\dfrac{P_2X-Q_2R}{U_2}=\dfrac{50\times20-20\times0.9}{112}=8.77\text{kV}$

$\dot{U}_1=\dot{U}_2+\Delta U+j\delta U=115.97+j8.77\text{kV}=116.3\angle4.32^\circ\text{kV}$

答案：A

47. **解**　如图所示。

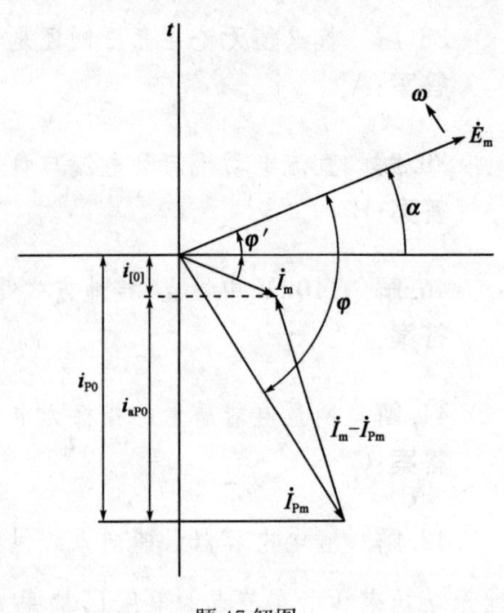

题 47 解图

在时间轴上的投影代表各量的瞬时值，非周期电流有最大初值的条件应为：

(1)相量差 $\dot{I}_{m|0|}-\dot{I}_m$ 有最大可能值；

(2)相量差 $\dot{I}_{m|0|}-\dot{I}_m$ 在 $t=0$ 时与时间轴平行。

一般电力系统中，短路回路的感抗比电阻大得多，即 $\omega L>R$，故可近似认为 $\varphi\approx 90^\circ$。因此，非周期电流有最大值的条件为：短路前电路空载（$\dot{I}_{m0}=0$），并且短路发生时，电源电势过零（$\alpha=0$）。

答案：C

48. **解**　在电力系统分析中功率是指三相功率之和，因为三相阻抗相等，所以阻抗是指一相阻抗。

答案：B

49. **解**　设短路容量标幺值为 S_{d*} 由 $S_{d*}=\dfrac{\sqrt{3}U_{av}I_f}{\sqrt{3}U_{av}I_B}=I_{f*}=\dfrac{1}{x_*}$，可得当 f_1 点短路时，忽略后边支路：

$$x''_{d1*}=\frac{1}{S_{d1*}}=\frac{1}{\frac{S_{d1}}{S_B}}=\frac{1}{\frac{1000}{100}}=0.1$$

同理：f_2 点短路时，忽略前面支路：

$$x''_{d2*}=\frac{1}{S_{d2*}}=\frac{1}{\frac{833}{100}}=0.12$$

$$x_{T1*}=\frac{U_k\%}{100}\cdot\frac{S_B}{S_{TN}}=\frac{10}{100}\times\frac{100}{100}=0.1$$

$$x_{l*}=0.03$$

$$x_{T2*}=\frac{U_k\%}{100}\cdot\frac{S_B}{S_{TN}}=\frac{10}{100}\times\frac{100}{100}=0.1$$

当 f_3 点短路时等值电路，如图所示。

题 49 解图

$$x_{\Sigma*}=(x''_{d1*}+x_{T1*})\,//\,(x_{l*}+x_{T2*}+x''_{d2*})=(0.1+0.1)\,//\,(0.03+0.1+0.12)=0.11$$

$$S_{d3}=\frac{1}{x_{\Sigma*}}\cdot S_B=\frac{1}{0.11}\times 100=909\text{MVA}$$

答案：C

50. 解 先计算各序电抗：

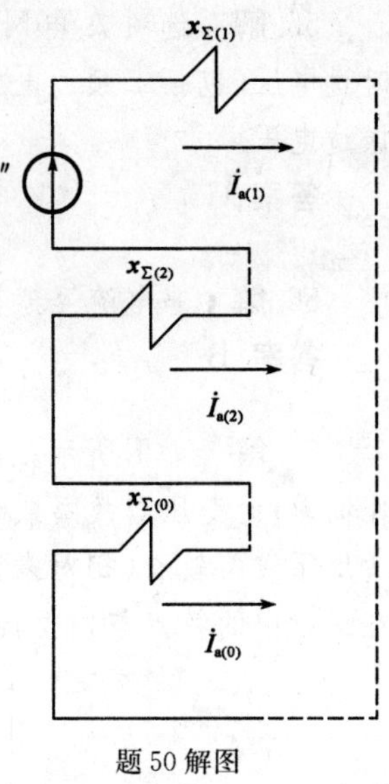

题 50 解图

$x_{\Sigma(1)}=x''_{d}+x_{T}=0.1+0.2=0.3$

$x_{\Sigma(2)}=x_{(2)}+x_{T}=0.1+0.2=0.3$

$x_{\Sigma(0)}=x_{T}+3x_{p}=0.2+0.2=0.4$

形成复合序网图如图所示。

$$\dot{I}_{a(1)}=\dot{I}_{a(2)}=\dot{I}_{a(0)}=\frac{E''}{x_{\Sigma(1)}+x_{\Sigma(2)}+x_{\Sigma(0)}}=\frac{1\angle 0^{\circ}}{j(0.3+0.3+0.4)}$$
$$=-j1$$

短路点的电流为：$\dot{I}_{f(1)}=\dot{I}_{a(1)}+\dot{I}_{a(2)}+\dot{I}_{a(0)}=3\dot{I}_{a(1)}=-j3$

有中线引出的 Y 形绕组，零序电流通过及其引出线，中性线上有 3 倍零序电流流过，即 $\dot{I}_{0}=3\dot{I}_{a(1)}\Rightarrow \dot{I}_{0}=3$。

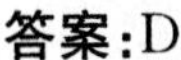
答案:D

51. 解 根据 $\dot{I}_{a}+\dot{I}_{b}+\dot{I}_{c}=0$，只有选项 B、选项 D 满足当 Y 侧发生两相短路时，△侧三相中都有电流流过，A、C 相电流相等，方向相反，B 相电流最大，大小是其他两相的 2 倍，方向相反。

答案:D

52. 解 取 $S_{B}=30\text{MVA}$，$U_{B}=115\text{kV}$，先求各序等值电抗标幺值，$x_{\Sigma(1)*}=0.1$，$x_{\Sigma(2)*}=0.1$，$x_{\Sigma(0)*}=0.1$，形成复合序网图如题 50 解图所示。

$$I_{fa(1)*}=I_{fa(2)*}=I_{fa(0)*}=\frac{E''}{x_{\Sigma(1)}+x_{\Sigma(2)}+x_{\Sigma(0)}}=\frac{1.1}{0.1+0.1+0.1}=3.67$$

$$I_{fa}=3I_{fa(1)*}\times\frac{S_{B}}{\sqrt{3}U_{B}}=3\times 3.67\times\frac{30}{\sqrt{3}\times 115}=1.658\text{kA}$$

答案:A

53. 解 电流互感器正常工作时近似于短路状态，若二次绕组开路，则 $I_{2}=0$，励磁磁动势由为数甚小的 $I_{0}N_{1}$ 骤增为 $I_{1}N_{1}$，铁芯中的磁通波形呈现严重饱和的平顶波，因此二次绕组将在磁通过零时感应产生很高的尖顶波电动势，其值可达数千甚至上万伏，危及工作人员的安全和仪表、继电器的绝缘。由于磁感应强度骤增，还会引起铁芯和绕组过热。此外，在铁芯中会产生剩磁，使互感器准确等级下降。

答案:A

54. 解 一般电网电压小于熔断器额定电压，对于一般的高压熔断器，其额定电压 U_{N} 必须大于或等于电网的额定电压 U_{SN}。但是对于填充石英砂有限流作用的熔断器，则不宜在低于熔断器额定电压的电网中使用，这是因为限流式熔断器灭弧能力很强，熔体熔断时因截流而产生过电压。一般在 $U_{N}=U_{SN}$ 的电网中，过电压倍数为 2～2.5 倍，不会超过电网中电气设备的绝缘水平，但如在 $U_{SN}<U_{N}$ 的电网中，因熔体较长，过电压值可达 3.5～4 倍相电压，可能损害电网中的电气设备。

答案:C

55. **解**　选项A电网中性点接地方式对架空线过电压有影响。选项B内部过电压包括暂时过电压(包括工频过电压和谐振过电压)、操作过电压。选项D间歇电弧接地过电压不是谐振过电压。

答案:C

56. **解**　当电流互感器为不完全星形接线时,$L_{js}=\sqrt{3}L$,$L_{js}=\sqrt{3}L=\sqrt{3}\times 40=69.3\text{m}$。

答案:B

57. **解**　如图所示。内桥接线在线路故障或者投入、切除时,不影响其余回路工作,并且操作简单;而变压器故障或切除、投入时,要使相应线路短时停电且操作复杂。因而该线路一般适用于线路较长(相对来说线路的故障概率较大)和变压器不需要经常切换的情况。外桥接线在运行中的特点与内桥接线相反,适用于线路较短和变压器需要经常切换的情况。

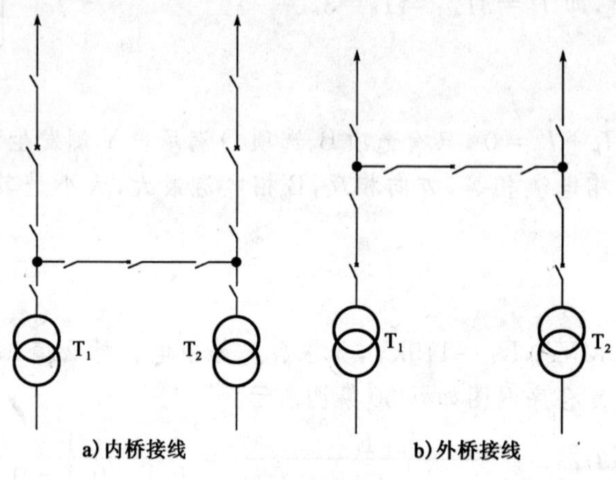

题57解图

答案:D

58. **解**　如果要求检修断路器时不中断该回路的供电,可以装设旁路母线和旁路断路器,这种接线广泛用于出线较多的110kV及以上的高压配电装置中。

答案:B

59. **解**　断路器的额定关合电流不应小于短路电流的最大冲击电流。

答案:A

60. **解**　选项B分支1出现短路时,电抗器的电抗值为X_L,增至正常情况的4倍,选项C和选项D都不对。

答案:A

2007年度全国注册电气工程师(发输变电)执业资格考试专业基础考试

试　题

单选题(共60题,每题2分。每题的备选项中,只有1个符合题意)

1. 如图所示电路中,电流 I 为:

A. −1A　　B. 2A　　C. −2A　　D. 3A

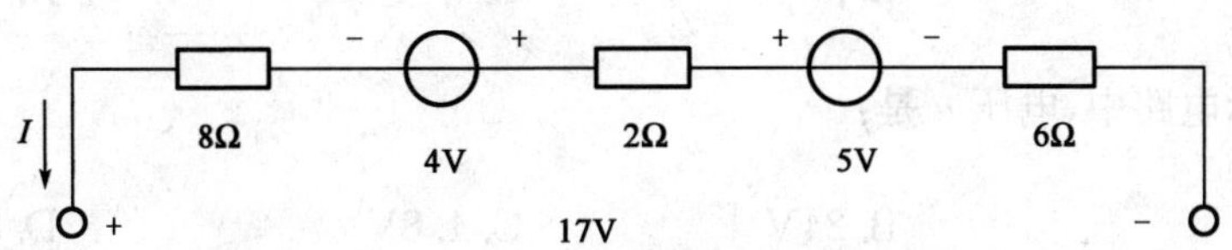

题1图

2. 若电路中 $L=4\mathrm{H}$,$C=25\mathrm{pF}$ 时恰好有 $X_L=X_C$,此时频率 f 为:

A. 15.92kHz　　B. 16kHz　　C. 24kHz　　D. 36kHz

3. 电阻为300Ω的信号源通过特性阻抗为36Ω的传输线向25Ω的电阻性负载馈电,为达到匹配的目的,在传输线与负载之间插入一段 $\lambda/4$ 的无损耗传输线,该线的特性阻抗应为:

A. 30Ω　　B. 150Ω　　C. 20Ω　　D. 70Ω

4. 如图所示电路中,$L_1=L_2=10\mathrm{H}$,$C=1000\mu\mathrm{F}$,M从0H变到8H时,谐振角频率的变化范围是多少转/秒?

A. $10\sim\frac{10}{\sqrt{14}}$　　B. $0\sim\infty$　　C. 10～16.67　　D. 不能确定

5. 如图所示电路中,$u_{C1}(0_-)=10\mathrm{V}$,$u_{C2}(0_-)=0$,当 $t=0$ 闭合开关S后,u_{C1} 应为:

A. $6.67(1-e^{-t/\tau})\mathrm{V}$　　B. $10e^{-t/\tau}\mathrm{V}$

C. $10(1-e^{-t/\tau})\mathrm{V}$　　D. $6.67+3.33e^{-t/\tau}\mathrm{V}$

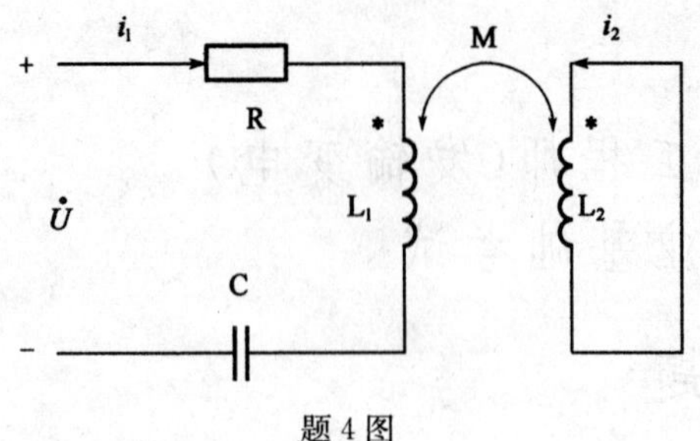

题 4 图

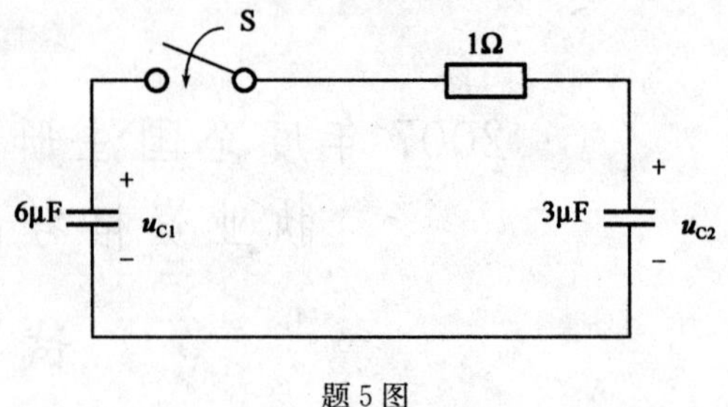

题 5 图

6. 如图所示电路输入电压 u 中含有三次和五次谐波分量，基波角频率为 1000rad/s。若要求电阻 R 上的电压中没有三次谐波分量，则 L 的数值应为：

A. 1/9H　　B. 1/900H　　C. 4×10^{-4}H　　D. 1×10^{-3}H

7. RLC 串联电路中，在电容 C 上再并联一个电阻 R_1，则电路的谐振频率将：

A. 升高　　B. 降低　　C. 不变　　D. 不确定

8. 如图所示电路中，电压 u 是：

A. 48V　　B. 24V　　C. 4.8V　　D. 8V

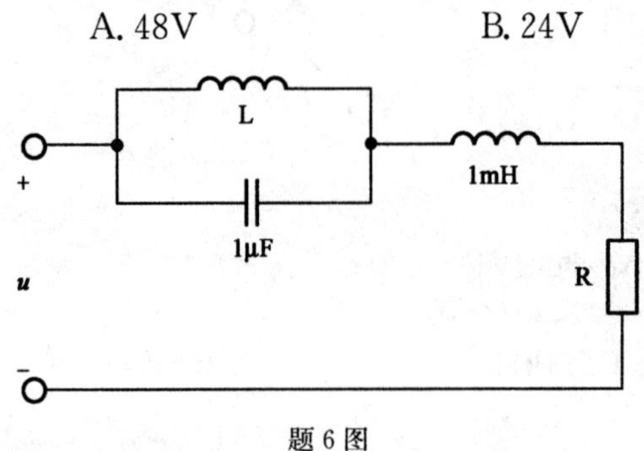

题 6 图

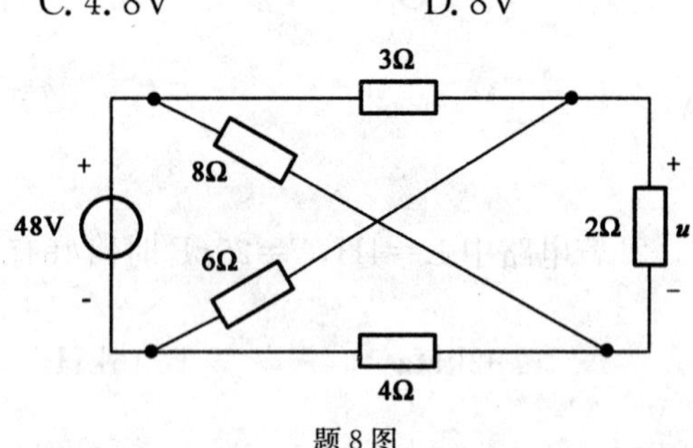

题 8 图

9. 已知正弦电流的初相角为 60°，在 $t=0$ 时的瞬时值为 17.32A，经过 1/150s 后电流第一次下降为 0，则其频率为：

A. 50Hz　　B. 100Hz　　C. 314Hz　　D. 628Hz

10. 在一个圆柱形电容器中，置有两层同轴的圆柱体，其内导体的半径为 2cm，外导体的内半径为 8cm，内外两绝缘层的厚度分别为 2cm 和 4cm，内外导体间的电压为 150V（以外导体为电位参考点）。设有一根薄的金属圆柱片放在两层绝缘体之间，为了使两层绝缘体内的最大场强相等，金属圆柱片的电位应为：

A. 100V　　B. 250V　　C. 667V　　D. 360V

11. 列写节点方程时，如图所示部分电路中 B 点的自导为：

A. 7S　　B. −14S　　C. 5S　　D. 4S

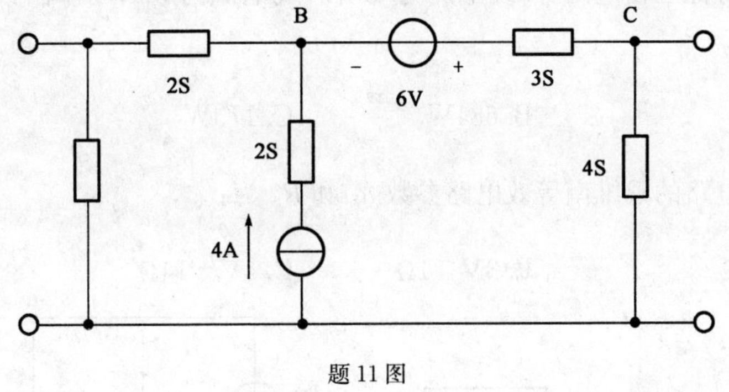

题 11 图

12. 在 $R=9\text{k}\Omega, L=9\text{H}, C=1\mu\text{F}$ 三个元件串联的电路中，电路的暂态属于下列哪种类型？

A. 振荡　　B. 非振荡　　C. 临界振荡　　D. 不能确定

13. 终端短路的无损耗传输线长度为波长的倍数为下列哪项数值时，其入端阻抗的绝对值不等于特性阻抗：

A. 1/8　　B. 3/8　　C. 1/2　　D. 5/8

14. 如图所示，$u_s=50\sqrt{2}\sin(\omega t)\text{V}$，在电阻 10Ω 上的有功功率为 10W，则总电路功率因数为：

A. 0.6　　B. 0.5

C. 0.3　　D. 不能确定

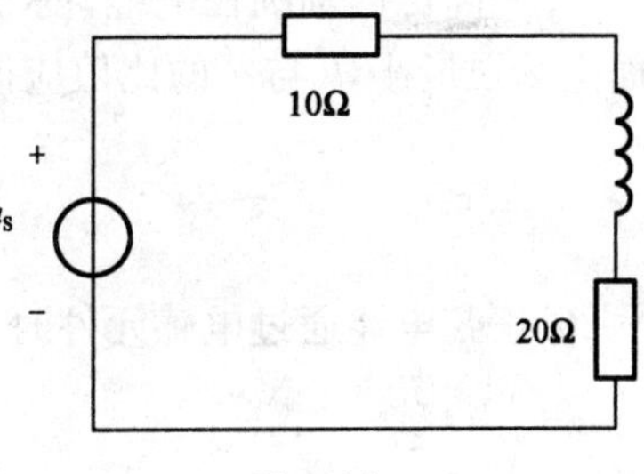

题 14 图

15. 如图所示电路中，$t=0$ 闭合开关 S，且 $u_{C1}(0_-)=u_{C2}(0_-)=0$，则 $u_{C1}(0_+)$ 等于：

A. 6V　　B. 18V

C. 4V　　D. 0

16. 如图所示，电路电压 $u=100[1+\sqrt{2}\cos(\omega t)+\sqrt{2}\cos(2\omega t)]\text{V}$，$\omega L_1=100\Omega$，$\omega L_2=100\Omega$，$1/(\omega C_1)=400\Omega$，$1/(\omega C_2)=100\Omega$，则有效值 I_1 为：

A. 1.5A　　B. 0.64A　　C. 2.5A　　D. 1.9A

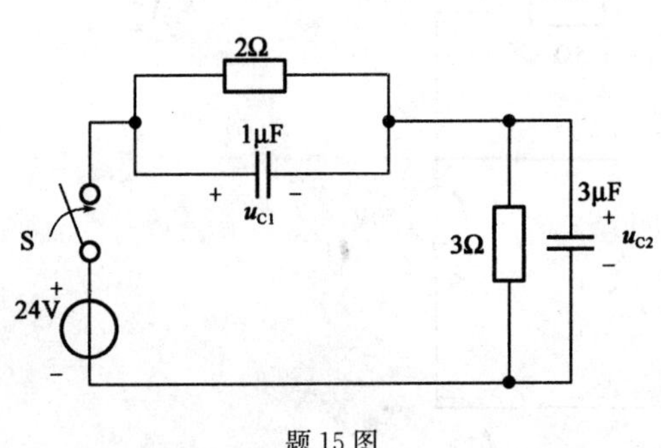

题 15 图

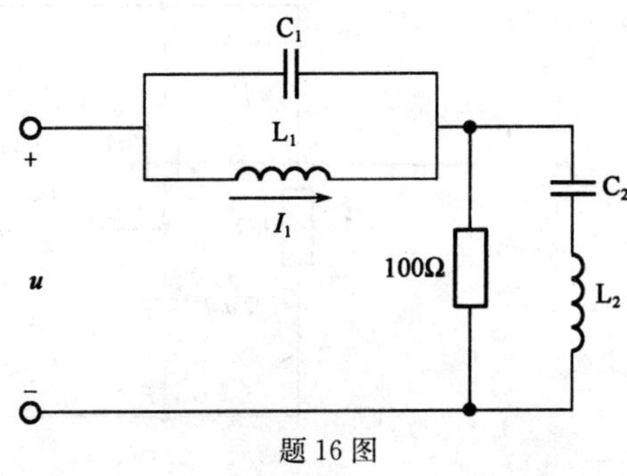

题 16 图

17. 如图所示对称三相电路中，线电压为 380V，线电流为 3A，功率因素为 0.8，则功率表读数为：

A. 208W　　B. 684W　　C. 173W　　D. 0

18. 如图所示电路的戴维南等效电路参数 u_S 和 R_S 为：

A. 8V　2Ω　　B. 3V　1Ω　　C. 4V　14Ω　　D. 3.6V　1.2Ω

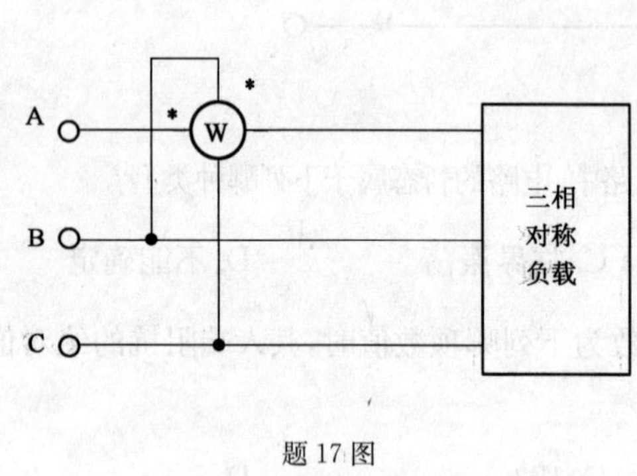

题 17 图

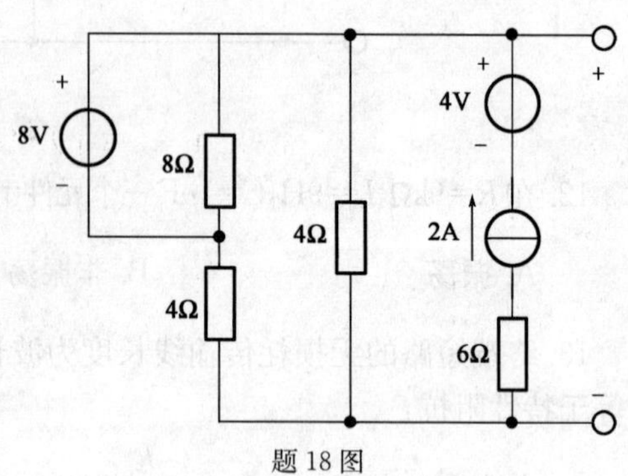

题 18 图

19. 一高压同轴圆柱电缆，内导体的半径为 a，外导体的内半径为 b，若 b 固定，要使内导体表面上场强最小，b 与 a 的比值应该是：

A. e　　B. 2　　C. 4　　D. 3

20. 正弦电流通过电感元件时，下列关系正确的是：

A. $u_L = \omega L i$　　B. $\dot{U}_L = jX_L \dot{I}$　　C. $\dot{U}_L = L\dfrac{d\dot{I}}{dt}$　　D. $\psi_i = \psi_u + \dfrac{\pi}{2}$

21. 在 $R=6\text{k}\Omega$，$L=8\text{H}$，$C=2\mu\text{F}$ 三个元件串联的电路中，电路的暂态属于什么类型？

A. 振荡　　B. 不能确定　　C. 临界振荡　　D. 非振荡

22. 如图所示，电路原已稳定，$t=0$ 时断开开关 S，则 $u_{C1}(0_+)$ 等于：

A. 5V　　B. 25V　　C. 10V　　D. 20V

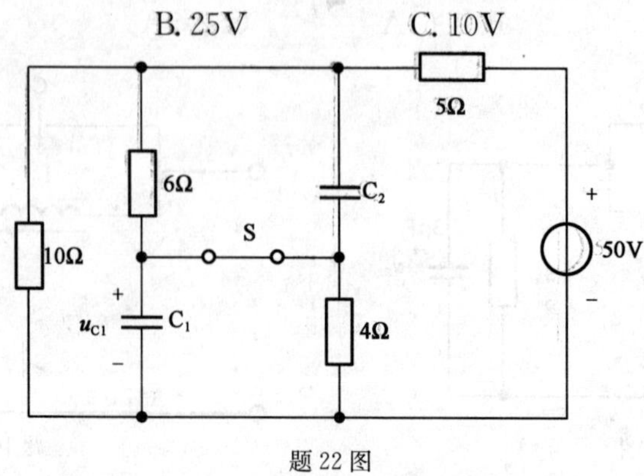

题 22 图

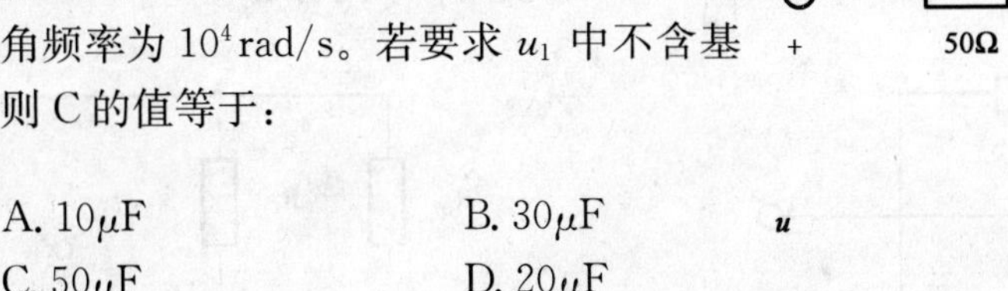

23. 如图所示，电路电压 u 含有基波和三次谐波，基波角频率为 10^4 rad/s。若要求 u_1 中不含基波分量，则 C 的值等于：

A. $10\mu F$　　B. $30\mu F$

C. $50\mu F$　　D. $20\mu F$

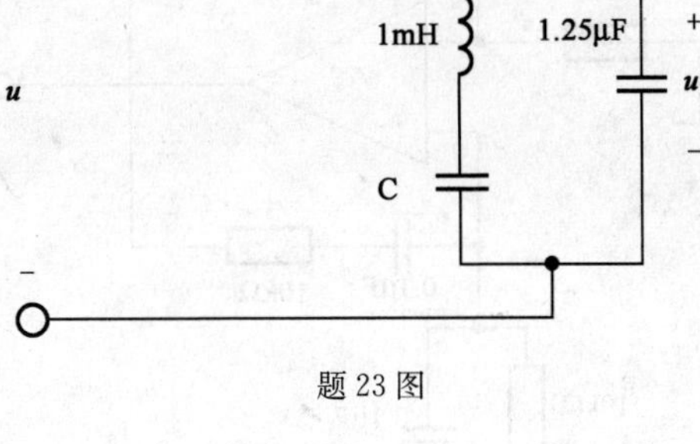

题 23 图

24. 若含有 R、L 的线圈与电容串联，线圈电压 $U_{RL}=100V$，$U_C=60V$，总电压与电流同相，则总电压为：

A. 20V　　B. 40V　　C. 80V　　D. 58.3V

25. 一半球形接地系统，已知其接地电阻为 100Ω，土壤电导率 $\gamma=10^{-2}$S/m，设有短路电流 500A，从该接地体流入地中，有人以 0.6m 的步距向此接地系统前进，前足距接地体中心 2m，则跨步电压为：

A. 512V　　B. 624V　　C. 728V　　D. 918V

26. 在某放大电路中，测得三极管各电极对地的电压分别为 6V/9.8V/10V，由此可判断该三极管为：

A. NPN 硅管　　B. NPN 锗管　　C. PNP 硅管　　D. PNP 锗管

27. 如图所示桥式整流电路电容滤波电路中，若二极管具有理想的特性，那么，当 $u_2=10\sqrt{2}\sin 314t$V，$R_L=10k\Omega$，$C=50\mu F$ 时，U_o 约为：

A. 9V　　B. 10V　　C. 12V　　D. 14.14V

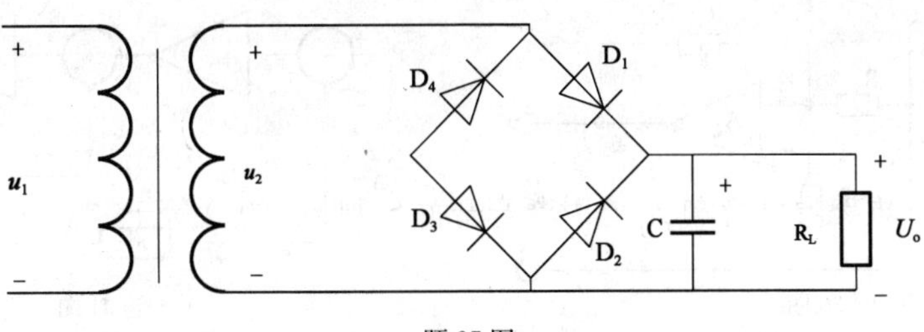

题 27 图

28. 文氏电桥式正弦波发生器如图所示，电路的振荡频率 f_0 约为：

A. 1590Hz　　B. 10000Hz

C. 159Hz　　D. 10^{-1}Hz

29. 一放大电路如图所示，当逐渐增大输入电压 u_1 的幅度时，输出电压 u_0 波形首先出现顶部被削尖的现象，为了消除这种失真应：

A. 减小 R_C　　B. 减小 R_B

C. 减小 V_{CC}　　　　　　　　D. 换用 β 小的管子

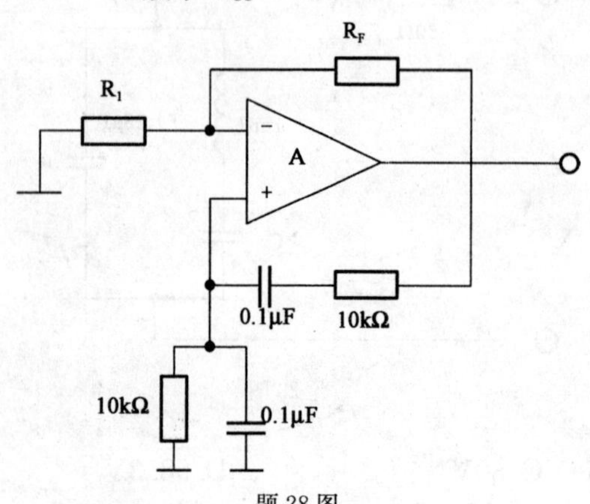

题 28 图

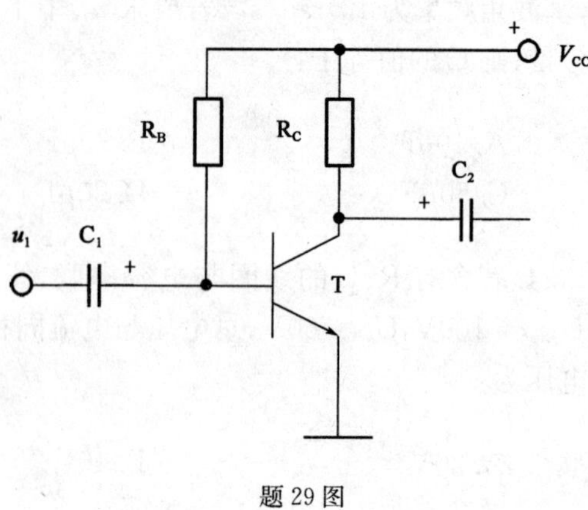

题 29 图

30. 如图所示的理想运放电路，已经 $R_1=1\text{k}\Omega$，$R_2=R_4=R_5=10\text{k}\Omega$，电源电压 15V，$u_1=1\text{V}$，$u_o$ 应为：

A. 20V　　B. 15V　　C. 10V　　D. 5V

31. 某负反馈放大电路的组成框图如图所示，则电路的总闭环增益 $\dot{A}_f=\dot{X}_o/\dot{X}_i$ 等于：

A. $\dfrac{\dot{A}_1\dot{A}_2}{1+\dot{A}_1\dot{A}_2\dot{F}_1}$　　B. $\dfrac{\dot{A}_1\dot{A}_2}{1+\dot{A}_1\dot{A}_2\dot{F}_1\dot{F}_2}$

C. $\dfrac{\dot{A}_1\dot{A}_2}{1+\dot{A}_2\dot{F}_2+\dot{A}_1\dot{F}_1}$　　D. $\dfrac{\dot{A}_1\dot{A}_2}{1+\dot{A}_2\dot{F}_2+\dot{A}_1\dot{A}_2\dot{F}_1}$

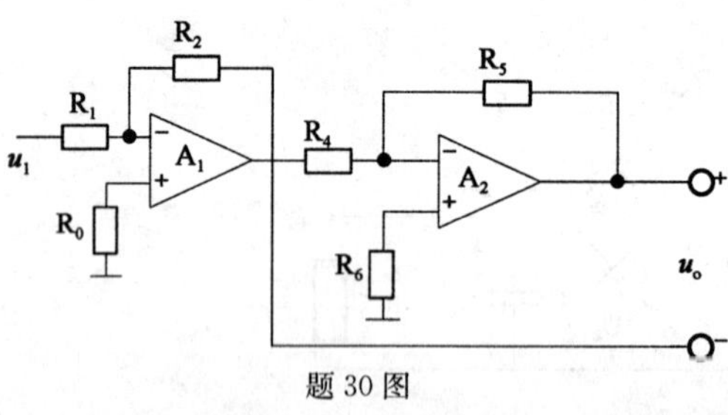

题 30 图

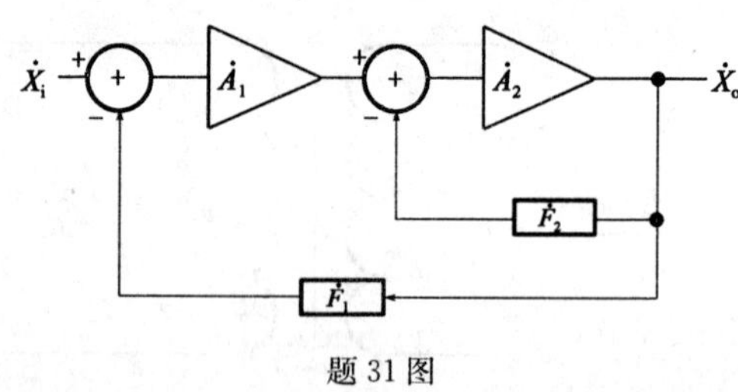

题 31 图

32. 用卡诺图简化具有无关项的逻辑函数时，若用圈“1”法，在包围圈内的 X 和包围圈外的 X 分别按多少处理？

A. 1,1　　B. 1,0　　C. 0,0　　D. 无法确定

33. 若干个三态逻辑门的输出端连接在一起，能实现的逻辑功能是：

A. 线与　　B. 无法确定　　C. 数据驱动　　D. 分时传送数据

34. n 位寄存器组成的环形移位寄存器可以构成几位计数器？

A. n　　B. 2^n　　C. 4^n　　D. 无法确定

35. 要用 256×4 的 RAM 扩展成 4K×8RAM，需选用此种 256×4RAM 的片数为：

A. 8　　B. 16　　C. 32　　D. 64

36. 由 555 定时器构成的多谐振荡器如图所示，已知 $R_1=33\text{k}\Omega$，$R_2=27\text{k}\Omega$，$C=0.083\mu\text{F}$，$V_{CC}=15\text{V}$。电路的谐振频率 f_0 约为：

A. 286Hz　　B. 200Hz　　C. 127Hz　　D. 140Hz

题 36 表

TH	$\overline{TR}$	$\overline{R}_D$	OUT	DIS
×	×	L	L	导通
$>2V_{CC}/3$	$>V_{CC}/3$	H	L	导通
$<2V_{CC}/3$	$>V_{CC}/3$	H	不变	不变
×	$<V_{CC}/3$	H	H	截止

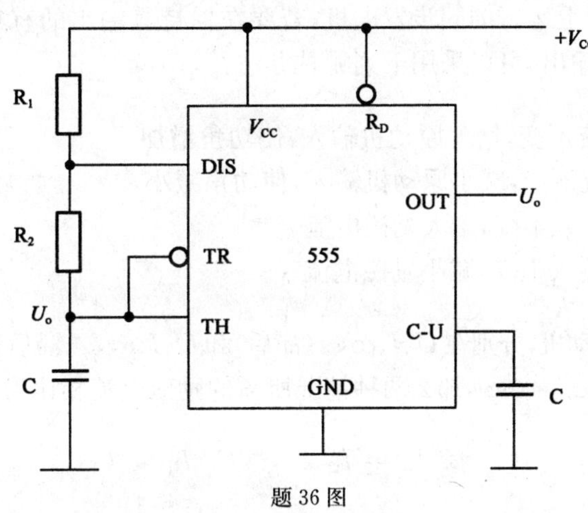

题 36 图

37. 时序电路如图所示，其中 R_A、R_B、R_S 均为 8 位移位寄存器，其余电路分别为全加器和 D 触发器，那么，该电路又具有什么功能?

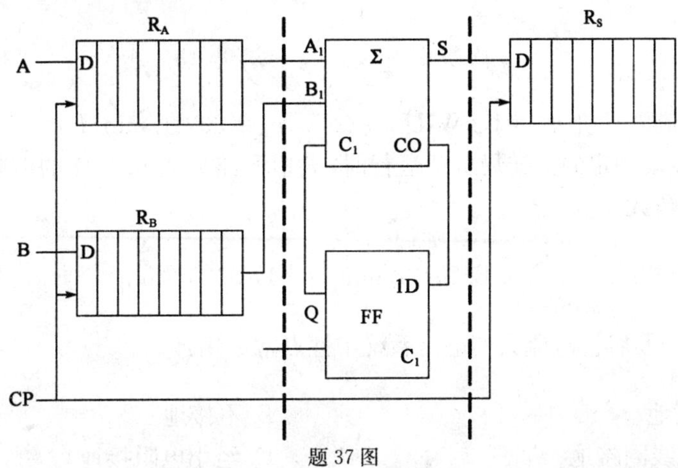

题 37 图

A. 实现两组 8 位二进制串行乘法功能

B. 实现两组 8 位二进制串行除法功能

C. 实现两组 8 位二进制串行加法功能

D. 实现两组 8 位二进制串行减法功能

38. 一台变压器，额定功率为 50Hz，如果将其接到 60Hz 的电源上，电压的大小仍与原值相等，那么此时变压器铁芯中的磁通与原来相比将：

A. 为零　　B. 不变　　C. 减少　　D. 增加

39. 一台三相变压器，$S_N=31500\text{kVA}$，$U_{1N}/U_{2N}=110\text{kV}/0.5\text{kV}$，$f_N=50\text{Hz}$，Yd 接线，已知空载试验（低压侧）时 $U_0=10.5\text{kV}$，$I_0=46.76\text{A}$，$P_0=86\text{kW}$；短路试验（高压侧）时 $U_k=8.29\text{kV}$，$I_k=165.33\text{A}$，$P_k=198\text{kW}$。当变压器在 $\cos\varphi_2=0.8$（滞后）时的最大效率为：

A. 0.9932　　B. 0.9897　　C. 0.9722　　D. 0.8

40. 一台并联在电网上运行的同步发电机，若要在保持其输出的有功功率不变的前提下，增大其感性无功功率的输出，可以采用下列哪种办法？

A. 保持励磁电流不变，增大原动机输入，使功角增加

B. 保持励磁电流不变，减小原动机输入，使功角减小

C. 保持原动机输入不变，增大励磁电流

D. 保持原动机输入不变，减小励磁电流

41. 一台隐极同步发动机，分别在 U、I、$\cos\varphi_1$（滞后）和 U、I、$\cos\varphi_2$（滞后）两种情况下运行，其中 U、I 大小保持不变，而 $\cos\varphi_1>\cos\varphi_2$，那么两种情况所需的励磁电流相比为下列哪种情况？

A. $I_{f1}>I_{f2}$　　B. $I_{f1}=I_{f2}$　　C. $I_{f1}<I_{f2}$　　D. 无法相比

42. 一台三相绕线式感应电动机，额定频率 $f_N=50\text{Hz}$，额定转速 $n_N=980\text{r/min}$，当定子接到额定电压，转子不转且开路时的每相感应电动势为 110V，那么电动机在额定运行时转子每相感应电势 E_2 为多少 V？

A. 0　　B. 2.2　　C. 38.13　　D. 110

43. 一并励直流电动机 $P_N=17\text{kW}$，$U_N=220\text{V}$，$n_N=3000\text{r/min}$，$I_{aN}=87.7\text{A}$，电枢回路总电阻为 0.114Ω，拖动额定的恒转局负载运行时，电枢回路串入 0.15Ω 的电阻，忽略电枢反应的影响，稳定后的转数为多少？

A. 1295r/min　　B. 2812r/min　　C. 3000r/min　　D. 3947r/min

44. 我国 35kV 及容性电流大的电力系统中性点常采用：

A. 直接接地　　B. 不接地

C. 经消弧线圈接地　　D. 经小电阻接地

45. 衡量电能质量的指标有：

A. 电压　　B. 频率

C. 波形　　D. 以上三种都有

46. 电力系统的部分接线如图所示，各级电网的额定电压示于图中，设变压器 T_1 工作于＋2.5％的抽头，T_2 工作于主抽头，T_3 工作于－5％抽头，这些变压器的实际变比为：

A. T_1：10.5/124.025kV　T_2：110/38.5kV　T_3：33.25/11kV

B. T_1：10.5/121kV　T_2：110/38.5kV　T_3：36.575/10kV

C. T_1：10.5/112.75kV　T_2：110/35kV　T_3：37.5/11kV

D. T_1：10.5/115.5kV　T_2：110/35kV　T_3：37.5/11kV

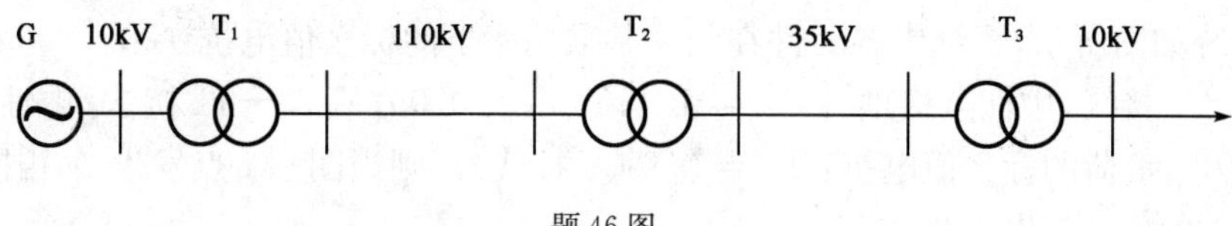

题 46 图

47. 某三相三绕组自耦变压器，S_{TN} 为 90MVA，额定电压为 220kV/121kV/38.5kV，容量比 100/100/50，实测的短路试验数据如下：$P'_{k(1-2)}=333$kW，$P'_{k(1-3)}=265$kW，$P'_{k(2-3)}=277$kW（1、2、3 分别代表高、中、低压绕组，“′”表示未归算到额定容量），三绕组变压器归算到低压侧等值电路中的 R_{T1}、R_{T2}、R_{T3} 分别为：

A. 1.990Ω，1.583Ω，1.655Ω　　B. 0.026Ω，0.035Ω，0.168Ω

C. 0.850Ω，1.140Ω，5.480Ω　　D. 0.213Ω，0.284Ω，1.370Ω

48. 某变电所有 2 台变压器并联运行，每台变压器的额定容量为 31.5MVA，短路损耗 $P_K=148$kW，短路电压百分比 $U_K\%=10.5$，空载损耗 $P_0=40$kW，空载电流 $I_0\%=0.8$。变压器运行在额定电压下，变比为 110/11kV，两台变压器流过的总功率为 $40+j30$MVA，则两台变压器的总功率损耗为：

A. $0.093+j2.336$MVA　　B. $0.372+j9.342$MVA

C. $0.186+j4.671$MVA　　D. $0.268+j4.167$MVA

49. 一条空载运行的 220kV 单回输电线，长 200km，导线型号为 LGJ－300，$r_1=0.18\Omega/\text{km}$，$x_1=0.426\Omega/\text{km}$，$b_1=2.66\times10^{-6}\text{S/km}$，线路受端电压为 205kV，则线路送端电压为：

A. 200.359kV　　B. 205kV　　C. 220kV　　D. 209.65kV

50. 一条 110kV 的供电线路，输送有功为 22MW，功率因数为 0.74。现装设串联电容器以使末端电压从 109kV 提高为 115kV，为达到此目的选用标准单相电容器，其中 $U_G=0.66$kV，$Q_{CN}=40$kVA，则需装电容器的总容量为：

A. 1. 20MVar　　B. 3. 60MVar　　C. 6. 00MVar　　D. 2. 88MVar

51. 当高压电网发生三相短路故障时，其短路电流非周期分量出现最大瞬时值的条件是：

A. 短路前负载，电压初相位为 0　　B. 短路前负载，电压初相位为 90°
C. 短路前空载，电压初相位为 0　　D. 短路前空载，电压初相位为 90°

52. 系统如图所示，原来出线 1 的断路器容量是按一台发电机考虑的，现在又装设一台同样的发电机，电抗器 X_R 应选择多少，使 f 点发生三相短路时，短路容量不变？

A. 0. 10Ω　　B. 0. 2205Ω　　C. 0. 20Ω　　D. 0. 441Ω

53. 系统如图所示，系统中各元件在同一基准功率下的标幺值电抗：G：$x''_d = x_{(2)} = 0.05$，$x_{(0)} = 0.1$（Y 接线，中性点接地），$E''_2 = 1.1$；T：$x_T = 0.05$，Y/△−11 接法，中性点接地电抗 $x_p = 0.05/3$；负荷的标幺值电抗：$x_D = 0.9$（Y 接线）。则当图示 f 点发生 A 相接地短路时，发电机母线处的 A 相电压是：

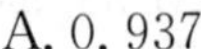

A. 0. 937　　B. 0. 94　　C. 1. 0194　　D. 1. 0231

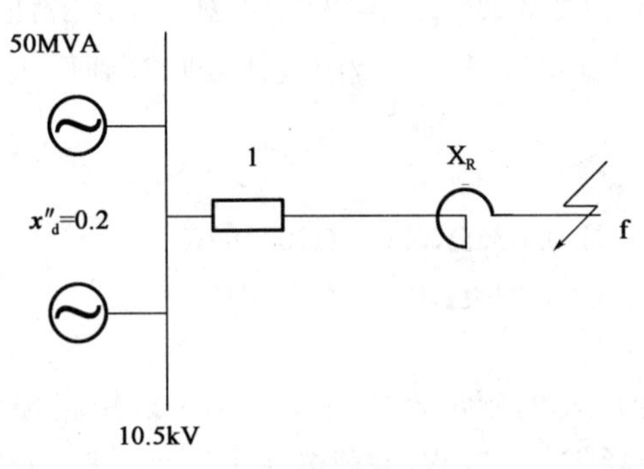

题 52 图

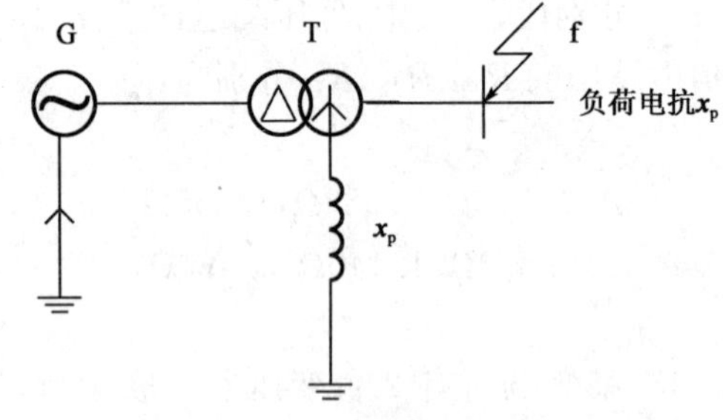

题 53 图

54. 判断下列哪种情况或设备应校验热稳定及动稳定？

A. 装设在电流互感器回路中的裸导体和电器
B. 装设在电压互感器回路中的裸导体和电器
C. 用熔断器保护的电器
D. 电缆

55. 充填石英砂有限流作用的高压熔断器，只能用在：

A. 电网的额定电压小于或等于其额定电压的电网中
B. 电网的额定电压大于或等于其额定电压的电网中
C. 电网的额定电压等于其额定电压的电网中
D. 其所在电路的最大长期工作电流大于其额定电流

56. 内桥形式的主接线适用于：

A. 出线线路较长，主变压器操作较少的电厂
B. 出线线路较长，主变压器操作较多的电厂
C. 出线线路较短，主变压器操作较多的电厂
D. 出线线路较短，主变压器操作较少的电厂

57. 在 3～20kV 电网中，为了测量相对地电压通常采用：

A. 三相五柱式电压互感器
B. 三相三柱式电压互感器
C. 两台单相电压互感器接成不完全星形接线
D. 三台单相电压互感器接成 Y/Y 接线

58. 绝缘与污秽闪络等事故主要发生在：

A. 下雷阵雨时　　B. 下冰雹时
C. 雾天　　D. 刮大风时

59. 决定电气设备绝缘水平的避雷器参数是：

A. 额定电压　　B. 残压
C. 工频参考电压　　D. 最大长期工作电压

60. 用超低频(0.1Hz)对大电机进行绝缘试验时，所需的试验设备容量仅为工频试验设备的：

A. 1/150　　B. 1/100　　C. 1/250　　D. 1/500

2007 年度全国注册电气工程师(发输变电)执业资格考试专业基础考试

试题解析及参考答案

1. **解** $17+8I+4+2I+6I=5, 16I=-16$,得 $I=-1\text{A}$。

答案:A

2. **解** 由 $X_L = X_C$,即 $\omega L=\dfrac{1}{\omega C}$

$$\omega=\frac{1}{\sqrt{LC}}=\frac{1}{\sqrt{4\times25\times10^{-12}}}=10^5\,\text{rad/s}$$

$$f=\frac{\omega}{2\pi}=\frac{10^5}{2\times3.14}=15.92\text{kHz}$$

答案:A

3. **解** $Z_C=\sqrt{Z_{C1}Z_2}=\sqrt{36\times25}=30\Omega$

答案:A

4. **解** 去耦等效电路如图所示。

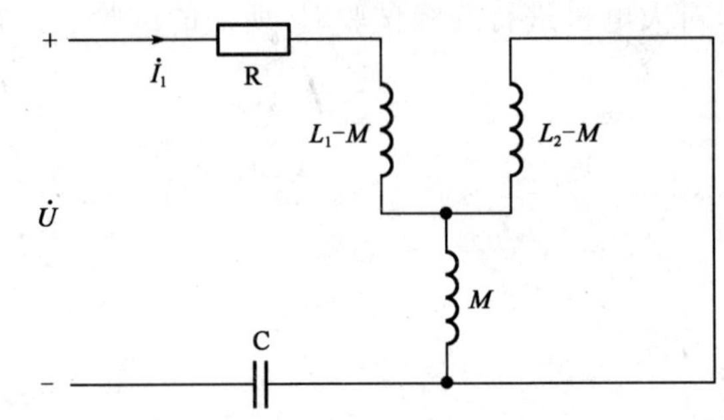

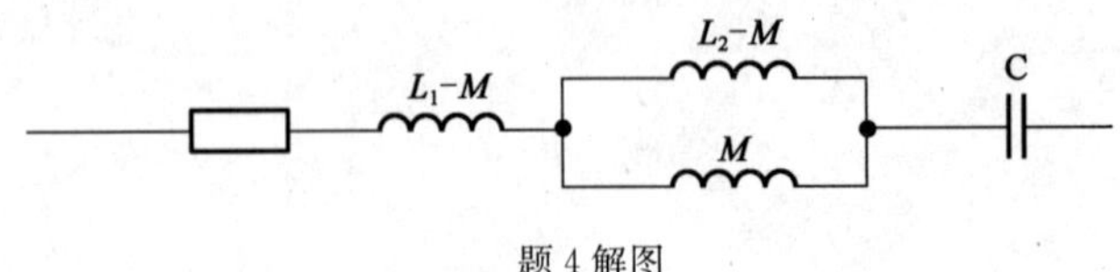

题 4 解图

则串联谐振:

$$\omega=\frac{1}{\sqrt{LC}}=\frac{1}{\sqrt{\left[L_1-M+\dfrac{M(L_2-M)}{L_2}\right]\cdot C}}=\frac{1}{\sqrt{\dfrac{L_2^2-M^2}{L_2}\cdot C}}=\frac{1}{\sqrt{\dfrac{10^2-M^2}{10}\times10^{-3}C}}$$

$$=\frac{10^2}{\sqrt{10^2-M^2}}$$

当 $M=0$ 时，$\omega=10\text{rad/s}$；

当 $M=8\text{H}$ 时，$\omega=\frac{10^2}{6}=\frac{50}{3}\approx 16.67\ \text{rad/s}$。

答案:C

5.**解** (1)根据换路定律有：$u_{C1}(0_+)=u_{C1}(0_-)=10\text{V}$

(2)电路达到稳态时电路中有电阻消耗能量，所以 $u_{C1}(\infty)=0$

(3)时间常数：$\tau=R(C_1//C_2)=1\times(6//3)=2\mu\text{s}$

由要素法，得 $u_{C1}(t)=u_{C1}(\infty)+[u_{C2}(0_+)-u_{C1}(\infty)]e^{-t/\tau}=10e^{-t/\tau}\text{V}$

答案:B

6.**解** 由于R上的电压没有三次谐波电压，则三次谐波情况下，L_1 与 $1\mu\text{F}$ 的并联支路发生串联谐振，相当于断路。所以有：

$$Z_{并(3次)}=(j3\omega L_1)//\left(-j\frac{1}{3\omega C}\right)=(j3000L_1)//(-j\frac{1000}{3})=0$$

解得 $L=1.9\text{H}$。

答案:A

7.**解** 如图所示。

没有并电阻 R_1 之前，谐振频率为：$\omega=\sqrt{\frac{1}{LC}}$

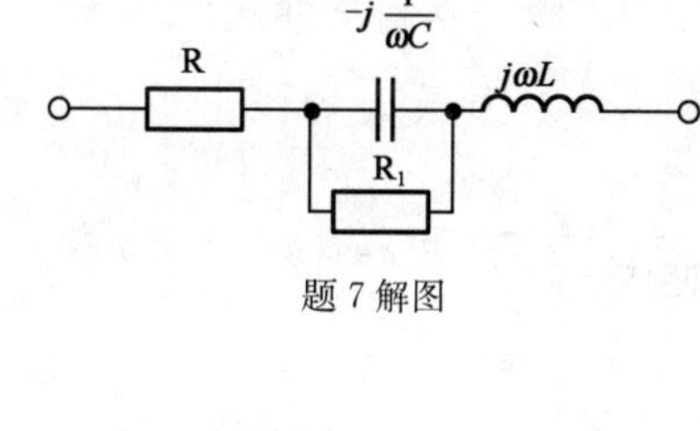

题7解图

并联 R_1 之后，$Z=R+j\omega L-\dfrac{jR_1\frac{1}{\omega C}}{R_1-j\frac{1}{\omega C}}$

$$=R+j\omega L-\frac{jR_1}{R_1\omega C-j}$$

$$=R+j\omega L-\frac{jR_1(R_1\omega C+j)}{(R_1\omega C)^2+1}$$

$$=R+\frac{j\omega L(R_1\omega C)^2+j\omega L-j(R_1^2\omega C)+R_1}{1+(R_1\omega C)^2}$$

则若发生谐振，则 $\omega L(R_1\omega C)^2+\omega L=R_1^2\omega C\Rightarrow\omega=\sqrt{\frac{R_1^2C-L}{LR_1^2C^2}}$

又因为$\frac{1}{LC}-\frac{CR_1^2-L}{LCR_1^2}=\frac{1}{C^2R_1^2}>0$，所以 ω 降低。

答案:B

8.**解** (1)求开路电压，如图a)所示。

$$u_1=\frac{6}{6+3}\times48=32\text{V},u_2=\frac{4}{8+4}\times48=16\text{V}$$

求得开路电压 $u_{oc}=u_1-u_2=16\text{V}$

(2)求等效电阻，如图b)所示。

则等效电阻 $R_{eq}=3//6+8//4=\frac{14}{3}\Omega$

因此 $u=\frac{2}{2+\frac{14}{3}}\times 16=4.8\text{V}$

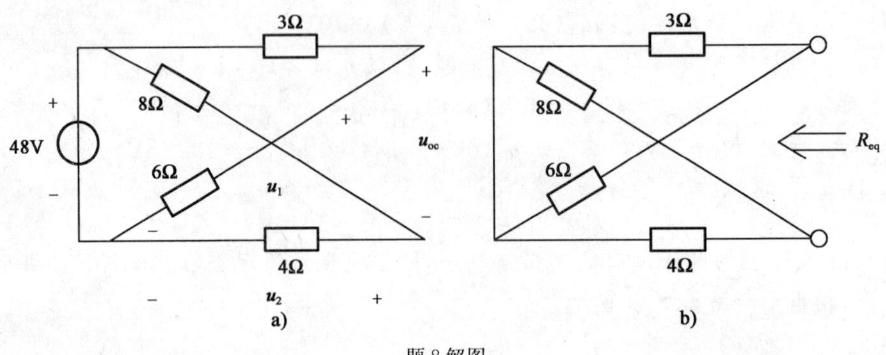

题8解图

答案:C

9.**解**　经过120°后,电流第一次下降为0,即$\frac{1}{3}T=\frac{1}{150}$s,则 $T=\frac{1}{50}$s,频率为50Hz。

答案:A

10.**解**　设内层介质介电常数为 ε_1,外层介质介电常数为 ε_2,要使两层介质最大场强相等,内层介质最大场强出现在2cm处,外层介质最大场强出现在4cm处,则有 $\frac{\tau}{2\pi\varepsilon_1 2}=\frac{\tau}{2\pi\varepsilon_2(2+2)}$,由此可知:$\varepsilon_1=2\varepsilon_2$。

内外导体电位差:$U=\frac{\tau}{2\pi\varepsilon_1}\ln\frac{4}{2}+\frac{\tau}{2\pi\varepsilon_2}\ln\frac{8}{4}=150$

所以金属圆柱的电位:$U_1=\frac{\tau}{2\pi\varepsilon_2}\ln\frac{8}{4}=100\text{V}$

答案:A

11.**解**　与电流源4A串联的2S电导为虚元件,不计入内,所以自导为2S+3S=5S。

答案:C

12.**解**　已知:当 $R>2\sqrt{\frac{L}{C}}$ 时,过阻尼,为非振荡过程;当 $R<2\sqrt{\frac{L}{C}}$ 时,欠阻尼,为振荡过程;当 $R=2\sqrt{\frac{L}{C}}$ 时,为临界过程。

本题,$2\sqrt{\frac{L}{C}}=2\sqrt{\frac{9}{10^{-6}}}=6\times10^3<R$,此电路的瞬时属于非振荡过程。

答案:B

13.**解**　终端短路,从始端观察的输入阻抗 $Z_{in}=jZ_c\tan\beta l\left(\beta=\frac{2\pi}{\lambda},Z_c\text{ 为特性阻抗}\right)$,当

$|\tan\beta l|=1$ 时，输入端阻抗的绝对值等于特性阻抗，很明显选项 A、B、D 的正切值均为 1，只有选项 C 不为 1。

答案：C

14. **解**　$P=10I^2=10\text{W}$，得 $I=1\text{A}$。又 $I=\dfrac{U_s}{\sqrt{R^2+(\omega L)^2}}=1\text{A}$，得 $\omega L=40\Omega$，$Z=R+j\omega L=50\angle 53.1°\Omega$，功率因素 $\lambda=\cos 53.1°=0.6$。

答案：A

15. **解**　电容电压发生跃变，$u_{C1}(0_+)=\dfrac{C_2}{C_1+C_2}U=\dfrac{3}{1+3}\times 24=18\text{V}$。

答案：B

16. **解**　(1)直流作用：求得 $I_{10}=\dfrac{U_0}{R}=1\text{A}$；

(2)基波作用：L_2、C_2 发生串联谐振，相当于短路，求得 $I_{1(1)}=1\text{A}$；

(3)二次谐波作用：L_1、C_1 发生并联谐振，相当于开路，求得 $I_{1(2)}=0.5\text{A}$。

有效值 $I_1=\sqrt{1+1+0.5^2}=1.5\text{A}$。

答案：A

17. **解**　设 $\dot{U}_A=220\angle 0°\text{V}$，得 $\dot{U}_{AB}=380\angle 30°\text{V}$，$\dot{U}_{BC}=380\angle -90°\text{V}$，功率因素为 0.8，则 $\lambda=\cos\varphi=0.8$，功角 $\varphi=36.9°$，$\dot{I}_A=\dfrac{\dot{U}_A}{Z}=3\angle -36.9°$。

功率表示数是有效值，$P=\text{Re}[\dot{U}_{BC}\times \overset{*}{I}_A]=\text{Re}[380\angle -90°\times 3\angle 36.9°]=1140\times 0.6=684\text{W}$。

答案：B

18. **解**　(1)求等效电阻：此时把电压源置零，电流源开路，得到等效电路图如图 a)所示。

从图中可以观察到：$R_S=4//4=2\Omega$

(2)求开路电压：作出等效电路图如图 b)所示。

从图中易求：$U_S=8\text{V}$

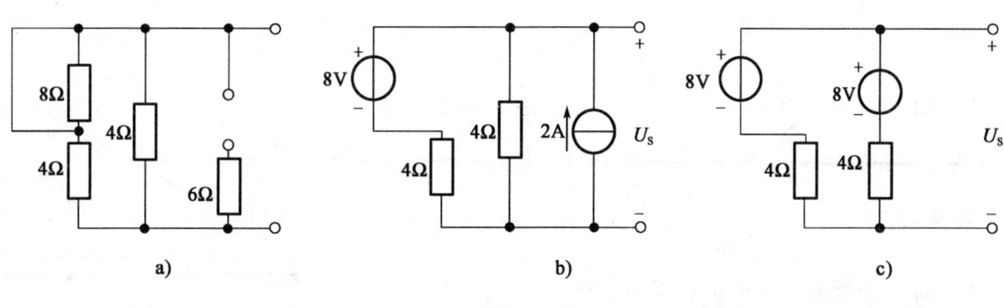

题 18 解图

答案：A

19. **解**　$U_0=\frac{\tau}{2\pi\varepsilon_0}\ln\left(\frac{b}{a}\right)$，则 $\frac{\tau}{2\pi\varepsilon_0}=\frac{U_0}{\ln\left(\frac{b}{a}\right)}$。$E(r=a)=\frac{\tau}{2\pi\varepsilon_0 a}=\frac{U_0}{a\ln\left(\frac{b}{a}\right)}$。令 $f(a)=a\ln\left(\frac{b}{a}\right)$，$b$ 固定，对 a 求导数，$\frac{\mathrm{d}f(a)}{a}=\ln\left(\frac{b}{a}\right)-1=0$，则 $\frac{b}{a}=\mathrm{e}$。

答案：A

20. **解**　选项 A 应为 $u_L=L\frac{\mathrm{d}i}{\mathrm{d}t}$，选项 C 应为 $U_L=L\frac{\mathrm{d}I}{\mathrm{d}t}$，选项 D 应为 $\psi_u=\psi_i+\frac{\pi}{2}$。

答案：B

21. **解**　已知：当 $R>2\sqrt{\frac{L}{C}}$ 时，过阻尼，为非振荡过程；当 $R<2\sqrt{\frac{L}{C}}$ 时，欠阻尼，为振荡过程；当 $R=2\sqrt{\frac{L}{C}}$ 时，为临界过程。

本题，$2\sqrt{\frac{L}{C}}=2\sqrt{\frac{8}{2\times10^{-6}}}=4\times10^3$，$R=6\times10^3>4\times10^3$，属于非振荡过程。

答案：D

22. **解**　如图所示。

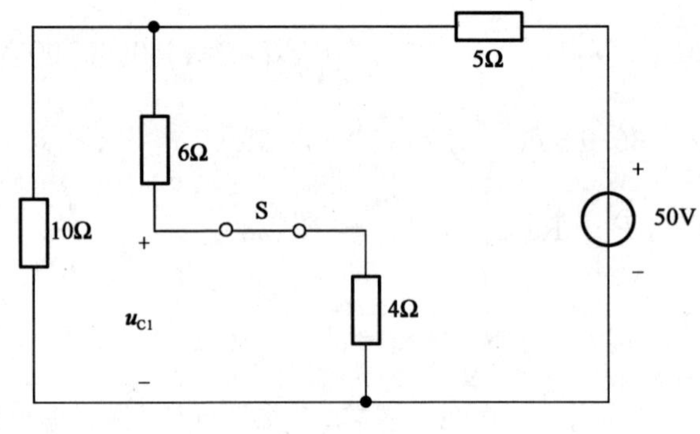

题 22 解图

u_{C1} 为 4Ω 电阻两端电压，$\left[50-\frac{50}{5+10/\!/(6+4)}\times5\right]\times\frac{4}{10}=10\text{V}$

依据换路定则，$u_{C1}(0_+)=u_{C1}(0_-)=10\text{V}$。

答案：C

23. **解**　由题意知，基波时 1mH 的电感和电容 C 发生串联谐振。即 $\omega L=\frac{1}{\omega C}$，得 $C=\frac{1}{\omega^2 L}=10\mu\text{F}$。

答案：A

24. **解**　如图所示，易知 C 正确。

答案：C

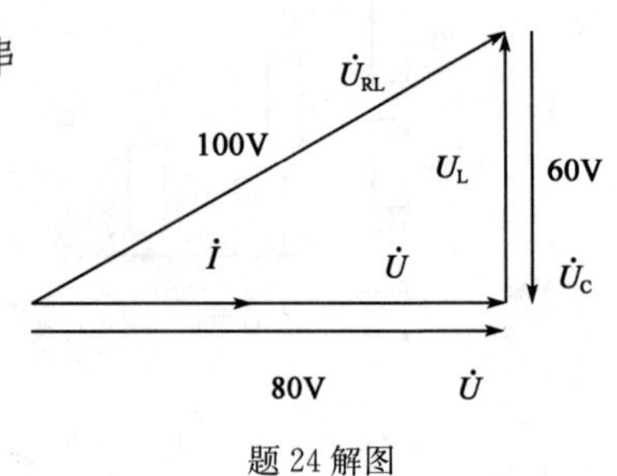

题 24 解图

25. **解**　如图所示。

由镜像法可知，$J=\dfrac{I}{S}=\dfrac{I}{2\pi r^2}$，由 $J=\dfrac{I}{2\pi r^2}$，得 $E=\dfrac{I}{2\pi\gamma r^2}$

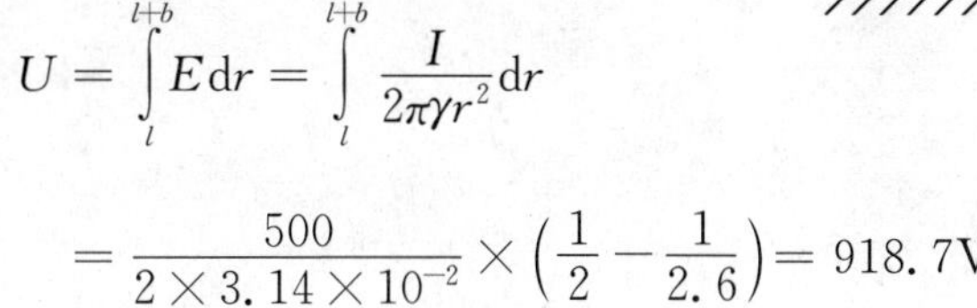

题 25 解图

设跨步电压为 U，则：

$$U=\int_{l}^{l+b}E\mathrm{d}r=\int_{l}^{l+b}\frac{I}{2\pi\gamma r^2}\mathrm{d}r$$

$$=\frac{500}{2\times3.14\times10^{-2}}\times\left(\frac{1}{2}-\frac{1}{2.6}\right)=918.7\mathrm{V}$$

答案:D

26. **解**　三极管放大状态时，基极电位为三个极电位中的中间数值，首先确定 9.8V 为基极 B。与基极相差 0.7V 或 0.2V 的极为发射极，可以确定 10V 为发射极 E，基极相差 0.2V，所以是锗管，那么 6V 为集电极 C。再根据各极电位确定电流方向为由发射极流向基极，可确定为 PNP 的管子。

答案:D

27. **解**　参考公式，$U_o=1.2U_2$，其中 U_2 为有效值，本题为 10V，则输出电压为12V。

答案:C

28. **解**　文氏电桥式正弦波发生器的振荡频率为：

$$f_0=\frac{1}{2\pi RC}=\frac{1}{2\times3.14\times10^4\times10^{-7}}=159\mathrm{Hz}$$

答案:C

29. **解**　顶部被削尖的现象是截止失真，是工作点过低造成的。消除截止失真的方法是减小 R_B，只有选项 B 可实现。而消除饱和失真的方法是减小 R_C，减小 β，增大 V_{CC}。

答案:B

30. **解**　输入电压上端对地电位为 10V，下端对地电位为 −10V，所以输出为 10−(−10)=20V。

答案:A

31. **解**　由运放 A_2：$\dot{X}_o=\dot{A}_2[\dot{A}_1(\dot{X}_i-\dot{F}_1\dot{X}_o]-\dot{F}_2\dot{X}_o)=\dot{A}_2[\dot{A}_1\dot{X}_i-(\dot{A}_1\dot{F}_1+\dot{F}_2)\dot{X}_o]$

化简可得：$\dfrac{\dot{X}_o}{\dot{X}_i}=\dfrac{\dot{A}_1\dot{A}_2}{1+(\dot{A}_1\dot{F}_1+\dot{F}_2)\dot{A}_2}$ $\dfrac{\dot{X}_o}{\dot{X}_i}=\dfrac{\dot{A}_1\dot{A}_2}{1+(\dot{A}_1\dot{F}_1+\dot{F}_2)\dot{A}_2}$

答案:D

32. 解 包围圈内的无关项按“1”处理，包围圈外的无关项按“0”处理。

答案：B

33. 答案：D

34. 解 一个触发器可以存放一位二进制信息，当寄存 n 位二进制信息时，就需要有 n 个触发器组成，可构成 n 位计数器。

答案：A

35. 解 $1\text{K}=1024,\dfrac{4\text{K}\times 8}{256\times 4}=\dfrac{1024\times 8}{256\times 4}=32$。

答案：C

36. 解 $T=(R_1+2R_2)C\ln 2$，则振荡频率 $f_0=\dfrac{1}{T}=\dfrac{1}{(R_1+2R_2)C\ln 2}=197.5\text{Hz}$。

答案：B

37. 解 $C_1=Q, Q=D, Q^{n+1}=D=CO$，真值如表所示。

真 值 表 题37解表

A_1	B_1	$Q^{n+1}(C_1)$	CO	S
0	0		0	0
0	1	0	0	1
1	0	0	0	1
1	1	0	1	0
0	0	1	0	1

答案：C

38. 解 变压器的电压 $U\approx E=4.44fN_1\varphi_m$，电压大小不变，则 E 不变，f 增大，则磁通 φ_m 减小。

答案：C

39. 解 变压器效率 $\eta=\left(1-\dfrac{\beta^2P_k+P_0}{\beta S_N\cos\varphi_2+\beta^2P_k+P_0}\right)\times 100\%$，当 $\dfrac{d\eta}{d\beta}=0$，就可求得出现最高效率 η_{max} 时的负载系数 β_m。

经计算得出，$\beta_m^2P_k=P_0$，则 $\beta_m=\sqrt{\dfrac{P_0}{P_k}}$，题中 $P_0=86\text{kW}, P_k=198\text{kW}$，代入公式得：$\beta_m=\sqrt{\dfrac{P_0}{P_k}}=0.659$，代入变压器效率公式：

$$\eta=\left(1-\frac{0.659^2\times 198+86}{0.659\times 31500\times 0.8+0.659^2\times 198+86}\right)\times 100\%=98.975\%$$

答案：B

40. **解** 同步发电机的功率调节曲线如图所示。若要保持其输出的有功功率保持不变，则原动机的有功功率不变，要增大其感性(滞后)无功功率的输出，可以实现的方法是增大励磁电流。

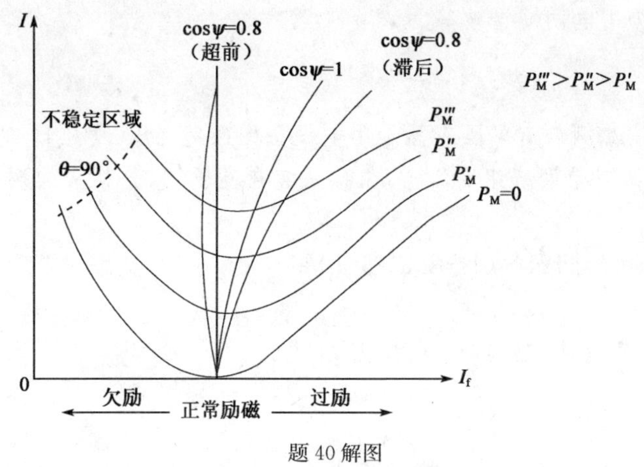

题 40 解图

答案:C

41. **解** 如图所示，可用隐极发电机的向量图说明。以 $\dot{U}$ 为参考相量，略去电枢电阻，因为 $\cos\varphi_1 > \cos\varphi_2$，则 $\varphi_1 < \varphi_2$，即第 2 种状态电流滞后的更多，由相量图可以得出 $E_{01} > E_{02}$，于是 $i_{f2} > i_{f1}$，这是由于在滞后的功率因数时，$\cos\varphi$ 越小，电枢反应去磁作用越强，为了获得一样的端电压，必须增大励磁，即 $I_{f1} < I_{f2}$。

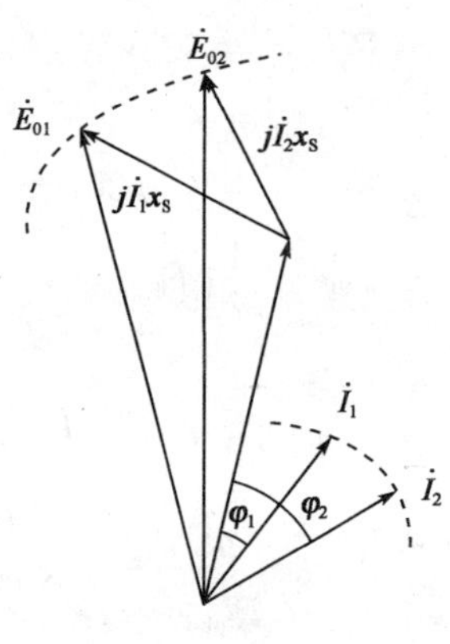

题 41 解图

答案:C

42. **解** $n_1 = 1000\text{r/min}$，计算额定转差率 $S_N = \dfrac{n_1 - n_N}{n_1} = 0.02$，旋转时：$E_{2S} = SE_2 = 2.2\text{V}$。

答案:B

43. **解** 并励直流电动机的电动势平衡方程式为：$U = E_a + I_aR_a$，又 $E_a = C_e\varphi n$，所以 $300C_e\varphi + 87.7 \times 0.114 = 220$，解得 $C_e\varphi = 0.07$，当串入 0.15Ω 电阻后，$n = \dfrac{U - I_aR_a}{C_e\varphi} = 2812.1\text{r/min}$。

答案:B

44. **解** 我国 110kV 及以上电网一般采用大电流接地方式，即中性点有效接地方式(在实际运行中，为降低单相接地电流，可使部分变压器采用不接地方式)，包括中性点直接接地和中性点经低阻接地。6～35kV 配电网一般采用小电流接地方式，即中性点非有效接地方式，包括中性点不接地、高阻接地、经消弧线圈接地方式等。为了使电弧容易熄灭，在电容电流较大的 35kV 和 10kV 电网，采用中性点经消弧线圈接地。

答案:C

45. **解** 电能质量即电力系统中电能的质量。理想的电能应该是完美对称的正弦波。一些因素会使波形偏离对称正弦，由此便产生了电能质量问题。衡量电能质量的主要指标有电压、频率和波形。电能质量的具体指标有电压偏差、频率偏差、三相电压不平衡、电压波动和闪变、公用电网谐波和公用电网间谐波等。

答案：D

46. **解** 变压器一次侧额定电压应等于用电设备的额定电压，变压器二次侧额定电压应较线路额定电压高10%，对于两绕组变压器，主接头装在高压侧，分抽头的调节影响的是高压侧的电压，则：

T_1 实际变比为 $10.5/[121\times(1+2.5\%)]$kV；

T_2 实际变比为 110/38.5kV；

T_3 实际变比为 $35\times(1-5\%)/11=33.25/11$kV。

答案：A

47. **解** 对100/100/50类型变压器，厂家提供的短路损耗 $P_{k(1-3)}$、$P_{k(2-3)}$ 都是第三绕组中流过自身的额定电流，即1/2变压器额定电流时所测得的数据。因此，应首先将它们归算到对应于变压器的额定容量。

$$P_{k(1-2)}=333\text{kW}$$

$$P_{k(1-3)}=4\times265=1060\text{kW}$$

$$P_{k(2-3)}=4\times277=1108\text{kW}$$

$$P_{k1}=\frac{1}{2}[P_{K(1-2)}+P_{K(1-3)}-P_{K(2-3)}]=142.5\text{kW}$$

$$P_{k2}=\frac{1}{2}[P_{K(2-3)}+P_{K(1-3)}-P_{K(1-2)}]=190.5\text{kW}$$

$$P_{k3}=\frac{1}{2}[P_{K(1-2)}+P_{K(2-3)}-P_{K(1-3)}]=917.5\text{kW}$$

因此，R_{T1}、R_{T2}、R_{T3} 分别等于：

$$R_{T1}=\frac{P_{K1}U_{N2}^2}{1000S_N^2}=\frac{142.5\times38.5^2}{1000\times90^2}=0.026\Omega$$

$$R_{T2}=\frac{P_{K2}U_{N2}^2}{1000S_N^2}=\frac{190.5\times38.5^2}{1000\times90^2}=0.035\Omega$$

$$R_{T3}=\frac{P_{K3}U_{N2}^2}{1000S_N^2}=\frac{917.5\times38.5^2}{1000\times90^2}=0.168\Omega$$

答案：B

48. **解** 两台变压器的损耗为：

$$\frac{1}{2}(\Delta P_{ZT}+j\Delta Q_{ZT})+2(\Delta P_{YT}+j\Delta Q_{YT})=\frac{1}{2}\left(\frac{P_kS^2}{1000S_N^2}+j\frac{U_k\%S_NS^2}{100S_N^2}\right)+2\left(\frac{P_0}{1000}+j\frac{U_k\%S_NS^2}{100S_N^2}\right)$$

$$=0.268+j4.167$$

其中，$P_k=148\text{kW}$，$U_k\%=10.5$，$P_0=40\text{kW}$，$I_0\%=0.8$，$S_2=P_2+jQ_2=40+j30\text{MWA}$，$S_N=31.5\text{MWA}$。

答案：D

49. 解 求得：$R=36\Omega, X=85.2\Omega, B=5.32\times10^{-6}\text{S}$

空载时，电压降落纵分量：$\Delta U=-\dfrac{U_2BX}{2}$

$$=-\frac{205\times5.32\times10^{-6}\times85.2}{2}=4.646\text{kV}$$

电压降落横分量：$\delta U=\dfrac{U_2BR}{2}=1.963\text{kV}$

则计算得到送端电压：$U_1=\sqrt{(U_2+\Delta U)^2+(\delta U)^2}$

$$=\sqrt{(205-4.646)^2+(1.963)^2}=200\text{kV}$$

答案：A

50. 解 补偿前后线路末端的电压差为：$\Delta U=115-109=6\text{kV}$

补偿电容器的电抗为：$X_C=\dfrac{115}{20}\times6=34.5\Omega$

每个电容器的额定电流为：$I_{NC}=\dfrac{Q_{NC}}{U_{NC}}=\dfrac{40}{0.66}=60.61\text{A}$

每个电容器的电抗为：$X_{NC}=\dfrac{U_{NC}}{I_{NC}}=0.66\times\dfrac{1000}{60.61}=10.89\Omega$

线路通过的最大负荷电流为：$I_{Cmax}=\dfrac{\sqrt{22^2+20^2}}{\sqrt{3}\times115}\times1000=149.3\text{A}$

则电容器组需要并联的串数为：$m\geqslant\dfrac{I_{Cmax}}{I_{NC}}=\dfrac{149.3}{60.61}=2.46$

每串需要串联的电容器的个数为：$n\geqslant\dfrac{I_{Cmax}X_C}{U_{NC}}=\dfrac{149.3\times34.5}{0.66\times1000}=7.8$

取 $m=3, n=8$，则串联电容器由3串并联组成，每串有8个电容器，此时电容器组总的容量为：$Q_c=3mnQ_{Nc}=3\times3\times8\times40/1000=2.88\text{MVar}$。

答案：D

51. 解 如图所示，在时间轴上的投影代表各量的瞬时值。

非周期电流有最大初值的条件应为：

(1)相量差 $\dot{I}_{m|0|}-\dot{I}_m$ 有最大可能值；

(2)相量差 $\dot{I}_{m|0|}-\dot{I}_m$ 在 $t=0$ 时与时间轴平行。

一般电力系统中，短路回路的感抗比电阻大得多，即 $\omega L>R$，故可近似认为 $\varphi\approx90°$。因此，非周期电流有最大值的条件为：短路前电路空载（$\dot{I}_{m|0|}=0$），并且短路发生时，电源电势过0（$\alpha=0$）。

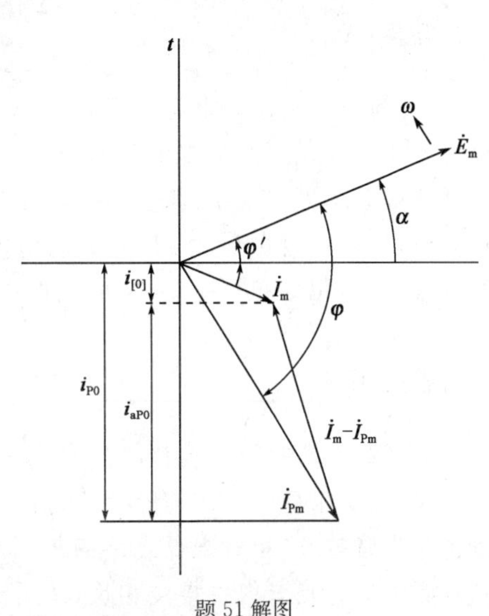

题51解图

答案：C

52. 解 一台发电机是 $X_d=0.2$，两台发电机时 $0.2//0.2=0.1$，再加上电抗器 X_R 的，一共等于0.2。

这样求出 $X_R=0.1$。然后求出电抗器 X_R 的基准值 $10.5^2/50=2.205\Omega$，$0.1\times2.205=0.2205\Omega$。

答案:B

53.**解** 先求各序总电抗：

$X_{\Sigma(1)}=X''_d+X_T=0.05+0.05=0.1$

$X_{\Sigma(2)}=X_{(2)}+X_T=0.05+0.05=0.1$

$X_{\Sigma(0)}=(X_T+3X_p)//X_{d(0)}=0.1//0.9=0.09$

形成复合序网图如图所示。

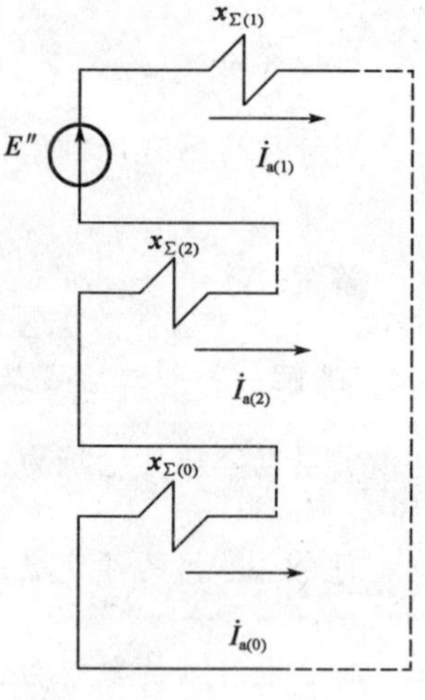

题 53 解图

$$\dot{I}_{a(1)}=\dot{I}_{a(2)}=\dot{I}_{a(0)}=\frac{E''}{X_{\Sigma(1)}+X_{\Sigma(2)}+X_{\Sigma(0)}}$$

$$=\frac{1.1}{0.1+0.1+0.09}=3.79$$

发电机 A 母线 a 相电压由 A 处正序电压和负序电压和零序电压组成，且要经过变压器的相位旋转。

$$\dot{U}_a=\dot{U}_{a(1)}e^{j30^\circ}+\dot{U}_{a(2)}e^{-j30^\circ}+\dot{U}_{a(0)}=\dot{U}_{a(1)}e^{j30^\circ}+\dot{U}_{a(2)}e^{-j30^\circ}$$

$$=(1.1-3.79\times0.05)e^{j30^\circ}+(3.79\times0.05)e^{-j30^\circ}$$

$$=0.91\times\left(\frac{\sqrt{3}}{2}+j\,\frac{1}{2}\right)+0.19\left(\frac{\sqrt{3}}{2}-j\,\frac{1}{2}\right)$$

$$=\frac{\sqrt{3}}{2}+0.36j=0.937\angle25.6^\circ$$

答案:A

54.**解** 装设在电压互感器回路中的设备不用校验动稳定及热稳定，因为系统发生短路时，短路电流并不通过这些设备，只有串联设备才需要校验动、热稳定性。熔断器不需要校验热稳定性。电缆不需要校验动稳定性。

答案:A

55.**解** 一般电网电压小于熔断器额定电压，对于一般的高压熔断器，其额定电压 U_N 必须大于或等于电网的额定电压 U_{SN}。但是对于填充石英砂有限流作用的熔断器，则不宜使用在低于熔断器额定电压的电网中，这是因为限流式熔断器灭弧能力很强，熔体熔断时因截流而产生过电压，一般在 $U_N=U_{SN}$ 的电网中，过电压倍数为 2～2.5 倍，不会超过电网中电气设备的绝缘水平，但如在 $U_{SN}<U_N$ 的电网中，因熔体较长，过电压值可达 3.5～4 倍相电压，可能损害电网中的电气设备。

答案:C

56.**解** 如图所示，内桥接线在线路故障或者投入、切除时，不影响其余回路工作，并且操作简单；而变压器故障或切除、投入时，要使相应线路短时停电且操作复杂。因而该线路一般适用于线路较长(相对来说线路的故障几率较大)和变压器不需要经常切换的情况。外桥接线在运行中的特点与内桥接线相反，适用于线路较短和变压器需要经常切换的情况。

答案:A

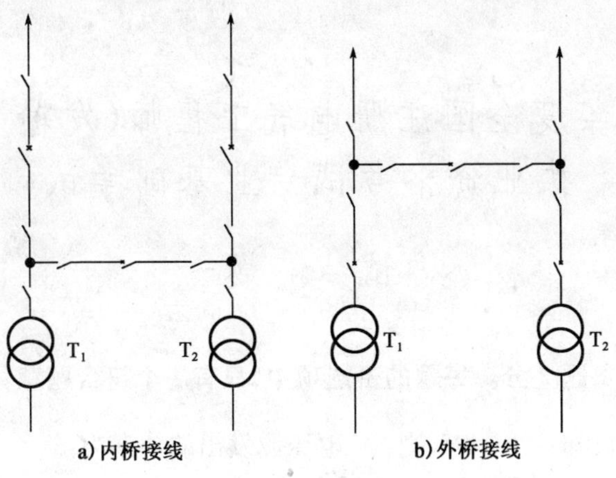

题 56 解图

57. **解** 选项 B，三相三柱式电压互感器只能测量线电压。

选项 C，两台单相电压互感器跨接在 U_{AB} 及 U_{BC} 线电压之间，接成不完全三角形，用于 20kV 以下中性点不接地电网，用来测量相间电压。

选项 D，三台单相电压互感器用于 110kV 及以上中性点接地系统时，测量相对地电压，用于 35kV 及以下中性点不接地系统时只能测量相间电压，不能测量相对地电压。

答案：A

58. **解** 污闪最严重的大气条件为雾天，其次毛毛雨、露、雪等。

答案：C

59. **解** 安装避雷器是保护变电所电气设备的主要措施。一般只在母线上安装避雷器，因此避雷器与被保护电器之间不可避免的会有一定的距离。这种情况下，被保护设备所承受的雷电过电压会高于避雷器的残压，所以决定电气设备绝缘水平的避雷器参数是残压。

答案：B

60. **解** 目前所做的耐压试验使用的是超低交流电压 0.1Hz，所需的试验设备容量仅为工频试验设备的 1/500。

答案：D

2008 年度全国注册电气工程师(发输变电)执业资格考试专业基础考试

试　题

单选题(共 60 题,每题 2 分。每题的备选项中,只有 1 个符合题意)

1. 电路如图所示,已知 $u=-8V$,则 8V 电压源发出的功率为:

A. 12.8W　　B. 16W　　C. −12.8W　　D. −16W

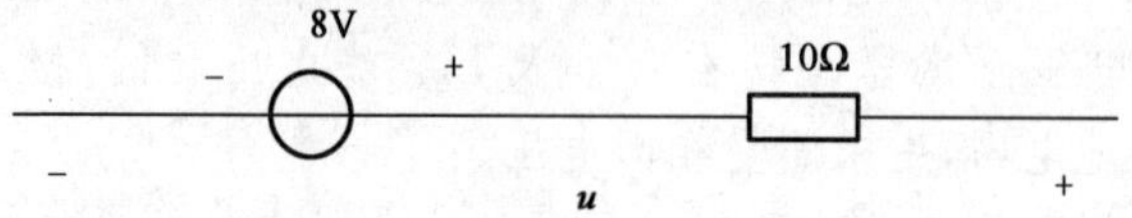

题 1 图

2. 电路如图所示,则电位 u_A 为:

A. 0.5V　　B. 0.4V　　C. −0.5V　　D. −0.4V

3. 电路如图所示,求 ab 之间的电阻值为:

A. 4Ω　　B. 6Ω　　C. 8Ω　　D. 9Ω

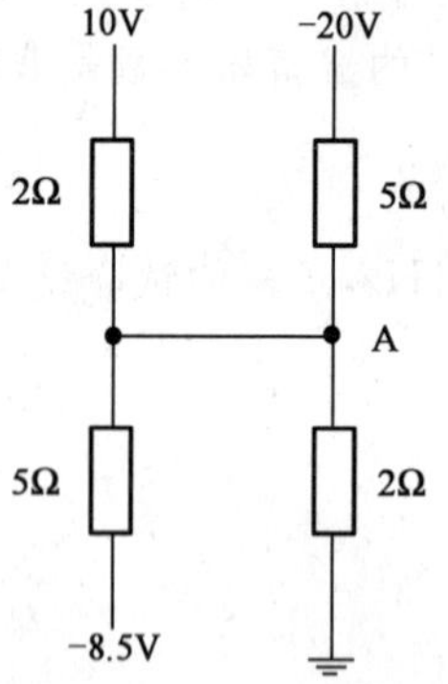

题 2 图

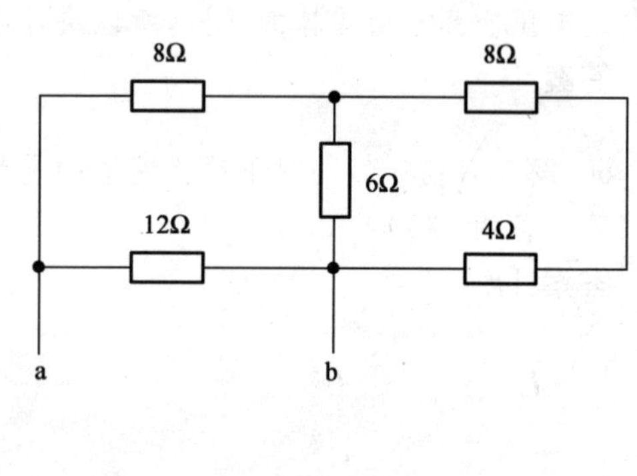

题 3 图

4. 电路如图所示,图中的戴维南等效电路参数 u_S 和 R_S 分别为:

A. 16V　2Ω　　B. 12V　4Ω　　C. 8V　4Ω　　D. 8V　2Ω

5. 电路如图所示,图示部分电路中 AB 间的互导为:

A. 2S　　B. 0　　C. 4S　　D. 0.5S

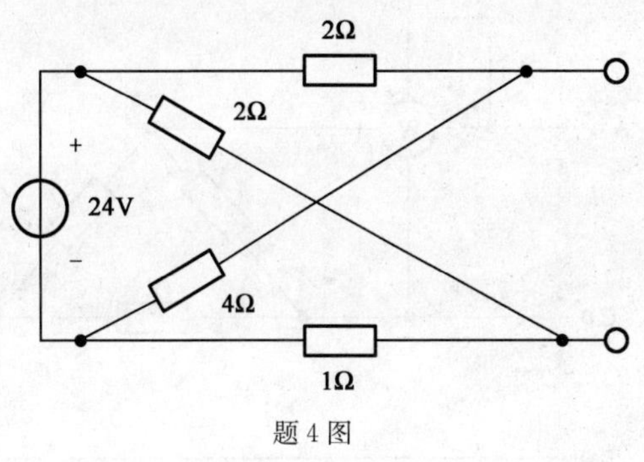

题 4 图

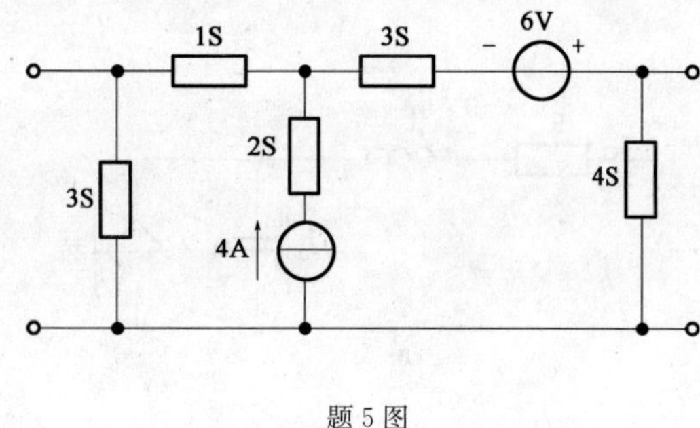

题 5 图

6. 电路如图所示，R 的值为：

A. 12.5Ω　　B. 15.5Ω　　C. 15Ω　　D. 18Ω

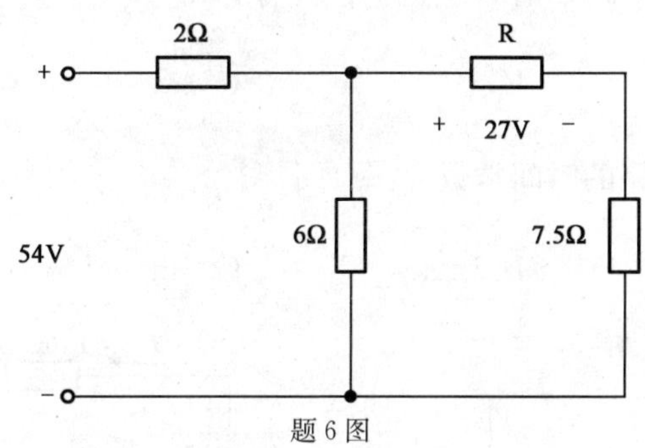

题 6 图

7. 正弦电流的初相为 45°，在 $t=0$ 时的瞬时值为 8.66A，经过 $\frac{3}{800}$s 后，电流第一次下降为 0，则角频率为：

A. 785rad/s　　B. 628rad/s　　C. 50rad/s　　D. 100rad/s

8. 已知 RLC 串联电路，总电压 $u=100\sqrt{2}\sin\omega t$，$U_C=180V$，$U_R=80V$，则 U_{RL} 为：

A. 110V　　B. $50\sqrt{2}$V　　C. 144V　　D. 80V

9. 已知 RLC 串并联电路如图所示，电路的谐振角频率为：

A. $\frac{1}{2\sqrt{LC}}$ rad/s　　B. $\frac{2}{\sqrt{LC}}$ rad/s　　C. $\frac{4}{\sqrt{LC}}$ rad/s　　D. $\frac{1}{2\sqrt{LC}}$ rad/s

10. 如图所示，线电压为 380V，每相阻抗 $Z=(3+j4)\Omega$，图中功率表的读数为：

A. 45572W　　B. 7667W　　C. 15134W　　D. 23001W

11. 对称三相负载三角形联结，线电压 U_1，若端线上的一根保险丝熔断，则该保险丝两端的电压为：

A. U_1　　B. $\frac{U_1}{\sqrt{3}}$　　C. $\frac{U_1}{2}$　　D. $\frac{\sqrt{3}U_1}{2}$

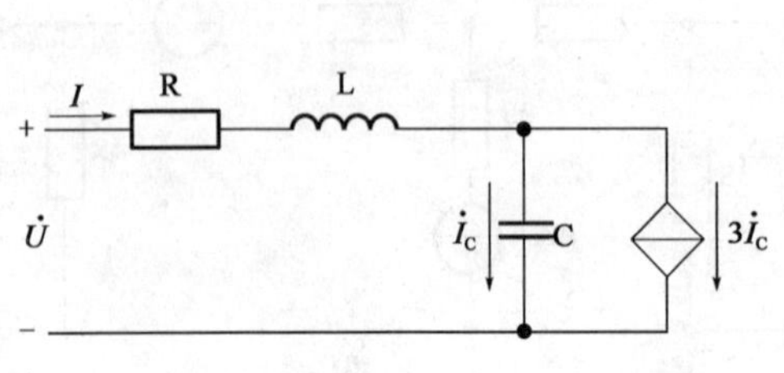

题 9 图

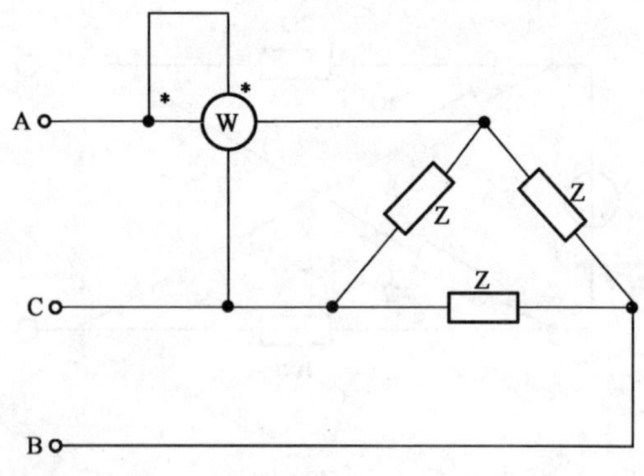

题 10 图

12. 电路如图所示，当 $t=0$ 时，闭合开关 S，有 $i_{L1}(0_+)=i_{L2}(0_+)=0$，则 $U_{L1}(0_+)$ 为：

A. 1.5V　　B. 6V　　C. 3V　　D. 7.5V

13. 电路如图所示，电路的时间常数为：

A. 10ms　　B. 5ms　　C. 8ms　　D. 12ms

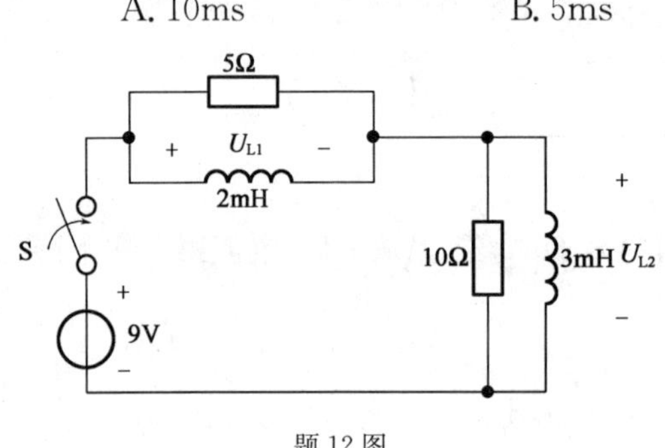

题 12 图

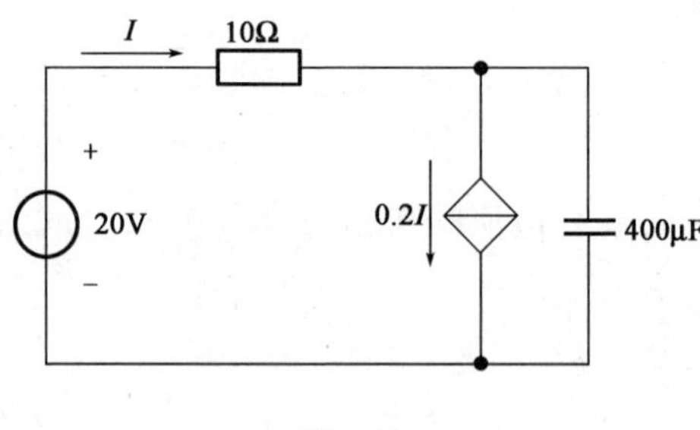

题 13 图

14. 电路如图所示，电压 U 含基波和三次谐波，基波角频率为 10^4，若要求 U_1 不含基波而将 U 中三次谐波分量全部取出。则电感 L 应为：

A. 2.5mH　　B. 5mH　　C. 2mH　　D. 1mH

15. 如图所示，有一夹角为 30°的半无限大导电平板接地，其内有一点电荷 q，若用镜像法计算其间的电荷分布，需镜像电荷的个数为：

A. 12　　B. 11　　C. 6　　D. 3

16. 已知一带电量为 $q=10^{-6}$C 的点电荷距离不接地金属球壳（其半径 $R=5$cm）的球心 1.5cm 处，则球壳表面的最大电场强度 E_{max} 为：

A. 2.00×10^4V/m　　B. 2.46×10^6V/m

C. 3.6×10^6V/m　　D. 3.23×10^6V/m

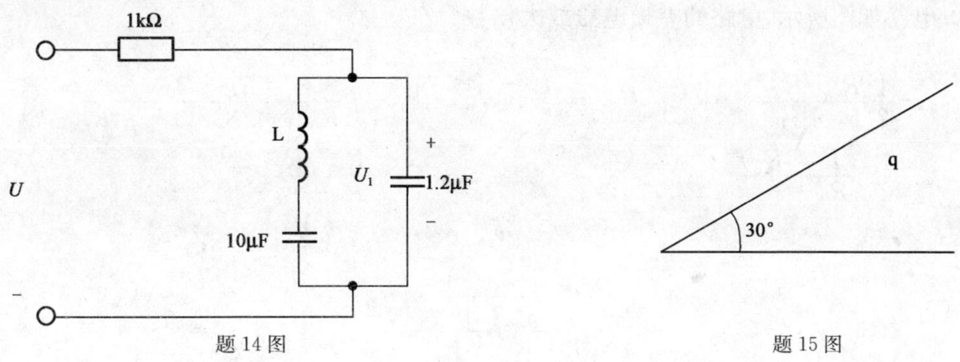

题 14 图　　　　题 15 图

17. 一理想的平板电容器，极板间距离为 d，由直流电压源充电至电压 U_0，此时两极板间相互作用力 f，后又断开电源，断电后将极板间距离增大到 $3d$，则两板相互作用力为：

A. $f/3$　　B. f　　C. $f/9$　　D. $3f$

18. 一高压同轴圆柱电缆，内导体的半径为 a，外导体的内半径为 b，若 b 固定，要使内导体表面上场强最小，a 与 b 的比值应该为：

A. 1/e　　B. 1/2　　C. 1/4　　D. 1/8

19. 终端短路的无损耗传输线的长度为波长的多少时，入段阻抗的绝对值不等于其特性阻抗？

A. 1/8　　B. 3/8　　C. 1/2　　D. 5/8

20. 无限长无损耗传输线任意处的电压在相位上超前电流的角度为：

A. 90°　　B. −90°　　C. 45°　　D. 0

21. 简单电路如图所示，已知晶闸管 $\beta=100$，$r_{be}=1\text{k}\Omega$，耦合对交流信号视为短路，求电路的电压放大倍数 $\dot{A}_u=\dfrac{\dot{U}_o}{\dot{U}_i}$ 为：

A. −8.75　　B. 300　　C. −300　　D. −150

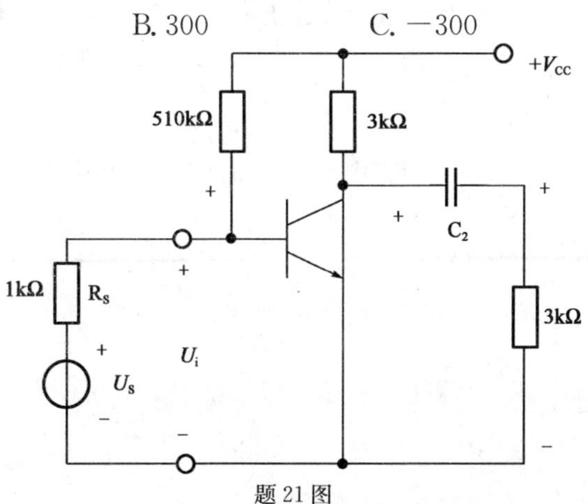

题 21 图

22. 电路如图所示，电路的差模电压放大倍数为：

A. $\dfrac{1}{2}\dfrac{R_C//R_L}{R_B+r_{be}}$　　B. $-\beta\dfrac{R_C//R_L}{R_B+r_{be}+2(1+\beta)R_E}$

C. $\dfrac{1}{2}\dfrac{\beta(R_C//R_L)}{R_B+r_{be}}$　　D. $\beta\dfrac{R_C//R_L}{R_B+r_{be}}$

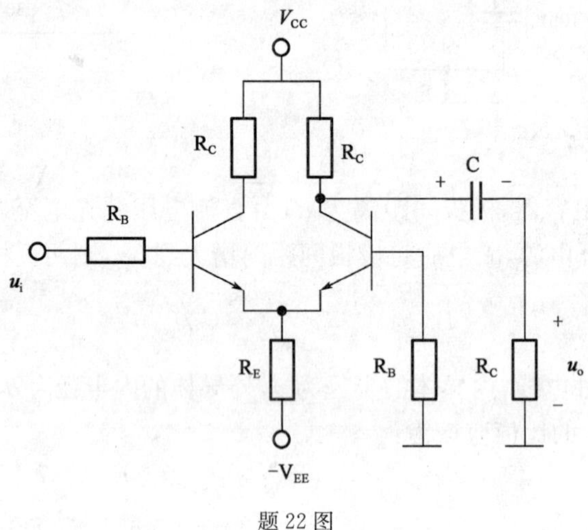

题 22 图

23. 电路如图所示，如果电路引入反馈来稳定输出电压，则反馈支路（R_F 与 C_F 的支路）应加在电路的下列哪两点之间？

A. A 和 G　　B. B 和 G　　C. C 和 G　　D. D 和 G

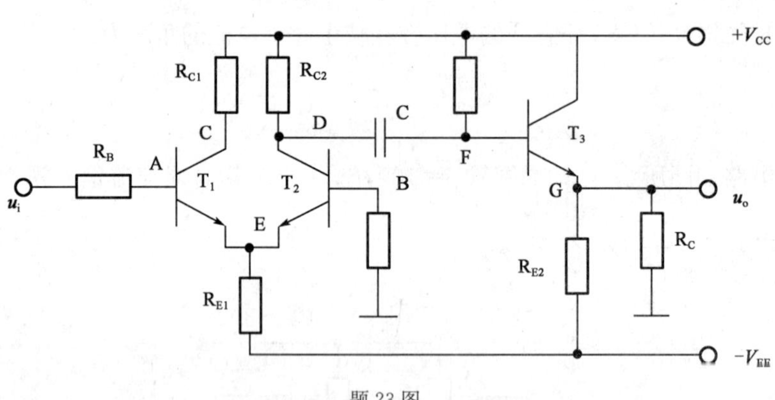

题 23 图

24. 电路如图所示，如果放大器是理想运放，直流输入电压满足理想运放的要求，则电路的输出电压 U_o 最大值为：

A. 15V　　B. 18V　　C. 22.5V　　D. 30V

25. 电路如图所示，$R_1=R_3=1\text{k}\Omega$，$R_2=R_4=10\text{k}\Omega$，则 $\dfrac{U_V}{U_{i1}-U_{i2}}$ 为：

A. 10　　B. 5　　C. −5　　D. −10

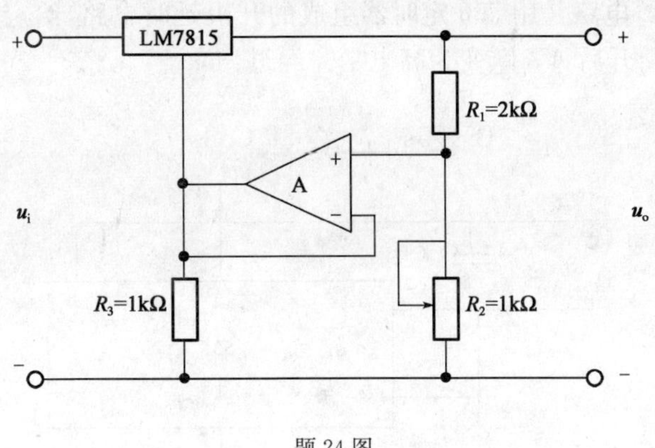

题 24 图

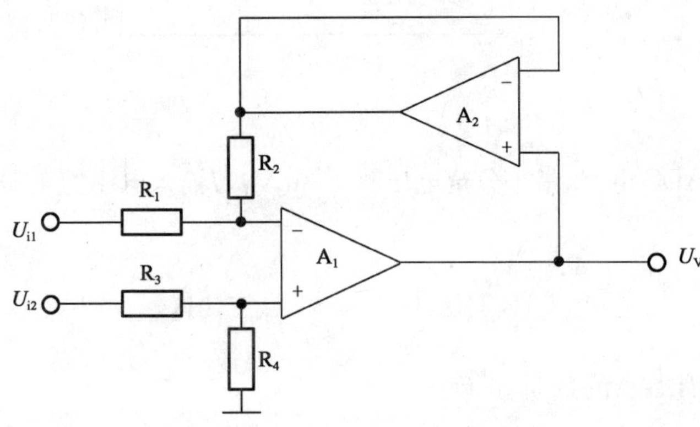

题 25 图

26. 已知 $L=\overline{A}B\overline{D}+\overline{B}\overline{C}D+\overline{A}\overline{B}D$ 的简化式为 $L=B\oplus D$,则函数的无关项至少有:

A. 1 个　　B. 2 个　　C. 3 个　　D. 4 个

27. 如图所示的电路,其功能是:

A. 减法器　　B. 加法器　　C. 比较器　　D. 译码器

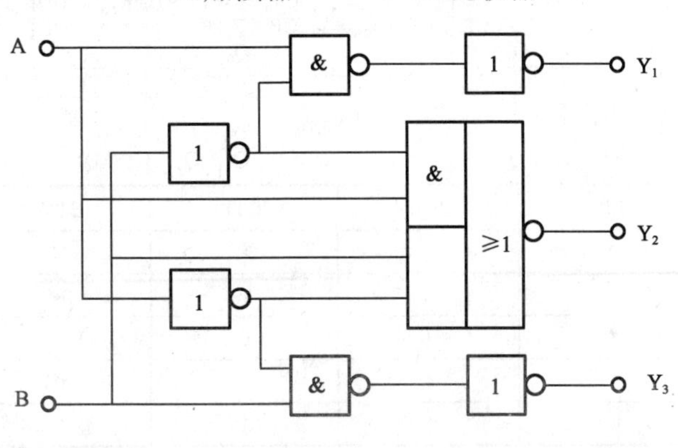

题 27 图

28. 电路如图所示，电路是用555定时器组成的开机延时电路，给定$C=25\mu F$，$R=91k\Omega$，$V_{CC}=12V$，当开关S断开后，V_C跃变为高电平需经过：

A. 1s　　B. 1.5s　　C. 8s　　D. 2.5s

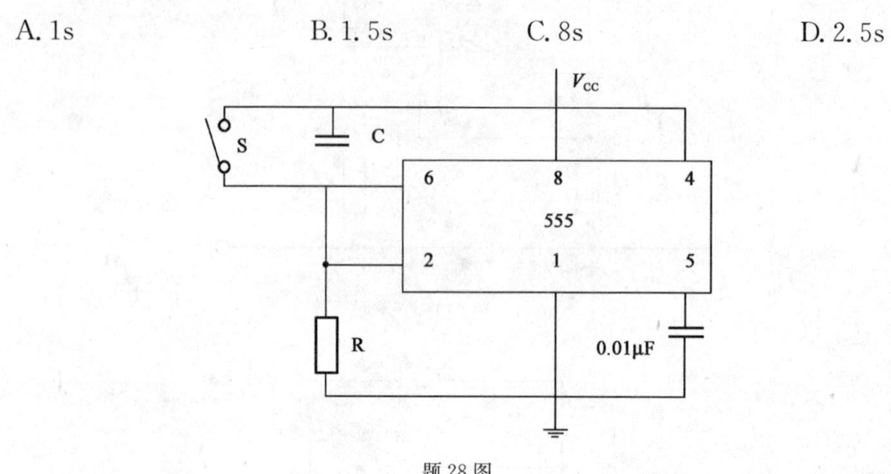

题28图

29. 一片12位ADC电路，最小分辨电压时1.2mV，若输入电压为4.387V，则显示的数字量为：

A. E47H　　B. E48H　　C. E49H　　D. E50H

30. 关于是哪种计数器的判断，正确的是：

A. 同步190计数器　　B. 同步195计数器

C. 同步198计数器　　D. 同步256计数器

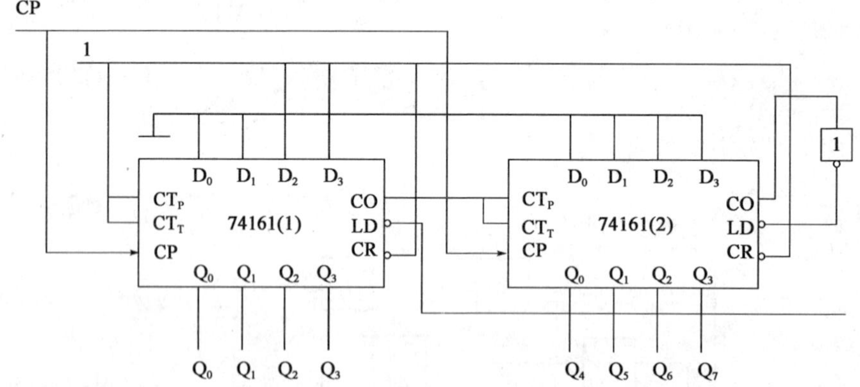

CP	EP	ED	CTP	CTV	工作状态
×	0	×	×	×	置零
1	1	0	×	×	预置数
×	1	1	0	×	保持
×	1	1	×	0	保持
1	1	1	1	1	保持

题30图

31. 变压器当副边电流增加到额定值，若副边电压等于开路电压，即 $\Delta U\%=0$，则两边阻抗性质为：

A. 感性　　B. 纯电阻性　　C. 容性　　D. 任意性质

32. 无穷大电网同步发电机在 $\cos\varphi=1$ 下运行，保持励磁电流不变，减小输出有功，将引起功率角 θ，功率因数 $\cos\varphi$ 什么变化？

A. 功率角减小，功率因数减小　　B. 功率角增大，功率因数减小
C. 功率角减小，功率因数增大　　D. 功率角增大，功率因数增大

33. 水轮发电机转速为 150r/min，$f=50\text{Hz}$，主磁极数为：

A. 10　　B. 20　　C. 30　　D. 40

34. 一台绕线式感应电动机拖动恒转矩负载运行时，当转子回路串入电阻，电机的转速 n 会发生变化，与未串入电阻时相比，下列选项正确的是：

A. 转子回路的电流和功率因数不变
B. 转子回路的电流变化而功率因数不变
C. 转子回路的电流不变而功率因数变化
D. 转子回路的电流和功率因数均变化

35. 一双层交流绕组的极距 $\tau=15$ 槽，今欲利用短距消除 5 次谐波电势，其线圈节距 y 应该设计为：

A. 12　　B. 11　　C. 10　　D. $y\leqslant10$ 的某值

36. 一台正向旋转的直流并励发电机接在直流电网上运行，若撤掉原动机，则发电机的运行状态是：

A. 停止　　B. 作为电动机反向运行
C. 作为电动机正向运行　　D. 不能运行

37. 一台 4 极三相感应电动机，接在频率为 50Hz 的电源上，当转差率 $s=0.05$ 时，定子电流产生的旋转磁势相当于转子转速为：

A. 0r/min　　B. 75r/min　　C. 1425r/min　　D. 1500r/min

38. 判断并网运行的同步发电机，处于过励运行状态的依据是：

A. $\dot{E}_0$ 超前 $\dot{U}$　　B. $\dot{E}_0$ 滞后 $\dot{U}$　　C. $\dot{I}_a$ 超前 $\dot{U}$　　D. $\dot{I}_a$ 滞后 $\dot{U}$

39. 电力系统是由哪项组成？

A. 发电—输电—供电(配电)

B. 发电—变电—输电—变电

C. 发电—变电—输电

D. 发电—变电—输电—变电—供电(配电)

40. 计算功率损耗的公式为：

A. $\Delta\widetilde{S}=\frac{P^2+Q^2}{U^2}(R+jX)$　　B. $\Delta\widetilde{S}=\frac{P+jQ}{U}(R+jX)$

C. $\Delta\widetilde{S}=\frac{P+jQ}{U^2}(R+jX)$　　D. $\Delta\widetilde{S}=\frac{P^2+Q^2}{U^2}(B+jX)$

41. 变压器 X_T 的计算公式是：

A. $X_T=\frac{U_k\%U_{TN}^2}{100}\frac{}{S_{TN}}\Omega$　　B. $X_T=\frac{U_k\%U_{TN}^2}{S_{TN}}\times10\Omega$

C. $X_T=\frac{U_k\%S_{TN}^2}{U_{TN}^2}\times10\Omega$　　D. $X_T=\frac{U_k\%S_{TN}}{10U_{TN}^2}\Omega$

42. 电力系统的部分接线如图所示，各电压级的额定电压已标明，则 G，T_1，T_2，T_3 各电气设备的额定电压表述正确的是：

A. G：10.5　T_1：10.5/242　T_2：220/121/11　T_3：110/38.5

B. G：10　T_1：10/242　T_2：220/110/11　T_3：110/35

C. G：10.5　T_1：10.5/220　T_2：220/110/11　T_3：110/38.5

D. G：10.5　T_1：10.5/242　T_2：220/110/11　T_3：110/38.5

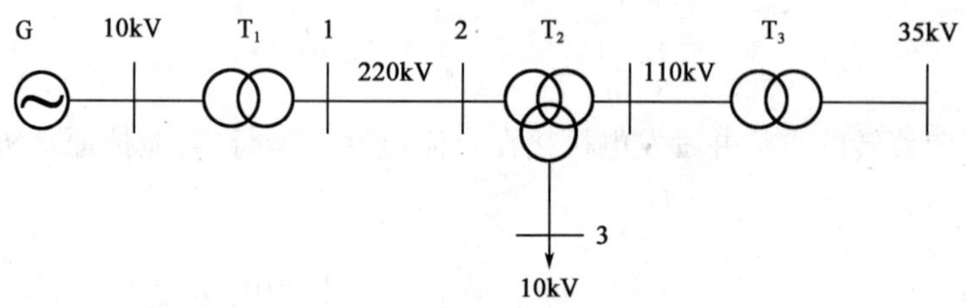

题 42 图

43. 变压器等值电路如图所示，末端电压 $\dot{U}_2=110\angle0^\circ$ kV，末端负荷功率 $\widetilde{S}_2=50+j20$MVA，则变压器始端电压 $\dot{U}_1$ 及串联支路功率损耗为：

A. 112.24∠0.58°kV　0.95+j5.45MVA

B. 114.38∠4.35°kV　0.215+j4.79MVA

C. 114.14∠4.62°kV　1.95+j5.45MVA

D. 112.24∠4.5°kV　0.77+j4.30MVA

44. 对高压线末端电压升高现象，常用办法是在线路末端加：

A. 并联电抗器　　B. 串联电抗器　　C. 并联电容器　　D. 串联电容器

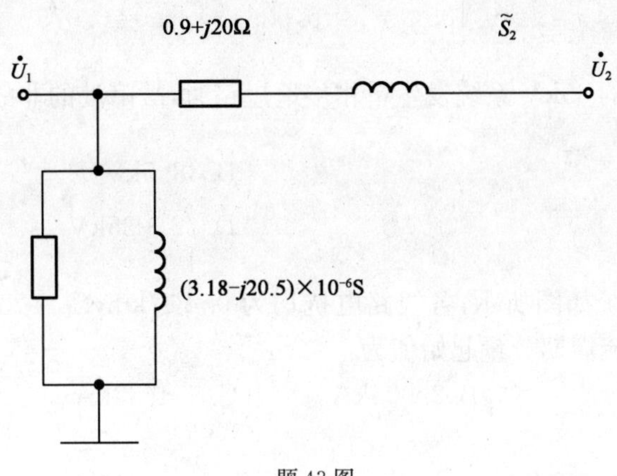

题 43 图

45. 已知某变压器变比为 110(1±2×2.5%)/11kV，容量为 20MVA，低压母线最大负荷为 18MVA，$\cos\varphi=0.6$，最小负荷为 7MVA，$\cos\varphi=0.7$，归算到高压侧的变压器参数为 $5+j60\Omega$，变电所高压母线在任何情况下均保持电压为 107kV，为了使低压侧母线保持顺调压，该变压器的分接头为：

A. 主接头档，$U_1=110$kV

B. 110(1-5%)档，$U_1=104.5$kV

C. 110(1+2.5%)档，$U_1=112.75$kV

D. 110(1-2.5%)档，$U_1=107.25$kV

46. 如图所示的简单电力系统，已知 220kV 系统参数为 $R=19.65\Omega$，$X=59.10\Omega$，$B=43.33\times10^{-6}$S，发电机母线电压为 225kV，则线路空载时 B 母线实际电压为：

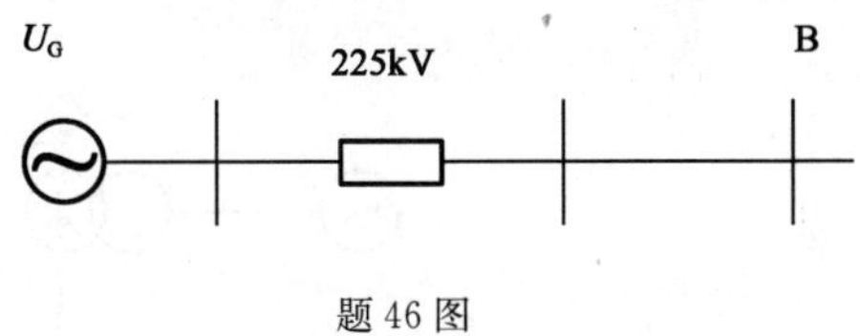

题 46 图

A. 229.718∠0.23°kV　B. 225∠0°kV

C. 227.81∠0.23°kV　D. 220.5∠5°kV

47. 如图所示的电力系统，元件参数如图中标出，用有名值表示该电力系统等值电路(功率标幺值 30MVA)，下面选项正确的是：

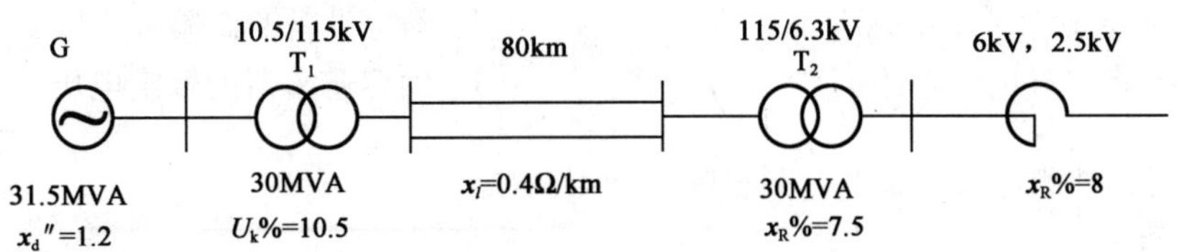

题 47 图

A. $x''_{d*}=1.143$　$x_{T1*}=0.105$　$x_{l*}=0.0725$　$x_{T2*}=0.075$　$x_{R*}=0.0838$

B. $x''_{d*}=0.5$　$x_{T1*}=0.35$　$x_{l*}=0.302$　$x_{T2*}=0.33$　$x_{R*}=0.698$

C. $x''_{d*}=1.143$　$x_{T1*}=10.5$　$x_{l*}=0.364$　$x_{T2*}=7.5$　$x_{R*}=0.769$

D. $x''_{d*}=1.143$　$x_{T1*}=0.105$　$x_{l*}=0.0363$　$x_{T2*}=0.075$　$x_{R*}=0.0838$

48. 当中性点绝缘的 35kV 系统发生单相接地短路时，故障处的非故障相电压为：

A. 35kV　　B. 38.5kV

C. $\sqrt{3}\times35$kV　　D. $\sqrt{2}\times35$kV

49. 已知某电力系统如图所示，各线路电抗均为 0.4Ω/km，$S_B=250$MVA，如果 f 处发生三相短路，瞬时故障电流周期分量起始值为：

A. 3.8605kA　　B. 2.905kA　　C. 5.4767kA　　D. 2.7984kA

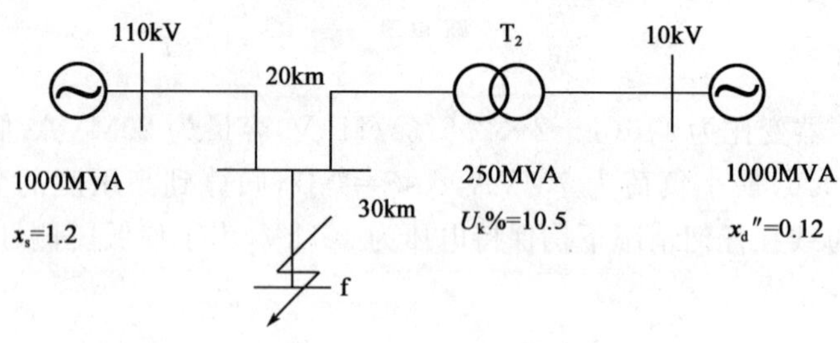

题 49 图

50. 简单电力系统如图所示，$X_{T2}=0.1$，取基准功率 $S_B=100$MVA 时，计算 f 点发生 a 相接地短路时短路点的短路电流(kA)及短路点正序电压(kV)为：

A. 0.89kA　134.79kV　　B. 2.6767kA　76.089kV

C. 0.846kA　76.089kV　　D. 2.789kA　131.79kV

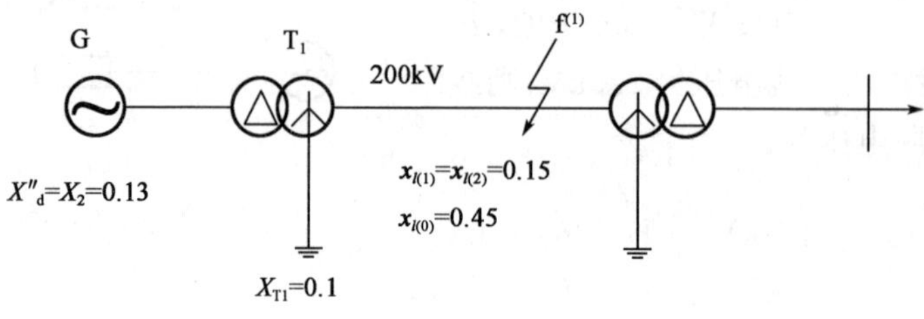

题 50 图

51. 电力系统中绝缘配合的目的是：

A. 确定绝缘子串中绝缘子个数　　B. 确定设备的试验电压值

C. 确定空气的间隙距离　　D. 确定避雷器的额定电压

52. 下列哪种测量仪器最适合测量陡波冲击高压：

A. 静电电压表　　B. 高阻串微安表

C. 阻容分压器　　D. 测量球隙

53. 下面哪种方式能够有效地降低线路操作过电压：

A. 加串联电抗器　　B. 增加线间距离

C. 断路器加装合，分闸电阻　　D. 增加绝缘子片数

54. 影响 SF_6 气体绝缘温度的因素不包括：

A. 分子密度　　B. 电场分布　　C. 导电微粒　　D. 分子质量

55. 某变电站母线上带有三条波阻抗为 $Z=400\Omega$ 的无限长输电线，当幅值为 750kV 的行波沿其中一条出线传至母线时，此母线的电压值为：

A. 500kV　　B. 750kV　　C. 375kV　　D. 250kV

56. 断路器开断中性点不直接接地系统中的三相短路电流时，首先开断相开断后的工频恢复电压为（U_{pv}为相电压）：

A. U_{pv}　　B. $0.866U_{pv}$　　C. $1.5U_{pv}$　　D. $1.3U_{pv}$

57. 中性点不接地系统中，三相电压互感器的附加绕组额定电压是：

A. 100　　B. $\frac{100}{\sqrt{3}}$　　C. $\frac{100}{3}$　　D. $100\sqrt{3}$

58. 内桥形式的主接线适用于下面哪种情况？

A. 出线较长，主变压器操作较少的电厂　　B. 出线较长，主变压器操作较多的电厂
C. 出线较短，主变压器操作较多的电厂　　D. 出线较短，主变压器操作较少的电厂

59. 在 6～20kV 电网中，为了测量三相电压，通常用下面哪种方式？

A. 三相五柱式电压互感器
B. 三相三柱式电压互感器
C. 两台单相电压互感器接成不完全星形
D. Y/△连接的三台单相电压互感器

60. 下列叙述正确的是：

A. 验算热稳定的短路计算时间为继电保护动作时间与断路器开断时间之和
B. 验算热稳定的短路计算时间为继电保护动作时间与断路器固有的分闸时间之和
C. 电气的开断计算时间应为后备保护动作时间与断路器固有的分闸时间之和
D. 电气的开断计算时间应为主保护动作时间与断路器全开断时间之和

2008 年度全国注册电气工程师(发输变电)执业资格考试专业基础考试

试题解析及参考答案

1. **解** 电流 I 参考方向如图所示，$I=\frac{8+8}{10}=1.6\text{A}$，则电压源吸收的功率为：$P=UI=-8\times 16=-12.8\text{W}$，实发 12.8W。

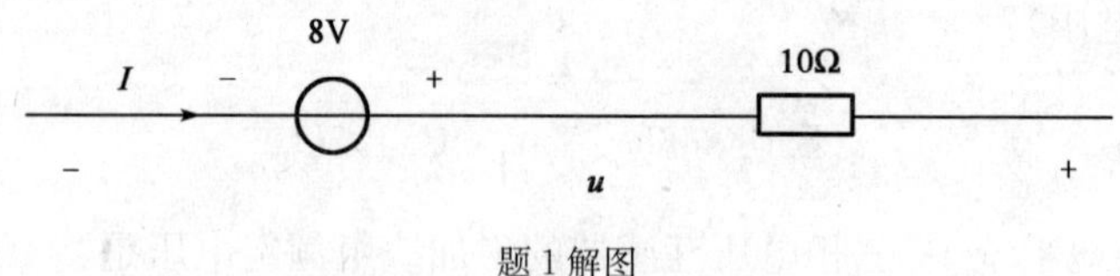

题 1 解图

答案:A

2. **解** 如图所示。

由 KCL 定律得：$I_1=I_2+I_3, I_3+I_4=I_5$，整理得：$I_1-I_2=I_5-I_4$。

易求：$\frac{10-u_A}{2}-\frac{u_A+8.5}{5}=\frac{u_A}{2}-\frac{-20-u_A}{5}$，可得：$u_A=-0.5\text{V}$。

答案:C

3. **解** 化简电路如图所示。$R_1=6//12=\frac{12\times 6}{18}=4\Omega$，则 $R_{ab}=(8+R_1)//12=6\Omega$。

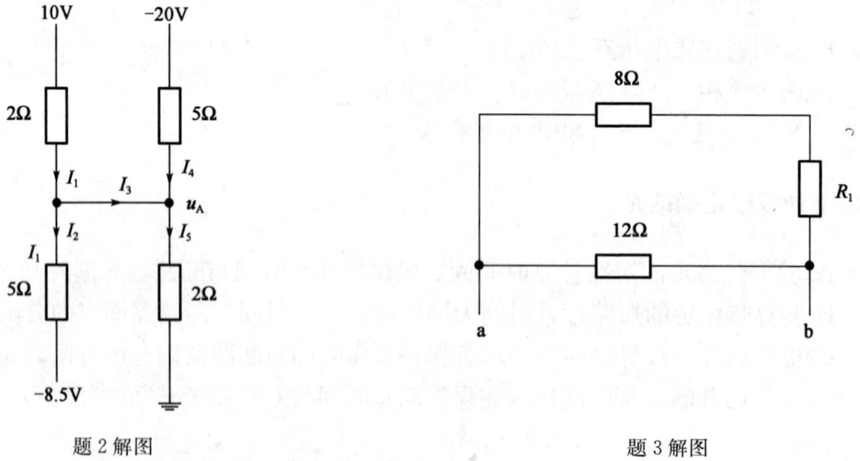

题 2 解图 题 3 解图

答案:B

4. **解** (1)原电路等效为图 a)。

易求 $I_1=\frac{24}{2+4}=4\text{A}; U_{A0}=4\times 4=16\text{V}$

$$I_2 = \frac{24}{2+1} = 8\text{A}; U_{B0} = 8 \times 1 = 8\text{V}$$

则 $U_{AB} = U_{A0} - U_{B0} = 8\text{V}$，即 $u_S = 8\text{V}$

(2)求 R_S。如图所示，$R_S = 2//4 + 2//1 = 2\Omega$。

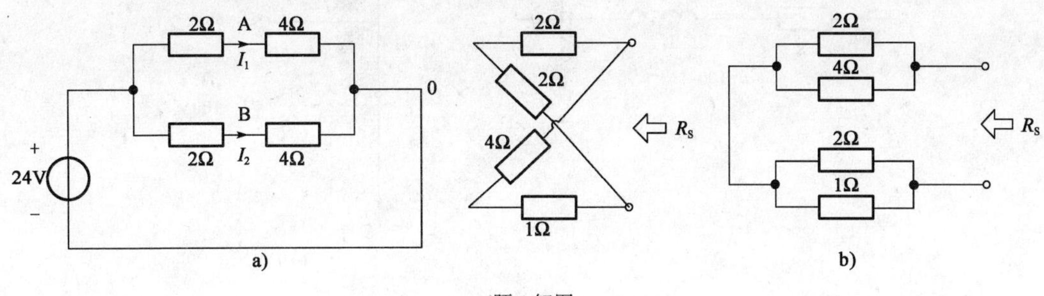

题 4 解图

答案:D

5.**解**　如图所示，由节点分析法中互电导的定义可知，当节点间电导与电流源串联时，其电导为 0。则可知，AB 间的互导为 0。

答案:B

6.**解**　电流标注如图所示，$I_2 = \frac{27}{R}$，由 KCL 得：$I_1 = I_2 + I_3$，而 $I_3 = \frac{27 + 7.5I_2}{6}$，则：$I_1 = \frac{54 - (27 + 7.5I_2)}{6}$。

综上可得：$\frac{54 - (27 + 7.5I_2)}{2} = \frac{27 + 7.5I_2}{6} + I_2$

将 $I_2 = \frac{27}{R}$ 带入上式，得：$R = 18\Omega$。

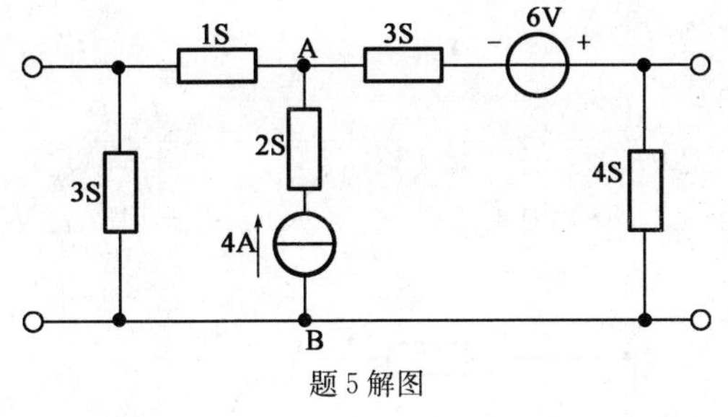

题 5 解图

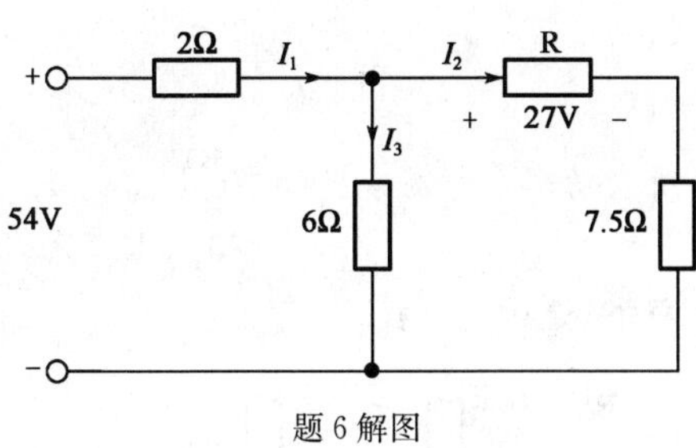

题 6 解图

答案:D

7.**解**　若 $i = A\sin(\omega t + \varphi)$，由题知 $\varphi = 45°$，$\omega \frac{3}{800} + \frac{\pi}{4} = \pi$，所以，$\omega = \frac{3\pi}{4} \times \frac{800}{3} = 628\text{rad/s}$。

答案:B

8.**解**　由题意得 RLC 串联电路如图 a)所示，画出向量图如图 b)所示，取 I 为参考向量，$\dot{I} = I\angle 0°$，由向量图可得 $U_C - U_L = 60\text{ V}$，$U_L = 120\text{ V}$，则 $U_{RL} = \sqrt{120^2 + 80^2} = 144\text{V}$。

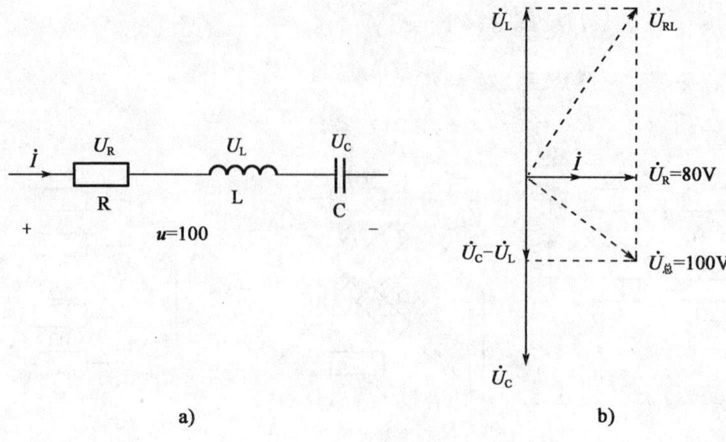

题 8 解图

答案:C

9. **解**　由题意得：$\dot{I}=\dot{I}_C+3\dot{I}_C=4\dot{I}_C$

$$\dot{U}=R\dot{I}+j\omega L\dot{I}+\frac{1}{j\omega C}\dot{I}_C=4R\dot{I}_C+\left(4j\omega L-j\frac{1}{\omega C}\right)\dot{I}_C=4R\dot{I}_C+j\dot{I}_C\left(4\omega L-\frac{1}{\omega C}\right)$$

要使其发生谐振，则有 $4\omega L-\frac{1}{\omega C}=0$，则 $\omega=\frac{1}{2\sqrt{LC}}$。

答案:A

10. **解**　令 $\dot{U}_A=220\angle 0°$，所以有 $\dot{U}_{AB}=220\sqrt{3}\angle 30°$，$\dot{U}_{BC}=220\sqrt{3}\angle -90°$，$\dot{U}_{CA}=220\sqrt{3}\angle 150°$，则 $\dot{U}_{AC}=220\sqrt{3}\angle -30°$。

$$\dot{I}_A=\dot{U}_A/\frac{Z}{3}=\frac{220\angle 0°}{1+j\frac{4}{3}}=\frac{660\angle 0°}{5\angle 53°}=132\angle -53°\text{A}$$

所以功率表示数：$P=\text{Re}[\dot{U}_{AC}\times\overset{*}{I}_A]=\text{Re}[220\sqrt{3}\angle -30°\times 132\angle 53°]$

$=220\times 130\times\sqrt{3}\times\cos\angle 23°=220\times 130\times\sqrt{3}\times 0.92=45572\text{W}$

答案:A

11. **解**　如图所示。

$$\dot{U}_{AA'}=\dot{U}_{AB}+\dot{U}_{BA'}=\dot{U}_{AB}+\dot{U}_{BN'}=\dot{U}_{AB}+\frac{1}{2}\dot{U}_{BC}=U_1\angle 30°+\frac{U_1}{2}\angle -90°=\frac{\sqrt{3}}{2}U_1\angle 0°$$

题 11 解图

答案:D

12. **解** 如图 a)所示。

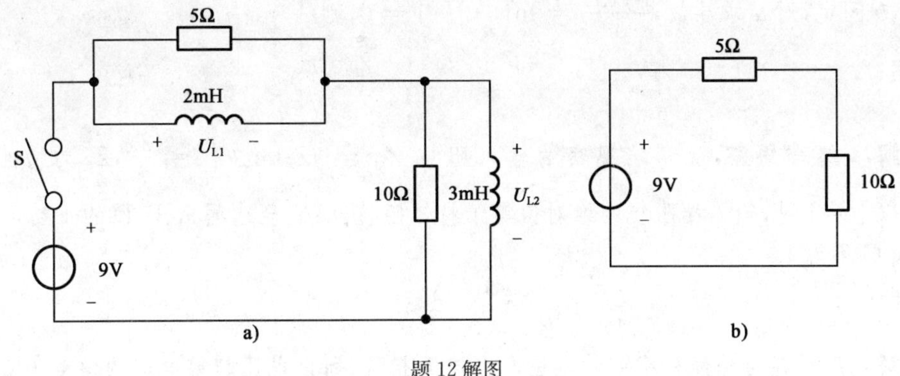

题 12 解图

由题意得,闭合之前,$i_{L1}(0_-)=i_{L2}(0_-)=0$,开关 S 后,有 $i_{L1}(0_+)=i_{L2}(0_+)=0$,则可以化简为图 b)。所以,$U_{L1}(0_+)=\dfrac{5}{5+10}\times 9=3\text{V}$。

答案:C

13. **解** 如图所示。

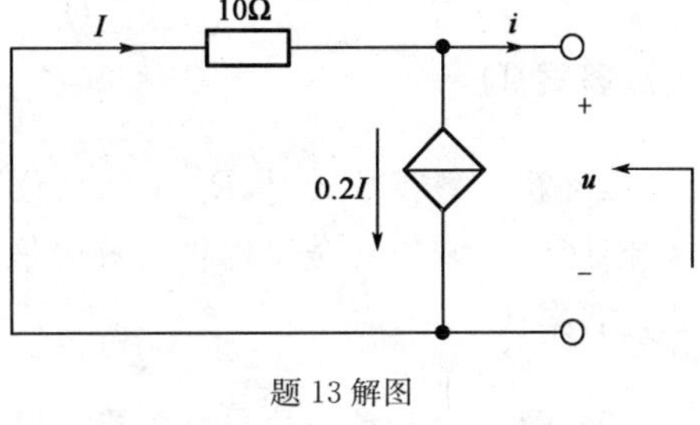

题 13 解图

$i=0.8I, U=-10I$,所以 $R=\dfrac{U}{-i}=\dfrac{50}{4}$

$\tau=CR=400\times 10^{-6}\times\dfrac{50}{4}=50\times 10^{-4}=5\text{ms}$

答案:B

14. **解** 由题意知,U 含有基波和三次谐波。若要求 U_1 不含有基波而将 U 中的三次谐波分量全部取出,则需视 L 与 $10\mu\text{F}$ 电容发生串联谐振使其短路。

则有 $\omega L=\dfrac{1}{\omega C}$,代入数据得 $10^4 L=\dfrac{1}{10^4\times 10\times 10^{-6}}$,所以 $L=1\text{mH}$。

答案:D

15. **解** 无限大导电平板的角度为 φ 时,用镜像方法分析电荷分布时,镜像电荷个数为 $\dfrac{360^\circ}{\varphi}-1$,此题目中 $\varphi=30^\circ$,代入公式得,$\dfrac{360^\circ}{30^\circ}-1=11$。

答案:B

16. **解** 球壳外部的电场相当于将点电荷置于球心时的电场强度:

$$E_{\max}=\frac{q}{4\pi\varepsilon r^2}=\frac{10^{-6}}{4\times 3.14\times 8.85\times 10^{-12}\times 0.05^2}=3.6\times 10^6\text{V/m}$$

答案:C

17. **解** 两极板间所受作用力 $f=qE=\sigma SE$,当断开电源后,极板所带电荷量不变,极板间电场强度和电荷量成正比,电场强度 E 不变,又极板面积 S 也没有发生变化,所以 f 不变。

答案:B

18. **解**　$U_o=\frac{\tau}{2\pi\varepsilon_0}\ln\left(\frac{b}{a}\right)$，则 $\frac{\tau}{2\pi\varepsilon_0}=\frac{U_o}{\ln\left(\frac{b}{a}\right)}$。$E(r=a)=\frac{\tau}{2\pi\varepsilon_0 a}=\frac{U_o}{a\ln\left(\frac{b}{a}\right)}$。令 $f(a)=a\ln\left(\frac{b}{a}\right)$，$b$ 固定，对 a 求导数，$\frac{\mathrm{d}f(a)}{\mathrm{d}a}=\ln\left(\frac{b}{a}\right)-1=0$，则 $\frac{a}{b}=\frac{1}{e}$。

答案:A

19. **解**　终端短路，从始端观察的输入阻抗 $Z_{in}=jZ_c\tan\beta l\left(\beta=\frac{2\pi}{\lambda},Z_c\text{ 为特性阻抗}\right)$，当 $|\tan\beta l|=1$ 时，输入端阻抗的绝对值等于特性阻抗，很明显选项 A、B、D 的正切值均为 1，只有选项 C 不为 1。

答案:C

20. **解**　无损耗传输线任意处的电压与电流同相位，所以电压超前电流的角度为 0。

答案:D

21. **解**　电压放大倍数 $\dot{A}_u=\frac{\dot{U}_o}{\dot{U}_i}=-\frac{\beta R_L'}{r_{be}}=-\frac{100\times(3/13)}{1}=-150$。

答案:D

22. **解**　差模放大时，R_E 上端电位恒定不变，下端接不变的直流，相当于将其短路，不存在交流通路，单端输出是双端输出放大倍数的一半，因此选 C。

答案:C

23. **解**　为了稳定输出电压需要引入电压负反馈，反馈点与输出点应该施加于一点，即 G 点。再根据瞬时极性法判断，反馈点与电压输入点极性相同，为了构成负反馈，反馈支路必须加到与 u_i 不同的输入端，反馈支路应在 B 和 G 之间加入。

答案:B

24. **解**　由 2kΩ 电阻上的电压是 15V，再根据理想运放的"虚断"，R_1、R_2 为串联。当滑线抽头在 R_2 最上端时，输出电压最大，为 $\frac{15}{2}\times(2+1)=22.5$V。

答案:C

25. **解**　对于运放 A_1：

$$U_{A1+}=\frac{R_4}{R_3+R_4}U_{i2}=\frac{10}{11}U_{i2},U_{A1-}=U_V+\frac{R_2}{R_1+R_2}(U_{i1}-U_V)=\frac{10}{11}U_{i1}+\frac{1}{11}U_V$$

根据虚短：$U_{A1+}=U_{A1-}$，$\frac{10}{11}U_{i2}=\frac{10}{11}U_{i1}+\frac{1}{11}U_V$，$\frac{U_V}{U_{i1}-U_{i2}}=-10$

答案:D

26. **解**　画出卡诺图如图所示，$L=\overline{A}BC\overline{D}+\overline{A}B\overline{C}\overline{D}+A\overline{B}\overline{C}D+\overline{A}\overline{B}\overline{C}D+\overline{A}BCD$，从图中可以看出有 3 个无关项。

答案:C

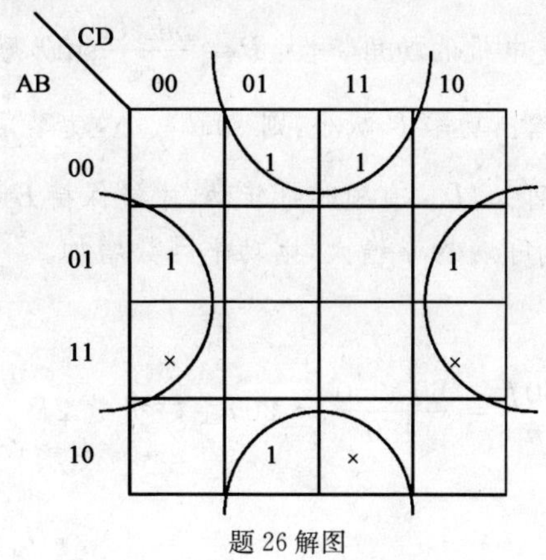

题 26 解图

27. **解** $Y_1=A\overline{B}$,$Y_2=\overline{A\overline{B}+\overline{A}B}$,$Y_3=\overline{A}B$,列真值表。

A	B	Y_1	Y_2	Y_3
0	0	0	1	0
0	1	0	0	1
1	0	1	0	0
1	1	0	1	0

则 A、B 相等时 Y_2 输出为 1,A>B 时 Y_1 输出为 1,A<B 时 Y_3 输出为 1,是比较器。

答案:C

28. **解** $t_w=1.1RC=1.1\times 91\times 10^3\times 25\times 10^{-6}=2.5\text{s}$。

答案:D

29. **解** $\dfrac{4.387\text{V}}{1.2\text{mV}}=3655.8\approx 3656$,将 3656 转化为 16 进制数为 E48H。

答案:B

30. **解** 第一个构成 1100~1111,6 进制计数器;第二个构成 0000~1111,16 进制计数器;6×16=256 计数器。

答案:D

31. **解** 电压调整率 ΔU 与变压器的参数和负载性质有关:

$$\Delta U\%=\beta\left(\frac{I_{1N}R_{k75^\circ C}\cos\varphi_2+I_{1N}X_k\sin\varphi_2}{U_{1N}}\right)\times 100\%$$

式中:$\beta=\dfrac{I_{1N}}{I_1}=\dfrac{I_{2N}}{I_2}$(忽略 I_m),称为负载系数(或负荷系数),$\cos\varphi_2$ 为负载功率因数。从式中可以看出电压调整率随着负载电流的增加而正比增加,此外还与短路阻抗和负载的功率因数有关。在实际电压中,X_k 比 R_k 大很多倍,若负载为容性,$\sin\varphi_2$ 为负值,当 $|X_k\times\sin\varphi_2|=R_{k75^\circ C}\times\cos\varphi_2$ 时,电压调整率将为 0。

答案:C

32. **解** 如图所示，同步发电机的功角特性：$P=\dfrac{mE_0U}{x_S}\sin\theta$，励磁电流不变，则空载电势 E 不变，输出功率 P 减小，则 $\sin\theta$ 减小，功率角将减小。由 $\dot{E}_0=\dot{U}+j\dot{I}X_S$ 向量图可知，I 只有顺时针转动，才能保持 E 不变。电压 U 不变（并网运行），功率角减小，φ 增大，则功率因数增加。

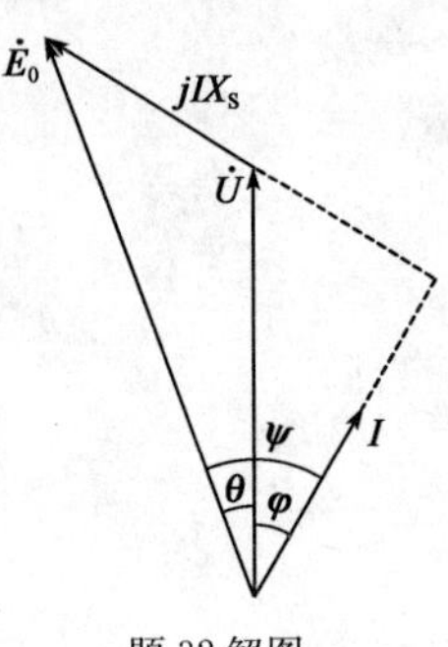

题 32 解图

答案:C

33. **解** 磁极对数 $P=\dfrac{60f}{n}=\dfrac{60\times50}{150}=20$，主磁极数 $2P=2\times20=40$。

答案:D

34. **解** 在负载转矩不变的情况下，当转子串入电阻后，根据转矩平衡关系，电磁转矩也不变，电磁功率 $P_M=T\Omega$ 也不变，$T=C_T\varphi_m I'_2\cos\varphi_2$，当电源电压不变时，$\varphi_m$ 不变，在转子串入电阻后，仍保持转子电流不变，功率因数也不变。

答案:A

35. **解** 设要消除的谐波次数为 n，则节距 $y=\dfrac{n-1}{n}\tau=\dfrac{5-1}{5}\times15=12$。

答案:A

36. **解** 发电机由原动机带动，当原动机的出力减小时，减小到一定程度时，发电机将空载运行，若再减小原动机，当发电机的电势 E 减小到一定程度时，发电机将作为电动机运行。

答案:C

37. **解** 定子旋转磁场的速度：$n_1=\dfrac{60f}{P}=\dfrac{60\times50}{2}=1500\text{r/min}$

转子速度：$n=1500\times(1-S)=1425\text{r/min}$

相对速度：$n'=n_1-n=1500-1425=75\text{r/min}$

答案:B

38. **解** 同步发电机处于过励运行状态时，发出感性无功功率定子电流 $\dot{I}$ 滞后于端电压 $\dot{U}$。同步发电机的电动势方程为：$\dot{E}_0=\dot{U}+j\dot{I}X_S$，由此可得 $\dot{E}_0$ 超前 $\dot{U}$。

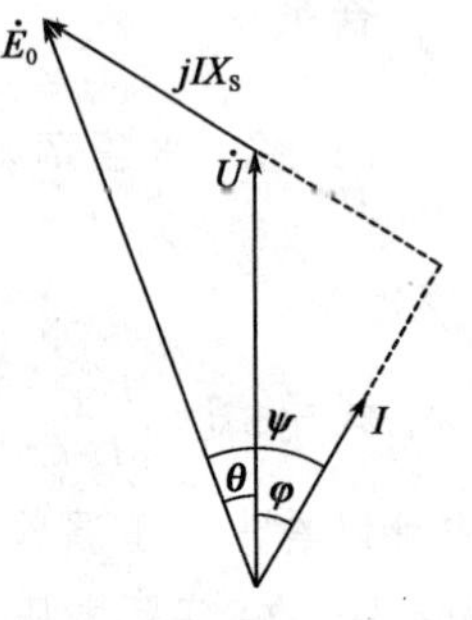

题 38 解图

答案:A

39. **解** 电力系统由发电、变电、输电、变电、供电（配电）、用电五部分组成。

答案:D

40. **解** 功率损耗计算公式为：$\Delta\widetilde{S}=\dfrac{P^2+Q^2}{U^2}(R+jX)$。

答案:A

41. **解** 变压器 X_T 的计算公式为：$X_T = \frac{U_k\%}{100} \cdot \frac{U_{TN}^2}{S_{TN}}$，应熟记。

答案：A

42. **解** 发电机的额定电压比线路的额定电压高5%，$U_{GN}=10.5\text{kV}$。变压器的一次侧其额定电压等于用电设备的额定电压，变压器的二次侧相的额定电压比电力网的额定电压高10%。所以，对于发电机G：$U_{G1}=10.5\text{kV}$；T_1：10.5/242kV；T_2：220/121/11kV；T_5：110/38.5kV。

答案：A

43. **解** 此题目考查的是电力网络的潮流分析。串联支路功率损耗为：

$$\Delta \widetilde{S}_2 = \frac{P_2^2 + Q_2^2}{U_2^2}(R + jX) = \frac{50^2 + 20^2}{110^2}(0.9 + j20) = 0.215 + j4.79\text{MVA}$$

串联支路电压降落纵分量：$\Delta U = \frac{PR + QX}{U} = \frac{50 \times 0.9 + 20 \times 20}{110} = 4.05\text{kV}$

横分量：$\delta U = \frac{PX - QR}{U} = \frac{50 \times 20 - 20 \times 0.9}{110} = 8.68\text{kV}$

则首端电压：$\dot{U}_1 = U_2 + \Delta U + j\delta U = 114.05 + j8.68 = 114.38\angle 4.35^\circ\text{kV}$

答案：B

44. **解**

并联电抗器的作用：

(1)削弱空载或轻载时长线路的电容效应所引起的工频电压升高。这种电压升高是由于空载或轻载时，线路的电容(对低电容和相间电容)电流在线路的电感上的压降所引起的，它将使线路电压高于电源电压。情况越严重，通常线路越长，则电容效应越大，工频电压升高也越大。对超高压远距离输电线路而言，空载或轻载时线路电容的充电功率是很大的，通常充电功率随电压的平方而急剧增加，巨大的充电功率除引起上述工频电压升高现象之外，还将增大线路的功率和电能损耗以及引起自励磁，同期困难等问题。装设并联电抗器可以补偿这部分充电功率。

(2)改善沿线电压分布和轻载线路中的无功分布并降低线损。当线路上传输的功率不等于自然功率时，则沿线各点电压将偏离额定值，有时甚至偏离较大，如依靠并联电抗器的补偿，则可以仰低线路电压的升高。

(3)减少潜供电流，加速潜供电弧的熄灭，提高线路自动重合闸的成功率。所谓潜供电流，是指当发生单相瞬时接地故障时，在故障相两侧断开后，故障点处弧光中所存在的残余电流。并联电抗器的中性点经小电抗接地的方法来补偿潜供电流，从而加快潜供电弧的熄灭。

(4)并联电抗器并联在主变的低压侧母线上，通过主变向系统输送感性无功，用以补偿输电线路的电容电流，防止轻负荷线端电压升高，维持输电系统的电压稳定。

串联电抗器的作用：

(1)在母线上串联电抗器可以限制短路电流，维持母线有较高的残压。

(2)在电容器组串联电抗器，可以限制高次谐波，降低电抗。串联电抗器是电力系统无功补偿装置的重要配套设备。电力电容器与干式铁芯电抗器串联后，能有效地抑制电网中的高次谐波，限制合闸涌流及操作过电压，改善系统的电压波形，提高电网功率因数。变电站的高压电抗器就是为了减少线路短路时的短路电流用的。

答案:A

45. 解 此题目考查的是调压的相关知识。

最大负荷：$\tilde{S}_{max}=18\times0.6+j18\times0.8=10.8+j14.4\text{MVA}$

最小负荷：$\tilde{S}_{min}=7\times0.7+j7\times0.71=4.9+j5\text{MVA}$

最大负荷下的电压损耗：$\Delta U_{max}=\dfrac{P_{max}R+Q_{max}X}{U_{max}}=\dfrac{10.8\times5+60\times14.4}{107}=8.58\text{kV}$

最小负荷下的电压损耗：$\Delta U_{min}=\dfrac{P_{min}R+Q_{min}X}{U_{min}}=\dfrac{4.5\times5+5\times60}{107}=3.03\text{kV}$

顺调压要求负荷高峰的低压侧电压为 $1.025U_N$，负荷低谷时低压侧电压为 $1.075U_N$。

最大负荷时的抽头电压：$U_{Tmax}=\dfrac{107-8.58}{1.025\times10}\times11=105.62\text{kV}$

最小负荷下的抽头电压：$U_{Tmax}=\dfrac{107-3.03}{1.075\times10}\times11=106.39\text{kV}$

抽头电压应该为：$U_T=\dfrac{1}{2}(U_{Tmax}+U_{Tmin})=\dfrac{1}{2}\times(105.62+106.39)=106\text{kV}$

应选变压器抽头 110×(1−2.5%)档。

答案:D

46. 解 此题目考查电力网络的潮流分析，各种参数标注如图所示。

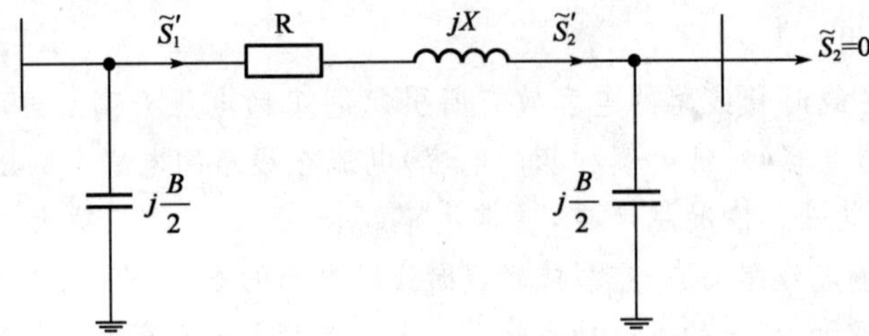

题 46 解图

$R+jX=19.65+j59.1\Omega,\dfrac{B}{2}=\dfrac{48.35}{2}\times10^{-6}\text{S}$

$\tilde{S}'_2=-j\dfrac{B}{2}U_N^2=-j\dfrac{1}{2}\times48.35\times10^{-6}\times220^2=-j1.17\text{MVA}$

$\tilde{S}'_1=\dfrac{P'^2_2+Q'^2_2}{U_N^2}(R+jX)=\dfrac{1.17^2}{220^2}\times(19.65+j59.1)=6\times10^{-4}+j17\times10^{-4}\text{MVA}$

$\Delta U=\dfrac{P'_1R+Q'_1X}{U_1}=\dfrac{6\times10^{-4}\times19.65+17\times10^{-4}\times59.1}{225}=0.11\text{kV}$

$\delta U=\dfrac{P'_1X-Q'_1R}{U_1}=\dfrac{6\times10^{-4}\times59.1-17\times10^{-4}\times19.65}{225}=5\times10^{-5}\text{kV}$

$U_2=U_1-\Delta U-j\delta U=225-0.11-5\times10^{-5}\approx225\angle0^\circ\text{kV}$

答案:B

47. 解 此题目考查的是标幺值和有名值的定义。

$x_{d*}=1.2\times\dfrac{30}{31.5}=1.143,x_{T1*}=\dfrac{10.5}{100}\times\dfrac{30}{30}=0.105,x_{L*}=80\times0.4\times\dfrac{30}{115^2}=0.0725$

$x_{T2*}=\frac{7.5}{100}\times\frac{30}{30}=0.075, x_{k*}=\frac{8}{100}\times\frac{6}{\sqrt{3}\times2.5}\times\frac{30}{6.3^2}=0.0838$

答案:A

48.**解** 当中性点绝缘系统发生单相接地短路时,三相对称关系并不破坏,仅中性点及各相对地电压发生变化,中性点的电压上升到相电压,非故障相对地电压升高到线电压,即$\sqrt{3}$倍相电压。但是,注意 35kV 是指线电压,所以故障处的非故障相电压为 35kV。

答案:A

49.**解** 先计算元件参数,取 $S_B=250\text{MVA}, U_B=U_{av}$

$x_{S*}=1.2\times\frac{250}{1000}=0.3, x_{d*}=0.12\times\frac{250}{250}=0.12, x_{G*}=20\times0.4\times\frac{250}{115^2}=0.151$

$x_{L2*}=30\times0.4\times\frac{250}{115^2}=0.227, x_{T2*}=\frac{10.5}{100}\times\frac{250}{250}=0.105$

形成等值电路如图所示。

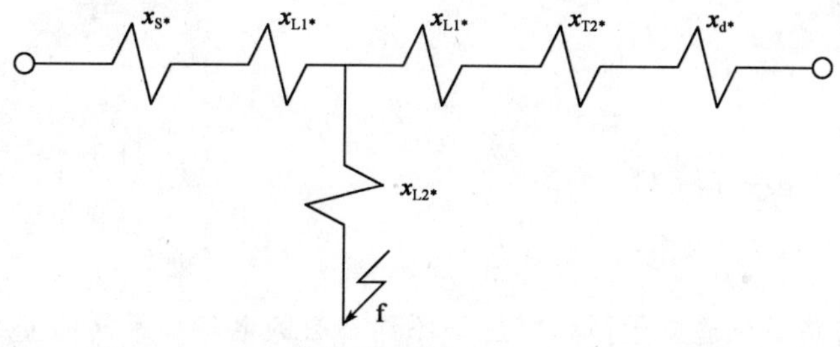

题 49 解图

$x_{\Sigma*}=(x_{S*}+x_{L1*})//(x_{L1*}+x_{T2*}+x_{d*})+x_{L2*}=0.432$

$I=I_*\cdot I_B=\frac{1}{x_{\Sigma*}}\cdot\frac{S_B}{\sqrt{3}U_B}=\frac{1}{0.432}\times\frac{250}{\sqrt{3}\times115}=2.905\text{kA}$

答案:B

50.**解** 先求各序阻抗。

正序阻抗:$Z_{(1)}=0.13+0.1+0.15=0.38$

负序阻抗:$Z_{(2)}=0.13+0.1+0.15=0.38$

零序阻抗:$Z_{(0)}=(0.1+0.45)//0.1=0.08$

形成复合序网如图所示。

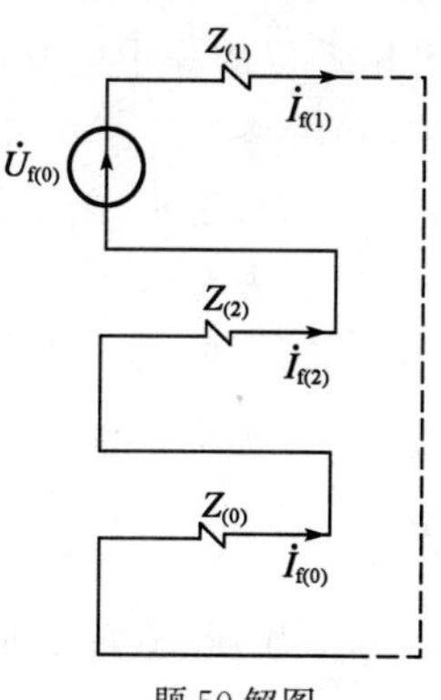

题 50 解图

则 $\dot{I}_{f(1)}=\frac{\dot{U}_{f(0)}}{Z_{(1)}+Z_{(2)}+Z_{(0)}}=\frac{1}{j0.38+j0.38+j0.08}=-j1.19$

则短路点的短路电流为:$I_f=3I_{f(1)}\frac{S_B}{\sqrt{3}U_B}=3\times1.19\times\frac{100}{\sqrt{3}\times231}=0.89\text{kA}$

而 $\dot{E}-\dot{I}_{a1}Z_{1\Sigma}=1-1.19\times0.35=0.5835$

则短路点的正序电压为:$U_{a1}=0.5835\times231=134.79\text{kV}$

答案:A

51. **解** A和C是架空线绝缘水平的确定。电力系统的绝缘配合,就是根据设备上可能出现的各种电压(工作电压和过电压),并考虑过电压保护装置的保护性能和设备绝缘对各种电压的耐受特性,合理地确定设备的绝缘水平,使设备投资、运行费用和事故损失等方面达到总体的最优经济指标。

答案:B

52. **解** 静电电压表和高阻串微安表用于测量高压直流电压,阻容电压器用于测量流液冲击电压。

答案:C

53. **解** 串联电抗器用于限制短路电流,增加绝缘子片数用于提高绝缘,增加线路间距离并不能降低操作过电压。

答案:C

54. **解** 应熟记。

答案:D

55. **解** 直接代入公式即可得。

答案:A

56. **解** 一台断路器应适应于同一电压下不同参数的电路和不同的安装地点,而电力系统中发生短路的概率、短路形式、短路瞬刻都是随机的,并且断路器的弧隙恢复电压与线路参数和开端瞬间工频恢复电压 U_0 有直接关系,从而不同的短路形式将对断路器开端能力有着明显的影响。

(1)断路器开断单相短路电路。当电流过零,工频恢复电压瞬时值为 $U_0=U_m\sin\varphi$,通常短路时,功率因数很低,一般 $\cos\varphi<0.15$,所以 $\sin\varphi\approx1$,此时,$U_0=U_m\sin\varphi\approx U_m$,即起始工频恢复电压近似的等于电源电压最大值。

(2)断路器开断中性点不直接接地系统中的三相短路电路。三相交流电路中,各相电流过零时间不同,因此,断路器在开断三相电路时,电弧电流过零便有先后。先过零的相,电弧先熄灭,称为首先开断相。

如图a)所示,发生短路后,A相首先开断,电流过零后电弧熄灭。此时,B、C相仍由电弧短接,A相断路器靠近短路侧触头的电位,此时仍相当于B、C两相线电压的中点电位,如图b)所示,可知 $\dot{U}_{aN}=\dot{U}_{AB}+\frac{1}{2}U_{BC}=1.5\dot{U}_A$,A相开断后断口上的工频恢复电压为相电压的1.5倍。经过0.005s(电角度90°)后,BC两相的短路电流同时过零,电弧同时熄灭。电源电压加在BC两相弧隙上,每个断口将承受$\frac{1}{2}$电压值,即 $\frac{1}{2}U_{BC}=\frac{\sqrt{3}}{2}U_A=0.886U_A$。断路器开断三相电路时,其恢复电压通常是首先开断相最大。所以,断口电弧的熄灭关键在于首先开断相。但是,后续开断相燃弧时间将比首先开断相延长0.005s,相对来讲,电弧能量又较大,因而可能使触头烧坏,喷油、喷气等现象比首先开断相更为严重。

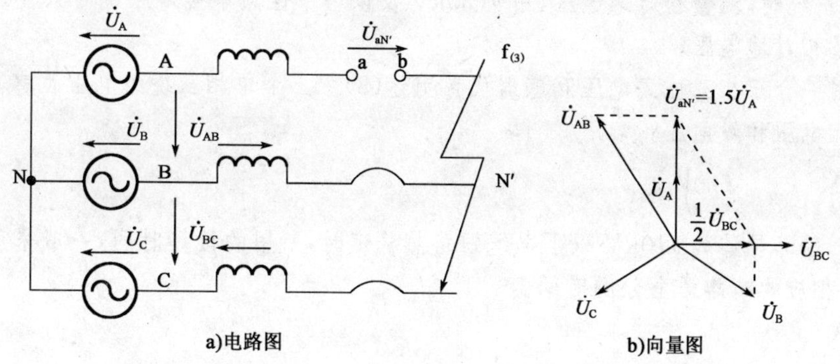

题 56 解图　A 相电弧熄灭后等值电路图及相量图

答案:C

57.**解**　中性点接地系统中,每相为 100V,合成正常 0,单相对地短路 100V。中性点不接地系统中,二次侧 57.7V,剩余绕组单相 33.333V。

答案:C

58.**解**　两种桥形接线如图所示。

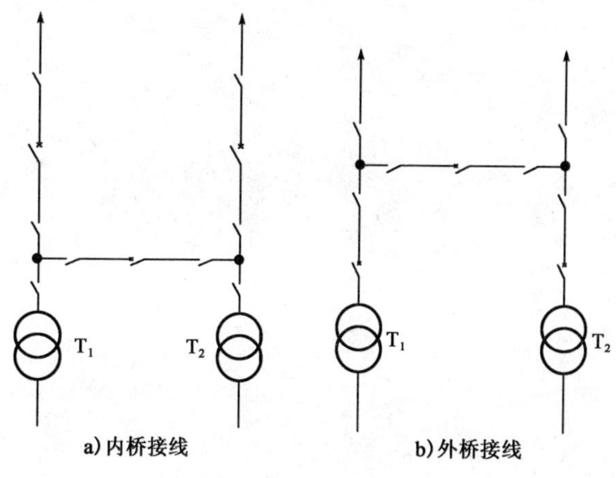

题 58 解图

当只有两台变压器和两条输电线路时,采用桥形接线,使用的断路器数目最少;当输电线路较长,故障概率较高,而且变压器又不需经常切换时,一般采用内桥接线;当线路较短时,且变压器运行方式需经常切换时,或系统有穿越功率流经本厂时,一般采用外桥接线。

答案:A

59.**解**　电压互感器的接线方式很多,常见的有以下几种:

(1)用一台单相电压互感器来测量某一相对地电压或相间电压的接线方式。

(2)用两台单相互感器接成不完全星形,也称 V-V 接线,用来测量各相间电压,但不能测相对地电压,广泛应用在 20kV 以下中性点不接地或经消弧线圈接地的电网中。

(3)用三台单相三绕组电压互感器构成 YN,yn,d0 或 YN,y,d0 的接线形式,广泛应用于 3～220kV 系统中,其二次绕组用于测量相间电压和相对地电压,辅助二次绕组接成开口三角形,供接入交流电网绝缘监视仪表和继电器用。但是三台单相电压互感器用于 110kV 及以上中性点接地系统时，测量相对地电压，用于 35kV 及以下中性点不接地系统时只能测量相间电压，不能测量相对地电压。

(4)可用一台三相五柱式电压互感器代替上述(3)中三个单相三绕组电压互感器构成的接线，来测量相电压和线电压。

答案:A

60. **解**　验算导体和 110kV 以下电缆短路热稳定时，所用的计算时间，一般采用主保护的动作时间加相应的断路器全分闸时间。

答案:A

2009年度全国注册电气工程师(发输变电)执业资格考试专业基础考试

试　题

单选题(共60题,每题2分。每题的备选项中,只有1个符合题意)

1. 电路如图所示,2A电流源发出的功率为:

A. −16W　　B. −12W　　C. 12W　　D. 16W

2. 如图所示,电路中的 u 应为:

A. 18V　　B. 12V　　C. 9V　　D. 8V

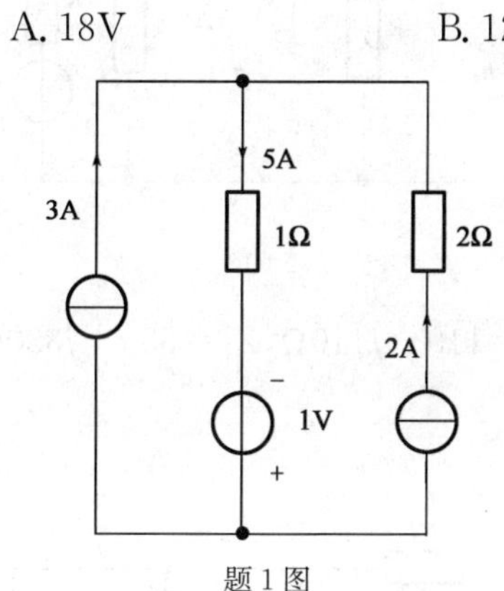

题1图

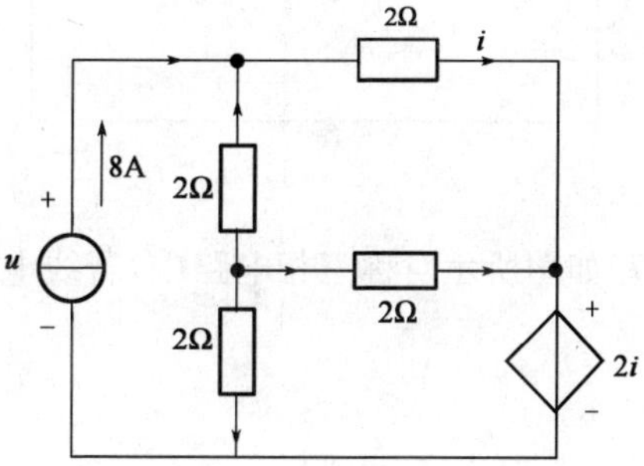

题2图

3. 在如图所示正弦稳态电路中,若 $\dot{U}_S=20\angle 0°V$,电流表A示数为40A,电流表 A_2 的读数为28.28A,则 ωC 为:

A. $2\Omega^{-1}$　　B. $0.5\Omega^{-1}$　　C. $2.5\Omega^{-1}$　　D. $1\Omega^{-1}$

4. 如图所示的电路为含耦合电感的正弦稳态电路,则当开关S闭合时,$\dot{U}$ 为:

A. $\sqrt{2}\angle 45°V$　　B. $\sqrt{2}\angle -45°V$　　C. 0V　　D. $-\sqrt{2}\angle 30°V$

5. 如图所示电路为非正弦周期电路,若此电路中的 $R=10\Omega$,$L_1=1H$,$u_s(t)=100+50\sqrt{2}\cos(1000t+45°)+50\sqrt{2}\cos(3000t-20°)V$,$C_1=1\mu F$,$C_2=125\mu F$,则电阻 R 吸收的平均功率为:

A. 200W　　B. 250W　　C. 150W　　D. 300W

6. 如图所示电路中,$u=0.5V$,$i=1A$,则 R 为:

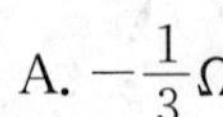

A. $-\frac{1}{3}\Omega$　　B. $\frac{1}{3}\Omega$　　C. $\frac{1}{2}\Omega$　　D. $-\frac{1}{2}\Omega$

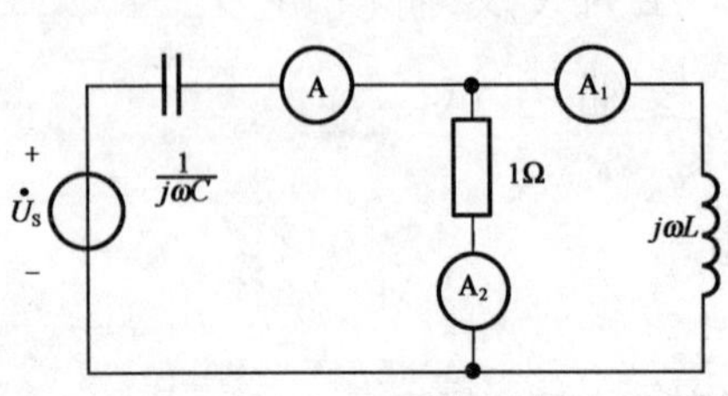

题 3 图

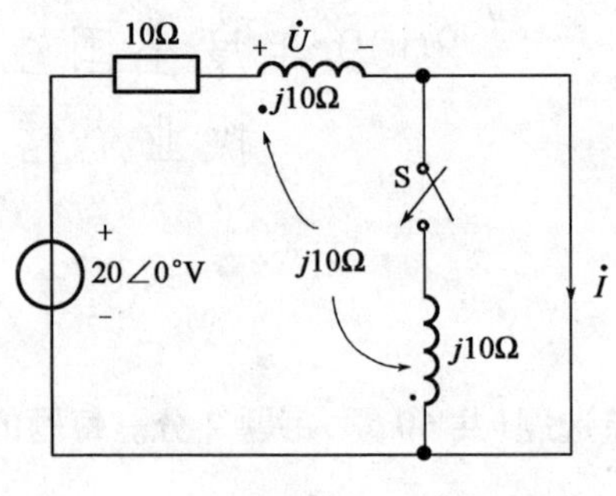

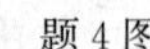

题 4 图

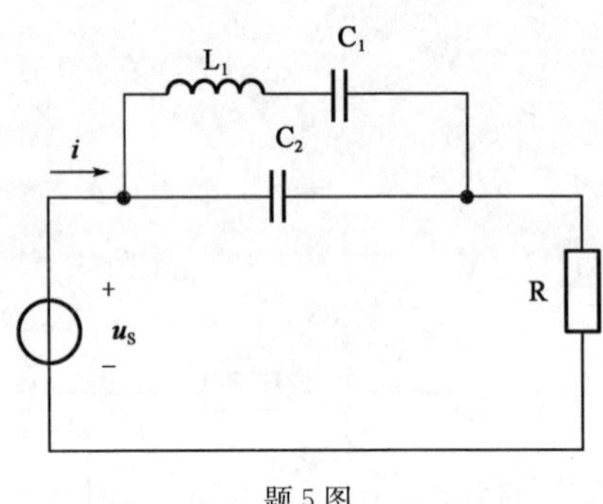

题 5 图

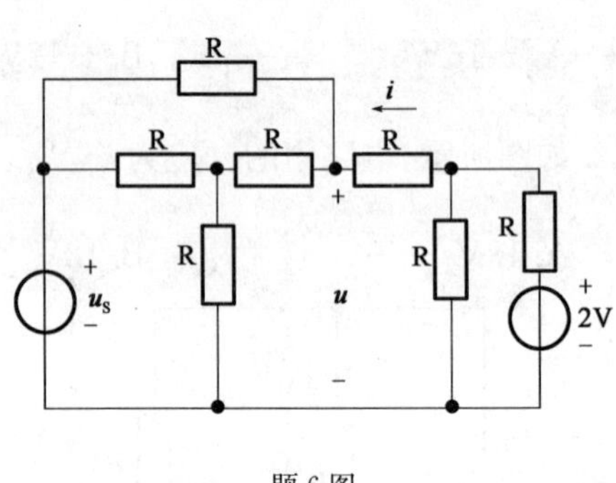

题 6 图

7. 如图所示对称三相电路中，若线电压为 380V，$Z_1=110-j110\Omega$，$Z_2=330+j330\Omega$，则 $\dot{I}$ 为：

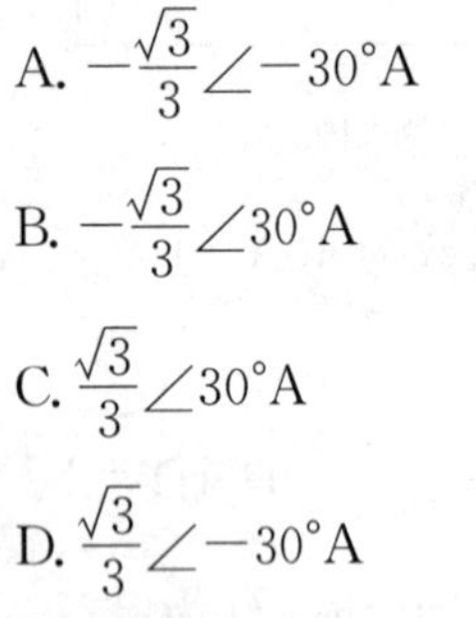

A. $-\frac{\sqrt{3}}{3}\angle-30°\text{A}$

B. $-\frac{\sqrt{3}}{3}\angle30°\text{A}$

C. $\frac{\sqrt{3}}{3}\angle30°\text{A}$

D. $\frac{\sqrt{3}}{3}\angle-30°\text{A}$

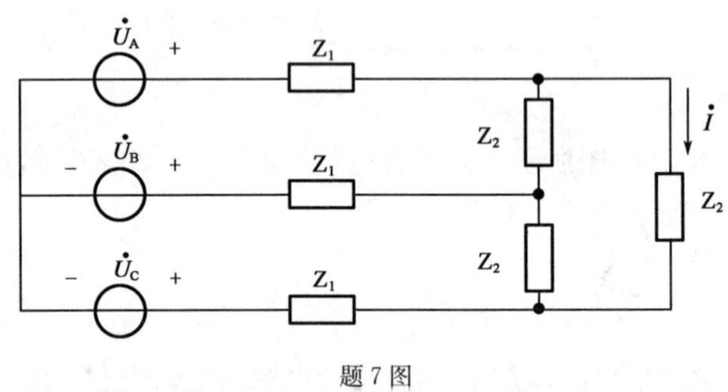

题 7 图

8. 如图所示正弦交流电路中，若电源电压有效值 $U=100\text{V}$，角频率为 ω，电流有效值 $I=I_1=I_2$，电源提供的有功功率 $P=866\text{W}$，则 $\frac{1}{\omega C}$ 为：

A. 30Ω　　B. 25Ω　　C. 15Ω　　D. 10Ω

9. 如图所示对称三相电路中，相电压是 200V，$Z=100\sqrt{3}+j100\ \Omega$，功率表 W_2 的读数为：

A. $50\sqrt{3}$W　　B. $100\sqrt{3}$W　　C. $150\sqrt{3}$W　　D. $200\sqrt{3}$W

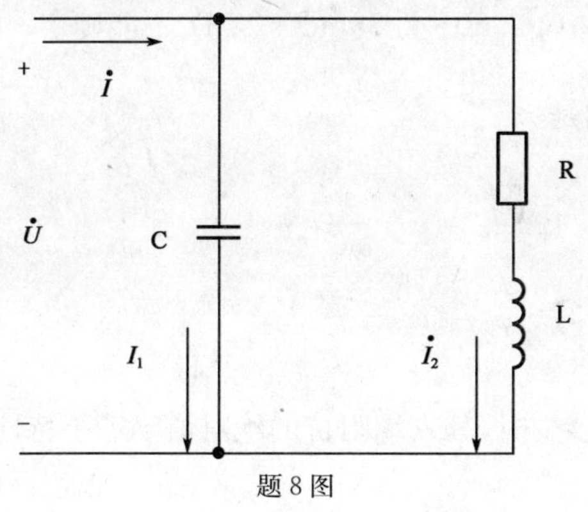

题 8 图

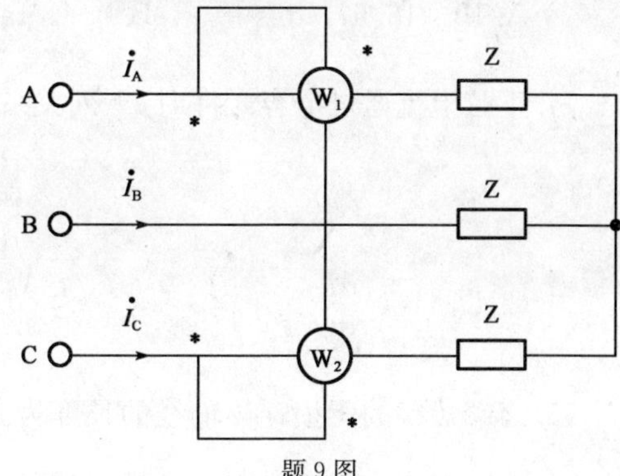

题 9 图

10. 如图所示电路中，开关 S 闭合前电路为稳态，$t=0$ 时开关 S 闭合，则 $t>0$ 时电容电压 $u_C(t)$ 为：

A. $3(1+e^{-10t})$V　　B. $5(1+e^{-10t})$V　　C. $5(1-e^{-10t})$V　　D. $3(1-e^{-10t})$V

11. 如图所示电路中，已知电流有效值 $I=2$A，则有效值 U 为：

A. 200V　　B. 150V　　C. 100V　　D. 50V

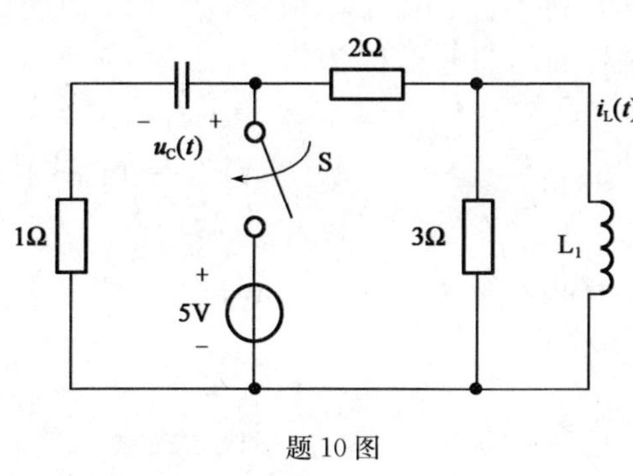

题 10 图

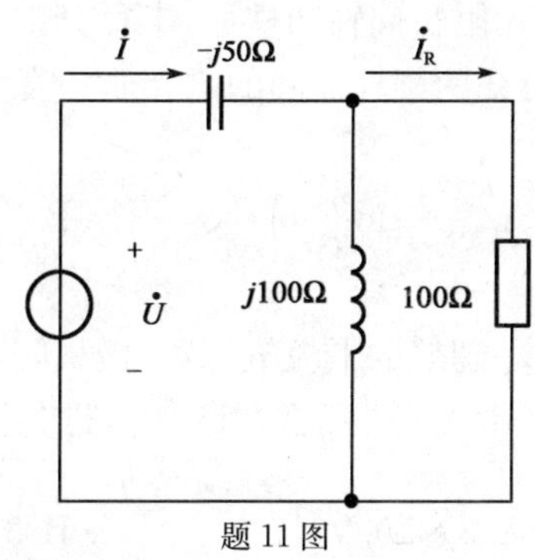

题 11 图

12. 若电路中 $L=1$H，$C=100$pF 时，恰好 $X_L=X_C$，则此时角频率 ω 为：

A. 10^5 rad/s　　B. 10^{10} rad/s　　C. 10^2 rad/s　　D. 10^4 rad/s

13. 如图所示电路中，$L_1=L_2=40$H，$C=1000\mu$F，M 从 0H 变至 10H 时，谐振角频率的变化范围是：

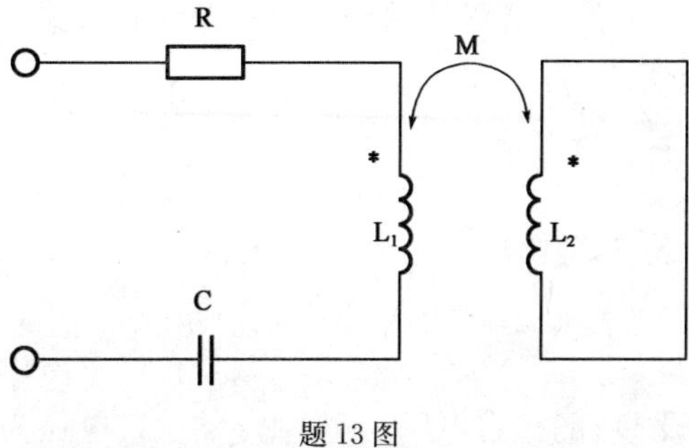

题 13 图

A. 10～16.67rad/s　B. 0～∞rad/s　C. 2.50～2.58rad/s　D. 不能确定

14. 正弦电流通过电容元件时，下列关系正确的是：

A. $\dot{U}_C = \omega C I$　B. $\dot{U}_C = -j\frac{1}{\omega C}\dot{I}$

C. $\dot{U}_C = C\frac{d\dot{I}}{dt}$　D. $\psi_u = \psi_i + \frac{\pi}{2}$

15. 终端短路的无损耗传输线的长度为波长的多少时，其入端阻抗的绝对值不等于特性阻抗？

A. $\frac{9}{8}$　B. $\frac{7}{8}$　C. $\frac{3}{2}$　D. $\frac{5}{8}$

16. 有一段特性阻抗为 $Z_0=500\Omega$ 的无损耗传输线，当其终端短路时，测得始端的端阻抗为 250Ω 的感抗，则该传输线的长度为（设该传输线上传输的电磁波的波长为 λ）：

A. $7.4\times10^{-2}\lambda$　B. $7.4\times10^{-1}\lambda$　C. λ　D. 0.5λ

17. 无限长同轴圆柱面，半径分别为 a 和 $b(b>a)$，每单位长度上电荷：内柱为 τ，而外柱为 $-\tau$，已知两圆柱面间的电介质为真空，则两带电圆柱面间的电压 U 为：

A. $\frac{\tau}{2\pi\varepsilon_0}\ln\left(\frac{a}{b}\right)$　B. $\ln\left(\frac{a}{b}\right)$　C. $\frac{\tau}{2\pi\varepsilon_0}$　D. $\frac{\tau}{2\pi\varepsilon_0}\ln\left(\frac{b}{a}\right)$

18. 一理想的平板电容器，极板间介质为真空，两极板距离为 $d=10^{-3}$m，若真空的击穿场强为 3×10^6V/m，那么在该电容器上所施加的电压应小于：

A. 3×10^6V　B. 3×10^3V　C. 3×10^2V　D. 30V

19. 双导体架空线，可看成是无损耗的均匀传输线，已知特性阻抗 $Z_0=500\Omega$，线长 $l=7.5$m，现始端施以正弦电压，其有效值 $U_1=100$V，频率 $f=16$MHz，终端接一容抗为 $X=500\Omega$ 的电容器，那么其入端阻抗为：

A. 500Ω　B. 0Ω　C. ∞Ω　D. 250Ω

20. 一半径为 a 和 $b(a<b)$ 的同心导体球面间电位差为 U_0，若 b 固定，要使半径为 a 的球面场强最小，则 a 与 b 的比值应为：

A. $\frac{1}{e}$　B. $\frac{1}{2}$

C. $\frac{1}{4}$　D. $\frac{1}{8}$

21. 如图所示电路中，设 D_{Z1} 的稳定电压为 7V，D_{Z2} 的稳定电压为 13V，则电压 U_{AB} 等于：

A. 0.7V　　B. 7V

C. 13V　　D. 20V

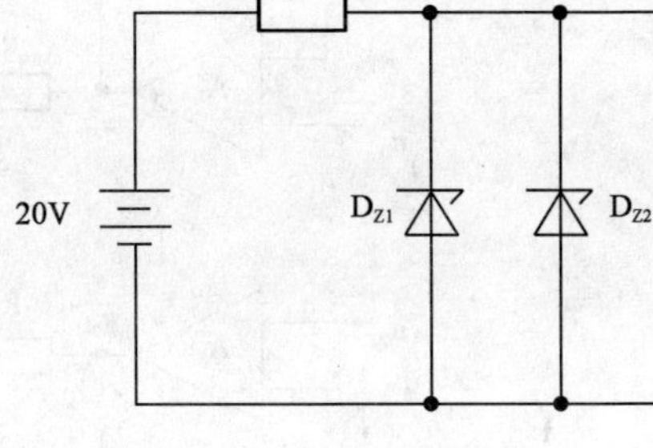

题 21 图

22. 晶体管的参数受温度的影响较大，当温度升高时，晶体管的 β、I_{CBO}、U_{BE} 的变化情况为：

A. β 和 I_{CBO} 增加，U_{BE} 减小

B. β 和 U_{BE} 减小，I_{CBO} 增加

C. β 增加，I_{CBO} 和 U_{BE} 减小

D. β、U_{BE} 和 I_{CBO} 都增加

23. 某双端输入、单端输出的差分放大电路的差模电压放大倍数为 200，当 $U_i = 1V$ 时，$U_o = 100mV$，该电路的共模抑制比为：

A. 10　　B. 20　　C. 200　　D. 2000

24. 如图所示电路中，为使输出电压稳定，应该引入下列哪项反馈方式？

A. 电压并联负反馈　　B. 电流并联负反馈

C. 电压串联负反馈　　D. 电流串联负反馈

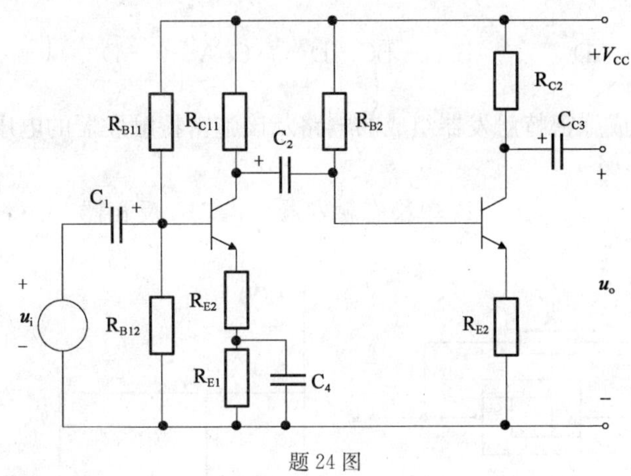

题 24 图

25. 电路如图所示，设运算放大器均有理想的特性，则输出电压 u_o 为：

A. $\dfrac{R_3}{R_2+R_3}(u_{i2}-u_{i1})$　　B. $\dfrac{R_3}{R_2+R_3}(u_{i1}-u_{i2})$

C. $\dfrac{R_3}{R_2+R_3}(u_{i1}+u_{i2})$　　D. $\dfrac{R_3}{R_2+R_3}\left(\dfrac{u_{i1}+u_{i2}}{2}\right)$

26. 已知 $F=\overline{ABC+CD}$，选出下列可以肯定使 F=0 的取值是：

A. ABC=011　　B. BC=11

C. CD=10　　D. BCD=111

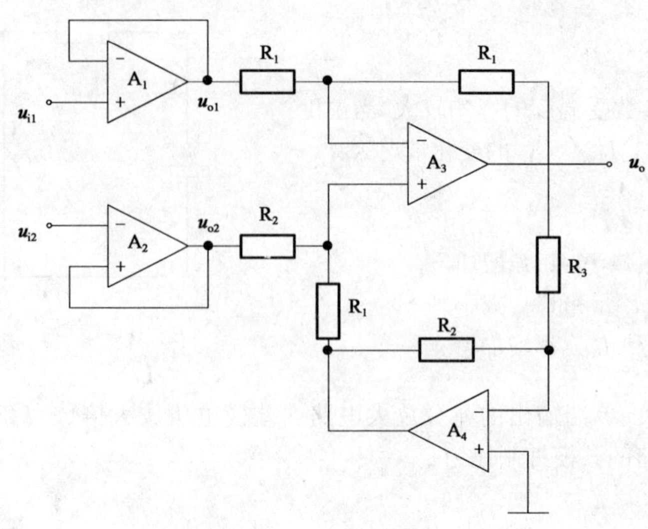

题 25 图

27. 逻辑函数 $Y(A,B,C,D)=\sum m(0,1,2,3,6,8)+\sum d(10,11,12,13,14)$ 的最简与或表达式为：

A. $\overline{A}\overline{B}+C\overline{D}+A\overline{D}$　　B. $A+\overline{B}C+D$　　C. $A+C+D$　　D. $A+D$

28. 由 CMOS 集成施密特触发器组成的电路及该施密特触发器的电压传输特性曲线如图所示，该电路组成了一个：

A. 存储器　　B. 单稳态触发器　　C. 反相器　　D. 多谐振荡器

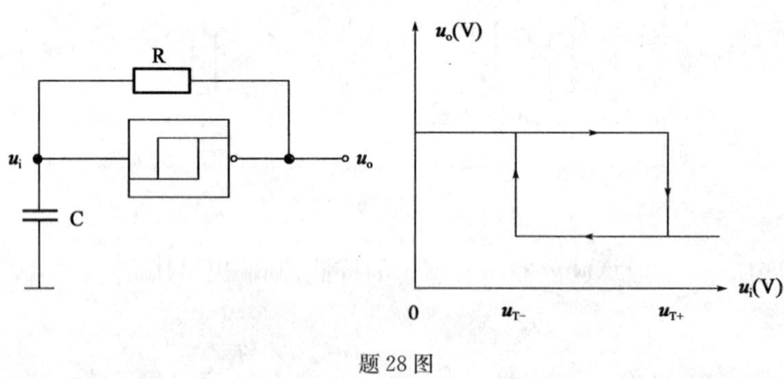

题 28 图

29. 某 10 位 ADC 的最小分辨率电压为 8mV，采用四舍五入的量化方法，若输入电压为 5.337V，则输出数字量为：

A. $(1010011111)_B$　　B. $(1110011001)_B$

C. $(1010011011)_B$　　D. $(1010010001)_B$

30. 如图所示，电路实现的逻辑功能是：

A. 三变量异或　　B. 三变量同或　　C. 三变量与非　　D. 三变量或非

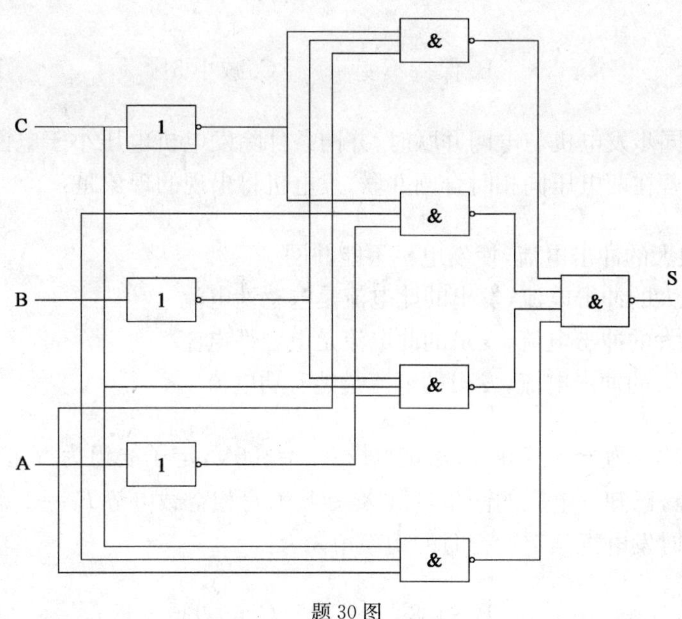

题 30 图

31. 一台并励直流发电机，$P_N=35\text{kW}$，$U_N=220\text{V}$，$I_{aN}=180\text{A}$，$n_N=1000\text{r/min}$，电枢回路总电阻（含电刷接触压降）$R_a=0.12\Omega$，不考虑电枢反应，额定运行时的电磁功率 P_M 为：

A. 36163.4W　　B. 31563.6W　　C. 31964.5W　　D. 35712W

32. 一台并励直流发电机，在转速为 500r/min 时建立空载电压 120V，若此时把转速提高到 1000r/min，此时发电机的空载电压变为：

A. 小于或等于 120V　　B. 大于 120V 但小于 240V
C. 等于 240V　　D. 大于 240V

33. 变压器铭牌数据为：$S_N=100\text{KVA}$，$U_{1N}/U_{2N}=6300/400\text{V}$，连接组为 Y，d11。若电源电压由 6300V 改为 10000V，采用保持低压绕组匝数每相为 10 匝不变，改换高压绕组的办法来满足电源电压的改变，则新的高压绕组每相匝数应为：

A. 40　　B. 577　　C. 630　　D. 1444

34. 变压器空载运行时存在饱和现象，若此时励磁电流为正弦波形，则副边的感应电势波形为：

A. 正弦波　　B. 三角波　　C. 尖顶波　　D. 平顶波

35. 一台 6 极 50Hz 的三相异步电机在额定状态下运行，此时的转差率为 $S_N=0.04$，若此时突然将电源相序改变，改变瞬间电动机的转差率为：

A. 0.04　　B. 1　　C. 1.96　　D. 2

36. 异步电动机在运行中，如果负载增大引起转子转速下降 5%，此时转子磁势相对空间的转速：

A. 增加 5%　　B. 保持不变　　C. 减小 5%　　D. 减小 10%

37. 一台三相同步发电机与电网并联时，并网条件除发电机电压小于电网电压 10%外，其他条件均已满足，若在两电压同相时合闸并联，发电机将出现的现象是：

A. 产生很大的冲击电流，使发电机不能并网

B. 产生不大的冲击电流，发出的此电流是电感性电流

C. 产生不大的冲击电流，发出的此电流是电容性电流

D. 产生不大的冲击电流，发出的电流是纯有功电流

38. 一台额定功率为 $P_N=75kW$，额定电压 $U_N=380V$，定子绕组为 Y 接法的三相隐极同步发电机并网运行，已知发电机的同步电抗 $X_S=1.0$，每相空载电势 $E_0=270V$，不计饱和及电枢绕组的电阻，此时发电机额定运行时的功率角 δ 为：

A. $14.10°$　　B. $24.89°$　　C. $65.11°$　　D. $75.90°$

39. 反应输电线路的磁场效应的参数为：

A. 电阻　　B. 电抗　　C. 电容　　D. 电导

40. 衡量电能质量的指标是：

A. 电压、频率　　B. 电压、频率、网损率

C. 电压、波形、频率　　D. 电压、频率、不平衡度

41. 一 35kV 电力系统中性点不接地系统，单相接地短路时，非故障相对地电压为：

A. 35kV　　B. $\sqrt{3}\times35kV$　　C. $35/\sqrt{3}kV$　　D. 0kV

42. 发电机与 10kV 母线相接，变压器一次侧接发电机，二次侧接 220kV 线路，该变压器分接头工作在+2.5%，其实际变比为：

A. 10.5/220kV　　B. 10.5/225.5kV

C. 10.5/242kV　　D. 10.5/248.05kV

43. 高电压长距离输电线路，当末端空载时，末端电压与始端电压相比，会有什么现象？

A. 末端电压比始端电压低　　B. 末端电压比始端电压高

C. 末端电压等于始端电压　　D. 不确定

44. n 台相同变压器在额定功率 S_N，额定电压下并联运行，其总无功损耗为：

A. $n\times\left(\frac{I_0\%}{100}+\frac{U_k\%}{100}\right)S_{TN}$

B. $\left(\frac{1}{n}\times\frac{I_0\%}{100}+n\times\frac{U_k\%}{100}\right)S_{TN}$

C. $\left(\frac{I_0\%}{100}+\frac{U_k\%}{100}\right)\frac{S_{TN}}{n}$

D. $\left(n\times\frac{I_0\%}{100}+\frac{1}{n}\times\frac{U_k\%}{100}\right)S_{TN}$

45. 一辐射性网络电源侧电压为112kV,线路和变压器归算到高压侧的数据标在图中,在图中所标负荷数据下,变压所高压母线电压 $\dot{U}_A$ 为:

A. 115∠10°kV

B. 98.01∠−1.2°kV

C. 108.24∠2.5°kV

D. 101.08∠−3.26°kV

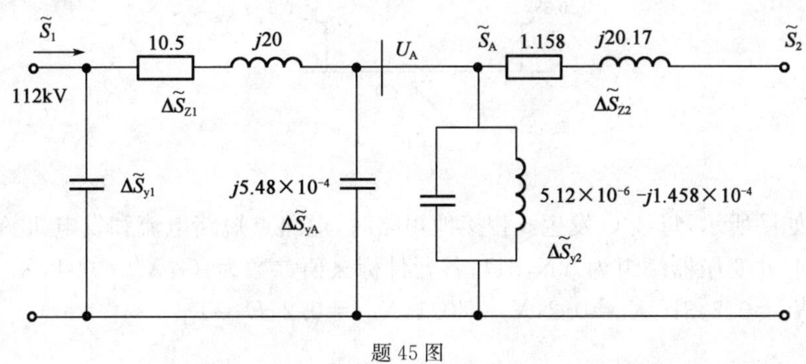

题45图

46. 某变电站有一台容量240MW的变压器,电压为242±2×2.5%/11kV,变电站高压母线最大负荷时为235kV,最小负荷时为226kV。变电站归算高压侧的电压损耗最大负荷时为8kV,最小负荷时为4kV。变电站低压侧母线要求为逆调压,该变压器的分接头为:

A. 242kV

B. 242(1−2.5%)kV

C. 242(1+2.5%)kV

D. 242(1−5%)kV

47. 冲击电流是指短路前空载、电源电压过零发生三相短路时全短路电流的:

A. 有效值

B. 一个周期的平均值

C. 最大瞬时值

D. 一个周期的均方根值

48. 变压器负序阻抗与正序阻抗相比,其值:

A. 比正序阻抗大

B. 与正序阻抗相等

C. 比正序阻抗小

D. 由变压器接线方式决定

49. 图中参数均为标幺值,若母线a处发生三相短路,网络对故障点的等值阻抗和短路电流标幺值分别为:

A. 0.358　2.793

B. 0.278　3.591

C. 0.358　2.591　　　　　　　　　　D. 0.397　2.519

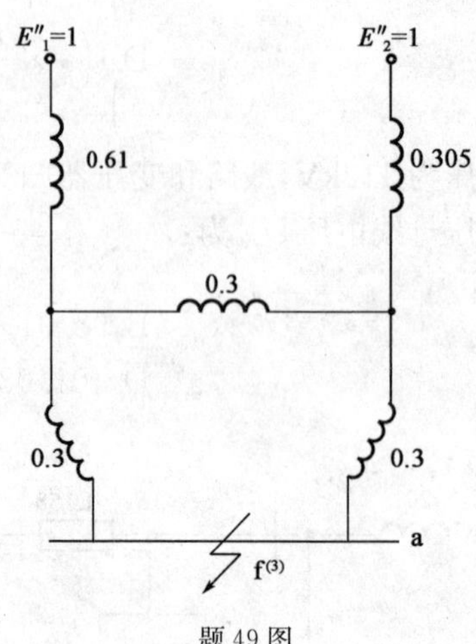

题 49 图

50. 系统如图所示，母线 C 发生 a 相接地短路时，短路点短路电流和发电机 A 母线 a 相电压标幺值分别为[变压器绕组为 YN,d11；各元件标幺值参数为：G：$X''_d=0.1$，$X_{(2)}=0.1$，$E''=1$，$X_T=0.2$，$X_P=0.2/3$L：$X_1=0.2$，$X_{(2)}=0.1$，$X_{(0)}=0.2$，$E''=1$]：

A. 1.873　0.833∠46.1°　　　　B. 1.9　0.833∠46.1°

C. 1.873　0.907∠33.3°　　　　D. 2.00　1.22∠45°

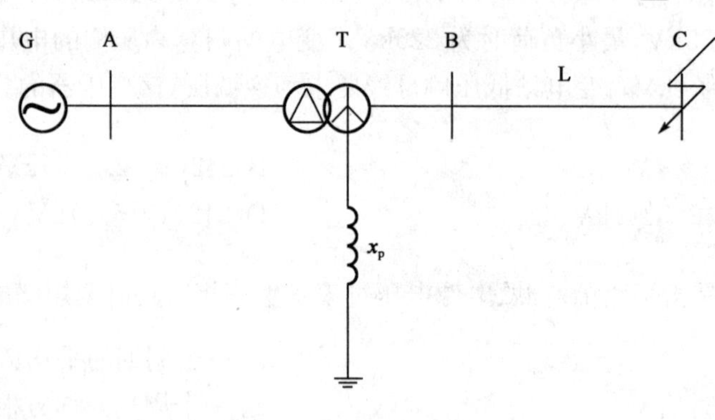

题 50 图

51. 在 3～20kV 电网中，为了测量相对地电压，通常采用什么方式？

A. 三相五柱式电压互感器　　　　B. 三相三柱式电压互感器

C. 两台单相电压互感器接成不完全星形　　D. 一台单相电压互感器

52. 三相平行导体发生三相短路故障时，下列正确的是：

A. A 相的电动势最大　　　　B. B 相的电动势最大

C. C 相的电动势最大　　　　D. A、B、C 三相的电动势相同

53. 断路器开断中性点不直接接地系统中的三相短路电流时，首先开断相的恢复电压为：

A. $1.5U_{PH}$　　B. U_{PH}　　C. $1.25U_{PH}$　　D. U_m

54. 配电装置的汇流母线，其截面选择应按：

A. 经济电流密度　　B. 导体长期发热允许电流
C. 导体短时发热允许电流　　D. 导体的机械强度

55. 电流互感器的额定容量是：

A. 正常发热允许的容量　　B. 短路发热允许的容量
C. 额定二次负荷下的容量　　D. 由额定二次电流确定的容量

56. 影响远距离输电线路传输容量的约束条件是：

A. 线路功率损耗　　B. 稳定性
C. 电压降落　　D. 线路造价

57. 中性点不接地系统中，三相电压互感器附加副绕组额定电压是多少 V？

A. 100　　B. $\frac{100}{\sqrt{3}}$　　C. $\frac{100}{3}$　　D. $100\sqrt{3}$

58. 决定超高压电力设备绝缘配合的主要因素是：

A. 工频过电压　　B. 雷电过电压
C. 谐振过电压　　D. 操作过电压

59. 直流下多层绝缘介质的电场分布由下列哪个参数决定？

A. 介质的厚度　　B. 介质的电阻率
C. 介质的介电常数　　D. 介质的质量密度

60. 一波阻抗为 $Z_1=300\Omega$ 的架空线路与一波阻抗为 $Z_2=60\Omega$ 的电缆线相连，当幅值为 300kV 的无限长直角行波沿 Z_2 向 Z_1 传播时，架空线路中的行波幅值为：

A. 500kV　　B. 50kV　　C. 1000kV　　D. 83.3kV

2009 年度全国注册电气工程师(发输变电)执业资格考试专业基础考试

试题解析及参考答案

1. 解 如图所示,由 KCL 定律得:$I=3+2=5A$,在回路 I 中逆时针为正方向,由 KVL 定律可得方程组:$I\times1-1+u_S+2\times2=0$,$u_S=-8V$。如图所示,2A 电流源电压与电流为关联参考方向,吸收的功率 $P=u_S\times2=-16W$,故发出功率为 16W。

答案:D

2. 解 如图所示,采用网孔分析法,8A 电流源位于外围网孔。

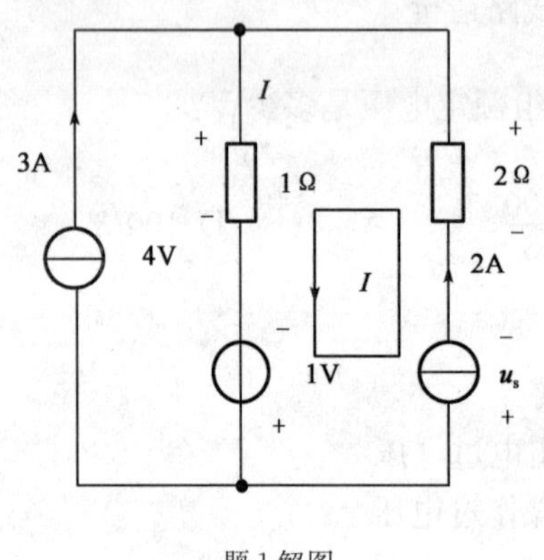

题 1 解图

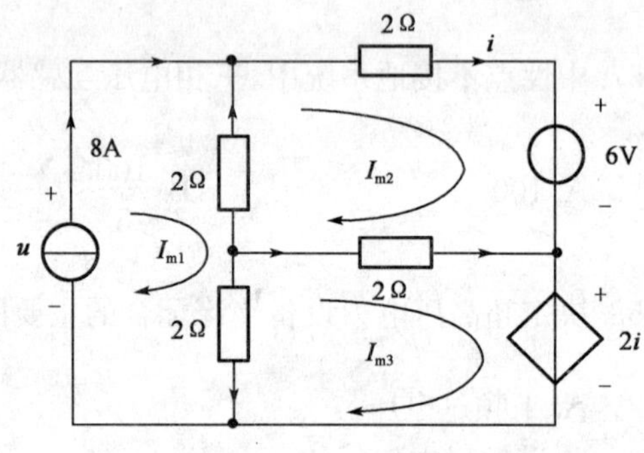

题 2 解图

$$\begin{cases}I_{m1}=8A\\-2I_{m1}+6I_{m2}-2I_{m3}=-6\\-2I_{m1}-2I_{m2}+4_{m3}=2i\end{cases}$$

补充 $I_{m2}=i$,可得:

$$I_{m2}=3A;I_{m3}=4A$$

对网孔 I,有 $U=4I_{m1}-2I_{m2}-2I_{m3}=4\times8-2\times3-2\times4=18V$,故 $U=18V$。

答案:A

3. 解 如图 a)所示,电感 $\dot{U}_L$ 超前于 $\dot{I}_1 90°$,电容 $\dot{U}_C$ 落后于 $\dot{I}_1 90°$,由向量图关系可知 $A^2=A_1^2+A_2^2$(示数),故 $A_1=28.28A$,$A_1=A_2$,画向量图如图 b)所示。

故 $U_S=U_C$,$U_C=20V$,$I=40A$,$U_C=\frac{1}{\omega C}I=20\Rightarrow\frac{1}{\omega C}=\frac{1}{2}\Omega\Rightarrow\omega C=2\Omega^{-1}$。

答案:A

4. 解 S 闭合,去耦等效电路如图所示,$j10\Omega$ 被短路,可得 $\dot{U}=0V$。

答案:C

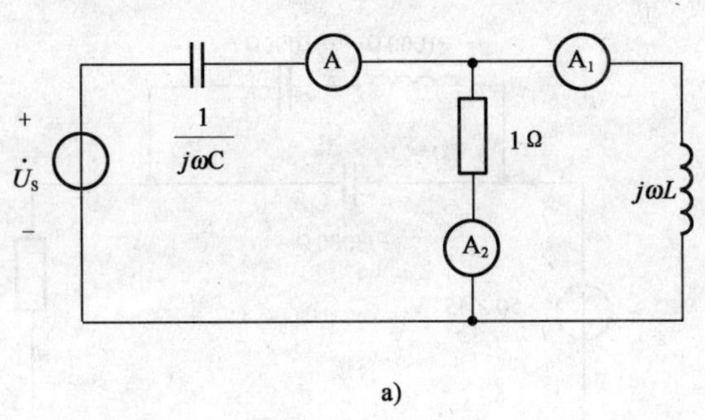

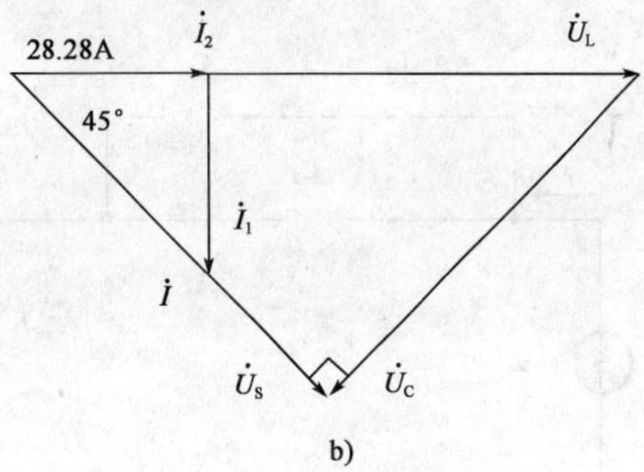

题 3 解图

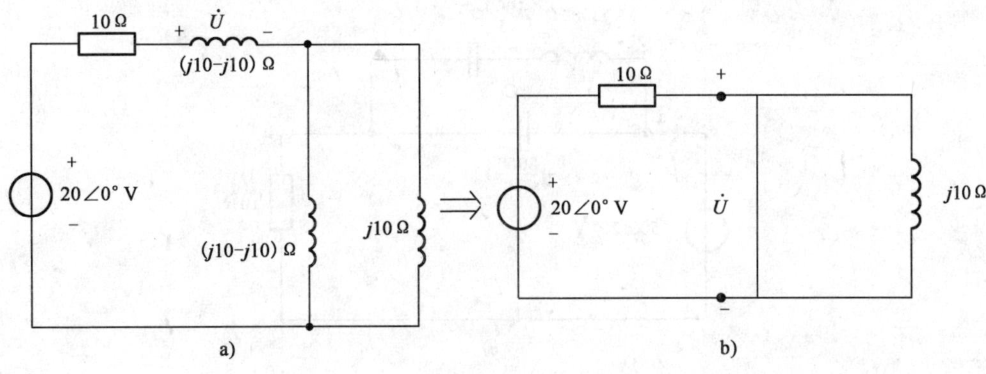

题 4 解图

5. **解** $u_S(t)=1000+50\sqrt{2}\cos(1000t+45°)+50\sqrt{2}\cos(3000t-20°)\text{V}$

$=u_0+u_1(t)+u_3(t)$

(1)$u_0=1000\text{V}$ 单独作用，等效电路如图 a)所示，L_1 短路，C_1、C_2 断路，故 $I_0=0\text{A}$，$P_{R0}=0\text{W}$。

(2)$u_1(t)=50\sqrt{2}\cos(1000t+45)\text{V}$ 单独作用，等效电路如图 b)所示，$X_{L1}+X_{C1}=0$，故 L_1、C_1 发生串联谐振，L_1 与 C_1 组成的支路相当于短路。

$$\dot{I}_1=\frac{50\angle 45°}{10}=5\angle 45°\text{A}$$

$$i_1(t)=5\sqrt{2}\cos(1000+t+45°)\text{A}$$

$$P_{R1}=I_1^2R=25\times 10=250\text{W}$$

(3)$u_3=50\sqrt{2}\cos(3000t-20°)\text{V}$ 单独作用，电路如图 c)所示，ab 之间等效阻抗为：

$$Z=\left[j3000+\left(-j\frac{1000}{3}\right)\right]//\left(-j\frac{8000}{3}\right)$$

$$=-j\frac{8000}{3}//\left(-j\frac{8000}{3}\right)=0$$

故发生并联谐振 ab 相当于开路，即 $\dot{I}=0$，$P_{R3}=I_3^2R=0^2\times 10=0\text{W}$，则 $P_R=P_{R0}+P_{R1}+P_{R3}=0+250+0=250\text{W}$。

答案：B

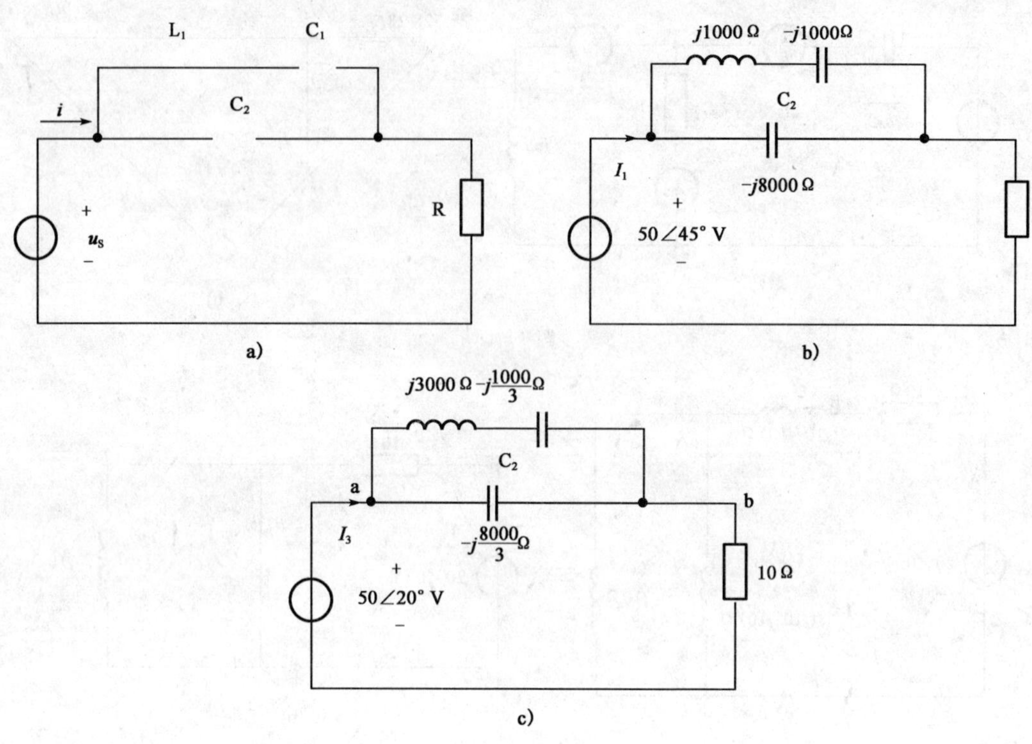

题5解图

6. **解**　把 $u=0.5\text{V}$ 看成 0.5V 电压源，等效电路如图所示，由基尔霍夫定律得：

$$\left.\begin{aligned}\text{KCL}: i+i_1+i_2=0\\ \text{KVL}: 0.5+Ri=Ri_2\\ Ri_2=Ri_1+2\end{aligned}\right\}\Rightarrow\frac{0.5+Ri}{R}+i+\frac{Ri-1.5}{R}=0$$

$$3Ri=1\Rightarrow R=\frac{1}{3}\Omega$$

答案：B

7. **解**　将△变换为 Y 连接，$Z_{\text{Y}}=\frac{Z_2}{3}$。令 $\dot{U}_{\text{A}}=\frac{380}{\sqrt{3}}\angle0^{\circ}=220\angle0^{\circ}\text{V}$，A 相等值电路如图所示。

$$\dot{I}_{\text{A}}=\frac{\dot{U}_{\text{A}}}{Z_1+Z_{\text{Y}}}=\frac{220\angle0^{\circ}}{110-j110+\frac{330+j330}{3}}=1\angle0^{\circ}\text{A}$$

$$\dot{I}_{\text{B}}=1\angle-120^{\circ}\text{A}$$

$$\dot{I}_{\text{C}}=1\angle120^{\circ}\text{A}$$

$$\dot{I}=\dot{I}_{\text{AC}}=\frac{1}{\sqrt{3}}\angle(0^{\circ}-30^{\circ})=\frac{\sqrt{3}}{3}\angle-30^{\circ}\text{A}$$

答案：D

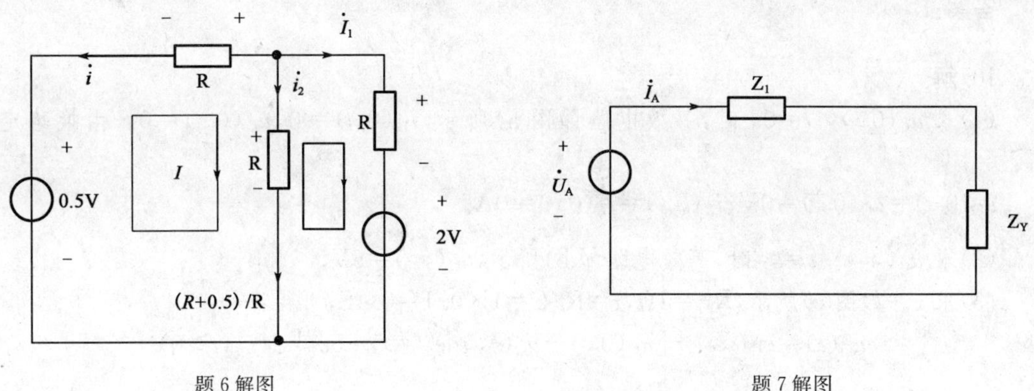

题 6 解图　　　　题 7 解图

8.**解**　原图如图 a)所示。因 $\dot{I}$、$\dot{I}_1$、$\dot{I}_2$ 有效值相同，故三者向量图构成一等边三角形，又因为 $\dot{I}_1$ 超前电 $\dot{U}_1$ 90°，$\dot{I}_2$ 落后电压 $\dot{U}$，故相量图如图 b)所示，$\dot{I}_2$ 滞后 $\dot{U}$ 30°，由电抗三角形知：

$$\tan 30^\circ = \frac{X_L}{R} = \frac{\omega L}{R} \Rightarrow \omega L = \frac{\sqrt{3}}{3}R$$

令 $\dot{U} = 100\angle 0^\circ \text{V}$，$\dot{U}_R = \dfrac{R}{R + j\omega L}\dot{U} = \dfrac{1}{1 + j\dfrac{\sqrt{3}}{3}}\dot{U} = 50\sqrt{3}\angle -30^\circ \text{V}$，由有功功率知 $I_2 = \dfrac{P}{U_R} = \dfrac{866}{50\sqrt{3}} = 10\text{A}$，即 $I_1 = 10\text{A}$，又 $U = |X_C| I_1$，得 $\omega C = \dfrac{I_1}{U} = \dfrac{10}{100} = 0.1$，故 $\dfrac{1}{\omega C} = 10\Omega$。

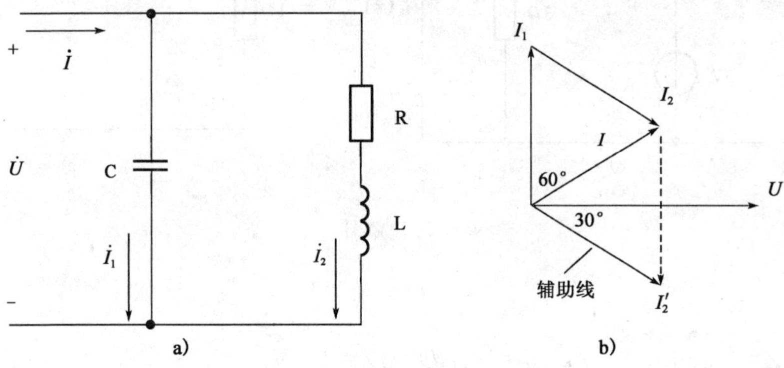

题 8 解图

答案：D

9.**解**　令 $\dot{U}_A = 200\angle 0^\circ \text{V}$，$\dot{U}_B = 200\angle -120^\circ \text{V}$，$\dot{U}_C = 200\angle 120^\circ \text{V}$，$\dot{U}_{CA} = 200\sqrt{3}\angle 150^\circ \text{V}$，$\dot{I}_C = \dfrac{\dot{U}_C}{Z} = \dfrac{200\angle 120^\circ}{100\sqrt{3} + j100} = 1\angle 90^\circ \text{A}$，则：

$$\begin{aligned} P_2 &= \text{Re}[\dot{U}_{CA} \times \overset{*}{I}_C] = \text{Re}[200\sqrt{3}\angle 150^\circ \times 1\angle -90^\circ] \\ &= \text{Re}[200\sqrt{3}\angle 60^\circ] = 200\sqrt{3} \times \cos 60^\circ = 100\sqrt{3}\,\text{W} \end{aligned}$$

答案:B

10. 解

(1)求 $u_C(0_+)$。$t=0_-$ 时,等效电路如图 a)所示,$i_L(0_-)=0$,$u_C(0_-)=0$。由换路定则得:

$u_C(0_+)=u_C(0_-)=0\text{V}$;$i_L(0_+)=i_L(0_-)=0\text{A}$。

(2)求 $u_C(\infty)$。$t=\infty$ 时,等效电路如 b)所示,$u_C(\infty)=5\text{V}$。

(3)求 τ。如图 c)所示,$R_{eq}=1\Omega$,$\tau=R_{eq}C=1\times0.1=0.1\text{S}$,可得:

$$u_C(t)=u_C(\infty)+[u_C(0_+)-u_C(\infty)]e^{t/\tau}=5-5e^{-10t}\text{V}\quad(t>0)$$

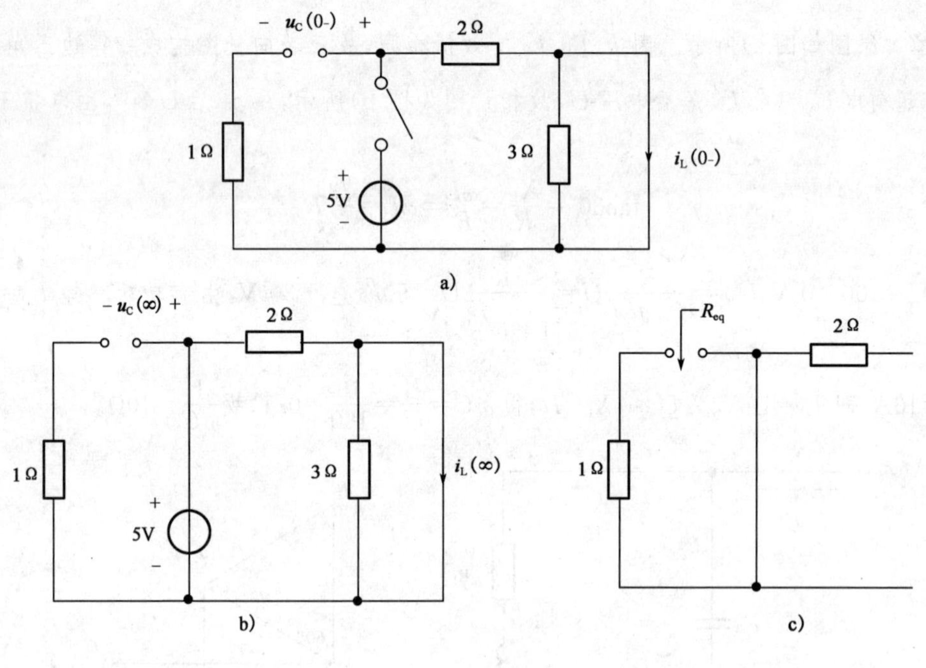

题 10 解图

答案:C

11. 解　$Z=-j50+100//j100=50\Omega$,$U=IZ=100\text{V}$。

答案:C

12. 解　$X_L=\omega L$,$X_C=\dfrac{1}{\omega C}$,$X_L=X_C$,$\omega=\dfrac{1}{\sqrt{LC}}=\dfrac{1}{\sqrt{1\times100\times10^{-12}}}=10^5\,\text{rad/s}$。

答案:A

13. 解　如图所示,应用回路分析法,对左边回路和右边回路列方程,得:

$$\begin{cases}\dot{U}_1=j\omega L_1\dot{I}_1+j\dfrac{\omega M^2\dot{I}_2}{L_2}-j\dfrac{1}{\omega C_1}\dot{I}_1\\0=j\omega L_2\dot{I}_2+j\omega M\dot{I}_1\end{cases}$$

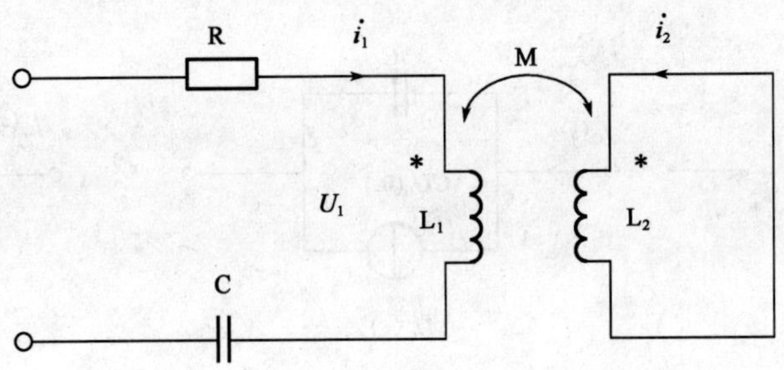

题 13 解图

由上式，$\dot{U}_1 = j\omega L_1 \dot{I}_1 - j\dfrac{\omega M^2 \dot{I}_1}{L_2} - j\dfrac{1}{\omega C_1}\dot{I}_1$，则 $\dot{U}_1 = jI_1\left[\omega\left(40-\dfrac{M^2}{40}\right)-\dfrac{250}{\omega}\right]$。

当发生谐振时，$\varphi_U - \varphi_I = 0$，则 $\omega\left(40-\dfrac{M^2}{40}\right)-\dfrac{250}{\omega}=0$。当 $M=0$H 时，$\omega=2.5$rad/s；当$M=10$H 时，$\omega=2.58$rad/s。

故谐振频率 ω 的变化范围是 2.50～2.58rad/s。

答案：C

14.**解** (1)对于电容元件，库伏特性方程为 $q(t)=CU_C(t)$

VAR 的微分形式为 $i_C(t)=C\dfrac{du_C}{dt}$，积分形式为 $U_C(t)=U_C(t_0)+\dfrac{1}{C}\int_{t_0}^{t} i_C(\tau)d\tau$（关联参考方向）

能量 $W_C=\dfrac{1}{2}CU_C^2(t)-\dfrac{1}{2}CU_C^2(t_0)$，若 $U_C(t_0)=0$，t 时刻 $W_C=\dfrac{1}{2}CU_C^2(t)$

功率 $P=U_C(t)I_C(t)=CU_C(t)\dfrac{dU_C}{dt}$

电容有效值和相位关系为 $I_C=\omega CU_C$，$\varphi_i=\varphi_u+90°$

电容 VAR 的相量形式为 $\dot{I}_C=j\omega C\dot{U}_C$ 或 $\dot{U}_C=\dfrac{1}{j\omega C}\dot{I}_C$，$\varphi_i=\varphi_u+90°$

容抗 $Z_C=\dfrac{\dot{U}_C}{\dot{I}_C}=\dfrac{1}{j\omega C}=-j\dfrac{1}{\omega C}=jX_C$，$X_C=-\dfrac{1}{\omega C}$

容纳 $Y_C=\dfrac{\dot{I}_C}{\dot{U}_C}=j\omega C=jB_C$，$B_C=\omega C$

相量模型：（Z_C）$Z_C=jX_C=-j\dfrac{1}{\omega C}$；（$Y_C$）$Y_C=jB_C=j\omega C$

时域模型：（C）

运算模型：

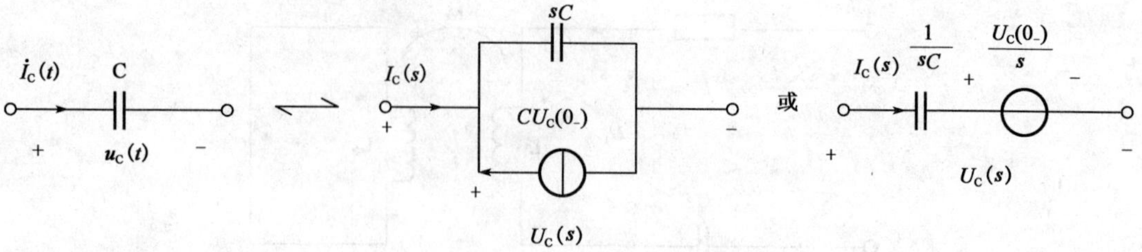

$$i_C(t)=C\frac{du_C}{dt}\longleftrightarrow I_C(s)=C[sU_C-U_C(0_-)]=sCU_C(s)-CU_C(0_-)$$

电容的运算导纳 $Y_C(s)=sC$

电容的运算阻抗 $Z_C(s)=\frac{1}{sC}$

(2)对于电感元件，库伏特性方程 $\Psi=Li_L(t)$

VAR 的微分形式为 $u_L(t)=L\frac{di_L}{dt}$，积分形式为 $i_L(t)=i_L(t_0)+\frac{1}{L}\int_{t_0}^{t}u_L(\tau)d\tau$（关联参考方向）

能量 $W_L=\frac{1}{2}Li_L^2(t)-\frac{1}{2}Li_L^2(t_0)$，若 $i_L(t_0)=0$，t 时刻功率为 $W_L(t)=\frac{1}{2}Li_L^2(t)$

功率 $P=u_L(t)i_L(t)=Li_L(t)\frac{di_L}{dt}$

电感有效值和相位关系为 $U_L=\omega LI_L$，$\varphi_u=\varphi_i+90°$

电感 VAR 的相量形式为 $\dot{U}_L=j\omega L\dot{I}_L$ 或 $\dot{I}_C=\frac{1}{j\omega L}\dot{U}_L$，$\varphi_u=\varphi_i+90°$

感抗 $Z_L=\frac{\dot{U}_L}{\dot{I}_L}=j\omega L=jX_L$，$X_L=\omega L$

容抗 $Y_L=\frac{\dot{I}_L}{\dot{U}_L}=\frac{1}{j\omega L}=-j\frac{1}{\omega L}=jB_L$，$B_L=-\frac{1}{\omega L}$

向量模型：$Z_L=jX_L=j\omega L$；$Y_L=jB_L=-j\frac{1}{\omega L}$

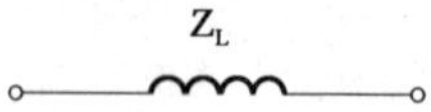

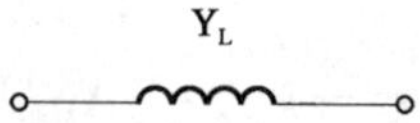

时域模型：

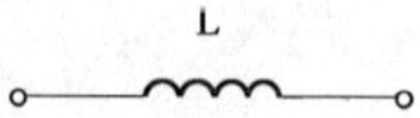

运算模型：

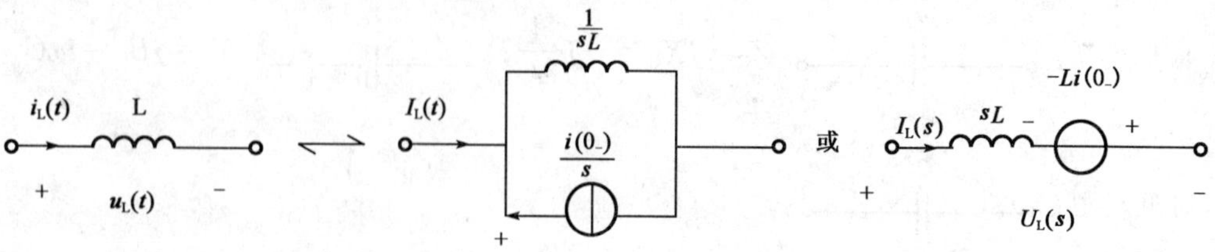

$$u_L(t)=L\frac{di_L}{dt}I_L(s)=L[sI_L-I_L(0_-)]=sLI_L(s)-LI_L(0_-)$$

运算阻抗 $Z_L(s)=-sL$

运算导纳 $Y_L(s)=-\frac{1}{sC}$

答案:B

15. **解** 终端短路时,从始端观察的输入阻抗 $Z_{in}=jZ_c\tan\beta l(\beta=\frac{2\pi}{\lambda},Z_c$ 为特性阻抗)。

当 $|\tan\beta l|=1$ 时,输入端阻抗的绝对值等于特性阻抗,很明显选项 A、B、D 的正切值均为 1,只有选项 C 不为 1。

答案:C

16. **解** $Z_{in}=jZ_0\tan\frac{2\pi}{\lambda}l\ (Z_0=500\Omega,\ Z_{in}=j250)$,得出 $\tan\frac{2\pi}{\lambda}l=\frac{1}{2}$,$l=7.4\times10^{-2}\lambda$。

答案:A

17. **解** 由高斯定理,$D\times2\pi r\times1=\tau\times1$,则 $D=\frac{\tau}{2\pi r}$,$E=\frac{D}{\varepsilon_0}=\frac{\tau}{2\pi\varepsilon_0 r}$。

两柱面间的电压 $U=\int_a^b E\mathrm{d}r=\int_a^b\frac{\tau}{2\pi\varepsilon_0 r}\mathrm{d}r=\frac{\tau}{2\pi\varepsilon_0}\ln\left(\frac{b}{a}\right)$。

答案:D

18. **解** $U_{max}=E_{max}d=3\times10^6\times10^{-3}=3\times10^3\mathrm{V}$。

答案:B

19. **解** 由题意得,$\lambda=\frac{v}{f}=\frac{3\times10^8}{50\times10^6}=20\mathrm{m}$,$\beta=\frac{2\pi}{\lambda}=\frac{\pi}{10}$,$Z_{in}=\frac{Z\cos\beta l+jZ_0\sin\beta l}{\cos\beta l+j\frac{Z_L}{Z_0}\sin\beta l}$。其中,$Z_L$ 为终端接入负载,Z_0 为特性阻抗,将其代入上式 $Z_{in}=500\Omega$。

答案:A

20. **解** $U_0=\frac{\tau}{2\pi\varepsilon_0}\ln\left(\frac{b}{a}\right)$,则 $\frac{\tau}{2\pi\varepsilon_0}=\frac{U_0}{\ln\left(\frac{b}{a}\right)}$,$E(r=a)=\frac{\tau}{2\pi\varepsilon_0 a}=\frac{U_0}{a\ln\left(\frac{b}{a}\right)}$,令 $f(a)=a\ln\left(\frac{b}{a}\right)$,

b 固定,对 a 求导数,$\frac{\mathrm{d}f(a)}{\mathrm{d}a}=\ln\left(\frac{b}{a}\right)-1=0$,所以 $\frac{a}{b}=\frac{1}{e}$。

答案:A

21. **解** 由于稳压管 DZ_1 的稳定电压小于 DZ_2 的稳定电压,因此 DZ_1 先反向击穿,DZ_2 截止,因此 $U_{AB}=7\mathrm{V}$。

答案:B

22. **解**　根据晶体管的特性，温度上升，β增加，U_{BE}减小，I_{CBO}增加，导致I_C增加。

答案：A

23. **解**　共模抑制比$K_{CMR}=\left|\frac{A_{ud}}{A_{uc}}\right|$，$A_{ud}$为差模电压放大倍数，$A_{uc}$为共模电压放大倍数。

其中，$A_{ud}=200$，$A_{uc}=\frac{U_o}{U_i}=\frac{0.1}{1}=0.1$，则$K_{CMR}=2000$。

答案：D

24. **解**　为稳定输出电压，采用电压负反馈，需从输出端引出。再根据瞬时极性法，此时输出与输入端瞬时极性相同，为形成负反馈，必须接到与输入端不同点的地方，构成串联负反馈，所以选择电压串联负反馈。

答案：C

25. **解**　本题考查理想运放的“虚断”和“虚短”。

对于运放A_3：$u_-=\frac{1}{2}(u_{o1}+u_o)=\frac{1}{2}(u_{i1}+u_o)$，$u_+=\frac{1}{2}(u_{o2}+u_{o4})=\frac{1}{2}(u_{i2}-\frac{R_2}{R_3}u_o)$。其中，$u_{o4}=-R_2\times\frac{u_o}{R_3}=\frac{-R_2u_o}{R_3}$。由虚短性质，$u_+=u_-$，即$\frac{1}{2}(u_{i1}+u_o)=\frac{1}{2}(u_{12}-\frac{R_2}{R_3}u_o)$，求出$u_o=\frac{R_3}{R_2+R_3}(u_{i2}-u_{i1})$。

答案：A

26. **解**　只要满足ABC=111或者CD=11，即可使F=0，因为X+1=1，只要ABC和CD其中任意一项满足都为1即可，只有选项D符合条件。

答案：D

27. **解**　如图所示，$Y=\overline{A}\overline{B}+C\overline{D}+A\overline{D}$。

答案：A

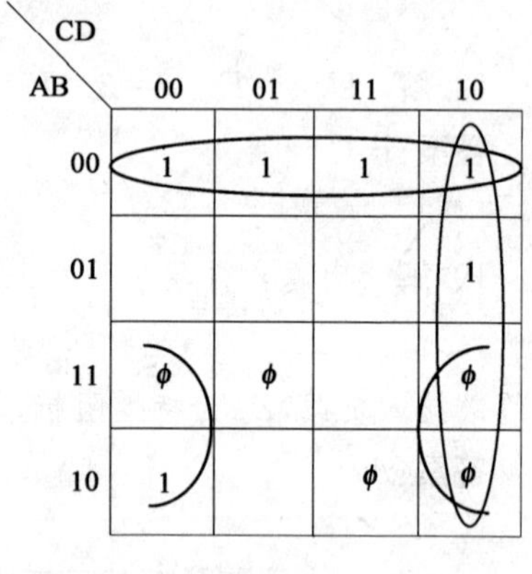

题27解图

28. **解**　多谐振荡器是一种自激振荡器，通电后不需要外加触发信号，自动产生矩形脉冲，而矩形波还有丰富的高次谐波分量，称为多谐振荡器。

答案：D

29. **解**　$\frac{5.337\text{V}}{8\text{mV}}=667.1$，四舍五入，取667。$667=512+128+16+8+2+1$，即10 1001 1011。

答案：C

30. **解**　$S=\overline{\overline{Y_1}\cdot\overline{Y_2}\cdot\overline{Y_3}\cdot\overline{Y_4}}=Y_1+Y_3+Y_3+Y_4$，$Y_1=A\overline{BC}$，$Y_2=\overline{A}B\overline{C}$，$Y_3=\overline{AB}C$，$Y_4=ABC$。列真值表。

真值表 题30解表

A	B	C	Y_1	Y_2	Y_3	Y_4	S
0	0	0	0	0	0	0	0
0	0	1	0	0	1	0	1
0	1	0	0	1	0	0	1
0	1	1	0	0	0	0	0
1	0	0	1	0	0	0	1
1	0	1	0	0	0	0	0
1	1	0	0	0	0	0	0
1	1	1	0	0	0	1	1

由真值表可得，"1"的个数为奇数时输出即为真。

答案:A

31.**解** 电动机的电动势方程为：$E_a = U_N - I_a R_a = 220 - 180 \times 0.12 = 198.4\text{V}$，$P_M = E_a I_a = 198.4 \times 180 = 35712\text{W}$。

答案:D

32.**解** 并励直流发电机的电动势平衡方程式为 $E_a = C_e \varphi n$，在不考虑励磁电流的作用下，当转速提高一倍时，空载电压也提高一倍，由 120V 提高到 240V，考虑到励磁电流也增大，所以空载电压肯定要大于 240V。

答案:D

33.**解** 设高压绕组每相 N_1 匝，根据电压之比等于匝数之比，得$\frac{6300/\sqrt{3}}{400} = \frac{N_1}{10}$，得 $N_1 =$ 1444 匝。

答案:D

34.**解** 当励磁电流为正弦波形时，主磁通的波形为一平顶波。平顶波的主磁通中除基波磁通外还有一定分量的三次谐波磁通，所以由它感应出的三次谐波相电动势就相当大，其幅值可达基波幅值的 45%～60%，这样相动势畸变为尖顶波。

答案:C

35.**解** 电源相序突然改变，改变瞬间电动机的转差率来不及发生变化，所以仍为 0.04。

答案:A

36.**解** 转子磁势相对空间的转速与转子转速应该为同步。

答案:C

37.**解** 若在两电压同相时合闸并联，将会产生不大的冲击电流。现在发电机电压小于电网电压，电网给同步发电机供电，同步发电机相当于电动机运行，电动机都是感性负载，所以此时的电流是电感性电流。

答案:B

38. **解**　发电机的功角特性：$P_N=\frac{mUZ_0}{X_C}\sin\delta$，将题目中的已知条件代入公式，得 $\delta=24.89°$。

答案：B

39. **解**　当三相交流电流通过输电线路时，在导体周围要产生交变的磁场，交变的磁场匝链导线将在导线中产生感应电动势。以 a 相为例，交链它的磁链有自身电流产生的磁链和 bc 相电流产生的交链到 a 相的互磁链。a 相总磁链与电流之比即为 a 相等值电感，乘以角频率 ω 后即为 a 相的等值电抗。

答案：B

40. **解**　衡量电能质量的指标为电压、波形、频率。

答案：C

41. **解**　中性点不接地系统发生单相接地短路时，中性点对地电压升高至相电压，而非故障相的电压升高到线电压。需要注意的是，题中的 35kV 是线电压。

答案：A

42. **解**　二次侧与负荷相连，额定电压应为线路额定电压的 110%，再加上分接头的影响，即电压为 220×(1+10%)×(1+2.5%)=248.05kV。一次侧和发电机相连，发电机出口电压为线路额定电压的 105%，即 10.5kV。

答案：D

43. **解**　高压长距离输电线路当末端空载时，将出现长线路的电容效应，即由于末端线路对地电容而引起容性无功功率，可能会导致末端电压高于始端电压。

答案：B

44. **解**　因为 $\Delta Q_{T\Sigma}=n\left[\frac{I_0\%}{100}\cdot S_{TN}+\frac{U_k\%}{100}\cdot S_{TN}\cdot\left(\frac{S_{TN\Sigma}}{nS_{TN}}\right)^2\right]$

当 $S_{TN\Sigma}=S_{TN}$ 时，有 $\Delta Q_{T\Sigma}=n\frac{I_0\%}{100}\cdot S_{TN}+\frac{1}{n}\cdot\frac{U_k\%}{100}\cdot S_{TN}$

答案：D

45. **解**　此题目考查的是简单电力网络的潮流分析。

(1)从末端向首端推算。

设 $\dot{U}_2=100\angle 0\text{kV}$，阻抗支路损耗：

$$\Delta\widetilde{S}_{Z2}=\frac{P_2^2+Q_2^2}{U_2^2}(R+jX)=\frac{50^2+24^2}{100^2}\times(1.158+j20.17)=0.36+j15.43\text{MVA}$$

则 $\Delta U_2=\frac{P_2R+Q_2X}{U_2}=\frac{50\times1.158+24\times20.17}{100}=5.42\text{kV}$

$$\delta U_2=\frac{P_2X-Q_2R}{U_2}=\frac{50\times20.17-24\times1.158}{100}=9.8\text{kV}$$

得 $\dot{U}_A=U_2+\Delta U_2+j\delta U_2=105.42+j9.8\text{kV}$，$U_A=105.9\text{kV}$

励磁支路损耗：

$$\Delta\widetilde{S}_{y2}=(Y\dot{U})^{*}\dot{U}=(5.12\times10^{-6}+j1.458\times10^{-4})\times105.9^{2}=0.057+j1.635\text{MVA}$$

$$\widetilde{S}_{A}=\widetilde{S}_{2}+\Delta\widetilde{S}_{z2}+\Delta\widetilde{S}_{y2}=50.417+j41.065\text{MVA}$$

$$\Delta\widetilde{S}_{yA}=\overset{*}{Y}U_{A}^{2}=(-j5.48\times10^{-4})\times105.9^{2}=-j6.15\text{MVA}$$

同理，$\Delta\widetilde{S}_{y1}=-6.87\text{MVA}$

首端阻抗支路损耗为 $\Delta\widetilde{S}_{z1}=\dfrac{P_{A}^{2}+Q_{A}^{2}}{U_{A}^{2}}(R+jX)=0.42+j7.36\text{MVA}$

得首端功率为 $\widetilde{S}_{1}=\widetilde{S}_{A}+\Delta\widetilde{S}_{yA}+\Delta\widetilde{S}_{z1}+\Delta\widetilde{S}_{y1}=50.83+j35.41\text{MVA}$

(2)从首端向末端推算

$$\Delta U_{1}=\frac{PR+QX}{U_{2}}=\frac{50.83\times10.5+35.41\times20}{112}=11.089\text{kV}$$

$$\delta U_{2}=\frac{PX-QR}{U_{2}}=\frac{50.83\times20-35.41\times10.5}{112}=5.757\text{kV}$$

$$\dot{U}_{A}=U_{1}-\Delta U_{1}-j\delta U_{1}=100.911-j5.757=101.08\angle-3.26^{\circ}\text{kV}$$

答案:D

46.**解** 先计算最大负荷和最小负荷时变压器的电压损耗。

最大负荷时：$U_{1\text{Tmax}}=\dfrac{U_{1\text{Tmax}}-\Delta U_{\text{Tmax}}}{U_{2\text{max}}}U_{2\text{N}}=\dfrac{235-8}{1.05\times10}\times11=237.8\text{kV}$

最小负荷时：$U_{1\text{Tmin}}=\dfrac{U_{1\text{Tmin}}-\Delta U_{\text{Tmin}}}{U_{2\text{min}}}U_{2\text{N}}=\dfrac{226-4}{10}\times11=244.2\text{kV}$

则 $$U_{1\text{T,av}}=\frac{U_{1\text{Tmax}}+U_{1\text{Tmin}}}{2}=\frac{237.8+244.2}{2}=241\text{kV}$$

逆调压：高峰负荷时中枢点电压升至 $1.05U_{\text{N}}$，低谷负荷时为 U_{N}；

顺调压：高峰负荷时中枢点电压为 $1.025U_{\text{N}}$，低谷负荷时为 $1.075U_{\text{N}}$。

常调压：任何负荷下中枢点电压为基本不变的数值（$1.025U_{\text{N}}\sim1.05U_{\text{N}}$）。

答案:A

47.**解** 该题目考查的是冲击电流的概念。

答案:C

48.**解** 电抗代表磁通对电路的影响所转化的电路参数。由于变压器为静止元件，无论施加正向的磁场还是反向的磁场，对变压器没有影响，所以正序电抗等于负序电抗。而零序阻抗受组别和变压器形式的影响，有不同的值。

答案:B

49.**解** 把三角形连接化为星形连接，如图所示。

则总阻抗 $Z_{\Sigma*}=(0.61+0.1)//(0.305+0.1)+0.1=0.358$，$I_{*}=\dfrac{E''}{Z_{\Sigma*}}=\dfrac{1}{0.358}=2.793$。

答案:A

50.**解** 先求各序总电抗：

$X_{\Sigma(1)}=X''_{d}+X_{T}+X_{C(1)}=0.1+0.2+0.2=0.5$

$X_{\Sigma(2)}=X_{(2)}+X_{T}+X_{C(2)}=0.1+0.2+0.1=0.4$

$X_{\Sigma(0)}=X_{T}+3X_{p}+X_{C(0)}=0.2+0.2=0.4+0.2=0.6$

形成复合序网图，如图所示。

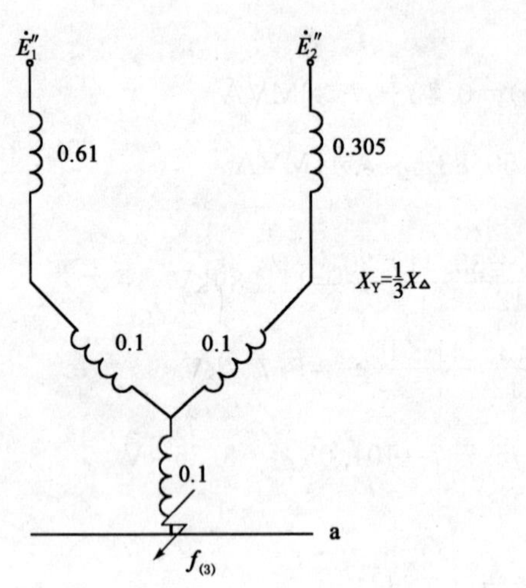

题49解图

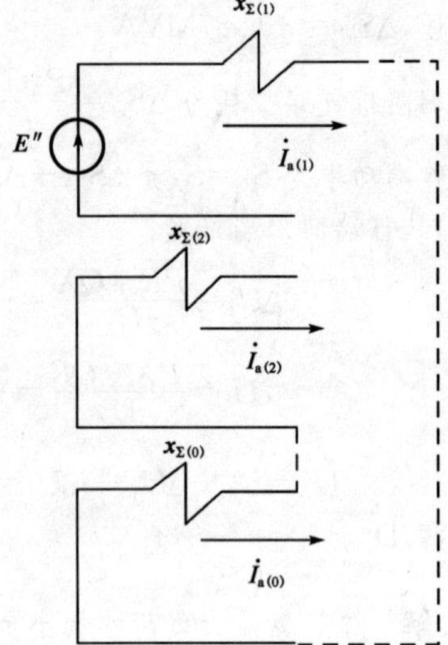

题50解图

$$\dot{I}_{a(1)}=\dot{I}_{a(2)}=\dot{I}_{a(0)}=\frac{E''}{x_{\Sigma(1)}+x_{\Sigma(2)}+x_{\Sigma(0)}}=\frac{1}{0.5+0.4+0.6}=\frac{2}{3}$$

则短路点电流 $\dot{I}_{a}=\dot{I}_{a(1)}+\dot{I}_{a(2)}+\dot{I}_{a(0)}=\dfrac{3E''}{x_{\Sigma(1)}+x_{\Sigma(2)}+x_{\Sigma(0)}}=2$

发电机A母线a相电压由A处正序电压、负序电压、零序电压组成，且要经过变压器的相位旋转。

$$\dot{U}_{a}=\dot{U}_{a(1)}e^{j30^\circ}+\dot{U}_{a(2)}e^{-j30^\circ}+\dot{U}_{a(0)}=\dot{U}_{a(1)}e^{j30^\circ}+\dot{U}_{a(2)}e^{-j30^\circ}$$

$$=\left(1-\frac{1}{1.5}\times0.1\right)e^{j30^\circ}+\left(\frac{1}{1.5}\times0.1\right)e^{-j30^\circ}=\frac{14}{15}\left(\frac{\sqrt{3}}{2}+j\frac{1}{2}\right)+\frac{1}{15}\left(\frac{\sqrt{3}}{2}-j\frac{1}{2}\right)$$

$$=\frac{\sqrt{3}}{2}+j\frac{13}{15}=1.22\angle45^\circ。$$

答案:D

51.**解** 电压互感器的接线方式很多，常见的有以下几种：

(1)用一台单相电压互感器来测量某一相对地电压或相间电压的接线方式。

(2)用两台单相互感器接成不完全星形，也称V-V接线，用来测量各相间电压，但不能测相对地电压，广泛应用在20kV以下中性点不接地或经消弧线圈接地的电网中。

(3)用三台单相三绕组电压互感器构成YN,yn,d0或YN,y,d0的接线形式，广泛应用于3～220kV系统中，其二次绕组用于测量相间电压和相对地电压，辅助二次绕组接成开口三角形，供接入交流电网绝缘监视仪表和继电器用。但是三台单相电压互感器用于110kV及以上中性点接地系统时，测量相对地电压，而用于35kV及以下中性点不接地系统时，只能测量相间电压，不能测量相对地电压。

(4)可用一台三相五柱式电压互感器代替上述(3)中三个单相三绕组电压互感器构成的接线,来测量相电压和线电压。

(5)三相三柱式电压互感器只能测量线电压,不能测量相电压。

答案:A

52. **解**　此题目中,注意是电动势,而不是电动力,电动势三相是相同的,但是最大电动力出现在B相。

答案:D

53. **解**　一台断路器应适应于同一电压下不同参数的电路和不同的安装地点,而电力系统中发生短路的概率、短路形式、短路瞬刻都是随机的,并且断路器的弧隙恢复电压与线路参数和开断瞬间工频恢复电压 U_0 有直接关系,从而不同的短路形式将对断路器开断能力有着明显的影响。

(1)断路器开断单相短路电路。当电流过零,工频恢复电压瞬时值为 $U_0=\sin\varphi U_m$,通常短路时,功率因数很低,一般 $\cos\varphi<0.15$,所以 $\sin\varphi\approx1$,此时 $U_0=U_m\sin\varphi\approx U_m$,即起始工频恢复电压近似等于电源电压最大值。

(2)断路器开断中性点不直接接地系统中的三相短路电路。三相交流电路中,各相电流过零时间不同,因此,断路器在开断三相电路时,电弧电流过零便有先后。先过零的相,电弧先熄灭,称为首先开断相。

如图a)所示,发生短路后,A相首先开断,电流过零后电弧熄灭。此时,B、C相仍由电弧短接,A相断路器靠近短路侧触头的电位,此时仍相当于B、C两相线电压的中点电位,由图b)可知,$\dot{U}_{AN}=\dot{U}_{AB}+\frac{1}{2}U_{BC}=1.5\dot{U}_A$,A相开断后断口上的工频恢复电压为相电压的1.5倍。经过0.005s(电角度90°)后,B、C两相的短路电流同时过零,电弧同时熄灭。电源电压加在B、C两相弧隙上,每个断口将承受$\frac{1}{2}$电压值,即$\frac{1}{2}U_{BC}=\frac{\sqrt{3}}{2}U_A=0.886U_A$。

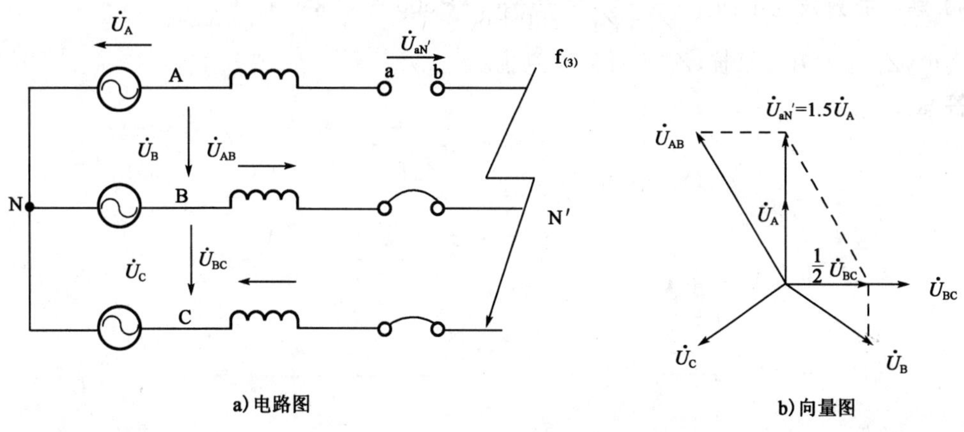

题53解图　A相电弧熄灭后等值电路图及相量图

断路器开断三相电路时,其恢复电压通常是首先开断相最大。所以,断口电弧的熄灭关键在于首先开断相。但是,后续开断相燃弧时间将比首先开断相延长0.005s,相对来讲,电弧能量又较大,因而可能使触头烧坏,喷油、喷气等现象比首先开断相更为严重。

答案:A

54.**解**　配电装置的汇流母线及较短导体(20m 以下)截面选择要按照最大长期工作电流(长期发热允许电流)选择。

答案:B

55.**解**　电流互感器的额定容量 S_{N2} 为电流互感器在额定二次电流 I_{N2} 和额定二次阻抗 Z_{N2} 下运行时,二次绕组输出的容量,即 $S_{N2}=I_{N2}^2\cdot Z_{N2}$。

答案:D

56.**解**　线路损耗、电压降落和稳定性都是影响远距离输电线路传输容量的约束条件,但是最重要的约束条件是保证电力系统的稳定性。

答案:B

57.**解**　中性点接地系统中,每相为 100V,合成正常 0V,单相对地短路 100V。中性点不接地系统中,二次 57.7V,剩余绕组单相 33.333V。

答案:C

58.**解**　对 220kV 及以下电网,设备的绝缘水平主要由雷电过电压决定,在 330kV 及以上的超高电压电网中,操作过电压的危险性大于雷电过电压,所以设备的绝缘水平主要取决于操作过电压。

答案:D

59.**解**　应熟记概念。

答案:C

60.**解**　折射波电压:$u_2'=\frac{2Z_2}{Z_1+Z_2}=\frac{2\times300}{300+60}\times300=500\text{kV}$

式中,Z_1 为入射波阻抗,Z_2 为折射波阻抗。

答案:A

2010 年度全国注册电气工程师(发输变电)执业资格考试专业基础考试

试　　题

单项选择题(共 60 分,每题 2 分,每题的备选项中只有一个最符合题意)

1. 图示电路中,1A 电流源发出的功率为:

A. 6W　　B. −2W　　C. 2W　　D. −6W

2. 图示电路中在电流 i 为:

A. −1A　　B. 1A　　C. 2A　　D. −2A

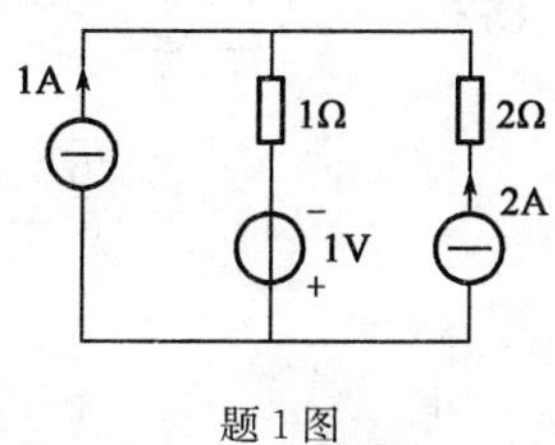

题 1 图

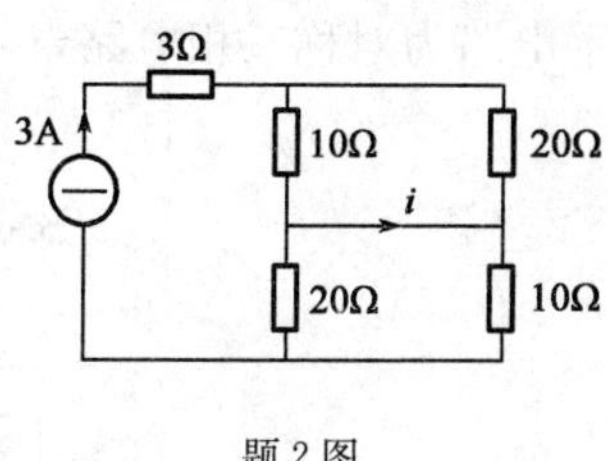

题 2 图

3. 图示直流电路中 I_a 为:

A. 1A　　B. 2A　　C. 3A　　D. 4A

4. 在图示正弦稳态电路中,若 $U_s = 20\angle 0°$V,电流表 A 读数为 40A,电流表 A_1 读数为 28.28A 则 ωL 应为:

A. 2Ω　　B. 5Ω　　C. 1Ω　　D. 1.5Ω

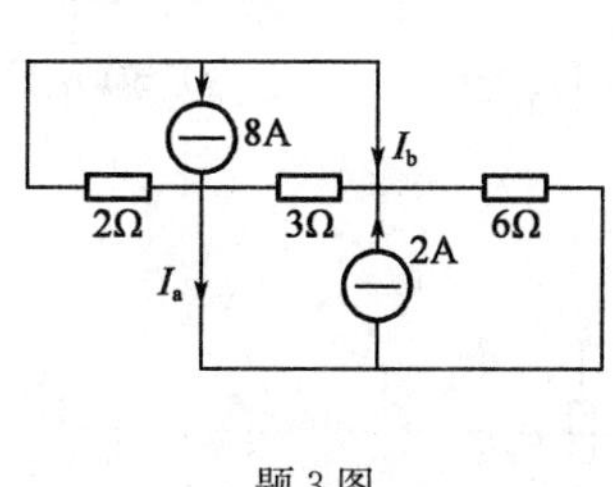

题 3 图

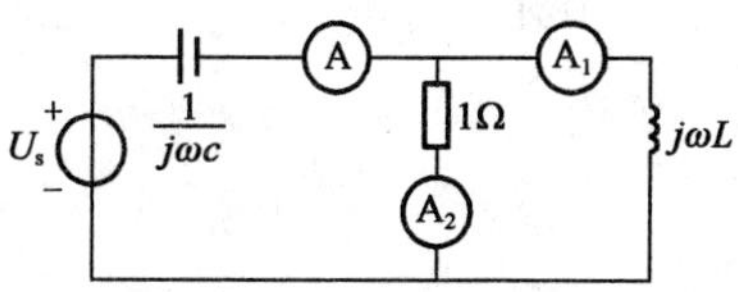

题 4 图

5. 在图示正弦稳态电路中,若电压表读数为 50V,电流表读数为 1A,功率表读数为 30W,则 ωL 为:

A. 45Ω　　B. 25Ω　　C. 35Ω　　D. 40Ω

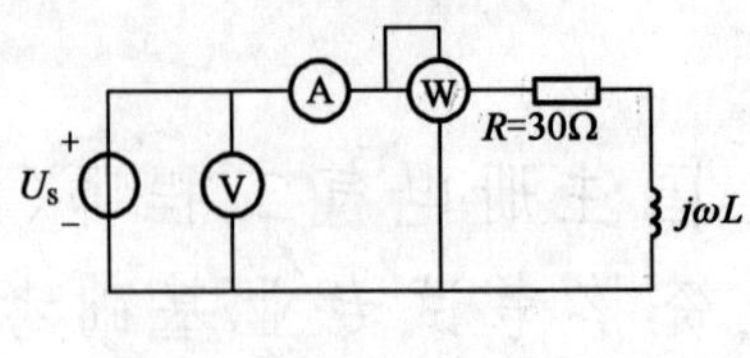

题 5 图

6. 图示电路为含耦合电感的正弦稳态电路，开关 S 断开时，I 为：

A. $\sqrt{2}\angle 45°$A　　B. $\sqrt{2}\angle -45°$A　　C. $\sqrt{2}\angle 30°$A　　D. $-\sqrt{2}\angle 30°$A

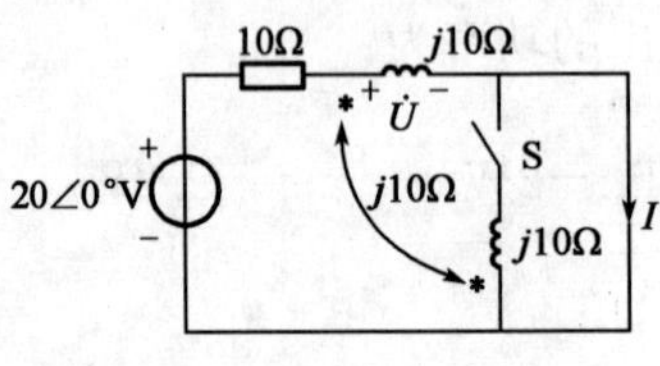

题 6 图

7. 图示电路为对称三相电路，相电压为 200V，$Z_1=Z_2=150-j150$，I_{AC}为：

A. $\sqrt{2}\angle 45°$　　B. $\sqrt{2}\angle -45°$　　C. $\frac{\sqrt{6}}{6}\angle -15°$　　D. $\frac{\sqrt{6}}{6}\angle 15°$

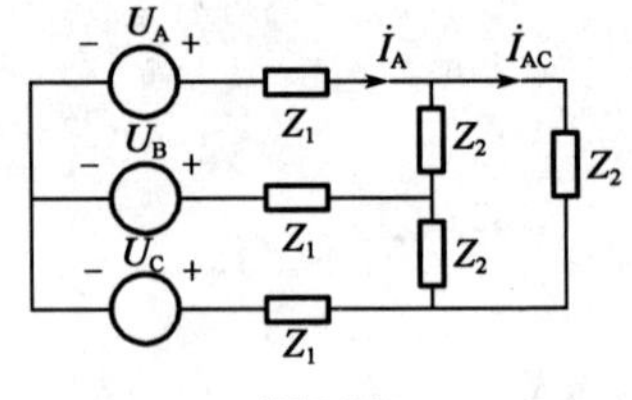

题 7 图

8. 图示电路，若 $u_s(t)=10+15\sqrt{2}\cos(1000t+45°)+20\sqrt{2}\cos(2000t-20°)$V，$u(t)=5\sqrt{2}\cos(1000t+45°)$，$R=10$，$L_1=1$mH，$L_2=\frac{2}{3}$mH，则 C_1 为：

A. 150μF　　B. 200μF　　C. 250μF　　D. 500μF

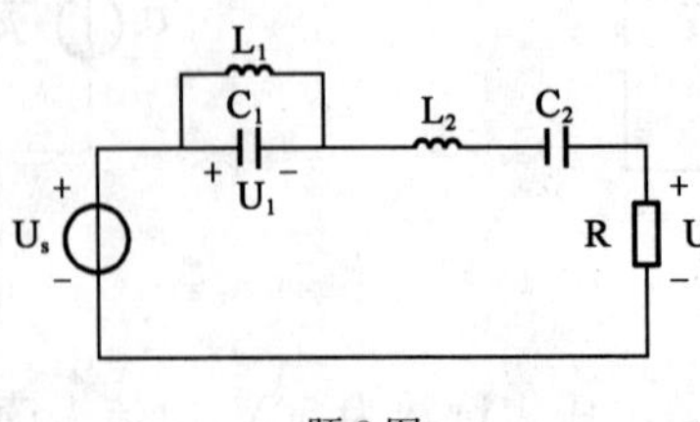

题 8 图

9. 在图示电路中，若 $u=0.5$V，$i=1$A，则 i_s 为（　　）。

A. -0.25A　　B. 0.125A　　C. -0.125A　　D. 0.25A

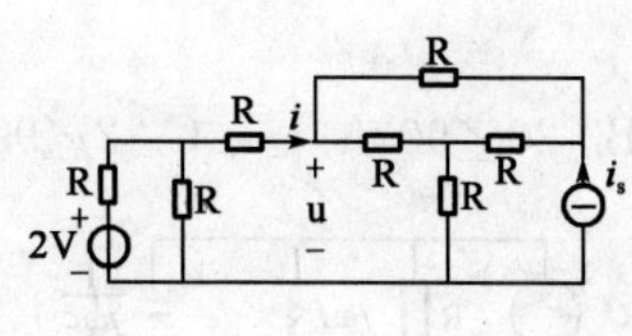

题 9 图

10. 图示电路在开关 S 闭合时为对称三相电路，且三个电流表读数为 30A，$Z=10-j10$，开关 S 闭合时，三个负载 Z 的总无功功率为：

A. -9kVar　　B. 9kVar　　C. 150kVar　　D. -150kVar

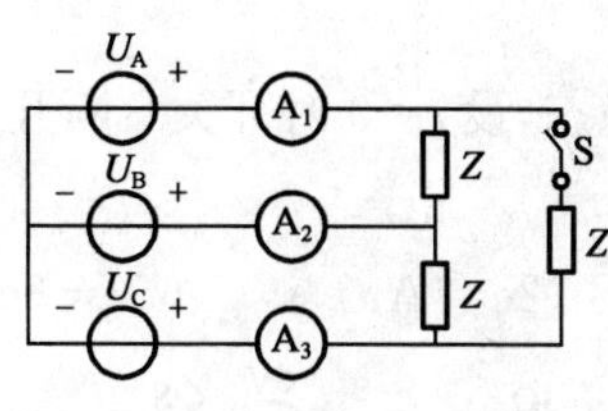

题 10 图

11. 图示正弦稳态电路发生谐振时，安培表 A_1 的读数为 12A，安培表 A_2 的读数为 20A，安培表 A_3 的读数为：

A. 16A　　B. 8A　　C. 4A　　D. 2A

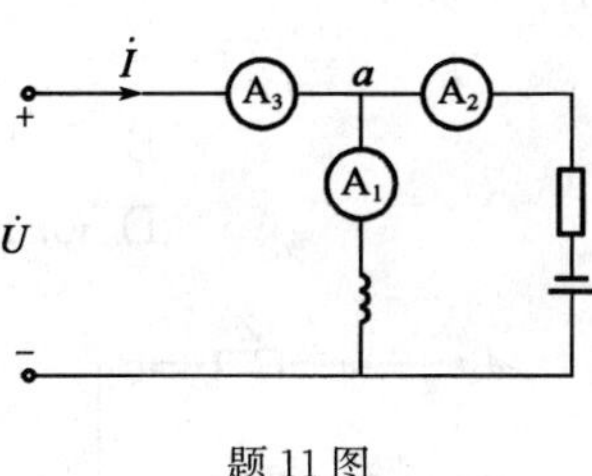

题 11 图

12. 图示正弦交流电路中，已知电源电压有效值 $U=100\text{V}$，角频率为 ω，电流有效值 $I=I_1=I_2$，电源提供的有功功率 $P=866\text{W}$，则 ωL 为：

A. 15Ω　　B. 10Ω　　C. 5Ω　　D. 1Ω

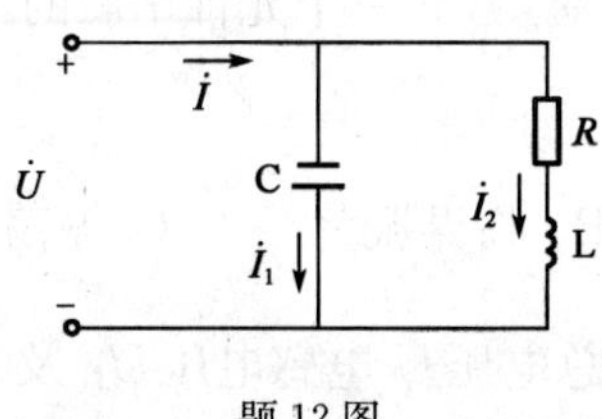

题 12 图

13. 图示正弦稳态电路中，已知 $\dot{U}_s=20\angle 0°V$，$\omega=1000rad/s$，$R=10\Omega$，$L=1mH$，当 L 和 C 发生并联谐振时，$\dot{I}_c$ 为：

A. $20\angle -90°A$　　B. $20\angle 90°A$　　C. $2\angle 90°A$　　D. $20\angle -90°A$

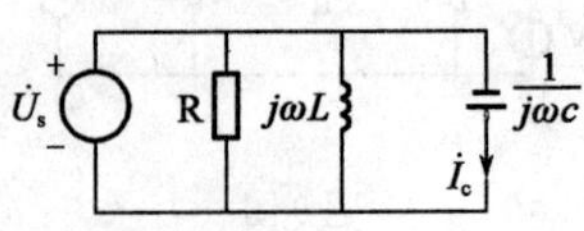

题 13 图

14. 图示对称三相电路中，相电压为 200V，$Z=100\sqrt{3}+j100\Omega$，功率表 W_1 的读数为：

A. $100\sqrt{3}W$　　B. $200\sqrt{3}W$　　C. $300\sqrt{3}W$　　D. $400\sqrt{3}W$

15. 图示电路中，电路原已达稳态，设 $t=0$ 时开关 S 断开，则开关 S 断开后的电感电流 $i(t)$ 为：

A. $-2e^{-3t}A$　　B. $2e^{-3t}A$　　C. $-3e^{-\frac{t}{3}}A$　　D $3e^{-\frac{t}{3}}A$

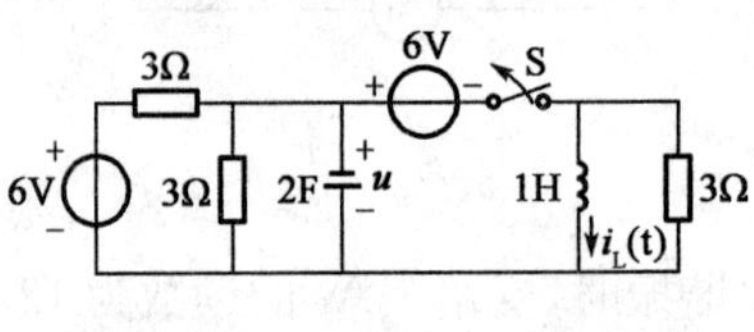

题 15 图

16. 已知三相对称电路的线电压为 380V，三相负载消耗的总有功率为 10kW，负载的功率因数为 $\cos\varphi=0.6$，则负载 Z 的值为：

A. $4.123\pm j6.931\Omega$　　B. $5.198\pm j3.548\Omega$

C. $5.198\pm j4.246\Omega$　　D. $5.198\pm j6.931\Omega$

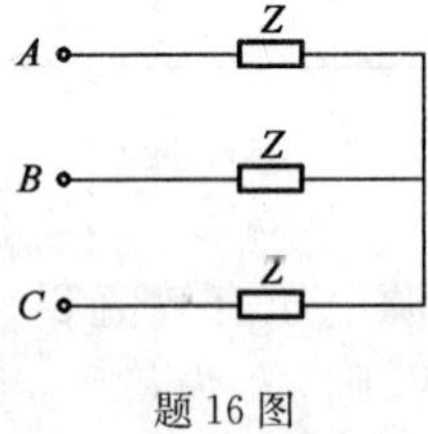

题 16 图

17. 在 $R=7K$，$L=4.23H$，$C=0.47\mu F$ 三个元件串联的电路中，电路的暂态属于下列哪种类型：

A. 非振荡　　B. 临界振荡　　C. 振荡　　D. 不能确定

18. 在 R、L、C 串联电路中，若总电压 U 电感电压 U_L 及 RC 两端的电压 U_{RC} 均为 400V，且 $R=50$，则电流 I 为：

A. 8A　　B. 8.660A　　C. 1.732A　　D. 6.928A

19. 已知正弦电流的初相为 90°，在 $t=0$ 时的瞬间时值为 17.32A，经过(1/50)s 后电流第一次下降为 0，则其角频率为：

A. 78.54rad/s　　B. 50rad/s

C. 39.27rad/s　　D. 100rad/s

20. 图示电路 $u=10\sin(\omega t)$V，$i=2\sin(\omega t)$A，$\omega=1000$rad/s，则无源二端网络 N 可以看作 R 和与 C 串联，其数值应为下列哪组：

A. 1，1.0μF　　B. 1，0.125μF

C. 4，1.0μF　　D. 2，1.0μF

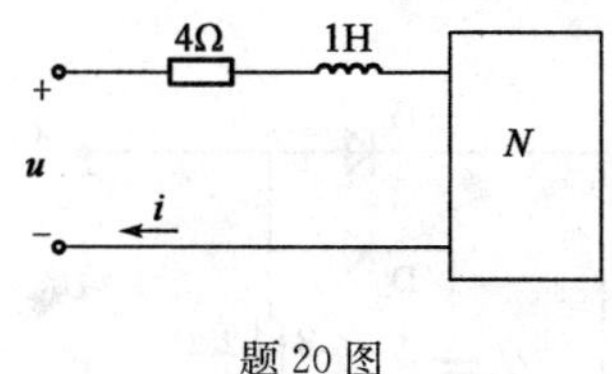

题 20 图

21. 图示电路已稳定，$t=0$ 时闭合开关 S 后，则 $u_L(t)$ 为：

A. $-3e^{-t}$V　　B. $3e^{-t}$V

C. 0V　　D. $1+3e^{-t}$V

22. 图示电路的谐振频率 f 为：

A. 79.58Hz　　B. 238.74Hz　　C. 159.16Hz　　D. 477.48Hz

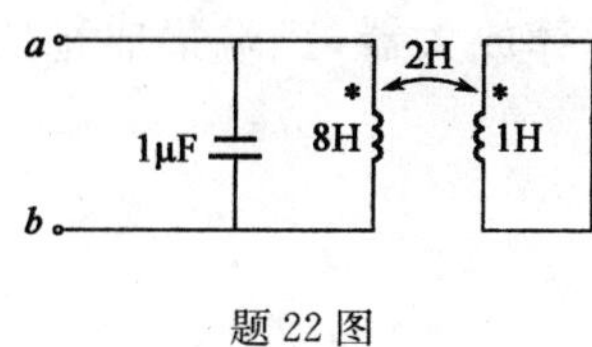

题 22 图

23. 一个半径为 1m 的半球形导体球当作接地电极埋于地下，其平面部分与地面相重合，土壤的电导率 $\gamma=10^{-2}$S/m，则此接地体的接地电阻为：

A. 15.92Ω　　B. 7.96Ω　　C. 63.68Ω　　D. 31.48Ω

24. 球形电容器的内半径 $R_1=5$cm，外半径 $R_2=10$cm，若介质的电导率 $\gamma=10^{-10}$S/m，则该球形电容器的源电导为：

A. 0.2×10^{-9}S　　B. 0.15×10^{-9}S　　C. 0.126×10^{-9}S　　D. 0.10×10^{-9}S

25. 终端开路的无损耗传输线的长度是波长的倍数为下列哪项数值时，其输入端阻抗的绝对值不等于特性阻抗？

A. $\frac{11}{8}$　　B. $\frac{5}{8}$　　C. $\frac{7}{8}$　　D. $\frac{4}{8}$

26. 一高压同轴圆柱电缆，内导体的半径为 a，外导体的内半径为 b，其值可以自由选定，若 a 固定，要使内导体表面上场强最小，a 与 b 的比值应为：

A. $\frac{1}{e}$　　B. $\frac{1}{2}$　　C. $\frac{1}{4}$　　D. $\frac{1}{8}$

27. 设图示电路中的二极管性能理想，则电压 U_{AB} 为：

A. -5V　　B. -15V　　C. 10V　　D. 25V

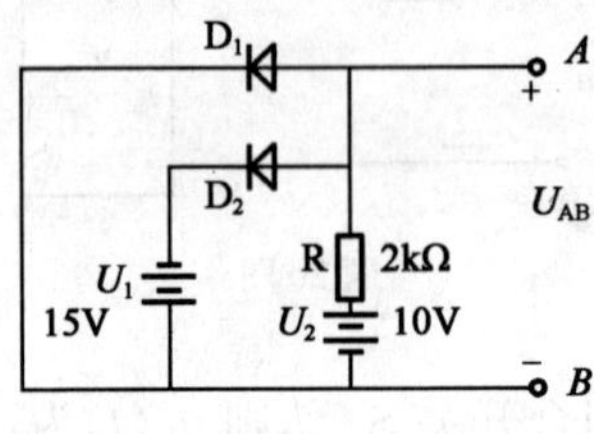

题 27 图

28. 某晶体管的极限参数 $P_{CM}=150$mW，$I_{CM}=100$mA，$U_{(SR)CEO}=30$V。若它的工作电压分别为 $U_{CE}=10$V 和 $U_{CE}=1$V 时，则其最大允许工作电流分别为下列哪组数值？

A. 15mA，100mA　　B. 10mA，100mA
C. 150mA，100mA　　D. 15mA，10mA

29. 在图示电路中，A 为理想运算放大器，三端集成稳压器的 2、3 端之间的电压用 U_{REF} 表示，则电路的输出电压可表示为：

A. $U_0=(U_1+U_{REF})\frac{R_2}{R_1}$　　B. $U_0=U_1\frac{R_2}{R_1}$

C. $U_0=U_{REF}(1+\frac{R_2}{R_1})$　　D. $U_0=U_{REF}(1+\frac{R_1}{R_2})$

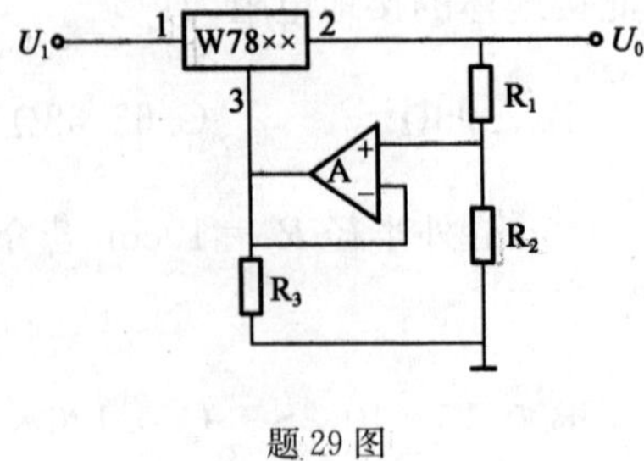

题 29 图

30. 某反馈电路的闭环增益 $A_f=20\text{dB}$，$\frac{\Delta A}{A}=10\%$，$\frac{\Delta A_f}{A}=0.1\%$，则 A 和 F 应为下列哪组数值？

A. 100，0.099　　B. 1000，0.01　　C. 100，0.01　　D. 1000，0.099

31. 一台直流励磁电动机 $P_N=75\text{kW}$，$U_N=230\text{V}$，$I_{aN}=38\text{A}$，$n_N=1750\text{r/min}$，电枢回路总电阻 $R_{aN}=0.2\Omega$，励磁回路总电阻 $R_f=383\Omega$，求满载运行时的电磁转矩为：

A. 39.75N·m　　B. 45.41N·m

C. 46.1N·m　　D. 34.57N·m

32. 一台并励直流电动机拖动一台他励直流发电机，当电动机的外加电压和励磁回路电阻均不变时，若增加发动机的负荷，则电动机的电枢电流和转速将会出现：

A. I_a 升，n 降　　B. I_a 降，n 升　　C. I_a 升，n 升　　D. I_a 降，n 降

33. 两台变压器并列运行，变压器 A 的参数如下：$S_N=1000\text{kVA}$，$V_1/V_2=6300/400\text{V}$，YD11，$U_k\%=6.25$；变压器 B 的参数如下：$S_N=1800\text{KVA}$，$V_1/V_2=6300/400\text{V}$，YD11，$U_k\%=6.6$。若供给的负荷为 2800KVA，则：

A. A 过载　　B. B 过载　　C. 均不过载　　D. 均过载

34. 变压器空载时，一次边线路电压增高，铁芯损耗将：

A. 增加　　B. 不变　　C. 减少　　D. 不定

35. 一台三相异步电动机，电源频率为 50Hz，额定运行时转子的转速 $n=1400\text{r/min}$，此时转子绕组中感应电磁的频率为：

A. 0.067Hz　　B. 3.33Hz　　C. 50Hz　　D. 100Hz

36. 异步电动机在发电机状态下工作，其转速的变化范围为：

A. $n<0$　　B. $n=0$　　C. $0<n<n_1$　　D. $n>n_1$

37. 一台三相同步发电机单机运行供给一纯电阻性负载，运行中如果增大此发电机的励磁电流，那么输出的电枢电流应为：

A. 多输出感性电流

B. 多输出纯有功电流

C. 多输出容性电流

D. 电枢电流不变

38. 一台隐极同步发动机，$P_N=25000\text{kW}$，$U_N=10.5\text{kV}$，定子绕组接成 Y 型，功率因数

$\cos\varphi_N=0.8$(滞后),同步电抗 $X_S=9.39\Omega$,忽略电枢绕组的电阻,额定运行状态下 E_0 为:

A. 20358.3　　B. 23955.8
C. 31953.9　　D. 13830.9

39. 一台并励直流电动机:$U_N=110V$,$n_N=1500r/m$,$I_N=28A$,$R_a=0.15\Omega$(含电刷接触压降),$R_f=110\Omega$,当电动机在额定状态下运行,突然在电枢回路串入一 0.5Ω 的电阻,若负载转矩不变,则电动机稳定后的转速为:

A. 1220r/min　　B. 1255r/min
C. 1309r/min　　D. 1500r/min

40. 三绕组变压器数学模型中的电抗反映变压器绕组的:

A. 铜耗　　B. 铁耗
C. 等值漏磁通　　D. 漏磁通

41. 一台三相变压器的联结组为 Y,d5,其含义表示此变压器原边的线电压滞后到对应的线电压的:

A. 30°　　B. 150°
C. 210°　　D. 330°

42. 一台绕线式三相异步电动机,如果将其定子绕组短接,转子绕组接至频率为 $f_1=50Hz$ 的三相交流电源,在气隙中产生顺时针方向的旋转磁势,设转子的转速为 n_B,那么转子的转向是:

A. 顺时针　　B. 不转　　C. 逆时针　　D. 不能确定

43. 绕线式异步电动机拖动恒转矩负载运行,当转子回路串入不同电阻,电动机转速不同,而串入电阻与未串电阻相比,对转子的电流和功率因数的影响是:

A. 转子的电流大小和功率因数均不变
B. 转子的电流大小变化,功率因数不变
C. 转子的电流大小不变,功率因数变化
D. 转子的电流大小和功率因数均变化

44. 一台汽轮发电机并联于无穷大电网,额定负载时功角 $\delta=20°$,现因故障电网电压降为 $60\%U_N$。试求:当保持输入的有功功率不变,继续运行且使功角 δ 保持在 25°,应加大励磁使 E_0 上升约为原来的倍数是:

A. 1.25　　B. 1.35　　C. 1.67　　D. 2

45. 电力系统电压降和电力损耗的定义分别为:

A. $\dot{U}_1-\dot{U}_2$，$\dot{U}_1-\dot{U}_2$

B. $\dot{U}_1-\dot{U}_2$，$|\dot{U}_1|-|\dot{U}_2|$

C. $\dot{U}_1-\dot{U}_2$，$|\dot{U}_1|-|\dot{U}_2|$

D. $|\dot{U}_1|-|\dot{U}_2|$，$\dot{U}_1-\dot{U}_2$

46. 发电机接入 10kV 电网，变压器一次侧接发电机，二次侧接 110kV 线路，发电机和变压器的额定电压分别为：

A. 10.5kV，10.5/121kV

B. 10.5kV，10.5/110kV

C. 10kV，10/110kV

D. 10.5kV，10/121kV

47. 高电压网线路中流过的无功功率主要影响线路两端的：

A. 电压相位

B. 电压幅值

C. 有功损耗

D. 电压降落的横分量

48. 降低网络损耗的主要措施之一是：

A. 增加线路传输的无功功率

B. 减少线路传输的有功功率

C. 增加线路传输的有功功率

D. 减少线路传输的无功功率

49. 由于系统的频率主要取决于：

A. 系统中有功功率平衡

B. 系统中无功功率平衡

C. 发动机调速器

D. 系统中无功补偿

50. 为抑制空载电力线路末端电压升高，常在线路末端：

A. 并联电容器

B. 并联电抗器

C. 串联电容器

D. 串联电抗器

51. 某变电阶段有一变比为 $110\pm5\times2.5\%/L_1$，$S_N=31.5$MVA 的降压器，变电所高压母线电压、变压器归算到高压侧的阻抗及负荷功率均标在图中，若欲保证变电所低压母线电压 $U_{max}=10$kV。$U_{min}=10.5$kV，在忽略变压器功率损耗和电压降横分量的情况下，变压器分接头为：

A. 110(1+2.5%)kV

B. 110(1−2.5%)kV

C. 110(1−5%)kV

D. 110(1+5%)kV

52. 某系统的等值电路如图所示，各元件参数标幺值标在图中，f 点发生三相短路时，短路点的总短路电流及各电源对短路的转移阻抗分别为：

A. 1.136,0.25,0.033

B. 2.976,9.72,1.930

C. 11.360,9.72,0.993

D. 1.136,7.72,0.993

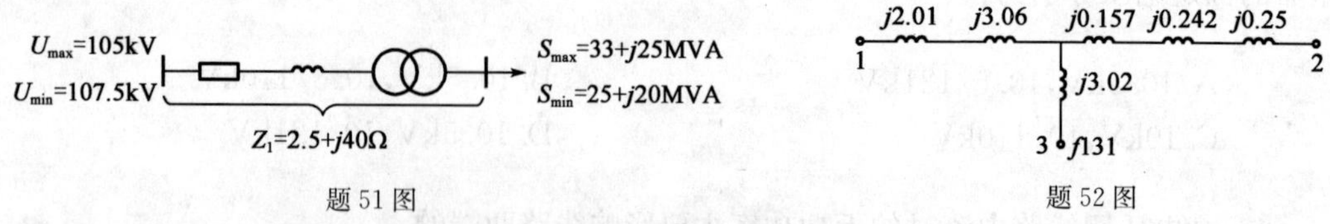

题 51 图　　　　题 52 图

53. 系统接线如图所示,图中参数均归算到统一基准下($S_s=50MVA$)的标幺值,系统在 f 点发生 a 相接地,短路处短路电流及正序相电压有名值为(变压器联结组 Y,d11):

A. 0.238kA,90.28kV

B. 0.316kA,100.74kV

C. 0.412kA,58.16kV

D. 0.238kA,52.11kV

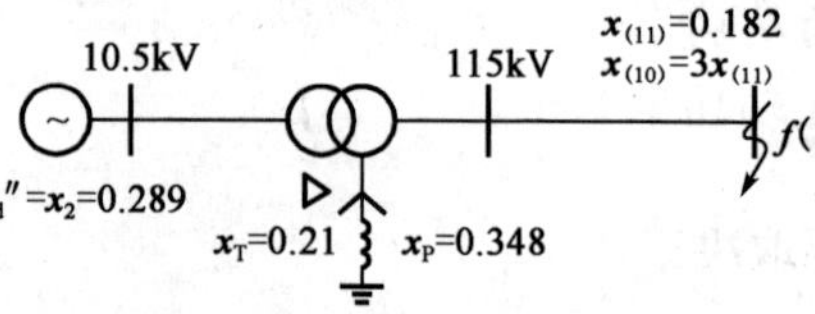

题 53 图

54. 电流互感器二次绕组在运行时:

A. 允许短路不允许开路

B. 允许开路不允许短路

C. 不允许开路也不允许短路

D. 允许开路也允许短路

55. 在 3~20kV 电网中,为了测量相对地电压,通常采用:

A. 两台单相电压互感器接成不完全星形接线

B. 三相三柱式电压互感器

C. 三相五柱式电压互感器

D. 三台单相电压互感器接成 Y/Δ 接线

56. 内桥形式主接线适用于:

A. 出线线路较短,主变压器操作较少的电厂

B. 出线线路较长,主变压器操作较多的电厂

C. 出线线路较短,主变压器操作较多的电厂

D. 出线线路较长，主变压器操作较少的电厂

57. 为了使断路各断口上的电压分布近相等，常在断路器各断口上加装：

A. 并联电路
B. 并联电容
C. 并联电阻
D. 并联辅助断口

58. 35kV 及以下输电线路一般不采取全线敷设避雷线措施的原因是：

A. 感应雷过电压超过线路耐雷水平
B. 线路杆塔档距小
C. 系统短路电流小
D. 线路输送容量小

59. 下列哪项方法可以提高线路绝缘子雷击闪络电压？

A. 改善绝缘子电位分布
B. 提高绝缘子憎水性
C. 增加绝缘子爬距
D. 增加绝缘子片数

60. 线路上装设并联电抗器的作用是：

A. 降低线路末端过电压
B. 改善无功平衡
C. 提高稳定性
D. 改善线路功率因素

2010 年度全国注册电气工程师（发输变电）执业资格考试专业基础考试

试题解析及参考答案

1. **解** 由节点①列写 KCl：$I_1=1+2=3\text{A}$

则 $U=3\times1-1=2\text{V}$

故 $P_{发}=UI=2\times1=2\text{W}$

答案：C

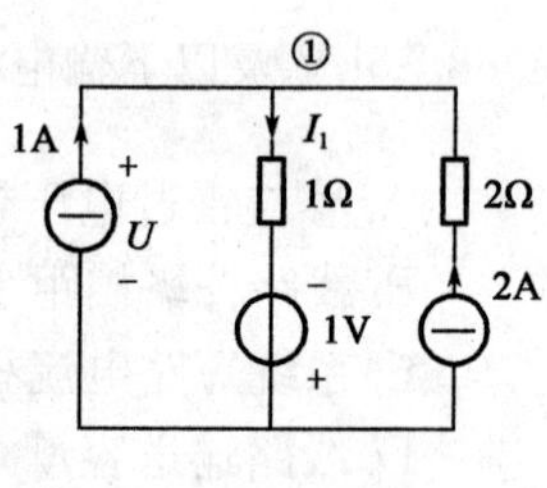

题 1 解图

2. **解** 由于 $R_{AB}//R_{AC}=R_{BD}//R_{CD}$

则 $U_{AB}=U_{AC}=U_{BD}=U_{CD}$

$i_{AB}=\frac{2}{3}i=2\text{A}$

$i_{DB}=-\frac{1}{3}i=-1\text{A}$

故 $i=i_{AB}+i_{DB}=2-1=1\text{A}$

答案：B

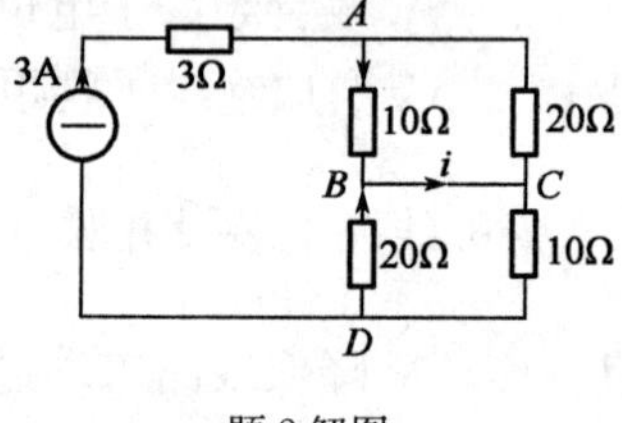

题 2 解图

3. **解** $I_a=\frac{12+\frac{48}{5}}{\frac{6}{5}+6}=3\text{A}$

答案：C

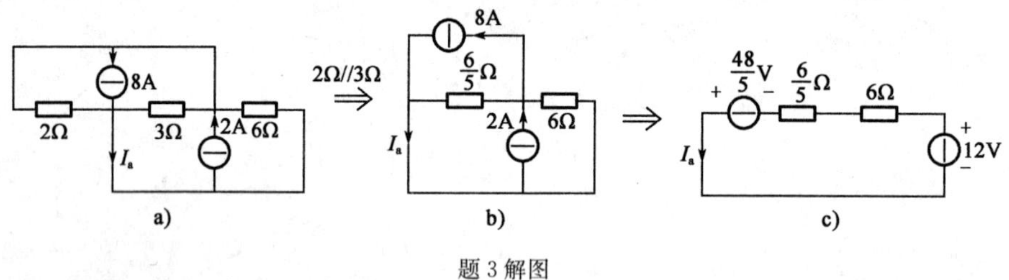

题 3 解图

4. **解** 电流表 A_2 测的电流呈容性，电流表 A_1 测的电流呈感性

电流表 A 测在电流是电流表 A_1 与电流表 A_2 所测电流之和。

则 $I_1=\sqrt{40^2-28.28^2}=28.28\text{A}$

$I_2\times1=I_1\times\omega L$

故 $\omega L=\frac{28.28}{28.28\times1}=1\Omega$

答案：C

5. **解**　$P=UI\cos\phi$

故 $\cos\phi=\frac{30}{50}=0.6$

则阻抗角的余弦值应为 0.6

则$\frac{R}{\sqrt{R^2+(\omega L^2)}}=0.6$

解得:$\omega L=40\Omega$

答案:D

6. **解**　由于电流 I 所在支路将开关 S 所在支路短路了

故 $I=\frac{20\angle 0^\circ}{10+j10}=\sqrt{2}\angle -45^\circ$

答案:B

7. **解**　$Z_{2Y}=\frac{1}{3}Z_{2\Delta}=\frac{1}{3}(150-j150)=50-j50\Omega$

作一相等值电路 则 $\dot{I}_A=\frac{200}{(150-j150)+(50-j50)}=\frac{\sqrt{2}}{2}\angle 45^\circ$

故 $\dot{I}_{AC}=\frac{1}{\sqrt{3}}\dot{I}_A\angle -30^\circ=\frac{\sqrt{6}}{6}\angle 15^\circ$

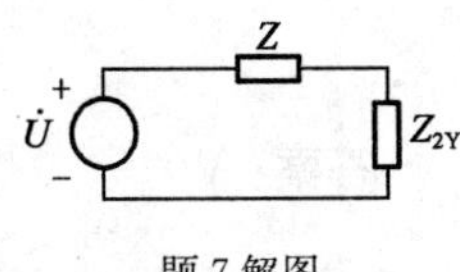

题 7 解图

答案:D

8. **解**　由于 $u_s(t)$ 中含有直流、一倍频、二倍频分量,而 $u(t)$ 中仅含有一倍频分量,故二倍频分量作用时,L_1、C_1 发生并联谐振,等效于开路,使 $u(t)$ 中没有二倍频分量

则$\frac{1}{2\omega C_1}=2\omega L_1$

$C_1=\frac{1}{4\omega^2 L_1}=\frac{1}{4\times 1000^2\times 1\times 10^{-3}}=250\mu F$

答案:C

9. **解**　作 Y—Δ 变换和戴维南等效化简得:

$u=\frac{R}{3}i+\left(\frac{R}{3}+R\right)(i+i_s)$

代入 $u=0.5V$, $i=1A$ 得:

$0.5=\frac{5}{3}R+\frac{4}{3}Ri_s$ ①

又 $1=\left(\frac{R}{2}+R\right)i+u$

解得:$R=\frac{1}{3}\Omega$

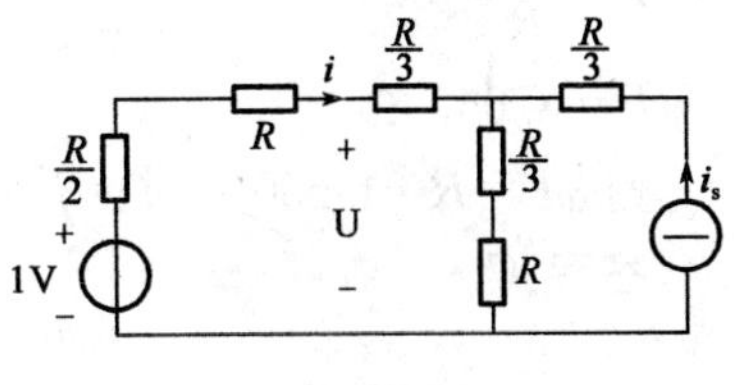

题 9 解图

将 $R=\frac{1}{3}\Omega$ 代入①式

解得:$i_s=-\frac{1}{8}=-0.125A$

答案:C

10.解 作 Y—Δ 变换,如题 10 解图 a)所示。

作一相等值电路为,如题 10 解图 b)所示。

设电流表读数为 $30\angle 0^\circ$

则 $\dot{U}=\dot{I}Z=30\times\dfrac{10-j10}{3}=100-j100$

$\widetilde{S}=3\dot{U}\dot{I}^*=3(100-j100)\times 30=9000-j9000\text{VA}$

解得:$Q=-9\text{kVar}$

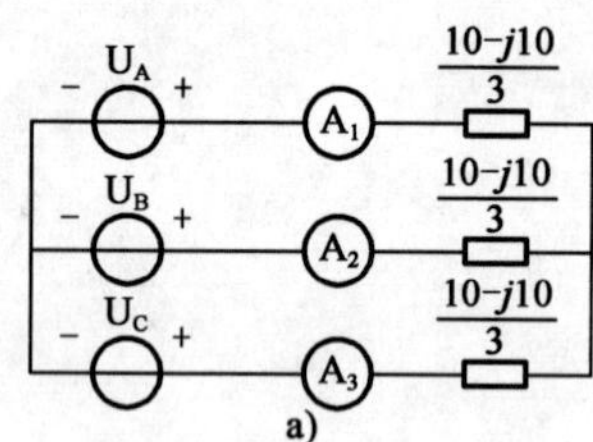

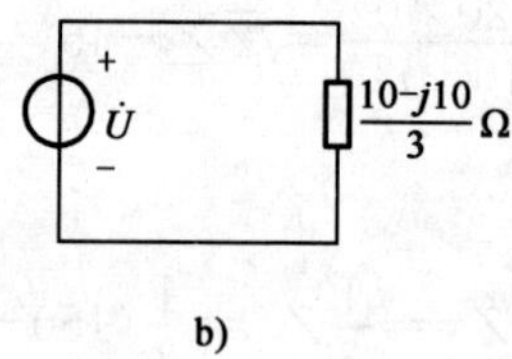

题 10 解图

答案:A

11.解 正弦稳态电路发生谐振,故 $\dot{I}$ 为纯阻性。画相量图如图所示。

$I=\sqrt{20^2-12^2}=16\text{A}$

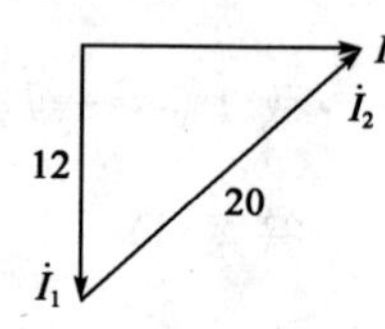

题 11 解图

答案:A

12.解 画相量图如图所示

由于 $I_1=I_2=I$

故 I_1、I_2、I 构成的为等边三角形。

$\angle BAC=60^\circ$,$\angle BAC=30^\circ$

$U_R=\dot{U}\cos 30^\circ=100\times\dfrac{\sqrt{3}}{2}=50\sqrt{3}\text{V}$

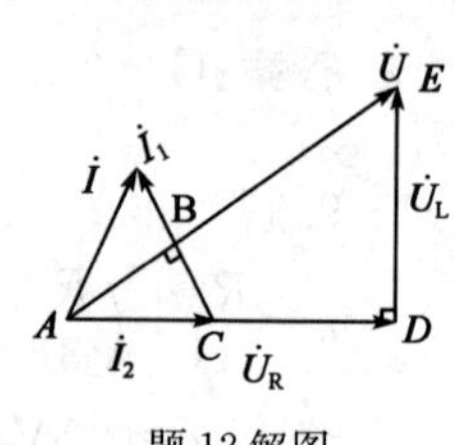

题 12 解图

$P=\dfrac{U_R^2}{R}=866\text{W}$

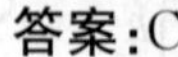

$R=8.6605\Omega$

则 $\omega L=R\cdot\tan 30^\circ=5\Omega$

答案:C

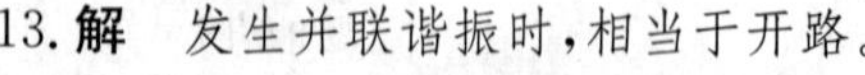

13.解 发生并联谐振时,相当于开路。

即有 $\dot{I}_L=-\dot{I}_c=\dfrac{\dot{U}_s}{j\omega L}=\dfrac{20}{j1}$

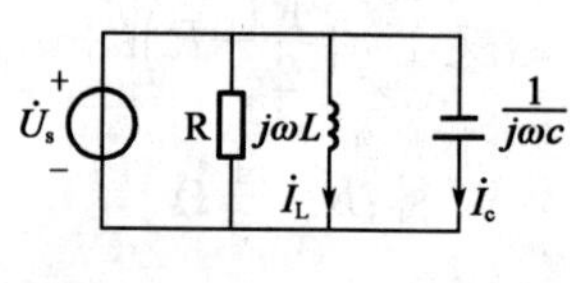

题 13 解图

故 $\dot{I}_c=j20\text{A}=20\angle 90^\circ\text{A}$

答案:B

14.解 设 $\dot{U}_A=200\angle 0^\circ\text{V}$

则 $\dot{U}_{AB}=200\sqrt{3}\angle 30°\text{V}$

$$\dot{I}_A=\frac{\dot{U}_A}{Z}=\frac{200\angle 0°}{100\sqrt{3}+j100}=1\angle -30°\text{A}$$

故 $P_1=U_{AB}I_A\cos(\theta_{UAB}-\theta_{iA})=200\sqrt{3}\times 1\times\cos[30°-(-30°)]=100\sqrt{3}\text{W}$

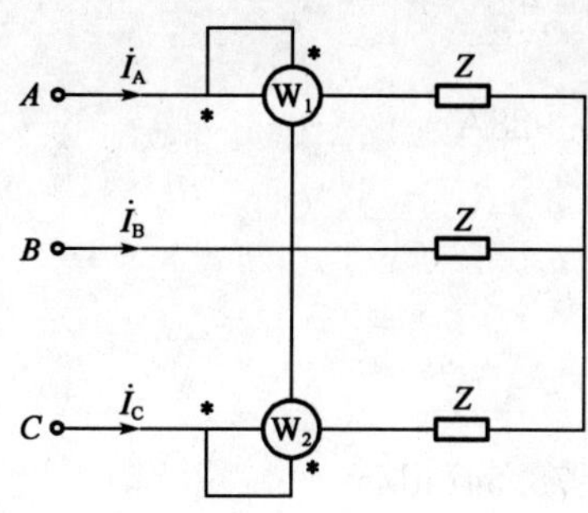

题 14 解图

答案:A

15. **解** (1)稳态电路的起始状态,$t=0_-$ 时,电感短路,电容开路

则 $u(0_-)=6\text{V},i(0_-)=-\frac{6}{3}=-2\text{A}$

(2)求 $I(s)$运算电路如下图所示

则 $I(s)=-\frac{2}{s+3}$

(3)求 $i(t)$,对 $I(s)$取拉氏反变换

则 $i(t)=-2\text{e}^{-3t}\text{A}$

答案:A

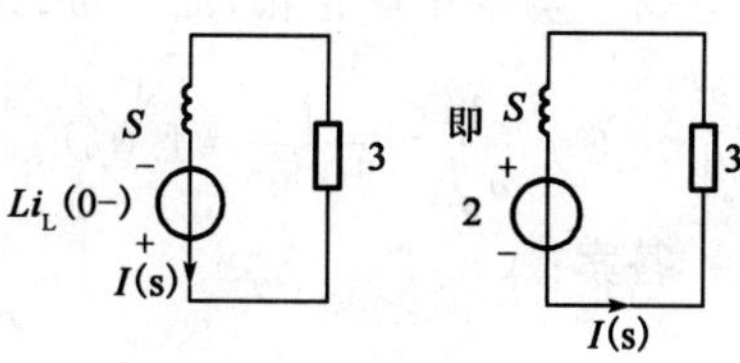

题 15 解图

16. **解** $P=\sqrt{3}U_LI_L\cos\omega=10\text{kW}$, $U_L=380\text{V},\cos\varphi=0.6$

则 $I_L=\frac{P}{\sqrt{3}U_L\cos\varphi}$,设 $\dot{I}_L=I_L\angle 0°\text{A}$

则 $\dot{U}_A=\frac{380}{\sqrt{3}}\angle\pm 53.13°$

$$Z=\frac{\dot{U}_A}{\dot{I}_L}=\frac{\frac{380}{\sqrt{3}}}{\frac{10000}{(\sqrt{3}\times 380\times 0.6)}}\angle\pm 53.13°$$

$$=8.664\angle\pm 53.13°=8.664\times 0.6\pm j8.664\times 0.8=5.198\pm j6.931\Omega$$

答案:D

17. **解** 因为 $R=7\text{k}\Omega>2\sqrt{\frac{L}{C}}=2\sqrt{\frac{4.23}{0.47\times 10^{-6}}}=6000\Omega$

所以为非振荡。

答案:A

18.解　$U=U_{RC}=U_L=400V$

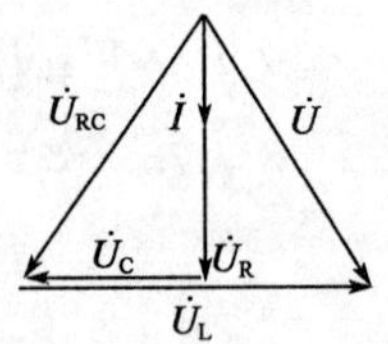

题 18 解图

$U_R=U\times\cos30°=400\times\dfrac{\sqrt{3}}{2}=200\sqrt{3}\,V$

则 $I=\dfrac{U_R}{R}=\dfrac{200\sqrt{3}}{50}=4\sqrt{3}=6.928A$

答案:D

19.解　由图可知 $\dfrac{T}{4}=\dfrac{1}{50}$

则 $\omega=\dfrac{2\pi}{T}=\dfrac{2\pi}{4}\times50=25\pi=78.54rad/s$

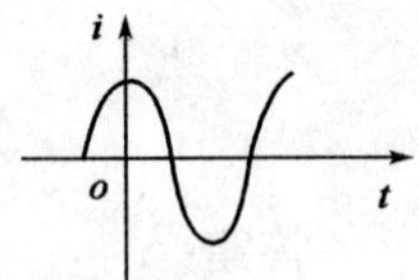

题 19 解图

答案: A

20.解　$\dfrac{u}{i}=\dfrac{10\sin(\omega t)}{2\sin(\omega t)}=5\Omega$

则 $R=5-4=1\Omega$

由于发生串联谐振,应有 $\omega L=\dfrac{1}{\omega C}$

故 $C=\dfrac{1}{\omega^2L}=\dfrac{1}{1000^2}=1.0\mu F$

答案:A

21.解　$i_L(0_-)=\dfrac{4}{1+3}=1A$

$i_L(0_+)=i_L(0_-)=1A$

则 $u_L(0+)=4-1\times i_L(0_+)=3V$

由于稳态时,电感相当于短路 $u_L(\infty)=0V$,又 $I=\dfrac{L}{R}=1s$

故 $u_L(t)=u_L(\infty)+[u_L(0_+)-u_L(\infty)]e^{-t}=3e^{-t}V$

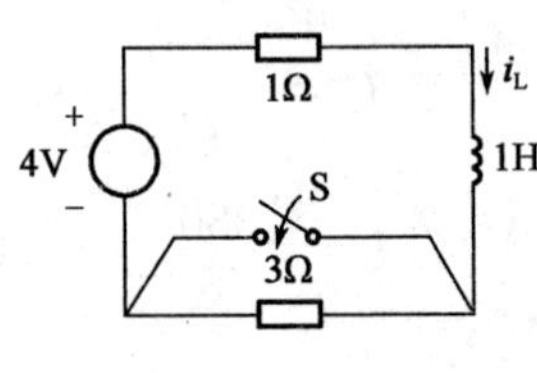

题 21 解图

答案:B

22.解　$\begin{cases}\dot{U}_{ab}=j\omega L_1\dot{I}_1+j\omega M\dot{I}_2\\0=j\omega L_2\dot{I}_2+j\omega M\dot{I}_1\end{cases}$

即 $\begin{cases}\dot{U}_{ab}=j8\omega\dot{I}_1+j2\omega\dot{I}_2\\0=j\omega\dot{I}_2+j2\omega\dot{I}_1\end{cases}$

则 $\dot{U}_{ab}=j8\omega\dot{I}_1+j2\omega\times(-2\dot{I}_1)=j4\omega\dot{I}_1$

$L_{ab}=4H$

因此 $f=\frac{1}{2\pi}\sqrt{\frac{1}{LC}}=\frac{1}{2\pi}\times\sqrt{\frac{1}{4\times1\times10^{-6}}}=\frac{250}{\pi}=79.58\text{Hz}$

答案:A

23.**解** 半球形接地电阻 $R=\frac{1}{2\pi\gamma a}=\frac{1}{2\pi\times10^{-2}\times1}=15.92\Omega$

答案:A

24.**解** 设内外球壳之间的总电流为 I_0,由对称性可得极板间的电流密度为:

$\vec{J}=\frac{I_0}{2\pi R}\hat{e_R}$

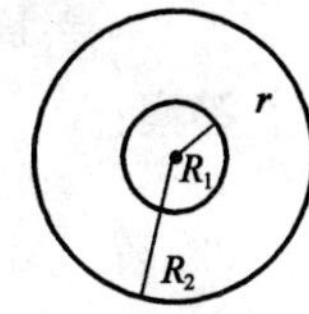

题 24 解图

$\vec{E}=\frac{I_0}{4\pi\gamma R^2}\hat{e_R}$

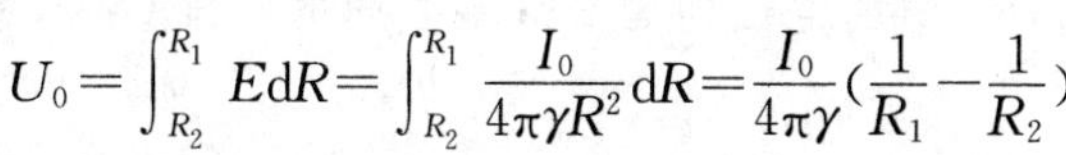

$U_0=\int_{R_2}^{R_1}E\mathrm{d}R=\int_{R_2}^{R_1}\frac{I_0}{4\pi\gamma R^2}\mathrm{d}R=\frac{I_0}{4\pi\gamma}(\frac{1}{R_1}-\frac{1}{R_2})$

故 $R=\frac{U_0}{I_0}=\frac{1}{4\pi\gamma}(\frac{1}{R_1}-\frac{1}{R_2})=\frac{\gamma}{4\pi10^{-10}}\times(\frac{1}{0.05}-\frac{1}{0.1})=7.958\times10^9\Omega$

$G=\frac{1}{R}=\frac{1}{7.958\times10^9}=0.126\times10^{-9}\text{S}$

答案:C

25.**解** 终端开路的无损耗线上任一处的输入阻抗为

$Z_0\text{c}=-j\frac{Z_c}{\tan(\frac{2\pi}{\lambda}x')}$

当 $x'=\frac{4}{8}\lambda$ 时,$|Z_{0c}|\neq|Z_c|$

答案:D

26.**解** $U_0=\frac{\tau}{2\pi\varepsilon_0}\ln\frac{b}{a}$

则 $\frac{\tau}{2\pi\varepsilon_0}=\frac{U_0}{\ln\frac{b}{a}}$

则 $E(\gamma=a)=\frac{\tau}{2\pi\varepsilon_0 a}=\frac{U_0}{a\ln\frac{b}{a}}$

令 $f(a)=a\ln\frac{b}{a}$,b 固定,对 a 求导数得:

$f'(a)=\ln\frac{a}{b}-1\triangleq0$

故 $\frac{a}{b}=\frac{1}{\text{e}}$

此时对应的 $E(\gamma=a)$ 最小。

答案:A

27. **解**　先假设两二极管断开，则二极管 D_1 两端电压差为 10V，二极管 D_2 正负极电压差为 25V，故 D_2 导通。此时二极管 D_1 正负极电压差为 −15V，反向截止，从而 $U_{AB}=-U_1=-15V$。

答案：B

28. **解**　如图所示为晶体管的安全工作区。

当 $U_{CE}=10V$ 时，最大允许工作电流

$i_C=\frac{P_{CM}}{U_{CE}}=\frac{150mW}{10V}=15mA$

当 $U_{CE}=1V$ 时，最大允许工作电流 $i_C=I_{CM}=100mA$

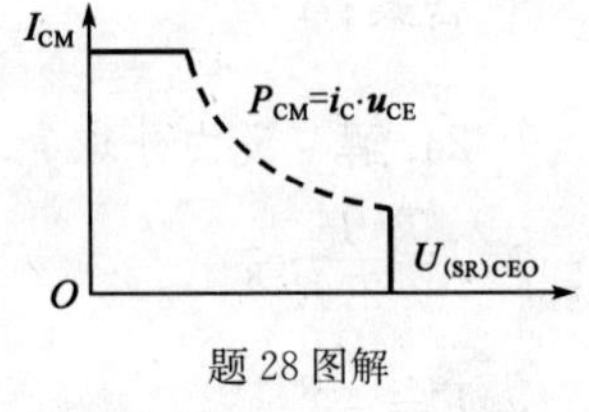

题 28 图解

答案：A

29. **解**　对于电路应用“虚短虚断”原则，R_1 两端电压即为 2、3 端之间的电压 U_{REF}，故 R_1 的电流为 $\frac{U_{REF}}{R_1}$，从而

$U_0=\frac{U_{REF}}{R_1}(R_1+R_2)=U_{REF}(1+\frac{R_2}{R_1})$。

答案：C

30. **解**　已知 $A_f=20dB=10$ 倍，设开环增益为 A。

由公式 $A_f=\frac{A}{(1+A\cdot F)}$ 及 $\Delta A_f=\frac{\Delta A}{(1+A\cdot F)}$

则 $(1+A\cdot F)=\frac{\frac{\Delta A}{A}}{\frac{\Delta A_f}{A}}=\frac{10\%}{0.1\%}=100$

$A=(1+A\cdot F)\cdot A_f=100\times 10=1000$，

$1+A\cdot F=100$ 故 $F=\frac{99}{A}=0.099$。

答案：D

31. **解**　励磁电流 $I_f=\frac{U_N}{R_f}=\frac{230}{383}=0.60A$

电枢电流 $I_a=I_{aN}=38A$

$Ce\Phi=\frac{U_N-I_aR_{aN}}{n_N}=\frac{230-38\times 0.2}{1750}=0.127$

故 $T_M=9.55Ce\Phi I_a=9.55\times 0.127\times 38=46.1N\cdot m$。

答案：C

32. **解**　直流发电机负载增加，则电动机的制动转矩增加，故转速将下降，则 $E_a=Ce\Phi n$ 将下降，$U=E_a+I_aR_a$，故 I_a 上升。

答案：A

33. **解** $\begin{cases} S_A^* \cdot S_{AN}+S_B^* \cdot S_{BN}=2800 \\ \dfrac{S_A^*}{S_B^*}=\dfrac{6.6}{6.25} \end{cases} \Rightarrow \begin{cases} S_A^*=1.03 \Rightarrow S_A=S_A^* \cdot S_{AN}=1030\text{kVA} \\ S_B^*=0.98 \quad S_B=S_B^* \cdot S_{BN}=1764\text{kVA} \end{cases}$

答案:A

34. **解** 空载时,$V_1 \approx E_1 \propto \Phi_m$,$V_1$ 增加,则 Φ_m 增加,B_m 增加,而铁耗与 B_m 的平方成正比,故铁耗也增加。

答案:A

35. **解** 由题可知,同步速率为 1500r/min$=n_1$,则转差率 $s=\dfrac{n_1-n}{n_1}=0.067$

故转子频率 $f_2=sf_1=50\times0.067=3.33$。

答案:B

36. **解** 电动机状态:转子正转,但转速小于同步速,即 $0<n<n_1$ 或 $0<s<1$;
发电机状态:转子正转但高于同步速,即 $n>n_1$ 或 $s<0$;
电磁制动状态:转子反转,即 $n<0$ 或 $s>1$。

答案:D

37. **解** 当供给一纯电阻性负载时,电枢反应为交轴电枢反应,如图所示增大励磁电 $\bar{F}_{f1}$ 流,则 $\bar{F}_{f1}$ 增大,F_6 在原方向的基础上增大,故 $\bar{F}_a$ 也增大,i 在原方向上也增大,而 $\dot{I}$ 与 $\dot{E}_0$ 同向,故多输出纯有功电流。

答案:B

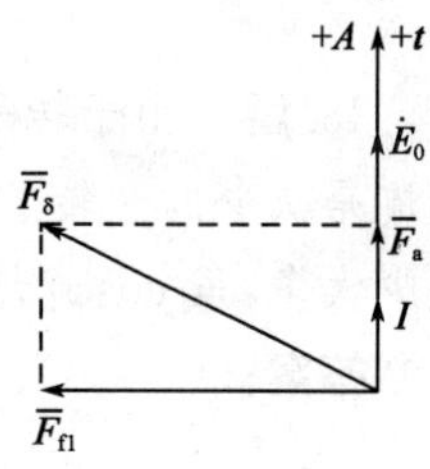

题 37 解图

38. **解** 作相量图如图所示。

用标幺值计算 $U^*=1, I^*=1$

$E_0^*=\sqrt{(U^*\cos\varphi_N)^2+(U^*\sin\varphi_N+I^*X_S^*)^2}$

$\cos\varphi_N=0.8$,且为滞后,故 $\sin\varphi_N=0.6$

$$I_N=\frac{P_N}{\sqrt{3}U_N\cos\varphi_N}=\frac{25000}{\sqrt{3}\times10.5\times0.8}=1718.3\text{A}$$

则 $X_B=\dfrac{U_B}{I_B}=\dfrac{U_N}{\sqrt{3}I_N}=\dfrac{10500}{\sqrt{3}\times1718.3}=3.528\Omega$

则 $X_S^*=\dfrac{X_S}{X_B}=\dfrac{9.39}{3.528}=2.6616$

故 $E_0^*=\sqrt{0.8^2+(0.6+2.6616)^2}=3.358$

$E_0=E_0^*\times U_B=3.358\times\dfrac{10.5}{\sqrt{3}}=20358.3\text{kV}$

答案:A

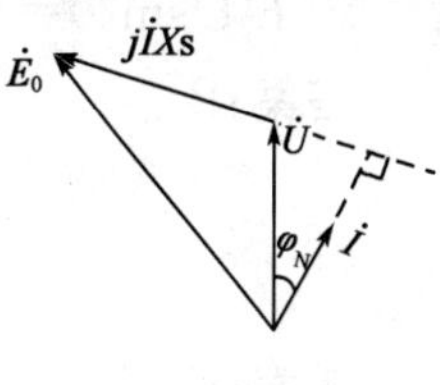

题 38 解图

39. **解** 励磁电流 $I_f=\dfrac{U_N}{R_f}=\dfrac{110}{110}=1\text{A}$

电枢电流 $I_a=I_N-I_f=28-1=27A$，则 $Ce\Phi=\frac{U_N-I_aR_a}{n_N}=\frac{110-27\times0.15}{1500}=0.0706$

电枢回路串入电阻 $R_j=0.5\Omega$，固负载转矩不变，$I_a=27A$，故

$$n=\frac{U_N-I_a(R_a+R_j)}{Ce\Phi}=\frac{110-27\times(0.15+0.5)}{0.706}=1309r/min$$

答案：C

40. **解** 以原边漏抗 X_1 为例，即指：原边电流在其上的压降等于与原边绕组相交链的漏磁通随时间变化，在原边一相绕组中感应的漏磁电动势。

答案：C

41. **解** Y，d5 相量图如题 41 解图 a）所示。

择出其中的 U_{BA}、U_{ba}，得到题 41 解图 b）。

答案：C

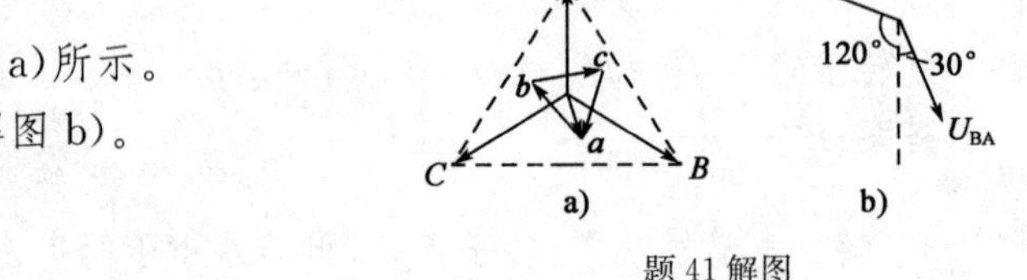

题 41 解图

42. **解** 已知旋转磁场的转向为顺时针方向，该磁场切割定子导体，产生感应电动势和电流。其有功电流和气隙磁场相作用产生的电磁转矩作用在定子上，企图使定子顺时针方向旋转。由于定子在机械上固定不动，由该电磁转矩反作用在转子上，使转子逆时针方向旋转。

答案：C

43. **解** 由于转子回路串入电阻，故增大了功率因数 $\cos\varphi_2$ 中，转子有功电流增大，但转子电流是减少的。转子串电阻起动，其串入的电阻值必须适当。若串入电阻值过大，使转子电流减少太多，虽 $\cos\varphi_2$ 增大，但有功电流 $I_2\cos\varphi_2$ 减少，起功转矩反而降低。

答案：D

44. **解** 保持输入的有功功率不变，则 $P_M=\frac{mE_0U}{X_S}\sin\theta=$常数

即 $E_0U\sin20°=E_0'\times0.6U\sin25°$，故 $E'_0=1.35E_0$

答案：B

45. **解** 电压降落为线路两端电压的相量差；电压损耗为线路两端电压的相量差。

答案：C

46. **解** 发电机的额定电压比系统高 5%，变压器一次侧与发电相连时额定电压与发电机相同，故变压器二次侧比系统高 10%。

答案：A

47. **解** 电力系统中无功平衡水平对电压有较大的影响，在无功充足的条件下，系统就有较高质量的运行电压水平。

答案：B

48. **解** 线路模型及传输功率如下图所示。

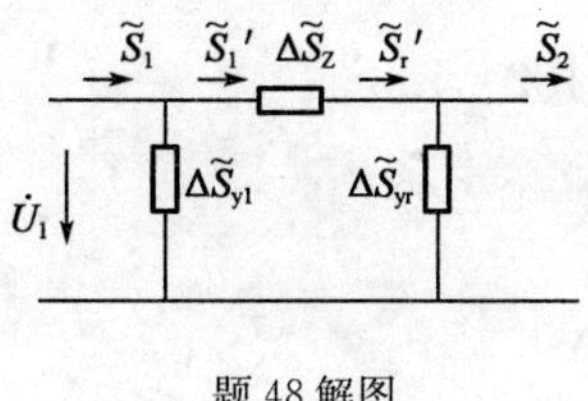

题 48 解图

由于线路传输的有功功率由用户决定，所以减少线路传输的无功功率是减少线损的主要措施。

答案：D

49. **解** 频率取决于有功功率平衡。负荷加大时，发电机发出的有功功率不足，频率下降；相反的增大发电机的出力，增加有功功率对系统的输入频率回升。

答案：A

50. **解** 并联电容器可以抑制电压升高。

答案：B

51. **解** 先计算出最大负荷和最小负荷时变压器电压损耗

$$\Delta U_{max}=\frac{33\times2.5+25\times40}{105}=10.3\text{kV}$$

$$\Delta U_{min}=\frac{25\times2.5+20\times40}{107.5}8.02\text{kV}$$

$$U_{1max}=105-10.94.7\text{kV}$$

$$U_{1min}=107.5-8.02=99.48\text{kV}$$

$$U_{tmax}=\frac{94.7}{10}\times11=104.17\text{kV}$$

$$U_{tmin}=\frac{99.48}{10.5}\times11=104.22\text{kV}$$

$$U_t=\frac{U_{tmax}+U_{tmin}}{2}=104.2\text{kV}$$

故应选择 110(1－5%)＝104.5 的分接头。

答案：C

52. **解** $Z_1=2.01+3.06, Z_2=0.151+0.242+0.25, Z_3=3.02$

电源 1 对短路点的短路阻抗 $Z_{13}=\frac{Z_1Z_3}{Z_2}+Z_1+Z_3=7.72$

电源 2 对短路点的短路阻抗 $Z_{23}=\frac{Z_2Z_3}{Z_1}+Z_2+Z_3=0.993$

三相短路总电流 $I=\frac{1}{7.72+0.993}=1.136$

答案：D

53. **解** $X_1=0.289+0.21+0.182=0.681$

$X_2=X_1$

$X_0=0.21+3\times0.348+3\times0.182=1.8$

$$I^*=\frac{3}{X_1+X_2+X_0}=0.316\times3=0.949$$

$$I=0.949\times\frac{50}{\sqrt{3}\times115}=0.238\text{kA}$$

$U_1^*=1-0.316\times0.681=0.785$

$U_1=0.781\times115=90.28\text{kV}$

答案:A

54. **解** 二次绕组开路后,一次绕组的电流就变成励磁电流,使铁心磁密度增大,磁路饱和,损耗增加,导致铁心过热绕组烧毁。

另外,由于铁心的磁通很大,二次绕组是匝数多于一次绕组,在二次绕组开路时产生极高的尖峰电压,危及绝缘和人身安全。

答案:A

55. **解** 三相三柱式电压互感器只能测量线电压。

答案:C

56. **解** 内桥接线的特点是一条线路进行检修或发生故障时,仅该条线路停止运行,另一条线路和两台变压器仍正常工作;但变压器发生故障或退出运行时,不影响线路的工作。

答案:A

57. **解** 在断路器断口上并联电阻目的是:

(1)使多断口断路器的各断口电压分布均衡;

(2)抑制暂态恢复电压;

(3)抑制感性电流开断所产生的过电压;

(4)降低开断电容电路时的过电压;

(5)抑制线路合闸过电压。

答案:C

58. **解** 35kV线路一般三相导体采用三角形排列,顶相导线对其他两相起到保护作用,易遭到雷击。如果雷电流不大,只会产生单相接地故障,接地电流为电容电流,电流小容易熄灭。即使线路较长,电容电流大,也可采用变压器中性加装消弧线圈的方式,限制单相接地电流。发生雷击时,该系统可以正常运行

答案:C

59. **解** 绝缘子的雷电闪络电压最大的影响因素是干弧距离。四个选项中只有D选项增加绝缘子片数可以增大干弧距离。

其中,改善电位分布对绝缘子工频而接受电压是有利的。提高憎水性,可以提高湿耐受。增加爬电距离,可以提高污秽等级,对湿耐受有好处。

答案:D

60.**解** 线路上电抗器的接线分串联和并联两种方式:串联电抗器通常起限流作用;并联电抗器经常用于无功补偿。

答案:B

2011年度全国注册电气工程师(发输变电)执业资格考试专业基础考试

试　题

单选题(共60题,每题2分。每题的备选项中,只有1个符合题意)

1. 如图所示电路中,电压U为:

A. 8V　　B. −8V

C. 10V　　D. −10V

2. 如图所示电路中,电流I为:

A. 13A　　B. −7A

C. −13A　　D. 7A

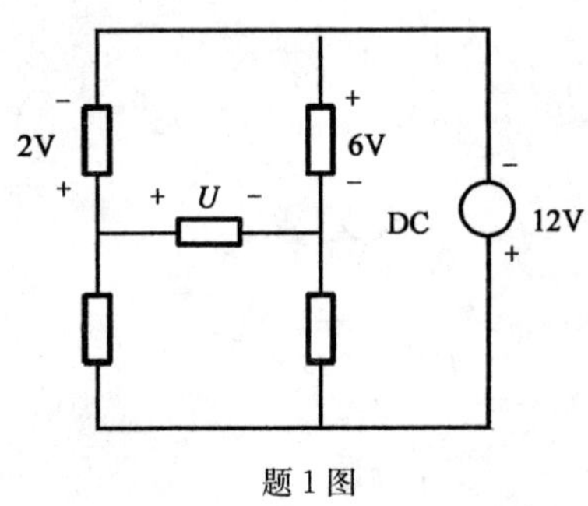

题1图

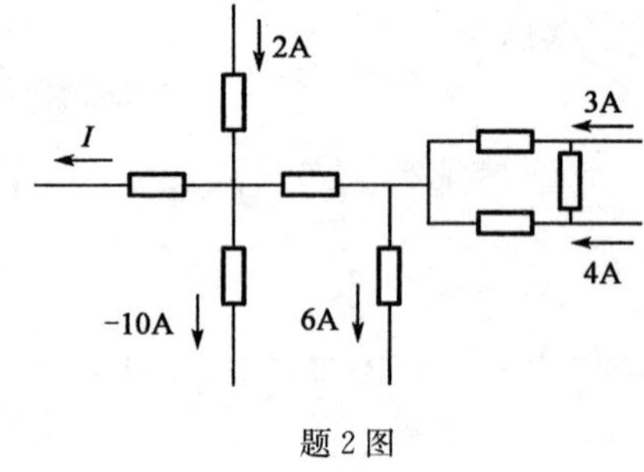

题2图

3. 如图所示电路中,电流I为:

A. 3A　　B. −3A

C. 2A　　D. −2A

4. 如图所示电路中,已知$U_s=12V$,$I_{s1}=2A$,$I_{s2}=8A$,$R_1=12\Omega$,$R_2=6\Omega$,$R_3=8\Omega$,$R_4=4\Omega$,若节点0为参考节点,节点2的电压U_{n2}为:

A. 12V　　B. 21V

C. 56.8V　　D. 10V

5. 如图所示电路中,电流I为:

A. −2A　　B. 2A

C. 1A　　D. −1A

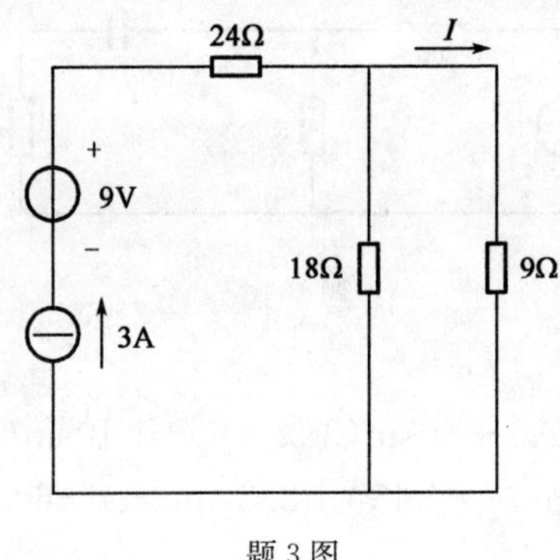

题 3 图

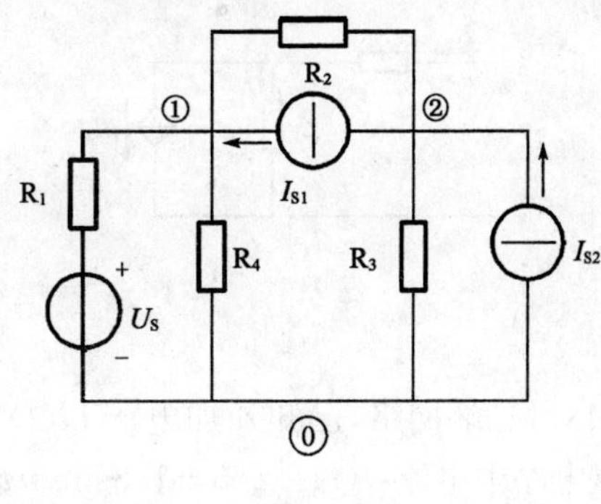

题 4 图

6. 如图所示电路中，电阻 R 阻值可变，R 为下列哪个数值时可以获得最大功率？

A. 12Ω　　B. 15Ω　　C. 10Ω　　D. 6Ω

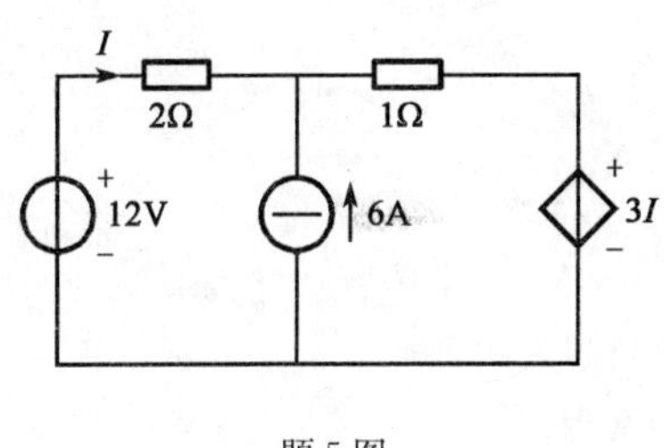

题 5 图

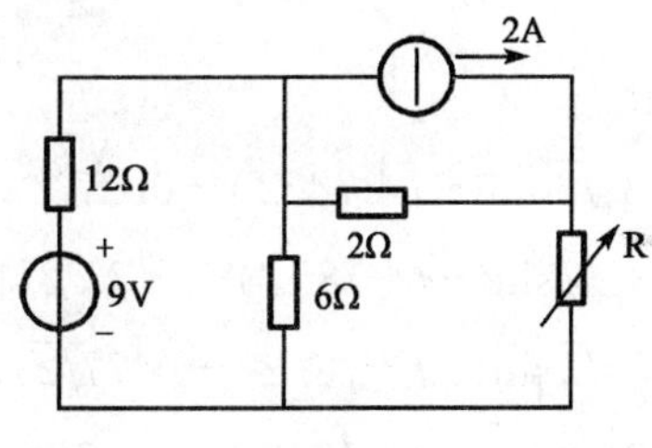

题 6 图

7. 如图所示电路中 R、L 串联电路为日光灯的电路模型，将此电路接于 50Hz 的正弦交流电压源上，测得端电压为 220V，电流为 0.4A，功率为 40W，电流吸收的无功功率 Q 为：

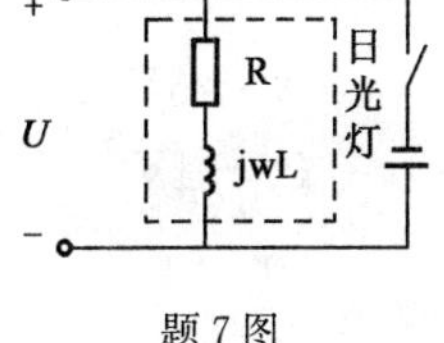

题 7 图

A. 75.5Var　　B. 78.4Var

C. 82.4Var　　D. 85.4Var

8. 在题 7 中，如果要求将功率因数提高到 0.95，应将日光灯并联的电容 C 为：

A. 4.29μF　　B. 3.29μF　　C. 5.29μF　　D. 1.29μF

9. 如图所示正弦交流电路中，已知 $Z=10+j50\Omega$，$Z_1=400+j1000\Omega$，当 β 为下列哪项数值时，I_1 和 U_s 的相位差为 90°？

A. −41　　B. 41　　C. −51　　D. 51

10. 如图所示正弦交流电路中，已知 $\dot{U}_s=100\angle 0°$，$R=10\Omega$，$X_L=20\Omega$，$X_C=30\Omega$ 当负载 Z_L 取某一特定值时，它可获得的最大功率 P_{max} 为：

A. 125W　　B. 150W　　C. 75.5W　　D. 62.5W

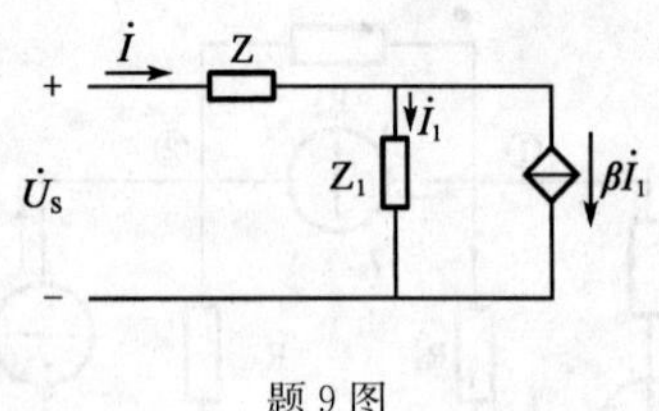

题 9 图

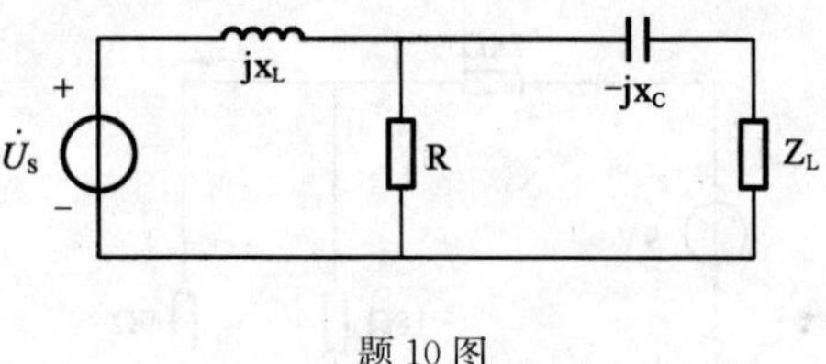

题 10 图

11. 对二端网络，已知外加电压 $\dot{U}(t)=20+90\sin(\omega t)+30\sin(3\omega t+50°)+10\sin(5\omega t+10°)$V，电路中电流：$i(t)=1.5+1.3\sin(\omega t+85.3°)+6\sin(3\omega t+45°)+2.5\sin(5\omega t-60.8°)$A，则电路的平均功率 P 为：

A. 124.12W　　B. 128.12W　　C. 145.28W　　D. 134.28W

12. 如图所示 RLC 串联电路中，已知 $R=10\Omega$，$L=0.05$H，$C=50\mu$F，电源电压为：$u(t)=20+90\sin(\omega t)+30\sin(3\omega t+45°)$V，电源的基波角频率为 $\omega_1=314$rad/s，电源中的电流 $i(t)$为：

A. $1.3\sqrt{3}\sin(\omega t+78.2°)-0.77\sqrt{2}\sin(3\omega t-23.9°)$A

B. $1.3\sqrt{2}\sin(\omega t+78.2°)+0.77\sqrt{2}\sin(3\omega t-23.9°)$A

C. $1.3\sqrt{2}\sin(\omega t-78.2°)-0.77\sqrt{2}\sin(3\omega t-23.9°)$A

D. $1.3\sqrt{2}\sin(\omega t+78.2°)+0.77\sqrt{2}\sin(3\omega t+23.9°)$A

13. 如图所示电路中，已知 $U_s=6$V，$R_1=1\Omega$，$R_2=2\Omega$，$R_3=4\Omega$，开关闭合前电路处于稳态，$t=0$ 时，开关 S 闭合，$U_C(0_+)$为：

A. −6V　　B. 6V

C. −4V　　D. 4V

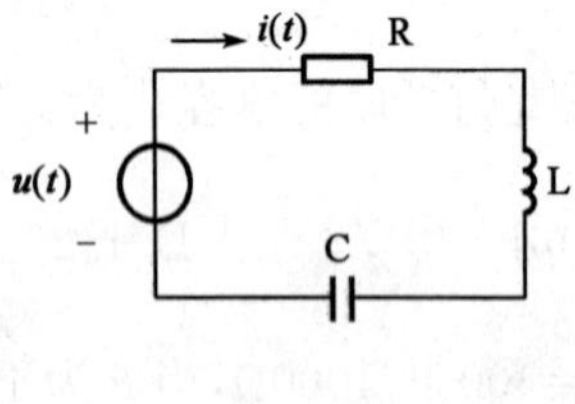

题 12 图

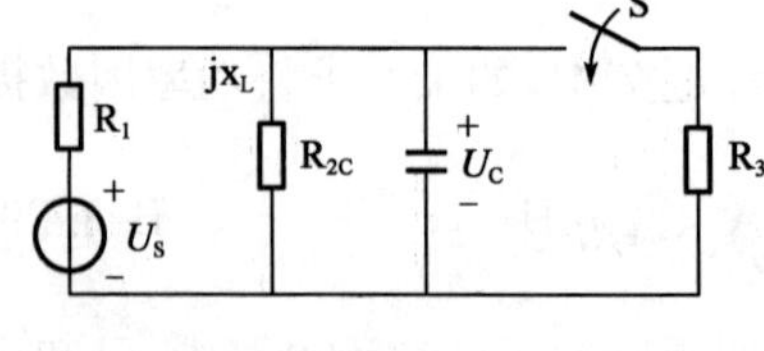

题 13 图

14. 如图所示电路中，已知 $R_1=3\Omega$，$R_2=R_3=2\Omega$，$U_s=10$V，开关 S 闭合前电路处于稳态，$t=0$ 时，开关闭合，$i_L(0_+)$为：

A. 2A　　B. −2A　　C. 2.5A　　D. −2.5A

15. 如图所示电路中，开关 S 闭合前电路已处于稳态，在 $t=0$ 时，开关闭合后，$u_C(t)$为：

A. $16-6e^{-\frac{t}{2.4}\times 10^2}$ A　　B. $16-6e^{-\frac{t}{24}\times 10^2}$ A

C. $16+6e^{-\frac{t}{2.4}\times 10^2}$ A　　D. $16+6e^{-\frac{t}{24}\times 10^2}$ A

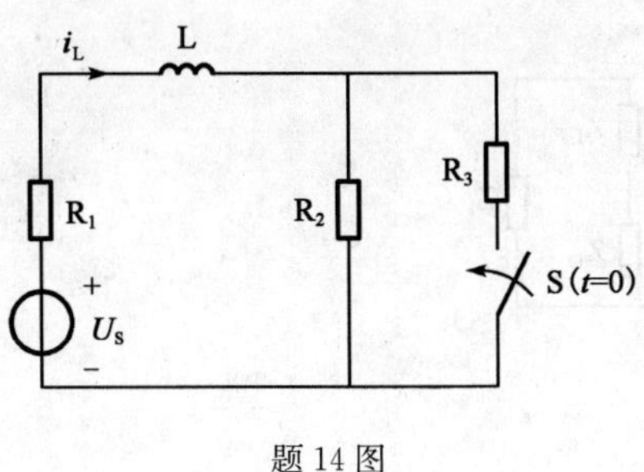

题 14 图

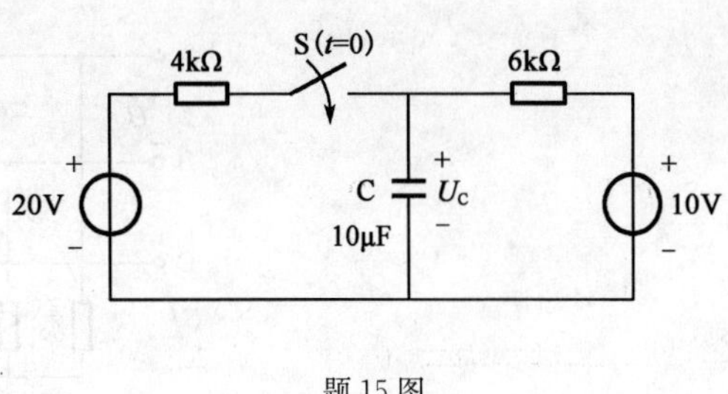

题 15 图

16. 在 RLC 串联谐振电路中，$R=10\Omega$，$L=20\text{mH}$，$C=200\text{pF}$，电源电压 $U=10\text{V}$，电路的品质因数 Q 为：

A. 3　　B. 10　　C. 100　　D. 1000

17. 如图所示含耦合电感电路中，已知 $L_1=0.4\text{H}$，$L_2=0.4\text{H}$，$M=0.12\text{H}$，ab 端的等效电感 L_{ab} 为：

A. 0.364H　　B. 0.062H　　C. 0.64H　　D. 0.62H

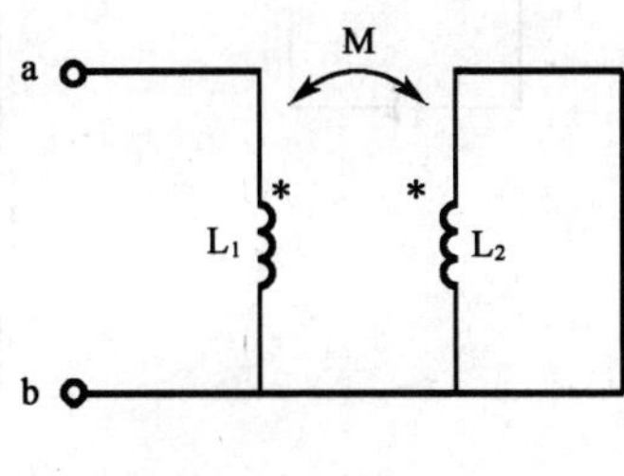

题 17 图

18. 如图所示电路中，n 为下列哪项数值时，$R=4\Omega$ 电阻可以获得最大功率？

A. 2　　B. 7　　C. 3　　D. 5

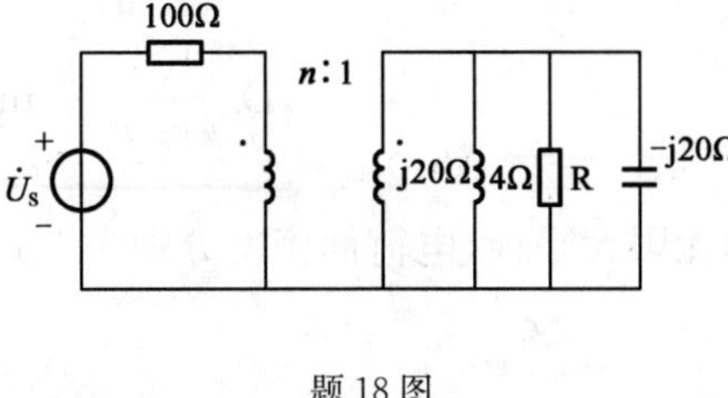

题 18 图

19. 如图所示对称三相电路中，已知线电压为 $U_1=380\text{V}$，负载阻抗 $Z_1=-j12\Omega$，$Z_2=3+$

$j4\Omega$,三相负载吸收的全部平均功率 P 为：

A. 17.424kW　　B. 13.068kW　　C. 5.808kW　　D. 7.424kW

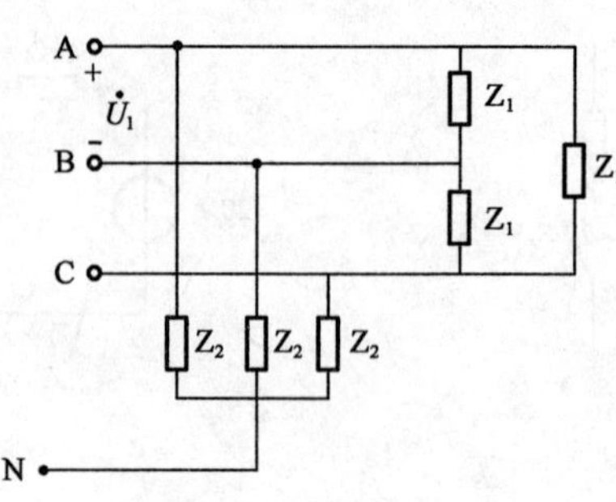

题 19 图

20. 如图所示电路中，已知 $L_1=0.12\text{H}$，$w=314\text{rad/s}$，$u_1(t)=U_{1\text{m}}\cos(wt)+U_{2\text{m}}\cos(3wt)$，$u_2(\text{t})=U_{1\text{m}}\cos(wt)$，$C_1$ 和 C_2 的数值分别为下列哪种数值？

A. 7.39μF 和 71.14μF　　B. 71.14μF 和 7.39μF

C. 9.39μF 和 75.14μF　　D. 74.14μF 和 9.39μF

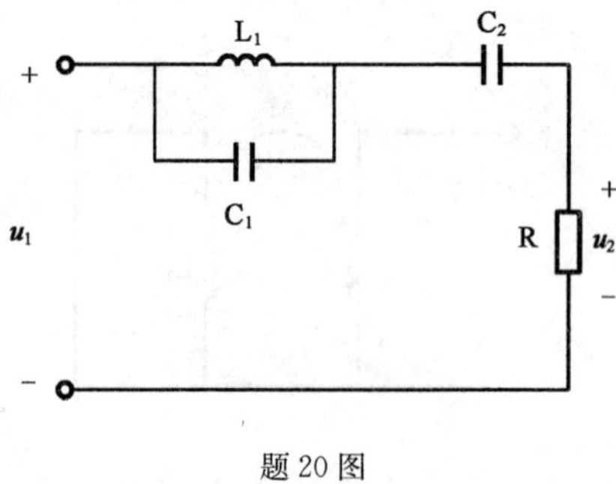

题 20 图

21. 无限大真空中一半径为 a 的带电导体球，所带体电荷在球内均匀分布，体电荷总量为 q，在球外（即 $r>a$）任一点 r 处的电场强度的大小 E 为：

A. $\dfrac{q}{4\pi\varepsilon_0 a}\text{V/m}$　　B. $\dfrac{q}{4\pi\varepsilon_0 a^2}\text{V/m}$

C. $\dfrac{q}{4\pi\varepsilon_0 r}\text{V/m}$　　D. $\dfrac{q}{4\pi\varepsilon_0 r^2}\text{V/m}$

22. 真空中相距为 a 的两无限大平板，电荷面密度分别为 $+\delta$ 和 $-\delta$，这两个带电面之间的电压 U 为：

A. $\dfrac{\delta a}{2\varepsilon_0}\text{V}$　　B. $\dfrac{\delta a}{\varepsilon_0}\text{V}$　　C. $\dfrac{\delta a}{3\varepsilon_0}\text{V}$　　D. $\dfrac{\delta a}{4\varepsilon_0}\text{V}$

23. 设 $y=0$ 平面是两种介质的分界面，在 $y>0$ 区域内，$\varepsilon_1=5\varepsilon_0$，在 $y<0$ 区域内，$\varepsilon_2=3\varepsilon_0$，在此分界面上无自由电荷，已知 $\vec{E}_1=(10\vec{e}_x+12\vec{e}_y)$V/m。则 $\vec{E}_2$ 为：

A. $(10\vec{e}_x+20\vec{e}_y)$V/m
B. $(20\vec{e}_x+10\vec{e}_y)$V/m
C. $(10\vec{e}_x-20\vec{e}_y)$V/m
D. $(20\vec{e}_x-10\vec{e}_y)$V/m

24. 在恒定电场中，若两种不同的媒质分界面为 XOZ 平面，其上有电流线密度 $\vec{K}=2\vec{e}_x$A/m，已知 $\vec{H}_1=(\vec{e}_x+2\vec{e}_y+3\vec{e}_z)$A/m，$\mu_1=\mu_0$，$\mu_2=2\mu_0$，则 $\vec{H}_2$ 为：

A. $(3\vec{e}_x+2\vec{e}_y+\vec{e}_z)$A/m
B. $(3\vec{e}_x+\vec{e}_y+3\vec{e}_z)$A/m
C. $(3\vec{e}_x+\vec{e}_y+\vec{e}_z)$A/m
D. $(\vec{e}_x+\vec{e}_y+3\vec{e}_z)$A/m

25. 一条长度为$\frac{\lambda}{4}$的无损耗传输线，负载阻抗为 $Z_L=R_L+jX_L$。其输入阻抗相当于一电阻 R_i 与电容 X_i 并联，其数值为：

A. R_LZ_c 和 X_LZ_c
B. $\frac{Z_c{}^2}{X_L}$和$\frac{Z_c{}^2}{R_L}$
C. $\frac{Z_c{}^2}{R_L}$和$\frac{Z_c{}^2}{X_L}$
D. $R_L\ Z_c{}^2$ 和 $X_L\ Z_c{}^2$

26. 已知一真空电场中的电位数函数为 $\varphi=2x^2y=20z-4\text{Ln}(x^2+y^2)$V，则在 P 点(6m，-2.5m，3m)处的场强 $\vec{E}$ 为：

A. $(43.125\vec{e}_x-71.476\vec{e}_y-20\vec{e}_z)$V/m
B. $(43.125\vec{e}_x-72.473\vec{e}_y-25\vec{e}_z)$V/m
C. $(61.136\vec{e}_x-72.473\vec{e}_y-20\vec{e}_z)$V/m
D. $(61.136\vec{e}_x-71.476\vec{e}_y-20\vec{e}_z)$V/m

27. 减少电流源提供电流，增加带负荷能力，采用何种反馈？

A. 电压串联反馈
B. 电压并联反馈
C. 电流串联反馈
D. 电流并联反馈

28. 如图所示电路在，A 为理想运算放大器，三端集成稳压器的 2、3 端之间的电压用 U_{REF} 表示，则电路的输出电压可表示为：

A. $U_0=(U_1+U_{REF})\frac{R_2}{R_1}$
B. $U_0=U_1\ \frac{R_2}{R_1}$
C. $U_0=U_{REF}(1+\frac{R_2}{R_1})$
D. $U_0=U_{REF}(1+\frac{R_1}{R_2})$

29. 某双端输入、单端输出的差分放大电路的差模电压放大倍数为 200，当两个输入端并接 $U_I=1$V 的输入电压时，输出电压 $\Delta U_0=100$mV。那么，该电路的共模电压放大倍数和共模抑制比分别为下列哪组数值？

A. -0.1，200
B. 0.1，200
C. -0.1，-200
D. 1，2000

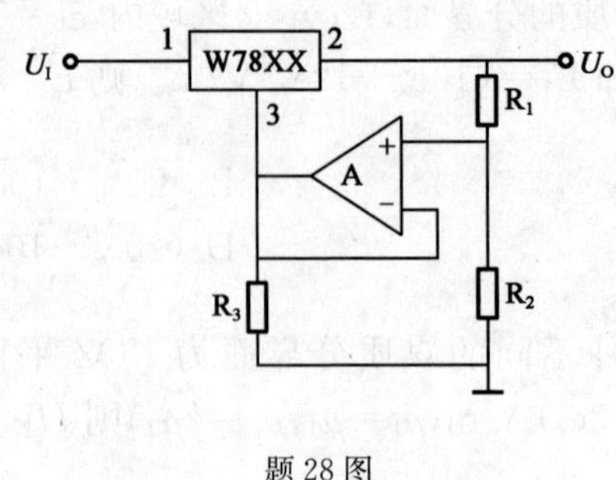

题 28 图

30. 74LS253 芯片的作用是：

A. 检测 5421 码　　B. 检测 8421 码

C. 加法器　　D. 数据选择器

31. 74LS161 的功能如表所示，如图所示电路的分频比（即 Z 与 CP 的频率之比）为：

A. 1∶63　　B. 1∶60

C. 1∶96　　D. 1∶256

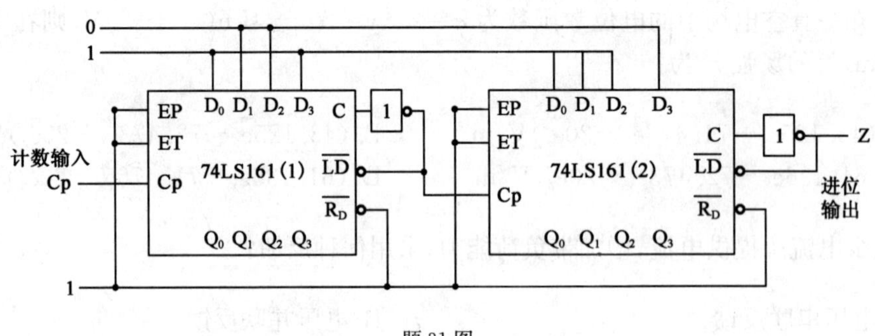

题 31 图

题 31 表

Cp	RD	LD	EP	ET	工作状态
×	0	×	×	×	置零
↑	1	0	×	×	预置数
×	1	1	0	1	保持
×	1	1	×	0	保持(且 $C=0$)
↑	1	1	1	1	计数

32. 要获得 32K×8 的 RAM，需用 4K×4 的 RAM 片数为：

A. 8 个　　B. 16 个　　C. 32 个　　D. 64 个

33. 一台三相感应电动机 $P_N=1000$kW，电源频率 $f=50$Hz，$U_N=6$kV，Y 接法，$\cos\varphi=0.75$，$\eta_N=0.92$，$K_{W1}=0.945$，定子绕组每组串联匝数 N_1-192，已知电机的励磁电流 $I_m=$

45%I_N,其三相基波旋转磁势的幅值为：

A. 480.3 安匝　　B. 960.6 安匝　　C. 2173.7 安匝　　D. 7688 安匝

34. 一台隐极式同步发电机,忽略电枢电阻,同步电抗的标幺值为 $X_s^*=1.0$,端电压 U 保持在额定值不变,当负载电流为额定值且功率因数为 1,功率角 δ 为：

A. 0°　　B. 36.87°

C. 45°　　D. 90°

35. 每相同步电抗 $X_s=1\Omega$ 的三相隐极式同步发电机单机运行,供给每相阻抗为 $Z=(8-6j)\Omega$ 的三相对称负载,其电枢反应的性质为：

A. 纯交轴电枢反应　　B. 直轴去磁兼交轴电枢反应

C. 直轴增磁兼交轴电枢反应　　D. 纯直轴电枢反应

36. 绕线式异步电动机拖动恒转矩负载运行,当转子回路串入不同电阻,电动机转速不同,而串入电阻与未串电阻相比,对转子的电流和功率因数的影响为：

A. 转子的电流大小和功率因数不变

B. 转子的电流大小变化和功率因数不变

C. 转子的电流大小不变和功率因数均变化

D. 转子的电流大小和功率因数均变化

37. 设有两台三相变压器并联运行,额定电压均为 6300/400V,联结组相同,其中 A 变压器额定容量为 500kVA,阻抗电压 $U_{KA}=0.0568$;B 变压器额定容量为 1000kVA,阻抗电压 $U_{KB}=0.0532$;在不是任何一台变压器过载的情况下,两台变压器并联运行所能供给的最大负荷为：

A. 1200kVA　　B. 1468.31kVA

C. 1500kVA　　D. 1567.67kVA

38. 三相鼠笼式电动机,$P_N=10kW$,$U_N=380V$,$n_N=1455r/min$,定子 Δ 接法,等效电路参数如下:$R_1=1.375\Omega$,$R'_2=1.047\Omega$,$X_{1\sigma}=2.43\Omega$,$X'_{2\sigma}=4.4\Omega$,则最大电磁转矩的转速为：

A. 1455　　B. 1275　　C. 1260　　D. 1250

39. 由三台相同的单相变压器组成 Y_N,y_0 联结的三相变压器,相电势的波形是：

A. 正弦波　　B. 方波　　C. 平顶波　　D. 尖峰波

40. 电力系统的主要元件有：

A. 发电厂、变电所、电容器、变压器

B. 发电厂、变电所、输电线路、负荷

C. 发电厂、变压器、输电线路、负荷

D. 发电厂、变压器、电容器、输电线路

41. 中性点直接接地的系统是：

A. 10kV 以上　　B. 35kV 以上　　C. 110kV 以上　　D. 220kV 以上

42. 一台降压变压器的变比是 220/38.5kV，则低、高接入电压为：

A. 220/38.5kV　　B. 220/35kV　　C. 220/36.75kV　　D. 242/38.5kV

43. 电压降的计算公式为：

A. $\dfrac{P_iX+Q_iX}{U_i}+j\dfrac{P_iR-Q_iX}{U_i}$　　B. $\dfrac{P_iX-Q_iR}{U_i}+j\dfrac{P_iR+Q_iX}{U_i}$

C. $\dfrac{Q_iR+P_iX}{U_i}+j\dfrac{P_iR-Q_iX}{U_i}$　　D. $\dfrac{P_iR+Q_iX}{U_i}+j\dfrac{P_iX-Q_iR}{U_i}$

44. 长距离线路，末端加装电抗器的目的是：

A. 吸收容性无功功率，升高末端电压

B. 吸收感性无功功率，降低末端电压

C. 吸收容性无功功率，降低末端电压

D. 吸收感性无功功率，升高末端电压

45. 当元件的额定容量、额定电压分别为 S_N 和 U_N 时，基准容量 S_B，基准电压 U_B，设某阻抗的原标幺值为 $Z_{*(N)}$，则该阻抗统一基准 Z_* 为：

A. $Z_{*(N)}\cdot\dfrac{S_N}{U_N{}^2}\cdot\dfrac{U_B^2}{S_B}$　　B. $Z_{*(N)}\cdot\dfrac{U_N{}^2}{S_N}\cdot\dfrac{S_B}{U_B{}^2}$

C. $Z_{*(N)}\cdot\dfrac{U_N{}^2}{S_N}\cdot\dfrac{U_B^2}{S_B}$　　D. $Z_{*(N)}\cdot\dfrac{S_N}{U_N{}^2}\cdot\dfrac{S_B}{U_B{}^2}$

46. 如图所示，由一线路和变压器组成的简单电力系统归算到高压侧的等值电路，电力线路额定电压 110kV，末端接一容量为 30MVA，电压比为 110kV/38.5kV 的降压变压器。变压器低压侧负荷为$(15+j11.25)$MVA，正常运行时要求达 36kV，则母线 2 处母线上应有的电压和功率分别为：$(S_B=15\text{MVA},U_B=110\text{kV})$

A. 110.52kV，$15.22+j13.96$MVA

B. 130.82kV，$15.22+j23.32$MVA

C. 110.52kV，$14.60+j30.07$MVA

D. 110.53kV，$10.37+j20.56$MVA

47. 简单电力系统如图所示，送电压始终保持在 113kV，变电所低电侧母线电压要求最大负荷保持 10.5kV，最小负荷保持 10.25kV，在满足以上条件时，应安装静止电容器的容量为：

A. 5.76MVar　　B. 1.211MVar　　C. 17.9MVar　　D. 6.51MVar

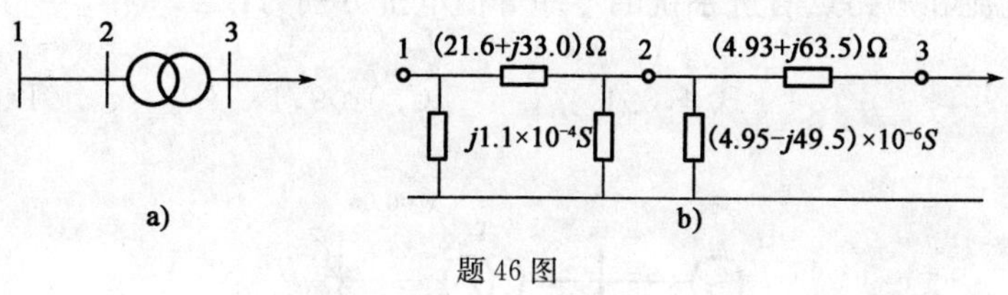

题 46 图

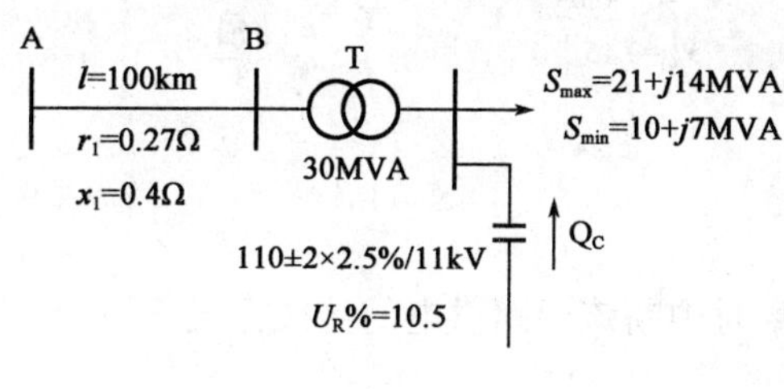

题 47 图

48. 发电机的暂态电势与励磁绕组的关系为：

A. 正比于励磁电流　　B. 正比于励磁磁链

C. 反比于励磁电流　　D. 反比于励磁磁链

49. 三相短路后，短路点冲击电流和最大有效电流公式为：

A. $K_m I_{fm}''$和 $I_f''\sqrt{1+2(K_m-1)^2}$

B. $K_m I''$和 $I_{fm}''\sqrt{1+2(K_m-1)^2}$

C. $I_f''\sqrt{1+2(K_m-1)^2}$ 和 $K_m I_{fm}$

D. $I_{fm}''\sqrt{1+2(K_m-1)^2}$ 和 $K_m I''$

50. 如图所示系统中，f 点发生三相短路，短路点等值阻抗(标幺值)及短路点短路电流为：(取 $S_B=100$MVA，线路电抗均为 0.4Ω/km)

A. 0.86，2.6kA　　B. 0.136，3.69kA

C. 0.38，5.7kA　　D. 0.03，3.87kA

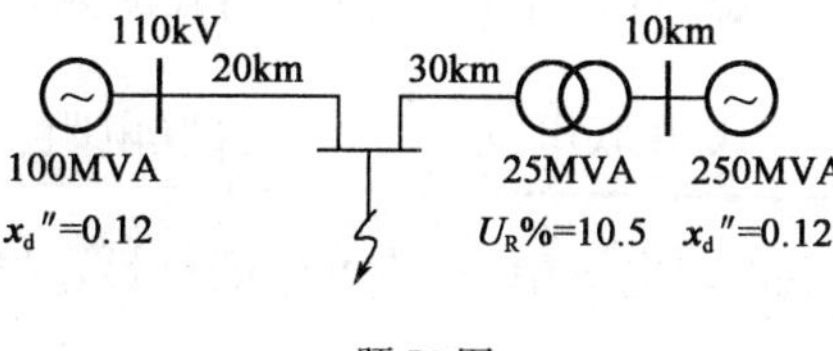

题 50 图

51. 系统中各元件在统一基准下的标幺值阻抗为：

G：$X''_d=X_{(1)}=0.03, X_{(0)}=0.15, E''_{(0)}=1.12$

T:$X_T=0.06$,Y/Δ-11 接法,中性点接地阻抗 $X_p=0.04$,当图示 f 点发生 A 相接地短路时,短路处 a 相电流和短路点看进系统的零序等值电抗分别为:

A. 12,0.1　　　B. 4,0.1　　　C. 0.09,4　　　D. 12,0.04

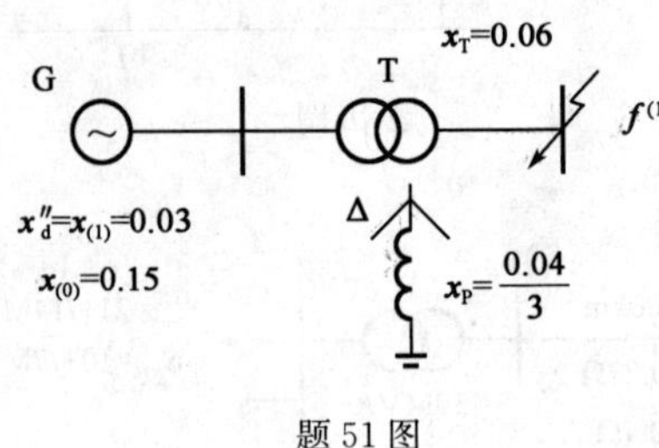

题 51 图

52. 主接线检修时,会暂时中断该回路供电的接线方式:

A. $\frac{4}{3}$　　　B. 双母线分段

C. $\frac{3}{2}$　　　D. 双母线分段带旁路

53. 在 3～20kV 电网中,为了测量对地电压,通常采用下列哪种互感器?

A. 三相三柱　　　B. 三相五柱　　　C. 三相单柱　　　D. 单相式

54. 电流互感器的容量为:

A. 额定一次电流下的容量
B. 额定二次电压下的容量
C. 额定二次负载的容量
D. 额定二次电流下的容量

55. 断路器开断中性点不直接接地系统中的三相短路电流,首先开断相开断后的工频恢复电压为:(U_{ph}为相电压)

A. U_{ph}　　　B. $0.866U_{ph}$　　　C. $1.5U_{ph}$　　　D. $1.732U_{ph}$

56. 为使断路器弧隙电压恢复过程是非周期性的,可在断路器触头两端:

A. 并联电容　　　B. 并联电抗　　　C. 并联电阻　　　D. 辅助触头

57. 在棒—板电极形成的不均匀电场中,在棒电极的极性不同的情况下,起始电晕电压和放电电压的特性为:

A. 负极性、高、高　　　B. 正极性、高、低　　　C. 负极性、高、低　　　D. 正极性、高、高

58. 提高悬式绝缘子耐污秽性能的方法是:

A. 改善绝缘子电位分布　　B. 涂憎水性涂料

C. 增加绝缘子爬距　　D. 增加绝缘子片数

59. 雷电冲击电压在线路中传播，为什么会出线折射现象？

A. 线路波阻抗大　　B. 线路波阻抗小

C. 线路有节点　　D. 线路波阻抗发生变化

60. 一列幅值 $Z_1=1200\text{kV}$ 的直角雷电波击中波阻抗为 250Ω，长约 150km 无损空载输电线路的首端，波传播到达线路末端，末端电压为：

A. 1200kV　　B. 2400kV　　C. 1600kV　　D. 1800kV

2011 年度全国注册电气工程师(发输变电)执业资格考试专业基础考试

试题解析及参考答案

1. 解　对回路 I 列写 KVL 方程：

$6+2=U$

所以 $U=8\text{V}$

答案:A

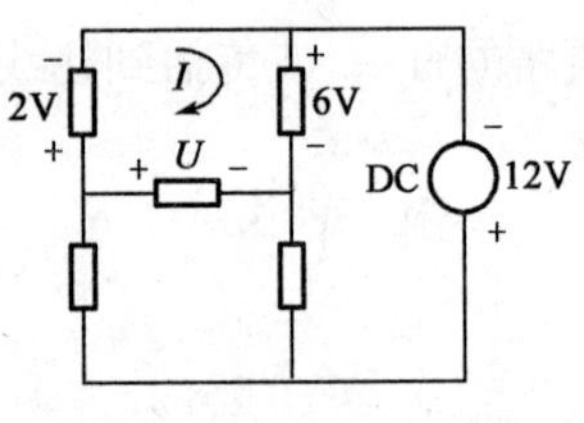

图 1 解图

2. 解　对虚线所框的广义节点列写 KCL 方程：$I_1+3+4=6$

所以 $I_1=-1\text{A}$

对节点①列写 KCL 方程：$2=I+(-10)+I_1$

所以 $2=I+(-10)+(-1)$

所以 $I=13\text{A}$

答案:A

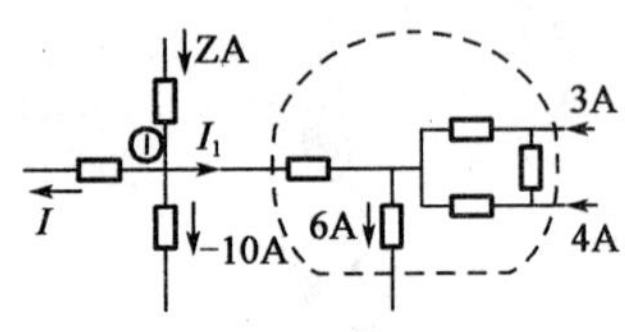

题 2 解图

3. 解　由节点①列写 KCL 方程：$I_1+I=3$

所以 $I_1=3-\text{I}$

又因为 $18I_1=9I$，所以 $I_1=\frac{1}{2}I$

所以 $\frac{1}{2}I=3-I$

$\Rightarrow I=2\text{A}$

答案:C

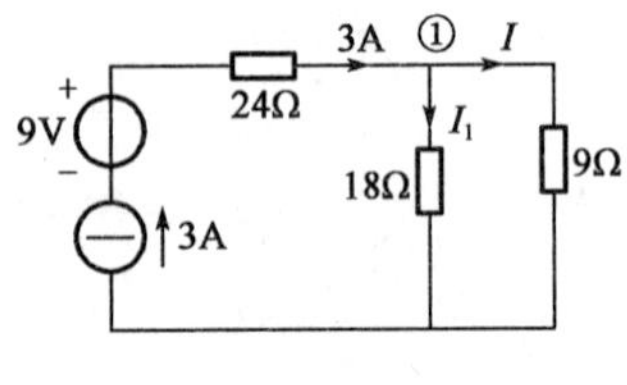

题 3 解图

4. 解　进行等效变换 $\frac{U_s}{R_1}=1\text{A}, I_{s1}\times R_2=12\text{V}, I_{s2}\times R_3=64\text{V}, \frac{12}{4}=3\Omega$

$$I=\frac{3+12+64}{3+6+8}=\frac{79}{17}$$

所以 $U_{N2}=3+I(3+6)+12=15+\frac{79}{17}\times 9=56.8\text{V}$

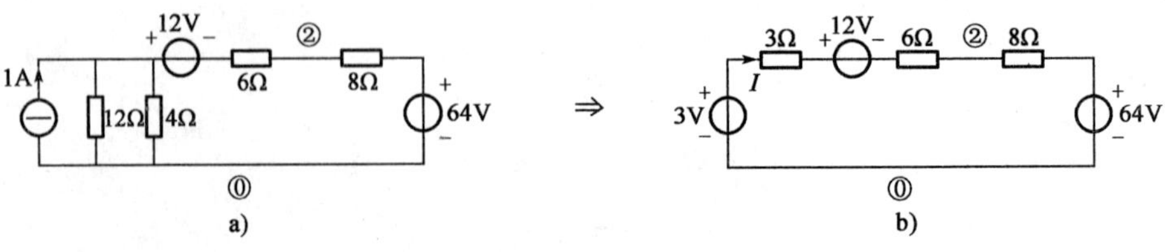

题 4 解图

答案:C

5. **解**　由节点①KCL：$I_2=I+6$

对大回路列写 KVL 方程如下：

$12=2I+1\cdot I_2+3I$

$\Rightarrow 12=2I+I+6+3I \Rightarrow I=1\text{A}$

答案：C

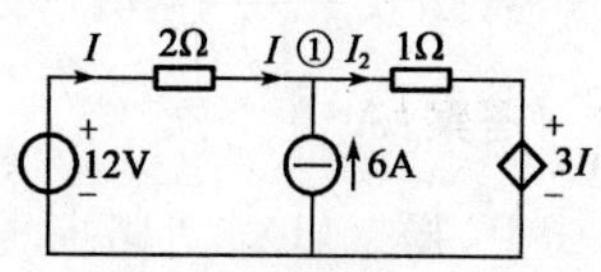

图5解图

6. **解**　求从 R 两端看入的等效电阻 R_{eq}：$R_{eq}=12/\!/6+2=6\Omega$

所以当 $R=R_{eq}$ 时，可以获得最大功率。

答案：D

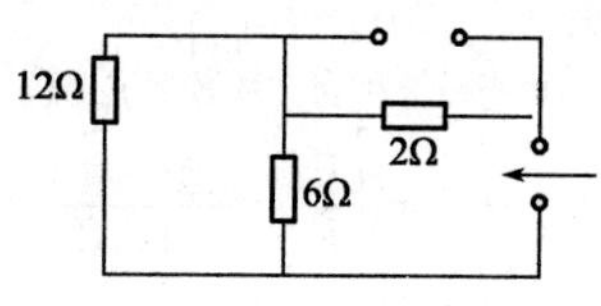

题6解图

7. **解**　因为 $P=UI\cos\varphi=40\text{W}$，所以 $\cos\varphi=\dfrac{P}{UI}=\dfrac{40}{220\times 0.4}=0.46$

所以 $\sin\varphi=\sqrt{1-\cos^2\varphi}=0.89$

所以 $Q=UI\sin\varphi=220\times 0.4\times 0.89=78.4\text{Var}$

答案：B

8. **解**　并联电容 C 前：$P=I^2R=40\text{W}$

所以 $R=\dfrac{P}{I^2}=\dfrac{40}{0.4^2}=250\Omega$

$Q=\omega L\cdot I^2=78.4\text{Var}$

所以 $j\omega L=j\dfrac{78.4}{0.4^2}=j490\Omega$

$$并联电容C后：Z=\frac{(R+j\omega L)\dfrac{1}{j\omega L}}{R+j\omega L+\dfrac{1}{j\omega L}}=\frac{250+j490}{j\omega C\cdot 250-490\omega C+1}$$

$$=\frac{(250+j490)(1-490\omega C-j\omega C\cdot 250)}{(\omega C\cdot 250)^2+(1-490\omega C)^2}$$

因为 $\cos\varphi=0.95$，所以 $\varphi=18.19°$，又 $\tan^{-1}\dfrac{490}{250}=62.97°$

所以 $\tan^{-1}\dfrac{\omega C\cdot 250}{1-490\omega C}=62.97°-18.19°=44.78°$，所以可得 $\omega C=0.00135$

所以 $C=4.29\mu\text{F}$

答案：A

9. **解**　则 $Z_{in}=\dfrac{Z_1\dot{I}_1}{(1+\beta)\dot{I}_1}=\dfrac{Z_1}{1+\beta}$

所以 $\dfrac{\dot{U}}{\dot{I}}=Z+\dfrac{Z_1}{1+\beta}=10+j50+\dfrac{400+j1000}{1+\beta}$

又因为 I_1 与 I 同相位，$\dot{I}_1$ 与 $\dot{U}_s$ 相位差 90°，即 $\dot{U}_s$ 与 $\dot{I}$ 相位差 90°

所以 $10+\frac{400}{1+\beta}=0$，所以 $\beta=-41$

答案：A

图 9 解图

10. **解**　(1)求开路电压 $\dot{U}_{ab}$

所以 $\dot{U}_{oc}=\dot{U}_s\cdot\frac{R}{R+jX_L}=100\cdot\frac{10}{10+j20}=20-j40V$

(2)求等效阻抗

$Z_s=jX_L/\!/R+(-jX_C)=\frac{10\times j20}{10+j20}-j30=8-j26\Omega$

当 $Z_L=Z_s^*=8+j26\Omega$ 时，得 P_{max}

$P_{max}=\frac{U_{oc}^2}{4R_s}=\frac{20^2+40^2}{4\times 8}=62.5W$

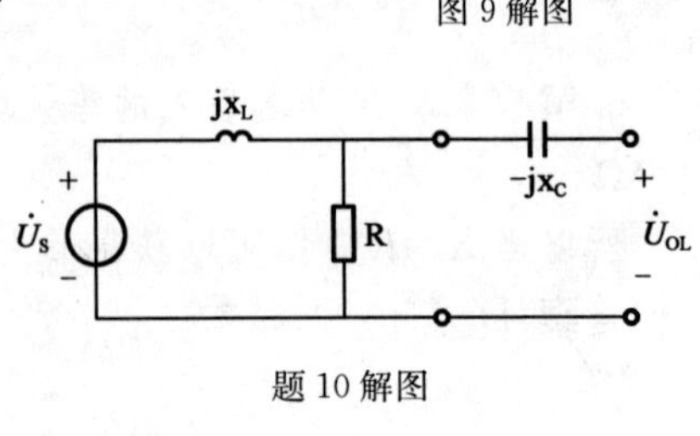

题 10 解图

答案：D

11. **解**　$P_0=U_0I_0=20\times1.5=30W$

$P_1=\frac{1}{2}U_{1m}I_{1m}\cos(\theta_{u1}-\theta_{i1})=\frac{1}{2}\times90\times1.3\times\cos(-85.3°)=4.79W$

$P_3=\frac{1}{2}U_{3m}I_{3m}\cos(\theta_{u3}-\theta_{i3})=\frac{1}{2}\times30\times6\times\cos5°=89.66W$

$P_5=\frac{1}{2}U_{5m}I_{5m}\cos(\theta_{u5}-\theta_{i5})=\frac{1}{2}\times10\times2.5\times\cos(10°+60.8°)=4.11W$

所以 $P=P_0+P_1+P_3+P_5=128.5W$

答案：B

12. **解**　(1)直流分量 $U_0=20V$ 单独作用。电容相当于开路，所以 $I_1=0$

(2)基波电压 $u_1(t)=90\sin\omega t$ V 单独作用。相量模型如下图所示。

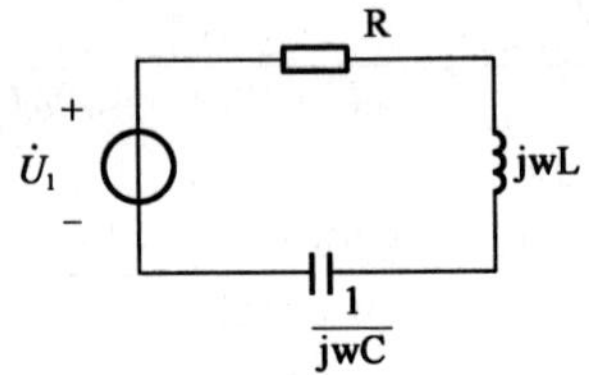

题 12 解图 1

其中 $\dot{U}_1=\frac{90}{\sqrt{2}}\angle0°$，$j\omega L=j15.7\Omega$，$\frac{1}{j\omega C}=-j63.69\Omega$

所以 $Z_1=R+j\omega L+\frac{1}{j\omega C}=10-j47.99\Omega$

所以 $I_1=\frac{U_1}{Z_1}=1.3\angle78.2°A$

所以 $i_1(t)=1.3\sqrt{2}\sin(\omega t+78.2°)A$

(3)三次谐波 $u_3(t)=30\sin(3\omega t+45°)V$ 单独作用。相量模型如下图所示。

所以 $Z_3=10+j47.1-j21.23=10+j25.87\Omega$

$I_3=\frac{U_3}{Z_3}=\frac{30/\sqrt{2}\angle45°}{27.24\angle68.90°}=0.77\angle-23.9°A$

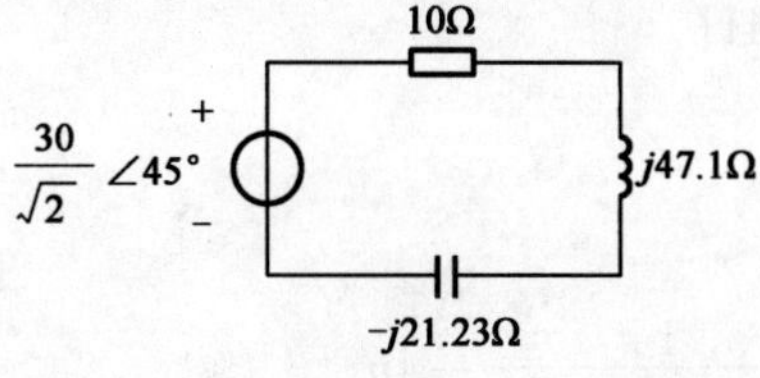

题 12 解图 2

所以 $i_3(t)=0.77\sqrt{2}\sin(3\omega t-23.9°)$A 所以 $i(t)=1.3\sqrt{2}\sin(\omega t+78.2°)+0.77\sqrt{2}\sin(3\omega t-23.9°)$A

答案:B

13. **解** 因为换路后 $U_c(0_+)=U_c(0_-)$

换路前,电容相当于开路,$U_c(0_-)=\frac{R_2}{R_1+R_2}U_s=\frac{2}{3}\times 6=4\text{V}$

所以 $U_c(0_+)=4\text{V}$

答案:D

14. **解** 因为换路前后 $I_L(0_+)=I_L(0_-)$,不跃变,故可求换路前 I_L,

换路前:$I_L=\frac{U_s}{R_1+R_2/\!/R_3}=\frac{10}{3+2}=2\text{A}$

所以 $I_L(0_+)=2\text{A}$

答案:A

15. **解** 因为换路前后 $U_c(0_-)=U_c(0_+)$不跃变,换路前电容相当于开路,$U_c(0_-)=U_c(0_+)=10\text{V}$

所以 $U_c(\infty)=10+10\times\frac{6}{4+6}=16\text{V}$

又因为 $\tau=RC=(4/\!/6)\times 10\mu\text{F}=24\text{ms}$

所以 $U_c(t)=16+(10-16)e^{-\frac{t}{24}\times 10^3}=16-6e^{-\frac{t}{2.4}\times 10^2}$ A

答案:A

16. **解** $Q=\frac{1}{R}\sqrt{\frac{L}{C}}=\frac{1}{10}\sqrt{\frac{20\times 10^{-3}}{200\times 10^{-12}}}=1000$

答案:D

17. **解** 则有 $\begin{cases}U_1=L_1\frac{di_1}{dt}+M\frac{di_2}{dt}\\0=M\frac{di_1}{dt}+L_2\frac{di_2}{dt}\end{cases}$

所以可得:$U_1=(L_1-\frac{M^2}{L_2})\frac{di_1}{dt}$

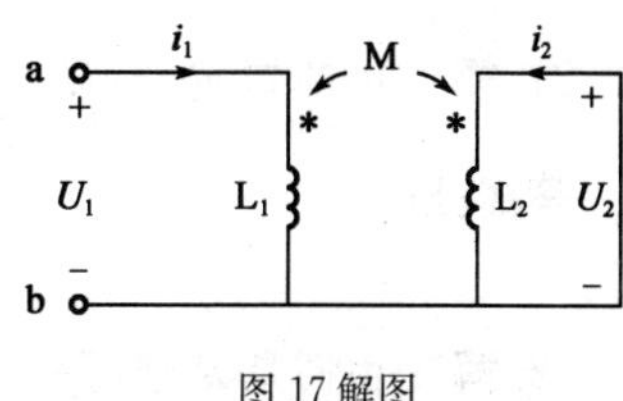

图 17 解图

所以 $L_{ab}=L_1-\frac{M^2}{L_2}=0.364\text{H}$

答案:A

18. **解**　$Z_1=n^2Z=n^2\frac{1}{\frac{1}{j20}+\frac{1}{4}+\frac{1}{-j20}}=4n^2$

由最大功率传递定理:

当 $Z_1=4n^2=100\Omega$ 时,即 $n=5$ 时,

$R=4\Omega$ 的电阻可以获得最大功率。

答案:D

19. **解**　作一相等值电路如下:$Z_Y=\frac{1}{3}Z_\Delta$

$Z_\Sigma=Z_2/\!/\frac{Z_1}{3}=(3+j4)/\!/(-j4)=\frac{16-j12}{3}$

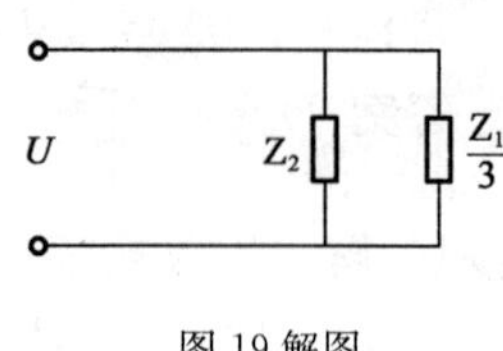

图 19 解图

所以 $\cos\varphi_2=\frac{16}{\sqrt{16^2+12^2}}=\frac{4}{5}=0.8$

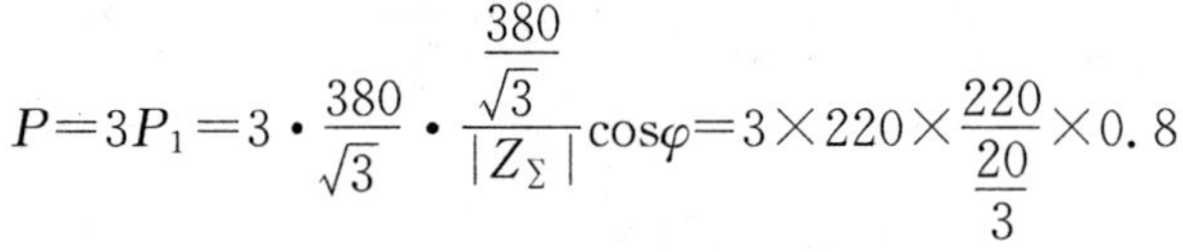
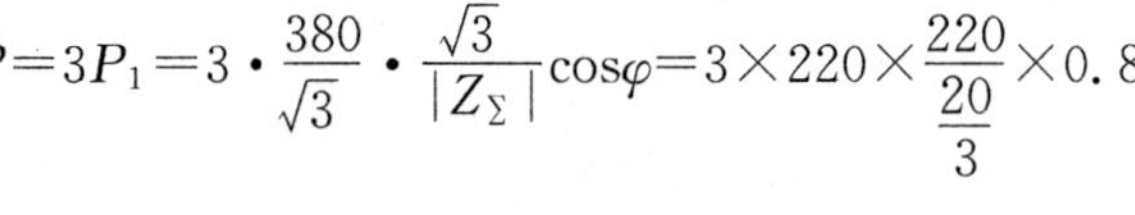

$P=3P_1=3\cdot\frac{380}{\sqrt{3}}\cdot\frac{\frac{380}{\sqrt{3}}}{|Z_\Sigma|}\cos\varphi=3\times220\times\frac{220}{\frac{20}{3}}\times0.8$

$=17.424\text{kW}$

答案:A

20. **解**　因为 $u_2(t)$ 中不含三次谐波分量,所以三次谐波作用时,L_1,C_1 发生并联谐振,即:$\frac{1}{3wC_1}=3wL_1$

所以 $C_1=\frac{1}{9w^2L}=9.39\mu\text{F}$

因为 $u_2(t)$ 中的基波分量与 $u_1(t)$ 同相位,所以 L_1 与 C_1C_2 发生串联谐振,则:$(jwL)/\!/(\frac{1}{jwC_1})+(\frac{1}{jwC_2})=0$

代入得:$(j\times314\times0.12)/\!/\left(\frac{1}{j\times314\times9.39\times10^{-6}}\right)+\frac{1}{j314C_2}=0\Rightarrow C_2=75.14\mu\text{F}$

答案:C

21. **解**　由高斯定理:$E=\frac{q}{4\pi\varepsilon_0r^2}$,所以均匀导体球距球心为 r 处的场强即为$\frac{q}{4\pi\varepsilon_0r^2}\text{V/m}$

答案:D

22. **解**　由高斯定理可知,两无限大平板间的场强 $E=\frac{\delta}{2\varepsilon_0}$,则 $U=Ed=\frac{\delta a}{2\varepsilon_0}$

答案:A

23. **解**　$y=0$ 平面作为分界面，则 $\vec{E}_{1t}=10\vec{e}_x, \vec{E}_{1n}=12\vec{e}_y$

边界条件满足 $\begin{cases}\vec{E}_{1t}=\vec{E}_{2t}\\ D_{1n}=D_{2n}\end{cases}$

所以 $\vec{E}_{2t}=10\vec{e}_x, \vec{E}_{2n}=\dfrac{12\vec{e}_y\cdot 5\varepsilon_0}{3\varepsilon_0}=20\vec{e}_y$

所以 $\vec{E}_2=10\vec{e}_x+20\vec{e}_y$

答案：A

24. **解**　因为 $\vec{B}_{1n}=\vec{B}_{2n}$，所以 $\vec{H}_{2n}=\dfrac{2\vec{e}_y\cdot\mu_0}{2\mu_0}=\vec{e}_y$

$\vec{H}_{2t}=\vec{H}_{1t}+\vec{K}=\vec{e}_x+3\vec{e}_z+2\vec{e}_x=3\vec{e}_x+3\vec{e}_z$

所以 $\vec{H}_2=\vec{H}_{2t}+\vec{H}_{2n}=(3\vec{e}_x+\vec{e}_y+3\vec{e}_z)\text{A/m}$

答案：B

25. **解**　$\dfrac{\lambda}{4}$的无损耗线输入阻抗为 $Z_i=\dfrac{{Z_c}^2}{Z_L}$

所以$\dfrac{I}{Z_i}=\dfrac{R_L+jX_L}{{Z_c}^2}=\dfrac{R_L}{{Z_c}^2}+j\dfrac{X_L}{{Z_c}^2}$

所以 $R_i=\dfrac{{Z_c}^2}{R_L}, X_i=\dfrac{{Z_c}^2}{X_L}$

答案：C

26. **解**　$\vec{E}_P=-\nabla\varphi/P=\left[\left(4xy-4\dfrac{2x}{x^2+y^2}\right)\vec{e}_x+\left(2x^2-4\dfrac{2y}{x^2+y^2}\right)\vec{e}_y+20\vec{e}_z\right]/P$

代入 P 点坐标(6m，−2.5m，3m)得：

$$\vec{E}_p=-\left[\left(-60-\frac{8\times 6}{6^2+2.5^2}\right)\vec{e}_x+\left(72+\frac{8\times 2.5}{6^2+2.5^2}\right)\vec{e}_y+20\vec{e}_z\right]$$
$$=(-61.136\vec{e}_x-72.473\vec{e}_y-20\vec{e}_z)\text{V/m}$$

答案：C

27. **解**　减少电流源提供电流应当增大输入电阻，其中串联反馈增大输入电阻，并联反馈减小输入电阻，故选择串联反馈。增加带附负荷能力应当减小输出电阻，其中电压反馈减小输出电阻，电流反馈增加输出电阻，故选择电压反馈。综上，选择电压串联反馈。

答案：A

28. **解**　对于电路应用“虚短虚断”原则，则 R_1 两端电压即为 2、3 端之间的电压 U_{REF}，则 R_1 的电流为$\dfrac{U_{REF}}{R_1}$，从而 $U_0=\dfrac{U_{REF}}{R_1}(R_1+R_2)=U_{REF}\left(1+\dfrac{R_2}{R_1}\right)$

答案：C

29. **解**　共模输入信号 $U_{IC}=\dfrac{U_{I1}+U_{I2}}{2}=\dfrac{1+1}{2}=1\text{V}$

差模输入信号 $U_{Id}=U_{I1}-U_{I2}=1-1=0$

输出电压 $\Delta U_0=A_{uc}\cdot U_{IC}+A_{ud}\cdot U_{Id}=A_{uc}\cdot U_{IC}+0$

故共模电压放大倍数 $A_{uc}=\dfrac{\Delta U_0}{U_{IC}}=\dfrac{100\text{mV}}{1\text{V}}=0.1$

共模抑制比 $K_{CMR}=|\dfrac{A_{ud}}{A_{uc}}|=\dfrac{200}{0.1}=2000$

答案:B

30. **解** 74LS253 为双 4 选 1 数据选择器。

答案:D

31. **解** 图中两个 74LS161 使用反馈置数法实现循环计数。

其中 74LS161(1)计数初值为$(1001)_2$,计数范围为$(1001\sim1111)_2$,计数值为 7。

74LS161(2)计数初值为$(0111)_2$,计数范围为$(0111\sim1111)_2$,计数值为 9。

两片 74LS161 级联,第一片的进位输出作为第二片的时钟脉冲,整体电路的分频比为 $7\times9=63$,即 1∶63。

答案:A

32. **解** $(32\times8)\div(4\times4)=16$

答案:B

33. **解** 除了定子绕组有电流产生基波磁动势 $\overline{F}_1$ 外,转子电流流过转子三相对称绕组时也会产生基波磁动势 $\overline{F}_2$,则 $\overline{F}_1+\overline{F}_2=\overline{F}_m$

由公式,$F_m=\dfrac{m_1}{2}\times\dfrac{4}{\pi}\dfrac{\sqrt{2}}{2}\times\dfrac{w_1}{p}K_{W1}I_m=\dfrac{m_1}{2}\times\dfrac{4}{\pi}\dfrac{\sqrt{2}}{2}\times\dfrac{w_1}{p}K_{W1}\cdot0.45I_N$

而对于感应电动机,$I_N=\dfrac{p_N}{\cos\varphi\eta_N\sqrt{3}U_N}$,代入数据解得 $F_m=7688.49$ 安匝。

答案:D

34. **解** 由条件 $U^*=1$,$I^*=1$,且相量图如图所示,

因为 $X_s^*=1$,故 $\delta=45°$

答案:C

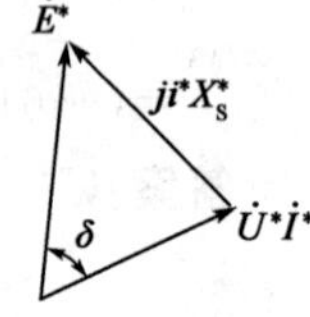

图 34 解图

35. **解** 电枢反应的性质是由 4 角决定的,而 4 角又由电机内部的阻抗和负载的性质决定,电机电抗+负载:$Z=(8-5j)\Omega$,故 $4<0°$,此时,交轴电枢反应磁动势使气隙磁场扭斜,而直轴电枢反应磁动势对励磁磁动势起加磁作用,使气隙磁场加强。

答案:C

36. **解** 恒转矩调速时,串入电阻前后,$\dfrac{r'_2}{s_1}=\dfrac{r'_2+r'_t}{s_2}$,故定转子电流输入功率、气隙磁场和电磁功率都不会发生改变,即与转子回路串入电阻大小无关。

答案:A

37. **解** 取 $S_B^*=1$(阻抗电压小的最先满载),则 $S_A^*=\dfrac{U_{KB}}{U_{KA}}=\dfrac{0.0532}{0.0568}=0.9366$

则 $\sum S=S_A^*\cdot S_{AN}+S_B^*\cdot S_{BN}=0.9366\times500+1\times1000=1468.31\text{kVA}$

答案:B

38. **解** 最大转矩的转变率 $S_m=\frac{Cr'_2}{\sqrt{r_1^2+(x_1+Cx'_2)^2}}=\frac{1.047}{\sqrt{1.375^2+(2.43+4.4)^2}}=0.15$

$S_m=\frac{n_1-n_m}{n_1}$,因为 $n_N=1455\text{r/min}$,故 n_1 取 1500r/min,代入解得 $n_m=1275$

答案:B

39. **解** 主磁通与感应电动势间的关系如下:若主磁通为正弦波,则相电动势正弦,若主磁通为平顶波,则相电动势畸变。

主磁通与激磁电流的关系如下:若主磁通为正弦波,则激磁电流为尖顶波;若激磁电流为正弦波,则主磁通为平顶波。

对于 Y_N,y_0 接线的三相变压器,原边提供了激磁电流三次谐波分量的通路,使得主磁通基本为正弦,则相电动势也为正弦。

答案:A

40. **解** 电力系统中的电气设备也称电力系统的元件,它们之间互相作用完成发、输、配、用电的过程,本题考查电力系统的基本概念,读者应牢记。

答案:B

41. **解** 110kV 及以上的高压系统,中性点采用直接接地方式,防止单相接地故障时,非故障相电压升高为线电压危及绝缘。

答案:C

42. **解** 变压器一次侧相当于用电设备,其额定电压与系统相同,变压器二次侧相当于电源,其额定电压比系统高5%,考虑到变压器内部电压损耗15%,实际应比线路高10%。

答案:B

43. **解** 电力系统潮流计算的基本公式。

答案:D

44. **解** 长距离输电线路空载或者轻载时,由于对地电容导致电压升高,末端加装电抗器可以吸收感性无功,升高电压。

答案:B

45. **解** $Z_{*(N)}\cdot\frac{U_N{}^2}{S_N}$得到阻抗的有名值,阻抗的有名值除以基准值$\frac{U_B^2}{S_B}$,得到统一基准下的标幺值。

答案:B

46. **解** $\dot{S}_3=(15+j11.25)\text{MVA}$

$U_3=36\times110/38.5\text{kV}=102.85\text{kV}$

$\Delta P_{ZT}=\frac{P_3{}^2+Q_3{}^2}{U_3{}^2}R_T=\frac{15^2+11.25^2}{102.85}\times4.93\text{MW}=0.16\text{MW}$

$\Delta Q_{ZT}=\dfrac{{P_3}^2+{Q_3}^2}{{U_3}^2}X_T=\dfrac{15^2+11.25^2}{102.85}\times 63.5\text{MVar}=2.11\text{MVar}$

$\Delta U_T=\dfrac{R_3R_T+Q_3X_T}{U_3}=\dfrac{15\times 4.93+11.25\times 63.5}{102.85}\text{kV}=7.67\text{kV}$

$\delta U_T=\dfrac{R_3R_T-Q_3X_T}{U_3}=\dfrac{15\times 63.5-11.25\times 4.93}{102.85}\text{kV}=8.71\text{kV}$

$U_2=\sqrt{(U_3+\Delta U_T)^2+(\delta U_T)^2}=\sqrt{(102.85+7.67)^2+8.71^2}\text{kV}=110.86\text{kV}$

不计 δU_T 时，$U_2=U_3+\Delta U_T=(102.85+7.67)\text{kV}=110.52\text{kV}$

$\Delta P_{yT}=G_TU_2^2=4.95\times 10^{-6}\times 110.52^2\text{MW}=0.06\text{MW}$

$\Delta Q_{yT}=B_TU_2^2=49.5\times 10^{-6}\times 110.52^2\text{MVar}=0.6\text{MVar}$

$S_2=P_2+jQ_2=(P_3+\Delta P_{zT}+\Delta P_{yT})+j(Q_3+\Delta Q_{zT}+\Delta Q_{yT})=(15.22+j13.96)\text{MVA}$

答案:A

47.**解**　线路参数:$R=0.27\times 100=27\Omega$,$X=0.4\times 100=40\Omega$

变压器参数:$X_T=\dfrac{U_R\%}{100}\cdot\dfrac{{U_N}^2}{S_N}=42.35\Omega$

由题意,$U_I=113\text{kV}$

I　27+j82.35Ω　i

题 47 解图

$\Delta S_{max}=\dfrac{21^2+14^2}{110^2}\times(27+j82.35)=1.42+j4.34\text{MVA}$

$\Delta S_{min}=\dfrac{10^2+7^2}{110^2}\times(27+j82.35)=0.33+j1.01\text{MVA}$

$\Delta S_{Imax}=22.42+j18.34\text{MVA}$

$\Delta S_{Imin}=10.33+j8.01\text{MVA}$

$\Delta U_{Imax}=\dfrac{22.42\times 27+18.34\times 82.35}{113}=18.72\text{kV}$

$\Delta U_{Imin}=\dfrac{10.33\times 27+8.01\times 82.35}{113}=8.30\text{kV}$

$U'_{imax}=113-18.72=94.28\text{kV}$

$U'_{imin}=113-8.30=104.7\text{kV}$

根据调压要求,按最小负荷时,没有补偿的情况确定变压器的分接头.

$U_t=\dfrac{U_{2N}U_{imin}}{U'_{imin}}=\dfrac{104.7\times 11}{10.25}=112.36\text{kV}$

选择分接头 $R=112.75/11\text{kV}=10.25$

$Q_C=\dfrac{10.25^2\times 10.5}{82.35}\times\left(10.5-\dfrac{94.28}{10.25}\right)=17.4\text{MVar}$

答案:C

48.**解**　$E_q=\dfrac{X_{ab}}{X_f}\psi_f$,故发电机的暂态电势与励磁磁链成正比。

答案:B

49.**解**　K_m 为冲击系数。

答案:A

50. **解** $X_T^* = \frac{U_K\%}{100} \cdot \frac{S_B}{S_{iN}} = \frac{10.5}{100}\frac{100}{25} = 0.42$

$X_{l1}^* = 0.4 \times 20 \times \frac{S_B}{{U_B}^2} = 0.4 \times 20 \times \frac{100}{115^2} = 0.06$

$X_{l2}^* = 0.06 \times \frac{30}{20} = 0.09$

$X_{d1}^* = 0.12 \times \frac{100}{100} = 0.12$

$X_{d2}^* = 0.12 \times \frac{100}{250} = 0.048$

$X_z^* = (0.12 + 0.06) // (0.09 + 0.048) = 0.136$

$I_d^* = \frac{1}{X_{\Sigma *}} = \frac{1}{0.136} = 7.35$

$I_d = 7.35 \times \frac{100}{\sqrt{3} \times 115} = 3.69\text{kA}$

答案:B

51. **解** $X_1 = X_2 = 0.03 + 0.06 = 0.09$

$X_0 = 0.04 + 0.06 = 0.1$

发生 A 相接地短路时,$I_a = 3 \times \frac{E''_0}{X_1 + X_2 + X_0} = 3 \times \frac{1.12}{0.09 \times 2 + 0.1} = 12$

答案:A

52. **解** $\frac{4}{3}$和$\frac{3}{2}$平时有两个开关给出线供电,不会断电,双母线分段带旁路接线方式在主接线检修时可由旁路母线供电。

答案:B

53. **解** 三相五柱式电压互感器广泛用于3~15kV系统中,三相三柱不能测量对地电压。

答案:B

54. **解** 电流互感器额定容量是指电流互感器在额定二次电流 I_{2N}和额定二次阻抗 Z_{2N}下运行时,二次绕组输出的容量 $S_{2N} = I_{2N}^2 Z_{2N}$。

答案:C

55. **解** 断路器在开断三相电路时,电流首先过零电弧熄灭的一相称为首先开断相。

答案:C

56. **解** 弧隙电压恢复过程取决于电路的参数,两触头两端的并联电阻可以改变恢复电压的特性,当并联电阻的数值低于临界电阻时,将把具有周期性振荡特性的恢复电压过程转变为非周期性恢复过程。

答案:C

57.**解** 当棒极性为正时,抑制了电晕,但加强了正离子群外部空间的电场,因而放电的发展是顺利的,即起始电晕电压高而放电电压低;当棒极性为负时,容易起晕但电晕不易向外扩展,整个气隙的击穿是不顺利的,即起始电晕电压低而放电电压高。

答案:B

58.**解** 题中四个选项均能防止污闪事故,但是只有B选项可以提高绝缘子的耐污秽能力。

答案:B

59.**解** 电压折射系数$\alpha_u=\frac{2Z_2}{Z_1+Z_2}$,可知,当$Z_1=Z_2$时,$\alpha_u\neq 0$,即存在折射现象,即线路波阻抗发生变化是出线折射现象的原因。

答案:D

60.**解** 线路末端开路,相当于末端连接一条Z_2为∞的线路,由电压折射系数$\alpha_u=\frac{2Z_2}{Z_1+Z_2}=2$,即末端电压为入射电压的两倍,即为2400kV。

答案:B

2012 年度全国注册电气工程师(发输变电)执业资格考试专业基础考试

试　题

单选题(共 60 题,每题 2 分。每题的备选项中,只有 1 个符合题意)

1. 图示电路为含源一端口网络,如果设一端口可以等效为一个理想电压源,则β为:

A. 1　　B. 3　　C. 5　　D. 7

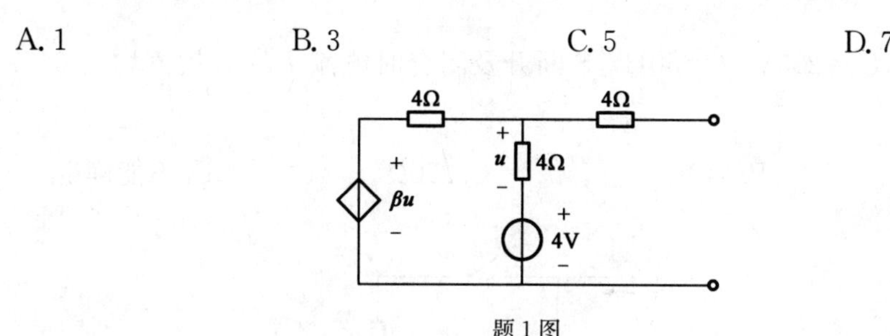

题 1 图

2. 图示电路中电流源 $i_s(t)=20\sqrt{2}\cos(2t+45°)$A,$R_1=R_2=1\Omega$,$L=0.5$H,$C=0.5$F。当负载 Z_L 为多少时,它能获得最大功率?

A. $\frac{1}{2}\Omega$　　B. $\frac{1}{4}\Omega$　　C. 1Ω　　D. $\frac{1}{8}\Omega$

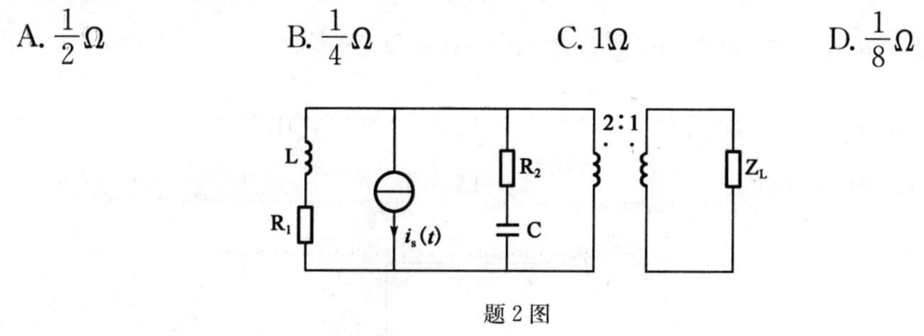

题 2 图

3. 图示对称三相电路中,三相电源线电压为 380V,频率为 50Hz,负载阻抗 $Z=(16+j2)\Omega$,接入三角形连接电容网络,电容 C 为多少 μF 时,电路的功率因数为 1?

A. 76.21　　B. 62.82　　C. 75.93　　D. 8.16

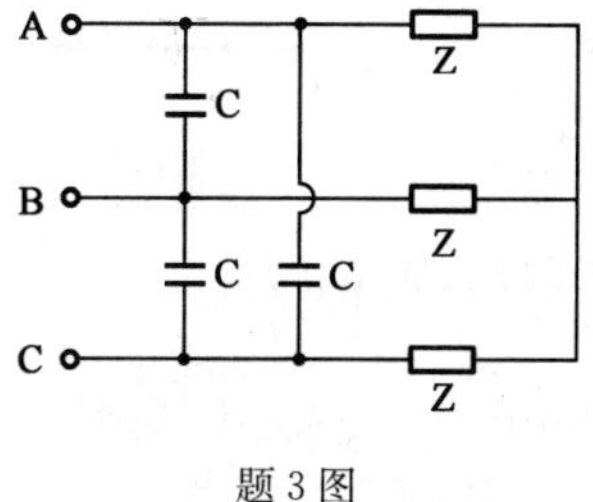

题 3 图

4. 无损耗传输线终端接一匹配负载，则传输线上任意处的电压在相位上超前电流多少度：

A. 90°　　B. 180°　　C. 0°　　D. 某一固定角度

5. 图示空心变压器 AB 间的输入阻抗为多少 Ω：

A. $-j3\Omega$　　B. $j3\Omega$　　C. $-j4\Omega$　　D. $j4\Omega$

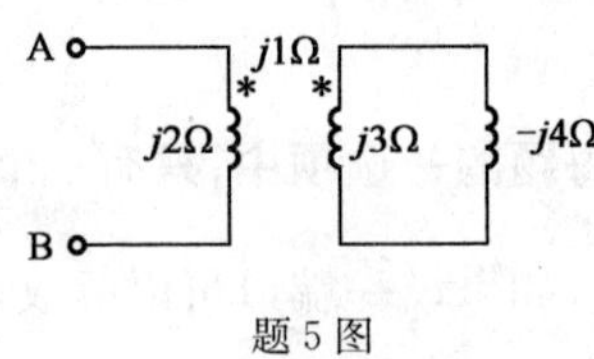

题 5 图

6. 图示电路中，$U=220\text{V}$，$f=50\text{Hz}$，S 断开及闭合时电流 I 的有效值均为 0.5A，则容抗为：

A. 110Ω　　B. 440Ω　　C. 220Ω　　D. 不能确定

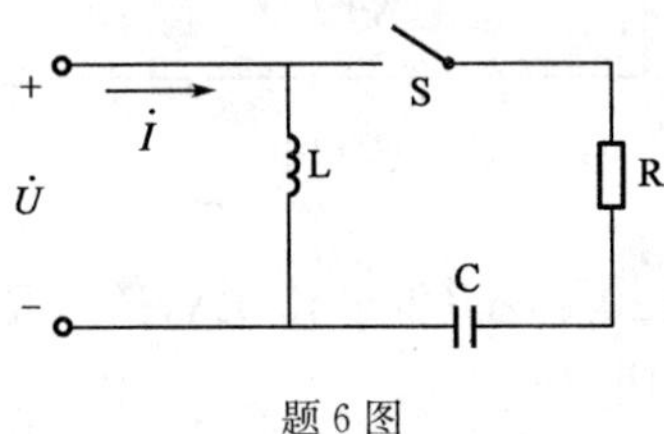

题 6 图

7. 图示电路中 $u_{C(0-)}=0$，$t=0$ 时闭合开关 S 后，$u_C(t)$ 为多少？

A. $6e^{-\frac{t}{\tau}}$，式中 $\tau=0.5\mu\text{s}$　　B. $6-8e^{-\frac{t}{\tau}}$，式中 $\tau=0.5\mu\text{s}$

C. $8e^{-\frac{t}{\tau}}$，式中 $\tau=2\mu\text{s}$　　D. $6(1-e^{-\frac{t}{\tau}})$，式中 $\tau=2\mu\text{s}$

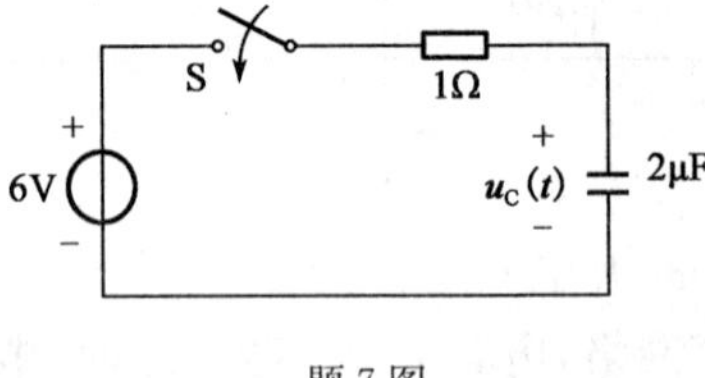

题 7 图

8. 图示电路原已稳定，$t=0$ 时断开开关 S，则 $u_{(0+)}$ 为：

A. 12V　　B. 24V　　C. 0V　　D. 36V

9. 图示电路中电压 u 含有基波和三次谐波，基波角频率为 10^4 rad/s，若要 u_1 中不含基波分量而将 u 中的三次谐波分量全部取出，则 C_1 为：

A. $10\mu\text{F}$　　B. $1.25\mu\text{F}$　　C. $5\mu\text{F}$　　D. $2.5\mu\text{F}$

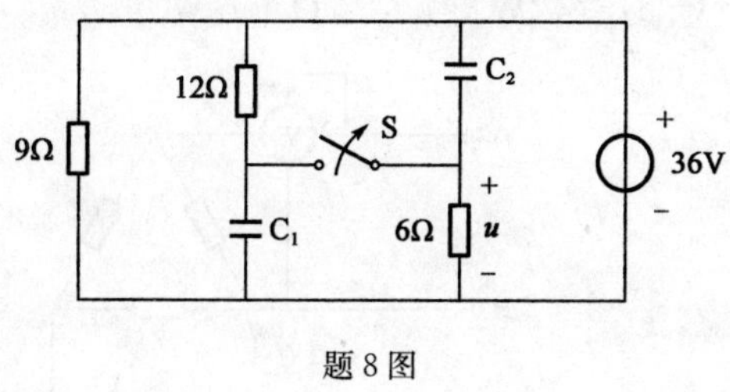

题 8 图

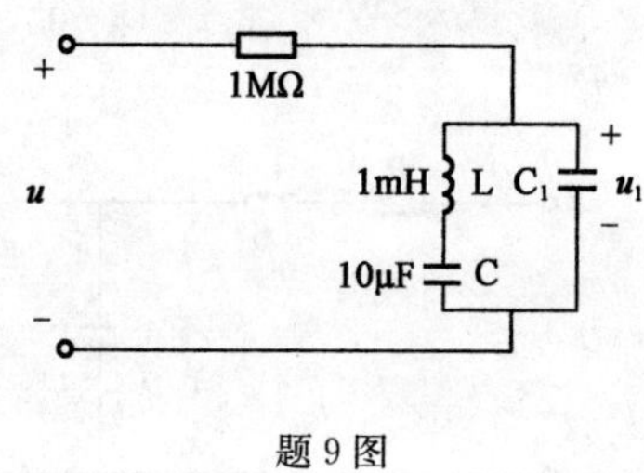

题 9 图

10. 已知图示正弦电流电路发生谐振时，电流表 A_1 和 A_2 的读数分别为 4A 和 3A，则电流表 A_3 的读数为：

A. 1A　　B. $\sqrt{7}$ A　　C. 5A　　D. 不能确定

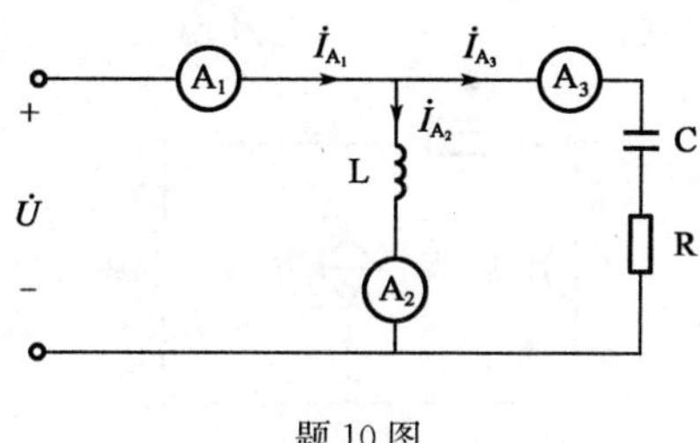

题 10 图

11. 在 R、L、C 串联电路中，$X_C = 10\Omega$，若总电压维持不变而将 L 短路，总电流的有效值与原来相同，则 X_L 为：

A. 40Ω　　B. 20Ω　　C. 10Ω　　D. 5Ω

12. 图示电路的戴维南等效电路参数 U_s 和 R_s 为：

A. 10V 和 5Ω　　B. 2V 和 3.5Ω　　C. 2V 和 5Ω　　D. 10V 和 3.5Ω

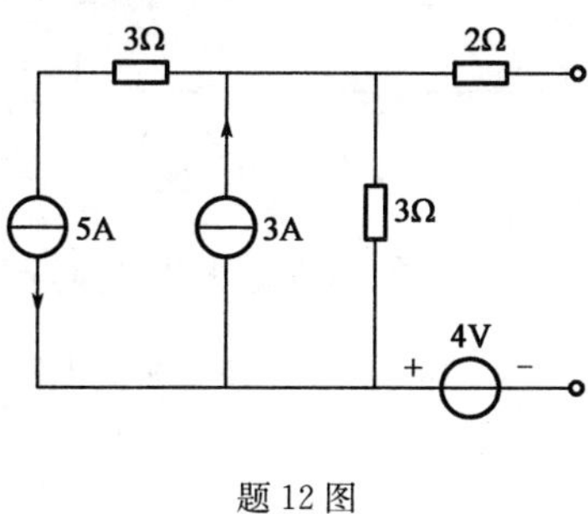

题 12 图

13. 图示电路的谐振频率为：

A. $\frac{1}{9\sqrt{LC}}$　　B. $\frac{9}{\sqrt{LC}}$　　C. $\frac{3}{\sqrt{LC}}$　　D. $\frac{1}{3\sqrt{LC}}$

14. 图示对称三相电路中，线电压为 380V，每相阻抗 $Z = (54 + j72)\Omega$，则图中功率表读数为：

A. 334.78W　　B. 766.75W　　C. 513.42W　　D. 997W

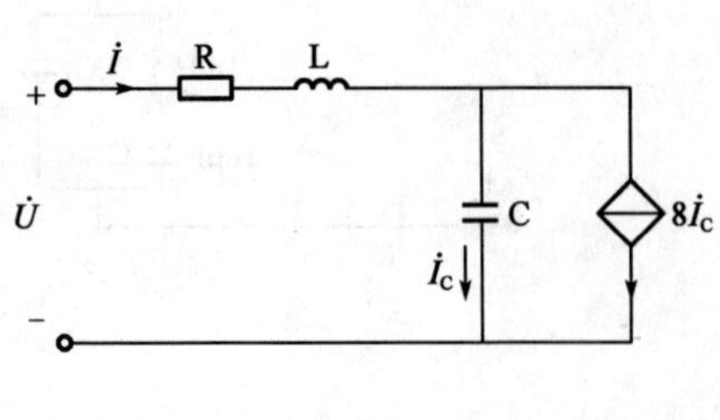

题 13 图

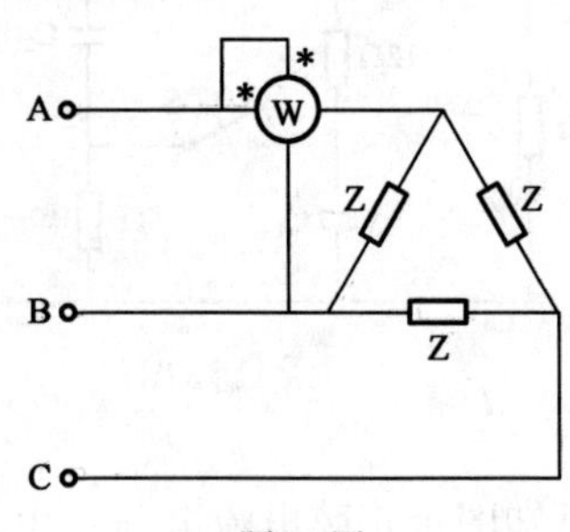

题 14 图

15. 图示电路时间常数为：

A. 12ms　　B. 10ms　　C. 8ms　　D. 6ms

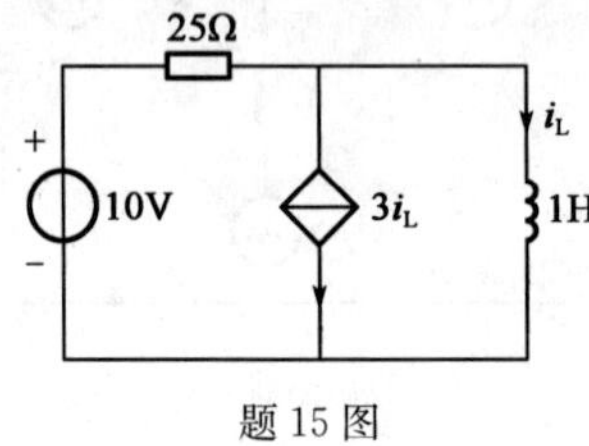

题 15 图

16. 图示电路中 $u_C(0-)=0$，在 $t=0$ 时刻闭合开关 S 后，$t=0+$ 时 $\frac{du_C}{dt}$ 为：

A. 0　　B.  $\frac{U_s}{R}$　　C. $\frac{U_s}{RC}$　　D. $\frac{U_s}{C}$

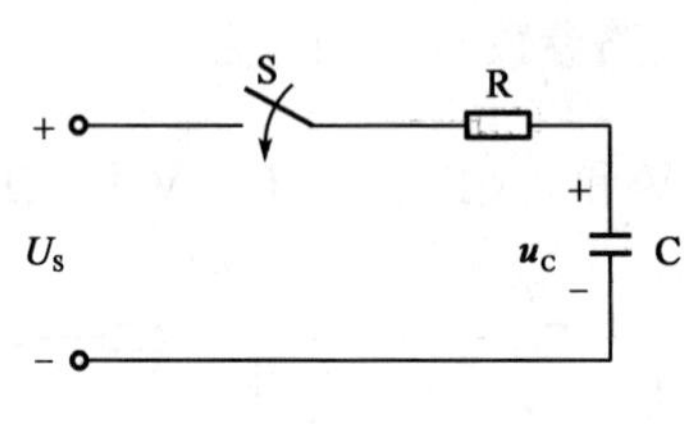

题 16 图

17. 一高压同轴圆柱电缆，内导体半径 a 的值可以自由选定，外导体半径 b 固定，若希望电缆能承受的最大电压为 $\frac{b}{e}E_m$（其中，E_m 是介质击穿场强），则 a 与 b 的比值应当为：

A. $\frac{1}{4e}$　　B. $\frac{1}{3e}$　　C. $\frac{1}{2e}$　　D. $\frac{1}{e}$

18. 介质为空气的一平板电容器。板极间距离为 d，与电压 U_0 连接时，两板间的作用力为 f，断开电源后，将板间距离减少到 $\frac{d}{3}$，则两板间的作用力为（　　）V。

A. f　　B. $3f$　　C. $9f$　　D. $6f$

19. 图示两夹角为 90°的半无限大导体平板接地，其间有一点电荷 q，若用镜像法计算其间的电场分布，需要设置几个镜像电荷？

A. 2　　B. 3　　C. 4　　D. 1

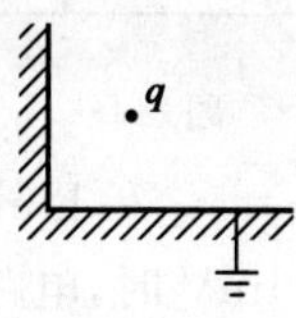

题 19 图

20. 终端短路的无损耗传输线的长度为波长的几倍时，其入端阻抗为零：

A. $\frac{1}{8}$　　B. $\frac{1}{4}$　　C. $\frac{1}{2}$　　D. $\frac{2}{3}$

21. 图示电路引入的反馈为：

A. 电压串联负反馈　　B. 电压并联负反馈

C. 电流并联负反馈　　D. 电流串联负反馈

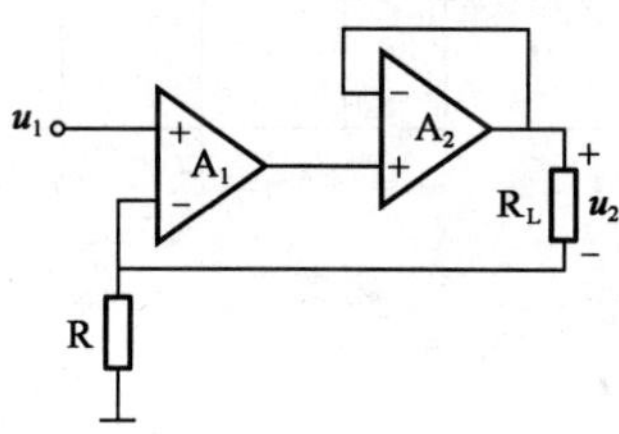

题 21 图

22. 已知某放大器的频率特性表达式为 $A(jw)=\frac{200\times10^6}{jw+10^6}$，该放大器的中频增益为：

A. 200　　B. 200×10^6　　C. 120dB　　D. 160dB

23. 有两个性能完全相同的放大器，其开路电压增益为 20dB，$R_i=2\text{k}\Omega$，$R_0=3\text{k}\Omega$。现将两个放大器级联构成两级放大器，则其开路电压增益为：

A. 40dB　　B. 32dB　　C. 30dB　　D. 20dB

24. 电路如图所示，设图中各二极管的性能均为理想，当 $u_1=15\text{V}$ 时，u_0 为：

A. 6V　　B. 12V　　C. 15V　　D. 18V

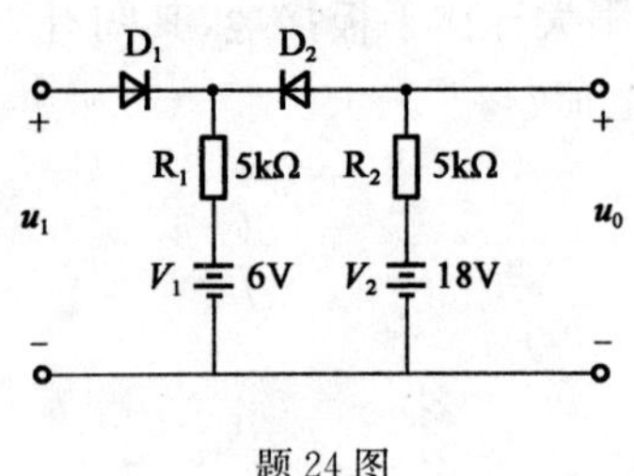

题 24 图

25. 在图示放大电路中，$\beta_1=\beta_2=50$，$r_{be1}=r_{be2}=1.5\mathrm{k\Omega}$，$U_{BE1Q}=U_{BE2Q}=0.7\mathrm{V}$，各电容器的容量均足够大。当输入信号 $u_s=4.2\sin(\omega t)\mathrm{mV}$ 时，电路实际输出电压的峰值为：

A. 3.3V　　B. 2.3V　　C. 2.0V　　D. 1.8V

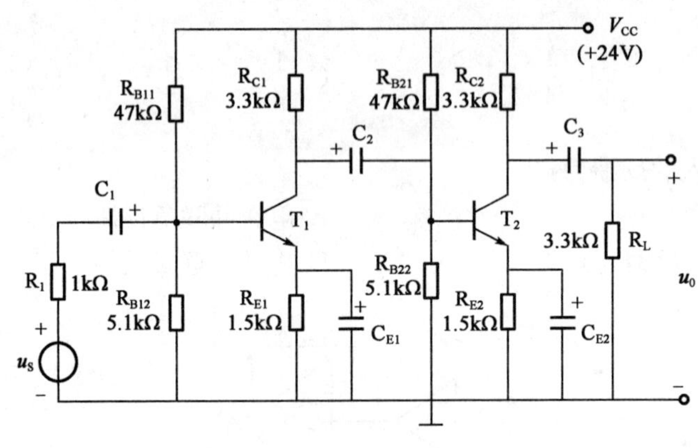

题 25 图

26. 测得某 74 系列 TTL 门的 I_{IL} 为 0.2mA，I_{IH} 为 5μA，I_{OL} 为 10mA，I_{OH} 为 400μA，这种门的扇出系数为：

A. 200　　B. 80　　C. 50　　D. 20

27. 欲把 36kHz 的脉冲信号变为 1Hz 的脉冲信号，若采用 10 进制集成计数器，则各级的分频系数为：

A. (3,6,10,10,10)　　B. (4,9,10,10,10)

C. (3,12,10,10,10)　　D. (18,2,10,10,10)

28. 逻辑函数 $L=\overline{AB+\overline{B}C+B\,\overline{C}+\overline{A}B}$ 的最简与一或式为：

A. $L=\overline{B}\,\overline{C}$　　B. $L=\overline{B}+\overline{C}$　　C. $L=\overline{BC}$　　D. $L=BC$

29. 一片 12 位 ADC 的最小分辨电压为 1.2mV，采用四舍五入的量化方法。若输入电压为 4.387V，则输出数字量为：

A. E50H　　B. E49H　　C. E48H　　D. E47H

30. 16 进制加法计数器 74161 构成的电路如图所示。74161 的功能表如表所示，F 为输出。该电路能完成的功能为：

A. 200 分频　　B. 208 分频　　C. 240 分频　　D. 256 分频

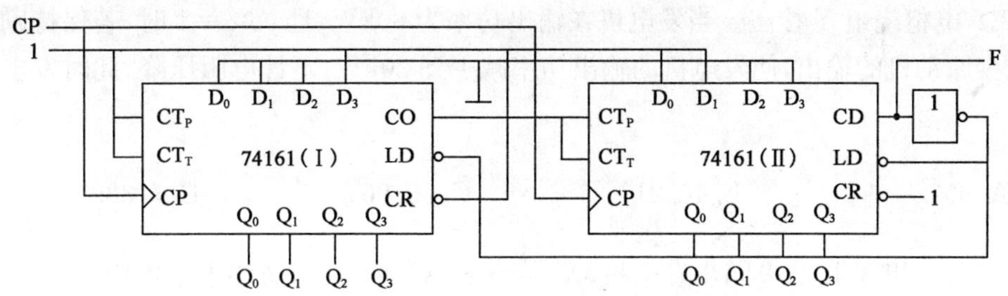

题 30 图

74161 功能表　　　　题 30 表

CP	$\overline{CR}$	$\overline{LD}$	CT_p	CT_T	工作状态
×	0	×	×	×	清零
↑	1	0	×	×	预置数
×	1	1	0	×	保持
×	1	1	×	0	保持
↑	1	1	1	1	计数

31. 一台并励直流发电机额定电压 250V，额定功率 10kW，电枢电阻 1. 0Ω(包括电刷接触电阻)，励磁回路电阻 250Ω，额定转速 900r/min。如果用作电动机，所加电压仍为 250V，如果调节负载使电枢电流与发电机额定时相等，此时电动机的转速为：

A. 900 r/min　　B. 891 r/min　　C. 881 r/min　　D. 871 r/min

32. 一台并励直流电动机，$P_N=96kW$，$U_N=440V$，$I_N=255A$，$I_{fv}=5A$，$n_N=500r/min$，$R_{st}=0.078\Omega$(包括电刷接触电阻)。其在额定运行时的电磁转矩为：

A. 1991 N·m　　B. 2007 N·m　　C. 2046 N·m　　D. 2084N·m

33. 一台三相六极感应电动机，额定功率 $P_N=28kW$，$U_N=380V$，$n_N=950r/min$，频率 50Hz，额定负载运行时，机械损耗和杂散损耗之和为 1. 1kW，此刻转子的铜耗为：

A. 1. 532kW　　B. 1. 474kW　　C. 1. 455kW　　D. 1. 4kW

34. 一台感应电动机空载运行时，转差率为 0. 01，当负载转矩增大，引起转子转速下降，转差率变为 0. 05，那么此时此电机转子电流产生的转子基波磁势的转速将：

A. 下降 4%　　B. 不变　　C. 上升 4%　　D. 不定

35. 一台 $S_N=1800kVA$，$U_{1N}/U_{2N}=10000V/400V$，Y/yn连接的三相变压器，其阻抗电压 $u_k=4.5\%$。当有额定电流时的短路损耗 $p_{kN}=22000W$，当一次边保持额定电压，二次边电流达到额定且功率因数为 0.8(滞后)时，其电压调整率 ΔU 为：

A. 0.98%　　B. 2.6%　　C. 3.23%　　D. 3.58%

36. 一台三相隐极同步发电机并网运行，已知电网电压 $U_N=400V$，发电机每相同步电抗 $X_s=1.2\Omega$，电枢绕组 Y 接法。当发电机在输出功率为 80kW，且 $\cos\varphi=1$ 时，若保持励磁电流不变，减少原动机的输出，使发电机的输出功率减少到 20kW，不计电阻压降，此时发电机的功角 δ 为：

A. 90°　　B. 46.21°　　C. 30.96°　　D. 7.389°

37. 一台三相 Y 接凸极同步发电机，$X''_d=0.8$，$X''_a=0.55$，忽略电枢电阻，$\cos\varphi_N=0.85$(滞后)，额定负载时电压调整率 ΔU 为：

A. 0.572　　B. 0.62　　C. 0.568　　D. 0.74

38. 一台单相变压器二次边开路，若将其一次边接入电网运行，电网电压的表达式为 $u_1=U_{1m}\sin(\omega t+\alpha)$，$\alpha$ 为 $t=0$ 合闸时电压的初相角。试问当 α 为何值时合闸电流最小？

A. 0°　　B. 45°　　C. 90°　　D. 135°

39. 电力系统主要组成部分为：

A. 发电厂、变电所、电容器、变压器
B. 发电厂、变电所、输电线路、负荷
C. 发电厂、变压器、输电线路、负荷
D. 发电厂、变压器、电容器、输电线路

40. 在高压网中有功功率和无功功率的流向为：

A. 有功功率和无功功率均从电压相位超前端流向电压相位滞后端
B. 有功功率从高电压端流向低电压端，无功功率从相位超前端流向相位滞后端
C. 有功功率从电压相位超前端流向相位滞后端，无功功率从高电压端流向低电压端
D 有功功率和无功功率均从高电压端流向低电压端

41. 当输电线路电压等级越高时，普通线路电抗和电容的变化为：

A. 电抗值变大，电容值变小
B. 电抗值不变，电容值变小
C. 电抗值变小，电容值变大
D. 电抗值不变，电容值不变

42. 电力系统电压偏移计算公式为：

A. $\Delta\dot{U}=|\dot{U}_1-\dot{U}_2|$　　B. $\Delta U=U_1-U_2$　　C. $\Delta\dot{U}=\dot{U}_1-\dot{U}_2$　　D. $\Delta U=\frac{U_1-U_2}{U_N}$

43. 高电压长距离输电线路常采用分裂导线，其目的为：

A. 改变导线周围磁场分布，增加等值半径，减小线路电抗
B. 改变导线周围电场分布，减小等值半径，减小线路电抗
C. 改变导线周围磁场分布，增加等值半径，增大线路电抗
D. 改变导线周围电场分布，减小等值半径，增大线路电抗

44. 线路空载运行时，由于输电线路充电功率的作用，使线路末端电压高于始端电压，其升高幅度与输电线路长度的关系和抑制电压升高的方法分别为：

A. 线性关系：在线路末端并联电容器
B. 平方关系：在线路末端并联电容器
C. 平方关系：在线路末端并联电抗器
D. 线性关系：在线路末端并联电抗器

45. 网络及参数如图所示，已知末端电压为 10.5∠0°kV，线路末端功率为 $\overset{*}{S}_2=4-j3$MVA，始端电压和线路始端功率为：

A. $\overset{*}{U}_1=10.33\angle 11.724$kV，$\overset{*}{S}_1=4.45-j3.91$MVA
B. $\overset{*}{U}_1=11.01\angle 10.99$kV，$\overset{*}{S}_1=3.55+j2.09$MVA
C. $\overset{*}{U}_1=10.33\angle 11.724$kV，$\overset{*}{S}_1=4.45-j2.09$MVA
D. $\overset{*}{U}_1=11.01\angle 10.99$kV，$\overset{*}{S}_1=4.45+j3.91$MVA

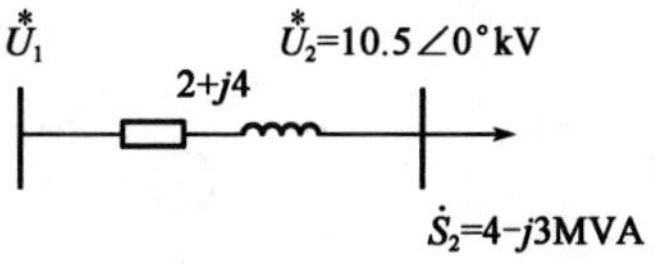

题 45 图

46. 一条 35kV 供电线路，输送有功功率为 12MW，功率因数为 0.75，现串联电容器使末端电压从 33.5kV 提高到 37.5kV，选用电容器额定电压为 0.66kV，额定容量为 40kvar。应安装的静止电容器的个数和总容量为：

A. 60 个，5.67Mvar
B. 90 个，3.6Mvar
C. 30 个，1.79Mvar
D. 105 个，6.51Mvar

47. 发电机的暂态电势与励磁绕组的关系为：

A. 正比于励磁电流
B. 反比于励磁磁链
C. 反比于励磁电流
D. 正比于励磁磁链

48. 系统发生三相短路后，其短路点冲击电流和最大值有效电流计算公式为：

A. $K_m I''_{fm}$ 和 $I''_f\sqrt{1+2(K_{m-1})^2}$
B. $K_m I''$ 和 $I''_{fm}\sqrt{1+2(K_{m-1})^2}$
C. $I''_f\sqrt{1+2(K_{m-1})^2}$ 和 $K_m I''_{fm}$
D. $I''_{fm}\sqrt{1+2(K_{m-1})^2}$ 和 $K_m I''$

49. 系统如图所示，已知 T_1、T_2 额定容量 100MVA，$U_K\%=10.5$。系统 S_1 的短路容量为 1000MVA，系统 S_2 的短路容量为 1000MVA，当 f 点发生三相短路时，短路点的短路容量(MVA)及短路电流(kA)为：(取 $S_B=100$MVA，线路电抗标幺值为 $x=5.0$)

A. 859.0MVA，4.55KA　　　　B. 844.9MVA，4.55KA

C. 880MVA，4.86KA　　　　D. 859MVA，4.86KA

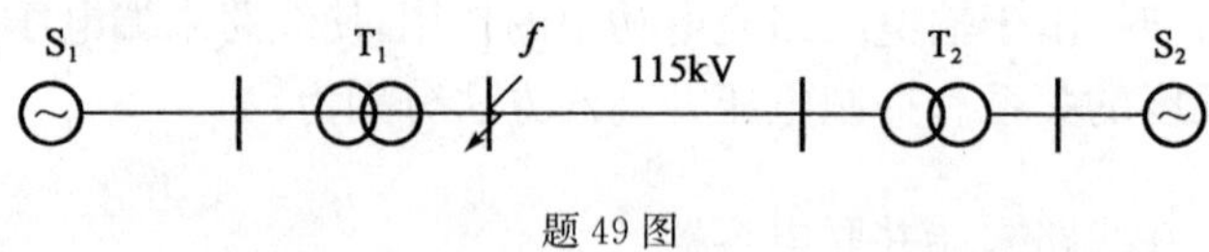

题 49 图

50. 系统如图所示，系统中各元件在统一基准功率下的标幺值电抗：

G：$x''_d=x_{(2)}=0.1$，$E''_a=1$；T_1：$Y/\Delta-11$，$x_{T1}=0.1$，中性点接地电抗 $x_p=0.01$；

T_2：$Y/\Delta-11$，$x_{T2}=0.1$，三角绕组中接入电抗 $x_{pT}=0.18$；

L：$x_i=0.01$，$x_{i0}=3x_i$。

当图示 f 点发生 A 相短路接地时，其零序网等值电抗及短路点电流标幺值分别为：

A. 0.0696，10.95　　B. 0.0697，3.7　　C. 0.0969，4　　D. 0.0969，3.5

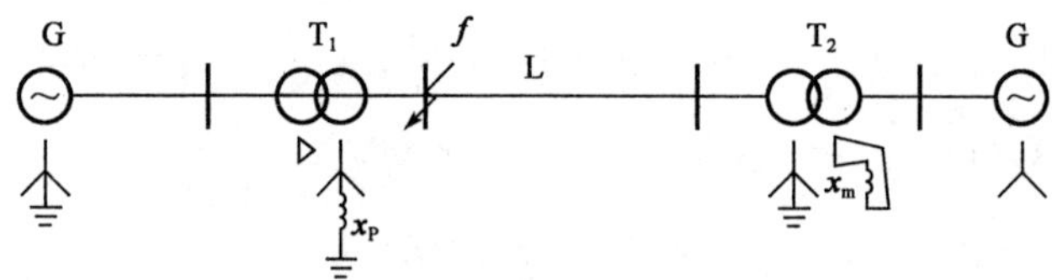

题 50 图

51. 某 220kV 系统的重要变电站，装设 2 台 120MVA 的主变压器，220kV 侧有 4 回进线，110kV 侧有 10 回出线且均为Ⅰ、Ⅱ类负荷，不允许停电检修出线断路器，应采用何种接线方式？

A. 220kV 母线采用一个半断路器接线，110kV 母线采用单母线接线

B. 220kV 母线采用一个半断路器接线，110kV 母线采用双母线接线

C. 220kV 母线采用双母线接线，110kV 母线采用双母线带旁母接线

D. 220kV 母线和 110kV 母线均采用双母线接线

52. 断路器开断中性点直接接地系统中的三相接地短路电流，首先开断相恢复电压的工频分量为：(U_{Ph}为相电压)

A. U_{Ph}　　B. $0.866U_{Ph}$　　C. $1.5U_{Ph}$　　D. $1.3U_{Ph}$

53. 中性点不接地系统中，三相电压互感器作绝缘监视用的附加付绕组的额定电压应为：

A. 100V

B. $\frac{100}{3}$V

C. $3U_0$ V(U_0 为零序电压)

D. U_{1N}/K_0 V(U_{1N}为电压互感器一次侧额定电压,K_0 为额定变比)

54. 电流互感器的误差 f_i、δ_i与二次阻抗 z_{2f}的关系是:

A. $f_i \propto {z_{2f}}^2$, $\delta_i \propto {z_{2f}}^2$　　B. $f_i \propto \frac{1}{{z_{2f}}^2}$, $\delta_i \propto \frac{1}{{z_{2f}}^2}$　　C. $f_i \propto z_{2f}$, $\delta_i \propto z_{2f}$　　D. $f_i \propto \frac{1}{z_{2f}}$, $\delta_i \propto \frac{1}{z_{2f}}$

55. 为使弧隙电压恢复过程为非周期性的,可在断路器触头两端并联电阻,其值应为:

A. $r \leqslant \frac{1}{2}\sqrt{\frac{C}{L}}$　　B. $r \geqslant \frac{1}{2}\sqrt{\frac{C}{L}}$　　C. $r \leqslant \frac{1}{2}\sqrt{\frac{L}{C}}$　　D. $r \geqslant \frac{1}{2}\sqrt{\frac{L}{C}}$

56. 超特高压输电线路采用分裂导线的目的之一是:

A. 减少导线电容　　B. 减少线路雷击概率

C. 增加导线机械强度　　D. 提高线路输送容量

57. 极不均匀电场中操作冲击电压击穿特性具有的特点是:

A. 放电分散性小

B. 随间隙距离增大,放电电压线性提高

C. 饱和特性

D. 正极放电电压大于负极放电电压

58. 架空输电线路在雷电冲击电压作用下出现的电晕对波的传播有什么影响?

A. 传播速度加快,波阻抗减小

B. 波幅降低,陡度增大

C. 波幅降低,陡度减小

D. 传播速度减缓,波阻抗增加

59. 某一变电站低网面积为 S,工频接地电阻为 R,扩建后地网面积增大为 $2S$,扩建后变电站网工频接地电阻为:

A. $2R$　　B. $\frac{1}{4}R$　　C. $\frac{1}{2}R$　　D. $\frac{1}{\sqrt{2}}R$

60. 母线上接有波阻抗分别为 50Ω、100Ω、300Ω 的三条出线,一幅值为 U_0 的无穷长直角雷电冲击中其中某条线路。依据过电压理论求母线上可能出现的最大电压值?

A. $\frac{6}{5}U_0$　　B. $\frac{1}{5}U_0$　　C. $\frac{4}{7}U_0$　　D. $\frac{8}{5}U_0$

2012 年度全国注册电气工程师(发输变电)执业资格考试专业基础考试

试题解析及参考答案

1. 解　因为该端口可以等效为一个理想电压源，所以其等效电阻应为 0。

$i_3=i-i_2=i-\frac{u}{4}$

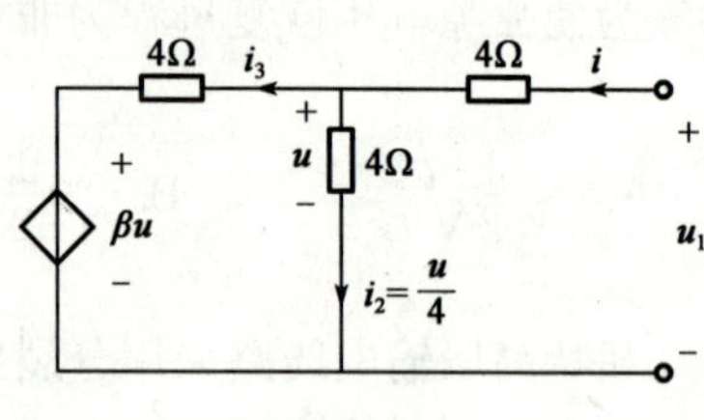

题 1 解图

$$\begin{cases}u_1=4i+u\\(i-\frac{u}{4})\times4+\beta u=u\end{cases}$$

$$\Rightarrow u=\frac{4i}{2-\beta}$$

$$Z_{eq}=\frac{u_1}{i}=4+\frac{4}{2-\beta}$$

因为 $Z_{eq}=0$，所以 $2-\beta=-1,\beta=3$。

答案：B

2. 解　为使 Z_L 获得最大功率，应满足以 Z_L 两端看入的端口等效电阻 Z_{eq} 与 Z_L 的关系为：$Z_L=Z_{eq}{}^*$

$$Z_{eq}=(\frac{1}{n})^2[(R_1+j\omega L)//(R_2-j\frac{1}{\omega c})]$$

$$=(\frac{1}{n})^2[(1+j\times2\times0.5)//(1-j\frac{1}{2\times0.5})]$$

$$=\frac{1}{4}\Omega$$

所以，$Z_{eq}{}^*=Z_{eq}{}^*=\frac{1}{4}\Omega,Z_L=\frac{1}{4}\Omega$

答案：B

3. 解　将星形联接的负载阻抗 Z 作星—三角变换，得 $Z_1=3Z=3(16+j2)=(48+j6)\Omega$，则取其一相等值电路：

因为功率因数为 1，所以并联后总阻抗呈容性。

C　Z_1

题 3 解图

$$Z_{总}=(-j\frac{1}{\omega c})//Z_1=(-j\frac{1}{\omega c})//(48+j6)=\frac{(48+j6)(-j\frac{1}{\omega c})}{48+j(6-\frac{1}{\omega c})}$$

$$=\frac{\frac{48}{\omega c}(6-\frac{1}{\omega c})+\frac{48}{\omega c}-j[\frac{48}{\omega c}\times48+\frac{36}{\omega c}-\frac{6}{(\omega c)^2}]}{48^2-(6-\frac{1}{\omega c})^2}$$

令 $Z_{总}$ 的虚部为 0，则：记 $\frac{1}{wc}=x$

$\Rightarrow 48\cdot 48\cdot x-6x^2+36x=0\Rightarrow x=374$

$C=\frac{1}{wx}=\frac{1}{50\cdot 2\pi\cdot 374}=8.16\mu F$

答案：D

4. **解** 无损耗传输线路电压与电流相位相同，相位差为 0°。

答案：C

5. **解** 设两端电流流向是同名级，左端电流为 I_1，右端电流为 I_2，则去耦等效电路为：

由 KVL 得：$\begin{cases}\dot{U}_{AB}=j2\dot{I}_1+j\dot{I}_2 & ① \\ -j4\dot{I}_2+j3\dot{I}_2+j\dot{I}_1=0 & ②\end{cases}$

由②得：$I_1=I_2$，代入①式，得 $U_{AB}=j3I_1$。

$Z_{AB}=\frac{U_{AB}}{I_1}=j3\Omega$

答案：:B

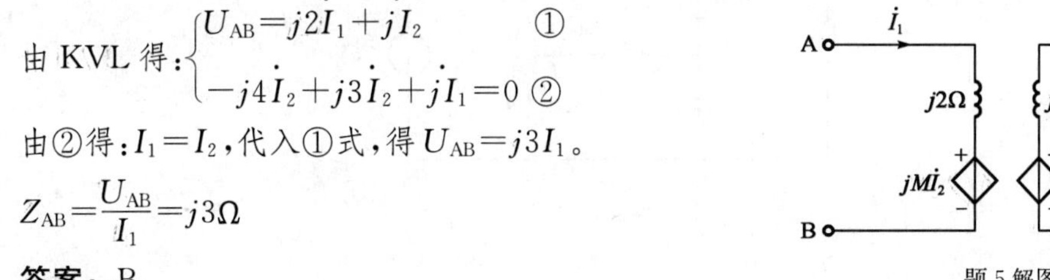

题 5 解图

6. **解** 因为 S 断开及闭合时电流 $\dot{I}$ 的有效值均为 0.5A，则说明开关 S 断开与闭合时端口等效阻抗 Z 相等。

当 S 断开时 $|Z_1|=X_L=\frac{U}{I}=\frac{220}{0.5}=440\Omega$

当 S 闭合时 $Z_2=jX_L//(R-jX_c)=j440//(R-jX_c)$

$=\frac{j440(R-jX_c)}{R+j(440-X_c)}=\frac{440(X_c+jR)}{R+j(440-X_c)}$

由 $|Z_1|=|Z_2|\Rightarrow 440=\frac{440\sqrt{X_c{}^2+R^2}}{\sqrt{R^2+(440-X_c)^2}}$

$X_c{}^2+R^2=R^2+(440-X_c)^2$

$X_c{}^2=(440-X_c)^2$

$X_c=0$(舍)，$X_c=220\Omega$

答案：C

7. **解** 方法一：直观排除法

$\tau=R\cdot C=1\cdot 2=2\mu s$，排除 A、B 项。

因为 $u_C(0_-)=0$，所以 $u_C(0_+)=u_C(0_-)=0$，开关 S 闭合后，显然 $u_C(\infty)\neq 0$。

所以 $u_C(t)=u_C(\infty)+[u_C(0_+)-u_C(\infty)]e^{-t/\tau}$，必有常数项，所以排除 C。

方法二：计算法

①$u_C(0_+)=u_C(0_-)=0V$

②开关 S 闭合后，稳态时，$u_C(\infty)=u=6V$

③$\tau=R\cdot C=1\cdot 2=2\mu s$

$u_C(t)=u_C(\infty)+[u_C(0_+)-u_C(\infty)]e^{-t/\tau}$

$=6+[0-6]e^{-t/\tau} \qquad (\tau=2\mu s)$

$=6(1-e^{-t/\tau})$，且 $\tau=2\mu s$。

答案：D

8. **解**　开关 S 断开前，$I=\dfrac{36}{12+6}=2A$，$u=I\times6=12V$

$u_{C_1}(0_+)=u_{C_1}(0_-)=12V$

$u_{C_2}(0_+)=u_{C_2}(0_-)=24V$

当开关 S 断开时：$u_{c_2(0+)}+u_{(0+)}=36V$，所以 $u_{(0+)}=12V$。

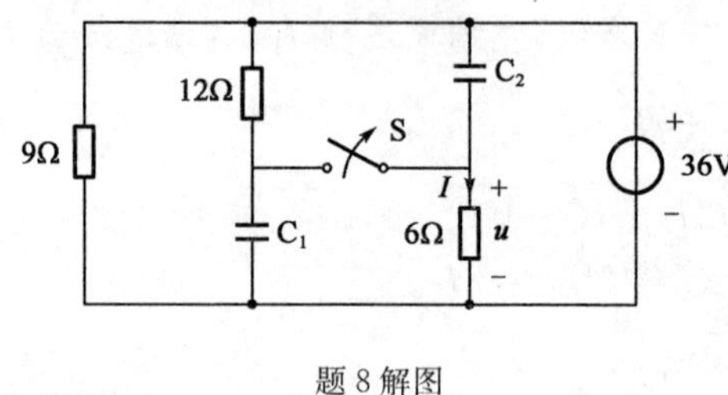

题 8 解图

答案：A

9. **解**　因为 u_1 中不含有基波分量，则发生了串联谐振，所以 $w\cdot1\times10^{-3}=\dfrac{1}{w\cdot10\times10^{-6}}$ $\Rightarrow w=10^4$ rad/s，又因为 u_1 中将 u 中的三次谐波分量全部取出，则发生了并联谐振。

$$X=-j\frac{1}{w_3C_1}//(jw_3L-j\frac{1}{w_3C})$$

$$=\frac{-j\dfrac{1}{30000C_1}\times(j30000\cdot10^{-3}-j\dfrac{1}{30000\times10^{-6}})}{-j\dfrac{1}{30000C_1}+j30000\times10^{-3}-j\dfrac{1}{30000\times10^{-6}}}=\frac{-j\dfrac{1}{30000C_1}(j30-j\dfrac{10}{3})}{-j\dfrac{1}{30000C_1}+j30-j\dfrac{10}{3}}$$

$$=\frac{\dfrac{80}{90000C_1}}{j(\dfrac{80}{3}-\dfrac{1}{30000C_1})}=\frac{80}{90000C_1}\times\frac{30000C_1}{j(800000C_1-1)}$$

因为发生并联谐振，所以 $X=\infty$，$800000C_1-1=0$。

$C_1=\dfrac{1}{800000}=1.25\mu F$

答案：B

10. **解**　设端口电压 $\dot{U}=U\angle0°$，由于电路发生谐振，则电流表 A_1 与端口电压同相位，则 $I_{A_1}=4\angle0°$，所以 $I_{A_2}=3\angle90°$。由 KCL：$\dot{I}_{A_1}+\dot{I}_{A_2}+\dot{I}_{A_3}=0$

$\dot{I}_{A_3}=-(\dot{I}_1+\dot{I}_2)=-(4+j3)$

所以 $|\dot{I}_{A_3}|=5A$，即电流表的读数为 5A。

答案：C

11. **解**　因为总电流有效值与原来相同，所以 $X_L-X_C=X_C$，$X_L=20\Omega$。

答案:B

12. **解**　通过有效变换,则有:

所以,戴维南等效电路 $U_s=2V,R_s=5\Omega$

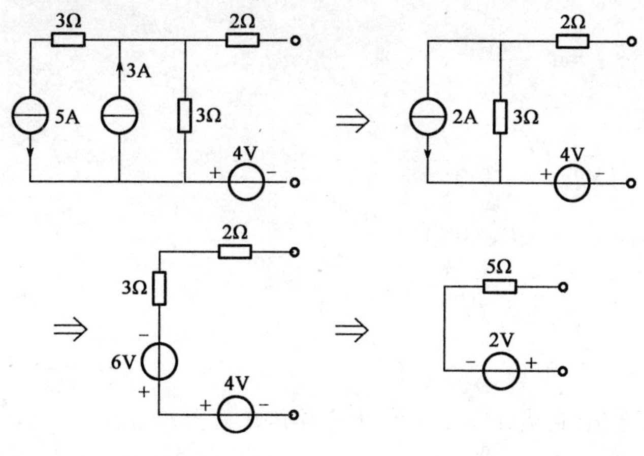

题 12 解图

答案:C

13. **解**　$\dot{I}=\dot{I}_C+8\dot{I}_C=9\dot{I}_C$

$\dot{U}=jwL\cdot 9\dot{I}_C+R\cdot 9\dot{I}_C+\frac{1}{jwC}\cdot\dot{I}_C=[9R+j(9wL-\frac{1}{wC})]\dot{I}_C$

$Z=\frac{\dot{U}}{\dot{I}}=\frac{\dot{U}}{9\dot{I}_C}=R+j(wL-\frac{1}{9wC})$

发生串联谐振,则应有 Z 虚部为零。

所以 $wL-\frac{1}{9wC}=0,w=\frac{1}{3\sqrt{LC}}$

答案:D

14. **解**　设 $\dot{U}_A=220\angle 0°$,则 $\dot{U}_{AB}=380\angle 30°V$。

负载进行 Δ-Y 变换后,可得 A 相线电流:$\dot{I}_A=\frac{\dot{U}_A}{\frac{Z}{3}}=\frac{220\angle 0°}{18+j24}=\frac{220\angle 0°}{30\angle 53.13°}=7.33\angle -53.13°A$

$P=U_{AB}I_A\cos[30°-(-53.13°)]=380\times 7.33\times\cos(30°+53.13°)=334W$

答案:A

15. **解**　此电路为一阶 RL 电路,$\tau=\frac{L}{R}$,其中 R 为从储能元件 L 两端看进去的二端网络的戴维南等效电阻,即:

$u=(i+3i)\times 25=100i$

$R=\frac{u}{i}=100\Omega$

$\tau=\frac{L}{R}=\frac{1}{100}=10\text{ms}$

答案:B

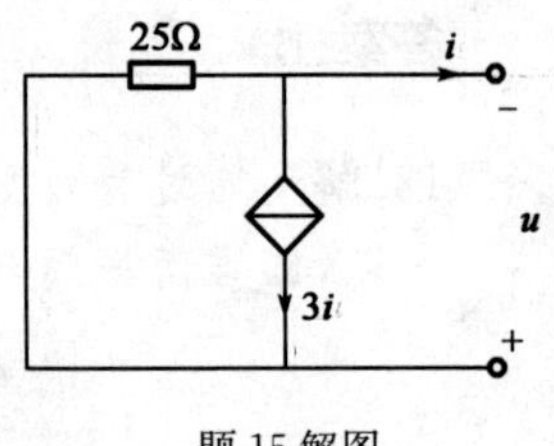

题 15 解图

16. **解** 电容电流 $i_C=C\frac{du_C}{dt}$

根据 KCL 定理有:

$R\cdot C\frac{du_C}{dt}+U_C=U_S$

因为 $t=0+$ 时,$U_C(0_+)=U_C(0_-)=0$

$\frac{du_C}{dt}=\frac{U_S}{RC}$

答案:C

17. **解** 对同轴电缆,最大场强 E_{max} 位于内导体表面上,有:

$E_m=\frac{\tau}{2\pi\varepsilon a}$

介质内场强 $E=E_p=\frac{\tau}{2\pi\varepsilon\rho}=\frac{\tau}{2\pi\varepsilon a}\cdot\frac{a}{\rho}=E_m\frac{a}{\rho}$

$U=\int_a^b E\,d\rho=\int_a^b aE_m\frac{d\rho}{\rho}=aE_m\ln\left(\frac{b}{a}\right)$

已知 $U_{max}=\frac{b}{e}E_m=aE_m\ln\left(\frac{b}{a}\right)$

可求得:$\ln\left(\frac{b}{a}\right)=\frac{b}{ae}$

解得 $\frac{b}{a}=e$,即 $\frac{a}{b}=\frac{1}{e}$。

答案:D

18. **解** 与电压 U_0 连接时,为常电位系统,$f=\frac{\partial We}{\partial g}\big|_{\varphi_k=c}=\frac{\partial}{\partial d}\left(\frac{1}{2}CU_0{}^2\right)\big|_{\varphi_k=c}=\frac{U_0{}^2}{2}\cdot\frac{\partial}{\partial d}\left(\frac{\varepsilon s}{d}\right)=-\frac{\varepsilon sU_0{}^2}{2d^2}$

断开电源后,为常电荷系统,$f_1=-\frac{\partial \text{We}}{\partial g}\big|_{q_k=c}=-\frac{\partial}{\partial h}\left(\frac{q^2}{2c}\right)=-\frac{q^2}{2}\frac{\partial}{\partial h}\left(\frac{h}{\varepsilon s}\right)=-\frac{q^2}{2\varepsilon s}$,其中 h 为平板间距离。

断开电源前后应有 q 不变,即 $q=\frac{\varepsilon s}{d}\cdot U_0$ 代入 f_1,则:

$f_1=-\frac{1}{2\varepsilon s}\cdot\frac{\varepsilon^2 s^2}{d^2}U_0{}^2=-\frac{\varepsilon sU_0{}^2}{2d^2}=f$

答案:A

19. **解** 根据镜像法,$\frac{360°}{90°}-1=3$ 个。

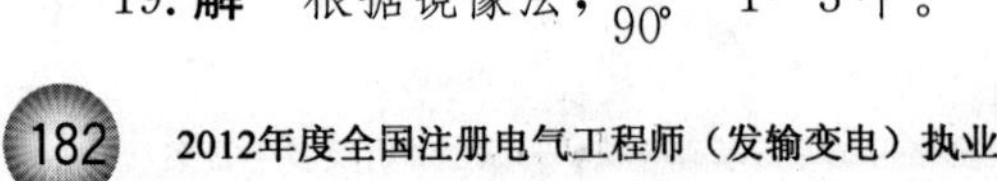

答案:B

20.**解** 终端短路的无损耗传输线 $Z_1=jZ_c\tan\left(\frac{2\pi}{\lambda}X'\right)$

若使 $Z_1=0$,则$\frac{2\pi}{\lambda}X'=\pi$

所以 $X'=\frac{\lambda}{2}$

答案:C

21.**解** 使用"输出短路法"判断电路引入的是电压反馈还是电流反馈。假设负载短路($R_L=0$),使输出电压 $U_0=0$,判断反馈信号是否存在,在此电路中,反馈信号仍存在,因此为电流反馈。

输入回路的三个信号 $\dot{X_i}$、$\dot{X_f}$、$\dot{X_{id}}$ 以电压形式出现,即净输入信号为 $U_{id}=U_i-U_f$,则此电路为串联反馈。

综上,电路引入的是电流串联反馈。选 D

答案:D

22.**解** 由放大器的频率特性表达式可知该放大器为低通特性,即中频增益与低频增益接近,$jw=0$ 时,$A(jw)=200$,从而中频增益为 200,选 A

答案:A

23.**解** 级联后的第一级增益为:

$A_u\cdot\frac{R_i}{R_0+R_i}=20\times\frac{3}{3+2}=12$

总增益是:20+12=32dB。选 B。

答案:B

24.**解** 先将两二极管断开,则 $V_A=6V$,$V_B=18V$,D_1 正负极电压差为 9V,D_2 正负极电压差为 12V,故 D_2 导通,此时 $V_A=18V$,D_1 反向截止,即 $U_I=15V$ 时,D_1 截止,D_2 导通,因此 $U_0=18V$,选 D。

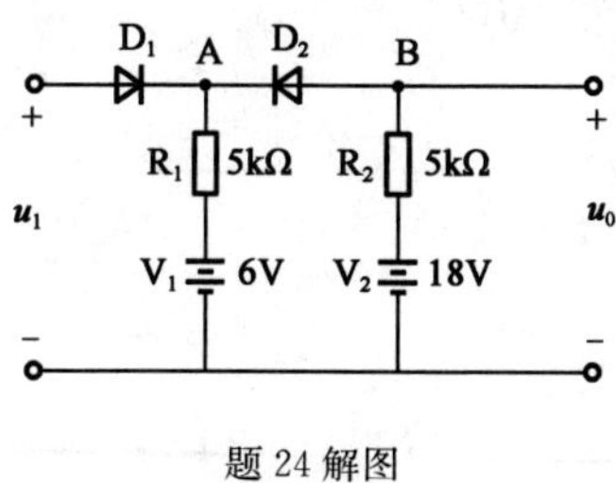

题 24 解图

答案:D

25.**解** 小信号等效电路如下。

$R_{i_1}=R_{B11}/\!/R_{B12}/\!/r_{be}=47/\!/5.1/\!/1.5\approx1.13k\Omega$

$R_{i_2}=R_{i_1}=1.13k\Omega$

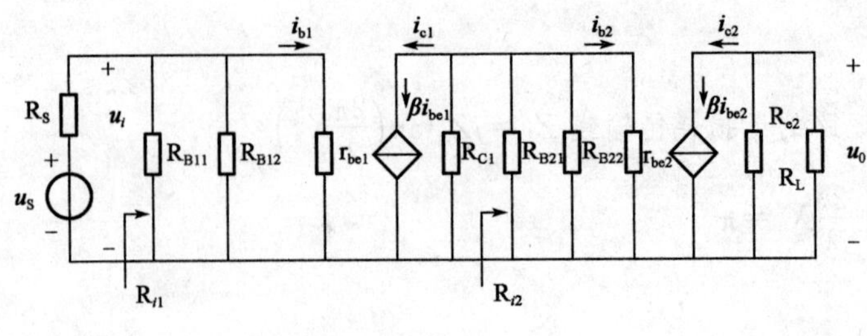

题 25 解图

第一级放大器的放大倍数为：

$$A_{u1}=\frac{-\beta(R_{C1}/\!/R_{i_2})}{r_{be1}}=\frac{-50\times(3.3/\!/1.13)}{1.5}\approx-28$$

第二级放大器的放大倍数为：

$$A_{u2}=\frac{-\beta(R_{C2}/\!/R_L)}{r_{be2}}=\frac{-50\times(3.3/\!/3.3)}{1.5}=-55$$

则电源电压增益为 $A_{us}=\frac{R_{i1}}{R_s+R_{i1}}\cdot A_{u1}\cdot A_{u2}\approx817$

则 $u_0=A_{us}\cdot u_s=817\times4.2\text{mV}\approx3.3\text{V}$。

答案:A

26. **解**　高电平输出时的扇出数 $N_{OH}=\frac{I_{OH}}{I_{IH}}=\frac{400}{5}=80$

低电平输出时的扇出数 $N_{OL}=\frac{I_{OL}}{I_{IL}}=\frac{10}{0.2}=50$

根据以上计算，取数值小的为扇出数，即扇出数系数为 50，选 C。

答案:C

27. **解**　各级的分频系数的乘积应等于 36K，且各级分频系数不超过 10，因此，选 B。

答案:B

28. **解**:

$$\begin{aligned}L&=\overline{AB+\overline{B}C+B\,\overline{C}+\overline{A}B}\\&=\overline{(A+\overline{A})B+\overline{B}C+B\,\overline{C}}\\&=\overline{B+B\,\overline{C}+\overline{B}C}\\&=\overline{B(1+\overline{C})+\overline{B}C}\\&=\overline{B+\overline{B}C}\\&=\overline{B+C}\\&=\overline{B}\cdot\overline{C}\end{aligned}$$

答案:A

29. **解**　$\frac{4.387\text{V}}{0.0012\text{V}}\approx3656$

利用除 16 取余法，计算 3656 的十六进制表达式：

3656÷16＝228…8，228÷16＝14…4，14÷16＝0…14

故输出数字量应为 E48H，选 C

答案:C

30. **解** 由逻辑电路连接可知，该电路使用“反馈置数法”。

预置数为 00111000，计数终值为 1111.1111，计数范围为(00111000～11111111)。

则为 200 分频，选 A。

答案:A

31. **解** “并励”的特点是励磁绕组与电枢回路并联连接，则发电机运行时：

$$I=\frac{P_N}{U_N}=\frac{10000}{250}=40A$$

$$I_f=\frac{U_N}{R_f}=\frac{250}{250}=1A$$

$$I_a=I+I_f=40+1=41A$$

$$E_{aF}=U_F+I_a r_a=250+41\times0.1=254.1V$$

电动机运行时：$E_{aD}=U_D-I_a r_a=250-41\times0.1=245.9V$

$$n_D=\frac{n_N\cdot E_{aD}}{E_{aF}}=\frac{900\times245.9}{254.1}=871r/min$$

答案:D

32. **解** 对于并励直流电动机，有：

$$I_a=I_n-I_f=255-5=250A$$

$$C_{e\Phi}=\frac{E_a}{n_N}=\frac{U_N-I_aR_a}{n_N}=\frac{440-250\times0.078}{500}=0.841$$

故 $T_M=9.55C_{e\Phi}I_a=9.55\times0.841\times250=2007.8N\cdot m$，排除误差，选 B。

答案:B

33. **解**: $n_1=\frac{60f_1}{P}=\frac{60\times50}{3}=1000r/min$

转差率：$S_N=\frac{n_1-n_N}{n_1}=\frac{1000-950}{1000}=0.05$

则 $P_\Omega=P_2=P_N+P_{ad}=28000+1100=29100W$

$$P_{cu2}=S_NP_M=\frac{S_N}{1-S_N}P_\Omega=\frac{0.05}{1-0.05}\times29100\approx1532W$$

答案:A

34. **解**: 异步电动机转子电流频率为 sf_1，由多相转子电流产生的旋转磁动势相对于转子的转速为 sn_1，相对于定子的转速为 $sn_1+n=n_1$，即与定子基波磁动势相对于定子的转速相同。而 $n_1=\frac{60f_1}{p}$，n_1 不变，故转子电流产生的转子基波磁动势的转速不变。

答案:B

35. **解** $u_k=Z_k^*=0.045$，当 $I_k^*=1$ 时，$p_{KN}^*=r_k^*=\frac{P_{KN}}{S_N}=\frac{22}{1800}\approx0.012$

则 $X_k^* = \sqrt{Z_k^* - r_k^*} = \sqrt{0.045^2 - 0.012^2} \approx 0.043$

$\Delta U = \beta(r_k^* \cos\varphi_2 + X_k^* \cdot \sin\varphi_2)$，额定电流时 $\beta = 1$，则：

$\Delta U = 0.012 \times 0.8 + 0.043 \times 0.6 \approx 3.54\%$，排除误差，选 D。

答案：D

36. **解**　输出 80kW 时的电流 $I = \dfrac{P_2}{\sqrt{3}U_N \cos\varphi} = \dfrac{80 \times 10^3}{\sqrt{3} \times 400 \times 1} = 115.47\text{A}$

由相量图可得：$E_0 = \sqrt{U^2 + (IX_s)^2}$

$$= \sqrt{\left(\frac{400}{\sqrt{3}}\right)^2 + (115.47 + 1.2)^2} = 269.3\text{V}$$

$\delta = \cos^{-1}\dfrac{U}{E_0} = \cos^{-1}\dfrac{400/\sqrt{3}}{269.3} = 30.96°$，选 C。

答案：C

37. **解**　作相量图如下，则 $\sin\varphi_N = \sqrt{1 - \cos^2\varphi_N} = 0.5268$

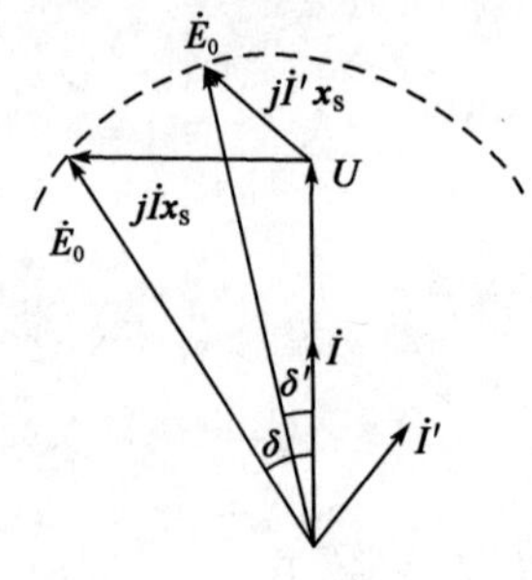

题 36 解图

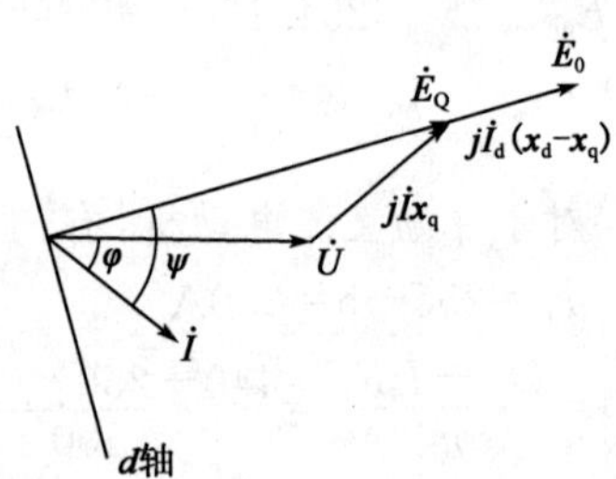

题 37 解图

作辅助线，由直角三角形可得：

$\psi = \tan^{-1}\dfrac{I \cdot X_q + U\sin\varphi_N}{I \cdot r_a + U\cos\varphi_N}$，忽略 r_a 则：

$\psi = \tan^{-1}\dfrac{I \cdot X_q + U\sin\varphi_N}{U\cos\varphi_N} = \tan^{-1}\dfrac{0.55 + 0.5268}{0.85} = 51.7°$

而 $\varphi_N = \cos^{-1}0.85 = 31.79°$

$E_0 = U \cdot \cos(\psi - \varphi_N) + I \cdot \sin\psi \cdot X_d$

$\quad = \cos(51.7° - 31.79°) + \sin 51.7° \times 0.8 = 1.568$

电压调整率 $\Delta U = \dfrac{E_0 - U_{N\varphi}}{U_{N\varphi}} = \dfrac{1.568 - 1}{1} = 0.568$。

答案：C

38. **解**　当 $\alpha = 90°$ 时投入电网，此时合闸瞬间电源电压瞬时值为最大，但磁通 $\Phi_t = -\Phi_m\cos(\omega t + 90°) = -\Phi_m\sin(\omega t)$，即磁通直接进入稳态，激磁流电也直接进入稳态。而稳态时激磁电流较小，故选 C。倘若 $\alpha = 0°$ 时合闸，则会产生很大的"激磁涌流"可能会造成保护装置的误动作。

答案:C

39. **解** 本题考查电力系统的基本概念,读者应牢记。

答案:B

40. **解** 电力系统有功功率的传输与首末两端电压的相位角有关,而无功功率的传输与电压的幅值差有关。

对于纯电容电路。电压相位滞后于电流,而纯电感电路,电流相位滞后于电压,这些就引起了相位角的变化,从而导致送电端和受电端的电压有一相位差。电力系统网络元件的阻抗主要是电感性的,这些电感性的设备在运行过程中需要向电力系统吸收有功功率。当然,电感性的设备在运行过程中不仅需要向电力系统吸收有功功率,还同时吸收无功功率。当线路输送固定数量的有功功率时,如输送的无功功率越多,线路的电压损失越大,即送至用户端的电压就越低,这就导致送电端和受电端的电压有一幅值差。

答案:C

41. **解** 每相导线单位长度的电抗为:$X_1=2\pi f\left(4.6\lg\frac{D_m}{r}+\frac{u_r}{2}\right)\times10^{-4}$,式中,$f$ 为交流电的频率,D_m 为三相导线的几何平均距离,r 为导线半径,u_r 为导线的相对磁导率。

每相导线长度的电容为:$C_1=\frac{0.0241}{\lg\frac{D_m}{r}}\times10^{-6}$,式中 D_m、r 的含义与上式相同,故均与电压无关,选 D。

答案:D

42. **解** 电压偏移电指网络中某一点的电压与该网络额定电压的数值差,如:U_1-U_N(始端电压偏移)或 U_2-U_N(末端电压偏移),用百分数表示则为:

始端电压偏移百分比$=\frac{U_1-U_N}{U_N}\times100$,末端电压偏移$=\frac{U_2-U_N}{U_N}\times100$

而电压降落是指线路始、末两端电压的相量差 $d\dot{U}=\dot{U}_1-\dot{U}_2$

电压损耗是指线路始、末两端电压的数值差 U_1-U_2

答案:B

43. **解** 分裂导线的采用。改变了导线周围的磁场分布,等效地增大了导线半径,从而减少了每相导线的电抗 $X_1=0.1445\lg\frac{D_m}{r_{eq}}+\frac{0.157}{n}$。式中,$n$ 为分裂导线根数,r_{eq} 为分裂导线的等效半径,故选 A。

答案:A

44. **解** 电压损耗百分比$\approx-\frac{b_0x_0}{2}l^2\times100$,故电压损耗与线路长度为 l 的平方成正比。

也可选择考虑,$\Delta U=\frac{PR+QX}{U}$,由于 $X>>R$,故 $\Delta U\approx\frac{QX}{U_1}$。

其中,X 与线路长度近似成正比,而 $Q=U^2\frac{B}{2}$,B 与线路近似成正比,故 ΔU 与线路的平方近似成正比。

在超高线路中,线路末端常连有并联电抗器,以抵消充电功率。故选 C。

答案:C

45.**解** 考查已知末端电压和末端功率求始端电压和始端功率的问题。

$$\dot{U}_1=\dot{U}_2+\mathrm{d}U$$
$$=U_2+\frac{P_2R+Q_2X}{U_2}+j\frac{P_2X-Q_2R}{\dot{U}_2}$$
$$=10.5-0.38095+j2.09524$$
$$=10.33\angle 117\mathrm{kV}$$

$$\Delta\widetilde{S}=\frac{P_2^2+Q_2^2}{U_2^2}(R+jX)=0.4535+j0.907\mathrm{MVA}$$

$$\widetilde{S}_1=\widetilde{S}_2+\Delta\widetilde{S}=(4-j3)+(0.4535+j0.907)=4.45-j2.09\mathrm{MVA}$$

答案:C

46.**解** 线路输送的无功为 $Q=\sqrt{(12\div 0.75)^2-12^2}=10.583\mathrm{Mvar}$

设线路串补电容前首末压差为 ΔU,串补电容后压差为 ΔU_C,则有 $\Delta U-\Delta U_\mathrm{C}=\frac{Q\cdot X_\mathrm{C}}{U_1}$

则代入数据有 $37.5-33.5=\frac{10.583X_\mathrm{C}}{35}$,得 $X_\mathrm{C}=13.23\Omega$

线路最大负荷电流 $I_{\max}=\frac{S}{\sqrt{3}U_1}=\frac{P/\cos\varphi}{\sqrt{3}U_1}=\frac{16}{\sqrt{3}\times 3.5}=0.264\mathrm{kA}=264\mathrm{A}$

每台电容器额定电流 $I_\mathrm{NC}=\frac{Q_\mathrm{GN}}{U_\mathrm{G}}=\frac{40}{0.66}=60.606\mathrm{A}$

每台电容器容抗为 $X_\mathrm{NC}=\frac{U_\mathrm{G}}{I_\mathrm{NC}}=10.89\Omega$

串联电容器组的串数为 $m\geqslant\frac{I_{\max}}{I_\mathrm{NC}}=\frac{264}{60.606}=4.4$,取 $m=5$

每串中电容器的个数为 $n\geqslant\frac{I_{\max}X_\mathrm{C}}{U_\mathrm{G}}=\frac{264\times 13.23}{0.66\times 10^3}=5.29$,取 $n=6$

所需串补电容器的个数为 $N=3mn=3\times 5\times 6=90$ 个

所需串补电容器的容量为 $Q_\mathrm{C}=3mnQ_\mathrm{GN}=3.6\mathrm{Mvar}$

答案:B

47.**解** $E'_\mathrm{q}=\frac{X_\mathrm{ad}}{X_\mathrm{f}}\psi_\mathrm{f}$,故发电机的暂态电势与励磁电流成正比。

答案:A

48.**解** K_m 为冲击系数,冲击电流的最大值和有效值与冲击系数有关。

答案:A

49. **解**　$S_{1f}=1000\text{MVA}, S_{2f}=1000\text{MVA}$

$I_{1f}^{*}=\frac{1000}{100}=10, I_{2f}^{*}=10$，则 $x_1^{*}=\frac{1}{I_{1f}^{*}}=0.1, x_2^{*}=\frac{1}{I_{2f}^{*}}=0.1$

等值电路图如下。

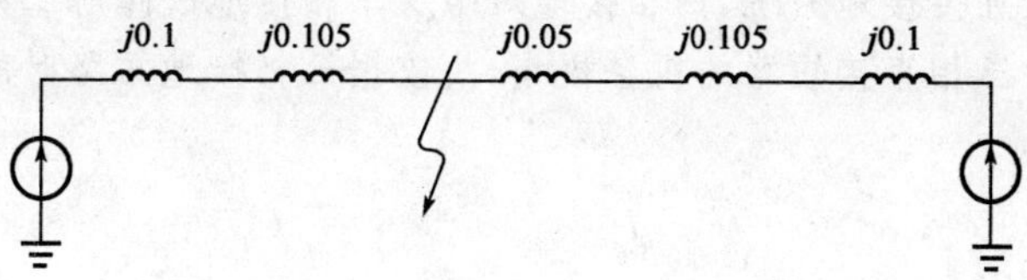

题 49 解图

$X_d^{*}=(j0.1+j0.105)//(j0.05+j0.105+j0.1)=0.11$

$I_f^{*}=\frac{1}{X_d^{*}}=\frac{1}{0.11}=8.80$

所以 $S_f^{*}=I_f^{*}\cdot S_B=880\text{MVA}$

$I_f=I_f^{*}\cdot\frac{S_B}{\sqrt{3}U_B}=8.8\cdot\frac{100}{\sqrt{3}\times 115}=4.86\text{kA}$

答案：C

50. **解**　正序、负序等值网络如下图所示。

当发生 A 相接地短路时 $I_f^{*}=\frac{1}{0.102\times 2+0.07}\times 3=10.95$

零序等值网络如下图所示。

正序、负序等值电抗 $X_{1\Sigma}=X_{2\Sigma}=j0.102$

零序等值电抗 $X_{u\Sigma}=j0.07$

答案：A

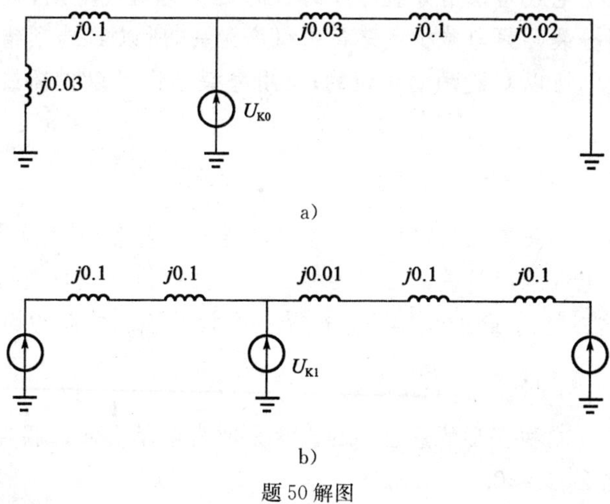

题 50 解图

51. **解**　因为 110kV 侧要求不允许停电检修出线断路器；所以一定要加上旁母 220kV 侧没有要求不允许停电检修，所以不加旁母。

答案:C

52. **解** 首相开断系数是指三相系统中当两相短路时,在断路器安装处的完好相对另二相间的工频电压与短路去掉后在同一处获得的相对中性点电压之比。

通常,对于中性点直接接地系统,两相接地短路及单相接地故障时工频恢复电压均较三相接地故障为低,且认为三相直接短路的机会极小,故依据三相接地短路时的故障取首相开断系数为1.3。

答案:D

53. **解** 附加绕组接成开口三角形形式。

大接地系统额定电压100V,小接地系统$\frac{100}{3}$V。

答案:B

54. **解** 由 $f_i=-\frac{(Z_2+Z_2L)L_{av}}{222N_2^2S\mu}\sin(\varphi+\alpha)\times100(\%)$

$\delta_i=\frac{(Z_2+Z_2L)L_{av}}{222N_2^2S\mu}\cos(\varphi+\alpha)\times3440(')$

答案:A

55. **解** 在电阻R很小的高压电网中,临界并联电阻为:

$r_{cr}=\frac{1}{2}\sqrt{\frac{L}{C}}(\Omega)$

当触头间并联电阻$r<r_{cr}$时,电压恢复过程为非周期性。

当$r>r_{cr}$时,为周期性过程。

答案:C

56. **解** 超特高压输电线路采用分裂导线的目的之一是增大电纳,减少容抗和电抗,所以A选项是错误的;采用分裂导线与减少线路雷击概率无关,所以B选项错误的;采用分裂导线减少了导线的机械强度,所以C选项是错误的;采用分裂导线可以提高线路输送容量,所以D选项是正确的。

答案:D

57. **解** 极不均匀电场长气隙的操作冲击击穿特性具有显著的"饱和特性",而其雷电冲击击穿特性却是线性的,电气强度最差的正极性棒一板气隙的饱和现象最为严重,尤其是在气隙长度大于5cm以后,这对特高压输电技术来说,是一个极其不利的制约因素。

答案:C

58. **解** 行波发生衰减和变形的最重要的因素是冲击电晕引起的损耗。

(1)波阻抗的变化$Z'/Z\approx0.7\sim0.8$。

(2)波速的变化,出现强烈冲击电晕时,架空线上的波速仅为光速的0.75倍。

冲击电晕不仅使行波衰减/幅值减少,而且使行波变形,即将行波的波头拉长,也就是说波头的陡度减少。

答案:C

59.解　因为$R=0.5\dfrac{\rho}{\sqrt{2S}}=\dfrac{1}{\sqrt{2}}R$,所以$R'=0.5\dfrac{\rho}{\sqrt{2S}}=\dfrac{1}{\sqrt{2}}R$

答案:D

60.解　根据折射公式有:$\dfrac{2\times(110/\!/300)}{50+100/\!/300}=\dfrac{2\times75}{50+75}=\dfrac{6}{5}$

答案:A

2013年度全国注册电气工程师(发输变电)执业资格考试专业基础考试

试　题

单选题(共60题,每题2分。每题的备选项中,只有1个符合题意)

1. 图示电路的输入电阻为:

A. 1.5Ω　　B. 3Ω　　C. 9Ω　　D. 2Ω

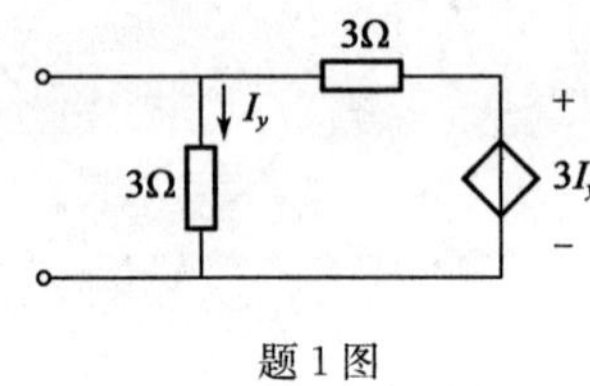

题1图

2. 图示电路的输入电阻为:

A. 2.5Ω　　B. −5Ω　　C. 5Ω　　D. 25Ω

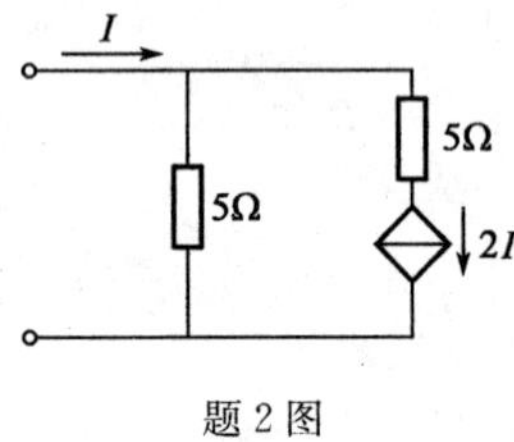

题2图

3. 图示电路中,$U=10\text{V}$,则5V电压源发出的功率为:

A. 5W　　B. 10W　　C. −5W　　D. −10W

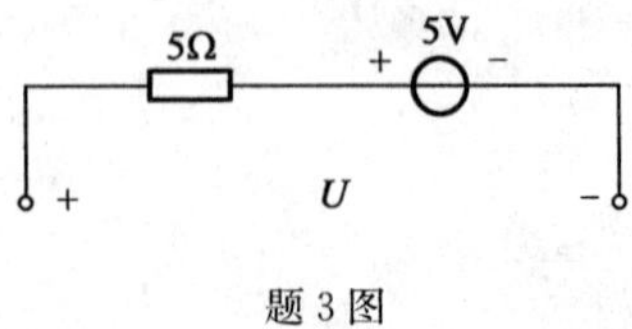

题3图

4. 有一个由$R=1\text{k}\Omega$,$L=2\text{H}$和$C=0.5\mu\text{F}$三个元件相串联的电路,则该电路在动态过程中的振荡角频率为:

A. $250\sqrt{5}$ rad/s　　B. 1000rad/s　　C. $500\sqrt{5}$ rad/s　　D. 750rad/s

5. 图示空心变压器 ab 端的输入阻抗 Z_{ab} 为：

A. $j16\Omega$　　B. $j25\Omega$　　C. $j15\Omega$　　D. $j4\Omega$

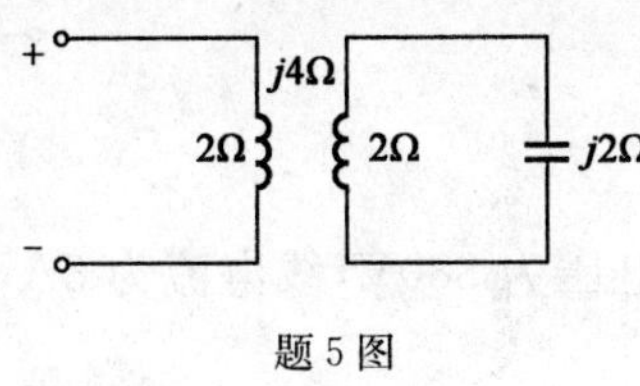

题 5 图

6. 图示电路中，$U=220$V，频率 $f=50$Hz，S 断开及闭合时电流 I 的有效值均为 0.5A，则电感 L 的感抗为：

A. 110Ω　　B. 55Ω　　C. 220Ω　　D. 330Ω

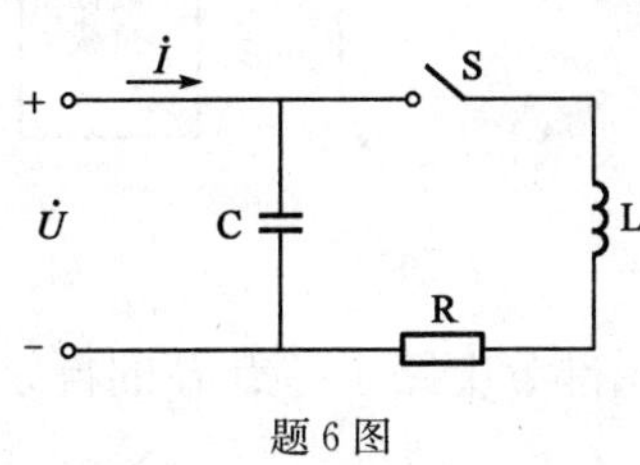

题 6 图

7. 图示电路中，$u_{C(0+)}=0$，$t=0$ 时闭合开关 S，$u_C(t)$ 为：

A. $50(1+e^{-100t})$V　　B. $100e^{-100t}$V

C. $100(1+e^{-100t})$V　　D. $100(1-e^{-100t})$V

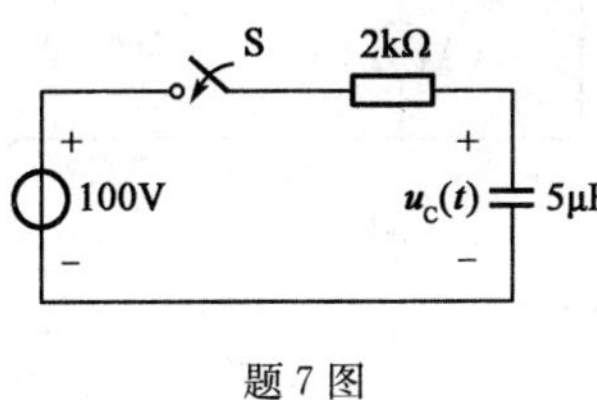

题 7 图

8. 图示电路中，$i_L(0_-)=0$，$t=0$ 时闭合开关 S 后，$i_L(t)$ 为：

A. $12.5(1+e^{-1000t})$A　　B. $12.5(1-e^{-1000t})$A

C. $25(1+e^{-1000t})$A　　D. $25(1-e^{-1000t})$A

9. 图示电路中电压 u 含有基波和三次谐波，基波频率为 10^4rad/s，若要求 u_1 中不含基波分量，并将 u 中的三次谐波分量全部取出，则电感 L 和电容 C 分别为：

A. 2mH，2μF　　B. 1mH，1.25μF

C. 2mH，2.5μF　　　　D. 1mH，2.5μF

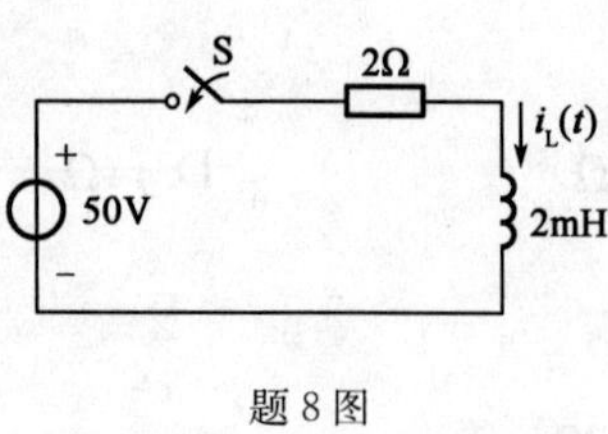

题8图

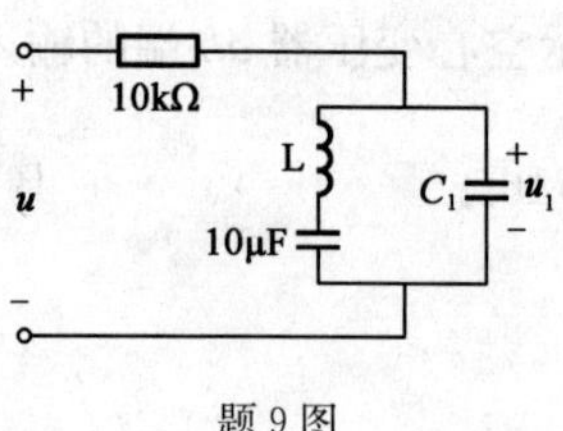

题9图

10. 图示对称三相电路中，线电压为380V，线电流为3A，若功率表读数为684W，则功率因数应为：

A. 0.6　　B. 0.8　　C. 0.7　　D. 0.9

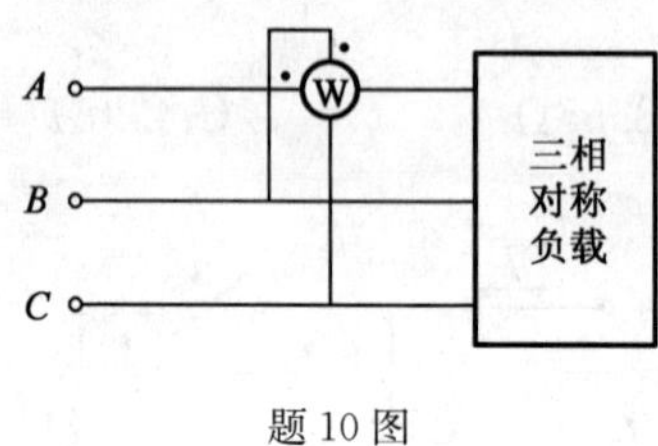

题10图

11. 列写结点电压方程时，图示部分电路中结点 B 的自导为：

A. 4S　　B. 6S　　C. 3S　　D. 2S

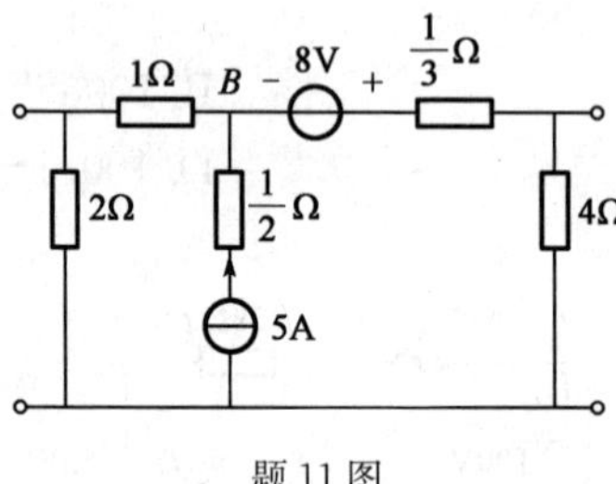

题11图

12. 图示电路中，电阻 R 应为：

A. 18Ω　　B. 9Ω　　C. 6Ω　　D. 3Ω

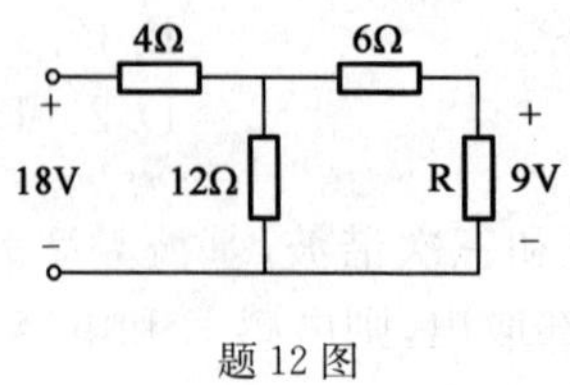

题12图

13. 已知正弦电流的初相角为 60°，在 $t=0$ 时刻的瞬时值为 8.66A，经过$\frac{1}{300}$s 后电流第一次下降为 0，则其频率应为：

A. 314Hz　　B. 50Hz　　C. 100Hz　　D. 628Hz

14. 在一个由 R、L 和 C 三个元件相串联的电路中，若总电压 U、电容电压 U_C 及 RL 两端的电压 U_{RL} 均为 100V，且 $R=10\Omega$，则电流 I 为：

A. 10A　　B. 5A　　C. 8.66A　　D. 5.77A

15. 一个半径为 0.5m 的导体球当作接地电极深埋于地下，土壤的电导率为 10^{-2}s/m，则此接地体的接地电阻应为：

A. 96.7Ω　　B. 15.92Ω　　C. 84.37Ω　　D. 68.63Ω

16. 电阻为 300Ω 的信号源通过特性阻抗为 300Ω 的无损耗传输线向 75Ω 的电阻性负载供电，为达到匹配的目的，在传输线与负载间插入一段长度为四分之一波长的无损耗传输线，则该线的特性阻抗应为：

A. 150Ω　　B. 187.5Ω　　C. 75Ω　　D. 300Ω

17. 介质为空气的一平板电容器，板间距离为 d，与电压 U_0 连接时，两板间的相互作用力为 f，断开电源后，将距离压缩至 $d/2$，则两板间的相互作用力为：

A. f　　B. $2f$　　C. $4f$　　D. $\sqrt{2}f$

18. 对于高压同轴电缆，为了在外导体尺寸固定不变（半径 b 为定值）和外加电压不变（U_0 为定值）的情况下，使介质得到最充分利用，则内导体半径 a 的最佳尺寸应为外导体半径 b 的多少倍？

A. 1/π　　B. 1/3　　C. 1/2　　D. 1/e

19. 真空中有一均匀带电球表面，半径为 R，电荷总量为 q，则球心处的电场强度大小应为：

A. $\frac{q}{4\pi\varepsilon R^2}$　　B. $\frac{q}{4\pi\varepsilon R}$　　C. $\frac{q^2}{4\pi\varepsilon R^2}$　　D. 0

20. 一特性阻抗 $Z_C=75\Omega$ 的无损耗传输线，其长度为八分之一波长，且终端短路。则该传输线的入端阻抗应为：

A. $j75\Omega$　　B. $j75\Omega$　　C. 75Ω　　D. -75Ω

21. 图示电路的电压增益表达式为：

A. $-R_1/R_F$　　B. $R_1/(R_F+R_1)$

C. $-R_F/R_1$　　D. $-(R_F+R_1)/R_1$

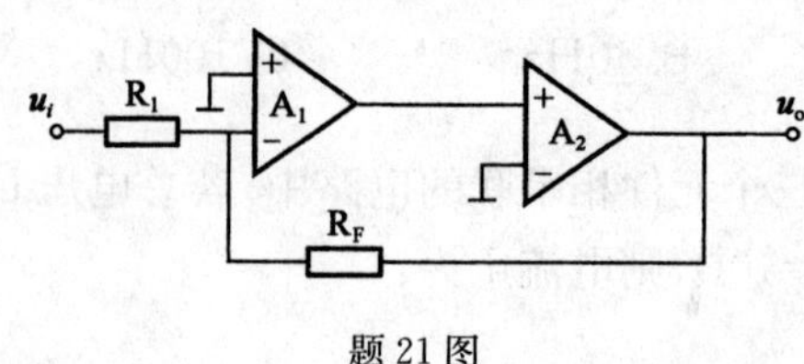

题 21 图

22. 欲在正弦波电压上叠加一个直流量，应选用的电路为：

A. 反相比例运算电路　　B. 同相比例运算电路

C. 差分比例运算电路　　D. 同相输入求和运算电路

23. 理想运放电路如图所示，若 $R_1=5\text{k}\Omega$，$R_2=20\text{k}\Omega$，$R_3=10\text{k}\Omega$，$R_4=50\text{k}\Omega$，$u_{i1}-u_{i2}=0.2\text{V}$，则 u_0 为：

A. -4V　　B. -5V　　C. -8V　　D. -10V

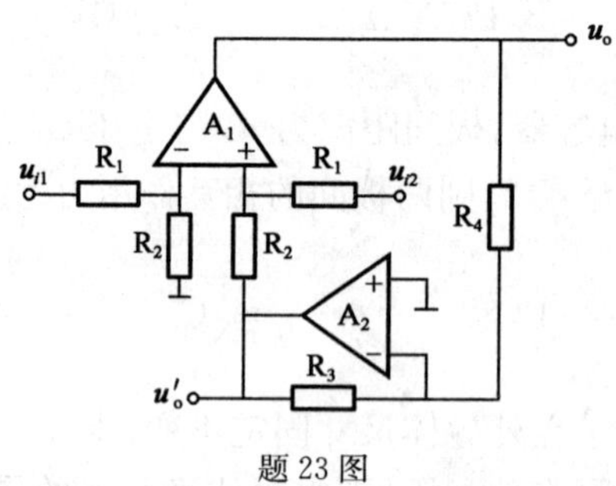

题 23 图

24. 放大电路如图 a) 所示，晶体管的输出特性曲线以及放大电路的交、直流负载线如图 b) 所示。设晶体管的 $\beta=50$，$U=0.7\text{V}$，放大电路的电压放大倍数 A_u 为：

A. -102.6　　B. -85.2　　C. -77.9　　D. -53

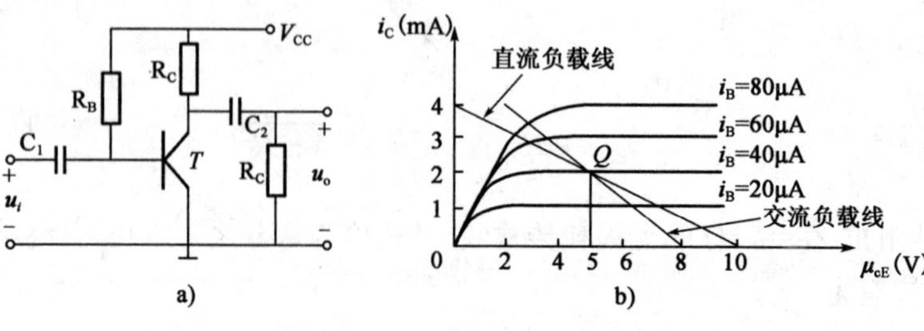

题 24 图

25. 电路如图所示，已知 $R_1=R_2$，$R_3=R_4=R_5$，且运放的性能均理想，$A_u=U/U$ 的表达

式为：

A. $-\dfrac{j\omega R_2C}{1+j\omega R_2C}$ B. $\dfrac{j\omega R_2C}{1+j\omega R_2C}$ C. $-\dfrac{j\omega R_3C}{1+j\omega R_3C}$ D. $\dfrac{j\omega R_3C}{1+j\omega R_3C}$

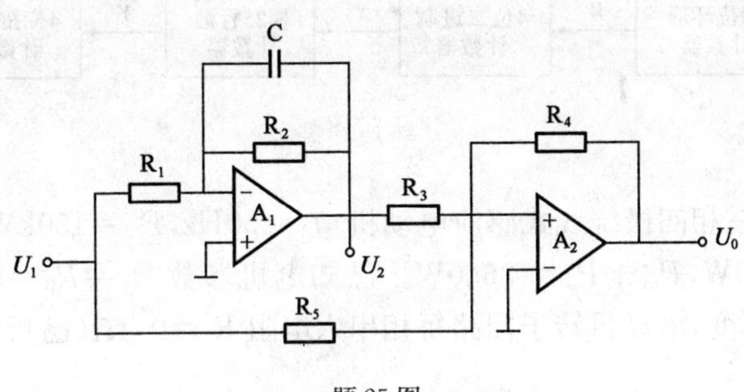

题 25 图

26.“或非”逻辑运算结果为“1”的条件为：

A. 该或项的变量全部为“0” B. 该或项的变量全部为“1”

C. 该或项的变量至少一个为“1” D. 该或项的变量至少一个为“0”

27. 逻辑函数：$L=A\overline{B}C+\overline{A}BC+ABC+AC(DEF+DEG)$，最简化简结果为：

A. $AC+\overline{A}BC$ B. $AC+BC$

C. AB D. BC

28. 如果将一个最大幅值为 5.1V 的模拟信号转换为数字信号，要求输入每变化 20mV，输出信号的最低位(LSB)发生变化，选用的 ADC 至少应为：

A. 6 位 B. 8 位

C. 10 位 D. 12 位

29. 由 555 定时器组成的脉冲发生电路如图所示，电路的振荡频率为：

A. 200Hz B. 400Hz

C. 1000Hz D. 2000Hz

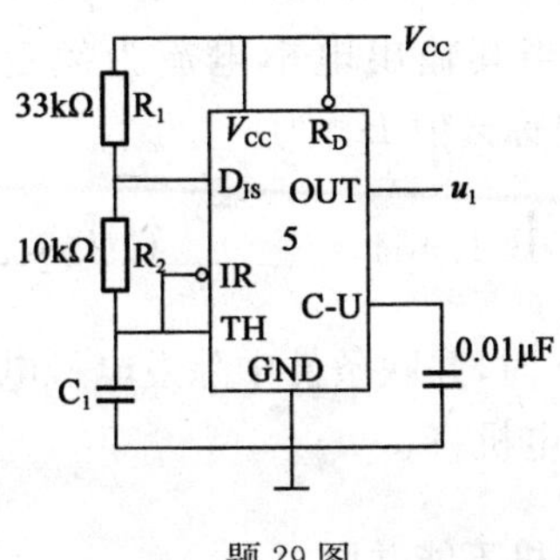

题 29 图

30. 图示电路中的频率为：

A. 25Hz　　B. 20Hz　　C. 10Hz　　D. 5Hz

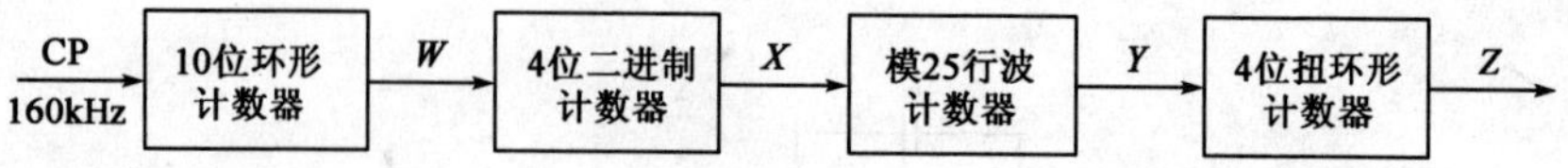

CP 160kHz → 10位环形计数器 → W → 4位二进制计数器 → X → 模25行波计数器 → Y → 4位扭环形计数器 → Z

题 30 图

31. 一台 Y 解法三相四极绕线式感应电动机，$f_1=50\text{Hz}$，$P_N=150\text{kW}$，$U_N=380\text{V}$，额定负载时测得 $P_{Cu2}=2210\text{W}$，$P_m+P_{ad}=3640\text{W}$。已知电机参数 $R_1=R_2'=0.012\Omega$，$X_{1\Omega}=X_{2\sigma}''=0.06\Omega$，当负载转矩不变，电动机转子回路每相串入电阻 $R'=0.1\Omega$（已折算到定子边），此时转速为：

A. 1300r/min　　B. 1350r/min　　C. 1479r/min　　D. 1500r/min

32. 一台三相六极感应电动机，定子△连接，$U_N=380\text{V}$，$f_1=50\text{Hz}$，$P_N=7.5\text{kW}$，$n_N=960\text{r/min}$，额定负载时 $\cos\phi_1=0.824$，定子铜耗 474W，铁耗 231W。机械损耗 45W，附加损耗 37.5W，则额定负载时转子铜耗 P_{Cu2} 为：

A. 315.9W　　B. 329.1W　　C. 312.5W　　D. 303.3W

33. 某线电压为 66kV 的三相电源，经 A、B 两台容量均为 7500kVA，Δ/Y 连接的三相变压器二次降压后供给一线电压为 400V 的负载，A 变压器的额定电压为 66/3.6kV，空载损耗为 10kW，额定短路损耗为 15.64kW；B 变压器的额定电压为 6300/400V，空载损耗为 12kW，额定短路损耗为 14.815kW。在额定电压条件下，两台变压器在总效率为最大时的负载系数 β_{tmax} 为：

A. 0.8　　B. 0.85　　C. 0.9　　D. 0.924

34. 某三相电力变压器带电阻电感性负载运行时，在负载电流相同的情况下，则：

A. 副边电压变化率 ΔU 越大，效率越高　　B. 副边电压变化率 ΔU 越大，效率越低
C. 副边电压变化率 ΔU 越小，效率越高　　D. 副边电压变化率 ΔU 越小，效率越低

35. 三相凸极同步发电机，$S_N=1000\text{kVA}$，$U_N=400\text{V}$，$X'_d=1.075$，$X''_q=0.65$，不计定子绕组电阻，接在大电网上运行，当其输出电枢电流为额定，额定功率为 500kW，功角 $\delta=75.11°$，此时该发电机的空载电势标幺值 E_0^* 为：

A. 0.5　　B. 1.484　　C. 1.842　　D. 2

36. 同步发电机与大电网并联时，并联条件中除发电机电压小于电网电压 10%外，其他条件均已满足，此时若合闸并联，发电机将：

A. 产生很大电流，使发电机不能并网

B. 产生不大电流，此电流是电感性输出电流

C. 产生不大电流，此电流是电容性输出电流

D. 产生不大电流，此电流是纯有功输出电流

37. 一台并联直流电动机，$U_N=220V$，$P_N=15kW$，$\eta_N=3.85\%$，电枢回路总电阻（包括电刷接触电阻）$R_a=2.0\Omega$。现采用电枢回路串接电阻起动，限制起动电流为 $1.5I_N$，（忽略励磁电流），所串电阻阻值为：

A. 1.63Ω　　B. 76.1Ω　　C. 83.1Ω　　D. 96.1Ω

38. 一台串联直流电动机，若把电刷顺旋转方向偏离磁场几何中性线一个不大角度，设电机的电枢电流保持不变，此时电动机的转速将：

A. 降低　　B. 保持不变　　C. 升高　　D. 反转

39. 电力系统接线如下图，各级电网的额定电压示于图中，发电机 G，变压器 T_1、T_2、T_3、T_4 的额定电压分别为：

A. G：10.5kV　T_1：10.5/363kV　T_2：363/121kV　T_3：330/242kV　T_4：110/35kV

B. G：10kV　T_1：10/363kV　T_2：330/121kV　T_3：330/242kV　T_4：110/35kV

C. G：10.5kV　T_1：10.5/363kV　T_2：330/121kV　T_3：330/242kV　T_4：110/38.5kV

D. G：10kV　T_1：10.5/330kV　T_2：330/220kV　T_3：330/110kV　T_4：110/35kV

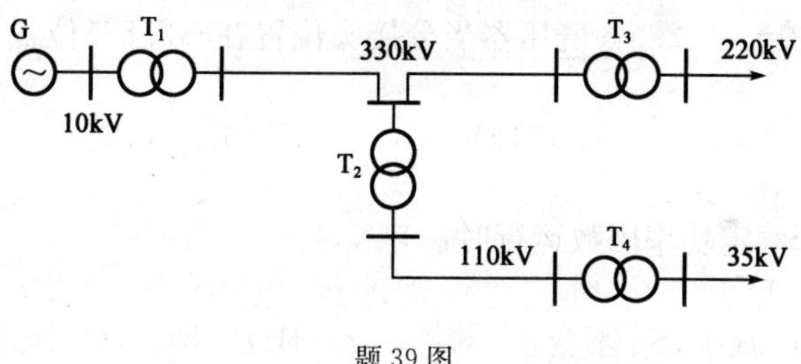

题 39 图

40. 三相输电线路的单位长度等值电抗参数计算公式为：

A. $x_0=0.1445\ln\frac{D_m}{r}+\frac{\mu_r}{2}$　　B. $x_0=1.445\ln\frac{D_m}{r}+\frac{\mu_r}{2}$

C. $x_0=1.445\lg\frac{D_m}{r}+\frac{\mu_r}{2}$　　D. $x_0=0.1445\lg\frac{D_m}{r}+\frac{\mu_r}{2}$

41. 长距离输电线路的稳态方程为：

A. $\dot{U}_1=\dot{U}_2\sinh\gamma l+Z_C\dot{I}_2\cosh\gamma l$，$\dot{I}_1=\frac{\dot{U}_2}{Z_C}\sinh\gamma l+\dot{I}_2\cosh\gamma l$

B. $\dot{U}_1=\dot{U}_2\cosh\gamma l+Z_C\dot{I}_2\sinh\gamma l$，$\dot{I}_1=\frac{Z_C}{\dot{U}_2}\sinh\gamma l+\dot{I}_2\cosh\gamma l$

C. $\dot{U}_1=\dot{U}_2\cosh\gamma l+Z_C\dot{I}_2\sinh\gamma l,\dot{I}_1=\dfrac{\dot{U}_2}{Z_C}\sinh\gamma l+\dot{I}_2\cosh\gamma l$

D. $\dot{U}_1=\dot{U}_2\sinh\gamma l+Z_C\dot{I}_2\cosh\gamma l,\dot{I}_1=\dfrac{\dot{U}_2}{Z_C}\cosh\gamma l+\dot{I}_2\sinh\gamma l$

42. 简单系统等值电路如图所示，若变压器空载，输电线路串联支路末端功率及串联支路功率损耗为：

A. $\dot{S}_i=0.27+j4.337$MVA，$\Delta\dot{S}_i=(2.55+j5.313)\times10^{-2}$MVA

B. $\dot{S}_i=0.027-j4.337$MVA，$\Delta\dot{S}_i=(2.54+j5.29)\times10^{-2}$MVA

C. $\dot{S}_i=0.027+j4.337$MVA，$\Delta\dot{S}_i=(2.55-j5.313)\times10^{-2}$MVA

D. $\dot{S}_i=0.27-j4.337$MVA，$\Delta\dot{S}_i=(2.55-j5.313)\times10^{-2}$MVA

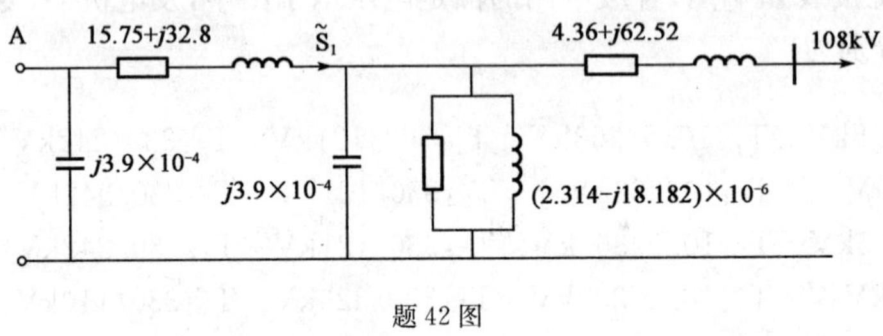

题 42 图

43. SF_6-31500/110±2×2.5%变压器当分接头位置在+2.5%位置，分接头电压为：

A. 112.75kV　　B. 121kV　　C. 107.25kV　　D. 110kV

44. 发电机以低于额定功率因数运行时：

A. P_G 增大，Q_G 减小，S_N 不变　　B. P_G 增大，Q_G 减小，S_N 减小

C. P_G 减小，Q_G 增大，S_N 不变　　D. P_G 减小，Q_G 增大，S_N 减小

45. 在下图系统中，已知 220kV 线路的参数为 $R=31.5\Omega$，$X=58.5\Omega$，$B/2=2.168\times10^{-4}$ S，线路始端母线电压为 223∠0°kV，线路末端电压为：

A. 225.9∠−0.4°kV　　B. 235.1∠−0.4°kV

C. 225.9∠0.4°kV　　D. 235.1∠0.4°kV

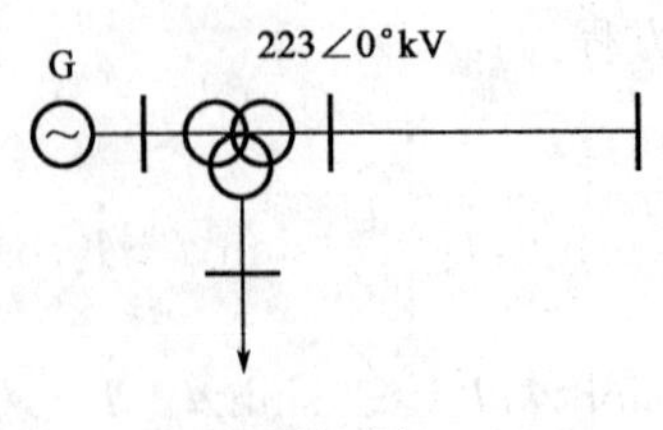

题 45 图

46. 如图所示输电系统，送端母线电压在最大、最小负荷时均保持 115kV。系统元件参数均标在图中，当变压器低压母线要求逆调压时，变压器变比及应安装的静电电容器容量为：（忽略功率损耗及电压降横分量）

A. $k=11/115.5$，$Q_C=14.78$MVar　　B. $k=11/121$，$Q_C=24.67$MVar

C. $k=10.5/110$，$Q_C=27.73$MVar　　D. $k=10/115.5$，$Q_C=31.56$MVar

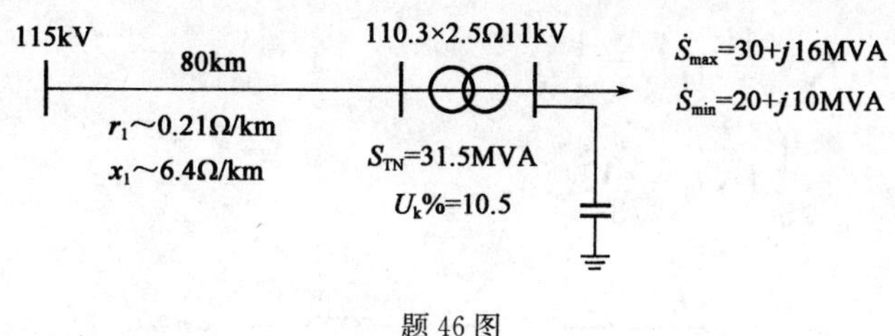

题 46 图

47. 在短路瞬间，发电机的空载电势将：

A. 反比于励磁电流而增大

B. 正比于阻尼绕组磁链不变

C. 正比于励磁电流而突变

D. 正比于励磁磁链不变

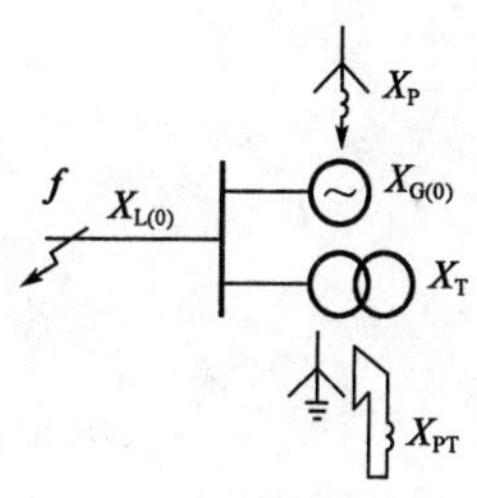

题 47 图

48. 系统和各元件的标幺值电抗如图所示，当 f 处发生不对称短路故障时，其零序等值电抗为：

A. $X_{\Sigma(0)}=x_{t(0)}+(x_{G(0)}+x_p)//(x_T+3x_{pt})$

B. $X_{\Sigma(0)}=x_{t(0)}+(x_{G(0)}+3x_p)//(x_T+1/3x_{pt})$

C. $X_{\Sigma(0)}=x_{t(0)}+(x_{G(0)}+x_p)//(x_T+1/9x_{pt})$

D. $X_{\Sigma(0)}=x_{t(0)}+(x_{G(0)}+3x_p)//(x_T+1/9x_{pt})$

49. 系统接线如图所示，系统等值机参数不详。已知与系统相接变电站的断路器的开断容量是 1000MVA，求 f 点发生三相短路后的短路点的冲击电流（kA）。（取 $S_B=250$MVA）

A. 7.25kA　　B. 6.86kA　　C. 4.72kA　　D. 7.05kA

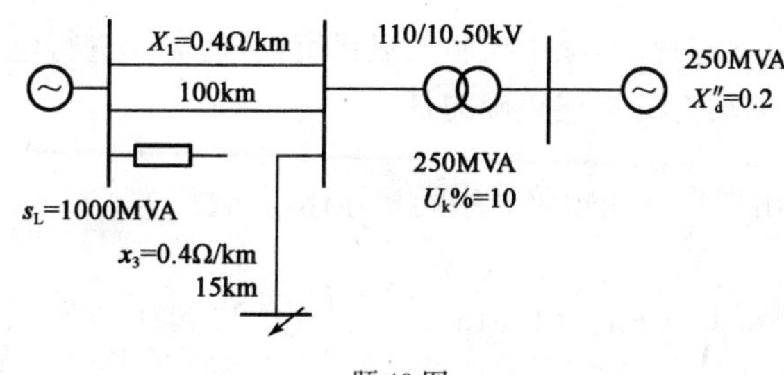

题 49 图

50. 已知图示系统变压器发生 BC 两相短路时的短路电流为 $\dot{I}_f$，则三角形的三相线电流为：

A. $\dot{I}_a=-\frac{1}{\sqrt{3}}\dot{I}_f, \dot{I}_b=-\frac{1}{\sqrt{3}}\dot{I}_f, \dot{I}_c=\frac{2}{\sqrt{3}}\dot{I}_f$

B. $\dot{I}_a=\frac{1}{\sqrt{3}}\dot{I}_f, \dot{I}_b=-\frac{2}{\sqrt{3}}\dot{I}_f, \dot{I}_c=\frac{1}{\sqrt{3}}\dot{I}_f$

C. $\dot{I}_a=-\frac{2}{\sqrt{3}}\dot{I}_f, \dot{I}_b=\frac{1}{\sqrt{3}}\dot{I}_f, \dot{I}_c=\frac{1}{\sqrt{3}}\dot{I}_f$

D. $\dot{I}_a=\frac{1}{\sqrt{3}}\dot{I}_f, \dot{I}_b=\frac{1}{\sqrt{3}}\dot{I}_f, \dot{I}_c=\frac{2}{\sqrt{3}}\dot{I}_f$

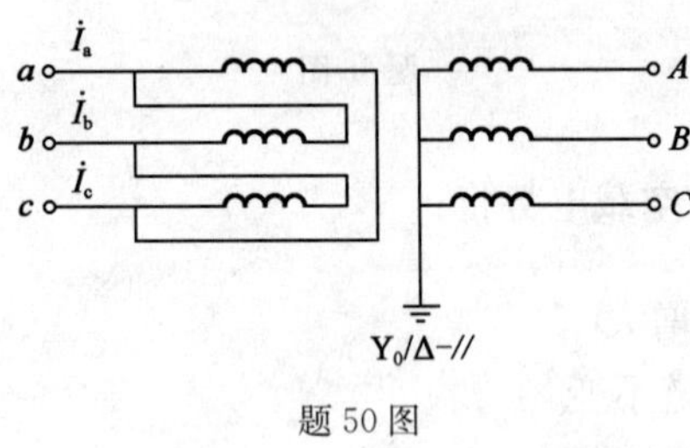

题 50 图

51. 校验电气设备的热稳定和开断能力时，需要合理地确定短路计算时间，在校验电气设备开断能力时，以下短路计算时间正确的是：

A. 继电保护主保护动作时间

B. 继电保护后备保护动作时间

C. 继电保护主保护动作时间＋断路器固有分闸时间

D. 继电保护后备保护动作时间＋断路器固有分闸时间

52. 当发电厂有两台变压器线路时，宜采用内桥形接线。外桥接线适用于以下哪种情况？

A. 线路较长，变压器需要经常投切

B. 线路较长，变压器不需要经常投切

C. 线路较短，变压器需要经常投切

D. 线路较短，变压器不需要经常投切

53. 在导体和电气设备选择时，除了校验其热稳定性，还需要进行电动力稳定校验，以下关于三根导体短路时最大电动力的描述正确的是：

A. 最大电动力出现在三相短路时中间相导体，其数值为：

$$F_{max}=1.616\times10^{-7}\frac{L}{a}[i_{ab}^{3}]^{2}(\mathrm{N})$$

B. 最大电动力出现在两相短路时外边两相导体，其数值为：

$$F_{max}=2\times10^{-7}\frac{L}{a}[i_{ab}^{2}]^2(\text{N})$$

C. 最大电动力出现在三相短路时中间相导体，其数值为：

$$F_{max}=1.73\times10^{-7}\frac{L}{a}[i_{ab}^{3}]^2(\text{N})$$

D. 最大电动力出现在三相短路时外边两相导体，其数值为：

$$F_{max}=2\times10^{-7}\frac{L}{a}[i_{ab}^{3}]^2(\text{N})$$

54. 在进行电流互感器选择时，需考虑在满足准确级及额定容量要求下的二次导线的允许最小截面。用 L_i 表示二次导线的计算长度，用 L 表示测量仪器仪表到互感器的实际距离，当电流互感器采用不完全星形接线时，以下关系正确的是：

A. $L_i=L$　　B. $L_i=\sqrt{3}L$

C. $L_i=2L$　　D. 两者之间无确定关系

55. 以下关于断路器开断能力的描述正确的是：

A. 断路器开断中性点直接接地系统单相短路电路时，其工频恢复电压近似地等于电源电压最大值的 0.866 倍

B. 断路器开断中性点不直接接地系统单相短路电路时，其首先断开相工频恢复电压为相电压的 0.866 倍

C. 断路器开断中性点直接接地系统三相短路电路时，其首先断开相起始工频恢复电压为相电压的 0.866 倍

D. 断路器开断中性点不直接接地系统三相短路电路时，首先断开相电弧熄灭后，其余两相电弧同时熄灭，且其工频恢复电压为相电压的 0.866 倍

56. 提高具有强垂直分量极不均匀电场工频沿面闪络电压的方法为：

A. 降低电极的电位、增大比电容、减小电极表面粗糙度

B. 增大表面电阻率、增加绝缘厚度、减小比电容

C. 降低介质介电常数、减小表面电阻率、减小比电容

D. 降低电极的电位、增大绝缘厚度、增大介质介电常数

57. 在发电机母线上加装并联电容器的作用是：

A. 降低电枢绕组匝间过电压　　B. 改变电枢绕组波阻抗

C. 改变励磁特性　　D. 提高发电机输出容量

58. 测量冲击电流通常采用下列哪一种方法？

A. 高阻串微安表　　B. 分压器

C. 罗戈夫斯基线圈　　D. 测量小球

59. 为什么对 GIS 进行冲击耐压试验时，GIS 尺寸不宜过大？

A. GIS 尺寸大波阻抗大　　B. 波动性更剧烈

C. 需要施加的电源电压更高　　D. 波的传播速度更慢

60. 如下直流电压合闸于末端开路的有限长线路，波在线路上传播时线路末端的电压波形为：

A.

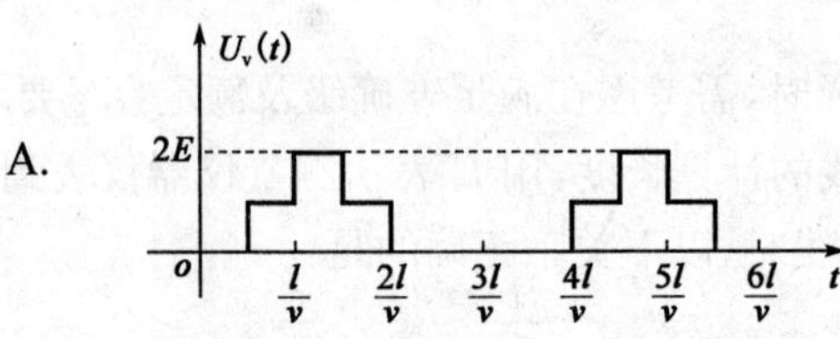

B.

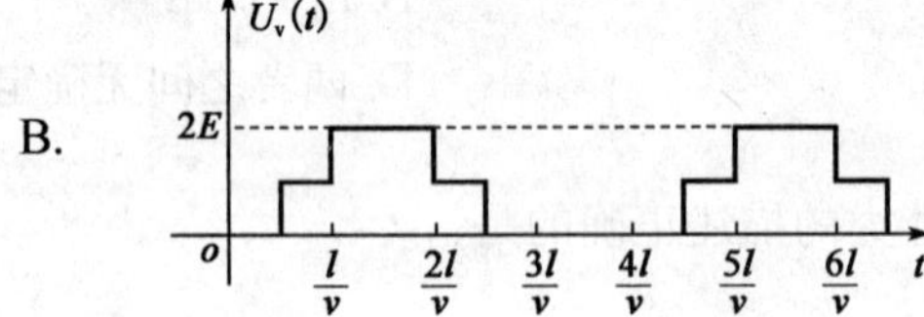

C.

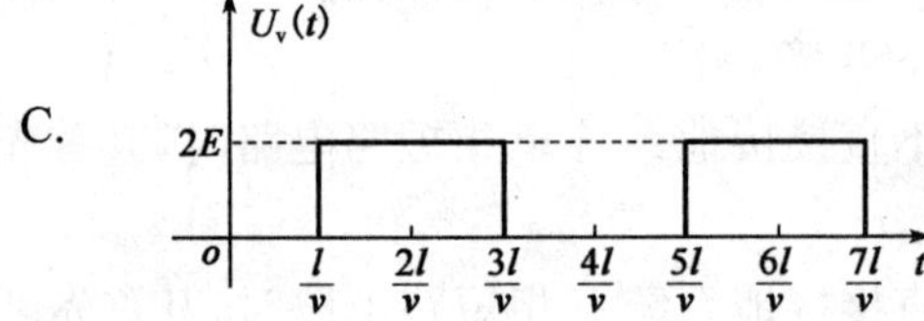

D.

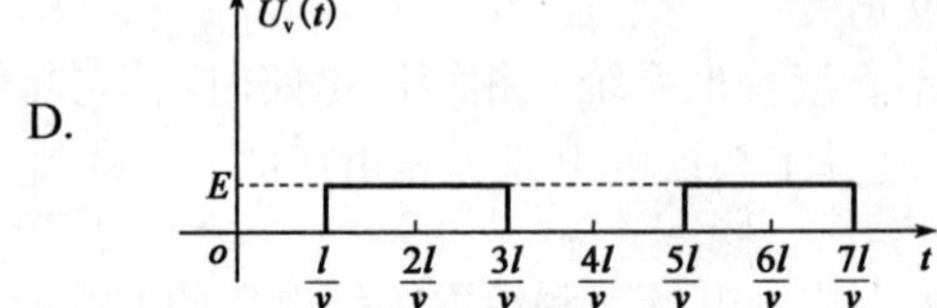

2013年度全国注册电气工程师（发输变电）执业资格考试专业基础考试

试题解析及参考答案

1. **解**　由题图知：$\begin{cases}\text{KVL}:3(I-I_y)+3I_y=U\\U=3I_y\end{cases}$

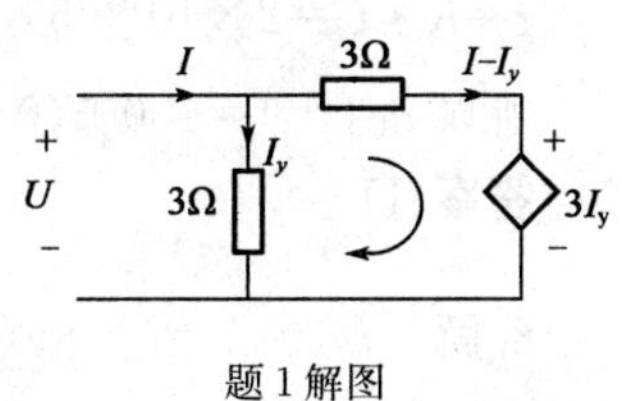

题1解图

所以 $3I=U,3I_y=U$

$R=\dfrac{U}{I}=3\Omega$

答案：B

2. **解**　由题2解图知，节点①KCL：$I+I_1=2I$

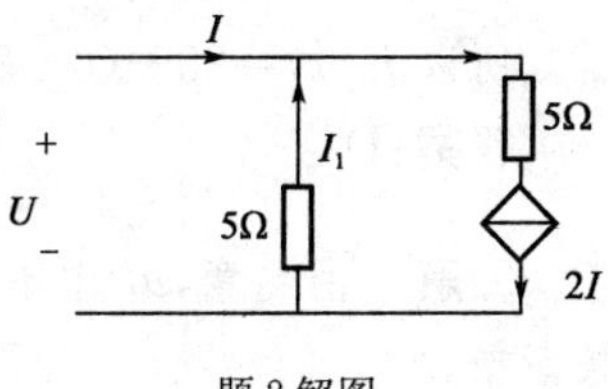

题2解图

所以 $I_1=I$

$U=-5I_1=-5I$

$R_{eq}=\dfrac{U}{I}=-5$

答案：B

3. **解**　由题图知：$U=5I+5$

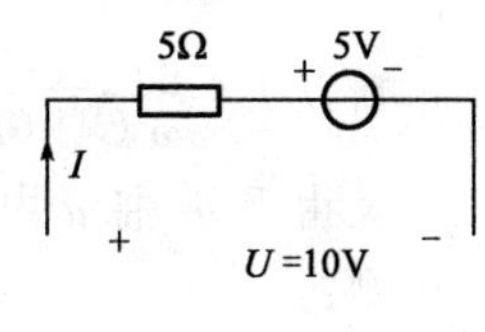

题3解图

所以 $10=5I+5$

则 $I=1\text{A}$

$P_{5V}=-5\times1=-5W$

答案：C

4. **解**　由题知：谐振角频率 $\omega=\dfrac{1}{\sqrt{LC}}=\dfrac{1}{\sqrt{2\times0.5\times10^{-6}}}=10^3\text{rad/s}$

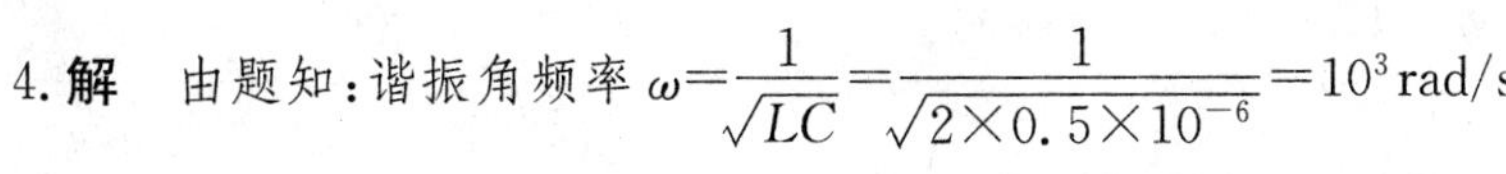

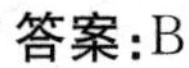

答案：B

5. **解**　$Z_{11}=jwL_1=j15\Omega,Z_{22}=jwL_2-j\dfrac{1}{wC}=j12-j28=-j16\Omega$

$Z_{ref}=\dfrac{W^2M^2}{Z_{22}}=\dfrac{4^2}{-j16}=j1\Omega$

所以 $Z_1=Z_{11}+Z_{ref}=j15+j1=j16\Omega$

答案：A

6. **解**　画相量图如下。由于S断开及闭合电流 I 有效值相等，所以图中应有 $AF=EF$，D 为 AE 的中点。

由于 $EF\perp AB$，易得$\triangle DEF\backsim\triangle CBA$

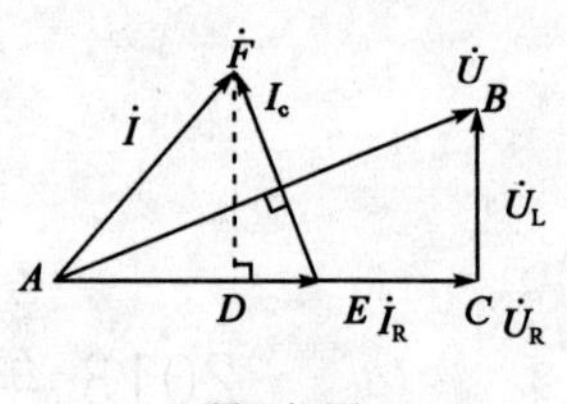

题 6 解图

所以$\dfrac{I_C}{U}=\dfrac{\frac{1}{2}I_R}{U_L}$，即$\dfrac{0.5}{220}=\dfrac{\frac{1}{2}I_R}{I_R\cdot X_L}$

即 $X_L=220\Omega$

答案:C

7.**解**　$u_C(0_+)=u_C(0_-)=0$

$t=\infty$时，如图所示。

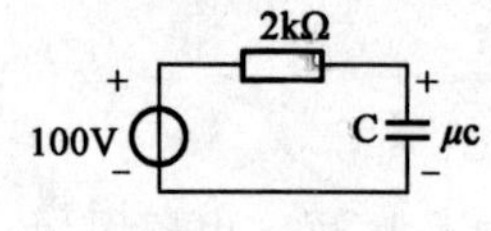

题 7 解图

所以 $u_C(+\infty)=100\text{V}$

$\tau=R\cdot C=2\times10^3\times5\times10^{-6}=10^{-2}$

所以 $u_C(+)=100+(0-100)\text{e}^{-\frac{t}{10^{-2}}}=100(1-\text{e}^{-100t})\text{V}$

答案:D

8.**解**　$i_L(0_+)=i_L(0_-)=0$

$t=\infty$时，如图所示，$i_L(\infty)=\dfrac{50}{2}=25\text{A}$

$\tau=\dfrac{L}{R}=\dfrac{2\times10^{-3}}{2}=10^{-3}$

题 8 解图

所以 $i_L(t)=25+(0-25)\text{e}^{-t/10^{-3}}=25(1-\text{e}^{-1000t})\text{A}$

答案:D

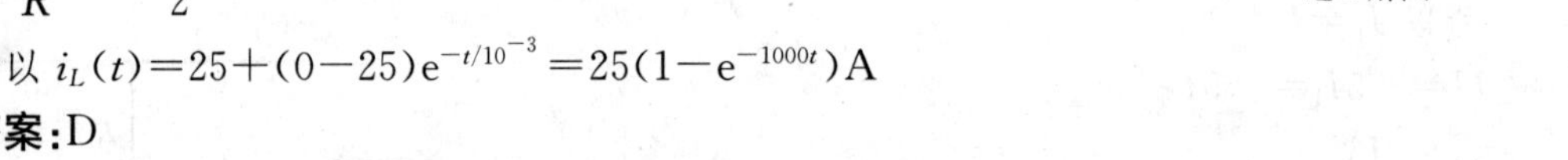

9.**解**　由题意，u_1 中不含基频分量，则在基频分量作用时，电感 L 与 10μF 电容发生了串联谐振。

$$j\omega L-j\frac{1}{\omega C}=0$$

所以 $L=\dfrac{1}{\omega^2C}=\dfrac{1}{(10^4)^2\times10\times10^{-6}}=\dfrac{1}{10^3}=1\text{mH}$

又由于 u_1 将 u 中的三次谐波分量全部取出，则 L、C_1、10μF 电容发生了并联谐振。则：

$$X=\left(j\omega_3L-j\frac{1}{\omega_3C}\right)/\!/\frac{1}{j\omega_3C_1}$$

$$=\left(j\times30000\times10^{-3}-j\frac{1}{30000\times10\times10^{-6}}\right)/\!/\frac{1}{j30000C_1}$$

$$=\left(j30-j\frac{10}{3}\right)/\!/\left(-j\frac{1}{30000C_1}\right)$$

$$=\frac{-\frac{80}{90000C_1}}{j\frac{80}{3}-j\frac{1}{30000C_1}}$$

$$=\frac{-80}{j80\times30000C_1-j3}$$

由于发生了并联谐振，所以 $X=\infty$，$j80-30000C_1-j3=0$

所以 $C_1=\dfrac{3}{80\times30000}=\dfrac{1}{800000}=0.125\times10^{-5}=1.25\mu\text{F}$

答案:B

10.**解**　$P=\frac{\sqrt{3}}{2}U_L I_L \cos\theta=684\text{W}$

所以 $\cos\theta=0.7$

答案:C

11.**解**　与电流源串联的电阻为虚文件,所以 $Y_{11}=\frac{1}{1}+\frac{1}{\frac{1}{3}}=4\text{S}$

答案:A

12.**解**　由题及图知:$I_1=\frac{9}{R}$

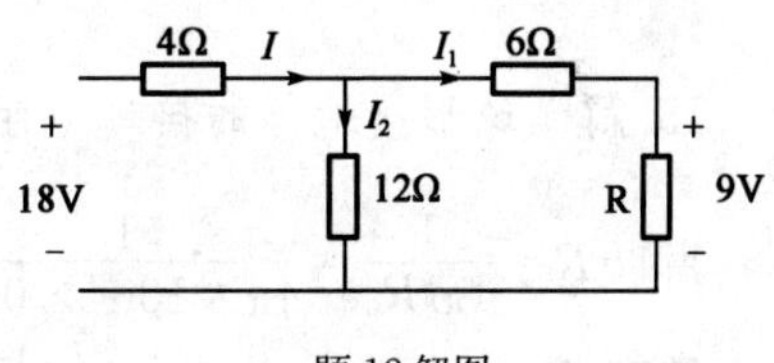

题12解图

$I_2=\left(9+\frac{9}{R}\times 6\right)\times\frac{1}{12}$

$I=I_1+I_2=\frac{9}{R}+\left(9+\frac{9}{R}\times 6\right)\times\frac{1}{12}$

又由于 $4I+12I_2=18$

所以 $4\left(\frac{9}{R}+\frac{9}{12}+\frac{9\times 6}{12R}\right)+12\times\left(9+\frac{9}{R}\times 6\right)\times\frac{1}{12}=18$

即 $4\times\frac{9+\frac{9}{2}}{R}+\frac{9\times 6}{R}=18-9-3$

所以 $6R=108$,即 $R=18\Omega$

答案:A

13.**解**　设正弦电流为 $I=A\sin(wt+\varphi_0)\text{A}$,如图所示。

由题:$\begin{cases}\varphi_0=60^\circ\\ I_0=8.66\end{cases}\Rightarrow 8.66=A\sin 60^\circ$

所以 $A=10$,$I=10\sin(wt+\frac{2}{3})\text{A}$

电流第一次降为0时,$\begin{cases}wt+\frac{\pi}{3}=x\\ t=\frac{1}{300}\end{cases}$

所以 $w=\frac{2}{3}\pi\times 300=200\pi$

又因为 $w=2\pi f$,所以 $f=100\text{Hz}$

答案:C

14.**解**　$R=10\Omega$,$U_{RL}=U_C=U=100\text{V}$

设 $\dot{I}$ 方向为水平向右,则 U_C 的方向滞后 $\dot{I}90^\circ$,U_R 的方向为与 $\dot{I}$ 同向,U_L 超前 $\dot{I}90^\circ$。

又 $U=U_{kL}+U_C$,$U=U_{RL}=U_C$

所以 U_{RL} 与 U_C 应为夹 120° 角且尾尾相接的相量,如图 b)所示。

则 $\theta=30°$

$U_{\mathrm{R}}=U_{\mathrm{RL}}\cos30°=100\times\frac{\sqrt{3}}{2}=86.6\mathrm{V}$

所以 $I=\frac{U_R}{R}=\frac{86.6}{10}=8.66\mathrm{A}$

答案:C

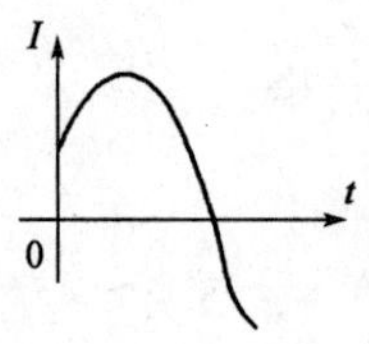

题13解图

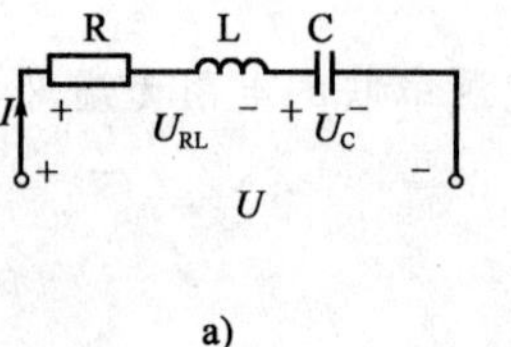

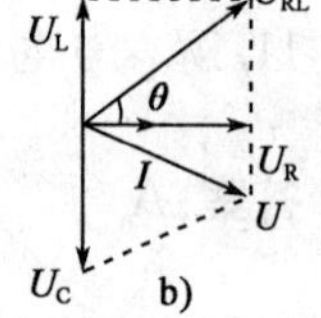

题14解图

15.**解**　球形接地体的接地电阻计算公式为:$R=\frac{1}{4\pi rR_0}$

所以 $R=\frac{1}{4\pi rR_0}=\frac{1}{4\pi\times10^{-2}\times0.5}=15.92\Omega$

答案:B

16.**解**　设无损耗线的特性阻抗为 $Z_{\mathrm{C}}'=300\Omega$,负载阻抗为 $Z_{\mathrm{L}}=75\Omega$,使 Z_{L} 与 Z_{C}' 匹配,则在传输线的终端与负载 Z_{L} 之间插入一段长为$\frac{1}{4}$波长的无损耗线特性阻抗 Z_{C}。

长$\frac{1}{4}$波长的无损耗线输入阻抗 Z_{in} 为:

$$Z_{in}=Z_{\mathrm{C}}\frac{Z_{\mathrm{L}}+jZ_{\mathrm{C}}\tan(\beta L)}{jZ_{\mathrm{L}}\tan(\beta L)+Z_{\mathrm{C}}}=Z_{\mathrm{C}}\frac{Z_{\mathrm{L}}+jZ_{\mathrm{C}}\tan\left(\frac{2\pi}{\lambda}\cdot\frac{\lambda}{4}\right)}{jZ_{\mathrm{L}}\tan\left(\frac{2\pi}{\lambda}\cdot\frac{\lambda}{4}\right)+Z_{\mathrm{C}}}=\frac{Z_{\mathrm{C}}^2}{Z_{\mathrm{L}}}$$

为了匹配,使 $Z_{in}=Z_{\mathrm{C}}'$,则$\frac{Z_{\mathrm{C}}^2}{Z_{\mathrm{L}}}=Z_{\mathrm{C}}'$,$Z_{\mathrm{C}}=\sqrt{Z_{\mathrm{L}}Z_{\mathrm{C}}'}=\sqrt{75\times300}=150\Omega$

答案:A

17.**解**　与电压 U_0 连接时,在常电位系统:

$f=\frac{\partial w_e}{\partial g}|\varphi_{1i}=\text{常数量}=\frac{\partial}{\partial d}\left(\frac{1}{2}CU_0{}^2\right)|\varphi_{K=C}$

$=\frac{U_0{}^2}{2}\cdot\frac{\partial}{\partial d}\left(\frac{\varepsilon S}{d}\right)=-\frac{\varepsilon SU_0{}^2}{2d^2}$

断开电源后,为常电荷系统:$f_1=-\frac{\partial W_e}{\partial g}|Q_{K=C}=-\frac{\partial}{\partial d}\left(\frac{q^2}{2C}\right)=\frac{q^2}{2}\frac{\partial}{\partial d}(\frac{d}{\varepsilon S})=-\frac{q^2}{2\varepsilon S}$

因此对应断开前后应有 $q=CU_0$,即 $f_1=-\frac{q^2}{2\varepsilon S}=-\frac{C^2U_0^2}{2\varepsilon S}=-\frac{\varepsilon^2S^2U_0{}^2}{2\varepsilon Sd^2}=-\frac{\varepsilon SU_0{}^2}{2d^2}=f$

答案:A

18.**解**　使介质得到最充分的利用,即内导体半径为 a 时,能承受最大电压。对于同轴电缆,最大电场强度 E_{max} 位于内导体表面上,$E_m=\frac{\tau}{2\pi\varepsilon a}$

介质内场强 $E=E_\rho=\frac{\tau}{2\pi\varepsilon\rho}=\frac{\tau}{2\pi\varepsilon\rho}\cdot\frac{a}{a}=E_m\cdot\frac{a}{\rho}$

所以 $U=\int_a^b E\,d\rho=\int_a^b aE_m\cdot\frac{d\rho}{\rho}=aE_m\ln\frac{b}{a}$

承受最大电压,故应有 $\frac{du}{da}=0$

所以 $E_m\ln\frac{b}{a}+aE_m\cdot\frac{a}{b}(-\frac{b}{a^2})=0$,即 $\ln\frac{b}{a}=1,a=\frac{b}{e}$

答案:D

19.**解** 由于静电屏蔽效应,带电球面的中心处,电场强度为 0。

答案:D

20.**解** 由于终端短路状态 $Z_L=0,U=0$

所以 $Z_{in}=\frac{j\cdot\dot{I}_2Z_C\sin\beta L}{\dot{I}_2\cos\beta L}=jE_C\tan\beta L=jE_C\cdot\tan(\frac{2\pi}{\lambda}\times\frac{1}{8}\lambda)=jE_C=j75\Omega$

答案:B

21.**解** 利用"虚短"、"虚断"原则,运放 A_1 的反相端与同相端同相位,即"虚地",则有 $\frac{u_i}{R_1}=\frac{0-u_0}{R_F}$,从而电压增益 $A_u=\frac{u_0}{u_i}=-\frac{R_F}{R_1}$。

答案:C

22.**解** 题中 A、B、C 三个选项皆为比例运算电路,只能实现一个正弦电压的放大、移相等。只有"同相输入求和运算电路"能实现在一个正弦波电压上叠加一个直流量。

答案:D

23.**解** 图中 A_2 为反相比例放大器,则有式①:$u_0'=\frac{R_3}{R_4}u_0$

对运放 A_1 应用"虚短"、"虚断"原则:反相端电压 $u_N=\frac{u_1}{R_1+R_2}\cdot R_2$,同相端电压 $u_p=\frac{u_2-u_0'}{R_1+R_2}\cdot R_2+u_0'$

则 $u_N=u_p$,即可得式②:$\frac{u_1}{R_1+R_2}\cdot R_2=\frac{\mu_2-u_0'}{R_1+R_2}+u_0'$

将式①代入式②并化简得:

$u_0=-\frac{R_4}{R_3}\cdot\frac{R_2}{R_1}(u_1-u_2)=-\frac{50}{10}\times\frac{20}{5}\times0.2=-4V$

答案:A

24.**解** 由 b)图可知:$U_{CC}=10V,\frac{U_{CC}}{R_C}=4\text{ mA}$,所以 $R_C=2.5k\Omega$

$I_{BQ}=40\mu A,I_{BQ}=\frac{U_{CC}-U_{BEQ}}{R_B}\approx\frac{U_{CC}}{R_B}$,故 $R_B=\frac{U_{CC}}{I_{BQ}}=\frac{10V}{40\mu A}=250k\Omega$

$I_{CQ}=\frac{U_{CC}-U_{CEQ}}{R_C}=\frac{10-5}{2.5}=2\text{mA}$

交流负载线斜率为$-\frac{1}{R'_L}=-\frac{2\text{mA}}{3\text{V}}$

故$R'_L=1.5\text{k}\Omega$,其中$R'_L=R_C/\!/R_L$。

a)图放大电路为典型共射极放大电路,其小信号等效电路如图所示:

电压放大倍数$A_u=\frac{u_0}{u_i}=-\frac{i_C\cdot(R_C/\!/R_L)}{i_b r_{be}}=\frac{-\beta i_b\cdot R'_L}{i_b\cdot r_{be}}=-\frac{\beta\cdot R'_L}{r_{be}}$

$r_{be}=r'_{bb}+\frac{26\text{mA}}{I_{EQ}}\cdot(1+\beta)=300+\frac{26}{2}\times(1+50)=963\Omega$

故$A_u=-\frac{\beta\cdot R'_L}{r_{be}}=-\frac{50\times1.5}{0.963\text{k}\Omega}=-77.9$

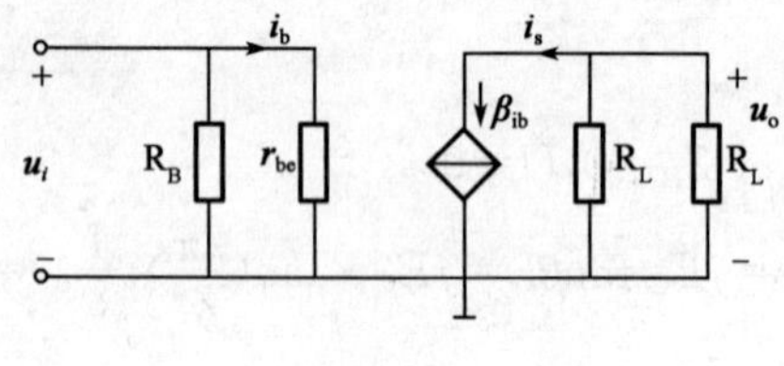

题24解图

答案:C

25.**解** 首先,图中运放A_1构成反相输入的一阶低通滤波电路,其频率特性为$A_u(w)=-\frac{1}{R_1}\cdot\frac{R_2}{1+jwCR_2}$,由于$R_1=R_2$,则$A_u(w)=-\frac{1}{1+jwCR_2}$

设A_1的输出端电压为u'_0,则$u'_0=-\frac{1}{1+jwCR_2}\cdot u_i$

然后,图中运放A_2构成反相求和电路,其输出电压为:

$u_0=-R_4(\frac{1}{R_3}\cdot u'_0+\frac{1}{R_5}\cdot u_i)$。由于$R_3=R_4=R_5$,则$u_0=-(u'_0+u_i)=-(-\frac{1}{1+jwCR_2}+1)u_i$

从而$A_u=\frac{u_0}{u_i}=\frac{1}{1+jwCR_2}-1=-\frac{jwCR_2}{1+jwCR_2}$

答案:A

26.**解** "或非"的逻辑符号为:A、B 输入,≥1,输出 C,其真值表为:

A	B	C
0	0	1
0	1	0
1	0	0
1	1	0

答案:A

27. **解** $L=A\overline{B}C+\overline{A}BC+ABC+AC(DEF+DEG)$

$=AC(\overline{B}+B)+\overline{A}BC+AC(DEF+DEG)$

$=AC+\overline{A}BC+AC(DEF+DEG)$

$=AC(1+DEF+DEG)\overline{A}BC$

$=AC+\overline{A}BC$

$=C(A+\overline{A}B)$

$=C(A+B)$

$=AC+BC$

答案:B

28. **解** $n=\frac{5.1\text{V}}{20\text{mV}}=\frac{5100}{20}=255$,如果用二进制表示 255,那么至少需要 $2^8=256$,即需要 8 位二进制数。

答案:B

29. **解** 此图为 555 定时器构成的多谐振荡器,振荡周期 $T=(R_1+2R_2)C\cdot\ln2$。

则频率 $f=\frac{1}{T}$

$$=\frac{1}{(R_1+2R_2)C\cdot\ln2}$$

$$=\frac{1}{(33000+2\times27000)\times0.083\times10^{-6}\times\ln2}$$

$$=199.79\text{Hz}$$

答案:A

30. **解** 10 位环形计数器为 10 分频器,则图中 $W=16\text{kHz}$;
4 位二进制计数器为 16 分频器,则 $X=1\text{kHz}$;
模 25 行波计数器为 25 分频器,则 $Y=40\text{Hz}$;
4 位扭环形计数器为 4 分频器,则 $Z=10\text{Hz}$。

答案:C

31. **解** 由 $P_\Omega=P_\text{N}+P_\text{m}+P_\text{ad}$,$P_\text{M}=P_\Omega+P_\text{Cu2}$

则: $P_\text{M}=P_\text{N}+P_\text{m}+P_\text{ad}+P_\text{Cu2}=150+3.64+2.21=155.85\text{kW}$

$$S=\frac{P_\text{Cu2}}{P_\text{M}}=\frac{2.21}{155.85}=0.014$$

$\frac{R_2'}{S}=\frac{R_2'+R_\text{f}'}{S'}$,则 $S'=\frac{S(R_2'+R_\text{f}')}{R_2'}=\frac{0.014\times(0.012+0.1)}{0.012}=0.13$

$S'=\frac{n'-n}{n'}=1-\frac{n}{n'}$,则

$$n=(1-S')n'=(1-0.13)\times\frac{60\times50}{2}=1305\text{r/min}$$

由于四舍五入等误差的影响,A 项与计算结果虽存在一定偏差,但符合。

答案:A

32. 解　$n_1=\frac{60f_1}{p}=\frac{60\times 50}{3}=1000\text{r/min}$

则 $S_N=\frac{n_1-n_N}{n_1}=\frac{1000-960}{1000}=0.04$

$$P_\Omega=P_N+P_M+P_{ad}=7500+45+37.5=7582.5\text{W}$$

$$P_{Cu2}=S_NP_M=\frac{S_N}{1-S_N}P_\Omega=\frac{0.04}{1-0.04}\times 7582.5=315.94\text{W}$$

答案:A

33. 解　变压器效率 $\eta=(1-\frac{P_0+\beta^2P_{kN}}{\beta S_N\cos\varphi_2+P_0+\beta^2P_{kN}})\times 100\%$

$\xi\frac{d\eta}{d\beta}=0$,得 $\beta=\sqrt{\frac{P_0}{P_{kN}}}$,即此时效率最大。

此时的负载系数为 $\beta_{max}=\sqrt{\frac{10+12}{15.64+14.8/5}}=0.85$

答案:B

34. 解　变压器的电压调整为 $\Delta U=\beta(r_k^*\cos\varphi_2+X_k^*\sin\varphi_2)$

负载电流一定,即 β 一定,故带阻感负载,故 $\cos\varphi_2$ 越大,$\sin\varphi_2$ 越小。

又一般而言,$X_k^*>Y_k^*$,故 $\cos\varphi_2$ 越大,ΔU 总体是减小的。

效率 $\eta=(1-\frac{P_0+\beta^2P_{kN}}{\beta S_N\cos\varphi_2+P_0+\beta^2P_{kN}})\times 100\%$

β 不变情况下,$\cos\varphi_2$ 越大,则 η 越大。

答案:C

35. 解　设 $\dot{U}=400\angle 0°\text{V}$,则 $U^*=1,I^*=I_N^*=1$

$P^*=\frac{500}{1000}=\frac{1}{2}$

又 $P^*=U^*I^*\cos\varphi\Rightarrow\cos\varphi=\frac{1}{2}$,故 $\varphi=60°$

又 $E_0^*=U^*+jI_d^*X_d^*+jI_q^*X_q^*$

$$E_0^*=\sqrt{(U^*\cos\delta+I_d^*X_d^*)^2+(U^*\sin 8-I_q^*X_q^*)^2}$$

$$=\sqrt{(U^*\cos\delta+I^*\sin(\delta+\varphi)X_d^*)^2+(U^*\cos\delta-I^*\cdot\cos(\delta+\varphi)\cdot X_q^*)^2}$$

$$=\sqrt{(\cos 11.75°+\sin 71.75°\times 1.025)^2+(\sin 11.75°-\cos 71.75°\times 0.65)^2}$$

$$\approx 2.0$$

答案:D

36. 解　同步发电机并网电压不等时,$I_C=\frac{\dot{U}_G-U_S}{E_G''+Z_S''}$

由于 $\dot{U}_G-\dot{U}_S$ 小于0,故输出电流是电容性能

答案:C

37. **解** $I_N=\frac{P_N}{U_N\eta_N}=\frac{15\times10^3}{220\times85.3\%}=79.93\text{A}$

若 $I_{ST}=1.5I_{aN}=1.5\times79.93=119.9\text{A}$

则 $R_{ST}=\frac{U_N}{I_{ST}}-R_a=\frac{220}{119.9}-0.2=1.63\Omega$

答案:A

38. **解** 电刷顺转向偏离几何中性线,则直轴电枢反应磁动势对主极磁场起加磁作用,若电枢电流保持不变,则电动机转速将升高。

答案:C

39. **解** 考查电力系统各元件的额定电压等级。发电机的额定电压应该比线路的额定电压高5%。$U_{an}=U_N(1+5\%)=10\times(1+5\%)=10.5\text{kV}$

变压器一次侧额定电压二用电设备的额定电压,$U_{1N}=U_N$,但直接与发电机相连的变压器,其一次侧额定电压等于发电机的额定电压,$U_{1N}=U_{aN}=U_N(1+5\%)$。

变压器二次侧额定电压应高于后面网络额定电压的5%,$U_{2N}=U_N(1+5\%)$,这是指空载运行情况下。当变压器带负荷运行时,规定变压器二次侧的额定电压比线路的额定电压高10%,即 $U_{2N}=U_N(1+10\%)$

T_1:$U_N=U_{aN}=10.5\text{kV}$,$U_{2N}=330\times(1+10\%)=363\text{kV}$

T_2:$U_{1N}=330\text{kV}$,$U_{2N}=110\times(1+10\%)=121\text{kV}$

T_3:$U_{1N}=330\text{kV}$,$U_{2N}=220\times(1+10\%)=242\text{kV}$

T_4:$U_{1N}=110\text{kV}$,$U_{2N}=35\times(1+10\%)=38.5\text{kV}$

答案:C

40. **解** 考查电力线路参数和数学模型。

$X_1=2\pi f(4.6\lg\frac{P_m}{r}+0.5u_r)\times10^{-4}$

当 $f=50\text{Hz}$ 时与D选项公式相近。

答案:D

41. **解** 考题分布参数电路部分的知识。

答案:C

42. **解** 考查已知末端电压和功率的潮流计算,如图所示。

$\Delta\widetilde{S}_{ZT}=0\qquad\dot{U}_1=\dot{U}_2=108\text{V}$

$\Delta\widetilde{S}_{y1}=G_TU_1{}^2+jB_TU_1{}^2=0.07+j0.21\text{MVA}$

$\Delta\widetilde{S}_{y2}=-jBU_1^2=-j3.9\times10^{-4}\times108^2\times10^6=-j4.55\text{MVA}$

$\widetilde{S}_i=\Delta\widetilde{S}_{y1}+\Delta\widetilde{S}_{y2}=0.027-j4.34\text{MVA}$ ①

$\Delta\widetilde{S}_i=\frac{P_i^2+\theta_i^2}{v_1{}^2}(R+jx)=\frac{0.027^2+4.34^2}{108^2}-(15.75+j32.8)=(2.54+j5.29)\times10^2\text{MVA}$

答案:B

43. **解** 分接头电压 $U=110\times(1+2.5\%)=112.75\text{kV}$

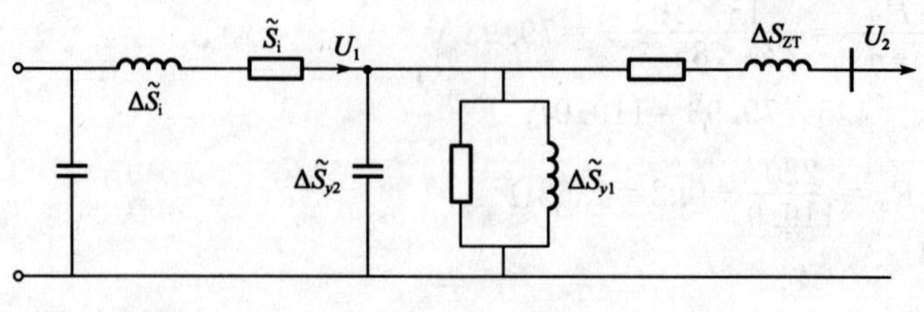

题 42 解图

答案:A

44. 解 发电机的额定容量 S_N 在出厂时即已确定,不会随运行状态的改变而改变;而 $P_G=S_N\cos\varphi$,$Q_G=S_N\sin\varphi$,因此,当发电机以低于额定功率因数运行时,P_G 减小,Q_G 增大,而 S_N 不变。

答案:C

45. 解 如图所示,线路末端开路,以下用"一来二去"法解答:

设 $\dot{V}_2=220\angle0°$ kV,又 $\tilde{S}_2=0$,而 $\Delta\tilde{S}_{y2}=-j\times\frac{1}{2}BU_2^2=-j2.168\times10^{-4}\times220^2=-j10.5\text{MVA}$

$$\Delta\tilde{S}_Z=\frac{P_{y2}^2+Q_{y2}^2}{U_2^2}R+j\frac{P_{y2}^2+Q_{y2}^2}{V_2^2}X$$

$$=\frac{10.5^2}{220^2}\times31.5+j\frac{10.5^2}{220^2}\times58.5=0.072+j0.13\text{MVA}$$

则 $\tilde{S}_1=\Delta\tilde{S}_{y2}+\Delta\tilde{S}_Z=-j10.5+0.07+j0.13=0.072-j10.37\text{MVA}$

$$\Delta U=\frac{P_1R+Q_1X}{U_1}=\frac{0.072\times31.5-10.37\times58.5}{223}=-2.7\text{kV}$$

$$\delta U=\frac{P_1X-Q_1R}{U_1}=\frac{0.072\times58.5+10.37\times31.5}{223}=1.48\text{kV}$$

$$\dot{U}_2=\dot{U}_1-\delta\dot{U}=(U_1-\triangle U)-j\delta U=223+2.7-j1.48=225.9\angle-0.4°\text{kV}$$

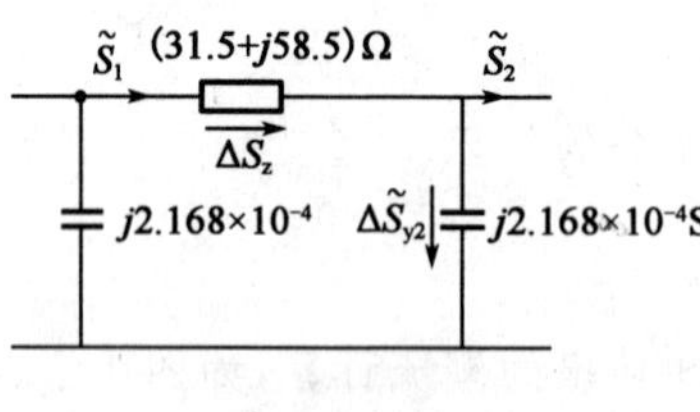

题 45 解图

答案:A

46. 解 $R=80\times0.21=16.8\Omega$,$X=80\times0.4=32\Omega$

$$X'_T=\frac{U_K\%U_N^2}{100S_N}=\frac{10.5\times110^2}{100\times31.5}=40.33\Omega$$

如图所示:并联电容器的运行方法为:最大负荷时全部投入,最小负荷时全部退出。

(1)按最小负荷时没有补偿的情况确定变压器分接头。

U_1 (16.8+j32)Ω j40.33Ω U_2 P_{2max} P_1 P_{2min}

题 46 解图

不计功率损耗，则 $\Delta U=\dfrac{P_1R+Q_1X}{U_1}=\dfrac{20\times16.8+10\times72.33}{115}=9.21\text{kV}$

则 $U_{2min}=U_1-\Delta U=115-9.21=105.79\text{kV}$

于是 $U_t=\dfrac{U_{2N}U_{2min}}{U'_{2min}}=\dfrac{11\times105.79}{10}=116.37\text{kV}$

（又因为逆调压，故 $U'_{2min}=1.0\times10=10\text{kV}$）

故选 110＋2×2.5%＝115.5kV 的分接头，$K=115.5/11$

(2)按最大负荷时的调压要求计算补偿量。

$Q_c=\dfrac{U'_{2cmax}}{X}(U'_{2cmax}-\dfrac{U_{2max}}{K})K^2$

其中，由于逆调压，$U'_{2cmax}=1.05\times10=10.5\text{kV}$

U_{2max}指补偿前低压侧归算到高压侧的电压。

补偿前最大负荷下：$\Delta U=\dfrac{P_1R+Q_1X}{U_1}=\dfrac{30\times16.8+16\times72.33}{115}=14.45\text{kV}$

故 $U_{2max}=U_1-\Delta U=115-14.45=100.55\text{kV}$

代入得 $Q_c=\dfrac{10.5}{72.33}\times(10.5-100.55\times\dfrac{11}{115.5})\times\dfrac{115.5^2}{11^2}=14.78\text{MVar}$

答案：A

47. **解** 在短路瞬间，发电机空载电热突变。空载电热是相对转子磁通而言的，在短路时，足子绕组有大的短路电流，产生大的定子磁链 $\dot{\psi}_a$，转子绕组为抵抗电枢反应强烈的卡磁作用转子磁链会突变 $\dot{\psi}_r$，但是合成磁链 $\dot{\psi}=\dot{\psi}_a+\dot{\psi}_\phi$ 基本不变。由 $E=BIV$，B 正比于励磁电流可知，E 正比于励磁电流。

答案：C

48. **解** Y 型中线上阻抗上的阻抗流过 3 倍的零序电流，在零序网中要乘以 3△型串联阻抗相当于每个边串联$\dfrac{1}{3}$的阻抗。

答案：D

49. **解** $S_B=250\text{MVA}$，$V_B=U_{aN}$

$X_T^*=\dfrac{U_K\%}{100}\cdot\dfrac{U_N{}^2}{S_{TN}}\cdot\dfrac{S_B}{S_{TN}}=4.84$

$X_G^*=0.2\times\dfrac{S_B}{S_{GN}}=0.2$

$X_{l1}^*=\dfrac{1}{2}\times0.4\times\dfrac{100}{\dfrac{115^2}{250}}=0.38$

$X_{l2}^{*}=0.4\times\frac{15}{\frac{115^2}{250}}=0.11$

系流出口短路 $I_d{}^*=S_d{}^*=\frac{1000}{250}=4$

$I_d{}^*=\frac{1}{X_S{}^*//(X_{l1}^*+X_T^*+X_G^*)}=4$

得 $X_S^*=0.26$

f 点短路，$I_d{}^*=\frac{1}{0.11+(4.84+0.2)//(0.38+0.26)}=1.48$

$I_M=2.55I_d^*\cdot\frac{S_B}{T_3U_B}=4.72\text{kA}$

答案:C

50.**解** BC 两相短路时：$I_{fB}=I_f, I_{fC}=-I_f, I_{fA}=0$

A 相正、负、零序电流为：

$$\begin{bmatrix}\dot{I}_A{}^{(1)}\\\dot{I}_A{}^{(2)}\\\dot{I}_A{}^{(0)}\end{bmatrix}=\frac{1}{3}\begin{bmatrix}1&\alpha&\alpha^2\\1&\alpha^2&\alpha\\1&1&1\end{bmatrix}\begin{bmatrix}0\\I_f\\-I_f\end{bmatrix}=\begin{bmatrix}\frac{\sqrt{3}}{3}I_f\\-\frac{\sqrt{3}}{3}I_f\\0\end{bmatrix}$$

△型侧各序电流：

$I_a{}^{(1)}=I_A{}^{(1)}e^{-j330^\circ}=(\frac{1}{2}+j\frac{\sqrt{3}}{6})I_f$

$I_a{}^{(2)}=I_A{}^{(2)}e^{-j330^\circ}=(\frac{1}{2}+j\frac{\sqrt{3}}{6})I_f$

$I_a{}^{(0)}=0$

△型侧各相电流：

$I_a=I_a{}^{(1)}+I_a{}^{(2)}+I_a{}^{(0)}=j\frac{\sqrt{3}}{3}I_f$

$I_b=\alpha^2I_a{}^{(1)}+\alpha I_a{}^{(2)}+I_{a(0)}=-j\frac{2\sqrt{3}}{3}I_f$

$I_c=\alpha I_a{}^{(1)}+\alpha^2I_a{}^{(2)}+I_{a(0)}=j\frac{\sqrt{3}}{3}I_f$

答案:B

51.**解** 短路时间计算需要考虑最恶劣的情况，所以以后备保护动作时间和固有分闸时间来计算。

答案:D

52.**解** 考查内桥和外桥接线的适用范围。

内桥接线适用于线路较长，变压器不需要经常切换的情况。

外桥接线适用于线路较短，变压器需要经常切换的情况。

答案:C

53.解　考查载流导体计算最基本概念和公式。

答案:C

54.解　TA测量一相电流时,$L_i = 2L$

TA星形接线时,$L_i = L$

TA不完全星形接线时,$L_i = \sqrt{3}L$

答案:B

55.解　不同的短路类型对断路器开断能力有显著影响:

①开断中性点直接接地系统中单相短路电路,工频恢复电压瞬时值近似等于电源电压最大值,$U_0 = U_m$。

②开断中性点直接接地系统中三相接地短路电路,首先断开相工频恢复电压为相电压1.3倍。

③开断中性点不直接接地系统中三相接地短路电路,首先断开相工频恢复电压为相电压的0.866倍。

答案:D

56.解　对具有较强垂直分量的不均匀场,适当减小靠近电极强场处介质表面的电阻率,可使最大沿面电位梯度减小,从而提高沿面的放电电压;由于固体介质的介电常数比气体大得多,降低介质介电常数可抑制电离,从而提高沿面放电电压。

答案:C

57.解　并联电容可限制进波陡度和降低感应雷击过电压,从而进一步保护匝间绝缘和中性点绝缘。

答案:A

58.解　测量冲击电流的方法主要有分流器和罗戈夫斯基线圈。

答案:C

59.解　对GIS(全封闭式组合电器)进行冲击耐压试验中,因雷电波波头较陡,会在尺寸较大的被试品中引起波的反射,使波动更加剧烈,放GIS尺寸不宜过大。

答案:B

60.解　末端开路,则有$d_u = Z$,$\beta_u = 1$,有限长线路为L,波速为v,即如图a)所示。

可画出B点的电压波形如图c)所示。

答案:C

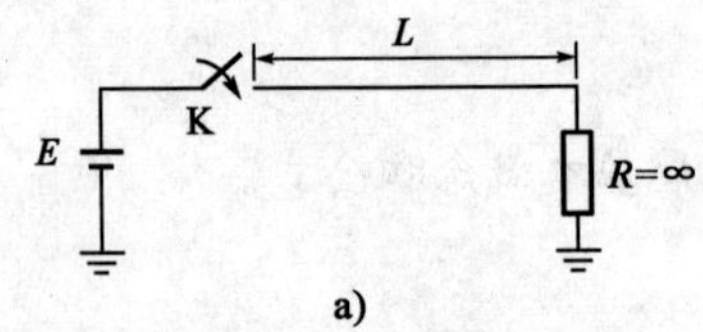

a)

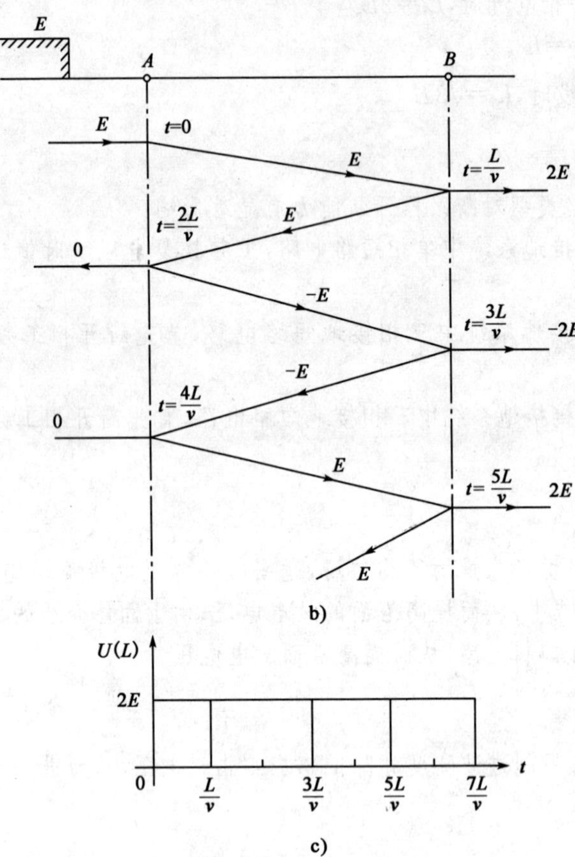

b)

c)

题 60 解图

2014年度全国注册电气工程师(发输变电)执业资格考试专业基础考试

试　题

单选题(共60题,每题2分。每题的备选项中,只有一个最符合题意)

1. 一直流发电机端电压 $U_1=230\text{V}$,线路上的电流 $I=50\text{A}$,输电线路每根导线的电阻 $R_0=0.0954\Omega$,则负载端电压 U_2 为:

A. 225.23V　　B. 220.46V　　C. 225V　　D. 220V

2. 一含源一端口电阻网络,测得其短路电流为2A。测得负载电阻 $R=10\Omega$ 时,通过负载电阻 R 的电流为1.5A,该含源一端口电阻网络的开路电压 U_{oc} 为:

A. 50V　　B. 60V　　C. 70V　　D. 80V

3. 按照图示所选定的参考方向,电流 i 的表达式 $i=32\sin\left(314t+\frac{2}{3}\pi\right)\text{A}$,如果把参考方向选成相反的方向,则 i 的表达式为:

A. $32\sin\left(314t-\frac{\pi}{3}\right)\text{A}$　　B. $32\sin\left(314t-\frac{2}{3}\pi\right)\text{A}$

C. $32\sin\left(314t+\frac{2\pi}{3}\right)\text{A}$　　D. $32\sin(314t+\pi)\text{A}$

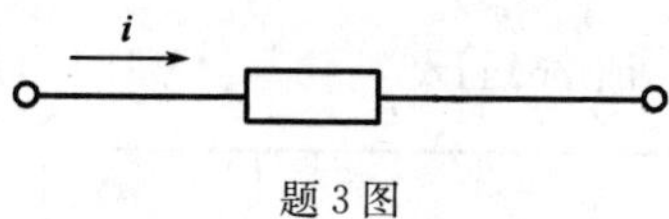

题3图

4. 已知通过线圈的电流 $i=10\sqrt{2}\sin(314t)\text{A}$,线圈的电感 $L=70\text{mH}$(电阻可以忽略不计)。设电流 i 和外施电压 u 的参考方向为关联方向,那么在 $t=\frac{T}{6}$ 时刻的外施电压 u 为:

A. −310.8V　　B. −155.4V　　C. 155.4V　　D. 310.8V

5. 电阻为4Ω和电感为25.5mH的线圈接到频率为50Hz、电压有效值为115V的正弦电源上,通过线圈的电流的有效值为:

A. 12.85A　　B. 28.75A　　C. 15.85A　　D. 30.21A

6. 在R、L、C串联电路中,总电压 u 可能超前电流 i,也可能滞后电流 i 一个相位角 φ,u 超前 i 一个角 φ 的条件是:

A. L>C　　B. $\omega^2 LC>1$　　C. $\omega^2 LC<1$　　D. L<C

7. 已知某感性负载接在220V、50Hz的正弦电压上，测得其有功功率和无功功率各为7.5kW和5.5kVar，其功率因数为：

A. 0.686　　B. 0.906　　C. 0.706　　D. 0.806

8. 某些应用场合中，常常欲使某一电流与某一电压的相位差为90°。如图所示电路中，如果$Z_1=100+j500\Omega$，$Z_2=400+j1000\Omega$，当R_1取何值时，才可以使电流$\dot{I}_2$与电压$\dot{U}$的相位相差90°（$\dot{I}_2$滞后于$\dot{U}$）？

A. 460Ω　　B. 920Ω　　C. 520Ω　　D. 260Ω

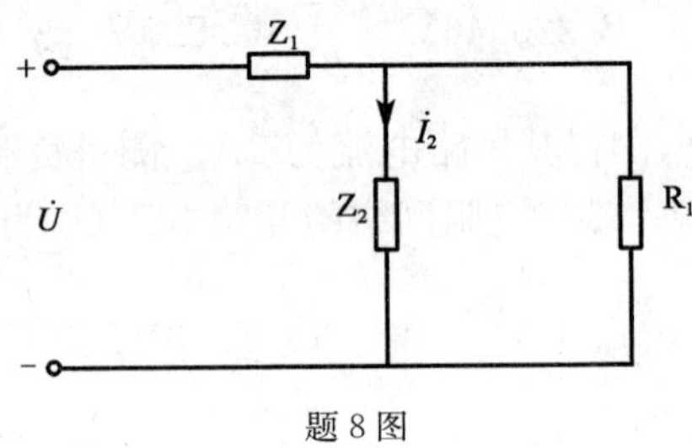

题8图

9. 某一供电线路的负载功率为85kW，功率因数是0.85（$\varphi>0$），已知负载两端的电压为1000V，线路的电阻为0.5Ω，感抗为1.2Ω，则电源的端电压有效值为：

A. 1108V　　B. 554V　　C. 1000V　　D. 130V

10. 图示并联谐振电路，已知$R=10\Omega$，$C=10.5\mu F$，$L=40mH$，则其谐振频率f_s为：

A. 1522Hz　　B. 761Hz　　C. 121.1Hz　　D. 242.3Hz

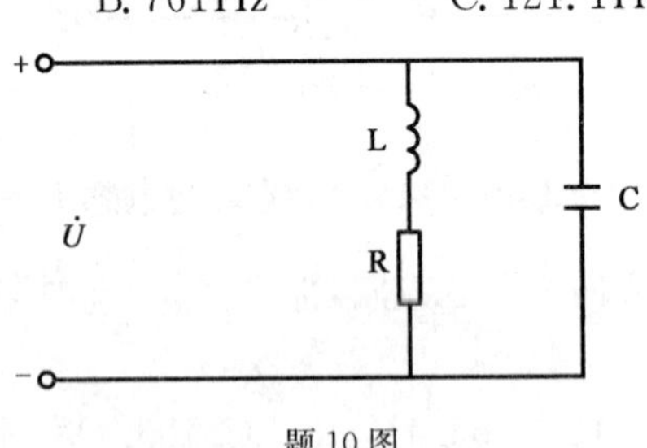

题10图

11. 通过测量流入有互感的两串联线圈的电流、功率和外施电压，能够确定两个线圈之间的互感，现在用$U=220V$，$f=50Hz$电源进行测量。当顺向串接时，测得$I=2.5A$，$P=62.5W$；当反串接时，测得$P=250W$，因此，两线圈的互感M为：

A. 42.85mH　　B. 45.29mH　　C. 88.21mH　　D. 35.49mH

12. 一个三相变压器作三角形连接，空载时其每相的等值阻抗$Z=j100\Omega$，其额定相电压为 380V，经过端线复阻抗 $Z_j=1+j_2$ 的三相输电线与电源连接。如要求变压器在空载时的端电压为额定值，此时电源的线电压应为：

A. 421V　　B. 404V　　C. 398V　　D. 390V

13. 已知某一端口网络的电压 $u=311\sin(314t)$ V，若流入的电流为 $i=0.8\sin(314t-85°)+0.25\sin(942t-105°)$ A。该网络吸收的平均功率为：

A. 5.42W　　B. 10.84W　　C. 6.87W　　D. 9.88W

14. 把 $R=20\Omega$、$C=400\mu F$ 的串联电路接到 $u=220\sqrt{2}\sin(314t)$ V 的正弦电压上，接通后电路中的电流 i 为：

A. $10.22\sqrt{2}\sin(314t+21.7°)-5.35e^{-125t}$ A

B. $10.22\sqrt{2}\sin(314t-21.7°)-5.35e^{-125t}$ A

C. $10.22\sqrt{2}\sin(314t+21.7°)+5.35e^{-125t}$ A

D. $10.22\sqrt{2}\sin(314t-21.7°)+5.35e^{-125t}$ A

15. 图示电路中，$R=2\Omega$，$L_1=L_2=0.1$mH，$C=100\mu F$，要使电路达到临界阻尼情况，则互感值 M 应为：

A. 1mH　　B. 2mH　　C. 0mH　　D. 3mH

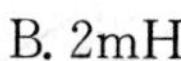

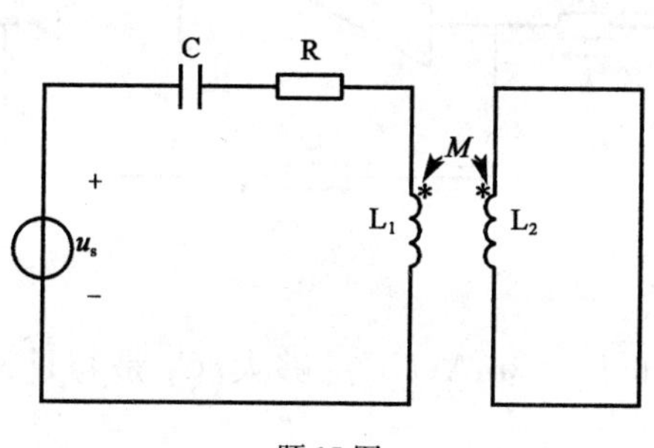

题 15 图

16. 一圆柱形电容器，外导体的内半径为 2cm，其间介质的击穿场强为 200kV/cm。若其内导体的半径可以自由选择，则电容器能承受的最大电压为：

A. 284kV　　B. 159kV　　C. 252kV　　D. 147kV

17. 一根导体平行地放置于大地上方，其半径为 1.5mm，长度为 40m，轴心离地面 5m，该导体对地面的电容为：

A. 126.3pF　　B. 98.5pF　　C. 157.8pF　　D. 252.6pF

18. 半球形电极位置靠近一直而深的陡壁，如图所示，$R=0.3$m，$h=10$m，土壤的电导率 $\gamma=10^{-2}$ s/m。该半球形电极的接地电阻为：

A. 53.84Ω　　B. 53.12Ω　　C. 53.98Ω　　D. 53.05Ω

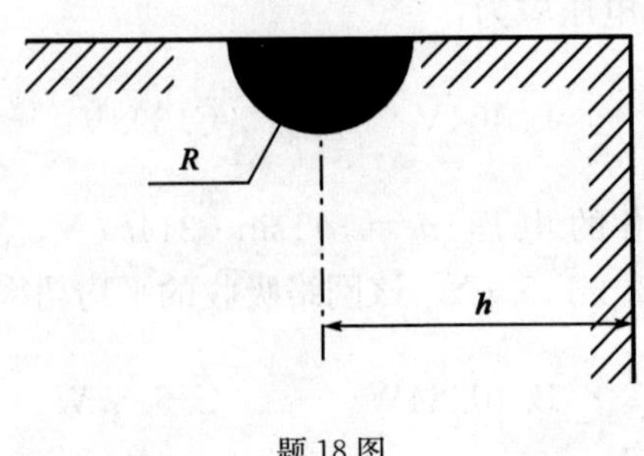

题 18 图

19. 特性阻抗 $Z_g=150\Omega$ 的传输线通过长度为 $\lambda/4$，特性阻抗为 Z_1 的无损耗线接向 250Ω 的负载，当 Z_1 取何值时，可使负载和特性阻抗为 150Ω 的传输线相匹配？

A. 200Ω　　B. 193.6Ω　　C. 400Ω　　D. 100Ω

20. 电路如下图所示，电路的反馈类型为：

A. 电压串联负反馈　　B. 电压并联负反馈

C. 电流串联负反馈　　D. 电流并联负反馈

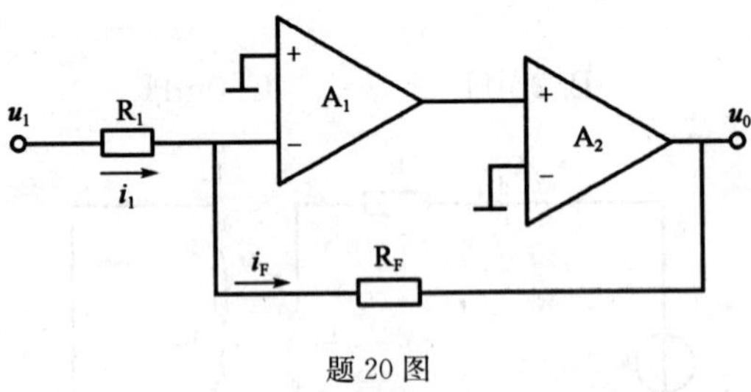

题 20 图

21. 电路如图所示，已知 $I_w=3\text{mA}$；U_1 足够大，C_3 是容量较大的电解电容，输出电压 U_0 为：

A. −15V　　B. −22.5V

C. −30V　　D. −33.36V

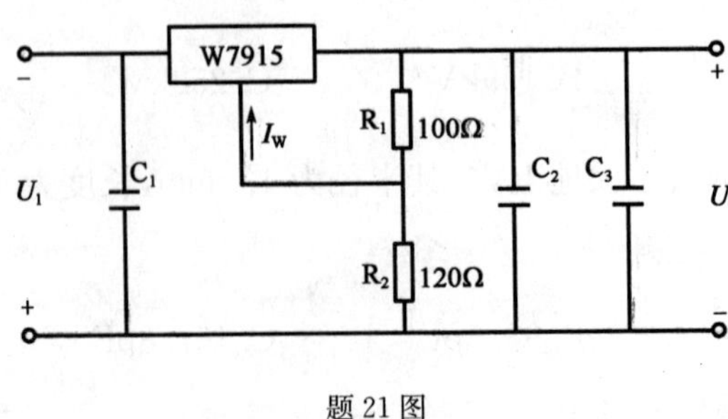

题 21 图

22. 电路如图所示，其中 A_1、A_2、A_3、A_4 均为理想运放，输出电压 u_0 与输入电压 u_{11}、u_{12} 的

关系式为：

A. $u_0=\dfrac{R_1}{R_2+R_3}(u_{i2}-u_{i1})$　　B. $u_0=\dfrac{R_2}{R_1+R_i}(u_{i2}-u_{i1})$

C. $u_0=\dfrac{R_3}{R_2+R_3}(u_{i2}-u_{i1})$　　D. $u_0=\dfrac{R_1}{R_2+R_3}(u_{i2}-u_{i1})$

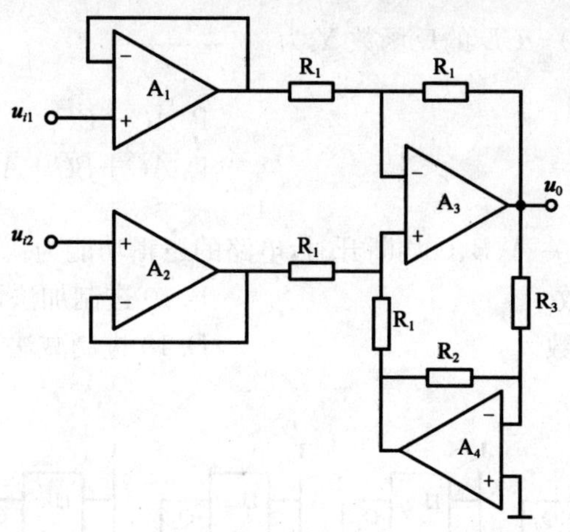

题 22 图

23. 电路如图所示，晶体管 T 的 $\beta=50$，$r_{bb'}=300\Omega$，$U_{BE}=0.7V$，结电容可以忽略，$R_S=0.5k\Omega$，$R_B=300k\Omega$，$R_C=4k\Omega$，$R_L=4k\Omega$，$C_1=C_2=10\mu F$，$V_{CC}=12V$，$C_L=1600pF$。放大电路的电压放大倍数 $A_{ss}=u_0/u_s$ 为：

A. 67.1　　B. 101　　C. −67.1　　D. −101

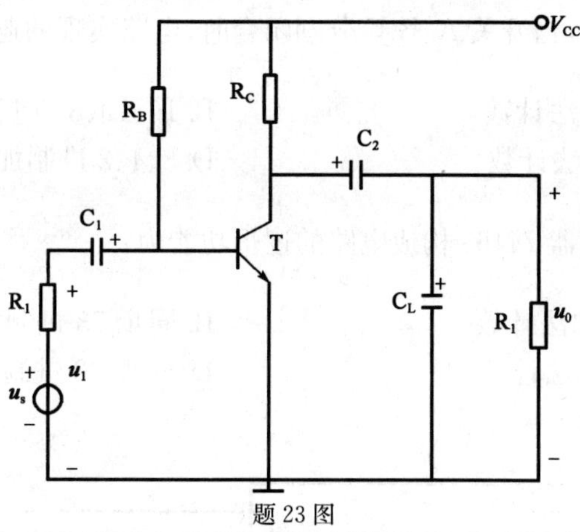

题 23 图

24. 有一个线性移不变的系统，其系统函数为：$H(z)=\dfrac{-\frac{3}{2}z^{-1}}{\left(1-\frac{1}{2}z^{-1}\right)(1-2z^{-1})}$，$\frac{1}{2}<|z|<2$，那么单位脉冲响应 $h(n)$ 是：

A. $h(n)=\left(\frac{1}{2}\right)^n u(n)-2^n u(n-1)$　　B. $h(n)=-\left(\frac{1}{2}\right)^n u(n)-2^n u(n-1)$

C. $h(n)=\left(\frac{1}{2}\right)^n u(n)+2^n u(n-1)$　　D. $h(n)=\left(\frac{1}{2}\right)^n u(n)+2^n u(-n-1)$

25. 二进制数$(-1101)_2$的补码为：

A. 11101　　B. 01101　　C. 00010　　D. 10011

26. 函数 $Y=A(B+C)+CD$ 的反函数 $\bar{Y}$ 为：

A. $\bar{A}\bar{C}+\bar{B}\bar{C}+\bar{A}\bar{D}$　　B. $\bar{A}\bar{C}+\bar{B}\bar{C}$

C. $\bar{A}\bar{C}+\bar{B}\bar{C}+\bar{A}\bar{D}$　　D. $\bar{A}\bar{C}+\bar{B}\bar{C}+\bar{A}\bar{D}$

27. 图示电路中，当开关 A、B、C 均断开时，电路的逻辑功能为：

A. 8 进制加法计数　　B. 10 进制加法计数

C. 16 进制加法计数　　D. 10 进制减法计数

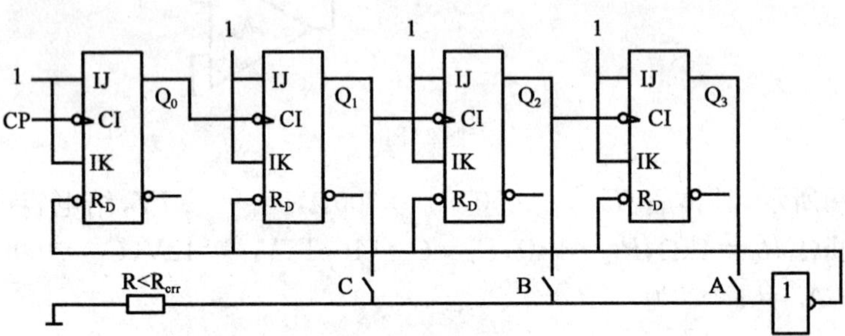

题 27 图

28. 题 27 图示电路中，当开关 A、B、C 分别闭合时，电路实现的逻辑功能分别为：

A. 16、8、4 进制加法计数　　B. 16、10、8 进制加法计数

C. 10、8、4 进制加法计数　　D. 8、4、2 进制加法计数

29. 图示电路中，计数器 74163 构成电路的逻辑功能为：

A. 同步 84 进制加法计数　　B. 同步 73 进制加法计数

C. 同步 72 进制加法计数　　D. 同步 32 进制加法计数

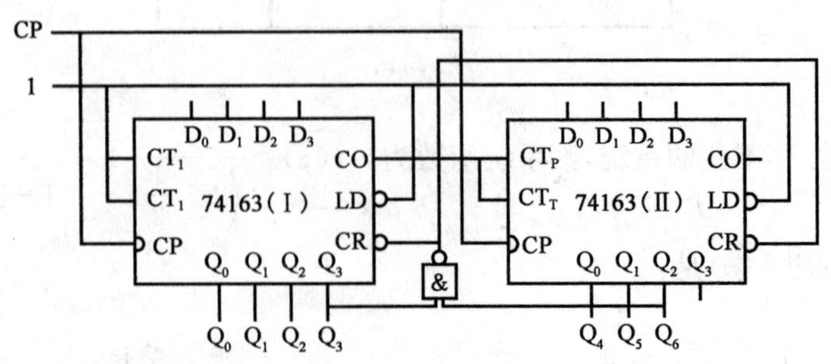

题 29 图

30. 一台他励直流电动机，$U_N=220V$，$I_N=100A$，$n_N=1150r/min$，电枢回路总电阻 $R_a=0.095\Omega$。若不计电枢反应的影响，忽略空载转矩，其运行时，从空载到额定负载的转速变化率 Δn 为：

A. 3.98%　　B. 4.17%　　C. 4.52%　　D. 5.1%

31. 一台三相绕线式感应电动机，如果定子绕组中通入频率为 f_1 的三相交流电，其旋转磁场相对定子以同步速 n_1 逆时针旋转，同时向转子绕组通入频率为 f_2、相序相反的三相交流电，其旋转磁场相对于转子以同步速 n_1 顺时针旋转。转子相对定子的转速和转向为：

A. n_1+n_2，逆时针　　B. n_1+n_2，顺时针

C. n_1-n_2，逆时针　　D. n_1-n_2，顺时针

32. 一台三相 6 极绕线转子感应电动机，额定转速 $n_N=980r/min$，当定子施加频率为 50Hz 的额定电压，转子绕组开路时，转子每相感应电势为 110V，已知转子堵转时的参数为 $R_2=0.1\Omega$，$X_{2\sigma}=0.5\Omega$，忽略定子漏阻抗的影响，该电机额定运行时转子的相电动势 E_{2t} 为：

A. 1.1V　　B. 2.2V　　C. 38.13V　　D. 110V

33. 一台汽轮发电机，$\cos\varphi=0.8$（滞后），$X_s^*=1.0$，$R_a\approx0$，并联运行于额定电压的无穷大电网上。不考虑磁路饱和的影响，当其额定运行时，保持励磁电流 I_{fN} 不变，将输出有功功率减半，此时 $\cos\varphi$ 变为：

A. 0.8　　B. 0.6　　C. 0.473　　D. 0.223

34. 有两台隐极同步电机，气隙长度分别为 δ_1 和 δ_2，其他结构诸如绕组、磁路等都完全一样。已知 $\delta_1=2\delta_2$，现分别在两台电机上进行稳态短路试验，转速相同，忽略定子电阻，如果加同样大的励磁电流，哪一台的短路电流比较大？

A. 气隙大电机的短路电流大　　B. 气隙不同无影响

C. 气隙大电机的短路电流小　　D. 一样大

35. 两台变压器 A 和 B 并联运行，已知 $S_{M}=1200kVA$，$S_{NB}=1800kVA$，阻抗电压 $u_{kA}=6.5\%$，$u_{kB}=7.2\%$，且已知变压器 A 在额定电流下的铜耗和额定电压下的铁耗分别为 $p_{CuA}=1500W$ 和 $p_{FeA}=540W$，那么两台变压器并联运行，当变压器 A 运行在具有最大效率的情况下，两台变压器所能供给的总负载为：

A. 1695kVA　　B. 2825kVA　　C. 3000kVA　　D. 3129kVA

36. 在电源电压不变的情况下，增加变压器副边绕组匝数，将副边归算到原边，则等效电路的励磁电抗 X_m 和励磁电阻 R_m 将：

A. 增大、减小　　B. 减小、不变　　C. 不变、不变　　D. 不变、减小

37. 三台相同的单相变压器接成三相变压器组，$f=50Hz$，$k=2$，高压绕组接成星形，加上

380V 电压，3 次谐波磁通在高压绕组感应相电势为 50V，当低压绕组也接为星形，忽略 5 次以上谐波的影响，其相电压为：

A. 110V　　B. 112.8V　　C. 190.5V　　D. 220V

38. 输电线路电气参数电阻和电导反映输电线路的物理现象分别为：

A. 电晕现象和热效应　　B. 热效应和电场效应

C. 电场效应和磁场效应　　D. 热效应和电晕现象

39. 某线路两端母线电压分别为 $\dot{U}_1=230.5\angle 12.5°$kV 和 $\dot{U}_2=220.9\angle 10.0°$kV，线路的电压降落为：

A. 13.76kV　　B. 11.6kV

C. 13.76∠56.96°kV　　D. 11.6∠30.45°kV

40. 发电机与 10kV 母线相接，变压器一次侧接发电机，二次侧接 110kV 线路，发电机与变压器额定电压分别为：

A. 10.5kV，10/110kV　　B. 10kV，10/121kV

C. 10.5kV，10.5/121kV　　D. 10kV，10.5/110kV

41. 两台相同变压器其额定功率为 31.5MVA，在额定功率、额定电压下并联运行，每台变压器空载损耗 294kW，短路损耗 1005kW，两台变压器总有功损耗为：

A. 1.299MW　　B. 1.091MW　　C. 0.649MW　　D. 2.157MW

42. 已知 500kV 线路的参数为 $r_1=0$，$x_1=0.28\Omega/\text{km}$，$g_1=0$，$b_1=4\times10^{-6}$S/km，线路末端电压为 575kV，当线路空载，线路长度为 400km 时，线路始端电压为：

A. 550.22kV　　B. 500.00kV　　C. 524.20kV　　D. 525.12kV

43. 图示一环网，已知两台变压器归算到高压侧的电抗均为 12.1Ω，T-1 的实际变比 110/10.5kV，T-2 的实际变比 110/11kV，两条线路在本电压级下的电抗均为 5Ω。已知低压母线 B 电压为 10kV，不考虑功率损耗，流过变压器 T-1 和变压器 T-2 的功率分别为：

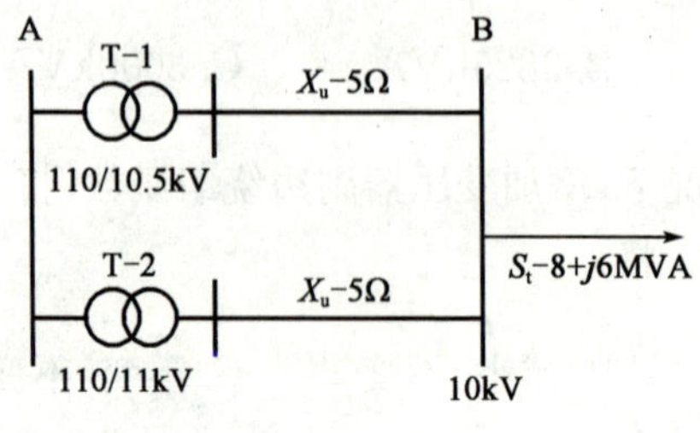

题 43 图

A. $5+j3.45, 3+j2.56$　　B. $5+j2.56, 3+j3.45$

C. $4+j3.45, 4+j2.56$　　D. $4+j2.56, 4+j3.45$

44. 某发电厂有一台升压变压器，电压为 $121\pm2\times2.5\%/10.5$kV。变电站高压母线电压最大负荷时为 118kV，最小负荷时为 115kV，变压器最大负荷时电压损耗为 9kV，最小负荷时电压损耗为 6kV（由归算到高压阀参数算出），根据发电厂地区负荷的要求，发电厂母线逆调压且在最大、最小负荷时与发电机的额定电压有相同的电压偏移，变压器分接头电压为：

A. 121kV　　B. 121(1－2.5%)kV

C. 121(1＋2.5%)kV　　D. 121(1＋5%)kV

45. 同步发电机突然发生三相短路后定子绕组中的电流分量有：

A. 基波周期交流、直流，倍频分量

B. 基波周期交流、直流分量

C. 基波周期交流、非周期分量

D. 非周期分量、倍频分量

46. 一台有阻尼绕组同步发电机，已知发电机在额定电压下运行 $U_{GN}=1.0\angle0^\circ$，带负荷 $S=0.850+j0.425$，$R_a=0$，$X_d=1.2$，$X_q=0.8$，$X'_d=0.3$，$X''_d=0.15$，$X'_q=0.165$（参数为以发电机稳定容量为基准的标幺值）。E''_q、E''_d分别为：

A. 1.01，0.36　　B. $1.01\angle26.91, 0.36\angle-63.09$

C. $1.121\angle24.4, 0.539\angle-65.6$　　D. 1.121，0.539

47. 某一简单系统如图所示，变电所高压母线接入系统，系统的等值电抗未知，已知接到母线的断路器 QF 的额定切断容量为 2500MVA，当变电所低压母线发生三相短路时，短路点的短路电流(kA)和冲击电流(kA)分别为：(取冲击系数为 1.8，$S_B=1000$MVA)

A. 31.154kA，12.24kA　　B. 3.94kA，10.02kA

C. 11.23kA，28.55kA　　D. 12.93kA，32.92kA

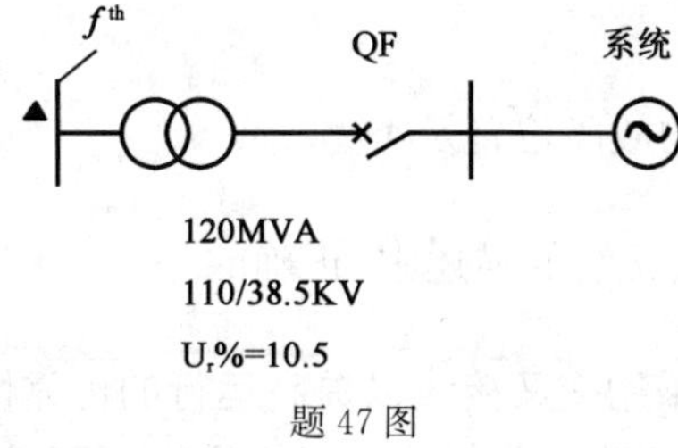

题 47 图

48. 某简单系统其短路点的等值正序电抗为 $X_{(1)}$，负序电抗为 $X_{(2)}$，零序电抗为 $X_{(0)}$，利用正序等效定则求发生单相接地短路故障处正序电流，在短路点加入的附加电抗为：

A. $\Delta X=X_{(1)}+X_{(2)}$　　B. $\Delta X=X_{(2)}+X_{(0)}$

C. $\Delta X = X_{(1)} // X_{(0)}$　　　　　　　　　　D. $\Delta X = X_{(2)} // X_{(0)}$

49. 系统如图所示，母线 B 发生两相接地短路时，短路点短路电流标幺值为（不计负荷影响）：

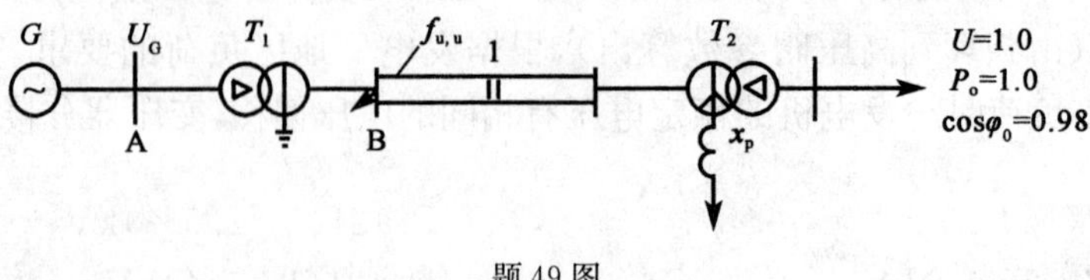

题 49 图

各元件标幺值参数：

G：$x_d' = 0.3$，$x_d = 1.0$，$x_2 = x_d'$，$x_0 = 0.8$

T_1、T_2 相同：$x_{r(1)} = x_{r(2)} = x_{r(0)} = 0.1$，$x_p = 0.1/3$，$Y/\Delta - 11$

Ⅰ、Ⅱ回线路相同，每回 $x_{(1)} = x_{(2)} = 0.6$，$x_{(0)} = 2x_{(1)}$

A. 3.39　　　　B. 2.93　　　　C. 5.37　　　　D. 6.72

50. 以下关于中性点经销弧线圈接地系统的描述，正确的是：

A. 不论采用欠补偿或过补偿，原则上都不会发生谐振，但实际运行中消弧线圈多采用欠补偿方式，不允许采用过补偿方式

B. 实际电力系统中多采用过补偿为主的运行方式，只有某些特殊情况下，才允许短时间以欠补偿方式运行

C. 实际电力系统中多采用全补偿运行方式，只有某些特殊情况下，才允许短时间以过补偿或欠补偿方式运行

D. 过补偿、欠补偿及全补偿方式均无发生谐振的风险，能满足电力系统运行的需要，设计时根据实际情况选择适当的运行方式

51. 在分析汽轮发电机安全运行极限时，以下因素中不需要考虑的是：

A. 端部漏磁的发热

B. 发电机的额定容量

C. 原动机输出功率极限

D. 可能出现的最严重的故障位置及类型

52. 以下关于一台半断路器接线的描述中，正确的是：

A. 任何情况下都必须采用交叉接线以提高运行的可靠性

B. 当仅有两串时，同名回路宜分别接入同侧母线，且需装设隔离开关

C. 当仅有两串时，同名回路宜分别接入不同侧的母线，且需装设隔离开关

D. 当仅有两串时，同名回路宜分别接入同侧母线，且无需装设隔离开关

53. 以下关于电弧的产生与熄灭的描述中，正确的是：

A. 电弧的形成主要是碰撞游离所致
B. 维持电弧燃烧所需的游离过程是碰撞游离
C. 空间电子主要是由碰撞游离产生的
D. 电弧的熄灭过程中空间电子数目不会减少

54. 根据运行状态，电动机的自启动可以分为三类：

A. 受控自启动，空载自启动，失压自启动
B. 带负荷自启动，空载自启动，失压自启动
C. 带负荷自启动，受控自启动，失压自启动
D. 带负荷自启动，受控自启动，空载自启动

55. 无限长直角波作用于变压器绕组，绕组纵向初始电压分布与哪些因素有关：

A. 变压器绕组结构、中性点接地方式、额定电压
B. 电压持续时间、三相绕组接线方式、变压器绕组波阻抗
C. 绕组中波的传接速度、额定电压
D. 变压器绕组结构、匝间电容、对地电容

56. 高阻尼电容分压器中阻尼电阻的作用是：

A. 减小支路电感
B. 改变高频分压特性
C. 降低支路电压
D. 改变低频分压特性

57. 长空气间隙在操作冲击电压作用下的击穿具有何种特性？

A. 击穿电压与操作冲击电压波尾有关
B. 放电 V-S 特性呈现 U 形曲线
C. 击穿电压随间隙距离增大线性增加
D. 击穿电压高于工频击穿电压

58. 在直配电机防雷保护中电机出线上敷设电缆段的主要作用是：

A. 增大线路波阻抗
B. 减小线路电容
C. 利用电缆的集肤效应分流
D. 减小电流反射

59. 一幅值为 U_q 的无限长直角电压波在 $t=0$ 时刻沿波阻抗为 Z_1 的架空输电线路侵入至 A 点并沿两节点线路传播，两节点距离为 S，波在架空输电线路中的传播速度为 v，在 $t=\infty$ 时 B 点的电压值为：

A. $U=\dfrac{2U_0Z_1}{Z_1+Z_2}$
B. $U=\dfrac{2U_0}{Z_2+Z_3}$
C. $U=\dfrac{2U_0Z_1}{Z_1+Z_2+Z_3}$
D. $U=\dfrac{2U_0Z_3}{Z_1+Z_3}$

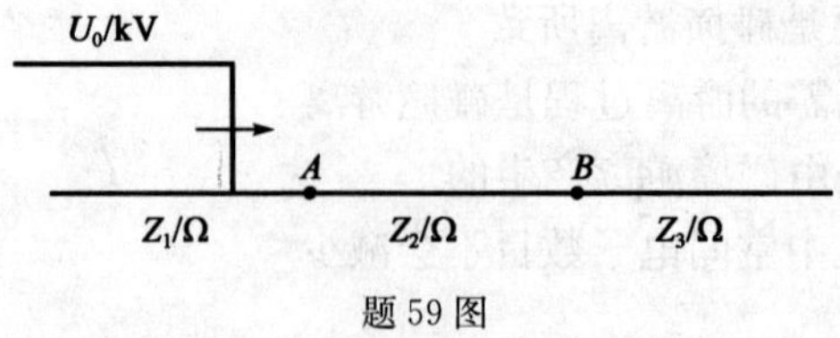

题 59 图

60. 如图变电站中采用避雷器保护变压器免遭过电压损坏，已知避雷器的 V-A 特性满足 $U_{\mathrm{f}}=f(l)$，避雷器距变压器间的距离为 i，当 $-U(t)=at$ 斜角雷电波由避雷器侧沿波阻抗为 Z 的架空输电线路以波速 v 传入时，变压器 T 节点处的最大雷电过电压是：

A. $2az/v$　　　　B. $U_{\mathrm{f}}+2ai/v$

C. $2U_{\mathrm{f}}-ai/v$　　　　D. $2U_{\mathrm{f}}/Z$

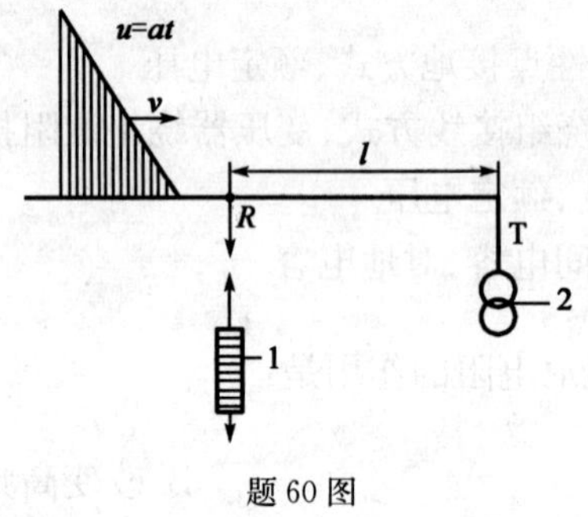

题 60 图

2014年度全国注册电气工程师(发输变电)执业资格考试专业基础考试

试题解析及参考答案

1. **解** 直流输电系统等效电路:

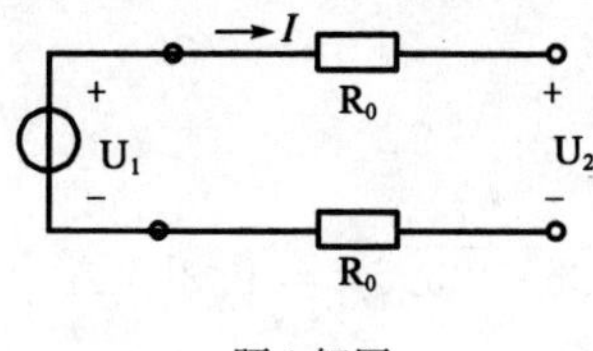

题1解图

$U_2 = U_1 - 2R_0 \cdot I = 230 - 2 \times 0.0954 \times 50 = 220.46\text{V}$

答案:B

2. **解** 由诺顿定理:短路电流为2A时,即 $I_{SC} = 2\text{A}$

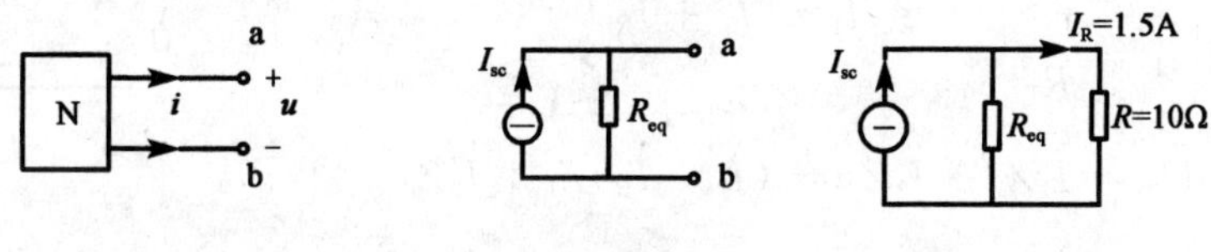

题2解图

$R_{eq} = \dfrac{I_R \cdot R}{I_{SC} - I_R} = \dfrac{1.5 \times 10}{2 - 1.5} = \dfrac{15}{0.5} = 30\Omega$

故 $U_{0C} = R_{eq} I_{SC} = 30.2 = 60\text{V}$

答案:B

3. **解** 参考方向选成反方向时,$i' = -i = -32\sin\left(314t + \dfrac{2}{3}\pi\right)$

$$= -32\sin\left(314t + \frac{2}{3}\pi - \pi\right)$$

$$= -32\sin\left(314t - \frac{\pi}{3}\right)$$

答案:A

4. **解** $u = L\dfrac{\mathrm{d}i_L}{\mathrm{d}t} = 70 \times 10^{-3} \cdot 10\sqrt{2} \cdot 314\cos 314t$

$T = \dfrac{2\pi}{w} = \dfrac{2\pi}{100\pi} = 0.02$

故 $u/t = \dfrac{T}{6} = 70 \times 10^{-3} \cdot 10\sqrt{2} \cdot 314\cos\left(314 \cdot \dfrac{0.02}{6}\right) = 155.4\text{V}$

答案:C

5. **解** 设 $\dot{U}=115\angle 0°V$

$jx=jwL=j\times 2\pi\times 50\times 25.5\times 10^{-3}=2.55\pi=8\Omega$

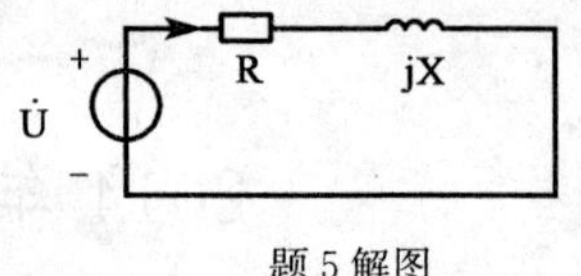

题 5 解图

故 $\dot{I}=\dfrac{\dot{U}}{R+jx}=\dfrac{115\angle 0°}{4+j8}=12.85\angle 63.0°A$

答案:A

6. **解** 因为 u 超前 i,电路显感性,$x>0$ 又 $x=wL-\dfrac{1}{wC}$

故 $wL>\dfrac{1}{wC}\Rightarrow w^2LC>1$

答案:B

7. **解** $S=\sqrt{P^2+Q^2}=\sqrt{7.5^2+5.5^2}=9.3kVA$

故 $\cos\varphi=\dfrac{P}{S}=\dfrac{7.5}{9.3}=0.806$

答案:D

8. **解** 因为 $\begin{cases}\dot{U}_2=\dot{I}_2Z_2\\ \dot{I}_R=\dfrac{\dot{U}_2}{R_1}\end{cases}$ 故 $\dot{I}_1=\dot{I}2+\dot{I}_R$

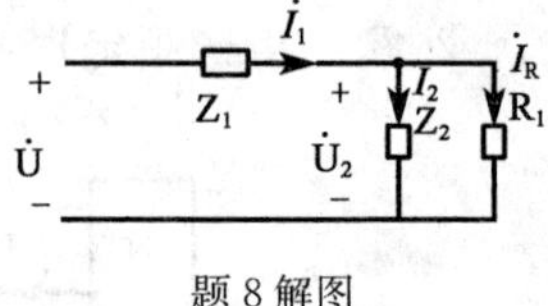

题 8 解图

$\dot{U}=\dot{I}_1Z_1+\dot{U}_2=\dot{I}_1Z_1+\dot{I}_2Z_2=(\dot{I}_2+\dot{I}_R)Z_1+\dot{I}_2Z_2$

$=\dot{I}_2(Z_1+Z_2)+\dot{I}_RZ_1$

$=500+j1500+\left(\dfrac{400}{R_1}+j\,\dfrac{1000}{R_1}\right)(100+j500)$

令 $\dot{U}$ 的实部为 0。解得 $500+\dfrac{40000}{R_1}-\dfrac{500000}{R_1}=0$

故 $R_1=920$

答案:B

9. **解** 设 $\dot{U}_L=1000\angle 0°$,$P=U_LI\cos\varphi$

则 $I=\dfrac{85\times 10^3}{1000\times 0.85}=100$,$\dot{I}=100\angle 37.78°=85-j52.68$

$\dot{U}=\dot{I}(R+jx)+\dot{U}_L=(85-j52.68)(0.5+j1.2)+1000\angle 0°=1105.716+j75.66$

故 $|\dot{U}|=1108V$

答案:A

10. **解** $Y=jwC+\dfrac{1}{R+jwL}=\dfrac{R}{R^2+\omega^2L^2}=j\left(wC-\dfrac{wL}{R^2+\omega^2L^2}\right)$

令其虚部为 0,故 $wC-\dfrac{wL}{R^2+w^2L^2}=0$

故 $w_0=\frac{1}{\sqrt{LC}}\sqrt{1-\frac{R^2C}{L}}=\frac{1}{\sqrt{40\times10^{-3}\cdot10.5\times10^{-6}}}\sqrt{1-\frac{10^2 10.5\times10^{-6}}{40\times10^{-3}}}=1521.6$

$f=\frac{w_0}{2\pi}=242.3\text{Hz}$

答案:D

11.**解** 顺极性接法:

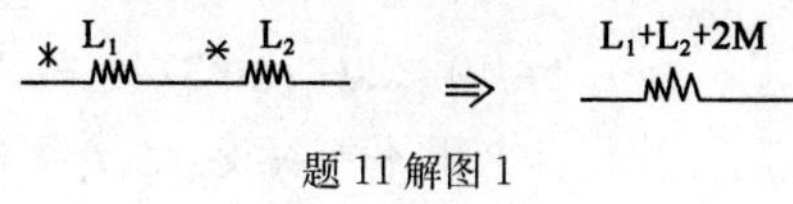

题 11 解图 1

$R=\frac{P_1}{{I_1}^2}=\frac{62.5}{2.5^2}=10\Omega$

等效电路如图:

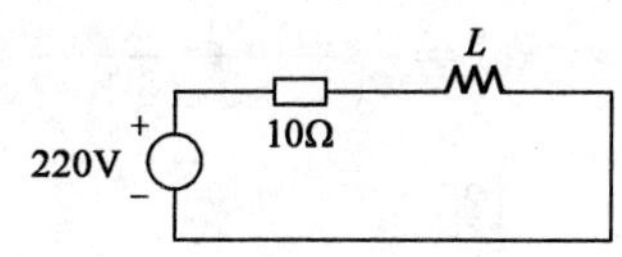

题 11 解图 2

$z=\frac{U}{I}=88$

故 $wL=\sqrt{88^2-10^2}=87.43$

逆极性接法:

$I_2^2=\frac{P_2}{R}=\frac{250}{10}=25$,故 $I_2=5\text{A}$

题 11 解图 3

$z=\frac{U}{I}=\frac{220}{5}=44$,故 $wL'=\sqrt{44^2-10^2}=42.85$

故$\begin{cases}L_1+L_2+2M=\frac{87.43}{100\pi}\\L_1+L_2-2M=\frac{42.85}{100\pi}\end{cases}\Rightarrow 4M=\frac{44.58}{100\pi},M=35.49\text{mH}$

答案:D

12.**解** 画等效电路如下:

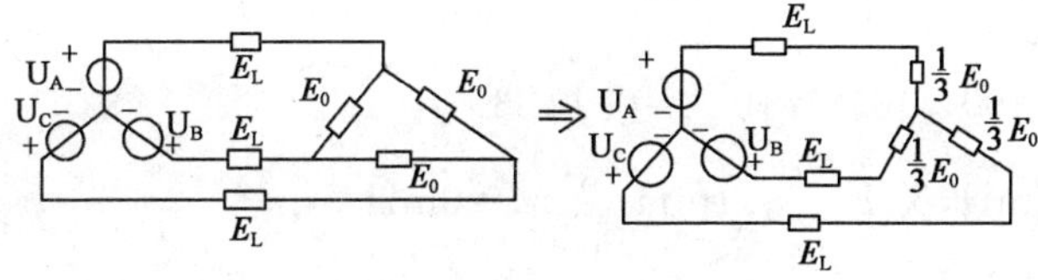

题 12 解图 1

取 A 相等值电路进行计算:

$\dot{I}_A=\frac{\dot{U}_A}{\frac{E_0}{3}}=\frac{380/\sqrt{3}}{j\frac{100}{3}}=-j6.6$

$\dot{U}=\dot{I}_A(1+j2)+220=-j6.6+13.2+220=233.2-j6.6$

题 12 解图 2

故$\sqrt{3}U=\sqrt{3}\sqrt{233.2^2+6.6^2}=404\text{ V}$

答案:B

13.**解** $P=U_1I_1\cos\varphi=\frac{311}{\sqrt{2}}\cdot\frac{0.8}{\sqrt{2}}\cdot\cos85^\circ=10.84\text{ W}$

答案:B

14. **解** $\dot{U}=220\angle 0°$

$jx=\frac{1}{j\omega C}=-j\frac{1}{314\times 400\times 10^{-6}}=-j8$

$z=20-j8$

$I=\frac{220\angle 0°}{20-j8}=10.22\sqrt{2}\angle 21.7°$

故 $i_1=10.22\sqrt{2}\sin(314t+21.7°)$

因电容电压不能突变，且 $t=0$ 时，$u(t)=0$ $\therefore i(t)=0$

故 $C=i_1|_{t=0}=10.22\sqrt{2}\sin 21.7°=5.35$

$\tau=RC=\frac{1}{20\times 400\times 10^{-6}}=8\times 10^{-3}$

$\frac{1}{\tau}=125$

故 $i=10.22\sqrt{2}\sin(314t+21.7°)+5.35e^{-12.5t}$

答案:C

15. **解** 方法一：去耦等效电路如下图。

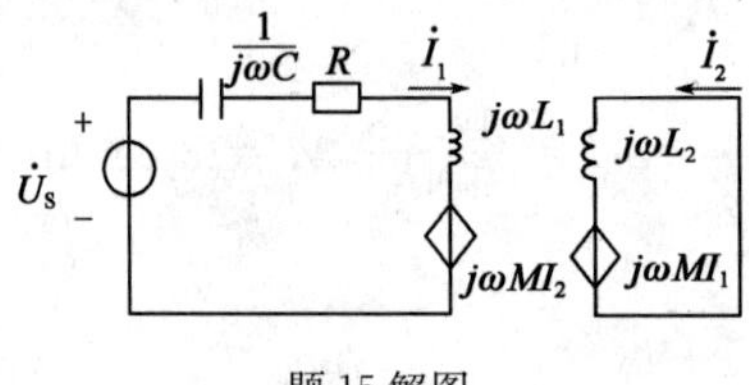

题 15 解图

临界阻尼情况下：$R=2\sqrt{\frac{L}{C}}$

故 $L=\left(\frac{R}{2}\right)^2C=100\times 10^{-6}=10^{-4}=0.1\text{mH}$

故 $L_1+M'=0.1\text{mH}$，又 $L_1=0.1\text{mH}$，故 $M=0\text{mH}$

方法二：

列方程如下：

$$\begin{cases}M\frac{di_1}{dt}+L\frac{di_2}{dt}=0\\ i_1=C\frac{du_c}{dt}\end{cases}$$

故 $\frac{di_2}{dt}=-\frac{M}{L}\frac{di_1}{dt}=-\frac{MC}{L}\frac{d^2u_c}{dt^2}$

$L\frac{di_1}{dt}+M\frac{di_2}{dt}+u_c+C\frac{du_c}{dt}\cdot R=u_s$

全化为 u_c 的方程，即 $LC=\frac{d^2u_c}{dt^2}+M\left(-\frac{MC}{L}\frac{d^2u_c}{dt^2}\right)+u_c+cR\frac{du_c}{dt}=u_s$

故特征方程为：$(LC-\frac{MC^2}{L})\lambda^2+CR\lambda+1=0$

处于临界阻尼状态，故有两相等特征实根。

故 $C^2R^2=4(LC-\frac{M^2C}{L})$，代入可得 $M=0\text{mH}$

答案：C

16.**解**　如下图所示对于圆柱形电容器，其最大电场强度 E_{max} 必位于内导体表面上，即

$$E_m=\frac{\tau}{2\pi\varepsilon R_1}$$

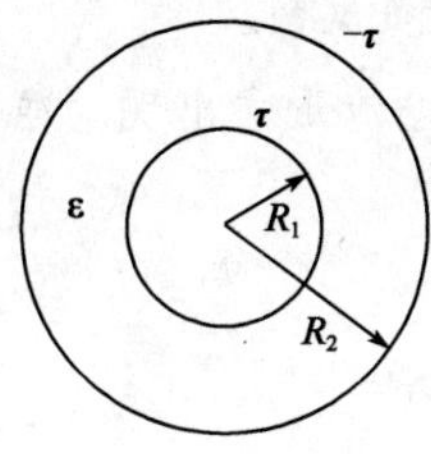

题 16 解图

介质内场强

$$E=E_\rho=\frac{\tau}{2\pi\varepsilon\rho}=\frac{\tau}{2\pi\varepsilon\rho}\cdot\frac{R_1}{R_1}=E_m\cdot\frac{R_1}{\rho}$$

所以 $U=\int_{R_1}^{R_2}E\text{d}P=\int_{R_1}^{R_2}R_1E_m\frac{\text{d}\rho}{\rho}=R_1E_m\ln\frac{R_2}{R_1}$

故 $\rho=R_1$ 可调节变动时，该电容器可承受的最大电压值应满足

$$\frac{\text{d}U}{\text{d}R_1}=0\text{ 即 }\frac{\text{d}U}{\text{d}R_1}=E_m\ln\frac{R_2}{R_1}+R_1E_m\cdot\frac{R_1}{R_2}\left(-\frac{R_2}{R_1^2}\right)=0$$

即求得 $\ln\left(\frac{R_2}{R_1}\right)=1$，即 $R_1=\frac{R_2}{\text{e}}=\frac{2}{\text{e}}$

故 $U_{max}=R_1E_m\times\ln\left(\frac{R_2}{R_1}\right)$

$$=\frac{2}{\text{e}}\times200\times\ln\text{e}\approx147\text{kV}$$

答案：D

17.**解**　设单位长度电荷为 τ，地平面为电位参考点：$\varphi_A=\frac{\tau}{2\pi\varepsilon_0}\ln\frac{b+h-a}{b-h+a}$

其中等效电轴 $b=\sqrt{h^2-a^2}=\sqrt{5^2-0.0015^2}=5\text{m}$

电容 $C=\frac{40z}{\varphi_A}=\frac{40\times2\pi\varepsilon_0}{\ln\frac{b+h-a}{b-h+a}}=\frac{40\times2\times3.14\times8.85\times10^{-12}}{\ln\frac{5+5-0.0015}{5-5+0.0015}}=252.5\text{PF}$

答案：D

18.**解**　假设右侧一个半球与此半球对称布置，由镜像法可知，该半球电路 I 流出的电流是对称的，半球到无穷远处的电压是两个的叠加。

电压 $U=\int_R^\infty\frac{I}{2\pi yr^2}\text{d}r+\int_{2h}^\infty\frac{I}{2\pi yr^2}\text{d}r=\frac{I}{2\pi yR}+\frac{I}{2\pi y\cdot2h}$

接地电阻 $R=\frac{U}{I}=\frac{1}{2\pi yR}+\frac{1}{2\pi y\cdot zh}=\frac{1}{2\times3.14\times10^{-2}\times0.3}+\frac{1}{2\times3.14\times10^{-2}\times2\times10}$

$\approx 53.84\Omega$

答案:A

19. **解** $Z=\sqrt{Z_g \cdot Z_{负}}=\sqrt{150\times 250}=193.65\Omega$

答案:B

20. **解** 使用"输出短路法"判断是电压反馈还是电流反馈。假设负载短路($R_L=0$),则 $u_0=0$,$i_F=0$,即反馈信号消失,是电压负反馈。

输入回路的三个信号$\dot{x}_i$、$\dot{x}_f$、$\dot{x}_{id}$以电流形式出现。净输入信号 $i_{id}=i_i-i_f$,则此电路为并联反馈。

综上,此电路为电压并联负反馈。

答案:B

21. **解**

$I_{R1}=\dfrac{0-(-15)}{0.1}=150\text{mA}$

$I_{R2}=I_{R1}+I_N=153\text{mA}$

$U_{R2}=R_2 \cdot I_{R2}=-0.12\times 153=-18.36\text{V}$

$u_0=-18.36-15=-33.36\text{V}$

答案:D

22. **解**

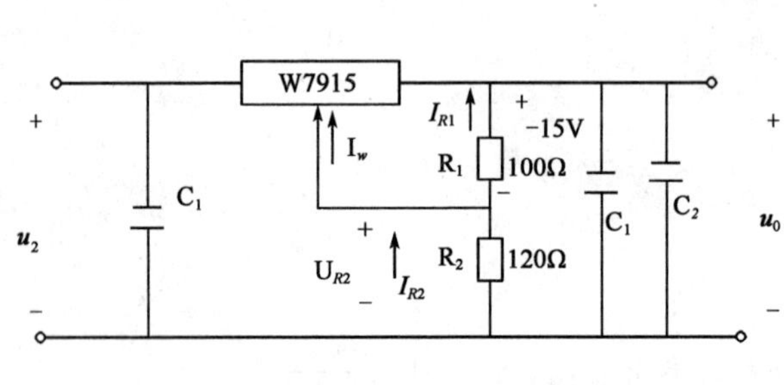

题 21 解图

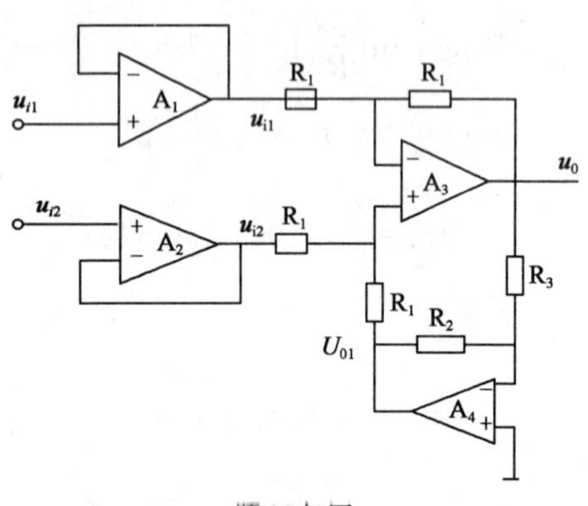

题 22 解图

图中运放 A_1、A_2 为电压跟随器。

可将 u_{i1}、u_{i2} 等效到相应输出端,如图。A_4 为反相比例放大器,$u_{01}=-\dfrac{R_2}{R_3}u_0$

A_3 为加、减法器,$u_0=u_{i2}+u_{01}-u_{i1}$

则 $u_0=-\dfrac{R_2}{R_3}u_0+u_{i2}-u_{i1}$,从而 $u_0=\dfrac{R_3}{R_2+R_3}(u_{i2}-u_{i1})$

答案:C

23. **解** $I_{BQ}=\dfrac{V_{CC}-V_{BE}}{R_b}\approx\dfrac{V_{CC}}{R_b}=\dfrac{12}{300\text{k}\Omega}=40\mu\text{A}$

$I_{CQ}=\beta I_{BQ}=50\times 40\mu A=2mA$

$I_{EQ}=I_{BQ}+I_{CQ}\approx I_{CQ}=2mA$

$r_{be}=r_{bb'}+(1+\beta)\dfrac{26mV}{I_{EQ}(mA)}=300+(1+50)\dfrac{26}{2}=963\Omega$

小信号等效电路如下图：

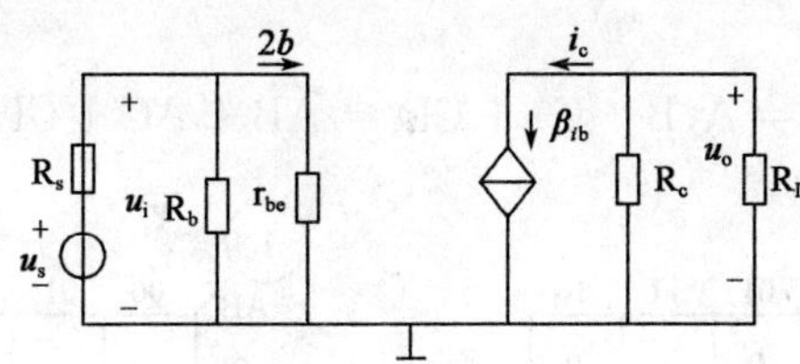

题 23 解图

电压增益 $A_N=\dfrac{u_0}{u_i}=\dfrac{-\beta i_b(R_C/\!/R_L)}{i_b r_{be}}=-\dfrac{\beta(R_C/\!/R_L)}{r_{be}}$

$=\dfrac{-50\times(4/\!/14)}{0.963}=-101$，故选 D。

答案：D

24. **解** 由题意，当$\dfrac{1}{2}<|z|<2$时，所以系统稳定。

$$H(z)=\frac{-\frac{3}{2}z^{-1}}{(1-\frac{1}{2}z^{-1})(1-2z^{-1})}=\frac{1}{1-\frac{1}{2}z^{-1}}-\frac{1}{1-2z^{-1}}$$

所以 $h(n)=\left(\dfrac{1}{2}\right)^n u(n)+2^n u(n-1)$

答案：C

25. **解** 考虑负数情况时，带符号二进制补码的计算方法如下：

补码的最高位为符号位，正数为 0，负数为 1。当二进制数为正数时，其补码与原码相同；当二进制数为负数时，将原码的数值位逐位求反(即得到反码)，然后在最低位加 1 得到补码：

$$(-1101)_2\xrightarrow{\text{加上符号位}}(11101)_2\xrightarrow{\text{反码}}(10010)_2\xrightarrow{\text{补码}}(10011)_2$$

答案：D

26. **解** 方法 1：逻辑代数化简。

$$\begin{aligned}\overline{Y}&=\overline{A(B+C)+CD}\\&=\overline{AB+AC+CD}\\&=\overline{AB}\cdot\overline{AC}\cdot\overline{CD}\\&=(\overline{A}+\overline{B})\cdot(\overline{A}+\overline{C})\cdot(\overline{C}+\overline{D})\\&=(\overline{A}\overline{A}+\overline{A}\overline{C}+\overline{A}\overline{B}+\overline{B}\overline{C})\cdot(\overline{C}+\overline{D})\\&=(\overline{A}+\overline{A}\overline{C}+\overline{A}\overline{B}+\overline{B}\overline{C})\cdot(\overline{C}+\overline{D})\\&=(\overline{A}(1+\overline{B}+\overline{C})+\overline{B}\overline{C})\cdot(\overline{C}+\overline{D})\end{aligned}$$

$$=(\overline{A}+\overline{BC})(\overline{C}+\overline{D})$$
$$=\overline{AC}+\overline{BCC}+\overline{AD}+\overline{BCD}$$
$$=\overline{AC}+\overline{BC}+\overline{AD}+\overline{BCD}$$
$$=\overline{AC}+\overline{BC}(1+\overline{D})+\overline{AD}$$
$$=\overline{AC}+\overline{BC}+\overline{AD}$$

方法二:用卡诺图化简。

$$Y = A(B+C)+CD = AB+AC+CD$$

Y

AB \ CD	00	01	11	10
00	0	0	1	0
01	0	0	1	0
11	1	1	1	1
10	0	0	1	1

$\overline{Y}$

AB \ CD	00	01	11	10
00	1	1	0	1
01	1	1	0	1
11	0	0	0	0
10	1	1	0	0

题 26 解图

答案:A

27. 解 JK 触发器特性议程:$Q^{n+1}=J\overline{Q}^n+\overline{K}Q^n$

当 J=K=1 时,$Q^{n+1}=\overline{Q}^n$

(1)列出各逻辑方程组。

①各触发器时钟信号的逻辑表达式:

$$\overline{CP}_0 = CP \qquad \overline{CP}_2 = Q_1$$
$$\overline{CP}_1 = Q_0 \qquad \overline{CP}_3 = Q_2$$

②状态方程组。

这时需要考虑各触发器时钟信号 CP_n 的作用:只有 $CP_n=1$ 发生后,触发器才可能转换状态,当$\overline{CP_n}=0$,即$\overline{CP}_n=1$ 时,触发器应保持原态。因此,触发器的特性方程中应引入CP_n 而改写为如下的状态方程组:

$$Q_0^{n+1} = \overline{Q}_0^n CP_0 + Q_0^n\,\overline{CP}_0$$
$$Q_1^{n+1} = \overline{Q}_1^n CP_1 + Q_1^n C\overline{P}_1$$
$$Q_2^{n+1} = \overline{Q}_2^n CP_2 + Q_2^n\,\overline{CP}_2$$
$$Q_3^{n+1} = \overline{Q}_3^n CP_3 + Q_3^n\,\overline{CP}_3$$

(2)列出状态表:

题 27 解表

Q_3^n	Q_2^n	Q_1^n	Q_0^n	CP_3	CP_2	CP_1	CP_0	Q_3^{n+1}	Q_2^{n+1}	Q_1^{n+1}	Q_0^{n+1}
0	0	0	0	0	0	0	1	0	0	0	1
0	0	0	1	0	0	1	1	0	0	1	0
0	0	1	0	0	0	0	1	0	0	1	1
0	0	1	1	0	1	1	1	0	1	0	0
0	1	0	0	0	0	0	1	0	1	0	1

续上表

Q_3^n	Q_2^n	Q_1^n	Q_0^n	CP_3	CP_2	CP_1	CP_0	Q_3^{n+1}	Q_2^{n+1}	Q_1^{n+1}	Q_0^{n+1}
0	1	0	1	0	0	1	1	0	1	1	0
0	1	1	0	0	0	0	1	0	1	1	1
0	1	1	1	1	1	1	1	1	0	0	0
1	0	0	0	0	0	0	1	1	0	0	1
1	0	0	1	0	0	1	1	1	0	1	0
1	0	1	0	0	0	0	1	1	0	1	1
1	0	1	1	0	1	1	1	1	1	0	0
1	1	0	0	0	0	0	1	1	1	0	1
1	1	0	1	0	0	1	1	1	1	1	0
1	1	1	0	0	0	0	1	1	1	1	1
1	1	1	1	1	1	1	1	0	0	0	0

(3)画出状态图：

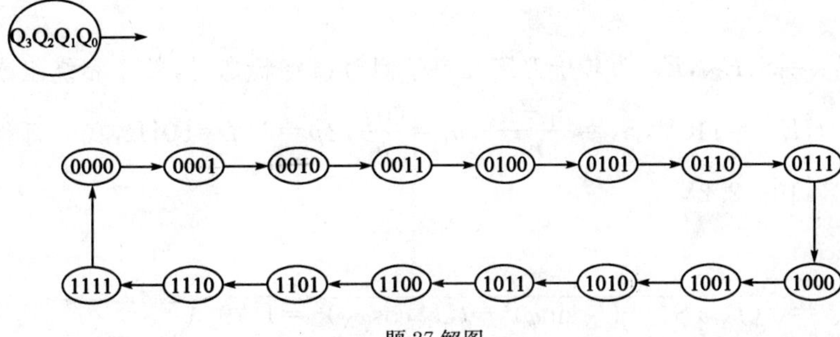

题 27 解图

可以看出，这个电路是完成 16 进制加法计数

答案：C

28.**解** 开关 A 闭合时，当计数到 $Q_3Q_2Q_1Q_0=0111$ 时，再来一个脉冲，则 $Q_3Q_2Q_1Q_0=1000$，此时各触发器$\overline{R}_0$ 端为低电平，有效，从而 $Q_3Q_2Q_1Q_0=0000$。则电路的状态图变为

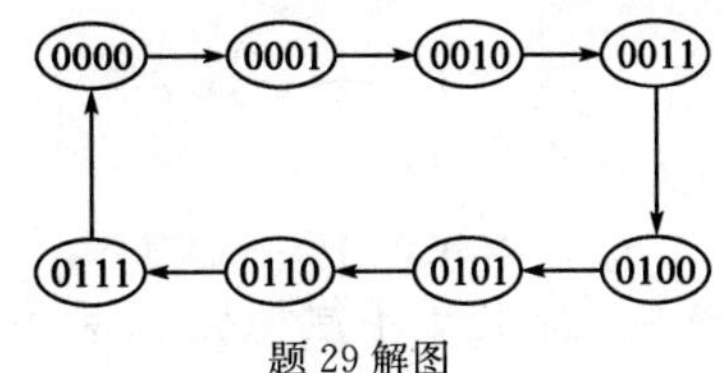

题 29 解图

该电路完成一个 8 进制加法计数。

依次类推，开关 B 闭合时，为 4 进制加法计数，开关 C 闭合时为 2 进制加法计数。

答案：D

29.**解** 图中 74163 使用反馈清零法，计数为$(0000000)_2$～$(1001000)_2$，共 73 个数，最后一个值$(1001000)_2$ 为虚态。

则该电路为 72 进制加法计数。

答案：C

30. **解**　根据直流电机的转速度特性：$n=\frac{U-I_aR_a}{Ce\phi}$，则：

$$Ce\phi=\frac{U_N-I_aR_a}{n_w}=\frac{220-100\times0.095}{1150}=0.183$$

理想空载转速：

$$n_0=\frac{U_N}{Ce\phi}=\frac{220}{0.183}=1202\text{r/min}$$

$$\Delta n=\frac{n_0-n_N}{n_N}\times100\%=\frac{1202-1150}{1150}\times100\%=4.52\%$$

答案：C

31. **解**　由题可知，定子绕组旋转磁场相对于定子以同步速 n_1 逆时针旋转，转子绕组旋转磁场相对于转子以同步速 n_2 顺时针旋转。即转子相对旋转磁场以同步速 n_2 逆时针旋转，由于转子绕组中通入的电流相序与定子相反，即两绕组旋转磁场旋转方向相反，故转子相对定子绕组旋转磁场以同步速 n_2 顺时针旋转，故转子相对定子的转速为 n_1-n_r，方向为逆时针。

答案：C

32. **解**　$E_{2SN}=S_NE_{2N}$，E_W 为转子开路且定子侧为额定状态时，转子相绕组感应电动势的有效值。由题知，$E_{2N}=110\text{V}$，$S_N=\frac{n_1-n_N}{n_1}$，$n_1=\frac{60f}{p}$，$2p=6$，$f=50\text{Hz}$，代入可得 $S_N=0.02$，即 $E_{2SN}=0.02\times110=2.2\text{V}$。

答案：B

33. **解**　$E_0^*=\sqrt{(I_N^*\,xS^*+U_N^*\sin\varphi)^2+(U_N^*\cos\varphi_N)^2}=1.79$

$P_M^*=\frac{0.8}{2}=0.4=Ia^*=I^*\cos\varphi$

$\theta=\sin^{-1}\frac{P_M{}^*xS^*}{E_0^*}=12.91°$

$\psi=\tan^{-1}\frac{E_0^*-U^*\cos\theta}{U^*\sin\theta}=74.67°$

$\varphi=\psi-\theta=61.76°$

$\cos\varphi=0.47$

答案：C

34. **解**　短路情况下，电机磁路通常处于不饱和状态．即 $i_f\infty E\delta_\alpha I_k$。

其中 $E_\delta=jx_\delta ik$，气隙大，x_δ 太小，即电机短路特征曲线斜率小，即加同样大的 i_f，气隙大的 i_k 小。

答案：C

35. **解**　当 $\beta=\sqrt{\frac{p_{cu}}{p_{fe}}}$ 时效率最大。

故 $\beta_A=\sqrt{\frac{540}{1500}}=0.6$

并联运行的变压器的负荷系数与短路阻抗的标幺值成反比：

$$\frac{\beta_A}{\beta_B}=\frac{1}{Z_{KA}^*}:\frac{1}{Z_{KB}^*}=\frac{1}{U_{KA}\%}:\frac{1}{U_{KB}\%}$$

得 $\beta_B=0.54$

$S=\beta_A S_{NA}+\beta_B S_{NB}=1695\text{kVA}$

答案:A

36.**解** $X_m=W_1^2\Lambda m$,X_m 与 R_m 为变压器原边参数,与副边无关。

答案:C

37.**解** 三次谐波磁通在高低压侧均会感应电势,低压侧三次谐波磁通感应的相电势为 50/2=25V。高压侧 380V 在低压侧会产生 $\frac{380}{\sqrt{3}}/2=110\text{V}$,低压侧不计 5 次以上谐波的影响,则低压侧相电压有效值:$\sqrt[3]{110^2+25^2}=112.8\text{V}$。

答案:B

38.**解** 输电线路数学模型的 4 个等效参数分别反映的物理电晕现象:电阻反映热效应,电抗反映磁场效应,电纳反映电场效应,电导反映现象。线路的电导主要是由沿绝缘子的泄漏电流和电晕现象决定的,但由于线路绝缘水平较高,泄漏电流很小,往往可以忽略不计,所以电导主要取决于电晕现象。

答案:D

39.**解** 电压降落是指线路始末两端相量差 $\text{d}\dot{U}=\dot{U}_1-\dot{U}_2$

$\dot{U}_1=225.04+j49.89$

$\dot{U}_2=217.54+j38.36$

$\text{d}\dot{U}=\dot{U}_1-\dot{U}_2=7.5+j11.53=13.76\angle 56.96^\circ$

答案:C

40.**解** 考查电气设备的额定电压确定。

发电机:规定比系统额定电压高 5%。

变压器一次侧:相当于用电设备,其额定电压与系统相同;与发电机直接相连时,则与发电机相同。

变压器二次侧:相当于电源,其额定电压应比系统高 5%,考虑到变压器内部电压损耗 15%,实际应比线路高 10%。

答案:C

41.**解** 考查变压器的功率损耗问题。

对于该题设条件可有:$\Delta P_{zt}=\frac{p_k}{1000}$

$$\Delta P_{yt}=\frac{p_0}{1000}$$

对两台并联运行的变压器总的有功损耗为

$$\Delta P_{总}=n\Delta P_{yt}+n\cdot\left(\frac{1}{n}\right)^2\times\Delta P_{zt}$$

代入数据可得结果为 0.649MW。

答案:B

42. **解**　一般电力线路按长度可分为短线路、中等长度线路和长线路,对于电压为 330kV 及以上,线路 $l>300$km 的架空线路和线长 $l>100$km 的电缆线路,应用长绕路的数学模型,如下图:

其中,$R=0$,$X=x_1 l=0.28\times400=112\Omega$

$B=b_1 l=4\times10^{-6}\times400=1.6\times10^{-3}$s

$k_r=1-x_1 b_1\dfrac{l^2}{3}=0.940$

$k_x=1-\left(x_1 b_1-\dfrac{r_1^2 b_1}{x_1}\right)\dfrac{l^2}{6}=0.970$

$k_b=1+x_1 b_1\dfrac{l^2}{12}=1.0149$

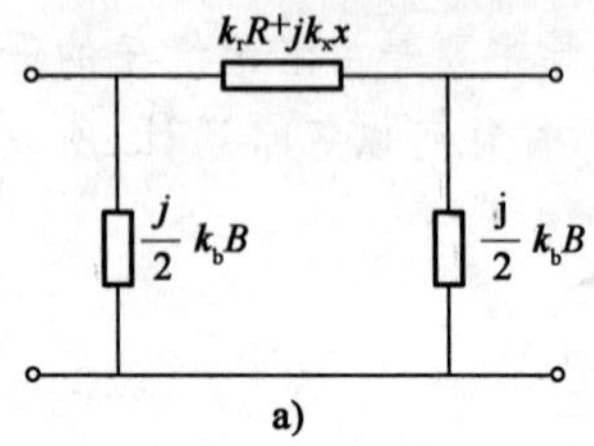

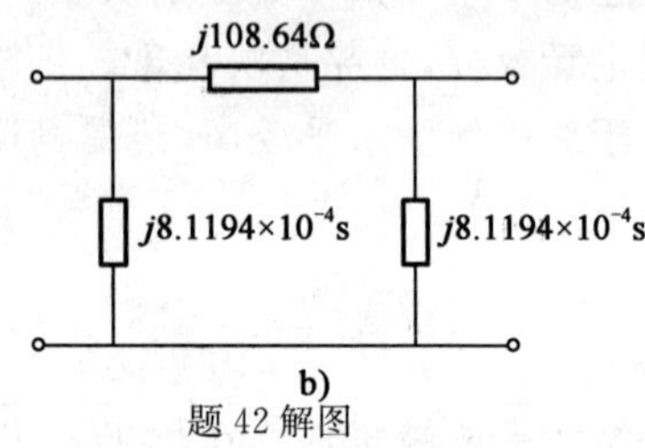

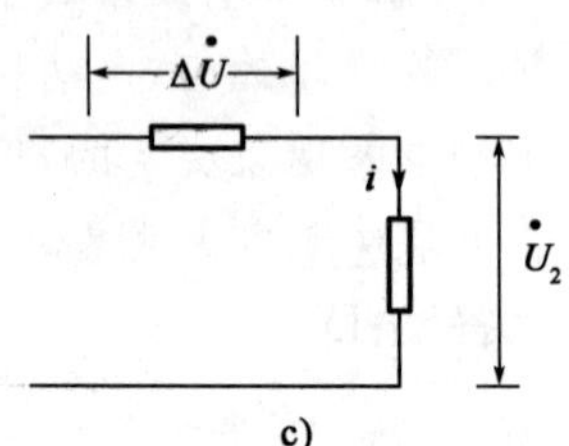

题 42 解图

方法一:设 $\dot{U}_2=575\angle0°$kV

因为绕路空载,故如图 c)所示。

$\dot{I}=575\angle0°\times j8.1194\times10^{-4}\times10^3=j0.4669\times10^3$A

$\Delta\dot{U}=j0.4669\times10^3\times j108.64=-50.81\times10^3\text{V}=-50.8$kV

故 $\dot{U}_1=\dot{U}_2+\Delta\dot{U}=575\angle0°+(-50.81)=524.2$kV

方法二:设 $\dot{U}_2=575\angle0°$kV

则 $\Delta\widetilde{S}_{y2}=\dfrac{1}{2}CU_2^2-j\dfrac{1}{2}BU_2^2$

$=-j8.1194\times10^{-4}\times575^2$

$=-j268.448\times10^6$

$\dot{U}_1=\dot{U}_2+\mathrm{d}\dot{U}$

$=\left(U_2+\dfrac{P_2'R+Q_2'X}{U_2}\right)+j\left(\dfrac{P_2'X+Q_2'R}{U_2}\right)$

因为空载,故 $P_2'+jQ_2'=\Delta\widetilde{S}_{y2}$

所以 $\dot{U}_1=575+\dfrac{-268.448\times10^5\times108.64}{575\times10^3}$

$=524.2$kV

答案:C

43.**解** 方法一：变压器归算到低压侧。

$12.1\times\left(\frac{10.5}{110}\right)^2=0.11\Omega$

$12.1\times\left(\frac{11}{110}\right)^2=0.121\Omega$

则

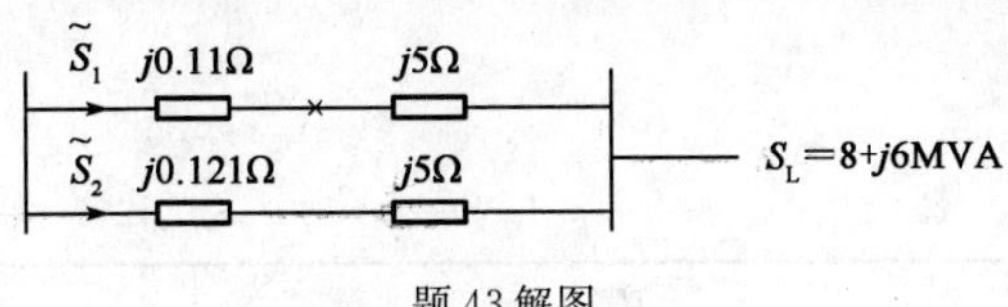

题 43 解图

自然功率(力矩法)：$\widetilde{S}_1=\frac{-j5.121\times(8+j6)}{-j(0.11+0.121+5+5)}=4.008+j3.006\text{MVA}$

$\widetilde{S}_2=\frac{-j5.11\times(8+j6)}{-j(0.11+0.121+5+5)}=3.992+j2.994\text{MVA}$

由于变比不匹配，则循环功率为 $\widetilde{S_C}=\frac{U_N\text{d}\overset{*}{U}}{z_1^*+z_2^*}$

如图断开，则开口右方电压为 10.5kV，左方 $10.5\times\frac{110}{11}\times\frac{10.5}{110}=10.02\text{kV}$

则 $\widetilde{S_C}=\frac{10\times(10.5-10.02)}{-j10.231}=\frac{U_N\text{d}\hat{U}}{\hat{z}_\varepsilon}=j0.446\text{MVA}$

则流过 T_1：$4.008+j3.006-j0.446=4.008+j2.56\text{MVA}$

T_2：$3.992+j2.994+j0.446=3.992+j3.44\text{MVA}$

方法二：由于 $X\gg R$，所以循环功率 $\widetilde{S_C}$ 中无功功率远大于有功功率，故认为变比相同，先确定有功功率分布。

由于并联运行的变压器负荷系数与短路阻抗的标幺值成反比，所以两台变压器有功功率相等。

再确定无功环流功率方向，由于 T_2 低压侧电压高于 T_1，故无功功率方向为逆时针，故 T_1 的无功小于 3MVar，T_2 的无功大于 3MVar。

答案：D

44.**解** $U_{I\max}=118\text{kV}$ $\triangle U_{\max}=9\text{kV}$ $U_{i\max}=127\text{kV}$

$U_{I\min}=115\text{kV}$ $\triangle U_{\min}=64\text{kV}$ $U_{i\min}=121\text{kV}$

由于采用逆调压方式，

$U'_{i\max}=1.05U_N=1.05\times10=10.5\text{kV}$

$U'_{i\min}=1.0U_N=1.0\times10=10\text{kV}$

最大负荷下：$U_{tI\max}=\frac{(U_{I\max}+\Delta U_{\max})}{U'_{i\max}}\cdot U_{TNi}=\frac{127}{10.5}\times10.5=127\text{kV}$

最小负荷下：$\frac{U_{tI\min}+\Delta U_{\min}}{U_{i\min}}=\frac{121}{10}\times10.5=127.05\text{kV}$

$U_{tI}=\frac{U_{tI\max}+U_{tI\min}}{2}=127.025\text{kV}$

故选择 | 2 | (1＋5%)kV 分接头

检验：$U'_{i\max}=\frac{118+9}{127.05}\times 10.5=10.50\text{kV}\leqslant 1.05U_N$

$U'_{i\min}=\frac{115+6}{127.05}\times 10.5=10\text{kV}\geqslant 1.0U_N$

分接头选择正确。

答案：D

45.**解**　如下表所示。

题 45 解表

	强制分量	自由分量	
三相短路后定子侧电流	稳态短路电流	基频交流	直流、二倍频交流
转子侧电流	励磁电流	直流	基频交流

答案：A

46.**解**　$\tilde{S}=\dot{U}\overset{*}{I}$　　$\overset{*}{I}=\frac{\tilde{S}}{\dot{U}}=\frac{0.85+j0.425}{1.0\angle 0°}=0.95\angle 26.57°$

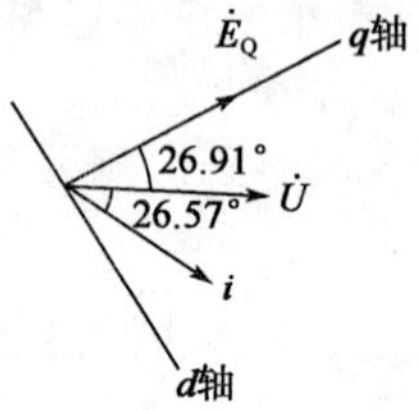

故 $\dot{I}=0.95\angle 26.57°$

$\dot{E}_Q=\dot{U}+ji x_q=1.0\angle 0°+j0.95\angle -26.57°\times 0.8=1.50\angle -26.91°$

则 $I_d=I\cdot\sin(26.91°+26.57°)=0.95\sin(26.91°+26.57°)=0.76$

$I_q=I\cos(26.91°+26.57°)=0.56$

故 $\dot{I}_d=0.76\angle 26.91°-90°=0.76\angle -63.09°$

$E''_q=U_q+I_d x''d=U\cos 26.91°+0.76\times 0.15=1.01$

因为 E''_q 位于 q 轴，故 $E''_q=1.01\angle 26.91°$

$E''_d=U_d-I_q x''d=U\sin 26.91°-0.56\times 0.15=0.36$

E''_d 位于 d 轴，与底同向，故 $E''_d=0.36\angle -63.09°$

题 46 解图

答案：B

47.**解**　断路器额定切断容量应按其出口发生三相短路时短路容量整定，假定可靠系数为 1.1

$I_B=\frac{S_B}{\sqrt{3}U_B}=\frac{1000}{\sqrt{3}\times 37}=15.6\text{kA}, z_B=\frac{U_B}{\sqrt{3}I_B}=\frac{37}{\sqrt{3}\times 15.6}=1.37$

断路器出口发生三相短路时短路电流 $I_d=\frac{S_{QF}/1.1}{\sqrt{3}U_{aw}}=\frac{2500/1.1}{\sqrt{3}\times 37}=35.46\text{kA}$

$I_d^*=\frac{I_d}{I_B}=\frac{35.46}{15.6}=2.27$

系统电抗 $X_G^*=\frac{1}{I_d^*}=\frac{1}{2.27}=0.44$

$$X_T=\frac{U_k\%\cdot U_N^2}{100\cdot S_N}=\frac{10.5\times 38.5^2}{100\times 120}=1.3\Omega$$

$$X_T^* = \frac{X_T}{z_B} = \frac{1.3}{1.37} = 0.95$$

变压器低压母线三相短路时，$I_{d\varepsilon}^* = \dfrac{1}{X_G^* + X_T^*} = 0.72$

$K_M = 1.8$ 时，$i_M^* = 2.55 I_{d\varepsilon}^* = 0.72 \times 2.55 = 1.83$

换算为有效值 $I_{d\varepsilon} = 0.72 \times 15.6 = 11.23\text{kA}$

$i_M = 1.83 \times 15.6 = 28.55\text{kA}$

答案:C

48. **解** 由于单相接地故障是串联型复合序网，故选 B。

答案:B

49. **解**

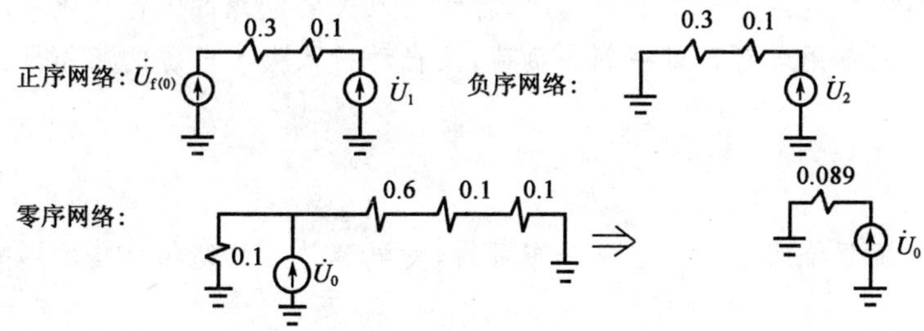

题 49 解图

则 $I_{a1} = \dfrac{U_{f(0)}}{z_{1\varepsilon} + z_{2\varepsilon} // z_{0\varepsilon}} = \dfrac{1}{0.4 + (0.4 // 0.089)} = 2.141$

$I_{a2} = -I_{a1}\dfrac{z_{0\bar{z}}}{z_{2\varepsilon} + z_{0\varepsilon}} = -2.141 \times \dfrac{0.08}{0.48} = -0.357$

$I_{a0} = -I_{a1}\dfrac{z_{2\bar{z}}}{z_{2\varepsilon} + z_{0\varepsilon}} = -2.141 \times \dfrac{0.4}{0.48} = -1.783$

而 $\dot{I}_{1b} = a^2 I_{a1} a I_{a2} + I_{a0}$

$\dot{I}_C = a I_{a1} + a^2 I_{a2} + I_{a0}$

故 $\dot{I}_b = 2.141\angle 240° - 0.357\angle 120° - 1.783$

$\dot{I}_c = 2.141\angle 120° - 0.357\angle 240° - 1.783$

短路电流：$\dot{I}_b + \dot{I}_c = -5.35$

答案:C

50. **解** 电力系统消弧线圈带采用过补偿方式

采用全补偿时，感抗等于容抗，系统有可能发生串联谐振。

答案:B

51. **解** 发电机故障问题可通过继电保护装置的配置来解决。

答案:D

52. **解** 一台半断线路器接线中，串数大于或等于三串时，由于接线本身构成的闭环回路

不止一个,可不交叉接线,A 错误

配电装置建设初期仅两串时,同名回路宜分别接入不同侧母线,进出线应装设隔离开关。三串及以上时,同名回路可接入同一侧母线,进出线不宜装设隔离开关。B、D 错误。

答案:C

53.**解** 维持电弧燃烧所需的游离过程是热游离,B 错误。

强场发射是弧隙间最初产生电子的主要原因,C 错误。

电弧熄灭过程是去游离程度大于游离过程,带电质点减少,D 错误。

答案:A

54.**解** 根据运行状态,自启动可分为三类。

失压自启动:运行中突然出现事故,厂用电压降低,当事故消除电压恢复时形成的自启动

空载自启动:备用电源处于空载状态时,自动投入失去电源的工作母线段时形成的自启动

带负荷自启动:备用电源已带一部分负荷,又自动投入失去电源的工作母线段时形成的自启动。

答案:B

55.**解** 由变压器绕组中初始电压分布可得,受电容效应和绕组结构的影响。

答案:D

56.**解** 高阻尼电阻用于高频分压,而电容用于低频时分压。

答案:B

57.**解** 长气隙在操作冲击电压作用下击穿电压是随气隙长度增加而增加的。

答案:C

58.**解** 电缆段为了限制流入避雷器下 CD 的冲击电流不超过 2kA。

答案:C

59.**解** $\dot{U}=2\dfrac{z_3}{z_1+z_3}U_0$(经 n 次反射且 $n\to\infty$ 时 $U_{2q}(t)$ 的幅值)

答案:D

60.**解** $U_T=U_{res}+2a\dfrac{l}{v}, U_{res}=U_f, l=i$

故 $U_T=U_f+\dfrac{2al}{v}$

答案:B